电机试验技术及设备手册

第4版

主　编　才家刚
副主编　朱　强　袁凯南　吴亚旗
参　编　倪立新　王传军　王　维　罗　华　王剑锋
吴灿辉　周长江　田正生　卜云杰　李振军
董　华　赵鹤翔　刑天锷　齐永红　齐志刚
李　红　王爱红　王光禹　王爱军　齐　岳
施兰英　陆民凤

机 械 工 业 出 版 社

本手册作为电机试验技术方面的一本专著，全面介绍了各种常见类型电机的试验检测方法、试验数据的计算和试验报告的编制、性能分析，以及电机试验设备选型和组建、试验电路、仪器仪表的配置和使用方法等一系列内容。后面的附录提供了与上述内容有关的大量技术数据、标准等资料。

本手册中采用的相关标准是截至2020年12月的最新版本，相关技术内容均来自实践，所以具有非常强的可操作性和先进性，可供从事电机试验检测和修理的技术人员及技师参考使用，也可作为电机相关专业的培训教材和参考资料。

图书在版编目（CIP）数据

电机试验技术及设备手册/才家刚主编. —4版. —北京：机械工业出版社，2021.2（2023.12重印）

ISBN 978-7-111-67262-3

Ⅰ.①电… Ⅱ.①才… Ⅲ.①电机-试验-技术手册 Ⅳ.①TM306-62

中国版本图书馆CIP数据核字（2020）第263136号

机械工业出版社（北京市百万庄大街22号 邮政编码100037）
策划编辑：刘星宁 责任编辑：刘星宁
责任校对：樊钟英 封面设计：马精明
责任印制：单爱军
北京虎彩文化传播有限公司印刷
2023年12月第4版第3次印刷
184mm×260mm · 44.75印张 · 5插页 · 1208千字
标准书号：ISBN 978-7-111-67262-3
定价：198.00元

电话服务 网络服务
客服电话：010-88361066 机 工 官 网：www.cmpbook.com
010-88379833 机 工 官 博：weibo.com/cmp1952
010-68326294 金 书 网：www.golden-book.com
封底无防伪标均为盗版 机工教育服务网：www.cmpedu.com

第4版前言

本手册在机械工业出版社的第1版于2004年5月发行，第2版于2011年发行，第3版于2015年发行。本手册已遍布我国电机行业（包括生产、修理、研究或教育各相关领域）各个单位，成为电机试验现场工作的作业指导书和重要参考资料，很多读者对本手册给予了相当高的评价，让作者感到很欣慰。借此再版的机会，我们再次向广大读者致以衷心的感谢。

本次再版的主要原因有如下多个：

1）本手册所依据的最主要的标准之一，也是旋转电机行业最主要的标准——GB/T 755—2019/IEC 60034-1：2017《旋转电机　定额和性能》已于2019年12月10日发布，并在2020年7月1日正式实施，其中部分内容有较大的调整和改变。

2）2015年后，国际和国内相继推出了一系列新的和改版的与电机试验检测相关的标准，其中主要有：GB/T 25442—2018/ IEC 60034-2-1：2014《旋转电机（牵引电机除外）确定损耗和效率的试验方法》、GB/T 21211—2017/IEC 60034-29：2008《等效负载和叠加试验技术　间接法确定旋转电机温升》、GB/T 20114—2019《普通电源或整流电源供电直流电机的特殊试验方法》、GB/T 32877—2016/IEC/TS 60034-2-3：2013《变频器供电交流感应电动机确定损耗和效率的特定试验方法》、GB/T 5171. 21—2016《小功率电动机　第21部分：通用试验方法》、GB/T 7060—2019《船用旋转电机基本技术要求》、GB 18613—2020《电动机能效限定值及能效等级》等；GB/T 1029—2005《三相同步电机试验方法》也已启动改版（现已提交报批稿）。

本版对原有的内容全部按最新标准进行了修改和完善。

3）近几年来，电子技术、数字控制技术和以太网技术以出人意料的速度广泛应用到了电机试验仪器仪表和相关设备中，并达到了相对成熟的阶段。例如各种功能的数字仪表及具有革命性的交流电机热试验和负载试验用电源设备——变频电源内反馈系统，以及利用一套变频变压电源，通过数字控制合成叠频电压波形进行三相异步电动机的叠频法热试验等。本版在第3版的基础上，对这些内容进行了更多的介绍。

4）为使内容更加系统，对原有内容进一步进行了分类和调整。

5）增加一章（新的第十一章），名为“具有特殊用途或特殊结构的电机特有试验”。其中包括进一步完善了的电动汽车用驱动电机及其控制器、井用潜水电泵用电动机、电磁调速和变频调速电动机、自带制动器的制动电动机、小型风力发电机组用发电机、电动自行车用直流电动机及其控制器等的内容；增加了船（舰）用电机、开关磁阻电动机、旋转变压器、步进电动机、风力发电机组用双馈异步发电机及其他常见特殊用途的电机特有试验（含试验方法和专用设备）方面的内容。

6）为了迎合国家大力开发和应用高效电机的政策，在附录中增加了国家近期发布的各类电动机的能效分级标准（见附录24～附录35）

7）增加了一篇“后记”，在其中讲述了本手册主编21年来编写本手册的历程和感言。

8）为了精简篇幅，去掉了第3版中给出的部分附录（含第3版中的附录1～附录14和附录24）。

在本次编写过程中，上海电器科学研究院电机系统节能工程技术研究中心有限公司等单位的领导和相关人员，以及国内众多从事电机试验的工程技术人员和技师们（名单详见本版“后记”），提供了多年积累的宝贵经验和有价值的实用资料。另外，本版增加的和更换的新图，部分使用了从网上下载的图片。在此，对上述单位及上传图片的朋友们表示衷心的感谢。

在编写本版第十一章中第十三节“船（舰）用电机”时，得到了熊瑞峰老师的大力帮助，在此表示感谢。

需要再次声明的一点是，本手册不是标准，而是对相关标准的推广和实施指导，有些做法和解释是出于作者的工作经验和个人理解，若读者感觉不合适，希望您提出修改建议，供大家讨论，更欢迎您提供一些工作经验和技巧，供同行朋友们共享。

本手册第4版仍由才家刚担任主编和主写，并负责全书的统稿；上海宝准电源有限公司总经理朱强、中国国际工程设计研究院有限责任公司湖南省电机测试系统工程技术研究中心主任袁凯南和上海悍鹰电气有限公司总经理吴亚旗担任副主编。主要参编人员有：上海电器设备检测所有限公司机电产品及系统事业部总监倪立新；上海电机系统节能工程技术研究中心有限公司检测设备事业部总经理王传军；中国国际工程设计研究院有限责任公司设备及自动化工程所所长王维、副所长罗华和总工程师王剑锋；湖南新恩智能技术有限公司总经理吴灿辉；上海异步电机工程中心主任周长江；扬州锦盛机电科技有限公司总经理田正生；石家庄新三佳科技有限公司总经理卜云杰；石家庄优安捷机电测试技术有限公司总经理李振军、工程师刑天锷；上海亿绪电机测控科技有限公司总经理董华；河北新四达电机股份有限公司标准化室主任赵鹤翔。另外，齐永红、齐志刚、李红、王爱红、王光禹、王爱军、齐岳、施兰英、陆民凤等参加了部分内容的编写、绘图和提供整理资料等工作；上海异步电机工程中心的王玉、周龙、赵福财、高新锋、解洲水等为本手册的出版给予了帮助。在此一并表示衷心的感谢。

由于作者学识及经验有限，书中难免有不准确甚至错误之处，敬请广大读者指正。

主 编 简 介

才家刚，高级工程师，曾任北京市电机总厂、北京毕捷电机股份有限公司质量检验和客户服务等部门的领导职务近30年。曾荣获北京市政府颁发的科技先进工作者称号和科技进步奖。

现任国内多家与电机试验检测有关企事业单位的技术顾问。

作为主要人员，全面参与了我国电机行业与试验检测有关的标准起草和审定工作。多次在国内举办的电机试验检测、电机故障诊断及处理技术学习班上担任主讲。

先后编著出版了电机检测技术、电机选用修技术、低压电工技能等方面的图书近40册。其中《电机试验技术及设备手册》已成为我国电机行业普遍采用的专业教材和作业指导书；《电工口诀》系列图书发行超过30万册，深受广大基层电工的欢迎。

在机械工业出版社建社60周年庆典之际，被授予机械工业出版社“最具影响力作者”荣誉称号。

目　　录

第一章　通用知识

电机试验是利用仪器仪表及相关设备，按照相关标准的规定，对电机制造过程中形成的半成品和成品（或以电机为主体的配套产品）的电气性能、力学性能、安全性能及可靠性等技术指标进行检验。通过这些检验，可以全部或部分地反映出被检电机的有关性能数据。通过这些数据，可以判断被检产品是否符合设计要求、品质的优劣以及给出改进的目标和方向。

由此可见，电机试验无论是对新产品的研制，还是对电机的批量生产及修理，都是一个极其重要的环节。

本章将对有关电机试验的通用知识进行简要的介绍，以便在实际工作中查阅和应用，其中大部分也是本手册中会反复涉及的内容。

第一节　电机试验的分类、常用术语定义和符号

在电机生产制造和修理过程中，试验工作主要分为半成品试验和成品试验两个阶段。

一、电机试验分类

（一）半成品试验

半成品试验主要是针对电机电气元件或组件的试验，如绕组（含定子绕组、绕线转子电机的转子绕组和励磁绕组）的绝缘性能试验（含匝间耐冲击电压试验、对机壳和不同绕组相互间绝缘电阻的测定和介电强度试验等）和直流电阻测定试验、定子三相绕组的三相电流平衡性试验等。

（二）成品试验

成品试验则是对组装成整机后的电机进行的部分或全部的性能试验。根据需要，成品试验又分为型式试验和检查试验两大类。

1. 型式试验

在 GB/T 755—2019《旋转电机　定额和性能》中，对型式试验的定义是：“对按照某一设计而制造的一台或几台电机所进行的试验，以表明这一设计符合一定的标准”。

实际上，型式试验是指那些能够较确切地得到被试电机有关性能参数的试验。根据需要，试验可以包括标准或有关技术要求中所规定的全部项目，也可以是其中的部分项目。

按国家标准规定，对电机生产单位，在下述情况下应进行型式试验：

1）新设计试制的产品。本类型试验又称为“鉴定试验”。

2）经鉴定定型后，小批量投产的产品。

3）设计或工艺上的变更足以引起电机某些特性和参数发生变化的产品。

4）检查试验结果与以前型式试验结果发生不可允许的偏差的产品。

5）产品自定型投产后的定期抽查，本类型试验又称为“周期抽检试验”，简称“周检”，一般规定 1 年或 2 年为 1 个周期。

2. 检查试验

检查试验习惯称为“出厂试验”。在 GB/T 755—2019 中给出的定义是：“对每台电机在制造期间或完工之后所进行的试验，以判明其是否符合标准”。具体地说，它是在电机定型后批量生产时，对每台组装为成品的电机进行的部分性能简单的试验。

检查的项目中，有的能直接反映出被试电机的性能，如耐电压试验、绝缘电阻、噪声和振动的测定试验等；有的则不能直接反映出被试电机的性能，而只能与合格的样机相应的试验参数相比较后，才能粗略判断该项性能参数是否符合要求，如用空载电流、堵转电流、空载损耗和堵转损耗来判定异步电动机的功率因数、堵转电流、堵转转矩、最大转矩及效率等性能指标水平。

对于修理后的电机试验，其试验项目和考核方法一般和电机生产时的检查试验基本相同。参考的标准有原电机附带的出厂试验数据或同规格电机的试验数据等。

二、电机及电机试验常用术语和定义

国家标准 GB/T 2900.25—2008《电工术语　旋转电机》中规定了旋转电机常用术语和定义。现将与电机试验有关的部分列于表 1-1 中，供参考。除此之外，本手册中还将涉及其他的术语和定义，届时将根据情况给出其内容。

表 1-1　电机及电机试验常用术语和定义

序号	名称	内　容
1	额定值	通常由制造厂对电机在规定运行条件下所指定的一个量值
2	定额	一组额定值和运行条件
3	额定输出	定额中的输出值
4	负载	在给定时刻，通过电路或机械装置施加于电机的全部电量或机械量的数值
5	空载（运行）	电机处于零功率输出的旋转状态（其他均为正常运行条件）
6	满载；满载值	电机以其额定运行时的负载；电机满载运行时的量值
7	停机和断能	电机处于既无运动，又无电能或机械能输入时的状态
8	工作制	电机所承受的一系列负载状况的说明，包括起动、电制动、空载、停机和断能及其持续时间和先后顺序等
9	工作制类型	工作制可分为连续、短时、周期性或非周期性几种类型。周期性工作制包括一种或多种规定了持续时间的恒定负载；非周期性工作制中的负载和转速通常在允许的范围内变化
10	负载持续率	工作周期中的负载（包括起动和电制动在内）持续时间与整个周期时间之比，以百分数表示
11	堵转转矩	电动机在额定频率、额定电压和转子在所有角度位置堵住时，在其转轴上所产生的转矩最小测得值
12	堵转电流	电动机在额定频率、额定电压和转子在所有角度位置堵住时，从供电电路输入的最大稳态电流有效值
13	最小转矩（仅用于交流电动机，全称为起动过程中的最小转矩）	电动机在额定频率和额定电压下，在零转速与对应于最大转矩时的转速之间所产生的稳态异步转矩的最小值。本定义不适用于转矩随转速增加而连续下降的异步电动机 注：在某些特定的转速下，除了稳态异步转矩外，还会产生与转子功角成函数关系的谐波同步转矩。在这些转速下，对应于某些转子功角的加速转矩可能为负值。经验和计算表明，这是一种不稳定的运行状态，谐波同步转矩不会妨碍电动机的加速，可从本定义中排除
14	最大转矩（仅用于交流电动机）	电动机在额定频率和额定电压下，所产生的无转速突降的稳态异步转矩最大值。本定义不适用于转矩随转速增加而连续下降的异步电动机
15	失步转矩（仅用于同步电动机）	同步电动机在额定频率、额定电压和额定磁场电流下，在运行温度及同步转速时所产生的最大转矩值
16	标称牵入转矩（仅用于同步电动机）	同步电动机在额定频率、额定电压和励磁绕组被短路的条件下，以感应电动机方式运行于95%同步转速时所产生的转矩
17	冷却	一种热量传递过程。电机中因损耗而形成的热量被传递给初级冷却介质，该介质可以连续地被更换或在冷却器中被次级冷却介质所冷却
18	冷却介质	传递热量的气体或液体介质
19	初级冷却介质	温度低于电机某部件的气体或液体介质。它与电机的该部件相接触，并将其放出的热量带走
20	次级冷却介质	温度低于初级冷却介质的气体或液体介质。它通过冷却器或电机的外表面将初级冷却介质放出的热量带走
21	直接冷却（内冷）绕组	一种绕组，其冷却介质流经位于主绝缘内部作为绕组组成部分的空心导体、导管、风道，与被冷却部分直接接触，不管其取向如何

（续）

序号	名称	内　　容
22	间接冷却绕组	除直接冷却绕组以外的其他任何绕组
23	实际冷状态	电机每一部件的温度与冷却介质的温度之差≤2K 时的状态
24	热稳定	电机的发热部件的温升在 0.5h 内的变化不超过 1K 的状态
25	实际平衡的电压系统	在多相电压系统中，如电压的负序分量不超过正序分量的 1%（长期运行）或 1.5%（不超过几分钟的短时运行），且电压的零序分量不超过正序分量的 1%，即称为实际平衡的电压系统
26	实际对称回路	在平衡的电压供电的回路中，如电流的负序分量和零序分量均不超过正序分量的 5%，即称该电气回路为实际对称的回路
27	实际正弦波形	正弦性畸变率不超过 5% 的波形
28	实际无畸变回路	当用正弦波电压供电时，电流的正弦性畸变率不超过 5% 的电气回路
29	电压（电流）波形正弦性畸变率	电压（电流）波形中，不包括基波在内的所有各次谐波有效值二次方和的二次方根占该波形基波有效值的百分数
30	电压谐波电压因数 *HVF*	正弦波交流电各次谐波电压标幺值 U_n（以额定电压 U_N 为基值）的二次方与本次谐波次数 n（对三相电动机不包括 3 和 3 的倍数。通常取到 13 就足够了）之商的和的二次方根
31	电流纹波因数 q_i	直流电流波动的最大值 I_{max} 和最小值 I_{min} 之差与其 2 倍平均值 I_{av}（1 个周期内的积分平均）之比。当电流纹波值较小时（≤0.4），约等于 $(I_{max}-I_{min})/(I_{max}+I_{min})$
32	容差	一个量的标准值与其测量值之间的允许偏差

三、电机及电机试验常用物理量名称及符号

国家标准 GB/T 13394—1992《电工技术用字母符号　旋转电机量的符号》中规定了旋转电机常用的电工技术字母符号。本手册尽可能地执行其中的规定。对上述标准中没有做出规定的，则采用了我国电机行业惯用的符号（包括角标，例如下角标为 N 时，表示该参数的额定值）。现将有关内容列于表 1-2 中。对于损耗，一般应用小写的 p，但也经常用大写的 P。

表 1-2　电机和电机试验常用物理量名称及符号

符号	物理量名称	符号	物理量名称	符号	物理量名称
A	线负载（线负荷），截面积	f	频率，力	K	常数，系数
a	电机绕组支路数	f_N	额定频率	k	变比，系数
B	磁通密度，磁感应强度	f_2	异步电机转子频率	L	电感，长度
B_δ	气隙磁通密度	G	重量	M	力矩
B_m	磁通密度最大值	H	磁场强度	m	相数
b	宽度	h	高度	N	匝数
C	电容，常数	I	电流（交流为有效值）	n	转速
D	直径	I_N	额定电流	n_N	额定转速
E	电动势（交流为有效值）	I_L	满载电流	n_s	同步转速
E_M	电动势最大值	I_P	有功电流（分量）	P	功率，压力
E_1	一次电动势	I_Q	无功电流（分量）	P_N	额定输出功率
E_2	二次电动势	I_0	空载电流	P_1	输入功率
e	电动势的瞬时值	I_{st}	起动电流（堵转电流）	P_2	输出功率
e_L	自感电动势	I_K，I_d	短路电流（堵转电流）	P_m	电磁功率
e_M	互感电动势	I_1，I_2	定、转子或一、二次电流	P_0	空载功率（损耗）
F	磁通势，力	I_a	电枢电流	p	损耗，极对数
F_δ	气隙磁通势	I_f	励磁电流	p_0	空载损耗
F_a	电枢磁通势	I_m	电流最大值	p_{Fe}	铁心损耗
F_d	直轴电枢磁通势	i	电流瞬时值	P_{fw}	机械损耗（风摩耗）
F_q	交轴电枢磁通势	J	转动惯量	p_{Cu}	铜损耗（铜或铝导体热损耗）

（续）

符号	物理量名称	符号	物理量名称	符号	物理量名称
p_s	杂散损耗	U_N	额定电压	Z_m	励磁阻抗
p_f	励磁损耗	U_0	空载电压	Z_K	短路阻抗
p_d	电刷损耗	U_K，U_d	堵转电压	Z_L	负载阻抗
Q	无功功率，热量	U_f	励磁电压	α	角度，系数
R，r	电阻	U_1，U_2	定、转子或一、二次电压	β	角度，系数
R_L	负载电阻	u	电压瞬时值	δ	气隙，功率角
R_m	磁阻	W，w	匝数	η	效率
S	视在功率，面积，转差率	X	电抗	η_N	额定效率
T	转矩，周期	X_δ	漏电抗	θ	温度
T_N	额定转矩	X_m	主电抗	$\Delta\theta$	温升
T_m	电磁转矩	X_K	短路电抗	μ	磁导系数
T_{st}，T_K	起动转矩，堵转转矩	X_d	直轴同步电抗	μ_0	空气的磁导系数
T_{min}	最小转矩	X_q	交轴同步电抗	τ	极距
T_{max}	最大转矩	X_a	电枢反应电抗	Φ	磁通量（磁通）
T_q	牵入转矩	y	绕组节距	Φ_m	主磁通
t	时间，温度	y_K	换向器节距	Φ，φ	功率因数角
U	电压（交流为有效值）	Z	阻抗，槽数	ω	电角频率

第二节　电机试验常用物理量单位符号及相关量之间的换算关系

对物理量的单位及其所用符号，在1985年国家首次颁布、经5次修订又于2018年再次颁布的《中华人民共和国计量法》中做出了明确的规定。现将与电机和电机试验有关的内容介绍如下。

一、用字母符号表示物理量单位时的书写格式和读音规定

（一）正斜体和大小写的规定

物理量单位用字母符号表示时，一律用正体格式书写，字母大小写的规定与是否用人名命名及字母个数有关，详见表1-3。

表1-3　表示物理量单位用字母符号大小写的规定

是否用人名命名	字母个数	字母大小写规定	举例
是	1	一律大写	A（安培）；Ω（欧姆）
	≥2	第一个字母大写，以后的字母小写	Hz（赫兹）；Pa（帕斯卡）
否	不限	一律小写	m（米）；var（乏）

（二）组合单位的书写格式

对于组合单位的字母代号，应由组成这个单位的字母代号按规定关系（相乘或相除等）组成。相乘关系的，各字母代号之间可加表示相乘关系的符号“·”，在不会造成误解时，也可省去这个乘号，例如视在功率“伏安”的字母代号可用“V·A”，也可用“VA”，但在一套材料中应尽可能一致；相除关系的，各字母代号之间可加表示相除关系的符号“/”，也可采用负指数表示除数，再与被除数写成相乘的关系，例如转速的单位“转每分钟”的字母代号可用“r/min”，也可用“$\mathrm{r \cdot min^{-1}}$”，但在一套材料中也应尽可能一致。

（三）字母读音

用于表示物理量的字母符号读音应为所代表单位名称的汉语文字读音，而不是该字母本身的读音。可为单位全称的全部音；但对于用一个字母表示的，一般读单位的简称音。例如表示电

流强度单位的“A”可读作“安培”，但一般读作“安”；电压单位的“V”可读作“伏特”，但一般读作“伏”；表示频率单位的字母“Hz”，一般读作“赫兹”，也可读作“赫”；表示压强单位的字母“Pa”，可读作“帕斯卡”，一般读作“帕”。

对于复合单位，相乘关系的为从前至后连续读出，例如表示转矩的“N·m”读作“牛米”；相除关系的，先读出分子，后读出分母，两者之间用“每”字连接，例如表示转速的“r/min”读作“转每分钟”；表示加速度的“m/s^2”读作“米每平方秒”或“米每秒平方”。

二、量值数量级的字母符号

对于十进制的量值，其数量级的代号用字母表示时，一律用正体，百万（兆）及以上的字母为大写，千及以下的为小写。此代号又称为“词头”。常用词头见表1-4。

表1-4 单位数量级名称及其字母代号（词头）

所表示的因数	10^{12}	10^{9}	10^{6}	10^{3}	10^{2}	10^{1}	10^{-1}	10^{-2}	10^{-3}	10^{-6}	10^{-9}	10^{-12}
词头名称	太［拉］	吉［加］	兆	千	百	十	分	厘	毫	微	纳	皮
词头符号	T	G	M	k	h	da	d	c	m	μ	n	p

三、电机与电机试验常用物理量单位名称及符号

表1-5～表1-7分别列出了电机与电机试验常用的物理量的国际单位制基本单位及辅助单位、国际单位制中有专门名称的导出单位及我国选定的非国际单位制单位及其符号。

表1-5 国际单位制的基本单位及辅助单位名称及符号

类别	量的名称	量的符号	单位名称	单位符号	类别	量的名称	量的符号	单位名称	单位符号
基本单位	长度	L, l	米	m	基本单位	热力学单位	T, Θ	开［尔文］	K
	质量	m	千克	kg					
	时间	t	秒	s	辅助单位	平面角	—	弧度	rad
	电流	I	安［培］	A		立体角	—	球面度	sr

表1-6 国际单位制中有专门名称的导出单位

量的名称	量的符号	单位名称	单位符号	其他表示形式
频率	f	赫［兹］	Hz	s^{-1}
力，重力	$F, W, (P, G)$	牛［顿］	N	$kg \cdot m/s^2$
能量，功，热量	E, W, Q	焦［耳］	J	N·m
功率，辐射通量	P	瓦［特］	W	J/s
电位，电压，电动势	V, U, E	伏［特］	V	W/A
电容	C	法［拉］	F	C/V
电阻	$R\ (r)$	欧［姆］	Ω	V/A
电导	$G\ (\gamma)$	西［门子］	S	A/V
磁通量	Φ	韦［伯］	Wb	V·s
磁通密度，磁感应强度	B	特［斯拉］	T	Wb/m^2
电感	L	亨［利］	H	Wb/A
压力，压强，应力	P	帕［斯卡］	Pa	N/m^2
摄氏温度	$\theta\ (t)$	摄氏度	℃	—

表1-7 我国选定的非国际单位制单位及其符号

量的名称	单位名称	单位符号	换算关系
时　间	分钟，小时，天	min，h，d	1min=60s，1h=60min，1d=24h
旋转速度	转每分钟	r/min	$1r/min = (1/60)\ s^{-1}$
级　差	分贝	dB	—

四、常用非法定计量单位与法定计量单位之间的换算关系

在实际应用中，由于历史和现在的各种客观原因，还存在着使用非法定计量单位的现象，特

别是在与其他国家交往时，这种现象更常见。所以，还有必要了解常用非法定计量单位与法定计量单位之间的换算关系。表1-8给出了与电机试验有关的部分。

表1-8　常用非法定计量单位与法定计量单位之间的换算关系

量的名称及符号	法定计量单位名称及符号	惯用的非法定计量单位		换算关系
		名称	符号	
长度 L，l	米，m 海里，n mile	英寸	in	1in = 0.0254m
		英尺	ft	1ft = 0.3048m
		码	yd	1yd = 0.9144m
		英里	mile	1mile = 1609.344m
质量 m	千克，kg 克，g 吨，t	磅	lb	1lb = 0.453592kg
		克拉	carat	1carat = 0.2g
		盎司	oz	1oz = 28.3495g
		英吨	ton	1ton = 1016.05kg
		短吨	shton	1shton = 907.185kg
		英担	cwt	1cwt = 50.8023kg
力 F	牛［顿］ N	千克力	kgf	1kgf = 9.80665N
		磅力	lbf	1lbf = 4.44822N
功率 P	瓦［特］ W	千克力米每秒	kgf·m/s	1kgf·m/s = 9.80665W
		米制马力	马力	1马力（米制）= 735.499W
		英制马力	hp	1 hp（英制）= 745.70W
		千卡每小时	kcal/h	1kcal/h = 1.163W
磁通量 Φ	韦［伯］，Wb	麦克斯韦	Mx	$1\text{Mx} = 1\times10^{-8}\text{Wb}$
磁通密度，磁感应强度 B	特［斯拉］，T	高斯	Gs	$1\text{Gs} = 10^{-4}\text{T}$
磁场强度 H	安［培］每米，A/m	奥斯特	Oe	1Oe = 79.5775A/m
磁位差 U_m，磁通势 F，F_m	安［培］，A	吉伯	Gb	1Gb = 0.79577A
力矩 M 转矩，力偶矩 T	牛［顿］米 N·m	千克力米	kgf·m	1kgf·m = 9.80665N·m
		磅力英寸	lbf·in	1lbf·in = 0.112985N·m
		磅力英尺	lbf·ft	1lbf·ft = 1.35582N·m
压力，压强 P	帕［斯卡］ Pa	千克力每平方米	kgf/m^2	$1\text{kgf/m}^2 = 9.80665\text{Pa}$
		巴	bar	$1\text{bar} = 1\times10^5\text{Pa}$
		工程大气压	at	$1\text{at} = 9.80665\times10^4\text{Pa}$
		标准大气压	atm	$1\text{atm} = 1.013250\times10^5\text{Pa}$
		米水柱	mH_2O	$1\text{mH}_2\text{O} = 9.80665\times10^3\text{Pa}$
		毫米汞柱	mmHg	$1\text{mmHg} = 1.333224\times10^2\text{Pa}$

五、希腊字母及其近似读音

在电机试验工作中，要用到希腊字母，因为其读音复杂，加之用得较少，所以经常读不准，甚至读不出来。为解决上述问题，表1-9给出了希腊字母（大、小写正体）及用汉字标注的近似读音，供使用时参考。

表1-9　希腊字母（大、小写正体）及其近似读音

字母	近似读音	字母	近似读音	字母	近似读音	字母	近似读音
Α，α	啊耳发	Η，η	衣塔	Ν，ν	纽	Τ，τ	滔
Β，β	贝塔	Θ，θ	西塔	Ξ，ξ	克西	Υ，υ	依普西龙
Γ，γ	嘎马	Ι，ι	约塔	Ο，ο	奥密克戎	Φ，φ	费衣
Δ，δ	得耳塔	Κ，κ	卡帕	Π，π	派	Χ，χ	喜
Ε，ε	艾普西龙	Λ，λ	兰姆达	Ρ，ρ	洛	Ψ，ψ	普西
Ζ，ζ	截塔	Μ，μ	谬	Σ，σ	西格马	Ω，ω	欧米嘎

第三节　电机型号的编制方法及常用电机名称和型号

国家标准 GB/T 4831—2016《旋转电机产品型号编制方法》中规定了我国电机型号编制方法。本节将介绍其中有关内容，并给出一些常用的电机名称和型号，以便使用时查找。

一、常用电机型号的编制方法

我国电机型号一般由如下 4 部分组成。

1-产品代号 - 2-规格代号 - 3-特殊环境代号 - 4-补充代号

（一）产品代号

产品代号即电机所属的系列及类型代号。一般采用电机所属系列和名称汉语文字中有代表性的一个或几个字的汉语拼音字头来组成。例如，交流异步电动机的代号为“Y”；交流同步电动机的代号为“T”；交流同步发电机的代号为“TF”；电动阀门用三相异步电动机的代号为“YDT”等。这一部分中，有时也采用多年来已习惯应用的国际通用字母代号，例如交流单相电容电动机，其代号则为“YC”，其中的“C”为国际通用的电容器代号。当字母代号后面跟有一位阿拉伯数字时，该数字表示本系列产品的设计序号或改型次数，有时也称为“代数”，例如 Z4 系列直流电动机，即第 4 次设计的或第 4 代的直流电动机，第一次设计的产品一般不出现这一部分，即“1”可以省略。

（二）规格代号

规格代号即为电机规格型式代号。它包括电机的结构参数，如机座号、铁心规格、中心高、凸缘端盖代号、电机性能参数（极数、容量、电压、电流、转速等）等。

在这一部分中，能用具体数字表示的项目则用阿拉伯数字给出，如中心高、额定电压等；不能或不好用具体数字表示的，则用字母或数字代号表示，如机座的长短用 L、M、S（分别代表长、中、短，是英文单词 Long、Middle 和 Short 的第一个字母，即“字头”），同一机座中不同长短的铁心用 1、2、3 等数字表示（数字越大，铁心越长）。

凸缘端盖代号采用国际通用的字母符号 FF（凸缘上的安装孔为通孔）或 FT（凸缘上的安装孔为螺孔）连同凸缘安装孔中心基圆直径的数值来表示。

（三）特殊环境代号

特殊环境代号给出电机所能适应的特殊工作环境内容。用特定的字母或字母加数字表示，如用 W 表示该电机可在屋外使用；TH 表示该电机可在湿热环境中使用等（其他见表 1-12）。这一部分只在有需要时给出，也就是说，普通常用电机无此部分。

（四）补充代号

补充代号仅用于有此要求的电机。内容包括安装方式、派生序号等，用字母（除有统一规定的专用符号外，一般使用汉语拼音字头）或阿拉伯数字组成。例如：V1 表示该电机应立式安装（主轴伸朝下。该部分的详细规定见本章第五节）；P18 表示该电机为第 18 种派生产品。补充代号所代表的内容应在产品标准中规定。

（五）举例

某电机型号为“YD2-160M2-4 TH V3”。其中：“YD2”为第一部分；“160M2-4”为第二部分；“TH”为第三部分；“V3”为第四部分。具体代表含义如下：

YD2——该电机为第 2 次设计（或第二代）的普通变极多（D）速三相异（Y）步电动机。

160——该电机的机座号为 160。对于带底脚的电机，则直接为其轴中心高（单位为 mm）；

对于无底脚的电机（例如用凸缘端盖安装的电机），则表示该电机的机座与轴中心高为160mm带底脚电机的机座内、外径相同。

M2——中等长度机座；其中所用铁心长度号为2号。

4——极数为4极。

TH——该电机可用于湿热环境中。

V3——该电机使用时为立式安装，并使主轴伸朝上。

二、常用电机名称和型号

为方便大家在工作时查找和识别，现将常用电机系列名称和代号对应列于表1-10～表1-12中。

尽管有上述规定，但由于我国电机产品种类繁多，特别是有些生产企业不严格执行国家相关标准，自行命名（主要指上述第一部分）等原因，使得电机型号的内容还不太统一，这一点请大家务必注意。

表1-10 电机基本系列及其代号

电机系列名称	代号	电机系列名称	代号
交流异步电动机	Y	汽轮发电机	QF
同步电机（汽轮及水轮发电机除外）	T	水轮发电机	SF
同步发电机	TF	测功机	C
直流电机	Z	纺织专用电机	F

表1-11 主要系列规格代号的组成内容（其中电机中心高和内外径尺寸单位为mm）

产品系列	规格代号组成内容
中小型交流电机	中心高（机座号）+机座长度（字母代号）+铁心长度（数字代号）+极数
小型直流电机	中心高（机座号）+机座长度（字母代号）
中型直流电机	中心高（机座号）+铁心长度（数字代号）+电流等级（数字）
汽轮发电机	功率（MW）+极数
中小型水轮发电机	功率（kW）+极数/定子铁心外径
测功机	功率（kW）+转速（仅对直流测功机）
小功率电动机	中心高或机壳外径+机座长度（字母代号）+铁心长度、电压、转速（均用数字）
交流换向器电动机	中心高或机壳外径+铁心长度、转速（均用数字）

表1-12 可适应特殊环境字母代号

适用环境条件	高原	船（海）	有化工腐蚀物质	热带	湿热带	干热带	屋（户）外
代号	G	H	F	T	TH	TA	W

第四节 电机的工作制与定额

电机的工作制是指电机在运行时承受负载的情况，包括起动、电制动、空载、断能停转以及这些阶段的持续时间和先后顺序。

GB/T 755—2019中规定了旋转电机的10种工作制，分别用S1～S10共10个代号表示。其中S1为连续工作制；S2为短时工作制；S3～S8为各种不相同过程的周期的工作制；S9为非周期变化工作制；S10为离散恒定负载工作制。

现将这 10 种工作制的内容列于表 1-13 中。标注示例中的 J_M 和 J_{ext} 分别为电机和负载的转动惯量。

这些工作制主要适用于电动机，S1、S2 也适用于发电机。

在产品试验时，如果没有特殊要求，S2 工作制的运行时间为 10min、30min、60min 或 90min；S3 ~ S8 工作制的 1 个周期时间定为 10min，负载持续率可为 15%、25%、40% 或 60%。

图 1-1 为 S1 ~ S8 共 8 种电机工作制的能耗（输入功率）与时间周期关系图（更详细的图示请查阅 GB/T 755—2019）。图中，*T* 为一个周期；*N* 为正常运行过程；*D* 为起动过程；*F* 为电制动过程；*R* 为断电停转过程；*V* 为空转运行过程。

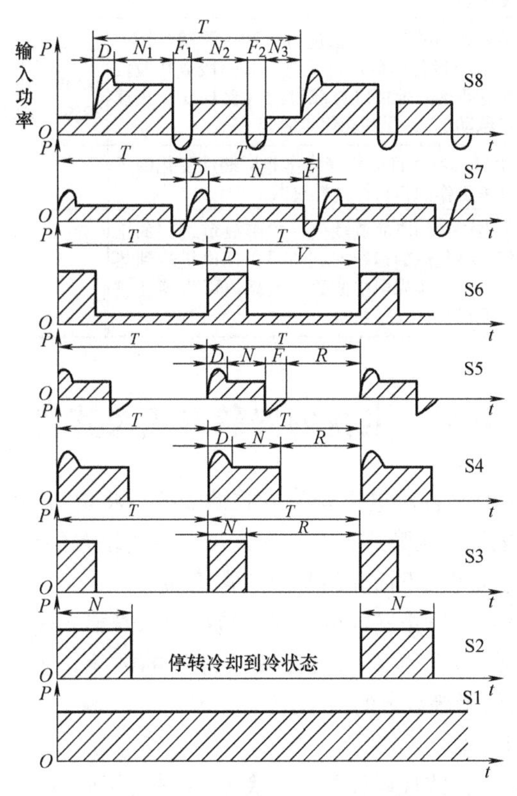

图 1-1　电机 S1 ~ S8 工作制输入功率与时间周期关系图

D—起动　*N*—运行　*R*—停转　*V*—空转　*F*—电制动

表 1-13　电机工作制分类及各工作制的内容和标注示例

代码	工作制名称	电机运行状态	标注示例
S1	连续	保持在恒定负载下运行至热稳定状态	S1
S2	短时	在恒定负载下按给定的加载时间运行，电机在该时间内不足以达到热稳定，随之停机和断能，停机时间足以使电机冷却到与冷却介质温度之差在 2K 以内	S2 60min
S3	断续周期	按一系列相同的工作周期运行，每一周期包括一段恒定负载运行时间和一段断能停机时间	S3 25%
S4	包括起动的断续周期	按一系列相同的工作周期运行，每一周期包括一段对温升有显著影响的起动时间、一段恒定负载运行时间和一段断能停机时间	S4 25J_M = 0.15kg · m^2 J_{ext} = 0.7kg · m^2

（续）

代码	工作制名称	电机运行状态	标注示例
S5	包括起动和电制动的周期	按一系列相同的工作周期运行，每一周期包括一段起动时间、一段恒定负载运行时间、一段电制动时间和一段断能停机时间	S5 25 J_M =0.15kg·m^2 J_{ext} =0.7kg·m^2
S6	连续周期	按一系列相同的工作周期运行，每一周期包括一段恒定负载运行时间和一段空载运行时间，无断能停机时间	S6 25%
S7	包括电制动的连续周期	按一系列相同的工作周期运行，每一周期包括一段起动时间、一段恒定负载运行时间和一段电制动时间，无断能停机时间	S7 J_M =0.15kg·m^2 J_{ext} =0.7kg·m^2
S8	包括变速变负载的连续周期	按一系列相同的工作周期运行，每一周期包括一段按预定转速运行的恒定负载时间和一段或几段按其他转速运行的其他恒定负载时间（例如变极多速交流异步电动机），无断能停机时间	S8 J_M =0.15kg·m^2 J_{ext} =0.7kg·m^2 16kW 740r/min 30%；40kW 1460r/min 30%；25kW 980r/min 40%
S9	负载和转速非周期变化	负载和转速在允许的范围内作非周期性变化的工作制。这种工作制包括经常性过载	
S10	离散恒定	包括不多于4种离散负载值（或等效负载）的工作制。每一种负载的运行时间应足以使电机达到热稳定。在一个工作周期中的最小负载值可为零（空载或断能停机）	

第五节　电机的安装方式及其代码

电机生产厂根据用户所用设备对电机安装方式的需要，将电机机座制成各种形式。国家标准GB/T 997—2008《旋转电机结构型式、安装型式及接线盒位置的分类（IM代码）》中规定了各种电机结构及安装型式的代码。下面介绍其中的常用部分。

代码的构成有两种方式：一种由三部分组成，包括表示安装方式的字母代号“IM”、表示轴线方向的字母代号“B”或“V”和表示具体安装部位的数字；第二种由两部分组成，包括“IM”和4位表示具体安装位置等规定的数字。

一、由三部分组成的代码

由三部分组成的电机安装方式代码较常用，表1-14进行了简单介绍。

表1-14　由三部分组成的安装方式的代码及其所表示的含义

次序	代码	表示的含义
第一部分	IM	国际通用安装方式的代码，又称为IM代码。英文全称为International Mounting type
第二部分	B	表示电机在使用时为卧式安装，即其轴线为水平方向
	V	表示电机在使用时为立式安装，即其轴线为竖直方向
第三部分	1~2个数字	表示电机与台架、配套负载设备的实际安装及配合方式

现将其最常用的几种列于表1-15和表1-16中。表图中画斜线的部位是安装基础构件。“D”代表电机主轴伸，是指电动机的传动端和发电机的被传动端轴伸；对于双轴伸电机，指直径大的一端（另一端用N表示）；当两个轴伸直径相同时，对一端装有换向器、集电环或外装励磁机的，指未装这些装置的一端，对无这些装置的，则指从该端看电机的出线盒在右侧的一端。图1-2是几种常用安装方式电机的配套实例。

表 1-15　常用卧式安装方式（IMB）图示和代码

代码	图示	说明	代码	图示	说明
B3	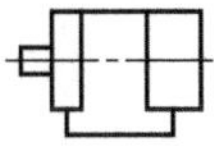	用底脚安装在基础构件上	B9	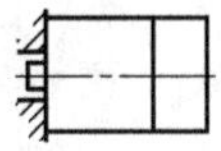	D 端无端盖。借 D 端的机座端面安装
B5	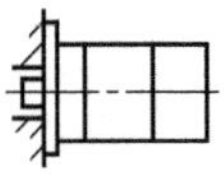	用凸缘端盖安装在基础构件或配套设备上	B15	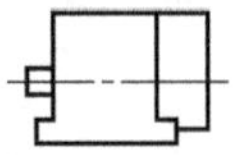	D 端无端盖。用底脚主安装，D 端的机座端面辅安装
B6		用底脚安装在墙上，从 D 端看，底脚在左边	B20	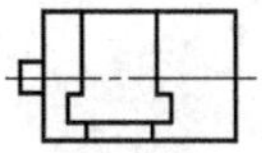	有抬高的底脚，并用底脚安装在基础构件上
B7	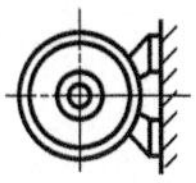	用底脚安装在墙上，从 D 端看，底脚在右边	B34	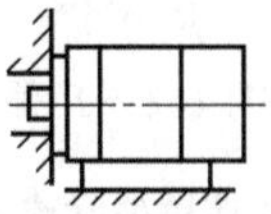	借底脚安装在基础构件上，并附用凸缘平面安装配套设备
B8		用底脚安装在天花板上	B35	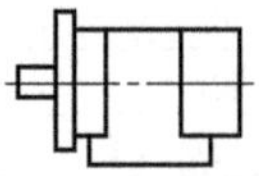	借底脚安装在基础构件上，并附用凸缘端盖安装配套设备

表 1-16　常用立式安装方式（IMV）图示和代码

代码	图示	说明	代码	图示	说明
V1	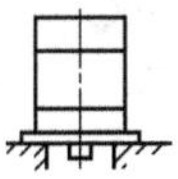	用凸缘安装，D 端朝下	V9	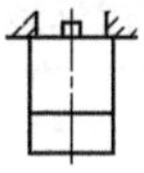	D 端无端盖。借 D 端的机座端面安装，D 端朝上
V3	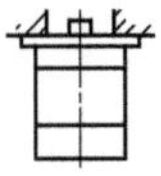	用凸缘安装，D 端朝上	V10	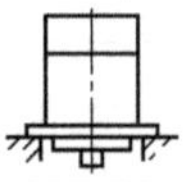	机座上有凸缘，并用其安装，D 端朝下
V5	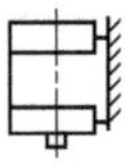	用底脚安装在墙上，D 端朝下	V15	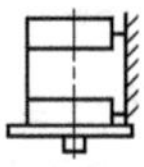	用底脚安装在墙上，并用凸缘作辅安装，D 端朝下
V6	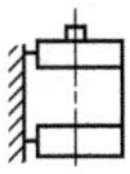	用底脚安装在墙上，D 端朝上	V16	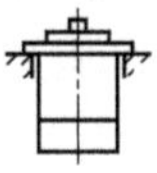	机座上有凸缘，并用其安装，D 端朝上
V8	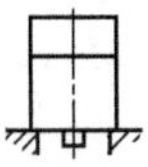	D 端无端盖。借 D 端的机座端面安装，D 端朝下	V36	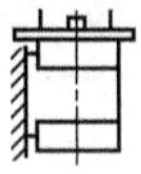	用底脚安装在墙上，并用凸缘作辅安装，D 端朝上

二、由两部分组成的代码

（1）第一部分为代码 IM，其含义见表 1-14。

（2）第二部分由 4 个阿拉伯数字组成，用于表明电机与配套设备的联结方式或所用部位。4 个阿拉伯数字中，第 1 位表示结构型式，从 0～9 共 10 种，见表 1-17；第 2 位和第 3 位合起来表示安装型式，有近 200 种（本手册不详细介绍，要详细了解，请参看 GB/T 997—2008）；第 4 位表示轴伸型式的分类，从 0～9 共 9 种（无 8），见表 1-18。

a) IM B3 型　b) IM B5 型

c) IM B35 型　d) IM V1 型　e) IM V3 型

图 1-2　几种常用安装方式电机的配套实例

表 1-17　由 4 个阿拉伯数字组成安装型式代号中第 1 位所对应的结构型式

数字	结构型式	数字	结构型式
1	具有端盖式轴承，用底脚安装	6	具有端盖式轴承和座式轴承
2	具有端盖式轴承，用底脚和凸缘安装	7	具有座式轴承，无端盖
3	具有端盖式轴承，其中一个端盖带凸缘，用凸缘安装	8	除上述 1 ~4 以外的立式电机
4	具有端盖式轴承，机座带凸缘，用凸缘安装	9	特殊安装型式的电机
5	无轴承	0	无机座

表 1-18　由 4 个阿拉伯数字组成安装型式代号中第 4 位所表示的轴伸型式

数字	结构型式	数字	结构型式
1	有 1 个圆柱形轴伸	6	有 2 个带凸缘的轴伸
2	有 2 个圆柱形轴伸	7	D 端为带凸缘轴伸 N 端为圆柱形轴伸
3	有 1 个圆锥形轴伸		
4	有 2 个圆锥形轴伸	9	所有其他类型的轴伸
5	有 1 个带凸缘的轴伸	0	无轴伸

三、由三部分组成和由两部分组成的两种表示方式之间的关系

由三部分组成和由两部分组成的两种表示方式之间具有一定的对应关系。现将表1-15和表1-16中所列的20种由三部分组成的常用型式与由两部分组成的表示方式之间对应关系列于表1-19中，供大家参考对比。

表 1-19　两种表示法对应关系表（常用部分）

方式类别		方式类别		方式类别	
三部分组成	两部分组成	三部分组成	两部分组成	三部分组成	两部分组成
IM B3	IM 1001	IM B20	IM 1101	IM V8	IM 9111
IM B5	IM 3001	IM B34	IM 2101	IM V9	IM 9131
IM B6	IM 1051	IM B35	IM 2001	IM V10	IM 4011
IM B7	IM 1061	IM V1	IM 3011	IM V15	IM 2011
IM B8	IM 1071	IM V3	IM 3031	IM V16	IM 4131
IM B9	IM 9101	IM V5	IM 1011	IM V36	IM 2031
IM B15	IM 1201	IM V6	IM 1031		

第六节 电机的冷却方法及其代号

GB/T 1993—1993《旋转电机冷却方法》，规定了有关旋转电机冷却的名词术语、代号及相关内容。现简要介绍其中的主要部分。

一、旋转电机冷却方式的表示方法

旋转电机冷却方式最多用6部分进行表述。按从左到右的顺序，简要介绍如下。对于常用的中小型电机，一般没有次级冷却介质，所以只有前4部分。另外，若冷却介质是空气（用字母A表示），则其介质代号（A）可省略。省略若干代号后的标记称为简化标记。应优先使用简化标记。

表1-20给出了6部分内容简介。

表1-20 旋转电机冷却方式6部分内容简介

序次	1	2	3	4	5	6
形式	IC	1个数字	1个字母	1个数字	1个字母	1个数字
表示内容	国际通用的冷却方法代码。英文全称为 International Cooling method	冷却回路的布置代号，详见表1-21	初级冷却介质代号，详见表1-22	初级冷却介质运动推动方式代号，详见表1-23	次级冷却介质代号，详见表1-22	次级冷却介质运动推动方式代号，详见表1-23

表1-21 冷却回路的布置代号及其内容

代号	简要说明	详细内容
0	自由循环	冷却介质从周围介质直接自由吸收，然后直接返回到周围介质（开路）
1	进口管或进口通道循环	冷却介质通过进口管或进口通道从电机的远方介质中吸入电机，经过电机后，直接返回到周围介质（开路）
2	出口管或出口通道循环	冷却介质直接从周围介质吸入，经过电机后，通过出口管或通道回到远离电机的远方介质（开路）
3	进出管或进出通道循环	冷却介质通过进口管或通道从远方介质吸入，流经电机后，通过出口管或通道回到远方介质（开路）
4	机壳表面冷却	初级冷却介质在电机内的闭合回路内循环，并通过机壳表面把热量（包括经定子铁心和其他热传导部件传到机壳表面的热量）传递到最终冷却介质，即周围环境介质。机壳外部表面可以是光滑的或带筋的，也可以带外罩以改善热传递效果
5	内装式冷却器（用周围环境介质）	初级冷却介质在闭合回路内循环，并通过与电机成为一体的内装式冷却器把热量传给最终冷却介质，后者为周围环境介质
6	外装式冷却器（用周围环境介质）	初级冷却介质在闭合回路内循环，并通过直接安装在电机上的外装式冷却器把热量传递给最终冷却介质，后者为周围环境介质
7	内装式冷却器（用远方介质）	初级冷却介质在闭合回路内循环，并通过与电机成为一体的内装式冷却器把热量传递给次级冷却介质，后者为远方介质
8	外装式冷却器（用远方介质）	初级冷却介质在闭合回路内循环，并通过装在电机上面的外装式冷却器把热量传递给次级冷却介质，后者为远方介质
9	分装式冷却器（用周围环境介质或远方介质）	初级冷却介质在闭合回路内循环，并通过与电机分开独立安装的冷却器把热量传递给次级冷却介质，后者为周围环境介质或远方介质

表1-22 冷却介质代号

冷却介质	空气	氢气	氮气	二氧化碳	氟利昂	水	油	不确定的液体
代号	A	H	N	C	F	W	U	S

表 1-23　介质推动代号表示的内容

代号	简要说明	详细内容
0	自由对流	依靠温度差促使冷却介质运动（转子的风扇作用可忽略不计）
1	自循环	冷却介质运动与电机转速有关，或因转子本身的作用，或为此目的专门设计，并安装在转子上的部件使介质运动，或是由转子拖动的整体风扇或泵的作用促使介质运动
5	内装式独立部件	由整体部件驱动介质运动，该部件所需动力与主机转速无关。例如自带驱动电动机的风扇或泵
6	外装式独立部件	由安装在电机上的独立部件驱动介质运动，该部件所需动力与主机转速无关。例如自带驱动电动机的风扇或泵
7	分装式独立部件或冷却介质压力	与电机分开安装的电气或机械部件驱动冷却介质运动，或者是依靠冷却介质循环系统中的压力驱动冷却介质运动。例如有压力的给水系统或供气系统
8	相对运动	冷却介质运动起因于它与电机之间有相对运动，或者是电机在介质中运动，或者是周围介质流过电机
9	其他部件	冷却介质由上述方法以外的其他方法驱动。应予以详细说明

注：2、3、4三个数字备用。

二、常见电机冷却方法举例

常见电机冷却方法举例见表1-24。

表 1-24　几种常用类型的冷却方式电机示例、示意图和简写代码

电机系列	外形示例	冷却系统示意图	冷却方式描述	冷却代码
Y2系列三相异步电动机			内外风扇自扇风式，外壳散热	IC 411
Z2系列直流电动机			内风扇自扇风式，冷却介质由一端吸入，从另一端排出	IC 01
YVF系列变频调速电动机			内风扇，外装恒速风机冷却式，外壳散热	IC416
YGP系列轧钢辊道用电动机			内风扇，靠机壳表面冷却式（通过辐射散热）	IC410
电动自行车用电动机			内风扇，靠运行时的相对运动的自然风冷却式	IC418

（续）

电机系列	外形示例	冷却系统示意图	冷却方式描述	冷却代码
YKK 系列电动机			外装空气冷却器冷却式	IC611
Z4 系列直流电动机			外吹风强制冷却式	IC06
YSL 系列电动机			靠机壳流动水冷却式，冷却用水通过管道进入和排出	IC3W7

第七节 旋转电机外壳防护分级（IP 代码）

国家标准 GB/T 4942.1—2006 规定了旋转电机外壳防护分级（IP 代码）的具体内容。下面介绍其中的主要部分。有关试验的内容将在第四章中介绍。

一、表示方法

1. 一般用途电机的表示方法

外壳防护等级用“IP”两个字母加两位表征数字组成，例如：IP23、IP54 等。“IP”是国际通用的“防护等级”代码，英文全称为 International Degree of Protect；第一位表征数字代表防固体的等级，有 0 ~ 6 共 7 个等级；第二位表征数字代表防液体（无特殊说明时即指水）的等级，有 0 ~ 8 共 9 个等级。

2. 有特殊用途电机的表示方法

对有特殊用途的电机，当需要增加防护内容时，可在上述数字后，用规定的字母来表示补充的防护内容。

例如：安装在船舶甲板上的开路冷却电机，在停机时进出风口都是关闭的。对此，可用字母 S 表示为防止进水而引起有害影响的试验是在电机静止状态下进行的，若试验是在电机运转状态下进行的，则用字母 M 表示。

对适用于规定气候条件且具有附加防护特点或措施的开启式空气冷却电机，可用字母 W 表示。

二、第一位表征数字（防固体等级）的内容

第一位表征数字表示电机外壳对人和机内部件的防护等级，表 1-25 给出了具体的防护内容。表中所用术语“防止”表示能防止部分人体、手持的工具或导线进入外壳，即使进入，亦能与带电或危险的转动部件（光滑的旋转轴和类似部件除外）之间保持足够的间隙。表中内容是以可防止的最小固体异物尺寸加以表述的。

表中“简述含义”一栏不作为防护型式的规定；表征数字代码 1 ~ 4 的电机所能防止的固体

异物，包括形状规则或不规则的物体，其三个相互垂直的尺寸均不超过所规定的数值；第5级防尘是一般的防尘，当尘的颗粒大小、纤维状或粒状已作规定时，试验条件应由制造厂和用户协商确定。等级6为严密防尘。

对外风扇罩防护能力的规定是：当电机为IP2X及以上时，应达到2级防固体的能力。

表1-25　第一位表征数字（防固体等级）表示的防护等级内容

等级代码	防护内容	
	详细含义	简述含义
0	无专门防护	无防护电机
1	能防止大面积的人体（如手）偶然或意外地触及或接近壳内带电或转动部件（但不能防止故意接触） 能防止直径>50mm的固体异物进入壳内	防护>50mm固体的电机
2	能防止手指或长度≤80mm的类似物体触及或接近壳内带电或转动部件 能防止直径>12mm的固体异物进入壳内	防护>12mm固体的电机
3	能防止直径>2.5mm的工具或导线触及或接近壳内带电或转动部件 能防止直径>2.5mm的固体异物进入壳内	防护>2.5mm固体的电机
4	能防止直径或厚度>1mm的导线或片条触及或接近壳内带电或转动部件 能防止直径>1mm的固体异物进入壳内	防护>1mm固体的电机
5	能防止触及或接近壳内带电或转动部件 虽不能完全防止尘土进入，但进尘量不足以影响电机的正常工作	防尘电机
6	能防止触及或接近壳内带电或转动部件 能完全防止尘土进入	完全防尘电机

三、第二位表征数字（防液体等级）的内容

第二位表征数字表示防液体（一般指水）的能力等级，其具体含义见表1-26。

表1-26　第二位表征数字（防液体等级）表示的防护等级内容

等级代码	防护内容	
	详细含义	简述含义
0	无专门防护	无防护电机
1	垂直滴水应无有害影响	防滴电机
2	当电机从正常位置向任何方向倾斜至15°以内任意一角度时，垂直滴水应无有害影响	15°防滴电机
3	与垂线成60°角范围内的淋水应无有害影响	防淋水电机
4	承受任何方向的溅水应无有害影响	防溅水电机
5	承受任何方向的喷水应无有害影响	防喷水电机
6	承受猛烈的海浪冲击或强烈喷水时，电机的进水量应不达到有害的程度	防海浪电机
7	当电机浸入到规定压力的水中经规定时间后，电机的进水量应不达到有害的程度	防浸水电机
8	电机在制造厂规定的条件下能够长期潜水，电机一般为水密型，但对某些类型电机也可允许水进入，但应不达到有害的程度	持续潜水电机

第八节　电机的线端标志与旋转方向

国家标准GB 1971—2006《旋转电机　线端标志与旋转方向》（等同采用IEC60034—8：2002

《旋转电机-第8部分：线端标志与旋转方向》）对电机的线端标志与旋转方向做出了原则性的规定。下面介绍其中的主要内容。

一、线端标志符号

电机中的绕组及有关电气元件的两个（或多个）线端均应给出特定的标志，以便于用户接线和识别。标志符号一般使用大写拉丁字母和阿拉伯数字组成，字母表示绕组和元件的类别（为了避免与数字1和0混淆，不应使用字母“I”和“O”），数字用于表示同一绕组（或同一套绕组，如一相绕组）和元件的线端序号。表1-27给出了字母标志符号。

表1-27 旋转电机线端标志符号

元件类别	元件名称	线端标志符号	元件类别	元件名称	线端标志符号
电源	供电导体	L	辅助器件	交流制动器	BA
保护	保护接地端	PE		直流制动器	BD
直流和单相换向器电机	电枢绕组	A		电刷磨损探测器	BW
	换向绕组	B		电容器	CA
	补偿绕组	C		电流互感器	CT（TA）
	串励绕组	D		加热器	HE
	并励绕组	E		避雷器	LA
	他励绕组	F		电压互感器	PT（TV）
	直轴辅助绕组	H		电阻温度器	R
	交轴辅助绕组	J		浪涌电容器	SC
无换向器的交流电机	直流励磁绕组	F		浪涌保护器	SP
	一次绕组（第一相）	U		开关（包括逆流制动开关）	S
	一次绕组（第二相）	V		随温度升高而断开的热动开关	TB
	一次绕组（第三相）	W		随温度升高而闭合的热动开关	TM
	一次绕组的星点（中性导体）	N		热电偶	TC
	二次绕组（第一相）	K		负温度系数热敏电阻	TN
	二次绕组（第二相）	L		正温度系数热敏电阻	TP
	二次绕组（第三相）	M			
	二次绕组的星点（中性导体）	Q			
	辅助绕组	Z			

二、绕组线端标志的规则和示例

绕组线端标志的规则和示例见表1-28。

表1-28 绕组线端标志的规则和示例

分类		说明	图例
通则	复绕组线端	一台电机的几个引接线可以有相同的标志，但每个引接线具有完全相同的电气功能，可以连接任一相同标志的引接线	U U V V W W (U_1) (V_1) (W_1) (U_2) (V_2) (W_2)
	共用线端	当用几根引接线或导体分流时，线端标志应由一个连字号分隔附加数字来表示	(U_1) (V_1) (W_1) (U_2) (V_2) (W_2) U_{1-1} U_{1-2} V_{1-1} V_{1-2} W_{1-1} W_{1-2}

（续）

分类		说明	图例
通则	共用线端	具有两套或多个独立绕组的一些多速电机，可能会在不接电的绕组内产生环流，在这种情况下，开路三角形联结（以下用符号“△”表示三角形联结）的线端标志应由一个连字号分隔附加数字后缀来表示	1W−1　1V　1W−2　1U　2U　2W　2V
	省略	在不会发生混淆的条件下，数字前缀和/或后缀可以省略	U　V　W
		当两个或两个以上元件接到同一线端时，则应标注一个标志，应优先标注后缀数字较小的标志	U_2　U_1　(U_2)　(U_3)　U_4
		当两个或两个以上不同功能的元件内连接时，应视为一个整体元件，线端标志应标注包含元件基本功能的字母	(B_2)　$A_1(X_1)$　$(X_2)(B_1)$　$(C_1)(C_2)A_2$
	接地端	保护接地导体的线端应标注字母 PE	PE
后缀	绕组单元	每套绕组的两端标注不同的数字后缀，按照 GB/T 4026—2019 的规定： 第一套绕组标注 1、2； 第二套绕组标注 3、4； 第三套绕组标注 5、6； 第四套绕组标注 7、8 在所有的绕组中，与电源连接较近的绕组线端应标注较小的数字后缀	U_1 V_1 W_1 / U_2 V_2 W_2 / U_3 V_3 W_3 / U_4 V_4 W_4 / U_5 V_5 W_5 / U_6 V_6 W_6 / U_7 V_7 W_7 / U_8 V_8 W_8
	内连接	当几套绕组元件的几个线端连接时，线端标志应标注数字较小的后缀	U_2　U_1　(U_2)　(U_3)　U_4
	抽头	绕组元件的抽头应按出现的顺序依次标注： 第一套绕组标注 11、12、13 等； 第二套绕组标注 31、32、33 等； 第三套绕组标注 51、52、53 等； 第四套绕组标注 71、72、73 等 离绕组起头较近的抽头应标注较小的数字后缀	U_1 U_{11} U_{12} U_{13} U_{14} U_2；V_1 V_{11} V_{12} V_{13} W_{14} V_2；W_1 W_{11} W_{12} W_{13} W_{14} W_2；U_3 U_{31} U_{32} U_{33} U_{34} U_4；V_3 V_{31} V_{32} V_{33} V_{34} V_4；W_3 W_{31} W_{32} W_{33} W_{34} W_4

（续）

分类		说明	图例
前缀		几套绕组是独立的（或属于不同的电路），但具有相似的功能，这样的几套绕组应标注相同的字母、不同的数字前缀。每个线端应标注所在绕组（或电路）的相应数字前缀： 第一套绕组标注 1； 第二套绕组标注 2； 第三套绕组标注 3 等； 对于多速电机来说，线端标志前缀的顺序与转速由小到大的排列相同	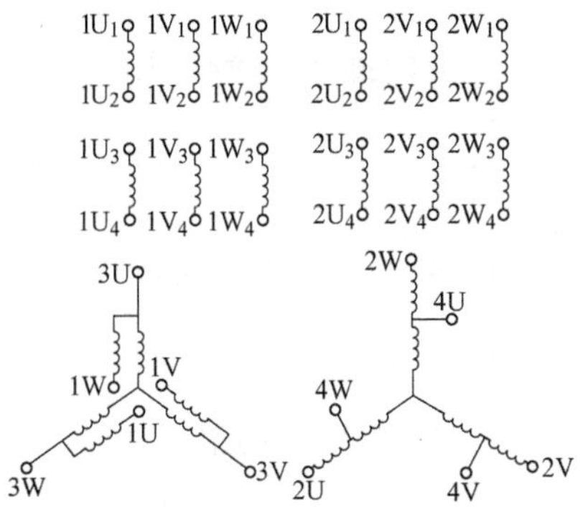
不同类型电机的绕组标志	三相电机	三相电机的初级绕组线端标志应分别表示为 U、V、W，有中性导体的表示为 N；次级绕组线端标志应分别表示为 K、L、M、Q	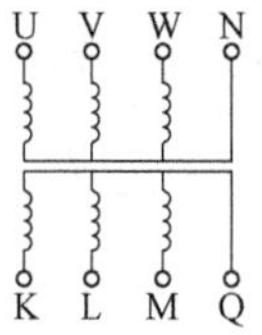
	两相电机	两相电机的线端标志由三相电机的线端标志演变而来，省略字母 W 和 N	
	单相电机	单相电机的初级主绕组线端标志为 U，辅助绕组线端标志为 Z。如果一套主绕组和一套辅助绕组接到一个共用线端上，则该线端标志应根据主相的规则来标注	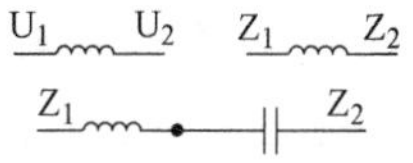
	复三相组（如六相）电机	每一相组的线端标志加一前缀（按本表“前缀”的规定），前缀的数字顺序应按每相组的 U 相达到最大值的顺序而增大	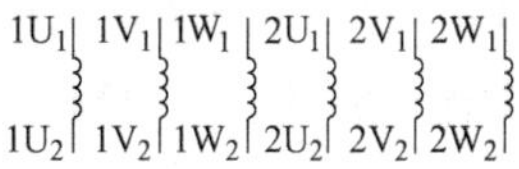
	同步电机	初级绕组的线端标志与异步电机相同；直流他励磁场绕组的线端标志为 F_1 和 F_2	
	直流电机	各种绕组的线端标志见表 1-29 中的规定	见表 1-29

表 1-29 直流电机各种绕组的线端标志图例

序号	绕组名称	图形和线端标志示例
1	电枢绕组，一个元件	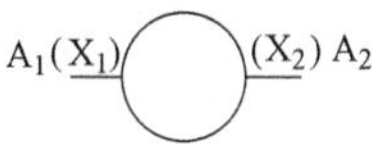
2	换向绕组，一个或两个元件	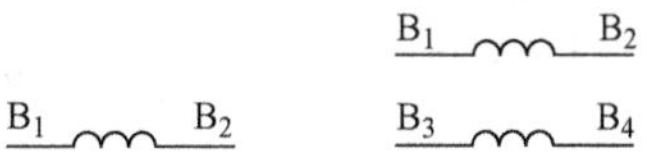

（续）

序号	绕组名称	图形和线端标志示例
3	补偿绕组，一个或两个元件	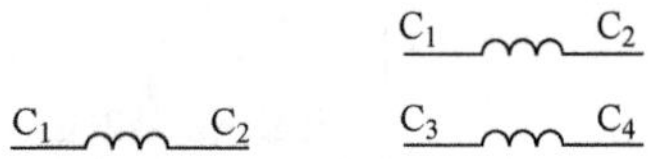 C_1 C_2；C_1 C_2 / C_3 C_4
4	串励绕组，一个元件，两个抽头	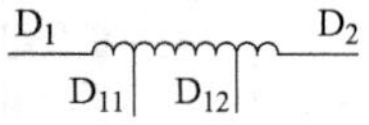 D_1 D_2 D_{11} D_{12}
5	并励绕组，一个元件	 E_1 E_2
6	他励绕组，一个或两个元件	F_1 F_2；F_1 F_2 / F_3 F_4
7	直轴辅助绕组，一个元件	 H_1 H_2
8	交轴辅助绕组，一个元件	 J_1 J_2
9	带换向绕组和补偿绕组的电枢绕组，一个元件	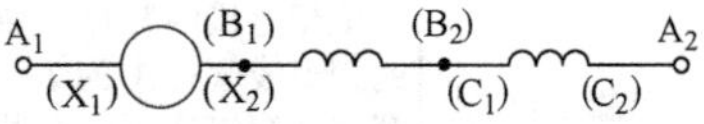 A_1 (X_1) (B_1) (X_2) (B_2) (C_1) (C_2) A_2

三、常用电机绕组接线图

表1-30给出了部分常用电机绕组接线图，供参考使用。其中电路图中标注的L_1、L_2、L_3分别为三相交流电源的三个线端，在无特别指明的情况下，三相电源与三相绕组的联结关系为L_1-U_1、L_2-V_1、L_3-W_1；“△”为三角形联结符号；“Y”为星形联结符号；双电压的电压比为低电压与高电压之比。

表1-30 常用电机绕组接线图

序号	电路名称	电路原理图	接线说明
1	三相单速单电压定子三相△联结	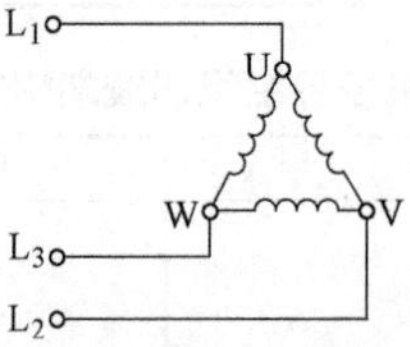 L_1 U W V L_3 L_2	
2	三相单速单电压三相Y联结	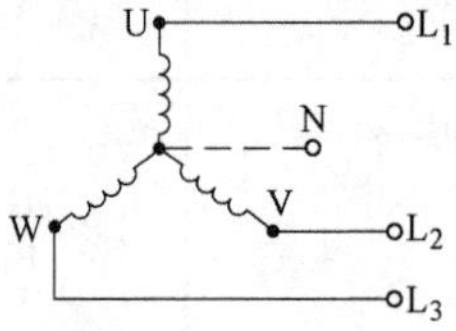 U L_1 N W V L_2 L_3	虚线和符号N表示中性线

（续）

序号	电路名称	电路原理图	接线说明
3	三相单速双电压（$1/\sqrt{3}$）电机定子三相绕组（6个出线端）	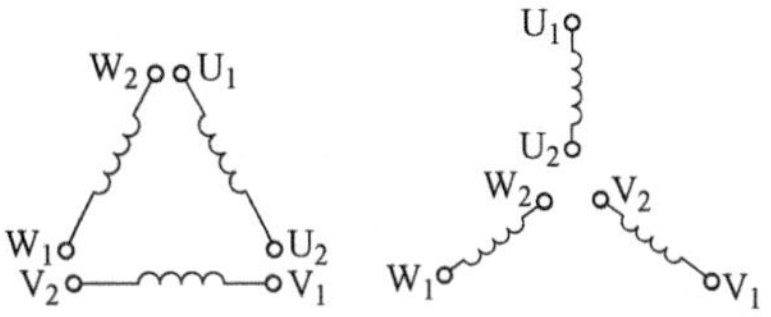 W_2 U_1 W_1 U_2 V_2 V_1 a) U_1 U_2 W_2 V_2 W_1 V_1 b)	a）低电压——△联结：U_1-W_2，V_1-U_2，W_1-V_2 b）高电压——Y联结：U_2-V_2-W_2
4	三相单速双电压（1/2）电机定子三相绕组（9个出线端，Y联结）	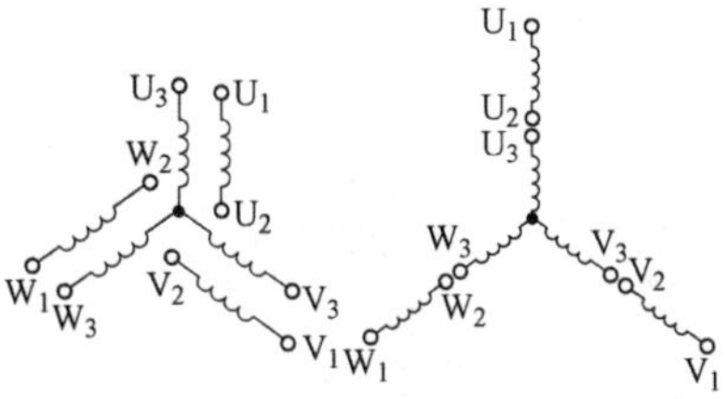 U_3 U_1 W_2 U_2 W_1 W_3 V_2 V_3 V_1 a) U_1 U_2 U_3 W_3 V_3 V_2 W_2 W_1 V_1 b)	a）低电压——并联Y联结（双Y）：U_1-U_3，V_1-V_3，W_1-W_3，U_2-V_2-W_2 b）高电压——串联Y联结（单Y）：U_2-U_3，V_2-V_3，W_2-W_3
5	三相单速双电压（1/2）电机定子三相绕组（9个出线端，△联结）	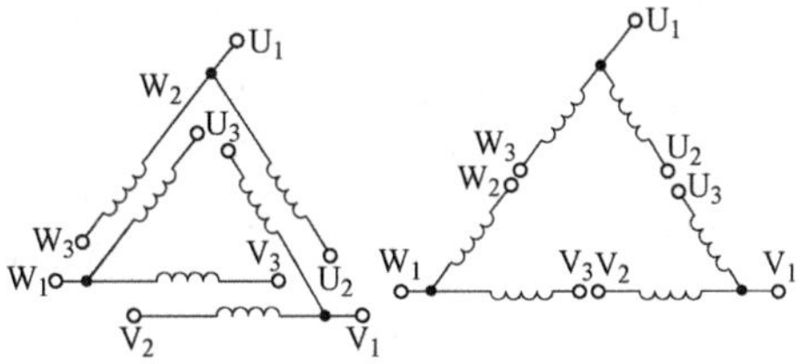 U_1 W_2 U_3 W_3 V_3 W_1 U_2 V_2 V_1 a) U_1 W_3 U_2 W_2 U_3 W_1 V_3 V_2 V_1 b)	a）低电压——并联△联结（双△）：U_1-U_3-W_2，V_1-V_3-U_2，W_1-W_3-V_2 b）高电压——串联△联结（单△）：U_2-U_3，V_2-V_3，W_2-W_3
6	三相单绕组双速变转矩电机定子三相绕组（6个出线端，Y联结）	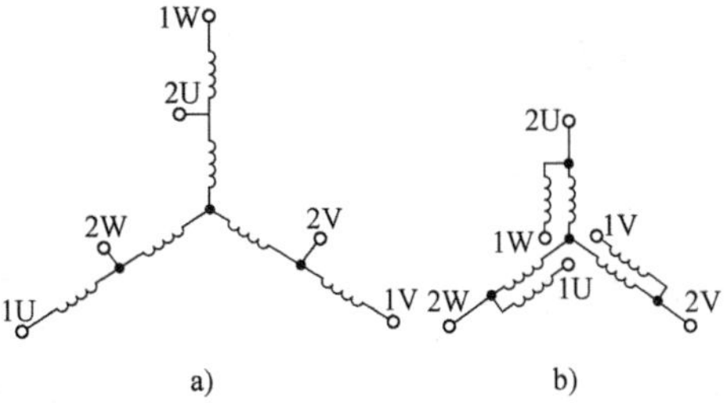 1W 2U 2W 2V 1U 1V a) 2U 1W 1V 2W 1U 2V b)	a）低速——串联Y联结（单Y）：L_1-1U，L_2-1V，L_3-1W；2U、2V、2W悬空 b）高速——并联Y联结（双Y）：L_1-2U，L_2-2V，L_3-2W；1U-1V-1W
7	三相单绕组双速恒转矩电机定子三相绕组（6个出线端，△/Y联结）	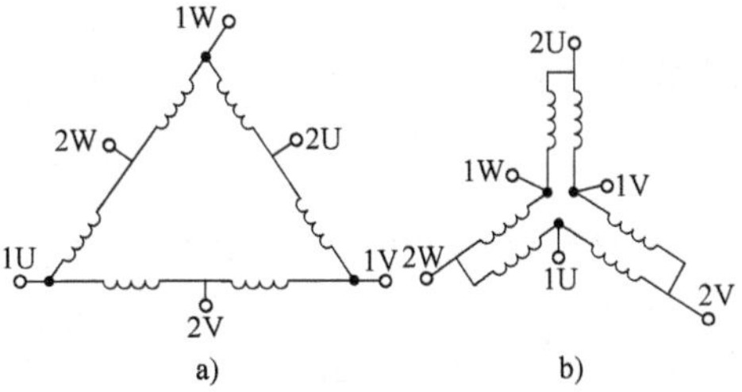 1W 2W 2U 1U 1V 2V a) 2U 1W 1V 2W 1U 2V b)	a）低速——串联△联结（单△）：L_1-1U，L_2-1V，L_3-1W；2U、2V、2W悬空 b）高速——并联Y联结（双Y）：L_1-2U，L_2-2V，L_3-2W；1U-1V-1W

（续）

序号	电路名称	电路原理图	接线说明
8	三相单绕组双速恒功率电机定子三相绕组（6个出线端，丫/△联结）	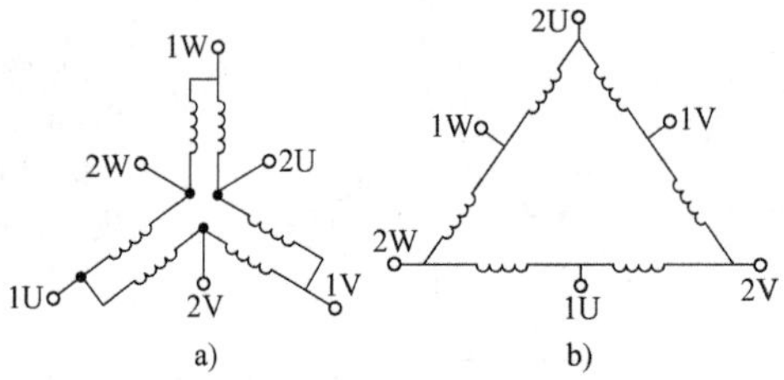 a)　b)	a）低速——并联丫联结（双星）：L_1-1U，L_2-1V，L_3-1W；2U-2V-2W b）高速——串联△联结（单角）：L_1-2U，L_2-2V，L_3-2W；1U、1V、1W悬空
9	星-三角，双电压（1∶2），12个出线端	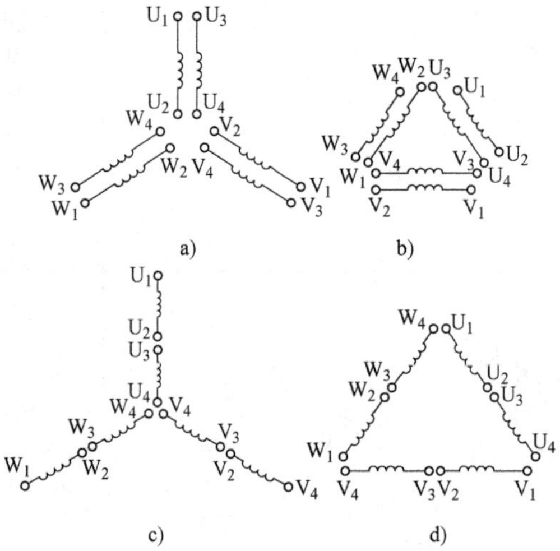 a)　b) c)　d)	（1）低电压（起动） a）并联丫联结（双星）：U_1-U_3，V_1-V_3，W_1-W_3；U_2-U_4-V_2-V_4-W_2-W_4 b）并联△联结（双角）：U_1-U_3-W_2-W_4；V_1-V_3-U_2-U_4；W_1-W_3-V_2-V_4 （2）高电压（运行） c）串联丫联结（单星）：U_2-U_3，V_2-V_3，W_2-W_3；U_4-V_4-W_4 d）串联△联结（单角）：U_1-W_4；V_1-U_4；W_1-V_4；U_2-U_3，V_2-V_3，W_2-W_3
10	单相单速电机定子绕组和电容器（6个出线端）	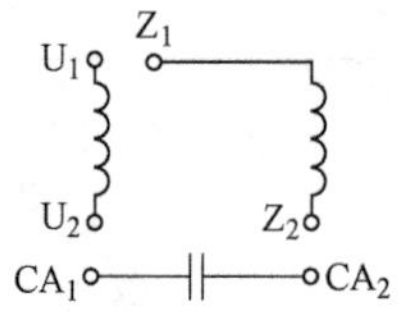	（1）顺时针旋转：L-U_1，N-U_2，U_1-Z_1，U_2-CA_1，CA_2-Z_2 （2）逆时针旋转：L-U_1，N-U_2，U_2-Z_1，U_1-CA_1，CA_2-Z_2
11	并励直流电动机或发电机（4个出线端）	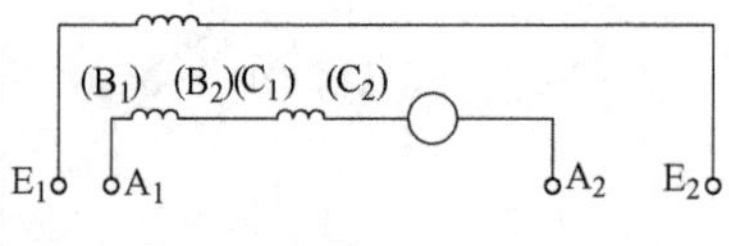	（1）顺时针旋转：正极连接E_1-A_1；负极连接E_2-A_2 （2）逆时针旋转：正极连接E_1-A_2；负极连接E_2-A_1
12	带积复励绕组和换向绕组的并励直流电动机或复励发电机（6个出线端）	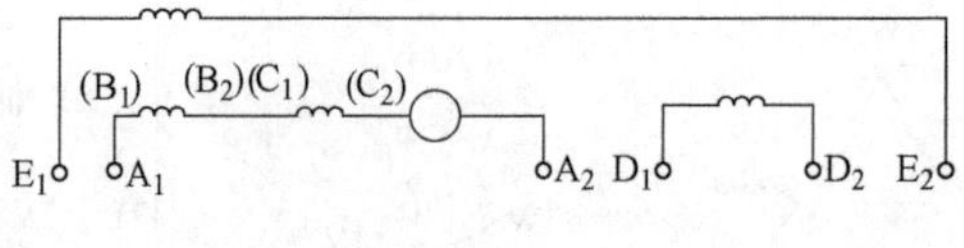	（1）顺时针旋转：正极连接F_1-A_1-D_1；负极连接F_2-A_2-D_2 （2）逆时针旋转：正极连接F_1-A_2-D_2；负极连接F_2-A_1-D_1
13	串励直流电动机（2个出线端）	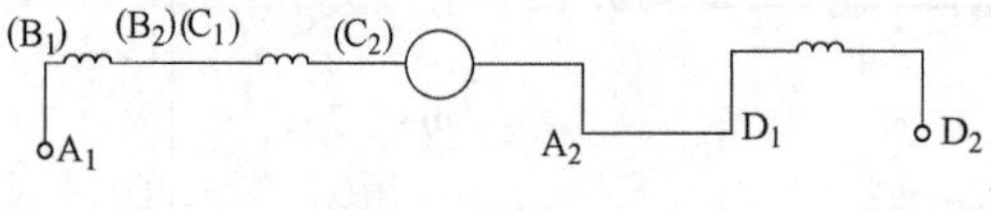	（1）顺时针旋转：正极连接A_1；负极连接A_2（D_2） （2）逆时针旋转：正极连接A_1；负极连接A_2（D_1）

四、旋转方向

如无特殊规定，旋转方向应是面对电机 D 端观察轴时轴的旋转方向。D 端的定义同本章第五节中的第一部分，有必要时，也可按专门规定。

对于本节介绍的接线方式，在未加说明时，其旋转方向应为顺时针。

有必要时，应在电机的明显部位用箭头标注旋转方向。

第九节　单速笼型感应电动机的起动性能代号

在交流电机试验的电源要求等项目中，将要提到“N 设计电机”等概念，其含义源于 GB/T 21210—2016《单速三相笼型感应电动机起动性能》中第 3 项的规定，其中提出了 4 种起动性能代号的问题，详见表 1-31。

表 1-31　单速笼型感应电动机的起动性能代号及含义

代号	含　义
N 设计	本设计为正常转矩的三相笼型感应电动机。电动机采用直接起动，具有 2、4、6 或 8 极，额定功率 >0.4kW，频率为 50Hz 或 60Hz
NY 设计	本设计类似 N 设计，但采用星 - 三角起动，电动机星形联结起动时的堵转转矩和最小转矩的最小值应不低于 N 设计相应值的 25%
H 设计	本设计为高起动转矩的三相笼型感应电动机。电动机采用直接起动，具有 4、6 或 8 极，额定功率 >0.4kW，频率为 50Hz 或 60Hz
HY 设计	本设计类似 H 设计，但采用星 - 三角起动，电动机星形联结起动时的堵转转矩和最小转矩的最小值应不低于 H 设计相应值的 25%

第十节　测量误差常识

一切试验测量结果都具有误差，或者说，误差自始至终存在于一切科学试验及检测的过程中。本节简要介绍一些与电机试验有关的测量误差判定和计算知识。

一、误差的定义和分类

（一）按误差的性质分类

按误差的性质，测量误差可分为系统误差、随机误差和过失误差 3 类。

1. 系统误差

在相同的条件下多次测量同一量时，误差的绝对值和符号保持不变，或者条件改变时按某一确定规律变化的误差，称为系统误差，简称“系差”。如温度计、长度测量用尺的误差等。

2. 随机误差

在相同的条件下多次测量同一量时，误差的绝对值和符号均发生变化，其值时大时小，符号时正时负，并且没有确定的变化规律，也不能事先预定的误差，称为随机误差，简称“随差”。如因电源电压的波动、环境条件的变化所造成的测量误差等。

3. 过失误差

由于人为的因素，如看错、读错或记错数据，或由于接错仪表接线造成示值错误等所造成的误差，称为过失误差。

这种误差一般不能用于最终的结果或参与计算，常被作为“坏值”而剔除。

（二）按误差的实际含义分类

按误差的实际含义分类，可分为绝对误差、相对真误差和引用误差3类。

1. 绝对误差

某量的给出值与它的真值之差被称为绝对误差，又被称为真误差。

用Δx、x、x_0分别代表绝对真误差、给出值和真值，则它们之间的关系如下：

$$\Delta x = x - x_0 \tag{1-1}$$

给出值x包括测量值、标称值、近似值等。

真值x_0是指在规定的时间空间内被测定值的真实大小。它一般是未知的，此时真误差也是未知的；有的真值是可知的；还有的从相对意义上来说是可知的。

可知的真值有如下几种：

1）理论真值。例如平面三角形的3个内角度数之和为180°，平面四边形的4个内角度数之和为360°等。

2）计算学约定真值。如国际计量单位中规定的长度单位m、质量单位kg等。

3）标准器相对真值。高一级标准器的误差与低一级标准器或者普通仪器的误差相比，比值为1/5（或1/3～1/20）时，则可认为前者是后者的相对真值。例如，0.1级表可作为0.5级表的相对真值，为校验表用。

对于真值可知的测量值，我们可以对其进行修正。修正值即是绝对真误差，但与真误差符号相反，即

$$\xi_x = -\Delta x = x - x_0 \tag{1-2}$$

$$x_0 = x - \xi_x \tag{1-3}$$

2. 相对真误差

绝对真误差Δx与真值x_0之比的百分数被称为相对真误差，用γ表示，其计算式为

$$\gamma = \frac{\Delta x}{x_0} \times 100\% \approx \frac{\Delta x}{x} \times 100\% \tag{1-4}$$

相对误差通常用于衡量测量（或量具及测量仪表）的准确度。相对误差越小，准确度越高。

3. 引用误差

引用误差是一种简化的和实用方便的相对误差。它常在多档和连续刻度的仪器仪表中应用。这类仪器仪表可测量范围不是1个点，而是一个范围，或称为一个量程。

由于真值x_0和测量值x的不断变化，使得求取相对真误差γ很不方便。为了方便计算和划分准确度等级，通常取该仪器仪表量程中的测量上限（满量程）作为固定的真值。由此得出引用误差γ_N的定义为：仪器仪表的绝对真误差Δx与该仪器仪表量程最大值（满量程）x_N之比的百分数，表示如下：

$$\gamma_N = \frac{\Delta x}{x_N} \times 100\% \tag{1-5}$$

（三）按误差的来源分类

按误差的来源分类，可分为装置误差、方法误差、人员误差和环境误差4类。

1. 装置误差

（1）标准器误差：标准器是提供标准量值的器具，如恒流源、标准电阻等。它们本身的标称值都会有误差。

（2）仪表误差：也称为工具误差，简称“仪差”。

（3）装备、附件误差：这里是指电源的波形、三相电源的不对称和正弦交流电的波形畸变

等，以及各测量附件（如转换开关、触点、接线等）带来的误差。

2. 方法误差

方法误差也称为理论误差。它是由于测量方法本身的理论根据不完善或采用了近似公式所造成的误差。

3. 人员误差

人员误差是由于测量人员的感觉器官和运动器官所造成的误差。如读表时人员与仪表指针的相对位置不正确造成的读数误差等。

4. 环境误差

由于环境（如温度、湿度、气压、电磁场等）的变化使测量值偏离规定值而产生的误差称为环境误差。

二、提高精度和削弱系统误差的基本方法

（一）精度的含义

精度一词本身是一个泛指测量值准确度的广义名词，它可以分为3个比较具体的概念。

（1）准确度：反映系差大小的程度。可比喻为打靶时命中靶心的程度。

（2）精密度：反映随差大小的程度。可比喻为打靶时子弹击中点的离散程度。

（3）精确度：反映系差和随差合成大小的程度。可比喻为打靶成绩的好坏。

（二）削弱系统误差的基本方法

主要方法是针对不同的误差来源进行有针对性的事前处理和防范。

1. 仪器仪表误差和装置误差的削弱

坚持对所用仪器仪表和有关装置进行周期鉴定，检查其精度是否符合要求，给出误差修正值或修正公式，有些还要给出修正图表或曲线，以便使用时对测量结果加以修正。

在每次使用前，应对仪器仪表的接线、指针位置（不通电应指零位的仪器仪表）、使用环境条件等进行一次严格的检查，不符合要求的，应进行更正后再投入使用。

2. 人员误差的削弱

人员误差的大小主要决定于人员的技术素质和责任心，其次是试验过程中的人员组织调配和相互配合问题。在平时注意上述方面的培养，工作时就能最大限度地削弱由此带来的误差。

3. 方法误差或理论误差的消除

由于测量方法所造成的误差，有的有一定规律和修正方法，如用电流电压法求取绕组的直流电阻时，电压表或电流表在测量中造成的误差就可以按有关公式进行修正。这些方法误差或理论误差应通过修正等方法消除。但有些方法或理论误差就很难消除，如用反转法测取三相异步电动机的杂散损耗问题。

4. 采用特殊的测量方法消除或削弱误差

（1）零示法：在测量时，使被测量的作用效应与已知量的作用效应相互抵消或平衡，总的效应为零，于是被测量即等于已知量。这种已知量一般称为标准器，它可以按需要做成较高的精度。电机检测中常用的电桥就是利用了这种方法。

（2）微差法：微差法是一种不彻底的零示法。它的基本方法是用适当的手段测量出被测量x与一个数值相近的标准量N之间的差值（$N-x$），即可得到$x=N-(N-x)$。

微差法的优点是：即使差值的测量精度不算高，因为差值和标准量相比很小，而标准量精度较高，所以最后所得结果的精度也会较高。另外，与零示法比较，它的优点还在于不一定要用可调的标准器，还可能在指示仪器上直接以最终测量结果来标度，从而成为一种较高精度的直读法仪器，简化了测量手续等。

三、测量结果的误差计算

测量分为直接测量和间接测量两种。在电机试验中，用温度计直接测量温度和用电压表直接测量电压等都属于直接测量；由几种仪器仪表组合后得到最终读数，或由几个读数再经过数学运算才能得到所要结果的测量为间接测量，如通过电流互感器传递后测量的交流电流、用损耗分析法求得的电机输出功率和效率等。

直接测量的误差一般比较明确，而间接测量的误差则需通过一定方法的计算才能得到。

（一）绝对误差和相对误差计算的一般公式

设间接测量值 y 由 n 个直接测量的量值 x_i（$i=1\sim n$）所决定，它们之间的函数关系为

$$y=f(x_1,x_2,x_3,\cdots,x_n) \tag{1-6}$$

设各直接测量值 x_i的误差为 δ_{x_i}，则间接测量值 y 的误差 δ_y用下式求得：

$$\delta_y=\frac{\partial y}{\partial x_1}\delta_{x_1}+\frac{\partial y}{\partial x_2}\delta_{x_2}+\cdots+\frac{\partial y}{\partial x_n}\delta_{x_n}=\sum_{i=1}^{n}\frac{\partial y}{\partial x_i}\delta_{x_i}=\sum_{i=1}^{n}a_i\delta_{x_i} \tag{1-7}$$

式中，$a_i=\dfrac{\partial y}{\partial x_i}$为误差传递系数。

设 y 的相对误差为 γ_y，则

$$\gamma_y=\frac{\delta_y}{y}=\sum_{i=1}^{n}\frac{\partial \ln y}{\partial x_i}\delta_{x_i} \tag{1-8}$$

（二）误差计算公式在基本运算中的应用

1. 和、差关系

间接测量值 y 与直接测量值 x 的关系是和或差的关系，例如

$$y=x_1+x_2-x_3 \tag{1-9}$$

则 y 的绝对误差 δ_y和 x_1、x_2、x_3的绝对误差 δ_{x_1}、δ_{x_2}、δ_{x_3}之间的关系为

$$\delta_y=\delta_{x_1}+\delta_{x_2}-\delta_{x_3} \tag{1-10}$$

当各直接测量误差只知道其大小，而不能确定其正负时的最大误差，取各直测值的误差绝对值之和

$$\delta_{y\max}=|\delta_{x_1}|+|\delta_{x_2}|-|\delta_{x_3}| \tag{1-11}$$

2. 积、商关系

设 $y=\dfrac{x_1x_2}{x_3}$，则 y 的相对误差 γ_y为

$$\gamma_y=\sum_{i=1}^{n}\frac{\partial \ln y}{\partial x_i}\delta_{x_i}=\frac{1}{x_1}\delta_{x_1}+\frac{1}{x_2}\delta_{x_2}-\frac{3}{x_3}\delta_{x_3}=\gamma_{x_1}+\gamma_{x_2}-\gamma_{x_3} \tag{1-12}$$

当各直测量误差只知大小，不知正负时

$$\gamma_{y\max}=|\gamma_{x_1}|+|\gamma_{x_2}|-|\gamma_{x_3}| \tag{1-13}$$

3. 方根关系

设 $y=x^m$，m 为整数或分数，则

$$\gamma_y=m\gamma_x \tag{1-14}$$

4. 对数关系

设 $y=\log x=0.43429\ \ln x$，则

$$\gamma_y=\frac{\partial y}{\partial x}\delta_x=0.43429\ \frac{\delta_x}{x} \tag{1-15}$$

（三）方差和标准差的应用

1. 方差

对被测量 x_0 进行 n 次无系差测量，得值 x_1、x_2、x_3、…、x_n，随差分别为 δ_1、δ_2、δ_3、…、δ_n。利用将各个误差二次方后求其和的平均值的统计方法来评价测量值的精密度的方法称为方差法。各次测量值误差二次方和的平均值用符号 σ^2 表示，称为单次测量值（或测量列）的方差，其表达式为

$$\sigma^2 = \lim_{n\to\infty}\frac{1}{n}\sum_{i=1}^{n}\sigma_i^2 \tag{1-16}$$

采用 σ^2 表来衡量测量的精密度，其优点是不论是正是负，其二次方值总是正值，求和时不会相消，它的大小即可衡量测量数据的离散度，又能反映出个别较大的误差。

2. 标准差

将方差表达式（1-16）的两边开二次方，得到关系式

$$\sigma = \pm\lim_{n\to\infty}\sqrt{\frac{1}{n}\sum_{i=1}^{n}\sigma_i^2} \tag{1-17}$$

式中，σ 称为单次测量值（或测量列）的标准差。标准差又称为均方差、均方根差和标准偏差。

3. 剩余误差

剩余误差又称为残差。

当对被测量进行有限次测量（$n\neq\infty$）时，得各测定值为

$$x_1, x_2, x_3, \cdots, x_n (n\neq\infty) \tag{1-18}$$

取平均值 $\bar{x}$ 为

$$\bar{x} = \frac{1}{n}\sum_{i=1}^{n}x_i \tag{1-19}$$

则各次测量值 x_i 与平均值 $\bar{x}$ 之差被称为测定值的剩余误差，用符号 v_i 表示。

$$v_i = x_i - \bar{x} \tag{1-20}$$

4. 用方和根法求取随机误差的总和标准差

若已知各项随机误差的标准差为 σ_1、σ_2、σ_3、…、σ_p，如果只计算合成的标准差，则不论随差的概率分布是否相同，只要各误差彼此独立，它们共同影响该量的总和的标准差则可用下式求得：

$$\sigma = \sqrt{\sigma_1^2 + \sigma_2^2 + \cdots + \sigma_p^2} \tag{1-21}$$

5. 已定系统误差的总误差的求取——代数和法

已定系统误差是误差的大小和方向都已掌握的误差。其总的误差可用代数和法求得。若有 q 个已定系统误差 ε_1、ε_2、ε_3、…、ε_q，则总的已定系统误差 ε 为

$$\varepsilon = \varepsilon_1 + \varepsilon_2 + \varepsilon_3 + \cdots + \varepsilon_q \tag{1-22}$$

6. 未定系统误差的总误差的求取

未定系统误差是指不能确切掌握其大小和方向，只能估计出其极限范围的系统误差。这种系统的总误差有 3 种求法。下式中，e_1、e_2、e_3、…、e_r 为各单项误差；e 为总误差。

（1）绝对值和法：这种方法求出的总误差较大，一般用于要求不严格的场合，在值较大时使用起来不好说明问题，故不宜采用。

$$e = e_1 + e_2 + e_3 + \cdots + e_r \tag{1-23}$$

（2）方和根法：这种方法当 r 较大时更接近实际情况；r 较小时，对误差估计偏低。

$$e = \sqrt{e_1^2 + e_2^2 + e_3^2 + \cdots + e_r^2} \tag{1-24}$$

（3）广义方和根法：按系统误差概率分布的标准差方和根合成法，称为广义方和根法，即

$$e = t\sqrt{\left(\frac{e_1}{t_1}\right)^2 + \left(\frac{e_2}{t_2}\right)^2 + \left(\frac{e_3}{t_3}\right)^2 + \cdots + \left(\frac{e_r}{t_r}\right)^2} \tag{1-25}$$

式中 e_1、e_2、e_3、…、e_r——r 个单项系统不确定度；

t_1、t_2、t_3、…、t_r——在给定概率条件下所对应的置信系数。

t——合成后总的系统不确定度 e 在相应给定概率时的置信系数。

（四）可疑观测值（坏值）的判定准则

可疑观测值习惯称为坏值，其误差称为相差，应在试验或检测结果计算时加以剔除。坏值的判定方法有两种，即物理判定法和统计判定法。

物理判定法一般用于明显的坏值，即很容易就能被发现的数值。它往往是由于人为的原因所造成。

统计判定法则用于不太明显的坏值的确定。现介绍一种称为拉依达准则的确定方法。

这个准则的具体做法如下：

设对某量进行独立的、等精度的测量，得值 x_1、x_2、x_3、…、x_n。求出算术平均值 $\bar{x}$ 及残差 $v_i = x_i - \bar{x}$（$i = 1 \sim n$），然后再用公式 $\hat{\sigma} = \sqrt{\frac{1}{n-1}\sum_{i=1}^{n} v_i^2}$ 算出单个测定值的标准差，如果测量值 x 中某一个值 x_k 的残差 v_k 满足式（1-26），则认为 x_k 属于坏值。

$$|v_k| = |x_k - \bar{x}| > 3\hat{\sigma} \tag{1-26}$$

由于这个准则以 $3\hat{\sigma}$ 作为界限，故也称为 $3\hat{\sigma}$ 准则。

本节中简单介绍了有关测量误差的理论及其应用，有关电机试验中实际的误差及误差修正问题可参照这些方法进行。

第十一节 数值修约规则及其在电机试验计算中的应用

在电机试验的测量中，对各种仪表的读数都应取其最小分辨值作为整个读数的最低位数值；而在对测量结果进行计算及给出最终结果时，则应按不同量值的要求，对数值的最低位取舍范围做出一个规定。GB/T 8170—2008《数值修约规则与极限数值的表示和判定》就是这方面规定的一个原则性文件。下面介绍其中主要内容。

一、GB/T 8170—2008 主要内容

（一）术语

1. 修约间隔

修约间隔是确定修约保留位数的一种方式。修约间隔的数值一经确定，修约值即应为该数值的整数倍，相当于常说的“精确到××位”，例如精确到小数点后两位、精确到百位等。

2. 有效位数

对有小数位且以若干个 0 结尾的数值，从非 0 数字最左一位向右数得到的位数减去无效 0（即仅为定位用的 0）的个数；对其他十进制位数，从非 0 数字最左一位向右数而得到的位数，就是有效位数。

例如：35 000，若有两个无效 0，则为 3 位有效位数，应写成 350×10^2；若有 3 个无效 0，则

为两位有效位数，就写为 35×10^3。3.2 和 0.032 均为两位有效位数；0.0320 则为有 3 位有效位数。12.490 为 5 位有效位数；10.00 为 4 位有效位数。

3. 0.5 单位修约（半个单位修约）

指修约间隔为指定数位的 0.5 单位，即修约到指定数位的 0.5 单位。

例如：将 60.28 修约到个数位的 0.5 单位，得 60.5。

4. 0.2 单位修约

指修约间隔为指定数位的 0.2 单位，即修约到指定数位的 0.2 单位。

例如：将 832 修约为“百”数位的 0.2 单位，得 840。

（二）确定修约位数的表达方式

1. 指定数位

1）指定修约间隔为 10^{-n}（n 为正整数），或指明将数值修约到 n 位小数；

2）指定修约间隔为 1，或指明将数值修约到个数位；

3）指定修约间隔为 10^n，或指明将数值修约到 10^n 数（n 为正整数），或指明将数值修约到“十”“百”“千”……数位。

2. 指定将数值修约成 n 位有效位数

（三）进舍规则

1）拟舍弃数字的最左一位数字 <5 时，则舍去。

例如：将 12.149 修约到一位小数，得 12.1。

2）拟舍弃数字的最左一位数字 $\geqslant5$，而其后跟有并非全部为 0 的数字时，则进 1，即保留的末位数字加 1。

例如：将 1 268 修约到“百”位数位，得 13×10^2（或 1 300）。

3）拟舍弃数字的最左一位数字为 5，而右面无数字或皆为 0 时。

若所保留的末位数字为奇数，则进 1；为偶数时（含 0），则舍去。

例如：拟定修约间隔为 0.1，拟修约数分别为 1.050 和 0.35，则得 1.0 和 0.4；拟定修约间隔为 1 000，拟修约数分别为 2 500 和 3 500，则得 2×10^3（或 2 000）和 4×10^3（或 4 000）；拟定修约成两位有效数字，拟修约数分别为 0.0325 和 32 500，则得 0.032 和 32×10^3（或 32 000）。

4）负数修约时，先将它的绝对值按上述 1）~3）规定修约，然后在修约值前面加上负号。

例如：将下列数字修约到“十”数位：

拟修约数值：-355 和 -325。修约值为 -36×10（或 -360）和 -32×10（或 -320）。

（四）不许连续修约

1）拟修约数字应在确定修约位数后一次修约获得结果，而不得多次按第（三）条规则连续修约。

例如：修约 15.4546，修约间隔为 1。

正确的做法：15.4546→15

不正确的做法：15.4546→15.455→15.46→15.5→16

2）在具体实施中，有时测试与计算部门先将获得数值按指定的修约位数多一位或几位报出，而后由其他部门判定，为避免产生连续修约的错误，应按下述步骤进行。

① 报出数值最右的非 0 数字为 5 时，应在数值后面加“（+）”或“（-）”或不加符号，以分别表明已进行过舍、进或未舍未进。

例如：16.50（+）表示实际值大于 16.50，经修约舍弃成 16.50；16.50（-）表示实际值小于 16.50，经修约进 1 成 16.50。

② 如果制定报出修约值需要进行修约，当拟舍弃数字的最左一位数字为5，而后面无数字或皆为0时，数值后面有（+）号者进1，数值后面为（-）号者舍去，其他仍按第（三）条规则进行。

例如：将下列数字修约到个位数后进行判定（报出值多留出一位到一位小数）。

实测值	报出值	修约值
15.4546	15.5（-）	15
16.5203	16.5（+）	17
17.5000	17.5	18
-15.4546	-[15.5（-）]	-15

（五）0.5单位修约

将拟修约数值乘以2以后再按指定数位依第（三）条规定进行修约，再将上述所得值除以2。

例如：将下列数字修约到个数位的0.5单位（或修约间隔为0.5）

拟修约值（A）	×2（$2A$）	$2A$修约值（修约间隔为1）	A修约值（修约间隔为0.5）
60.25	120.50	120	60.0
60.38	120.76	121	60.5
-60.75	-121.50	-122	-61.0

二、修约规则在电机试验计算中的应用

在各类电机的技术条件中，在给出有关性能数据考核标准的同时，应给出该性能数据最终计算结果的修约间隔、有效位数的规定。

电机试验计算时，一般采用确定修约间隔和有效位数两种方法，有时会用到0.5单位修约和0.2单位修约。

1. 电机试验最终结果数值范围

电机试验中直接取得的各种量值会因电机大小、型式的不同以及计量单位的不同等原因而大小不等，甚至相差甚大。但由于考核和比较等方面的需要，很多范围较大的值被转化为“标幺值”的形式，从而减少到一个大体相同的数位范围内。这给统一使用修约间隔和有效位数提供了可行的条件。

2. 电机试验最终结果的修约规定

对于电机试验最终结果中用于参与考核的数据，应在该类电机的技术条件做出规定。表1-32是Y2系列（IP54）三相异步电动机技术条件中的有关规定。其他系列电机可参考使用。

有些标准中没有明确做出修约规定，则可按表1-32的规定进行，或者按常规做法进行，即按技术条件中所给标准限值的位数作为修约间隔或有效位数，一般数值的修约间隔定为10^n（n为整数）。例如：某标准中给定堵转电流倍数的最低限值为7.0，则试验结果应修约到0.1，当给定的效率标准为85.0%时，效率的试验结果应取3位有效数位等。

3. 电机试验计算过程中的数值修约规则

按常规，在求取最终结果的计算过程中，每个过程的结果都应按最终结果数值修约位数再向右推1位的方法进行修约。例如，效率取4位有效位数，功率因数取3位有效位数。修约方法见本节中第一部分有关规定。

表 1-32　Y2 系列三相异步电动机考核指标数值修约规定

序号	数值名称	符号	单位	修约规定	示例
1	各部位温升	$\Delta\theta$	K	修约间隔为 1	65
2	堵转电流倍数	I_{KN}^{*}	倍	修约间隔为 0.01	6.53
3	堵转转矩倍数	T_{KN}^{*}	倍		2.85
4	最大转矩倍数	T_{max}^{*}	倍		3.10
5	最小转矩倍数	T_{min}^{*}	倍		1.92
6	效率	η	%	取 3 位有效位数	85.5
7	功率因数	$\cos\varphi$	—	取 2 位有效位数	0.89
8	噪声（声功率级）	L_W	dB（A）	修约间隔为 0.5	78.5
9	振动（速度有效值）	v	mm/s	对 A 级修约间隔为 0.1； 对 B 级为 0.01	1.3 1.17

第十二节　电机性能指标考核标准容差的一般性规定

一、保证值和容差的定义

通常，我们将各类电机技术条件中规定的性能指标考核标准数值称为保证值。

在 GB/T 755—2019 中给出的“容差”定义是：“一个量的标准值与其测量值之间的允许偏差”。实际上是考虑到由于原材料性能在正常范围内的波动和不一致、加工的偏差及测量的误差等不可避免的因素对被试电机本身性能和实测值的影响，而给出的相对上述保证值的允许偏差范围，以百分数计。考核某项性能指标时，常用到“吃容差”这一概念。所谓“吃容差”，是指实测值不符合该项指标保证值的要求，但还未超出考虑到容差后的标准范围时的情况。

例如，某规格三相异步电动机的堵转电流倍数保证值为≤7.0 倍，容差为 +20%，即容差值为 $+(7.0\times0.2)=+1.4$，考虑到容差后的标准范围为 $\leqslant(7.0+1.4)=8.4$，但在 7.0～8.4 倍之间为“吃容差”。设某电机该项指标实测值为 7.7 倍，即超出保证值 0.7，该值占容差值 1.4 的 50%，则通常称为“吃容差 50%”。

二、国家标准中对电机性能指标容差的规定

GB/T 755—2019 中规定了各类电机考核指标的容差（%），见表 1-33 [表中 P_N 为电机的额定输出功率；计算式中的 η、$\cos\varphi$ 等为标准保证值；除非另有说明，标准值均为电机工作在额定状况下（满载和工作温度下）的数值]。使用时，除特殊情况外，不应超过表中规定，但在制定企业内控标准时，可以减小容差范围，即制定更加严格的考核标准。

表 1-33　电机性能考核指标容差

项号	指标名称和条件		容　差
1	效率 η	（1）$P_N\leqslant150$kW（或 kVA）	$-15\%\ (1-\eta)$
		（2）$P_N>150$kW（或 kVA）	$-10\%\ (1-\eta)$
2	同步电机额定励磁电流		额定值的 +15%
3	感应电机（交流异步电动机，下同）的功率因数		$-(1-\cos\varphi)/6$，最小绝对值 0.02；最大绝对值 0.07
4	直流电动机的转速 $K=1000P_N/n_N$，n_N 为额定转速（单位为 r/min）	（1）并励和他励电动机	$K<0.67$　±15% $0.67\leqslant K<2.5$　±10% $2.5\leqslant K<10$　±7.5% $K\geqslant10$　±5%
		（2）串励和复励电动机（复励电动机另有协议时除外）	$K<0.67$　±20% $0.67\leqslant K<2.5$　±15% $2.5\leqslant K<10$　±10% $K\geqslant10$　±7.5%

（续）

项号	指标名称和条件	容 差
5	并励和复励直流电动机的转速调整率（从空载到满载）	转速调整率保证值的 ±20%，最小为额定转速的 ±2%
6	并励或他励直流发电机在特性曲线上任一点的固有电压调整率	该点保证值的 ±20%
7	复励发电机的固有电压调整率（对交流发电机还应在额定功率因数下）	保证值的 ±20%，最小为额定电压的 ±3%（在空载和满载电压保证值的两点间作一直线，在任何负载下与此直线的最大偏差应在此容差范围内）
8	感应电动机的转差率（在满载和工作温度下）	P_N <1kW，转差率保证值的 ±30% P_N ≥1kW，转差率保证值的 ±20%
	具有并励特性的交流（换向器）电动机的转速（在满载和工作温度下）	最高转速时，同步转速的 -3% 最低转速时，同步转速的 +3%
9	配有起动设备的笼型感应电动机堵转电流 同步电动机的堵转电流	堵转电流保证值的 +20%
10	同步电动机和笼型感应电动机的堵转转矩	堵转转矩保证值的 -15% 和 +25%（经协议可超过 +25%）
11	笼型感应电动机的最小转矩	最小转矩保证值的 -15%
12	感应电动机的最大转矩	最大转矩保证值的 -10%，但计及容差后，最大转矩值应≥额定转矩的 1.6 或 1.5 倍
13	同步电动机的失步转矩	失步转矩保证值的 -10%，但计及容差后，失步转矩值应≥额定转矩的 1.35 或 1.5 倍
14	在规定条件下，交流发电机的短路电流峰值	保证值的 +30%
15	在规定励磁下，交流发电机的稳态短路电流	保证值的 +15%
16	转动惯量	保证值的 +10%

注：1. 仅沿一个方向标明容差时，沿另一个方向该值无容差。
2. 毋需对本表中每一项或任一项规定保证值，凡保证值有容差的，应予说明，容差应按本表规定。
3. 应注意术语“保证”一词的不同含义。保证值与典型值或样本值有区别。

第十三节 电路中常用的图形和文字符号、导线和指示灯颜色

一、电气图用图形符号

电气图用图形符号由国家标准 GB/T 4728—2018（共 13 部分）和 GB/T 5465—2009（共 2 部分）规定。现将电机试验电路中常用的部分列于附录 1 中，供识图和绘图时使用。

二、电气图中常用文字符号

电气电路图中，用规定的图形符号表示电器元件，另外，每个电器元件还应有一个文字符号，用于进一步标出图形符号不好表示的内容。这些文字符号一般标注在图形符号附近。

文字符号可分为基本文字符号和辅助文字符号两部分，用以表示电器元件名称的文字符号称为基本文字符号；用于表示功能、状态的符号称为辅助文字符号。

（一）基本文字符号

基本文字符号由 1 个或 2 个字母组成。由 1 个字母组成的称为单字母符号，它将各种电气设备、装置和元件划分成 23 大类，每大类用 1 个专用的拉丁字母符号来表示，例如用“R”表示电阻类；由 2 个字母组成的称为双字母符号，它由 1 个表示种类的单字母符号与另 1 个用于进一步分类的字母（一般为该设备、装置和元件英语名称的第一个字母）组成。

单字母符号应优先选用。只有当单字母符号不能满足要求、需要将大类进一步划分时，才采用双字母符号。

GB/T 7159—1987《电气技术中的文字符号制订通则》中规定了常用的一些基本文字符号。附录 2 给出了电机试验电路图中常用的部分。本着上述原则，在实际应用中，对表中没有的，可自行补充规定。

（二）辅助文字符号

辅助文字符号由 1 ~ 3 个拉丁字母组成。1 个字母的，即是该定义英文的第一个字母；由 2 个或 3 个字母组成的，如该定义英文是一个单词，则第一个字母为词头字母，第 2、第 3 个为单词的第 2 和第 3 个字母（个别情况除外）；如该定义英文是由两个单词组成，则两个字母分别为两个单词的词头字母；如该定义英文是由 3 个单词组成，则由 3 个词头字母按顺序组成 3 个字母的文字符号。

GB/T 7159 中规定了常用的辅助文字符号，附录 3 中给出了电机试验电路图中常用部分。

辅助文字符号也可以放在表示种类的单字母符号后边组成双字母符号，如“SP”表示压力传感器等。为简化文字符号，辅助文字符号由两个以上字母组成时，允许只采用其第一位字母进行组合，如“MS”表示同步电动机等。辅助文字符号还可以单独使用。

在使用中，对没有规定的，可根据需要进行必要的补充。

三、电路用线颜色的规定

电气电路所用绝缘导线的颜色应符合相关规定。在这方面，世界各国和地区有所不同，需要注意其区别。表 1-34 给出了我国（含大陆、香港地区和台湾地区）和美洲、欧洲、南非和东南亚、大洋洲、印度等地对交流电路用导线的规定，供参考。

表 1-34　中国及世界上其他国家和地区交流电导线颜色标识的规定

<table>
<tr><th colspan="2" rowspan="2">国家或地区</th><th colspan="4">三相四线交流</th><th rowspan="2">保护接地 PE</th></tr>
<tr><th>A</th><th>B</th><th>C</th><th>N</th></tr>
<tr><td colspan="2">中国大陆</td><td>黄</td><td>绿</td><td>红</td><td>浅蓝（棕）</td><td>黄绿条（黑）</td></tr>
<tr><td rowspan="2">美国</td><td>大部分州</td><td>黑</td><td>红</td><td>蓝</td><td>白或灰</td><td>绿或黄绿条</td></tr>
<tr><td>其他地区</td><td>棕</td><td>橙</td><td>黄</td><td>白或灰</td><td>绿</td></tr>
<tr><td rowspan="2">加拿大</td><td>强制性</td><td>红</td><td>黑</td><td>蓝</td><td>白</td><td>绿或裸线</td></tr>
<tr><td>孤立的三相电设施</td><td>橙</td><td>棕</td><td>黄</td><td>白</td><td>绿</td></tr>
<tr><td rowspan="2">欧洲和其他许多国家</td><td>现行 IEC 60446</td><td>棕</td><td>黑</td><td>灰</td><td>蓝</td><td>黄绿条</td></tr>
<tr><td>过去（各国不同）</td><td>棕或黑</td><td>黑或棕</td><td>黑或棕</td><td>蓝</td><td>黄绿条</td></tr>
<tr><td rowspan="2">英国</td><td>2006 年 4 月前</td><td>红</td><td>黄</td><td>蓝</td><td>黑</td><td rowspan="2">黄绿条（1970 年前为绿色）</td></tr>
<tr><td>2006 年 4 月后</td><td>棕</td><td>黑</td><td>灰</td><td>蓝</td></tr>
<tr><td colspan="2">南非，马来西亚</td><td>红</td><td>黄</td><td>蓝</td><td>黑</td><td>黄绿条</td></tr>
<tr><td colspan="2">印度</td><td>红</td><td>黄</td><td>蓝</td><td>黑</td><td>绿</td></tr>
<tr><td colspan="2">澳大利亚，新西兰</td><td>红</td><td>白（黄）</td><td>蓝</td><td>黑</td><td>黄绿条</td></tr>
<tr><td rowspan="2">中国香港</td><td>2009 年 7 月前</td><td>红</td><td>黄</td><td>蓝</td><td>黑</td><td>黄绿条</td></tr>
<tr><td>2009 年 7 月后</td><td>棕</td><td>黑</td><td>灰</td><td>蓝</td><td>黄绿条</td></tr>
<tr><td colspan="2">中国台湾</td><td>黄</td><td>绿</td><td>红</td><td>黑</td><td>黄绿条</td></tr>
</table>

对于直流电路用导线的颜色，我国规定正极为赭色（或棕色），负极为蓝色，接地线为淡蓝色。

配电盘（箱、柜）中的控制电路，建议用黑色。

另外，对于二极管（含普通和整流二极管）、晶体管和晶闸管（含单向和双向晶闸管），规定见表1-35。这些电路之间的连接用绝缘导线时，建议用白色线。

表1-35　二极管和晶体管电极引接线颜色规定

器件类别	电极引线名称	颜色
二极管 整流二极管	阴极	红
	阳极	蓝
晶体管	集电极	红
	基极	黄
	发射极	蓝
晶闸管 双向晶闸管	阴极	红
	控制极	黄或蓝
	阳极，主电极（双向晶闸管）	白

四、电路按钮和指示灯颜色的规定

电路控制用按钮是电路中最常用的主令开关电器之一，指示灯则用于指示电气电路运行状态。在我国标准GB 2682—1981和国际标准IEC 60073（1996年发布）中，对它们的颜色给出了规定，现将其主要内容列于表1-36中（对于指示灯，是指通电点亮后的颜色）。在设计和组建电机试验控制设备时，应遵照这些规定进行。否则有可能造成误操作，引起意外事故。

需要说明的是，对于黑、灰、白三种颜色的按钮，其用途在GB 2682—1981和IEC 60073中的规定有所不同，但考虑到IEC 60073发布和执行日期晚于GB 2682—1981，并且GB 2682—1981已经作废，但目前还没有代替它的新标准，所以引用了IEC 60073中的规定。

对于一套设备具有较多的按钮和指示灯，单靠这些颜色可能不能明确说明其具体功能和所代表的含义时，需要在其附近用符号（含图形和文字）进行标注。

表1-36　按钮和指示灯的颜色所代表的意义和使用场合

色别	元件	含义	应用说明
红	按钮	切断电源，停止运行；急停	断开正在运行的设备电源使其停止；切断处于危险状态的电路电源（往往是整套设备的总电源）
	指示灯	停止，紧急情况	电源已经接入，但用电设备还没有合闸通电运行；电路处于高度危险状态，需要紧急处理
黄	按钮	不正常	常用于应急操作，抑制不正常情况或中断不正常的工作周期
	指示灯	不正常，需注意	
绿	按钮	起动或接通	常用于一台或多台电动机的起动，一台设备的某一部分的起动，使电器元件得电
	指示灯	安全，运行	显示用电设备处于通电运行状态
蓝	按钮	强制性	在需要进行强制性干预的情况下操作
	指示灯	强制性	以上3种颜色未包括的功能指示；表示需要操作人员采取行动
黑，灰白	按钮，指示灯	没有指定的特殊含义	以上几种颜色未包括的各种功能，可用于“起动/接通”和“停止/分断”操作（一个按钮同时兼顾接通和断开两个功能）和指示（黑色不用于指示灯）

第二章　试验电源、负载及安装设备

“工欲善其事，必先利其器”。

要完成试验，获得一台电机真实的性能数据，就必须具备一整套试验设备，其中包括电源设备、负载设备（对于电动机试验为机械负载，对于发电机为电负载）、安装设备，另外还需要搬运、起吊装置等。

本章将介绍对这些设备的要求、类型参数及选用原则、使用方法等一系列内容，有些还给出用于自制的参考数据和相关资料。

需要说明的是，考虑到我国相关行业的现状，所介绍的设备，既介绍了现用较先进和较完善的（例如电子内反馈电源系统），也介绍了一些比较传统的（例如由 4 台电机组成的变频反馈电源机组等）。请根据自身的具体情况进行选择。

第一节　电动机试验用交流电源设备

一、对试验用交流电源的质量要求

（一）现行标准要求

为保证试验结果的真实可靠，试验用电源应达到一定的质量要求。在 GB/T 755—2019 和 GB/T 1032—2012 中，对正弦交流电源要求的主要指标有 3 个：①谐波电压因数；②频率的偏差和波动量；③三相电源电压的对称性。三者的定义及相关要求详见表 2-1。

表 2-1　对试验用交流电源的质量要求

<table>
<tr><th colspan="2">项目</th><th>定　义</th><th>要求和说明</th></tr>
<tr><td rowspan="3">电压</td><td>谐波电压因数（HVF）</td><td>表述电压波形偏离正弦波程度大小的一个正弦交流电质量参数
当电压波形不是严格的正弦波时，可以通过数学方法将其分解成一个和原频率相同的正弦波（称为“基波”）和若干个高于原频率的正弦波（统称为“高次谐波”或简称“谐波”）。反过来也可认为，一个不严格的正弦波是由一个“基波”和各次“谐波”合成的。GB/T 755—2019 中 7.2.1.1 给出的计算式如下：
$$HVF = \sqrt{\sum_{n=2}^{k} \frac{U_n^2}{n}} \quad (2-1)$$
式中　U_n——谐波电压的标幺值（以额定电压 U_N 为基值）；
n——谐波次数（对三相电源不包括 3 及 3 的倍数），$k=13$</td><td>在发热试验时：≤0.015
其他试验时，对 N 设计的电机≤0.03；对非 N 设计的电机≤0.02。
以下是一个转化的公式，可使计算相对方便（电压为有效值，单位为 V）：
$$HVF = \frac{1}{U_N}\sqrt{\sum_{n=2}^{13} \frac{U_n^2}{n}} \quad (2-2)$$
式中　U_N——额定电压；
U_n——各次谐波电压；
n——同式（2-1）</td></tr>
<tr><td rowspan="2">三相对称性</td><td>（1）相角的不对称，即相邻两相电压之间的相位差角偏离 120°的程度</td><td>电网供电的可不考虑。使用自备电源应给出一个适当的限度</td></tr>
<tr><td>（2）三相电压幅值的不对称，即三相电压幅值不相等。不对称量用“不对称量分析法”得出的正序分量、负序分量和零序分量之比的百分数来表述</td><td>发热试验时，电压的负序分量不应超过正序分量的 0.5%；零序分量应予消除</td></tr>
<tr><td>频率</td><td>稳定性</td><td>在一段时间内频率变化的最大值或最小值与设定频率值之差占设定频率值的百分数</td><td>试验过程中频率的波动量应在设定频率值的 ±0.3% 范围内</td></tr>
</table>

（二）对静止变流电源电压畸变的要求

现常见的静止变流电源是交流变频电源。因为其工作原理决定了它的输出电压波形远非正弦波，所以有较多较大的谐波存在。对它的要求，在 GB/T 755—2019 中的 7. 2. 1. 2 中提到："应容许超过本标准规定的限值"，但具体限值目前还没有明确的规定。有必要时，可在供需双方的协议中给出。

（三）以前标准用电压正弦性畸变率的要求

在以前的标准中，对于交流电压波形质量曾用电压正弦性畸变率来衡量，其定义和求取方法如下：

电压正弦性畸变率是表述电压波形偏离正弦波程度大小的一个正弦交流电质量参数。

用 U_1 代表基波电压的有效值，U_2、U_3、U_4、…、U_n 分别代表各次谐波（对三相电源不包括 3 和 3 的倍数。通常取 $n \leqslant 13$ 就已足够）电压的有效值。则电压正弦性畸变率 K_U 用下式表示：

$$K_U = \frac{1}{U_1}\sqrt{U_2^2 + U_4^2 + U_5^2 + U_7^2 + U_8^2 + U_{10}^2 + U_{11}^2 + U_{13}^2} \times 100\% \tag{2-3}$$

在以前的标准中规定，交流电动机在进行发热试验时，所用交流电源的电压正弦性畸变率不应超过 2. 5%，其他试验时不应超过 5%。

二、电压谐波因数和正弦性畸变率计算实例

电压谐波因数和正弦性畸变率可利用仪器测量出基波和各次谐波的数值后，用式（2-1）~式（2-3）求得，也可将实际的电压波形摄录下来后，利用分割计算的方法求得（见以下的实例），但这些方法都较复杂。较实用的是用专用的称为谐波分析仪的测试仪器直接测得，目前很多多功能数字电量仪表都附带了此项功能，使原本较难的一项测量工作变得相当简单了。

计算法实例：用仪器对某三相电源的输出电压的波形情况进行测量，得到一相的基波和第 2、4、5、7、8、10、11、13 各次谐波有效值见表 2-2。

表 2-2　电压基波和谐波测量值

次数	1（基波）	2	4	5	7	8	10	11	13
电压值/V	380	0. 04	0. 02	2. 88	0. 98	0. 01	0. 04	5. 6	10. 5

电压正弦性畸变率 K_U（%）和谐波电压因数 HVF 的计算如下：

$$\begin{aligned}K_U &= \frac{1}{U_1}\sqrt{U_2^2 + U_4^2 + U_5^2 + U_7^2 + U_8^2 + U_{10}^2 + U_{11}^2 + U_{13}^2} \times 100\% \\ &= \frac{1}{380}\sqrt{0.04^2 + 0.02^2 + 2.88^2 + 0.98^2 + 0.01^2 + 0.04^2 + 5.6^2 + 10.5^2} \times 100\% \\ &= 3.23\%\end{aligned}$$

$$\begin{aligned}HVF &= \frac{1}{U_N}\sqrt{\sum_{n=2}^{13}\frac{U_n^2}{n}} \\ &= \frac{1}{380}\sqrt{\frac{0.04^2}{2} + \frac{0.02^2}{4} + \frac{2.88^2}{5} + \frac{0.98^2}{7} + \frac{0.01^2}{8} + \frac{0.04^2}{10} + \frac{5.6^2}{11} + \frac{10.5^2}{13}} \\ &= 0.0095\end{aligned}$$

三、三相电压幅值不对称分量的求取方法

由于三相电源设备不符合要求或三相负载的不对称，很可能造成三相电压幅值的不对称，这一点在试验用三相电源与生产和生活用单相电源混用的单位尤其明显。

三相电源电压的不对称量可用"不对称量分析法"得出的正序分量、负序分量和零序分量，如图 2-1 所示。负序分量和零序分量用占正序分量的百分数来表述。

三相不对称电源电压的正序、负序和零序分量值可通过数学分析得到，也可用专用仪器直接测出。对于三相三线制供电系统，可用制图法和解析法求得正序和负序分量。

（一）作图法（见图 2-2）

1）测取三相线电压值。用这 3 个数值为 3 条边长作△ABC。

2）在$\overline{AC}$上取中点 M，连接$\overline{BM}$，取$\overline{GM}=\frac{1}{3}\overline{BM}$。

3）以$\overline{GB}$为原边，向左作$\angle NGB=120°$，向右作$\angle PGB=120°$，取$\overline{GP}=\overline{GB}=\overline{GN}$，连接$\overline{CP}$、$\overline{CN}$。则正序分量为$\overline{CP}$，负序分量为$\overline{CN}$。

由于负序分量一般占正序分量的 1% 左右，所以相比之下$\overline{CN}$很短。因此，作图精度非常重要，为此，一是尺寸要准确，二是在可能的情况下，尽量将图画得大一些。

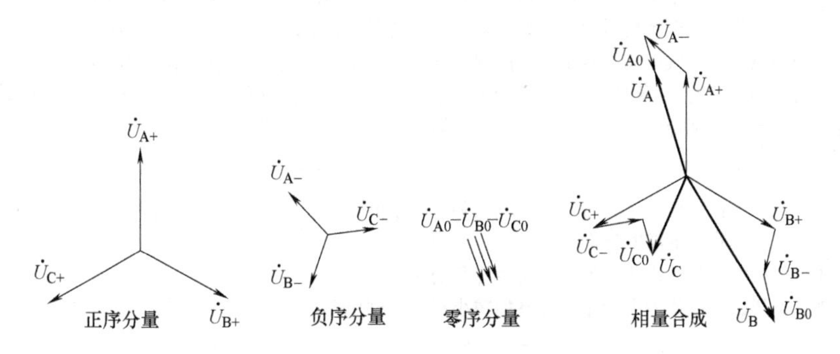

图 2-1 三相不对称相量分解后的三种相量

（二）解析法

在由国际标准 IEC60034—26：2006 转化成的国家标准 GB/T 22713—2008《不平衡电压对三相笼型感应电动机性能的影响》中，给出了一套用解析法通过公式计算不平衡电压对称分量的方法，现摘要如下：

当 3 个线电压相量的模（设实测的三相线电压有效值分别为 U_1、U_2、U_3，单位为 V）和相角已知，可通过式（2-4）和式（2-5）求取分解后的正序分量为 U_P 和负序分量为 U_n。

$$U_P=(U_1+aU_2+a^2U_3)/3 \tag{2-4}$$

$$U_n=(U_1+aU_2{}^2+aU_3)/3 \tag{2-5}$$

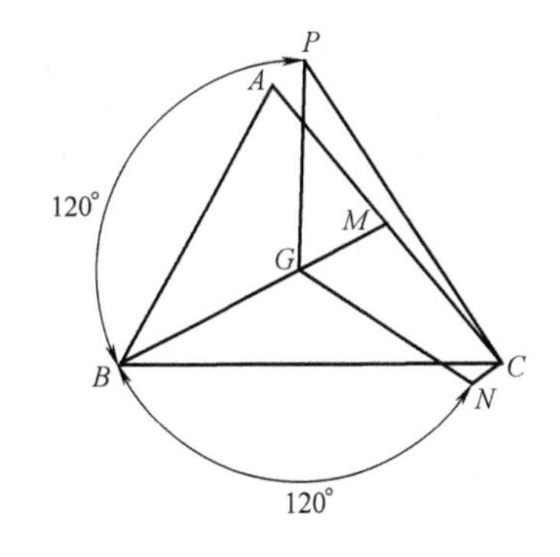

图 2-2 作图法求取三相三线制供电系统不对称三相电压的正序分量和负序分量

式中，$a=e^{j\frac{2}{3}\pi}$，$1+a+a^2=0$。

如果已知电压的方均根值（设实测的三相线电压有效值分别为 U_1、U_2、U_3，单位为 V），可通过式（2-6）和式（2-7）求取分解后的正序分量为 U_P 和负序分量为 U_n。

$$U_n=\frac{1}{\sqrt{3}}\sqrt{U_1^2+U_2^2-2U_1U_2\cos\left(\varphi_1-\frac{\pi}{3}\right)} \tag{2-6}$$

$$U_P=\sqrt{U_n^2+U_1^2-2U_nU_1\cos|\varphi_n|} \tag{2-7}$$

式中，$|\varphi_n|=\left|\arcsin\left[\frac{\frac{\sqrt{3}}{2}|U_1|-|U_2\sin\varphi_1|}{|\sqrt{3}U_n|}\right]-\frac{\pi}{2}\right|$；$\varphi_1=\arccos\left[\frac{U_1^2+U_2^2-U_3^2}{2U_1U_2}\right]$。

四、不平衡电压对三相笼型感应电动机性能的影响

GB/T 22713—2008 中讲述的内容对电动机试验和使用时判定相关性能有一定的指导意义，

其中对空载三相电流不平衡度的影响最为突出。

本节摘录的是其第三部分《不平衡电压对电动机性能的影响》和第四部分《电动机降低额定运行以防止过热》。

（一）不平衡电压对电动机性能的影响

不平衡电压对三相交流异步电动机性能的影响见表2-3。

表2-3 不平衡电压对三相交流异步电动机性能的影响

性能名称	影响情况说明
输入电流	不平衡电压的负序分量在电动机气隙中产生一个与转子转向相反的磁场。电压中很小的负序分量可能使得流过绕组的电流比电压平衡时的电流大很多。流过转子笼条中的电流频率几乎是额定频率的2倍，因此，转子笼条中的电流挤流效应使得转子绕组的损耗增加值比定子绕组的损耗增加值大很多 电动机在不平衡电压下以额定转速运行时，电流的不平衡程度很大，为电压不平衡程度的6~10倍；堵转时电流的不平衡程度与电压不平衡程度相同，堵转视在功率增加值很小
发热	电动机在不平衡电压下运行时，由于电流和电压中的负序分量引起定子损耗增加，因此，定子绕组温升比在平衡电压下运行时的温升增高 转子损耗的增加程度由于电流的挤流效应而增大 此外，电压的不平衡通常与正序分量的减小有关，这使得定转子中正序分量的电流增加
输出转矩	当电压不平衡时，电动机的堵转转矩、最小转矩以及最大转矩都将减小。若电压不平衡很严重，则电动机将不能正常工作 电压不平衡与频率为2倍工频的振荡转矩的产生有关。振荡转矩幅值的增加与电压中正序分量和负序分量的乘积呈线性关系。当不平衡度f_u=0.05时，振荡转矩的峰值在额定转矩的25%范围内。当振荡转矩的临界扭转频率接近2倍工频时，整个轴系可能产生不允许的扭转振动
满载转速	当电动机在不平衡电压下满载运行时，由于转差率随着转子附加损耗的增加而增大，因而此时转速会略微下降
噪声和振动	随同电压（电流）不平衡程度的增大，电动机的噪声和振动可能增强。振动可能损害电动机或整个驱动系统

（二）不平衡百分率的计算

电动机用户根据三相电压读数可以方便地用式（2-8）确定电压的不平衡百分率ΔU（%），取其中较大的数值作为评定的结果。

$$\Delta U=\frac{U_{max}-U_P}{U_P}\times 100\% \text{ 或 } \Delta U=\frac{U_{min}-U_P}{U_P}\times 100\% \tag{2-8}$$

式中 U_{max}——3个电压值中最大的一个数值（V）；

U_{min}——3个电压值中最小的一个数值（V）；

U_P——3个电压值的平均值（V）。

示例：现测得某电路供电的三相电压值分别为220V、215V和210V。请计算三相电压的不平衡百分率ΔU（%）。

解：由题中给出的三相电压值可知：

1）三相电压值的平均值为$U_P=(220V+215V+210V)/3=215V$。

2）3个电压值中最大和最小的一个数与平均值之差均为5V。

3）三相电压的不平衡百分率$\Delta U=\frac{U_{max}-U_P}{U_P}\times 100\%=\frac{220V-215V}{215V}\times 100\%\approx 2.33\%$。

经分析计算，该三相电压系统的实际负序分量占正序分量的百分数可高达18%，可见远比上述计算得到的不平衡百分率数值高。

若电压的不平衡百分率超过5%，则有必要研究电流的负序分量。

五、电力变压器

如有条件时，试验站应配备试验专用电力变压器，以最大限度地保障三相电压的平衡性和稳定性。

（一）试验专用电力变压器的选择

选择试验专用电力变压器时，主要根据如下条件：

1）电网提供的电压和频率，如10kV、50Hz。

2）试验所需的电压。因为试验所需电源电压范围较宽，必须通过调压设备（含传统的感应式或接触式电磁调压器、发电机组和新型的变频调压装置等）供给，所以对变压器来讲，其输出电压应符合这些调压设备的输入电压等级，如380V或400V。

3）试验电机或试验用调压设备的最大输入功率和电流。在考虑既要满足要求，又要尽可能少投资时，变压器的容量（当使用传统的调压设备时）应为调压设备容量的1.1倍左右；使用新型的变频内反馈调压电源系统时，一般达到调压设备容量的1/2左右就足够。

（二）电力变压器的型号和使用参数

在一般情况下，试验用电源变压器即电网使用的电力变压器。就其冷却方式而言，常用的有油浸式和干式两大类。干式变压器一般用于室内安装。图2-3给出了几种10kV级电力变压器的外形结构。

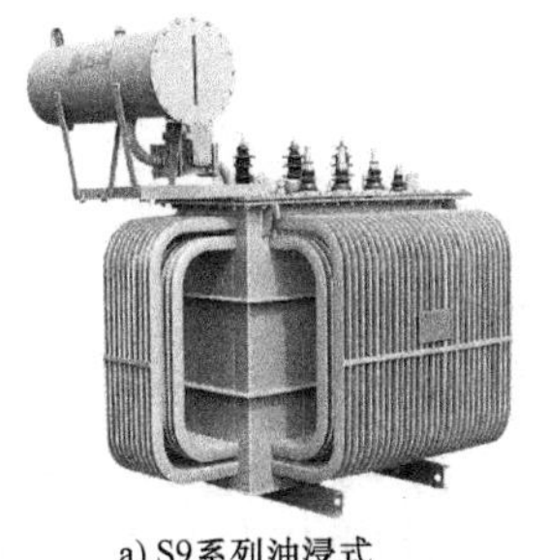

a) S9系列油浸式

b) S11系列油浸式

c) SC(B)系列树脂绝缘干式

图2-3　配电变压器

电力变压器的型号一般由其结构代号、额定容量和一次最大额定电压等级3部分组成，其形式如下：

相数、绕组外绝缘介质、冷却装置种类、油循环方式、调压方式、绕组导体材质	—	额定容量/(kV·A)	/	一次最大额定电压等级/kV

表2-4给出了电力变压器型号中所用字母的含义。

型号举例：

1）S—50/10：三相、油浸、双绕组、无励磁调压、铜线、50kV·A/10kV级电力变压器。

2）SFL—750/10：三相、油浸、风冷、自然循环、双绕组、无励磁调压、铝导线、750kV·A/10kV级电力变压器。

表2-4 电力变压器型号中所用字母的含义

分类	字母含义
相数	D为“单”相；S为“三”相
绕组外绝缘介质	无此项字母——变压器油；G——空气（“干”式）；Q——“气”体；C——“成”形固体
冷却装置种类	无此项字母——自然循环；F——“风”冷却装置；S——“水”冷却装置
油循环方式	无此项字母——自然循环；P——强“迫”循环；D——强迫“导”向
绕组数	无此项字母——双绕组；S——“三”绕组；F——双“分”裂绕组
调压方式	无此项字母——无励磁调压；Z——有“载”调压
绕组导体材质	无此项字母——铜；L——“铝”

（三）电力变压器的运行和维护

1. 对新装和检修后电力变压器投入运行前的检查

对新装和检修后的电力变压器，在投入运行前，应全面地检查，确认其符合要求后，方可投入正式运行。检查的项目和应达到的要求如下：

1）变压器本体、冷却装置和所有附件无缺陷；油浸式变压器无渗油现象。

2）安装稳固可靠。

3）变压器顶盖上无任何遗留杂物。

4）相色标志（符号和颜色）和连线正确。

5）接地可靠，接地导线截面积符合要求。

6）事故排油设施完好，消防设备齐备有效。

7）储油柜、冷却装置、净油器等油系统中的油门均已打开；油门指示及温度指示正确。

8）冷却装置运行正常。

9）电压切换装置的位置符合运行要求。

10）保护装置整定值符合要求，操作机构灵活准确。

11）绕组的绝缘电阻符合标准要求。

2. 运行中电力变压器的常规检查

对运行中的电力变压器，应经常进行检查。其常规检查的项目和方法如下：

1）运行时发出的声音是否正常。较大的异常噪声可直接听到并用于判断。当声音较小时，可用一根木棒或塑料管等，将其一端抵在变压器的油箱外壳上，另一端贴近耳朵，仔细地听。如果是连续的“嗡嗡”声，并比正常时加重了一些，则有可能是三相电压不平衡、电压过高、油温上升等，或者是铁心或某些紧固件松动；当听到“吱吱”声时，要进一步检查绝缘套管是否有闪络现象；如听到“噼啪”声，则是内部有绝缘击穿现象。

2）检查有无渗、漏油现象，油的颜色和油位是否正常。新变压器油呈浅黄色，运行一段时间后呈浅红色，如果颜色变暗并有不同颜色，特别是发黑，则表明该油已严重炭化，不能再使用。变压器油严重炭化是由绕组过热或短路等原因引起的。

3）用温度计测定油温或观察变压器上的油温表。如果油温比正常时高出10℃以上，则可以认为变压器内部有匝间短路、对地短路等故障或严重过载。

当一次三相电流严重不平衡并且比额定值大（其中一相或两相）、高压熔断器熔断、二次电压不稳定也不平衡、变压器内有时发出“咕嘟”声、油面增高、温度上升时，则可判定是变压器绕组有匝间短路故障。

4）检查各连接部位（电的和机械的）是否紧固可靠。

3. 变压器绕组出现匝间短路故障的原因

1）工作中长期过载或突然加大负载。

2）运行在较大负载时，突然跳闸或拉闸。

3）雷电感应电压冲击造成的过电压击穿。

4. 变压器绕组出现对地短路故障的原因

1）变压器受潮，油质变劣或含有水分。

2）部分绝缘件失效。

3）雷电感应电压冲击造成的过电压击穿。

（四）电力变压器的短时过载能力

电力变压器具有一定的短时过载能力。过载的多少及时间与变压器的设计裕度、工作环境等因素有关。在正常工作环境中，过载能力和时间见表2-5。

表2-5 一般电力变压器的过载能力和时间

过载值（%）	<20	20～50	50～75	75～100
过载时间/min	120	30	10	5

六、电磁式电源调压器

在电动机试验电源设备中，电磁式电源调压器（简称调压器）是传统的可调电压电源设备，也是最常用的主要设备之一。在进行试验时，电机的交流电源一般直接来自它的输出端，所以，它的性能好坏将直接影响到被试电动机试验数据的准确性和精度。

电源调压器分为单相和三相两大类，每一类又可分为自耦接触式和感应式两种类型，自耦接触式的额定容量一般在20kV · A以内，感应式则可达到几千kV · A。

（一）三相感应调压器

三相感应调压器是电动机试验中应用较多的一种电源调压设备。主要分类在于它们的冷却方式，常用的为油浸冷却式（见图2-4给出的示例），另外还有风冷式和干式。

图2-4 三相感应调压器示例（油浸冷却式）

1. 基本结构

三相感应调压器主要由嵌有三相对称绕组的定子、嵌有与定子同极数三相对称绕组的转子、控制转子转动的调压机构、冷却系统和外壳5部分组成。从定、转子的结构上来看，与绕线转子电动机基本相同，不同之处在于其转子不能随意转动，而是受安装于转子轴上的扇形齿轮和有一台伺服电动机控制的蜗杆调压装置控制，在180°范围内正反向转动；另外，它的三相定子绕组和三相转子绕组各对应相之间是用导线连接起来的。

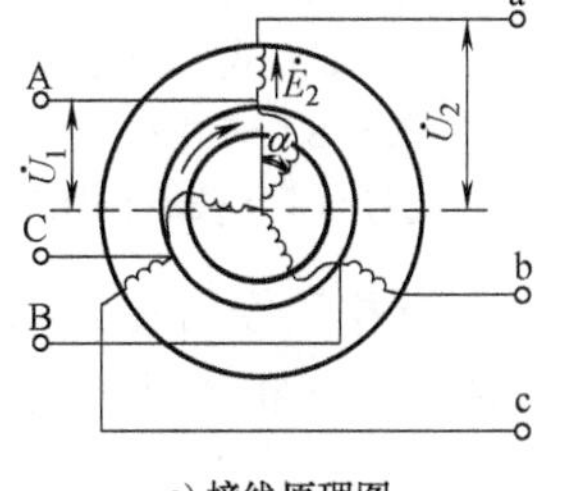

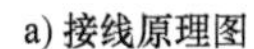
a) 接线原理图

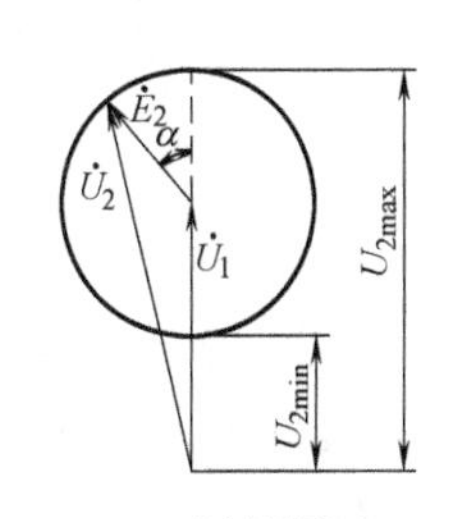

b) 电压相量图

图2-5 三相感应调压器的电路及工作原理图

2. 工作原理

三相感应调压器的电路原理如图2-5a所示。其A、B、C三个端点接三相电源；a、b、

c三个端点接三相负载。转子绕组接成星形。由图2-5b电压相量图可以分析得出：当定、转子绕组的参数确定以后，其输出电压（有效值）U_2 则只与定、转子绕组之间的位置角差 α 的大小有关。其关系如下：

$$U_2 = \sqrt{(U_1 + E_2\cos\alpha)^2 + (E_2\sin\alpha)^2} = \sqrt{U_1^2 + 2U_1E_2\cos\alpha + E_2^2} \tag{2-9}$$

由式（2-9）可以看出：

当 $\alpha = 0°$时，$\cos\alpha = 1$，$\sin\alpha = 0$，$U_2 = U_1 + E_2$，为输出电压最大值 $U_{2\max}$；

当 $\alpha = 90°$时，$\cos\alpha = 0$，$\sin\alpha = 1$，$U_2 = \sqrt{U_1^2 + E_2^2}$；

当 $\alpha = 180°$时，$\cos\alpha = -1$，$\sin\alpha = 0$，$U_2 = U_1 - E_2$（在 $U_1 \geqslant E_2$ 时），为输出电压最小值 $U_{2\min}$。

另外，若调节调压器的转子，使 $\alpha < 0°$或 $\alpha > 180°$，则会出现调压方向与原来电压升降方向相反的不正常现象。

3. 三相感应调压器的选择

选择试验用三相感应调压器主要考虑以下3方面的因素：

1）被试电动机的最大容量或最大电流。当调压比为380V/(0～650)V时，配置见表2-6。

2）被试电动机的额定电压。调压器的输出电压，最高应不低于被试电动机的额定电压的130%，最低应不高于被试电动机的额定电压的10%。

3）输出电压的谐波因数（或正弦性畸变率）及三相对称度应符合标准要求（见本节第一部分）。

表2-6 380V/(0～650) V三相感应调压器的试验能力

三相感应调压器		被试三相异步电动机额定功率/kW	
额定容量/(kV·A)	最大负载电流/A	温升及负载试验	满压堵转试验
100	90	40	15
160	142	63	18
200	178	90	25
250	222	110	30
400	355	160	50
630	560	250	75
1000	890	400	125

4. 三相感应调压器的型号和技术参数

1）国产三相感应调压器的型号由如下几部分组成：

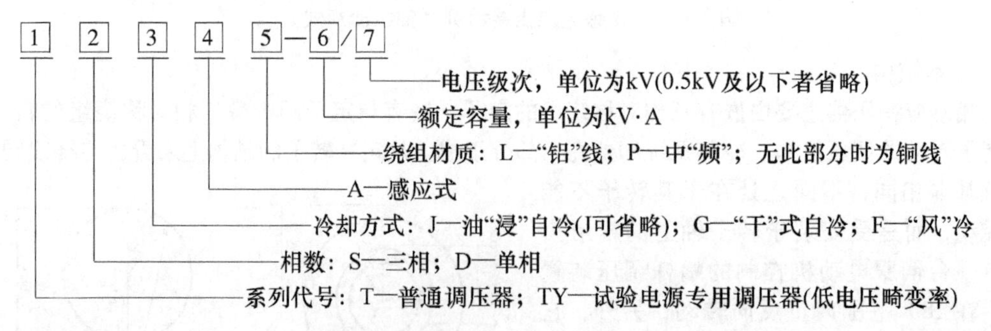

型号示例：①TSA—40：三相油浸自冷式感应调压器，额定容量为40kV·A，电压级次为0.5kV及以下；②TSFA—400/3：三相风冷式感应调压器，额定容量为400kV·A，电压级次为3kV。

2）国产三相感应调压器的技术参数。低压电机试验用国产三相感应调压器的输入电压为380V、50Hz，输出电压有0～650V、0～500V、0～420V等几种，0～650V的较常用。附录4～6为常用规格的技术数据（上海森普电器研究所产品）。由于生产厂家的不同，有些参数可能会有一定差异。

5. 三相感应调压器的控制电路

一般情况下，试验用三相感应调压器都是在试验操作台上用按钮控制调压器上的调压用伺服电动机进行调压。有些调压器还在伺服电动机上或调压器转子轴等部位装有电磁制动装置，用于防止调压时由于转子转动惯量所造成的转子来回摆动而使调压费时的问题。对于风冷的调压器，为了节省风冷电动机的电力，可采用温度开关来自动控制起、停风机。

图2-6～图2-9为不同要求的三相感应调压器电路。图2-7～图2-9只给出了控制电路，其调压主电路与图2-6给出的完全相同。

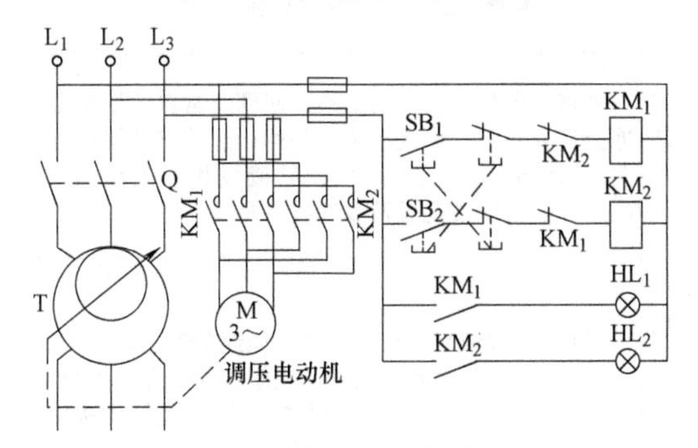

图2-6　最简单的电路

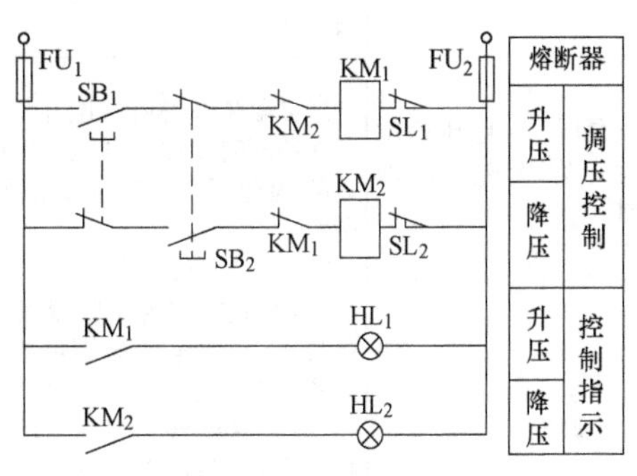

图2-7　有升、降压限位开关的控制电路

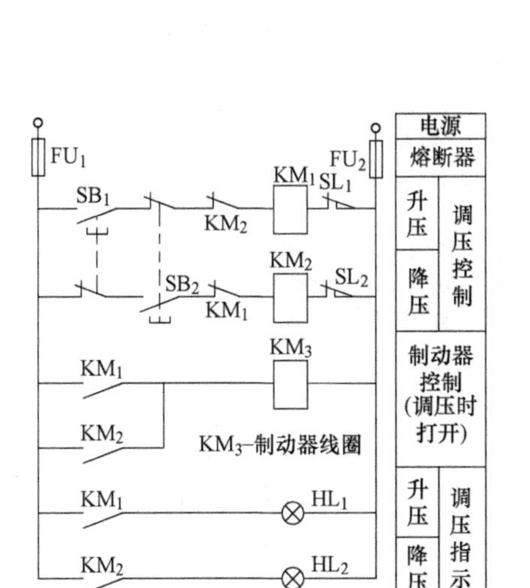

图2-8　有升、降压限位开关和电磁制动器的控制电路

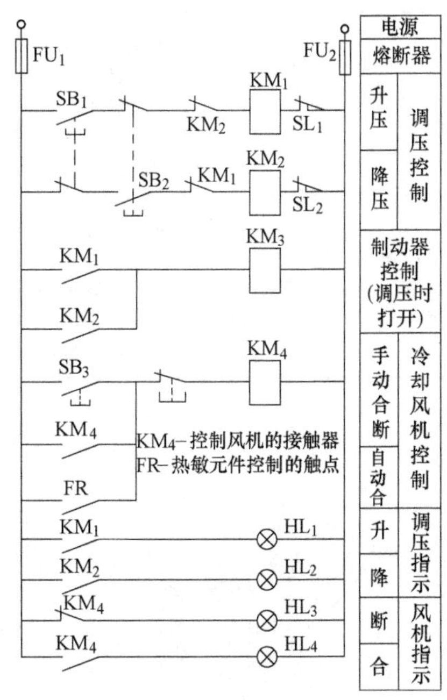

图2-9　风冷（温度控制）三相感应调压器控制电路

6. 三相感应调压器的常见故障及处理方法

由于三相感应调压器既具有三相绕线转子异步电动机的基本结构和工作原理，又有自耦变压器的工作原理的双重特点，所以，它的很多故障现象及发生原因也和上述两种设备基本相同。

其特有故障在于其调压机构和有关转动部分，常见故障和处理方法见表2-7。

表2-7 三相感应调压器的常见故障和处理方法

故障现象	故障原因	处理方法
通电后有较大“嗡嗡”声	（1）输入线有断相 （2）转子绕组或定子绕组有严重的匝间短路，使输入电流较大	（1）用测量电阻或电压的方法找出断相线，然后修理 （2）用测量电阻或电压的方法找出有匝间短路相，然后拆出转子，找到短路点，更换部分或全部绕组
无输出电压	（1）定、转子之间连线断开 （2）转子调到输出电压等于零的位置后被卡住	（1）打开调压器，找到断开点后重新接牢 （2）检查出卡死的原因后修理
调压时，电压指示改变成与调压方向相反	未接限位开关或限位开关失灵或断线，转子在调压时转过了电压最大或最小位置（旋转范围超过了180°电角度），如图2-10a所示	将转子向相反的方向调整，回到正常调压区域后即能恢复正常。未接限位开关的，建议安装限位开关；限位开关失灵的，检查其接线和开关动作情况，根据具体情况进行修理或更换
不调压	（1）蜗轮与转子轴脱离（当突然加较大负载时，由于较大转矩可能将连接销切断），如图2-10b所示 （2）转子转动过度，使蜗轮与蜗杆脱离啮合范围，如图2-10c所示 （3）调压机构与蜗杆脱离或伺服电动机不工作	（1）修理或更换连接部件，如连接键、销 （2）用工具将转子转动，使蜗轮与蜗杆相啮合 （3）修理调压机构或伺服电动机（包括伺服电动机的电源线和电源控制等部分）
三相输出电压不平衡	（1）输出端子连接不牢或氧化 （2）定、转子绕组之间连线松动 （3）定、转子绕组有匝间短路 （4）因轴承损坏，使定、转子之间的气隙严重不均匀	（1）紧固连接端子或清除氧化部位 （2）紧固松动部位 （3）打开调压器，检查出短路点，更换绕组 （4）更换轴承
电压调到一定高度后，调压器发出较大声响	（1）定、转子绕组有较轻的匝间或相间短路 （2）绕组与铁心或机壳之间绝缘介质有损伤，产生漏电电流 （3）绝缘油变质或进水	（1）拆开后检查并修理 （2）拆开后检查并修理 （3）处理或更换绝缘油

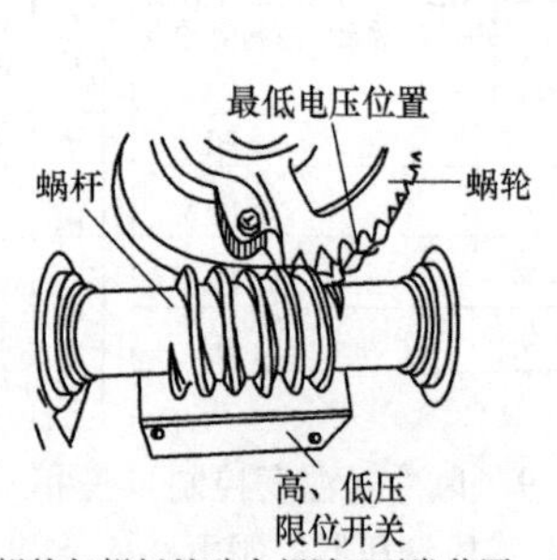

a) 蜗轮与蜗杆的啮合超过了正常范围

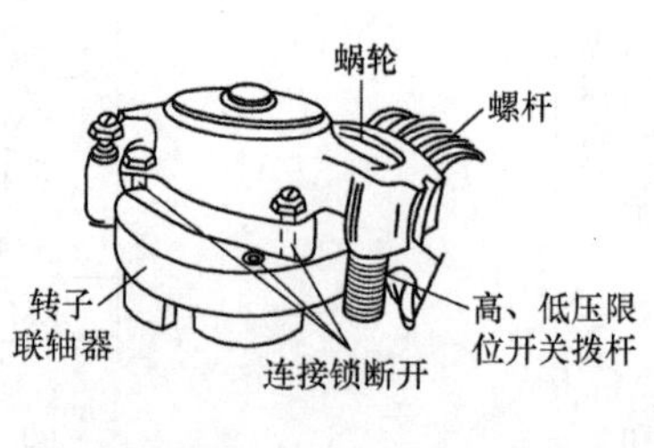

b) 连接销断裂造成蜗轮脱节

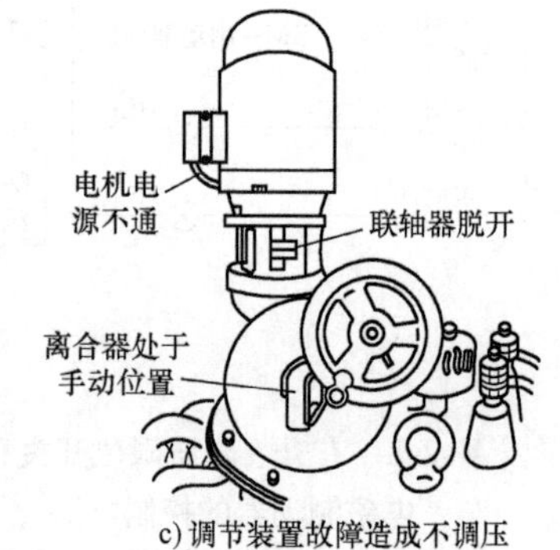

c) 调节装置故障造成不调压

图2-10 三相感应调压器的部分常见故障

（二）接触式自耦调压器

自耦调压器一般用于小容量用电场合。主要用于10kW以下交流电动机的可调压电源和供整流用的可调压电源。有单相和三相之分，但三相的乃是3个相同单相调压器通过一根贯穿的装有3套电刷（或触片）的转动轴形成的组合体。另外，调压操作一般为通过手动，有些品种通过附加的伺服电动机实现电动或自动控制。图2-11给出了部分示例。

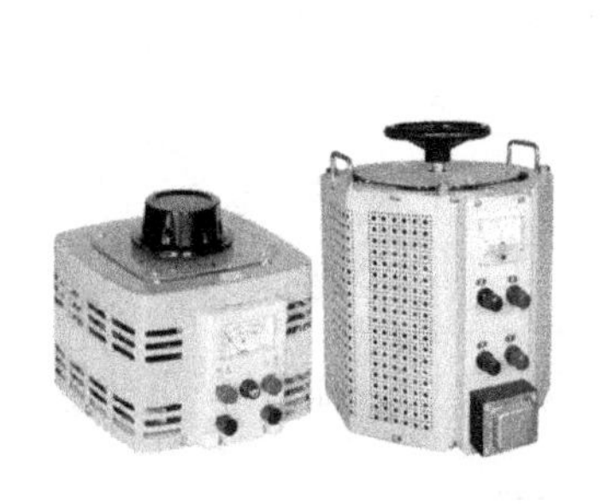
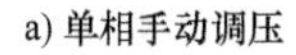
a) 单相手动调压

b) 三相手动调压

c) 三相电动调压

图2-11　接触式自耦调压器的外形示例

自耦调压器的一、二次绕组实际上是一套绕组。采用滑块（电刷）在绕组上滑动来改变二次绕组匝数，从而达到调节输出电压的目的，所以也称为接触式自耦调压器。

1. 型号的含义

接触式自耦调压器型号的含义如下：

T—调压器	相数：D—单相，S—三相	G—干式自冷	C—接触式	统一设计号：2—节能型，2J—节能经济型	—	额定容量/(kV·A)

例如TDGC2J—0.5：节能经济型干式自冷接触式单相自耦调压器，额定容量0.5kV·A。

我国使用的接触式自耦调压器输入电压，单相一般为220V、50Hz，有些产品为110V；三相的线电压为380V、50Hz。但也可用于60Hz电源，只是有些参数要发生一些变化。

2. 常用类型的技术数据

常用单相和三相接触式自耦调压器技术数据见附录7和附录8。

七、交流三相单频发电机组

电机试验用交流三相单频发电机组按所发电压频率来分有工频50Hz和60Hz两大类。它用于提供三相平衡、稳定、畸变率较小、可在较宽范围内调压的试验电源。

50Hz机组由一台由50Hz电网供电的同步电动机（或直流电动机）同轴拖动一台同极数（或同转速）50Hz他励同步发电机组成。

60Hz机组可由一台由50Hz电网供电的10极同步电动机同轴拖动一台12极50Hz他励同步发电机组成；或由一台由50Hz电网供电的同步电动机通过V带拖动一台同极数60Hz他励同步发电机组成；还可由一台他励直流电动机同轴拖动一台额定转速相同或接近的他励同步发电机组成。可通过设置专用电路使其具有稳频稳压的功能。

一般用调节同步发电机励磁的方式来调节发出电压的高低。

八、交流变频发电机组

交流变频发电机组可用于不同频率电动机的试验电源，但其主要用途是在对拖法（或称为回馈法）做温升和负载试验时作为负载电机（习惯称为陪试电机）的电源。

（一）“四机组”变频发电机组

传统的交流变频发电机组由4台电机组成，习惯称为“四机组”。它由一台交流同步电动机

（或交流异步电动机）拖动一台直流发电机，再由一台直流电动机拖动一台可调压的他励交流同步发电机组成，两台直流电机通过电路连接，直流电机都采用他励。其实物和电路原理如图2-12所示。常用四机组中4台电机的配套关系可参考表2-8所列数据。

使用及给被试电机加负载的操作方法见本章第三节第五、（三）2. 所述内容。

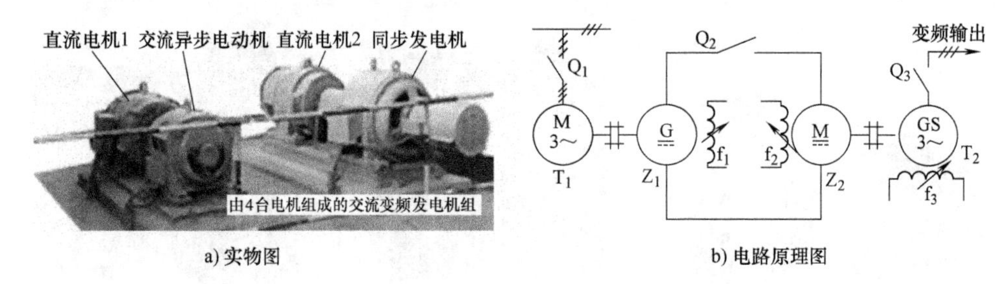

图2-12 由4台电机组成的交流变频发电机组

表2-8 常用四机组中4台电机的配套关系参考表（电机容量单位为kW）

电机类别		组别				备注
		Ⅰ	Ⅱ	Ⅲ	Ⅳ	
机组中的电机和代号（见图2-12）	同步（或异步）电动机 T_1	40	120	220	320	220kW及以上可用高压电机
	直流电机 Z_1、Z_2	35	115	190	300	他励
	同步发电机 T_2	35	120	200	320	他励
直接负载法被试电机最大容量		35	120	200	320	

（二）“两机组”变频发电机组

“两机组”变频发电机组由一台直流电动机同轴拖动一台三相同步发电机组成，其电路原理如图2-13所示，其直流电动机和同步发电动机均为他励。直流电动机通过具有整流和逆变两种功能的装置与三相交流电网相连，使该机组既可提供变频电源，又可作为反馈电源，用于调频和调压。

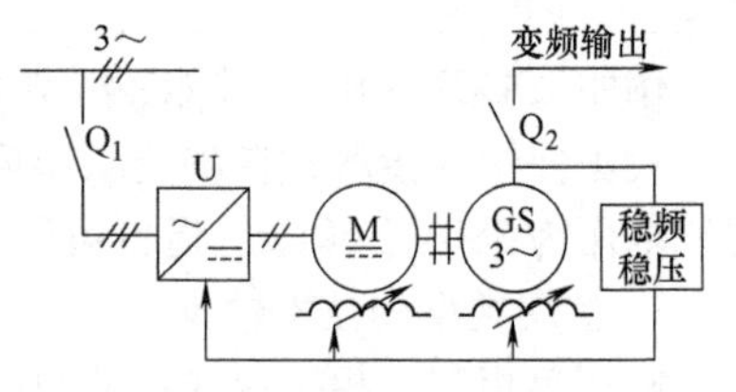

图2-13 “两机组”变频发电机组电路原理图

九、变频器——交流变频电源

（一）普通变频器

变频器是一种利用电子元器件组成的，能将固定频率的交流电转变成在一定范围内可调频率的交流电的静止变频电源设备，其输出频率范围一般可在输入频率的4倍以内。由于它具有使用方便、占地少、噪声小等优点，现已被广泛应用于交流电动机的调速系统。其不足之处是输出电压波形不是正弦脉宽调制波（SPWM波），因此，对测量有一定的特殊要求，另外，较多的高次谐波会对被试电机试验数据的准确度产生一定的影响。

交流变频器的种类很多，使用性能也各不相同，若用于变频调速电动机试验，应尽可能使用将来与被试电机配套的品种，并且额定容量最好在被试电机的1～2倍之间，容量过大则很可能对试验数据产生不利影响。这一点与普通交流电源有所不同，应予注意。

在电机试验中，变频器可用作额定频率为非电网频率电动机或变频调速电动机的电源设备。若用作对拖法负载或发热试验中交流陪试电机的变频电源，则需增设逆变装置。

（二）试验专用变频器

对普通变频器进行改造，可做成固定电压调频和固定频率调压的试验专用型。在输出端设置专用的滤波器，可得到满足电压谐波因数要求的正弦波变频变压试验专用变频器。这些设备自发明以来得到了广泛的应用，在很大程度上取代了变频机组和调压电源设备。其组成、功能等将在本章第八节另行详细介绍。

第二节　试验用直流电源设备

电机试验中常用的直流电源主要有直流发电机组电源和静止电力变流器整流电源两大类，另外还有蓄电池、干电池等。直流发电机组电源和蓄电池、干电池等被简称为直流电源或普通直流电源；静止电力变流器整流电源简称为整流电源。

一、对直流电源的质量要求

衡量直流电源品质好坏的主要参数有直流电流纹波因数 q_i 和波形因数 k_{fN} 两个指标，它们应符合被试电机的要求。另外，还要求电压平稳、无干扰。对使用三相交流电的整流电源，三相输入电压应平衡。

（一）直流电流纹波因数

直流电流纹波因数是直流电流波动的最大值 I_{max} 和最小值 I_{min} 之差与其2倍平均值 I_{av}（1个周期内的积分平均）之比，即

$$q_i = \frac{I_{max} - I_{min}}{2I_{av}} \tag{2-10}$$

如果该值较小（<0.4），可用下述近似计算式：

$$q_i = \frac{I_{max} - I_{min}}{I_{max} + I_{min}} \tag{2-11}$$

（二）直流电流波形因数

直流电流波形因数 k_{fN} 是直流电动机电枢由整流电源供电时，在额定条件下，最大允许电流的有效值 $I_{rms.maxN}$ 与其平均值 I_{avN}（1个周期内的积分平均）之比，即

$$k_{fN} = \frac{I_{rms.maxN}}{I_{avN}} \tag{2-12}$$

二、直流电源机组

试验用直流电源机组可由一台交流电网供电的交流异步电动机（或同步电动机）拖动一台直流发电机或同轴拖动两台直流发电机组成。前者称为“单联直流发电机组”，后者称为“双联直流发电机组”。直流发电机为他励，常用额定转速为1500r/min。

（一）单联直流发电机组

单联直流发电机组的实物如图2-14a所示。

1. 输出电压极性不变的电路

由一台交流电网供电的三相交流异步电动机拖动一台他励直流发电机组成的单联直流发电机组的电路如图2-14b所示。

2. 输出电压极性可变的电路

若需要直流发电机能发出极性可变的直流电，可通过两个并联的同规格滑线电阻给该机组中的直流电机提供方向可变的励磁电流，通过调节两个滑块的位置来改变励磁电压的方向，从而改变电压的方向，如图2-14c所示。这种方式的缺点是要求励磁电源的容量较大，因为将有一

部分电能消耗在两个滑线电阻上。

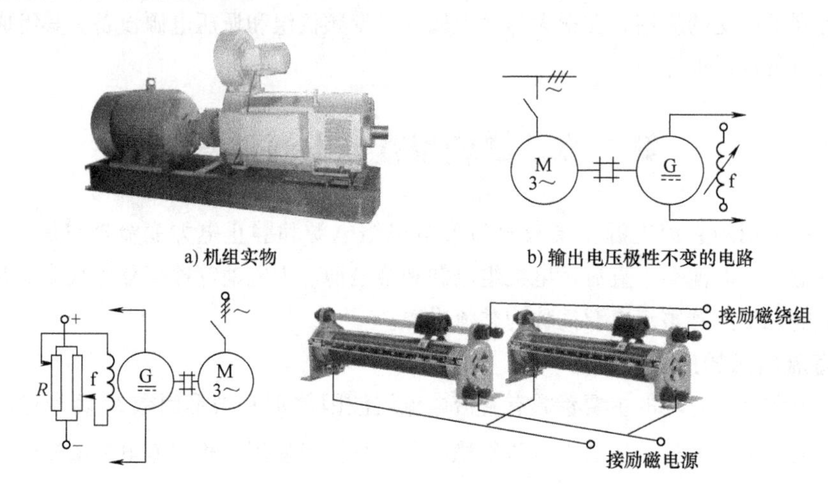

a) 机组实物　b) 输出电压极性不变的电路

c) 输出电压极性可变的电路及滑线电阻实物接线

图 2-14　单联直流发电机组

（二）双联直流发电机组

由一台由电网供电的双轴伸三相异步电动机通过联轴器与两台同规格他励直流发电机同轴连接组成的双联直流发电机组实物和电路如图 2-15 所示。

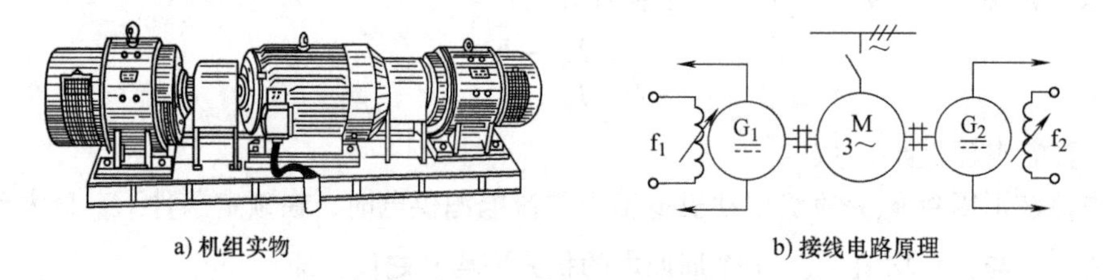

a) 机组实物　b) 接线电路原理

图 2-15　双联直流发电机组

双联直流发电机组的优点在于如下两个方面：

1）可提供较高的输出电压或电流。即当两台直流发电机顺极性串联时（见图 2-16a），可得到两台发电机输出电压之和的输出电压；当两台直流发电机同极性并联（见图 2-16b），并在两台直流发电机输出电压相等时，机组输出电流可达到两台直流发电机输出电流之和。

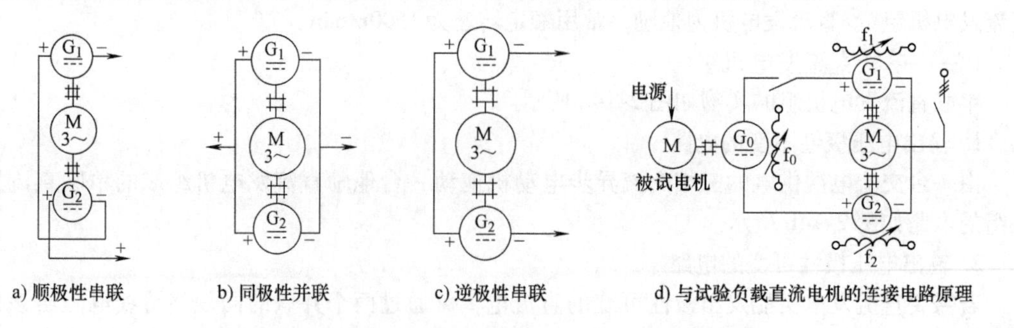

a) 顺极性串联　b) 同极性并联　c) 逆极性串联　d) 与试验负载直流电机的连接电路原理

图 2-16　双联直流发电机组输出的 3 种接线方式

2）可方便地提供运行中变极性的电压。当将两台直流发电机的一对同极性的输出端连接起来，剩余一对输出端向外提供直流电时，如图2-17c所示，即能通过调节两台直流发电机的励磁来方便地调节机组输出电压的高低和极性。这种接线方法可称为逆极性串联，它特别适合用作测绘电动机转矩-转速特性曲线时负载直流电机的电源。

图2-17为可进行串（逆极性）、并联输出控制的电路原理图。其中交流电动机采用了手动的Y-△减压起动电路。

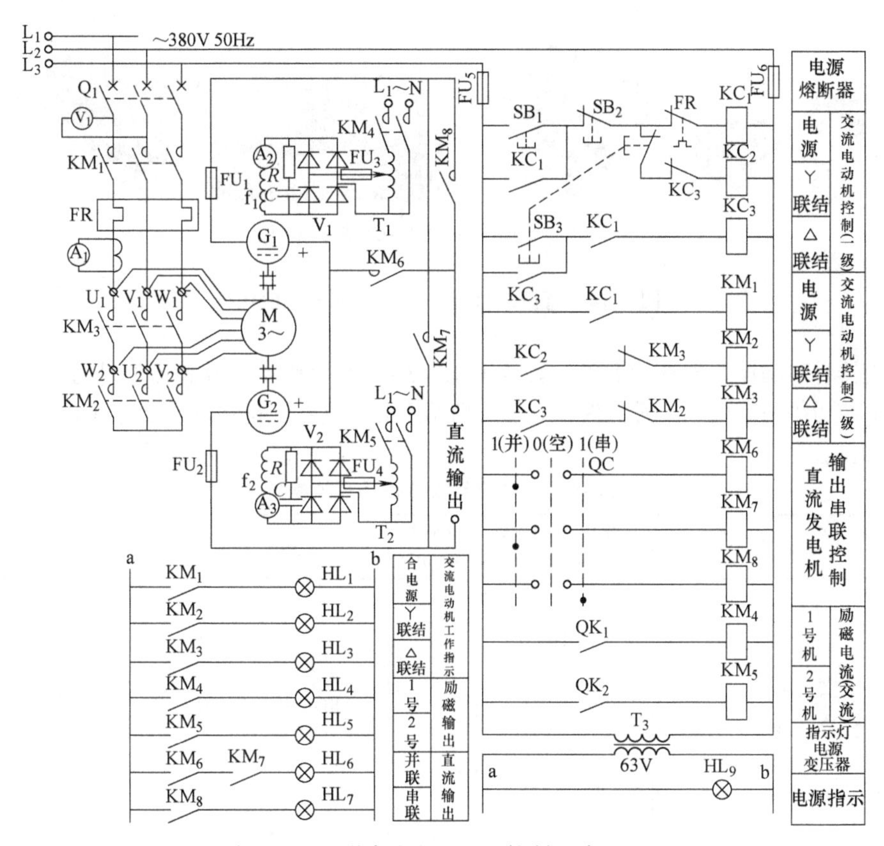

图2-17　双联直流电源机组控制电路原理图

三、整流电源

整流电源是利用由整流器件（含整流二极管和晶闸管，见图2-18给出的示例）和其他一些电气元件（主要有电容器、电抗器、电阻器等）组成的整流器，将交流电转变成直流电的直流电源。由于其设备组成简单和使用维护方便、工作性能稳定可靠、无噪声（大功率整流设备有通风冷却风机产生的噪声）、效率高等优点，而被广泛地应用。它的不足之处是电流的纹波因数较大，在电机试验精确计量时，需对其交流成分产生的交流损耗进行计算修正处理。

从所用交流电的相数来分，整流电源有单相和三相两大类；从整流出的波形来分，有半波和全波两类；从所用整流器件来分，有可控和不可控两大类。

表2-9和表2-10分别给出了几种不同型式的整流电源电路及其主要参数和优缺点，表2-11给出了几种滤波电路的电路图及其优缺点。表中：R_L为纯电阻负载；U_L为负载两端的电压；I_L为通过负载的电流；V为整流二极管；VT为晶闸管；U_2为交流变压器二次侧相电压有效值；U_V为整流器输出电压；C为电容器；L为电感或电抗器；R为电阻器。

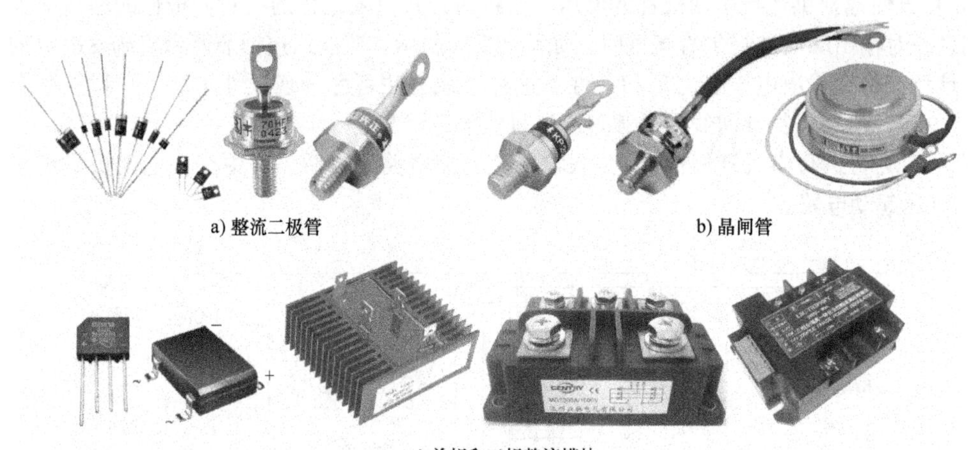

a) 整流二极管　　　　b) 晶闸管

c) 单相和三相整流模块

图 2-18　整流二极管、晶闸管和整流模块

除整流器件和滤波元件外，组成一套整流电源还需要控制电路及整流器件过电压和过电流保护、输出稳压等一系列主要元器件，对于可控调压的，还需配备触发电路。其有关内容请参考相关专业资料。

表 2-9　不可控整流电路及有关参数

电路名称	电路图	输出电压平均值	整流管最大反压	整流管平均电流	主要优缺点	适应范围
单相半波	T, V, I_L, R_L, U_2	$0.45U_2$	$\sqrt{2}U_2$	$0.45I_L$	结构简单 输出电压波动很大，不易滤成平直电压	用于几十毫安及以下，对波动要求不高的场合
单相全波	T, U_2, U_2, V_1, V_2, I_L, R_L	$0.9U_2$	$2\sqrt{2}U_2$	$0.45I_L$	负载能力较好，输出电压易滤平直 变压器二次侧要有中间抽头，整流器件反压高	要求负载电流较大、稳定性较好的场合
单相桥式	T, U_2, V_1, V_2, V_3, V_4, I_L, R_L	$0.9U_2$	$\sqrt{2}U_2$	$0.5I_L$	负载能力较好，输出电压易滤平直，变压器较简单，整流器件反压低 元器件较多，电路内阻大	要求负载电流较大、稳定性较好的场合。应用较广泛

（续）

电路名称	电路图	输出电压平均值	整流管最大反压	整流管平均电流	主要优缺点	适应范围
2倍压整流	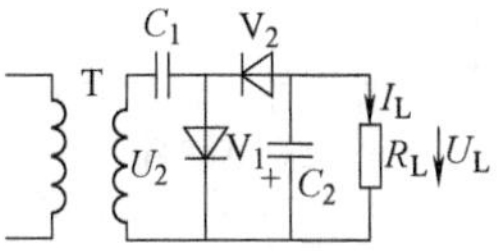	$\approx 2U_2$	$2\sqrt{2}U_2$		可得到2倍于变压器二次电压的直流电压 负载能力较差，整流器件反压高，C_2 上的电压是 C_1 的2倍	
3倍压整流	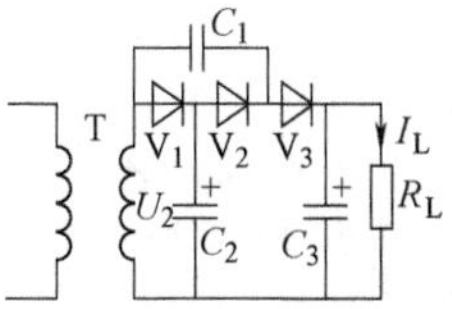	$\approx 3U_2$	$2\sqrt{2}U_2$		可得到3倍于变压器二次电压的直流电压 负载能力较差，整流器件反压高，C_1、C_2、C_3 上的电压分别为 $\sqrt{2}U_2$、$2\sqrt{2}U_2$、$3\sqrt{2}U_2$	应用于负载不大但要求较高电压的场合
5倍压整流	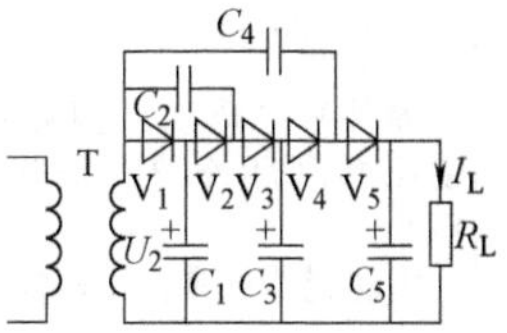	$\approx 5U_2$	$2\sqrt{2}U_2$		可得到2倍于变压器二次电压的直流电压 负载能力较差，整流器件反压高，C_1、C_2、C_3、C_4、C_5 上的电压分别为 $\sqrt{2}U_2$、$2\sqrt{2}U_2$、$3\sqrt{2}U_2$、$4\sqrt{2}U_2$、$5\sqrt{2}U_2$	
三相带中线	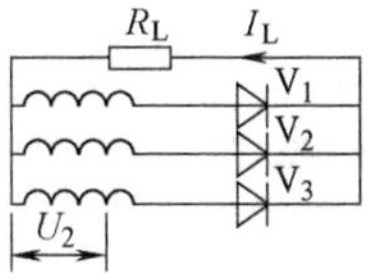	$1.17U_2$	$2.42U_2$	$\frac{1}{3}I_L$	输出电压脉动较小 变压器铁心中存在直流磁通，使一次电流加大，变压器利用系数小；整流器件反压高	用于容量较小的场合
三相桥式	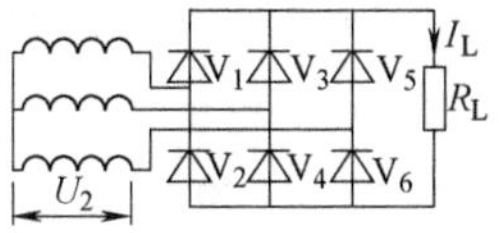	$2.34U_2$	$2.38U_2$	$\frac{1}{3}I_L$	输出电压脉动较小，电压值较高，变压器利用系数大，可输出较大功率 使用元器件较多	广泛用于各种直流供电设备

表2-10　晶闸管整流电压可调电路及有关参数

电路名称	电路图	输出电压平均值	晶闸管最大反压	晶闸管平均电流	晶闸管移相范围/最大导通角	主要优缺点
单相半波	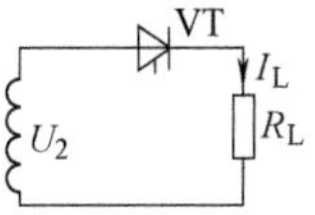	$0\sim0.45U_2$	$\sqrt{2}U_2$	I_L	180°/180°	电路简单，调整方便 输出直流脉动大，需要变压器的容量较大
单相全波	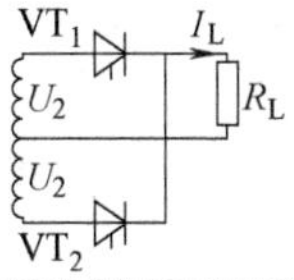	$0\sim0.9U_2$	$2\sqrt{2}U_2$	$\frac{1}{2}I_L$		波形比半波好 器件反压高，变压器需要中心抽头并且需要容量较大
单相半控桥式	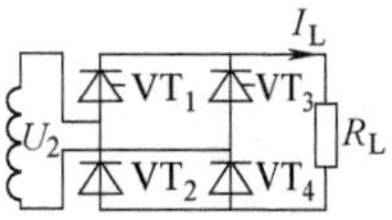	$0\sim0.9U_2$	$\sqrt{2}U_2$	$\frac{1}{2}I_L$	180°/180°	要求元器件耐电压较低，两个元器件可用一套触发电路 电感性负载时，必须接入续流二极管，否则会出现失控现象

（续）

电路名称	电路图	输出电压平均值	晶闸管最大反压	晶闸管平均电流	晶闸管移相范围/最大导通角	主要优缺点
三相全控半波	R_L　I_L　VT_1　VT_2　VT_3　U_2	0 ~ $1.17U_2$	$2.45\sqrt{2}U_2$	$\frac{1}{3}I_L$	150°（电阻负载）/120°	电路简单，常可省去专用变压器，由交流电网直接供电 器件耐电压要求较高，对交流电网工作不利
三相半控桥式	VT_1 VT_3 VT_5　I_L　R_L　U_2　VT_2 VT_4 VT_6	0 ~ $2.34U_2$	$2.45\sqrt{2}U_2$	$\frac{1}{3}I_L$	180°/120°	整流效率高，器件耐电压低 大电感负载时，必须加续流二极管
带平衡电抗器双反星形	T　U_2　R_L　I_L　$VT_1VT_2VT_3$　$VT_4VT_5VT_6$	0 ~ $1.17U_2$	$2.45\sqrt{2}U_2$	$\frac{1}{6}I_L$	150°/120°	器件平均电流小且耐电压低，变压器利用率高，输出电流脉动小 电路元器件多，结构复杂

表 2-11　常用滤波电路及有关说明

电路名称	电路图	滤波效果	输出电压	有关数据变化说明
电容滤波	U_v　C　I_L　R_L	较好	高	对于单相半波电路，与不加滤波相比，输出电压升高到（1 ~1.4）U_2，整流管的最大反压可加大到 $2\sqrt{2}U_2$，整流管的平均电流也加大到（1 ~ 1.4）I_L
电感滤波	L　U_v　I_L　R_L	较差	低	负载波动时，电压变化小 体积较大，成本较高，不宜使用在电子电路中
L形滤波	L　U_v　C　I_L　R_L	较好	低	输出电压稳定，对整流器件不会造成冲击 适用于负载电流较大、变动较大的场合
π形滤波	L　U_v　C_1　C_2　I_L　R_L	好	高	输出电压比L形更稳定，但负载变化时电压波动较L形大，整流器件有冲击电流
RC滤波	R　U_v　C_1　C_2　I_L　R_L	较好	较高	输出电压较稳定，元器件成本低，易制作 电阻 R 上有压降，整流器件有冲击电流 用于负载较小且没有多大变化的场合

四、用自耦调压器调压的整流电源

将前面介绍的不可控整流电路前边的变压器改为自耦调压器（单相或三相的），通过该调压器来改变整流器件的输入电压，则能得到可变的输出直流电压，成为一套可调的整流电源。电路原理如图2-19所示。

所用调压器的额定容量应为直流用电设备的1.1倍以上。

这种整流电源结构简单、易制作、调节方便、过载能力较大。常用于电机励磁电源。

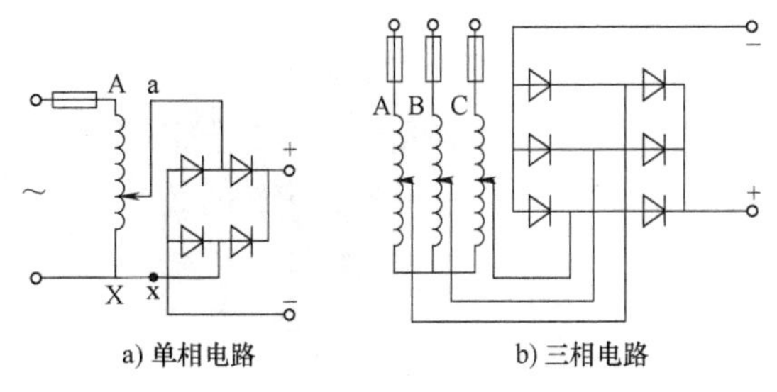

图2-19　用自耦调压器调压的整流电源

第三节　电动机试验负载及测功设备

电动机在进行发热试验、负载（含效率、功率因数、转差率等性能测试）试验、过转矩试验及测绘转矩-转速特性曲线试验时，都要给电动机加机械负载。不同的电动机、不同的试验项目，对负载的性质及大小都有不同的要求。本节将介绍几种常用电动机输出机械负载设备和测功机的组成形式、结构、简单工作原理及使用方法等内容。

一、一体式测功机

所谓测功机，是指那些既能作为机械负载，又能直接测取和显示机械功率（一般实际显示值为转矩）的设备。根据其作为机械负载的部分与测取和显示机械功率值的部分是否组成一个整体，可分为一体式和分体式两大类。

在人们的印象中，所谓测功机，就是指那些既能作为机械负载，又能直接测取和显示机械功率（一般实际显示值为转矩）的一体式设备，有直流测功机、涡流测功机、磁粉测功机、水力测功机等多种。使用时，其“转子”一般通过联轴器与被试电动机进行连接，并在被试电动机拖动下旋转，其“定子”也利用轴承支撑起来可以旋转，但受与其固定连接的测力装置限制，只能在一个很微小的角度内转动。

下面简要介绍常用类型的结构和工作原理。

（一）直流测功机

直流测功机是传统测功机中最常用的也是最完善的一种。实际上它就是一台定子（安装着磁极铁心和励磁绕组）可以在支座上转动（幅度很小）的直流电机，另外多了一些测量转矩的部件，见图2-20给出的示例。

直流测功机可作为直流发电机运行，此时作为机械负载；也可以作为直流电动机运行，即作为其他机械的动力。前者用作测取外接动力的输出转矩；后者则用作测取外接设备的输入转矩。作发电机运行时，其输出的电能可用电阻负载直接消耗掉，也可以通过直流发电机组或逆变器回馈给电网。

直流测功机准确度可达到0.5级，操作方便，输出电能可以回收，节约了能源；但其结构复杂、造价高、投资较大，使用中维护量也较大。由于这些缺点及现代测试对准确度较高的要求（要求不低于0.2级），除了以前购置的产品可能还在应用外，现已很少有新品生产。

（二）涡流测功机和磁粉测功机

涡流测功机和磁粉测功机的定子与上述直流测功机相似（主要元件是励磁绕组），结构简

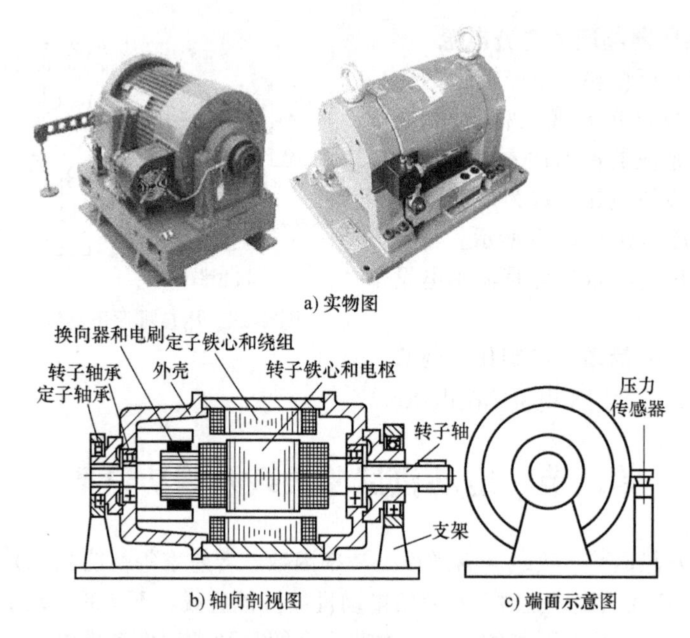

a) 实物图
b) 轴向剖视图
c) 端面示意图

图 2-20　直流测功机

单、使用方便、调节平滑并稳定；但其工作时所有的制动转矩都将转化成热量，这一方面是对能源的浪费，另一方面是需要设置散热装置。小容量测功机靠自带风扇散热，这将产生与转速有关的损耗，这个损耗需要在求取被试电动机输出功率时加以修正。较大功率的需要采用水冷方式散热，需要一套供输水系统，若不能循环使用，将耗费大量的水资源。涡流测功机的制动转矩随转速的下降而下降。

图 2-21 和图 2-22 分别为这两种类型测功机的示例和结构。

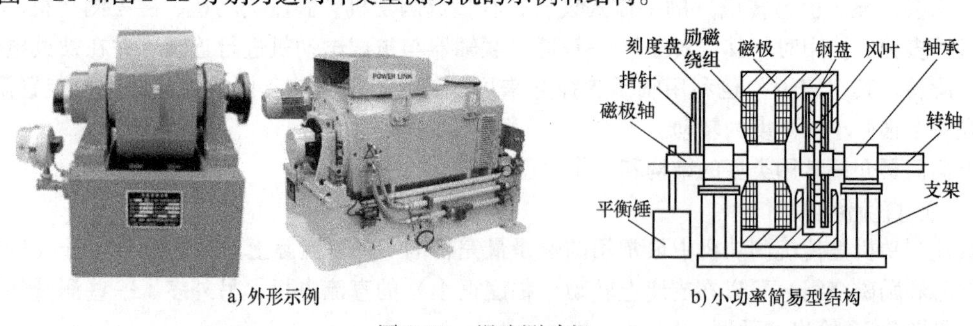

a) 外形示例
b) 小功率简易型结构

图 2-21　涡流测功机

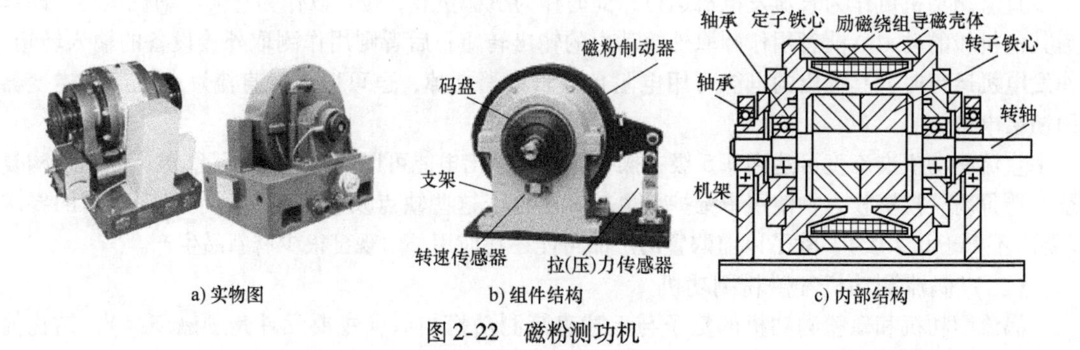

a) 实物图
b) 组件结构
c) 内部结构

图 2-22　磁粉测功机

目前市场上销售的所谓的涡流测功机和磁粉测功机，有些实际上并没有测力装置，即只是一个提供制动转矩的设备而已，即涡流制动器和磁粉制动器。

（三）水力测功机

从一定意义上来讲，水力测功机的主体就是一个涡轮水泵，只是由于要设置外壳旋转支架和测力装置等，使其结构更加复杂。图 2-23 是 3 种型号的水力测功机外形示例。

这种测功机用阀门改变其泵水量的方法来改变所需要的输入功率，或者说产生制动转矩。

这种测功机的最大优点是不需要电网的支持，更不需要其他电源及组合控制柜等复杂的配电设备，过载能力较强，故障相对较少。缺点是将被试电动机输出的功率全部消耗掉，需要使用水资源，若功率较大，为了节约用水，要建立一个较大的循环水系统。

图 2-23　水力测功机

（四）一体式测功机显示值的修正

由于各种测功机自身都有一定数量的风扇损耗（对有风扇的品种）和轴承摩擦损耗（合称为“风摩耗”）以及其他一些自身损耗。这些损耗有的会直接影响测量值的准确度。在精确测量时应加以修正。

1. “风摩耗” 的求取方法

1）直流测功机可以电动机方式在不同转速下空载运行，待机械耗稳定后，从其仪表上直接读取转矩值。此值即为测功机在这一转速时的风摩转矩。用转矩和转速两值可求得“风摩耗”数值。改变转速，求出其他转速时的风摩耗值。

2）不能作电动机运行的测功机，如涡流测功机和磁粉测功机等，则需要用能作电动机运行的测功机辅助求取。用另外的测功机拖动该测功机。在该测功机无励磁和输出负载的情况下，运行到机械耗稳定后，读取作为电动机的测功机上显示的转矩值 T_1。然后，将该测功机脱开，辅助用的测功机以原有转速空载运行，读取此时的转矩值 T_0，则该测功机在此次试验转速下的风摩转矩 T_{FM} 为

$$T_{FM} = T_1 - T_0 \tag{2-13}$$

改变转速，求取其他转速时的 T_{FM}。

2. 试验转矩的修正

1）测功机作为发电机运行，即作为机械负载时，被试电动机的输出转矩 T 应为测功机显示的转矩 T_C 与其在此转速下风摩转矩 T_{FM} 之和，即

$$T = T_C + T_{FM} \tag{2-14}$$

2）测功机作为电动机运行，即作为机械动力时，被试发电机的输入转矩 T 应为

$$T = T_C - T_{FM} \tag{2-15}$$

3. 不能修正因素的解决办法

测功机定子摆动及其绕组与外界连接的导线等产生的阻力矩也会造成测量误差。但这些误差很难确定。解决的办法只能是尽可能地减小这些损耗，例如注意保持转动部分的灵活润滑，采

用柔软的连线等。

二、分体式测功机——由转矩传感器与机械负载组成

由一台转矩-转速传感器与一台（套）机械负载设备组成的测功机，称为分体式测功机。因其结构简单、组成容易并灵活、使用方便、精度较高（可达到0.2级和0.1级）和价格较低（和直流测功机相比）等较多的优势，而被广泛采用，是现代电机试验测功设备的首选。

（一）转矩-转速传感器

1. 类型

转矩-转速传感器是保障这种测功机准确度的关键设备。其关键部件是它的弹性转轴。根据产生转矩信号的原理不同，主要有电位差型（例如国产ZJ型、NJ型或JC型，见图2-24a）和应变元件型（例如国产JN338型和国外HBM、KISTLER牌等大多数产品，见图2-24e）两大类。

图2-24i是几种类型的数据显示仪表。当使用横河、青智等公司生产的功率分析仪（多功能电量仪表）时，可设置专用插件，将传感器的信号直接输入到仪器中，在显示屏上显示转矩、转速和机械功率，从而省掉一块专用显示仪表。

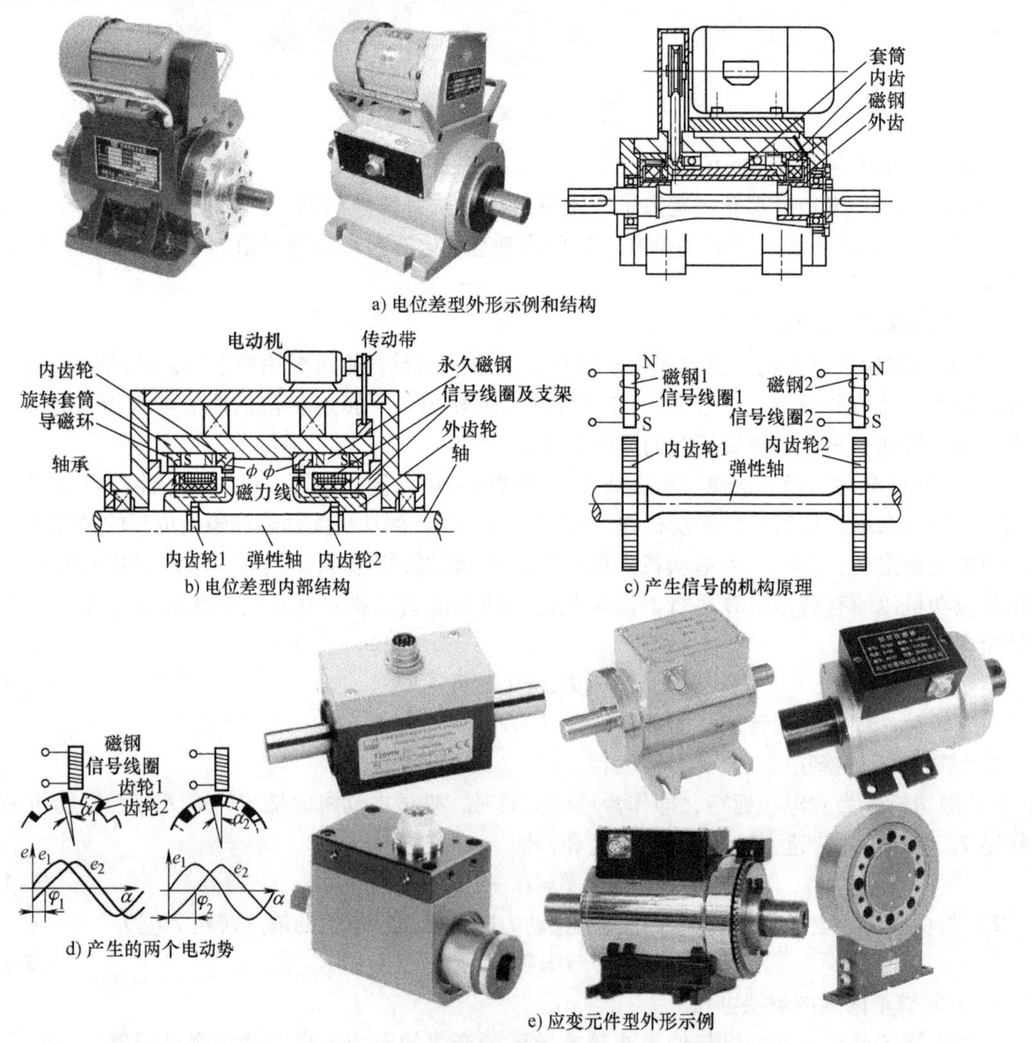

图2-24 转矩-转速传感器及仪表

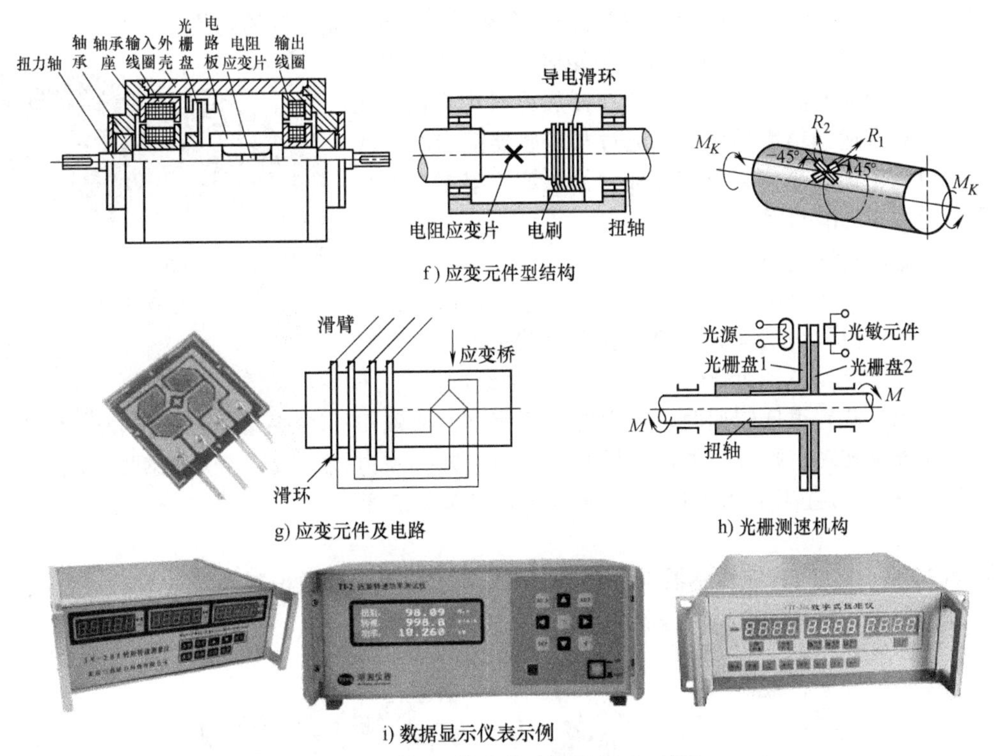

f) 应变元件型结构

g) 应变元件及电路

h) 光栅测速机构

i) 数据显示仪表示例

图 2-24　转矩-转速传感器及仪表（续）

2. 使用方法及注意事项

1）在搬运和安装时，应轻拿轻放，防止磕碰和撞击，特别是两个伸出轴更应格外注意。

2）安装联轴器时，用力应顺其转轴的轴向方向，另一端要抵在木质物体上，以防止损伤转轴和轴承。建议将一个规格的传感器与其配套的被试电机和负载机械装置的联轴器设计成外形相同的尺寸，将传感器用的半节与轴的配合设计成过渡配合，用热套的方式将联轴器固定安装在传感器轴上。

3）和被试电机及负载机械三者连接时，应尽可能做到较高的同轴度；装在传感器上的两个联轴器应尽可能轻，和另一半联轴器之间应留有 2～3mm 的间隙，必要时该间隙可用胶皮填充；对两端联轴器的连接，建议采用软绳或弹性齿形橡胶圈、圆形胶圈柱销等具有一定弹性的方式，以减小因少量的不同轴度对测量精度的影响（详见本章第五节第二部分）。

4）对于电位差型传感器，安装时，小电机的轴伸端（带轮端）应面向被试电机。传感器上小电机的转向应和传感器轴转向相反（在被试电机运转时，仪器显示的转速将高于被试电机，高出的数值为小电机的转速）。

5）对于电位差型传感器，当试验时的转速低于规定值时（一般为 600r/min），应起动小电机，否则测试精度将受到影响，甚至不能测量。

6）对某些规格的电位差型传感器，其小电机的传动带使用一段时间后会被拉长或磨损，造成转速不稳定，应及时修理或更换。

7）有些类型的传感器输出接口处有一个微型开关，它是为补偿传感器因其转向所引起的误差而设置的。从传感器上小电机轴伸端看，传感器轴顺时针转动时（或以传感器上所标正转方向为准），该开关应拨到“+”一边；否则应拨到“-”一边。

8）传感器的转矩标定系数可能会在使用一段时间后发生改变，应定期送到专业计量检定部门进行校验调整。否则可能影响测量准确度，严重时会出现不能允许的偏差。

图2-25是一套正规的静校设备。使用时，将传感器固定在平台上，一端轴伸固定，另一端与杠杆加力机构连接，在托盘中放置具有适当精度的砝码，通过与传感器配套的二次仪表显示值和施加力矩计算值相比较，得出该传感器在静止状态下施加力矩的准确度。

图2-25　转矩传感器精度静校设备

（二）配套机械负载设备

原则上来讲，任何能与传感器配套的机械设备都可作为机械负载使用。但因为试验时一般都要求负载量可调，有时还需堵转甚至于反转（例如测试电动机的 T-n 曲线试验），所以，在不要求运转到很低转速时，常用他励直流电机或磁粉制动器；需要反转时，则必须使用他励直流电机，并必须由可调压和改极性的直流电源供电（详见本章第二节第二部分）。

图2-26是由转矩-转速传感器与一台Z4型直流电机和一台磁粉制动器（通过一台减速箱，可适应高速加载）组成的电机试验测功系统。

a) 直流电机作负载

b) 磁粉制动器作负载

图2-26　转矩-转速传感器加机械负载设备组成的测功机

（三）转矩显示值的修正

对于转矩传感器与被试电动机通过一副联轴器直连的测功系统，由于只有转矩传感器与被试电动机相连一端的轴承摩擦阻力和该端联轴器所产生的制动转矩不会显示在测量转矩值中，若安装连接达到较高的同轴度要求，则该损耗一般在10W以内，一般仅5W左右。所以，对1kW及以上的被试电动机效率计算影响很小，可以忽略。

若需要进行修正，可按下述方法步骤进行（GB/T 1032—2012中7.3）。

1. 负载设备无输出的试验

在GB/T 1032—2012中7.3.1称为“被试电动机经转矩测量仪与负载电机耦接测试”，方法如下：

1）被试电机、转矩传感器、负载三者正常连接。负载设备处于无输出状态（无因外加因素造成的制动力矩状态。用直流电机作负载时，切断励磁和输出电路；用交流异步发电机作负载时，切断交流电源；用涡流或磁粉制动器时，不加励磁）。

2）被试电动机加额定电压和额定频率运行到机械耗稳定后（若进行负载或发热试验，则紧接着进行），记录一组与负载试验同样要求的数据：被试电动机输入功率 P_{d0}(W) 和输入电流 I_{d0}(A)；输出转速 n_{d0}(r/min) 和转矩 T_{d0}(N·m)；定子绕组端电阻 R_{d0}(Ω) 或温度 θ_{d0}(℃)；电源频率 f(Hz)。

2. 被试电动机完全空载的试验

在GB/T 1032—2012中7.3.2称为“被试电动机空载测试”。

上述试验完成之后，尽快将传感器和负载与被试电动机脱开。被试电动机仍加额定电压和额定频率空载运行。记录一组被试电动机的空载数据：输入功率 P_0（W）和输入电流 I_0（A）；定子绕组端电阻 R_0（Ω）或温度 θ_0（℃）。

修正转矩值计算。利用上述两次试验的结果，用下式计算转矩读数的修正值 T_C（N · m）：

$$T_C = 9.549 \times \frac{(P_{d0} - P_{Cud0} - P_{Fe})(1 - s_{d0}) - (P_0 - P_{Cu0} - P_{Fe})}{n_{d0}} - T_{d0} \tag{2-16}$$

若认为 $s_{d0} \approx 0$，则 $(1 - s_{d0}) \approx 1$，则可用下述简化公式：

$$T_C = 9.549 \times \frac{P_{d0} - P_{Cud0} - P_0 + P_{Cu0}}{n_{d0}} - T_{d0} \tag{2-17}$$

式中，$P_{Cud0} = 1.5 I_{d0}^2 R_{d0}$；$P_{Cu0} = 1.5 I_0^2 R_0$；$s_{d0} = 1 - [n_{d0}/(60f/p)]$，其中 p 为被试电动机的极对数；P_{Fe} 为额定电压时的铁耗，从空载特性曲线上获取。对于绕组直流端电阻 R_{d0} 和 R_0，若不是直接测得的，则利用两次试验时测得的绕组温度 θ_{d0} 及 θ_0 和试验前所测得的冷态直流电阻 R_C 和冷态温度 θ_C 进行换算得到，即

$$R_{d0} = \frac{235 + \theta_{d0}}{235 + \theta_C} \tag{2-18}$$

$$R_0 = \frac{235 + \theta_0}{235 + \theta_C} \tag{2-19}$$

修正后的输出转矩（N · m）为

$$T_X = T_S + T_C \tag{2-20}$$

式中，T_S 为试验时从转矩仪表上读取的转矩值（N · m）。

三、机械负载设备之一——直流发电机

原则上讲，可对被试电动机施加制动转矩的机械设备，均可作为被试电动机的负载。附加条件是这些设备要能够方便地与被试电动机（或已经与被试电动机连接的转矩传感器、减速箱等设备）进行机械连接，并且其负载量可以方便地调节。比较常用的有直流发电机、涡流制动器、磁粉制动器等。下面介绍这些设备的类型、选用原则和使用注意事项。

（一）对直流发电机的要求

采用直流发电机作电动机的负载时，其额定转速应不低于被试电动机的额定转速；在相同转速下，其额定功率应不小于被试电动机额定功率的 0.9 倍，但最好也不超过被试电动机的 5 倍；励磁应为他励。

（二）负载系统的组成

直流发电机只作试验负载时，它的输出电能可直接消耗在电负载上，其电路如图 2-27 所示。电负载可采用各种电阻（详见本章第四节）。为方便调节，负载电阻应做成分段可调式或连续可调式。

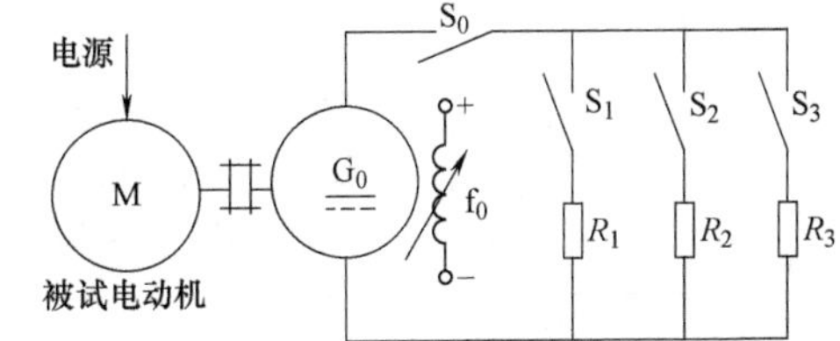

图 2-27　直流发电机直接消耗法负载电路原理图

试验时，要进行较大幅度的负载调整时，调节负载电阻的大小；进行较小幅度的调整时，调节发电机的励磁。

这种方法的优点是：设备简单、投资少、操作方便；缺点是：电能全部被消耗掉，造成能源的浪费；试验时电机的转速不能太低，否则发电机会因发出的电压过低而造成负载过小，甚至于加不上负载。

四、机械负载设备之二——磁粉制动器和涡流制动器

（一）磁粉制动器

磁粉制动器由装有直流励磁绕组的定子、铁磁材料做成的转子，以及填充在定、转子气隙之间的高导磁材料——磁粉所组成。其外形如图2-28a和图2-28b所示，原理结构如图2-28c所示。

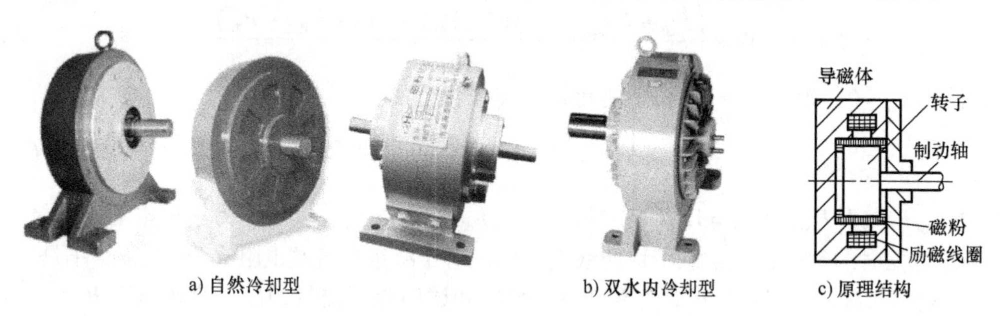

a) 自然冷却型　　b) 双水内冷却型　　c) 原理结构

图2-28　CZ型机座式磁粉制动器

其工作原理是：当定子绕组通入直流励磁电流时，产生的磁通将通过定、转子之间的气隙，使气隙间的磁粉磁化并形成两端分别和定子内圆及转子外圆相接的磁粉链（相当于磁力线）。当转子转动时，这些磁粉链将被强行“拉长”，在磁场中的磁力线具有力图最短的固有特性作用下，这些磁粉链将“反抗被强行拉长”而对转子产生反向拉力，从而起制动作用。定了励磁电流越大，制动转矩越强。制动功率全部以发热的方式消耗掉。

这种机械负载使用方便，特别适用于低转速试验（进行高速电机试验时，可通过一台减速箱减速后与其相连接，见图2-26b）。一般要采用水冷散热，使设备复杂化，并需要一定的用水量；另外，其高速性能不太稳定；使用较长时间后，磁粉会因摩擦产生板结现象而减小制动功能。

表2-12是江苏海安县中工机电制造有限公司生产的CZ型机座式磁粉制动器规格型号和参数，供选用时参考。

表2-12　CZ型机座式磁粉制动器的规格型号和参数

型号	额定转矩/(N·m)	励磁电流/A	允许转差功率/kW	额定转速/(r/min)	中心高/mm	轴伸直径/mm	冷却方式
CZ-0.2	2	0.4	0.1	478	55	9	自冷
CZ-0.5	5	0.5	0.3	573	72	12	
CZ-1	10	0.6	0.8	764	100	12	水冷
CZ-2	20	0.6	1.6	764	120	18	
CZ-5	50	0.8	3.5	669	150	22	
CZ-10	100	1.0	7.0	669	165	28	
CZ-20	200	2.0	10	478	180	35	
CZ-30	300	2.5	12	382	210	45	
CZ-50	500	2.5	14	267	240	60	
CZ-100	1000	2.5	18	172	280	60	
CZ-200	2000	3.0	25	119	325	75	
CZ-500	5000	3.0	40	76	430	90	
CZ-1000	10000	4.0	50	48	600	120	

（二）涡流制动器

涡流制动器的定子与磁粉制动器基本相同，其铁心上有励磁线圈，通入直流电产生磁场。转子一般是由钢质材料制成，呈圆柱状。转子被拖动旋转后，切割定子产生的磁力线，在其中产生

涡流（在转子中自成闭合回路的电路中形成的环形电流），该电流与定子磁场相互作用，产生制动转矩，给被试电动机加负载。调节定子励磁线圈的电流大小来调节制动转矩的大小。图 2-29a 是一些外形示例，图 2-29b 是原理结构。

a) 外形示例

b) 原理结构

图 2-29　涡流制动器

转子涡流产生的热量要使用风冷或水冷方式将其带走。

五、机械负载设备之三——由交流异步电动机转化成的交流发电机

由电机原理可知，当一台交流异步电动机转子的转速超过其同步转速时，则会由电动机转化成发电机。转子转速超过其同步转速越多，发出的电压越高，可输出电量也就越多。

此种发电机用作负载时，其规格型号最好和被试异步电动机完全一致，这样，一是便于安装，二是可方便地改变两台电机的“被试”和“陪试（负载）”地位，这在要求两台电动机都做试验时，会节约大量的时间和耗电量。若无上述条件，则可选用同转速、额定功率不小于被试电动机的其他异步电动机。

要成为一台异步发电机，其前提是要为定子施加一个交流“励磁”电源。这种励磁电源有电网电源、通过连接电容器的自励电源和变频电源。变频电源有传统的变频机组电源，另外，还有一种新型的电子内反馈变频电源（称为“共直流母线反馈变频电源”或“静止变频电源”，由于具有诸多的优势，致使在有一定规模的生产企业中，新建或改建型式试验设备时，这种电源系统已成为首选，大有取代其他传统电源的趋势）。下面分别给予介绍。

（一）用电网电源励磁

这种加载方式设备简单、投资少，在经济条件有限的小型个体企业中比较适用。但负载调节费时费力，且不易稳定。

作为负载的异步电机（简称陪试电机）和被试电机都通过调压器（陪试电机可不通过调压器）与交流电网相接。两台电机通过传动带（平带）拖动，如图 2-30a 所示。两个带轮的直径比为：

$$大轮(被试电机用):小轮(陪试电机用)=(1.15\sim1.2):1$$

这样，当被试电机拖动陪试电机运转时，陪试电机就会以超过其所加电源（和被试电机共用的电网电源）频率的转速呈异步发电机状态运行。

调节传动带的松紧，就能微调陪试电机的转速，或者说超出其供电频率所能达到的同步转速的转速值，从而达到调节被试电机输出电压和功率的目的。

调节传动带的松紧可用下述方法：

1）被试电机固定安装，陪试电机安装在一个可沿传动带方向滑动的平台上。拉（或松）陪试电机，使两电机的距离变长（或变短），如图 2-30b 所示。

2）两台电机都固定安装在平台上。用一个专用调节带轮顶（或压）传动带，使传动带紧或松，如图 2-30c 所示。

使用时，应注意两个带轮要安装牢固，最好加装防护装置，用来防止传动带突然脱落或崩断造成对试验人员的伤害。

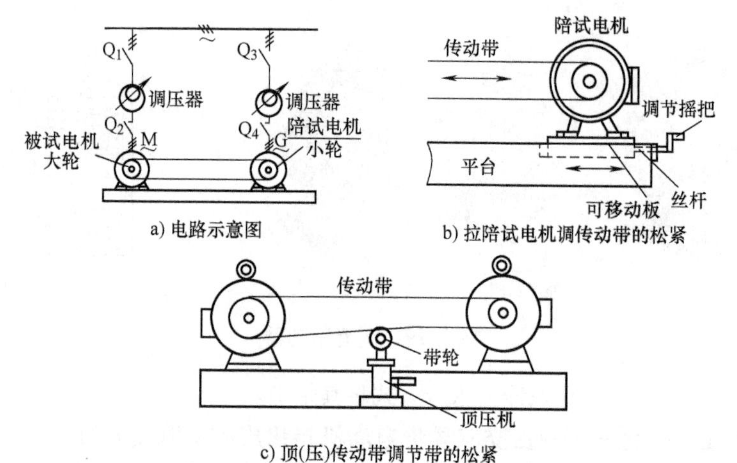

图 2-30　用电网电源励磁的异步发电机负载

（二）用并联电容器形成的自励电源励磁

在作为陪试电机的三相绕组输入端并联 3 个电容器后，由被试电机拖动到额定转速，该电机就会在其转子的剩磁和电容器的共同作用下，使其定子绕组建立起电压，并可达到额定值，成为一台自励交流异步发电机。

这种负载投资相当少，并且无上述方法中所用电源设备（特别是发电机组）所发出的噪声，使试验环境得到改善。但其输出电能一般需采用电阻消耗掉，会造成能源的浪费。另外，较大的电机需要较大容量的电容器，使配置有一定的困难。所以一般用于 10kW 以下的电机。

1. 电容器的接法

不论所用电动机是△联结还是Y联结，与其相接的 3 个电容器都可以接成△或Y。但因为电容器采用△联结时，其电容量可为Y联结时的 1/3，所以一般都采用△联结。

应采用两组电容器，一组为建立电压用；另一组在有负载时投入。其电路原理和可用的三相低压电容器组如图 2-31 所示。

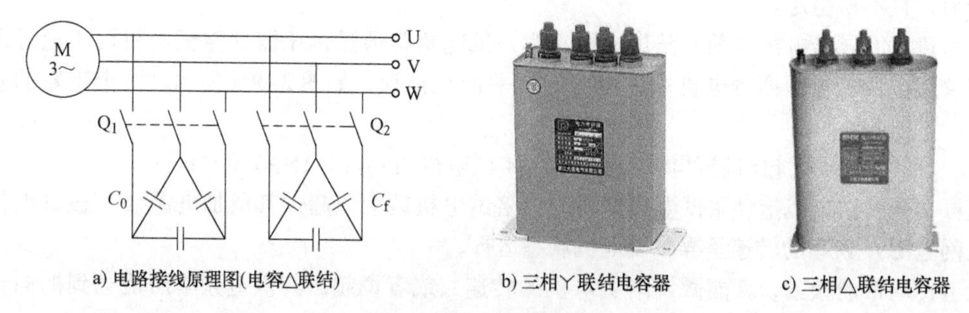

图 2-31　电容自励式三相异步发电机接线图和电容器组

2. 电容器参数的选定

设电动机的额定线电压为 U_N（V）；空载电流为 I_0（A）；建立电压用电容器的电容量 C_0（μF）；加负载时应投入的电容器容量为 C_f（μF）；负载功率（一般用电机的额定功率）为

P（W）。则采用图 2-31a 所示的电路时：

1）建立电压用电容器的电容量 C_0 为

$$C_0 = \frac{\sqrt{3}I_0}{2\pi f U_N} \times 10^6 \tag{2-21}$$

2）加负载时应投入的电容器容量 C_f 为

① 负载为纯电阻时

$$C_f = 1.25C_0 \tag{2-22}$$

② 负载为感性，功率因数为 $\cos\varphi$ 时

$$C_f = \frac{P\text{tg}\varphi}{2\pi f U_N^2} \times 10^6 \tag{2-23}$$

3）电容器的电压等级应低于 1.4 倍的电机额定电压。

3. 使用注意事项

1）所用电动机应通电使用过，这样其转子才有剩磁。

2）电动机接上励磁电容器 C_0 后，起动到额定转速，此时就应有接近额定值的输出电压。若无，则可能是电容器及接线有短路或断路故障，若无这些故障或有但已排除，还是无输出电压，则可能是转子无剩磁。此时可给其通入三相交流电运转很短一段时间即可。

3）加负载的同时应投入附加电容 C_f。

4）在运行中，不准无故断开电容开关，以免损坏用电设备。

5）若电容器电路的熔断器熔丝熔断或有必要拆下电容器时，应先用导电体将电容器两电极端短路放电后才能操作。否则可能被电击。

6）停止用电之前，先断开负载用的电容，再去掉负载。

4. 发电机输出负载及其调节方式

可采用三相分段固体电阻或三相水电阻作为发电机的可调负载；也可通过一台调压器接一定阻值的电阻负载，用调压的方法调节输出功率；还可以通过三相整流装置变成直流电后，用一组可调电阻作负载，如图 2-32 所示。

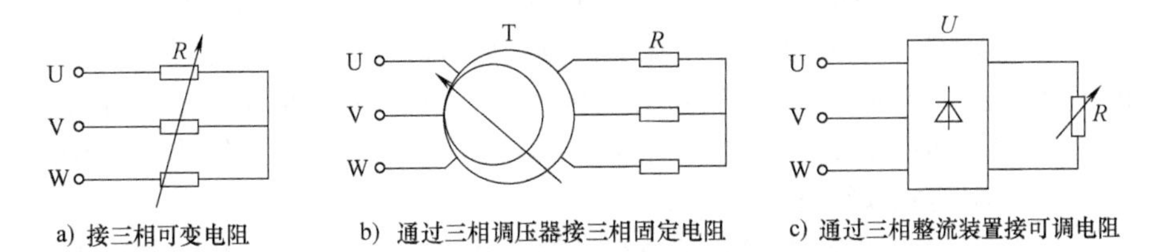

图 2-32 三相异步发电机输出负载消耗法接线图

（三）用变频机组电源励磁

1. 电路及工作原理

被试电机与陪试电机用联轴器（俗称“靠背轮”）对轴连接。被试电机通过调压器由电网供电；陪试电机由低于它本身额定频率的变频机组电源供电。调节变频电源的输出频率，则能达到调节被试电机输出功率的目的。该频率越低，被试电机输出功率越大。

图 2-33 是采用“四机组”变频电源供电的电路原理图。

图中，MS 为被试交流异步电动机，简称“被试电机”，它由交流电网通过调压器供额定频率的交流电；MG 为与被试电机同额定频率和极数的交流异步电动机，将作为异步发电机，用作被试电机的负载，被简称为“陪试电机”，它由变频机组电源供电。

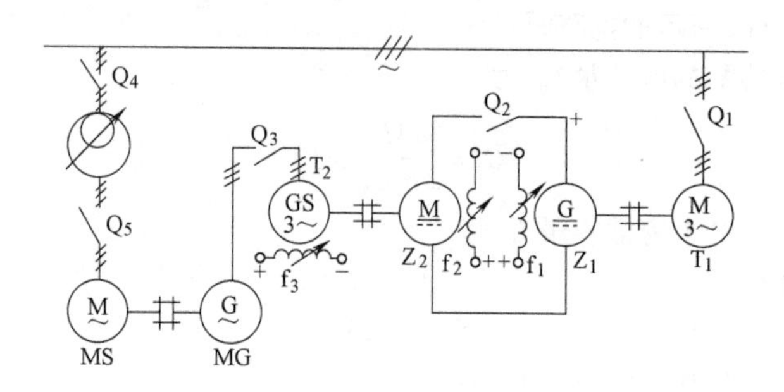

图2-33 用“四机组”变频电源励磁的异步发电机负载接线图

2. 通过变频机组给被试电机加负载的操作方法

1）起动变频机组。起动前，应先给直流电机 Z_2 加额定励磁电流。之后再合开关 Q_1 给交流电动机 T_1 通电，使 T_1—Z_1 机组起动运行。

合开关 Q_2，接通两台直流电机的电路。缓慢地给直流电机 Z_1 加励磁电流。此时机组 Z_2-T_2 将随之开始起动并加速。

同时调节变频机组中直流电机 Z_1 和同步发电机 T_2 的励磁，使同步发电机 T_2 的输出电压和频率都达到或接近额定值。之后，调小同步发电机 T_2 的励磁，使其输出电压降低到其额定值的1/2以下。

2）通电试方向。先用电源调压器给被试电机MS加低电压，记下被试电机的转向；再用变频机组电源给陪试电机MG加低电压，观察陪试电机的转向，若两台电机的转向一致，则可，否则改变其中一台电机的电源相序，使其改变转向。

3）加负载运行。先用适当的电压起动被试电机MS，使其达到额定转速后，再给陪试电机MG通电（所加电源频率应等于或接近其额定值），当陪试电机MG的容量和变频机组电源容量相比较大时，要减压起动，即在接通陪试电机电路前，先将机组同步发电机 T_2 的励磁调低，使其输出电压降到陪试电机MG额定电压值的1/2以下，再接通陪试电机MG，稍后再增加机组同步发电机 T_2 的励磁，使加在陪试电机MG上的电压逐步达到额定值或所需值。

运行中，用调节变频机组直流电机 Z_1 励磁的方法调节机组输出电压的频率（即加在陪试电机MG上的电源频率），该励磁加大，则输出频率增加；反之，输出频率减小。当该频率低于陪试电机MG的额定频率时，陪试电机MG则呈发电运行状态，所加频率越低，输出电功率也就大，即给被试电机加的负载越大；反之，负载减小。

用调节变频机组同步发电机 T_2 励磁的方法来调节其输出电压。该电压一般要达到陪试电机的额定值。

4）停机。先断开被试电机MS的电路，再将变频机组同步发电机 T_2 和直流电机 Z_1 的励磁调低并关断，随之切断与陪试电机相连的电路，用开关 Q_2 断开机组两直流电机之间的电路，再关断开关 Q_1，断开机组的电源，使机组停机。最后将直流电机 Z_2 的励磁调低并关断。停机完毕。

3. 变频机组容量小于被试电机容量时的解决办法

在上述加载过程中，因变频机组容量小于被试电机容量而不能加到规定的负载时，可用在陪试异步发电机的输出端（变频发电机组的输入端）并接电阻负载的办法加大负载容量。为便于调节，所加电阻应可分段投入。其电路原理如图2-34所示。

试验时，先使用变频机组加负载，在达到其允许容量后，再分级投入电阻负载至达到或略超过所需负载值。若超过所需负载值，再用变频机组调节。

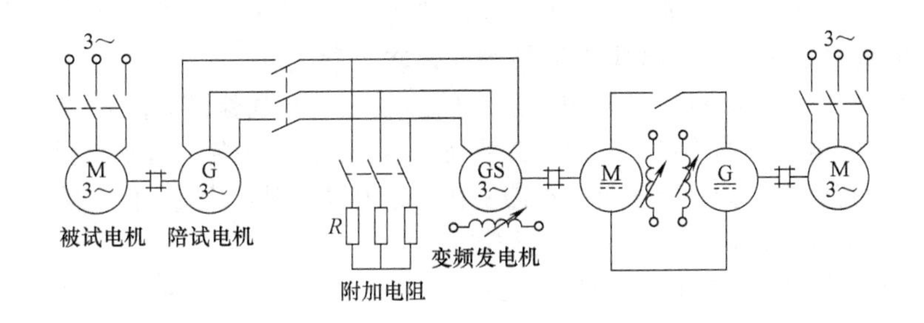

图 2-34 并接电阻扩大变频机组容量的电路原理图

六、机械负载设备之四——将绕线转子异步电动机改造成的同步发电机

将绕线转子异步电动机的定子绕组或转子绕组按图 2-35a、b、c 和 d 所示的接线方法之一改接后，作为励磁绕组通入直流电进行励磁，则该电动机在外动力拖动下运行时，就变成了一台交流发电机。该方法设备简单、易操作。但输出电能一般要消耗掉，所以常用于较小容量的电机试验。

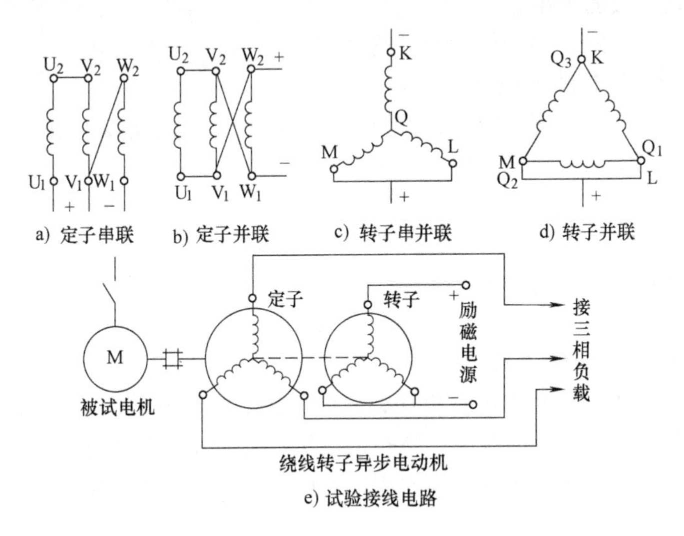

图 2-35 用绕线转子异步电动机改造成的同步发电机负载

（一）定子励磁法

将定子三相绕组按图 2-35a 或图 2-35b 串联或并联时，应注意其中有一相要反接（图中为 W 相）。此时转子三相绕组产生感应电压并在外接电负载时输出电能，称为定子励磁法。

这种方法接线方便，但工作时转子绕组流过电流的频率由原来电动机状态时的不足 1Hz（即转差频率）变成了近 50Hz，使转子铁耗和铜耗都会比原来增大很多，从而有可能造成转子过热。

这种方法较适用于转子采用混嵌式绕组（如 YZR 系列电机）或叠绕组的小型电动机。它们由于转子绕组导线截面积较小，所以不会出现显著的电流趋肤效应而使其铜耗增大过多。

（二）转子励磁法

将转子三相绕组按图 2-35c 或图 2-35d 串并联或并联作为励磁绕组，称为转子励磁法。

采用转子励磁时，电机在发电状态下的各项损耗与电动机状态时较接近。当采用图 2-35c 所示的接法时，其中一相（图中为 K 相）电流较另两相大，如果该相电流不超过该电动机转子额定电流，则一般不会有问题；如该相绕组发热严重，应在使用中设法定时轮换。

作为电动机负载时，该电机与被试电机通过联轴器对拖运行，其未加励磁的绕组接电负载，电路原理如图2-35e所示。调节励磁电流的大小，则能达到调节被试电机负载的目的。

七、机械负载设备之五——微型电动机绳索滑轮加载法

对100W以下的微型电动机，可采用绳索滑轮加载法。其试验设备及安装型式如图2-36所示。应注意，滑轮与电机轴的连接要牢固，在转动时不应有偏摆现象；滑轮与测力计下端之间的绳索在受力后应保持竖直方向；绳索可根据需要在滑轮上绕1圈或几圈，但各圈之间不可相互重叠；绳索的绕制方向应使砝码产生的力矩与被试电机的转向（即滑轮的旋转方向）相反，见图2-36中标示的方向。

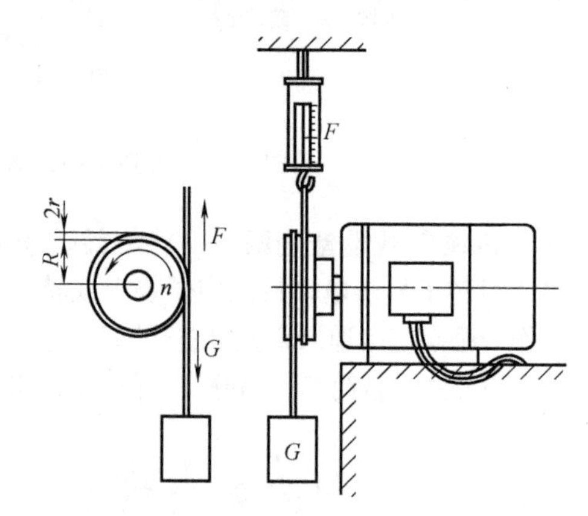

图2-36　绳索滑轮加载法设备安装型式图

滑轮与绳索接触面的粗糙度应适当，以能使绳索在其上滑动，又有一定的摩擦力给被试电机施加需要的制动转矩为准。

通过增减砝码的重量来调节绳索与滑轮之间摩擦力的大小，也就是调节制动转矩的大小，或者说是调节被试电机负载的大小。

设砝码的重量为G（N）；电机转动时，测力计的指示值为F（N）；滑轮的半径为R（m）。

若考虑绳索粗细对力臂长度的影响，设绳索截面半径为r（m），则施加在被试电机上的制动转矩T（N·m）为

$$T=(G-F)(R+r) \tag{2-24}$$

若不考虑绳索粗细对力臂长度的影响时，可将上式中的r简化掉，即

$$T=(G-F)R \tag{2-25}$$

八、试验专用变频内回馈系统

前面介绍的“四机组”变频发电机组回馈系统的缺点是投资较大、占地面积大、有较大的运行噪声、控制较复杂、维护费用较高，当被试电机的容量小于机组运行损耗时（机组空载运行时的总损耗就相当于机组额定容量总和的2%以上），就不会有电能回馈给电网，甚至于同时消耗电网能量，造成试验耗电增加。

一种新型的试验专用变频内回馈系统（又被称为“电子内回馈变频电源”“静止回馈电源”和“共直流母线变频回馈电源”等）能在一定程度上克服上述变频机组所具有的缺点，即运行噪声小（小容量的只有变压器等发出的微量电磁噪声，大容量使用风冷散热的，有通风噪声）、自身损耗小，可节约大量的试验用电能，由此可降低对试验总电源设备（电源变压器和配套系统）容量的要求。实践证明，系统输入电源的容量为最大被试电机容量的1/2就已足够。另外，还可具有叠频试验功能，并且操作极为简单；通过内部电容进行功率因数补偿，可大大提高满压堵转试验的能力。

随着电子技术的迅速发展，特别是变频器技术的提高，这类电源系统也在不断地进行改进，使系统组成更加简单可靠、操作更加方便，同时造价还会相对降低。其详细介绍见本章第八节。

九、直流发电机的回馈负载和励磁电源电路

直流发电机或电动机在进行温升或负载试验时，可根据情况使用如下3种电回馈方法。

（一）串联回馈法

1. 电路及设备组成

串联回馈法电路原理如图2-37所示。图中，M为直流电动机，G为直流发电机，作前者的

机械负载（其实两台直流电机可互为拖动电动机或发电机负载），两者用联轴器同轴拖动，其规格型号最好完全相同，若达不到此要求，则必须做到两者额定转速、电压相同，作为负载的电机容量不小于被试电机的额定容量；交流电动机 M_1 同轴拖动他励直流发电机 GU 作为试验电源机组。

电源机组中的直流发电机 GU 又被称为“升压机”，用于补偿试验回路的损耗（主要是两台试验电机的损耗），它的额定电压不需要很高，一般只有几十伏，但应能通过不小于被试电机的 1.5 倍的额定电流。

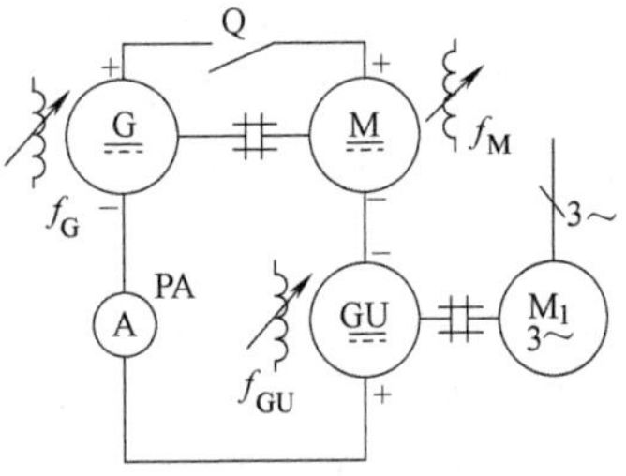

图 2-37　直流电机串联回馈法电路接线图

2. 使用操作方法

以进行直流电动机 M 的负载或发热试验为例讲述。

1）起动发电机组 M_1-GU，调节发电机 GU 的励磁 f_{GU} 使其发电。

2）给被试电机 M 加励磁并达到其额定值。

3）合上开关 Q。此时被试电机 M 将拖动发电机 G 运转。

4）检查 M 和 G 的极性，要符合图 2-37 中标注方向。之后再给发电机 G 加励磁电压使其发电，调节该励磁使电路电流（图中电流表 PA 指示值）增大。

5）对电机 G、M、GU 的励磁 f_G、f_M 和 f_{GU} 进行联合调节，使被试电机 M 工作在所需的转速、输入电压和电流等运行状态下。

调节升压机 GU 的励磁 f_{GU}，可控制被试电机 M 的输入电压。f_{GU} 增加，该电压上升，同时机组 M－G 的转速也升高。

调节发电机 G 的励磁 f_G，可控制被试电机 M 的负载。f_G 加大，负载增加，即电路电流加大。调节被试电机 M 的励磁 f_M，可调节机组 M－G 的转速。f_M 减小，转速增加。

（二）并联回馈法

1. 电路及设备组成

并联回馈法电路原理如图 2-38 所示。图中，M 和 G 所表示的含义及要求与上述串联回馈法相同；对升压机 GU 的要求与串联法有所不同，它的额定电压应不小于被试电机 M，当和被试电机电压相同时，其输出功率应不小于被试电机的 1/4 ~ 1/3（被试电机容量较大时取小值）或为 M 与 G 两台电机损耗之和的 1.2 倍。

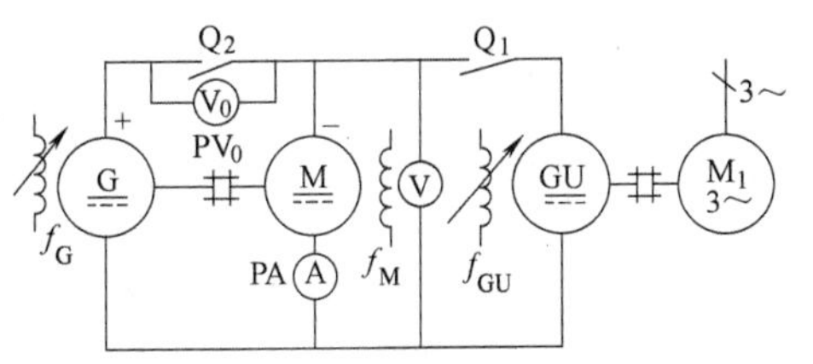

图 2-38　直流电机并联回馈法电路接线图

2. 使用操作方法

以进行直流电动机 M 的负载或发热试验为例讲述。

1）起动发电机组 M_1-GU，调节发电机 GU 的励磁 f_{GU} 使其发电。

2）给被试电机 M 加励磁并达到其额定值。

3）合上开关 Q_1。此时被试电机 M 将拖动发电机 G 运转。

4）校验发电机 G 的极性，调节其励磁 f_G，使 G 与 M 的端电压相等、极性相同（见图 2-38），此时，并车电压表 PV_0 指示值为零。然后闭合并车开关 Q_2。

5）对电机 G、M、GU 的励磁 f_G、f_M 和 f_{GU} 进行联合调节，使被试电机 M 工作在所需的转速、输入电压和电流等运行状态下。

（三）串并联回馈法

1. 电路及设备组成

串并联回馈法电路原理如图2-39所示，它是前两种电路的组合。这里的直流发电机GU_1主要用于补偿试验电机与电路的损耗，对其要求与并联法中的GU基本相同，但其容量可小一些；对直流发电机GU_2的要求与串联法中的GU完全相同。

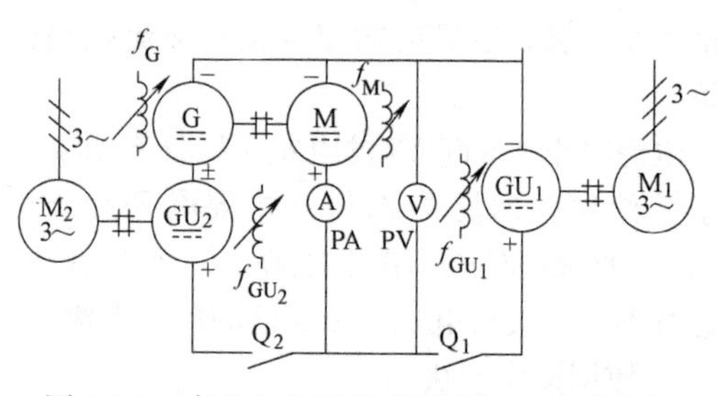

图2-39　直流电机串并联回馈法电路接线图

这种方法所用设备较多，操作也较复杂，但其稳定性较好，所以实力较强的企业应用较多。

2. 使用操作方法

以进行直流电动机M的负载或发热试验为例讲述。

1）分别起动发电机组M_1-GU_1和M_2-GU_2，调节它们的励磁使其发电。

2）给被试电机M加额定励磁后，合上开关Q_2。

3）调节升压机GU_2的励磁f_{GU_2}，使M-G机组朝一个方向旋转。

4）调节发电机G的励磁f_G，给被试电机M加负载，增大f_G使机组M-G减速到接近停转。

5）合上开关Q_1，调节GU_1的励磁f_{GU_1}使机组M-G按前面的转向旋转达到一定值。

6）调节f_{GU_1}可改变被试电机M的端电压及转速；调节被试电机M的励磁f_M可改变其自身的端电压及转速；调节升压机GU_2和发电机G的励磁f_{GU_2}和f_G都可使被试电机的负载电流发生变化。联合调节上述电机的励磁，使被试电机运行在需要的工作状态下。

现今很多新建的试验系统已采用自动控制整流电源代替以上的直流电源机组和升压机机组。

（四）直流电机试验用励磁电源电路

直流电机试验用励磁电源电路如图2-40所示。使用交流调压器T_1和可变电阻器R调整输出直流电压，用双位开关S_3改变输出直流电压的极性。

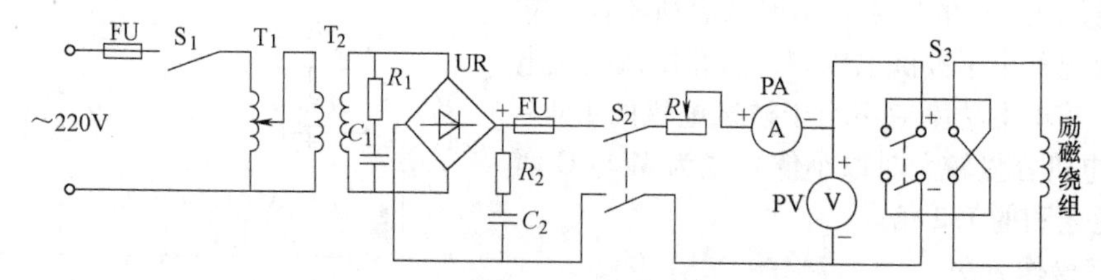

图2-40　直流电机试验用励磁电源电路

第四节　试验用电负载设备

前面第三节讲述的机械负载中，直流发电机和交流异步发电机发出的电能的消耗方法中，比较简单的方法是用电阻器直接消耗掉（对于交流发电机，还可使用电感和电容接受所发出的电流）。另外，在进行直流发电机和交流同步发电机发热和负载试验时，同样可以使用这些负载设备。

这种负载消耗法虽然将电能全部“浪费”掉，但和具有“电能反馈”功能的设备相比，其投资要少很多，这对于较小规模的企业（含生产企业和修理企业），因为试验量较少，所以试验综合成本很可能也要小。另外，由于具有“电能反馈”功能的设备自身也要消耗一定数量的电能，当试验电机的功率小于电源设备自身消耗功率时，试验耗电总量会大于这种直接消耗法，也就是说，此时不但不能节能，反而会增加试验能耗，使试验成本增加。

综上所述，直接消耗法是有一定的使用价值的。

本节将介绍这些设备的类型和组成方法。

一、电阻负载

可作为负载的电阻有很多种，但大体上可分为固体电阻和水电阻两大类。专业厂定型生产的固体电阻有铸铁电阻、绕线电阻、滑线电阻、电热管、管式电阻、盘式电阻、碳膜电阻等；自制的种类有生活用电炉、灯箱（组）等。有些品种可分段调节，有些品种可连续调节。水电阻则一般由使用单位自制。

（一）固体电阻

1. 大功率固体电阻

由专业厂生产的常用框架式大功率固体电阻组件外形如图2-41a～d所示。大部分都设置中间接线端子，用于分段调节。这种电阻的阻值一般都较小，较常用于大功率耗电的试验。

图2-41e是专业厂生产的电阻箱，其电阻元件采用电阻率较大、电阻温度系数较低的铜合金材料制造，每组的额定功率一般在1～10kW，额定电压最高可达到500V。常用于较大的负载。使用时，应注意防止其温度过高而造成框架等附件的损坏，可采用风扇吹风散热。

图2-41f和图2-41g是两种自制的电阻箱。电阻材料分别采用电器商店出售的电热管、电炉丝。为防止其过热，可采用串联等方式降低每段电阻上的实际电压，例如将两根额定电压为220V的电热管串联后，接入220V的电路中，则其功率将降到原来额定功率的1/4。另外也可采用外加风扇吹风散热的措施进行降温。

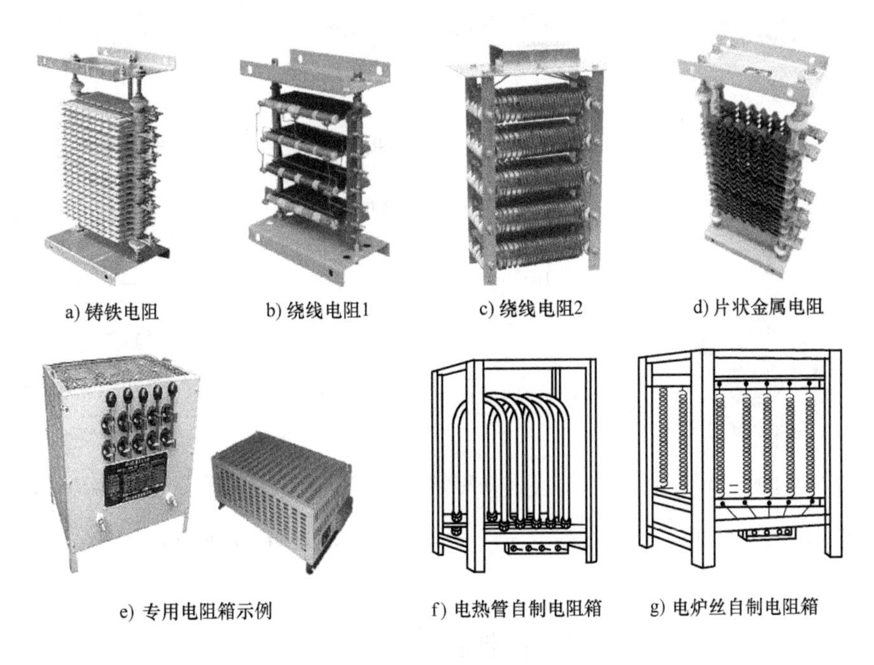

a) 铸铁电阻　b) 绕线电阻1　c) 绕线电阻2　d) 片状金属电阻

e) 专用电阻箱示例　f) 电热管自制电阻箱　g) 电炉丝自制电阻箱

图2-41　大功率固体电阻

在较小的企业中，或临时需要时，钢丝、钢板、铸铁片等所有导体材料，都可以用作电阻负载。只要在使用时注意安全（包括防触电和防火）就可以。

2. 小功率固定和可变固体电阻

在容量较小（几瓦至几十瓦）并且要求在较大范围内可调的场合，或用于较大负载的微调，可选用小型固体电阻、带抽头的固体电阻和滑线电阻作为负载电阻，如图2-42所示。它使用方便、工作稳定。

由若干只电灯并联组成电灯组，应使用如图2-43所示的白炽灯或浴霸灯（其他很多品种的电灯都不是纯电阻性质的）。按需要选择各只电灯的功率，分组连接并设置分段开关，这种可调节阻值大小的电灯组俗称为“灯箱”，特别适用于作小容量电阻负载。电路如图2-44所示。

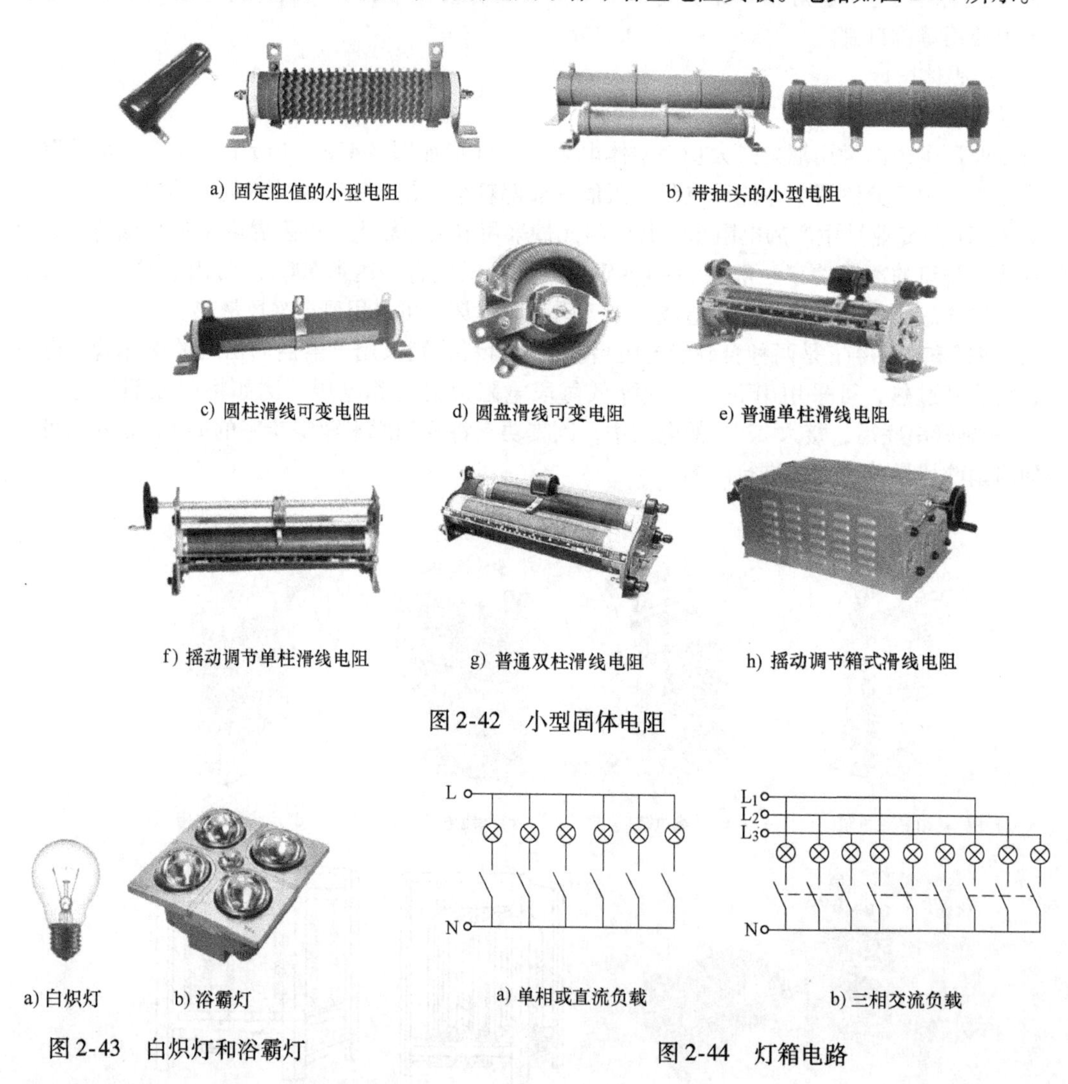

a) 固定阻值的小型电阻　b) 带抽头的小型电阻

c) 圆柱滑线可变电阻　d) 圆盘滑线可变电阻　e) 普通单柱滑线电阻

f) 摇动调节单柱滑线电阻　g) 普通双柱滑线电阻　h) 摇动调节箱式滑线电阻

图2-42　小型固体电阻

a) 白炽灯　b) 浴霸灯

图2-43　白炽灯和浴霸灯

a) 单相或直流负载　b) 三相交流负载

图2-44　灯箱电路

（二）水电阻

水电阻简单易作、成本低、容量大、过载能力强。

不足之处是：不易调节得很细；当溶液处于沸腾状态时，负载波动较大；极板易受到腐蚀而影响其导电能力或造成三相不平衡；蒸腾出的气体对环境会造成一定的影响。

1. 组成

水电阻是利用盐的水溶液能导电的性质制成的。一般都由试验单位自己制造，根据需要和经济条件，可简可繁，可粗可精。

1）盛水溶液的容器大小视所需的功率而定，较小容量的可用一个废弃的汽油或柴油桶，较大容量的可用水泥池。

2）水溶液常用食盐（NaCl）或苏打（Na_2CO_3）水溶液，浓度一般控制在20%以下，浓度高，则单位面积的导电能力大（电阻小）。

3）极板可用铜板或铁板制造，上端固定在绝缘支架上（支架带动极板可以升降），下端浸入到水溶液中。

对于直流电负载，最少设置两片极板，相互平行，一片接直流发电机的正极，另一片接发电机的负极。也可设置4片、6片或8片，各片之间相互平行并且间距相等。从一端排列顺序，单数序号的并联在一起与直流发电机的正极连接，双数序号的并联在一起与直流发电机的负极连接。

对于交流电负载，单相的组成与上述直流电负载相同；对于三相负载，应设置三片极板，可相互平行且间隔相等，也可组成三角形或星形，如图2-45所示。

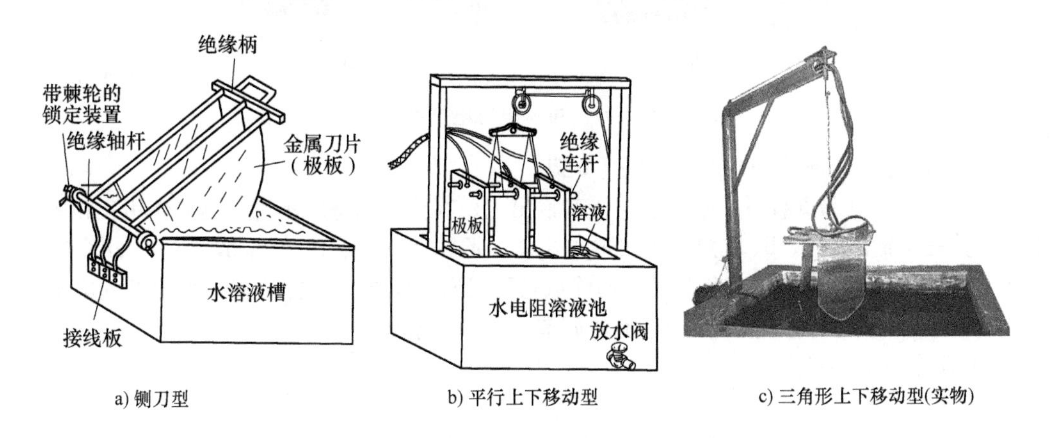

a) 铡刀型　b) 平行上下移动型　c) 三角形上下移动型(实物)

图2-45　三相水电阻

2. 阻值调节方法

在溶液浓度一定的前提下，调节水电阻阻值大小的方法是调节极板与溶液的接触面积或调节极板之间的距离。电阻与上述接触面积成反比关系，与极板之间的距离成正比关系。

具体方法有如下3个：

1）升降极板；

2）加大或减小各极板之间的距离；

3）用加或放的方法升降溶液的液位。

二、电感负载

（一）常用类型

电感负载也称为感性负载，主要用于吸收无功功率，在进行交流发电机负载和发热试验时，可调节输出电能的功率因数。常用的有如图2-46所示的固定和带抽头的电抗器，需要可调电感量的较多使用如图2-47所示的可调电感电抗器。

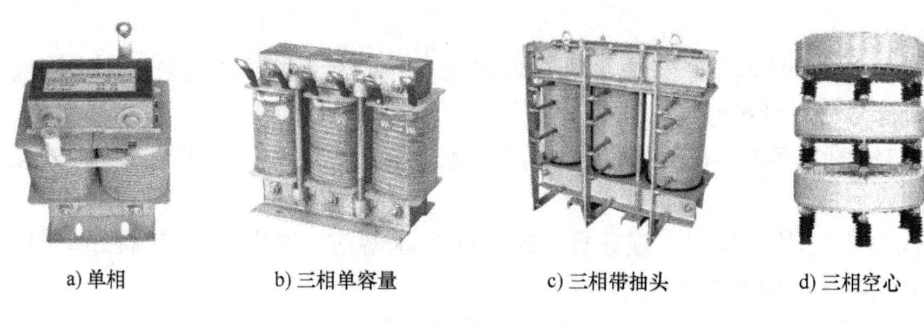

a) 单相 b) 三相单容量 c) 三相带抽头 d) 三相空心

图 2-46 固定容量电抗器

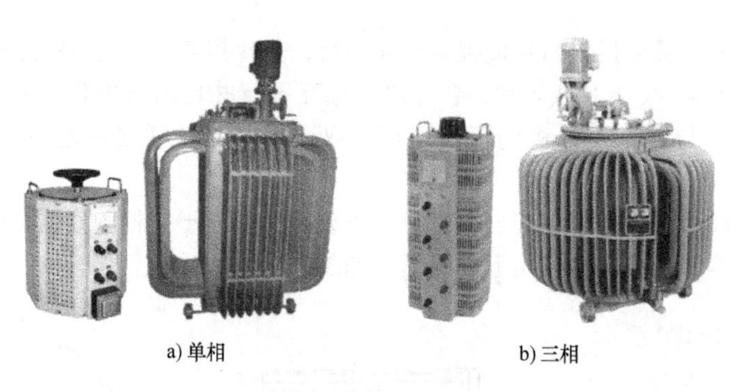

a) 单相 b) 三相

图 2-47 可调电感电抗器

（二）用三相感应调压器作三相电感负载

使用调压器作电感负载时，电源线连接其输出端，其输入端空着不用。例如使用三相感应调压器时，其三个输出端 a、b、c 接发电机的输出端，原输入端 A、B、C 空着不用，如图 2-48 所示（不含电容电路）。这种电感负载最大的优点是可以通过原调压的方法进行大幅度的电感量调节，或者说是对发电机输出感性无功电流的调节。具体关系是：

1）升压↑→L↑→I_Q↓。

2）降压↓→L↓→I_Q↑。

（三）用较大容量的感应调压器作较小容量发电机负载

用较大容量的感应调压器作较小容量发电机负载时，会出现调压器的电感量调到最大（按原调压方式，此时将电压调到了最高位置）发电机仍过载（输出电流超过其额定值）的现象，使试验不能进行。此时，可用并联电容器的方法降低电流（接线见图 2-48），接入的电容器电容量越大，降低的电流也就越多。

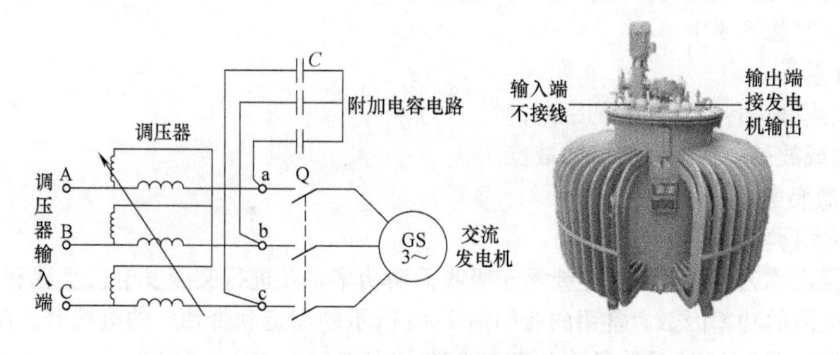

图 2-48 用三相感应调压器作三相电感负载的接线

（四）用交流电机作电感负载

交流异步电动机在空载运行时，其功率因数不足0.1，即其输入功率绝大部分是无功的。因此可作为电感负载使用。

为避免电机运行时产生较大的噪声，应采用极数较多的电机（如6极或8极电机）。

用交流电机作电感负载投资较少，但有两个不足：一是电感量不能调节；二是刚接通时电流过大（当电压等于电机的额定值时，电流可达到电机额定电流的5~8倍）。为解决这两个问题，可采用多台小容量电机并联，分别控制合、断的方法。

第五节　电机试验用安装设备和辅助器件

一、试验平台

试验平台用于安装被试电机和负载设备，有专用和通用两大类。

（一）通用安装平台

图2-49a是一个材料为铸铁的通用平台。其工作面的平面度应达到2级水平，开有T形槽，用于安装和固定压板螺栓。根据使用要求确定其长、宽、高（厚度）尺寸，常用的为1.5m×3m×0.3m或2m×4m×0.3m。图2-49b是用这种平台对试验电机和负载设备的安装实例。

a) 试验安装用铸铁平台

b) 电机安装实例图

图2-49　通用试验平台

（二）可无级调整的安装平台

当使用转矩传感器和适当的机械负载与被试电机同轴连接组成负载试验系统时，使三者安装后的同轴度达到较高的要求，是一项比较费时费力的工作。为了解决这一问题，很多使用单位一直致力于从安装工装上想办法。下面介绍几个实例，供参考。

图2-50a所示是一个转矩传感器支架。使用时，用螺栓将传感器固定在支架上面（利用上平板的螺孔）。用压板将支架固定在试验平台上。调节支架的4个支柱螺母，使上平板升或降，使传感器的轴心线与被试电机和负载设备达到要求的同轴度。调整完后，将支柱螺母锁紧。图2-50b~e是几套被试电机安装平台能进行上下或左右、前后调整的机构。

（三）架凸缘端盖电机用弯板

弯板是用于安装带凸缘端盖不带底脚电机的辅助工装，用钢板加工焊接制成，其结构如图2-51所示。它为一物多用，可将其加工出与不同规格电机配合的安装孔和轴孔，甚至两个平面都加工出安装孔和轴孔。电机安装时，可用小型压板（例如图2-58给出的部分产品），但最好使用螺栓贯通电机凸缘端盖安装孔和弯板安装孔的方法，使安装更加牢固可靠。

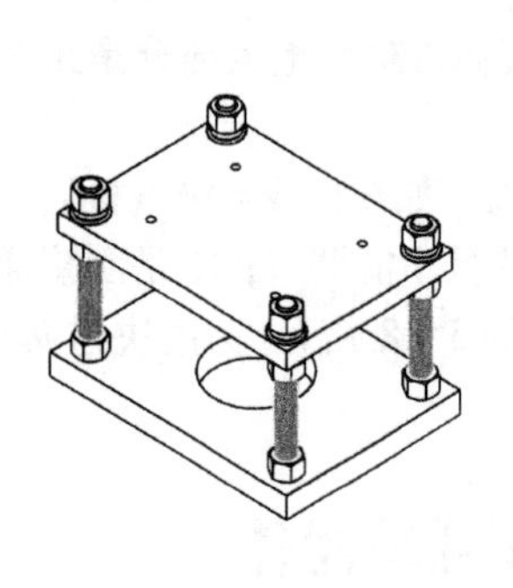

a) 可调升降的转矩传感器支架

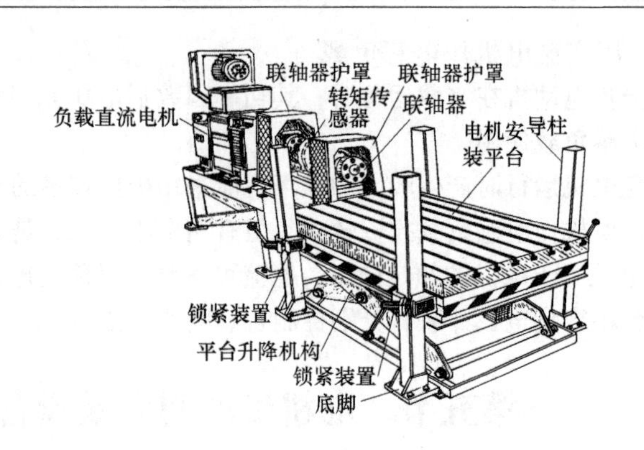

b) 用油压系统调整电机平台高低

c) 用蜗轮螺杆系统全方位调整电机平台

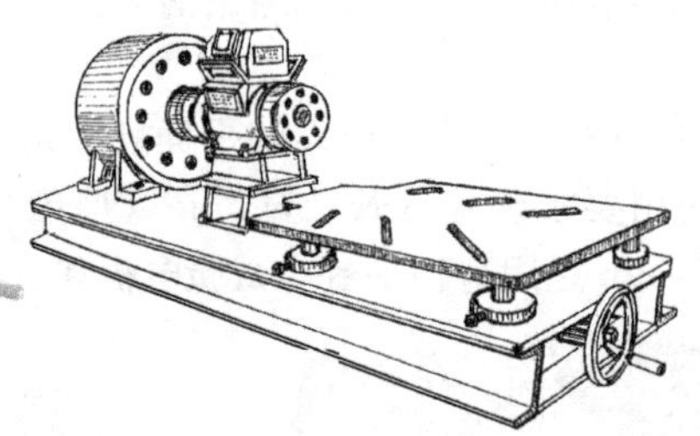

d) 用蜗轮螺杆系统全方位调整电机平台高低

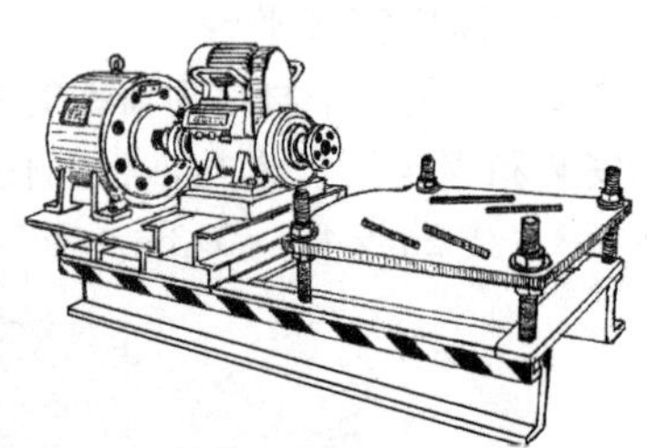

e)用4个螺杆调整电机平台高低

图2-50　可调升降的被试电机平台

（四）小功率电机发热试验用支架及散热板

为防止热容量过大的铁质平台因过度传热造成电机发热试验值的不准确（小于实际值），对小功率电机试验用安装平台的尺寸有一定的限制。

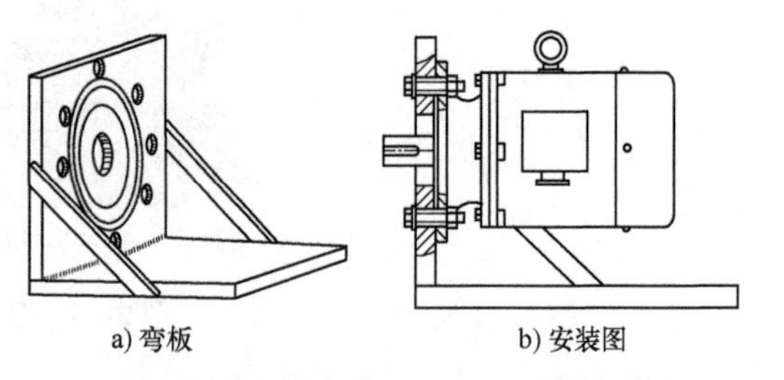

a) 弯板　b) 安装图

图2-51　用凸缘安装的电机试验用弯板及安装示意图

1. 以轴中心高表示机座号的电机

对于以轴中心高表示机座号的电机，试验支架及散热板应符合如下规定：

1）发热试验时，电机安装在铁底板上。铁底板尺寸长×宽×厚为250mm×480mm×20mm。铁底板与支撑它的金属支架的接触面积应不大于5400mm^2，如图2-52a所示。

2）对于自冷凸缘安装的电机，应安装在金属板上。金属板垂直固定于绝热板上，如图2-52b所示。金属板的尺寸见表2-13的规定。

表2-13　小功率自冷凸缘电机发热试验用金属板尺寸　（单位：mm）

电机机座号	≥63	56	50	≤45
金属板尺寸（长×宽×厚）	350×350×10	300×300×10	270×270×10	240×240×10

2. 以机壳外径表示机座号的电机

对于以机壳外径表示机座号的电机，应安装在金属板上。金属板垂直固定于绝热板上，如图2-52c所示。金属板的尺寸见表2-14的规定。

表 2-14 以机壳外径表示机座号的分马力电机发热试验用金属板尺寸 (单位：mm)

电机机座号	12 ~ 24	28 ~ 45	55 ~ 90	110 ~ 160
金属板尺寸（长×宽×厚）	48×48×3	108×108×5	210×210×5	270×270×7

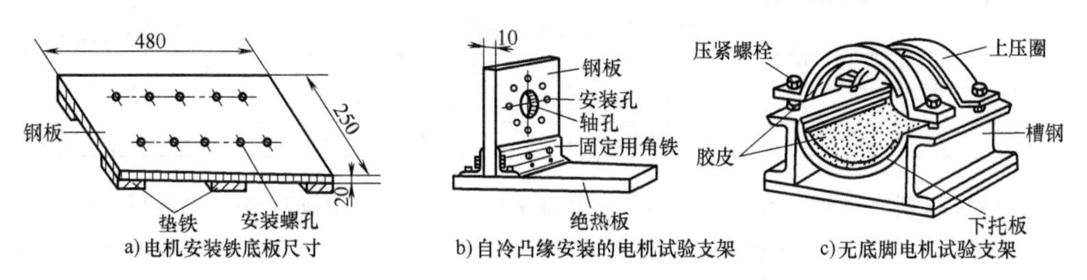

图 2-52 小功率电机发热试验用支架及散热板

二、联轴器

联轴器是采用对拖法进行加载试验不可缺少的工装。

（一）常用种类及其优缺点

因为试验使用联轴器时，不可能像电机实际应用时那样一次性安装固定，而是要反复地拆卸使用，所以使用固定轴孔尺寸的联轴器和电机轴的配合时，不应过紧，应略用力即可装上或拆下为宜，轴孔的加工尺寸公差可采用基轴制 G8F 或 G8，经验数据为：轴孔直径的下差用配套转轴直径的上差，上差可在 +0.1mm 左右。另外，两个半联轴器之间应通过弹性材料过渡连接，其目的在于减缓被试电机与负载设备在同轴度方面少量偏差对试验准确度的影响。

图 2-53 为几种不同连接方式固定轴孔尺寸联轴器的结构图。其各自的优缺点如下：

图 2-53 电机试验用固定轴孔尺寸联轴器

1）弹性胶圈柱销式联轴器（见图2-53a），传递扭矩大，可减小同轴度偏差的影响，安装方便，结构复杂，加工量大，胶圈易磨损，需及时更换。弹性胶圈为标准件，可在机电商店买到，表2-15列出了部分弹性胶圈的尺寸。

表2-15　标准弹性胶圈尺寸　　（单位：mm）

内径 d	$10_{-0.2}$	$14_{-0.25}$	$18_{-0.25}$	$24_{-0.3}$	$30_{-0.3}$	$38_{-0.4}$	$46_{-0.4}$
外径 D	$19_{-0.25}$	$27_{-0.3}$	$35_{-0.4}$	$45_{-0.4}$	$56.5_{-0.5}$	$70.5_{-0.7}$	$76_{-0.7}$
厚度 A	5±0.25	7±0.3	9±0.4	11±0.4	14±0.5	18±0.5	22±0.5

2）弹性过渡型联轴器（见图2-53b～图2-53e）。可直接使用标准件，成本低，结构简单，可减小同轴度偏差的影响，安装使用方便；传递扭矩能力相对较小，需经常更换胶垫（标准件，机电商店有售）。

3）结绳式联轴器（见图2-53g），是一种电机试验专用的类型。结构简单、易制造、成本低，可在很大程度上减小同轴度偏差的影响；传递扭矩能力较小，特别是耐受冲击能力较差，两半节连接和拆开时较费时，连接用的绳子易损坏，在试验中扭断时将会影响试验进度，因此在使用前应注意检查。表2-16给出了部分尺寸（尺寸标注见图2-54，使用45钢），供设计时参考。加工时应特别注意穿绳用孔的R，两端要加工成完全圆滑过渡的圆弧（必要时采用磨床加工），以最大限度地减少对绳子的切割力（试验中绳子往往在此处断开，一是危险，二是延长试验时间）。

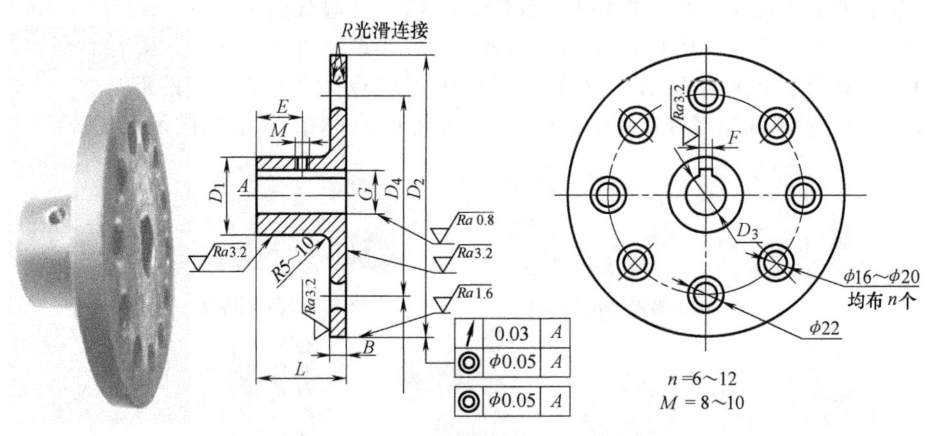

图2-54　表2-16联轴器尺寸附图

4）由两瓣组成的联轴器（见图2-53h）。可最大限度地避免拆装过程中对轴伸的损伤，并可做到安装紧密，但加工复杂，成本较高。

5）膜片式联轴器（见图2-53i）。可在很大程度上减小同轴度偏差的影响，但价格较贵。

6）棒销式联轴器（见图2-53j）。结构简单、易制造、成本低、传递扭矩大、两台电机对接和脱开较容易，特别是脱开时可不用移动电机；两半节连接和拆开时较费时，对两端装置的同轴度要求较高。

7）锥形轴联轴器（见图2-53k）。这种联轴器用于锥形轴，用锁紧螺母紧固。

（二）多挡轴孔尺寸的联轴器

为使一套联轴器能适用于几种轴伸直径尺寸的电机，一种方法是，在适用于最大轴伸尺寸联轴器的孔内镶套，当所镶套管壁较厚时，可采用内外两个键连接，如图2-55a所示；否则应采用一个梯形键连接，如图2-55b所示。另一种方法是，采用钢制可锁紧的过渡套管，如图2-55d所示，这种型式用于紧固带轮最合适。

表 2-16 电机用联轴器（材料：45 钢） （单位：mm）

<table>
<tr><th>序号</th><th>D_3</th><th>D_2</th><th>B</th><th>E</th><th>L</th><th>D_1</th><th>G</th><th>F</th><th>D_4</th><th>配电机机座号</th></tr>
<tr><td>1</td><td>$\phi19^{+0.1}_{+0.05}$</td><td rowspan="6">$\phi140$</td><td rowspan="3">8</td><td>20</td><td>40</td><td>$\phi38$</td><td>$21.8^{+0.1}_{+0}$</td><td>$6^{+0.06}_{+0.03}$</td><td rowspan="6">$\phi100$</td><td>80M</td></tr>
<tr><td>2</td><td>$\phi24^{+0.10}_{+0.05}$</td><td>25</td><td>50</td><td>$\phi48$</td><td>$27.3^{+0.14}_{+0}$</td><td>$8^{+0.07}_{+0.04}$</td><td>90L</td></tr>
<tr><td>3</td><td>$\phi28^{+0.10}_{+0.05}$</td><td>30</td><td>60</td><td>$\phi55$</td><td>$31.3^{+0.14}_{+0}$</td><td>$8^{+0.07}_{+0.04}$</td><td>100L-112M</td></tr>
<tr><td>4</td><td>$\phi38^{+0.10}_{+0.05}$</td><td>10</td><td>40</td><td>80</td><td>$\phi60$</td><td>$41.3^{+0.14}_{+0}$</td><td>$10^{+0.07}_{+0.04}$</td><td>132S-M</td></tr>
<tr><td>5</td><td>$\phi42^{+0.12}_{+0.08}$</td><td rowspan="2">12</td><td rowspan="2">55</td><td rowspan="2">110</td><td rowspan="2">$\phi70$</td><td>$45.3^{+0.14}_{+0}$</td><td>$12^{+0.08}_{+0.04}$</td><td>160M～160L</td></tr>
<tr><td>6</td><td>$\phi48^{+0.12}_{+0.08}$</td><td>$50.8^{+0.20}_{+0}$</td><td>$14^{+0.085}_{+0.025}$</td><td>180M～180L</td></tr>
<tr><td>7</td><td>$\phi55^{+0.12}_{+0.08}$</td><td rowspan="5">$\phi200$</td><td rowspan="5">15</td><td rowspan="2">55</td><td rowspan="2">110</td><td rowspan="2">$\phi100$</td><td>$59.3^{+0.20}_{+0}$</td><td>$16^{+0.085}_{+0.025}$</td><td rowspan="5">$\phi150$</td><td>200L～225M</td></tr>
<tr><td>8</td><td>$\phi60^{+0.12}_{+0.08}$</td><td>$64.4^{+0.20}_{+0}$</td><td>$18^{+0.085}_{+0.025}$</td><td>225S～250M</td></tr>
<tr><td>9</td><td>$\phi65^{+0.12}_{+0.08}$</td><td rowspan="3">70</td><td rowspan="3">140</td><td rowspan="3">$\phi120$</td><td>$69.4^{+0.20}_{+0}$</td><td>$18^{+0.10}_{+0.05}$</td><td>250M～280S</td></tr>
<tr><td>10</td><td>$\phi75^{+0.12}_{+0.08}$</td><td>$79.9^{+0.20}_{+0}$</td><td>$20^{+0.10}_{+0.05}$</td><td>280M，S</td></tr>
<tr><td>11</td><td>$\phi80^{+0.12}_{+0.08}$</td><td>$85.4^{+0.20}_{+0}$</td><td>$22^{+0.10}_{+0.05}$</td><td>315-S，L，M</td></tr>
<tr><td>12</td><td>$\phi80^{+0.12}_{+0.08}$</td><td rowspan="6">$\phi260$</td><td>20</td><td rowspan="6">80</td><td rowspan="6">160</td><td>$\phi130$</td><td>$85.4^{+0.20}_{+0}$</td><td>$22^{+0.12}_{+0.055}$</td><td rowspan="6">$\phi210$</td><td>355-2</td></tr>
<tr><td>13</td><td>$\phi85^{+0.12}_{+0.08}$</td><td>22</td><td>$\phi135$</td><td>$90.4^{+0.20}_{+0}$</td><td>$22^{+0.12}_{+0.055}$</td><td>400-2</td></tr>
<tr><td>14</td><td>$\phi95^{+0.12}_{+0.08}$</td><td rowspan="4">25</td><td>$\phi145$</td><td>$100.4^{+0.20}_{+0}$</td><td>$25^{+0.12}_{+0.055}$</td><td>450-2</td></tr>
<tr><td>15</td><td>$\phi110^{+0.12}_{+0.08}$</td><td>$\phi170$</td><td>$116.4^{+0.20}_{+0}$</td><td>$28^{+0.12}_{+0.055}$</td><td>355-4～10</td></tr>
<tr><td>16</td><td>$\phi120^{+0.12}_{+0.08}$</td><td>$\phi180$</td><td>$127.4^{+0.20}_{+0}$</td><td>$32^{+0.12}_{+0.055}$</td><td>400-4～10</td></tr>
<tr><td>17</td><td>$\phi130^{+0.12}_{+0.08}$</td><td>$\phi180$</td><td>$137.4^{+0.20}_{+0}$</td><td>$32^{+0.12}_{+0.055}$</td><td>450-4～10</td></tr>
</table>

注：表中轴孔直径尺寸 D_3 仅供参考，具体尺寸按照电机实际轴径为准。

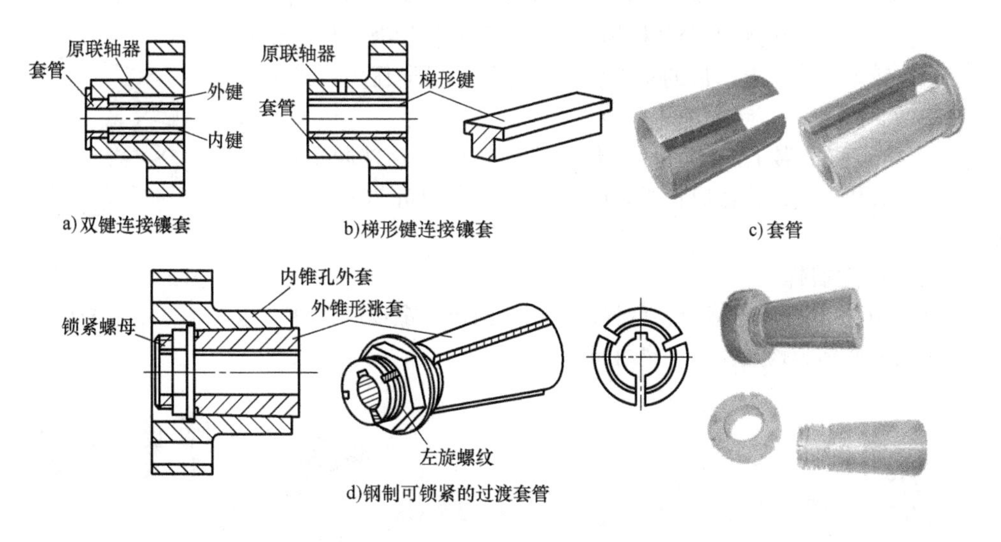

图 2-55 多挡轴孔尺寸的联轴器

（三）减小同轴度影响并对转矩传感器起保护作用的专用工装

如图 2-56 所示的工装和连接方式，能减小同轴度的影响并能最大限度地保护转矩传感器免受径向和轴向力的冲击破坏，保证转矩传感器测量精度和寿命；但需要另行加工轴承座，使结构复杂、成本高；另外造成占用试验平台长度增加。

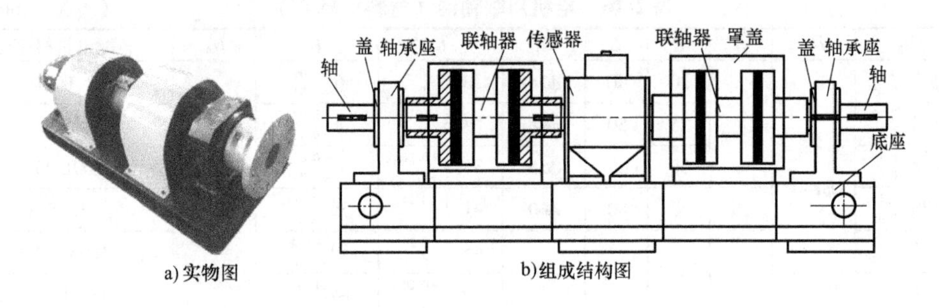

图2-56　用膜片式联轴器和轴承座组成的传感器组件

（四）有关说明

1）图2-53所示联轴器都有成套生产，机电商场经销，可购入成品后，对其轴孔用磨床磨去少许，也可用细砂布进行打磨，到能略用力即可装上或拆下电机轴为准。也可购买未加工的毛坯，自行加工。

2）柱销式、结绳式等可以根据实际需要自制，其有关参数请参考机械工业出版社出版的《机械设计手册》相关内容（轴孔公差除外），材料可用铸铁（HT200）、铸钢或45圆钢，后者因强度较大可做得小一些。部分电机用结绳式联轴器使用45钢时，结构尺寸可参照表2-16。也可使用合金铝，但建议采用图2-53h的形式，若使用整体结构，则轴孔部分采用45钢套。

3）结绳式联轴器所用的绑绳一般采用较高强度的尼龙软绳。

4）要经常拆装的试验用联轴器应设置轴伸键顶丝（见图2-53j和k，其他联轴器没有标出，但也要设置），用于压紧轴伸键，使联轴器与轴进一步固定。无此措施时，联轴器会因配合松动而在轴上滑动。这一点对于用过较长时间的联轴器更为重要。

5）用图2-53a所示的弹性胶圈柱销式联轴器配套使用时，应将带孔的半节安装在转矩传感器上，目的是减轻对传感器的径向压力，最大限度地保护传感器。

6）为了防止联轴器上的螺钉等部件在高速运转中意外脱落甩出，对现场试验人员和有关设施造成伤害，应设置防护罩，如图2-56和图2-57所示。

图2-57　安装联轴器防护罩图

三、安装固定器件

图2-58是压装电机、传感器、负载设备用的压板、螺栓等器件，这些器件可在机床夹具店购买，有些也可自制。

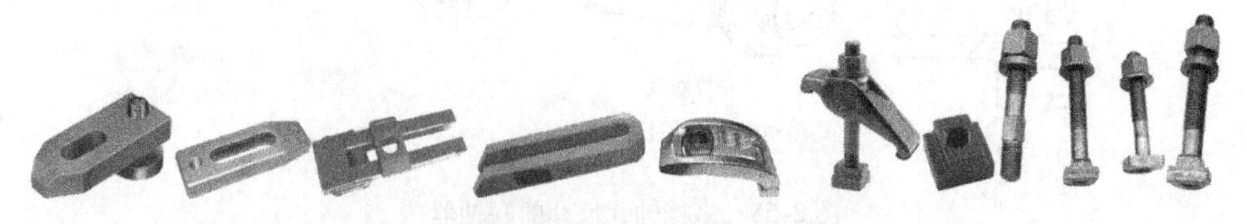

图2-58　安装器件——压板和螺栓

第六节　电机试验实用配电和控制电路

目前，电机试验控制电路的很多功能都使用PLC和微机控制技术来实现。本节给出一些相对原始的实用电机试验用配电和控制电路，供读者在自制简易试验设备和进行PLC控制程序时参考。图中的元器件大都没有给出具体数据，读者选用时应根据具体要求来确定。

一、三相交流异步电动机出厂试验配电电路

图2-59为三相交流异步电动机出厂试验配电电路的主系统框图。

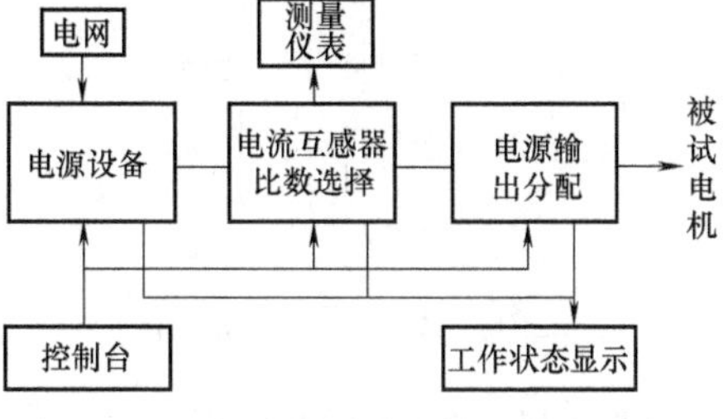

图2-59　三相交流异步电动机出厂试验配电电路的主系统框图

图2-60为配电主电路简图。该系统采用三相感应调压器T_1提供可变的电压；测量电流的系统使用3个电流互感器TA_2、TA_3和TA_4，一次电流分为7挡，分别用KM_2~KM_8切换；KM_9用于封电流互感器TA_2、TA_3和TA_4的一次绕组；可同时给10台电机供电进行空转试验，图中KM_{10}~KM_{19}即为控制每条输出线的开关（接触器）。

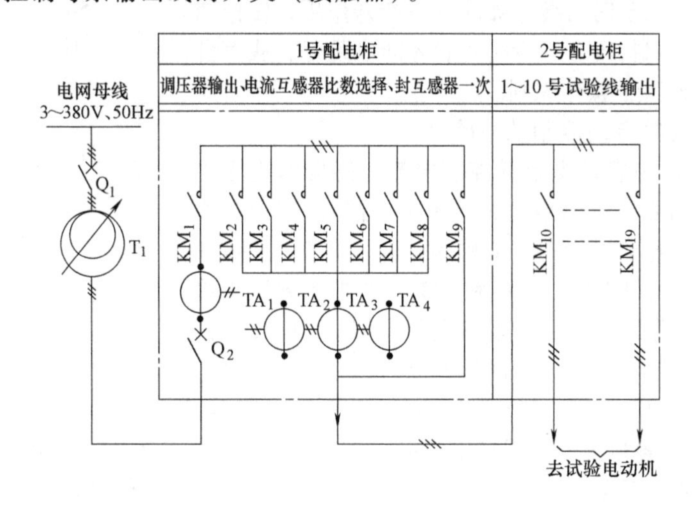

图2-60　三相交流异步电动机出厂试验配电主电路简图

二、三相电流互感器电流比数选择控制电路

在通电工作的状态下，电流互感器的二次电路不允许开路；对于连接在互感器二次侧的测量仪表，应尽可能避免施加反复的冲击负载。因此，要求在进行电流互感器电流比数的转换时，遵守“先合后断”的操作原则，即需要更换比数时，先将要换用的比数开关合上，再关断原用比数开关。下面介绍3种电路类型。

（一）手动控制电路

用微型或小型开关直接控制合、断电流互感器电流比比数选择接触器，如图2-61所示。控制开关可选用KN型或KNX型钮子开关，它可直接控制100A及以下的接触器。

使用时，由试验人员手动实现“先合后断”的操作。

本电路简单、成本低、工作可靠；但需要试验人员养成良好的操作习惯，避免误操作。

（二）用时间继电器自动控制的电路

图2-62为一个用时间继电器自动控制电流互感器电流比比数选择实现“先合后断”的电路（只给出了两挡）。图中开关SB_1和SB_2使用小型自动复位式（或称为“互锁式”）琴键开关；KT_1和KT_2为“动合、延时断开”的时间继电器，延时断开的时间可调定为1~2s。

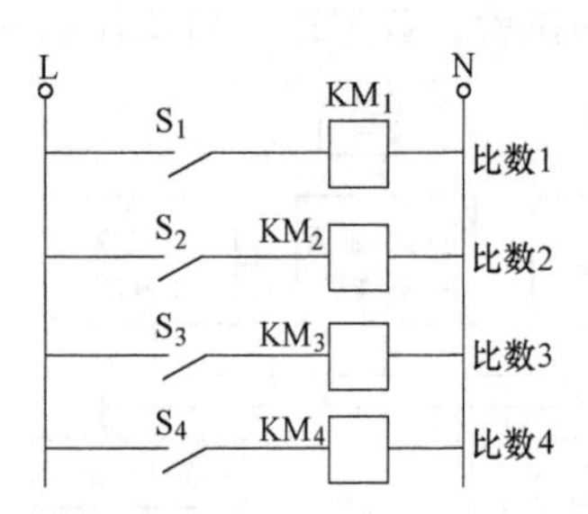

图 2-61　电流互感器电流比比数图选择手动控制电路

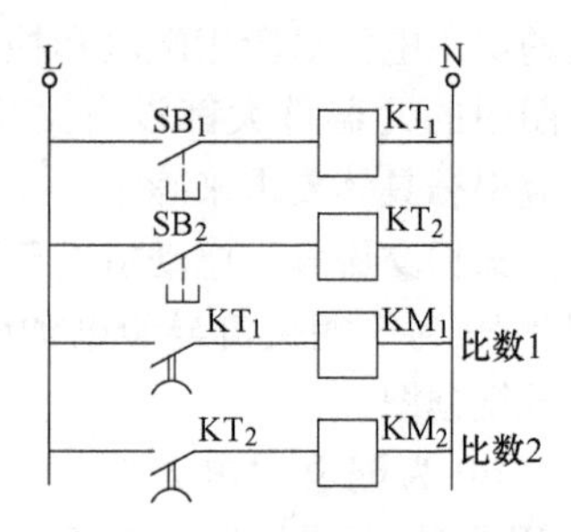

图 2-62　用时间继电器实现电流互感器比数选择"先合后断"的自动控制电路

使用时，按下琴键开关某一挡，其他原用琴键开关的挡即会立即自动跳开，但由于时间继电器的延时断开作用，使控制原比数的接触器仍会保持闭合一段时间后才断电跳开，从而自动实现了"先合后断"的操作原则。

（三）用电容放电自动控制的电路

图 2-63 为一个用电容放电自动控制电流互感器电流比比数选择实现"先合后断"的电路（只给出了两挡）。图中开关 SB_1 和 SB_2 使用小型自动复位式（或称为"互锁式"）琴键开关；KT_1 和 KT_2 为时间继电器；KM_1 和 KM_2 为控制互感器比数的接触器；R_1 和 R_2 分别为两路的阻尼电阻（5Ω、1W）；V_2、V_4 为充电用整流二极管（可选用 2CP23 型）；V_1、V_3 为放电用整流二极管（可选用 2CP23 型）；C_1 和 C_2 为充电电容器，可选用电压为 500V、容量为 100μF 的电解电容。

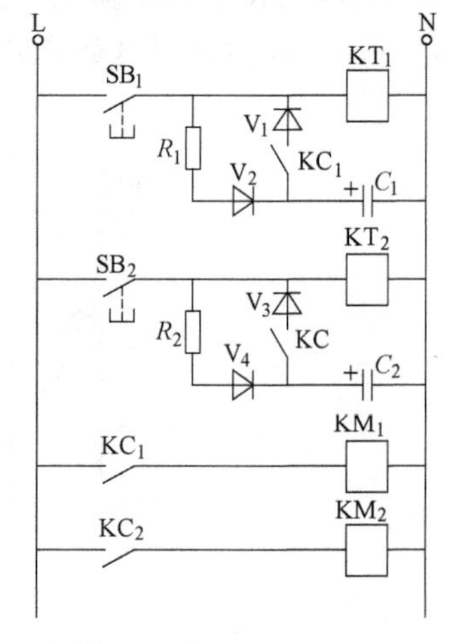

图 2-63　用电容放电实现电流互感器比数选择"先合后断"的自动控制电路

这套电路的工作过程如下：

当 SB_1 闭合时（此时 SB_2 断开），KT_1 通电，使 KT_1 控制的比数控制接触器 KM_1 闭合，同时通过 V_2 给 C_1 充电，V_1 的电路也接通。当要更换比数而按下 SB_2 时，由于琴键开关的机械联动作用使 SB_1 跳开，此时 KT_2 通电将要更换的比数开关 KM_2 闭合。但这时 KT_1 中虽然没有了来自控制电源的电流，却有了由 C_1 通过 V_1 过来的放电电流，这个电流继续保持 KT_1 为通电吸合状态直到放电电流减少到不能维持其工作为止，使原比数开关 KM_1 在新的比数开关闭合后再跳开，从而自动实现了"先合后断"的操作原则。

调节电阻器的阻值或电容器的电容量，可改变延时时间。

三、出厂试验电路中的试验项目选择电路

在交流电动机出厂试验电路中设置部分试验项目自动选择电路，可减少操作程序，并能在一定程度上减少误操作的可能性。图 2-64 为一套试验项目选择和部分自动控制的电路，试验项目为堵转、短时升高电压、空载三项。其中堵转试验时电压表和功率表的电压回路使用 150V 量程、不封电流互感器；短时升高电压试验时电压表和功率表的电压回路使用 600V 量程、不开电流互感器（即电流互感器的一、二次侧一直处于短路状态）；空载试验时电压测量同升高电压状态，但电流互感器的封、开应由试验要求来决定。

图 2-64a 中的项目选择开关 SB_1 选用一只转换开关。

图2-64c是可实现试验时间计时并到时自动降压的控制电路，由人工按下按钮SB_2开始计时。到达预定时间（例如3min）后，由延时断开时间继电器KT_1接通提示试验到时的电铃HA_1和降压控制开关KM_1降低试验电压，为停止试验紧接着进行空载试验做准备。

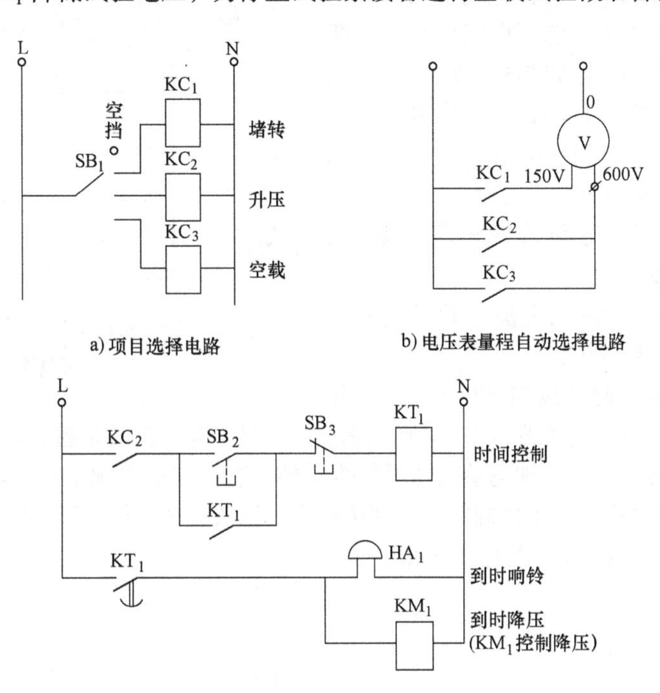

图2-64 出厂试验电路中的试验项目选择控制电路

四、出厂试验电路中空载试验自动封、开表电路

在进行批量产品出厂试验时，空载试验将逐台依次进行。为了避免较大的起动电流对仪表的冲击，每台电机起动前都要事先封好电流互感器，待起动过程完成电流下降到较小值后，再打开互感器，使仪表显示试验值。这一操作过程可由图2-65所示的电路自动完成。

图中KC_1、KC_2、KC_3的控制元件在图2-64a中（即本图是与图2-64配套使用的一部分）；KT_2为延时断开的时间继电器；KC_4为控制封、开互感器的继电器（通电时封互感器）；KM_2 ~ KM_n为控制各电源线的开关（接触器，相当于图2-60中的KM_{10} ~ KM_{19}）。

其工作原理如下：

当试验项目选择到“空载试验”时，KC_3闭合，KC_4通电使电流互感器封闭；此时若接触器KM_2 ~ KM_n中任意一个闭合，则将接通时间继电器KT_2的电路，使其开始工作，并到预定时间后断开KC_4的电路，从而打开电流互感器，使仪表显示试验值。

当接触器KM_2 ~ KM_n都处于开断状态时，则时间继电器KT_2的电路将不会被接通，KC_4的电路将处于闭合状态并使电流互感器封闭。

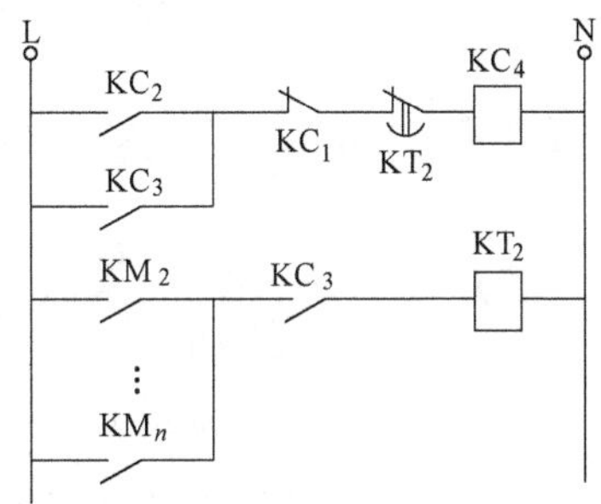

图2-65 出厂试验电路中空载试验自动封、开表电路

五、单台三相交流电动机频繁起动自动控制电路

图2-66为一套单台三相交流电动机频繁起动自动控制电路，可完成按一定周期满压起动、断电停转，再满压起动、断电停转的（类似于S_3工作制，但电机不加负载）自动控制。通电运行和断电停转的时间分别由时间继电器KT_1和KT_2调定控制。有关工作原理请读者自行分析。

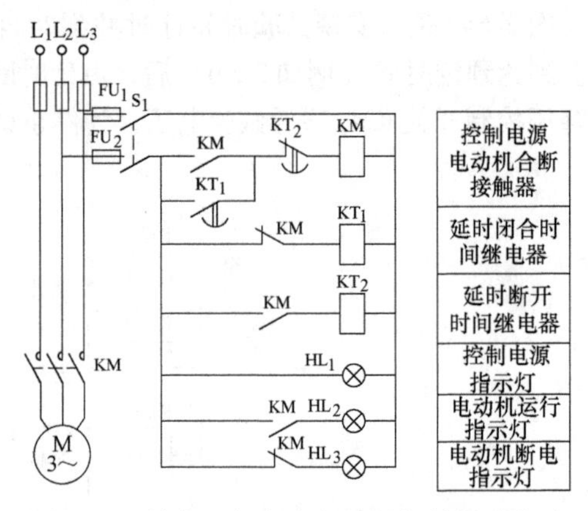

图2-66　单台三相交流电动机频繁起动自动控制电路

六、单台三相交流电动机按一定周期正、反转的自动控制电路

图2-67a为实现单台三相交流电动机按一定周期正、反转的自动控制电路。

电路中设置了两个起动按钮SB_2和SB_3，分别称为“正转按钮”和“反转按钮”，实际用途是，先按SB_2（正转按钮），则电动机先正转再反转；先按SB_3（反转按钮），则电动机先反转再正转。若没有必要规定初始转向，则可随意按下其中的一个，被试电机则开始按规定的周期进行正、反转交替运行。正、反转的运行时间由时间继电器KT_1和KT_2设定。SB_1为停止按钮。

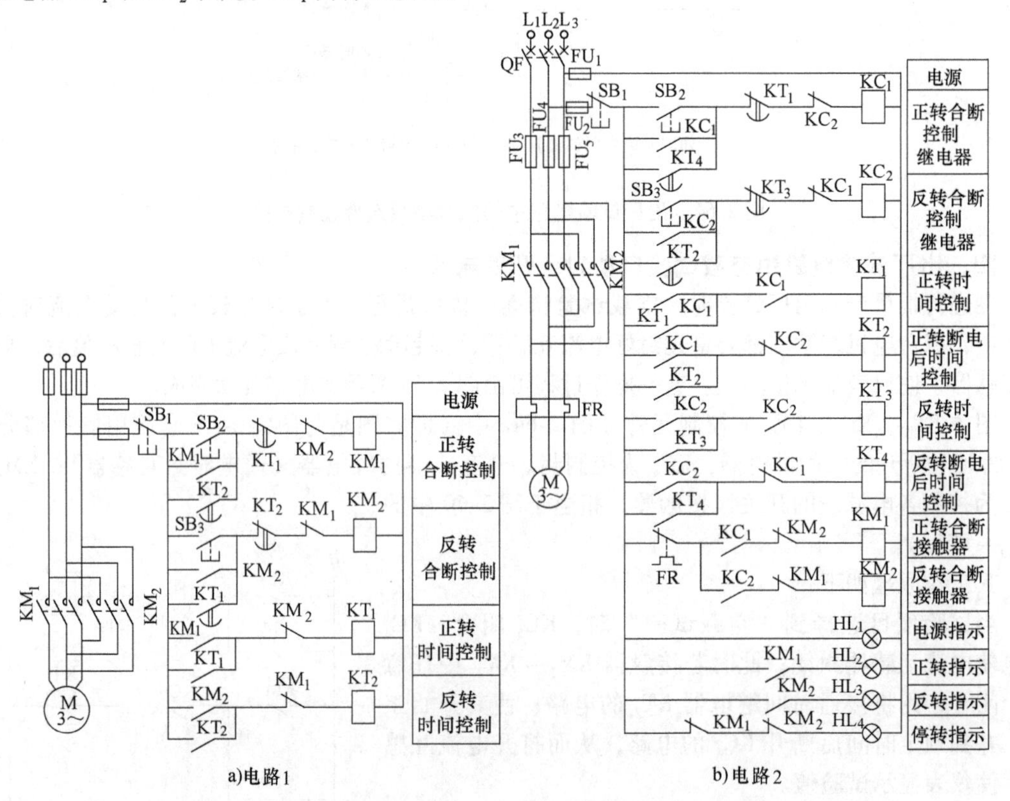

图2-67　单台三相交流电动机按一定周期正、反转的自动控制电路

其工作原理如下（按先正转的过程）：

按下按钮SB_2，KM_1通电，其常开触点闭合，主触点接通电机电源，电机开始正转；辅助触

点一个“自保”，另一个接通时间继电器 KT_1（KT_1 利用自己的常开触点自保），常闭触点打开，保证控制反转的 KT_2 和 KM_2 不能通电；KT_1 通电到预定时间后，其延时断开触点打开，切断 KM_1 的电路，使电机断电，同时其延时闭合触点闭合，接通 KM_2，使电机开始通电反转，断开 KT_1，接通 KT_2；到达 KT_2 的整定时间后，KT_2 的延时断开触点打开，切断 KM_2 的电路，使电机断电，同时其延时闭合触点闭合，接通 KM_1，使电机开始通电正转，并再次接通正转时间继电器 KT_1 的电路，为再次反转做好准备。

本图中使用继电器 KT_1 和 KT_2 合断电机的电源，只能用于 1kW 以下的被试电机，若用于较大容量电机的试验，应再增加一级适当容量的交流接触器。另外，本电路在两个转向的转换之中没有间隔时间，换向时冲击电流较大，因此要求配置较大容量的电源和开关元件。

为克服上述不足，需增加两个时间继电器，用于控制正反转交接的时间，使电机基本停转后再通电开始另一个转向的转动。其电路如图 2-67b 所示（图中 FR 为热保护继电器）。其工作原理与图 2-67a 基本相同，读者可参照分析。

七、周期工作制电机发热试验自动控制电路

在对周期工作制电机进行发热试验时，应按规定的时间周期控制被试电机的起动、加载、断电断载或制动、空转等。若用人工控制，则很难达到准确，并且劳动强度很大。

图 2-68 是一套多功能周期工作制电机发热试验自动控制电路。其控制时间的精度主要决定于所选用的两个时间继电器的准确度。

图中：M_1 为被试电机，M_2 为陪试电机；开关 S_1、S_2、S_3 可使用普通钮子开关。

本系统可通过改变 S_1、S_2、S_3 三个开关的工作状态来改变其功能，其对应关系如下：

S_1、S_2 合，S_3 断——断续周期工作制；

S_1、S_3 断，S_2 合——连续工作制（时间控制不工作，这样设置的目的是避免反复接线）；

S_1、S_2、S_3 都合——连续周期工作制。

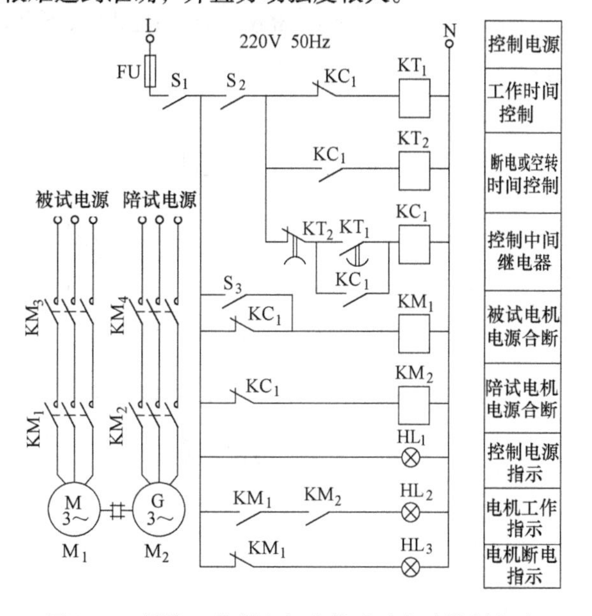

图 2-68 周期工作制电机发热试验自动控制电路

八、检查三相交流电机定子绕组电流平衡性的试验电路

图 2-69 为一套用于检查三相交流电机定子绕组电流平衡性的试验电路。电流测量采用两个电流互感器三个电流表的接线方法；电压测量值为相电压；S_1 和 S_2 分别为调压器的高电压和低电压限位开关（在调压器的上端面上）。

若增加两块功率表和相应的连线，则可成为一套简单的低压三相交流电机堵转和空载试验电路。

九、三相交流异步电动机Y-△减压起动电路

当试验用的电源机组容量较大时，其中的异步电动机需要采用减压起动的方式，以减少总电源设备的投资。因为Y-△减压起动所用元件较少、投资小，并且工作可靠，所以应用较多。图 2-70 是一套全手动按钮控制和两套采用时间继电器自动将Y联结转换成△联结的电路（由Y联

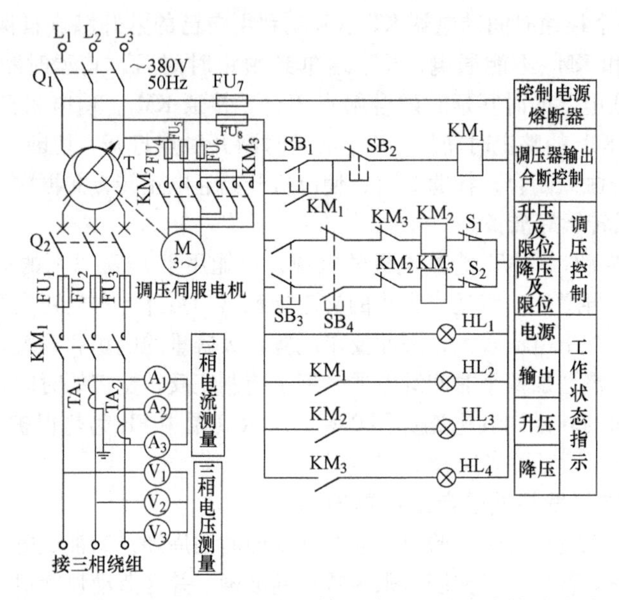

图2-69 检查三相交流电机定、转子绕组电流平衡性的试验电路

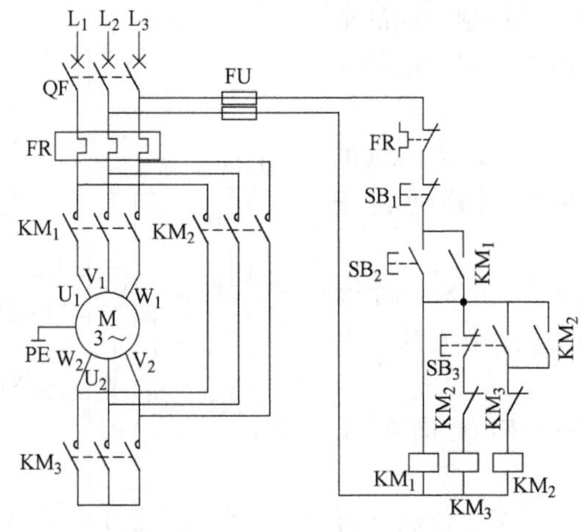

a) 全手动按钮控制

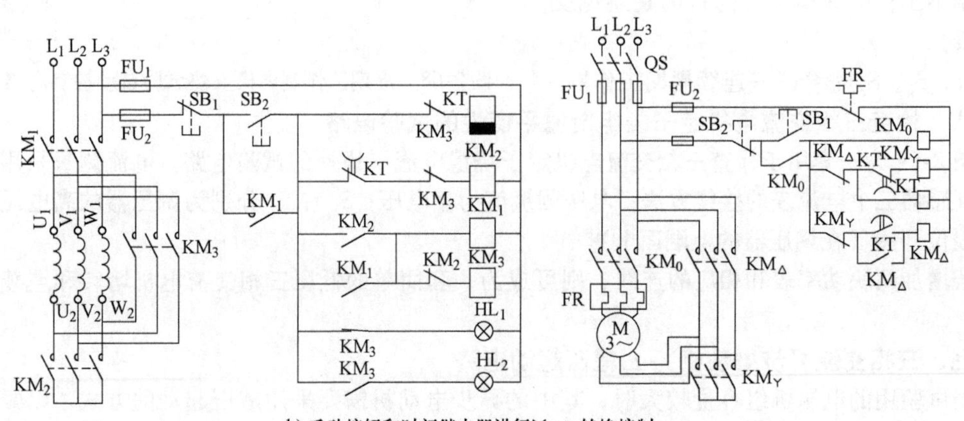

b) 手动按钮和时间继电器进行Y-Δ 转换控制

图2-70 三相交流异步电动机Y-Δ减压起动电路

结转换成△联结的时间由时间继电器 KT 来设定，一般设定为 5～10s）。

十、可进行单相和三相交流电动机试验的综合电路

图 2-71 是一套可进行单相和三相交流电动机试验的综合电路。

该电路采用手工接线的方法选择被试电动机的相数，X_1 用于接三相电动机，X_2 用于接单相电动机，X_3 用于接转矩-转速传感器上所用的三相电动机（当使用电位差式转矩-转速传感器时）。

被试电动机的输入电压、电流和功率采用三相数字表测量。电压表 PV_1 用于监视电压，通过开关 S_1 选择三相或单相电动机的电压。

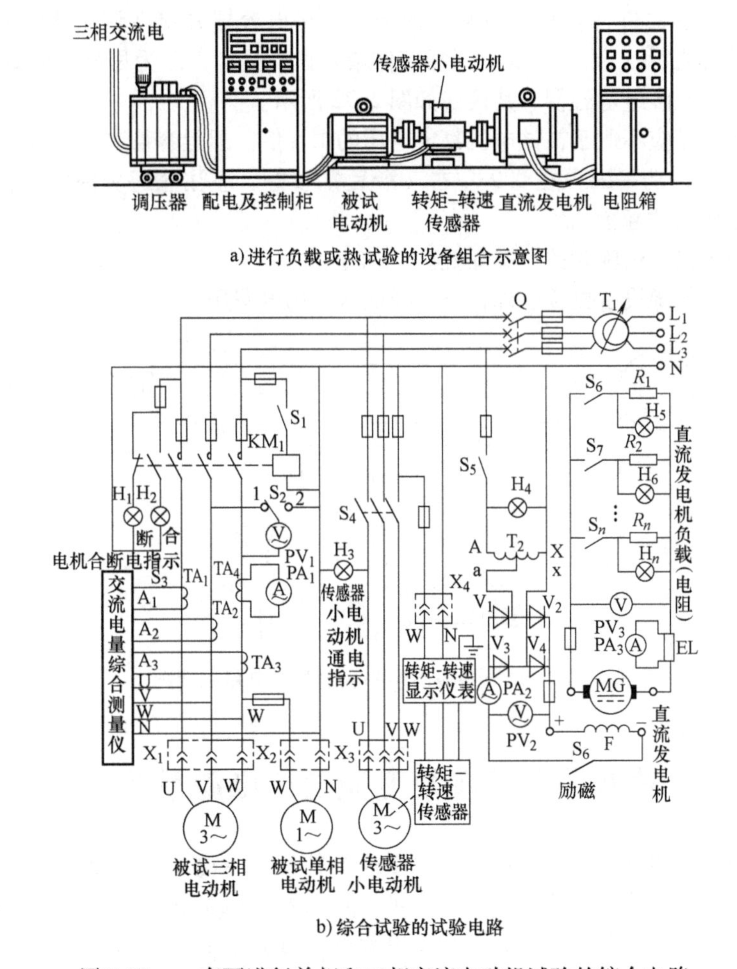

图 2-71　一套可进行单相和三相交流电动机试验的综合电路

被试电动机的负载为一台直流发电机，该发电机发出的直流电由电阻（可用白炽灯或电炉等）消耗掉。通过加减电阻的数量可粗调负载；调节直流发电机的励磁可细调负载。用单相整流电给发电机提供励磁电流，其大小可通过调节交流调压器 T_2 的输出电压来控制。

第七节　并联电容器扩大用于堵转试验时调压器容量

三相交流电动机（包括异步电动机和自起动式同步电动机）在进行堵转特性试验时，相关

标准中规定，试验的第1点所加电压应尽可能达到或接近被试电机的额定电压。因此类电机在额定电压下的堵转电流在其额定电流的5~8倍，因此需要配置的交流电源容量要达到被试电机的额定容量的6倍左右，才能满足要求（见表2-6）。其主要原因是进行堵转试验时，转子电流较大，同时电机的功率因数很低，一般不会超过0.5。

然而在进行温升和负载试验时，电源设备的容量能达到被试电机的额定容量的1.2倍就足够了。

由此可知，为了满足电机堵转试验的要求，在试验电源及相关配套系统（含电源开关和电路等）方面的投资相当大，但利用率却很低。

利用电网并联电容器进行功率因数补偿的原理，将电容器并接在调压器的输出端（注意：不可并接在测量系统之后），则可提高调压器用作堵转试验的能力。为尽可能地适用较大范围容量的被试电机，可并联多组电容器。其接线如图2-72所示。

电容器的额定电压应不低于被试电机额定电压的1.4倍。配置容量应使试验时，输出额定电压（被试电机的）时，功率因数在0.9左右（滞后）较好。应注意避免因电容器的容量过大，使试验时功率因数变为“超前”。

本方法也可用于出厂试验时的电源配置。

本方法除了节省电源设备投资以外，还可降低试验用电费用。

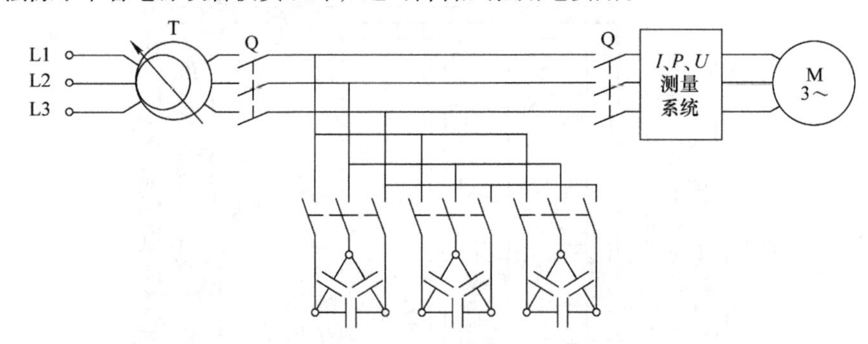

图2-72 调压器输出端并联电容器电路原理图

第八节 试验用变频变压电源系统

本章前面已简要介绍过变频电源和由四象限运行的变频电源系统组成的变频变压电源，这种电源系统既可以作为电动机负载的电源，又可以作为发电机负载的反馈电源，是现在新建电机试验系统电源，特别是较大容量电机试验站电源的首选。本节将更全面系统地介绍这种电源系统。

一、变频变压电源的组成和主要功能

（一）变频变压电源的组成

常规的静止变频电源一般为交－直－交结构，通常由以下几个部分构成：

1）整流环节：由整流变压器、整流单元及直流母线支撑元件构成。

2）交流输出环节：由逆变单元、输出滤波设备及用于匹配输出电压的试验变压器等构成。

3）冷却设备等环节。

进行电机试验时，整流环节将来自电网的交流电变换为直流电，为后续交流输出环节供电，根据功能和用途，输出直流还需要配置如直流电容等数量和大小不等的直流支撑元件。

交流输出环节的逆变单元将来自整流环节的直流电逆变成试验需要的变频变压交流电输出。对于需要正弦波的试验场所，逆变器输出经正弦滤波器平滑滤波，为被试电机提供质量符合要求的正弦波电源。为满足不同电压等级的电机空载、堵转、负载试验等需求，电源输出通常配置试验变压器，电源逆变器的输出经试验变压器等功率变换后，可输出不同等级的试验电压给被试电机。其系统简图如图2-73所示。

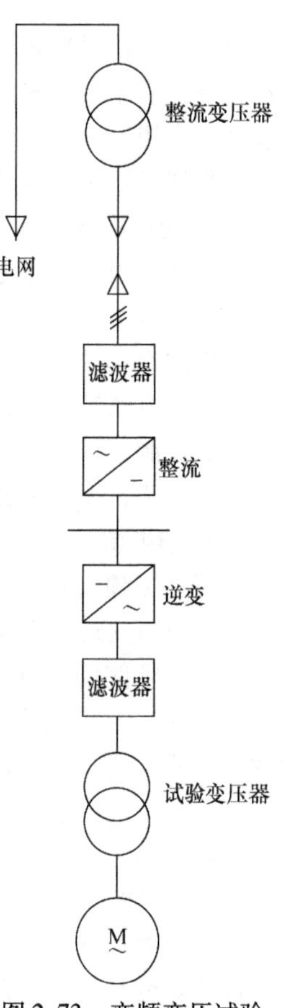

图2-73　变频变压试验电源系统简图

（二）变频变压电源的常规试验功能

1. 作为交流调频调压电源

作为试验用静态电源，其输出频率或电压通常需要单独调节，且输出电压和频率能在运行中连续可调，并能稳频调压或稳压调频运行，即解开输出压频比连锁的V/F分离控制。带有输出试验变压器的电源允许的V/F输出范围，需要受变压器饱和磁通以及电源回路阻抗限制。

2. 作为交流通用电源

为满足电机试验的多种需求，变频电源也可以作为常规通用变频器，在输出容许的电压电流范围内直接驱动电机运转，进行速度、转矩控制。进行传动控制时，逆变单元可以工作在恒压频比控制模式或矢量控制模式等。在进行矢量控制时，电源输出不能连接滤波器以及变压器。

（三）变频变压电源的特殊试验功能

经过特殊设计和配备专用软硬件后，变频变压电源还可以具备如下特殊试验功能：

1. 作为定子叠频热试验电源

定子叠频法是代替直接负载法完成交流异步电机热试验的有效方法。传统的叠频试验设备复杂庞大、操作调整繁琐、试验结果的准确度较差、自动化程度不高，大大制约了叠频法的推广。采用专用试验用静态电源完成定子叠频法热试验，设备简单、操作方便，只须直接设定主频电压和频率以及副频电压和频率，即可得到需要的输出叠频电压和电流，很容易实现试验的自动化和智能化。

采用变频电源进行叠频热试验时，需要特别关注变频电源直流母线支撑环节对叠频试验时拍频能量的缓冲，否则可能影响供电环节的稳定。用变频电源供电进行叠频热试验时，对电网的拍频能量功率周期波动不应大于被试验电机额定容量的10%。

用变频电源供电进行叠频热试验的具体操作过程如下：

首先输出主频率和主电压，此时被试电机的输入电流为空载电流；然后，设定副频频率，逐步加大副频电源电压幅度，当电流幅度达到额定电流后，电源会自动保持输出为被试电机的额定电流值的状态连续运行。

2. 负序分量注入法测试异步电动机杂散损耗

异步电动机通过不平衡供电电压下空载运行进行杂散损耗测量，国际标准Eh-star法即基于该原理（因实践证明该方法的试验难度较大而没有得到推广）。变频电源极易在输出端注入负序分量，调制出幅值和相位可无级调节的三相不平衡电压，驱动被试电机空载运行，实现电机负载杂散耗测试。

通过在可控逆变装置加入负序分量调制出三相不平衡电压，相较于传统的 Eh-star 法，电机起动便利，且不需要辅助电阻以及投切开关，回避了电阻发热而引起的阻值改变等不可控因素，精确度大大提高；相对于采用反转法及输入输出法实测杂散损耗，不需要驱动轴系对轴加载，也不需要配置转矩－转速传感器和陪试加载设备，因此投入成本低、操作简单，更容易掌握。

3. 低功率因数试验

低（零）功率因数法是代替直接负载法完成大型交流同步电机温升试验的有效方法。变频试验电源可以很方便地作为静止调相机，通过调节逆变器输出，实现同步电机在不进行连轴加载或仅施加很小的轴功率条件下的大电流输出。

此试验方法需要变频试验电源在维持被试同步电机稳定运行的同时配合励磁设备实现电机无功电流控制，变频电源容量需要的等效容量往往大于负载试验需求容量，但采用变频试验电源进行该试验，无须配置陪试机组，其技术经济指标非常理想。

4. 中频电源

不同于工频电源，中频电源输出电压的频率为400Hz 左右。

随着轨道交通、舰船等系统使用的牵引电机和推进电机的频率越来越高，研制、生产、测试这些电机要求使用专用的中频电源。同样的，传统的中频电源是旋转发电机组，用内燃机（柴油机或汽油机）或工频交流电动机拖动中频发电机，发出中频交流电。基于快速发展的电力电子技术，静止式中频电源的容量与性能都有了很大的提高。静止式中频电源与传统的旋转发电机组相比，有效率高、噪声低等优点，供电性能指标也随着电力电子技术的进步在不断地达到和超过机组电源。

5. 保护功能

变频电源本身应具有完善的监视、报警和控制能力，对过电流、短路、接地、过电压、欠电压、过热等运行故障都有完善的保护。保护系统需考虑到试验电源运行的特殊性，可以保证在被试电机即使出现严重故障时也不会损坏设备。

（四）变频变压电源的模块化组合

变频电源应具备模块化组合功能。不同功率模块可自由组合并联，既可以独立输出成为多路小电源，也可以汇流成几条中等功率电源，直至全部组合成一套大功率电源，满足不同电机测试电源应用的需求。

二、变频变压电源的选择

选择电机试验用变频变压电源时，应遵照如下几方面的要求。

（一）试验系统的最大容量或最大电流、最高电压

根据试验系统电压、电流需求，综合考虑选择适合容量的逆变器和配合试验用变压器。变频电源输出的最高电压应不低于被试电机的最高额定电压的130%；最大电流应不低于被试电机的最大过载试验（电机为短时过转矩试验）电流。

（二）拓扑结构

目前，变频电源主流的拓扑结构，从逆变单元组合上看，分为公共直流母线的功率单元并联和H桥级联结构的功率单元串联2大类。

从逆变器变流拓扑结构上看，则分为两电平和以 NPC 三电平为代表的多电平两大类。

两电平逆变器结构如图2-74 所示，此结构较为简单，输出相电压共有2个电平，线电压共有3个电平。

此结构在低压变频系统中应用很多，但是在中高压系统中很少采用，主要原因是：高压两电平系统中，由于脉冲幅度较大，因此系统中 du/dt 的数值较高，对系统中包括被试电机等在内的

设备均有较大的不利影响。且随着直流电压提高，IGBT 需要选择更高电压等级的产品，而对于额定电压高于 3300V 的 IGBT，一般开关频率较低，仅为低压器件的 1/4 ~ 1/3，不利于输出滤波器设计，且由于备件准备周期长和器件价格高，不具备竞争优势。

NPC 三电平逆变器结构如图 2-75 所示。此结构输出的相电压有 3 种电平，线电压有 5 种电平。在同等直流电压情况下，三电平的输出 d*u*/d*t* 仅为两电平的 1/2，这对系统的安全与稳定是十分有利的。IGBT 采用了串联结构，因此，在同等的直流电压情况下，每个 IGBT 的电压等级比两电平的要低。

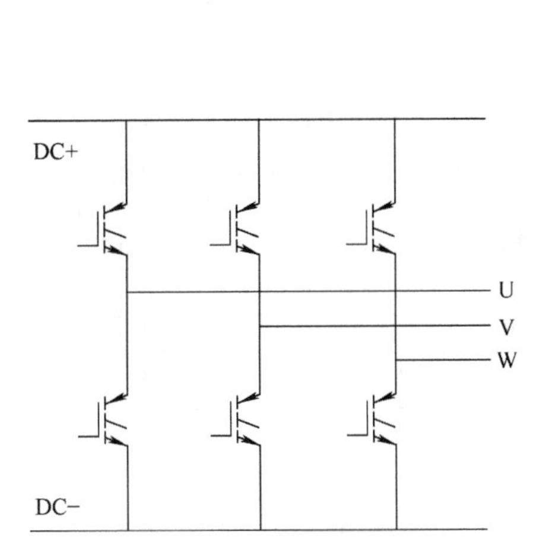

图 2-74　两电平逆变器结构

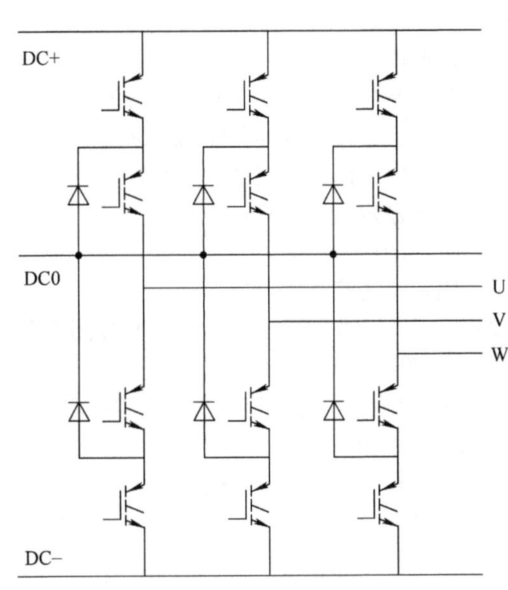

图 2-75　NPC 三电平逆变器结构

H 桥级联结构如图 2-76 所示。级联型高压变频器无需高压功率器件，主体结构利用中、低压功率器件就能提高变频器的输出电压等级，无需试验变压器，即可实现 3kV、6kV、10kV 高压输出，且输出电流谐波低、输出功率大，很好地解决了高压大功率电机试验问题。

（三）输出电压谐波因数以及三相对称程度应符合标准要求

以试验电机最大基波频率 60Hz 为例，试验电源输出频率在 12.5 ~ 72Hz 范围内、逆变器输出电压在其额定的 15% ~ 100% 范围内，通过滤波器后输出电压的 *THDV*≤5%、*HVF*≤2%，热试验逆变器输出电压在其额定电压的 70% ~ 100% 范围内，通过滤波器后输出电压的 *THDV*≤5%、*HVF*≤1.5%。负序分量小于正序分量的 0.5%，零序分量在经过变压器隔离后予以消除，不经变压器时的输出零序分量也小于正序分量的 0.5%。频率稳定性变化 <0.1%、频率偏差 <0.3%。

（四）变频变压电源的配置

以图 2-77 和图 2-78 给出的一套典型的小型静止变频试验电源电机试验系统（中机国际工程设计研究院有限责任公司提供）为例，介绍试验用变频变压电源的配置。其中，被试电机包含低压三相异步电动机、低压三相变频异步电动机、低压笼型自起动永磁同步电动机等机型，可试验电机的最大功率为 400kW，变流器拓扑选择两电平拓扑。

1. 主要配置参数

在图 2-77 给出的试验站的主要电力电路中：

1）AFE 为整流单元，为四象限运行，容量为 250kVA。

2）INU1 为陪试变频器。

3）INU2 为被试变频器，直流供电模式时，INU2 自动切换为直流电源。

4）单路逆变器容量为630A（正弦条件下650kVA）。

5）直流电源回路容量为800A，60～1000V。

6）中低压支路（含变压器）容量为800kVA。

7）逆变器全并联容量为1260kVA（正弦条件下1300kVA）。

2. 整流单元

1）整流额定输入电压：0.4kV±10%。

2）整流额定输入频率：50Hz±5%。

3）整流输入侧功率因数：>97%。

4）整流额定电流：375A。

3. 逆变单元

1）输入电压等级：690V。

2）SPWM 波输出下校核容量：电源侧760kVA；加载侧760kVA/70kVA/15kVA。

3）正弦输出下校核容量：电源侧650kVA；加载侧650kVA/60kVA/10kVA。

4）稳态频率偏差：不超过±0.3%。

5）负序分量小于正序分量的0.5%，零序分量予以消除。

6）稳态电压偏差：≤1%。

7）额定输出工频正弦电压等级：250V、433V、745V、972V。

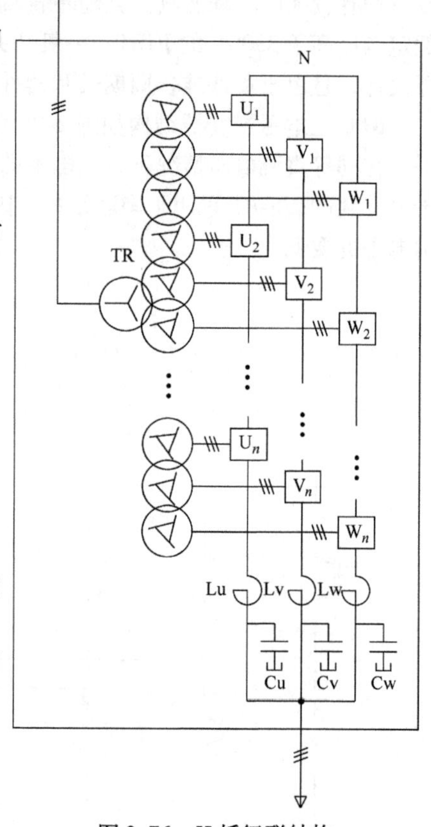

图2-76　H桥级联结构

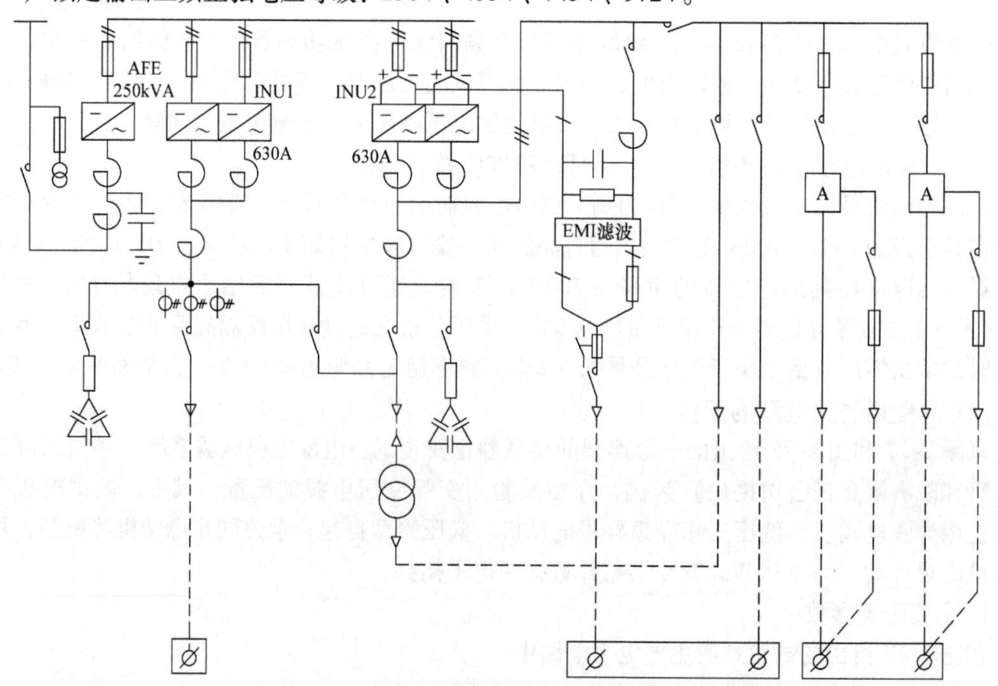

图2-77　最大功率为400kW的电机试验电路原理图
（中机国际工程设计研究院有限责任公司提供）

图 2-78　小型静止变频电机试验电源实物图

（中机国际工程设计研究院有限责任公司提供）

8）直流电源参数：800A，60～1000V。

三、变频变压试验电源操作方法

图 2-79 所示为上述电机试验站的主要电力电路在计算机上显示的界面。下面根据该界面介绍电源操作方法。

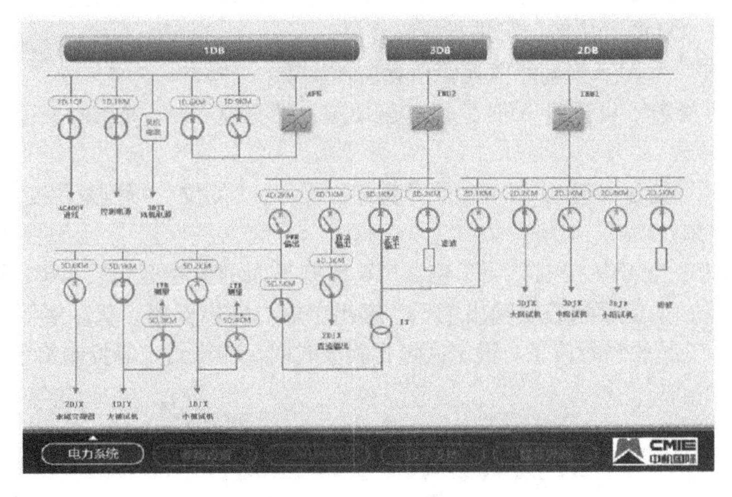

图 2-79　电力系统界面

（一）电源类型

图 2-80 给出的是可选择被试电机的供电类型，普通电机采用“正弦电源”（运行频率不得超过 60Hz）；变频电机采用“PWM 电源”（运行频率不得超过 120Hz）；选择“禁用”时，电力系统操作界面部分接触器无法操作。

（二）电源模式

如图 2-81 所示，本试验站选择“并联”模式下陪试变频器（INU1）和被试变频器（INU2）可并联运行向被试电机供电（仅用于正弦供电），专用于大电流堵转试验（最高堵转电流 1700A）；“单机”模式下仅用被试变频器向被试电机供电；选择“禁用”时，电力系统操作界面部分接触器无法操作。

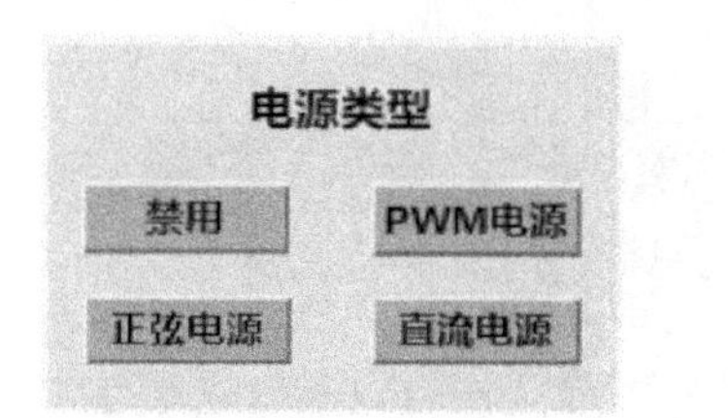

图2-80 电源类型选择界面

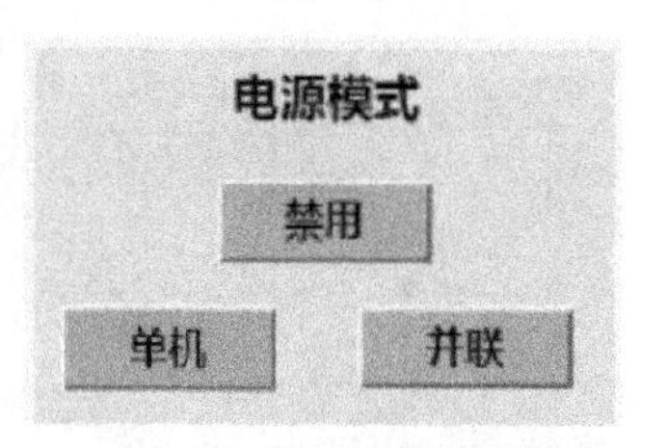

图2-81 电源模式选择界面

（三）整流控制

如图2-82所示，AFE控制包含母线电压、进线电压、三相电流、装置温度、装置运行状况等相关控制信息，可供操作人员进行试验操作和运行状态监控。

其中：

1）“母线电压”为直流母线采样监控反馈；AFE启动后，正常值应该与设定值一致。

2）“进线电压”为AFE进线的交流电压监控反馈。

3）“参数监控”包含三相电流、温度、故障字等电参数信息监控。故障字不为“0”时，表示AFE单元出现了故障，单击本界面右下角“故障查询”（有故障时出现）可获得详细的故障信息。单击“复位”按钮，可进行故障复位。

4）“工作状态”为AFE当前相关连锁信息监控反馈。

5）“母线电压给定”可进行AFE运行电压设定，设置范围为DC600～1000V。

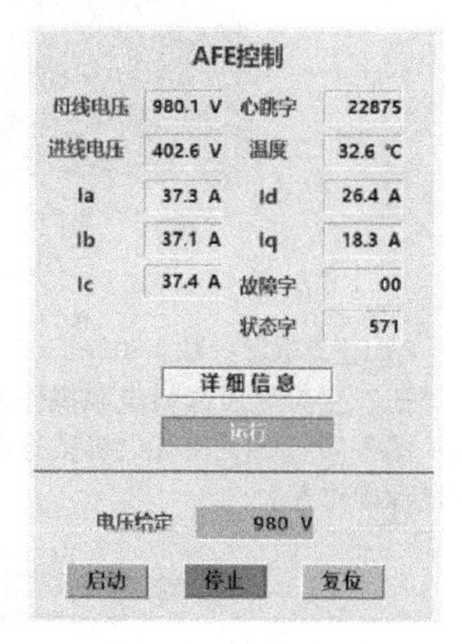

图2-82 AFE控制界面

6）“起停控制”包含“起动”“停止”“复位”操作，“复位”可以复位变频器故障。

（四）电源控制

图2-83所示为一个INU控制界面示例。INU控制界面的监控区包含INU1（陪试变频器）、INU2（被试变频器）的运行状态中输出电压、输出电流、输出频率、状态字等监控信息，以及控制系统对变频器工况的判断信息。设定区包含斜坡时间、输出给定等控制给定输入窗口。

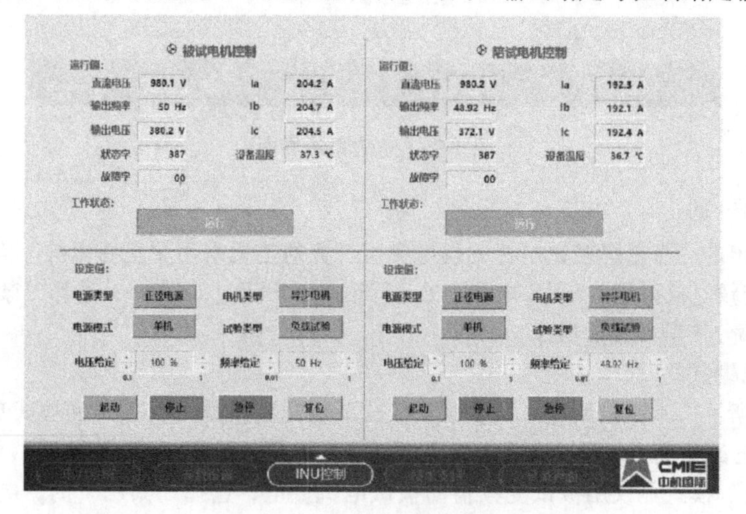

图2-83 INU控制界面示例

其中：

1）“母线电压”和“电参数监控”同前。

2）“并联模式”包含单机和 INU1/INU2 并机两种模式。

3）“电压斜坡”为“给定电压”的升降速度设置，一般建议设置为 5%；堵转试验时，可以提高至 10%。

4）“频率斜坡”为“频率给定”的升降速度设置，一般建议设置为 1Hz/s；当电机较大、起动容易过电流时，可以降低该速率。

5）“工作状态”表示 INU 当前相关连锁信息监控反馈。

6）“起停控制”包含“起动”“停止”“急停”“复位”操作，“复位”可以复位变频器故障。

7）“电压给定”为被试电机端电压的给定设置，100% = 电机额定电压 × 输出频率/电机额定频率。

8）“频率给定”为变频器输出频率的给定设置。

（五）使用注意事项

1）设备运行时，不要断开控制电源，否则可能导致设备遭受未知损害。

2）在做任何维护和检修工作之前、之中、之后，都要严格遵守操作规程。

3）在确认无发热部件和不带电之前，切忌触摸柜内的任何部位。

4）不要将易燃易爆物品存放在设备柜内或周围。

5）定期记录设备运行情况，发生故障跳闸时，要记录故障情况，查明原因并排除后方可再次上电。

6）定期更换机柜的防尘过滤网，如环境较为恶劣，要酌情缩短更换周期。

第三章　电机试验用仪器仪表和测量电路

电机试验的最终目的是通过各种测量和相关计算得到所需要的被试电机性能参数。因此，在很大程度上，所用测量仪器仪表和相关设备的性能水平、使用过程和运行状态，决定了试验结果的准确性，或者说真实性。为此，在试验方法标准中，对这些设备的准确度、量程等均提出了明确的要求。在组建试验系统时，应严格按照这些要求进行选型和配置，在使用中要遵守规定的操作规程和注意事项。本章将介绍各类或某一大类电机试验通用仪器仪表的类型、选用要求、使用方法和注意事项等方面的内容。其他仪器仪表和设备的内容将在第四章以及之后的章节中讲述相关试验时进行介绍。

第一节　电量测量仪表通用知识

一、电量仪表的分类

在电机试验时，需测量的电量主要有电流、电压、功率、频率和相位（功率因数）、电阻、电感、电容等。

按可被测电量的种类，可分为直流表、交流表和交直流两用表三类。其中交流表又可分为低频、工频、中频和高频、正弦波和非正弦波等多种。

按测量原理和显示方式，有模拟仪表（又称为指示仪表，主要为指针式。按其工作原理，又可分为磁电系、磁电比例系、电磁系、电磁比例系、电动系、电动比例系、感应系、感应比例系、静电系和整流系等多种类型）、较量仪表和数字仪表三大类。

按使用时的安装方式，可分为安装式（又称为板式）和便携式两种。

二、仪表的误差和分级

（一）仪表误差的分类

1. 基本误差

基本误差是仪表和附件在规定的条件下，由于结构和工艺上的不完善所产生的误差。它是仪表本身固有的，不可能完全消除的误差。

2. 附加误差

附加误差是指当仪表偏离了规定基本误差的工作条件时所产生的额外误差。

（二）仪表误差的表示方法

1. 绝对误差

绝对误差是仪表的指示值与被测量的实际值之间的差值。

2. 相对误差

相对误差是绝对误差值与被测量的实际值之比，通常用百分数来表示。

3. 引用误差

引用误差是绝对误差与仪表测量上限（即仪表的满量程值）比值的百分数。这种误差的表示方式在电量测量仪表中最常用。

（三）电量仪表准确度分级

我国将电量仪表准确度分为 7 个等级，见表 3-1。其中，0.1 级一般用作标准仪表（用于校验其他低等级的仪表）；0.2 级、0.5 级和 1.0 级用于试验测量；1.5～5.0 级一般用于监视性测量或要求不太严格的工程测量。

表 3-1　电量仪表的准确度分级及其误差

仪表的准确度分级（级）	0.1	0.2	0.5	1.0	1.5	2.5	5.0
基本误差（%）	±0.1	±0.2	±0.5	±1.0	±1.5	±2.5	±5.0

三、电机试验测量对仪表准确度的要求

为保障试验数据的准确性，正确反映被试电机的性能数据，在国家标准 GB/T 1032—2012《三相异步电动机试验方法》的第 4.3 项《测试仪器与测量要求》和其他相关标准中，提出了对试验用仪表准确度的具体要求，用于电机型式试验时，其规定见表 3-2（除注明者外，误差均按占满量程数值的百分数来计算，即“引用误差”）。

表 3-2　对测试仪器准确度的要求（摘自 GB/T 1032—2012 中第 4.3 项）

仪表类型	对准确度的最低要求	仪表类型	对准确度的最低要求
电流、电压、单相功率表	一般试验：0.5 级 用于 A 或 B 法进行效率试验时：0.2 级	电量变送器（传感器）	0．2 级
		频率测量仪	0．1 级
		电阻测量仪	0．2 级
电流互感器和电压互感器	0．2 级		

另外还规定：当测量电流、电压和功率的仪器与互感器作为一个系统校准，并用于 B 法（GB/T 1032—2012 中提出的效率试验方法之一，属于低不确定度的试验方法）进行负载试验求取效率时，要求该系统的最大误差不超过满量程的 ±0.2%。

在 GB/T 1032—2012 等相关标准中提出，若用于产品的出厂检查试验，可比型式试验时要求低一级。

四、指示仪表表盘所标图形符号的含义

在指示仪表的表盘上都标注着一系列图形符号，它们各自表示出本台仪表的某一项特性或功能含义。其常见符号的含义见表 3-3。图 3-1 是一块 1.5 级整流系需配 150A/5A 电流互感器的交流电流表和一块 1.5 级电磁系需配 10000V/100V 电压互感器的交流电压表表盘示例。

五、常用指示仪表的特征、用途及扩大量程的方法

常用指示仪表的特征、用途及扩大量程的方法见表 3-4。

六、数字式电量仪表

（一）工作原理

随着电子工业的迅速发展，测量仪器仪表很快实现了数字化。其工作原理与指针式电量仪表完全不同了。

指针式电量仪表的基本工作原理是基于电磁理论的电动机原理，可以说，每一台指针式电量仪表就是一台电动机，其中有直流电动机（例如图 3-2a 所示的磁电系仪表），有交流电动机，还有交、直流两用电动机（例如图 3-2b 所示的电动系仪表），另外还具有控制其转动角度的力矩平衡装置（例如反作用弹簧等）。

表 3-3　指示仪表表盘所标图形符号的含义

分类	符号	符号含义
工作原理		磁电系仪表
		磁电系比例仪表
		电磁系仪表
		电磁系比例仪表
		电动系仪表
		电动系比例仪表
		铁磁电动系仪表
		感应系仪表
		静电系仪表
		整流系仪表
电量种类		直流
		交流（单相）
		具有单元件的三相平衡负载交流
		交流和直流
准确度等级	1.5	以标度尺量限百分数表示的准确度等级，例如1.5
	1.5	以标度尺长度百分数表示的准确度等级比例，例如1．5
	1.5	以指示值百分数表示的准确度等级，例如1.5
工作位置	⊥	标度尺位置为垂直
		标度尺位置为水平
	60°	标度尺位置与水平面倾斜成一定角度（60°）
绝缘强度	0	不进行绝缘强度试验
		试验电压为500V
	2	试验电压为2kV
外界条件分组	*	防外磁场能力。框里符号 * 为仪表原理符号时为1级，Ⅱ为2级，Ⅲ为3级
	*	防外电场能力。框里符号 * 含义同上
	*	使用环境组别，△中符号 * 用A、A1、B、B1和C表示组别（详见相关资料）
端钮和调零器	+　−	正端钮和负端钮
	*	多量限仪表的公共端钮或功率表、无功功率表、相位表的电源端
		接地用的端钮（或螺钉、螺杆）
		与外壳连接的端钮
		与屏蔽相连的端钮
		调零器（旋钮等）

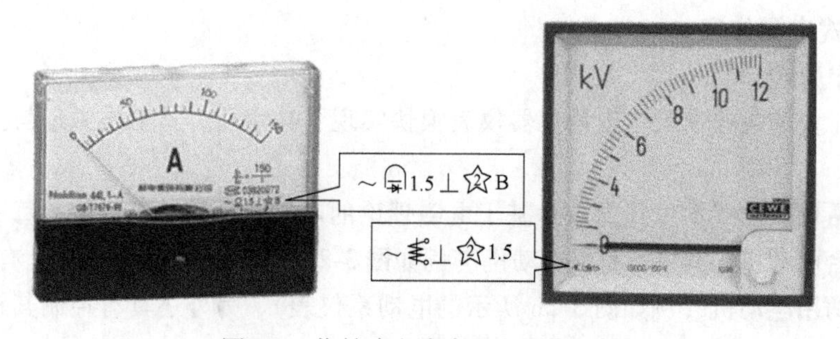

图 3-1　指针式电流表和电压表示例

表 3-4　常用指示仪表的特征、用途及扩大量程的方法

仪表系列	特征及优缺点	用　　途	扩大量程的方法
磁电系	仪表本身只能通过几毫安到几十毫安的电流。灵敏度高、刻度均匀；只能用于测量直流电量	测量直流电流或直流电压；用作检流计	电流表：并接分流电阻（分流器） 电压表：串接分压电阻（附加电阻）
电磁系	有吸引型和排斥型两种。可用于交、直流两用。测量交流电时不用考虑接线的极性。电流表可直接通过较大的电流。结构简单，过载能力强；刻度不均匀（在初始 20% 以内不能用），准确度较低	测量交流电流、电压或直流电流、电压。直接测量值可达几百安（电流）或几千伏（电压）	测量直流时同电磁系仪表 测量交流电流时使用电流互感器 测量交流电压时使用电压互感器
电动系	由定线圈和动线圈两部分组成，定线圈可通过较大的电流。可交直流两用。电流或电压表刻度不均匀，功率表刻度均匀。准确度较高；易受外磁场干扰	测量电流、电压同电磁系；功率表也可交、直流两用，但主要用于交流	
整流系	由整流电路和磁电系仪表组成。用于测量交流电量。刻度均匀；准确度较低	用于测量交流电流或交流电压	可用分流电阻或附加电阻（接于整流后）；也可用交流电流互感器或电压互感器（接于整流前）

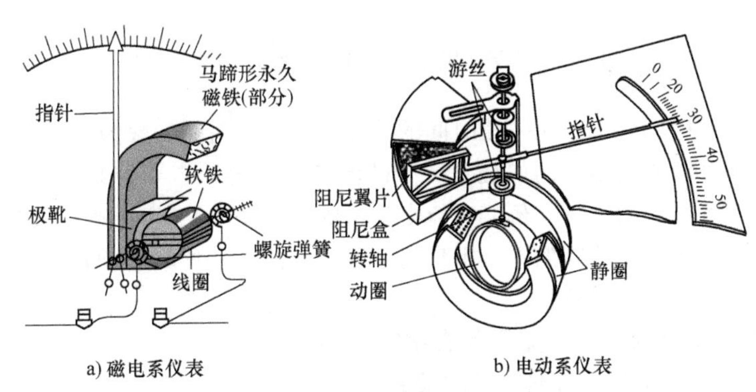

a) 磁电系仪表　　b) 电动系仪表

图 3-2　指针式电量仪表结构示例

数字式电量仪表是将电流、电压等电量通过模-数转换电路转换成数字信号，并经过一系列的电子电路处理，最终用数字形式直接显示出来，整个过程看不到有“动”的现象。图 3-3 所示为数字式电压表和电流表电路框图和电路板示例。

（二）优点和不足

1. 优点

数字式仪表的最大优点在于其准确度高、读数直观，数据可以保存和传递，与微机系统通信，实现数据采集、处理、计算全部自动化。另外，可将电机需要测量的很多测量量用一块表集中显示，例如同时显示三相电压、电流和功率等，有些品种还具备测量电压和电流波形及正弦畸变率或谐波因数、电源频率、功率因数、电感量等多个参数的功能。有些仪表可具备测量变频电源供电的负载电流、电压和功率真有效值的功能。

另外，由于数字式功率仪表具有较高的输入阻抗，使其工作时自身测量电路损耗和被测量相比相对很小，完全可以忽略，也就是说不必对其测量值进行仪表自身误差修正。

2. 不足

和指针式仪表相比，数字式仪表也有其不足之处，主要是它不能连续地反映出数据的变化

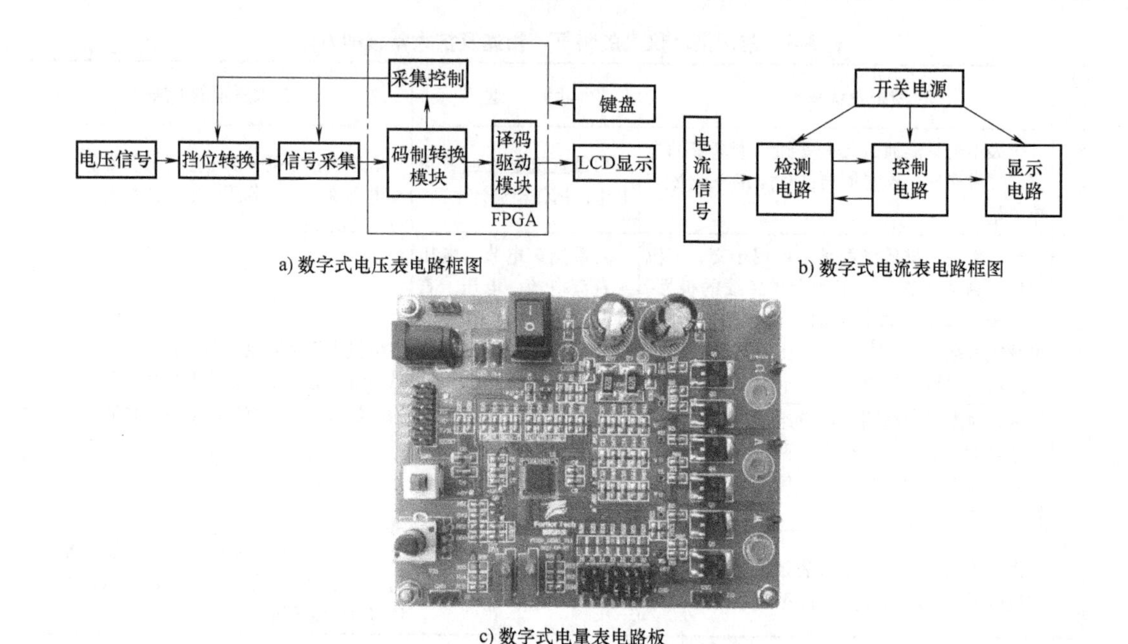

a) 数字式电压表电路框图　　b) 数字式电流表电路框图

c) 数字式电量表电路板

图3-3　数字式电压、电流表电路框图和电路板

情况（一般是按一定时间间隔显示一段时间的平均值，间隔时间一般为1s），所以不适宜测量大小迅速变化或周期摆动的数据，例如绕线转子的转子电流等；也不容易观测数据连续变化的过程；在测量低功率因数的功率时（例如交流电动机的空载功率），其准确度较差。

另外，很多数字式仪表需要提供单相交流电源，致使在一些场合使用不便；故障率还较高，并且维修技术复杂；价格相对较高。

七、数字式仪表显示位数、图形和文字符号的含义

（一）显示位数的含义及与准确度的关系

数字式仪表显示器显示测量数据的位数是衡量其分辨率及准确度的一个标志，显示数据位数越多，其分辨率也就越高，准确度也相应越高。有3½位（读作“三又二分之一”，俗称“三位半”。以下均照此规定读数）、3⅔位、3¾位、4½位、4¾位、5½位、6½位、7½位、8½位共9种。普通数字式仪表为3½位或4½位；5½位及以上的仪表则大多属于台式智能型。

3½位和4½位的普通仪表的分辨率分别为100μV和10μV，准确度为0.5～0.3级。显示位数与所显示的数值范围对应关系见表3-5。

表3-5　显示器显示数据位数与显示数值范围的对应关系

显示数据位数	3½	3⅔	3¾	4½	4¾
显示的数值范围	±1999	±2999	±3999	±19999	±39999

显示数据位数	5½	6½	7½	8½
显示的数值范围	±199999	±1999999	±19999999	±199999999

（二）显示图形和文字功能符号的含义

很多数字仪表的功能符号（包括表盘上印制的和显示器中显示的）均用国际通用的字母文字标注。有些符号是常见的，例如：ON（开，有的仪表在电源开关旁标注“电源”的符号

“POWER”)、OFF（关）、DC（直流）、AC（交流）、C 或 CAP（电容）等操作和测量项目代号，以及 V（电压，伏特）、A（电流，安培）、Ω（电阻，欧姆）、Hz（频率，赫兹）、dB（数量级，分贝）、T（温度）等各种测量量的单位符号；有些则是专用的，一般使用人员需要借助中文的使用说明书方可知道其含义。现将常见的一些列于表 3-6 和表 3-7 中。

表 3-6　数字仪表常见功能图形符号的内容及意义

符　号	意　义	符　号	意　义
“—▸” 或图形 [电池图形]	表内电池电压不足	△	相对值测量
ϟ	危险！此处可能出现高压	—▷|—	二极管检测
⚠	注意！应参照说明书操作	•))) 或 𝄞	蜂鸣器挡，具有声响
▲ 或 HIGH; ▼ 或 LOW	高电平，低电平	—	负极性显示标志符号

表 3-7　数字仪表常见功能文字符号的内容及意义

符　号	意　义	符　号	意　义
ACV，ACA	交流电压档，交流电流档	LCD	液晶显示器
AC/DC	交流直流切换选择	LΩ	低电阻档
AP	自动极性显示	LOGICOL	逻辑电平测试
ADJ	调整旋钮	LOW BATT 或 LOW BATTCONT	表内电池电压不足
AUTO	自动		
AUTO CAL	自动校准	MAN	手动
AUTO-MAN RANGE	自动/手动转换量程	MAN RANGE	手动转换量程
AUTO、AR、AUTO-RANGE	自动转换量程	MEM	数据存储
		MAX	最大值
AUTO OFF POWER	自动关断电源	MIN	最小值
AV、av、AVG	平均值	MEM	存储键
BZ	蜂鸣器	MEM RCEL	存储数据键
C、CAP	电容档	mA	电流（毫安级）测量插孔
COM	负极，公共接地端插孔	OR、OVER、OL	被测量量已超过设置的量程
CAL	校准	PRINT	打印键
℃（K TYPE）	温度测量插孔	PK 或 PEAK	峰值
COMM	数据输出	RH	量程保持
DATA	显示数据保持键	RANGE	更换量程，移动小数点位置，超量程（显示）
DCV，DCA	直流电压档，直流电流档		
DUTY	项目转换	RST	复位
FUNCTION	功能键	R MS	有效值（方均根值）
F、f、FREQ	频率档	SELECT	更换测量量
F/V/Ω（FVΩ）	频率、电压、电阻插孔	SEC	秒
G	电导档	SET	预置键
Hz	频率档	T、TEMP	温度测量插孔
h_{FE}	晶体管放大倍数测量插孔	TRMS、TEV	真有效值
H 或 DH 或 HOLD	显示数据保持	TYP	典型值
HΩ	高电阻测量	UR、UNDER	欠量程
I	溢出符号（超量限时出现）	ZERO ADJ	电阻档手动调零

八、仪表使用方法及注意事项的通用部分

1）用于试验计量的仪表，应根据其适用情况和相关规定设定检定周期。超过检定有效期或检定不合格的不许使用。

2）电流表（或功率表的电流回路）应串联在被测电路中；电压表（或功率表的电压回路）应与被测电路并联。

3）直流电流或直流电压表的正（+）极端应与电源的正极（电路中的高电位端）相连；负（-）极端应与电源的负极（电路中的低电位端）相连。

4）在接线等环节应特别注意防电磁干扰问题，例如使用屏蔽电缆线、和电源电路隔离，与电源线交叉时，要尽可能相互呈“十”字形等措施。对于利用数字测量技术的场合，利用光电耦合转换技术是比较有效的手段。

5）使用数字式仪表时，应严格按其使用说明书要求的程序进行调整和控制，特别是所用电源的电压不可过高（例如误将 380V 当作 220V 电源使用）。

6）选用仪表量程应不小于被测量的 1.15 倍。或者说，被测量应在所用仪表满量程的25%～95%之间。其下限 25%是为了保证测量精度，特别是交流电磁系仪表，其低量程段分辨率很差，无法保证读数的准确度；其上限 95%是防止超量程时无法读数和对仪表的损坏。

当被测量未知，而使用多量程仪表时，应先选用其相对适当的最大量程，待了解被测量的实际大小后，再根据情况确定最合适的量程。

7）对多量程仪表，每次使用完毕，均应使其量程处于最大位置，以防在下次使用时因不注意而用较小的量程去测量较大的量，造成对仪表的损害。

8）仪表放置方式和使用环境等应符合要求。

9）应避免对仪表施加较大的冲击和振动。这一点对磁电系仪表尤为重要。在搬运或停用高精度的仪表时（如检流计和其他较小量程的毫伏表等），应将两个接线端钮用导线短路起来，这样，当仪表振动时，其带动指针的可动线圈也随之开始摆动，该线圈将切割永久磁铁的磁力线产生感应电动势，因为对其两端进行了短路，就会有感应电流将在短路线中流动，进而对摆动的线圈产生阻尼力矩，减小可动线圈的摆动幅度。这样就会减小对转动部分的轴承等部件磨损（此类仪表的轴承部件是很精细的），延长仪表的使用寿命。

10）严格防止受潮甚至进水。如不慎进水，应立即用热风吹干（温度应控制在 60℃以内）。

11）经常保持仪表的清洁，避免用有酸性或碱性的液体擦拭表面或其附件。

12）应将仪表放置在干燥、无灰尘、无强磁场的地方存放。对于数字式仪表，长期不用时，应定期给其通电一段时间，以免受潮损坏某些部件。

13）当发现仪表工作不正常时，应送交专业部门检查修理。严禁私自拆卸仪表所有附件或打开表壳。

第二节　直流电流、电压测量仪表和测量电路

一、直流电流表、分流器和测量电路

（一）直流电流表

在国家标准 GB/T 1311—2008《直流电机试验方法》中规定，用于试验数据计量的直流电流表，其准确度应不低于 0.5 级（本标准很可能在近期修订，改为用低不确定度进行效率试验时应不低于 0.2 级，所以建议组建新试验系统或进行原有试验系统改造时，应考虑使用 0.2 级的仪表。本建议同时适应后面将要讲述的直流电压表）。

选用仪表的类型，可为磁电系或其他可读出平均值的电磁系、电动系指针式仪表和数字式仪表，对于磁电系直流电流表，通过改变连接方式，也可用于测量直流电压，在其表盘上标出 V-A 符号，称为电流电压两用表。图 3-4 给出了部分直流电流表的外形示例。

直流电机试验常用多量程的便携式直流电流表，更换量程通过改变接线端子或插孔来实现。对于较大范围的测量，则需要配置专用的分流器。

用于配电电路中作为监视用的电流表，其准确度一般应不低于1.5级或2.5级。

图3-4　直流电流表示例

（二）分流器

1. 用途及其分类

分流器主要用于扩大磁电系直流电流表的量程；用电阻温度系数较低的金属材料制造。图3-5给出了几种不同电流等级的分流器外形示例。

分流器按其可通过的额定电流和由此在其两个电位端子之间产生的电压降（称为“额定电压降”）分类，额定电流有很多种，而常用的额定电压降则有75mV和45mV两种。

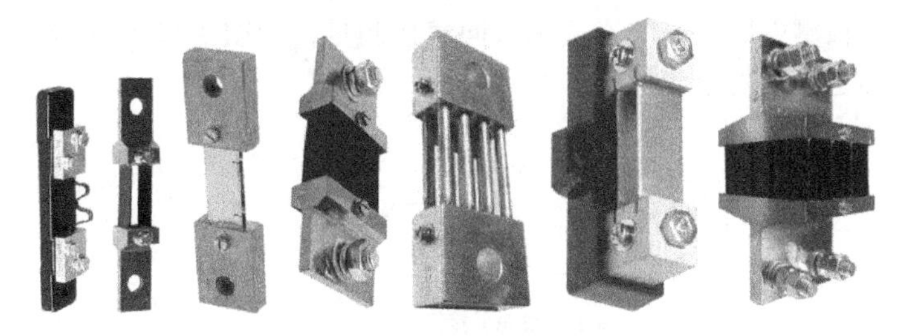

图3-5　分流器示例

2. 选用方法

1）按所用电流表（或电流电压两用表）表盘上所标出的mV数选择分流器的额定电压降规格。若所用电流表无此值，则用下式计算表的电压量限，然后再选择分流器的额定电压降规格。

$$表的电压量限(mV) = 电流表满刻度时的电流(A) \times 电流表的内阻(\Omega) \times 1000$$

2）按欲扩大的电流量程选择分流器的额定电流规格。

3. 使用分流器后电流表倍数的计算方法

对于电机试验测量，往往一块电流表要配置多个分流器，以解决在较大测量范围都能保证要求的测量准确度问题。此时要求所用的所有分流器的额定电压降都与所配电流表一致，例如75mV。这样，分流器选定后，电流表的满量程就是所选分流器的额定电流值，电流表的倍数（即其表盘刻度每格电流数）即为分流器的额定电流除以表盘刻度总格数。

4. 自配分流电阻的阻值计算

要将一只已知量程为 I_A（单位为 A），想将其扩大 K 倍到 I_K（单位为 A），需要并联一个阻值为多大的分流电阻 R_{FL}（单位为 Ω）？要解决这一问题，只要知道所用电流表的电阻值 R_{AB}（单位为 Ω）就很容易做到。

设量程扩大倍数 $K=I_K/I_A$，利用部分电路欧姆定律和并联电路中电压、电流与电阻之间的关系，可推导得到如下计算公式：

$$R_{FL}=\frac{I_A R_{AB}}{I_K-I_A}=\frac{R_{AB}}{K_A-1} \tag{3-1}$$

例：某直流电流表的现有量程为 1A，电阻值为 0.018Ω，要将其量程扩大到 10A，需要并联一个阻值为多大的分流电阻?

解：根据式（3-1），可知：$I_A=1A$；$I_K=10A$；$K_A=10A/1A=10$倍；$R_{AB}=0.018\Omega$。求 $R_{FL}=?\ \Omega$

利用式（3-1）可得

$$R_{FL}=\frac{I_A R_{AB}}{I_K-I_A}=\frac{1A\times0.018\Omega}{10A-1A}=0.002\Omega \text{ 或 } R_{FL}=\frac{R_{AB}}{K_A-1}=\frac{0.018\Omega}{10-1}=0.002\Omega$$

答：需要并联一个阻值为 0.002Ω 的分流电阻。

（三）直流电流测量接线

1. 直接测量

当直流电流表自身的量程能满足被测量最大值的要求时，可直接将电流表串联在被测电路中，电流表的正极端和断开的电路与电源正极相连的一端相接，负极端和断开的电路与电源负极相连的一端相接，如图 3-6a 所示。

2. 通过分流器测量

选用与电流表相配套的分流器。通过分流器的两个电流端将其串联在被测电路中，电位端接电流表，其端子与被测电路极性的连接关系同直接测量，如图 3-6b 和 c 所示，则电流表的量程就扩大到了分流器上标定的电流值。

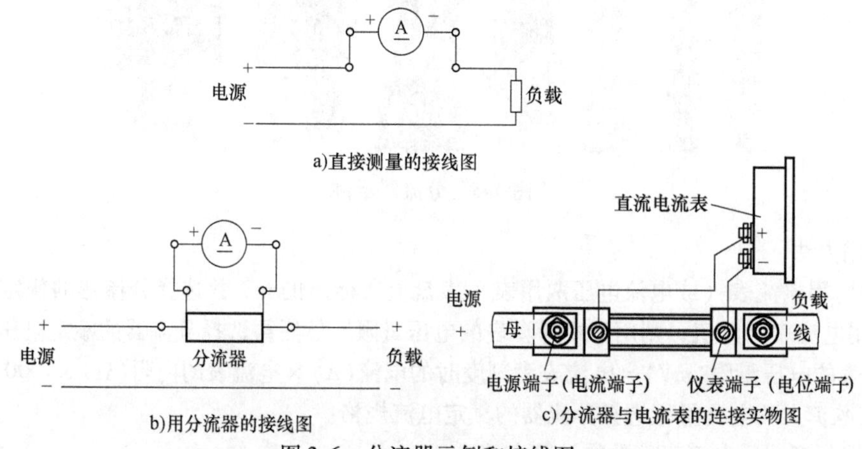

图 3-6 分流器示例和接线图

二、直流电压表、测量电路和扩大量程的方法

（一）直流电压表和测量电路

电机试验对直流电压表的类型、准确度、量程选择等要求与直流电流表基本相同。图 3-7 给

出了部分直流电压表的外形示例。

图 3-7　直流电压表示例

使用时，直流电压表的两个接线端与被测电路并联连接，其正极端与被测电路通向电路电源正极的一端相连，负极端与被测电路通向电路电源负极的一端相连。扩大量程的办法是串联分压电阻，接线原理如图 3-8 所示。

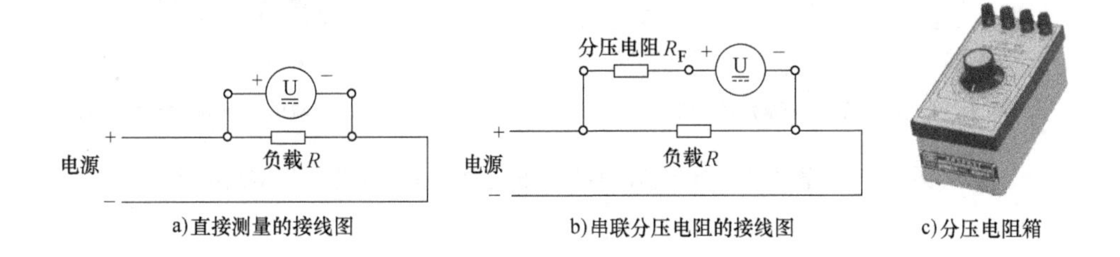

a) 直接测量的接线图　b) 串联分压电阻的接线图　c) 分压电阻箱

图 3-8　直流电压测量接线图

（二）扩大量程的方法及自配分压电阻的阻值计算

要将一只电压表的量程由 U_V（单位为 V），扩大 K_V 倍到 U_K（单位为 V），需要串联一个阻值为多大的分压电阻 R_{FY}（单位为 Ω）？要解决这一问题，只要知道所用电压表的电阻值 R_{VB}（单位为 Ω）就很容易做到。

设量程扩大倍数 $K_V = U_K/U_V$，利用部分电路欧姆定律和串联电路中电压、电流与电阻之间的关系，可推导得到如下计算公式：

$$R_{FY} = \left(\frac{U_K}{U_V} - 1\right)R_{VB} = (K_V - 1)R_{VB} \tag{3-2}$$

例如，某直流电压表的现有量程为 10V，电阻值为 2000Ω，要将其量程扩大到 400V，需要串联一个阻值为多大的分压电阻？

解：按式（3-2），已知量为：$U_V = 10V$；$U_K = 100V$；$K_V = 400V/10V = 40$ 倍；$R_{VB} = 2000Ω$。求 $R_{FY} = ?$ Ω

利用式（3-2）可得

$$R_{FY} = \left(\frac{U_K}{U_V} - 1\right)R_{VB} = \left(\frac{400V}{10V} - 1\right) \times 2000Ω = 78000Ω$$

或 $R_{FY} = (K_V - 1)R_{VB} = (40 - 1) \times 2000Ω = 78000Ω$

答：需要串联一个阻值为 78000Ω 的分压电阻。

三、直流电机试验测量电路

直流电机在进行试验时，需测量的电量有电枢电流、电枢电压、励磁电流和励磁电压等。使用指示仪表时，都用电磁系仪表。电动机的输入功率或发电机的输出功率一般不用功率表直接测量的方法，而是用电流与电压相乘的计算法。

直流电机电枢电流一般都较大，而电磁系仪表自身的通电能力较小，所以必须使用分流器来扩大量程。当被试电机容量范围较大时，还要配备多个不同额定电流的分流器。图 3-9a 为一套配置了 3 个分流器的电枢电流、电枢电压测量电路，其中电压 U 对电动机为外加输入电压，对发电机为电枢输出电压；K_1、K_2、K_3 分别控制 3 个分流器 FL_1、FL_2、FL_3 的电流和电位接线的通断（控制电位接线的触点可用直流开关的辅触点）；为了适应电机正反转试验的要求，电流表和电压表前设置了可倒向的开关 S_1 和 S_2（双向钮子开关或其他转换开关）。

图 3-9b 是一台 8716F 型直流电参数测量仪，可同时测量电枢电压、电流和功率。

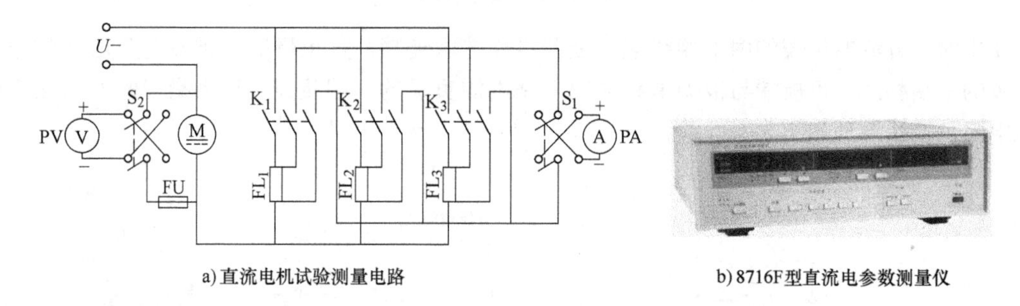

a) 直流电机试验测量电路　　　　b) 8716F型直流电参数测量仪

图 3-9　配置了 3 个分流器的直流电机电枢电流、电枢电压测量电路

第三节　交流电流、电压测量仪表和测量电路

一、交流电流表

测量单相交流电流时，使用电磁系、电动系和整流系指针式交流电流表或交流数字式电流表，除非另加说明，应显示有效值。用于电机试验计量的交流电流表的准确度应不低于 0.2 级（用低不确定度方法进行效率试验时）或 0.5 级（其他试验时）。

测量三相交流电流时，一般是使用 3 块单相电流表分别测量一相电流或用 2 块单相电流表通过一种专门的接线方式测量三相电流，有时也使用一台三相合一的所谓三相电流表，实际上是 3 块单相电流表的组合。

图 3-10 给出了部分交流电流表示例。

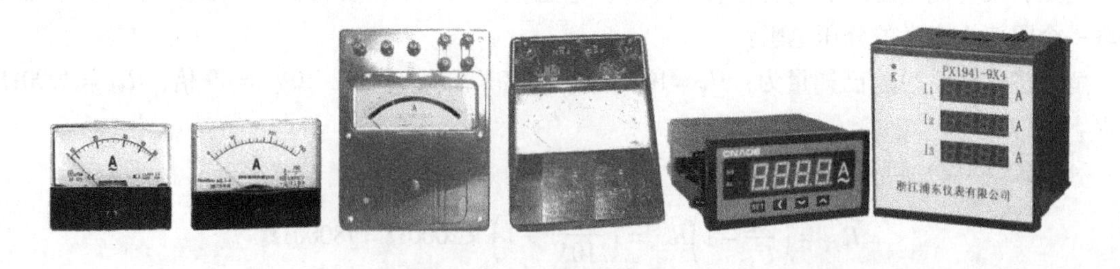

图 3-10　交流电流表示例

二、电流互感器

被测量的交流电流大于所用电流表的量程时，一般要使用电流互感器扩大电流表的量程。

（一）电流互感器的分类及准确度分级

电流互感器在电机试验测量中起着很关键的作用。具有低压和高压、安装式和便携式、单比数和多比数、精密级和普通级等多种分类方法。另外，除传统的利用变压器原理的之外，又有新型的霍尔型等。

用于中小型电机试验的电流互感器一次额定电流，常用的有（单位为A）：10、25、50、100、200、250、500、1000、2000等；二次额定电流一般为5A。

电流互感器有单比数和多比数、低压和高压、安装式和便携式等分类方式。图3-11给出了部分外形示例。

a）单比数安装式低压电流互感器

b）多比数低压电流互感器　　c）多比数高压电流互感器

d）霍尔型电流互感器

图3-11　电流互感器示例

电工用互感器的准确度分为0.1、0.2、0.5、1.0、1.5、3.0共6个等级。安装式互感器的准确度一般较低，常为0.5或1.0级；用于电机试验计量的互感器，其准确度应不低于0.2级。

（二）电流互感器的误差

电流互感器在使用时会产生两项误差，即电流比误差和相角误差，简称为“比差”和“角差”。表3-8为不同准确度等级电流互感器的误差范围。

表 3-8 电流互感器的误差范围

准确度等级	一次电流为额定电流的百分数（%）	误差范围	
		电流比误差(%)	相角误差/(′)
0.1	50	±0.15	±6.5
	100～120	±0.10	±5.0
0.2	50	±0.30	±13.0
	100～120	±0.20	±10.0
0.5	50	±0.65	±45
	100～120	±0.50	±40
1.0	50	±1.3	±90
	100～120	±1.0	±80

电流比误差实际上就是互感器的实际电流比与标定的电流比之差。通常以相对最大误差（%）的形式表示。前面提到的互感器准确度实际就是它的电流比误差。

电流比误差的大小除与互感器的结构、铁心材料等固有因素有关外，还与运行时所承担的负载阻抗的大小和性质（电阻负载、电感或电容负载）、通过电流的大小以及所加电源的频率等动态因素有关。其中电流的影响在表 3-8 中能够看到。

相角误差是由于受互感器所接电路电抗的影响，使其一、二次电压（或电流）之间的相位差偏离了理想的180°电角度。偏离的角度 δ 称为互感器的相角误差，单位为“′”。其值可正可负。相角误差对可动部分的偏转与相位有关的仪表会产生影响，属于这类的仪表有功率表、电能表和相位表（功率因数表）等。对于单独的电流测量，相角误差不会产生影响。

对于电机试验，只有在认为有必要时，才对功率测量值进行互感器相角误差修正。修正方法将在讲述功率测量时进行介绍。

（三）电流比修正

对通过电流互感器进行电流测量的电路，进行电流比误差的修正的方法是：设电流互感器的标称电流比、实际电流比和电流比误差分别为 K_{IN}、K_{IS}和 C_I（由互感器校验报告中获得，当互感器二次侧的实际负载与校验时的负载不同时，其电流比误差值可由互感器不同负载时的电流比特性曲线来估算），则

$$K_{IS} = K_{IN}(1 - C_I) \tag{3-3}$$

设仪表显示的电流读数为 I_B，则实际电流 I_S 应为

$$I_S = K_{IS} I_B \tag{3-4}$$

（四）电流互感器的使用方法及注意事项

1. 电流互感器的选择方法

1）用于监视用的安装式电流表或某些被测电流量只在一个较小范围内变化的场合时，应选用单比数的电流互感器。互感器一次侧标定电流值应在被测电流最大值的1.1～1.3 倍之内。与监视用的安装式电流表配套时，其精度可较低些，一般为 1.5 级及以下。

2）当使用直读式电流表时（安装式电流表一般为直读式），所选用的电流互感器应与电流表配套。例如图 3-10 给出的第 2 张电流表照片，在表盘上标出规定用 150/5 的互感器，则应选用一次电流为 150A、二次电流为 5A 的互感器与之配套使用。此时电流表显示的读数即是被测量的实际值。

3）用于被测电流变化范围较大的场合时，应选用多比数电流互感器。互感器的一次电流最大标定值（包括附加穿心一次线圈后的标定值）应为被测电流最大值的 1.2 倍左右。

4）霍尔电流互感器的结构比传统的电磁式电流互感器略复杂，但其工作频带较宽，可以达

到0～100kHz，特别是可适用于各种电流波形（这一点使其更适合用于变频器供电的电流测量），并能方便地实现测量数字化和自动化，这些性能对于传统的测量是较难实现的。这种传感器的测量范围现已达到了50kA，同时体积也较小，所以应用越来越广泛。

2. 电流互感器二次负载阻抗的匹配要求

因为电流互感器的误差与其二次电路的负载大小有关，所以每台电流互感器都标定一个额定负载。因为二次标定电流是已知的，例如5A，所以可用额定阻抗限值来表示，这样使用起来会更直观。当其二次电路的实际负载阻抗小于该值时，能保证标定的准确度，否则就不能保证标定的准确度。若互感器标定额定负载和二次电流分别用 S_{2N}（单位为VA）和 I_{2N}（单位为A）来表示。则额定负载阻抗限值（用 Z_N 表示，单位为Ω，是二次电路中包括电流表和所有连线阻抗的总和）可用下式求得：

$$Z_N = \frac{S_{2N}}{I_{2N}^2} \tag{3-5}$$

例如，某电流互感器标定额定负载和二次电流分别为10VA和5A。则其额定负载阻抗最高限值应为：$10VA \div (5A)^2 = 0.4\Omega$。即该电流互感器二次电路的实际负载阻抗应≤0.4Ω，才能保证标定的准确度。

3. 电流互感器的极性

电流互感器一次绕组的头、尾出线端分别用 L_1 和 L_2（不一定标出）标志；二次绕组的头、尾出线端分别用 K_1 和 K_2 标志（有些类型用 S_1 和 S_2）。L_1 和 K_1 为同极性；L_2 和 K_2 为同极性。

4. 电流互感器的正确接线

1）对穿心式互感器，电源线应由标有 L_1 的一端穿入，穿过后去接负载。电源线穿过互感器中心孔几次，即为几匝，如图3-12所示。

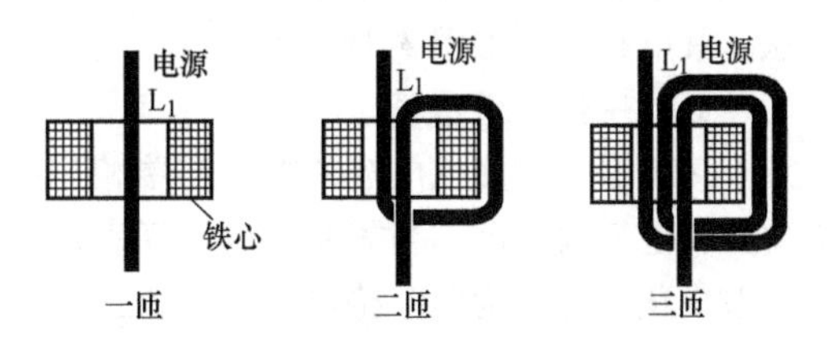

图3-12　电流互感器穿心匝数计算示例

2）电流互感器的一次侧应串联在被测电路中，其标有 L_1 的端子应与电源方向电路相接，标有 L_2 的端子应与负载（用电器）方向电路相接。接线示例如图3-13所示。

3）电流表或功率表的电流回路与电流互感器的二次侧 K_1、K_2 端相接。与功率表的电流回路相接时，其 K_1 端应接功率表标有“ * ”的一端（该端被称为“发电机端”）。

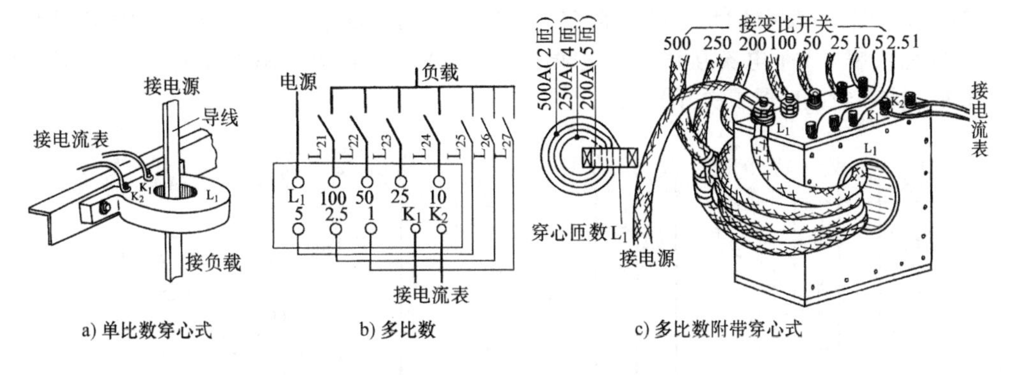

图3-13　电流互感器接线示例

5. 使用电流互感器时应注意的事项

1）电流互感器的铁心和二次绕组 K_2 端应可靠接地，以保护试验人员和试验设备，免遭因绝缘损伤漏电时造成的意外伤害。

2）在通电使用中，电流互感器的二次回路绝对不许开路，因为一次绕组有电流时，若突然将二次回路断开，则将引起互感器的铁心过度磁化，导致铁心发热，严重时会将绕组烧毁；同时，二次回路会感应出很高的电动势（可能达到几百伏），将可能危及操作人员的安全或造成互感器的匝间击穿短路。

为此，在实用电路中，通常采取如下措施：

1）电流互感器的二次电路中不应安装熔断器。

2）用一个开关和电流表并联相接，使用电流表读数时开关打开，在有必要时将开关闭合。对于交流电动机试验，设置这一开关还有另一个更大的用途，就是在电机通电起动时，将该开关闭合，让较大的起动电流的绝大部分从开关上通过，从而避免电流表通过较大的过载电流而损坏，这就是所谓的“封表”，这种开关也被称为“封表开关”或“封互感器二次开关（简称封二次开关）”。

3）对于多比数互感器，在通电试验测量中需更换比数时，应按着先合上预更换的比数开关，再断开原用比数开关的原则进行操作，即为“先合后断”原则。

三、交流电流测量电路

（一）单相测量电路

用电流表直接测量时，将电流表串联在被测量的交流电路中，如图 3-14a 所示。当所用电流表的量程小于被测电流时，一般采用加电流互感器扩大量程的方法。其电路原理如图 3-14b 所示。

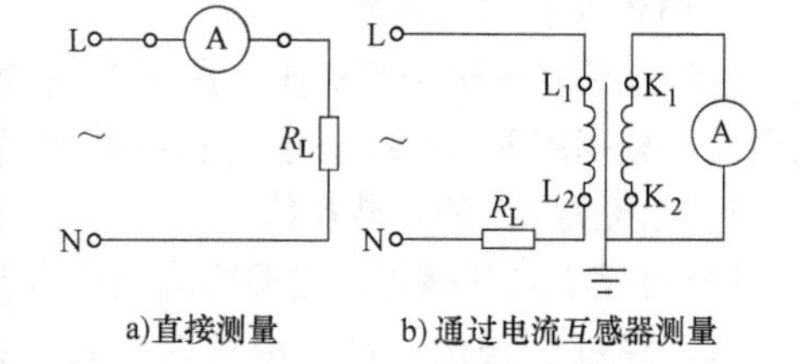

a) 直接测量　b) 通过电流互感器测量

图 3-14　单相电流测量电路

（二）三相测量电路

直接测量三相交流电流的电路与单相相同，只是需要 3 块电流表而已。当需使用电流互感器时，电路则有些变化，并分为两互感器三表法和三互感器三表法两种接线方式，下面将详细介绍。

1. 两互感器三表法电流测量电路

两互感器三表法电路如图 3-15a 所示，其中 A_1、A_2、A_3 三表显示值乘以互感器的倍数后，分别为 U、V、W 相的线电流值。

2. 三互感器三表法电流测量电路

图 3-15b 和图 3-15c 分别为三互感器三表法三相四线制（3 个电流互感器二次输出共为 4 条线）和三相六线制（3 个电流互感器二次输出共为 6 条线）电路。图中开关 S_{20} 是前面介绍的“封表开关”或“封互感器二次开关”。

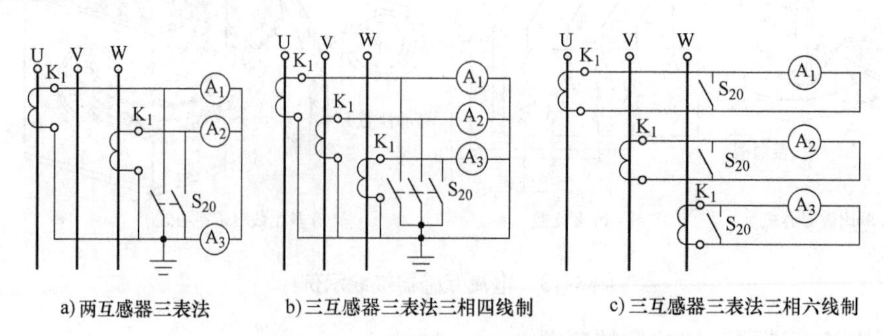

a) 两互感器三表法　b) 三互感器三表法三相四线制　c) 三互感器三表法三相六线制

图 3-15　三相电机交流电流测量电路

四、交流电压表

和交流电流表相同，交流电压表也分为传统的指针式和数字式两大类，其中指针式仪表也有电磁系、电动系和整流系 3 种，同时分为板式和便携式两类，除此之外，另有用于直接测量较高电压的静电系电压表。图 3-16 给出了部分示例。

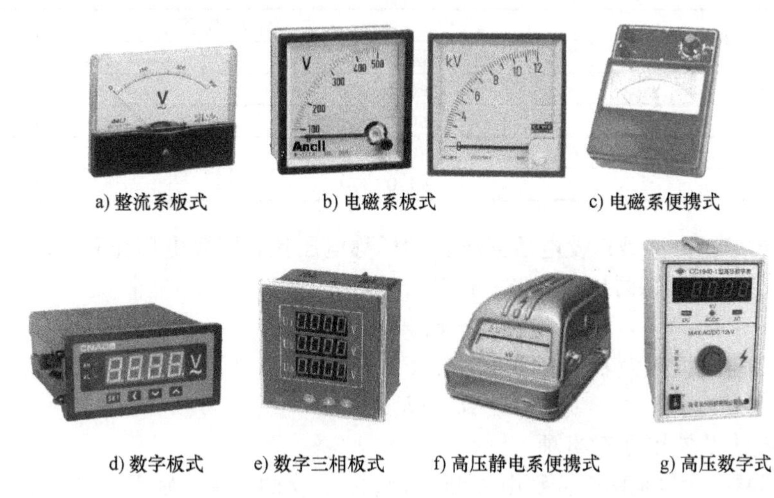

a) 整流系板式　b) 电磁系板式　c) 电磁系便携式

d) 数字板式　e) 数字三相板式　f) 高压静电系便携式　g) 高压数字式

图 3-16　交流电压表示例

五、电压互感器

（一）分类和规格数据

电压互感器用于和低压电压表配合，测量普通电压表量程不能满足的电压（一般指超过 1000V 的高压，有时也用于几百伏的低压）。其实它就是一个精密的降压变压器。

按电压等级来分，有高压和低压两大类；按测量档数来分，有单比数和多比数之分；另外还可根据其准确度分为精密级和一般级两种。

电压互感器的二次额定电压一般为 100V 或 $100/\sqrt{3}$V，其中 100V 的用得较多。其一次额定电压用于高压测量的有 1、2、3、6、10、15、30、60kV 等若干个级别；用于低压测量的有 220、380、440、500、600V 等几个级别。额定容量有 15、10、5VA 等几个规格。

图 3-17 给出了几种电压互感器示例。

a) 低压电压互感器　b) 高压浇注式电压互感器　c) 高压油浸式电压互感器

d) 多比数高压电压互感器　e) 霍尔电压互感器

图 3-17　电压互感器示例

（二）误差及其修正方法

和电流互感器一样，电压互感器也存在着电压比误差和相角误差，其定义和形成原因也与电流互感器相同。表3-9给出了不同准确度等级的电压互感器这些误差限值。

表3-9　电压互感器误差限值

准确度等级	误差范围	
	电压比误差（%）	相角误差/（′）
0.1	±0.1	±5
0.2	±0.2	±10
0.5	±0.5	±20
1.0	±1.0	±40

电压比误差的修正方法是：设电压互感器的标称电压比、实际电压比和电压比误差分别为K_{UN}、K_{US}和C_U（由电压互感器校验报告中获得），则

$$K_{US}=K_{UN}(1-C_U) \tag{3-6}$$

设仪表显示的电压读数为U_B，则实际电压U_S应为

$$U_S=K_{US}U_B \tag{3-7}$$

（三）测量接线及使用注意事项

1）电压互感器一次绕组两端分别用A和X标志，二次的两端分别用a和x标志，其极性对应关系是：A与a同极性，X与x同极性。

2）与电路连接时，电压互感器一次绕组的两端应与被测电路并联，二次绕组与电压表连接。在使用中，电压互感器的二次回路严禁短路，为此，一、二次回路中都应串联适当容量的熔断器（一般为2A左右），以防互感器的绕组直接电路短路造成对互感器和被测电路的损害。

3）当用于采用两功率表法测量功率的电路时，电压互感器一次绕组的首端（A端）应与功率表电流测量相的一次电源线相接，尾端（X端）接中相；二次绕组的首端（a端）应与功率表带“*”的电压端钮相接，详见本章第四节图3-24f。

4）为保证安全，二次绕组的x端和铁心都应可靠接地。

六、交流电压测量电路

（一）直接测量电路

当所选用的电压表量程能够满足被测电路电压时，一般使用直接测量电路，即将电压表直接与被测电路并联。对于三相电压电路，可根据电路情况和具体要求，设置测量3个相电压或3个线电压，如图3-18所示。

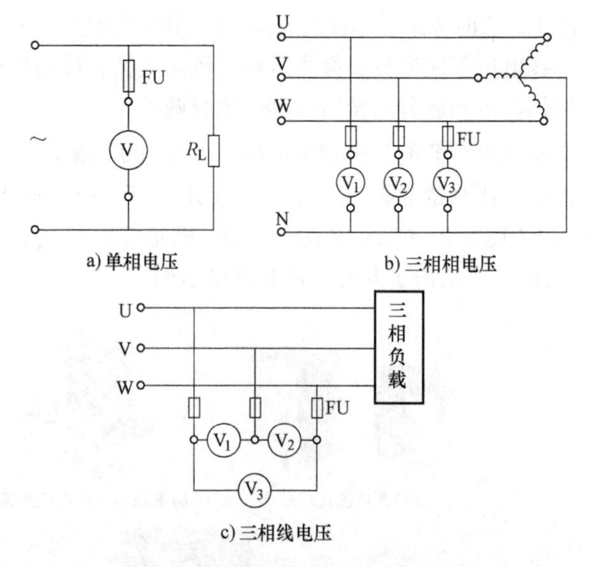

图3-18　交流电压直接测量电路

在三相电压平衡的供电系统中，三相电压可通过1个三相电压转换开关接1块电压表来测量，需要时，通过转换开关的切换来观察每一相电压的具体情况。该转换开关原用专用的产品，型号为LW13-16/9.6911.2（用于3个相电压转换）和LW13-16/9.6912.2（用于3个线电压转换）；现已广泛采用如图3-19a所示的用于三

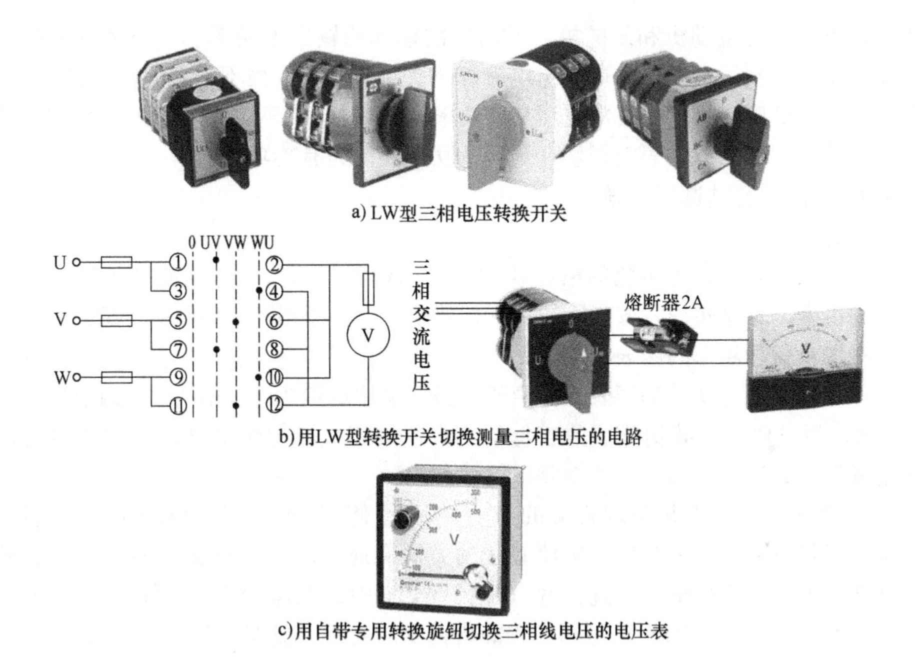

图 3-19　LW 型三相电压转换开关、接线电路和专用电压表

相（线）电压转换的 LW 型万能转换开关。图 3-19b 是接线原理图和实物接线图。图 3-19c 给出了一种自带三相转换旋钮的交流电压表。

（二）通过电压互感器改变量程的测量电路

通过电压互感器改变量程的交流电压测量电路如图 3-20 所示。图 3-20b 给出的是三相线电压测量电路。

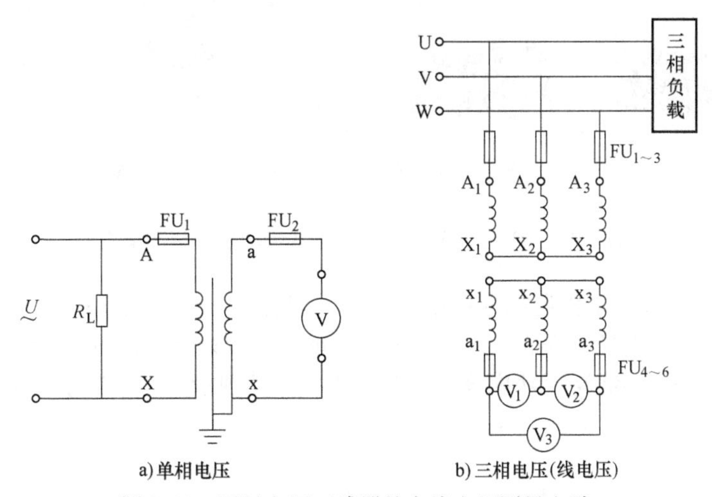

图 3-20　通过电压互感器的交流电压测量电路

第四节　电功率测量仪表和测量电路

电动机和发电机试验都需要测量获得电功率值。

对于直流电机（含电动机和发电机，下同）的输入或输出电功率，一般用输入或输出电压和电流两个测量值，利用“功率 = 电压 × 电流”的关系式求得，而不用功率表去测量。

对于交流电机试验测量，则较常使用交流功率表或交、直流两用功率表直接测量获得，并且测量值为有功功率（以后除非另有说明，所测的功率一律为有功功率）。

一、功率表分类及其选择方法

（一）分类

测量电功率的仪表也分为传统的指针式和现代的数字式两大类。高精度指针式功率表一般为电动系，并可交、直流两用。按测量的功率相数来分，有单相和三相两种，实际上，三相功率表往往是根据测量三相功率的两表法演变而来的。

电机试验用的单相电动系功率表又分为普通型（功率因数为1）和低功率因数型（功率因数为0.2）两种。后者用于负载功率因数较低的场合，例如交流异步电动机的空载试验、堵转试验、异步电动机反转法实测高频杂散损耗试验等。

图3-21给出的是三种电机试验常见的D××-W型便携指针式电动系单相功率表，可以看出，它们都是多量程的，改变电压或电流量程的方法有通过旋钮（见图3-21a和b）、通过接线柱（见图3-21c中的电压转换）及连接片（见图3-21c中的电流转换）3种方式，即D26-W型电流端子的两种接线方式。D26-W型功率表的指针变向旋钮（见图3-21c）用于改变指针的摆动方向。即当测量中，该表的指针向零位的左边摆动时，将该旋钮旋到另一个位置（例如原来在“+”的位置，现改到“-”的位置），则指针就会改向右摆动，指示出正确的数值。

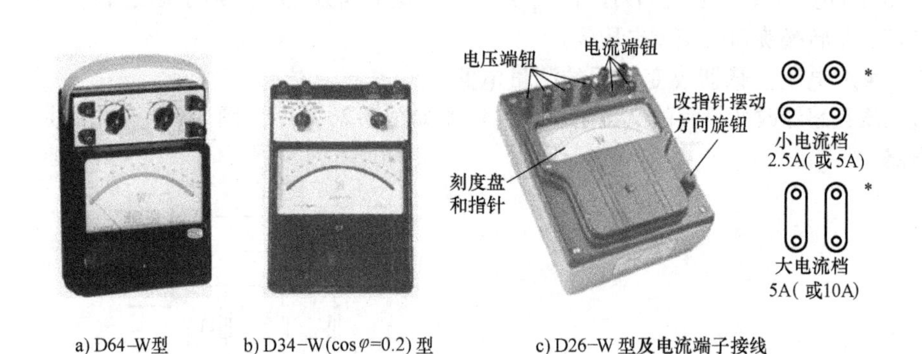

图3-21 D××-W型便携指针式电动系单相功率表

图3-22给出的是几种单相数字功率表。实际上，目前用于电机试验测量性能数据的数字功率表都与电压、电流等电量组合成一体，形成多功能电量仪表（其中还包括电源频率、功率因数测量等项目。有些品种称为“功率分析仪”），而很少单独设置功率测量仪表了，有关示例见后面的图3-27。

图3-22 数字功率表示例

（二）选择方法

电压量程应能满足被测电压的最高值，并且最小分档应满足被测电压的最低值。例如对于额定电压在380V左右的电机，其电压最大量程和最小量程一般选定为600V和75V（中间设置300V、150V或更多的档次）。

同样，电流量程也要满足被测最大电流和最小电流的要求。但一般要根据电路中使用的电流互感器二次额定电流或其倍数来设置，常用的为10A、5A或5A、2.5A。

根据被测负载的功率因数高低，选择普通功率表（功率因数=1）或适用于低功率因数的功率表（功率因数=0.2）。

二、交流功率测量电路

（一）单相功率测量电路

单相功率测量电路如图3-23所示。应注意功率表电流和电压带“*”的接线端钮所接的位置。电机试验较常采用电压后接法电路。

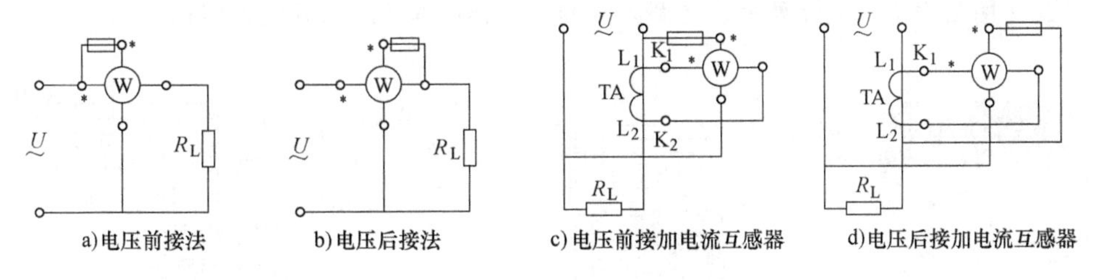

图3-23　单相功率测量电路

（二）用单相功率表测量三相功率

1. 测量电路

三相功率测量电路有3种类型，即“一表法”“两表法”和“三表法”，分别如图3-24a、图3-24b、图3-24c和图3-24d所示。图3-24e为“两表法”带电流互感器的电路。各种接线方法都应注意功率表电流和电压带“*”的接线端钮所接的位置。电机试验较常采用电压后接法电路。图中“TA”和“TV”分别是电流互感器和电压互感器的文字代号。

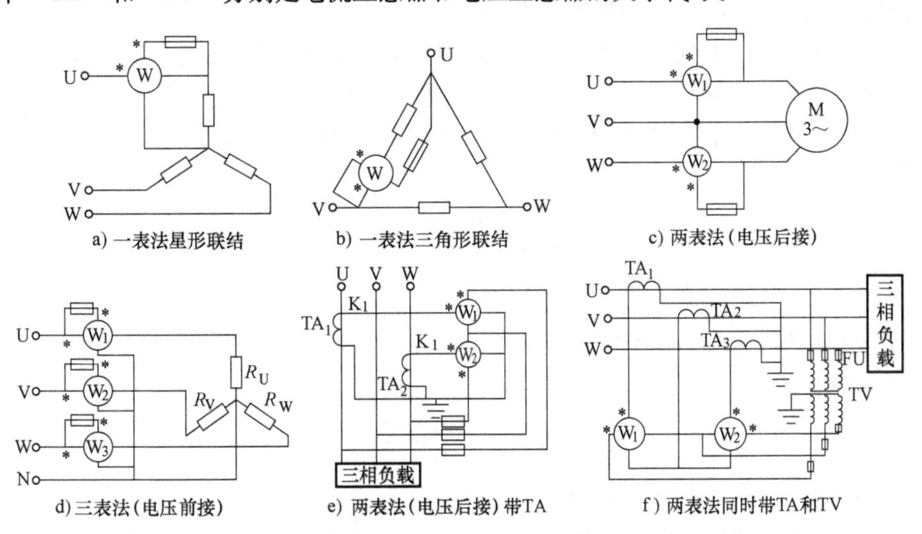

图3-24　三相功率测量电路

2. 不同接线方法适用的负载电路和三相总功率的计算

1）“一表法”适用于三相对称负载电路，即三相平衡负载电路，三相总功率为功率表测量值的3倍。

2）“两表法”适用于各种接法和负载的三相电路，三相总功率为两个功率表测量值的代数和的绝对值（当三相负载的功率因数在0.5以下时，两表显示值为异号，即一正一负）。

3）“三表法”适用于三相四线制供电、三相负载星形联结的电路，三相总功率为3个功率表测量值的和。

（三）用三相功率表测量三相功率

三相功率表用于三相三线制电路的三相功率测量。图3-25为用D33-W型三相功率表及测量三相功率的接线。

三相功率表可直接读出被测三相负载的总功率，所以比使用两块单相功率表测量三相功率方便一些。但其准确度比单相功率表低一级（可用于出厂检查试验）。另外，不能用其计算负载的功率因数（用两表法示值计算负载功率因数的方法详见本节的第五项内容）。

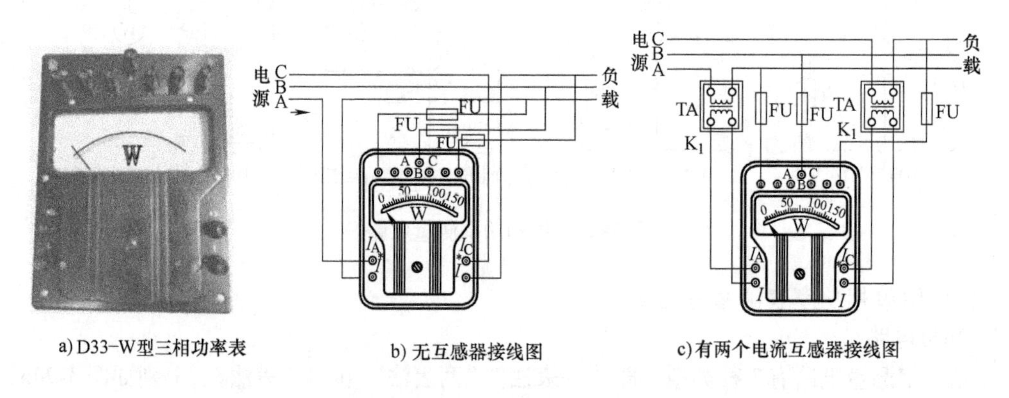

图3-25　用D33-W型三相功率表及测量三相功率的接线

（四）指示类单相功率表刻度盘每格瓦数（倍数）的计算方法

1. 有电流和电压互感器比数的计算公式

当功率表的电流通过电流互感器、电压通过电压互感器与被测电路相接，所用电流互感器和电压互感器的比数分别为B_I和B_U；功率表选用的电流量程和电压量程分别为I_e和U_e（单位分别为A和V）；功率表的功率因数为$\cos\varphi$；表盘标度总格数为G。则该功率表刻度盘每格瓦数（习惯称为倍数）W_g为

$$W_g=\frac{I_e B_I U_e B_U \cos\varphi}{G} \tag{3-8}$$

2. 无电压互感器时的计算公式

对普通低压电机，电压测量不用配备互感器，即可认为电压互感器的比数$B_U=1$。此时式（3-8）将简化为

$$W_g=\frac{I_e B_I U_e \cos\varphi}{G} \tag{3-9}$$

3. 低压电机实用的两个简单计算公式

常用低压电流互感器的一次电流为I_{H1}（单位为A），二次电流为5A，即$B_I=I_{H1}/5$；功率表电流量程选为5A，即$I_e=5A$；刻度盘总格数$G=150$。

1）当功率表的功率因数为1时，则通过式（3-9）计算简化可得

$$W_g = I_{H1}\frac{U_e}{150} \tag{3-10}$$

用文字表述则为：功率表刻度盘每格瓦数等于电流互感器一次电流乘以功率表选用电压量程为150倍数的数值。例如，当选用互感器的一次电流为50A，功率表电压选用600V档时，功率表刻度盘每格瓦数就等于50×(600÷150)W/格=50×4W/格=200W/格。

2）当功率表的功率因数为0.2时，则通过式（3-9）计算简化可得

$$W_g = I_{H1}\frac{U_e}{150}\times 0.2 \tag{3-11}$$

用文字表述则为：功率表刻度盘每格瓦数等于电流互感器一次电流乘以功率表选用电压量程为150倍数的数值，再乘以表的功率因数0.2。例如，当选用互感器的一次电流为50A，功率表电压选用600V档时，功率表刻度盘每格瓦数就等于50×(600÷150)×0.2W/格=50×4×0.2W/格=40W/格。

4. 无电压互感器时的功率表倍数简记表

同上述低压电机实用的两个简单计算公式的条件，则当功率表的电压量程设置为75V、150V、300V、600V四档时，可列出如下的功率表倍数（刻度盘每格瓦数，表盘总格数为150个）简记表。

由表3-10可列出你所用的电流互感器各比数时的功率表倍数（刻度盘每格瓦数，表盘总格数为150个）简单列表，以便试验时查找记录。当功率表的电流量程为10A时，表中数据乘以2；电流量程为2.5A时，表中数据除以2。

表3-10　无电压互感器、电流量程为5A时的功率表倍数（刻度盘每格瓦数）简记表

功率表的功率因数类型	功率表的电压量程/V			
	75	150	300	600
	功率表倍数（刻度盘每格瓦数）			
1	$0.5\ I_{H1}$	$1\ I_{H1}$	$2\ I_{H1}$	$4\ I_{H1}$
0.2	$0.1\ I_{H1}$	$0.2\ I_{H1}$	$0.4\ I_{H1}$	$0.8\ I_{H1}$

三、功率表方法误差的修正

在通电测量时，由于功率表电流回路或电压回路要产生电压降或分流损耗，所以将对测量值带来一定的误差ΔP，使仪表显示值P_B略大于实际值P_F。这种误差属于“方法误差”。当该误差值占测量值的比例较大且足以影响测量结果，或要求精密测量时，应对这些误差进行修正。下面以较简单的单相电路来介绍修正办法。其他电路可参照进行。

（一）电压前接法单相电路功率表误差修正

对电压前接法电路，功率表电压测量量中包括负载的电压降和功率表电流回路的电压降两部分。后一部分与负载电流相互作用产生的损耗即是功率表的方法误差ΔP。可用下式求取负载功率的实际值P_F，损耗和功率单位为W：

$$P_F = P_B - \Delta P = P_B - I^2R_A \tag{3-12}$$

式中　I——通过负载的电流（也是通过功率表电流回路的电流）(A)；

R_A——功率表电流回路的直流电阻（Ω）。

例：通过负载的电流I=5A，功率表电流回路的直流电阻R_A=0.12Ω，功率表的示值P_B=800W。则负载功率的实际值P_F=800W-(5A)^2×0.12Ω=800W-3W=797W。

由上面的讲述可知，电压前接法功率测量电路较适用于负载电阻远大于功率表电流回路电阻的场合。

（二）电压后接法单相电路功率表误差修正

对电压后接法电路，功率表电流测量量中包括负载的电流和功率表电压支路的电流两部分。后一部分与负载电压相互作用产生的损耗即是功率表的方法误差 ΔP。可用下式求取负载功率的实际值 P_F，损耗和功率单位为W：

$$P_F = P_B - \Delta P = P_B - \frac{U^2}{R_V} \tag{3-13}$$

式中　U——负载两端的电压（也是加在功率表电压回路两端的电压）（A）；

R_V——功率表电压回路的直流电阻（Ω）。

例：负载两端的电压 $U=380V$，功率表电压回路的直流电阻 $R_V=20000\Omega$，功率表的示值 $P_B=800W$。则负载功率的实际值 $P_F=800W-[(380V)^2\div20000\Omega]=800W-7.22W=792.78W$。

由上面的讲述可知，电压后接法功率测量电路较适用于负载电阻远小于功率表电压回路电阻的场合。一般电机就属于这种负载。

四、配电流互感器和电压互感器后功率表误差的修正

（一）变比误差修正

设试验时，电流、电压和功率仪表指示值（必要时为经仪表误差修正的值）分别为 I_B、U_B 和 P_B，K_{IS} 和 K_{US} 分别为电流互感器和电压互感器的实际变比，则可用下式求取经过互感器变比误差修正后的功率 P：

$$P = K_{IS}K_{US}P_B \tag{3-14}$$

（二）相角误差修正

对功率测量值进行互感器相角误差修正，只有在认为有必要时才进行。下面介绍其修正方法。

1. 功率测量中的相角误差分类

1）功率表电压线圈回路中的相角误差 α；

2）电流互感器的相角误差 β_I；

3）电压互感器的相角误差 β_U。

2. 相角误差 α、β_I、β_U 的求取方法

1）α 按下式求取：

$$\alpha = \pm\arctan\frac{X_W}{R_W} \tag{3-15}$$

式中　R_W——功率表电压线圈回路中的总电阻（包括外接附加电阻）（Ω）；

X_W——功率表电压线圈的感抗（Ω）。$X_W=2\pi fL$，其中，L 为功率表电压线圈的电感（H），从表的刻度盘上获得；f 为被测电压频率（Hz）。

α 的+、-符号的确定原则是：当为容抗时，取“+”号；为感抗时，取“-”号。无补偿的功率表为感抗。

2）相角误差 β_I 和 β_U 可从互感器的校验报告中获得。当互感器二次侧的实际负载与校验时的负载不同时，其变比误差值可由互感器不同负载时的相角特性曲线来估算。

β_I（或 β_U）的+、-符号的确定原则是：当互感器二次侧的电流（或电压）超前于一次侧电流（或电压）时，取“+”号；滞后时，取“-”号。无补偿时，电流互感器二次侧的电流

超前于一次侧电流，而二次侧的电压滞后于一次侧电压。

3. 功率测量值的修正

设I、U为测量得到的电流和电压值，P为经过变比修正后的功率值，单位分别为A、V和W。

修正前的视在功率S(VA)及功率因数$\cos\varphi_S$由下列各式求得（一律为单相值）：

$$S=UI \tag{3-16}$$

$$\cos\varphi_S=\frac{P}{S} \tag{3-17}$$

$$\varphi_S=\arccos\frac{P}{S} \tag{3-18}$$

实际的功率因数用下式求得：

$$\cos\varphi=\cos(\varphi_S-\alpha+\beta_I-\beta_U) \tag{3-19}$$

相角修正系数K_φ用下式求得：

$$K_\varphi=\frac{\cos\varphi}{\cos\varphi_S} \tag{3-20}$$

实际的功率值P_C用下式求得：

$$P_C=K_\varphi P \tag{3-21}$$

五、用两表法测量三相功率时的读数计算三相负载的功率因数

设用两表法测量三相功率时两块表的读数（不必换算成功率值）分别为W_1和W_2。则三相负载的功率因数$\cos\varphi$可用式（3-22）求取。采用电流电压和有功功率计算法求取负载的功率因数时，可用此式进行校核，当两种方法所得的结果相差超过±1%时，说明试验测量误差过大，应重新检查试验记录，找出错误后重算或重新进行试验。

$$\cos\varphi=\frac{1}{\sqrt{1+3\left(\frac{W_1-W_2}{W_1+W_2}\right)^2}} \tag{3-22}$$

若用两功率表读数之比（W_1/W_2）与负载功率因数$\cos\varphi$对应关系表示，则式(3-22)变化为

$$\cos\varphi=\frac{1}{\sqrt{1+3\left[\frac{(W_1/W_2)-1}{(W_1/W_2)+1}\right]^2}} \tag{3-23}$$

具体对应数据见表3-11。

表3-11　两表读数W_1和W_2与负载功率因数$\cos\varphi$的对应关系

两表读数之比W_1/W_2	负载功率因数$\cos\varphi$的范围
$W_1/W_2=1$（两者同号并相等）	$\cos\varphi=1$
$W_1/W_2>0$（两者同号但不相等）	$1>\cos\varphi>0.5$
其中有一个为零	$\cos\varphi=0.5$
$W_1/W_2<0$（两者异号）	$0<\cos\varphi<0.5$

第五节　三相交流异步电动机试验电量综合测量电路和常见故障

一、用指针式仪表的测量电路

三相交流异步电动机试验一般由三相三线制供电系统供电。三相功率采用两表法测量；低

压电机只用电流互感器；高压电机则电压、电流互感器都用；每相接1块电流表；用指针式仪表时，电压表用1块，通过三相转换开关观察各相的电压。

为保护电流互感器和电流表、功率表，应在电流互感器二次绕组两端（有必要时，还在电流互感器一次绕组两端）加接短路开关（即封表开关）；电压应设置在电机进线端（接线端子）测量，即采用电压后接法电路。

使用指针式仪表时，低压和高压电机试验三相电流、电压及功率综合测量电路分别如图3-26a和图3-26b所示。实际应用时，电流和电压互感器均为多比数的接线。

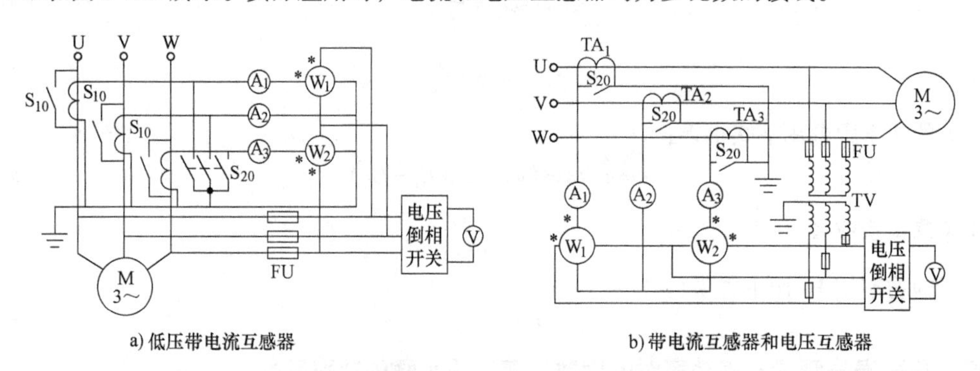

a) 低压带电流互感器　　b) 带电流互感器和电压互感器

图3-26　三相异步电动机试验三相电流、电压及功率综合测量电路

二、复合式数字电量仪表

现行设计的试验系统中，一般采用如图3-27所示（示例）的集三相电压、电流、功率为一体的多功能电量仪表（又被称为“功率分析仪”。除上述测量功能外，很多品种还具备测量无功功率、视在功率、功率因数、频率、电能及累计电能时间、电压不平衡度；电压和电流的谐波及其总谐波和谐波分析；电话谐波因数、电话干扰系数、电压偏离系数；记录电流实时波形；捕捉起动过程中的三相电流的最大值及电流最大时对应的时间、三相电压及总功率等功能），只要将三相电压线和6根电流线（直接测量时，分别为三相的进出线，很多仪表内置量程为40A的电流互感器；通过3个电流互感器时，为3个电流互感器的3对二次输出线，即采用三相六线制接线方法）与仪表相对应的接线端子连接即可。图3-28给出的是8960C1型电动机专用测试仪和TW1800型仪表的接线端子图。

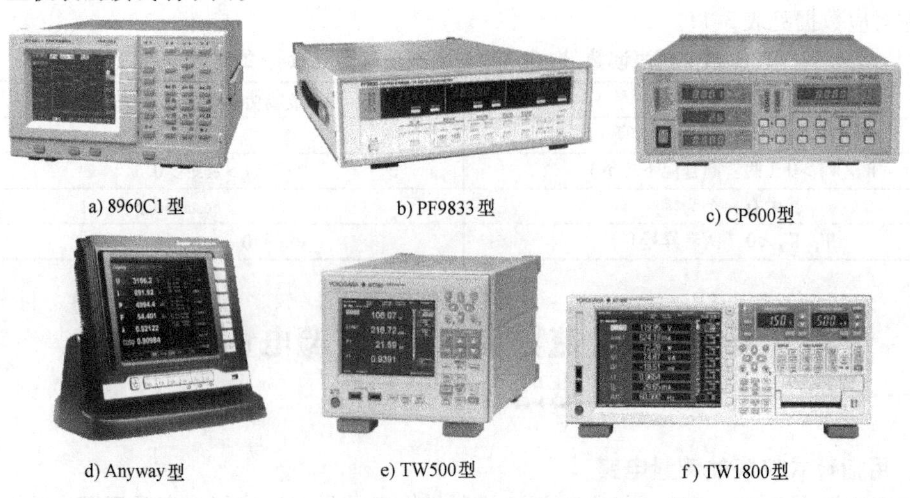

a) 8960C1型　　b) PF9833型　　c) CP600型

d) Anyway型　　e) TW500型　　f) TW1800型

图3-27　多功能复合式数字电量仪表

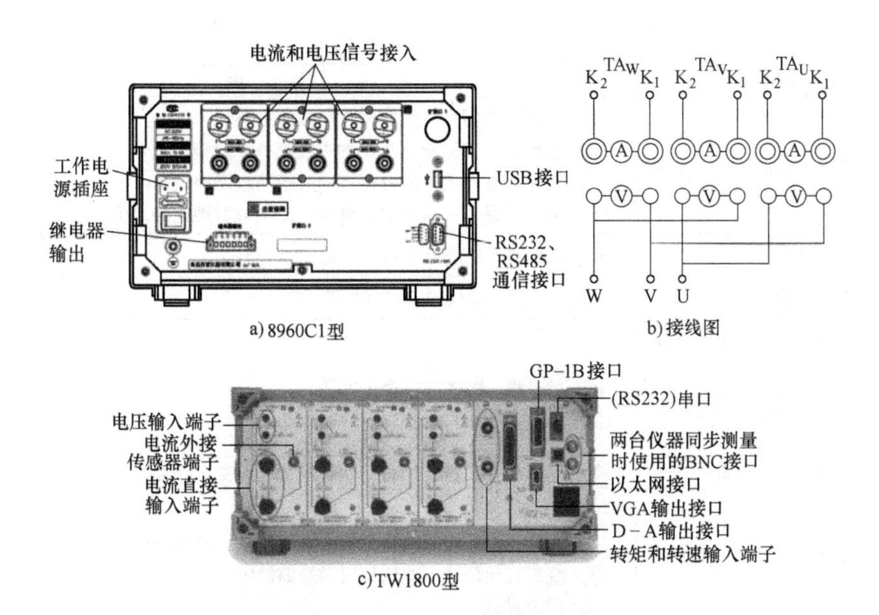

图3-28 多功能复合式数字电量仪表接线版面和接线图

这些仪器仪表均具有与微机联网的标准接口，可方便地将数据送给微机进行记录和处理，包括自动形成试验报告等。

数字电量表测量功率值的原理与电动系指针仪表完全不同，它是利用仪表采集的电压 U、电流 I 和两者之间的相位差角 φ 以及功率 P 与三者之间的关系 $P \propto UI\cos\varphi$，通过仪表的逻辑计算电路计算得到的。因此，采集相位差角 φ 的正确性，对功率显示值的准确度非常关键，特别是在电路功率因数较低且不很稳定时，往往会产生相对较大的偏差。这一点在选用仪表时应给予注意。

和指针式仪表相比，由于数字电量仪表具有很高的输入阻抗，使得其自身损耗很小，可以忽略，所以无须对其自身的损耗误差进行修正。

三、三相电量测量电路常见故障和原因

采用两表法三相功率测量电路时（对于电流互感器的二次连线，是指“三互感器三相四线制接法”，见图3-26），显示数值和电流互感器最常见的故障及原因见表3-12（主要针对使用电动系功率表的电路，使用复合式数字功率表时可供分析参考。表中所列故障是在排除被测电机存在故障的基础上的）。

表3-12 两表法三相功率测量电路和电流互感器常见故障及原因

序号	故障现象	原因
1	电路接通后，功率表无指示	电压或电流电路不通或两路都不通。若为三相综合测量电路，则可通过电流表或电压表的反应来判定是哪一个回路断路
2	测量中，两表读数该为异号时，实际为同号；该为同号时，实际为异号	有一只功率表的电压线或电流线两端反接。例如：其中一只表带“*”号的电压接线端钮本应接U相，另一个电压端子接V相，实际上带“*”号的电压端子接了V相，另一个电压端子接了U相
3	两表读数在各种不同的负载功率因数下都很接近	两表电压接线相序交叉接反。即1号表带“*”号的电压端子本应接U相，2号表带“*”号的电压端子本应接W相，实际上1号表带“*”号的电压端子接了W相，2号表带“*”号的电压端子接了U相

（续）

序号	故障现象	原因
4	三相电流显示值严重不平衡	（1）电流互感器穿心线穿错方向或匝数有误 （2）选择电流互感器电流比的连线接错或虚接 （3）电流互感器内部或外部接线有短路或断路现象 （4）电流互感器一次或二次绕组有匝间或对地短路故障
5	电流表示值偏小	电流互感器一次绕组有匝间短路
6	电流表示值偏大	电流互感器二次绕组有匝间短路
7	只要一次电路和电源接通，电流表就会有电流显示，并且该电流显示值会随电源电压高低变化而变化	电流互感器一次绕组有对地短路
8	电流互感器发热严重	绕组匝间或一次绕组对地（铁心或金属外壳）短路
9	电流互感器有异常响声	（1）紧固件松动 （2）浸漆不良，造成绕组或铁心片间松动，产生电磁噪声 （3）绕组有匝间或一次绕组对地短路故障 （4）严重过载

电流互感器发生故障的原因，常常是因使用时没有按规程进行操作所造成的，如互感器二次绕组突然开路；在测量大电流时使用了小比数；对交流异步电动机进行满压起动时没有封表等。

第六节 三相交流同步发电机试验综合测量电路

一、测量项目和电路

单台三相交流同步发电机或发电机组进行型式试验时，需要进行的试验项目和测量的电量值远比普通三相异步电动机多。除三相输出电流、电压、功率、频率外，还要有负载功率因数、相序、输出电压的谐波因数、稳态和瞬态电压变化率等。试验所带负载为电负载，并且同时具有电阻负载和电感负载，试验时，需要通过调节这两种负载来达到不同功率因数的要求。所以负载电路也相对复杂。

图3-29给出了一个综合测量电路。其中功率因数测量使用了一相测量的简单接线。本图只是发电机输出电量的测量电路，并且限于低压发电机（无电压互感器）。

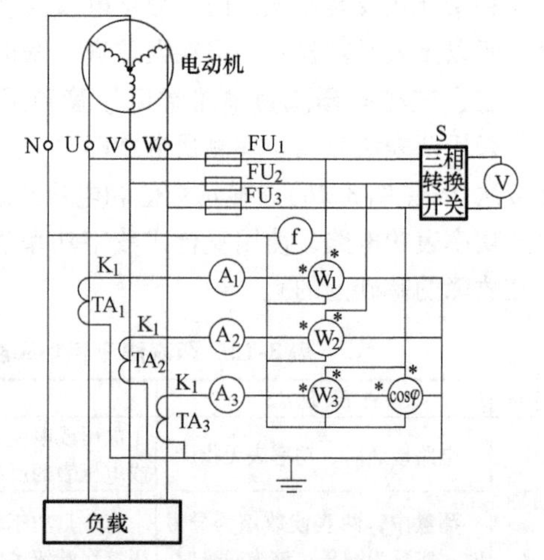

图3-29 低压三相同步发电机综合测量电路

二、测量仪表

根据测量项目，三相同步发电机试验用仪器仪表，除电压、电流、功率测量仪表之外，还要有功率因数表和频率表等。用于型式试验测量时，这些仪表的准确度应不低于0.5级或0.2级。图3-30a和图3-30b给出了部分单相仪表示例。

图3-30c给出了一台8961C1型三相同步发电机型式试验综合测量仪，可完成全部常规试验数据的测量和处理，包括：稳态运行中的电压和电流的有效值、有功功率、功率因数、视在功

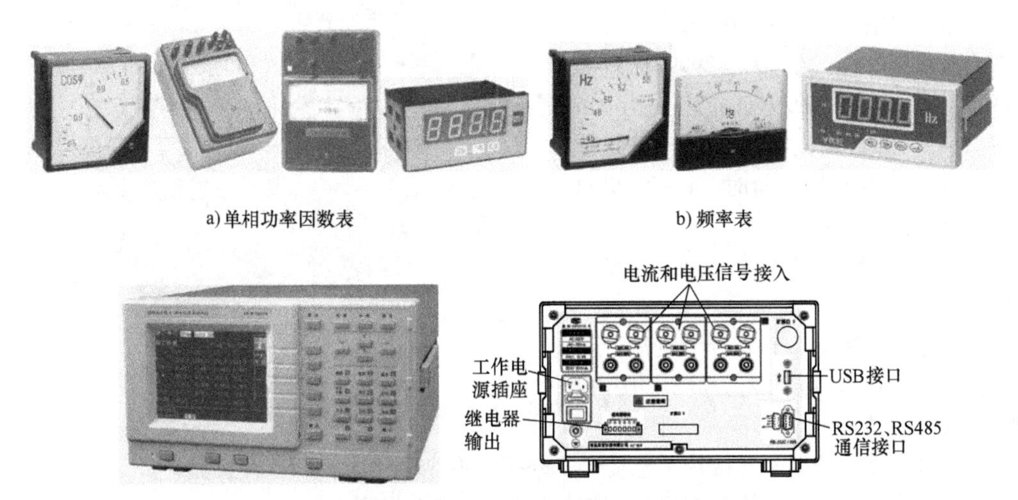

a) 单相功率因数表　b) 频率表

c) 8961C1型三相同步发电机综合测量仪

图 3-30　功率因数表、频率表和三相同步发电机试验专用仪器

率、无功功率、有功和无功电能；输出电压和电流的波形、分相波形、相位差角度；相量图；电压波形的调制率、峰值、总谐波、分次谐波（工频 1 ~ 59 次，中频 1 ~ 29 次）、电话谐波因数（工频）和畸变率；电流波形的峰值、波峰系数和总谐波、电压偏离系数；三相电压基波数据；电压不平衡度和零序、负序、正序分量。其中有些项目不一定是必需的，可以不设置。通过专用接口软件与微机相配合，可实现全部试验项目的自动化，包括电压和频率的稳态特性以及比较复杂的突加、突甩负载的电压、频率变化率和恢复时间的瞬态性能试验等。仪器本身可直接测量的电压和电流范围分别为 0 ~ 600V 和 0 ~ 5A；准确度不低于 0.2 级；过载能力为满量程的 1.2 倍。

第七节　直流电阻测量仪表和测量电路

电机绕组的直流电阻是参与温升计算、绕组热损耗与效率计算所必需的一个参数，在堵转试验、空载试验、负载试验、热试验中都涉及它的测量问题。所以说，测定这个参数是电机试验的一项重要内容。

因此，绕组直流电阻的测定试验必须选择较高精度的测试仪表（准确度不低于 0.2 级）并做到认真、细心，使所测数据具有较高的准确度。

绕组直流电阻的测量方法按所使用的仪器仪表类型分类，有电桥法（单臂电桥和双臂电桥两种）、数字电阻仪（微欧计）法、直流电压表-电流表法（简称为“电压-电流法”）等。下面详细介绍这些方法所用仪器仪表的使用方法和测量电路。另外介绍不同材质导体的电阻率和不同温度下电阻的换算等相关知识。

一、单臂电桥及使用方法

单臂电桥又称为惠斯顿电桥。“单臂”是指仪表与被测导体两端各用一条引接线相连接。下面以图 3-31 所示的 QJ23 型单臂电桥为例，说明单臂电桥的使用参数、使用方法和注意事项。

（一）QJ23 型单臂电桥使用参数

1）测量范围：1～9999000Ω。

2）准确度等级：在100～99990Ω 范围内为0.2级，在10～99.99Ω 范围内为0.5级，在1～9.999Ω 范围内为1级。由此可以看出，用于电机试验测量时，1～99.99Ω 范围内是不适宜的。

（二）QJ23 型单臂电桥的使用方法（参照图3-31）

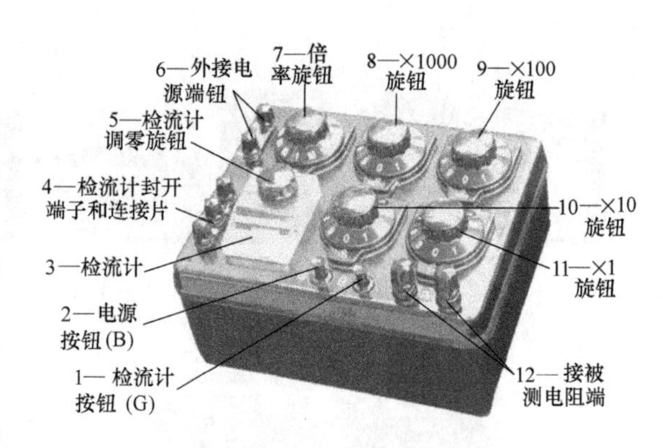

图3-31 QJ23 型单臂电桥

1）在电桥内装好3节2号干电池。若用外接电池，则应将电池正、负极用引线分别接在表盘上端钮6（+、-）上。

2）将检流计封开端子连接片4连接到“外接”两个端子上，即打开检流计。

3）按下按钮B（2），旋动旋钮5，使检流计3的指针指到0位。

4）将被测电阻接于端子12上。两条引接线应尽可能短粗，并保证接点接触良好，否则将产生较大误差。

5）估计被测电阻的阻值，并按其选择倍率旋扭7所处倍数。选择方法见表3-13。

6）进一步按被测电阻估计值选择旋钮8（×1000）的数值（将所选数值对正盘底上的箭头，下同）。其余旋钮9、10、11置于0的位置。

表3-13 QJ23 型单臂电桥倍率与测量范围对应表

被测电阻范围/Ω	1～9.999	10～99.99	100～999.9	1000～9999	10000～99990
应选倍率（×）	0.001	0.01	0.1	1	10

7）按下按钮B（2）后，再按下按钮G（1）。观看检流计3指针的摆动方向。若很快摆到“+”方向，则调大旋钮8（×1000）的数值，直到指针返回0位或向“-”方向摆去。

若摆向0位但未到0，则固定旋钮8，改旋旋钮11、10或9（向数增大的方向），细心调节，使指针到0为止。松开按钮G后，再松开按钮B（下同）。

此时，从旋钮8到11依次读出数值，再乘以旋钮7所指倍数，即为被测电阻的阻值（Ω）。设×1000、×100、×10、×1旋钮位置分别为5、1、6、8，倍数旋钮为×0.001，则被测电阻的阻值为5168Ω×0.001=5.168Ω。

若将旋钮8、9、10、11都旋到了最大数值（即9），指针仍在“小”的最边缘，则先将8（×1000）旋到1位，再旋动倍率旋钮7，使其增大一个数量级，例如原为×0.1改为×1。看指针是否摆向0或“-”方向。若仍未动，可再加大一级，直到摆向“-”为止。此时，依次旋动旋钮8、9、10和11，使数值减少，到指针回到0为止。

总之，指针偏向“+”时，倍数和数值旋钮往大数方向调节；指针偏向“-”时，倍数和数值钮往小数方向调节。直到检流计的指针指到0时为止。

（三）QJ23 型单臂电桥使用注意事项

1）若按下按钮G时，指针很快打到“+”或“-”的最边缘，则说明预调值与实际值偏差较大，此时应先松开按钮G，调整有关旋钮后，再按下按钮G观看调整情况。长时间让检流计指针偏在边缘处会对检流计造成损害。

2）B、G两个按钮分别负责电源和检流计电路的合断。使用时应注意：先按下B，再按下

G；先松开G，再松开B。否则有可能损坏检流计。

3）长时间不使用时，应将内装电池取出。

4）在携带或运输之前，应用封检流计连片将“内接”两个端子连起来。这样可减小检流计指针因颠簸造成的摆动，有利于保护检流计。

二、双臂电桥及使用方法

双臂电桥，又称为开尔文电桥。“双臂”是指与被测导体两端各用两条引接线相连接。

和单臂电桥相比，双臂电桥的优点是可以基本消除引接线电阻产生的误差。

图3-32a和图3-32b给出了两种常用的双臂电桥，QJ42准确度较低，用于常规检测；QJ44准确度较高，用于精密检测。

以下以QJ44型双臂电桥为例，说明该类电桥的使用参数、使用方法和注意事项。

（一）QJ44型双臂电桥的使用参数

1）有效量程：0.0001～11Ω。

2）准确度：0.01～11Ω时为0.2级，0.0001～0.0011Ω时为1级。

3）内装2号干电池4节（并联）和9V叠层电池（6F22型）2节（并联），也可外接大容量电池。

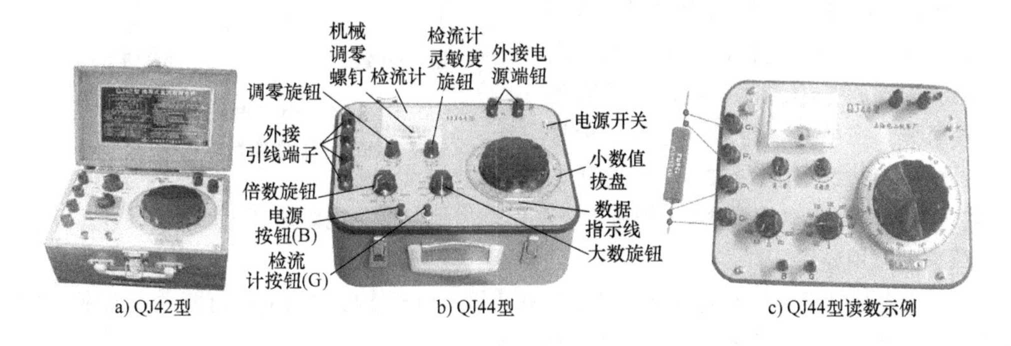

a) QJ42型　b) QJ44型　c) QJ44型读数示例

图3-32　QJ42型和QJ44型双臂电桥

（二）QJ44型双臂电桥的使用方法和注意事项

1）安装好电池，外接电池时应注意+、-极。

2）接好被测电阻R_X，应注意4条接线的位置应按图3-32c所示，即电位端P1、P2靠近被测电阻，电流端C1、C2在外，紧靠P1、P2。接线要牢固可靠，尽可能减少接触电阻。

3）检查检流计的指针是否和零位线对齐。若未对齐，旋动机械调零螺钉，使指针和零位线对齐。

4）将电源开关拨向“通”的方向，接通电源。

5）调整检流计调零旋钮，使检流计的指针指在0位。一般测量时，将灵敏度旋钮旋到较低的位置。

6）按估计的被测电阻值，旋动倍数旋钮设置倍数，旋动大数旋钮预选最高位数值。倍率与被测值的关系见表3-14。

表3-14　QJ44型双臂电桥倍率与测量范围对应表

被测电阻范围/Ω	1～11	0.1～1.1	0.01～0.11	0.001～0.011	0.0001～0.0011
应选倍率（×）	100	10	1	0.1	0.01

7）先按下按钮B，再按下按钮G。先调大数旋钮粗略调定数值范围，再调小数值拨盘（大转盘），细调确定最终数值，如图3-33所示。

图3-33 QJ44型双臂电桥操作方法

检流计指针方向和调节各旋钮（转盘）的方向关系，原则上同QJ23中有关论述。

检流计指零后，先松开G，再松开B。测量结果为：

（大数旋钮所指数 + 小数值转盘所指数）× 倍数旋钮所指倍数

例如图3-32c所示，被测电阻R_X为

$$R_X = (0.03 + 0.0065)\Omega \times 10 = 0.0365\Omega \times 10 = 0.365\Omega$$

8）测量完毕，将电源开关拨向“断”，断开电源。

9）注意事项和QJ23型单臂电桥基本相同。

三、电压-电流法测量电路和有关计算

（一）试验电路和仪表的选用要求

1. 试验电路

用“电压-电流法”测取直流电阻的电路有图3-34所示的两种。它们的不同点在于电压表和电流表的相互位置，一般按电压表的接线位置来分，在电流表前面时称为“前接法”，较适用于电压表内阻与被测电阻之比>200的场合；否则称为“后接法”，较适用于电压表内阻与被测电阻之比<200的场合。

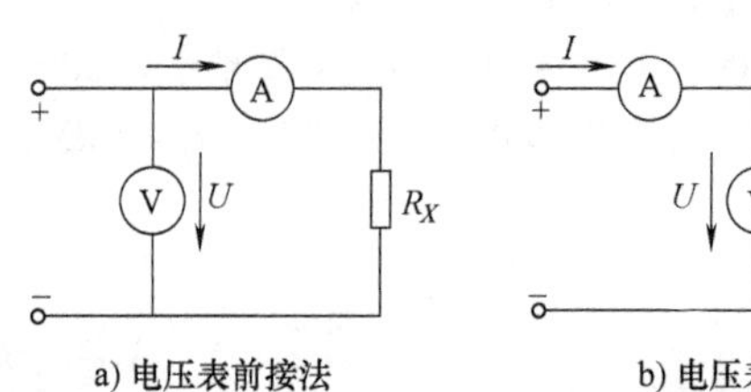

图3-34 用“电压-电流法”测取直流电阻的试验电路

2. 仪表的选用要求

所用电压表和电流表的准确度都不应低于0.2级；电压表的内阻应尽可能大；电流表的内阻应尽可能小，建议使用高精度的数字电压表和电流表。

（二）测量方法和注意事项

仪表与被测电阻之间所用连接导线应尽可能短粗，连接可靠。连接好电路后，通电（实际电流应不超过被测电阻所能承受额定电流的1/10，以免过热影响测量的准确性。为此，电路应设置调压装置），尽快（1min以内）记录电流表和电压表的显示值I(A)和U(V)。

（三）测量电阻的计算

用此种方法测取直流电阻时，不管是前接法还是后接法，都会因仪表显示的电压（或电流）值略大于被测电阻的电压（或电流）而造成一定的偏差。被测电阻值R_X（Ω）可根据要求用如下的方法进行计算获得。

1. 不考虑方法误差的计算

被测电阻阻值较大，并对测量结果的精度要求不高时，可用欧姆定律的变换公式直接求出结果，即（见图3-34）

$$R_X = \frac{U}{I} \tag{3-24}$$

2. 电压表前接法误差的修正

此种方法产生误差的原因是由于电压表显示值中除含有被测电阻两端的电压降外，还包含有电流表电路的电压降。

设电流表的内阻为 R_A，则被测电阻的实际值为

$$R_X = \frac{U - IR_A}{I} = \frac{U}{I} - R_A \tag{3-25}$$

3. 电压表后接法误差的修正

此种方法产生误差的原因是由于电流表显示值中除含有被测电阻的电流外，还包含有电压表支路的电流。

设电压表的内阻为 R_V，则被测电阻的实际值为

$$R_X = \frac{UR_V}{IR_V - U} \tag{3-26}$$

若采用数字电压表，因其输入阻抗远比指针式电压表高，一般不必进行此项修正。

四、数字电阻测量仪

数字电阻测量仪常被称为数字微欧计，是分辨率可达到微欧级的直流电阻测量仪。图 3-35 为几种国产品牌的外形示例。

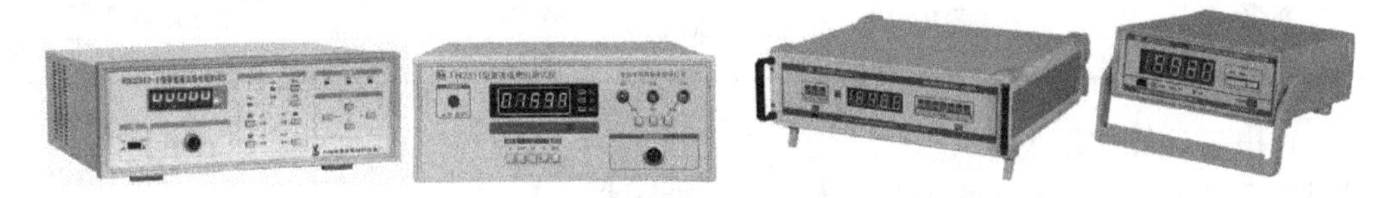

图 3-35　测量电机绕组直流电阻用的仪器仪表

数字电阻测量仪的工作原理，实际上就是前面第三项“电压-电流法”所讲述的内容。仪器给被测电阻通入一个适当数值的电流（一般由仪器的恒流源供给）后，电阻两端将形成一个与电阻有关的电压降，仪器通过测量和转换，将电压、电流变成数字信号，计算单元再利用公式 $R = U/I$ 求出电阻值，在它的窗口显示出来。对于微欧级的电阻测量仪表，则需要通过量程网络中的基准电阻和精密运算构成电桥电路，完成 R/V 变换。该类仪器的准确度主要在于电流和电压的测量精度，另外还与其电流源的容量大小有关。一般可达到 0.2 级。

用于电机绕组直流电阻测量的数字电阻测量仪的显示位数，应根据所测量的阻值大小来决定，但应不少于 4 位半（有 5 个数字）。测量阻值 1Ω 以下的电阻时，仪表应具有 mΩ 级的量程。

数字电阻测量仪一般采用与双臂电桥相同的 4 条引接线（端子符号为 C1、P1 和 P2、C2）与被测电阻的连接。测量时，应注意的事项与“电压-电流法”和双臂电桥相同。另外，测量较小阻值（<0.01Ω）的电阻时，仪表输出的电流应适当增大（测量电机绕组时，不应超过被测电机额定电流的 1/10），测量通电时间应尽可能短（不应超过 1min）。

数字电阻测量仪的耐外加电压冲击能力较低，应严格注意避免测量带电的导体电阻，包括虽然定子绕组已经断电，但转子还在转动的电机绕组电阻。为此，可在测量前将被测电阻两端用导线或其他金属工具进行短路放电，微机控制自动测量时，可监测绕组两端的电压，当该电压完全为零时，再连接电阻测量电路。

五、不同温度时导体直流电阻的换算

（一）电阻温度系数的定义和计算式

所有导体的电阻都会随着温度的变化而变化，只是变化的幅度有所不同，有大有小、有正有负。用于表述导体这一特性的参数被称为电阻温度系数，用符号 α 来表示，单位为 1/℃。

在精确计算导体的电阻或利用电阻的这一特性进行有关控制、间接地求取其他有关的数据

（例如绕组的温度）时，都需要准确地了解所用导体的这一特性系数。

电阻温度系数 α 即导体温度变化1℃时，电阻变化的数值（或称为电阻值的变化量）和变化前阻值的比值。设前后温度分别为 t_1 和 t_2，电阻值分别为 R_1 和 R_2，单位分别为℃和Ω，则电阻温度系数 α 用下式求取：

$$\alpha=\frac{R_2-R_1}{R_1(t_2-t_1)} \tag{3-27}$$

实际上，在不同的温度范围内，电阻温度系数是不完全相同的，但对于一般常用的导体，在0～100℃范围内的数值变化很小，可以认为是恒定的。表3-15中列出了温度在0～100℃范围内几种常用导体的电阻温度系数。

表3-15 几种常用导体材料的温度系数（0～100℃时）

材料名称及元素符号	温度系数 α /(1/℃)	材料名称及元素符号	温度系数 α /(1/℃)
银 Ag	3.6×10^{-3}	锰铜	6.0×10^{-6}
铜 Cu	3.9×10^{-3}	铝 Al	4.0×10^{-3}
黄铜	2.0×10^{-3}	铁 Fe	5.5×10^{-3}
青铜	3.7×10^{-3}	碳 C	-2.0×10^{-5}

（二）电工计算实用公式

由式（3-27）可转化成下面的3个不同用途的公式：

1）已知某一温度 t_1 时的电阻 R_1，求取另一温度 t_2 时的电阻 R_2。

$$R_2=R_1[1+\alpha(t_2-t_1)] \tag{3-28}$$

2）已知某一温度 t_1 时的电阻 R_1，求取达到另一电阻 R_2 时温度的变化量 $\Delta t=(t_2-t_1)$。这是利用电阻法求取导体（一般为绕组）温升的基本公式。

$$\Delta t=t_2-t_1=\frac{R_2-R_1}{\alpha R_1} \tag{3-29}$$

3）已知某一温度 t_1 时的电阻 R_1，求取达到另一电阻 R_2 时的温度 t_2。

$$t_2=t_1+\frac{R_2-R_1}{\alpha R_1} \tag{3-30}$$

应用举例如下：

例1：在温度为20℃时，测得一段铜导线的电阻为10Ω，请求出导体的温度达到95℃时，该导体的电阻为多少？

解：设95℃时的电阻为 R_2（Ω），可用式（3-28）计算本题，其中，$t_1=20℃$、$t_2=95℃$、$R_1=10\Omega$、$\alpha=0.0039/℃$。

$$R_2=R_1[1+\alpha(t_2-t_1)]=10\times[1+0.0039\times(95-20)]\Omega=12.925\Omega$$

例2：一台电机在温度为20℃时，测得绕组（铜线）的直流电阻值为1.25Ω，当该电机工作到温升稳定后，测得同一绕组的直流电阻值为1.45Ω，请问该电机绕组的温升为多少？

解：电机绕组的温升（K）实际上就是绕组在工作发热后温度的变化量 $\Delta t=(t_2-t_1)$，所以可用式（3-29）计算本题，其中，$t_1=20℃$、$R_1=1.25\Omega$、$\alpha=0.0039/℃$、$R_2=1.45\Omega$。

$$\Delta t=t_2-t_1=\frac{R_2-R_1}{\alpha R_1}=\frac{1.45-1.25}{0.0039\times1.25}\mathrm{K}\approx41\mathrm{K}$$

要说明的是：温升的单位是K，即“开尔文”（简称为“开”），而不是℃（摄氏度），这是我国国家标准中的规定，其目的是将温度差值和实际温度值加于区分。

（三）电机计算实用公式

在电机试验中，已知某一温度 t_1 时的电阻 R_1，求取另一温度 t_2 时的电阻 R_2 的计算公式与前面的式（3-28）有所不同。不同点在于用被测导体0℃时电阻温度系数的倒数 K 来“替换”温度系数，实用公式如下：

$$R_2 = \frac{K + t_2}{K + t_1} R_1 \tag{3-31}$$

式中　R_1——温度为 t_1 时的直流电阻（Ω）；

R_2——温度为 t_2 时的直流电阻（Ω）；

K——系数（在0℃时，导体电阻温度系数的倒数），对电解铜（例如电机用铜绕组），$K = 235$；对纯铝（例如普通电机用铸铝转子绕组），$K = 225$。

例如，前面的例1，用式（3-31）计算的结果是

$$R_2 = \frac{235 + 95}{235 + 20} \times 10\Omega \approx 12.941\Omega$$

两次计算值相差0.016Ω，占用式（3-28）计算所得值的0.124%。原因在于式（3-31）中的系数 K 是铜导体在0℃时电阻温度系数的倒数，折算成温度系数 α 为0.00426/℃，而式（3-28）中的温度系数 α 取表3-15中给出的0.0039/℃（这个数值是0～100℃范围内的平均值）。

第八节　带电测量交流绕组直流电阻的仪器和使用方法

国家标准GB/T 1032—2012《三相异步电动机试验方法》中规定，若使用其中的B法进行效率和损耗测定试验时，在空载试验和负载试验的过程中，要求每一点都要实测绕组的直流电阻用于定子绕组铜耗的计算，对于使用计算法求取堵转特性的试验也要求每一点都要实测绕组的直流电阻。要达到这些要求，就必须具备带电测量直流电阻的设备。

一、实现带电测量交流绕组直流电阻的方法

要满足上述要求，可通过事先在绕组内部埋置热元件（热电阻、热电偶等）作为温度传感器，再利用配套仪表显示绕组的温度，利用温度变化量和热元件的温度特性求取绕组在测量温度时的电阻值。由于热元件的温度特性决定了其数值变化具有一定时间的“延迟”，所以这种方法在温升试验时比较适用，而在时间较短的空载、堵转和负载试验中，误差比较大。另外，热元件埋置的部位不同，得到的结果也会有一定的差异。

要想解决这些不足，一是要选择反应速度比较快的热元件，另一个是用专用的装置实现带电测量直流电阻。

实现交流绕组带电测量直流电阻的方法被称为“叠加法”，就是将一个直流电流叠加在流通着交流电运行的绕组上，利用电桥平衡原理测得其运行状态的直流电阻。

为了实现交流绕组带电测量直流电阻，早在20世纪70年代，我国相关人员就曾经努力研制过此类测量仪器装置，并有专用成品销售。但由于使用时操作繁杂和数据波动大等方面的原因，未能坚持使用。

二、带电测量交流绕组直流电阻的装置

（一）电路原理图

用“叠加法”在电机运行中直接测量和显示绕组直流电阻的装置，即“电机绕组带电测量仪”的电路有比较原始的电桥平衡法和相对新型的标准电阻比较法两种类型。其原理图如图3-36和图3-37所示。

1. 电桥平衡法电路原理

图3-36是利用传统的电桥法的电路，其中图a用于三相绕组△接法，图b用于三相绕组Y接法。

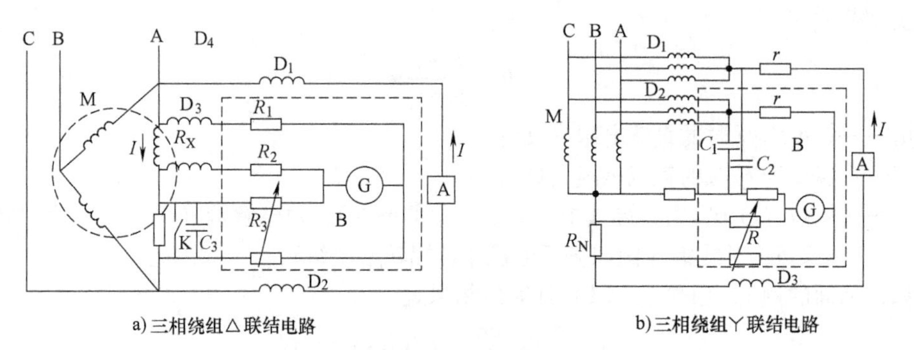

图3-36 利用传统的电桥法的电路

A—恒流源 R_X—待测电阻 R_N—标准电阻 B—开尔文［双］电桥 D_1、D_2—三相变压器

M—待测电机 R—调节臂 D_3、D_4—三相变压器 G—检流计

2. 标准电阻比较法电路原理

标准电阻比较法测量三相△联结绕组的电路如图3-37所示。

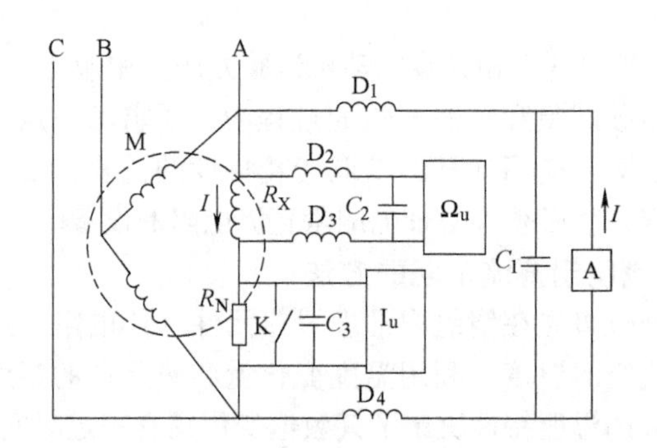

图3-37 标准电阻比较法测量三相△联结绕组电路

C_1，C_2—电容 A—恒流源 R_N—标准电阻 D_1、D_2—电抗器 R_X—待测电阻

M—被测电机 Ω_u—数字欧姆表 I_u—数字电流表

（二）现有产品简介

近几年来，随着行业的需求，国内已有多个单位在研制新型的绕组电阻带电测量仪器，比较成功并批量生产的有上海亿绪电机测控科技有限公司等。现将其型号为RDZ的产品（实物见图3-38）功能和参数给出，供选用时参考。有关使用方法等，请与厂家直接联系。

1）采用触摸液晶屏显示，可分别显示电机绕组的冷态和热态直流电阻、温升、试验环境温度、温升试验时间，并能根据上述试验数据绘制温升变化曲线，△联结的三相绕组，可任选一相绕组带电检测温升；Y联结的三相绕组，可同时对三相绕组进行带电检测温升。

2）使用了先进的高抗干扰与微弱信号优化处理技术，保证了测量数据的精度和正确性。

3）冷态和热态电阻量程自动切换，线性范围宽、重复性好、性能稳定。

4）绕组带电运行过程中，操作者可随时查询绕组电阻值。

5）设备可自动测试或连接计算机选择操作，负载试验时，测量间隔时间自动设定（1～100min），按设定的间隔时间自动合闸运行并测量，每点测量时间自动设定（5～30s），测量完成后自动断开测量回路，不影响电机正常运行；逐点测量完成后，参数及温升曲线自动给出。

6）使用触摸屏控制和显示需要的数据。

7）自带微型打印机，能方便地打印并保存测量数据。

8）可设定定时打印时间和热试验过程中的数据。

9）电阻测量范围：大型电机为 1.9999mΩ～10Ω；中型电机为 1.9999mΩ～100Ω；小型电机为 19.999mΩ～1000Ω。

10）温度测量范围：0～300℃。

11）电阻测量精度：±0.2%；分辨率：0.1μΩ。

12）工作温度范围：0～40℃；空气相对湿度：≤85%。

13）配有串行 RS232 接口，与计算机连接，读取并保存测量数据，以便于追溯原始数据及质量统计分析。

14）设备自带测试软件，软件设计按温升试验要求编程。

图 3-38　RDZ 系列带电测量交流绕组直流电阻装置

第九节　变频器输入、输出电量测量仪表的选用

由于交流变频器的输出和输入电压及电流波形都不是严格的正弦波，尤其是输出电压波形偏离程度更大。用变频器给电动机供电时的电压典型波形如图 3-39a～d 所示，简称“PWM”波。其中图 c 和图 d 为具有阶梯的波形，其等效正弦波的质量要好于图 a 和图 b 所示的波形；图 3-39e 为图 3-39a 和 3-39b 电压波形时的电流波形，具有较多的“毛刺”。所以按正弦波标定的普通型电量仪表很难将其测量准确，特别是用普通数字表测量输出电压时，其数字快速跳动，很可能根本就不能读数，电流值可以读出，但在频率较低时，数值比实际值偏小，频率越低，相差的幅度越大。

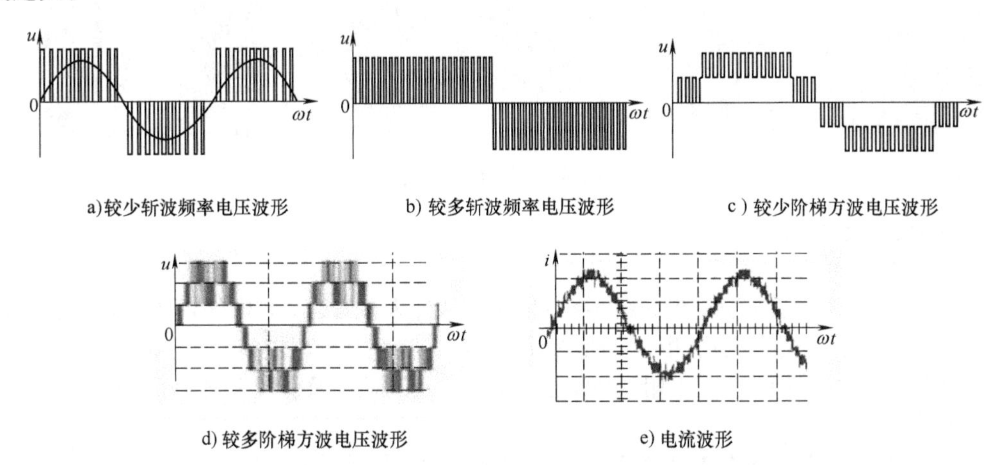

a) 较少斩波频率电压波形　b) 较多斩波频率电压波形　c) 较少阶梯方波电压波形

d) 较多阶梯方波电压波形　e) 电流波形

图 3-39　用变频器给三相异步电动机供电时的电压和电流典型波形

为此，应选用可测量非正弦波和高频率（最大到几十千赫兹）的交流电量仪表，如图 3-27 所示某些型号的宽频带数字表。在无上述仪表的情况下，选用表 3-16 推荐的指示仪表也可达到相对

准确的精度（低于测量额定频率正弦波电量时标定的1级或更多）。

表3-16 推荐用于测量变频器输入输出电量的指针式仪表类型

电量名称		推荐选用仪表类型
电压	输入	电磁系或整流系
	输出	整流系
电流		电磁系
功率		电动系，三相功率一般用两表法测量
功率因数		用输入电压、电流和功率计算求得

第十节 万用表的使用方法

一、万用表的分类和主要功能

万用表是电机试验日常工作中最常用的仪表之一，有传统的指针式和现代的数字式两大类。虽然后者在很多方面优于前者，例如准确度可达到1级以上（普通指针式万用表测量直流电时为2.5级，测量交流电时为5.0级），除可测量电压、直流电流和电阻之外，还可测量温度、电容量、频率，以及判定三相电源的相序等，但在某些需要观察连续变化过程的场合，指针式万用表的作用还是不可代替的。

万用表的品种极多（图3-40给出了几种），但其功能和使用方法却大体相同。常用指针式万用表都具有以下4项主要功能：

1）测量导体的直流电阻：最小分度为0.2Ω，最大量程（可读值）在5MΩ以内。

2）测量交流电压：一般最大量程为500V，有的可达到1500V或2000V等。

3）测量直流电压：量程同交流电压。

4）测量直流电流：一般最大量程在2.5A及以下。

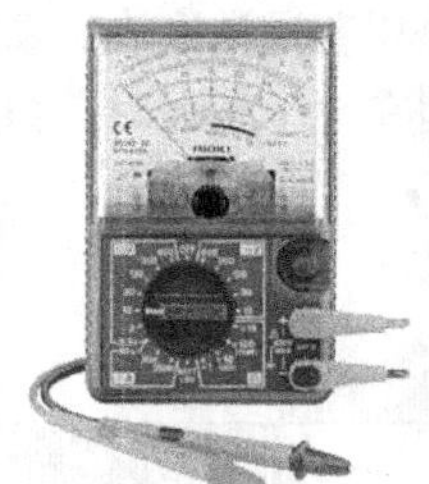

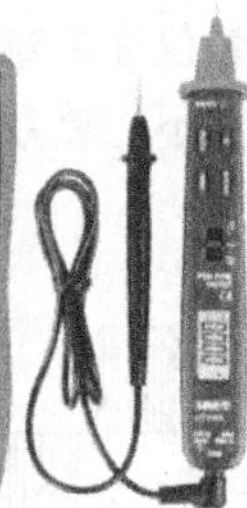

图3-40 万用表示例

二、指针式万用表

（一）结构和元件用途

常见的指针式万用表主要结构如图3-41a所示。从外表上来看，它由外壳（一般为绝缘的塑料材质制成）、表盘（刻度盘）、指针、机械调零螺钉、项目及量程旋钮（MF500型有两个旋钮组成，见图3-40中的第1块）、电阻调零旋钮、插孔、一对插销及引线和表笔等组成。

1. 刻度盘

指针式万用表的刻度盘具有多条刻度线，如图3-41b所示示例。最上面的一条是电阻刻度线，其零位在右边；从上数第2条为直流（DC）电压和电流及交流（AC）电压刻度线，其零位均在左边，应注意所标注的数字有多种，应按选用的量程选择其中的一种，选择的原则是便于尽快地得出实际值，例如测量220V左右的交流电压时，量程确定为250V，则读满刻度为250的刻度数据，所得读数则为实际测量值，选择其他的数据则需要换算。图中刻度线之间的黑色宽线条实际为一个镜面（不是每一种万用表都有），其用途是在读表时帮助确定视线的准确方向，即当在镜子里看不到表针的影子时，视线的方向最正确，此时看到的指针指示值也就最准确。

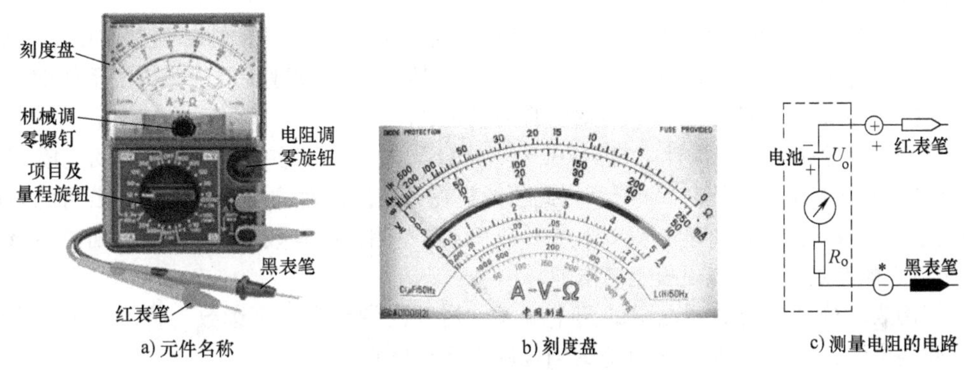

a) 元件名称　　b) 刻度盘　　c) 测量电阻的电路

图 3-41　普通指针式万用表示例

2. 机械调零螺钉

用于将指针调整到零位（刻度线最左边的 0 刻度线位置）。调整时，仪表应按规定位置放置，一般为水平状态。

3. 项目及量程旋钮

首先是用于确定测量项目，其次是选择被确定项目中的量程。拨动时，应注意确认到位（可通过手感和发出的声响来确定）。

4. 电阻调零旋钮

在选定测量电阻并设定量程之后，用于将指针调整到电阻的零位（电阻刻度线最右边的 0 刻度线位置）。

5. 插孔

一般有“+”“-”（或“*”，有的表用符号“COM”表示，称为“公共端”）两个。测量电阻时，“+”端与表内的电池负极相接；“-”端与表内的电池正极相接，如图 3-41c 所示。其他插孔有专用的高电压、大电流插孔和测量晶体管性能数据的专用插孔等。

6. 表笔

一般为红、黑两种颜色各一只。红色的与“+”端口相接；黑色的与“-”（或“*”、“COM”）端口相接。使用时应特别注意避免插接松动造成接触不良和绝缘破损造成触电事故。

（二）使用前的检查和调整

1）外观检查：表壳应完好无损，指针应能自由摆动，接线端（或插孔）应完好，表笔及表笔线应完好。若测量电阻，表内应有电池并电压满足要求。

2）零位调整：将表位按规定位置放好，指针机械零点应准确，否则应调整至准确。

3）将表位按规定位置放好，黑表笔插入“-”（或“COM”“*”）插孔，红表笔插入“+”或相应插孔。

（三）读数方法

当测量交流电压、直流电流和电压时，使用交、直流公用刻度尺（均匀刻度）的读数，为了比较快捷地获得测量值的最终结果，尽可能选择其中与所选量程成 0.01 倍、0.1 倍、1 倍或 10 倍的刻度尺，例如测量直流电压时，选择的量程是 2.5V，则读取 250V 的刻度尺，将读数缩小

1/100 即为实际值。

测量电阻时，只能使用欧姆刻度尺（非均匀刻度）的读数，仪表指示读数乘以量程所示倍数（例如 ×1k 即为扩大 1000 倍）即为实际值。

以上方法将在下面的实例中进一步讲述。

（四）测量直流电阻

1）按估计的被测量值，旋动项目及量程旋钮，使该旋钮的箭头指在 Ω 档某一档上。例如，估计值为 10kΩ 左右，则选择 ×100 挡；当然，选择 ×1k 档也可读数，但读数精度不如前者。应注意：选择档位时，以示值不超过中间刻度的位置为最佳。

2）将两表笔短接，此时指针将打到 0Ω 处或 0Ω 点左右。不在 0Ω 点时，旋动电阻调零旋钮，使指针指在 0Ω 处，如图 3-42a 所示。此项调整在每次换档时均应进行一次。若将电阻调零旋钮调到最大位置，指针仍不能指到 0Ω 点（在 0Ω 点左侧，即有数值的一侧），则说明该表的电池电压已不能满足要求，应更换上新电池。

3）用两表笔分别连接被测电阻的两个端头。指针则指示出一个读数，若示值过小或过大（超过 200 的位置），则应调换成更合适的档位后再重新测量。

被测电阻值(Ω) = 测量读数 × 倍数(档位)

例如图 3-42b 所示，被测电阻值 = 46Ω × 100 = 4600Ω = 4. 6kΩ。

测量电阻时，注意手不要接触两表笔或被测电阻的金属端（见图 3-43b），以免引入人体电阻，使读数减小，尤其是对于 R × 10k 等较大的电阻值档位，测试影响会较大。

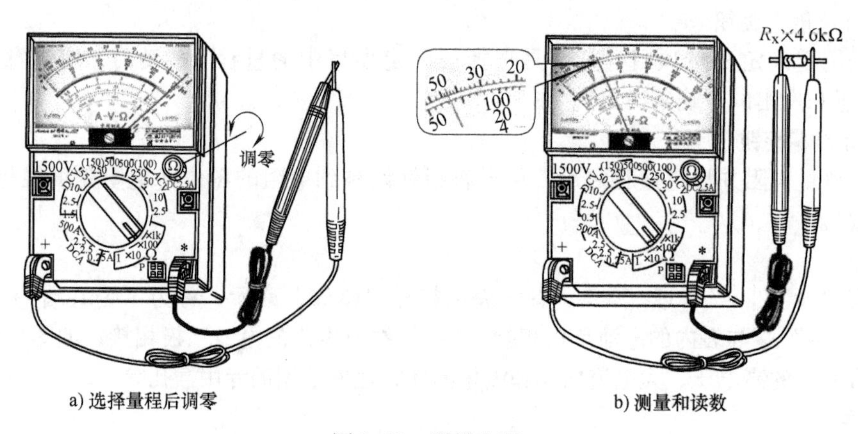

图 3-42　测量电阻

4）测量完毕后，若还需接着使用，则注意防止两表笔相碰而短路；若不接着使用，则应将项目及量程旋钮旋到交流电压最高档（ACV-500）处。此操作对以下 3 项测量过程也适用，这是为了防止因粗心大意，在急着去测量较高的交流电压时，不看档位在哪儿时就去测量，而将表中一些元件烧毁。

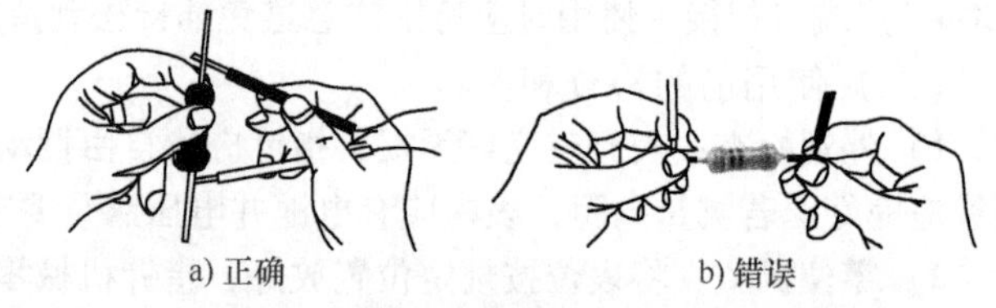

a) 正确　　b) 错误

图 3-43　测量电阻时的正确和错误手法

（五）测量交流电压

1）按估计被测电压值选择交流电压档位。例如测量低压三相电动机的电源线电压时，应在 380V 左右，则将项目及量程旋钮旋到 ACV（或 V～）500V 档上，如图 3-44 所示。

2）用两表笔各接被测电压一端（如两个电源端）。注意防止触电。

3）按所选档位的数值选择一条 ACV（或 $V_{\sim}$）刻度线。

4）根据所选档位和指针指示的 ACV 或（$V_{\sim}$）线的刻度，求得被测量的数值。图3-44中所示的 ACV 刻度线满刻度为 50 的标尺，直接读数后扩大 10 倍。指针指在 38 刻度处，则实际电压值应为 38V×10＝380V。

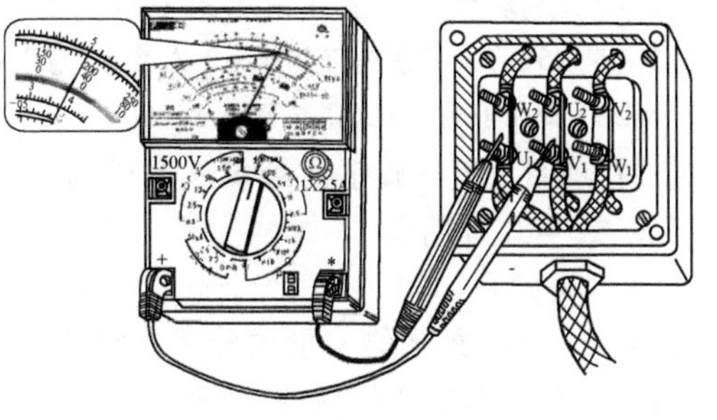

图 3-44　测量交流电压

5）有些万用表交流电压最低档（10V）有一条专用刻度线，测 10V 以下的交流电压时，应该用 10V 专用刻度标识读数，它的刻度是不等距的。

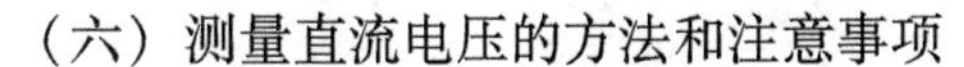

（六）测量直流电压的方法和注意事项

1）按估计被测值选择直流电压档次，即将项目及量程旋钮旋到 DCV（或 V_{-}）某档上。例如测量一节额定电压为 1.5V 干电池的电压时，应选择 DCV-2.5V 档，如图 3-45 所示。

2）确定被测电压的正、负极。

3）用接“＋”插孔的表笔（红表笔）接被测电压正极，用接“－”（或“＊”“COM”）插孔的表笔（黑表笔）接被测电压的负极。

4）根据所选档次和指针指示值得出被测电压值。图 3-45 所示为：档位是 2.5V，读 DCV·A 刻度线，用 250 刻度，指针所指数值为 154。则被测值为（2.5V÷250）×154＝0.01V×154＝1.54V。

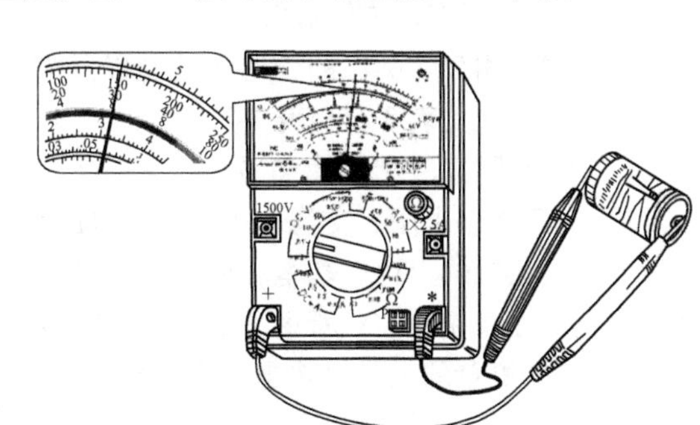

图 3-45　测量直流电压

5）将项目及量程旋钮旋到 ACV-500V 档。

（七）测量直流电流的方法和注意事项

请注意：万用表测量直流电流时的最大量程一般只有 2.5A，如图 3-46 所示。

1）按估计的被测电流值设置项目及量程旋钮的位置。

2）断开被测电路，并确定两断点的正、负。“＋”表笔接电路正极端，“－”（或“＊”“COM”）表笔接电路负极端，即将万用表串联在被测电路中。

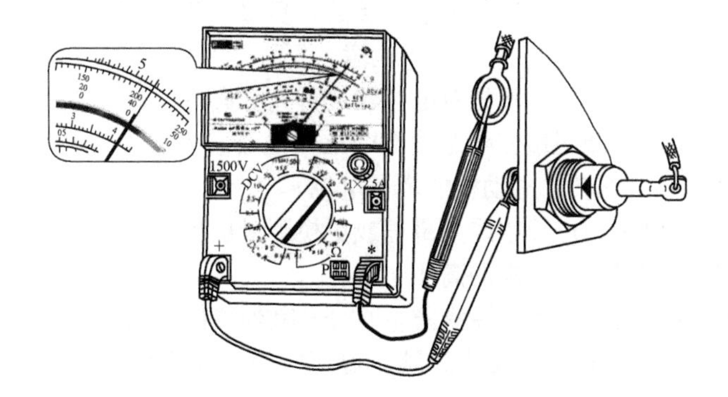

图 3-46　测量直流电流

3）按所选取档位及指针指示的DCV·A刻度线上的读数，求得被测电流值。图3-46所示为：档位是25mA，指针指在DCV·A量程为250的刻度线的220格处，则被测电流为（25 mA ÷ 250）×220 =0.1 mA×220 =22mA。

4）将项目及量程旋钮旋到ACV-500V处。

三、数字式万用表

（一）类型和结构

数字式万用表外形结构形式较多，但除显示测量数据的部分（包括两个调零元件）与指针式万用表完全不同外，其他结构及元件与指针式万用表大体相同。

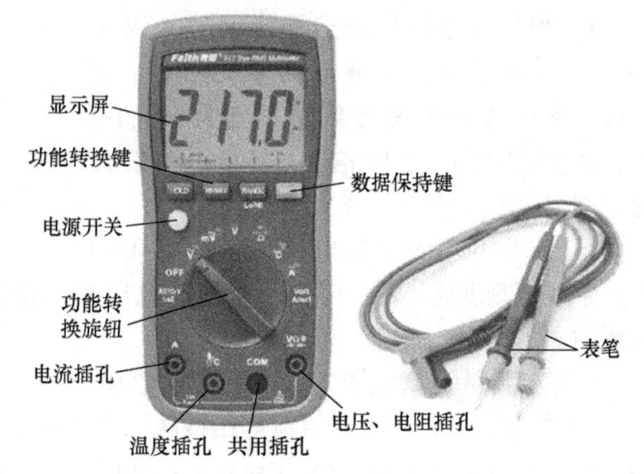

图3-47　普通数字式万用表外形结构示例

数字式万用表可测量的量值除包括指针式万用表的4种之外，很多品种还具有测量温度、小容量电容、交流电的频率、三相电源的相序、小容量的电感等多种以前靠专用仪器仪表才能测量的物理量。所以功能旋钮（有的品种附加一定的功能选择按键）往往较大，插孔也较多。另外，一般会设置电源开关、数据保持键（在测量过程中按下该键后，显示屏中的数据将保持为按键瞬时的数值，便于读取和记录。再次按动该键，即解除数据保持状态）。有些品种还具有数据存储功能。图3-47是一个数字式万用表的结构图。

数字式万用表上标注的旋钮和按键以及液晶屏上显示的内容，用英文字母或图形代码标示时，其中文含义见表3-6和表3-7。

（二）使用方法和注意事项

1）对于测量电阻、交流电压、直流电压和电流4项基本功能，数字式万用表的使用方法和注意事项与指针式万用表基本相同。因为数字式万用表的功能比指针式万用表功能多，所以在使用中更应注意使用前对所用项目的选择问题，以避免因设定位置错误对仪表造成损害。

2）当所测量的电量值超出仪表设定的范围时，将不能显示测量值，而是显示OR、OVER、OL等符号，这一点与指针式万用表不同。

3）数字式万用表红、黑两只表笔（插孔）与表内电池的正、负极连接关系和指针式万用表相反，其红表笔（+）与电池正极相接，黑表笔与电池负极相接。这一点在测量二极管和晶体管时应注意。

4）当测量直流电压和电流，指针与电路连接的正负极不正确时，将在所显示的测量值前面出现一个“-”号，例如“-3.2V”，应给予注意。

5）测量电容器的电容值时，应事先对电容器进行充分放电。

6）普通数字式万用表不能测量变频器输出电压和电流（特别是电压），也不适宜测量频率很低的电流和电压（例如绕线转子电动机的转子电流）。

7）绝对禁止在通电测量的过程中改变量程或更换测量项目。

8）绝对不允许测量超过量程范围的高压电压。

9）绝大部分数字式万用表都需要注意防止水分及其他液体（特别是具有腐蚀性的液体）的进入。一旦进入，应立即拆下电池，用吹热风（温度应控制在60℃以内）或其他有效的方式对其进行烘干处理。

10）因为数字式万用表所有测量项目都需要在仪表中安装电池，当该电池的电压较低时，将影响仪表的测量准确度，严重时将无法进行测量，所以，应随时注意检查电池的使用情况，避免影响测量工作。另外，在不进行测量时，应将电源开关置于关断（off）的位置，在较长时间不用时，应将电池全部取出。

第十一节　钳形表的使用方法

一、类型及用途

钳形表原称钳形电流表，因为早期的这种仪表主要功能是用于测量交流电流，也是电工日常工作中最常用的测量仪表之一。特别是自该表增加了万用表能够测量的所有功能后，其用途则更加广泛，成为比“万用表”更加“万用”的仪表。

和万用表一样，按测量原理和显示数值的方式，可分为指针模拟式和电子数字式两大类，其中数字式的优缺点同数字式万用表。

图3-48为几种低压钳形表的外形示例，其中第一种是最老式的品种，测量量只有交流电流和交流电压两种，体积大，比较沉重，现已很少见到；第二种可以将电流钳部分与仪表分离，此时仪表部分即是一只普通的万用表，可在只使用万用表功能时方便携带和使用；最后两种则是测量较大导线截面（电流也较大）的特型表；另外，还有测量泄漏电流的专用钳形电流表等。

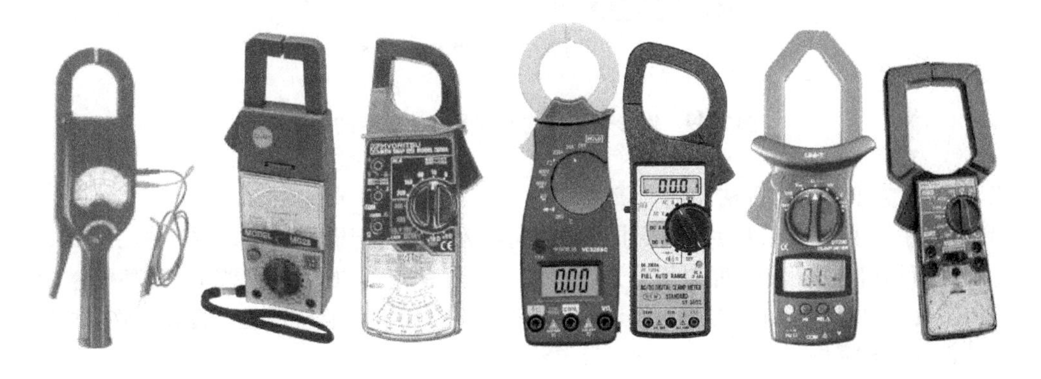

图3-48　低压钳形表示例

二、结构和工作原理

不同类型的钳形表的结构可能有所不同，但其测量交流电流的部分基本相同，都是由可开启的钳形铁心（能开启的部分称为动铁心，其余称为静铁心）、动铁心开启扳手（钳口扳机）、交流电流表（整流系指针式仪表或数字式仪表）、电流量程选择旋钮（或按钮）、绕在静铁心上的二次绕组（通过电流量程选择机构与电流表相连）四大部分组成。其余则与其功能相关（同万用表）。图3-49a为数字式钳形电流表的外形结构示例。

了解钳形表测量交流电流的元件组成之后，其测量交流电流的原理就很容易理解了。它相当于一个由一只电流互感器和一只交流电流表组成的交流电流测量系统，其电流互感器的铁心可以打开，将要测量的电路导线作为电流互感器的一次绕组，置于铁心中后再闭合形成一个完整的闭合铁心磁路，与绕在铁心上的二次绕组相连的电流表显示经电流互感器变换的电流值，经过量程换算后得出实际测量电路的电流值。图3-49b和图3-49c给出了原理电路。

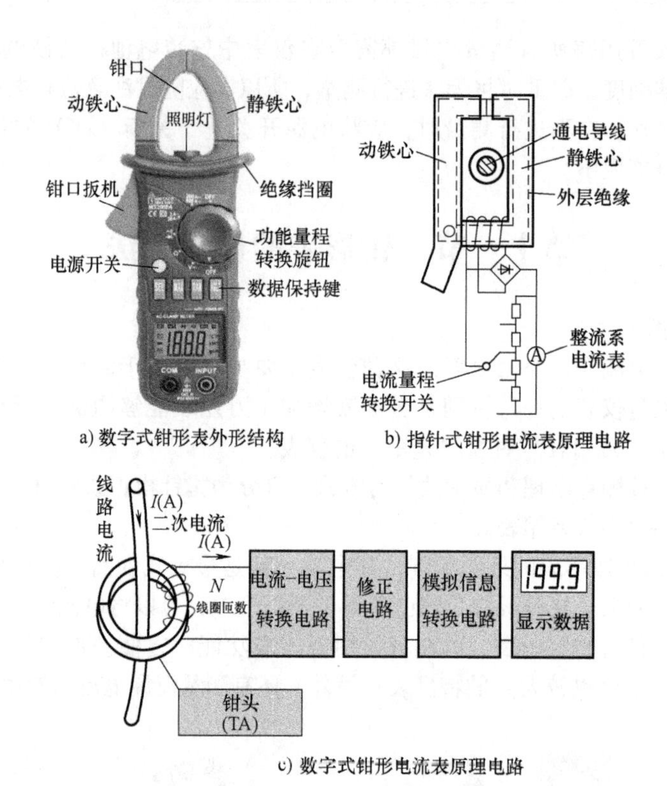

a) 数字式钳形表外形结构　　b) 指针式钳形电流表原理电路

c) 数字式钳形电流表原理电路

图3-49　钳形表的结构和测量交流电流的原理

三、测量交流电流的方法和注意事项

1）对所用仪表进行外观检查，要求各部件完好无损；钳把操作灵活；钳口铁心无锈、无油污和杂物（可用溶剂洗净），可动部分开合自如，接触紧密（以减少漏磁通，提高测量精度）；铁心绝缘护套应完好；指针应能自由摆动；档位变换应灵活、手感应明显。将表平放，指针应指在零位，否则调至零位。

2）测量档位选择同万用表。

3）测量时，测试人员应戴手套（怕手湿、出汗，起一定的绝缘作用），平端仪表（对指针式仪表刻度盘处于水平放置时最能保证其准确度。数字式仪表可不考虑此要求），手不可超过绝缘挡圈。压下钳口扳机，张开钳口，将被测通电导线置于钳口中央后闭合钳口，如图3-50所示。

4）待显示数据稳定后读数。仪表上的档位即是满偏刻度值。

5）测量过程中，不能带负载更换档位。换档时，必须先将导线退出钳口，换档后再钳入。

6）不能测量裸导线或高压线。

7）测量时，注意保持与带电体的安全距离，并注意不要造成相间或相对地短路。

图3-50　低压钳形电流表的用法

8）用完后，将转换开关置于电流最高档或断开（off）档，以免下次使用时，不慎损坏仪表。妥善保存（放入表套，存放于干燥、无尘、无腐蚀性气体、无振动的地方）。

四、测量较小电流的方法

如果选用最低量程档位而指针偏转角度仍很小，或测量5A以下的小电流时，为提高测量精度，在条件允许的情况下，可通过增加一次电路的匝数的方法来增大读数，即将被测导线在铁心上绕几匝，再进行测量，如图3-51所示。此时实际电流应是仪表读数除以放入钳口中的导线圈数N（即导线中的电流值I_1=电流表读数/N，匝数N按钳口内通过的导线匝数计算），例如图3-51所显示的实例，电源线只穿过钳形表铁心一次时，仪表显示值为0.5A；导线通过铁心孔的次数N=5次时，显示值则为2.5A，即电路实际电流I_1=2.5A/5=0.5A。其原理同电流互感器中讲述的内容。

五、测量电路对地泄漏电流的方法

不论是单相还是三相电流，都将相线和中性线全部置于钳口中，如图3-52所示。在电路通电的情况下，若仪表有电流指示，则指示值即为电路的对地泄漏电流。一般情况下，该电流值很小，所以此时一般应将量程设置在仪表较小或最小电流档位上。

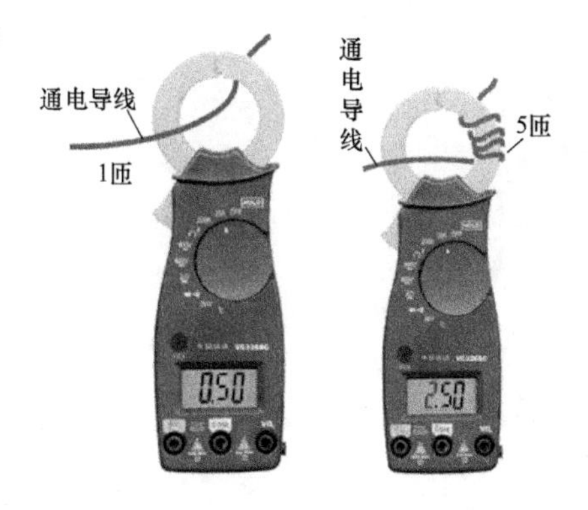

图3-51　测量小电流的用法

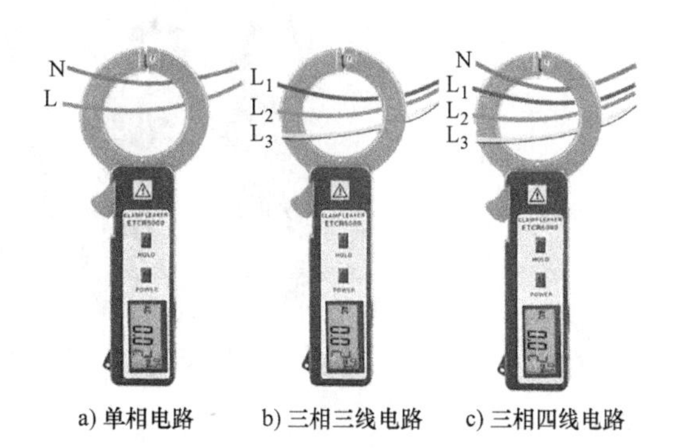

图3-52　用钳形电流表测量电路对地泄漏电流

对于三相电源电路，由于导线的总截面积较大，所以往往需要具有较大钳口的钳形电流表，有些钳形电流表则专用于测量泄漏电流或设置一个专用测量泄漏电流的档位，使用起来会更专业和方便，除图3-52所示的一种外，图3-53所示的几种也属此种类型。

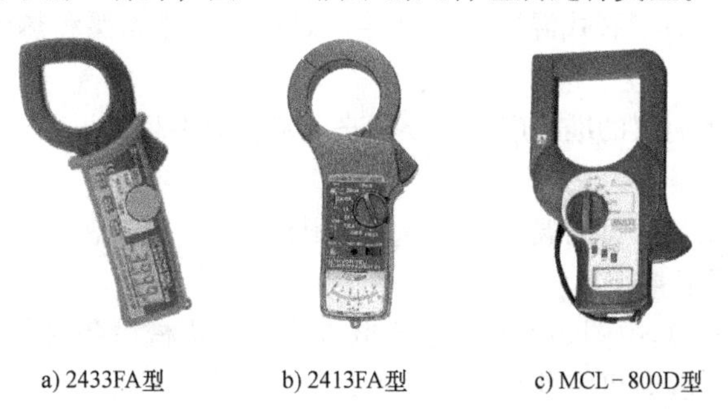

图3-53　测量对地泄漏电流的专用钳形电流表

六、测量一个线电流或中性线电流的特殊方法

（一）测量另外两相线电流之和得第三相线电流

对三相三线制供电的电路，若某一相电流不宜进行测量，可将其他两相电源线同时置于钳

口中，如图3-54a所示。在电路通电的情况下，仪表显示的电流值即为没有测量的那一相中的电流。这种测量方法的依据与用两个电流互感器和3只电流表测量三相电流相同。

（二）测量三相线电流之和得中性线电流

和上述（一）同样的原理，将三相四线制的3条相线全部置于钳口中，如图3-54b所示，则仪表显示的数值将是中性线N中的电流。

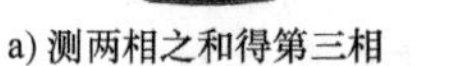
a) 测两相之和得第三相

b) 测三相之和得中性线

图3-54 特殊情况下测量三相中一相或中性线电流的方法

七、交、直流两用钳形和叉形电流表

图3-55给出的是三种钳形和一种叉形交、直流两用电流表，其测量原理与前面介绍的钳形电流表大体相同。其中叉形电流表，由于不用将互感器的铁心闭合，所以使用比较方便，但准确度较差。

图3-55 交、直流两用钳形和叉形电流表

第十二节 温度测量仪器

一、常用温度测量仪器的类型及要求

测量电机绕组、转子、集电环、铁心、外壳和轴承等部位以及试验环境或冷却介质的温度，所需要的测量器具有简单的膨胀式温度计、半导体点温计、热电偶和热电阻为传感元件的温度计、红外线测温仪等。

在电机试验中所用测温仪的准确度以其误差来确定，应不超过±1℃。

（一）膨胀式温度计

膨胀式温度计是日常最常见的温度测量器具，根据需要，最高测量温度有所不同，但一般不会超过200℃，最低为零下40℃。

图3-56给出了几种，其中图3-56c为监测电机或其他机械设备（例如减速箱和轴承座等）运行温度专用的一种，试验时可将其装配在电机的吊环孔内。

使用膨胀式温度计时，应注意以下几点：

1）由于其外壳一般用玻璃制成，所以要轻拿轻放，不用时装在专用的容器内，安装在一个地方使用时，应注意防止受到碰撞，不可在强烈振动的场合使用。

2）在通电运行的电动机和发电机外壳及邻近区域（距离电机表面在0.5m以内的区域）具有较强磁场，不宜使用水银温度计。原因是变化的磁场将在水银中产生一种叫“涡流”的感应电流，由此产生一定的热量，使显示的温度值略高于实际测量值。

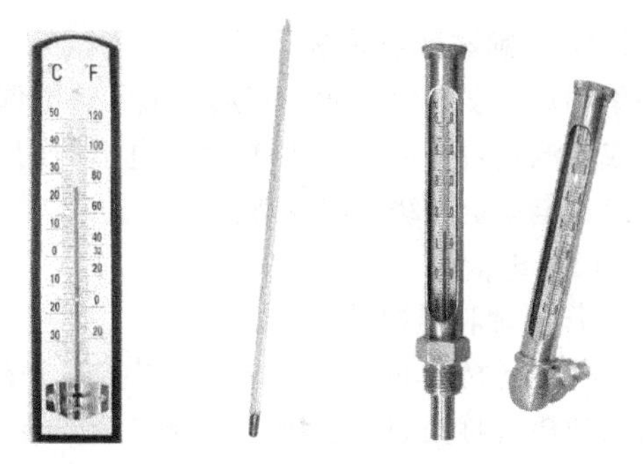

a) 日常使用型　　b) 光杆型　　c) 机械设备监测专用管型

图 3-56　膨胀式温度计

3）当温度计玻璃管里面的液体出现分段现象时，不能使用。可用指甲轻轻地弹分段部位，使离开的两段慢慢融合，有可能恢复原状。

4）不能用于测量高出温度计量程的温度，否则有可能撑爆玻璃管。

5）在电机试验中，图 3-56b 所示的“光杆”温度计比较常用。用其测量某一点的温度时，应用使其球部与被测量点密切接触，并用隔热材料对其球部进行覆盖，以防止受其他因素的影响。其中水银温度计的精度较高，分度较细（可达到0.1℃），建议用于测量环境温度。

6）若水银温度计被打碎，不要立即进行清扫。正确的方法是，远离现场，若在室内，应打开门窗通风，因为在近前，会吸入水银蒸气，发生轻微的汞中毒反应。

（二）双金属式温度计

利用双金属片受热弯曲的特性制成的温度计已广泛使用于日常测温工作中，一般为像指针式钟表的形式，如图 3-57 所示。这种温度计可做成测量几百摄氏度高温的类型，这一点一般酒精温度计是不可能做到的。

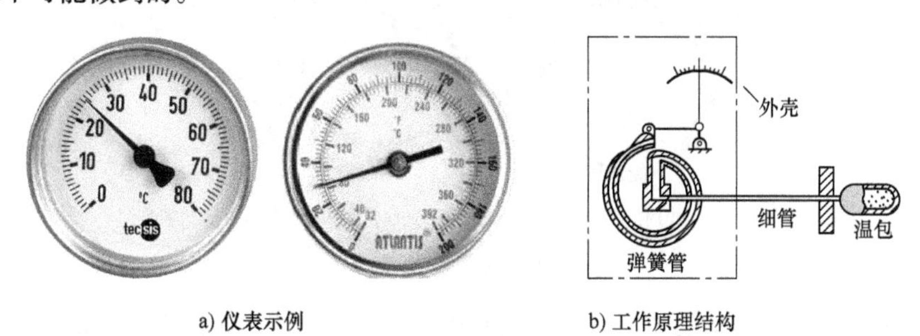

a) 仪表示例　　b) 工作原理结构

图 3-57　双金属式温度计

（三）点温计

点温计实际上是利用一个半导体 PN 结或热电偶制成的传感元件和相关数字处理系统组成的一种测温仪器。有指针式和数字式两大类。用于测量过热、空间狭窄等发热部位的温度。由于其反应速度较慢，所以不适宜测量温度变化较快的部件。

图 3-58 给出了一种指针式和几种数字式点温计示例。有些数字式万用表和数字式钳形电流表也具备点温计的功能。

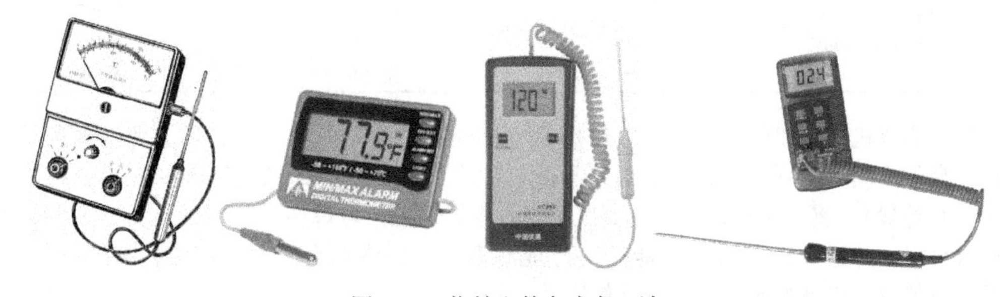

图 3-58　指针和数字式点温计

二、热传感器和温度显示器

用于测量温度的传感元件有热电阻和热电偶两种。将这些温度传感元件与专用仪表相配合，即可组成测温装置，可方便地测量通电运行时不容易甚至不可能接触部位的温度及温度变化，例如密封式电动机的绕组温度等。

（一）热电偶

1. 工作原理和类型

由两种不同材质的金属导线两端焊接在一起后，当两个结合点出现温度差时，该回路中就会出现电动势（称为热电动势），在这个闭合回路中会有电流在其中流动，如图3-59a所示。这种由于温度不同而产生电动势的现象被称为“热电效应”或“塞贝克效应”，这两种不同金属导体的组合称为“热电偶”。图3-59b和c给出了两种实用热电偶测温元件的外形。

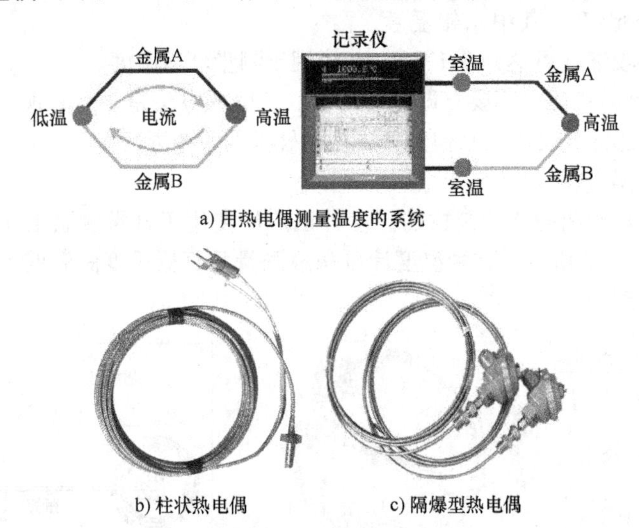

a) 用热电偶测量温度的系统

b) 柱状热电偶　　c) 隔爆型热电偶

图3-59　热电偶

不同材料的热电偶丝可组成不同分度号的热电偶，它们的测温范围和适用场合也各不相同。

在电机试验测温中，最常用的是T分度铜-康铜热电偶、K分度镍铬-镍硅热电偶和J分度铁-铜镍（康铜）热电偶等。这3种热电偶的分度（温度与所产生的热电动势之间的关系，下同）表见附录11。

由附录11中的数据可以粗略地总结出这3种类型分度的关系，见表3-17。供现场快速估算时参考使用。

表3-17　T、K和J分度关系（10～200℃）

分度类型	T	K	J
热电动势/(mV/℃)	0.0390～0.0465	0.0395～0.0407	0.039～0.0539
10℃时的热电动势/mV	0.391	0.397	0.507
100℃时的热电动势/mV	4.277	4.096	5.268
200℃时的热电动势/mV	9.286	8.138	10.777

当单独为电机试验而使用时，一般使用没有外壳的最简单的类型，实际上就是两条具有绝缘层和护套的不同材质（例如铜和康铜）导线，称为热电偶线（商品见图3-60，可自行根据需要长短尺寸剪裁），将一端用氩弧焊或等离子焊、碰焊等工艺点焊在一起（或者拧在一起，但要保证接触良好，并且接触部分尽可能短）形成测温点。若该端在使用中损坏，则可将其剪断，重新焊接或拧绞形成新的测温点，继续使用。

2. 热电偶线的分度类型和正负极辨别

一般可利用外观颜色和材质判别热电偶线分度类型，但各国规定有所不同。表3-18 给出了一组供参考的规定（摘自上海南浦仪表厂样本和国家标准）。

热电偶线绝缘层颜色与正负极的关系是：一个是白色，另一个是其他颜色的（含红色），白色为正极（+）。

表3-18　利用外观判别热电偶线分度类型的方法（供参考）

方法类别	分度类型	区　别
外观颜色	K	外层绝缘为蓝（绿）色；导线绝缘：一根红色，一根黄色
	J	外层绝缘为黄色；导线绝缘：一根红色，一根白色
	T	外层绝缘为棕色；导线绝缘：一根红色，一根蓝色
导线材质	J	其中有一根材料是铁，可以用磁铁吸住
	T	其中有一根材料是铜，可以看到明显的黄色铜丝

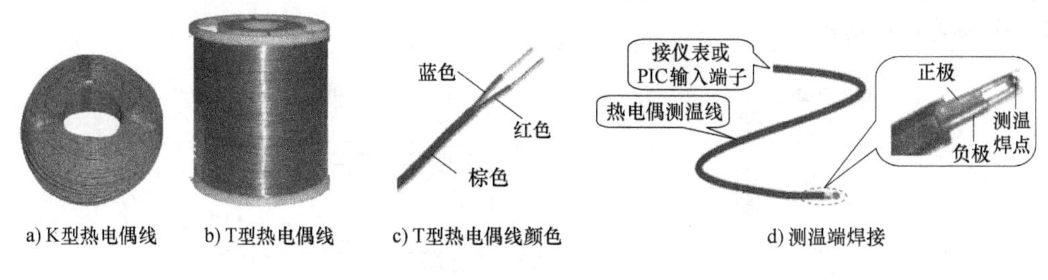

a) K型热电偶线　b) T型热电偶线　c) T型热电偶线颜色　d) 测温端焊接

图3-60　热电偶线及测温点焊接

3. 用于测量电机绕组温度时的注意事项

制作和使用热电偶时应注意以下事项（摘自 GB/T 9651—2008《单相异步电动机试验方法》附录 E）：

（1）热电偶的选择

1）选择热电偶时，必须在制造商规定的工作参数范围内使用（例如温度范围）。应选用准确度等级较高的类型，例如1级精度的产品（误差一般在 ±0.5℃以内）。

2）由于热量会沿着热电偶导线传导，在热电偶接点与邻近引线存在温差处，将产生从接点到引线或引线到接点的热传递，于是无法对于接点接触的表面进行最佳的温度测量。细的引线可使这类影响最小化。建议选用线径为0.320～0.254mm 的热电偶线。

（2）热电偶的制备

热电偶应由经过培训的员工制备，并按如下要求：剥去内层绝缘直至测量接点约1.5mm 处；如有外层绝缘（护套），剥去直至测量接点约15mm 处；测量点通过点焊或其他有效方式连接。

（二）热电阻

所有的导体都具有电阻随温度按一定规律发生变化的性质，但有些导体的这一性质更适用于进行温度的测量，常用的有铂、镍、铜、铟、铂铑合金和铂钴合金等，其中用铂或铜制作的热电阻较适用于电机试验，而铟、铂铑合金和铂钴合金较适用于制作测量低温的热电阻。

图3-61 给出了两种不同外形的热电阻。

1. 铜热电阻

铜热电阻由铜丝绕制或由铜箔制成，测温范围为 -50～150℃，其外形结构型式有片状和柱状两种。图3-62a 是由铜丝绕制的铜热电阻结构。

这种热电阻的特点是在测温范围内线性较好、电阻温度系数大、价格较低，可用于检测 B

级（130℃）及以下绝缘等级的电机各绕组、铁心、轴承、进出风及环境温度。目前国内使用的标准铜热电阻有 G、Cu50 和 Cu100 共 3 种分度号。其分度表见附录 12。

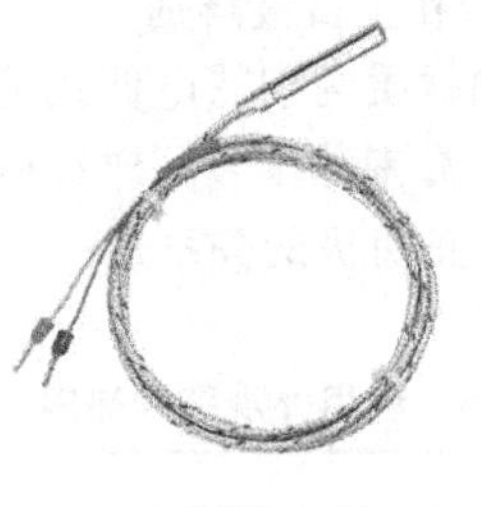

a) 片状热电阻

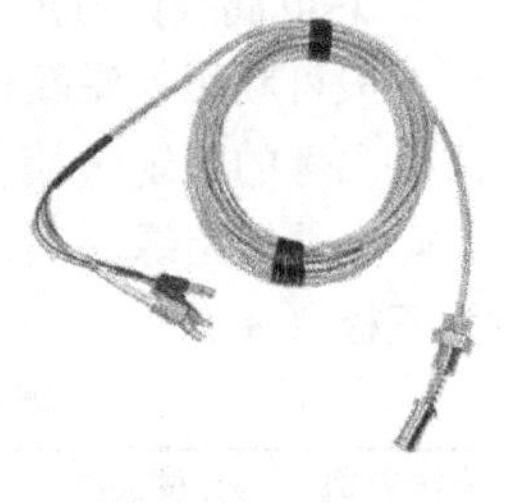

b) 柱状防振热电阻

图 3-61　热电阻

从理论上来讲，当温度 t 在 $-50\sim150$℃范围内时，铜热电阻 $R_t(\Omega)$ 与其温度 t(℃) 之间有如下关系：

$$R_t(\Omega)=R_0(1+At+Bt^2+Ct^3) \qquad (3\text{-}32)$$

式中，R_0 为 0℃ 时的电阻值（Ω）；$A=4.29899\times10^{-3}$ (℃)$^{-1}$；$B=-2.133\times10^{-7}$ (℃)$^{-2}$；$C=-1.233\times10^{-12}$ (℃)$^{-3}$。

2. 铂热电阻

铂热电阻是由细铂丝绕制或由真空镀膜工艺制成的测温电阻，测温范围为 $-200\sim660$℃。图 3-62b 是铂热电阻的结构。

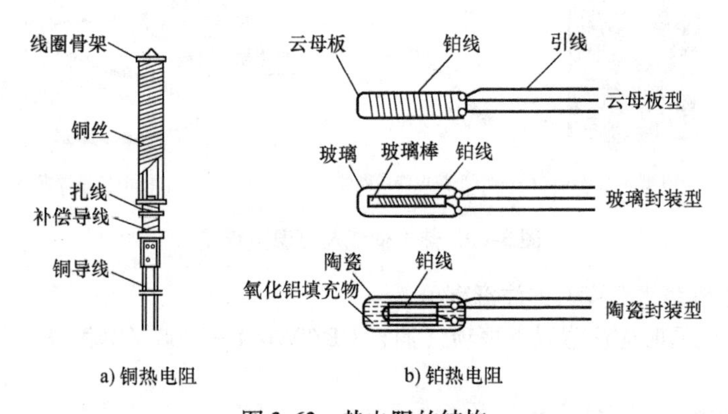

图 3-62　热电阻的结构

这种热电阻的特点是在高温下和氧化介质中性能稳定、测量准确度较高。微型铂热电阻的热惯性较小，可用于快速变化的温度检测。目前国内使用的标准铂热电阻有 Pt50、Pt100 和 Pt100 共 3 种分度号。Pt50 和 Pt100 的分度表见附录 13。

从附录 13 中可以看出，对于 Pt100，其 0℃时的电阻值为 100Ω（型号中 100 的来历）；其他温度时，温度增高（或降低）1℃，电阻值约增加（或减小）0.4Ω。由此可得电阻值与温度的近似关系是：

$$\text{电阻值}(\Omega)\approx100\Omega+\text{实际温度}(℃)\times0.4\ (\Omega/℃) \qquad (3\text{-}33)$$

或者

$$\text{实际温度}(℃)\approx(\text{实测电阻}-100)\Omega\times2.5\ (℃/\Omega) \qquad (3\text{-}34)$$

用下述口诀可便于记忆：

Pt100 铂热阻，零度整整一百欧。

其他温度粗略记，一度相差点四欧。

已知电阻超百数，一欧温度二点五。

例 1：25℃时，电阻值≈100Ω + 25℃ ×0.4Ω/℃ = 110Ω。

例 2：实测电阻为 140Ω，此时热电阻所处位置的温度≈(140 − 100) Ω×2.5 (℃/Ω) = 100℃；实测电阻值为 95Ω，此时热电阻所处位置的温度≈(95 − 100)Ω×2.5(℃/Ω) = −12.5℃。

从理论上来讲，纯铂热电阻 $R_t(\Omega)$ 与其温度 t(℃) 之间有如下关系：

1）当温度在 −200～0℃范围内时

$$R_t(\Omega) = R_0[1 + At + Bt^2 + C(t - 100)t^3] \tag{3-35}$$

2）当温度在 0～850℃范围内时

$$R_t(\Omega) = R_0(1 + At + Bt^2) \tag{3-36}$$

上述两式中，R_0 为 0℃时的电阻值（Ω）；$A = 3.9685 \times 10^{-3}$（℃）$^{-1}$；$B = -5.847 \times 10^{-7}$（℃）$^{-2}$；$C = -4.22 \times 10^{-12}$（℃）$^{-4}$。

Pt1000 热电阻的分度是 Pt100 的 10 倍。

3. 镍热电阻

镍热电阻是由细镍丝绕制或由真空镀膜工艺制成的测温电阻，测温范围为 −50～200℃。这种热电阻在欧美使用得较多。它的特点是电阻温度系数较大、线性好，价格也较低，而且测量范围完全能满足一般电机测温试验的要求。

（三）配用显示仪表及接线

1. 显示仪表

用于和上述热传感元件配套，处理和显示测量点温度值的仪表如图 3-63 所示，一般可同时用于热电偶和热电阻。用于电机型式试验时，应采用多通路（至少 8 路）数字测温仪。

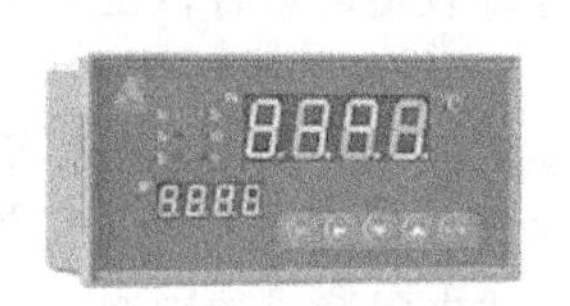

a) 带温度显示和控制器的仪表

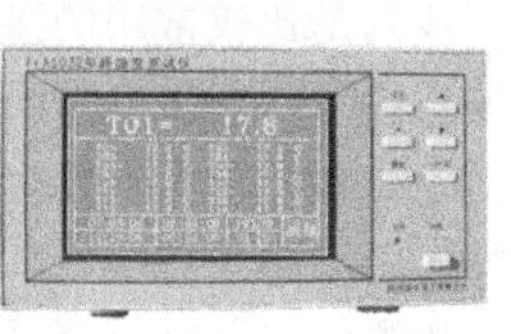

b) 多回路温度巡检仪

热电阻/热电偶　高 中 低 下限

上限 高 中 低　+ −　out 中 相

c) 单回路带控制功能的仪表接线端子

d) 16路温度巡检仪接线端子

图 3-63　用热电阻或热电偶配套的温度测量仪表

2. 热电偶补偿导线

将热电偶的两个电极线与显示仪表接线端子连接，若距离较近，可直接连接，若较远，则需要通过一段附加的导线过渡连接，这段导线称为“补偿导线”，不能随意选用，包括正负极都应严格区别。否则将影响测量的准确性。具体配置要求见表 3-19。

表 3-19　热电偶常用补偿导线的配置

补偿导线型号	配用热电偶分度号	正极		负极		热电动势
		材料	绝缘层颜色	材料	绝缘层颜色	（100℃，0℃）/mV
SC	S（铂铑$_{10}$—铂）	铜	红	铜镍	绿	0.645 ±0.037
KC	K（镍铬—镍硅）	铜		康铜	蓝	4.095 ±0.105
EX	E（镍铬—康铜）	镍铬		康铜	棕	6.317 ±0.170
TX	T（铜—康铜）	铜		铜镍	白	4.277 ±0.047
JX	J（铁—康铜）	铁		康铜	紫	5.268 ±0.135

从表中可以看到，补偿导线型号的第一个字母与配用的热电偶分度号相同，第二个字母将补偿导线分为补偿型（C型）和延长型（X型）两种。贵金属热电偶的补偿导线采用相对廉价的金属材料，称为补偿型；廉价金属材料热电偶的补偿导线采用相同或相近的廉价金属材料，称为延长型。

3. 热电阻与显示仪表的连接

在使用热电阻测温时，热电阻与显示仪表之间的连接导线与热电阻串联，若该连接导线的电阻值不确定，测温是无法进行的。所以，不管热电阻和显示仪表之间的距离远近，都应使连接导线的电阻符合规定的数值。同时，导线所处的环境温度变化仍会引起它的电阻值的变化，给测温带来一定的误差。因此，当测量精度要求较高、连线较长时，应采用三线制连接，如图3-64所示。此时，所用热电阻是引出3条引线的，其中两条引出线在热电阻连接点处相连。其中一条线与仪表电桥的电源E的负极相接，不影响电桥的平衡。另外两条引出线分别置于电桥的两个臂，使连接导线的电阻值随温度变化对电桥的影响抵消。

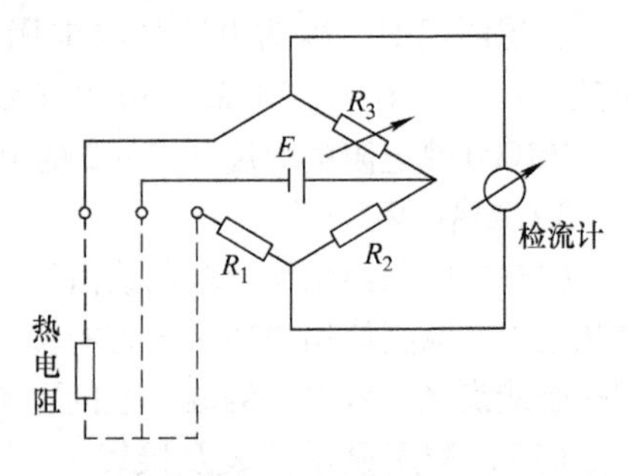

图3-64 热电阻与仪表的三线制连接

三线制是比较常用的接线方式。在对测量精度要求较低或连接导线较短的场合，也可使用二线制连接法，即热电阻两端各引出一根线。

对于需要完全消除连接导线电阻影响的高精度测量场合，还可使用四线制连接。即在热电阻两端各引出两条导线，其中两条导线提供恒流源，另外两条导线将热电阻上产生的电压降接入电动势测量仪器进行测量。当电动势测量端的电流很小时，连接导线电阻造成的影响可以忽略不计。

三、热传感元件的固定方法

以热电偶为例，讲述其安装固定方法。

1. 热电偶的布置

1）热电偶测量接点必须布置在温度测量处，为的是与被测部件达到相同的温度。

2）如果热电偶连接到带电部件，或者分别连接到不同极性的部件，测量设备需要谨防可能出现的电击危险和应力破坏。此时，适于在被测部件导体表面加设绝缘护套（而不是在热电偶测量点处）。

2. 热电偶的安装和固定

1）为了保证与被测部件达到相同的温度，安装时，热电偶接点应与被测部件表面紧密接触，而且，两者之间应保持良好的热接触。基于这一点，应采用对被测温度影响最小的热电偶安装方法。

2）热电偶引线应固定在与焊接点相同的温度环境中。

3）为了避免电机工作时所产生的振动造成热电偶接点分离，通常可采用胶带固定引线，以消除热电偶应变。高温测量场合可采用热固定性玻璃胶带。但胶带应固定在远离接点处，在保证热电偶固定牢固的同时，应尽可能地少用胶带，以免减少自然散热效果。

4）热电偶引线应绑扎在电动机绕组上并保持足够距离，使从接点经热电偶引线传导散失的热量最小并可消除应变。

5）热电偶的固定方法有绑扎、黏合和锡焊等。

① 绑扎——用细线绑扎，比较适用于像绝缘导线类的圆形物体。

② 黏合——这种方式具有较好的热连接。所用黏结剂不可对绝缘产生有害作用。常用的黏

结剂为填充用胶土和水玻璃（硅酸钠）的混合物⊖。

热电偶接点必须与绕组的整体绝缘保持热接触。黏接前，热电偶接点不可涂覆任何绝缘材料。热电偶接点与整体绝缘之间不可有黏结剂。

应使用最小量的黏结剂将热电偶固定于绕组，以便尽可能减少接点周围的物质。

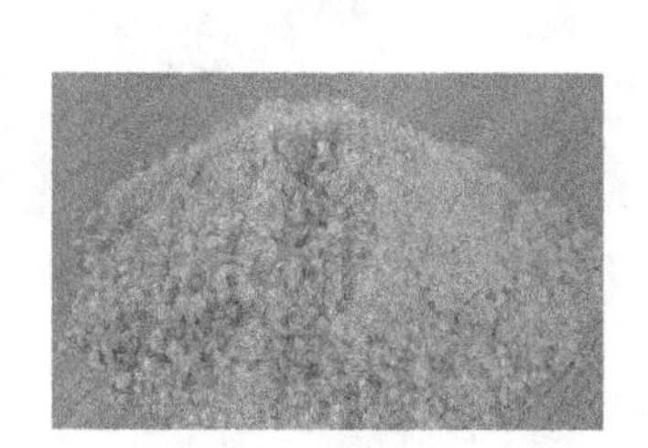

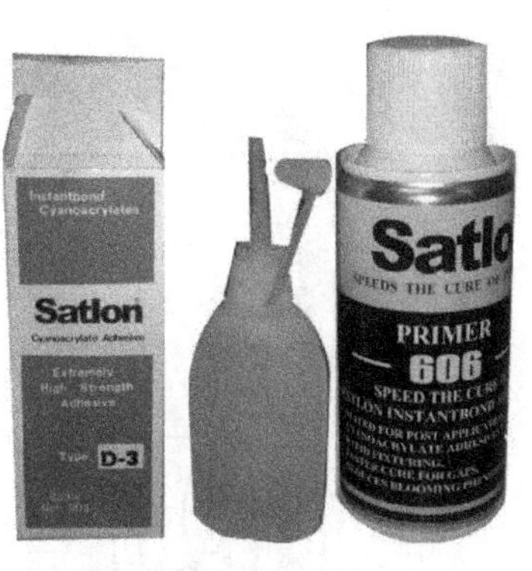

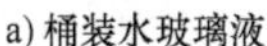
a) 桶装水玻璃液　b) 固体水玻璃

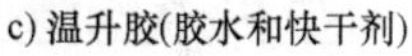
c) 温升胶(胶水和快干剂)　d) 焊接剂(胶水)

图 3-65　可用于黏接热电偶的材料

③ 锡焊——对于铜质或其他金属表面（注：不含通电的被测部件，如绕组），相对而言，采用锡焊是最有效的接点固定方式。但应注意避免冷焊和使用过多的焊料。不足之处是较难拆下重复利用。

3. 引接线引出电机机壳的方法

1）引出线应做好固定，防止在运行中脱落或被转子碰伤。为保证绝缘，应增加适量的绝缘套管（注意其绝缘耐热等级应不低于电机绕组）。引出线应尽可能短，最好由电机的接线盒引出，不得已时可在机壳适当的位置打孔（若机壳具有"滴水孔"，可借用之）引出。

2）要尽可能地避免与其他通电电路平行敷设，以减小电磁干扰所造成的影响。

3）因为引出线一般比较细，所以应注意防止因过度弯折造成断线。

4）与仪表之间的连线不宜过长，应限制在规定的范围之内。若因较长造成信号损失使最终测量值准确度低于标准要求，应采取补偿措施。

四、红外测温仪

在电机试验中，当被测部位因为旋转、带电或过热、空间狭窄等原因，用前面介绍的测温仪器不能接触测量时，可使用一种称为"远红外测温仪"（简称红外测温仪）的测温仪器进行温度测量。此类测温仪的不足之处是准确度相对较差，并且与测量距离、角度等客观因素有关，距离越远，准确度越差。所以不适宜精密的测量考核，用于电机试验测量时，应选用准确度较高的类型。

图 3-66a 给出了几个品种的远红外测温仪。图 3-66b 给出了一个典型的工作原理图。从原理图可以看出，仪器是接收了发热物体因为发热产生的远红外光线，并通过光电转换和数据处理等一系列环节，将被测物体的温度显示出来。仪器本身不会向被测物体发射光线。我们看到的一

⊖ 我国一些单位使用一种叫作"油灰"的粘接材料，即常用于钢、木门窗的玻璃镶嵌的"玻璃腻子"，以少量的黏结剂桐油等和大量体质填料石灰或石膏经充分混合而成的黏稠材料；另外还有的使用一种叫"温升胶"的黏结剂，黏接效果较好，但拆下比较困难；近期有一种叫"焊接剂"的胶水，其黏接能力也相当强，固化时间在 1min 左右，价格比"温升胶"要低很多。上述材料见图 3-65 给出的样品。——作者注

条红线是为了瞄准测量点而使用的（称为“激光瞄准线”。是否出现该红色光线，使用人员可以控制）。

使用时，应注意掌握与被测部位的距离，尽可能近一些，应使被测部位的平面与仪器发出的光线尽可能垂直，这样进入到仪器的远红外光线就会更真实地反映被测部位的温度。

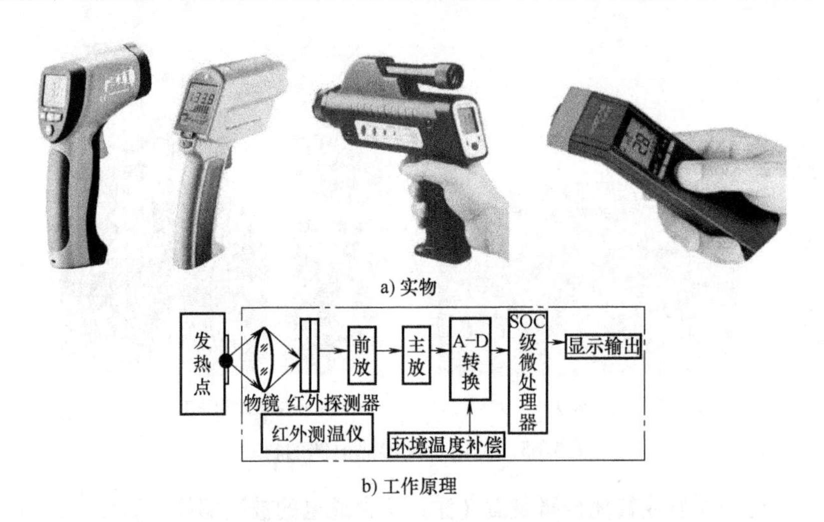

图 3-66　远红外测温仪

五、测温纸

对于前面介绍的几种测温方法都很难完成甚至不可能完成的测温任务，例如转子中部的温度测量，建议采用“测温纸”法。组装前将测温纸贴在转子表面，试验后拆出转子，通过改变后的颜色指示位置来粗略判定转子被测部位的温度。

测温纸的“量程”有多种，应根据估算的温度范围选择。图 3-67 给出了 4 种。

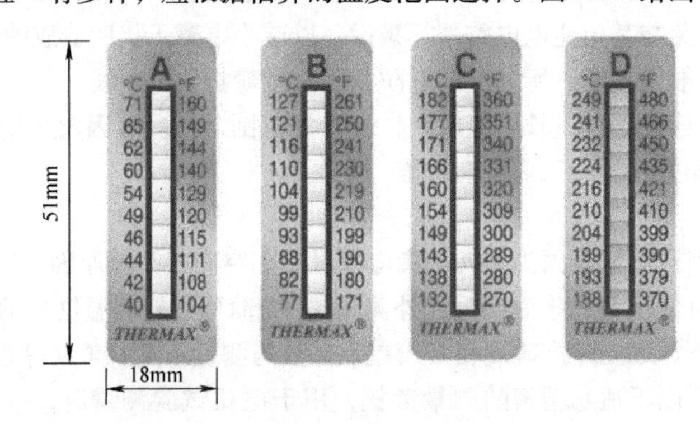

图 3-67　测温纸

第十三节　转速和转差率的测量仪器与相关计算

各种旋转电机试验都可能要涉及测定转速的问题。对于交流异步电动机，还要测取或计算它的转差率。而转差率的测量往往与转速的测量有关。

一般情况下，转速用转速表直接测量，对于交流异步电动机，可通过测量电源频率和转差率求得。

一、转速表和转速测量

（一）对转速表的误差要求

按 GB/T 1032—2012 中的规定，测量电动机转速的仪表，其读数误差应不超过 ±1r/min 或满量程的 ± 0.1%，取两者误差最小者。按此规定可以得知，被测转速在 1000r/min 及以下的，应选用读数误差不超过满量程的 ± 0.1% 的仪表，而被测转速在 1000r/min 以上时，应选用读数误差不超过 ±1r/min 的仪表。

（二）转速表的类型和使用方法

按在测量时是否与电动机旋转部分接触分为接触式和非接触式两种类型；按转速显示的方式，分为指针式和数字式两种；另外还可分为机械离心式和电子反光式等。机械离心式虽然在很多方面不及数字式的先进，但在需要观测和记录连续变化的过程及其中某一时刻的转速时，还只能使用它，除非将数字式仪表的信号通过专用装置传给示波器或计算机系统。

1. 接触式转速表和使用方法

图 3-68a 为接触离心式转速表，图 3-68b 为接触数字式转速表。

离心式转速表在使用时，应事先根据要测量的转速范围，通过旋转其前端的转筒设置转速范围，在测量读数时，要根据它确定所使用的仪表表盘刻度线。

测量时需要将转速表的橡胶头（附带的配件，有 4 种不同的形状，应根据需要选择）顶在轴伸端的中心孔中（对于没有中心孔的转轴，应使用平橡胶头靠在中心部位），要保持轴线重合，用力要适当，以不产生相对滑动为宜，如图 3-68c 所示。显示数据稳定后读数。

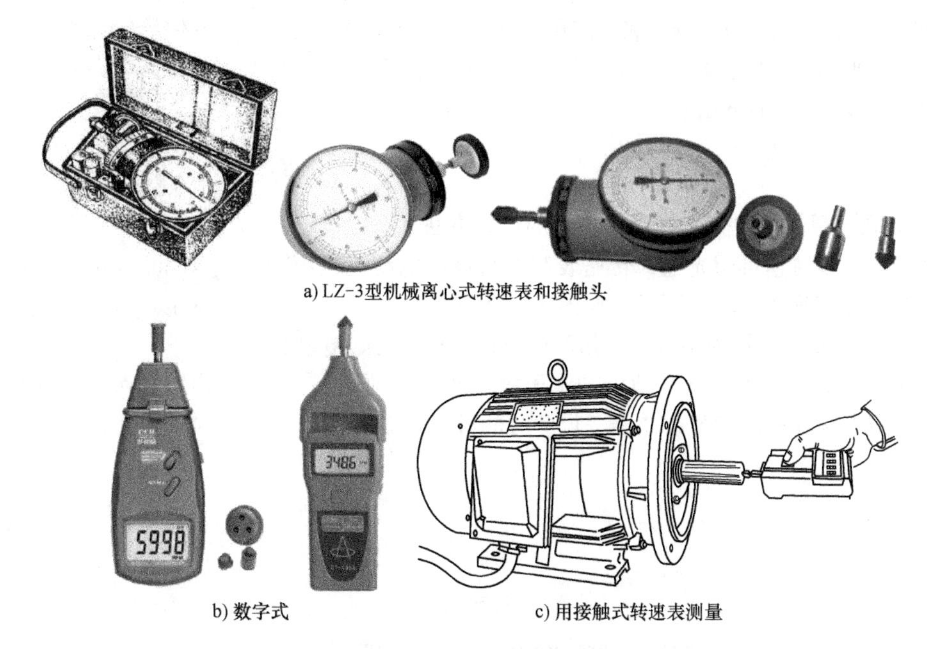

a) LZ-3型机械离心式转速表和接触头

b) 数字式

c) 用接触式转速表测量

图 3-68 接触式转速表

2. 非接触式和两用型转速表及使用方法

图 3-69a、b 为两种非接触式数字反光式和一种两用型转速表，一般在电机的轴伸端或联轴节处进行测量，事先要在电机轴伸侧面或联轴器上贴一片专用的反光片（购买转速表时的附件），测量时，转速表射出的光线应打在该反光片上，并尽可能相互垂直，如图 3-69c 所示。在长时间固定测量时，可用一副仪表支架将转速表安装固定，放置在测量位置，如图 3-69d 所示。

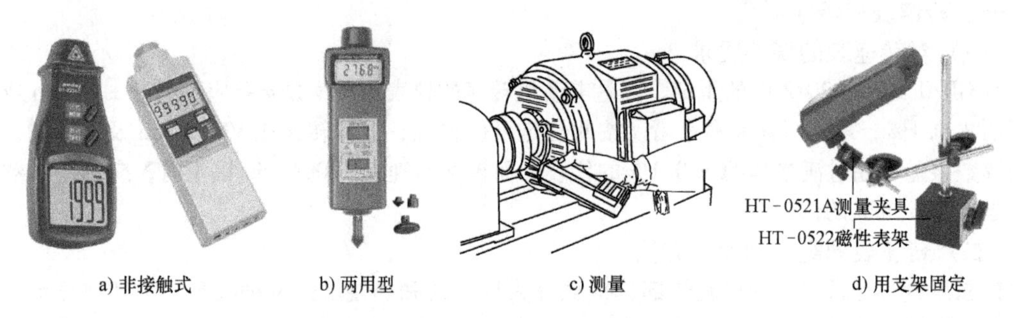

a) 非接触式　　b) 两用型　　c) 测量　　d) 用支架固定

图3-69 非接触式数字和两用型转速表

二、异步电动机转差率的测量和计算

（一）转差率的定义和计算公式

交流异步电动机的转差率（符号为s，单位一般用百分数%表示）是该类电机的一个极其重要的性能参数，它是电机的转子转速n（单位为r/min）与定子旋转磁场的转速n_s（称为同步转速，单位为r/min）之差占定子旋转磁场的转速n_s的百分数，用算式表示为

$$s = \frac{n_s - n}{n_s} \times 100\% \tag{3-37}$$

（二）同步转速的测量和计算方法

1. 测量电源频率的计算方法

用准确度不低于0.1级的频率表，测量被试电动机所用电源的频率f_1(Hz)，在电动机的极对数p已知的情况下，用下式计算其定子旋转磁场的同步转速n_s（r/min）:

$$n_s = \frac{60 f_1}{p} \tag{3-38}$$

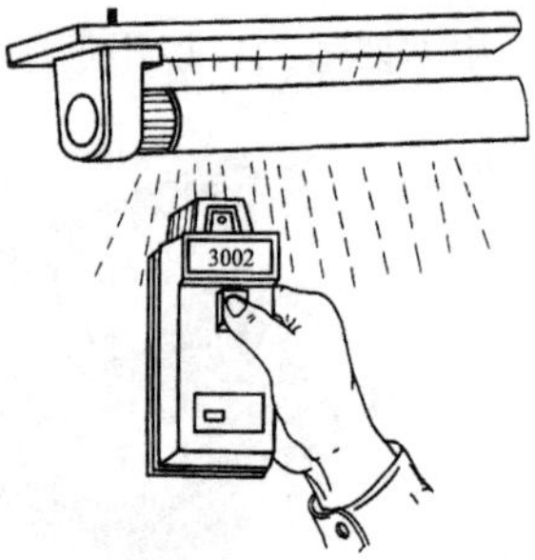

2. 测量同电源供电的荧光灯频闪次数的计算方法

电动机的同步转速可用光电式转速表对准与被试电动机使用同一电源的荧光灯灯管的一端来测量，如图3-70所示。

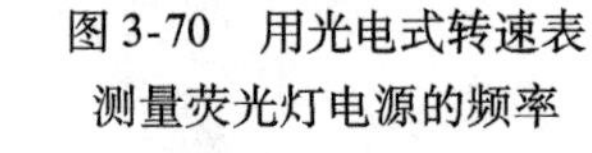

图3-70 用光电式转速表测量荧光灯电源的频率

记录显示的每分钟频闪值n_E，用式（3-39）求取被试电动机的同步转速n_s（式中p为被试电动机的定子极对数，下同）；若将转速表对准荧光灯管的中部，每分钟频闪值将是在一端测量的2倍，设此时的每分钟频闪值为n_Z，则同步转速n_s用式（3-40）求取。

$$n_s = \frac{n_E}{p} \tag{3-39}$$

$$n_s = \frac{n_Z}{2p} \tag{3-40}$$

（三）用荧光灯闪光测转法（频闪光仪测试法）获取转差和转差率

1. 测试和计算方法

1）在被试电机轴伸端安装的带轮端面或联轴器的侧面，用油漆涂上与电机的极对数相同数量的黑白相间的扇形面或横道，如图3-71a所示。

2）用与被试电机相同的电源供电但在电路中串联一只整流二极管的一台荧光灯照射上述涂色的部位。此时，若电机加载运转，将可看到带轮端面上的白色扇面或联轴器侧面上的白线在缓慢地旋转，如图3-71b所示。

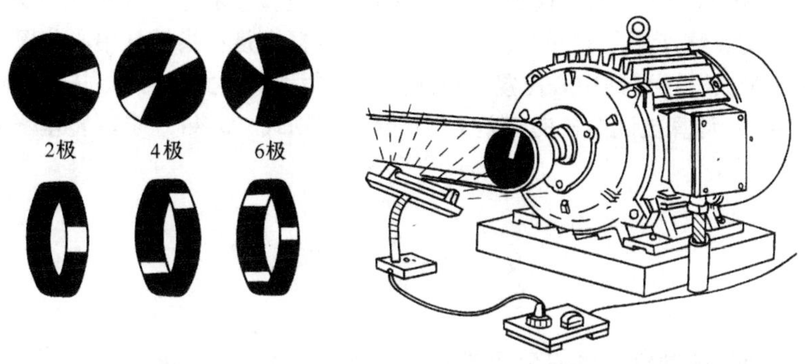

a) 涂色示意图　　b) 荧光灯照射位置(2极电动机)

图 3-71　用荧光灯闪光测转法测取异步电动机的转差率

3）当电机的负载调定后，用秒表记录上述白色扇面或白道旋转 N 转所用的时间 t（s）。

4）用式（3-41）计算被试电机的转差 s_t（r/min）；用式（3-42）求取转差率 s（%）。

$$s_t = \frac{60N}{t} \tag{3-41}$$

$$s = \frac{pN}{tf_1} \times 100\% \tag{3-42}$$

2. 原理

因为荧光灯所接电源与被测电动机所用电源相同，所以其电源的频率也必然相同，例如都是 50Hz。这样，荧光灯的闪光频率也会是 50Hz（若不串联整流二极管，则是 2×50Hz = 100Hz），即每秒钟发光和熄灭各为 50 次，即每 0.02s 变化 1 次。因为变化较快，人眼对进入眼内的物体影响具有视觉暂留效应（暂留时间为 0.1～0.4s），所以感觉不到上述明暗变化的过程。

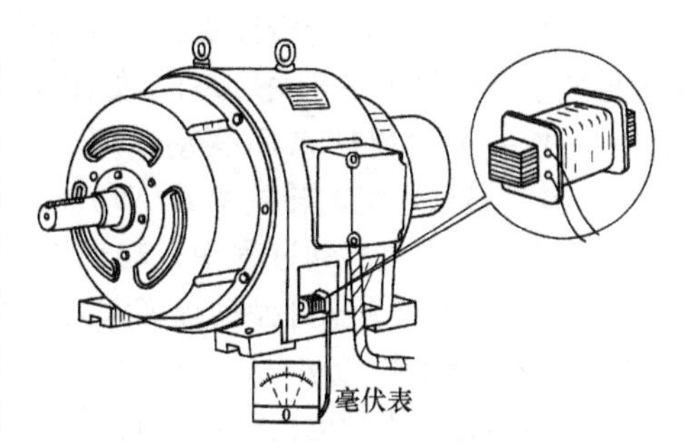

图 3-72　感应线圈法测量异步电动机的转差率

对于 2 极同步电动机，即其转子每秒旋转 50 转。此时 1 次闪光期间带轮或联轴节上的白色部分恰好转 1 个整圈，由于视觉暂留现象，白色部分好似静止不动。对于 2 极异步电动机，因为 1s 的转速少于 50 转，所以 1 次闪光期间白色部分旋转少于 1 圈。第 1 次闪光影像在某一位置，第 2 次闪光时就会比第一次的位置落后一个角度，如此连续不断，白色部分好似以逆电动机转向旋转。转 1 周，表明电动机转子比同步转速少 1 转，若转 N 圈的时间为 t(s)，则转差和转差率则可分别用式（3-41）和式（3-42）计算。

若荧光灯不串联整流二极管，则涂白片数为被测电动机的极数（即为图 3-71a 所示的 2 倍），此时的测量方法和计算方法与对上述荧光灯串联整流二极管相同。但此方法对多极数和转差率较大的电动机不太适用，原因是涂色的部分较多，盯着观看其中一个较困难。

（四）用感应线圈法测取转差和转差率

1. 测试和计算方法

1）在电动机的机壳上或机座空档处安放一个带铁心的多匝线圈（2000 匝以上），线圈两端接一只零位在中心的磁电系指针式毫伏表或检流计，如图 3-72 所示。

2）在电动机通电运行时，上述仪表的指针将在中心位置左右按一定的周期来回摆动。用秒表记录仪表指针摆动 N 次所用的时间 t（s）。摆动1次的概念是：指针从中心位置（0刻度位置）开始向一侧摆动到最大，再回到中心位置；再向另一侧摆动到最大，再回到中心位置。

3）用式（3-43）计算被试电机的转差 s_t（r/min）；用式（3-44）求取转差率 s（%）。

$$s_t = \frac{60N}{pt} \tag{3-43}$$

$$s = \frac{N}{tf_1} \times 100\% \tag{3-44}$$

2. 原理

在本方法中，感应线圈所产生的交变感应电动势有两个：一个是定子电流产生的磁场漏磁通所引起的，其频率为定子电源频率 f_1（例如50Hz）；另一个是转子电流产生的磁场漏磁通所引起的，其频率为转子电流频率 f_2（该频率很低，实际就是转差频率，一般不超过定子电源频率的5%，即不足2.5Hz）。由于指针式仪表指针的惯性，频率为 f_1 的定子磁场漏磁通所引起的感应电动势不能使仪表指针摆动，而很低频率的转子磁场漏磁通所引起的电动势能使仪表指针摆动。所以仪表指针摆动频率实际上就是转子电流的频率 f_2，由此可求出转子的转差率 s。

（五）绕线转子电机转差率的仪表测量计算法

本方法只能用于加负载过程中转子外接导线能引出的不举刷绕线转子电机。有两种试验方法。

1. 毫伏表电压法

将一只零位在中心的指针式磁电系直流毫伏表接于电机转子两相电刷之间（此时转子三相绕组已通过外接的短路开关短路），如图3-73a所示。当电机加负载运行时，仪表指针将在中心位置左右按一定的周期来回摆动。用秒表记录仪表指针摆动 N 次所用的时间 t（s）。用式（3-44）计算被试电机的转差率 s（%）。

应注意，在电机起动过程中，转子绕组产生的电压将很高，仪表不可接入（将图中开关S断开）；另外，若仪表指针摆动幅度太大，可串接一个可调的分压电阻（见图中 R）。

2. 钳形电流表电流法

用一只指针式钳形电流表测量转子的一相电流。由于转子电流的频率很低，电流表的指针将在一定的位置上来回摆动，如图3-73b所示。用秒表记录仪表指针摆动 N 次所用的时间 t（s）。用式（3-45）计算被试电机的转差率 s（%）。

$$s = \frac{N}{2tf_1} \times 100\% \tag{3-45}$$

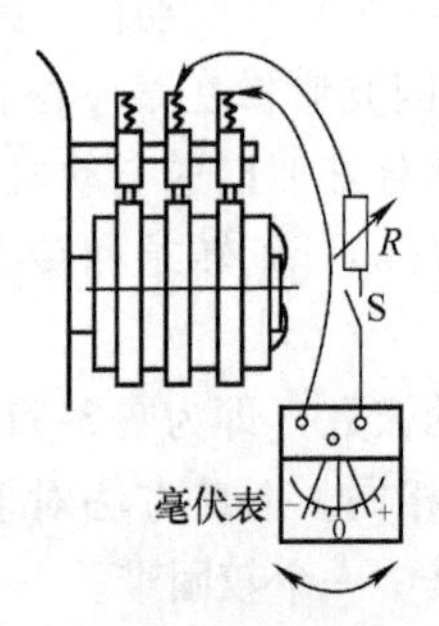

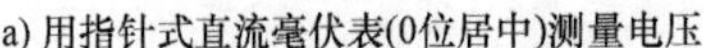
a) 用指针式直流毫伏表(0位居中)测量电压

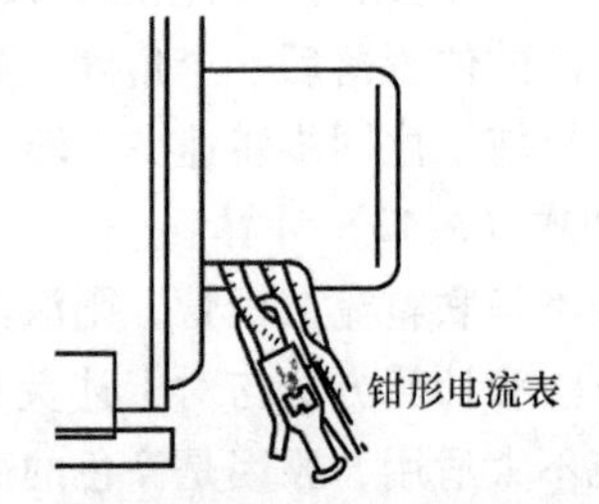

b) 用指针式钳形电流表测量电流

图3-73 绕线转子电机转差率的仪表测量计算法接线图

（六）用数字式转差率测量仪直接测取转差率

在旋转轴上安装一个当电动机旋转时不会产生明显负载的光电反射标记或磁电感应装置。

由光电传感器或磁电感应器将转速信号变成脉冲信号。测量仪将这一信号与电源频率（与被试电机同一个电源）信号进行运算处理后，直接显示出被试电机的转差率。

第十四节　三相交流电源相序测量仪

三相异步电动机和同步电动机转向是否正确的判定与电源相序有关，这是因为电机标准中规定的旋转方向是以在按电源相序与电机绕组相序相同为前提条件下提出的。

确定三相电源的相序可采用专用的相序测量仪，该仪器有出售的成品，如图3-74所示，也可按图3-75所示的电路实物图自制。

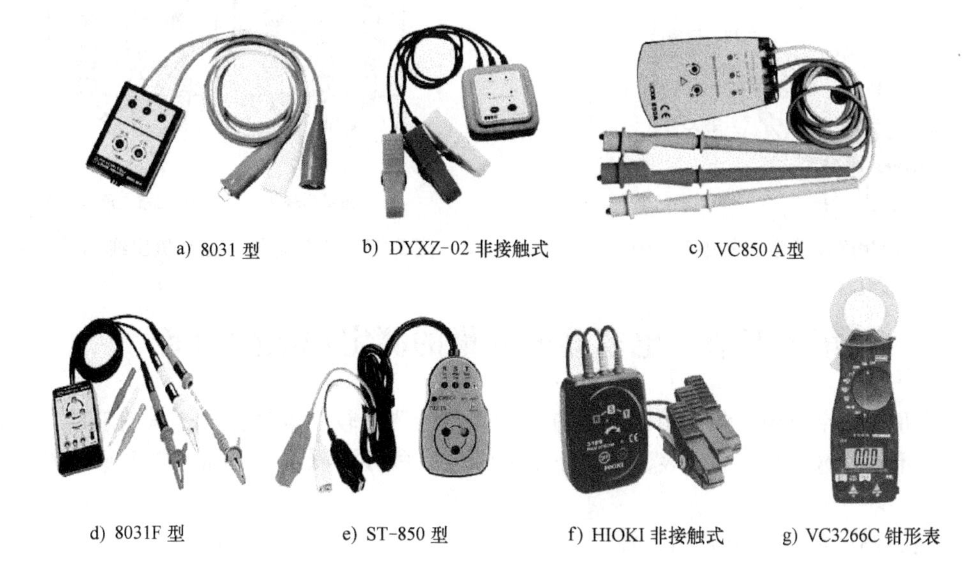

a) 8031型　b) DYXZ-02非接触式　c) VC850A型

d) 8031F型　e) ST-850型　f) HIOKI非接触式　g) VC3266C钳形表

图3-74　三相电源相序测量仪成品示例

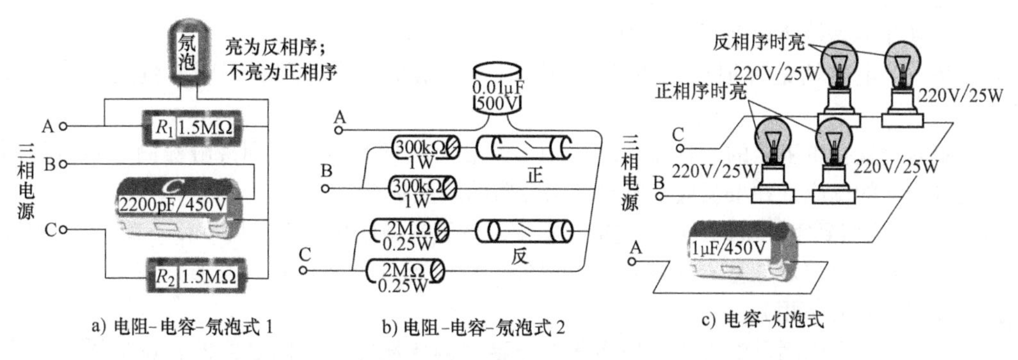

a) 电阻-电容-氖泡式1　b) 电阻-电容-氖泡式2　c) 电容-灯泡式

图3-75　自制三相电源相序测量仪实物接线图示例

使用时，将仪器3条线分别接电源3条相线，接通电源。对于常用的正、反指示灯式相序仪（见图3-74a、b、c和图3-75），此时，若标“正”的灯比标“反”的灯亮，则说明电源相序与相序仪接线相同；若“反”灯比“正”灯亮，则说明电源相序与相序仪接线相反。此时可任意调换一对接线后通电再试一次，如图3-76所示。

对于图3-74d、e所示的相序仪，在面板上有A、B、C三个指示灯以及铝盘旋转方向观察窗和一个电源开关。相序仪的一侧引出3条测试线，用3种颜色来区别A、B、C三相。与三相通电的电源线连接后，按下相序仪的开关，观察铝盘转动的方向和灯泡的亮灭情况。如果两个灯泡发亮且铝盘逆时针转动，说明假设相序不正确。调换一次接线后，再次测量，若 3 个灯泡都发亮且铝盘顺时针转动，说明假设相序正确。

电源相序确定后，用黄、绿、红 3 种颜色或 A、B、C，U、V、W，L_1、L_2、L_3 等代号标在各线端上。标志应牢固清晰。

若三相电源与电动机三相绕组同相序相连接，如图 3-77 所示，通电后则应按规定的方向旋转，否则说明电动机的相序不正确。此时，任意改换两相与电源的接线就可改变电动机的旋转方向。

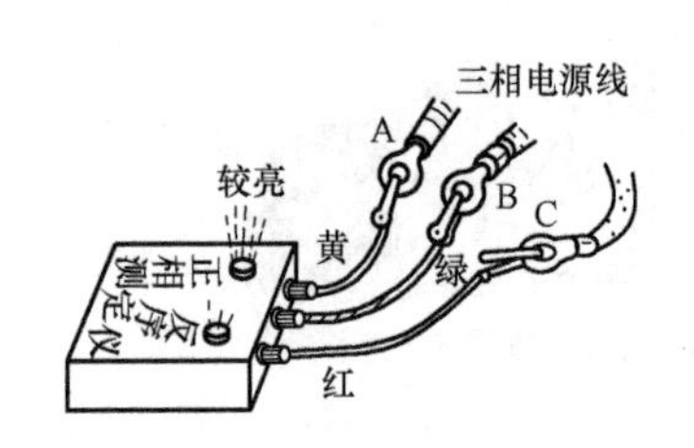

图 3-76 用相序仪确定三相电源相序

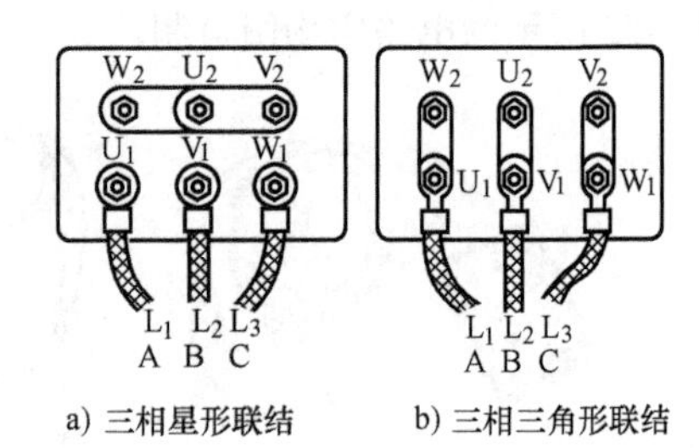

图 3-77 三相电源与电动机出线端子连接

第十五节 电容器电容量的测定和故障判断

现已有很多数字万用表和多用钳形电流表附带直接测量较小电容器电容量的功能，可直接使用。对于不具备这些功能的电表，可用下面介绍的一些方法测量电容器的电容量和判断常见故障。

一、电容器好坏的简易判断方法

在检查已使用过的电容器时，应先用导线（或其他金属）将其两极相连放电，以免因其内部储存的电荷对试验人员产生电击损伤。

（一）用万用表检查电容器的好坏

当怀疑一个电容器是否损坏或质量有问题时，可用指针式万用表来粗略判定。请参考图 3-78。

将万用表设置在电阻档的 ×1kΩ（或 ×100Ω）档。用两只表笔分别接触被测电容器的两个电极。观看指针的反应，并按反应情况确定电容器的质量状态。

1）指针很快摆到零位（0Ω 处）或接近零位，然后慢慢地往回走（向∞Ω 一侧），走到某处后停下来。说明该电容器是基本完好的，返回停留位置越接近∞Ω 点，其质量越好，离得较远说明漏电较多（最好不用）。

这是因为，万用表测量电阻的原理实际上是给被测导体加一个固定值的直流电压（由表内安装的电池提供），此时将有一个与之相对应的电流，利用欧姆定律的关系将此电流转换成电阻值刻度在表盘上。例如电压为 9V 时电流为 0.03A，则导体的电阻为 9V/0.03A = 300Ω，在表盘上的 0.03A 位置刻度为 300Ω 即可以了。

对于一个好的电容器，在其两端刚刚加上一个直流电压时，开始充电，电流将瞬时达到最大值，对电阻而言就是接近于 0Ω，随着充电过程的进行，电流也将逐渐减小，从理论上来讲，电容器的两个极板之间应该是完全绝缘的，所以上述充电过程的最终结果应该是电流到零为止，反映到电阻上，最后应该返回到∞Ω 点处（即电流等于零的位置）。但实际上所有的电容器极板之间都不是完全绝缘的，所以在外加电压下都会有一个较小的电流，被称为电容器的“漏电电流”，这就是指针不能完全返回到∞Ω点的原因。万用表指针返回的多少则说明漏电电流的大小，返回多则漏电电流小，返回少则漏电电流大。漏电电流不可太大，否则将造成电路的一些不正常现象，严重时将不能正常工作。漏电电流较大时，电容器将比正常时热得多。

2）指针很快摆到零位（0Ω处）或接近零位之后就不动了，说明该电容器的两极板之间已发生了短路故障，该电容器不可再用。

3）表笔与电容器的两个电极开始接通时，指针根本就不动，说明该电容器的内部连线已断开（一般发生在电极与极板之间的连接处），自然不可再使用。

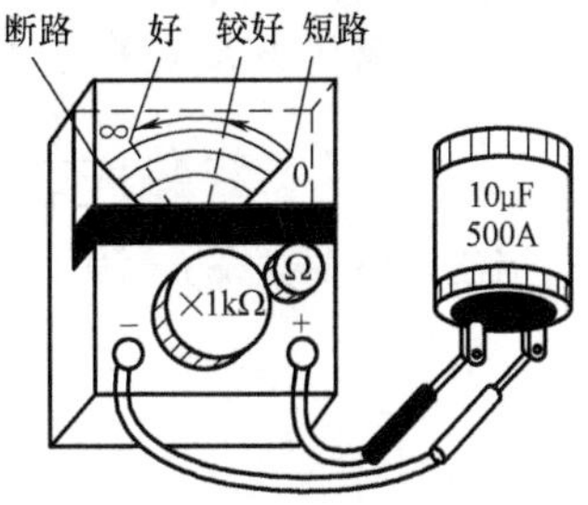

图 3-78　用指针式万用表判断电容器的好坏

（二）用充、放电法判断电容器的好坏

在手头没有万用表时，可用充、放电的方法粗略地检查电容器的好坏。所用的电源一般为直流电（特别是电解电容等有极性的电容器，一定要使用直流电源），电压不应超过被检电容器的耐电压值（在电容器上标注着），常用3～6V干电池或24V、48V电动自行车及汽车用蓄电池。对于工作时接在交流电路中的电容器，也可使用交流电，但电压较高时在操作中应注意安全，要戴绝缘手套或使用绝缘工具。

电容器两端接通直流电源后，等待少许时间就将电源断开。然后，用一段导线，一端与电容器的一个电极相接，另一端接电容器的另一个电极，同时观看电极与导线之间是否有放电火花，如图3-79所示。

有较大放电火花并且发出噼啪的放电声者，说明是好的，并且火花较大的电容量也较大（对于同一规格的电容器，使用同一电源充电时而言）；放电火花和放电声小的，说明质量已不太好；没有放电火花者，说明是坏的。

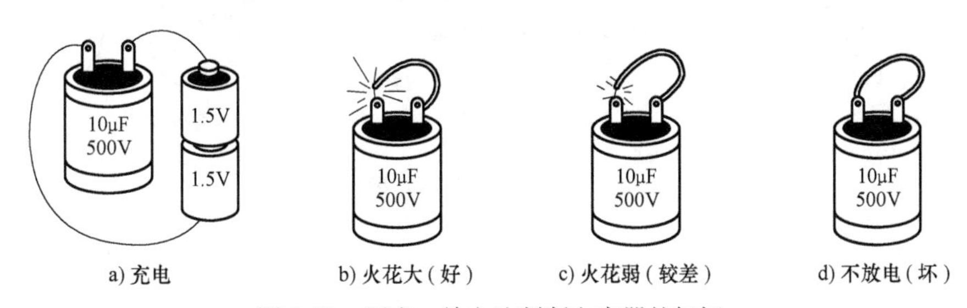

a) 充电　b) 火花大（好）　c) 火花弱（较差）　d) 不放电（坏）

图 3-79　用充、放电法判断电容器的好坏

二、用电压表和电流表测定电容器的容量

将被测电容器接在一个电压不大于其标定电压的交流电源上（一般用50Hz、220V单相交流电），并设置测量电路电流和电容两端电压的电流表（为了方便，可使用钳形电流表）和电压表（应采用内阻较大的电压表），组成测量电路如图3-80所示。为使电流表获得足够大的读数，可串联一个适当的可调电感L。在没有专用的可调电感时，可使用自耦调压器的二次绕组代替。

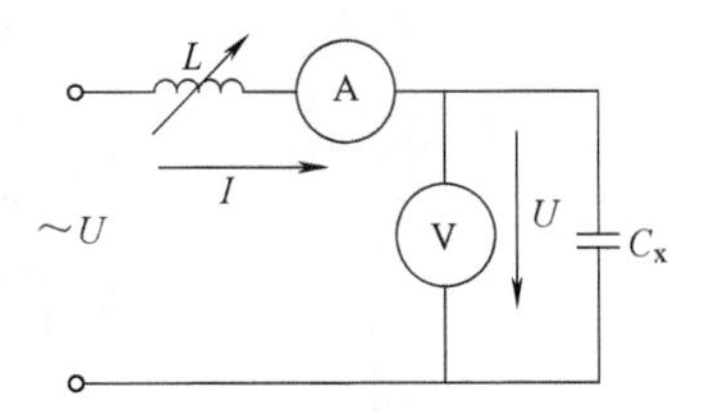

图 3-80　用电压表和电流表测定电容器容量的测试电路

给测试电路加电。调节电感量L，使电流达到一个适当的数值（电容器微微发热）。用电压表测量电容器两个电极之间的电压。记录电流表和电压表的指示值I（A）和U（V），则被测电

容器的电容量 C_x（μF）为

$$C_x=\frac{1}{2\pi f}\frac{I}{U}\times10^6 \tag{3-46}$$

式中　f——电源频率（Hz）。

例如测量值为 $I=0.6$A，$U=220$V，$f=50$Hz，则

$$C_x=\frac{1}{2\pi f}\frac{I}{U}\times10^6=\frac{1}{2\times3.14\times50}\times\frac{0.6}{220}\times10^6\mu\text{F}\approx8.6\mu\text{F}$$

当使用电源频率 $f=50$Hz 时，式（3-46）可简化并近似为

$$C_x=3.183\times10^3\frac{I}{U} \tag{3-47}$$

第十六节　风速风压的测量

在评价风冷散热的电机冷却效果时，需要测量风冷系统的风压和风速。

测量风压一般选用U形管压力计、微压计和毕托管，图3-81给出了结构和产品示例。测量风速和风量使用专用的仪器，图3-82给出了部分产品示例。

各种仪器的使用方法见产品的说明。

进行电机风压试验测量的部位按相关技术条件的规定。

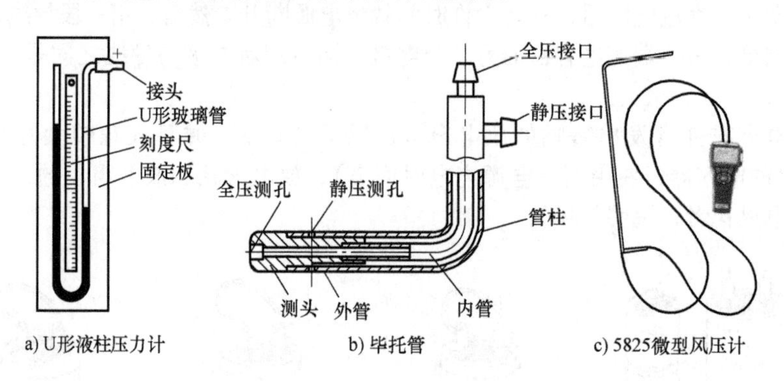

a) U形液柱压力计　b) 毕托管　c) 5825微型风压计

图3-81　风压测量仪器

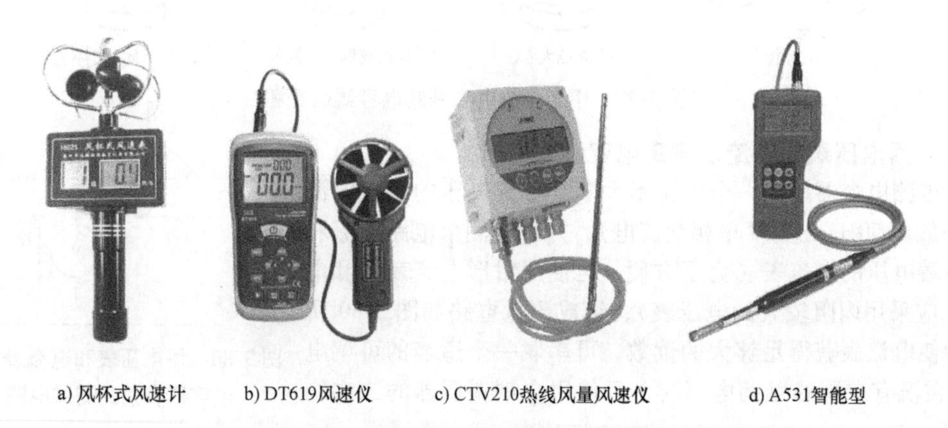

a) 风杯式风速计　b) DT619风速仪　c) CTV210热线风量风速仪　d) A531智能型

图3-82　风速、风量测量仪器

第四章　通用试验及设备

所谓“通用试验”，是指对那些各种类型或某一大类电机（例如三相异步电动机）共有项目的试验。例如安全性能方面的绝缘电阻测量和介电强度试验、绕组匝间耐冲击电压试验、外壳防护性能试验、噪声和振动测定试验、超速试验、转动惯量测定试验、发热试验等。

本手册将这些性能试验分成两部分，第一部分为与安全有关的电气绝缘及防护（本章第一节～第十一节），第二部分为其余项目（本章第十二节～第二十节）。

在本章中，将讲述这些项目的试验操作技术及有关计算、考核方法，同时介绍各项试验所用设备（包括安装设备和工装、电源设备、测量用仪器仪表等）的类型参数及选用原则、使用方法、常见故障和判定处理知识等一系列内容。

需要说明的是，考虑到使用单位（包括中大型新兴企业、老的国有企业、小型个体企业和修理单位等）的现状，所介绍的试验方法和所用设备、仪器仪表等，既介绍了现用较先进和较完善的，也介绍了一些比较传统的和简易的，其中还有些是使用单位可以自制的。

第一节　绝缘电阻测定试验

国家和电机行业标准 GB/T 755—2019、GB/T 14711—2013、GB/T 12350—2009、GB/T 1032—2012、GB/T 1029—2005 和 GB/T 1311—2008 等中，给出了电机绕组和其他电气元件对地和相互间的绝缘电阻测试的方法、所用仪器和合格判定标准等内容。

一、测试仪器分类、选择和使用前的检查

（一）分类

测量绝缘电阻的仪表称为绝缘电阻表，习惯称为兆欧表，有手摇发电式和内置电池或外接电源电子式两类。前者又俗称“摇表”；后者又称为“高阻计”。图 4-1 是几种类型绝缘电阻表外形示例。

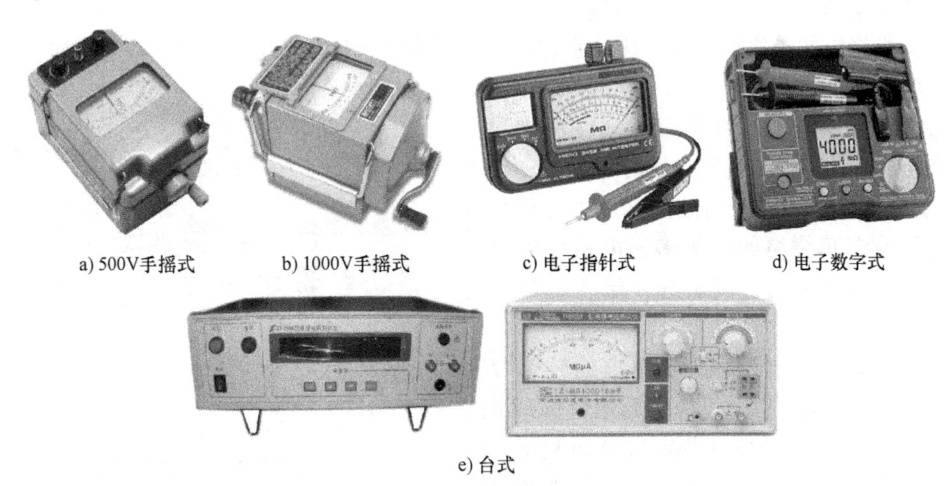

a) 500V手摇式　b) 1000V手摇式　c) 电子指针式　d) 电子数字式

e) 台式

图 4-1　绝缘电阻表外形

绝缘电阻表的规格是按其所发出的额定电压值来确定的。电机试验用的有250V、500V、1000V、2500V和5000V共5种。

（二）选择规定

测量绝缘电阻时，应按被测电气元件的额定工作电压（一般指电机正常运行时规定的额定电压值）的高低来选择绝缘电阻表的电压规格。表4-1给出的除第一列“电机额定电压≤36V时，绝缘电阻表规格应为250V”之外，其余是GB/T 1032—2012中的规定，其他标准中的规定可能略有不同。

表4-1 绝缘电阻表选用规定

电机额定电压/V	≤36	>36～1000①	>1000～2500	>2500～5000	>5000～12000
绝缘电阻表规格/V	250	500	1000	2500	5000

① GB/T 1032—2012中的规定为≤1000V。

（三）测量使用前对仪表的检查

使用前，先检查仪表及其引出线是否正常。两条引出线应使用各自独立的绝缘软线，即不可使用拧绞在一起的“麻花线”，也不要使用双芯护套线。将两条引出线短路，摇动仪表或打开仪表电源开关进入测量状态，仪表显示值为0MΩ；再将两条引出线断开进行测量，显示值为∞，则说明正常，如图4-2所示。

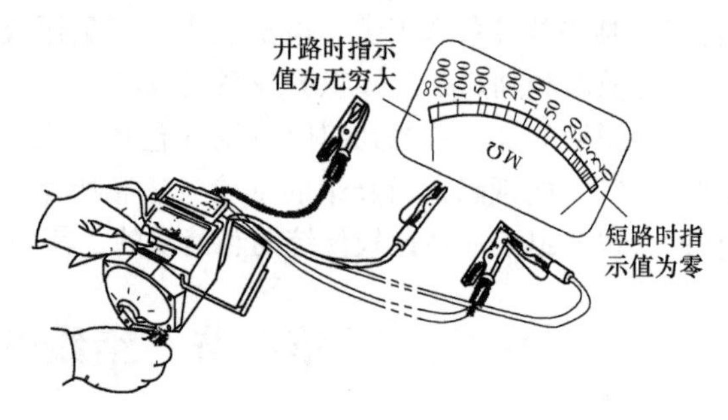

图4-2 检查仪表及其引出线是否正常

二、测量电机绕组绝缘电阻的方法和考核标准

（一）测试方法

对电机的不同绕组，如直流电机的电枢绕组、励磁绕组（包括串励绕组、并励绕组和他励绕组），交流异步电动机的定子绕组和绕线转子电机的转子绕组，同步电机的定子绕组、励磁绕组及某些自励电机的励磁系统中的电抗器、电流互感器等的绕组等，如果它们的两个线端都已引出到电机机壳之外，则应分别测量每个绕组对机壳的绝缘电阻和各绕组相互间的绝缘电阻。试验时，不参与试验的绕组应与机壳可靠连接。对在电机内部已做连接的绕组（如三相绕组已接成星形或三角形），则可只测它们对机壳的绝缘电阻。

测量电机绕组的绝缘电阻时，应分别在绕组实际冷状态和热状态下进行，检查试验时，可只在实际冷状态下进行。

测量电机绕组对地绝缘电阻时，仪表的L端与被测绕组相接，E端与机壳或铁心等相接，如图4-3所示；测量电机不同绕组之间（例如三相绕组每两相之间或多套绕组的变极多速电机各极数绕组之间）的绝缘电阻时，仪表的L端和E端的连接不必区分。

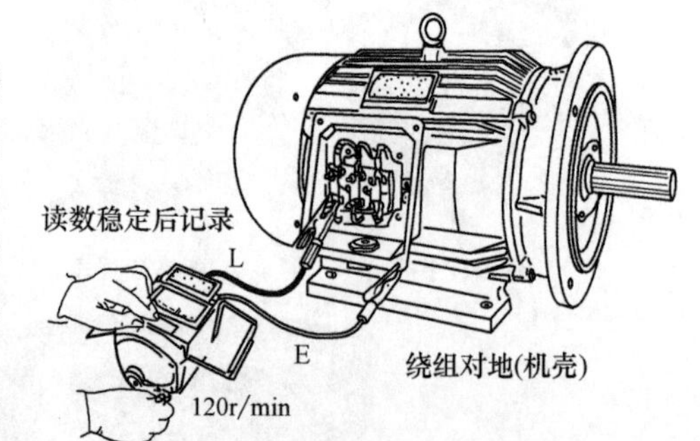

图4-3 用手摇式绝缘电阻表测量电机绕组对机壳的绝缘电阻

使用手摇式绝缘电阻表时，手摇的转速应在120r/min左右，摇动到指示值稳定后记录所显示的数据（在GB/T 1032—2012中规定为1min后记录）。

测量之后，用导体对被测元件（例如绕组）与机壳之间放电后拆下引接线。直接拆线，有可能被存储的电荷电击。

（二）电机绕组绝缘电阻考核标准

电机绕组绝缘电阻考核标准分为热态（电机运行到热稳定时的状态）和冷态（电机绕组处于和环境温度基本相同的状态，或称为常温状态）两种情况。

对于只在冷态进行试验的电机，则以冷态考核标准进行考核，但当测量数据未达到要求时，其原因不一定是被测电机绕组的绝缘真正不合格，而有可能是因为受潮等外界原因所引起的绝缘下降所造成的。此时，需要对其进行烘干处理后，根据再次测量的结果来判定。

对于进行热试验和负载试验的电机，则以热态考核标准进行考核，但当测量数据未达到要求时，则直接可判定绝缘不合格。

电机绕组冷态和热态时的绝缘电阻考核标准在相关标准中规定，详见表4-2。

表4-2　电机绕组绝缘电阻考核标准

序号	电机类型 和考核标准编号	绝缘电阻最小限值 R_M	
		热态时	冷态时①
1	中小型电机 （以下第2~4种类型的电机除外） GB/T 755—2019 GB/T 14711—2013	$$R_M=\frac{U}{1000+(P/100)} \tag{4-1}$$ 式中　R_M——电机绕组的绝缘电阻最小限值（MΩ）； U——电机绕组的额定电压（V）； P——电机的额定容量，对直流和交流电动机，其单位为kW，对交流发电机为kVA，对调相机为kvar 若用式（4-1）计算所得数值<0.38 MΩ，则以0.38 MΩ作为最小允许值 因为中型以下电机的容量在3000kW（或kVA、kvar）以下，使式（4-1）中的$P/100 \ll 1000$，所以可认为$1000+(P/100)\approx 1000$，则$R_M \approx U/1000$	低压电机②：5MΩ 高压电机③：50MΩ
2	小功率电动机 GB/T 5171.1—2014 GB/T 12350—2016	5MΩ	50MΩ
3	热带型电机 GB/T 12351—2008	（1）小功率电动机：0.5MΩ④ （2）除小功率电动机外，机座号在630以下的湿热带型交流电机和电枢直径≤990mm的湿热带型直流电机（简称中小型湿热带电机） 1）定子电压≥3000V的电机和额定电压为110~3000V的外壳防护等级为IP22~IP44的电机（简称防护电机）：式（4-1）所求数值的2倍，但最低为0.38 MΩ 2）额定电压为110~3000V的外壳防护等级为IP44以上的电机：式（4-1）所求数值的3倍，但最低为0.38MΩ （3）中小型干热带电机：式（4-1）所求数值，但最低为0.38MΩ	同第1项⑤
4	变频调速电动机 JB/T 7118—2014	0.69MΩ	5MΩ

① 就一般情况而言，温度越高，绝缘电阻越小。有资料给出了如下可供参考的冷、热态绝缘电阻换算公式。

$$R_{MC} \geqslant \frac{U}{1000}\,\frac{t_e - t}{5} \tag{4-2}$$

式中　R_{MC}——冷态绝缘电阻考核值（MΩ）；

U——绕组额定电压（V）；

t_e——电机所用绝缘材料热分级的基准工作温度，如95℃［130（B）级］、115℃［155（F）级］等；

t——测量时的绕组温度（一般用环境温度）（℃）。

例如，当环境温度（t）为25℃时，对U=380V、绝缘材料热分级为130（B）级（基准工作温度为95℃）的电机，用式（4-2）计算，绝缘电阻R_{MC}≥5.32MΩ。

② 低压电机是指交流额定电压1000V及以下、直流额定电压1500V及以下的电机。

③ 高压电机是指交流额定电压在1000V以上、直流额定电压在1500V以上的电机。

④ GB/T 12351—2008《热带型旋转电机环境技术要求》的这一规定与GB/T 12350—2016《小功率电动机的安全要求》的5MΩ相差较多，希望引起注意是否有新的要求。

⑤ 此规定在GB/T 12351—2008中没有给出，是作者根据GB/T 14711—2013中的规定给出的，供参考。

三、热传感元件、防潮加热器绝缘电阻的测量

在电机中，除前面讲述的绕组为电气元件之外，有些还有埋置在绕组、铁心、轴承室等部位用于测量或保护的测温电气元件，分布在绕组端部或其他位置的防潮加热电气元件等。这些元件运行时，其本身要通过一定的电流，需要有足够的绝缘，更重要的是，它们一定或者可能与接通高压（和其自身两端电压相对而言）的电气元件（绕组或其引接线）相接触，因此，它们之间的绝缘必须达到这些高压电气元件的同等水平。

下面介绍其各自绝缘电阻的测量方法。

（一）热传感元件绝缘电阻测量

这里所说的热传感元件，包括第三章第十二节第二部分介绍的热电偶和热电阻，还包括仅用于过热保护的热敏开关和PTC型热敏电阻（包括埋置在电机内部绕组等位置的和安装在其他发热部件上的。用于埋置在三相电机绕组内部时，常用3只串联的形式，见图4-4b)。

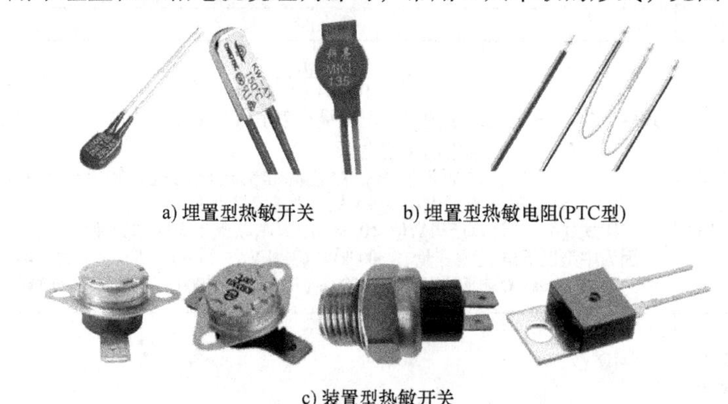

a) 埋置型热敏开关　　b) 埋置型热敏电阻(PTC型)

c) 装置型热敏开关

图4-4　用于过热保护的热敏开关和热敏电阻

行业标准JB/T 10500.1—2005对埋置式检温计的绝缘电阻测定做出了规定。

测量这些元件的绝缘电阻时，应选用不高于250V的绝缘电阻表。

接线时，一个元件的所有引出线应全部连接在一起后，与仪表的L端相接，仪表的E端接机壳或绕组等。

（二）防潮加热器绝缘电阻测量

电机用防潮加热器又称为“空间加热器”，分为带状和管状两大类。带状防潮加热器又简称为“防潮加热带”，一般包裹在绕组的端部，如图4-5a～c所示。而管状加热器则简称为“加热管”，类似于电热管，如图4-5d所示。

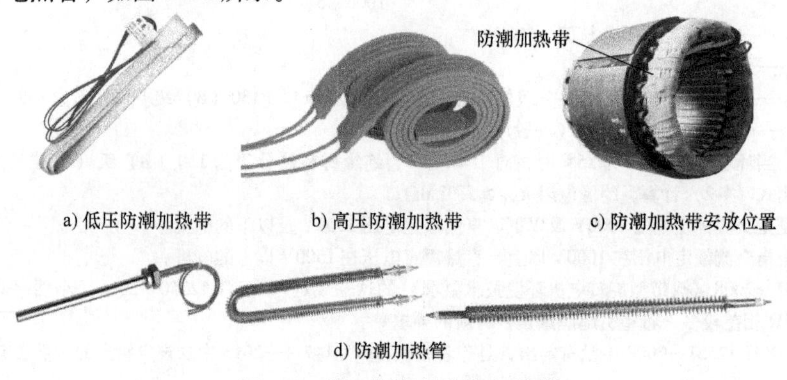

a) 低压防潮加热带　　b) 高压防潮加热带　　c) 防潮加热带安放位置

d) 防潮加热管

图4-5　用于驱潮的防潮加热器

绝缘电阻按 JB/T 7836. 1—2005 的规定测定。应根据电机的额定电压，按表 4-1 给出的规定选择绝缘电阻表的规格。测量方法和合格标准与普通电机绕组相同。

四、绝缘轴承绝缘电阻的测量

为了避免轴电流对轴承的灼伤损害，有些电机（特别是高压中大型电机和用变频电源供电的电机），往往在其非主轴伸端安装使用一套绝缘轴承（见图 4-6a），用于隔绝轴电流。所使用的绝缘轴承一般为外圈附加（一般为涂覆）绝缘层的办法，如图4-6b 所示，个别场合也会使用内、外圈均附加绝缘层的办法，如图 4-6c 所示。需要测量绝缘电阻的轴承应该是指这些绝缘轴承。

另外，在一些特殊场合，还有一些如图 4-6d 和 e 所示的通体绝缘聚合物滚珠轴承和陶瓷滚珠绝缘轴承等。

a) 电机转轴上安装外圈绝缘轴承

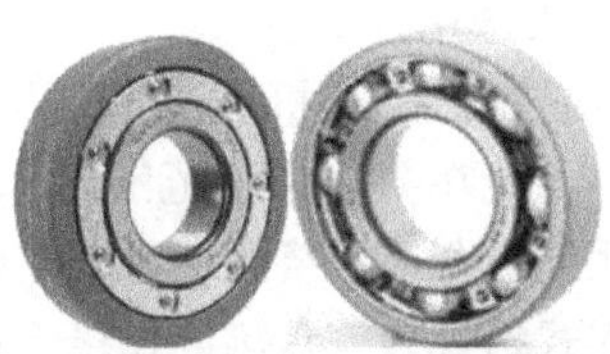

b) 外圈有电绝缘层的绝缘轴承

c) 内、外圈均有电绝缘层的绝缘轴承

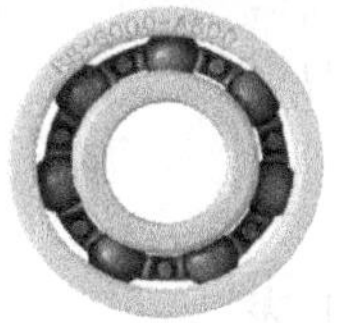

d) 聚合物滚珠轴承

e) 陶瓷轴承和滚珠

图 4-6　电绝缘轴承

测量时，可单独对轴承进行，但最好是将轴承安装在转轴上后进行。一般选用 250V 规格的绝缘电阻表。将仪表的 E 端与转轴连接；轴承的绝缘部分（例如外圈）用铝箔覆盖后，用胶带将铝箔固定，然后与仪表 L 端连接；或者将绝缘轴承装入到轴承座或电机端盖轴承室中，在轴承座或电机端盖与安装绝缘轴承的转轴没有电的通路的状态下，测量转轴与轴承座或电机端盖之间的绝缘电阻。测量操作与前面讲述的完全相同。

合格标准按相关技术要求规定。

五、绝缘吸收比、极化指数（*PI*）的测量和考核标准

对于中大型电机（特别是高压电机）以及某些特殊场合使用的电机，在有要求时，需要测量其绕组的“吸收比”和“极化指数”。

（一）吸收比

1. 吸收比的含义和相关因素

从数据的层面上来讲，吸收比 K_M 是测量绝缘电阻时，试验电压施加 60s 时的测量值 R_{M60s}与施加 15s 时的测量值 R_{M15s}之比，即式（4-3）。

$$K_M = \frac{R_{M60s}}{R_{M15s}} \tag{4-3}$$

从绝缘理论上来讲，吸收比是绝缘材料被施加一个直流电压后，将有 3 个电流分量：其一是绝缘材料的泄漏电流，它是恒定的，或者说是其大小不会随通电时间的变化而变化；其二是由于电容的存在而产生的充电电流，这一电流在刚开始时相对较大，然后逐渐减小，直至到零，这一时间一般需要十几秒；其三是绝缘材料中的偶极子在电场力的作用下被极化所需要的电流，它也随着时间延长而逐渐减少直至到零，这一时间一般需要几十秒甚至几分钟。

由此可以看到：刚施加电压时，电流达到最大，然后逐渐减小到绝缘材料的泄漏电流值。在绝缘电阻表上显示的是电阻值开始最小，然后逐渐增大，最后稳定在一个等于施加电压除以泄漏电流所得的数值上。这一过程喻为绝缘材料“吸收”电流的过程结束。

我们把开始施加直流电压到电容充电完成设定为15s，并认为60s时电流已基本稳定，将通过计算得到的60s与15s这两个时间点的绝缘电阻之比，称作绝缘材料的吸收比。

除电容量大小的影响因素之外，绝缘材料吸收比的高低还与其受潮情况有明显的关系，潮湿状况严重时，泄漏电流会相对较大（即认为稳定的60s时绝缘电阻相对较小），吸收比数值相对较小，这也是用该值分析电机绕组受潮情况的一个依据；另外还与温度略有关系，温度高，该数值相对小。

2. 测量前的准备和仪表选用

测试前，应用导线连接被测绕组对机壳放电，以消除原有残余电荷对测量结果的影响。

测试时的环境温度尽可能在10～40℃范围内。

仪表电压等级的选用同被测电机绕组绝缘电阻的测量。

实践证明，由于手摇式指针表表盘刻度在接近最大量程的一段内，很难读出准确的数值，另外转速的高低也会造成读数的不稳定，所以会对测量结果的给出造成一定的难度，而数字式仪表相对较好。

3. 吸收比的测量方法

检查好所用绝缘电阻表后，将仪表的E端引接线与电机机壳或嵌绕组的铁心相接，L端引接线的另一端固定在一个手持的电极上。对于手摇式仪表，摇动到120r/min并观看指针稳定后，将手持的电极迅速与绕组端点相接触，并同时开始计时，如图4-7所示；对于数字式仪表，打开电源开关并在显示屏中所显示的状态允许测量时，开始连接被测绕组并计时读数。

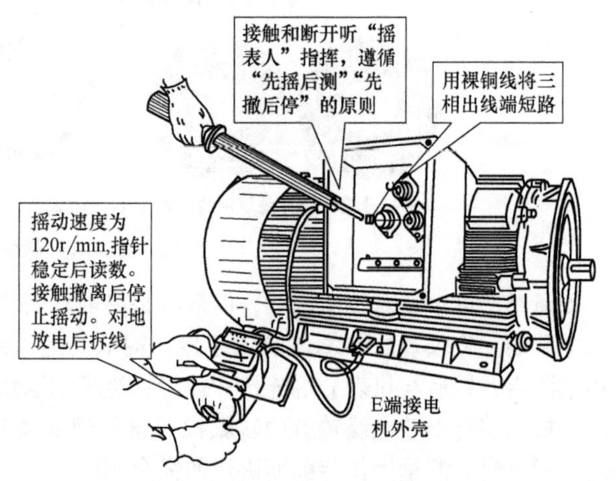

图4-7　测量三相绕组的对地绝缘电阻

读数完毕后，先撤离手持的电极，断开接线，再停止仪表的摇动或断开电源。

最后，用导线将被测绕组对机壳放电。

4. 合格标准

合格标准与绝缘材料的材质有关，应按技术标准中的规定。

在DL/T 596—2005《电力设备预防性试验规程》中给出了如下规定，供参考使用：沥青浸胶及卷云母绝缘，该值应≥1.3；环氧云母绝缘，该值应≥1.6。

（二）极化指数（*PI*）

极化指数的测量仅针对大型高压电机，在DL/T 596—2005中推荐用于额定功率为200MW及以上的电机。

1. 极化指数的含义和相关因素

从数据的层面上来讲，极化指数（*PI*）是测量绝缘电阻时，试验电压施加10min时的测量值R_{M10min}与施加1min时的测量值R_{M1min}之比，即式（4-4）。

$$PI=\frac{R_{M10min}}{R_{M1min}} \tag{4-4}$$

从绝缘理论上来讲，极化指数是绝缘材料中的偶极子在电场力的作用下，被极化形成一致的排列顺序所需要电能的数值。表现的形式是，刚刚施加一个恒定的直流高压时，需要获取的电能最大，电源提供的电流最大，随着偶极子极化的不断进行，需要的电源能量也随着逐渐减少，电流也就随之逐渐减小，体现到电阻值，将是逐渐增大。达到偶极子全部被极化的稳定状态，需要一个较长的时间，一般为几分钟到十几分钟。

我们设定用开始施加电压 10min 和 1min 两个时刻绝缘电阻的比值来评定上述极化过程，并将这一比值称为极化指数。

绝缘材料极化指数的大小在一定程度上反映了绝缘材料材质的品质和泄漏电流的情况。

2. 仪表选用和测试方法

仪表选用和测试方法与测量吸收比基本相同，不同点只在于读取两点的时间。

3. 合格标准

合格标准与绝缘材料的材质有关，应按技术标准中的规定。

在 DL/T 596—2005 中给出了如下规定，供参考使用：沥青浸胶及卷云母绝缘，该值应≥1.5；环氧云母绝缘，该值应≥2.0。

第二节　介电强度试验（耐电压试验）

介电强度试验常被称为耐电压试验（常简称“耐压试验”）。因为所加电压有交流和直流之分，所以又分成耐交流电压试验和耐直流电压试验两种。两者不能相互代替。对于中小型电机，如不加以注明，应理解为只要求进行耐交流电压试验。

在电机生产的不同阶段，耐电压试验要求有所不同。一般分为两个阶段，第一个阶段为绕组嵌入铁心但还未浸漆时（俗称定子或转子白坯）；第二个阶段为装成整机后。

除非有特殊规定，整机试验应指对绕组和机壳之间的加压试验，即习惯所说的对地耐压试验。

一、耐交流电压试验设备

（一）设备组成和工作原理

图 4-8 和图 4-9 分别为低压和高压电机耐交流电压试验设备主要组成部分的电路图和实物示例。图 4-10 和图 4-11 是两种控制电路原理图。

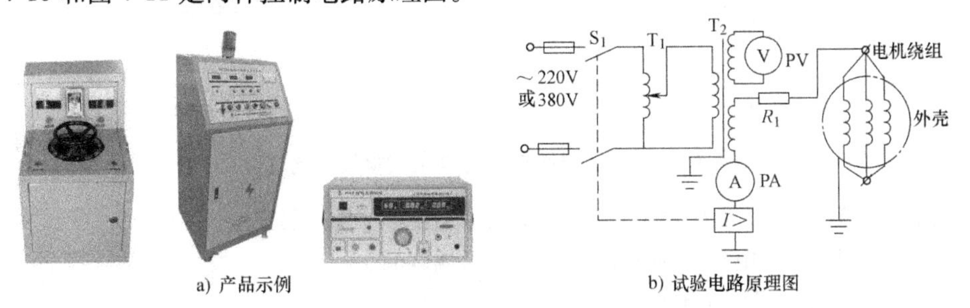

图 4-8　低压电机用耐电压试验设备实物示例和电路原理图

图 4-9 所示高压电机耐交流电压试验设备的工作过程及原理是：

1）低压交流（我国为 50Hz，380V 或 220V）通过控制开关 S_1 输给调压器 T_1 一次侧。

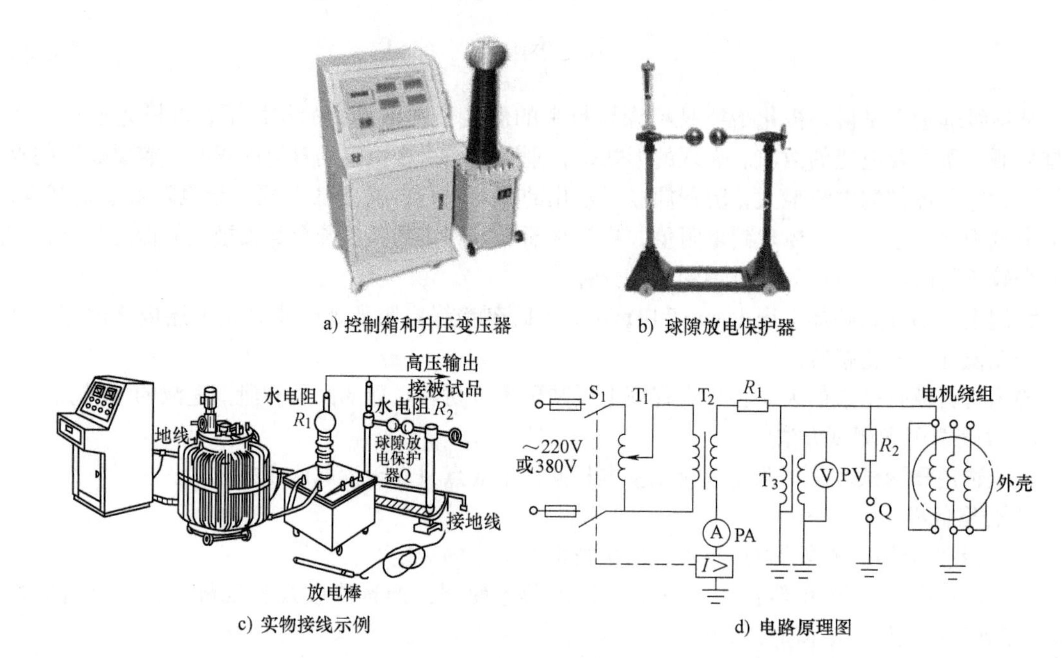

图4-9　高压电机用耐电压试验设备实物示例和电路原理图

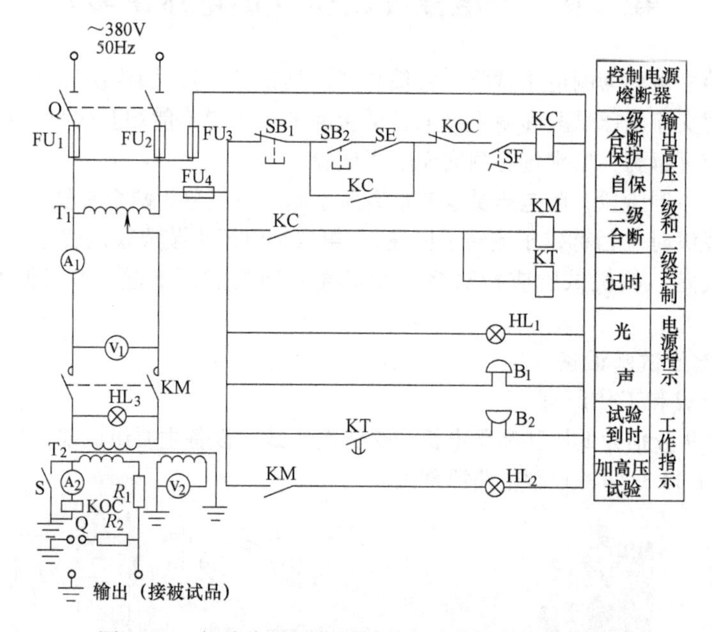

图4-10　全手动调压交流耐电压试验设备电气电路

2）调节调压器 T_1，按需要输出不同值的电压送给升压变压器 T_2。

3）升压变压器 T_2 将电压升到需要数值后加到被试品上。

4）电压表PV指示出试验电压。

5）电流表PA指示出高压泄漏电流。

6）电阻 R_1 的作用是在被试品出现短路时，使变压器输出电流受到限制，从而避免变压器受到较大的短路电流损伤，所以也称为“限流保护电阻”，其阻值按每伏试验电压0.2～1Ω设置，

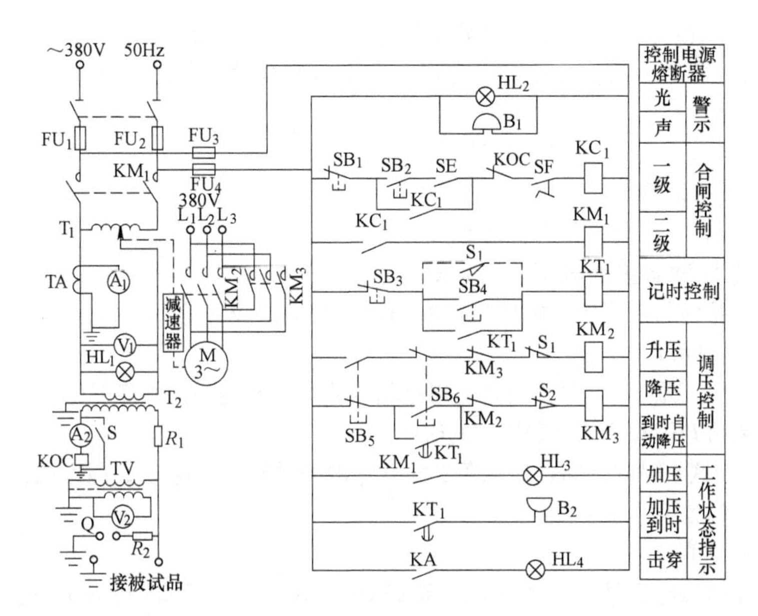

图4-11　半自动调压交流耐电压试验设备电气电路

一般采用水电阻。

7）球隙放电保护器Q用于防止对被试品加过高的电压，一般在试验前进行调整，使之在电压达到1.1~1.15倍试验电压时放电。

8）R_2 是球隙保护电阻，一般按每伏试验电压1Ω选配。

（二）对设备有关元件的要求

在国家标准中，除要求试验电压尽可能为正弦波以外，对试验设备还有如下要求（见图4-8和图4-9）。

1. 对升压变压器额定容量的要求

升压变压器（T_2）的额定容量应按下述原则确定：

1）小功率电机，应不少于0.5kVA。

2）对额定电压为1140V及以下的中小型电机，每1kV试验电压应不少于1kVA。

3）对额定电压高于1140V的电机，每5kV试验电压应不少于1kVA（这是相关标准中的规定，但实践证明，此规定不能满足大部分电机的要求，建议至少按上述中小型低压电机的规定），或根据被试电机的电容量 C（F）按式（4-5）计算求得的容量。

$$S_T = 2\pi fCU_T U_{TN} \times 10^{-3} \tag{4-5}$$

式中　S_T——试验变压器最小容量（kVA）；

f——电源频率（Hz）；

C——被试电机的电容量（F）；

U_T——试验电压（V）；

U_{TN}——试验变压器高压侧的额定电压（V）。

2. 对被试品过电压保护的要求

对额定电压为3kV及以上的电机应加球隙放电保护器（即图4-9b所示设备）。

3. 对试验电压测量和结果显示的要求

1）显示试验电压的电压表必须接在升压变压器 T_2 的高压侧。可采用高压电压表（例如静电系电压表和高压数字电压表），也可通过电压互感器（见图4-11）或专用测量线圈接低压电压表（见图4-10）。不允许利用变比的方式将低压电压表接在变压器的低压端。

2）当被试品击穿时，试验设备应具有声、光指示和自动切断电路的功能，应有手动复位措施。

4. 其他要求

1）应有可靠的接地装置。

2）应有警示装置，如电铃和指示灯等。

二、耐交流电压试验施加电压值和时间

耐交流电压试验施加电压值和施加时间在GB/T 755—2019中做出了规定：

（一）施加电压时间

1）时间为1min。这一时间是指自达到规定的试验电压值后到开始降低电压时为止所用的时间，也就是说不包括升压和降压过程所用的时间。

2）时间为1s。这一时间是指接通电源到断开电源的时间，在这1s的时间内，自始至终试验电压都应该是规定的数值。

（二）施加电压值

试验时，所施加的电压波形应尽可能为正弦波。GB/T 755—2019中表17给出了施加电压1min应达到的交流电压有效值，现将其中与本手册有关的内容摘录于表4-3中。

表4-3　电机成品耐交流电压试验（试验时间为1min）**电压值**（V）

项号	电机类型或部件名称	试压电压（工频正弦交流有效值）
1	额定输出<1kW（或kVA）且额定电压<100V的旋转电机的绝缘绕组，项4~8除外	$500V+2U_N$ 式中，U_N为电机的额定电压，单位为V，下同
2	额定输出<1×10^4kW（或kVA）的旋转电机的绝缘绕组，项4~8除外②	$1000V+2U_N$，最低为1500V①
3	额定输出≥1×10^4kW（或kVA）的旋转电机的绝缘绕组，项4~8除外② 额定电压U_N①：≤24kV >24kV	 $1000V+2U_N$ 按协议
4	直流电机的他励励磁绕组	$1000V+2U_{FN}$最高值（U_{FN}为额定励磁电压，下同），最低为1500V
5	同步电机的励磁绕组： a）额定励磁电压U_{FN}：≤500V >500V b）当电机起动时，励磁绕组短路或并联一个电阻R，$R<10$倍绕组电阻 c）当电机起动时，励磁绕组并联一个电阻R，$R\geq10$倍绕组电阻，或采用带（或不带）励磁分段开关而使励磁绕组开路	 a）$10U_{FN}$，最低为1500V $4000V+2U_{FN}$ b）$10U_{FN}$，最低为1500V，最高为3500V c）1000V+2倍最高电压的有效值，最低为1500V③。在规定起动条件下，该最高电压可能存在于励磁绕组的端子间；对于分段励磁绕组，则存在于任一段的端子间
6	非永久短路（例如用变阻器起动）的异步电动机或同步感应电动机的二次绕组（一般为转子）： a）对不可逆转或只能在停转后才可逆转的电动机 b）电动机在运行中，将一次电源反接而使其逆转或制动的电动机	 a）1000V+2倍静止开路电压，该开路电压是以额定电压施加于一次绕组，而从集电环间或二次端子间测得 b）1000V+4倍二次静止开路电压，其规定见本项a）

（续）

项号	电机类型或部件名称	试压电压（工频正弦交流有效值）
7	励磁机（下列两种情况例外） 例外1：起动时接地或与励磁绕组断开的同步电动机（包括同步感应电动机）的励磁机 例外2：励磁机的他励励磁绕组（见项4）	与所连接的绕组相同 1000V + 2 倍励磁机额定电压，最低为1500V
8	电机与装置的成套组合	应尽可能避免重复项1～7的试验。但如对成套装置试验，而其中组件事先均已通过耐电压试验，则施加于该装置的试验电压应为装置任一组件中的最低试验电压的80%④
9	与绕组在物理上接触的器件，如温度传感器，应对电机机壳试验。在对电机进行耐电压试验时，所有和绕组有接触的器件均应和电机机壳连在一起	1500V
10⑤	小功率电动机 a）一般电动机 b）额定电压≤48V，由独立电源供电的电动机 c）带电部件与加强绝缘部件之间 d）对于带有信号控制线的电动机	a）1000V + $2U_N$，最低为1500V b）500V c）3000V d）试验电压施加于信号线与电机绕组之间，试验电压同本项a）

① 对有一共同端子的两相绕组，公式中的电压均为在运行时任意两个端子间所出现的最高电压值。

② 对采用分级绝缘的电机，耐电压试验应由制造厂和用户协商。

③ 在规定的起动条件下，存在于磁场绕组端子之间或分段绕组端子之间的电压，可用适当降低电源电压的方法来测量，再将所测得的电压按规定起动电压和试验电压之比增大。

④ 当一台或多台电机的绕组做电连接时，电压应为绕组对地发生的最高电压。

⑤ 本项规定不是摘自 GB/T 755—2019，而是来自 GB/T 12350—2009《小功率电动机的安全要求》第20.2.2款。

三、耐交流电压试验方法和注意事项

（一）对新绕组的第一次试验

试验方法、试验值及注意事项如下：

1）升压变压器的高压输出端接被试绕组，低压端接地。

2）被试电机外壳（或铁心）及未加高压的绕组都要可靠接地。

3）试验加压时间分为1min和1s两种。

4）对于电机成品，1min方法耐压试验电压值按表4-3的规定。

5）对于电机定、转子半成品，试验电压应比表4-3所列值有所增加，增加的数值由行业或企业决定。例如，符合表4-3中项2条件的低压电机，电机生产行业内供参考使用的计算公式为（1500 + $2U_N$）。

6）1min方法试验时，加压应从不超过试验电压的一半开始，然后均匀地或每步不超过全值的5%逐步升至全值，这一过程所用时间应不少于10s。加压达到1min后，再逐渐将电压降至试验规定电压的一半以后才允许关断电源。

7）1s的方法限于批量生产的额定功率≤200kW（或kVA）、额定电压≤1kV的电机，并且试验电压应为1min方法规定值（表4-3）的1.2倍。

8）对于静止电力变流器供电的直流电动机，应依据电动机的直流电压或静止电力变流器输入端相与相间额定电压有效值两者中的较高者，从表4-3中选取耐电压试验电压。如静止电力变流设备中包括输入变压器，则上面提到的变流器输入端电压是指变压器的输出电压。

9）为防止被试绕组存储电荷放电击伤试验人员，试验完毕，要将被试绕组对地放电后，方可拆下接线，这一点对较大容量的电机尤为必要。

10）试验时，非试验人员严禁进入试验区；试验人员应分工明确、统一指挥、精力高度集中，所有人员距被试电机的距离都应在1m以上，并面对被试电机。

除控制试验电压的试验人员能切断电源外，还应在其他位置设置可切断电源的装置（例如脚踏开关），并由另一个试验人员控制。因此，该试验原则上应由不少于2人共同完成。

总之，要高度注意安全。

（二）对重复试验的规定

因本项试验对电机绝缘有损伤积累效应，所以，除非必需，一般不应进行重复试验。

若必需（例如，用户强烈要求或某些验收检查时），则所加电压应降至第一次试验时的80%。试验前，应检查电机的绝缘电阻，若绝缘电阻较低或电机有受潮现象，应对电机进行烘干处理，待电机的绝缘电阻达到理想值后，再进行试验。

（三）对修理后绕组的试验规定

当用户与修理商达成协议，要对部分重绕的绕组或经过大修后的电机进行耐电压试验，则推荐采用下述细则：

1）对全部重绕绕组的试验电压值同新电机（见表4-3）。

2）对部分重绕绕组的试验电压值为新电机试验电压值的75%。试验前，对旧的绕组应仔细清洗并烘干。

3）对经过大修的电机，在清洗和烘干后，应承受1.5倍被试电机额定电压的试验电压，如被试电机额定电压为100V及以上，试验电压至少为1000V；如额定电压为100V以下，试验电压至少为500V。

（四）对试验结果的判定原则

原则上讲，试验时不发生击穿和闪络为合格。但判定是否击穿的依据是相关安全标准中的规定。

1. 中小型电机

在GB/T 14711—2013中规定：

1）对额定电压交流≤1000V、直流≤1500V的电机试验，所用高压变压器的过电流继电器的脱扣电流（即通过被试电机的高压电流，下同）应为100mA，也就是说，当升压变压器高压侧试验电流>100mA时，则判被试电机的绝缘不合格。

2）对额定电压交流>1000V、直流>1500V的电机，试验结果的判定，应按相关产品标准执行。

2. 小功率电机

在GB/T 12350—2009中规定，试验过程中，跳闸电流应不大于10mA 。

四、耐直流电压试验

对额定电压≥6kV的电机，如果工频电源设备不能满足要求，经协商，可采用直流耐电压试验代替。此时所用设备容量可远小于交流工频耐电压试验设备。

（一）试验设备

耐直流电压试验设备及电路原理如图4-12所示。其中元器件可按下述原则配置。

1）变压器T_2和调压器T_1的容量按每1kV试验电压为0.2～0.5kVA选择。高电压者取小值。变压器的输出电压应在被试品额定电压的3.5倍以上。

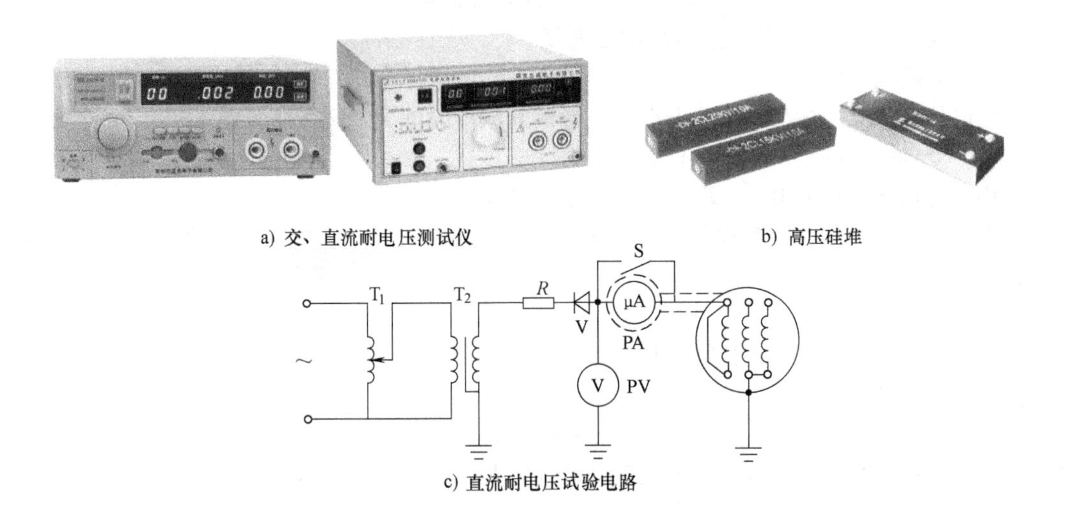

a) 交、直流耐电压测试仪　　b) 高压硅堆

c) 直流耐电压试验电路

图 4-12　耐直流电压试验设备及电路原理

2）整流元件 V 一般采用硅整流管或硅堆，可根据需要组成半波或全波整流。其额定电流一般在 100μA 以下；额定电压按最高输出电压选择。

3）限流保护电阻 R 按每伏试验电压 10Ω 选配。

4）高压电压表 PV 可选用静电系电压表或其他高压电压表，也可通过串电阻分压接低压电压表（相当于扩大电压表的量程）。

（二）试验方法和注意事项

1）试验前，应先测量试验设备和接线本身的泄漏电流。被试品的泄漏电流应为试验时所测电流去除上述泄漏电流后的值。

2）高压接线应尽可能短并绝缘良好，对地有足够距离。

3）试验过程中，若发现电流急剧增长或有异常放电现象，应立即关断电源。

4）其他规定同耐交流电压试验。

（三）试验电压和时间

试验电压值最大为交流工频耐电压值（有效值，见表 4-3）的 1.7 倍。加压时间为 1min。

第三节　对地耐冲击电压试验

国家标准 GB/T 14711—2013《中小型旋转电机通用安全要求》和 GB/T 12350—2009《小功率电动机的安全要求》中提出了对电机绕组和相关电路元件（含引接线和接线装置等）进行对地（对机壳）耐冲击电压试验的要求。

一、试验加压对象和有关规定

1）电机绕组及接线板等绝缘件对机壳主绝缘。

2）对额定电压在 3kV 及以上电机成型绕组的主绝缘，随机抽取 2 个线圈嵌入槽内或在槽部包上良好接地的导电带或金属箔，在线圈引线与地之间施加冲击电压 5 次，每次间隔时间应不少于 1s。

3）对额定电压为 1140V 及以下的电机散嵌或成型绕组的对地绝缘，应在绕组引线端子与机壳之间施加冲击电压。

4）对电机接线装置，应在接线端子之间、接线端子与机壳之间施加冲击电压。

二、试验冲击电压波形、数值及加压时间

（一）试验电压波形

试验电压波形应为标准雷电冲击电压波形，其波前时间为1.2μs（允差±30%），半峰值时间为50μs（允差±20%），如图4-13所示。

其中允许误差：T_1 ±30%，T_2 ±20%，U_M ±3%。

符合上述要求的试验设备称为“对地耐冲击电压试验仪”。图4-14是一个雷电冲击波发生器示例。

（二）试验电压值

冲击试验电压峰值按下式计算，并按GB/T 8170—2008《数值修约规则与极限数值的表示和判定》修约至千数位。

$$U_S = 4U + 5000 \tag{4-6}$$

式中　U_S——电机对地绝缘冲击试验电压（峰值）（V）；

U——电机额定电压（有效值）（V）。

例如：U = 380V时，U_S = 4×380V + 5000V = 6520V。

按GB/T 8170—2008的规定，修约到千数位时，应为7000V。

（三）试验时间和次数

除非另有规定，冲击试验电压正负极性各施加3次，每次间隔时间应不少于1s。

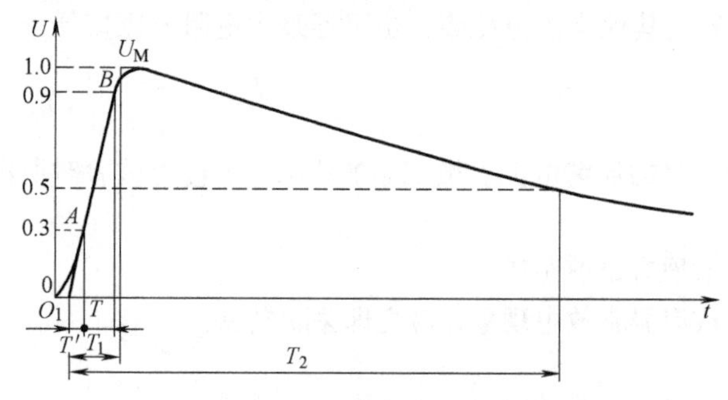

图4-13　标准雷电冲击电压波形

O_1—视在原点　T_1—视在波前时间　T_2—视在半峰值时间

U_M—峰值　T_1 = 1.67T　T' = 0.3T_1 = 0.5T

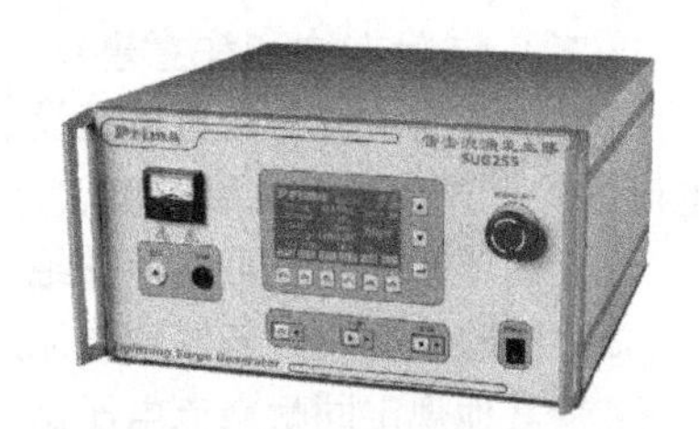

图4-14　雷电冲击波发生器示例

第四节　绕组匝间耐冲击电压试验

绕组匝间耐冲击电压试验，是将一相绕组两端施加一个直流冲击电压，检查绕组线匝相互间绝缘耐电压水平的试验。同时也可检查绕组与相邻其他电器元件和铁心等导电器件之间的绝缘情况。

实践证明，电机在运行中所出现的绕组烧毁，特别是突发性的烧毁故障，大部分是由于绕组局部匝间绝缘失效所造成的，并且这种突然失效往往与出厂前已存在绝缘水平下降的先天性隐患有关。而这些隐患绝大部分可通过进行匝间耐冲击电压试验来发现。所以，作为电机生产和修理单位，都已逐渐对其提高了认识，并在积极地开展本项试验工作。

不同类型电机的绕组试验方法及所加冲击电压值按不同的试验标准进行。

本试验在电机生产的各个工序中均可进行试验，也可只选择其中某几个工序进行试验。试验所处工序和工序冲击试验电压峰值由生产厂自定。当整机试验有困难时，允许在装配前对压入机壳后的定子绕组和装配好的绕线转子绕组进行试验代替整机本项试验。

一、试验仪器的类型和工作原理

（一）仪器的类型

对绕组进行匝间耐冲击电压试验所用仪器简称为“匝间仪”。其规格按输出最高电压（直流峰值）划分，常用的有3kV、5kV、6kV、10kV、15kV、35kV等几种。应按被试产品所要求试验电压的高低选择仪器的规格。

图4-15是几种国产匝间仪外形。输出引线有三相四线或三相三线两种。

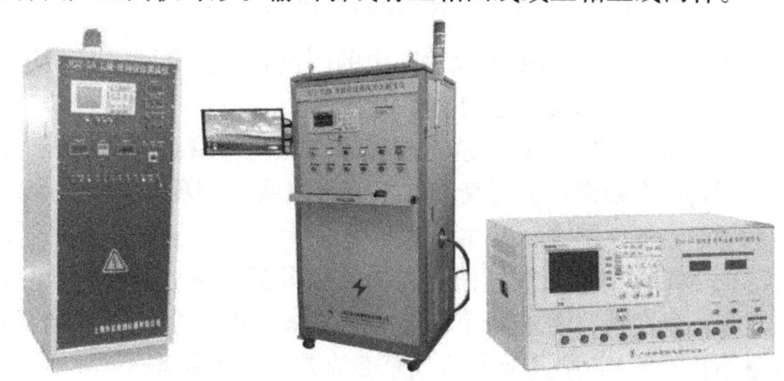

图4-15　几种国产匝间仪外形

（二）仪器的工作原理图和试验原理

1. *R-L-C*电路的放电波形

根据电工原理，在一个*R-L-C*电路中，若给电路中的电感L施加一个电压，然后将一个电容与电感和电阻串联形成一个闭合的回路，则在一定条件下，在这个回路中就会有电流来回流动，其动力是来自电感在被施加电压时产生的自感电动势和电容的充放电作用，如图4-16a所示。当$R<2\sqrt{L/C}$时，电压的曲线为一个振荡的曲线（电动机绕组电路中，因为$R \ll X_L$，所以会符合上面的振荡条件）。若用示波器在电容或电感两端采集电压的变化情况，就会得到一个如图4-16b给出的波形，该波形被简称为“放电波形”。

这个“放电波形”的幅值、频率及放电时间的长短，与电路中的电感L（H）、电容C（F）、电阻R（Ω）3个参数各自的大小有关。

曲线上下包络线分别为

$$u=\frac{\omega_0}{\omega}U_0\mathrm{e}^{-\delta t}\text{和 } u=-\frac{\omega_0}{\omega}U_0\mathrm{e}^{-\delta t} \tag{4-7}$$

式中　ω_0——电路的固有振荡角频率（rad/s），$\omega_0=\frac{1}{\sqrt{LC}}$；

ω——电路中电压（电流）的振荡角频率（rad/s）；

U_0——初始电压（V）；

e——自然对数的底，e=2.7183；

δ——波形衰减系数，$\delta=\frac{R}{2L}$；

t——时间（s）。

2. 仪器的工作原理

尽管不同类型的仪器有不同的结构，但其工作原理是基本相同的。图4-17给出了匝间试验

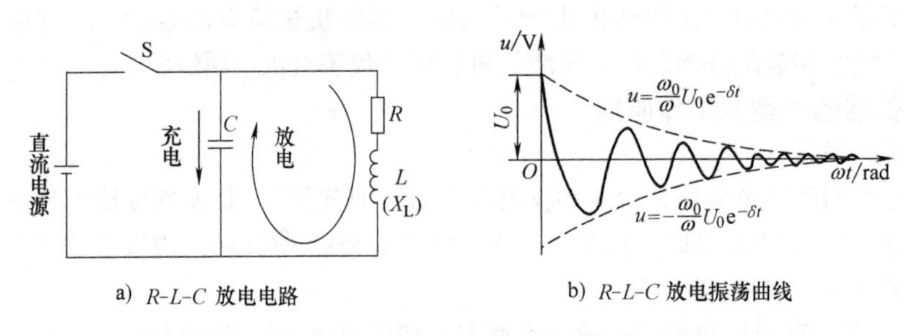

a) R-L-C 放电电路 b) R-L-C 放电振荡曲线

图4-16 *R-L-C* 放电电路和放电振荡曲线

仪的工作原理图（现有些品种使用晶闸管代替图中的闸流管，还有的品种使用一只闸流管，其后用一个高压真空继电器切换与两套绕组的连接）。

从图4-17可知，试验时，仪器给两个绕组轮换着加相同峰值的冲击电压，并由示波器在其屏幕同一坐标系上显示这两个绕组的振荡衰减放电波形曲线（简称“放电曲线”）。若这两个绕组的电磁参数（匝数 N、直流电阻 R、尺寸形状、磁路参数、电容量等）完全相同（即图中的 $R_1=R_2$、$X_{1\delta}=X_{2\delta}$、$X_{1m}=X_{2m}$），则其放电曲线在幅值和振荡周期上都会完全相同，从而在屏幕上完全重合，即只看到一条曲线；若这两个绕组的电磁参数不完全相同（如匝数不相等、磁路磁阻不相等、电容量不相同等），则其放电曲线就会有差异（或频率不同，或幅值不同），从而在屏幕上不完全重合，即可看到两条不同的曲线。由上述理论可以看出，这种试验属于对比试验。

试验所用的这两个绕组，对三相电机定子或转子，可为其任意两相。

在设计完全相同的两个绕组中，若其中一个绕组的某些线匝之间绝缘由于破损而形成了电的通路，则相当于减少了总匝数，这就造成了两个绕组有效电磁参数的不同，从而得到两个不同的放电波形曲线。

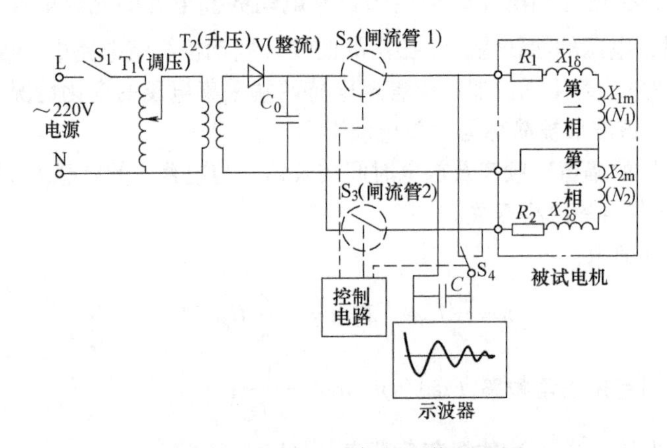

图4-17 匝间试验仪的工作原理图

R_1—第一相绕组的直流电阻 $X_{1\delta}$—第一相绕组的漏电抗 X_{1m}—第一相绕组的主电抗

R_2—第二相绕组的直流电阻 $X_{2\delta}$—第二相绕组的漏电抗 X_{2m}—第二相绕组的主电抗

二、匝间仪使用方法及注意事项

不同厂家或不同规格的仪器使用方法是有所不同的，但其主要操作过程是相同的。现简述如下。

1）将仪器可靠接地。被试品可接地，也可不接地（有特殊要求者除外）。但如采用接地方式，则必须连接可靠，不得虚接，否则在试验时可能出现杂乱波形，影响对试验结果的判断。

2）按电机或绕组类型选择接线方法，并接好线。

3）接通电源，打开仪器电源开关。

4）仪器预热一段时间（一般为5~10min）后，其内部时间继电器接通高压电路，此时高压指示灯亮。仪器需预热的原因是其使用了电子管式闸流管，其灯丝需要加热到一定温度后才能工作。若用晶体闸流管，则无须预热。

预热完成后，则可对电机进行加压试验。

5）调整好示波器图像（未加电压前是一条水平直线）的位置和亮度、清晰度；按被试电机所需电压设定显示电压波形的比例（每格电压数）。用其自校功能键核定调出的电压波形和设定电压比例的一致性。

6）闭合高压开关，给被试绕组加冲击电压。观察示波器显示的波形，判断是否有匝间短路等故障。

7）关断高压开关。对被试绕组对地放电后，拆下引接线。

8）试验全部完成后，关断电源开关。

三、交流低压电机散嵌绕组试验方法和电压值

相关标准为GB/T 22719.1—2008《交流低压电机散嵌绕组匝间绝缘　第1部分：试验方法》。

这里所说的“交流低压电机”，是指额定电压为1140V及以下的单相和三相交流电机，其绕组用绝缘铜线或铝线绕制的线圈组成。

（一）试验接线方法

1. 三相绕组

1）三相绕组6个线端都引出时，可按图4-18a所示接法，称为相接法，它较适用于无换相装置的老式两相三线匝间仪（现已很少使用），并需人工倒相。

2）三相绕组已接成星形或三角形时，则可按图4-18b~e所示的方法接线。

2. 单相绕组

单相电机可采用两台相同工艺、相同规格的电机，对于主辅绕组完全相同的电机（例如洗衣机电机），可将两套绕组相互作为标准绕组，按图4-18f所示的接线方法进行试验。

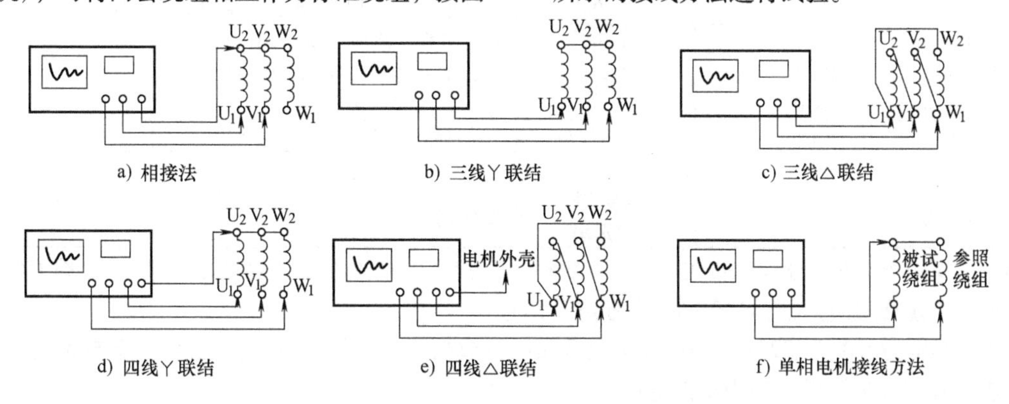

图4-18　交流电机绕组匝间耐电压试验接线方法

（二）冲击试验电压输入方向

冲击试验电压的输入方向应根据运行时电源与电机接线端子的实际接线方式进行选择。

1）对具有一种额定电压的单速电机，若接线方向固定（例如电机绕组内部已接成了Y或

△)，冲击试验电压应从电源端子输入绕组；若其有多种接线方式而电源进线方向不固定（例如可从 U_1、V_1、W_1 端子进线，也可从 U_2、V_2、W_2 端子进线），冲击试验电压应分别从可能的几种电源进线方向输入绕组。

2）对具有多种额定电压的单速电机，冲击电压应从每种额定电压的接线方式及可能的几种电源进线方向输入绕组。

3）对变极多速三相电机，冲击电压应从每种转速的接线方式及可能的每种电源进线方向输入绕组。

（三）试验时间

标准中规定，每次试验的冲击次数应不少于5次。但因为其次数的计量不易准确，所以一般控制在1～3s之间，有必要时，还可加长。

（四）试验电压值

冲击试验电压值在国家标准GB/T 22719.2—2008《交流低压电机散嵌绕组匝间绝缘　第2部分：试验限值》中规定。

对组装后的电机试验时，所加冲击电压（峰值）U_Z 按式（4-8）计算。计算值修约到百伏。

$$U_Z = \sqrt{2}KU_G \tag{4-8}$$

式中　K——电机运行系数（见表4-4）；

U_G——成品耐交流电压值（V）（见表4-3）。

例如，对一般运行的电机，当 $U_N = 380V$ 时，$U_G = 2U_N + 1000 = 2 \times 380V + 1000V = 1760V$，则

$$U_Z = \sqrt{2} \times 1 \times 1760V = 2464V$$

修约到百伏后为2500V。

在电机绕组嵌线和接线后浸漆前（俗称“白坯”）或浸漆后组装前进行试验时，所加冲击电压值可不同于式（4-8）计算所得值。增减比例由生产厂自定，一般取式（4-8）计算值的85%～95%。

表4-4　交流低压散嵌绕组匝间冲击电压试验电压值的计算系数 K

运行情况或要求	K	运行情况或要求	K
一般运行	1.0	剧烈振动、井用潜水、井用潜油、井用潜卤、高温（≥180℃）运行、驱动磨头（装入磨床内直接驱动砂轮）	1.20
浅水潜水	1.05		
湿热环境、化工防腐、高速（>3600r/min）运行、一般船用	1.10		
隔爆增安	1.05～1.20	特殊船用、耐氟制冷	1.30
屏蔽运行 频繁起动或逆转	1.10～1.20（根据实际工况选用）	特殊运行（可根据生产厂与用户协商确定）①	1.40

① 鉴于变频电源供电的交流电动机绕组可能遭受电源脉冲高压的现实，作者建议将其列入特殊运行一类中，即 $K=1.40$。

四、交流低压电机成型绕组试验方法及限值

相关标准为GB/T 22714—2008《交流低压电机成型绕组匝间绝缘试验规范》。该标准适用于额定电压为1140V及以下的中小型电机。

试验可在嵌线前和（或）嵌线后接线前进行。

（一）试验方法

1. 嵌线前试验

在每只线圈嵌入铁心槽之前，任取两只线圈分别作为被试品和参照品，在两只线圈首尾引

出线间施加规定数值和时间的冲击电压，用波形比较法判断线圈是否有匝间短路现象。

2. 线圈嵌线后接线前试验

在每只线圈嵌入铁心槽后连成绕组之前，依次任取两只线圈分别作为被试品和参照品，在两只线圈首尾引出线间施加规定数值和时间的冲击电压，用波形比较法判断线圈是否有匝间短路现象。

（二）冲击电压峰值和试验时间

1. 冲击电压峰值

冲击电压峰值 U_Z 计算公式同式（4-8），但式中的 K 为工序系数，见表4-5。

表4-5　交流低压电机成型绕组匝间绝缘试验工序系数

工　序	浸　漆　前	浸　漆　后
工序系数 K	自定	1.0～1.2

2. 试验时间、次数和试验工序规定

1）对每只线圈只需进行一次试验。

2）每次试验时间为1～3s。允许采用更长的时间。

3）对电机绕组中的每只线圈，在不同工序中允许进行多次试验，其电压值不变。

4）本项试验在电机生产中的各个工序均可进行，也可只选其中某几个工序进行。具体试验工序由制造厂规定。

5）允许以装配前的绕线转子绕组和定子绕组分别进行试验代替电机整机试验。

五、直流电机电枢绕组试验方法及限值

相关标准为GB/T 22716—2008《直流电机电枢绕组匝间绝缘试验规范》。它适用于额定电压为110V及以上的直流电机。除另有要求外，其他直流电机亦应参照使用。

（一）线圈嵌线前的检查试验

1. 试验要求

1）试验时，应模拟线圈在铁心槽内的实际状态，对被试线圈的线匝采取紧固措施，并将其搁置在对地绝缘良好的台架上。

2）对额定电压为660V及以下的一般用途电机，如匝间绝缘质量已稳定并形成批量生产时，单只线圈及均压线一般可不进行本项试验。对于大型电机（电枢外径≥990mm）、起重冶金等特殊用途电机，以及额定电压为660V以上的电机，单只线圈及均压线应进行本项试验。

2. 试验方法和试验电压值

（1）不同线圈单元

各类成型线圈及均压线制造完成后，在嵌线前应优先采用工频电压或直流电压进行不同线圈单元匝间耐电压试验，试验电压施加于两相邻匝间。试验电压值按以下规定：

1）对于额定电压为660V及以下的一般用途电机，工频试验电压有效值不低于220V，直流试验电压应不低于400V；

2）对于起重冶金等特殊用途电机以及额定电压为660V以上的电机，工频试验电压有效值应不低于530V，直流试验电压应不低于960V。

工频电压或直流电压试验时间为1～3s。

（2）同一线圈单元

多匝成型线圈制造完成后，在嵌线前应采用冲击电压进行同一线圈单元匝间耐电压试验。

将冲击电压直接施加于被试线圈两端引出线间，冲击电压在线圈各匝间应分布均匀。

每个线圈单元的冲击电压峰值应不低于700V，冲击次数应不少于5次。

（二）匝间绝缘耐电压水平试验

本试验用于考核匝间绝缘耐电压水平的稳定性。

1. 试验要求

对同一种匝间绝缘结构的电枢线圈及均压线，每季度应从具有代表性的产品线圈中任抽（至少）4只进行本项试验。

2. 试验方法和试验电压值

试验方法及加压值按上述第（一）2项的规定。

（三）线圈嵌线后的检查试验

1. 试验要求

试验应在电枢绕组嵌线打箍后浸渍前进行，亦可根据需要，在电枢绕组制造过程中其他工序阶段进行。

2. 试验方法

将冲击电压直接施加于换向器片间。试验时，电枢轴应接地。应根据绕组类型选择下述接线方法中的一种。

（1）跨距法

将两条引线分别接于换向器相距一个跨距的两个换向片上。选取跨距内的换向片数目应根据绕组类型和试验设备具体确定，使片间冲击电压峰值符合规定，一般推荐5～7片，如图4-19a所示。

施加于试样上的试验电压应低于对地绝缘出厂工频试验电压有效值的1.8倍。

为了使每一片间都受一个相同条件的电压试验，推荐逐片进行试验（可根据均压线的连接方式减少试验次数）。

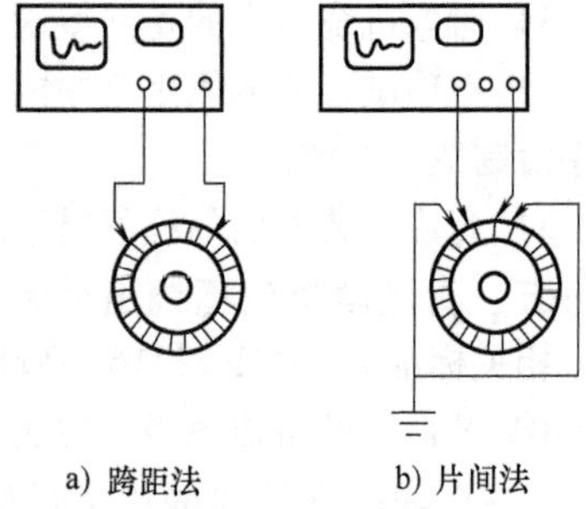

图4-19　直流电机电枢绕组匝间耐电压试验接线方法

（2）片间法

将两条引线分别接于换向器相邻的两个换向片上，依次进行试验。试验时，若未试线圈中产生高的感应电压，则应在被试换向片两侧的换向片上设置接地装置，并良好接地，如图4-19b所示。

3. 试验电压值

对于额定电压为660V及以下的一般用途电机，片间冲击电压峰值应不低于350V；对于起重冶金等特殊用途电机，以及额定电压为660V以上的电机，片间冲击电压峰值应不低于500V。

冲击时间为1～3s。

（四）直流电机电枢绕组的匝间冲击耐电压试验

试验方法和加压值同上述第（三）2项和第（三）3项的规定。可以在总装前的电枢绕组上进行；也允许在电枢绕组嵌线打箍后浸渍前进行。

六、电机磁极线圈及励磁绕组试验方法及限值

相关标准为GB/T 22717—2008《电机磁极线圈及磁场绕组匝间绝缘试验规范》。这里所说的电机包括直流电机和交流同步电机。

（一）试验工序

试验工序可在下述原则下由制造厂自定。

1）对直流电机的补偿线圈以及隐极式同步电机磁极线圈，可在嵌入铁心并固定后的各个工序进行试验。

2）对直流电机的主极、换向极、串励线圈以及凸极式同步电机磁极线圈，可在线圈紧固（线圈紧固力与装配后相同）后，装入铁心前和装入铁心后的各个工序进行试验。

（二）直流电机磁极线圈及励磁绕组的匝间冲击耐电压试验

1. 试验品的放置和注意事项

1）单只磁极线圈应放在对地绝缘良好的台架上进行试验。

2）装入定子的磁极线圈，可根据需要，取磁极线圈、部分绕组或整个绕组依次进行试验。

3）与被试线圈或绕组磁路相关的引出线端应短接并连同铁心接地，以防在这些线圈中产生感应电压。

4）螺旋反绕线圈的反绕线匝层间必须设有绝缘。

5）当采用两个线圈或绕组进行比较试验时，应使两者之间相隔一定距离，该距离应足以排除它们相互的电磁干扰，并应注意接线方向要一致。

6）每次试验应将被试线圈或绕组的首尾接线交换，重复试验一次。

2. 冲击电压试验值的规定

当试验采用“匝间冲击耐电压试验仪”进行时，每次冲击次数应不少于5次；试验电压（峰值）按下述原则选定：

1）按公式$\sqrt{2}$（$2U_N+1kV$）计算求取，单位为kV，但最低应为2.1kV（运行中与电枢绕组串联的磁极线圈或励磁绕组除外）。式中，U_N为被试电机的额定电压，单位为kV。对他励磁极线圈或励磁绕组，U_N指电机的最高额定励磁电压；对运行中与电枢绕组串联的磁极线圈或励磁绕组，U_N指被试线圈或绕组的工作电压降，工作电压降亦允许取电机额定电压的10%。

2）被试线圈的匝数或被试绕组的总匝数为6匝及以下者，冲击电压（峰值）为0.25×被试线圈的匝数或被试绕组的总匝数（kV），但最低为1kV。

3. 中频电压试验法

允许采用中频电压试验考核匝间绝缘承受冲击电压的能力。中频电压试验限值与本部分前面第（二）2项讲过的冲击电压试验峰值相当。

4. 其他方法

除上述两种方法外，还可以采用工频电压降法或感应电压法。其试验方法和有关规定由制造厂规定。

（三）同步电机磁极线圈及励磁绕组的匝间冲击耐电压试验

1. 试验品的放置、试验和有关规定

单只凸极式线圈应放置在对地绝缘良好的台架上进行试验。对装机后的凸极及直接绕制的整体凸极、隐极式线圈，可根据需要，取磁极线圈、部分绕组或整个绕组依次进行试验。螺旋反绕线圈的反绕线匝层间必须设有绝缘。

有关匝间短路判别、被试品距离、接线方向、重复试验次数的规定同直流电机相同试验部分。

2. 冲击电压试验值（峰值）及冲击次数的规定

1）电机额定励磁电压$U_{FN}\leqslant 500V$者为$10\sqrt{2}U_{FN}$，单位为kV，最低为$1.5\sqrt{2}kV$。

2）电机额定励磁电压$U_{FN}>500V$者为$\sqrt{2}$（$4kV+2U_{FN}$），单位为kV。

3）每次试验的冲击次数应不少于5次（1~3s）。

3. 中频电压试验法

允许采用中频电压试验考核匝间绝缘承受冲击电压的能力。中频电压试验限值与本部分前面第2项讲过的冲击电压试验峰值相当。

4. 匝间短路检查试验

1）对隐极式大、中型转子线圈，嵌线过程中可采用工频电压对线圈进行匝间短路检查。匝间工频试验电压有效值应≥2.5V，上限为5V，推荐采用5V。根据电流大小变化情况，检查匝间短路。在超速试验中及总装试运行前后，可采用交流阻抗法检查匝间短路。在超速试验的升、降速过程中及静止状态时，监视励磁绕组在规定工频电压的电流及相应的阻抗值有否突变来检查匝间是否短路。试验应按 GB/T 1029《三相同步电机试验方法》及生产厂标准进行。

2）对凸极式磁极线圈，在热压过程中及热压结束后，可采用工频或中频电压对线圈进行匝间短路检查。在线圈引出线两端施加10倍额定励磁电压（每极）的工频电压有效值或中频电压值，根据电流大小（采用中频电压试验时，电流值的偏差应不超过±2%）及局部发热情况检查匝间短路。对磁极绕组，可采用电压降法检查匝间短路，在绕组两端施加220V 工频电压有效值，根据各个磁极线圈两端的电压大小（偏差应不超过±5%）检查匝间是否短路。

七、利用曲线状态人工判定试验结果的方法

从前面的叙述可知，当采用双绕组对比法进行试验时，若两个绕组都正常，两条曲线将完全重合，即在屏幕上只看到一条曲线，如图4-20a 所示。

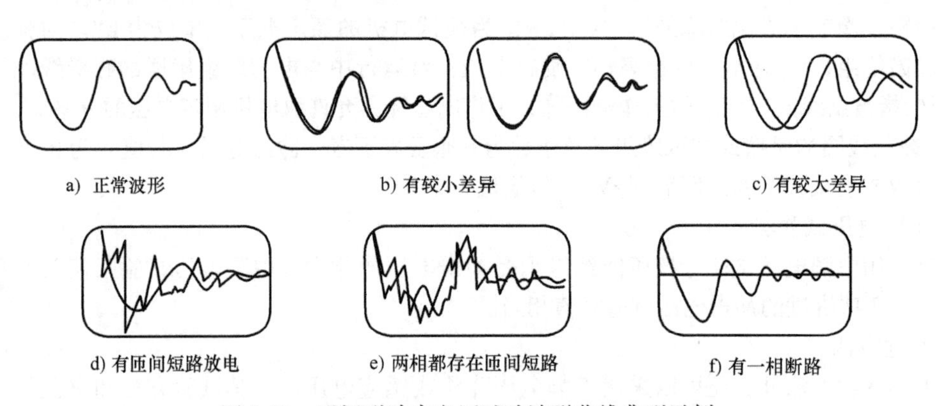

图4-20 匝间耐冲击电压试验波形曲线典型示例

若两条曲线不完全重合，则有可能是被试的两个绕组存在匝间短路故障或磁路参数存在差异，也可能是仪器和接线方面的故障造成的。下面给出几种典型的情况供参考。因不同规格或不同厂家生产的匝间仪对绕组的同一种故障的反应会有所不同；另外，对三相绕组，不同的接线方式也会出现不同的反应，所以很难给出一个通用的判定标准。读者应不断地通过试验总结经验，得出自己可行的判定标准。

1. 两条曲线都很平稳，但有较小差异（见图4-20b）

可能是由下述原因造成的：

1）和总匝数相比，有少量的匝间已完全短路（或称金属短路）。

2）若被试电机这一规格都存在这种现象，则很可能是由于磁路不均匀，即槽距不均、定转子之间的气隙不均、转子有断条、铁心导磁性能在各个方向不一致等原因造成的，拆出转子后再进行试验，若曲线变为正常状态，则说明定子绕组没有问题。

3）对于有较多匝数的绕组，也可能是其中一相绕组匝数略多或略少于正常值。

4）对于多股并绕的线圈，在连线时，有的线股没有接上或结点接触电阻较大，此时两个绕组的直流电阻也会有一定差异。

5）三相绕组因导线材料和绕制线圈、端部整形等操作工艺波动，造成电阻或电抗（主要是漏电抗）有少量差异。

6）由两个闸流管组成的匝间仪，在使用较长时间后，会因两个闸流管或相关电路元件参数（如电容器的电容量及泄漏电流值等）的变化造成输出电压有所不同，从而使两条放电曲线产生一个较小的差异，此时，对每次试验（如三相电机的3次试验）都将有相同的反应，但应注意，该反应对容量较大的电机会较大，对容量较小的电机可能不明显。

7）仪器未调整好，造成未加电压时两条曲线不重合。

2. 两条曲线都很平稳，但差异较大（见图4-20c）

可能是由下述原因造成的：

1）两个绕组匝数相差较多或其中一个绕组内部相距较远（从理论上讲较远，但实际空间距离是零）的两匝或几匝已完全短路，此时两个绕组的直流电阻也会有一定差异。

2）两相绕组匝数相同，但有一相绕组中的个别线圈存在头尾反接现象。

3. 一条曲线平稳并正常，另一条曲线出现杂乱的尖波（见图4-20d）

原因如下：

1）曲线出现杂乱尖波的那相绕组内部存在似接非接的匝间短路，在高电压的作用下，短路点产生电火花，如发生在绕组端部，则可能看到蓝色的火花，并能听到“啪啪”的放电声，可通过一根绝缘杆测听，如图4-21所示。

2）仪器接线松动或虚接。

4. 两条曲线都出现杂乱的尖波（见图4-20e）

原因如下：

1）被试的两套绕组都存在匝间短路故障。

2）当铁心采用接地方式放置时，接地点松动不实。

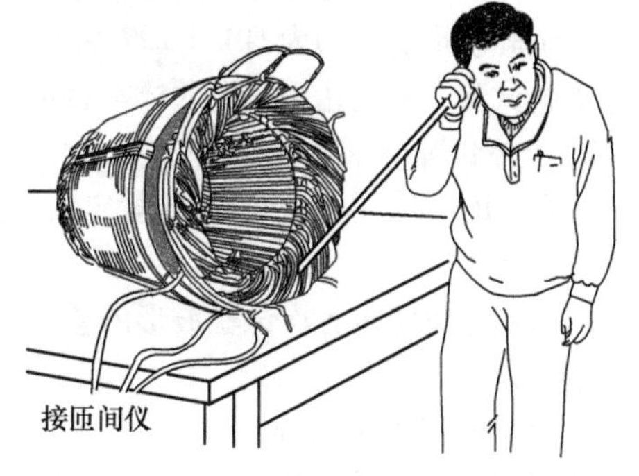

图4-21　通过一根绝缘杆测听匝间放电声

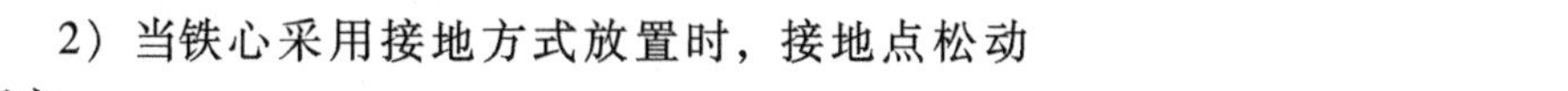

5. 只有一条正常平稳的曲线，另一条为和时间轴平行的直线

和时间轴平行的直线实际上是没有接通冲击电压的一相，即示波器初始显示的直线。这是由于该相绕组自身有断路点，或与仪器的连线断开所致。

八、利用波形面积差和波形差的面积大小判定试验结果的方法

（一）波形面积差和波形差的面积的定义

在自动检测系统中，可由计算机自动判断试验结果的好坏。此时可利用两条曲线的幅值差或振荡周期差，也可利用两条试验波形面积差或波形差的面积进行计算比较，推荐选择波形差的面积作计算比较。

1）波形面积差是指在任意指定的比较判别区域内，两条试验波形曲线各自与横坐标（时间轴 t）之间所包面积之差，如图4-22a所示。

2）波形差的面积是指在任意指定的比较判别区域内，两条试验波形曲线之间的面积，如图4-22b所示。

（二）试验波形差异量的允许值及其设定

GB/T 22719.2—2008中附录A给出的电机绕组匝间耐冲击电压试验波形差异量允许值及其设定方法如下：

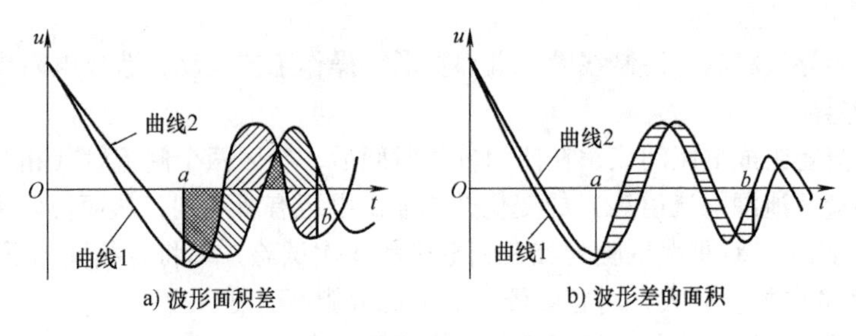

图 4-22　波形面积差和波形差的面积示意图

1. 抽样及预试验

从被试电机中任取 10 台电机绕组作为试验样本（样本容量 $n=10$）。

以每台电机绕组作为试验样本单位（试验个体）。

试验样本应与需作自动判别设定的某批电机绕组（试验总体）相一致，两者具有相同的规格、相同的材料、相同的工艺和相同的工艺特征。

试验样本的匝间绝缘应先按本标准规定的冲击试验电压峰值进行冲击电压试验。每个试验个体的试验波形显示均为 GB/T 22719. 1—2008 中规定的“正常无故障波形”。否则应补取试验个体重新试验，直至达到规定的样本容量。

2. 个体试验波形差异量

根据 GB/T 22719. 1—2008 中规定的试验接线方法，按规定测量每个试验个体各次试验波形的差异量 X。

取每台电机绕组各次试验波形的差异量 X（绝对值）中最大值 X_{max}，作为该个体的试验波形差异量 X_i。

3. 样本试验波形差异

1）平均值$\overline{X}$：将测得的 10 个试验个体的试验波形差异量 x_i按式（4-9）计算样本试验波形差异量的平均值$\overline{X}$。

$$\overline{X}=\frac{\sum_{i=1}^{n}x_i}{n} \tag{4-9}$$

2）标准差 S：按小样本标准差 S 的计算公式（4-10），计算样本试验波形差异量的标准差 S。

$$S=\sqrt{\frac{\sum_{i=1}^{n}(x_i-\overline{x})^2}{n-1}} \tag{4-10}$$

4. 总体试验波形差异量的允许值及其判别设定

总体试验波形差异量的允许值为样本标准差 S 与各试验个体的试验波形差异量中最大值 X_{imax} 或样本试验波形差异量的平均值$\overline{X}$之和。

优先推荐采用样本标准差 S 与样本试验波形差异量的平均值$\overline{X}$之和。

以总体试验波形差异量的允许值作为该批被试电机绕组（总体）匝间绝缘冲击耐电压试验时自动判别的设定值。

5. 实际应用问题——用比值的大小来自动判定是否合格

以下内容需参考图 4-22。

在实际应用时，将第一个过零电压点的波形曲线设定为“标准曲线”，即图4-22中曲线1，其次为图4-22中的曲线2。用计算机采样并计算有关数据，并进行相关计算和给出是否合格的判定结论。

1）在曲线靠近0s的一端的一段时间区域内，分别获得两条曲线与横轴之间所包的面积（利用积分的方式求得曲线纵坐标各点绝对值之和）。

2）计算两个面积的差值，即标准给出的“波形面积差”。这个面积差值与标准曲线（曲线1）所包面积之比的百分数，有人将其称为“面积差值”。

3）获取区域内两条曲线纵坐标绝对值逐点之差的和（图4-22b中的打剖面线部分，即标准给出的“波形差的面积”）。该面积值与标准曲线与横轴之间所包围的面积之比的百分数，有人将其称为“绝对差值”。

4）根据多次试验数据的统计和相关经验，给出上述两个试验值的最大限制范围。

5）实际使用时，还应结合人工判定给出最终结论。

第五节　轴电压和轴电流的测定试验

一、轴电压和轴电流的形成和危害、试验目的和范围

（一）轴电压和轴电流的定义和形成的原因

在电机中，定转子磁路中或围绕轴的相电流中的任何不平衡都能产生旋转系统磁链。当轴旋转时，这些磁链能在轴两端产生电位差，这一电位差被称为轴电压。能通过两端轴承在轴和机壳所形成的环路（闭合电路）中激励出循环电流，被称为轴电流，如图4-23a所示。

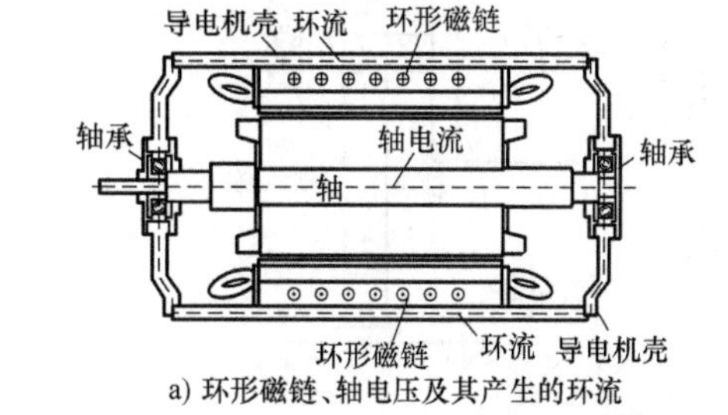

a) 环形磁链、轴电压及其产生的环流

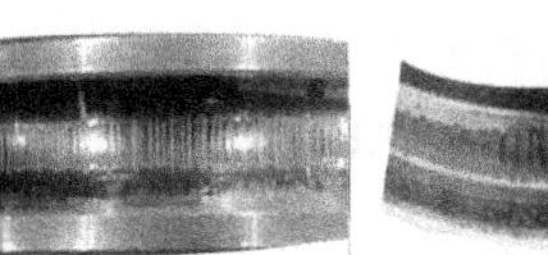

b) 轴电流对轴承辊道及辊子的破坏

图4-23　电机轴电流及其对轴承的破坏现象

电机的轴电压大到一定程度时，会造成电机轴承滚动体（滚珠或辊子）与滚道之间拉弧放电，产生搓板式损伤（见图4-23b），并可产生细小的金属颗粒进入轴承润滑脂（油）中，使滚动阻力增加，轴承过热甚至烧损。

（二）试验目的和范围

这种损害主要发生在机座号较大的变频电源供电的电机及普通大中型高压电机中。所以本项试验也只对这些类型的电机在初次试制时或对个别因使用时发现轴电流对轴承产生严重影响的电机在改进设计时进行。

测定电机轴电压的目的就是为了解电机轴电流的大小；测定电机轴电流的目的则是为了直接得到流过电机轴承的电流值。

二、轴电压的测定方法

试验前应分别检查轴承座与金属垫片、金属垫片与金属底座间的绝缘电阻，确保电机绝缘良好。

在电机轴承与机壳之间加装绝缘环（轴承和转轴之间垫入干燥的绝缘片）或者使用绝缘轴

承，确保电机轴承绝缘良好（应同时分别检查轴承座与金属垫片、金属垫片与金属底座间的绝缘电阻）。

第一次测定时，被试电机应在额定电压、额定频率下空载运行，用量程为100mV的高内阻毫伏表（如晶体管或热电势毫伏表、数字毫伏表等）测量轴电压 U_1，然后用导线将转轴一端与地短接，测量另一轴承座对地轴电压 U_2，测量完毕将导线拆除。试验时测点表面与毫伏表引线的接触应良好。

第二次测定时，被试电机在额定电流、额定频率下加额定负载运行，测量轴承电压 U_3。

测量位置如图4-24所示。

在各种大、中型电机的国家或行业标准中都将测定轴电压列入试验项目中，并给出试验方法，但都没有明确规定合格标准。因此，当需要进行本项试验时，应视具体情况制定内控标准。

三、轴电流的测定方法

对使用滚动轴承的电机，轴电流按图4-25进行测量。在电机非轴伸端的轴承与机壳之间加装绝缘环（轴承和转轴之间垫入干燥的绝缘片）或者使用绝缘轴承，确保电机轴承绝缘良好。

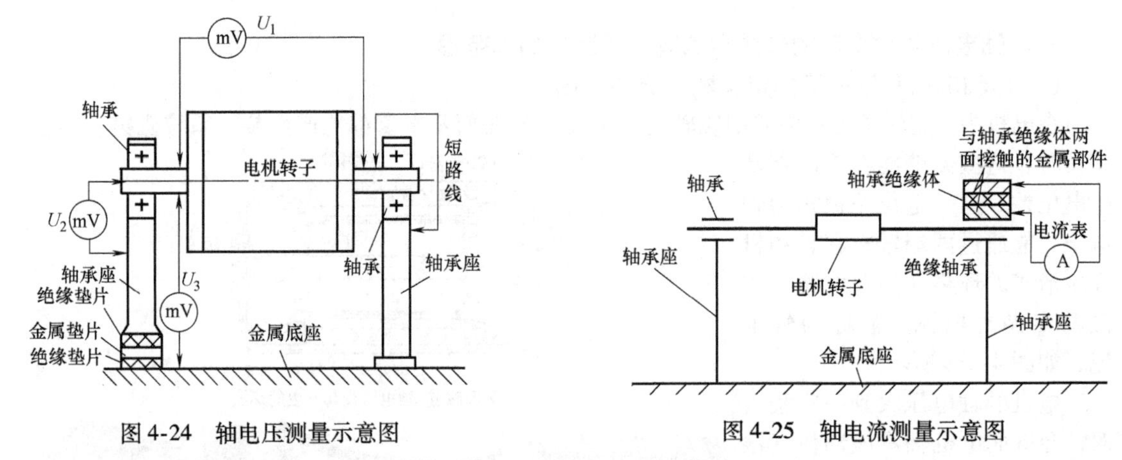

图4-24　轴电压测量示意图　　　图4-25　轴电流测量示意图

将电流表串联到与轴承绝缘层两面接触的金属件上，分别在额定电压、额定频率下空载运行，测量电流值，即为轴电流。

对使用滑动轴承和滚动轴承的电机，如不能按上述方法测量，可采用轴上放置电流互感器的方法测量轴电流。

第六节　电机接触电流的测定试验

在GB/T 14711—2013《中小型旋转电机通用安全要求》中3.3给出的接触电流定义是：当人体接触一个或多个装置或设备的可触及零部件时，流过他们身体的电流。在其他标准（如GB/T 12350—2009《小功率电动机的安全要求》）或资料中，有时将接触电流称为“泄漏电流”“反应电流”或“感知电流”等。

一、试验方法

GB/T 14711—2013和GB/T 12350—2009都规定了电机接触电流的测定方法。下面是GB/T 14711—2013中第22章给出的规定。

电机进行热试验后，在1.05倍（中小型电机）或1.06倍（小容量电机）额定电压及实际负载下运行中进行本项试验。

（一）接线

测量接线如图 4-26 所示。接触电流通过用图 4-27a 所描述的电路装置（GB/T 12113—2003 中的图 4，其电压表应能测量电压的真有效值）进行测量。测量在电源的任一极和连接金属箔的易触及金属部件之间进行。被连接的金属箔面积不超过 20cm×10cm，它与绝缘材料的易触及表面相接触。

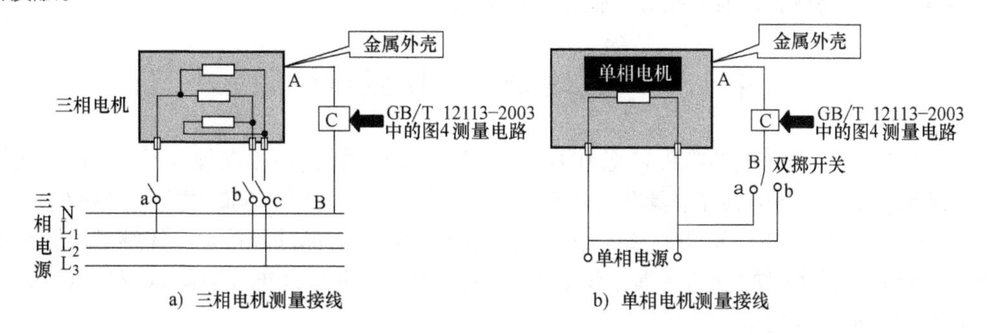

a）三相电机测量接线　　b）单相电机测量接线

图 4-26　交流电机接触电流测量电路接线示意图

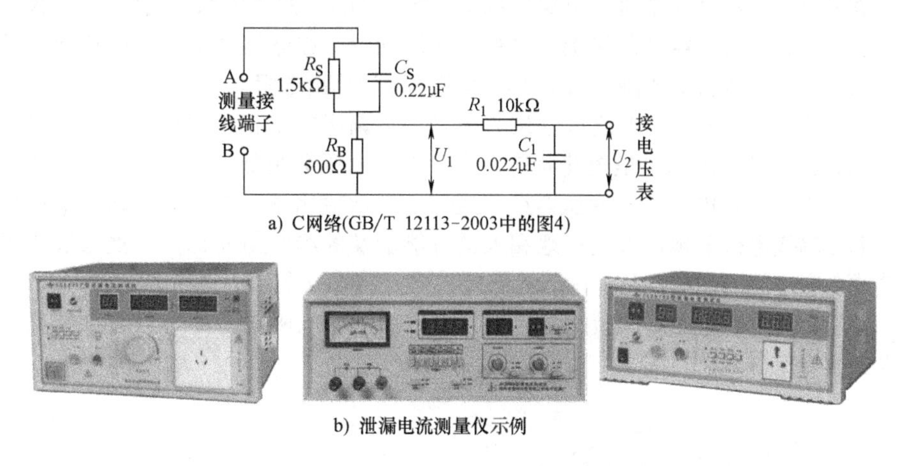

a) C网络(GB/T 12113-2003中的图4)

b）泄漏电流测量仪示例

图 4-27　接触电流测量电路及仪器示例

（二）三相电机

测量接线如图 4-26a 所示。对只打算进行三相星形联结的电机，不连接中性线。

先将开关 a、b 和 c 拨到关闭位置来测量，读取显示的电压 U_2（单位 mV，下同）。然后将开关 a、b 和 c 轮流断开，而其他两个开关仍处于关闭位置再进行重复测量。

（三）单相电机

对于单相电机，其测量接线如图 4-26b 所示。

将双掷开关分别拨到 a 或 b 的一个位置来测量。

二、考核标准

用测量得到的电压值（图 4-27a 中的 U_2）除以 500，即 $U_2/500$，得出接触电流的有效值（单位为 mA）。

接触电流合格限值（电机在工作温度下所允许的最大值）规定如下：

1）GB/T 14711—2013 中第 22.6 条规定，有效值为 2.5mA，峰值为 3.5mA（$\approx\sqrt{2}\times$

2. 5mA)；

2) GB/T 12350—2009 中第21 项规定，在正常工作时，有效值为0. 25mA，峰值为0. 35mA（$\approx\sqrt{2}\times0.25$mA）。

另外（GB/T 12350—2009 中备注），对于家用类电动机，均不允许其外壳存在人体能感知的带电现象。如果产品中存在这种现象，则上述规定的0. 25mA（有效值）限值应减小，或者采取必要的表面绝缘措施或其他有效措施，使带电现象消失。

第七节 接地路径电阻测量试验

在GB/T 14711—2013 中的第9. 11 条和GB/T 12350—2009 中第16. 6 条规定：接地端子或接地触点与接地部件之间的导电路径应具有低电阻，该电阻应不大于0. 1Ω。同时规定的测量方法如下：

GB/T 14711—2013 中的第9. 11 条提出：通过在预计接地的部件与接地导体端子之间施加一个等于电机全定额输入时的电流（即铭牌电流），测量电压降并以此电压降除以流过该电路中的电流，计算出接地路径电阻。

GB/T 12350—2009 中的第16. 6 条提出：从空载电压不超过12V（交流或直流）的电源取得电流，并且该电流等于器具（电机）额定电流1. 5 倍或25A（两者中取较大值），让该电流轮流在接地端子或接地触点与易触及的接地金属部件之间通过。在器具（电机）的接地端子与易触及的接地金属部件之间测量电压降。由电流和该电压降计算出电阻。

试验时，应使用容量和输出电流符合试验要求的可调压的单相工频正弦波交流降压变压器或调压器（因试验时其二次几乎呈短路状态，实际输出电压会很低，建议使用容量合适的电焊机或单相感应调压器）供电。对于变压器或调压器的二次输出端，其低电位端与电机的接地端子连接，高电位端接电机上预计可能接地和人员可能触及的绝缘薄弱部件（例如底脚平面、接线盒盖与接线盒底之间的连接螺钉、吊环等部件），如图4-28a 所示。

图4-28b 是一台较小电流的试验测量仪器，采用如双臂电阻电桥的“双臂”接线方式；较大电流的设备需要定做或自行配置。

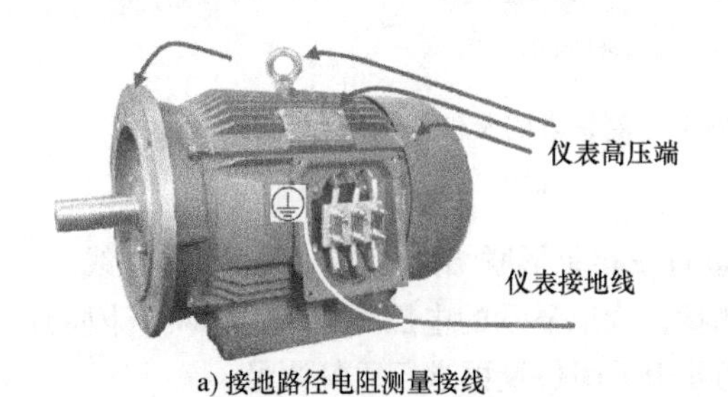

a) 接地路径电阻测量接线

b) 接地电阻测量仪示例

图4-28 接地路径电阻测量接线及仪器示例

当试验电流较大时，电流测量需要通过电流互感器连接施加电流的电路，互感器的二次侧连接交流电流表。通过调节调压器的输出电压或在变压器二次电路中串联分压电阻等方法，调节电路电流达到要求的试验值，用交流毫伏表测量接地端子与预计接地的部件之间的电压（对较小容量的电机，建议用手柄绝缘的试棒与部件接触施加电压）。

第八节　电机外壳防护等级试验

电机外壳防护等级试验的有关内容在 GB/T 4942.1—2006《旋转电机整体结构的防护等级(IP 代码)分级》中给出。有关等级划分的规定见本手册第一章第七节所介绍的内容。

一、有关规定

1）电机外壳防护等级试验所用电机应是清洁的新制品，所有部件均应就位，并按制造厂规定的方式安装。

2）对于第一位表征数字（防固体能力）为 1 和 2、第二位表征数字（防液体能力）为 1～4 的防护等级，如直观检查已能断定达到所要求的防护等级，则不需再做试验。但如有怀疑，则应按以下的规定进行试验。

3）两种防护等级中，“0”级均无需试验。

4）在进行防液体试验时，如无规定，即认定为防水试验。

5）防水试验应用清水进行。在试验过程中，电机壳内的潮气可能部分凝结，应避免将冷凝的露水误认为进水。按试验的要求，表面积计算的误差不应超过 ±10%。

6）在对电机通电情况下进行试验时，应采取充分的安全措施。

7）在下述条文中，术语“足够的间隙”的含义如下：

① 对低压电机（额定电压为：交流不超过 1000V，直流不超过 1500V），除光滑的旋转轴等非危险部件外，试具（试球、试指或钢丝等）应不能触及带电或转动部件。

② 对高压电机（额定电压为：交流超过 1000V，直流超过 1500V），当试具置于最不利的各个位置时，电机应能承受适用于该电机的耐电压试验。

耐电压试验可用测量试具与电机壳内带电部件之间的空气间隙尺寸来代替。该间隙尺寸应能保证电机在电场分布最不利的情况下通过耐电压试验。

8）对外风扇罩防护能力的规定是：当电机为 IP1X 及以上时，应达到 1 级防固体的能力（用直径为 50mm 的试球试验）；当电机为 IP2X 及以上时，应达到 2 级防固体的能力（用试指试验）。

二、防固体能力试验方法及认可条件

各等级防固体能力的试验方法和认可条件见表 4-6。

表 4-6　防固体能力的试验方法和认可条件

防护等级	试验方法	认可条件
1 级 防直径 50mm 及以上物体	用直径为 $50^{+0.05}_{0}$ mm 的刚性试球（见图 4-29a）对外壳各开启部分加 45～55N 的力做试验	试球未能穿过任一开启部分并与电机内部运行时带电或转动部件保持足够的间隙
2 级 防直径 12mm 及以上物体	1. 方法一——试指试验 用图 4-29b、c 所示的金属试指做试验。试指的两个关节可绕其轴线向同一方向弯曲 90°。用不大于 10N 的力将试指推向外壳各开启部分。如能进入外壳，应注意活动至各个可能的位置。试验时，如可能，应使机壳内转动部件缓慢地转动 试验低压电机时，可在试指和机壳内带电部件之间接入一个串联适当低压电源（不低于 40 V）的指示灯。对仅用清漆、油漆、氧化物及类似方法涂覆的导电部件，应用金属箔包覆，并将金属箔与运行时带电的部件连接 试验高压电机时，用耐电压试验来检验足够的间隙或按本节第一部分中第 7）项第②条的原则测量间隙尺寸 2. 方法二——试球试验 用直径为 $12.5^{+0.05}_{0}$ mm 的刚性试球（见图 4-29a）对外壳各开启部分加 27～33N 的力做试验	1. 试指试验 试指与壳内带电及转动部件保持足够的间隙，但允许试指与光滑的旋转轴及类似的非危险部件接触 试验时若用连接指示灯的办法，指示灯应不被通电点亮 2. 试球试验 试球未能穿过任一开启部分，且进入的一部分与电机内部带电或转动部件保持足够的间隙

（续）

<table>
<tr><th>防护等级</th><th>试验方法</th><th>认可条件</th></tr>
<tr><td>3级
防直径2.5mm及以上物体</td><td>用直径为$2.5^{+0.05}_{0}$mm直的硬钢丝或棒（见图4-29a）施加2.7～3.3N的力做试验。钢丝或棒的端面应无毛刺，并与轴线垂直</td><td rowspan="2">钢丝或棒不能进入</td></tr>
<tr><td>4级
防直径1.0mm及以上物体</td><td>用直径为$1^{+0.05}_{0}$mm直的硬钢丝或棒施加0.9～1.1N的力做试验。钢丝或棒的端面应无毛刺，并与轴线垂直</td></tr>
<tr><td>5级
普通防尘</td><td>1. 防尘试验
用如图4-30所示的设备进行试验。在一个适当密封的试验箱内，盛有呈悬浮状态的滑石粉，滑石粉应能通过筛孔尺寸为75μm、筛丝直径为50μm的金属方孔筛。滑石粉的用量按每立方米试验箱容积2kg计算，使用次数应不超过20次
电机外壳属于第一种外壳，即在正常工作循环时，由于热效应而导致机壳内气压低于环境气压的外壳
试验时，电机被支撑于试验箱内。用真空泵抽气，使电机壳内气压低于环境气压。如外壳只有一个泄水孔，则抽气管应接在专为试验而开的孔上，但对在运行地点封闭的泄水孔除外（此种泄水孔试验时应保持关闭）
试验是利用适当的压差将箱内空气抽入电机。如有可能，抽气量至少为80倍壳内空气体积，抽气速度应不超过每小时60倍壳内空气体积
在任何情况下，压力计上的压差应不超过2kPa（20mbar）
如抽气速度达到每小时60倍壳内空气体积，则试验进行至2h为止。如抽气速度低于每小时40倍壳内空气体积，且压差已达到2kPa（20mbar），则试验应持续到抽满80倍壳内空气体积或试满8h为止
如不能将整台电机置于试验箱内做试验，可采用下述任一种方法代替：
1）用电机外壳的各独立部件，如接线盒、集电环罩壳等做试验
2）用电机有代表性的部件，如门、通风孔、接合件或轴封等构件做试验。试验时，这些部件上密封薄弱部位所装的零件，如端子、集电环等，均应安装到位
3）用于被试电机有相同结构比例的较小电机做试验
4）按制造厂与用户协议的条件做试验
上述2）和3）两种方法，试验时抽入电机的空气体积应为原电机所规定的数值不变
2. 钢丝试验
如电机在运行中泄水孔是开启的，则应按“4”级防护的试验方法，用直径为1mm的钢丝做试验</td><td>试验后，滑石粉没有大量积聚，且其沉积地点如同其他尘埃（如不导电、不易燃、不易爆或无化学腐蚀的尘埃）积聚情况一样不足以影响电机的正常工作</td></tr>
<tr><td>6级
严密防尘</td><td>试验方法与“5”级基本相同</td><td>无任何灰尘堆积</td></tr>
</table>

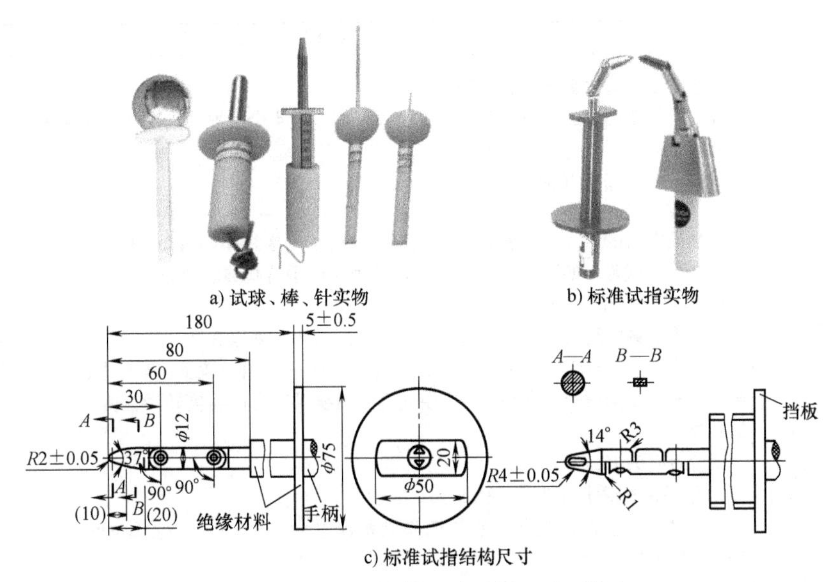

图 4-29　标准试棒（球、针）和试指

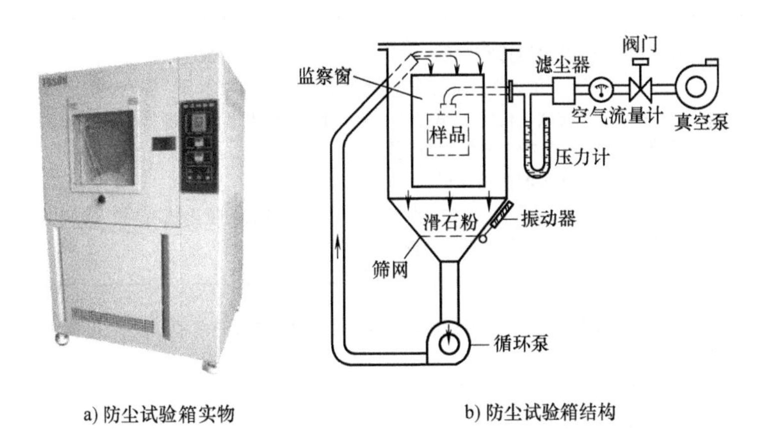

图 4-30　防尘试验设备

三、防液体（水）能力试验方法及认可条件

（一）试验方法

防液体（水）能力的试验方法见表 4-7。

表 4-7　防液体（水）能力的试验方法

防护等级	试验方法
1 级 防滴水	用如图 4-31 所示的滴水设备进行试验，设备整个面积的滴水应均匀分布，并能产生每分钟 3 ~ 5mm 的降水量（相当于图 4-31 所示设备的储水箱每分钟水位降低 3 ~ 5mm） 被试电机按正常运行位置放在滴水设备下，设备底部应大于被试电机。除预定安装在墙上或天花板上的电机外，被试电机的支撑物应不小于电机的底部 对安装在墙上或天花板上的电机，应按正常使用位置安装在木板上，木板的尺寸应等于电机在正常使用时与墙或天花板的接触面积 试验时间为 10min

（续）

防护等级	试验方法
2级 防15°滴水	滴水设备和降水量与“1”级相同 在电机4个固定的倾斜位置上各试验2.5min，这4个位置在两个相互垂直的平面上与垂直线各倾斜15° 全部试验时间为10min
3级 防60°淋水	当被试电机的尺寸和轮廓能容纳于图4-32所示的半径不超过1m的摆管式淋水器下时，则用此设备进行试验。如不可能，则用图4-33所示的手持式淋水器进行试验 1. 用摆管式淋水器进行试验 总流量应调整至每孔平均（0.067～0.074）L/min乘以孔数，总流量应用流量计测量。摆管在中心点两边各60°角的弧段内有喷水孔，并固定在垂直位置上。被试电机置于具有垂直轴的转台上并靠近半圆摆管的中心，转台绕其垂直轴线以适当的速度转动，使电机各部分在试验中均被淋湿 试验时间为10min 2. 用手持式淋水器进行试验 试验时应装上活动挡板。水压调整到水流量为（9.5～10.5）L/min，压力为80～100kPa（0.8～1.0bar） 试验时间按被试电机计算的表面积（不包括任何安装面积和散热片）每平方米为1min，但至少为5min
4级 防溅水	1. 用摆管式淋水器进行试验 采用图4-32所示设备，摆管在180°的半圆内布满喷水孔。试验时间、转台转速及总水流量与“3”级相同。被试电机的支撑物应开孔，以免挡住水流。摆管以60°/s的速度向每边摆动至最大限度，使电机在各个方向均受到喷水 2. 用手持式淋水器进行试验 采用图4-33所示设备，拆去淋水器上的活动挡板，使电机在各个方向均受到喷水。喷水率与单位面积的喷水时间与“3”级相同
5级 防30 kPa压力的喷水	采用图4-34所示的标准喷嘴做试验。自喷嘴喷出的水流从各个可能的方向喷射电机，如图4-35所示 应遵循的条件如下： 1）喷嘴内径：6.3mm 2）水流量：（11.9～13.2）L/min 3）喷水水压：约为30kPa（0.3bar）。水压的测量可用喷嘴喷出水的高度代替，为2.5m（见图4-36） 4）试验时间：按被试电机计算的表面积每平方米为1min，但至少为3min 5）喷嘴距离：与被试电机表面相距约3m（如有必要，当向上喷射电机时，为保证适当的喷射量，此距离可缩短）
6级 防100kPa压力的喷水	试验设备与“5”级相同。应遵循的条件如下： 1）喷嘴内径：12.5mm 2）水流量：（95～105）L/min 3）喷水水压：约为100 kPa（1bar）。水压的测量可用喷嘴喷出水的高度代替，为8m（见图4-36） 4）试验时间：按被试电机计算的表面积每平方米为1min，但至少为3min 5）喷嘴距离：与被试电机表面相距3m（如有必要，当向上喷射电机时，为保证适当的喷射量，此距离可缩短）

（续）

防护等级	试验方法
7级 浅潜水	将电机完全浸入水中做试验，并满足如下条件（见图4-37a）： 1）水面应高出电机顶点至少为150mm 2）电机底部低于水面至少为1m 3）试验时间至少为30min 4）水与电机的温差应不超过5K 如果制造厂与用户取得协议，试验可用下述方法代替： 电机内部充气，使其气压比外部高出10kPa（0.1bar），试验时间为1min。无空气漏出，则认为符合要求。检查漏气的方法可将电机恰好淹没于水中或用肥皂水涂在电机表面，如图4-37b所示
8级 深潜水	试验条件按制造厂与用户的协议确定，但不应低于“7”级的要求

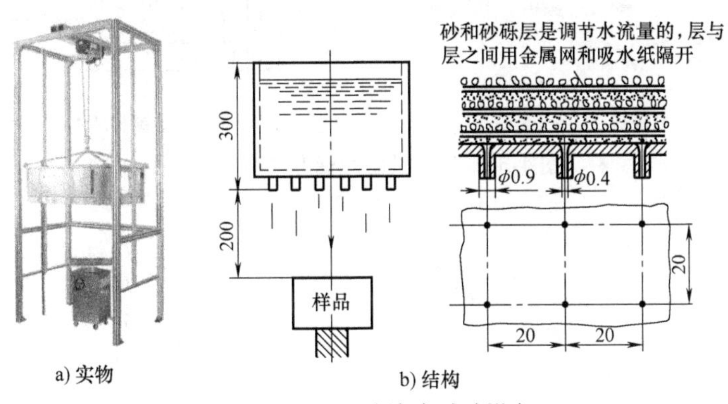

图4-31 防滴水试验设备

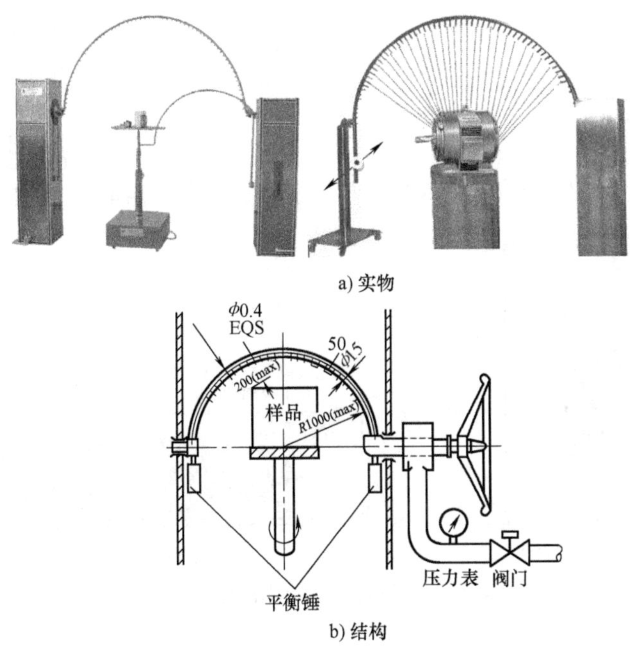

图4-32 摆管式淋水和溅水试验设备

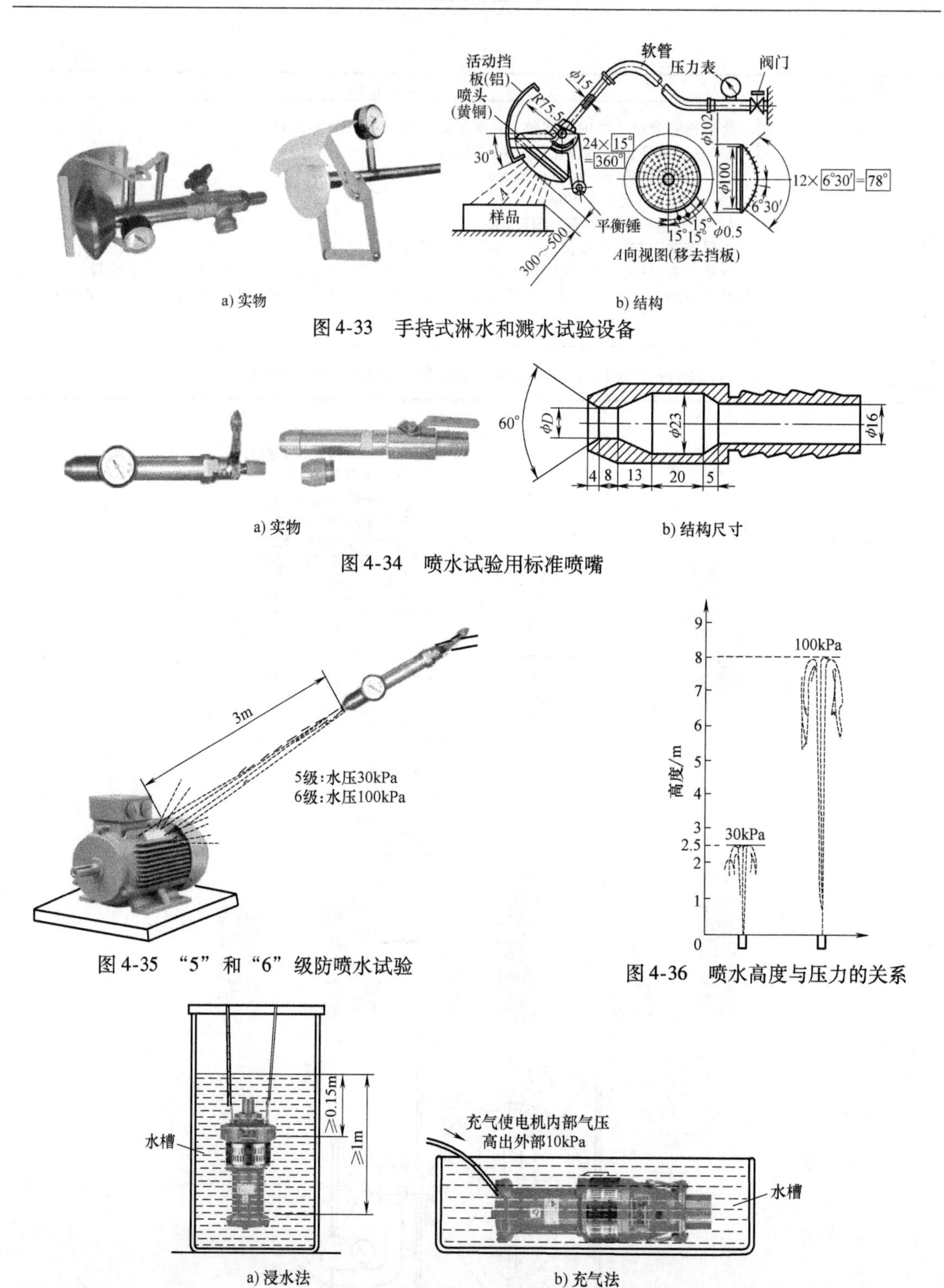

a) 实物　　b) 结构

图4-33　手持式淋水和溅水试验设备

a) 实物　　b) 结构尺寸

图4-34　喷水试验用标准喷嘴

图4-35　“5”和“6”级防喷水试验

图4-36　喷水高度与压力的关系

a) 浸水法　　b) 充气法

图4-37　进行7级防水试验方法

（二）认可条件

1）电机的进水量应不足以影响电机的正常运行；不是预定在潮湿状态下运行的绕组和带电

部件应不潮湿，且电机内的积水应不浸及这些部件。

电机内部的风扇叶片允许潮湿，同时，如有排水措施，亦允许水沿轴端漏入。

2）如电机在静止状态下做试验，应在额定电压下空载运转15min后，再做耐电压试验，其试验电压应为新电机试验值的50%（例如额定电压为380V的电机，为1760V/2=880V），但不应低于被试电机额定电压的125%。

3）如电机在转动状态下做试验，则可直接做上述耐电压试验。

4）在试验后，如电机能符合GB/T 755—2019的要求而无损坏，则认为试验合格。

第九节 防湿热试验

在GB/T 14711—2013中的第27章规定电机应进行防湿热试验，简称湿热试验。但本试验一般只对在样机结构设计定型规程中进行，并且对于在不同环境中使用的电机，试验要求也会不同。

电机的湿热试验分为恒定湿热试验和交变湿热试验两种。其国家标准编号和名称是：GB/T 12665—2017《电机在一般环境条件下使用的湿热试验要求》。它参照了另外两个国家标准，即GB/T 2423.3—2016《环境试验 第2部分：试验方法 试验Cab：恒定湿热试验》和GB/T 2423.4—2008《电工电子产品环境试验 第2部分：试验方法 试验Db：交变湿热（12h+12h循环）》。

一、检验规则

（一）需试验的产品和试验周期

本项试验应在下列情况下进行：

1）当产品设计定型或设计、工艺和所使用的材料发生改变足以能影响到产品的耐湿热性能时。

2）产品本项性能的定期抽查。是否进行和需要进行的期限由各类专业标准规定。

（二）样品抽取方式和试验结果的判定

1）在同结构、同工艺、同材料的系列产品中以随机抽样的方法抽取具有代表性的产品进行试验。如试验合格，则认为其同结构、同工艺、同材料的系列产品（包括派生系列和相同机座号范围的同类产品）均已合格。

2）对小型和微型电机，若试验后发现有1台不合格，允许重新取两倍数量的产品进行复试，如仍有不合格者，则判为整批不合格。

3）对中型和大型电机，当试验不合格时，允许在有效地消除产品的缺陷后进行复试。

4）当同一部件的几个样品中绝缘电阻的分散性大于2次方时，则认为此次试验无效。此时，必须改进零部件的绝缘后重新进行试验，参与试验的零部件数量与第一次相同。

（三）试品数量

1）机座号≤315的电机，每次2台。

2）机座号>315的中型电机，每次1台。

二、湿热试验设备的配备及要求

电机湿热试验设备由蒸汽发生器、湿热室（箱）、鼓风设备、湿度和温度调控和测量设备、相关仪器仪表等组成，如图4-38所示。对这些设备的具体要求如下：

1）恒定湿热试验室（箱）内应能保持(40±2)℃的温度和95%±3%的相对湿度，或保持按专门标准规定的温度和相对湿度值。

2）交变湿热试验时的温度应能在(25±3)℃与高温值（40±2)℃［或（55±2)℃］之间做循环变化。温度容差和变化率应符合图4-39所示的Db试验周期。

a) 实物

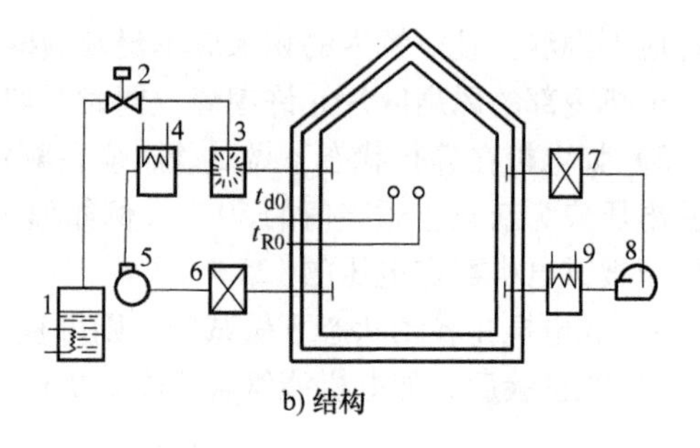

b) 结构

图4-38 湿热试验设备

1—蒸汽发生器 2—电磁阀 3—加湿门 4—主风道加热器 5—主风道鼓风机 6—主风道蒸发器 7—夹风道蒸发器 8—夹风道鼓风机 9—夹风道电加热器

相对湿度在高温阶段应能保持93% ±3%，而在其他阶段≥95%（或85%）。在循环的转折点，为了使相对湿度不发生突然变化，它的范围可适当放宽，但应符合试验Db的试验周期。

3）试验室内有效空间各处装置的温度、湿度传感器应设置均匀。温度传感器的时间常数不应大于30s，准确度应符合要求。

4）在试验室有效空间内，各处的温度、湿度必须均匀，并尽可能与控制点值保持一致。为此，可采取措施使室内空气不断流动。

5）试验室有效空间内的温度调节过程中的辐射热不应直接作用在被试产品上。

6）直接用来产生湿度的水，其电阻率应≥500Ω · m。

7）试验室墙壁的凝结水不能滴落到试验品上。

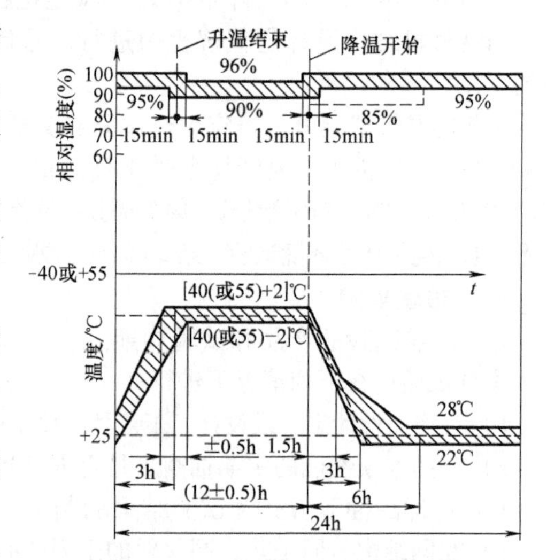

图4-39 交变湿热试验湿度及温度周期变化图（试验Db：试验周期）

8）试验电机在进行负载运行时，不允许明显影响室内的温度和湿度。

三、湿热试验周期

表4-8给出了国家标准中规定的电机湿热试验的周期优先选用值。在使用时，可根据产品的具体要求进行选择。对于个别情况，可由制造厂和用户协商确定。

表4-8 电机湿热试验周期推荐值

试验名称	高温温度/℃	试验周期/24h
恒定湿热试验	40	4，10，21，56
交变湿热试验	40	2，6，12，21，56
	55	1，2，6

四、湿热试验方法和步骤

（一）试验前的准备工作及注意事项

1）电机在进行本试验前，应进行型式试验并达到合格。在进入试验室（箱）之前，还应按有关标准要求进行外观、相关电气性能和力学性能的测量与检查，并详细记录测量和检查的结果。

2）电机在试验室内不应加包装。在安放时，应注意不要让电机堵塞试验室内的风路，以免显著影响试验时的温度和湿度条件。试验品不能相互重叠。在分层安放时，应防止上层试品的冷凝水滴落到下层试品上。

3）各温度、湿度传感器及被试电机的有关电气部分和室外控制台的连线应经过严格的检查，确保安全可靠。

4）容量相差较大的电机不宜放在同一室内同时进行试验。

（二）交变湿热试验的试验步骤和注意事项

交变湿热试验包括稳定阶段和1个周期内（升温、高温高湿、降温、低温高湿24h循环）及试验后的恢复处理等过程。

电机一般按40℃交变湿热试验方法进行，试验共6个周期，每个周期的条件按图4-39所示的阶段和参数规定（图中温度稳定阶段的温度为40℃）。

下面介绍各阶段的试验步骤和注意事项。

1. 被试品的预热处理阶段

正式试验前，应将被试品置于湿热室（箱）内进行预热处理。预热处理温度为25~35℃。从湿热室（箱）的温度达到25℃时算起，时间不应少于8h。

2. 稳定阶段

在此阶段，先调解湿热室的温度在（25±3）℃，相对湿度在45%~75%之间。并保持这一状态到试验品温度达到稳定值为止。用时间来确定是否达到稳定时，对小型电机，应不少于6h；对中型电机，应不少于8h，如图4-40所示。

试品也可不放在湿热室中完成上述稳定阶段试验，但必须放在正常的试验大气条件（温度为25~35℃，相对湿度为45%~75%，气压为860~1060Pa）下达到稳定后再放入湿热室中作交变湿热试验。

在试品温度达到稳定后的1h内，将室内温度调节到（25±3）℃，相对湿度提高到95%~100%范围内。

3. 24h循环试验周期阶段

稳定阶段结束后，开始进入24h循环试验周期阶段。

在最初的3h±30min内，将试验室的温度连续升至有关标准规定的高温［例如（40±2℃）］。升温速度取图4-40中斜线区包括的数值。

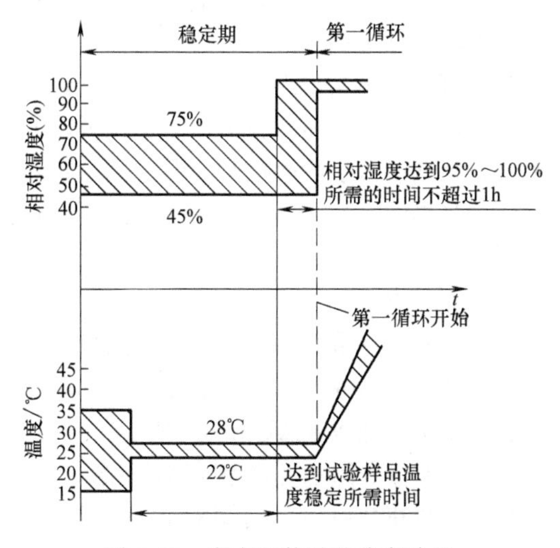

图4-40　交变湿热试验稳定阶段

在升温开始至2h45min期间，相对湿度应保持在95%以上；2h45min至3h15min期间，相对湿度可不低于90%。

在升温阶段，试品上应产生凝露，但对大型试品表面不得产生过量的凝结水。

升温结束后，温度应保持在规定的高温值范围内［例如（40±2）℃］。时间从开始循环起算历时12h±30min为止。在高温阶段，室内相对湿度，除最初的15min和最后的15min可不低于90%外，其他时间均应为93%±3%。

高温阶段结束后，温度在3~6h内降到（25±3）℃。在开始降温的1h30min内降温速度按图

4-40 中斜线区规定的速率下降。在降温过程中，相对湿度除在最初的 15min 可≥90% 外，其他时间均应≥95%。

对“呼吸效应”不明显的试品，降温阶段的相对湿度允许不低于 85%。

“呼吸效应”是指物体由高、低温的周期变化使其内部气体热胀冷缩形成的效应。

在降温结束后的低温高湿阶段，温度应保持在（25 ±3）℃，相对湿度应≥95%，直至 24h 循环结束。

4. 恢复处理阶段

恢复处理是在试品经交变湿热试验周期结束以后的 1 ~2h 内进行。恢复条件为正常的大气条件和控制的恢复条件两种，见表 4-9。选用哪种条件应按有关规定进行。

表 4-9　两种恢复条件中的有关参数

恢复条件	温度/℃	相对湿度（%）	气压/Pa
正常的大气条件	15 ~35	45 ~75	860 ~1060
控制的恢复条件	（15 ~35） ±1	75 ±2	860 ~1060

如果要求在控制的恢复条件下进行恢复（见图 4-41），则试品可以移到另一室或仍留在试验室内进行。当移到另一室时，转移时间应尽可能短，一般不应超过 10min。在原试验室进行恢复时，室内相对湿度在 30min 内降至 75% ±2%，温度在 30min 内调至 15 ~30℃间的任一值。对于热容量较大的试品，当上述要求无法达到时，应另行规定温度、湿度和恢复时间。如规定应去除试品表面潮气，则应根据规定的措施和方法进行。

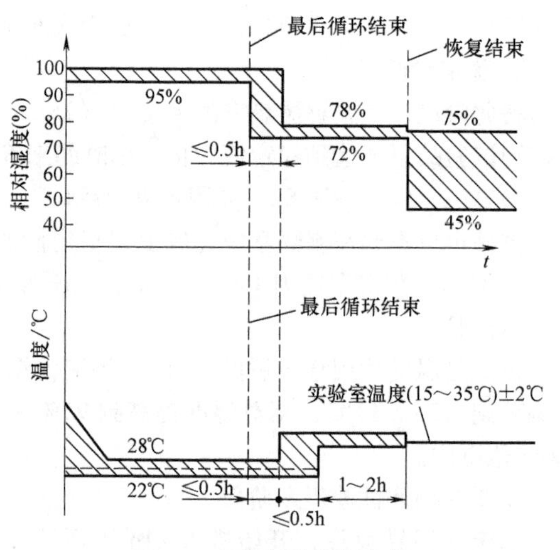

图 4-41　控制的恢复条件

5. 试验中的检查与测量

如有规定，在循环试验中，需根据要求对试品进行电气或力学性能检测。但中间检测不允许将试品移到室外。因此，中间检测不能进行恢复处理。

6. 最后测量

最后测量应在恢复后立即进行。测量项目根据要求逐项进行，且应先安排测量对温度变化反应灵敏的一些参数。整个测量应在 30min 内完成。

五、中小型电机湿热试验验收规定

（一）绝缘电阻的测量和合格标准

被试电机在最后一个周期的低温高湿条件下保持温度为（25 ±3）℃，相对湿度为 95% ~98%，时间达到 5h（对试验周期为 24h 的）或 2h（对试验周期为 48h 的），在试验室内测量电机的绝缘电阻。

测量绝缘电阻时，对框式线圈应测量线圈两边并联值；集电环应测量所有导电环并联对地值。

在 GB/T 14711—2013 和 GB/T 12350—2009 等相关标准中规定，上述测量所得的绕组对机壳和相互间的绝缘电阻符合本章第一节表 4-2 中的规定。

（二）耐电压试验和合格标准

被试电机绝缘电阻测量符合规定要求后，再进行耐电压试验。一般应在试验室内进行。

在试验室的安全措施不足的情况下，对于高压电机，可将电机从试验室内取出，置于正常的大气条件下进行试验，但必须在6h内完成试验。

如对绝缘击穿有怀疑，允许在不改变试验状态的情况下，立即进行复试。复试时，试验电压不变。

如无特殊规定，试验电压为该被试电机新品耐电压值的85%，加压时间为1min。

试验中不发生击穿为合格。

对单相电容运转和单相电容起动电机，所用的电解电容器或油浸电容器应通过耐电压试验而不发生击穿。

（三）电机主要零件或部件表面外观

在电机从试验室内取出后的24h内，完成电机表面油漆外观、电镀件和化学处理件、绝缘和塑料部件及轴承润滑脂的检测；在24～48h内，完成电机表面油漆层附着力的测定。各项的合格标准如下：

1. 表面油漆

电机表面油漆的外观任意$1m^2$正方形面积内$\phi=0.5\sim3mm$的气泡不得多于9个，其中$\phi>1mm$的气泡不得多于3个，$\phi>2mm$的气泡不得超过1个，不允许出现$\phi>3mm$的气泡和超过30%表面积的隐形气泡；底漆没有脱落；油漆附着力不得低于“油漆外观质量分级方法”中规定的三级标准（分级方法见本节第六部分）；允许底金属出现个别锈点以及漆层有少量起皱，但不得有脱落、开裂、严重的桔皮或流挂现象。

2. 零部件的腐蚀情况

标牌、导电部件的接触部件、活动部件的关键部位等能影响产品性能的零件或部件，不得出现腐蚀破坏。除上述以外的其他零件或部件出现腐蚀破坏的面积达到该零件或部件主要表面面积5%～25%的零件或部件的数量，不得超过该被试电机零件总数量的20%。

铁心叠片表面锈蚀面积不得超过总面积的15%。

3. 绝缘和塑料部件

表面允许出现部分白色粉状析出物或轻微粗糙现象、轻微的填料膨胀或外露、少量$\phi=0.3\sim0.5mm$的气泡或个别$\phi=0.5\sim1mm$的气泡。应无变形和裂纹现象出现。但对酚醛压塑料的$\phi100$、厚5mm的标准圆片，不允许出现个别的$\phi=0.5\sim1mm$的气泡。

4. 轴承润滑脂

轴承润滑脂在试验后不应出现乳化或变质。

（四）运行性能

电机的转动或可动部分零件不得有卡阻或影响正常运转的情况，整机应能正常运转。

六、表面油漆层附着力检查方法和质量标准分级

（一）附着力检查方法

在被检产品平整的油漆层表面，用专用单刃或多刃刀具（可用11号或12号医用手术刀片）横竖垂直划出各6条刀痕到底金属，形成25个小方格。

应注意，专用刀具的刃尖磨损超过0.1mm时须重磨；每把新刀片最多允许使用10次（每划出横竖垂直各6条刀痕为1次）。

刀痕的间距与油漆的厚度有关：厚度$<0.06mm$时为1mm；厚度$\geqslant0.06\sim0.12mm$时为2mm；厚度$>0.12mm$时为3mm。

用新的漆刷在栅格表面沿两条对角线方向轻轻地来回各刷5次，然后检查方格中漆膜的脱落情况。

（二）附着力分级方法

附着力分级方法见表4-10。

表4-10　表面油漆层附着力质量标准分级

等级	分级标准
0	刀痕十分光滑，无涂层小片脱落
1	在栅格的交点处有细小涂层碎片剥落，剥落面积占栅格面积的5%以下
2	涂层沿刀痕和（或）栅格的交点处剥落，剥落面积占栅格面积的5%～15%
3	涂层沿刀痕部分或全部呈宽条状剥落和（或）从各栅格上部分或全部剥落，剥落面积占栅格面积的15%～35%
4	涂层沿刀痕呈宽条状剥落和（或）从各栅格上部分或全部剥落，剥落面积占栅格面积的35%～65%
5	剥落面积超过栅格面积的65%

第十节　防盐雾和防腐蚀试验

一、防盐雾试验

对船用及在其他存在盐的液体或气体的使用场合使用的电机，应进行防盐雾试验。试验标准的编号和名称为GB/T 2423.17—2008《电工电子产品环境试验　第2部分：试验方法　试验Ka：盐雾》。

（一）对试验设备的要求

1）用于制造试验设备的材料必须耐盐雾腐蚀且不影响试验结果。

2）试验设备中工作空间的条件应保持在有关规定［本部分第（三）项的规定］的限度之内。

3）试验箱（室）有足够大的容积，并且能提供均匀的试验条件，且试验时这些条件不受试验品的影响。

4）盐雾不得直接喷洒在试验品上。

5）试验设备工作空间内顶部和内壁以及其他部位的冷凝液，不得滴落在试验品上。

6）试验设备内外气压必须平衡。

图4-42是此类试验设备的示例和结构。

（二）试验液体

1）盐溶液采用氯化钠（化学纯、分析纯）和蒸馏水或去离子水配制，其浓度为5%±1%（质量百分比）。

2）雾化前盐溶液的pH值在6.5～7.2［(35±2)℃］之间。配制盐溶液时，可采用化学纯的稀盐酸或氢氧化钠溶液来调整pH值，但浓度仍必须符合上述要求。

3）雾化后的收集液，除挡板挡回的部分外，不得重复使用。

（三）试验条件

1）试验设备工作空间内的温度为(35±2)℃。

2）在工作空间内任一位置，用面积为80cm^2的漏斗收集连续雾化16h的盐雾沉降量，平均每小时收集到1.0～2.0mL的溶液。

3）采用连续雾化。推荐的持续时间为16h、24h、48h、96h、168h、336h、672h。

4）雾化时必须防止油污、尘埃等杂质和喷射空气的温、湿度影响工作空间的试验条件。

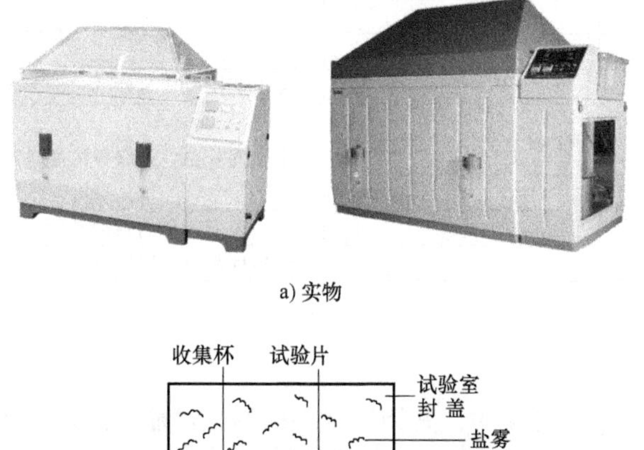

a) 实物

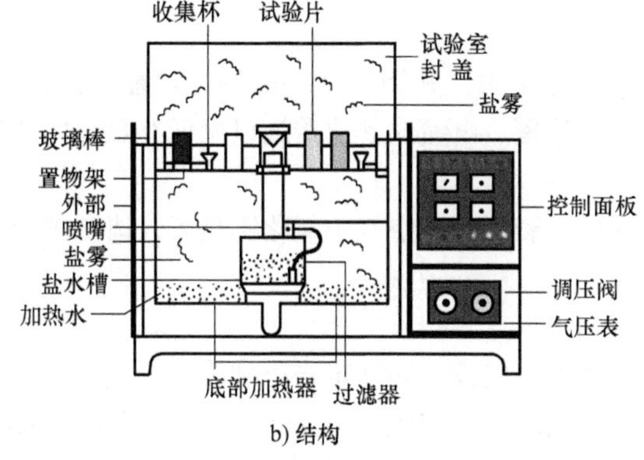

b) 结构

图4-42 防盐雾和防腐蚀试验箱

（四）试验过程

1. 试验品在试验前的处理及要求

试验前，应对样品进行外观检查。其表面应无油污、无临时性的保护层和其他问题。应尽可能避免用手直接触摸样品表面。

按有关标准规定对样品进行清洁。所用清洁方法应不影响盐雾对样品的作用。如果需要，还要按有关标准进行其他项目的性能测定。

2. 试验品的放置和试验

1）试验品一般按有关标准规定的正常使用状态放置（包括外罩等）。平板试验样品需使受试面与垂直方向成30°角。

2）试验品不得相互接触，它们的间隔距离是不影响盐雾能自由降落在被试样品上，以及一个样品上的盐溶液不得滴落在其他样品上。

3）样品放置后，按前面第（三）项规定的试验条件进行试验。试验时间按有关规定。

（五）恢复和最后检测

试验结束后，用流水轻轻洗去试验品表面上盐的沉积物，再在蒸馏水中漂洗，洗涤水温不得超过35℃。然后，在标准大气压条件下恢复1～2h，或按其他有关标准规定的恢复条件和时间进行。

（六）盐雾试验的持续时间和合格标准

电机在进行盐雾试验时，其各种电镀零部件和化学处理件进行试验的持续时间和合格标准见表4-11。表中第3项的镀层是指最外层的电镀层，讨论何种中间镀层时，均采用同一试验持续时间和合格标准。

表4-11　盐雾试验的持续时间和合格标准

序号	底金属和镀层类别	试验的持续时间/h	合格标准
1	钢镀镉	96	未出现白色、灰黑色、棕色等颜色的腐蚀产物
2	钢镀锌	48	
3	钢镀装饰铬	48	未出现棕色或其他颜色的腐蚀产物
4	铜及铜合金镀镍铬	96	未出现灰白色或绿色的腐蚀产物
5	铜及铜合金镀镍	48	
6	铜及铜合金镀银	24	
7	铜及铜合金镀锡	48	未出现灰黑色的腐蚀产物
8	铝及铝合金阳极氧化	48	未出现灰色的腐蚀产物

二、防腐蚀试验

（一）适用范围

当电机用于具有酸或碱的环境中，其钢铁零件的锈蚀可能导致电动机着火、漏电或伤害人身，则这些零件应采用涂漆、涂覆、电镀或其他措施以保证有足够的防锈能力。需要进行试验确定其防护能力是否符合要求。

对于壳体内的钢和铁零件，若外露于空气中氧化不显著，诸如轴承、冲片等零件可不要求防锈蚀。

（二）试验方法和考核标准

对于防锈能力有怀疑的零件，应按下述规定进行试验和判定：

把试验零件浸入酒精、汽油或类似物质中10min，以除去所有的油脂或杂质；然后将该零件浸入温度为（20±5）℃、浓度为10%的氯化氨水溶液里10min，不用擦干，只要抖去水滴之后将零件放入一个饱和湿度、温度为（20±5）℃的箱子里10min；最后，将零件在温度为（100±5）℃的烘箱内干燥10min。

经上述试验后，零件表面不应有生锈痕迹，但在锐边上的锈迹和任何可以擦除的淡黄色膜可以忽略不计。

第十一节　对接线装置的检查

接线装置包括接线端子、接线螺栓等电机绕组与电源相连接的元件和接线盒等保护这些电气元件的设备。

在GB/T 14711—2013和GB/T 12350—2009等安全要求标准中，规定了相关安全标准和检测方法。

一、对电气间隙与爬电距离的要求

对于运行中带电体之间和带电体与其周围可导电的其他器件之间，应留有足够的电气间隙和爬电距离。

（一）电气间隙和爬电距离的定义

具体定义示例如图4-43所示。

1. 电气间隙

两个导电部件之间，或一个导体与电机易触及表面之间的空间最短距离。

2. 爬电距离

两个导电部件之间，或一个导体与电机易触及表面之间沿绝缘材料表面的最短路径。通俗地说，就是从一个带电体的表面开始，沿绝缘体和其他物体的表面到达另一个带电体所“爬”过的最短距离。

（二）对电气间隙和爬电距离的最小限度要求

1. 低压电机的电气间隙与爬电距离

下列电气间隙和爬电距离应不小于表4-12（GB/T 14711—2013 中表4）的规定（表中相关部件“其他”为除接线端子之外的其他零件，包括与这类端子连接的板和棒）。否则应符合本部分第2项中的规定。

1）通过绝缘材料表面的及空间的。

2）在不同电压的裸露带电部件之间或不同极性之间的。

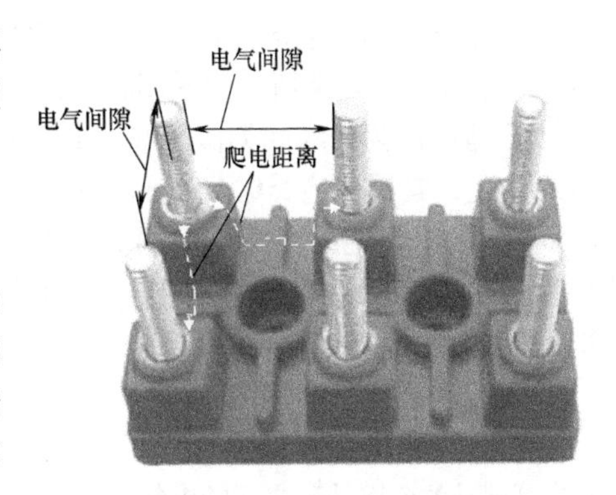

图4-43　电气间隙和爬电距离的定义（电机接线板）

表4-12　裸带电部件之间及与其他可导电部件之间的最小间距限值

<table>
<tr><th rowspan="3">机座号分档</th><th rowspan="3">相关部件</th><th rowspan="3">涉及的最高电压/V</th><th colspan="6">最小间距限值/mm</th></tr>
<tr><th colspan="2">不同电压的裸带电件之间</th><th colspan="2">非载流金属与裸带电件之间</th><th colspan="2">可移动的金属罩壳与裸带电件之间</th></tr>
<tr><th>电气间隙</th><th>爬电距离</th><th>电气间隙</th><th>爬电距离</th><th>电气间隙</th><th>爬电距离</th></tr>
<tr><td rowspan="4">≤90</td><td rowspan="2">接线端子</td><td>31～375</td><td colspan="2">6.3</td><td>3.2</td><td>6.3</td><td>3.2</td><td>6.3</td></tr>
<tr><td>>375～750</td><td colspan="4">6.3</td><td colspan="2">9.8</td></tr>
<tr><td rowspan="2">其他</td><td>31～375</td><td>1.6</td><td>2.4</td><td>1.6</td><td>2.4</td><td>3.2</td><td>6.3</td></tr>
<tr><td>>375～750</td><td>3.2</td><td>6.3</td><td>3.2</td><td>6.3</td><td colspan="2">6.3</td></tr>
<tr><td rowspan="4">>90</td><td rowspan="2">接线端子</td><td>31～375</td><td colspan="2">6.3</td><td>3.2</td><td>6.3</td><td>6.3</td><td></td></tr>
<tr><td>>375～750</td><td colspan="4">9.5</td><td colspan="2">9.8</td></tr>
<tr><td rowspan="2">其他</td><td>31～375</td><td>3.2</td><td>6.3</td><td>3.2①</td><td>6.3①</td><td colspan="2">6.3①</td></tr>
<tr><td>>375～750</td><td>6.3</td><td>9.5</td><td>6.3①</td><td>9.5①</td><td colspan="2">9.8①</td></tr>
</table>

①　电磁线被认为是一个非绝缘的带电部件。然而，在电压不超过375V的地方，被牢固支撑并保持就位在线圈上的电磁线与不带电的金属部件之间，通过空气或表面的最小间距为2.4mm是合格的。在电压不超过750V的地方，当线圈已进行适当浸漆处理或被囊封，2.4mm的间距是合格的。固体带电器件（例如在金属盒子中的二极管和晶闸管）与支撑的金属面之间的爬电距离，可以是本表规定值的1/2，但不得小于1.6mm。

3）在裸露的带电部件（包括电磁线）和在电机工作时接地（或可能接地）的部件之间的。

2. 除第1项以外的规定

1）仅对有电刷电机的静止部件（如刷握），处在换向器和集电环的区域中，由于炭灰的沉积（如在刷握绝缘上），其电气间隙和爬电距离应大于表4-12的规定，并至少应增加50%，否则应提供合适的隔板、套环或类似的部件。

2）上述第1）条所规定的增加电气间隙和爬电距离的要求，不适用于机座号>90的电机。

3）对于绕线转子电机的转子绕组及单相电机的离心开关（起动开关），其电气间隙和爬电距离可能会小于表4-12的规定。但应保证不会产生有害的后果。

4）导线连接器，包括压力型连接（快速连接型）应防止转动或移动，以防电气间隙和爬电距离减小到小于上述规定。除非连接器左右转动30°时，电气间隙和爬电距离维持不变；或当连接器的螺杆是绝缘的时，防止连接器转动措施可以省略。

5）表4-12中指定的电气间隙和爬电距离可以通过使用绝缘隔板来获得，这种隔板应由下列指定的材料制成：

① 如果裸露的带电部件在绝缘隔板里面或可能进到里面而与这种绝缘隔板接触，则应采用耐热、耐潮材料（如瓷瓶、酚醛塑料、聚酯、碳酸聚酯、尼龙、云母等）。

② 合适的耐潮纤维和类似的吸湿材料隔板，可用于不会与裸带电部件（除电磁线之外）接触的位置，其厚度应≥0.66mm。如果电气间隙和爬电距离超过规定值的一半，则可以采用厚度≥0.33mm 的绝缘隔板。如果其他厚度 < 0.33mm 的绝缘材料（如厚度≥0.25mm 的纯云母）通过检验，证实它们具有的机械和电气特性足以满足所有正常的使用条件，则可以被采用。

3. 额定电压≥1kV 电机的电气间隙和爬电距离

接线盒内裸露的不同的带电部件或不同极性部件之间及裸露的带电部件（包括电磁线）和非载流金属或可移动的金属外壳之间的电气间隙和爬电距离应符合表4-13 的规定。

当适用时，将非载流金属部件与固体部件隔开的绝缘应可靠固定，所用纯云母的厚度应大于0.25mm，或是等效的绝缘，且其爬电距离应符合表4-13 的规定。当适用时，作为另一种情况，如果用散热片支撑固体部件，则散热片应被作为裸露带电部件，其电气间隙和爬电距离应遵守表4-13 的规定。

表4-13　电压1kV 及以上的裸带电部件的最小间距

相关部件	额定电压/kV	最小间距限值/mm	
		电气间隙/mm	爬电距离/mm
接线端子	1	11	16
	1.5	13	24
	2	17	30
	3	26	45
	6	50	90
	10	80	160

注：1. 当电机通电时，由于受机械或电气应力作用，刚性结构件的间距减少量不应大于规定值的10%。
2. 表中电气间隙值是按电机工作地点海拔不超过1km 规定的，当海拔超过1km 时，每上升300m，表中的电气间隙值增加3%。
3. 仅对中性线而言，表中的进线额定电压除以3 。
4. 在此表中的电气间隙值可以通过使用绝缘隔板的方式而减小，采用这种防护的性能可以通过耐电压强度试验来验证。

二、对接线端子的要求

（一）对接线端子、螺栓机械强度的要求

电机接线板和接线端子（接线螺栓）应具有足够的机械强度和刚度，在承受表4-14 的紧固扭矩时应不损坏。检查时，使用合适尺寸和标称扭力的力矩扳手（见图4-44）。

表4-14　接线端子的紧固扭矩最小承受值

接线端子直径/mm	3.5	4	5	6	8	10	12	16	20	24
紧固扭矩/(N·m)	0.8	1.2	2	3	6	10	15.5	30	52	80

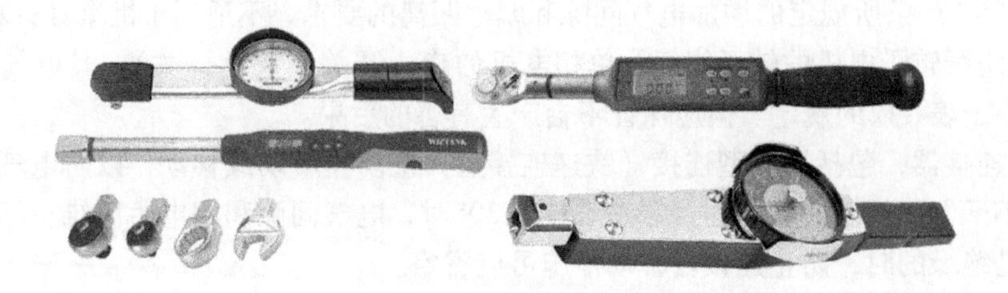

图4-44　小型扭力扳手

（二）对接线端子固定情况的要求

利用螺钉（螺栓）、螺母或类似装置外接电源电缆（电线）的导电连接螺栓型接线端子，其连接固定应符合以下规定：

1）导线连接螺栓型接线端子应不用于固定其他任何零件。在外接电源导线时，若不会引起电机内部导线松动，则该接线端子也可用于夹紧电机内部导线。

2）接线端子应可靠固定。当夹紧装夹或放松电源电缆（电源软线）时，接线端子应不转动或位移，内部引出线应不受到应力，电气间隙与爬电距离亦应不小于表4-12或表4-13规定的限值。

3）接线端子应配接OT型压接端头或弓形垫圈，以保证导线与接线端子有可靠的连接。当夹紧导线时，应有防松措施，在金属表面之间应有足够的接触压力，既不损伤导线也不会滑脱。

（三）对接线端子的材质和导电能力的要求

接线端子应使用铜合金（黄铜）、铜或钢（表面镀锌）制造，其允许的持续电流与其结构形式、螺钉（或螺栓）的直径和材料有关，应分别符合表4-15～表4-17的规定。

表4-15　黄铜和钢导电连接螺栓型接线端子最小直径

允许持续电流/A		10	16	25	63	100	160	200	250	315	400	450
螺栓最小直径/mm	黄铜 H62	3.5	4	5	6	8	10	—	12	16	20	—
	钢（镀锌）						—	10	—	—	12	16

表4-16　铜导电连接螺栓型接线端子最小直径

允许持续电流/A	200	315	400	630	800	1000	1250	1600
螺栓最小直径/mm	10	12	16	20	24	30	33	36

表4-17　片状铜排端子型接线端子最小尺寸

紧固螺栓①最小直径/mm		8	10	12	16	20
允许持续电流/A	单面接触	160	315	500	1000	1600
	双面接触	315	630	1000	2000	3200
铜排最小宽度/mm		20	25	30	35	50

① 紧固螺栓是用于将导线端子与片状接线端子相连接的部件。

（四）保护接地端子的螺钉的最小直径

保护接地端子的螺钉应有足够截面积，其最小直径与电机的额定电流有关，见表4-18。

表4-18　保护接地端子的螺钉最小直径

电机额定电流/A	≤20	>20～200	>200～630	>630～1000	>1000
保护接地端子的螺钉最小直径/mm	4	6	8	10	12

三、对接线盒的要求

电机接线盒可以是装在电机外部的独立部件，也可以部分或整体是电机外壳的一部分。对其电气和机械性能的要求如下：

1）电机接线盒内腔应具有适当的可用容积，以容纳接线装置，并使其电气间隙和爬电距离不小于表4-12和表4-13的规定，同时能承受耐冲击电压试验规定的冲击电压。

2）接线盒如用金属材料制成，其厚度应符合表4-19的规定。

表 4-19　金属接线盒的厚度

金属类型	薄钢板	锻铁	铸铁	压铸金属	
				对一个≤155cm² 的区域面积或者任一边尺寸≤150mm	对一个 > 155cm² 的区域面积或者任一边尺寸 > 150mm
最小厚度①/mm	1.1	2.4	3.2	1.6	2.4

① 如果经检验显示其提供了等效刚度，则除了导线管入口处之外，可采用稍薄的钢板。

3）电机接线盒应坚实耐用且安装牢固，应无有害变形和松动。金属材料制成的电机接线盒是否符合要求，应进行静压力试验判定。

机座号 >90 的电机接线盒，其水平表面应能承受 1060N 的垂直静压力，历时 1min；机座号≤90 的电机的接线盒，其水平表面应能承受压强为 0.135N/mm² (135kPa) 的垂直静压力，最大值为 1060N，历时 1min。垂直静压力使用一种称为"球面静压力试验仪"的设备进行试验，仪器的球面直径为 50.8mm，垂直压在接线盒平坦的金属面上，如图 4-45 所示。此垂直静压力与电机预定的安装位置无关。

试验后，接线盒的有效性没有损伤，电气间隙和爬电距离应符合表 4-12 或表 4-13 的最高允许值。

4）在电机运行到热稳定状态时，接线盒内及其中的引接电缆（电源连接线）的温度应不高于表 4-20 给出的最高允许值。

图 4-45　用 DJY-QY-A 型球面静压力试验仪对接线盒盖进行静压力试验

表 4-20　接线盒内及引接电缆的最高允许温度

绝缘耐热等级		130 (B)	155 (F)	180 (H)
允许最高温度/℃	全封闭无通风外壳	90	110	110
	其他所有外壳	75	90	110

四、引接软电缆夹紧装置

（一）引接软电缆和引线的定义

引接软电缆（或称为电源软线）是从电机内直接引到电机外的用于供电的软线，如图4-46a所示。

引线是绕组线圈与接线端头之间、绕组线圈之间或绕组线圈与引到电机内部其他导体间的连接导线，习惯称为"引接线"。它们可以引到电机外的一个接线盒中，如图4-46b所示。

两者的区别在于：前者不与外接电源线直接相连，最多是通过接线端子（接线柱等）与外接电源线间接相连，并且连接点在电机上的接线盒中；而后者是引出电机外壳与外接电源线直接相连，这种电机无接线板，甚至可以不要接线盒。

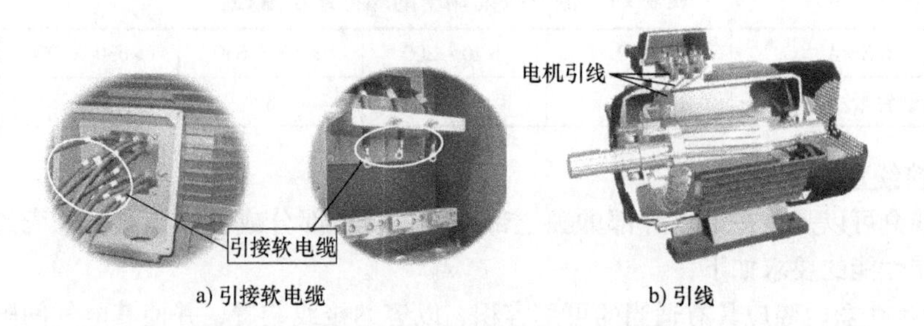

a) 引接软电缆　　b) 引线

图 4-46　电机的引接软电缆和引线的定义

（二）对引接软电缆夹紧装置的检查

引接软电缆有的散放着引出，一般会比较长，如图4-46a左图所示；有的需要用夹紧装置固定，一般会比较短，如图4-46a右图所示。

引接软电缆夹紧装置是否符合要求，应进行检查，并通过拉力和扭转试验判定。

进行耐拉力试验时，将引接软电缆在离线夹100mm处断开，在引接软电缆上施加表4-21规定的静拉力，历时1min。试验时，电机应置于其结构允许的任意位置，使夹紧装置能受到拉力作用。试验后，引接软电缆被夹持部位与夹紧位置的相对位移应不大于1mm。

图4-47　对电机引接软电缆夹紧装置的检查

进行耐扭转试验时，在夹紧装置外壳和引接软电缆间施加0.28N·m的力矩，历时1min，引接软电缆应无转动现象。

以上检查操作如图4-47所示。

表4-21　引接软电缆的耐受静拉力

软电缆（电线）类型	连接电源的	连接元件的
静拉力/N	157	88

第十二节　热　试　验

一、热试验目的、温升定义和热试验方法分类

（一）热试验目的

“热试验”这一名称是在2005年修订GB/T 1032—1985《三相异步电动机试验方法》时提出的，在以前的标准和资料中仍为“温升试验”。该试验的目的是通过试验得到电机绕组、集电环、换向器、轴承等发热部件在规定的工作条件下运行并达到温升稳定（对短时工作制和其他有要求的特殊电机除外）时的温度或温升值。用于考核被试电机所用绝缘材料、生产工艺能否满足电机正常工作及设计寿命的要求。另外，热试验所获得的相关数值还是计算电机绕组热损耗（简称铜耗）求取效率的必备参数。

（二）温升定义

电动机绕组、铁心等运行中会发热的元件温升的定义是：在规定的条件（外加电源电压、频率，环境温度和海拔，散热条件，输出转矩、转速和功率等）下运行到热稳定（对S1工作制、S3～S10工作制电机）或规定时间（对S2工作制或等效成S2工作制的S3～S10工作制电机）后，这些元件所具有的温度高于它们所处环境温度的数值。

（三）热稳定定义

在GB/T 755—2019中第3.25项给出的热稳定的定义是：电机发热部件的温升在0.5h内变化不超过1K的状态。在本项定义后，还给出了一个“注”：热平衡可以用时间－温升图来定义，即相邻间隔0.5h的起点和终点之间的连线，每0.5h有1K或小于1K的梯度或每1h有2K或小于2K的梯度。

0.5h有1K或小于1K的梯度的时间－温升图如图4-48所示。

在GB/T 1032—2012中第6.6.4.4项“热试验持续时间”中间接地给出了热稳定的定义：对连续工作制（S1）电机，热试验应进行到相隔30min的两个相继读数之间温升变化在1K以内为止。但对温升不易稳定的电机，热试验应进行到相隔60min的两个相继读数之间温升变化在2K

以内为止。可见，后一句给出的规定符合 GB/T 755—2019 中第3.25项定义中的“注”。

这里应注意所指的是“温升”变化，而不能简单地理解为“温度”变化。明确地说，需要考虑环境温度变化所产生的影响。例如某时的绕组温度为50℃，运行了30min后，该绕组温度上升到了51℃，看起来符合“两个相继温度读数之间变化为1K以内”的规定，可以停机了。但环境温度记录显示，绕组温度为50℃时环境温度为26℃，绕组温度上升到51℃时环境温度下降到了25℃。这样，考虑到环境温度变化的影响，绕组温度的变化就变成了2K。不符合停机的规定，还应继续运转下去。

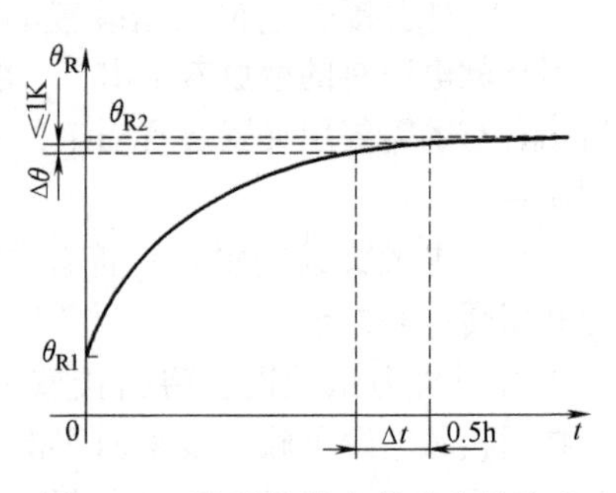

图4-48　温升曲线和热稳定的定义

（四）热试验方法分类

从试验时是否加负载来分，热试验有规定输出负载的直接负载法和间接负载法两种方法。直接负载法一般是施加额定负载，但也包括降低电压负载法和降低电流负载法，应尽可能创造条件采用直接负载法。间接负载法仅限用连续工作制电机。交流电动机定子叠频法及 GB/T 21211—2017《等效负载和叠加试验技术 间接法确定旋转电机温升》规定的其他适用方法属于间接负载法。

直接负载法所用的负载设备可根据具体情况选用第二章中介绍的相关设备中的一种，也可采用实际的负载，即该电机在实际应用时所带的负载。

二、电机部件温度（或温升）的测量方法

（一）测量方法的选用规定

一般情况下，电机上需测量温度的部件有绕组（含定子绕组、绕线转子绕组、励磁绕组等）、集电环、换向器、轴承、铁心等；对某些特殊用途的笼型转子电机，如增安型电机，在新产品鉴定试验时，还要测量其笼型转子的温度。它们所用的测温方法见表4-22，表中 P_N 为电机的额定功率，单位为kW或kVA；“√”表示可选用。

表4-22　电机部件温度（或温升）测量方法的选择原则

电机部件名称		测温方法			
		电阻法	温度计法	埋置检温计法	红外测温法
绕组	$P_N\geq5000$ 的交流绕组	√	—	√	—
	$5000>P_N>200$ 的交流绕组	√	—	√	—
	$P_N\leq200$ 的交流绕组	√	—	√	—
	$P_N\leq0.6$ 的非均匀分布或接线很复杂的绕组	—	√	—	—
	每槽只有一个线圈边的交流定子绕组	√	—	—	—
	带换向器的电枢绕组和励磁绕组（具有圆形转子同步电机的励磁绕组除外）	√	√	—	—
	具有一层以上的直流电机静止磁场绕组	√	√	√	—
其他部件	集电环和换向器	—	√	—	√
	轴承	—	√	√	—
	外壳、铁心	—	√	√	√
	笼型转子	—	—	√	√

注：在以前的试验方法标准 GB/T 10032—1985 中，曾给出一种“叠加法”，并提出要优先采用。该方法是在电机通电运行的工作状态下直接测量电机绕组的电阻值，所以也称为“带电测量（电阻）法”。从理论上来讲其测量值应是电机实际运行状态时的数值，所以要比温升稳定断电停机后测量电阻的方法更准确。但要使用专用测量设备，并且接线和操作较复杂，实际结果也不十分理想，所以多年来没有得到很好的推广。本手册第三章第八节介绍了近几年新研制的低压带电测量三相交流电机直流电阻的仪器及其电路等知识，供读者参考。

（二）测量方法及相关要求

电机热试验中，测量相关部件或部位（不含轴承和笼型转子铁心及绕组）温度的方法及相关要求见表4-23和图4-49。

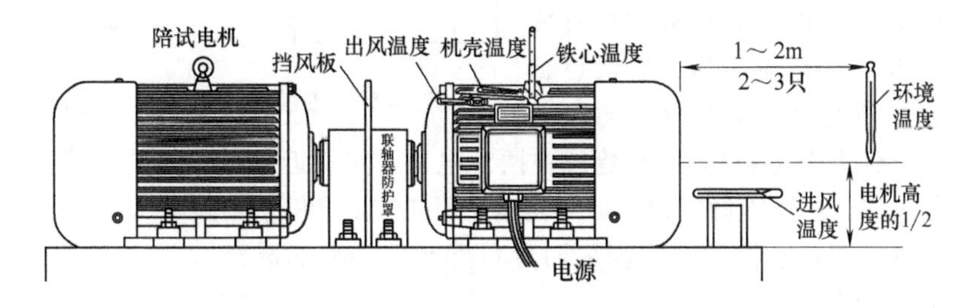

图4-49　封闭式电机热试验各测温点温度计的放置位置

表4-23　电机热试验中测量相关部件或部位温度的方法及相关要求

序号	被测物质名称	测温方法名称	测量方法及相关说明
1	绕组（含定子绕组和绕线转子绕组）	（1）电阻法（优选）	在绕组处于实际冷状态时，测量一组绕组的直流电阻和温度。电机在规定的负载下运行到规定的状态后，断电停机，尽快测量同一组绕组的直流电阻，然后通过相关计算得到被测绕组在断电停机前运行状态下的平均温度 应优先选用此方法获得的数值作为热试验结果
		（2）埋置检温计法	试验前，将热传感元件埋置在绕组预计将产生最高温度的部位。一般埋置在电机轴伸端（非风扇端）绕组的端部上半部。要求不少于6个位置 通过配套仪表直接获得各种状态和时段的测点温度值 取所有测量值中的最高值作为试验结果
2	冷却介质	膨胀式温度计法和数字温度计法	1）对采用周围空气冷却的电机，应在冷却空气进入电机的途径中设置2～3点测量。测点安置在距电机1～2m处，处于电机高度的一半的位置，并应防止外来辐射热及气流的影响。取各测点读数的算术平均值作为冷却介质温度 2）对采用外接冷却器及管道通风冷却的电机，应在冷却介质进入电机的入口处测量冷却介质的温度 3）对采用内冷却器冷却的电机，冷却介质的温度应在冷却器的出口处测量；对有水冷冷却器的电机，水温应在冷却器的入口处测量
3	铁心、机壳、进风和出风部位	酒精膨胀式温度计法和数字温度计法（需要在测温点设置热电偶等热传感元件）	1）铁心温度的测量装置应与铁心实际接触（密封式机壳可放置在吊环孔内），对大、中型电动机，应不少于2处测点，取其中最高值作为试验结果 2）机壳温度的测量位置应选择预计温度最高的地方，一般在非风扇端的上部或靠近出线盒的上部 3）进风温度和出风温度分别在距电机进风口和出风口20～50mm的位置测量。对于无明确出风口的电机，如封闭式电机，则在电机外壳远离风扇的一端测量
4	绕线转子电动机的集电环	点温计和红外线测温仪法	1）用点温计时，在断电停机后尽快测量。尽可能做到每一个集电环用一个点温计，做到同时测量 2）用红外线测温仪时，在通电运行中逐个测量 3）取3个测量值中的最高值作为试验结果

注：应对被试电机予以防护，以阻挡其他机械产生的气流对被试电机的影响（应特别注意陪试电机所产生的影响）。一般非常轻微的气流就足以使热试验结果产生很大的偏差。引起周围空气温度快速变化的环境条件对温升试验是不适宜的，电机之间应有足够的空间，允许空气自由流通。

（三）防陪试电机气流影响的挡板

对普通采用冷却方式为IC 411（例如防护等级为IP54的Y系列电动机）或IC 416（例如防护等级为IP54的YVF系列变频调速电动机）的电动机作为陪试电机，进行热试验时，陪试电机的气流会对被试电机的温升产生较大的影响（使温升增加）。此时建议在两台电机之间靠近陪试电机的一端安装一个挡板，该挡板可用铁板制造，尽可能做成圆弧形，其弧面朝向被试电机，如图4-50所示。

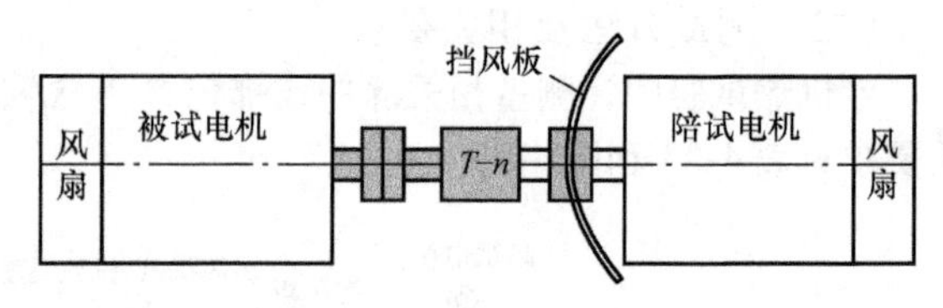

图4-50　安装防陪试电机气流影响的挡板

（四）用埋置检温计法测取绕组温度时热传感元件类型的选择

1. 我国选用情况和建议

在GB/T 755—2019和GB/T 1032—2012等相关标准中，都没有明确所用测温元件的类型和相关参数要求。所以原则上讲，热电阻和热电偶都可使用，但热电阻和热电偶相比具有如下劣势：

1）在运行中，因为热电阻需要通过比热电偶大得多的电流，所以引起自身发热较多，从而影响被测绕组温度值的准确性（显示温度高于实际温度）。

2）热电阻的体积大于热电偶，造成安置相对困难。

3）反应速度慢于热电偶。

4）价格明显高于热电偶。

所以作者建议选用热电偶。当然，若被试电机因使用需要，已有埋置好的热电阻，则用之。

可用的热电偶有T分度“铜-铜镍合金（也称康铜）”、K分度“镍铬-镍硅”和J分度“铁-康铜”热电偶等。

我国目前使用较多的是T分度“铜-铜镍（康铜）”热电偶。该热电偶的主要特点是在普通金属热电偶中，其准确度最高、热电极的均匀性好；使用温度在-200～350℃之间；在-200～300℃范围内，它们的灵敏度比较高。另外的优点是价格低，是常用几种产品中较便宜的一种。

2. 美国选用情况和相关要求

在美国标准IEEE Std114—2010《单相感应电动机的标准试验程序》中提出推荐使用导线直径为0.25mm的J分度“铁-康铜”热电偶（测温度范围在-200～800℃之间）。其优点是从其接点经热电偶导线散失的热流相对较少，价格也比较便宜。同时提出不推荐“铜-康铜”热电偶（与我国目前大量使用T分度热电偶相违背。但据作者从美国权威试验机构的专家处了解到的情况，他们也使用T分度热电偶。此情况提请读者注意）和用直径小于0.25mm导线制成的热电偶。直径小于0.25mm导线制成的热电偶通常较脆，难以使用；除非在使用前经过校准，否则还会出现热电动势（在接点处产生）精确度问题。

在美国标准IEEE Std114—2010中还提出，应对所用热电偶（含引接导线）进行校准，其测量精确度应在±2 ℉（±1.1℃）之内。

（五）检温计热传感元件埋置位置

当选用埋置检温计（实为检温计的热传感器）测量绕组的温度时，在国外和国内所有相关标准中对绕组温度的测量位置都没有具体的规定，只是规定设置在预计温度最高的几个位置。

实践证明，不同的位置所具有的温度是不相同的，就是在电机的同一个径向切面内，有时也会相差10%以上。为了尽可能地做到对所有参与试验的电动机具有一个“公平”的评价条件，作者建议相关部门通过大量的试验，给出一个相对准确的规定，供大家统一执行。

作者根据多年的实际经验和理论分析，给出如下几点建议，其中包括埋置位置、埋置方法和注意事项等，供参考使用。

1. 埋置位置和个数

对于防护等级为IP44及以上的封闭式自带或外加冷却风扇的电动机，通过图4-51a给出的运行中获取的热成像图可以看到，其最热部位在电机轴伸端。所以建议埋置在电机轴伸端（非风扇端）绕组的端部。

图4-51b给出的是防护等级为IP55的封闭式无外加风扇永磁同步电动机在运行中获取的热成像图，可以看到，其最热部位在电机定子铁心中部。

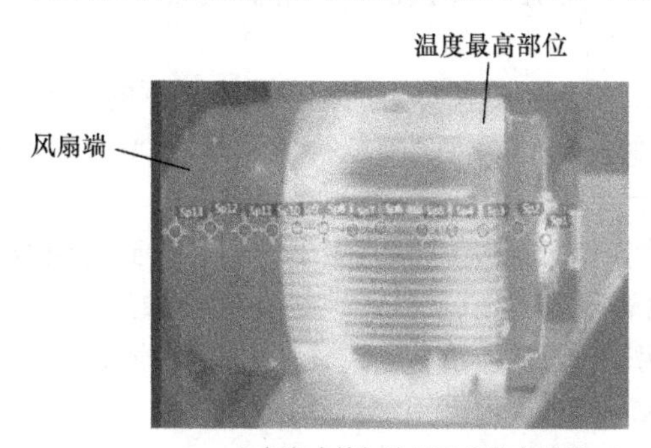

a) 自带或外加冷却风扇的电动机

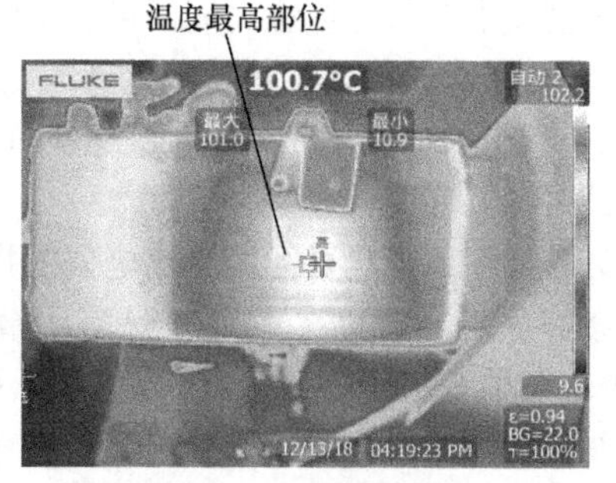

b) 无外加冷却风扇的电动机

图4-51　封闭式电动机运行时的热成像图

对IP23及以下具有内风扇的开启式电动机，出风端的绕组端部应是最热部位。

根据上述图像，结合发热理论分析，对于有外风扇通风冷却的电机，热元件的具体位置应处于接线盒附近的上半部外侧（靠近机壳的一面）轴向中部，如图4-52所示。给出这种建议的依据是：

图4-52　热电偶埋置位置示意图

1）这一部位温度相对较高。

2）埋置后不容易脱落，即使脱落，也不会掉入到旋转中的转子上造成故障。

3）引出线可从接线盒穿出，便于操作。

4）在使用完毕后，有可能很容易地将其拉出（需要用非固化的粘接材料固定热传感元件），而不必要再次拆卸端盖，既减少工作量，又可避免拆装过程中对电机零部件（特别是绕组和机座止口）的损伤。

在圆周方向，每一相绕组设置1个，应不少于2处，建议设置3处（每一相1处）或更多（可在轴向前后相互错开一定尺寸）。

在美国标准IEEE Std114—2010中提出：试验中电动机两端各通电绕组上应外加多个热电偶，以便发现最热的可接触区域㊀。

2. 埋置要求

我国相关标准中没有具体规定。在美国标准IEEE Std114—2010中提出了如下要求（非原文），可供大家参考：

1）将热电偶法定义为：“热电偶直接贴在导体上，或仅有导体自身整体绝缘与金属电路隔

㊀ 实践证明风扇端的绕组温度是比较低的，所以不建议在此端埋置。——作者注

开”。就本标准而言，整体绝缘可以解读为包含通常用于电机绕组的浸漆。

2）热电偶接点（测温点，下同）应使用黏结剂与整体绝缘接合。所用黏结剂不可对绝缘产生有害作用。常用的黏结剂（见图3-65）和黏接方法详见第三章第十二节第三部分所述内容。其中“温升胶”和“焊接剂”的黏接效果较好，操作也很方便，但应注意要拆下热电偶将相当困难，强行拆除有可能会将绕组绝缘剥离。有些单位则剪断引出线舍弃所用热电偶（使用相对廉价的热电偶）。

3）热电偶接点必须与绕组的整体绝缘保持热接触。黏接前，热电偶接点不可涂覆任何绝缘材料。热电偶接点与整体绝缘之间不可有黏结剂。

4）应使用最小量的黏结剂将热电偶固定于绕组，以便尽可能减少接点周围的物质。

5）热电偶引线应绑扎在电动机绕组上并保持足够距离，使从接点经热电偶引线传导散失的热量最少并可消除应变。

作者另外建议：应尽可能地将热电偶的接点塞入到绕组的间隙中，即深入到绕组线圈内部；引出线应做好固定，防止在运行中脱落或被转子碰伤；为保证绝缘，应增加适量的绝缘套管（注意其绝缘耐热等级应不低于电机绕组）；引出线应尽可能短，最好由电机的接线盒引出，不得已时可在机壳适当的位置打孔（若具有“滴水孔”，可借用之）引出。

三、直接负载用电阻法求取绕组温升的试验过程

以被试电机直接加所需的负载（额定负载或规定的其他负载）并按规定的工作方式运行为例，进行介绍。

（一）与负载的连接及要求

选用适当的负载设备与被试电机进行机械连接，需要测量输出转矩时，同时包括转矩-转速传感器（如果被试电机需要紧接着本试验进行GB/T 1032—2012中规定的A法或B法效率试验，则必须包括该设备）。安装要稳定可靠，被试电机与负载设备要达到较高的同轴度，以免产生径向力。

负载设备的接受容量应在一定范围内可方便地调节。当负载设备发热时，不应影响到被试电机的温度变化，因此在有必要时，可在被试电机与负载之间设置隔热装置（例如挡风板等），要注意这些装置不要影响被试电机的冷却通风效果。

（二）试验过程

施加规定容量的直接负载，用电阻法求取绕组温升的试验过程及注意事项见表4-24。

表4-24　直接负载用电阻法求取绕组温升的试验过程及注意事项

<table>
<tr><th>顺序</th><th>过程名称</th><th colspan="2">试验过程、相关要求和注意事项</th></tr>
<tr><td>1</td><td>测量绕组的冷态直流电阻 R_1 和温度 θ_1</td><td colspan="2">选用仪表和测量方法见第三章第七节和第十二节
为了给尽快地测得热态时的绕组直流电阻创造条件，可事先在电桥（或数字电阻表）与电机之间接一个刀闸K，电机通电运行时将其断开，如图4-53所示</td></tr>
<tr><td rowspan="6">2</td><td rowspan="6">工作制的确定</td><td colspan="2">试验时，被试电机的工作制按其铭牌标注的内容确定运行方式如下：</td></tr>
<tr><td>工作制</td><td>负载持续时间或工作方式的规定</td></tr>
<tr><td>S1</td><td>加额定或规定的负载连续运行，直至其温升稳定为止</td></tr>
<tr><td>S2</td><td>应明确其工作时间，一般选定为10min、30min、60min或90min</td></tr>
<tr><td>S3～S8</td><td>应明确每个工作周期（一般为10min）各阶段的时间，为此，需使用可满足要求的控制设备。在试验控制设备得不到满足时，通过供需双方协商同意，可以通过计算得出等效的S1或S2工作制方式进行等效试验</td></tr>
<tr><td>S9和S10</td><td>通过计算得出等效的S1或S2工作制方式进行等效试验</td></tr>
</table>

（续）

顺序	过程名称	试验过程、相关要求和注意事项
3	负载量的确定	1）若试验设备为能够直接显示输出功率的测功机系统，则直接加额定负载或其他要求的负载；否则，按电机的输入电流控制负载量，例如，要求加额定负载时，则使其输入电流或输出电流达到额定值（铭牌值） 2）具有多种定额的电机（如多速电机），应在出现最高温升的定额状态下进行热试验。如事先无法预知，应分别在每种定额状态进行试验。交流双频电机可在任一方便的频率下进行试验，只是要把负载调节到等效于一个频率下运行的负载，且电机以该频率运行时将会出现最高温升 3）使用系数（定义和相关说明见本表后注释）大于1.0的电机，应在使用系数负载状态下进行热试验，以确定电机的温升值（试验持续时间可由供需双方协商确定。计算效率时，还应使用额定负载时的温度）
4	加载运行和需要记录的数据	试验中，对交流电机，应始终保持其输入电源电压 U_1 和频率 f 为额定值；对直流电机和其他类型的电机，按相应的规定执行 （1）S1 工作制的电机 其热试验可在任一温度状态下开始进行 为了缩短试验时间，在试验开始的前半个小时左右的时间内，可用超载（1.25～1.35倍额定负载）或堵住进风口减少通风等办法，使电机温度较快地升高。待绕组（或铁心等）的温度接近预测值后，再逐渐将负载降低到规定值，继续进行试验，直至温升稳定。试验过程中，对交流电机，每相隔30min记录一次被试电机的输入功率 P_1、电流 I_1、转速 n、转矩 T（输出功率 P_2）以及各点的温度值（含轴承温度）。其他类型电机的记录数据按相关规定执行 （2）S2 工作制的电机 除非另有规定，短时工作制（S2）电机，只能在电机各部分温度与冷却介质温度相差不大于5K时开始进行，负载持续时间按定额的规定。试验过程中，根据工作时限长短，选择每隔5～15min读取并记录一次试验数据。其他要求同S1 工作制 （3）S3～S8 工作制的电机 按规定的试验周期和1个周期内各个时段的工作要求或经过计算确定的等效连续工作制（S1）或短时工作制（S2）运行，直至温升稳定或达到规定的时间（对S2 工作制）为止 为了缩短试验时间，在试验开始时负载可适当地持续一段时间 对绕线转子电机，每次起动时，应在转子绕组中串入附加电阻或电抗，将起动电流的平均值限制在2倍额定电流（基准负载持续率时的额定电流值）范围内。每一工作周期的运行结束时，电机应在3s内停止转动 记录数据及要求同S1 工作制。但应注意，每点的记录时间都应选择在1个周期内加负载运行即将结束的时候；记录时间间隔可根据具体情况控制在15～30min （4）S9 和 S10 工作制的电机 按经计算确定的等效 S1 或 S2 工作制运行，直至温升稳定（S1）或到达设定时间（S2）。其余同S1 工作制
5	停机	热试验达到热稳定或规定的时间后，应尽快使被试电机断电停转。对S3～S8 工作制电机，停机时刻应选在最后一个周期中负载运行时间的一半终了时。可尽快使被试电机停转的操作措施如下： 1）对交流电机，在切断被试电机电源后，可立即给一相绕组通入一定电压的直流电，转子将在电磁力的作用下很快停转，称为直流制动法 2）通过电源换相使电机反转制动，但应注意此时电源电流将会很大，并要求在电机将要停转时完全切断电源，以防反转，称为反转制动法 3）若负载为直流发电机或磁粉制动器，则先不切断发电机的励磁和负载电阻或制动器的励磁电源，利用负载发电或磁力作用使其减速，最后再用其他机械将其完全制动，称为能耗制动法

（续）

顺序	过程名称	试验过程、相关要求和注意事项
6	测量绕组的热态直流电阻 R_N 和时间的关系曲线	停机后连接电阻测量仪表之前，应将绕组两端短路放电，以防止对测量值产生影响（这一点对数字仪表尤为重要。有些仪表具备此功能） 热电阻和冷电阻应当用同一电阻测量仪并在同一对引出线端子（例如三相交流电机的 U_1 和 V_1 两个出线端）上测量 尽快测得第一点电阻值的办法如下： 1）事先连接好测量电阻的电路和仪表，可采用图4-53所示的方法 2）使用电阻电桥测量时，事先调整电桥的测量位置，即通过计算估计得出电机绕组热态电阻的大概值，并按该值调整电桥各旋钮的测量位置，从而减少调整电桥的时间 一般要在断电后测量随时间变化的5～10个电阻值，每两点之间的间隔时间，在GB/T 755—2019中规定为1min左右，但使用数字测量仪表进行自动采样测量时，可适当缩短该时间间隔，实践证明定为10～20s比较合适，同时将测量点数增加到20个以上

注：“使用系数”，又称为“服务系数”，源自美国IEEE、NEMA和加拿大CSA标准，英文名称为“Service Factor（缩写形式为S. F.）”。在这些标准中，对其定义和与其相关的规定如下：

1）定义：使用系数是一个乘数。当它乘上额定功率时，表示在使用系数规定的条件下允许承受的负载功率。

2）与使用系数有关的规定和说明：

① 电机在任何大于1的使用系数下运行时，其效率、功率因数和转速可不同于额定负载条件下的数值。此种情况下，将减少预期使用寿命，与在额定功率下运行相比，绝缘寿命和轴承寿命将会减少。

在1.15使用系数负载下工作，会使电动机造成约2倍于1.0使用系数负载的热老化，即按1.15使用系数负载工作1h所产生的温升等于电机工作于1.0使用系数下2h所产生的温升。

② 用同样方法测得的1.15使用系数时的温升将比1.0使用系数时高。标准规定合格限值高出10K。

3）美国NEMA标准中关于交流异步电动机使用系数的规定：

① 一般用途的开启式电动机：

1马力㊀及以下：≤1/8马力，为1.4；1/6～1/3马力，为1.35；其余，为1.25。

>1马力～200马力，为1.15。

>200马力，2极为1.0，其余为1.15。

② 其他电动机：

其他开启式电动机和全封闭交流电动机为1。若过载能力有要求时，需选用较大容量的电动机。

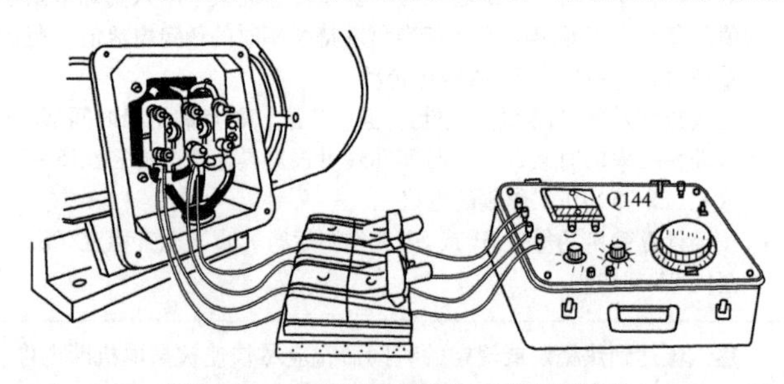

图4-53　测量电机绕组开关接线图

（三）热态电阻的确定方法

1. GB/T 755—2019中的规定

1）当电机断能到测得第一点电阻值之间的时间不超过表4-25（GB/T 755—2019中表6“时间间隔”）中规定的数值时，则测得的第一点电阻值即可认为是断能瞬间的数值，直接用于计算被测绕组的温升。

㊀ 1马力≈735瓦特（W）。

表 4-25 电机断能到测得第一点电阻值之间的时间规定

被试电机的额定容量/kW	小功率电机①	≤50	>50～200	>200～5000②
电机断电到测得第一点电阻值之间的时间/s	15	30	90	120

① 本项为 GB/T 5171.21—2016《小功率电动机 第 21 部分：通用试验方法》中第 6.5.3 条的规定。
② 电机额定功率大于 5000kW 时，该时间应超过 120s，具体时间由电机制造商和用户在技术合同中商定。

2）如不能在表 4-25 规定的延滞时间内读到第一点热电阻读数，应尽快以约 1min 的时间间隔读取附加的电阻读数，至少要读取 5～10 个读数（注：见表 4-24 第 6 项），把这些读数作为时间的函数绘制成曲线 $R_N=f(t)$；建议绘制半对数曲线 $\lg R_N=f(t)$，用半对数坐标纸，电阻绘制在对数标尺上。以外推到表 4-25 按电机定额规定的延滞时间的电阻值作为第一点热电阻 R_N，如图 4-54a 所示。

3）如果停机后测得结果显示出温度继续上升，则应取热电阻最大值作为 R_N，如图 4-54b 所示。

4）如不能在表 4-25 列出的 2 倍时间内读到第一点读数，则应协议确定最大延滞时间。

2. 对仅测第一点作法的不同意见和建议

对于 GB/T 755—2019 中上述第 1）条规定，看似简化了试验过程，节省了试验时间，但可能会带来如下隐患：

1）因各种客观因素造成测量结果不准确，一方面会造成温升考核的误判，另一方面还会对效率等重要性能参数的准确度造成不利影响。虽然在后续的试验或计算过程中可能会发现，但为时已晚。挽救的方法只有重新进行热试验，这会造成时间、人力、成本上的浪费。

2）停机后温度继续上升的情况在转速较高、容量较大的电机上是时有发生的。如执行在规定的时间内仅测第一点电阻的规定，则不可能做到“如果停机后测得结果显示出温度继续上升，则应取热电阻最大值作为 R_N”的规定。

3）在进行效率计算时，要用到热试验断电瞬间的绕组电阻值对绕组的铜耗进行修正和计算。若执行仅测第一点电阻的规定，自然也就不可能得到这个数值。

4）假设测量数值没有任何纰漏，但存在一个“不公平”的问题，即对同一台或同规格的多台电机进行试验时，测得第一点电阻值所用时间较短的，得出的温升值会高于测得第一点电阻值所用时间相对较长的。相差时间越长，差距就越大，对较大容量的电机，有可能相差 10K 以上。在极端情况下，会出现对同一台被试电机温升给出合格与不合格的两种判定结果。

为了最大限度地避免上述缺点，作者建议：

一律执行测量 5～10 点（尽可能更多）的做法，然后绘制电阻与测量时间的关系曲线 $R=f(t)$ 或 $\lg R=f(t)$，并将曲线向上延伸到与纵轴（时间轴的 0s 位置）相交。从该曲线（或向上延伸的曲线）上查取表 4-25 中规定的时间 t 时的电阻值 R_N，用于计算被测绕组的温升。$t=0$s 时的电阻值 R_N 用于将来效率的相关计算。

3. $R_N<1\Omega$ 时“绘制半对数曲线 $\lg R=f(t)$”的问题

在 GB/T 755—2019 中规定“推荐采用半对数曲线 $\lg R=f(t)$，电阻（温度）绘制在对数标尺上”。当 $R_N<1\Omega$ 时，$\lg R<0$，也就是说将是负值。看起来好像不可理解，实际上只要纵坐标 0 位上移则可，所得规定时刻的 $\lg R$ 取反对数后将变回正值。

若希望看到“正常”的坐标形式，可将实测的 R 扩大 10 的 n 次方（对于中小型低压电机，一般取 $n=3$），使其具有 1～2 位整数，例如将 $R=0.02345\Omega$ 改为 23.45Ω。得到的热电阻值再将小数点移到原位置即可。

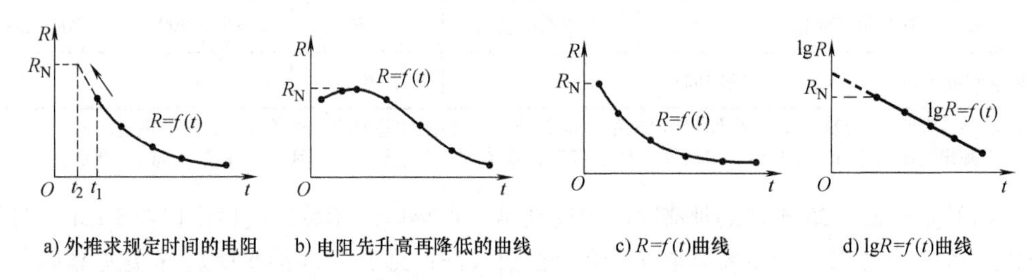

图4-54　电机断能后绕组电阻与时间的关系曲线

四、直接负载用电阻法求取绕组温升的计算

（一）热试验时的电机绕组温升 $\Delta\theta_t$ 计算公式

由上述试验和测量得到绕组的冷态直流电阻 R_C（Ω）和当时的绕组温度（冷却介质温度）θ_C（℃）、热态直流电阻 R_N（Ω）和当时的冷却介质温度 θ_b（℃，确定方法见表4-26）后，绕组的平均温升 $\Delta\theta_t$（K）按式（4-11）计算：

$$\Delta\theta_t = \frac{R_N - R_C}{R_C}(K_1 + \theta_C) + \theta_C - \theta_b \tag{4-11}$$

式中　K_1——系数，是在0℃时导体电阻温度系数的倒数，单位为℃（注：除本手册外的标准和资料中未见给出此单位）。如无专门规定，对铜绕组取235℃，对铝绕组取225℃。

（二）额定负载时绕组温升的确定

当电机进行热试验所加负载为实际的额定负载时，如无特殊要求，上述计算求得的温升值 $\Delta\theta_t$（K）即为被试电机绕组的满载温升 $\Delta\theta_N$（K）。

表4-26　运行到热稳定状态时冷却介质温度 θ_b 的确定规定

工作制	θ_b 的确定规定
S1和S3～S8	取在整个试验过程最后的1/4时间内，按相等时间间隔测得的几个温度计读数（一般取最后2点或3点）的平均值
S2	若定额为30min及以下，取试验开始与结束时温度计读数的平均值；若定额为30min以上，取其1/2试验时间与结束时温度计读数的平均值

如果因无测功设备，在热试验时不能直接反映被试电机的负载数值，而是以铭牌电流作为加负载的依据时，如无特殊规定，应在负载试验最后求得真正的满载电流 I_L（A）时，对上述计算求得的温升值 $\Delta\theta_t$（K）进行修正，求得被试电机绕组的满载温升 $\Delta\theta_N$（K）。试验电流 I_t（A）取试验结束前2～3点的平均值。具体修正方法根据试验电流和最终满载电流的差距而定，规定见表4-27，表中试验电流与满载电流的差值 $\Delta I(\%) = [(I_t - I_L)/I_L] \times 100\%$。

表4-27　满载电流时温升的修正规定

电机工作制	电流的差值 ΔI	修正公式	说明
S1和S3～S8	不超过±5%	$\Delta\theta_N = \Delta\theta_t\left(\frac{I_L}{I_t}\right)^2$	ΔI 超过±10%时，试验结果无效，需调整热试验时的电流重新进行试验
	超过±5%但未超过±10%	$\Delta\theta_N = \Delta\theta_t\left(\frac{I_L}{I_t}\right)^2\left[1 + \frac{\Delta\theta_t\left(\frac{I_L}{I_t}\right)^2 - \Delta\theta_t}{K + \Delta\theta_t + \theta_2}\right]$	
S2	不超过±5%	$\Delta\theta_N = \Delta\theta_t\left(\frac{I_L}{I_t}\right)^2$	ΔI 超过±5%时，试验结果无效，需调整热试验时的电流重新进行试验

（三）S1 工作制热试验实测数据举例

一台型号为 Y100L2-4 的三相异步电动机的热试验原始数据和计算结果，见表4-28～表 4-31和图 4-55。

表 4-28 热试验原始数据（1）

记录时间	U/V	I/A				P_1/W			P_2/W	T_d/(N·m)	n/(r/min)
		I_U	I_V	I_W	倍数	W_1	W_2	倍数			
09:00	380.2	3.195	3.217	3.208	2	561.4	1222.4	2	3001.0	20.07	1427.7
09:30	380.6	3.206	3.228	3.220	2	572.1	1227.8	2	3006.0	20.19	1422.1
10:00	381.4	3.203	3.224	3.216	2	574.0	1229.5	2	3003.0	20.19	1420.2
10:30	381.2	3.207	3.228	3.219	2	575.6	1230.3	2	3007.0	20.23	1419.0
11:00	380.6	3.207	3.229	3.221	2	576.9	1228.9	2	3000.0	20.20	1418.3
11:30	380.7	3.209	3.230	3.221	2	577.3	1229.3	2	3004.0	20.23	1417.9
12:00	380.9	3.204	3.227	3.216	2	574.9	1228.7	2	2998.0	20.19	1418.3

表 4-29 热试验原始数据（2）

记录时间	温度/℃							
	机壳	轴承	进风	出风	环境	铁心	绕组 1	绕组 2
09:00	54.9	54.5	26.7	26.7	26.7	59.2	78.5	79.1
09:30	63.4	67.4	26.6	26.6	26.6	68.0	91.0	93.6
10:00	67.5	72.5	26.6	26.6	26.6	72.4	96.8	100.3
10:30	70.0	75.1	26.3	26.3	26.3	74.8	99.5	103.3
11:00	71.7	77.0	27.4	27.4	27.4	76.4	100.8	104.7
11:30	72.6	77.9	27.4	27.4	27.4	77.3	101.9	105.9
12:00	72.1	77.6	27.2	27.2	27.2	77.1	101.9	106.0

表 4-30 试验结束时绕组端电阻测试记录

点 次	1	2	3	4	5	6	7
时间/s	17	27	37	47	57	67	77
电阻/Ω	4.51500	4.49600	4.47700	4.46100	4.44600	4.43300	4.42100

表 4-31 绕组冷、热电阻和温度记录及温升计算结果

冷态数据	R_{uv}/Ω	R_{vw}/Ω	R_{wu}/Ω	电阻平均值/Ω	环境温度/℃
	3.54200	3.54100	3.53700	3.5400	26.4
热态数据	R_{uv}/Ω	取值时间/s	环境温度 θ_b/℃	埋置热元件实测稳定温度/℃	
	4.5150	17	27.3	106	
计算温升 $\Delta\theta_1$/K	71	断电瞬间电阻/Ω	4.5527	断电瞬间温度/℃	101
由埋置热元件实测绕组稳定温度换算成的热电阻/Ω				4.621	

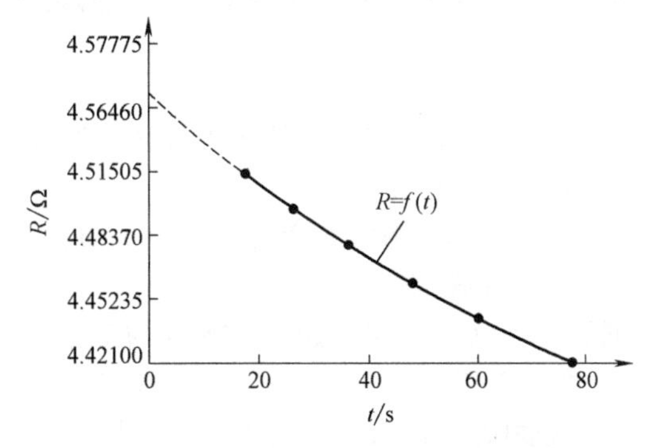

图 4-55 绕组热电阻与时间的关系曲线

五、轴承温度的测量

轴承温度可用温度计法或埋置检温计法进行测量。测量时，应保证检温计与被测部位之间有良好的热传递，例如，所有气隙应以导热涂料填充。测量位置应尽可能地靠近表 4-32 所规定的测点 A 或 B（见图 4-56。测点 A 与 B 之间以及这两点与轴承最热点之间存在温度差，其值与轴承尺寸有关。对压入式轴瓦的套筒轴承和内径 < 150mm 的球轴承或滚子轴承，A 与 B 之间的温度差可忽略不计；对更大的轴承，A 点温度比 B 点约高 15K）。

表 4-32　轴承温度测量点的位置

轴承类别	测点	测　点　位　置
球轴承或滚柱轴承	A	位于轴承室内，离轴承外圈①不超过 10mm 处②
	B	位于轴承室外表面，尽可能接近轴承外圈
滑动轴承	A	位于轴瓦③的压力区，离油膜间隙①不超过 10mm 处②
	B	位于轴瓦的其他部位

① 对于外转子电机，A 点位于离轴承内圈不超过 10mm 的静止部分，B 点位于静止部分的外表面，尽可能接近轴承内圈。

② 测点离轴承外圈或油膜间隙的距离是从温度计或埋置检温计的最近点算起。

③ 轴瓦是支撑轴衬材料的部件，将轴衬压入或用其他方法固定于轴承室内，压力区是承受转子重量和径向负载（例如传动带驱动所产生的）等综合力的圆周部分。

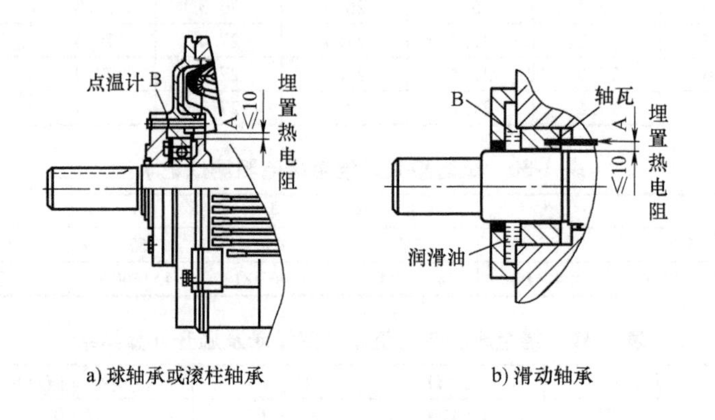

图 4-56　电机轴承温度的测量位置

第十三节　电机绕组及相关部件的温升或温度限值及有关规定

一、说明

GB/T 755—2019《旋转电机　定额和性能》中给出了旋转电机绕组和相关部件的温升及温度限值和有关规定，这些限值和规定是强制性的。

本手册只给出了用于连续工作制采用周围空气间接冷却电机的有关内容。

二、用空气间接冷却绕组的温升限值

在基准条件（环境温度最高为 40℃，海拔不超过 1000m 的工作条件）下，用空气间接冷却绕组（定义见表 1-1 第 22 项）的温升限值见表 4-33。表中 130（B）、155（F）、180（H）、200（N）为绕组绝缘的热分级；Th 代表温度计法；R 代表电阻法；ETD 代表埋置检温计法；P_N 为电机的额定功率，单位为 kW 或 kVA。

表 4-33　用空气间接冷却绕组的温升限值（K）（摘自 GB/T 755—2019 中表 8）

序号	电机部件	130（B）			155（F）			180（H）			200（N）		
		Th	R	ETD	Th	R	ETD	Th	R	ETD	Th	R	ETD
1a)	$P_N \geq 5000$ 的交流绕组	—	80	85①	—	105	110①	—	125	130①	—	145	150
1b)	$200 < P_N < 5000$ 的交流绕组	—	80	90①	—	105	115①	—	125	140①	—	145	160
1c)	$P_N \leq 200$ 的交流绕组，但第 1d）和 1e）②项除外	—	80	—	—	105	—	—	125	—	—	145	—
1d)	$P_N < 0.6$ 的交流绕组	—	85	—	—	110	—	—	130	—	—	150	—
1e)	无扇自冷式电机（IC 410）的交流绕组，囊封式绕组②	—	85	—	—	110	—	—	130	—	—	150	—
2	带换向器的电枢绕组	70	80	—	85	105	—	105	125	—	125	145	—
3	交流和直流电机的磁场绕组，但第 4 项除外	70	80	—	85	105	—	105	125	—	125	145	—
4a)	同步感应电机除外的用直流励磁绕组嵌入槽中的圆柱形转子同步电机的磁场绕组	—	90	—	—	115	—	—	135	—	—	155	—
4b)	一层以上的直流电机静止磁场绕组	70	80	90	85	105	115	105	125	140	125	145	160
4c)	交流和直流电机的单层低电阻磁场绕组，一层以上的直流电机补偿绕组	80	80	—	100	105	—	125	125	—	145	145	—
4d)	表面裸露或仅涂清漆的交流和直流电机的单层绕组，直流电机的单层补偿绕组③	90	90	—	110	115	—	135	135	—	155	155	—

① 高压交流绕组的修正可适用这些项目。
② 对 200kW（或 kVA）及以下，当热分级为 130（B）和 155（F）时，如用叠加法，温升限值可比电阻法高 5K。
③ 对于多层绕组，如下面各层均与循环的初级冷却介质接触，也包括在内。

三、对在非基准条件下试验或运行的电机绕组温升限值的修正

若电机热试验或运行时所处的工作环境（主要包括所处地点的环境温度和海拔）超过了基准条件时（一般规定为：环境最高温度为 40℃；海拔不超过 1000m），则有可能对电机的散热产生一定的影响，必要时需对表 4-33（对应 GB/T 755—2019 中的表 8“空气间接冷却绕组的温升限值”）所规定的数值进行修正。有关规定见表 4-34 ~ 表 4-36（分别对应 GB/T 755—2019 中的表 10、表 12、表 11）。但因 GB/T 755—2019 中的表 10 中有些地方的文字排列及叙述有不太合适的地方（注：作者认为），为便于读者理解，参照 GB/T 755—2008 的格式和作者的制表习惯进行了一些调整。另外，本手册没有涉及用氢气间接冷却的电机，故没有提及 GB/T 755—2019 中的表 9“氢气间接冷却绕组的温升限值”。

表 4-34　考虑非基准运行条件和定额对间接冷却绕组在运行地点的温升限值的修正
（摘自 GB/T 755—2019 中表 10）

项号	运行条件或定额			对表 4-33 中的温升限值 $\Delta\theta$ 的修正
1a)	① 海拔（H）≤1km ② $0℃ \leq \theta_C$① $\leq 40℃$ ③ 应遵守的温度限值应等于基准冷却介质进口温度 40℃ 与按表 4-33 温升限值之和 ④ 对较高海拔处，应用表 4-36 给出的值取代 40℃	热分级的温度与应遵守的温度限值之差	≤5K	增加一个数值，该数值等于冷却介质温度低于 40℃ 的值
1b)			>5K	冷却介质温度 θ_C 的温升值 $\Delta\theta$ 应按下式计算： $\Delta\theta = \Delta\theta_{ref}\dfrac{\theta_{ThC1} - \theta_C}{\theta_{ThC1} - \theta_{Cref}}$ 式中　$\Delta\theta_{ref}$——表 4-33 在 40℃ 时的 温升限值 $\Delta\theta_{ThC1}$——热分级的温度，例如 155（F）为 155℃ $\Delta\theta_{Cref}$——在 40℃ 时的参考冷却温度
1c)	$40℃ \leq \theta_C \leq 60℃$			减去冷却介质温度高出 40℃ 的值
1d)	$\theta_C < 0℃$ 或 $\theta_C > 60℃$			根据协议

（续）

项号	运行条件或定额		对表4-33中的温升限值$\Delta\theta$的修正
2	水冷冷却器入口处最高水温或表面冷却潜水电机或水套冷却电机最高环境水温（θ_W）	$5℃ \leqslant \theta_W \leqslant 25℃$	增加15K。另外还可以增加冷却水温低于25℃的部分数值
		$\theta_W > 25℃$	增加15K并减去最高水温超出25℃的部分数值
3a)	海拔（H） 一般规则	$1km < H \leqslant 4km$	不做修正。由于海拔升高所引起的冷却效果的降低可由最高环境空气温度低于40℃而得到补偿，因此总温度将不会超过40℃加上表4-33限定的数值②
		$H > 4km$	根据协议
4	定子绕组额定电压U_N	$12kV < U_N \leqslant 24kV$	用ETD法。在此范围内，每提高1kV（不足1kV按1kV）温升降低1K
		$U_N > 24kV$	根据协议
5③	$P_N < 5000kW$（kVA），且为短时工作制（S2）定额		增加10K
6③	非周期工作制（S9）定额		当电机运行时，$\Delta\theta$可短时超过
7③	离散负载工作制（S10）定额		当电机运行时，$\Delta\theta$可间断地超过

① θ_C为最高环境空气温度或电机进口处冷却气体的最高温度，单位为℃。

② 设高于海拔1km的环境温度必须补偿量为每高出100m降低1%温度限值，则运行地点的假定最高环境温度（以最高环境空气温度为40℃，海拔不超过1km为准）将如表4-36所示（以表4-33中1a）、1b）和1c）的温升限值为基准）。

③ 仅适用于空冷绕组。

四、对温升限值标准和相关修正问题的理解

表4-33～表4-35中，有些概念和表述语言不是很容易理解。还有一个问题是，这些表中给出的是在“运行地点”出现“非基准运行条件”时需要对“表4-33中规定的温升限值”进行的“修正”或某些处理。而真正“关心”电机温升或温度的是生产厂家，更具体地说是电机试验和设计人员，在一定程度上还包括设计工程的选型人员、生产部门的售后服务人员。所以说，应将这些表格中的规定“换一下位”，即从试验地点的“条件”是否符合“基准运行条件”的要求来考虑，决定对试验所得的温升或温度值进行“修正”，例如在10℃的环境下进行试验得到的温升值是70K，若该电机在40℃的环境中运行，温升可能会达到多少K？到时是否还能符合考核限值（例如80K）的要求？

经与实际问题相结合，以及与行业内人士交流，现以问答的形式解释如下（因为理解不一定十分准确，所以仅供读者参考）。

（一）表4-33中用埋置检温计法的温升限值为何比电阻法高5K、10K或15K？

答：原因是用埋置检温计法测得的温度是埋置点局部的温度值，按要求，应埋置在温度可能是最高的部位，同时，是以几个测量值中最高的一个表示被测绕组的运行温度。而电阻法得到的是整个绕组的平均温度（或温升）值。所以用埋置检温计法的温度限值应比电阻法高一些，标准中给出的是5K、10K或15K，这些数值是经过多次试验得出的统计平均值。

（二）表4-34第1a）和1b）项中“热分级的温度与应遵守的温度限值之差”应怎样理解？

答：1）“热分级的温度”是指被测电机绝缘热分级对应的温度，例如130（B）级为130℃、155（F）级为155℃等。

2）“热分级应遵守的温度限值”等于基准冷却介质进口温度40℃与按表4-33温升限值之和。例如：符合表4-33第1c）项的被测电机绕组，绝缘热分级为155（F）级并采用电阻法获得

温升值时，其“热分级应遵守的温度限值”应是40℃ +105K（℃） =145℃。

3）“热分级的温度与应遵守的温度限值之差”，对于上述2）给出的155（F）级例子，应为155℃ -145℃ =10℃。属于“ >5℃”的范畴。

（三）对表4-34第1a）和1b）项中④“对较高海拔处，应用表4-36给出的值取代40℃”应怎样理解？

答：当海拔超过1km时，应根据具体的海拔值，将上述第（二）题中的40℃换成表4-36中给出的“基准冷却介质进口温度”。例如海拔为3km时，环境最高温度由1km及以下的40℃换成：24℃［130（B）级绝缘］、19℃［155（F）级绝缘］、15℃［180（H）级绝缘］等。

（四）当试验地点的海拔≤1km、基准冷却介质（环境）温度 <40℃时，应怎样对温升限值进行环境温度修正？

答：（1）参照表4-35第1项的规定，把运行地点的基准冷却介质温度理解成40℃，则应根据试验地点基准冷却介质温度 θ_{CT} 与40℃的差异来决定如何修正。

1）40℃ $-\theta_{CT}\leqslant$30K，也就是说10℃ $\leqslant\theta_{CT}\leqslant$40℃时，不修正，即试验值就是用于考核的数值。但表4-35的备注中又提到“必要时按表4-34（GB/T 755 -2019中表10）作修正”。

2）40℃ $-\theta_{CT}>$30K，也就是说 $\theta_{CT}<$10℃时，则按协议对试验值进行修正，然后用于考核。

（2）在上述第（1）条第1）项中，提到的“必要时”，应理解为：①用户使用地点的环境温度较高，并提出要求时；②因电机在用户运行时感觉实际温升较高，而与供货方发生纠纷时；③生产单位为了了解高于试验环境温度时被试电机将要达到的温升时；④其他情况认为有必要时。

（3）对表4-33的修正规定，从试验地点来讲，应与其相反，即试验环境温度 <40℃时，应将表4-33中规定的限值减小一个数值。根据表4-34中的规定，减小的具体数值按如下方法计算：

1）热分级的温度与应遵守的温度限值之差≤5K时，减小的数值为试验时冷却介质温度低于40℃的值。例如：试验时冷却介质温度为25℃，低于40℃，差值为40℃ -25℃ =15K。若被试电机的绝缘热分级为155（F），电阻法温升限值为105K，则该试验温升限值应为105K -15K =90K。也就是说，该被试电机在此次热试验时的温升不应超过90K，这样方能保证该电机在环境温度达到40℃时，温升不会超过105K。

2）热分级的温度与试验时冷却介质温度低于40℃的应遵守的温度限值之差 >5K时，温升限值减小的数值计算方法如下：

① 在GB/T 755—2008中给出的方法是：

温升限值减小的数值等于试验时的实际环境温度与40℃的差值乘以一个系数 k，该系数 k 用下面给出的一个公式（在GB/T 755—2008中表4-10的第1b项给出的计算式）计算得出（温度单位为℃，温升限值单位为K）：

$$k=1-\frac{\text{热分级温度}-(40+\text{lin.}\ tmp)}{80}$$

式中，lin. *tmp* 是冷却介质温度为40℃时的温升限值（K）。为便于理解，用 $\Delta\theta_N$ 代替lin. *tmp*，用 θ_N 代替“热分级温度”，则将上式改写为

$$k=1-\frac{\theta_N-(40+\Delta\theta_N)}{80}$$

对于绝缘热分级为130（B）、155（F）和180（H）的绕组，热分级温度 θ_N 分别为130℃、155℃和180℃，在冷却介质温度40℃时的温升限值 $\Delta\theta_N$（电阻法）分别为80K、105K和

125K，则

对于130（B）级：

$$k_{130}=1-\frac{\theta_N-(40+\Delta\theta_N)}{80}=1-\frac{130-(40+80)}{80}=0.875$$

对于155（F）级：

$$k_{155}=1-\frac{\theta_N-(40+\Delta\theta_N)}{80}=1-\frac{155-(40+105)}{80}=0.875$$

对于180（H）级：

$$k_{180}=1-\frac{\theta_N-(40+\Delta\theta_N)}{80}=1-\frac{180-(40+125)}{80}=0.8125$$

可见130（B）和155（F）两种绝缘热分级的系数是相等的，即 $k_{130}=k_{155}=0.875$；但180（H）级的0.8125则小于上述两种绝缘热分级的值（为何环境温度的高低对采用不同绝缘材料电机的温升会产生不同的影响？作者对此不甚理解）。

例如，利用电阻法进行温升测试时，环境冷却介质温度为20℃，某155（F）级绝缘的被试电机绕组温度达到了115℃（温升为115℃－20℃＝95K＜105K，合格）。因该电机绝缘符合“热分级的温度与应遵守的温度限值之差＝155℃－（40℃＋105℃）＝10℃＞5℃”的条件，此时表4-33规定的温升限值（105K）应压缩的数值为（40℃－20℃）×0.875＝17.5K，其温升限值改为105K－17.5K＝87.5K。或者将被试电机绕组温度改为环境冷却介质温度为40℃时的数值，即115℃＋17.5℃＝132.5℃。按温升的定义，此时的温升＝132.5℃－40℃＝92.5K，和环境冷却介质温度为20℃时的95K相比，不但没升，反倒降低了2.5K。

由上例可见，当将在温度低于40℃环境中做出的温升试验结果修正到环境温度为40℃时，被试电机绕组温度实际值上升了，并有可能突破所用绝缘热分级的温度限值，如若该电机在40℃环境中满载运行，就有可能因过热而损坏（此时的电流不一定会超过其额定值，所以电路中的电流热继电器保护不一定动作）；但温升值下降了，可能将原来刚刚超过温升限值的“不合格品”变成“合格品”。

所以说，考核电机的温升没有考核电机的温度更实际，或者说更实用。这一点是作者一直坚持的观点。

② 在GB/T 755—2019中给出的方法是：

用一个公式对标准中给出的环境冷却介质温度为40℃时的温升限值进行修正计算，得出一个修正后的温升限值。该计算式在GB/T 755—2019中表4-10的第1b项（在本手册中为表4-34的第1b项）中给出（温度单位为℃，温升限值单位为K）。下面仍以绝缘热分级为155（F）的电机温升修正问题为例进行核算。

例：绝缘热分级为155（F）的电机在环境冷却介质温度为20℃的场地运行时，利用电阻法进行温升测试。a）此时温升限值应该是多少？b）若该电机在上述同样的环境条件下进行热试验，其温升考核限值应该为多少K？

答：由前面的计算可知，此例属于“热分级的温度与应遵守的温度限值之差＝155℃－（40℃＋105℃）＝10℃＞5℃”的条件。

a）该电机在环境冷却介质温度为20℃的场地运行时，利用电阻法进行温升测试。此时温升限值应将表4-33规定的温升限值（105K）改为

$$\Delta\theta_{15}=\Delta\theta_{ref}\frac{\theta_{ThCl}-\theta_C}{\theta_{ThCl}-\theta_{Cref}}=105\text{K}\times\frac{155-20}{155-40^*}\approx123\text{K}$$

即比环境温度为40℃时的温升限值105K增加了18K（对式中40*的说明见后文）。

b）该电机在上述同样的环境条件下进行热试验时，则应相反，即应将环境温度为40℃时的温升限值105K减少18K，其温升考核限值应改为

$$105K - 18K = 87K$$

对40*的说明（很重要）：对于GB/T 755—2019中表4-10的第1b项（在本手册中为表4-34的第1b项）中给出那个温升限值修正公式中的$\Delta\theta_{Cref}$，在标准中解释为是“在40℃时的参考冷却温度”，没有进一步给出具体应用什么值代替它进行计算。经作者向行业内相关人员请教和讨论，得出的解释是：用空气间接冷却的为40℃；用水间接冷却的为25℃，来源是GB/T 755—2019中的表5。在上述计算中，因为是用空气间接冷却的电机，所以给出的是40℃。

用$\Delta\theta_{Cref}=40℃$在本例中计算的结果18K和GB/T 755—2008中给出的用修正系数$k=0.875$计算的结果17.5K基本一致。

另外，GB/T 755—2019中这一环境温度对电机温升影响的修正公式和2008年版的那个计算修正系数k的公式的理论依据或者是其他依据（例如经验统计值）是什么，本手册作者特别希望能得到各位读者的帮助，找到答案。

③ GB 755—2000及再早的GB 755—1987等标准中，对试验环境温度对电机温升影响的说法（或者说是对温升的环境温度修正方法）是：

环境温度每升高或降低1℃，温升将升高或降低0.5K。

（五）当海拔≤1km、运行地点的基准冷却介质（环境）温度>40℃但<60℃时，应怎样对温升试验值进行环境温度修正？

答：运行地点的基准冷却介质（环境）温度>40℃，但<60℃时，若将温升限值修正到基准冷却介质温度为40℃，参照表4-34中第1c项的规定，则运行地点的温升限值应减去当时的基准冷却介质温度θ_{CT}减去40℃的差值。例如运行地点的基准冷却介质温度为50℃，被试电机的绝缘热分级为155（F），使用电阻法测试温升，则考核温升限值应为105K－（50℃－40℃）＝105K－10K＝95K。

表4-35　考虑试验地点运行条件对空气间接冷却绕组在试验地点的温升限值的修正

（GB/T 755—2019中表12）

项号	试验条件		试验地点经修正的温升限值$\Delta\theta_T$
1	试验地点基准冷却介质温度θ_{CT}与运行地点基准冷却介质温度θ_C的差异	$\lvert\theta_C-\theta_{CT}\rvert\leq 30K$	$\Delta\theta_T=\Delta\theta$　（式1）
		$\lvert\theta_C-\theta_{CT}\rvert>30K$	按协议
2	试验地点海拔H_T（km）与运行地点海拔H（km）的差异	$1<H\leq 4$ $H_T<1$	$\Delta\theta_T=\Delta\theta\left(1-\frac{H-1}{10}\right)$　（式2）
		$H\leq 1$ $1<H_T\leq 4$	$\Delta\theta_T=\Delta\theta\left(1+\frac{H_T-1}{10}\right)$　（式3）
		$1<H\leq 4$ $1<H_T\leq 4$	$\Delta\theta_T=\Delta\theta\left(1+\frac{H_T-H}{10}\right)$　（式4）
		$H>4$或$H_T>4$	按协议

注：$\Delta\theta$按表4-33规定，必要时按表4-34做修正。

表4-36　假定的最高环境温度与海拔的关系（GB/T 755—2019 中表11）

海拔/km	130（B）	155（F）	180（H）
	环境温度/℃		
1	40	40	40
2	32	30	28
3	24	19	15
4	16	9	3

（六）试验地点的海拔与运行地点不同时，对试验地点的温升限值怎样修正？

答：本题的前提是两地的基准冷却介质温度都按40℃考虑，即两地的环境温度是相同的，否则就应该按表4-34中第3a）项规定，不修正。

根据表4-35中第2项规定，根据试验地点海拔 H_T（km）与运行地点海拔 H（km）的差异来确定试验地点温升限值的修正量。举例如下：

某绝缘热分级为130（B）的电动机，在海拔为 H_T（km）的地点，使用电阻法测试温升，即在基准环境条件下温升限值 $\Delta\theta = 80K$ [表4-33第1b）和1c）项]。

1）$H_T \leqslant 1km$，$1km < H \leqslant 4km$，试验地点经修正的温升限值 $\Delta\theta_T$ 用表4-35式2计算。假设 $H = 3km$，则

$$\Delta\theta_T = \Delta\theta\left(1 - \frac{H-1}{10}\right) = 80K\left(1 - \frac{3-1}{10}\right) = 64K$$

2）$H \leqslant 1km$，$1km < H_T \leqslant 4km$，试验地点经修正的温升限值 $\Delta\theta_T$ 用表4-35式3计算。假设 $H_T = 3km$，则

$$\Delta\theta_T = \Delta\theta\left(1 + \frac{H_T-1}{10}\right) = 80K\left(1 + \frac{3-1}{10}\right) = 96K$$

3）$1km < H \leqslant 4km$，$1km < H_T \leqslant 4km$，试验地点经修正的温升限值 $\Delta\theta_T$ 用表4-35式4计算。假设 $H = 2km$，$H_T = 3km$，则

$$\Delta\theta_T = \Delta\theta\left(1 + \frac{H_T-H}{10}\right) = 80K\left(1 + \frac{3-2}{10}\right) = 88K$$

上述3个计算公式可以写成

$$\Delta\theta_T = k_H\Delta\theta \qquad k_H = 1 + \frac{H_T - H}{10}$$

式中，$H \geqslant 1km$；$H_T \geqslant 1km$。

实际上，就是两个地点的海拔相差100m（0.1km），对温升限值的修正量为在基准环境条件下温升限值的1%，即表4-34注②的规定。

五、集电环、换向器、电刷和电刷机构、轴承温升或温度限值

（一）集电环、换向器、电刷

对绕线转子电机的集电环和直流电机及交流换向器调速电机的换向器的温度，可用红外线测温仪在温升稳定后测量，或在热试验结束停机后，用反应速度较快的半导体温度计立即进行测量。

若需求得它们的温升值，则将上述测得值减去试验结束前的环境温度。

GB/T 755—2019中第8.10.6条规定：开启式和封闭式电机的集电环、电刷或电刷机构的温升或温度应不至于损坏其本身或任何相邻部件的绝缘。

集电环或换向器的温升或温度应不超过由电刷等级和换向器或集电环材质组件在整个运行范围内能承受的电流的温升或温度值。

上述规定都不十分明确，不便执行。表4-37给出了GB 755—2000中的规定，供参考使用。

表4-37　集电环、换向器以及电刷和电刷机构温升限值（GB 755—2000）

绝缘材料耐热等级	130（B）	155（F）	180（H）
温升限值/K	80	90	100

（二）轴承温度限值

当采用表4-32中A点测量时，轴承温度允许值为

1）滚动轴承（环境温度≤40℃时）：95℃。

2）滑动轴承：80℃，同时要求出油温度≤65℃。

六、电机接线盒内引接线温度限值

（一）接线盒内最高允许温度

接线盒内各部件的最高允许温度应不超过表4-38的规定。该最高温度是基于30 ℃的环境温度下确定的。

表4-38　接线盒内各部件最高允许温度（GB/T 14711—2013中表15）

电机的绝缘材料耐热等级		120（E）	130（B）	155（F）	180（H）
最高允许温度/℃	全封闭无通风外壳	75	90	110	110
	其他外壳	75	75	90	110

发热试验可以在10～40 ℃的任何室温下进行，所测得的温度加上或减去试验室温低于或高于30 ℃的差值即为试验最高温度。

“全封闭无通风外壳”主要指无外部通风冷却的机构，这种结构与我们最常用结构不同，IC410应该属于这种电机（见图4-57给出的轧钢辊道用电动机）。

a) YG系列电机外形　b) YGP系列电机外形　c) 简化图形符号

图4-57　全封闭无通风外壳电机示例

（冷却方式代码为IC410型的轧钢辊道用电动机）

（二）电机引出线的最低耐热温度

电机引出线的耐热等级应不低于电机的绝缘热分级。如果电机的引出线包有不低于电机绝缘热分级的绝缘套管，且绝缘套管的长度应至少包覆与绕组接触部分的长度，则引出线的最低耐热温度应符合表4-39的规定。

表4-39　引出线的最低耐热温度（GB/T 14711—2013中表6）

电机的绝缘材料耐热等级	120（E）和130（B）	155（F）	180（H）
引出线的最低耐热温度/℃	90	125	150

（三）热试验方法和相关规定

接线盒内腔及其内的引接线或引接软电缆的最高运行温度试验，一般随着该电机的热试验

同时进行。试验时应按如下规定：

1）外接电源线的允许载流量应是电机满载额定电流的1.25倍，其长度（接线盒外起）应不少于1.22m，应通过接线盒导线管穿入到接线盒内。

2）热试验时，所有接线盒开孔应处于封闭状态。

第十四节 振动测定试验方法及限值

一、使用标准

GB/T 10068—2008《轴中心高为56mm及以上电机的机械振动 振动的测量、评定及限值》等同采用国际标准IEC60033-14—2007。

该标准适用于额定输出功率为50MW以下、额定转速为120～15000r/min的直流电机和三相交流电机，不适用于在运行地点安装的电机、三相换向器电机、单相电机、单相供电的三相电机、立式水轮发电机、容量大于20MW的汽轮发电机、磁浮轴承电机、串励电机。

小功率电动机的此类标准是JB/T 10490—2016《小功率电动机机械振动—振动测量方法、评定和限值》。

二、测量仪器和辅助工装

（一）测量仪表

测量电机振动数值的仪器为振动测量仪，简称“测振仪”，就其所用的传感元件与被测部位的接触方式来分，有靠操作人员的手力接触和磁力吸盘吸引接触两种；另外有分体式传感器和组合式传感器两种；一般同时具有测量振动振幅（单振幅或双振幅，单位mm或μm）、振动速度（有效值，单位mm/s）和振动加速度（有效值，单位m/s^2）三种单位振动量值的功能。图4-58给出了几种外形示例。

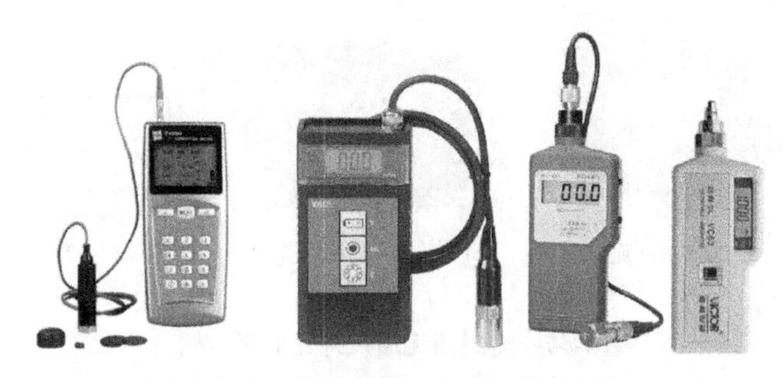

图4-58 振动测量仪

GB/T 10068—2008中要求，测量所用的传感器装置的总耦合质量不应大于被试电机质量的1/50，以免干扰被试电机运行时的振动状态。测量设备应能够测量振动的宽带方均根值，其平坦响应频率至少在10Hz～1kHz。然而，对转速接近或低于600r/min的电机，平坦响应频率范围的下限应不大于2Hz。

（二）测量辅助装置及安装要求

测量电机的振动时，还需要一些辅助装置，其中包括：与轴伸键槽配合的半键；弹性基础用的弹性垫和过渡板或者弹簧等；刚性安装用的平台等。下面介绍对这些装置的要求及使用规定，其中有些内容是现行国家标准GB/T 10068—2008中提出的，有的是在以前的标准（例如GB 10068—1988）中提出的。

1. 半键

1）对半键尺寸和形状的规定。对轴伸带键槽的电机，如无专门规定，测量振动时应在轴伸键槽中填充一个半键。半键可理解成高度为标准键一半的键或长度等于标准键一半的键。前者简记为“全长半高键”，后者简记为“全高半长键”，如图4-59a所示。

应当注意的是：配用这两种半键所测得的振动值是有差别的。因为前者与调电机转子动平衡时所用的半键相同，所以，在无说明的情况下，一般应采用前一种；后一种只在某些特殊情况下使用，例如在用户现场需要测量振动，但没有加工第一种半键的能力时。

2）安装半键的方法和注意事项。将合适的半键全部嵌入键槽内。当使用“全高半长键”时，应将半键置于键槽轴向中间位置。然后，用特制的尼龙或铜质套管将半键套紧在轴上。没有这些专用工具时，可用胶布等材料将半键绑紧在轴上，分别如图4-59b和图4-59c所示。固定时一定要绝对可靠，以免高速旋转时甩出，造成安全事故。

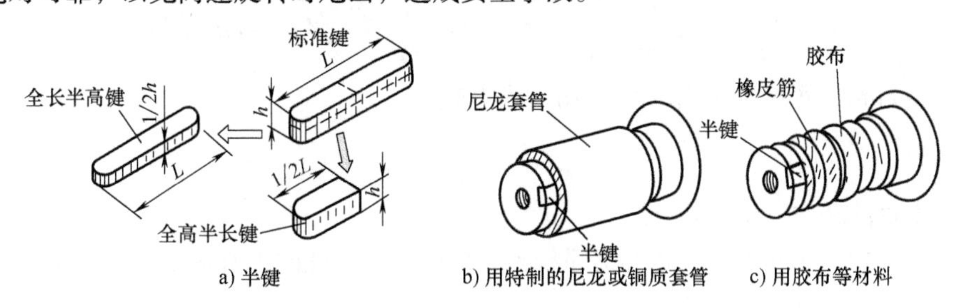

a) 半键　b) 用特制的尼龙或铜质套管　c) 用胶布等材料

图4-59　半键的形状及安装要求

2. 弹性安装装置

弹性安装是指用弹性悬挂或支撑装置将电机与地面隔离，标准GB/T 10068—2008中称其为“自由悬置”。

1）材料种类。弹性悬挂采用弹簧或强度足够的橡胶带等；弹性支撑可采用乳胶海绵、胶皮或弹簧等。为了电机安装稳定和压力均匀，弹性支撑材料上可加放一块有一定刚度的平板。但应注意，该平板和弹性支撑材料的总质量不应大于被试电机的1/10。

2）尺寸。标准GB/T 10068—2006和GB/T 10068—2008中都没有规定弹性支撑海绵、胶皮垫和刚度过渡平板的尺寸要求，但在使用中，建议按电机噪声测试方法原标准GB/T 10069—1988中的相关要求，即按被试电机投影面积的1.2倍裁制，或简单地按被试电机长b（不含轴伸长）和宽a（不含设在侧面的接线盒等）各增加10%，作为它们的长与宽进行裁制，如图4-60所示。

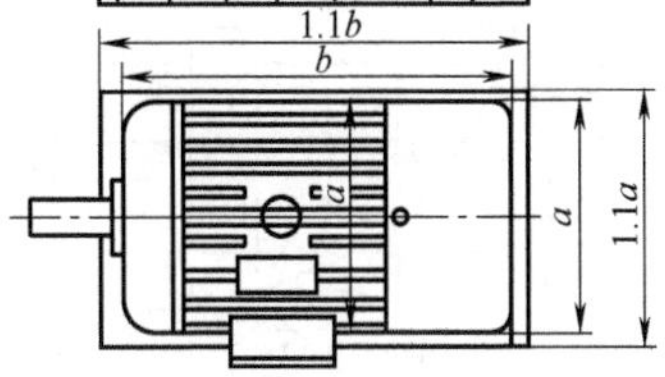

3. 弹性安装装置的伸长量或压缩量

对于在弹性安装状态下测量电机的振动值，与弹性安装装置的伸长量或压缩量有直接的关系，但标准中没有直接给出规定值。而是规定：“电机在规定的条件下运转时，电机及其自由悬置系统沿6个可能自由度的固有振动频率应小于被试电机相应转速频率的1/3”。

图4-60　测振动用弹性支撑装置

上述描述，其实质是说对弹性装置的伸长量或压缩量的要求，但对于一般操作人员是很难理解的。

为了使读者理解上述规定，下面将通过理论推导，得出当电机安装之后，弹性支撑装置压缩量的最小值δ（mm）与其额定转速n_N（r/min）的关系。

1）“电机及其自由悬置系统沿6个可能自由度的固有振动频率”用f_0（Hz）表示，应用下述理论公式求出：

$$f_0 = \frac{1}{2\pi}\sqrt{\frac{K}{m}} \tag{4-12}$$

式中　K——弹性材料的弹性常数；

m——振动系统的质量（kg）。

2）由于弹性材料的弹性常数$K = \frac{mg}{\delta}$，其中g为重力加速度，取$g = 9800\text{mm/s}^2$；δ为电机安装之后弹性材料的伸长量或压缩量（mm）。将这些关系和数据代入式（4-12）中，则得出如下计算式：

$$f_0 = \frac{1}{2\pi}\sqrt{\frac{K}{m}} = \frac{1}{2\pi}\sqrt{\frac{\frac{mg}{\delta}}{m}} = \frac{1}{2\pi}\sqrt{\frac{g}{\delta}} = \frac{1}{2\pi}\sqrt{\frac{9800}{\delta}} = 15.76\sqrt{\frac{1}{\delta}} \tag{4-13}$$

3）被试电机相应转速频率f_N（Hz）用下式求取：

$$f_N = \frac{n}{60} \tag{4-14}$$

式中　n——电机的转速（r/min）。

4）根据标准中“电机及其自由悬置系统沿6个可能自由度的固有振动频率应小于被试电机相应转速频率的1/3”的要求，有

$$f_0 \leqslant \frac{1}{3}f_N \text{或} f_N \geqslant 3f_0 \tag{4-15}$$

5）通过式（4-14）和式（4-15）得出伸长量或压缩量δ（mm）与被试电机相应转速n（r/min）的关系：

$$\delta \geqslant 8.047 \times 10^6 \times \frac{1}{n^2} \tag{4-16}$$

这就是当电机安装之后，弹性悬挂或支撑装置的伸长量或压缩量δ（mm）与电机转速n（r/min）的关系。

在标准GB/T 10068—2008中规定：根据被试电机的质量，悬置系统应具有的弹性位移与转速（600～3600r/min）的关系，如图4-61a所示。实际上图4-61a是根据式（4-16）绘出的。表4-40给出了几对常用值，使用中的其他转速可用式（4-16）计算求得。

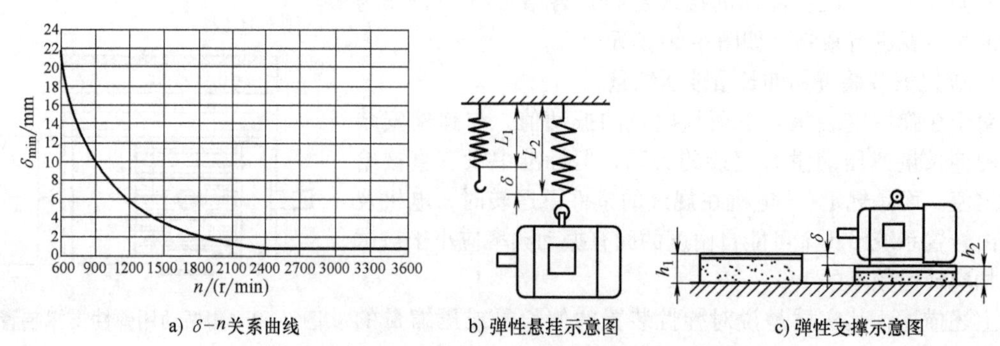

图4-61　弹性悬挂或支撑装置的伸长量或压缩量的最小值δ与电机转速n的关系

标准 GB/T 10068—2008 中没有规定最大伸长量或最大压缩量，但按以前的标准 GB 10068—2000 中的规定，若使用乳胶海绵作弹性垫，则其最大压缩量为原厚度的 40%。

表 4-40　测量振动时弹性安装装置的最小伸长量或压缩量

电机转速 n/(r/min)	600	720	750	900	1000
最小伸长量或压缩量 δ/mm	22.4	15.5	14.5	10	8
电机转速 n/(r/min)	1200	1500	1800	3000	3600
最小伸长量或压缩量 δ/mm	5.5	3.5	2.5	0.9	0.6

另外，标准 GB/T 10068—2008 中说：转速低于 600r/min 的电机，使用自由悬置的测量方法是不实际的。对于转速较高的电机，静态位移应不小于转速为 3600r/min 时的值。

4. 对 B5 型卧式电机的安装

对于 B5 型卧式电机，当电机较小时，可直接放在海绵垫上，电机较大时，建议放在一个合适的 V 形支架上，支架与电机之间应加垫海绵或胶皮等物质以减少附加振动和噪声，如图 4-62 所示，也可采用弹性悬挂的方法。

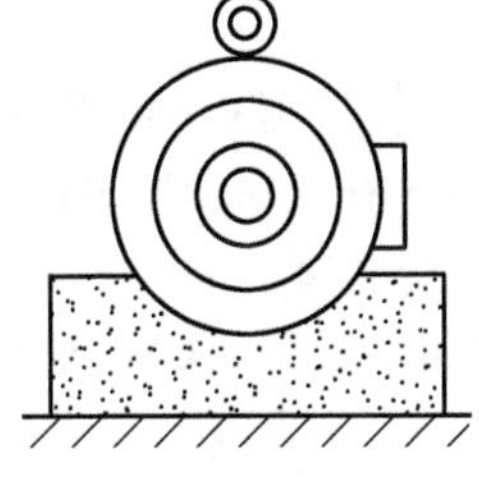

a) B5型直接放在海绵垫上

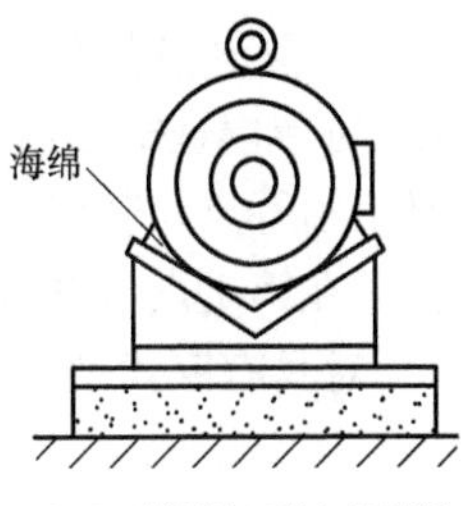

b) B5型通过V形支架安装

图 4-62　B5 型卧式电机的安装

5. 刚性安装装置

（1）对安装基础的一般要求

刚性安装装置应具有一定的质量，一般应大于被试电机质量的 2 倍，并应平稳、坚实。

在电机底脚上，或在座式轴承或定子底脚附近的底座上，在水平与垂直两方向测得的最大振动速度，应不超过在邻近轴承上沿水平或垂直方向所测得的最大振动速度的 25%。这一规定是为了避免试验安装的整体在水平方向和垂直方向的固有频率出现在下述范围内：①电机转速频率的 10%；②2 倍旋转频率的 5%；③1 倍和 2 倍电网频率的 5%。

（2）卧式安装的电机

试验时电机应满足以下条件：直接安装在坚硬的底板上或通过安装平板安装在坚硬的底板上或安装在满足上述第（1）条要求的刚性板上。

（3）立式安装的电机

立式电机应安装在一个坚固的长方形或圆形钢板上，该钢板对应于电机轴伸中心孔，带有精加工的平面与被试电机凸缘端盖相配合并攻螺纹以联接凸缘端盖螺栓。钢板的厚度应至少为法兰厚度的 3 倍，5 倍更合适。钢板相对直径方向的边长应至少与顶部轴承距钢板的高度 L 相等，如图 4-63 所示。

安装基础应夹紧且牢固地安装在坚硬的基础上，以满足相应的要求。法兰联接应使用合适的数量和直径的紧固件。

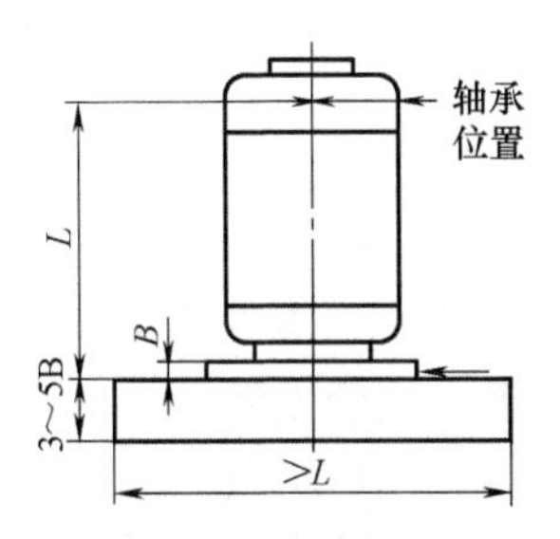

图 4-63　立式（V1 型）电机的安装

三、振动测定方法

（一）电机运行状态

如无特殊规定，电机应在无输出的空载状态下运行。试验时所限定的条件见表 4-41 的规定。

表4-41　电机振动测定试验时的运行条件

电机类型	振动测定试验时的运行条件
交流电动机	加额定频率的额定电压
直流电动机	加额定电枢电压和适当的励磁电流，使电机达到额定转速。推荐使用纹波系数小的整流电源或纯直流电源
多速电动机	分别在每一个转速下运行和测量。检查试验时，允许在一个产生最大振动的转速下进行
变频调速电动机	在整个调速范围内进行测量或通过试测找到最大振动值的转速下进行测量 由变频器供电的电机进行本项试验时，通常仅能确定由机械产生的振动。机械产生的振动与电产生的振动可能会是不同的。为了在生产厂完成试验，需要用现场与电动机一起安装的变频器供电进行试验
发电机	可以电动机方式在额定转速下空载运行；若不能以电动机方式运行，则应在其他动力的拖动下，使转速达到额定值空载运行
双向旋转的电机	振动限值适用于任何一个旋转方向，但只需要对一个旋转方向进行测量

（二）测量点的位置

1）对带端盖式轴承的电机，按图4-64a所示。

对于第⑥点，若因电机该端有风扇和风扇罩而无法测量，而该电机又允许反转，可将第⑥点用反转后在第①点位置再测数值代替。

2）对具有座式轴承的电机，按图4-64b所示。

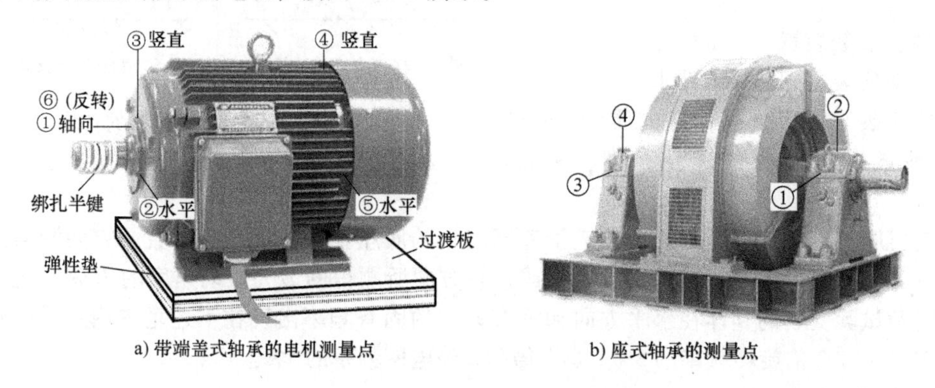

a) 带端盖式轴承的电机测量点　　b) 座式轴承的测量点

图4-64　振动测量点的布置示意图

四、测量结果的确定

1）一般情况下，以所测所有数据中最大的那个数值作为该电机的振动值。

2）感应电动机（交流异步电动机），特别是2极感应电动机，常常会出现2倍转差频率振动速度拍振，在这种情况下，振动烈度（速度有效值）$v_{r.m.s}$可由下式确定：

$$v_{r.m.s}=\sqrt{\frac{1}{2}(V_{max}^2+V_{min}^2)} \tag{4-17}$$

式中　V_{max}——最大振动速度有效值；

V_{min}——最小振动速度有效值。

五、振动限值

（一）振动限值

振动限值适用于在符合规定频率范围内所测得的振动速度、位移和加速度的宽带方均根值。用这3个测量值的最大值来评价振动的强度。

如按规定的两种安装条件进行试验，GB/T 10068—2008中规定的轴中心高≥56mm的直流和交流电机的振动限值见附录 14。

振动等级划分为 A 和 B 两种，如未指明振动等级，应符合等级 A 的要求。

转速为 600 ~ 3600r/min 的电机，一般检查试验时，只需测量振动的速度。

当检查试验是在自由安装条件下做的，型式试验时则必须包括在刚性情况下的试验，这一条适用于本标准所有转速范围。

（二）交流电机 2 倍电网频率振动速度的限值

2 极交流电机在 2 倍电网频率时，可能会产生电磁振动。为了正确评定这部分振动分量，要求电机遵循前面所讲第三项内容的规定，进行刚性安装。

对轴中心高 $H>280$mm 的 2 极电机，当型式试验证明 2 倍电网频率占主要成分时，附录 14 中的强度限值（对等级 A）将从 2.3mm/s 增加到 2.8mm/s。更大的振动限值应依据预先签订的协议确定。当型式试验证明振动限值 >2.3mm/s 时，2 倍电网频率被认为占主导成分。

（三）小功率电机的轴向振动问题

在 JB/T 10490—2016《小功率电动机机械振动—振动测量方法、评定和限值》中第 8.3 条提到：轴承轴向振动与轴承的功能及结构有关。对推力轴承，轴向振动与推力波动有关，这种振动会损坏滑动轴承的金属材料或滚动轴承的零件。这些轴承的轴向振动和径向振动同样考虑，并符合本标准的规定（见本书附录 15）。

如轴承无轴向限制结构时，由制造厂和用户事先协议确定，可采用较低要求。

六、轴振动振幅与速度有效值的关系

由于振动的振幅只与振动质点摆动的幅度大小有关，而振动速度不仅与振动质点摆动的幅度大小有关，还与振动质点摆动的频率有关，所以，两者之间很难用一个固定的关系式来相互转换。但当轴心以圆周轨迹振动时，据理论推算，两者之间有如下关系：

$$v_t=\frac{\sqrt{2}}{4}S\omega=\frac{\sqrt{2}}{4}S\frac{\pi n}{30}=\frac{\sqrt{2}}{120}\pi Sn\approx 0.037Sn \tag{4-18}$$

$$S=\frac{4v_t}{\sqrt{2}\,\omega}\approx 27.03\frac{v_t}{n} \tag{4-19}$$

式中 S——振动振幅（mm）；

n——转速（r/min）；

v_t——振动速度有效值（mm/s）；

ω——角频率（rad），$\omega=2\pi n/60$。

例如：已知振动速度有效值 $v_t=1.6$mm/s、转速 $n=1450$r/min，则振动的振幅 S 为

$$S=\frac{4v_t}{\sqrt{2}\,\omega}\approx 27.03\frac{v_t}{n}=(27.03\times 1.6\div 1450)\text{mm}\approx 0.0298\text{mm}$$

双振幅则为 $2S=2\times 0.0298\text{mm}=0.0596\text{mm}$。

第十五节 噪声测定试验方法及限值

一、使用标准及说明

有关电机噪声测试和限值的国家标准有 GB/T 10069.1—2006《旋转电机噪声测定方法及限值 第 1 部分：旋转电机噪声测定方法》和 GB/T 10069.3—2008《旋转电机噪声测定方法及限值 第3 部分：噪声限值》。注意后者中的限值部分是强制性标准，并等同采用了国际标准 IEC60034 -9：2007。

应当注意的是，GB/T 10069. 3—2008 中也给出了有关试验测量方面的规定，并且与 GB/T 10069. 1—2006 有所区别。考虑到 GB 10069. 3—2008 是最新标准，并等同采用了国际标准，所以，作者建议：两者规定不同的地方，以 GB/T 10069. 3—2008 为准。另外，由于上述标准对某些环节讲述不够细致，以下内容中引用了部分以前同类标准的内容以及多年行业的一些习惯做法。

本节将主要介绍上述两个标准中的主要内容，另外介绍一些有关噪声的其他知识。

二、声音的计量知识

在此，只以声音在空气中的传播为例，并假定声源为一个质点。

（一）声压和声压级

声波引起空气质点的振动，使得空气压强在大气压强附近按声频起伏变化。这种压强的变化称为“声压”，其单位为微帕（μPa）。有关压强的单位换算关系是

$$1\text{Pa}=1\text{N/m}^2=10^{-5}\text{bar}=10\mu\text{bar}=0.1\text{mm 水柱} \tag{4-20}$$

式中，bar 为压强的非法定单位，读作“巴”。

在声学中，通常用声压级来代替声压作为声音的物理评价指标。声压级与声压的关系是

$$L_P=20\lg\frac{P}{P_0} \tag{4-21}$$

式中 L_P——声压级（dB）；

P——声压（μPa）；

P_0——基准声压，是一个参考量，一般用最低可闻声阈的声压值，即 20μPa 作为基准声压。

声压级的单位（严格讲不叫单位）是分贝，符号为 dB。它是一个相对单位，没有量纲。分贝是贝尔的 1/10。

用声压级代替声压度量声音的好处是：可把一般人耳刚能听到的声压（20μPa）到可振破人的耳膜的声压（20×10^6μPa）这一数百万级（10^6）声压值表示的声音量度范围表达为 0 ~ 120dB 范围，从而便于使用和分辨记录。

（二）声强和声强级

声强是在一定时间内稳定声场中瞬时声压与其声速度乘积的时间平均值，单位为 W/m^2，符号为 I。

声学上也常用声强级（dB，符号为 L_I）代表声强。它们之间的关系是

$$L_I=10\lg\frac{I}{I_0} \tag{4-22}$$

式中 I——声强（W/m^2）；

I_0——基准声强（W/m^2），$I_0=10^{-12}\text{W/m}^2$。

（三）声功率和声功率级

声功率是声源在单位时间内辐射的总声能，单位为瓦（符号为 W）。

声功率在声学中也常用声功率级（符号为 L_W，单位为 dB）来表示。它们之间的关系是

$$L_W=10\lg\frac{W}{W_0} \tag{4-23}$$

式中 W_0——基准声功率（W），$W_0=10^{-12}\text{W}$。

（四）声功率级与声压级的关系

在现行的电机噪声考核标准中，大部分采用声功率级，少部分采用声压级。这是因为，声功

率级只与声源的功率有关；而声压级则与声压和测量点到声源的距离两个因素有关，即在给出声压级数值的同时，还应给出测量距离，所以表述不如声功率级方便。

到目前为止，电机生产单位还很少有能直接测量声功率级的仪器和相关设备，而一般只能测量声压级。但可以根据测量时的一些具体参数，将声压级换算成声功率级。严格地讲，它们之间的换算关系是比较复杂的，与测量时的环境因素，如温度、气压、湿度等有关。但在一般测量中，可采用如下的简单关系式：

$$L_W = L_P + 10\lg\frac{S}{S_0} \tag{4-24}$$

式中　S——测量声压时，所用包络面的面积（具体计算见本节第四部分相关内容）（m^2）；

S_0——基准面面积（m^2），$S_0 = 1m^2$。

（五）声级的计权

在表述噪声级数值时，要注明它属于哪一种计权，电机采用“A”计权。

声级的计权是指使用仪器对人耳所能听到的声音频率范围内不同频率段的声级进行不同的衰减。有3种计权方式，即A、B、C，其中A计权是对低频段进行较大衰减、对高频段较少衰减甚至不衰减的一种计权方式，它较准确地反映了人耳对不同频率声音的反应程度，即对于相同声压或声功率的声音，人耳对频率较高的反应较灵敏（听起来较难受），而对频率较低的反映不太灵敏（听起来感觉不太难受）；B计权是对低频进行少量衰减；C计权是对低频进行极少量衰减。三种噪声计权方式曲线如图4-65所示。

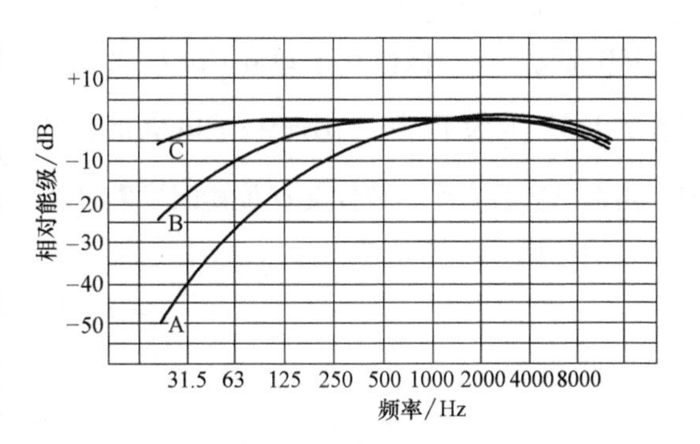

图4-65　A、B、C三种噪声计权方式曲线

三、声级测量仪器和辅助装置

（一）声级计

声级计是用以测量声级的仪器，因为常用于测量噪声声级，所以常被称为噪声仪。常用的声级计测量显示值为声压级值，具有A、B、C三种计权或只有A计权，用于电机噪声测量时，至少应有A计权。声级计的准确度表示方法与其他仪表不同，它将不同最大误差的仪表分成4个类型号，各种类型声级计的最大误差和级别名称见表4-42。用于电机噪声测量时应选用Ⅰ级的精密声级计。

从测量数值的显示方式来分，常用的声级计有指针式和数字式两大类。图4-66是几种声级计的外观示例。

表4-42　声压级声级计准确度分类及级别名称对应表

类型号（级）	0	Ⅰ	Ⅱ	Ⅲ
固有最大误差/dB	±0.4	±0.7	±1.0	±1.5
级别名称	精密声级计		普通声级计	

（二）安装设备

电机进行噪声测试时，若为空载运行，则应根据被试电机的大小和相关要求决定采用弹性安装方式或刚性安装方式。

1. 弹性安装

对于弹性安装，弹性悬挂装置的最大（或最小）伸长量或弹性支撑装置的最大（或最小）

压缩量要求，在 GB/T 10069.1—2006《旋转电机噪声测定方法及限值 第1部分：旋转电机噪声测定方法》中的规定，与电机振动测量安装设备的有关要求完全相同，但在同一套标准的第3部分 GB/T 10069.3—2008《旋转电机噪声测定方法及限值 第3部分：噪声限值》中却将 GB/T 10069.1—2006 中规定的“……小于被试电机相应转速频率的1/3”改为了“……小于被试电机相应转速频率的1/4”，即$f_0 \leqslant \frac{1}{3} f_N$改为$f_0 \leqslant \frac{1}{4} f_N$。此时，当电机安装之后，弹性支撑装置压缩量的最小值δ（mm）与其额定转速n_N（r/min）的关系式（4-16）改为

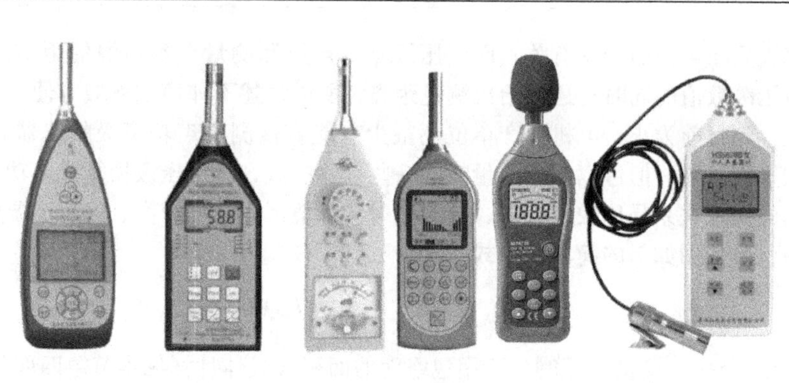

图4-66 声级计

$$\delta \geqslant 14.31 \times 10^6 \times \frac{1}{n^2} \tag{4-25}$$

表4-40也将变为表4-43。

表4-43 测量噪声时弹性安装装置的最小伸长量或压缩量

电机转速 n/(r/min)	600	720	750	900	1000
最小伸长量或压缩量 δ/mm	39.8	27.6	25.4	17.6	14.3
电机转速 n/(r/min)	1200	1500	1800	3000	3600
最小伸长量或压缩量 δ/mm	9.9	6.4	4.4	1.6	1.1

2. 刚性安装

刚性安装的要求同本章第十四节讲述的电机振动测量的内容。

（三）测试场地

进行电机噪声测试时，应有一个符合要求的测试场地，声学中称为“声场”。按严格要求，应为“半自由声场”。

“半自由声场”是除地面为一个坚实的声音反射面外，在其他方向，声波均可无反射地向无限远处传播的场地。实际上这种理想的场地是没有的。但空旷的广场或有足够大的空房间可认为基本符合要求，专门建造的消声室（可由四壁和屋顶的特殊材料——包装着一种纤维的尖劈——将室内物体发出的绝大部分声能吸收而不反射的空间，见图4-67给出的示例）是公认最符合要求的。

对于一般电机生产和修理单位，建造标准的消声室是较困难的。除非要求特别严格，一般较空旷的场地或室内即可使用。有的资料中将这类场地称为“类半自由声场”。

如对测试结果的准确度要求较高，在“类半自由声场”或条件更差的场地进行测试时，还可通过有关反射影响的修正使测试结果达到要求。

四、电机噪声声压级的测量方法

（一）电机的安装

前面已经介绍，测试电机噪声时，其安装方式有弹性和刚性两种。但标准 GB/T 10069.1—

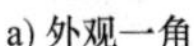

a) 外观一角　　b) 室内一角

图 4-67　某电机生产企业的消声室

2006 和 GB/T 10069. 3—2008 中没有明确的具体选择规定，只是提出：“较小电机可采用弹性安装方式；较大电机通常只能在刚性安装条件下试验”。

安装时，应注意尽量减少由包括基础在内的所有安装部件产生结构噪声的辐射和传递，其他要求与电机振动测量基本相同。

（二）电机测试时的运行状态

如无特殊规定，进行噪声测试时，电机应处于空载运行状态，并在可产生最大噪声的情况下运行。所供电源的质量应符合要求，相关要求见表 4-44。

表 4-44　电机噪声测定试验时的运行条件

电机类型	测定试验时的运行条件
交流电动机	加额定频率的额定电压
多速电动机	分别在每一个转速下运行和测量。检查试验时，允许在一个产生最大噪声的转速下进行
变频调速电动机	应采用变频电源供电，并在规定的调频范围内进行试验，取最大值作为试验结果。建议先从最小频率到最大频率缓慢调频运行，找到最大噪声点后，设定在该频率空载运行
同步电动机	必须在同一功率因数时求得的励磁下运行
发电机	一般应使其在电动机状态下运行，或在额定开路电压的励磁下以额定转速被驱动运行
直流电动机	推荐使用纹波系数小的整流电源或纯直流电源 应在额定电枢电压、额定转速或允许的最大转速下运行。对不能在空载状况下运行的直流电动机（如串励电动机），其所需的负载量应由相关标准规定
双向旋转的电机	应双向都可运行，除非两个方向的噪声不同，才应按设计的一个方向进行试验

（三）电机噪声测量点的布置规定

电机噪声测量点的布置规定有“半球面法”和“平行六面体法”两种。

在 GB/T 10069. 3—2008 的第 4. 1 项的“注”中提到：“推荐轴中心高≤180mm 的电机采用半球面法；轴中心高 >355mm 的电机采用平行六面体法；介于两者之间的电机可任选一种”。

1. 半球面测点布置法

1）将电机安放在测量场地的中心位置。以电机在地面上的垂直投影中心为球心，想象出一个向下扣着的半球，测点即将在这个半球的表面上。

2）半球的半径 $r=1\text{m}$，此时等效包络面（半个球面）的面积 $S=2\pi r^2=2\times3.14\times(1\text{m}^2)\approx6.28\text{m}^2$。

3）测试时，声级计的测头应距地面 250mm，并使其轴线对准球的球心。

4）测点个数一般为 5 个，其具体位置如图 4-68 所示。有必要时，应将该布置图在测试报告中给出。

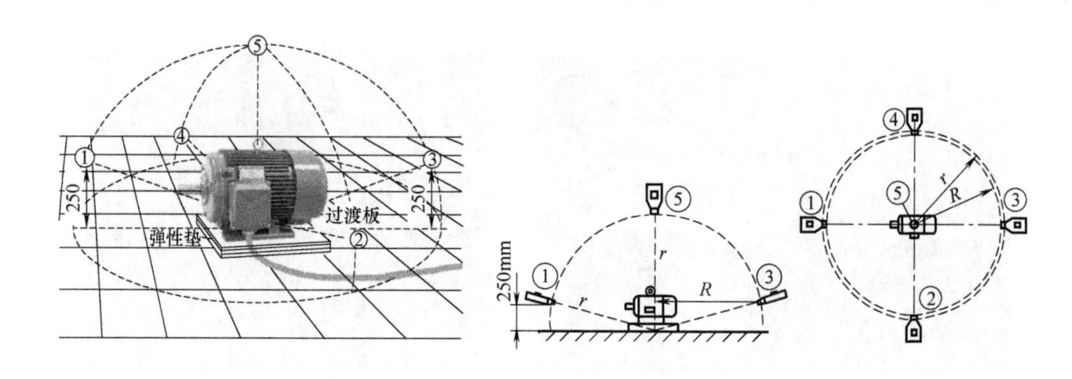

图4-68 半球面测点布置法测点位置

2. 平行六面体测试面测点布置法

平行六面体测试面测点布置法常称为等效矩形或方箱形面测点布置法。它可以被想象为被试电机放在一个长方形的包装箱内，该包装箱的底就是安放被试电机的地面（或其他安装面），四壁和顶盖作为一个整体的“罩子”，所有测点将布置在这个长方形的罩子表面（4个侧面和1个顶面）。

各测点距被试电机表面的距离均为1m。

对于较小尺寸的电机，可在电机的前、后、左、右及正上方各设置1个测点，仪表的测点距地面的高度H'为电机的轴中心高加弹性支撑的高度，但最低为250mm，如图4-69a所示；对较大尺寸的电机，当按上述方法布点，相邻两个测点之间的距离超过1m时，应在左、右两侧增加测点，如图4-69b所示。

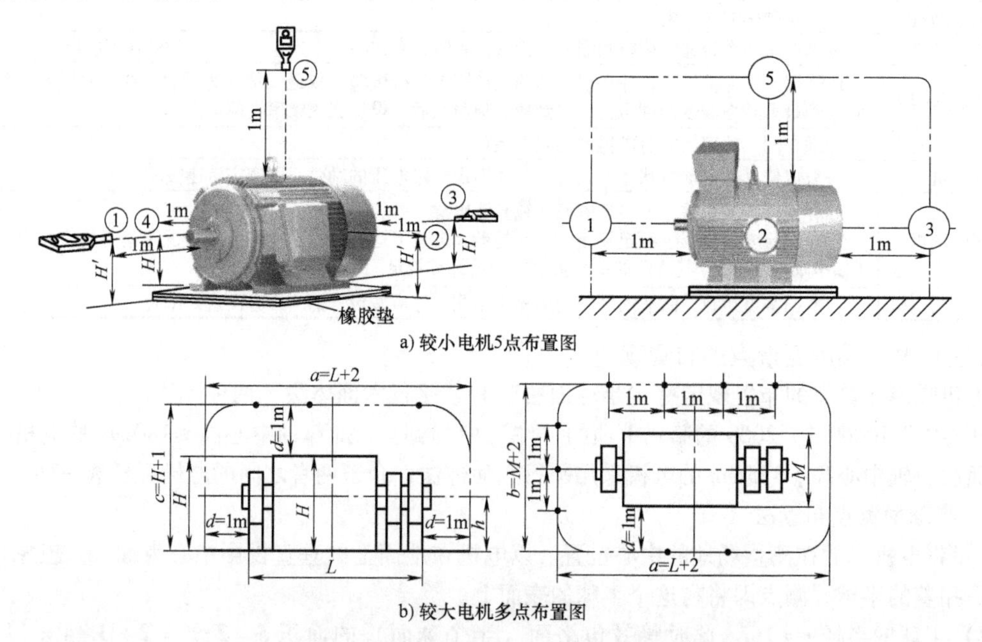

图4-69 平行六面体面测点布置法测点位置

3. 电机外形和平行六面体（想象中的）尺寸及测量包络面面积的确定方法

如图4-69和图4-70所示，设被试电机的长（不含轴伸）、宽（不含侧面的接线盒）、高（不含顶面的接线盒）分别为L、M、H；并设$a = L + 2$、$b = M + 2$、$c = H + 1$，单位为m。则平行六面体测试面测点布置法包络面的面积 S（m^2）为（应注意：因为简化了计算公式，便于记忆，本书设置的参数字母代号的含义与国家标准 GB/T 10069.1—2006 及 GB/T 10069.3—2008 中给出的有所不同，致使计算公式有较大差异）。

$$S = 2c(a+b) + ab \tag{4-26}$$

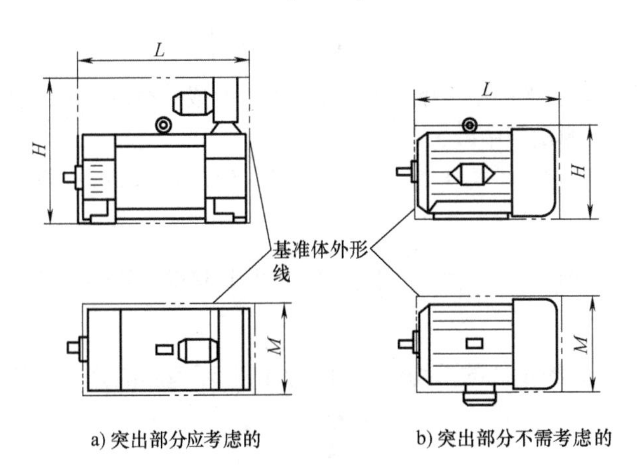

图 4-70　电机尺寸的确定实例

4. 增加测点的原则

当按上述测点布置进行测量，出现两相邻测点的测量值相差超过 5dB 的情况时，应在这两点之间另加 1 点。对于半球面测点布置法，所加点的位置应处于图 4-70a 所示的位置；对于平行六面体测点布置法，应加在原两点的中间位置或长方形地面的顶点位置，如图 4-71b 所示。加点的多少以达到两相邻点的测量值之差小于 5dB 为准。

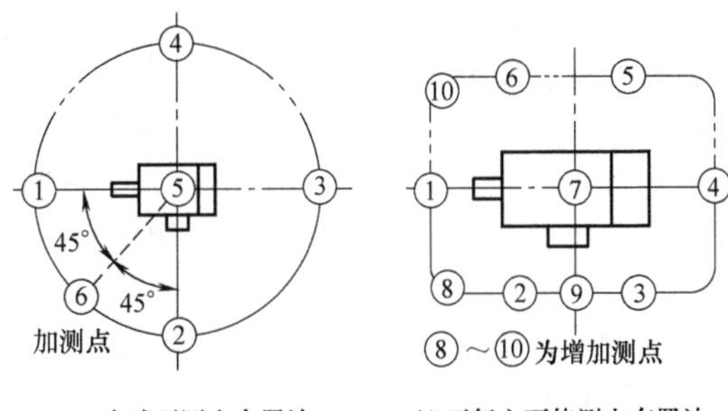

图 4-71　增加测点的位置

五、试验结果的确定方法

（一）对试验环境影响因素的修正

试验环境影响因素包括环境噪声、反射面、大气压和空气相对湿度等，但对于相对简易的测量，一般只考虑试验环境的背景噪声（或称环境噪声）相对较大时对测量值所产生的影响，并对测量值进行适当的修正。在 GB/T 10069.1—2006 中给出了相关修正内容。但由于不直观，致使使用很不方便，而在 GB/T 10069—1988 中，曾给出过较简单明确的规定，在此介绍，供大家参考使用，具体规定如下：

设试验环境的背景噪声为 L_H；试验测量值为 L_T；$L_T - L_H = \Delta L$（dB）。

1）当 $\Delta L > 10$dB 时，不必修正。

2）当 $\Delta L < 4$dB 时，测量无效，应设法降低背景噪声后重新试验。

3）当 4dB $\leqslant \Delta L \leqslant$ 10dB 时，应从试验测量值 L_T 中减去一个修正值 K_1。修正值 K_1 见表 4-45。当为非整数时，可通过插值法求取，或用表 4-45 提供的几个点绘制一条曲线，然后从曲线上查取。

表 4-45　试验环境的背景噪声影响的修正值 K_1　（单位：dB）

ΔL	4	4.5	5	5.5	6	6.5	7	7.5	8	8.5	9	9.5	10
修正值 K_1	2.2	1.9	1.7	1.4	1.3	1.1	1.0	0.9	0.8	0.7	0.6	0.5	0.4

例如，试验环境的背景噪声为 $L_H=65dB$，试验测量值为 $L_T=71dB$，即 $\Delta L=L_T-L_H=71dB-65dB=6dB$。由表4-45 可得修正值 K_1 为 1.3dB。则该点的实际噪声值 $L=L_T-K_1=71dB-1.3dB=69.7dB$。

实际上，表4-45 中的数据是根据如下两个不同声级的声波叠加计算公式（4-27）计算求得的。

$$K_1=10\lg\left(1-\frac{1}{10^{0.1\Delta L}}\right) \tag{4-27}$$

式中 ΔL——环境噪声（较低的一个声级）低于测量值（合成的声级）的数值（dB）；

K_1——修正值（从测量值中减去的数值）（dB）。

例：设测量值为 85.5 dB，环境噪声为 78 dB，则 $\Delta L=85.5dB-78dB=7.5dB$，修正值 K_1 应为

$$K_1=10\lg\left(1-\frac{1}{10^{0.1\Delta L}}\right)=10\lg\left(1-\frac{1}{10^{0.1\times7.5}}\right)(dB)=10\lg0.8222(dB)=-0.85(dB)\approx-0.9dB$$

（二）简易计算法

一般情况下，可取所有测量值的平均值，再减去试验环境影响修正值的简单方法，即

$$L=\frac{1}{n}\sum_{i=1}^{n}L_{ti}-K_1 \tag{4-28}$$

式中 n——测点总数；

i——测点序号；

L_{ti}——第 i 点的实测噪声值（dB）；

K_1——环境噪声修正值（dB），见表4-47 和式（4-27）。

例：5 个测量值分别为72dB、75dB、74dB、73dB 和 71dB；环境噪声为 65dB。则计算步骤如下：

1）5 个测量值的平均值为（72dB+75dB+74dB+73dB+71dB)/5=73dB；

2）和环境噪声的差值为 73dB-65dB=8dB；

3）由表4-47 查得环境噪声修正值为 0.8dB；

4）被测电机的实际噪声为 73dB-0.8dB=72.2dB，按电机试验数据修约要求，修约到 0.5 dB，应为 72.0dB。

（三）精密计算法

当有争议或需要精确结果时，应利用下式进行计算求得最终结果 L：

$$L=10\lg\left[\frac{1}{n}\sum_{i=1}^{n}10^{0.1(L_{ti}-K_{1i})}\right]-K_2-K_3 \tag{4-29}$$

式中 n——测点总数；

i——测点序号；

L_{ti}——第 i 点的实测噪声值（dB）；

K_{1i}——第 i 点的实测环境噪声修正值（dB）；

K_2——对试验环境温度和大气压影响的修正值（dB）；

K_3——对试验环境反射影响的修正值（dB）。

以上面的实测数据为例，并假设试验环境温度和大气压影响的修正值和试验环境反射影响的修正值都为 0，用式（4-29）计算可得

$$L=10\lg\left[\frac{1}{5}\sum_{i=1}^{5}10^{0.1(L_{ti}-K_{1i})}\right]-0-0$$

$$=10\lg\left[\frac{10^{7.1}+10^{7.46}+10^{7.34}+10^{7.22}+10^{6.97}}{5}\right](dB)$$

$$=10\lg17847119.4(dB)=72.52dB$$

按电机试验数据修约要求，应为72.5dB。

此例精密计算比简易计算多了75.52dB－72.2dB＝0.32dB，即相差0.44%。

六、声功率级和声压级之间的转换

声功率级和声压级之间的关系在本节第二部分第（四）项中进行了介绍，关系式为式（4-24）。

下面以实测噪声声压级为例，举例介绍它们之间的转换关系。

（一）半球面测点布置法转换关系

球面的半径为1m，半个球面的面积为$2\pi r^2=2\times3.14\times(1\text{m})^2=6.28\text{m}^2$，即式（4-24）中的$S=6.28\text{m}^2$。$10\lg6.28\approx8$。所以，这种情况下声功率级和声压级之间数值关系为：$L_W=(L_P+8)\text{dB}$。

（二）平行六面体测点布置法转换关系

采用平行六面体测点布置法时，测量包络面的面积S用式（4-26）求取。机座号500及以下的Y系列（IP44）和Y2系列（IP54）电机各档次的L_{PW}值，即式（4-24）中的$10\lg\dfrac{S}{S_0}$，见表4-46（每个机座号的平均值，仅供参考使用）。

表4-46　Y和Y2系列（IP44和IP54）电机噪声声功率级与声压级的差值L_{PW}

机座号	≤355	200	225	280	315	355	400	450	500
布点方法	半球面法	平行六面体法							
L_{PW}/dB	8	10	12	12.2	12.7	13.3	13.7	14.5	16

例1：电机机座号为160，应用半球面布点法，实测$L_P=65$ dB，则其声功率级为

$$L_W=L_P+L_{PW}=65\text{dB}+8\text{dB}=73\text{dB}$$

例2：电机机座号为225，若用半球面布点法，实测$L_P=75$dB，则其声功率级为

$$L_W=L_P+L_{PW}=75\text{dB}+8\text{dB}=83\text{dB}$$

若用平行六面体布点法，实测L_P为71dB，则其声功率级为

$$L_W=L_P+L_{PW}=71\text{dB}+12\text{dB}=83\text{dB}$$

七、电机负载噪声的测量方法

对电机加负载时所产生的噪声进行测定并给予评价，是真正有意义的工作。Y2系列（IP44）电机的技术条件以及新的噪声限值标准中已列出了负载噪声限值标准。但由于试验时所配负载机械噪声的影响，使该项工作具有相当大的难度。

下面提供几种方法供大家参考选用。

（一）外拖法（负载隔离法）

被试电机置于噪声试验场内，负载机械置于与试验场地具有声隔离的地方，两者之间通过一根长轴连接。长轴两端可加轴承座进行支撑，并采用低噪声滚动轴承或滑动轴承；与电机连接的一端采用万向节，以利于不同中心高电机的安装连接。

试验时，先测定上述连接状态下空载与负载噪声的差值ΔL，再将ΔL与单台电机的实际空载噪声相加得到该台电机的负载噪声值。

（二）对拖叠加法

选择噪声比被试电机低4dB以上的负载设备（例如低噪声的磁粉制动器，也包括其他可用的电机），通过联轴器与被试电机连接。当加负载运行达到稳定后，开始进行噪声测试。

试验时，先测出单台被试电机的空载噪声和与负载连接后空载运行的噪声差值ΔL，再测量加规定的负载运行时的噪声值。被试电机的负载噪声即为上述所测负载噪声与ΔL之差。

为了尽最大可能地减小负载设备产生噪声的影响，可采用以下办法：

1）如用电机作负载，可用堵负载电机进风口的办法减小其通风噪声，甚至可以事先将负载电机的外风扇拆除。这种办法对转速较高的电机效果最明显，但应注意运行时间不能过长。

2）用海绵或泡沫塑料等将负载设备盖住，在一定程度上隔离其噪声，同样应注意时间不能过长。

八、电机噪声限值

在国家标准 GB/T 10069.3—2008 中给出了旋转电机的噪声限值标准。

（一）电机空载 A 计权声功率级限值

当电机在空载状态下运行进行噪声测试时，其 A 计权声功率级限值见附录 16 和附录 17。其限值是由测试不确定度等级为 2 级精度和生产离散性而确定的。

附录 21 给出了 Y（IP44）和 Y2（IP54）系列三相异步电动机噪声声功率限值。

（二）额定负载工况超过空载工况的 A 计权声功率级预期最大增加量

当要求测定和考核电机的负载噪声时，其考核标准是同一台电机额定负载工况时所测噪声数值超过空载工况时所测噪声数值的 A 计权声功率级值，其限值见附录 18。

（三）小功率电动机空载 A 计权声功率级限值

在 GB/T 5171.1—2014《小功率电动机 第 1 部分：通用技术条件》中，给出了小功率交流换向器电动机 A 计权声功率级限值和小功率电动机 A 计权声功率级限值，分别见附录 19 和附录 20。

九、电机噪声的频谱测绘和分析

（一）分析用仪器——频谱分析仪

当产生噪声的原因利用人的感官不能分辨或需要对电机各部分产生噪声的数值进行分析时，则需用可测出各种频率下噪声级数值的分析仪器，该仪器被称为噪声频谱分析仪。老式的系统由一套滤波器和一台记录仪组成；现用的大部分是在声级计上附加一套频谱分析和记录显示软件，和常规测量数据共用一个显示器或单独设置一个显示器来显示频谱分析曲线和相关数据。图 4-66 给出的声级计中，有些就属于一体式的多功能型；图 4-72 给出了两种多通道带微机系统的专用型和两台多功能频谱分析仪。

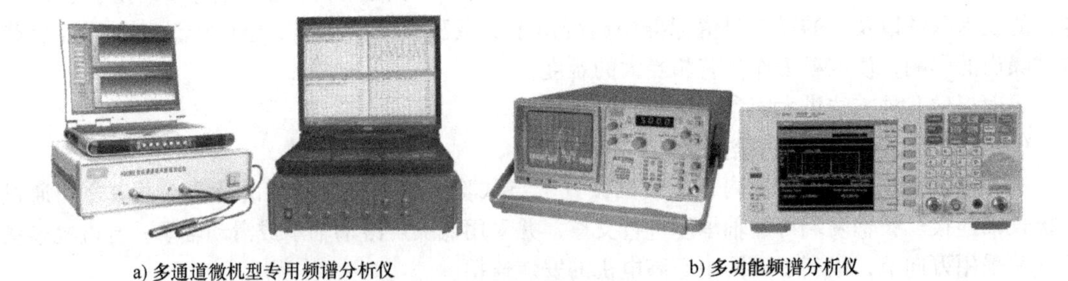

a) 多通道微机型专用频谱分析仪　　b) 多功能频谱分析仪

图 4-72 噪声频谱分析仪

（二）电机噪声频谱分析

利用噪声频谱测绘仪测绘出的噪声级数值与频率的实时关系是一条看似杂乱的曲线。图 4-73是一些示例图。在用仪器测绘频谱曲线时，常用 1/1 倍频程或 1/3 倍频程。而电机噪声分析一般用 1% 窄带频谱，这样便于找出电机的主要噪声源。

表 4-47 给出了普通电机中几个主要噪声源的频率范围经验值，供测量分析时参考。

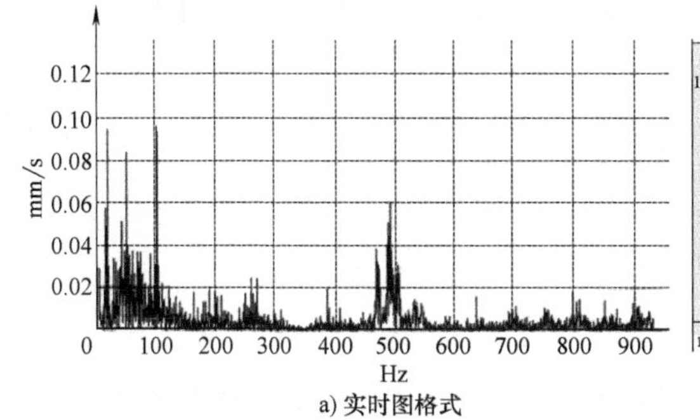

a) 实时图格式

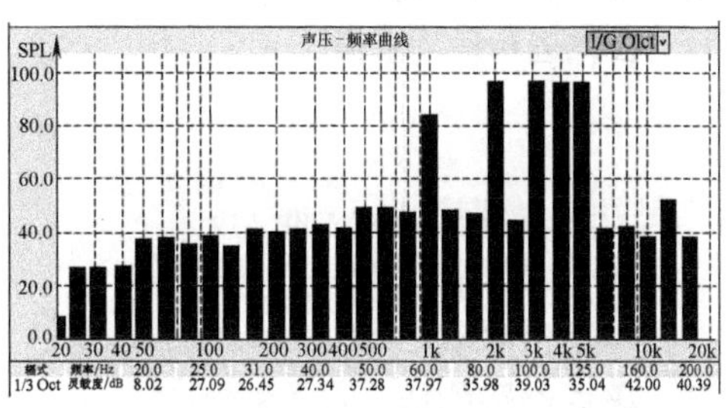

b) 直方图格式

图 4-73　噪声频谱曲线

表 4-47　电机中几个主要噪声源的频率范围

声源	噪声分类	频率范围
轴承	1. 轴承自身噪声	2000～5000Hz，常在 2000Hz 和 5000Hz 处有峰
	2. 轴承轴向振动噪声	1000～1600Hz，有明显峰
	3. 轴向窜动噪声	50～400Hz，有明显峰（$f=n/10$ 或 $n/30$ 或 $n/60$ 或 r_e/r_c 或 $En/30$。其中，n 为转速；r_e 为轴承外径；r_c 为轴承平均半径；E 为滚动元件数）
其他机械部件	1. 端盖共振声	1000～1500Hz，有明显峰
	2. 机壳共振声	500～1000Hz，有明显峰
	3. 换向器噪声	$mn/60$，m 为换向片数
	4. 转子不平衡噪声	$n/60$
空气动力	1. 共鸣声（笛声）	在 $f=mZn/60$ 处有明显的突出峰。其中，m 为风叶片或风道数、散热片数；Z 为谐波次数，一般为 1 或 2；n 为转速
	2. 涡流声（气体紊流声）	频带宽，一般在 100～8000Hz
电磁元件	1. 单边磁拉力振动声	输入电源频率 f_0，例如 50Hz
	2. 磁极径向磁拉力脉动声	2 倍电源频率，即 $2f_0$
	3. 转差声（二次转差声）	sf_0 或 $2sf_0$，其中，s 为转差；f_0 为电源频率
	4. 齿谐波噪声	$ZQn/60+2f_0$（或 0），其中，Z 为谐波次数（1 或 2）；Q 为转子齿数；f_0 为电源频率

第十六节　转子转动惯量的测定试验

转子转动惯量的大小对电机的起动和制动性能有着直接的影响。在有必要时应该进行实测。转子转动惯量的大小标准由用户根据使用时的需要和制造厂协商决定。

转动惯量用符号 J 来表示，单位为 $kg \cdot m^2$，是我国和国际标准中的标准物理量。但在工程中，习惯采用 GD^2 来表示。两者之间的关系是

$$J=\frac{1}{4}GD^2 \tag{4-30}$$

转子转动惯量的确定方法有计算法和实测法两种。实测法又有单钢丝法、双钢丝法、辅助摆摆动法和空载减速法等。下面介绍实际操作和计算过程。

一、计算法

虽然电机转子是一个接近规整的圆柱体，但因其至少有 3 种不同的材料制成，并且相互交叉（如铁心槽内铸有铝条或嵌有铜导线等），所以较难进行准确的计算。

在要求不高时，可将转子看成一个密度均匀的圆柱体，在称其质量 m 后，用计算圆柱体转动惯量的公式进行计算求得。

$$J=\frac{1}{2}mr^2 \tag{4-31}$$

式中 J——转动惯量（$kg \cdot m^2$）；

m——转子质量（kg）；

r——转子半径（m）。

二、单钢丝实测法

单钢丝实测法又分为两种不同的方法，即用假转子辅助的单钢丝实测法和附加辅助扭转摆的单钢丝实测法。

（一）用假转子辅助的单钢丝实测法（见图4-74a）

此方法适用于转子质量不超过50kg的小型电机。由于需制作一个假转子，所以成本较高，试验也较费时。

1. 假转子制作要求

1）材料密度均匀，最好采用轧制圆钢。

2）外圆圆整，端面平整。

3）尽量使其质量及形状与被试转子相同。

制作完成后，精确测量出其外形尺寸，并用式（4-31）计算出它的转动惯量 J_a（$kg \cdot m^2$）。

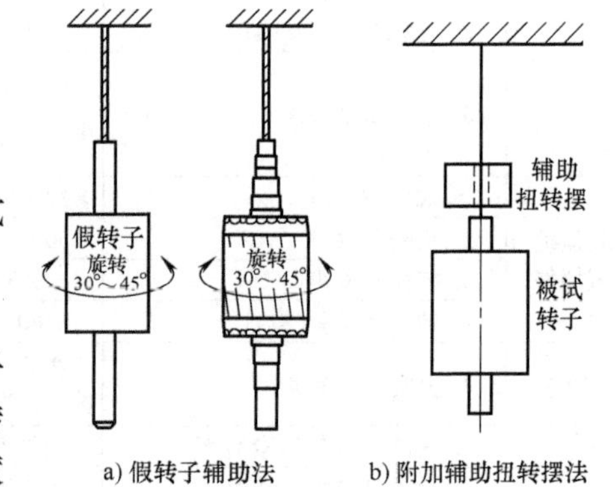

a) 假转子辅助法　　b) 附加辅助扭转摆法

图4-74 单钢丝实测法

2. 测试步骤

1）将假转子可靠地悬挂在钢丝下。钢丝的另一端牢固地系于一个支架上。应注意钢丝必须系在假转子的直径中心，使其自然下垂时轴线竖直。钢丝长度在0.5m以上，其截面直径视假转子质量而定，即当假转子悬挂后应不使其有明显的伸长变形，但又不能太粗，否则会影响测试摆动及钢丝本身不直而引起较大误差（较小的电机转子可用自行车线闸所用的钢丝线）。

2）试验时，将假转子旋转30°～45°，然后松手，让其靠钢丝的扭力来回自由旋转。用秒表记录假转子旋转1个周期所用的时间（由原静止位置摆到左边最大角度后，回到原静止位置，再摆到右边最大角度后，回到原静止位置，为1个摆动周期。下同）。为了计时正确，第1～2个周期不计时，然后记录几个周期的时间，取其平均值作为假转子1个旋转周期所用的时间 T_a(s)。计时起点和终点应在摆动速度最大的位置，即摆动中心位置。

3）用已调好动平衡的被试转子换下上述假转子，用同样的方法求出该真转子的摆动周期 T(s)。

4）用下式计算求出被试转子的转动惯量 J（$kg \cdot m^2$）：

$$J=\left(\frac{T}{T_a}\right)^2 J_2 \tag{4-32}$$

（二）附加辅助扭转摆的单钢丝实测法

1. 附加辅助扭转摆的加工要求

辅助扭转摆为圆柱体，中心轴向打一个直径略大于钢丝的通孔，其外圆直径应与被试转子大体相同，质量为被试转子的10%～15%；材料密度均匀，最好采用轧制圆钢。

制作完成后，精确测量出它的外形尺寸并用式（4-31）计算出它的转动惯量 J_a（kg · m²）。

2. 测试步骤

1）将被试转子可靠地悬挂在钢丝下，钢丝的另一端牢固地系于一个支架上。用与上述（一）中同样的方法求得被试转子的旋转摆动周期 T（s）。

2）将辅助扭转摆如图 4-74b 所示，套在悬挂被试转子的钢丝绳上。然后，用上述同样的方法进行试验并计算求出此时的旋转摆动周期 T_f（s）。

3）用下式计算求出被试转子的转动惯量 J（kg · m²）：

$$J=\frac{T^2}{T_f^2-T^2}J_a \tag{4-33}$$

三、双钢丝实测法

双钢丝实测法和单钢丝实测法相比，具有试验成本低、准确度高的优点，因此实际应用较多；但安装略复杂。下面介绍其试验过程。

（一）悬挂转子

将被试转子用两条相同长度的钢丝悬挂于一个支架下，如图 4-75 所示。应使被试转子的轴线保持在竖直方向。钢丝的长度一般应≤2m，以减少因扭转摆动时引起钢丝长度的变化。为了便于安装，钢丝上下两端的距离可以不等宽。钢丝直径的选择原则同单钢丝实测法。

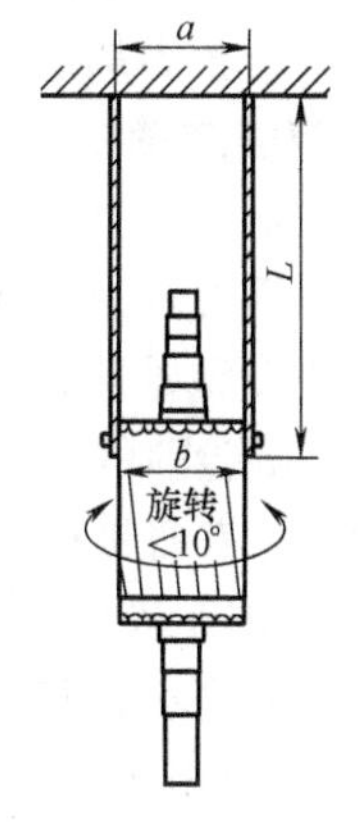

图 4-75　双钢丝实测法安装图

（二）测试步骤

1）将转子由静止状态旋转到不足 10°的角度后松开手，让其钢丝的扭力自由来回旋转摆动。用与单钢丝实测法同样的方法测定出几个摆动周期的平均值 T。

2）用下式计算求出被试转子的转动惯量 J（kg · m²）：

$$J=\frac{T^2ab}{L}\frac{mg}{16\pi^2} \tag{4-34}$$

式中　T——摆动 1 个周期的时间（s）；

m——转子质量（kg）；

g——重力加速度，$g=9.81$（m/s²）；

a——两钢丝上端距离（m）；

b——两钢丝下端距离（m）；

L——钢丝两端竖直方向距离（m）。

四、辅助摆摆动实测法

对已装成整机的电机转子或较大的转子，可采用辅助摆摆动实测法测定其转动惯量。该方法操作较容易，但精度较差。为了校核试验的准确度，可采用不同质量的摆锤重复测定一个转子的转动惯量值，取较稳定的数值作为试验结果。

（一）对电机的要求

转子按正常方式安装在电机中。为了保证电机转子转动灵活，必须采用滚动轴承，并且进行必要的润滑。若电机为滑动轴承，则必须将转子单独架在平衡机上。对装有电刷的电机，测试时必须将电刷全部提起。

（二）对辅助摆的制作和安装要求

辅助摆由摆锤和连杆组成。

摆锤呈圆柱形，其质量应在能克服被试电机转子的转动惯量的前提下尽可能轻，一般设计成其转动惯量≤被试电机转子的转动惯量的10%。

连杆的质量应尽可能轻，最好用木料制作。其长度按电机的大小来选择，对10kW以上的电机，应使摆动周期在3～8s以内；对1～10kW的电机，应使摆动周期在1～3s以内。

将辅助摆牢固地安装在轴伸上，使辅助摆能自然下垂，并使其轴线与竖直线重合，如图4-76所示。

（三）实测步骤

1）拨动摆锤，使其抬起后与竖直线所成角度在15°之内。放开摆锤，让其像钟摆一样自由摆动。记录几个摆动周期所用时间并求出1个周期的平均值 T（s）。

2）计算求取转子的转动惯量 J（$kg \cdot m^2$）。连杆的质量很小，可以忽略，用下式计算求取转子的转动惯量：

$$J = am_a\left(\frac{T^2 g}{4\pi^2} - a\right) \tag{4-35}$$

式中　m_a——摆锤的质量（kg）；

a——摆锤重心到电机轴线的距离（m）；

T——1个周期的平均值（s）；

g——重力加速度，$g = 9.81$（m/s^2）。

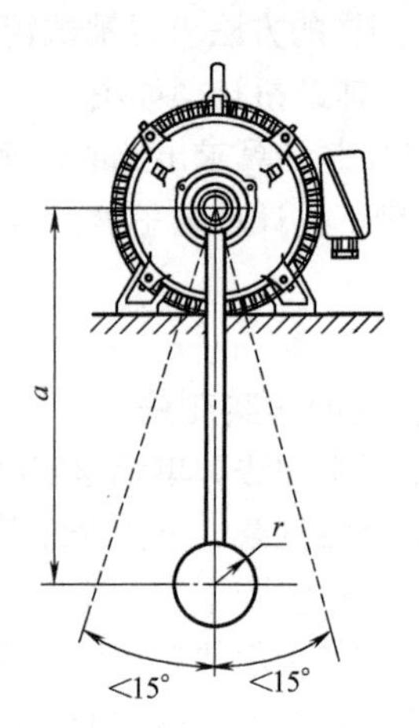

图4-76　辅助摆摆动实测法安装图

五、空载减速法

本方法适用于组装后的100kW以上的电机。其优点是不需任何辅助装置，且不论电机采用何种轴承，都可以进行测定；缺点是事先需测出被试电机的机械损耗（可通过空载特性试验获得，一定要做到尽可能准确），为此，需要一定的仪器设备和试验能力。

（一）试验前的准备工作

试验前，要将被试电机空转一定时间，使其机械损耗达到稳定状态，并测出电机的机械损耗 P_{fw}（有关测试方法见后面章节各种电机的空载试验部分）。

（二）试验步骤和注意事项（见图4-77）

1）用提高电源频率（对交流电机）、提高电压或减小励磁（对直流电机）或其他机械拖动等方法，使被试电机的转速超过其额定值的1.1倍，然后切断电源或脱离原动机，让电机自行减速停转。

2）在电机转速从1.1倍下降到0.98倍额定转速，或从1.05倍下降到0.9倍额定转速的过程中，精确测量下降的转速差 Δn（r/min）及 Δn 变化所用的时间 Δt（s）。

为了能准确地读取电机的转速，需要采用能直接观看到转速连续下降过程的转速表，如离心式指针转速表，时间记录需要用专用秒表或手机的“秒表”功能；有条件时，可用与被试电机同轴连接的测速发电机或具有数据传输功能的数字转速表，将测量数据传给微机专用系统，记录全过程的转速与时间关系曲线，有关数据从曲线上获取，这种方法会得到相对准确的结果。

3）用上述测得的数据，通过下式求取被试电机转子的转动惯量 J（$kg \cdot m^2$）：

$$J = \frac{3600 P_{fw} \Delta t}{4\pi^2 n_s \Delta n} \tag{4-36}$$

式中　P_{fw}——被试电机的机械损耗（W）；

n_s——被试电机的同步转速（r/min）。

4）当被试电机不能超过额定转速时，可在1～0.8倍额定转速之间进行测定。这时的 P_{fw} 应为0.9倍额定转速时的机械损耗值。

图 4-77 空载减速法

第十七节 交流电机铁心损耗的测定试验

在各种交流电机的试验方法中，一般都是利用空载试验来求取电机的铁心损耗（有关内容将在后面章节中详细讲述），这种方法因其包含空载杂散损耗而不能真实地反映铁心损耗的数值，给分析电机的性能带来了一些难度。本节介绍一种单独测定铁心损耗的方法，供使用时参考。

一、试验设备

试验的电机铁心应为无绕组铁心。

试验设备包括绕在被试电机铁心上的绝缘励磁绕组、测量绕组及一些仪表，如图 4-78 所示。

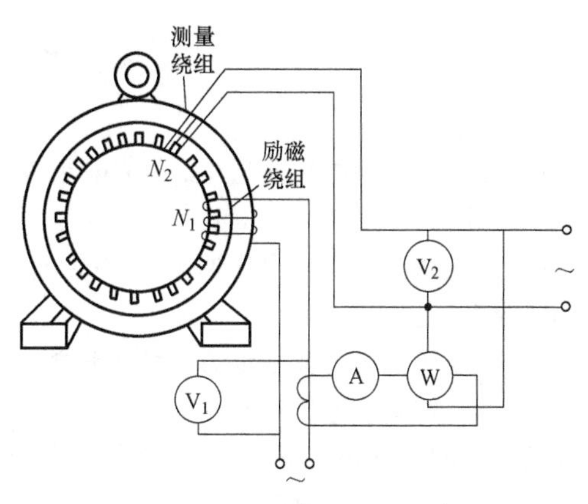

图 4-78 交流电机铁心损耗试验接线图

两套绕组的有关数据如下：

（一）励磁绕组

1）励磁绕组的匝数 N_1 用下式计算求得：

$$N_1 = \frac{45U_1}{A_{Fe}} \tag{4-37}$$

$$A_{Fe} = (l - nb_v)h_j K_e \tag{4-38}$$

式中 U_1——试验时励磁绕组所加的电压，为交流 50Hz，220V 或 380V；

A_{Fe}——铁心轴向截面面积（cm^2）；

l——铁心长度（cm）；

n——铁心轴向通风槽数目（较小容量的电机无此项）；

b_v——铁心轴向通风槽宽（较小容量的电机无此项）（cm）；

h_j——铁心轭部长度（槽底到铁心外缘的距离）（cm）；

K_e——铁心叠压系数。

2）励磁绕组中流过的电流 I_1（A）用下式计算：

$$I_1 = 0.033F\frac{D - h_j}{N_1} \tag{4-39}$$

式中 F——单位长度上的磁动势（A/m），对于 DR610-50 和 DR530-50 牌号的硅钢片，取 $F = 200 \sim 250$，对于 DR510-50 和 DR490-50 牌号的硅钢片，取 $F = 450 \sim 500$，其他牌号的硅钢片的 F 值从相关资料中获取；

D——铁心外径（cm）。

励磁绕组所用导线的截面积与励磁电流的对应关系见表4-48。

表4-48 励磁绕组所用导线的截面积与励磁电流的对应关系

导线的截面积/mm²	6	10	16	25	35	50
励磁电流/A	30	45	60	85	105	130

3）励磁绕组电源必要的功率 S_F（kVA）为

$$S_F = I_1 U_1 / 1000 \tag{4-40}$$

式中 I_1——电源输出电流（A）；

U_1——电源输出电压（V）。

（二）测量绕组

测量绕组的匝数 N_2 用下式求取：

$$N_2 = N_1 \frac{U_2}{U_1} \tag{4-41}$$

式中 U_2——测量绕组的端电压（V）。

测量绕组的端电压 U_2 与铁心中的磁通密度 B（T）成正比。若此电压与计算值不符，说明铁心磁通密度不是1T，试验时的铁心磁通密度为

$$B = kU_2 = \frac{45U_2}{A_{Fe} N_2} \tag{4-42}$$

二、试验方法

1）给励磁绕组加电压通电，10min 后停电，用手摸定子内膛，选择温度最低的齿放置热电偶或温度计。

2）再给励磁绕组加电压通电，10min 后停电，用手摸定子内膛，选择温度最高的齿放置热电偶或温度计。

3）在定子内膛的其他地方再均匀地放置一些热电偶或温度计。

4）正式加电压进行试验 90min 左右。试验中每 10min 记录一次各点的温度。试验中，若发现任何一点的温度超过 100℃或出现冒烟现象，应立即断电停止试验。

三、试验结果的确定

对于 DR610-50 和 DR530-50 牌号的硅钢片铁心，比损耗 $P_{10.50}$ 不超过 2.5W/kg；对于 DR510-50 和 DR490-50 牌号的硅钢片铁心，比损耗 $P_{10.50}$ 不超过 5.5W/kg；而且经过 90min 试验后，最热处的温升不超过 45K；各部位的温差不超过 25K，则认为铁心正常，可以使用。试验时的比损耗 P_0（W/kg）用下式求取：

$$P_0 = \frac{40k_i P_W}{A_{Fe}(D - h_j)} \frac{N_1}{N_2} \tag{4-43}$$

式中 k_i——电流互感器的比数；

P_W——功率表显示的功率值（W）。

若轭部磁通密度为 10kGs 时，U_2 不等于计算值，则实际的比损耗 P_1 用下式求取：

$$P_1 = P_0 \left(\frac{U_{2P}}{U_2} \right)^2 \tag{4-44}$$

式中 P_0——试验时的比损耗（W/kg）；

U_{2P} 和 U_2——测量绕组的计算电压和实际电压（V）。

第十八节　非正常工作条件试验

电机在运行时，有时会遇到来自电源、负载等的波动或意外变化造成的非正常工作条件。电机应具备一定的应对这些非正常工作条件的能力，其中包括短时过电压、短时过转矩或偶然过电流（超载）、短时超速、突然短路（对发电机）等。

在国家或行业标准中，规定了这些项目的试验方法和考核标准，其中有些考核内容是基本标准（例如 GB/T 755—2019 中第 9.7 项）中的规定，有些电机的标准可能严于这些规定，届时应按被试电机的考核标准执行。对“短时过电压”一项是否进行，应按被试电机的考核标准执行，例如 Y 系列（IP44）三相异步电动机的技术条件中就规定：“如果进行了匝间耐冲击电压试验，短时过电压试验可不进行”；而 Y2 系列（IP54）三相异步电动机的技术条件中根本就没有规定此项目；又如，对超速试验，GB/T 755—2019 中第 9.7 项规定：“超速试验并非必要，但当有协议做出规定时可能进行该试验”。

以下文中：P_N 为电机的额定输出功率；U_N 为电机的额定电压；I_N 为电机的额定电流；n_N 为电机的额定转速。

一、偶然过电流试验

（一）试验方法

1. 交流发电机

1.5 倍额定电流（$1.5I_N$）。$P_N \leqslant 1200$MVA 的电机，历时不少于 30s；$P_N > 1200$MVA 的电机，持续时间按协议确定，但应不少于 15s。

2. 交流电动机（不包括交流换向器调速电动机和永磁电动机）

$P_N \leqslant 315$kW 和 $U_N \leqslant 1$kV 的三相交流电动机，1.5 倍额定电流（$1.5I_N$），历时 2min；对 $P_N >$ 315kW 的三相交流电动机和所有的单相交流电动机，不规定本项试验。

3. 换向器电动机

在下列合适的组合条件下，应能承受 1.5 倍额定电流（$1.5I_N$），历时 60s。

试验时电机的转速应为：直流电动机为最高满励磁转速；直流发电机为额定转速；交流换向器电动机为最高满励磁转速。

试验时电机的电枢电压为相应于规定转速的电压值。

（二）合格标准

GB/T 755—2019 第 9.3 项“偶然过电流”9.3.1 概述中提出：“规定旋转电机的过电流能力是为了使电机与控制和保护装置相匹配。本标准不要求作考核过电流能力的试验”。所以，是否进行试验以及考核标准，应按被试电机技术条件中的规定执行。

二、短时过转矩试验

（一）试验方法和过转矩值

进行过转矩试验时，电机应处于热稳定状态。逐渐加载，使制动转矩达到规定值后，维持规定的时间，之后断开电源。试验过程中应密切注意被试电机的状态，发现不正常情况时，应紧急断电停机。试验时施加的转矩值根据被试电机的类型来确定（见表 4-49），若无特殊规定，试验持续时间一般为 15s。

表 4-49　过转矩值和相关规定

<table>
<tr><th>序号</th><th>电机类型</th><th colspan="2">过转矩值说明和相关规定</th></tr>
<tr><td>1</td><td>一般用途的多相感应电动机和直流电动机</td><td colspan="2">至少为额定转矩的 1.6 倍
对交流电动机，电压和频率应保持额定值
对直流电动机，转矩可用过电流表示（见本节第一项相关内容）</td></tr>
<tr><td>2</td><td>S9 工作制的电机</td><td colspan="2">按该工作制电机所规定的过转矩试验值</td></tr>
<tr><td>3</td><td>要求高转矩的感应电动机（如起重用电动机）和具有特殊起动特性的感应电动机（例如用变频电源供电的电动机）</td><td colspan="2">按协议规定</td></tr>
<tr><td>4</td><td>特殊设计以保证起动电流 $<4.5I_N$ 的笼型感应电动机</td><td colspan="2">可低于额定转矩的 1.6 倍，但最少应为 1.5 倍，或按协议规定</td></tr>
<tr><td>5</td><td>多相同步绕线转子感应电动机和隐极转子同步电动机</td><td>1.35 倍额定转矩</td><td rowspan="2">试验时，电机的励磁应维持在相当于额定负载时的数值。当采用自动励磁且励磁装置处于正常运行状态时，过转矩值应相同</td></tr>
<tr><td>6</td><td>凸极转子同步电动机</td><td>1.5 倍额定转矩</td></tr>
</table>

（二）合格标准

试验中，对交流异步电动机和直流电动机，转速应无突变；对同步电动机，电机不应失步；同时要求各部件应无有害变形。必要时，应拆解被试电机进行检查。

三、短时过电压试验

因为在 GB/T 755—2019 和 GB/T 1032—2012 中均没有将本项试验列入，但在 GB/T 14711—2013 中提出了本项试验（GB 14711—2006 中曾将其取消），所以对交流和直流电动机是否进行本项试验，应由制造厂或供需双方协议规定。

（一）试验方法

试验时电机应处于空载运行状态。

允许提高频率或转速，但不应超过额定转速的 1.15 倍或超速试验中规定的转速；对磁路比较饱和的发电机，在增至 1.15 倍额定转速且励磁电流也增加到容许的限值时，如果感应电压仍不能达到所规定的试验值，则允许在所能达到的最高电压下进行试验。

1. 试验电压

对电动机为输入电源电压；对发电机为输出电压。

1）一般电机为 1.3 倍额定电压（$1.3U_N$）。

2）在额定励磁电流时的空载电压为额定电压的 1.3 倍以上的电机，为额定励磁电流时的空载电压。

3）绕线转子三相异步电动机和三相换向器电动机，为 1.3 倍定子额定电压。试验时，转子应静止，转子三相绕组应开路。

4）磁极数在 4 个以上的直流电机，试验时应使换向器相邻片间的电压不超过 24V。

2. 试验时间

1）一般电机为 3min。

2）在 1.3 倍额定电压下，空载电流超过额定电流的电机，可以缩短为 1min。

3）对强行励磁的励磁机，在强行励磁时的电压如超过 1.3 倍额定电压，则试验时应在强行励磁时的极限电压下进行，时间为 1min。

（二）合格标准

电机不出现冒烟、匝间短路等使绕组被损坏的现象为合格。

四、三相同步发电机的突然短路试验

（一）试验方法

在输出额定电压运行时，三相同时短路。用光线录波器或其他记录仪器记录短路瞬间的三相短路电流波形，再计算出短路电流值（详见第九章）。

（二）合格标准

一般规定短路电流的峰值不超过额定电流峰值的15倍或其有效值的21倍为合格（技术条件中另有规定的除外）。

五、超速试验

本项试验在供需双方协议有要求时，或制造厂认为有必要时进行。

（一）试验方法和超速值

不同的电机按不同的转速进行超速试验，如无特殊规定，各种电机的超速时间均为2min。常用电机的超速值及相关规定见表4-50。

（二）合格标准

无永久性的异常变形和妨碍电机正常运行的其他缺陷，且转子绕组在试验后能满足耐电压试验的要求。

（三）笼型感应电动机的安全运行转速

本项要求在GB/T 755—2008中开始提出。其规定是：“除非铭牌上另行表明，否则电压为1000V及以下、机座号315及以下的单速三相笼型感应电动机应能在表4-51（源于GB/T 755—2008中表17，GB/T 755—2019改为表18）列出的转速之内安全连续运行”。为满足GB 3836《爆炸性环境》系列标准要求，上述值可减小。

当电动机在高于额定转速以上运行时，例如，当应用调速控制时，其噪声和振动强度将会增大。要求电动机做精细的校平衡，以满足在额定转速以上的加速能力。此外，轴承寿命可能会降低。应关注加油的间隔时间，补充润滑脂并延长其寿命。

表4-50　超速试验相关规定（摘自GB/T 755—2019中表19）

序号	电机类型		过转矩值说明和相关规定
1	交流电机	一般用途的电机	1.2倍最高额定转速
2		三相单速笼型感应电动机	1.2倍最高安全运行转速(见表4-53)
3		在某种情况下可被负载反驱动的电机	机组规定的飞逸转速,但不应低于1.2倍最高额定转速
4	串励和交直流两用电动机		加1.1倍额定电压时的空载转速运转。对与负载整体连接而不会临时脱开的电动机,“空载转速”应理解为最轻负载下的转速
5	直流电机	并励和他励直流电动机	1.2倍最高额定转速或1.15倍相应空载转速,取两者中较大值
6		转速调整率为35%及以下的复励电动机	同并励和他励直流电动机,但不超过1.5倍最高额定转速
7		串励电动机和转速调整率大于35%的复励电动机	1.1倍最高安全运行转速 制造厂应规定最高安全运行转速,并在铭牌上标明(对能承受1.1倍额定电压下空载转速的电动机可以不标)
8		直流发电机	1.2倍额定转速
9	永磁电动机		一般同第5项;但另有串励绕组的电动机,应根据情况按上述第7项规定进行

表 4-51　电压 1000V 及以下单速三相笼型感应电动机最高安全运行转速

<table>
<tr><th rowspan="3">机座号</th><th colspan="3">电动机极数</th></tr>
<tr><th>2</th><th>4</th><th>6</th></tr>
<tr><th colspan="3">最高安全运行转速/(r/min)</th></tr>
<tr><td>≤100～112</td><td>5200</td><td>3600</td><td rowspan="2">2400</td></tr>
<tr><td>132～180</td><td>4500</td><td>2700</td></tr>
<tr><td>200</td><td>4500</td><td rowspan="2">2300</td><td rowspan="2">1800</td></tr>
<tr><td>225～315</td><td>3600</td></tr>
</table>

六、小功率电机的较长时间堵转试验

（一）需进行本项试验的电机类型

当电动机用于下列场合时，应对其进行较长时间的堵转试验。

1）电动机的堵转转矩小于其额定转矩。

2）用手起动的电动机。

3）用于远距离控制或自动控制设备中的电动机。

4）用于无人看管可以连续工作的电动机。

（二）试验有关规定

1）对于电容电动机，除工作时有人看管外，要进行本项堵转试验。此时将电容器逐个短路或开路，两者中选最不利的情况进行。

2）试验应在电动机处于实际冷状态下施加额定电压进行。从电动机通电开始计时。

（三）堵转试验时间

1）对用于手持电器、手动开关控制通断电或类似工作状态的电气设备中的电动机，试验时间为 30s。

2）对用于必须有人操作看管的电气设备中的电动机（电容电动机电容器短路或开路堵转试验除外），试验时间为 5min。

3）对用于其他场合的电动机，试验时间为电动机达到热稳定状态所需的时间。

4）如果电动机用于有计时器控制工作时间的电器设备中，则试验时间为计时器允许的最长时间，但对于既可用计时器控制又可不用计时器控制的电器设备中使用的电动机，应按不用计时器控制的工作状态所规定的试验工作时间。

（四）试验结果的判定标准

1）电动机在上述规定的堵转时间结束或保护器动作瞬间，其绕组温度不应超过表 4-54 中规定的限值。

2）试验期间不应出现闪络或有熔化的金属。

3）试验结束并冷却至室温时，电动机应能承受 1000V、1min 耐交流电压试验而不击穿。

七、小功率三相电动机断相运行试验

小功率三相电动机，在额定电压和额定负载下，断开一相电源进行试验。试验时间和试验合格标准同上述第六项中第（四）条的规定（见表 4-52）。

表 4-52　小功率电机的较长时间堵转试验后的绕组温度限值

电动机类型	绝缘耐热等级		
	130(B)	155(F)	180(H)
	极限温度/℃		
试验时间为 30s 或 5min 或由计时器控制工作时间和使用时有人看管的电动机	225	240	260

（续）

电动机类型	绝缘耐热等级		
	130(B)	155(F)	180(H)
	极限温度/℃		
阻抗保护电动机	175	190	210
保护器在第 1h 内起保护作用的电动机	225	240	260
保护器在第 1h 后起保护作用的电动机	200	215	235

第十九节　电机气隙不均匀度的测量和考核标准

一、测量方法

本项测量只在有要求时才进行。对于封闭式电机，需使用专用于此项测量的端盖。

对于封闭式电机，要求测量定、转子之间气隙和得到气隙均匀值时，应事先将一个端盖在对应定、转子之间气隙的位置打 3 个相隔 120°的通孔，用于通过塞尺（又称为厚薄规，见图 4-79a），开孔要足够大，以利于塞尺的深入，如图 4-79b 所示。

将上述端盖安装在被测电机上，用塞尺测量 3 个位置的气隙值，塞尺深入铁心的长度最少应为 30mm，如图 4-79c 所示。

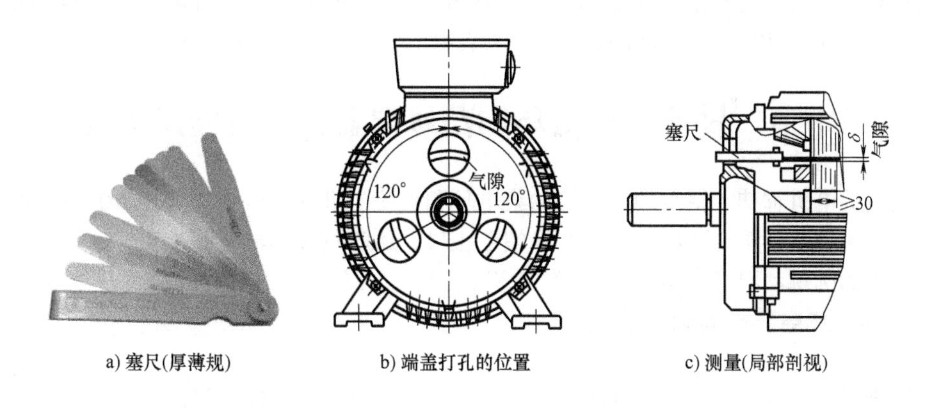

a) 塞尺(厚薄规)　b) 端盖打孔的位置　c) 测量(局部剖视)

图 4-79　定、转子之间气隙的测量

二、气隙不均匀度的计算和考核标准

（一）气隙均匀值 ε 和气隙不均匀度 $\Delta\delta$ 的计算

设 3 个测量值分别为 δ_1、δ_2 和 δ_3，则定、转子之间的气隙均匀值 ε（单位为 mm）用下式计算求得：

$$\varepsilon = \frac{2}{3}\sqrt{\delta_1^2 + \delta_2^2 + \delta_3^2 - \delta_1\delta_2 - \delta_2\delta_3 - \delta_3\delta_1} \tag{4-45}$$

气隙不均匀度 $\Delta\delta$ 为（式中的 δ 为气隙公称值，单位为 mm，由产品图样给出）：

$$\Delta\delta = \frac{\varepsilon}{\delta} \times 100\% \tag{4-46}$$

设测量值分别为：$\delta_1 = 0.50\text{mm}$，$\delta_2 = 0.54\text{mm}$，$\delta_3 = 0.48\text{mm}$，则定、转子之间的气隙均匀值 ε 为

$$\varepsilon=\frac{2}{3}\sqrt{\delta_1^2+\delta_2^2+\delta_3^2-\delta_1\delta_2-\delta_2\delta_3-\delta_3\delta_1}$$

$$=\frac{2}{3}\sqrt{0.5^2+0.54^2+0.48^2-0.5\times0.54-0.54\times0.48-0.48\times0.5}\,(\text{mm})$$

$$=0.05292\ (\text{mm})$$

气隙不均匀度 $\Delta\delta$ 为（由图样给出的气隙公称值 $\delta=0.5$mm）

$$\Delta\delta=\frac{\varepsilon}{\delta}\times100\%=\frac{0.05292}{0.5}\times100\%\approx10.06\%$$

（二）考核

电机技术条件中规定考核气隙不均匀度 $\Delta\delta$ 的数值。气隙的公称值不同，考核时气隙不均匀度的数值也将不同。

表4-53给出的是JB/T 10391—2008《Y系列（IP44）三相异步电动机　技术条件（机座号80～355)》中给出的标准。

表4-53　一般电机气隙不均匀度 $\Delta\delta$ 的最大限值

δ/mm	0.2	0.25	0.30	0.35	0.40	0.45	0.50	0.55
$\Delta\delta$(%)	26.5	25.5	24.5	23.5	23.0	22.0	21.5	20.5
δ/mm	0.60	0.65	0.70	0.75	0.80	0.85	0.90	0.95
$\Delta\delta$(%)	19.7	19.0	18.5	18.0	17.5	17.0	16.0	15.5
δ/mm	1.00	1.05	1.10	1.15	1.20	1.25	1.30	≥1.4
$\Delta\delta$(%)	15.0	14.5	14.0	13.5	13.0	12.5	12.0	10.0

上述计算实例所属技术条件规定的气隙公称值为 $\delta=0.5$mm，此时气隙不均匀度 $\Delta\delta$ 应不大于21.5%。实测值为10.06%，符合规定，该项合格。

第二十节　轴伸、集电环和凸缘端盖止口的圆跳动检测

对组装后的电机轴伸、绕线转子电机的集电环和直流电机的换向器，以及凸缘端盖止口，应检查其径向圆跳动是否符合要求，对于凸缘端盖止口，还应检查其轴向圆跳动。

普通电机的圆跳动限值见附录36和附录37。

一、轴伸和集电环径向圆跳动检测

1. 检测器具

可使用带磁力座的杠杆百分表或带杠杆百分表的高度尺。前者使用起来较方便。

2. 检测方法

以带磁力座的杠杆百分表为测量器具为例讲述，如图4-80所示。

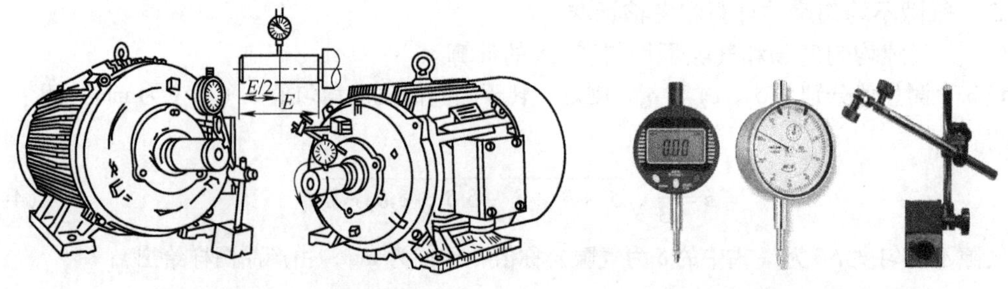

a) 两种百分表安放方式的测量操作图　　b) 百分表和磁力表架

图4-80　用杠杆百分表测量电动机轴伸对轴线的圆跳动

1）将百分表的磁力座吸附在靠近被测点铁质平台或电机的端盖上。

2）调整百分表支杆，使表的测量杆头接触到测量点。对于轴伸、集电环或换向器，测点应位于其轴向长度或宽度的中点处。

3）给百分表加一定的预压力后，拧紧各折点处螺钉，并将百分表的表圈0位对准指针。

4）缓慢盘动电机轴1周（对于轴伸应避开键槽，以免损坏表头），记录表示值的最大摆动范围。

上述摆动范围值即为被测轴伸、集电环或换向器的径向圆跳动值。例如示值摆动在+0.02mm和-0.03mm之间，则摆动范围为0.05mm，也就是说径向圆跳动值为0.05mm。

二、凸缘端盖止口对轴线的径向和轴向跳动测量

1. 测量时被测电机的放置问题

测量时，可将千分表的表架通过其磁力表座固定在轴伸上。但有一个问题需要引起注意，就是由于所用轴承径向游隙的存在，若测量时被测电机卧式放置，将会因转子在其重力的作用下下沉，而使其轴线偏离中心位置（理论偏离值即为所用轴承的径向游隙的1/2），造成测量值的方法误差，给最后结果的判定带来一定的困难，甚至产生误判。较公认的放置方法是将被测电机的凸缘端盖朝上，即使电机轴线与地面垂直。

2. 所用量具和安置方法

将1级精度的千分表安装在磁力表架上。磁力表座吸在轴伸上。

3. 凸缘端盖止口对电机轴线径向圆跳动的测量方法

将千分表的测头抵在凸缘端盖止口的侧面上，调整好千分表的位置和测量力后将其固定在一个位置，调整表罩，使其指针指到零位上。

用手缓慢地旋动转轴1周，记录千分表示值的最大值和最小值，两值之差（即指针摆动的范围）即为凸缘端盖止口对电机轴线径向圆跳动值，如图4-81a所示。例如：径向圆跳动值为0.06mm-（-0.03mm）=0.09mm。

4. 凸缘端盖止口对电机轴线端面圆跳动的测量方法

测量凸缘端盖止口对电机轴线端面圆跳动方法与测量径向的方法基本相同，不同点只在于千分表的测头应放置在止口的端面上，如图4-81b所示。例如：端面圆跳动值为0.04mm-（-0.03mm）=0.07mm。

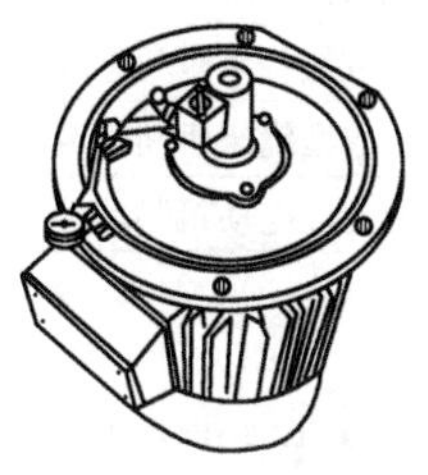

a）径向圆跳动的测量

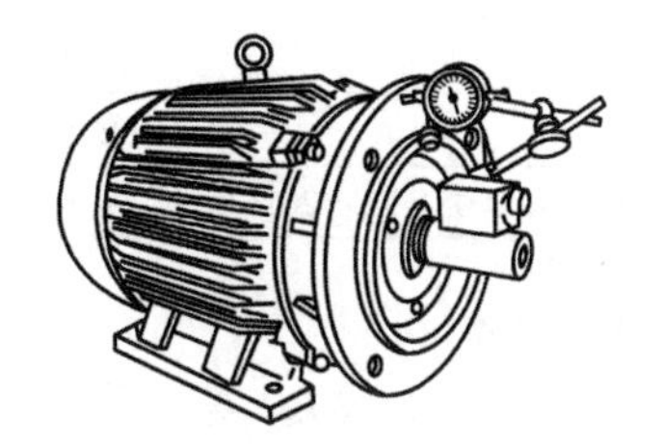

b）端面圆跳动的测量

图4-81　测量电动机凸缘端盖止口对轴线的径向和轴向跳动

第五章　三相交流异步电动机型式试验

第一节　采用的主要标准、试验项目和相关说明

一、用于指导试验的主要标准

用于指导三相交流异步电动机成品型式试验的主要标准见表5-1。其中标准编号“/”后面给出的内容为等同采用（内容完全相同）的国际电工技术委员会（简写代号为“IEC”）标准的编号，例如GB/T 755—2019/IEC 60034-1：2017说明该国家标准是等同采用了编号为IEC 60034—1：2017的国际标准。

表5-1　用于指导三相交流异步电动机成品型式试验的主要标准

序号	标准编号	标准名称
1	GB/T 755—2019/IEC 60034-1：2017	旋转电机　定额和性能
2	GB/T 25442—2018/IEC 60034-2-1：2014	旋转电机（牵引电机除外）确定损耗和效率的试验方法
3	GB/T 1032—2012	三相异步电动机试验方法
4	GB/T 5171.21—2016	小功率电动机　第21部分：通用试验方法
5	GB/T 10068—2008/IEC 60034-14：2007	轴中心高为56mm及以上电机的机械振动　振动的测量、评定及限值
6	GB/T 10069.1—2006/ ISO 1680：1999	旋转电机噪声测定方法及限值　第1部分：旋转电机噪声测定方法
7	GB/T 10069.3—2008 /IEC 60034-9：2007	旋转电机噪声测定方法及限值　第3部分：噪声限值
8	GB/T 14711—2013	中小型旋转电机通用安全要求
9	GB/T 12350—2009	小功率电动机的安全要求
10	GB/T 22719.1—2008	交流低压电机散嵌绕组匝间绝缘　第1部分：试验方法
11	GB/T 22719.2—2008	交流低压电机散嵌绕组匝间绝缘　第2部分：试验限值
12	GB/T 22714—2008	交流低压电机成型绕组匝间绝缘试验规范
13	GB/T 21210—2016/IEC 60034-12：2016	单速三相笼型感应电动机起动性能

二、试验项目和建议顺序

GB/T 755—2019、GB/T 1032—2012等一系列国家和行业标准，规定了三相异步电动机型式试验项目、试验和计算方法等内容，有些项目还规定了应选用的试验设备等内容。本章将遵循这些标准的规定，结合行业的实际情况和作者多年的实践经验进行逐项介绍。

型式试验的定义及需要进行该类试验的几种情况已在第一章第一节第一部分中给出。

表5-2给出的是普通三相异步电动机按国家和行业标准规定的型式试验项目，项目序号1～13同时表示进行这些试验项目的先后顺序。需要说明的是，这种顺序安排是属于建议性的，实践证明，若计划进行所有的试验，按这种安排时所用时间最短，耗费人力和电力最少。

表中序号带“*”的项目，其试验方法和合格标准等见第四章相应内容，本章不再详细讲述。

表 5-2　三相异步电动机型式试验项目及建议顺序和说明

序号	项目名称	说明	GB/T 1032—2012 中的序号
1	绕组在实际冷状态下直流电阻的测定	同时测量环境或绕组温度	5.2
2*	绕组及相关部件冷态绝缘电阻测定	含绕组、埋置在绕组中的热元件、加热带等对机壳（地）和相互之间的绝缘电阻	5.1
3*	绕组匝间耐电压冲击试验		12.5
4	堵转特性试验	一般在冷状态下进行	9
5	最小转矩的测定试验	经常与最大转矩试验同时进行（测绘转矩-转速关系曲线）	12.2
6	热试验		6
7	负载特性试验	可安排在热试验中进行	7，10，11
8	最大转矩的测定试验	可同时测绘出转矩-转速关系曲线并获得最小转矩值	12.1
9	短时过转矩试验	与第 8 项同时安排	12.4
10*	绕组热态绝缘电阻测定	可在热试验后进行	5.1
11	空载特性试验	建议紧接着上述试验进行	8
12*	超速试验		12.8
13*	工频耐电压试验		12.6
14*	噪声的测定试验	负载噪声测定安排在热试验或负载特性试验中进行	12.9
15*	振动的测定试验	电动机空载运转	12.10
16	转子开路电压的测定	仅对绕线转子电动机	12.7
17*	轴电压的测定	仅对有专门要求的电动机	12.11
18*	轴电流的测定	仅对有专门要求的电动机	12.12
19*	转动惯量的测定	需要时进行	12.3
20*	外壳防护试验	仅在样机定型时进行	—
21*	湿热试验	仅在样机定型时进行	—

第二节　测量和计算中所用的主要量值代号

一、对一些问题的说明

（一）量值代号的下角标问题

在 GB/T 1032—2012 中的第 3 章给出了试验测量和相关计算中所涉及的主要物理量符号和单位符号。但为了更加明确或者书写方便和文字简练、清晰，在不会引起误解的情况下，本手册中进行了一些调整，涉及的内容主要是其下角标所用的字母，原则上规定：试验时实测的数据加下角标“t”，进行相关修正后的数据加下角标“X”（在 GB/T 1032—2012 中的规定为“S”，例如 P_{Cu1S}、T_S 等）。例如实测的定子铜耗和输出转矩分别为 P_{Cu1t} 和 T_t，修正后的数值符号则分别为 P_{Cu1X} 和 T_X。

（二）其他说明

1）在计算过程中，除特别注明外，电压和电流均为“线”值，单位分别为 V 和 A。

2）电阻为“端电阻”值，单位为 Ω。三相按规定的接线方式连接后，与三相电源线相连的 3 个接线端中任意两个端子之间所连接绕组的电阻，即出线端 U 与 V、V 与 W、W 与 U 间的直流电阻，分别记为 R_{uv}、R_{vw} 和 R_{wu}。在电机行业中，为了和线电压、线电流两个量相“统一”，也被称为“线电阻”。

3）输入电功率的测量采用两表法，仪表读数分别用 W_1、W_2 来表示，单位为 W 或 kW。

4）转矩单位用 N · m；力单位用 N；长度单位用 m；转速单位用 r/min；时间单位用 s、min 或 h；实际温度值单位用℃；温度差值（例如温升）用 K。

二、试验测量和相关计算中所涉及的主要物理量符号和单位

现将常用部分列于表 5-3 中，更多的符号和下角标等，在相关条款中再给予说明。

表 5-3　试验测量和相关计算中所涉及的主要物理量符号和单位

符号	所代表的物理量及相关内容	单位
$\cos\varphi$	功率因数	—
f	电源频率	Hz
I_1	定子线电流	A
I_2	转子线电流	
I_0	空载线电流	
I_K	堵转线电流	
I_N	额定电流（线电流）	
K_1	定子绕组导体材料在0℃时电阻温度系数的倒数 铜 $K_1=235$；铝 $K_1=225$，除非另有规定；如用其他材料，另行规定	℃
K_2	转子绕组导体材料在0℃时电阻温度系数的倒数（数值规定同 K_1）	
J	转动惯量	$kg \cdot m^2$
n_t	试验时测得的转速	r/min
n_s	同步转速	
p	极对数	对
P_1	输入功率	W 或 kW
P_2	输出功率	
P_N	额定（输出）功率	
P_{Fe}	铁心损耗（简称铁耗或铁损）	
P_{fw}	风摩耗（或称为机械损耗，简称机械耗）	
P_L	剩余损耗	
P_s	负载杂散损耗	
P_0	空载输入功率	
P_K	堵转时的输入功率	
P_{Cu1t}	在试验温度下定子绕组 I^2R 损耗（定子绕组铜耗）	
P_{Cu2t}	在试验温度下转子绕组 I^2R 损耗（转子绕组铜或铝耗）	
P_{Cu1X}	在规定温度（θ_S）下定子绕组 I^2R 损耗	
P_{Cu2X}	在规定温度（θ_S）下转子绕组 I^2R 损耗	
P_T	总损耗	
P_{mech}	轴功率（输出功率）	
R_{1C}	定子绕组初始（冷）端电阻的平均值（同时用于确定温升）	Ω
R_N	额定负载热试验结束时测取的第一点定子绕组热态端电阻	
R_t	试验温度下测得（或求得）的定子绕组端电阻	
R_{1X}	换算到规定温度（θ_S）时的定子绕组端电阻	
R_0	空载试验（每个电压点）定子绕组端电阻	

（续）

符号	所代表的物理量及相关内容	单位
s_t	试验时测得（或求得）的转差	r/min
s	转差率	%
s_X	换算到规定温度（θ_S）时的转差率	
T_c	输出转矩读数修正值	N·m
T_t	试验时实测的输出转矩值	
T_{d0}	空载（与不加载的测功机连接状态下）转矩值	
T_X	读数修正后的输出转矩	
T_K	堵转时的转矩	
T_{max}	最大转矩	
T_{maxt}	在试验电压 U_t 下测得的最大转矩	
T_{min}	起动过程中的最小转矩（简称最小转矩）	
T_{mint}	在试验电压 U_t 下测得的最小转矩	
U	端电压	V
U_0	空载试验端电压	
U_K	堵转试验端电压	
U_N	额定电压	
θ_C	测量 R_C 时绕组的实际温度	℃
θ_{1C}	测量初始（冷）电阻 R_{1C}时的定子绕组温度	
θ_t	试验时测得的定子绕组最高温度	
θ_a	负载试验时冷却介质温度	
θ_b	热试验时冷却介质温度	
θ_{ref}	标准规定的基准温度	
θ_s	计算效率用的规定温度	
θ_W	额定负载热试验达到热稳定状态时定子绕组工作温度	
θ_0	空载试验时定子绕组温度	
η	效率	%

第三节　绕组和相关元件在冷状态下直流电阻的测定

一、绕组实际冷状态的定义和冷态温度的确定方法

根据 GB/T 755—2019 中给出的定义，绕组处于冷状态是指绕组的温度与冷却介质温度（对普通空气间接冷却的电动机为试验环境的空气温度）之差不超过 2K 时的状态。

在 GB/T 1032—2012 中，对按短时工作制（S2）试验的电机另有规定，即在试验开始时的绕组温度与冷却介质温度之差应不超过 5K。

用误差不超过 ±1℃的温度计测定绕组冷态温度 θ_{1C}（单位为℃）。

测量前，对大、中型电机，温度计的放置时间应不少于 15min。

在 GB/T 755—2019 和 GB/T 1032—2012 中，都没有明确指出绕组的冷态温度是使用符合上述规定状态下的环境温度，还是使用实测的绕组温度。但多年来，行业中几乎都默认使用当时的环境温度（作者建议，如果有条件实测绕组温度，则应用其作为冷态温度参与相关计算，这样得到的结果会更准确）。

对采用外接冷却器及管道通风冷却的电机，应在冷却介质进入电机的入口处测量冷却介质的温度。

对采用内冷却器冷却的电机，冷却介质的温度应在冷却器的出口处测量；对有水冷冷却器的电机，水温应在冷却器的入口处测量。

二、绕组冷态直流电阻的测定方法

（一）测量方法的选择

绕组的冷态直流电阻可用第三章第七节介绍的电桥法、电压-电流法、数字电阻测量仪（数字微欧计）法其中的一种，并同时遵循其规定的使用方法和注意事项。建议应优先选择数字电阻测量仪法。

使用电桥测量时，如绕组的端电阻在1Ω及以下时，必须用双臂电桥。

在微机控制的试验系统中，一般使用具有数字通信接口的数字电阻仪法，与微机连接进行数据传递实现自动测量和数据处理。若电阻小于0.01Ω，则通过被测绕组的电流不宜太小。

（二）测量方法和注意事项

测量时，电动机的转子应静止不动。定子绕组端电阻应在电动机的出线端上测量；绕线转子电动机的转子绕组端电阻应尽可能在绕组与集电环连接的接线片上测量。

每一相（线）电阻应测量3次，每两次之间间隔一段时间。使用电桥测量时，每次应在电桥重新平衡后测取读数。

使用电压-电流法测量时，应同时读取电流值和电压值。每一电阻至少在3个不同电流值下进行测量。

每次读数与3次读数的算术平均值之差，应不超过3次读数平均值的±0.5%，若达不到此要求，则应重新调整仪表再次进行测量。

三、绕组冷态直流电阻的测定结果计算

（一）每一个端电阻（或相电阻）的实际值的确定方法

3次读数的算术平均值之差不超过平均值的±0.5%时，取3次读数的平均值作为每一个端电阻（或相电阻）的实际值。

（二）绕组冷态电阻的确定方法

1. 用于损耗计算的冷态电阻取值方法

实际测量时，一般直接测量3个端电阻，设实测值分别为R_{UV}、R_{VW}、R_{WU}，则取其算术平均值作为用于损耗计算的冷态电阻R_1（Ω）。

$$R_1 = (R_{UV} + R_{VW} + R_{WU})/3 \tag{5-1}$$

2. 相电阻的分相计算方法

根据测量的3个端电阻各自的3次测量平均值R_{UV}、R_{VW}、R_{WU}（Ω），先用式（5-2）求出一个公用参数R_{med}（Ω），之后，根据三相绕组的不同联结方法（见图5-1），用式（5-3）~式（5-8）计算各相绕组的相电阻值（Ω）。

$$R_{med} = (R_{UV} + R_{VW} + R_{WU})/2 \tag{5-2}$$

（1）对星形联结的绕组

$$R_U = R_{med} - R_{VW} \tag{5-3}$$

$$R_V = R_{med} - R_{WU} \tag{5-4}$$

$$R_W = R_{med} - R_{UV} \tag{5-5}$$

（2）对三角形联结的绕组

$$R_U = \frac{R_{VW}R_{WU}}{R_{med} - R_{UV}} + R_{UV} - R_{med} \tag{5-6}$$

$$R_V = \frac{R_{UV}R_{WU}}{R_{med} - R_{VW}} + R_{VW} - R_{med} \tag{5-7}$$

$$R_{W}=\frac{R_{UV}R_{VW}}{R_{med}-R_{WU}}+R_{WU}-R_{med} \tag{5-8}$$

3. 测量值为端电阻值时相电阻平均值的简易计算法

如果所测的每个端电阻值与3个测量值的平均值之差，对星形联结的绕组，均不超过平均值的±2%，对三角形联结的绕组，均不超过平均值的±1.5%时，则根据三相绕组的不同联结方法（见图5-1），相电阻R_{1p}（Ω）可分别通过式（5-9）和式（5-10）简单计算求得，其中R_1为用式（5-1）计算得到的端电阻平均值。

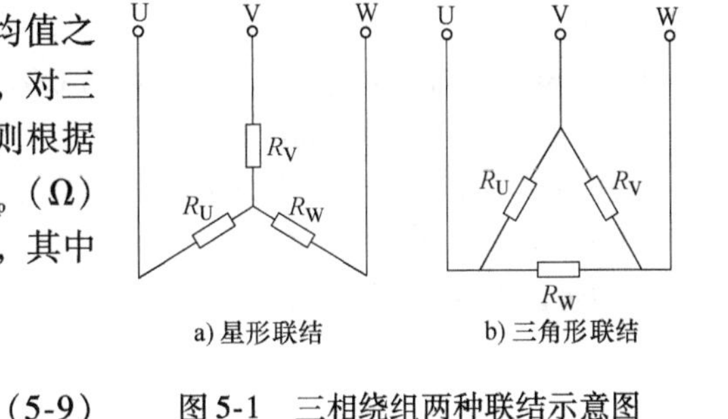

图5-1　三相绕组两种联结示意图

（1）对星形联结的绕组

$$R_{1p}=0.5R_1 \tag{5-9}$$

（2）对三角形联结的绕组

$$R_{1p}=1.5R_1 \tag{5-10}$$

四、对绕组直流电阻测定结果的判定和异常现象原因的分析

本项测量给出结果后，应对其大小和三相平衡情况进行判定，给出是否符合相关要求的结论。若出现异常，应进行分析并查找原因加以解决。否则不能进行以下的各项试验。

1. 对测定值三相平衡情况的判定

三相电阻平衡情况用平衡度ΔR（%）来表示。设3个实测电阻值分别为R_{UV}、R_{VW}、R_{WU}，平均值为$R_P=(R_{UV}+R_{VW}+R_{WU})/3$，则

$$\Delta R=\frac{R_{UV}-R_P}{R_P}\times100\%\text{或}\Delta R=\frac{R_{VW}-R_P}{R_P}\times100\%\text{或}\Delta R=\frac{R_{WU}-R_P}{R_P}\times100\% \tag{5-11}$$

取其中绝对值最大的一个作为评定结果。

对于本项数值的大小的限制，国家和行业标准中都没有明确规定。有的只是生产企业的内部规定。大多数企业规定为不超过±3%，有些企业规定不超过±2%，还有些企业根据线圈每匝导线股（根）数的多少制定不同的标准，例如2股及以下为±2%，超过2股为±3%。

不平衡度过大的常见原因是线圈之间的连接处存在虚焊、部分线股漏接等；对于匝数较多的绕组，实际匝数多于或少于正常值也是常见的原因；个别情况是存在匝间绝缘短路。

2. 对测定值大小情况的判定

对于按新设计方案制造的试制产品，判定的依据是绕组直流电阻的设计值。因为设计时给出的数值是建立在很多理想状态下的，所以试制产品的实测值与其可能会有较大差距，实践证明，对于匝数较多的绕组，有时偏差会达到5%左右。此时应通过核对绕线后对线圈的检验数据来确定是否正常，如线径、匝数和相关尺寸符合要求，一般则可认为合格。若大小相差很多，则应考虑接线（特别是线圈之间的连接以及线圈与引出线之间的连接）是否有错接或部分线股漏接等故障；若大小成倍数关系，则很可能是一相绕组中线圈连接的支路数出现了错误，例如本应2路并联错接成了1路串联，此时电阻将是正常时的4倍左右。

正常情况下，同规格电机绕组的直流电阻大小相差应在±1%以内。

五、对电机内设置的热元件及加热器电阻的测量和判定

用电阻测量仪表（使用指针式万用表时，用电阻×1Ω或×10Ω档）进行测量。

（一）设置在电机内部的热元件

对于设置在电机内部的热元件，应根据其类型和规格判定测量值是否正常。以下是在常温状态下的电阻值范围：

1）常闭式热敏开关：0Ω或接近0Ω。

2）PTC（正温度系数）型热敏电阻：200Ω左右（与生产厂家和类型有关）。

3）热电阻：电阻值与实际温度和类型有关。铜热电阻见附录12；Pt50和Pt100型铂热电阻见附录13。

4）热电偶：与类型有关。一般应接近0Ω。

（二）设置在电机内部的加热器

低压电机所用的加热器用交流工频220V或380V供电。其正常阻值R（Ω）与其额定功率P（W）和额定电压U（V）有关，应符合下式计算所得到的数值，容差一般规定为±10%。有必要时，应考虑温度对电阻值的影响。

$$R=\frac{U^2}{P} \tag{5-12}$$

例：额定功率$P=45\text{W}$、额定电压$U=220\text{V}$，则其电阻值R应在$(220^2\div45)\Omega\times(0.9\sim1.1)=968\sim1183\Omega$之间。

六、不同温度时导体直流电阻的换算

一般金属导体的直流电阻与其温度有一个固定的关系。这个关系用下式表示：

$$R_1=\frac{K+t_1}{K+t_2}R_2 \tag{5-13}$$

式中　R_1——温度为t_1（℃）时的直流电阻（Ω）；

R_2——温度为t_2（℃）时的直流电阻（Ω）；

K——系数（在0℃时，导体电阻温度系数的倒数），对铜绕组，$K=235$，对铝绕组，$K=225$，单位为℃。

例：在温度为15℃时测得某铜绕组的直流电阻为10Ω，求该绕组在95℃时的直流电阻为多少。

解：$R_{95℃}=\frac{235+95}{235+15}\times10\Omega=13.2\Omega$

答：该绕组在95℃时的直流电阻为13.2Ω。

第四节　堵转特性试验

一、试验目的

堵转特性试验的目的主要在于测取额定电压及额定频率时电机的堵转电流和堵转转矩，这是考核笼型转子异步电动机性能的两个主要指标。

通过对堵转电流大小和三相平衡情况的分析，能反映出电机定、转子绕组（特别是转子铸铝或导条）及定、转子所组成磁路的合理性和一些质量问题，从而为改进设计和工艺提供有关实测数据，为修理电机提供帮助。

相关要求在GB/T 1032—2012的第9章中规定。

因为绕线转子电动机不考核起动性能，所以一般不规定进行本项试验，若要求进行，则应将转子绕组在三相输出端或集电环上短路。

二、试验设备

（一）试验电源

根据相关要求，为堵转试验供电的电源设备需要在试验通电时（此时的输出电压将会因较大的电流而使输出电压降低，电源容量相对较小时，会低很多），最好能提供不低于被试电机的额定电压（最低应不低于被试电机额定电压的70%）。

所用设备有比较传统的三相调压器、电源机组和新型的电子调压系统。

1. 三相调压器

三相调压器有三相接触式自耦型和三相感应型两大类，详见第二章第一节第六部分。

如要求试验时最高堵转电压达到被试电机的额定电压，则电源调压器的输出电压应在被试电机额定电压的1.2倍以下可调，其额定输出容量一般应不小于被试电机的额定容量的6倍；因被试电机容量较大，上述要求不易满足时，调压器的容量至少应是被试电机容量的3倍，或输出电压等于被试电机额定电压时其输出电流不小于被试电机额定电流的2～4.5倍。通过在调压器的输出端并联电容器进行功率因数补偿，可提高被试电机的容量（详见第二章第七节）。

2. 电子调压系统

电子调压系统即第二章第一节第九部分“变频器——交流变频电源”、第三节第八部分“试验专用变频内回馈系统”以及第八节“试验用变频变压电源系统”中介绍的变频变压电源。对于“试验专用变频内回馈系统”，使用时将两套电源输出端并联，两套电源控制实现联调，即在保证输出频率为被试电机额定值的前提下，达到输出电压调整一致，共同向被试电机供电。

和三相调压器相比，这种供电装置的最大优点是通过配置的并联电力电容器，实现功率因数补偿。因堵转试验时的功率因数一般在0.5以下，经过补偿后，可大幅度地降低网络电源变压器提供的容量。实践证明，当配置比较合适，进行满压堵转试验时，网络电源变压器提供的容量等于被试电机容量的1.2倍即可。另外，调压操作简单、迅速（利用键盘设置好要施加的电压值后，用鼠标一点即可加上预置好的电压），因此大大缩短了试验时间，也提高了试验数据的准确度。

（二）转矩测量装置

在进行堵转试验时，一般采用测力计加力臂的杠杆原理的方法测量堵转转矩，对于较小容量的电动机，还常使用转矩传感器直接测量。

对因设备限制不能实测转矩的电动机（原则上规定电机容量应在100kW以上），堵转转矩可用“计算法”求得。

在国家标准中，没有明确堵转转矩测量系统的准确度要求。作者建议误差应不超过所选测量装置满量程的±0.5%。

1. 测力装置

杠杆法的测力装置有简单的管式测力计、弹簧秤、台式磅秤等；对于较大功率的电动机，可使用电子吊秤；在自动测量系统中现常用拉（或压、剪切）力传感器和配套仪表组成的系统。图5-2给出了一些测力装置的外形示例。

选用测力装置的量程时，应事先估计出被试电机试验时的最大堵转转矩值。如试验最高电压可达到被试电机的额定电压，并按堵转转矩值约为额定转矩的3倍（高起动转矩的电动机可能会达到4倍以上，应依据其技术条件要求的数值进行调整）估算，则选用测力装置的量程F_J（N）应为

$$F_J = \frac{10P_N p}{L} \tag{5-14}$$

式中　P_N——被试电机额定功率（kW）；

p——电机的极对数；

L——力臂长度（m）。

使用转矩传感器时，传感器的标称转矩应大于或等于假设力臂长度$L=1$m时用式（5-14）

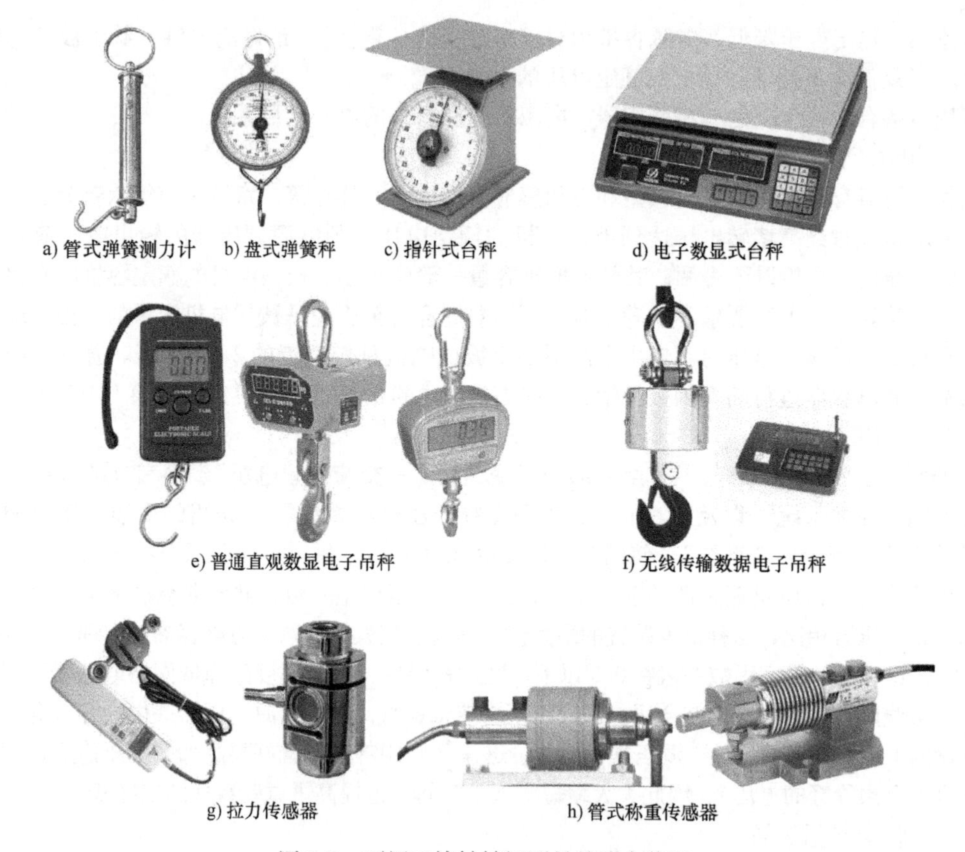
a) 管式弹簧测力计　b) 盘式弹簧秤　c) 指针式台秤　d) 电子数显式台秤

e) 普通直观数显电子吊秤　f) 无线传输数据电子吊秤

g) 拉力传感器　h) 管式称重传感器

图 5-2　可用于堵转转矩测量的测力装置

求得的估算值，但也不应超过此估算值的 1.5 倍。

图 5-3 是一套使用管式称重（剪切式）传感器的测力装置，其支架高度可调。

2. 力臂的选用和与电机轴伸的固定连接

使用测力装置时，应注意所选用的力臂应有足够的强度，防止因强度不足造成弯曲，甚至扭断伤害试验人员。

力臂和电机转轴应牢固安装。作者建议力臂长度的测量误差应不超过 ±0.5%。

3. 力臂与测力装置的连接注意事项

力臂与测力装置之间应采用柔性连接。例如使用拉力式弹簧秤作为测力装置时，应使用强度足够的尼龙绳等；使用台式磅秤时，在接触点垫一层胶皮等。

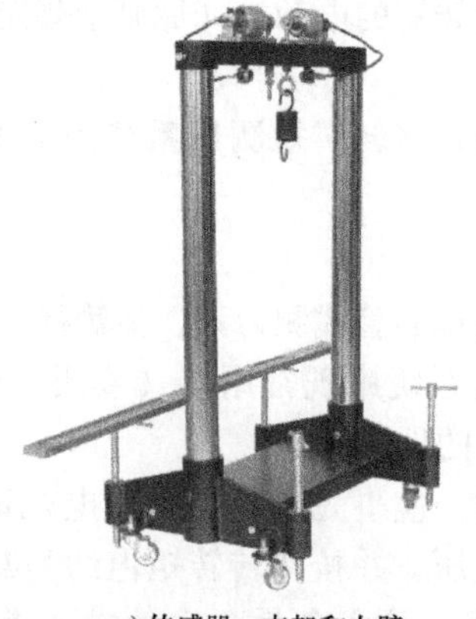
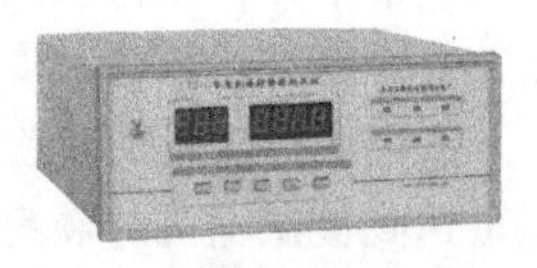
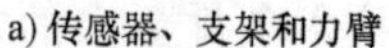
a) 传感器、支架和力臂　b) 显示仪表

图 5-3　用测力传感器组成的 TZ-1 型堵转转矩测量装置

当使用图 5-2a 和 b 所示的弹簧秤测力时，力臂和测力装置连接的那一端应略高于和电机轴伸的连接端，高出的距离以该电机的堵转转矩达到试验最高值时，力臂处于水平位置为准，如图 5-4 所示。其目的是为了消除或减少试验加力时因力臂与测力装置不垂直带来的计算误差。

使用其他类型的测力装置时，力臂应保持水平。

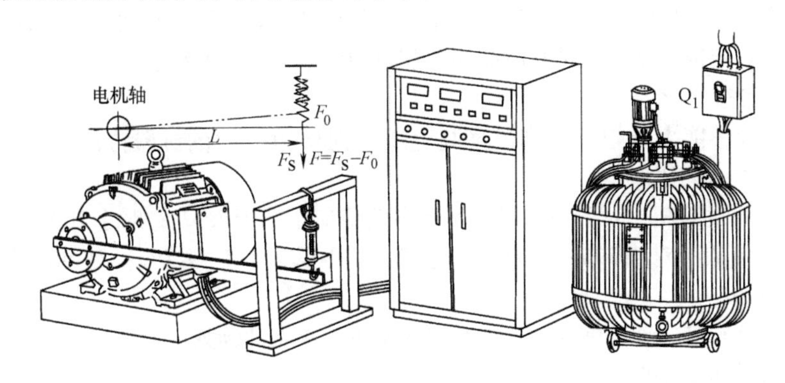

图 5-4　三相异步电动机堵转试验所用设备示意图

（三）输入电量测量仪表

测量仪表可采用专用的数字式三相电量测量仪，若使用指针式仪表，则主要有 3 块电流表、3 块电压表（能确定三相电源平衡时，可用 1 块电压表）、三相功率表（一般用 2 块单相功率表，应使用低功率因数功率表），另外还需要 1 台电阻测量仪。

上述所有仪表的准确度（满量程）均应不低于 0.2 级。

三、试验步骤及注意事项

（一）试验前的准备工作

电机应固定安装在试验平台上，用测力（或力矩）装置将转子堵住。试验前，电机应为实际冷状态（另有规定者除外），并测量和记录绕组的冷态直流电阻和温度。

当使用测力法进行试验时，在给电机通电进行试验前，要事先记录测力装置显示的力臂重量，即“初重”（说明：此值不是力臂的全部重量），用符号 F_0 表示，单位为 N。使用电子数值测力装置时，若具有清零功能，则可将其清零，此时 $F_0=0\text{N}$，即刨除“初重” F_0 对读数和将来计算转矩值的影响。

（二）第一点施加电压≥$0.9U_N$ 时的试验方法步骤

试验时，施于定子绕组的电压应尽可能从不低于 $0.9U_N$ 开始，然后逐步降低电压至定子电流接近额定值为止。其间共测取 5 ~ 7 点读数（可更多），每点应同时测取三相堵转线电流 I_K(A)、三相堵转线电压 U_K(V)、三相输入功率 P_K(W)、堵转转矩 T_K(N · m) 或扭力 F(N)。

试验时，电源的频率应稳定在额定值。功率表的电压回路和电压测量电路应接至被试电机的出线端。被试电机通电后，应迅速调定电压并尽快同时读取试验数据（对采用指针式两功率表法者，应在读数较大的那块功率表指针稳定后立即读数），每点通电时间应不超过 10s（美国标准 IEEE-112：2004 规定为 5s），以防止电机过热造成读数下滑或严重时烧损电机绕组。若温度上升过快，可在试验完一点之后，停顿一段时间，再进行下一点的测试。还可以利用外部吹风等方法进行降温。最后一点完成后，断开电源，测量一个绕组的端电阻 R_{1K}。

上面的试验过程可用下面的流程图表示：

$$U_K \geqslant 0.9U_N \text{ 开始} \xrightarrow[\text{5 ~ 7 点}]{\text{测取 } I_K\text{、}U_K\text{、}P_K\text{、}F\text{（或 }T_K\text{）}} \text{到 } I_K \approx I_N \text{ 为止} \xrightarrow{\text{断电}} \text{测 } R_{1K}$$

采用各种测力装置加力臂测取堵转转矩时，在电压较高的前两点，应注意防止在电机通电瞬间对测力装置的较大冲击，可采用机械缓冲法（使用柔性材料连接测力装置和力臂杠杆等）

和低压通电后再迅速将电压升至需要值的方法。

对能快速测量和记录的自动测量系统，也可从低电压（$I_K \approx I_N$）开始，分段或连续地将电压调到接近或达到额定值，全过程试验时间应不超过20s（本段为作者建议性规定，仅供参考）。

将试验数据列表。

（三）试验设备能力有限不能满足最高电压达到$0.9U_N$时的试验方法

1. 试验电源容量有限时

对100kW以下的电机，试验时的最大堵转电流值应不低于$4.5I_N$；对于100～300kW的电机，应不低于$2.5～4.0\ I_N$；对于300～500kW的电机，应不低于$1.5～2.0I_N$；对500kW以上的电机，应不低于$1.0～1.5I_N$。

在最大电流至额定电流范围内，均匀地测取不少于4点的读数。

2. 转矩测试能力有限时

对100kW以上的电机，允许按“计算法”确定转矩。此时每一试验点应同时测取U_K、I_K、P_K及定子绕组温度θ_{1K}或端电阻R_{1K}（若无条件在通电状态下实测，应在每点测试结束断电后，迅速测取定子绕组的一个端电阻R_{1K}）。然后用“计算法”求取各点堵转转矩值T_K（N·m），见式（5-17）。

（四）小功率电机试验方法和相关规定

对小功率电机（注：GB/T 1032—2012中称为分马力电机，考虑到GB/T 755—2019中没有分马力电机的定义，而我国推行国际功率法定单位为W或kW，并具有“小功率”电机的概念和使用领域，故将其改为小功率电机），试验时，定子绕组上施加额定电压，使转子在90°机械角度内的3个等分位置上分别测定U_K、I_K、P_K、T_K。此时，堵转电流取其中的最大值，堵转转矩取其中的最小值（美国标准IEEE-112：2004中没有此项规定）。

四、试验结果的计算

（一）各测点堵转转矩值的计算

计算各测点的三相线电压平均值、三相线电流平均值、三相输入功率、转矩。

根据所采用的试验方法，各点的堵转转矩求取方法有如下两种：

1. 用测力装置进行试验时堵转转矩的求取方法

用测力装置法进行堵转试验时，各测点的堵转转矩T_K（N·m）由下式求得：

$$T_K = (F - F_0)L\cos\alpha \tag{5-15}$$

式中 F——测量时测力装置的读数（N）；

F_0——电机未加电时，测力装置指示的数值，称为“初重”（N）；

L——力臂长度（m）；

α——测量时，力臂与水平方向的夹角，一般此角度很小，可取为0°，即$\cos\alpha = 1$，此时式（5-15）则简化为

$$T_K = (F - F_0)L \tag{5-16}$$

将计算结果列表。

2. 用测电阻法进行试验时堵转转矩的求取方法

因转矩测试设备不足而使用每点测定定子绕组电阻的方法进行试验时，每点堵转转矩用下式求得：

$$T_K = 9.549C_1(P_K - P_{KCu1} - P_{Fe})/n_s \tag{5-17}$$

式中 P_K——电机输入功率（W）；

P_{KCu1}——电机定子铜耗（W），$P_{KCu1} = 1.5I_K^2R_{1K}$；

P_{Fe}——试验电压下的铁耗（W），根据堵转试验电压，由空载试验特性曲线 $P_{Fe}=f(U_0/U_N)$ 获得；

C_1——计及非基波损耗的降低系数。C_1 在 0.9 ~ 1.0 之间变化，如无经验可循，建议取 0.91。

n_s——被试电机的同步转速（r/min）。

（二）绘制堵转特性曲线和求取额定电压时的堵转数据

1. 最高电压≥$0.9U_N$ 时

对第一点输入电压≥$0.9U_N$ 实测堵转转矩的试验，在同一普通直角坐标系上绘制特性曲线 $I_K=f(U_K)$、$P_K=f(U_K)$ 和 $T_K=f(U_K)$ 三条堵转特性曲线，如图 5-5a 所示。从上述曲线（或向上的延长线）上查取 $U_K=U_N$ 时的堵转电流 I_{KN}、输入功率 P_{KN} 和转矩 T_{KN}。

2. 最高电压 <$0.9U_N$ 时

对第一点输入电压 <$0.9U_N$ 实测堵转转矩的试验，则应绘制堵转电流与电压的对数曲线 $\lg I_K=f(\lg U_K)$。手工绘制时，可直接使用对数坐标纸，如图 5-5b 所示；用计算机绘制时可先对电流和电压取对数后直接绘制，如图 5-5c 所示。

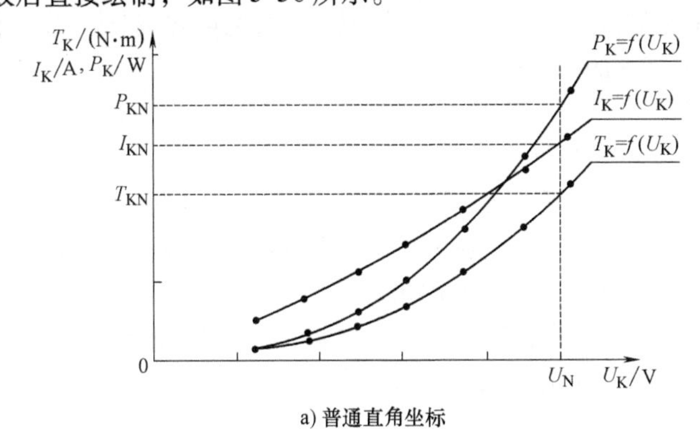

a) 普通直角坐标

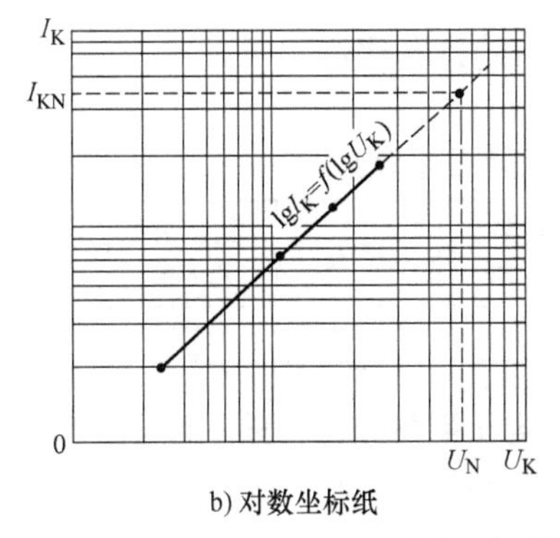

b) 对数坐标纸

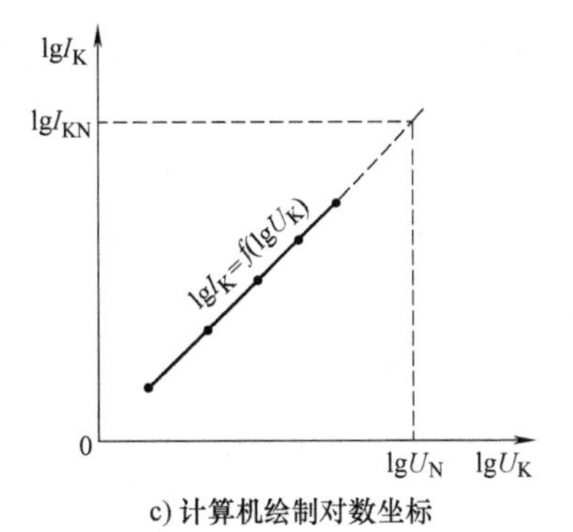

c) 计算机绘制对数坐标

图 5-5　堵转特性曲线

将曲线 $\lg I_K=f(\lg U_K)$（实际应为一条直线）从最大电流点向上延长，从延长曲线上查取对应额定电压时的堵转电流 I_{KN}。此时，堵转转矩 T_{KN}（N · m）按下式求取：

$$T_{KN}=T_K\left(\frac{I_{KN}}{I_K}\right)^2 \tag{5-18}$$

式中　T_K——在最大试验电流 I_K 时测得的或算得的转矩（N · m）。

注：建议绘制曲线 $\lg T_K = f[\lg(U_K/U_{KN})^2]$，然后向上延长获取额定电压时的堵转转矩。实践证明，这样做的结果会比用式（5-18）求得的数据准确度高。

3. 对只测得一个电压点的750W 及以下电动机

对750W 及以下电动机，若试验只在（0.9～1.1）U_N 范围内测取了1点数值，则堵转电流 I_{KN} 和堵转转矩 T_{KN} 可按下式求取：

$$I_{KN} = I_K \frac{U_N}{U_K} \tag{5-19}$$

$$T_{KN} = T_K \left(\frac{U_N}{U_K}\right)^2 \tag{5-20}$$

4. 采用圆图计算法求取最大转矩所用的数据

若采用圆图计算法求取最大转矩，则还要从曲线上查出 I_K =（2～2.5）I_N 时的堵转电压 U_K 和输入功率 P_K。

五、采用等效电路法或圆图计算法求取工作特性的附加堵转试验

（一）采用等效电路法

此种情况应增加在1/4倍被试电机额定频率情况下进行的堵转试验。试验时，堵转电流应为额定电流的1.0～1.1倍范围内的一个值。

（二）采用圆图计算法

1. 绕线转子和普通笼型转子电动机

在额定频率下，施加电压使定子电流达到1.0～1.1倍范围内的一个值。

对绕线转子电动机，转子三相绕组应在出线端或集电环上短路。由于在同一试验电流下，外施电压随转子位置的不同而不同，此时，电动机应在电压为平均值所对应的转子位置上进行堵转试验。被试电机通电后，应迅速进行试验，并同时读取 U_K、I_K 和 P_K。试验结束后，立即测量定子绕组和转子绕组（对绕线转子电动机）的端电阻。

2. 深槽和双笼型转子电动机

在1/2倍被试电机额定频率下进行一次堵转试验。试验时，堵转电流应为额定电流的1～1.1倍范围内的一个值。

六、第一点堵转电压 >0.9U_N、实测堵转转矩的计算实例

被试电机的铭牌数据见表5-4。

表5-4　电机铭牌数据（额定数据）

项目	型号	容量 P_N/kW	电压 U_N/V	电流 I_N/A	频率 f_N/Hz	接法	额定转速 n_N/(r/min)	绝缘等级	工作制
内容	Y2-132M-4	7.5	380	15.8	50	△	1450	155(F)	S1

采用堵转电压 >0.9U_N、堵转转矩用测力装置（电子数显测力装置，通过计算机采集数据，将初重事先置零，即 F_0 = 0N）加力臂实测的方法。试验共测量7点。具体数值见表5-5。计算结果和额定电压时的堵转数据见表5-6。堵转特性曲线见图5-6。

表5-5　堵转试验数据记录表

测点序号	堵转电压 U_K/V		堵转电流 I_K/A				堵转输入功率 P_K/W			力
	U_K	倍	I_{K1}	I_{K2}	I_{K3}	倍	W_1	W_2	倍	F/N
1	380.2	1	2.134	2.141	2.147	50	96.0	745.0	50	110.1
2	328.1	1	1.725	1.735	1.747	50	63.1	518.9	50	75.6

（续）

测点序号	堵转电压 U_K/V		堵转电流 I_K/A				堵转输入功率 P_K/W			力 F/N
	U_K	倍	I_{K1}	I_{K2}	I_{K3}	倍	W_1	W_2	倍	
3	283.2	1	1.413	1.417	1.434	50	38.4	362.0	50	52.6
4	236.3	1	1.105	1.107	1.124	50	18.4	232.7	50	33.8
5	190.0	1	0.824	0.824	0.838	50	5.8	136.7	50	19.4
6	142.8	1	0.569	0.566	0.574	50	-0.6	69.0	50	9.4
7	95.2	1	0.351	0.348	0.350	50	-1.8	27.7	50	3.6
力臂长度 $L=1\text{m}$						初重 $F_0=0\text{N}$				

表5-6　堵转试验结果汇总表

测点序号	堵转电压 U_K/V	堵转电流 I_K/A	堵转输入功率 P_K/W	堵转转矩 T_K/(N·m)
1	380.2	107.03	42050.00	110.10
2	328.1	86.78	29100.00	75.60
3	283.2	71.07	20020.00	52.60
4	236.3	55.60	12555.00	33.80
5	190.0	41.43	7125.00	19.40
6	142.8	28.48	3420.00	9.40
7	95.2	17.48	1295.00	3.60
曲线上 $U_K=U_N=380\text{V}$ 时	$I_{KN}=106.87\text{A}$	$I_{KN}/I_N=6.76$ 倍		$P_{KN}=41.837\ \text{kW}$
	$T_{KN}=108.75\text{N}\cdot\text{m}$	$T_{KN}/T_N=2.20$ 倍		

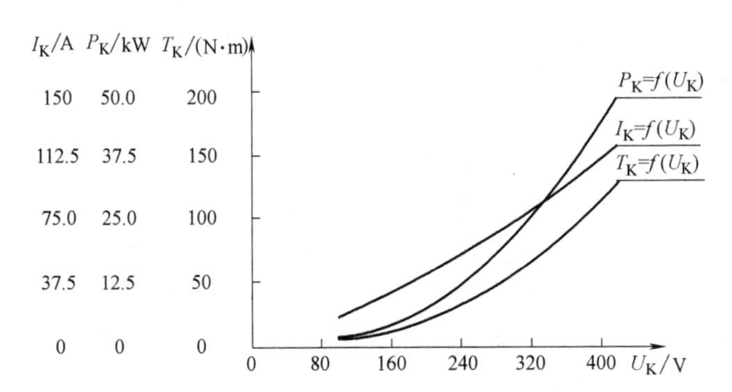

图5-6　堵转特性曲线（普通直角坐标系）

第五节　热　试　验

一、试验目的

“热试验”这个名称是在GB/T 1032—2005中开始提出的，在以前的标准和资料中还被称为“温升试验”。

该试验的目的是通过试验求得电机按所规定的工作制定额、运行到热稳定状态时（短时工作制除外）的电机绕组温升值，另外，还包括轴承、铁心、机壳等部件的温升或温度。

电机温升的高低直接关系着电机绝缘寿命的长短，影响到电机效率及其他性能指标的好坏，当该值过高时，甚至会导致电机很快损坏。所以温升是考核电机质量的一个非常重要的性能指标，也是属于安全性能的一个性能指标。

二、试验方法分类

（一）从是否施加实际负载来分

从是否施加实际负载来分，有直接负载法和等效负载法两种。应优先采用直接负载法。

直接负载法是用适当的负载设备，与被试电机施行机械连接，并提供制动转矩使被试电机达到额定输出功率或额定电流。

根据施加负载的多少，又可分 3 种类型：①满载负载法；②降低电压负载法；③降低电流负载法。应创造条件实现满载负载法。

第二章中介绍的几种机械负载均可以作为三相异步电动机的负载，其加载及负载的调节方法、试验电路也基本相同。

等效负载法是当被试电机因自身结构或试验设备及电源能力不足，不能加实际负载运行时，采用的试验方法。用于三相异步电动机的等效负载法主要有定子叠频法。

注：在有些资料中，将降低电压负载法和降低电流负载法也列入等效负载法之中。

（二）从测取绕组温升（或温度）的方法来分

从测取绕组温升（或温度）的方法来分，有温度计法、埋置检温计法和电阻法 3 种（在以前的标准中，曾经还有一种"叠加法"，由于测试设备和实际操作等原因，在 GB/T 1032—2012 中没有列入）。一般推荐采用电阻法。

三、实际负载热试验方法和相关计算

（一）额定负载法

直接施加额定负载的热试验过程及有关计算的内容已在第四章"通用试验及设备"中的第十二节详细给出。在此不再论述。

（二）降低电压的实际负载法

1. 应进行的试验和取得的数据

采用降低电压负载法时，应进行如下试验：

(1) 空载热试验：给被试电机定子绕组加额定频率下的额定电压，空载运行到温升稳定。然后断电停转，测出热电阻值并计算求得此时的绕组温升 $\Delta\theta_0$ 及铁心温升 $\Delta\theta_{Fe0}$。

(2) 1/2 倍额定电压和满载电流热试验：给被试电机加 1/2 倍额定电压（频率为额定值），调节负载使被试电机的定子电流达到满载值（该值用后面将要讲述的效率间接测定法中"降低电压负载法试验"求得，若只进行本试验，也可用额定电流），使电机运行到温升稳定，并求出此时的绕组温升 $\Delta\theta_r$ 和铁心温升 $\Delta\theta_{Fer}$。

2. 求取额定功率时的温升值

用下式求取额定功率时的绕组温升 $\Delta\theta_N$ 和铁心温升 $\Delta\theta_{FeN}$：

$$\Delta\theta_N = \alpha\Delta\theta_0 + \Delta\theta_r \tag{5-21}$$

$$\Delta\theta_{FeN} = \alpha\Delta\theta_{Fe0} + \Delta\theta_{Fer} \tag{5-22}$$

式中　α——运算系数，$\alpha = (P_0 - P_{0r})/P_0$；

P_0——空载试验时的输入功率（W），取空载热试验最后一点的数值；

P_{0r}——1/2 额定电压时的空载输入功率（W），在空载热试验时测得。

（三）降低电流的实际负载法

对 100kW 以上或 $I_N \geqslant 800A$ 的连续定额电动机，可采用降低电流负载法进行热试验。

1. 需进行的试验和得到的数据

采用降低电流负载法时，需要进行下列试验：

1）以额定频率和额定电压进行空载热试验，确定此时的绕组温升 $\Delta\theta_0$（K），并记录和计算三相空载电流的平均值 I_0（A）。

2）以额定频率、降低的电压和可能达到的最大电流（最小为 $0.7I_N$）进行部分负载下的热试验，确定此时的绕组温升 $\Delta\theta_F$（K），并记录和计算三相定子电流的平均值 I_F（A）。

3）以额定频率和对应于上述第2）项试验时的电压进行空载热试验，确定此时的绕组温升 $\Delta\theta_{0F}$（K），并记录和计算三相空载电流的平均值 I_{0F}（A）。

2. 求取额定电流时的绕组温升

以下过程如图5-7所示。

1）在以定子电流标幺值的二次方 $(I/I_N)^2$ 为横坐标、温升 $\Delta\theta$ 为纵坐标的坐标系中，确定上述试验中得到的 $A[(I_0/I_N)^2, \Delta\theta_0]$、$B[(I_F/I_N)^2, \Delta\theta_F]$ 和 $C[(I_{0F}/I_N)^2, \Delta\theta_{0F}]$ 三点。

2）连接 B 和 C 两点，通过 A 点画一条平行于直线 BC 的直线 AD。

3）直线 AD 上横坐标对应于 $(I/I_N)^2=1$ 的点 E 所对的纵坐标值即为额定电流 I_N 时的绕组温升 $\Delta\theta_N$。

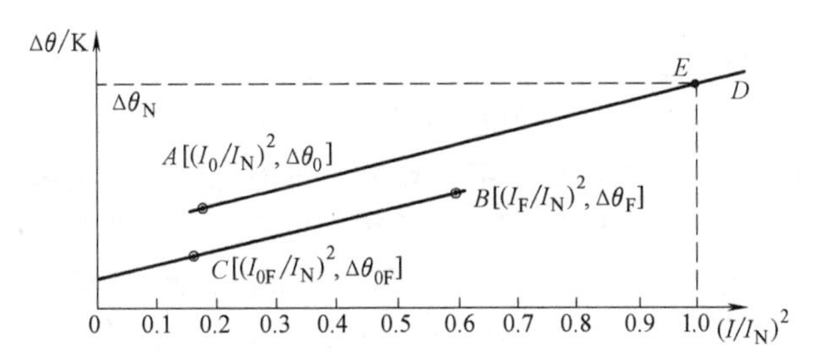

图5-7　用降低电流负载法确定额定电流时的温升

（四）绕线转子电动机的试验要求

绕线转子电动机进行热试验时，应将转子三相绕组在集电环上或引出线端短路。除测量定子绕组的热电阻或温度外，同时还应测量转子绕组的热电阻或温度。测量时，应注意不能同时给两套绕组通、断电，以免因相互产生的感应电动势影响测量准确度，应交替进行。若使用两台电阻电桥，可在接好连线并打开各自的电源开关后，在不断电的情况下，各自调节电桥的旋钮，测量和记录电阻及时间，测量完毕后再各自关断电源。

另外，还应用点温计迅速测量集电环的温度。

四、定子叠频等效负载热试验方法

用定子叠频法进行三相异步电动机的等效热试验，主要用于无配对负载300kW以上电动机（特别是单台电动机）或较难实现对拖试验的立式电动机等。GB/T 1032—2012中第6.6.3.3条给出了相关规定。下面依据其中的内容，并结合实践经验进行介绍，其中第（二）部分介绍的新方法更值得大家研究和推广使用。

（一）用发电机组、专用变压器的传统方法

国家标准GB/T 21211—2017/IEC 60034－29：2008《等效负载和叠加试验技术　间接法确定旋转电机温升》第6章“等效负载法”第6.2.4项“叠频或双频法”给出了相关内容，下面进行介绍。

1. 试验电路和设备

定子叠频法的试验电路有图5-8所示的两种（按GB/T 21211—2017中的图4和图5改画的）。其中主电源和辅助电源均为同步发电机，并要求辅助电源发电机的额定电流≥被试电动机额定电流，电压等级应与被试电动机相同。

试验前，应先用相序仪或分别给被试电动机通电看转向的方法确定主、辅助电源的相序。然后按相同的相序参照图5-8接线。

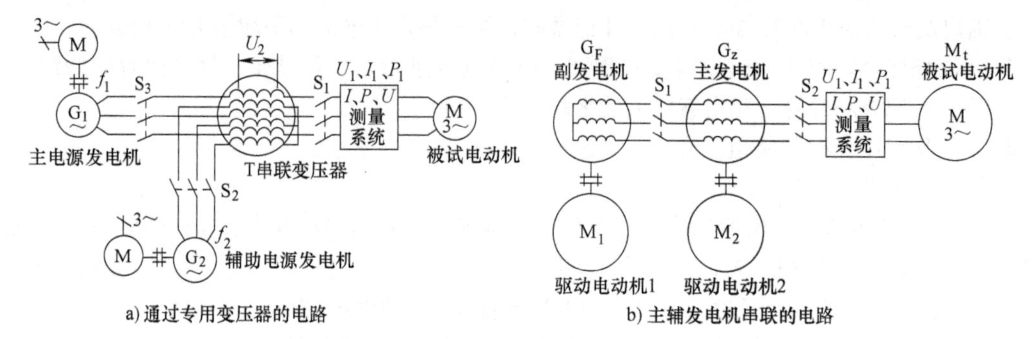

图5-8　用专用机组和变压器作电源的定子叠频法试验电路

2. 试验方法

以图5-8a为例，介绍其试验操作方法。

试验时，首先用主电源起动被试电动机，使其在额定频率、额定电压下空载运行。随后，起动辅助电源机组，将其转速调节到对应于某一频率f_2的数值，对额定频率为50Hz的被试电动机，频率f_2应在38～45Hz范围内选择。然后，将辅助电源发电机投入励磁，调节励磁电流，使被试电动机的定子电流达到满载电流（该电流由后面将要讲到的“圆图计算法”或“等效电路法”求得，当要求不十分严格时，也可使用铭牌上标注的额定电流值）。

在调节过程中，要随时调节主电源电压，使被试电动机的端电压保持为额定值，并同时保持辅助电源机组的转速不变（即f_2不变）。当调节中发现仪表指示摆动较大或被试电动机和试验电源设备振动较大时，应先降低辅助电源的励磁，使辅助电源电压降低，然后再调整辅助电源机组的转速，得到另一个频率f_2后，再重新调整辅助电源的励磁电流，使被试电动机的定子电流达到额定值。

一切正常后，连续运行，使被试电动机达到温升稳定状态，并测取有关温升值。

（二）用专用变频器的新方法

现代的先进技术是采用静止型变频电源，两种不同频率的电源电压叠加形成的电压波形是在控制回路由软件和专用硬件完成的。此时，给被试电动机的两种电压和频率在控制回路可分别调节，也可实现由负载电流闭环控制，变频电源输出的频率即为拍频频率f。图5-9是一张进行该试验时实际拍摄的50Hz和45Hz电压叠频波形。

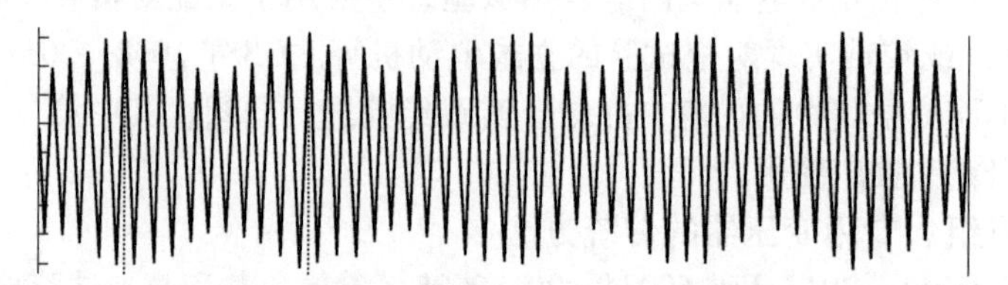

图5-9　叠频法热试验的电压叠频波形

和传统的机组变压器方法相比，新方法具有投资少、占地面积小、噪声小、操作方便、试验准确度高等多项明显优势，并可与直接负载法的交流变频变压电源共用，或者说，用于为普通交流电机试验供电的变频电源，通过一定的设定程序和专用硬件相配合后，就可轻松地完成单电机叠频温升试验。所以一经推出，就受到了广泛的关注并迅速推广。到目前为止，经过十余年多家使用实践表明，完全可以替代传统的机组叠频试验方案。

在 GB/T 1032—2012 的第 6.6.3.3 条最后一句提到"能达到上述试验目标（注：指前面提到的试验设备所给出的叠频电源）的静态变频电源，亦可用于定子叠频法试验，静态变频电源应符合试验电源（见第二章第一节第九部分）的要求"，从一个方面说明了我国电机行业对此方法的认可。

该设备具有手动和自动两种叠频方式，其中手动操作叠频试验可以通过变频器键盘操作，首先提供主频频率和主频电压，然后提供辅频频率和辅频电压，同时观察被试电机电流，当被试电机电流和电压达到额定时即可；如果采用自动操作叠频试验就更为简单，只要提供给计算机操作界面所需参数，如主频频率、辅频频率、额定电压、额定电流等，系统会在该状态下自动闭环运行，即进行叠频热试验。

实践证明，叠频热试验时，辅频的频率与试验结果密切相关，对额定频率为 50Hz 的电动机，辅频在 38 ~45Hz 范围内，试验结果相对准确。通过对多台电机同时进行直接负载法和变频电源叠频法两种热试验所得温升数据的对比，叠频法所得温升值大部分要比直接负载法高，但高出的数值大多在 5K 以内，其中接近 20% 在 3K 以内。

第六节　负载试验

一、试验目的和有关说明

（一）试验目的

根据试验时能否直接测取被试电机的输出机械功率和对电机效率求取方法的具体规定不同，负载试验的目的有所不同。但最终目的都是为了求取被试电机的输入电流、转差率（或输出转速）、效率、功率因数等性能参数与输出功率之间关系的特性曲线（称为工作特性）以及满载或规定负载时的效率、功率因数及转差率（或转速）。

更详细一些讲，对于求取效率要求采用输入-输出直接负载测定法的（此时试验设备必须是可以直接显示被试电机输出机械功率或输出转矩的负载设备，如测功机等），负载试验的目的则是为了测取用于计算效率的输入及输出功率，另外还有用于计算满载功率因数的定子输入电流及绘制工作曲线的其他有关数据。

对于不能直接显示被试电机输出机械功率或输出转矩的负载设备或不论采用何种负载设备但效率要求采用间接测定法（或称为损耗分析法）的，负载试验的目的则是为准确求得被试电机的效率、功率因数及转差率等而测取一些有关数据，一般为额定电压和额定频率时的若干组不同输入定子电流下的输入功率、转差率（或转速）和定子电阻等。

（二）有关说明

1）试验中转差率的测量方法见第三章第十三节第二部分相关部分。

2）对正常运行时所产生影响可以忽略的轴密封环（见图 5-10）等装置，在试验前可以拆除（或暂不安装）。

本项说明来自 GB/T 25442—2010 /IEC 60034-2-1：2007（现改版为 GB/T 25442—2018/IEC 60034 -2 -1：2014）《旋转电机（牵引电机除外）确定损耗和效率的试验方法》中第 6 章"确定效率的试验方法"6.1"试验时电机的状态和试验类别"中的注 2，原文是"如果在类似设计的电机上的附加试验表明，经足够长时间运转以后摩擦损耗可忽略不计，则试验时密封件可以拆除"（注：2018 版中为第 5.8 项正文）。

（三）同时进行热试验时对负载试验的时间安排建议

当需要同时进行热试验时，一般是采用在热试验全部完成后，再次起动机组进行负载试验的做法。作者建议改变这种顺序安排，即采用将负载试验“插”在热试验当中的做法。具体地说，是在热试验达到温升稳定后就进行负载试验，完成负载试验后，再将负载调整到额定值，接着进行热试验，直至绕组温度恢复到以前的稳定值，再断电停机测量热电阻的冷却曲线。这样做的好处有两个：第一个是完全保证了负载试验数据（或者说计算效率的数据）是在真正的热稳定状态下获得的（实际上只能是对额定负载点而言），由此得到的效率值是最准确的，这一点很重要，因为我们试验最主要的目的是获得效率值；第二个是可以简化试验操作过程，舍去了断电停机再送电运行的过程，既缩短了试验时间，又减少了试验耗能（断电停机测量热电阻后再起动做负载试验需要达到热稳定，需要较长时间）。

据作者与美国和加拿大的一些试验机构的试验人员交流，他们赞同采用这种做法，并且有些单位也在如此进行。但美国NVLAP试验程序中不提倡。

二、效率确定方法的分类

GB/T 1032—2012参考了国际IEC和美国IEEE等有关标准，三相异步电动机效率的确定方法大体可分为5类，进一步分成10种，每一种用一个代号表示。其分类名称、代号及其特点、相关说明见表5-7。本节将介绍各种方法的试验过程，有关效率的计算还需要杂散损耗试验、空载试验等得出的相关数据后方能进行，这些内容将在后面介绍。

图5-10 电动机的轴密封环

表5-7 三相异步电动机效率的确定方法分类

序号	分类名称	代号	特点和相关说明
1	直接负载的输入-输出法	A	需要实测输出功率(或转矩与转速)，通常限用于额定功率1kW以下的电动机 方法直观、简单、相对精度也较高(不确定度较低)，但不利于对电机性能的具体分析并有针对性地改进
2	直接负载的输入-输出损耗分析法	B	需要实测输出功率(或转矩与转速)，对测量仪器仪表的准确度要求较高(一般要不低于0.2级) 杂散损耗用与输出转矩呈二次函数关系进行线性回归计算 试验项目较多，费时费力，还有较多的计算量。但它的不确定度最低，能显示出决定电机效率各主要组成部分的具体情况
3	直接负载的损耗分析法	C E E1	不需要实测输出功率 其中：C法称为双机对拖回馈法，其杂散损耗用与转子电流呈二次函数关系进行线性回归计算；E和E1法称为测量输入功率的损耗分析法，两者的区别在于计算效率时所用的杂散损耗来源，E法需要实测，E1法用推荐值 试验项目较多，费时费力，还有较大的计算量，综合精度(不确定度)不如前两种，但它能显示出决定电机效率各主要组成部分的具体情况，其优点和作用与方法B相同
4	直接负载的降低电压负载法	G G1	在电源或负载不能满足满载运行负载试验时使用。需要的试验过程比上述几种更多、更复杂，但由于最终计算效率时有一些假设成分，致使准确度远比上述几种方法低(不确定度较高) 两者的区别在于杂散损耗的来源，G法需要实测，G1法用推荐值
5	简单试验理论计算法	F F1 H	在试验设备极度不足时使用，准确度最差(不确定度高)。需要进行的试验简单易行 其中：F和F1法称为“等效电路计算法”，两者的区别在于计算效率时所用的杂散损耗来源不同，F法需要实测，F1法用推荐值 H法称为“圆图计算法”，在理论上与F法相同

三、A 法和 B 法负载试验过程

（一）A 法和 B 法的共同点和区别

从名称上来看，效率测试的 A 法和 B 法都带有“输入-输出”4 个字，即都属于需要加到额定输出功率的直接负载，并且能够实测输出机械功率（一般是通过实测输出转矩和转速后计算得到）的直接负载法，所以两种方法所用仪器设备的组成以及试验过程完全相同。

B 法比 A 法多了“损耗分析”4 个字，区别是在试验取得相关数据后的某些计算环节，具体地说是对负载杂散损耗的计算问题，A 法直接使用“剩余损耗”作为杂散损耗；B 法需要对“剩余损耗”进行与输出转矩呈 2 次函数的“线性回归”（美国标准中称为“平滑处理”），去除 2 次函数中的“截距”后，再用负载杂散损耗与输出转矩二次方呈线性关系求出用于效率计算的负载杂散损耗值。

（二）试验设备及准备工作

1. 试验设备

本方法关键在于具备能直接测量电动机输出机械功率（或转矩）的测功设备。

用交流异步电机作负载，通过变频-逆变共直流母线内反馈系统供电的低压电机试验设备组成示意图如图 5-11 所示。

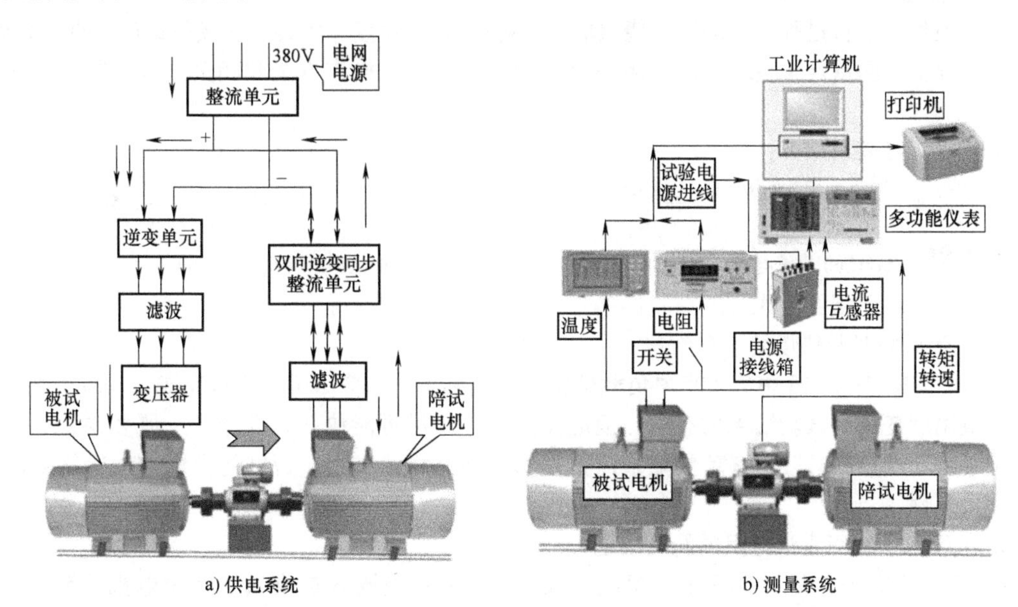

图 5-11　用交流异步电机作负载进行 A 法和 B 法效率试验的系统示意图

所用测功机的功率（或转矩传感器的额定转矩），在与被试电机同样的转速下，应不超过被试电机额定功率（或转矩）的 2 倍，这一要求是为了保证测量的准确度；下限值则应满足负载试验第一点要求加负载的数值，此时可考虑所用测功机和转矩传感器具有短时 1.2 倍的过载能力。

2. 准备工作

试验前应做好如下两项准备工作。若试验紧接着热试验进行，则这些工作是在热试验前必须做的，所以不必再做。

1）在绕组中埋置热传感元件，相关要求在第四章“通用试验及设备”中第十二节已详细给出。在此不再论述。

2）测量冷态绕组温度和环境温度，相关要求见本章第三节“绕组和相关元件在冷状态下直流电阻的测定”。

（三）试验过程和需要记录的数据

1. 试验前的运行要求

给被试电机加规定的负载（一般为额定负载），保持电源电压和频率为额定值，运行到温升稳定，若单独进行本项试验，被试电机绕组所达到的温度与实际温升稳定所达到的温度（该温度可以是同规格电机热试验的结果）之差应不超过 5K（美国标准 IEEE 112 规定为 10K），则可进入到数据测试试验程序，若试验紧接着热试验进行，则可不必运行很长时间。

2. 试验过程和需要记录的数据

试验测量过程中，要始终保持电源电压和频率为额定值。

调节负载在 1.5（在 GB/T 25442—2018/IEC 60034 -2 -1：2014 中第 6.1.3.2.3 条给出的是 1.25，建议采用）~0.25 倍额定输出功率范围内变化，测取负载下降的工作特性曲线。每条曲线测取不少于 6 点读数，每点读数包括三相线电压（应保持额定值）U_1（V）、三相线电流 I_1（A）、输入功率 P_1（W）、转速 n（r/min）、输出转矩 T（N · m）和定子绕组的直流电阻 R_{1t}（Ω）或温度 θ_{1t}（℃）。

若无条件在运行过程中实测定子绕组的直流电阻 R_1 或温度，则建议在读取最后一点读数后，尽快断电停机，测量定子绕组直流电阻与时间的关系曲线，操作方法和相关要求同热试验时的本项内容。

上述流程可表示如下：

1.5（或 1.25）P_N开始$\xrightarrow[\geqslant 6\text{点}]{\text{保持 } U=U_N\text{、}f=f_N\text{；测取 } I_1\text{、}P_1\text{、}P_2\text{（或 }T\text{）、}s\text{（或 }n\text{）、}R_{1t}\text{（或 }\theta_{1t}\text{）}}0.25P_N$

$\xrightarrow{\text{断电停机}}$测量绕组直流电阻 R_{1t}与时间的关系曲线（无条件在运行中直接测量 R_{1t}或 θ_{1t}时）

（四）说明和相关要求

1. 关于试验时间快慢的掌握问题

在 GB/T 1032—2012 中 7.2 节“负载试验”中提到：试验应尽可能快地完成，以减少试验过程中电机温度变化对试验结果的影响。但应注意理解“尽可能快”这 4 个字，既要快，又要保证在记录每一点数据时，所有需要记录的数据都要达到稳定方可，否则将会影响试验结果的准确性和重复性。

2. 关于定子绕组直流电阻的测量问题

在 GB/T 1032—2012 中 7.2 节“负载试验”中提到：当按 B 法或 A 法测定电机效率时，必须测取每个负载点的绕组温度 θ_{1t}或电阻 R_{1t}。

但实际试验时，可能遇到如下情况造成无条件在试验前在绕组中埋置热传感元件：

1）由于结构复杂不便于拆下端盖等结构件。

2）拆装端盖等会造成某些部件的损伤、改变原有的密封性能。

3）客户不允许拆开端盖等部件。

此时，若要求必须用 A 法或 B 法获得效率值，怎么办？

在 GB/T 1032—2012 中 7.2 节又提到：当按 C 法、E 法或 E1 法确定电机效率时，允许采用本条 a）规定的方法确定每个负载点处的电阻值；当按本标准规定的其他方法确定电机效率时，允许采用本条 b）规定的方法确定每个负载点处的电阻值。这里提到的 a）法和 b）法如下：

a）≥100% 额定负载点的电阻值是最大负载点读数之前的电阻值；<100% 额定负载点的电阻值按与负载呈线性关系确定，起点是 100% 额定负载时的电阻值，末点是最小负载读数之后的

电阻值。

b）负载试验结束并断电停机后，按用电阻法测取绕组温升所述的方法，立即测取定子绕组端电阻对冷却时间 t 的关系曲线，取外推到 $t=0s$ 时的电阻值作为各负载点的电阻值。

作者认为：实践证明上述 a）法不易实施。原因是两个时刻的电阻值都需要在断电停机的状态下进行测量，测量时刻与读取负载点的时刻相距较长，造成数据偏差较大。而 b）法则很容易实施，并且与实际值相差较小。

实测数据表明，6 个试验点的绕组温度中，100% 负载点最高，两端都较低，变化幅度在 ±1% 左右。

作者建议：在做不到带电测取绕组直流电阻（或温度）时，应使用上述 b）法。

3. 读取各点数值时要保持电源电压和频率为额定值的问题

试验方法标准中要求在试验读取各点数值时要保持电源电压和频率为额定值，实际上要做到 100% 额定值是不太容易的，原因是电源电压始终会波动，频率也会有一定的变化，频率变化的幅度，在电网供电的情况下很小，可以忽略不计；但用机组或电子电源时，相对较大。为了使最终结果的准确性达到尽可能高的水平，就要在每个测量点同时精确地测量和记录电源电压（从被试电机接线端测取）及频率。特别是在计算转差率时，一定要使用记录的电源频率来计算同步转速。

（五）整理和计算记录的数据

根据试验中记录，求出各试验点如下将来用于计算效率的数据：

1）三相线电流平均值。

2）输入功率。

3）输出功率。

4）转速和转差率。

5）用测量绕组温度再转换成直流电阻的方法时，求出绕组的直流电阻。

6）用断电停机后测量绕组直流电阻的方法时，求出断电瞬间绕组的直流电阻。

四、C 法（双机双电源对拖反馈试验损耗分析法）的负载试验过程

（一）试验设备

试验时，必须用一台同规格（尽可能是同时生产）的三相异步电动机作为负载（即陪试电机。此时的陪试电机与被试电机是相对而言的）。与其用联轴器相连接，如图 5-12 所示。被试电机（用代号 M_1 表示）接额定频率的电源；陪试电机（用代号 M_2 表示）接可变频率的电源（因此，本试验需要一套变频电源和相关的回馈电源设备。可以是机组组成的或电子变频内反馈的，其频率至少在其额定值的 90% ~110% 范围内可调）。试验中，总会有一台电机在以异步发电机状态下运行，其输出的电能通过变频电源（逆变器）向电网或另一台电机反馈。由此将此方法称为“双机对拖反馈法”。

图 5-12　双机对拖

需要给被试电机和陪试电机各配置一套完整并相同的电量测量仪器仪表，其准确度可低于 A、B 两种方法 1 级（即不低于 0.5 级）。

（二）试验过程和记录的数据

1. 负载试验前的准备工作

1）分别测量被试电机（M_1）和陪试电机（M_2）的定子绕组冷态直流电阻和环境温度。

2）被试电机（M_1）和陪试电机（M_2）通过机械耦合后，对被试电机（M_1）进行热试验并达到热稳定状态，测取相关电阻和温度数据。

2. 试验过程和应记录的数据

C法试验调节负载是以电流为参考的，达到额定电流即认为达到了额定输出功率。试验过程分如下两步进行。在两次试验时，测量仪表及互感器的接线位置不变。

第一步：被试电机 M_1 在额定频率的额定电压下作电动机运行。

被试电机 M_1 在额定电压和额定频率下运行，降低陪试电机 M_2 的端电压和频率，给 M_1 加负载。此时 M_1 为电动机运行，M_2 为发电机运行。在调节 M_2 的端电压和频率时，应保持“压/频”比为额定值（例如额定电压为380V、额定频率为50Hz的电动机，其额定“压/频”比＝380/50＝7.6）。

试验从最大负载开始，依次降到最小值。试验应尽快完成，以减少试验过程中温度变化对试验结果的影响。

在25%～100%额定电流之间，按大致均匀分布取4个电流点（包括100%额定电流），在大于100%但不超过150%（或125%）额定电流之间取2个电流点。同时读取并记录每个负载点的如下数据：

1）M_1 的定子输入功率 P_1、定子线电流 I_1、端电压 U、频率 f、绕组温度 θ_t（或端电阻 R_t）、转速 n（或转差率 s_t）、冷却介质温度 θ_a。

2）M_2 的定子输出功率 P_1'、定子线电流 I_1'、端电压 U'、电源频率 f'、绕组温度 θ_t'（或端电阻 R_t'）。

M_2 与 M_1 的转速相同，但由于电源频率不同，所以同步转速不同，转差率不同。

第二步：被试电机 M_1 在额定频率的额定电压下作发电机运行。

升高 M_2 的电源频率和端电压（保持额定“压/频”比），使 M_2 作电动机运行。M_1 仍保持施加额定电压和额定频率，但此时将改作发电机运行。

调整负载进行试验，其调整方法和记录的数据与上述第一步相同。应注意的是，各负载点的电流值应与第一步各对应点的数值尽可能接近。

此时，测量仪表及互感器接线位置均不变。由于功率反向流动，所有仪表的校正误差可减至最小。仪用互感器的相角误差是累积的，精确校正相角误差是很重要的，因为这种误差会使所求得的损耗小于真实值。

注：无条件在通电运行的条件下测量定子绕组的直流电阻或温度时的规定和作者的看法及建议见本节第三部分第（二）2项内容。

上述流程可表示如下：

（1）陪试电机的电源频率低于其额定值：被试电机作电动机运行，从1.5（或1.25）I_N 开始

$\xrightarrow[\geqslant 6\text{点}]{\text{被试电机保持 } U=U_N\text{、}f=f_N\text{；同时测取被试和陪试电机各点的 } I_1\text{、}P_1\text{、}s\text{（或 }n\text{）、}R_{1t}\text{（或 }\theta_{1t}\text{）}} 0.5I_N$

（2）陪试电机的电源频率高于其额定值：被试电机作发电机运行，从1.5（或1.25）I_N 开始

$\xrightarrow[\geqslant 6\text{点}]{\text{保持被试电机的 } U=U_N\text{、}f=f_N\text{；同时测取被试和陪试电机各点的 } I_1\text{、}P_1\text{、}s\text{（或 }n\text{）、}R_{1t}\text{（或 }\theta_{1t}\text{）}} 0.5I_N \rightarrow$ 断电停机

→测量被试电机绕组直流电阻 R_{1t} 与时间的关系曲线（无条件在运行中直接测量 R_{1t} 或 θ_{1t} 时）

五、E（E1）法（测量输入功率的损耗分析法）的负载试验过程

（一）试验设备

E法和E1法所用负载等设备可同A、B、C三种方法中提到的任意一种，但使用三相异步电动机作负载时，其额定功率只要不低于被试电机的95%即可，额定电压也不一定和被试电机完全相同。被试电机与负载设备的连接方式和要求与C法相同，但只需要给被试电机配置一套完

整的电量测量仪器仪表即可。所用仪器仪表的准确度要求同C法。

（二）试验过程和记录的数据

E法和E1法负载试验过程完全相同。

试验的过程、方法和要求记录的数据等与前面第四项C法第一步讲述的内容基本相同，只是负载的调节方法需要根据负载设备的不同会有所区别。

E法需要增加一项杂散损耗实测试验，E1法计算效率时的杂散损耗用推荐值，其试验方法或具体推荐数值见本章第八节。

六、G（G1）法测定效率——降低电压负载法

G（G1）效率的测定法称为“降低电压负载法”，是等效负载法测定效率的方法之一。在电源或负载能力不能进行额定电压和额定负载试验时采用。

试验时所用负载设备的连接方式和要求以及仪器仪表的选用与前面讲述的几种方法基本相同，不同点是负载的容量可以小一些（在被试电机额定功率的1/2左右即可）。

（一）试验步骤和需测量的数据

首先使被试电机在额定频率、1/2额定电压和1/2额定电流下运行到接近热稳定状态。然后保持额定频率和1/2额定电压不变，在0.6倍额定电流至空载电流范围内测取不少于6点读数，每点读数包括三相线电流、输入功率及转差率（或转速）、定子直流电阻或温度（若无条件，则在上述试验结束之后，立即断电停机测取定子直流电阻与时间的关系曲线）。

上述流程可表示如下：

从$0.6I_N$开始$\xrightarrow[\geqslant 6\text{点}]{\text{保持 }U=0.5U_N\text{、}f=f_N\text{；同时测取 }I_1\text{、}P_1\text{、}s\text{（或 }n\text{）、}R_{1t}\text{（或 }\theta_{1t}\text{）}}$$I_0$→断电停机

→测量被试电机绕组直流电阻R_{1t}与时间的关系曲线（无条件在运行中直接测量R_{1t}或θ_{1t}时）

G法需要增加一项杂散损耗实测试验，G1法计算效率时的杂散损耗用推荐值，其试验方法或具体推荐数值见本章第八节。

（二）进行空载试验

试验方法和需测量的数据等同本章第七节“空载特性试验”。

七、F法、F1法（等效电路法）和H法（圆图计算法）试验

这三种方法都属于通过简单的试验得出一些数据后，再利用理论计算得出电机效率和一些其他性能数据的间接法。由于在计算中采用了一些假设数据，所以计算结果的准确度相对较差（不确定度较高），一些实践表明，用F法和F1法时，得到的转差率往往远高于实际值，从而使得转子铜耗较高。因此，只在电源或负载设备能力不足时使用。表5-8给出了试验过程和需要记录的数据。

表5-8　F法、F1法、H法试验过程和需要记录的数据

<table>
<tr><th>方法名称</th><th colspan="2">试验过程</th><th>需要记录的数据</th></tr>
<tr><td rowspan="4">等效电路法
F，F1</td><td colspan="2">（1）测定绕组冷态直流电阻和温度（见本章第三节）</td><td>见本章第三节</td></tr>
<tr><td colspan="2">（2）低频（1/4倍额定频率）堵转试验（见本章第四节）</td><td>见本章第四节</td></tr>
<tr><td colspan="2">（3）负载杂散损耗试验（用F法计算效率时，试验和计算方法见本章第八节）</td><td>额定负载时的杂散损耗</td></tr>
<tr><td colspan="2">（4）额定频率空载试验（见本章第七节）</td><td>见本章第七节</td></tr>
<tr><td rowspan="4">圆图计算法
H</td><td colspan="2">（1）测定绕组冷态直流电阻和温度（见本章第三节）</td><td>见本章第三节</td></tr>
<tr><td rowspan="2">（2）堵转试验</td><td>1）绕线转子和普通笼型转子电机：额定频率，1.0～1.1额定电流（见本章第四节）</td><td>见本章第四节</td></tr>
<tr><td>2）深槽和双笼型转子电机：1/2倍被试电机额定频率下进行一次堵转试验，1.0～1.1额定电流（同上）</td><td>同上</td></tr>
<tr><td colspan="2">（3）额定频率空载试验（见本章第七节）</td><td>见本章第七节</td></tr>
</table>

第七节　空载特性试验

一、试验目的

空载试验是给定子加额定频率的额定电压空载运行的试验。其目的主要有如下3个：

1）检查电机运转的灵活情况，有无异常噪声和较大的振动。

2）通过测试，求得电机空载损耗、铁心损耗（简称“铁耗”）与空载电压的关系曲线。确定额定电压时的铁耗和额定转速（严格地讲是空载转速）时的风摩损耗（包括电机自带的风扇所消耗的功率“风损耗”和轴承等部件运转中摩擦消耗的功率“摩擦损耗”两部分。又称为“机械损耗”，简称“机械耗”）。

铁耗和机械耗这两项损耗包括在电机“五大损耗”之内（另3个分别是定子铜耗、转子铜耗和杂散损耗），是采用损耗分析法求取电机效率的必需参数，也是分析和改进电机性能的重要参考数据。

3）得出空载电流与空载电压的关系曲线。这条曲线其实就是一条磁化曲线。它可以反映出电机磁路的工作情况，例如，铁心材料的性能和几何尺寸、定子绕组匝数及型式、定转子气隙的大小等参数选择得是否合理；对于批量生产中的电机是否有异常变化等。

二、试验过程和有关参数的测定方法

（一）试验设备及要求

电机试验电路示意图如图5-13所示。其中三相电源调压设备T的输出电压应在被试电机额定电压20%～130%以内可调，容量应不小于被试电机的额定输入功率的1/2或输出电流不小于被试电机的额定输入电流的50%～80%（大容量的电机取小值）。

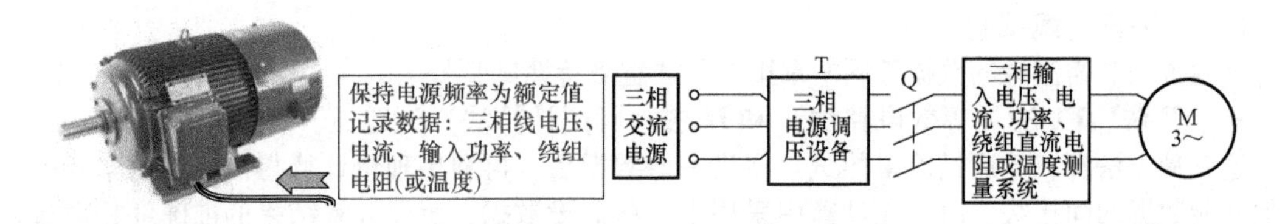

图5-13　三相异步电动机空载试验电路示意图

测量输入功率应采用低功率因数功率表或能适用于功率因数为0.2以下的其他数字功率表。一般采用两块单相功率表测量三相功率的方法（两表法）。

对750W以下的电动机，为了提高测量准确度，在GB/T 1032—2012中规定不允许采用电流互感器（为此，在电流测量电路中应设置不通过电流互感器的“直通”电路）。

绕线转子电动机进行空载试验时，应将转子三相绕组在集电环上（对具有提刷装置的电机）或输出线端（对无提刷装置的电机）短路。

（二）试验过程

1. 试验前的准备工作

1）在实际冷状态下，测取定子绕组的直流端电阻 R_{1C} 和环境温度 θ_{1C}（按本章第三节的规定）。

2）将电机减压起动后，保持额定电压和额定频率空载运行到机械耗稳定。

判定机械耗稳定的标准是：输入功率相隔0.5h的两个读数之差不大于前一个读数的3%。但在实际应用时，通常凭经验来确定，对1kW以下的电机一般运转15～30min；对1～10kW的电机一般运行30～60min；大于10kW的电机应为60～90min；极数较多的电机或在环境温度较低的场地试验时，应适当延长运转时间。

若进行了热试验或负载试验，并且本试验在这些试验之后紧接着进行，则不必进行上述运转过程。

前段规定是作者通过如下相关标准中的描述理解而给出的。

在GB/T 1032—2012中的原话是“建议在热试验和负载试验之后进行空载试验”（第8.1条）。没有明确是否可以不再进行记录数据前的空运转过程。

而在美国标准IEEE 112中第5.5节“空载试验”中的第5.5.1条“轴承损耗的稳定”则明确地给出了空运转的目的和要求规定：“有些电动机的摩擦损耗可能会发生变化，直至轴承达到稳定运行状态。对油脂润滑滚动轴承而言，滚道上无多余油脂，才能达到稳定状态。这可能需要长时间运行才能使空载输入功率达到完全稳定状态。间隔半小时连续两次测量空载输入功率，如果读数变化不超过3%，则可视为已经达到稳定状态”。同时明确规定：“如果空载试验前已经进行了发热试验，则无需进行轴承损耗稳定试验”。

GB/T 1032—2012中提出：“对水-空冷却电机，在热试验或负载试验后应立即切断水源”。这句话作者理解为“对水-空冷却电机，在热试验或负载试验后紧接着进行空载试验时，试验前应切断水源”。

2. 试验过程和记录数据

试验时，施于定子绕组上的电压应从$1.25U_N$开始，逐步降低到可能达到的最低电压值，即电流从遂点下降到开始回升时为止（请注意：回升点的数据不记录，应略提高电压测取1点）。其间测取不少于9点读数（建议读取更多点数，因为测取的电压点数越多，求取的风摩耗和铁耗值会越准确）。其中，在125%～60%额定电压之间（包括额定电压点），按均匀分布至少取5个电压点；在约50%额定电压和最低电压之间至少取4个电压点。每点应测取下列数值：三相线电压U_0（如能确定三相平衡时，可只测一相）、三相线电流I_0、输入功率P_0。

另外，使用A法和B法测试效率时，还应同时测取绕组温度θ_0或端电阻R_0。

用其他方法测试效率，当每点都测量直流电阻有困难时，可在上述测量结束后，尽快使电机断电停转，然后用同热试验测量试验后热电阻的方法测取R_0与时间t的关系曲线（本规定为作者建议）。

上述试验过程可用下面的流程图表示：

$$1.25U_N\text{开始}\xrightarrow[\text{调节 }U_0\text{，不少于9点}]{\text{保持}f\text{为额定值；测取：}U_0\text{、}I_0\text{、}P_0\text{、}R_0\text{（或}\theta_0\text{）}}I_0\text{开始回升为止}\xrightarrow{\text{断电停机}}\text{测量定子绕组电阻}R_0\text{与时间的关系曲线（同热试验）}$$

（三）整理试验数据和进行相关计算

1. 求取各试验点电流的平均值和三相不平衡度

求取各试验点电压和电流的平均值U_0（V）和I_0（A）。计算额定电压点的三相空载电流不平衡度，应符合标准的要求（各类三相异步电动机的技术条件均规定不超过±10%为合格）。

2. 求取各试验点的输入功率P_0

求取各试验点的输入功率P_0（W）。

使用指针式功率表时，若有必要，则应进行仪表损耗的修正，修正方法见第三章第四节第三项“功率表方法误差的修正”。

对于采用电压后接的两功率表和一块电压表的接线方法，设功率表电压回路的直流电阻为R_{WV}（Ω）、电压表的直流电阻为R_{VV}（Ω），则每点的仪表损耗ΔP_b（W）计算公式为

$$\Delta P_{\mathrm{b}} = U_0^2\left(\frac{1}{R_{\mathrm{VV}}} + \frac{2}{R_{\mathrm{WV}}}\right) \tag{5-23}$$

例如，使用一块电压表和两块单相功率表，采用电压后接法测量电路，电压表的电阻 R_{VV} 为 75kΩ，功率表的电压回路电阻 R_{WV} 为 20kΩ，试验电压 U_0 为 420V 时，有

$$\Delta P_{\mathrm{b}} = U_0{}^2\left(\frac{1}{R_{\mathrm{VV}}} + \frac{2}{R_{\mathrm{WV}}}\right) = 420^2 \times \left(\frac{1}{75000} + \frac{2}{20000}\right)\mathrm{W} \approx 19.992\mathrm{W} \approx 20\mathrm{W}$$

每点实际输入功率 P_0（W）为仪表显示的 $P_{0\mathrm{W}}$ 与该点仪表损耗 ΔP_{b} 之差，即

$$P_0 = P_{0\mathrm{W}} - \Delta P_{\mathrm{b}} \tag{5-24}$$

3. 求取计算空载铜耗的端电阻 R_0

求取各试验点的端电阻 R_0（Ω）。根据不同的测试数据，采用不同的计算方法。

1）直接测取绕组的各点端电阻 R_0。

2）各试验点测出的是绕组的温度 θ_0（取每一试验点所有温度测量点的最高一点的数值），则根据电阻与温度关系确定各点的端电阻 R_0（Ω）为

$$R_0 = R_{1\mathrm{C}}\frac{K_1 + \theta_0}{K_1 + \theta_{1\mathrm{C}}} \tag{5-25}$$

式中　$R_{1\mathrm{C}}$——定子绕组初始（冷）端电阻（Ω），按本章第三节的规定获得；

$\theta_{1\mathrm{C}}$——测量 $R_{1\mathrm{C}}$ 时定子绕组温度（℃），按本章第三节的规定获得。

注：作者不赞成此种获取绕组电阻的方法，因为它是由绕组某个局部点的温度计算得到的，不能准确地表示整套绕组的电阻值。这就势必会给后面一系列计算带来偏差。

3）利用试验断电停机后测量热电阻 R_0 与时间 t 的关系曲线的方法时，绘制该关系曲线，并将曲线推至 $t=0\mathrm{s}$，获得断电瞬间的 R_0，用于以下所有试验点的铜耗计算。

4. 计算各试验点的铜耗

各试验点的铜耗计算公式如下：

$$P_{0\mathrm{Cu1}} = 1.5I_0^2R_0 \tag{5-26}$$

5. 求取“恒定损耗” P_{con}

用下式求取所谓的“恒定损耗”，即铁耗与风摩耗之和 P_{con}（W）：

$$P_{\mathrm{con}} = P_0 - P_{0\mathrm{Cu1}} \tag{5-27}$$

（四）绘制空载特性曲线和求取相关数据

在同一个坐标系中绘制如下空载特性曲线并按要求获取相关数据（见图5-14）：

1. 绘制 P_0 和 I_0 对（U_0/U_{N}）的关系曲线及额定电压时 P_0 和 I_0 的获取

1）在125%额定电压至最低电压（空载电流回升点除外）范围内，绘制空载输入功率 P_0（空载输入功率 P_0 就是电动机在空载运行时的总损耗。它包括定子 I^2R 损耗、铁耗和风摩耗。因为空载时电动机的转速接近同步转速，即转差率 $s\approx0$，所以空载时转子 I^2R 损耗可忽略不计）和空载输入电流 I_0 对空载电压标幺值（U_0/U_{N}）的关系曲线：$P_0=f$（U_0/U_{N}）和 $I_0=f$（U_0/U_{N}）。

2）从曲线上获取 $U_0=U_{\mathrm{N}}$（即 $U_0/U_{\mathrm{N}}=1$ 点）时的 P_0（W）和 I_0（A）。

2. 绘制 P_{con} 对（U_0/U_{N}）^{2} 的关系曲线和风摩耗 P_{fw} 的获取

1）对约50%额定电压至最低电压点范围内的各测试点值，作 P_{con} 对（U_0/U_{N}）^{2} 的关系曲线 $P_{\mathrm{con}}=f$[（U_0/U_{N}）^{2}]。一般应为一条直线。

2）将上述曲线延长至（U_0/U_{N}）$^2=0$ 处（即与纵轴相交）得到在纵轴上的截距，该截距即为风摩耗 P_{fw}（W）。

3. 绘制 P_{Fe} 对 U_0/U_{N} 的关系曲线和 P_{Fe} 的确定

1）用下式计算60%额定电压和125%额定电压之间的各电压点的铁耗 P_{Fe}（W）：

$$P_{Fe}=P_{con}-P_{fw} \tag{5-28}$$

2）对上述范围内的各电压点，作铁耗 P_{Fe} 对空载电压标幺值 U_0/U_N 的关系曲线 $P_{Fe}=f(U_0/U_N)$。

3）空载额定电压时的铁耗 P_{Fe} 即为 $(U_0/U_N)=1$ 时的 P_{Fe}（W）。

（五）求取效率时各试验点的铁耗的确定方法

1. 负载试验时各试验点铁耗 P_{Fe} 的求取方法

在GB/T 1032—2012中规定：在计算效率时，A、B、C、E、E1法所使用的铁耗 P_{Fe} 需要利用负载试验时各试验点测得的端电压 U、输入电流 I_1 和功率 P_1、定子端电阻 R_t，用以下各式计算出一个电压 U_b，然后在空载特性曲线中的 $P_{Fe}=f(U_0/U_N)$ 曲线上查取对应于 $U_0/U_N=U_b/U_N$ 时的铁耗，作为该负载点的铁耗 P_{Fe} 参与效率计算。

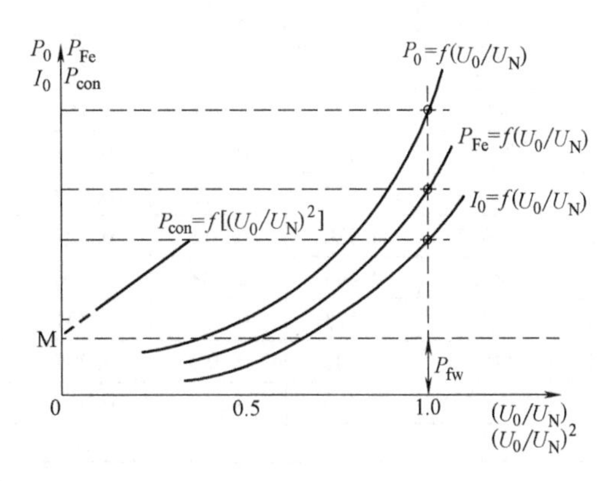

图5-14　三相异步电动机空载特性曲线

与以前标准规定的各负载试验点均使用空载电压为额定电压时的铁耗相比，这种方法获得的铁耗值有所减小（负载越大，减小的值越多），从而使效率计算值相对提高。实际计算表明，额定负载点的效率提高值在0.1%～0.25%之间。

2. 在GB/T 1032—2012中给出的 U_b 计算式

在GB/T 1032—2012中给出的计算 U_b（V）的公式如下：

$$U_b=\sqrt{\left(U-\frac{\sqrt{3}}{2}I_1R_t\cos\varphi\right)^2+\left(\frac{\sqrt{3}}{2}I_1R_t\sin\varphi\right)^2} \tag{5-29}$$

式中，$\cos\varphi=\dfrac{P_1}{\sqrt{3}UI_1}$，$\mathrm{sim}\varphi=\sqrt{1-\cos^2\varphi}$。

3. 简化的 U_b 计算式

利用 $\sin^2\varphi+\cos^2\varphi=1$ 的数学关系，可将式（5-29）简化为以下简单的计算式：

$$U_b=\sqrt{U^2-R_tP_t+\frac{3}{4}I_1^2R_t^2} \tag{5-30}$$

4. 计算举例

某负载试验点的数据为定子电压 $U=380\text{V}$、定子电流 $I_1=13.78\text{A}$、定子绕组电阻 $R_t=1.61\Omega$、输入功率 $P_1=7710\text{W}$。则利用式（5-30）可得

$$\begin{aligned}U_b&=\sqrt{U^2-R_tP_t+\frac{3}{4}I_1^2R_t^2}\\&=\sqrt{380^2-1.61\times7710+\frac{3}{4}\times13.78^2\times1.61^2}(\text{V})=363.8(\text{V})\end{aligned}$$

从空载特性曲线 $P_{Fe}=f(U_0/U_N)$ 上，查取 $U_0/U_N=U_b/U_N=363.8\text{V}/380\text{V}=0.9574$ 时的铁耗，作为该负载试验点的铁耗 P_{Fe} 为145W。在 $U_0=U_N=380\text{V}$ 时 P_{Fe} 为165W。相差20W，为165W的12.12%。

使用本方法计算得到的该负载点效率为86.05%，比原用方法得到的效率85.82%高0.23%。

（六）空载试验实例

表5-9、表5-10和图5-15给出了一台型号为Y2-132M-4（铭牌相关数据见表5-4）的三相异步电动机空载试验原始数据和计算结果。

表5-9 空载试验原始数据

序号	U_0/V	I_0/A				P_0/W			θ_1/℃
		I_{01}	I_{02}	I_{03}	倍	W_1	W_2	倍	
1	475.4	2.603	2.604	2.621	5	-536.5	689.0	5	75.5
2	419.4	1.522	1.517	1.532	5	-272.4	357.0	5	76.5
3	380.0	1.147	1.144	1.156	5	-182.8	246.6	5	76.5
4	304.9	0.802	0.799	0.807	5	-99.2	141.6	5	76.1
5	228.9	0.573	0.571	0.579	5	-49.8	78.5	5	75.4
6	209.7	0.520	0.518	0.527	5	-40.1	66.0	5	74.8
7	182.7	0.449	0.448	0.456	5	-28.5	51.0	5	74.2
8	152.4	0.373	0.374	0.381	5	-17.9	36.9	5	73.9
9	115.7	0.288	0.289	0.295	5	-7.8	23.6	5	72.8
10	76.2	0.210	0.210	0.219	5	-0.2	13.4	5	72.2
R_0/Ω			1.0670			环境温度/℃		22.6	

表5-10 空载试验计算结果

序号	U_0/V	U_0/U_N	$(U_0/U_N)^2$	I_0/A	P_0/W	P_{0Cu1}/W	P_{con}/W
1	475.4	1.25	1.57	13.047	762.5	328.4	434.1
2	419.4	1.10	1.22	7.618	423.0	112.3	310.7
3	380.0	1.00	1.00	5.745	319.0	63.9	255.1
4	304.9	0.80	0.64	4.013	212.0	31.1	180.9
5	228.9	0.60	0.36	2.872	143.5	15.9	127.6
6	209.7	0.55	0.30	2.608	129.5	13.1	116.4
7	182.7	0.48	0.23	2.255	112.5	9.8	102.7
8	152.4	0.40	0.16	1.880	95.0	6.8	88.2
9	115.7	0.30	0.09	1.453	79.0	4.0	75.0
10	76.2	0.20	0.04	1.065	66.0	2.2	63.8
$U_0=U_N=380$V时	$I_0=7.45$A	$\Delta I_0=0.61\%$	$P_0=318.90$W	$P_{fw}=56.15$W	$P_{Fe}=198.90$W		

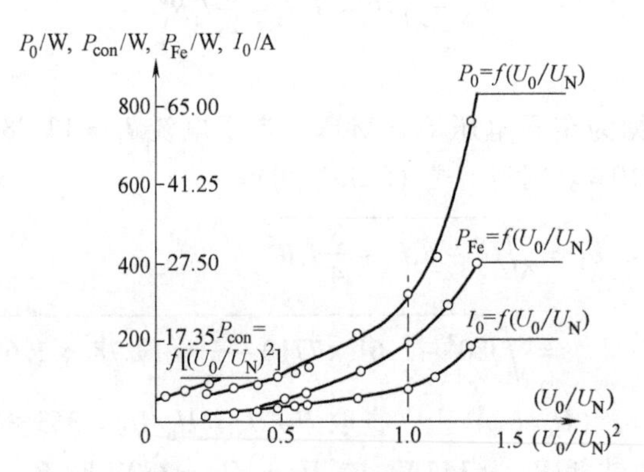

图5-15 空载特性曲线实例

第八节　杂散损耗的测定试验和有关规定

一、杂散损耗的定义、试验目的

（一）定义

杂散损耗是三相异步电动机“五大损耗”之一。它是指用间接法测定电机效率时，未包括在另外四项损耗之内的其他各种损耗之和，如铸铝转子导条间的“横向电流”损耗、齿谐波产生的齿部脉振损耗、绕组端部漏磁在其邻近的金属构件中造成的磁滞损耗和涡流损耗等。

杂散损耗又可以分成基频杂散损耗和谐波杂散损耗两部分，后者常被称为高频杂散损耗。

（二）试验目的

杂散损耗测定试验即是利用实测的方法求得上述两部分损耗的试验，它是用间接法（E 法、F 法和 G 法）测定电动机效率的一个重要试验项目。用实测法求得的杂散损耗值也是帮助设计人员改进和提高电机性能的一项主要参数。

二、基频杂散损耗的测定方法

本项试验在 GB/T 1032—2012 中的第 10.6.3.2 条提出，题目叫“取出转子试验——测定基频杂散损耗 P_{sf}”。

1. 试验状态、设备接线和试验方法

电机抽去转子，但可能感应电流的端盖及其他结构件应就位，如图 5-16a 所示。试验设备和电路接线如图 5-16b 所示，输入功率测量应采用低功率因数功率表。

给定子绕组施以额定频率的对称低电压。试验从大电流值开始，逐步降低，在 1.1 ~ 0.5 倍额定电流范围内至少测取 6 点读数。每点应同时读取输入功率 P_1、输入电流 I_1 和绕组温度 θ_t（或直流电阻 R_t）或断电后立即测取定子绕组直流电阻 R_t。

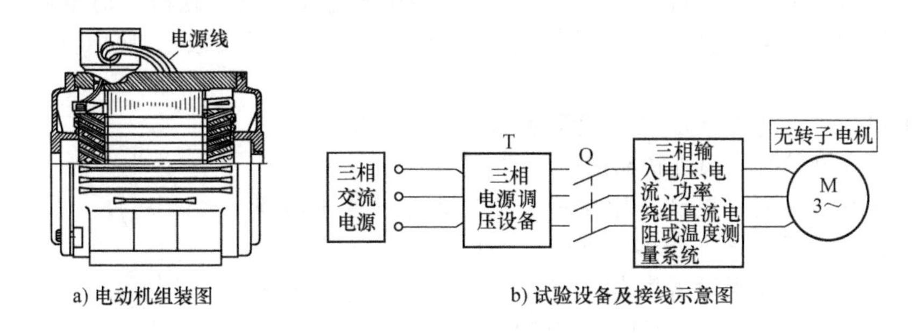

a) 电动机组装图　　b) 试验设备及接线示意图

图 5-16　实测基频杂散损耗的试验设备及接线示意图

2. 求取基频杂散损耗 P_{sf}

1）用下式求出各测量点的基频杂散损耗 P_{sf}（W）：

$$P_{sf}=P_1-1.5\,I_1^2R_t \tag{5-31}$$

$$R_t=R_{1C}\frac{K_1+\theta_t}{K_1+\theta_{1C}} \tag{5-32}$$

式中　R_t——试验温度下绕组端电阻（Ω）；

R_{1C}——定子绕组初始（冷端）电阻（Ω），由本章第三节确定；

θ_{1C}——测量 R_{1C} 时绕组温度（℃），由本章第三节确定；

θ_t——试验时测得的绕组温度（℃）；

I_1——定子线电流（A）；

P_1——输入功率（W）。

2）绘制基频杂散损耗 P_{sf} 和转子电流 I_2 的关系曲线 $P_{sf}=f(I_2)$，如图5-18所示，其中转子电流 $I_2=\sqrt{I_1^2-I_0^2}$，式中 I_0 为 $U_0=U_N$ 时的空载电流，由空载特性曲线试验获得。

三、高频杂散损耗的实测试验方法

（一）实测方法分类和说明

实测高频杂散损耗的方法常用反转法，又可分为异步机反转法和测功机反转法两种。而由测功机则可方便地实现A法和B法，换句话说，就没有必要再费力气进行一次试验（实践证明其准确度还不如A法和B法），所以，虽然GB/T 1032—2012中提出应优先采用，但实际上很少被采用。因此，一提到反转法，就直接想到的是异步机反转法。

在我国标准GB/T 1032—2012中的第10.6.6条和国际标准IEC 60034-2-1：2007中的第6.4.5.5条和第8.2.2.5.4条，还给出了一种叫作“绕组星接不对称电压空载试验法（简称为Eh－star法）”的实测方法（该方法源自欧洲标准）。但在2008年和2009年期间，经过国内多家电机试验机构实际操作表明，该方法操作难度较大，结果也不太理想，所以未能坚持下来。该方法在2014版的IEC 60034－2－1（转化的国标是GB/T 25442—2018）中仍保留，但目前还是无人使用。所以本手册也不作介绍了。

下边将异步机反转法和测功机反转法两种融合在一起进行介绍。

（二）实测高频杂散损耗方法——反转法

1. 反转法所用设备和试验电路

用反转法测试三相异步电动机的高频杂散损耗时，被试三相异步电动机应在其他机械的拖动下反转，在接近同步转速下运行。拖动它的机械可以是和其功率相等或接近、极数相同的异步电动机，也可以是能在电动机状态下运行的直流测功机或由转矩转速传感器和直流电动机等组成的测功设备等（统称为测功机。可想而知，不能使用涡流制动器、磁粉制动器和无直流电源的直流机与转矩传感器组成的“测功机”）。把前者称为“异步机反转法”，应用较多；后者称为“测功机反转法”。

在以下的讲述中，将上述所说的拖动机械统称为陪试电机或辅助电机，它们在试验时均通过联轴器和被试电机连接。

采用异步机反转法时，被试三相异步电动机通过一台三相调压设备（三相调压器或电子调压器，下同）供电。陪试三相异步电动机一般也采用三相调压设备供电（也可直接与网络电源相连接），使用三相感应调压器供电的试验电路如图5-17所示。

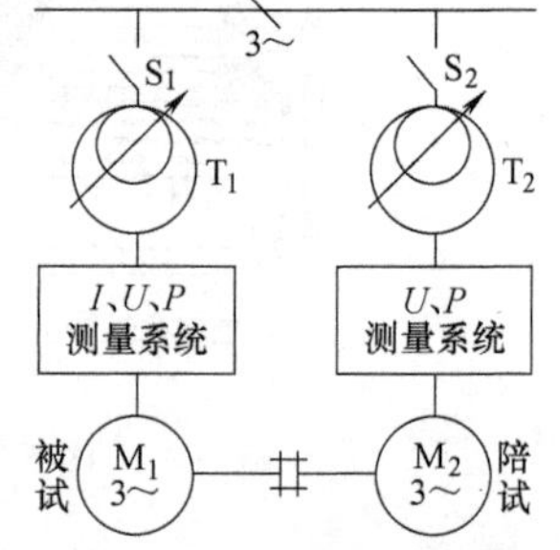

图5-17 异步机反转法实测高频杂散损耗的试验电路

采用测功机反转法时，测功机的供电应能保证机组的转速保持在被试电机的同步转速。为得到较高的测试精度，在此转速下，测功机的功率（或转矩传感器的额定转矩）应不大于被试电机额定功率（或额定转矩）的15%。

用测功机作拖动机械时的试验电路与温升或负载试验相同，只是此时测功机要由适当的电源供电处于电动机运行状态，测量的功率是其轴输出机械功率。

用异步机反转法时，被试电机及陪试电机的功率都应采用低功率因数功率表进行测量。

2. 反转法试验步骤

反转法试验过程及应记录的数据和相关规定见表5-11。其中“陪试电机”含异步电机和测功机电机（直流电机）。

表5-11　反转法实测高频杂散损耗的试验过程及应记录的数据

序号和简称	试验内容	说明和应记录的数据
1. 检查反转	对被试电机和陪试电机分别用各自的电源通电看其转向，从同一方向看，两者应相反	正确时，联轴器的两半节转向相反。不正确应调整
2. 空转运行	用陪试机拖动被试电机空转运行，转速应等于或接近被试电机的同步转速。至机械耗稳定为止	若试验紧接着热试验或负载试验进行，可不进行这两个过程，即直接进入下述第4步
3. 反转预热	在上述基础上，开始给被试电机通电，电源频率应为被试电机的额定值，电压以使被试电机定子电流达到额定值为准。运行10min	
4. 数据测试	（1）调节被试电机的输入电压，在1.1～0.5倍额定电流范围内测取不少于6点（和负载试验的测点数相同。应注意：在整个测试过程中，运转转速应尽可能保持在被试电机的同步转速附近）	①被试电机的输入功率P_1和三相线电流I_1，绕组温度θ_t（或端电阻R_t） ②陪试为测功机时，读取其输出转矩T_d；为异步电机时，读取其输入功率P_d ③转速n或陪试异步电动机的电源频率f
	（2）上述测试结束后，断开被试电机电源，记录陪试电机的数据	①对测功机为输出转矩T_{d0} ②对异步电动机为输入功率P_{d0}
	（3）不能做到在运转中测量绕组温度θ_t（或端电阻R_t）时，上述测试完毕后，迅速断电停机并测量被试电机的定子端电阻	被试电机定子端电阻R_t

3. 反转法高频杂散损耗的计算过程

反转法实测高频杂散损耗的计算过程和相关规定见表5-12。

表5-12　反转法实测高频杂散损耗的计算过程和相关规定

过程名称	内容或计算式
1. 整理试验数据	求出各试验点被试电机的定子电流平均值I_1（A）、输入功率P_1（A）、定子直流电阻R_t（Ω）；陪试电机的输入功率P_d（W）和P_{d0}（W） 其中，对陪试电机的输入功率P_d和P_{d0}，当陪试电机为测功机时，为其输出功率，应由其转矩T_d、T_{d0}和转速n（允许直接用同步转速n_s）求得 $P_d=\frac{T_d n}{9.549}$　（式1） $P_{d0}=\frac{T_{d0} n}{9.549}$　（式2）
2. 求取高频杂散损耗	将上述整理过的各点试验值代入下式，求出各试验点的“计算用高频杂散损耗”P'_{sh}(W) $P'_{sh}=P_d-P_{d0}-(P_1-1.5I_1^2R_t)$　（式3）
3. 绘制P'_{sh}与I_2的关系曲线	绘制曲线$P'_{sh}=f(I_2)$，$I_2=\sqrt{I_1^2-I_0^2}$，其中I_1为负载电流，I_0为被试电机试验电压时的空载电流（由空载特性曲线获得） 如已实测基频杂散损耗P_{sf}，则应将两条曲线绘制在一个坐标上，如图5-18所示

（三）求取总杂散损耗

1. GB/T 1032—2012中第10.6.3.4.2条求取规定

按上述要求绘制出了基频和高频杂散损耗与转子电流I_2的关系曲线，则可在曲线上查出对应于各定子电流点的两个杂散损耗值。然后用下式求出总的杂散损耗P_s：

$$P_s=P_{sh}+P_{sf}=P'_{sh}+2P_{sf} \tag{5-33}$$

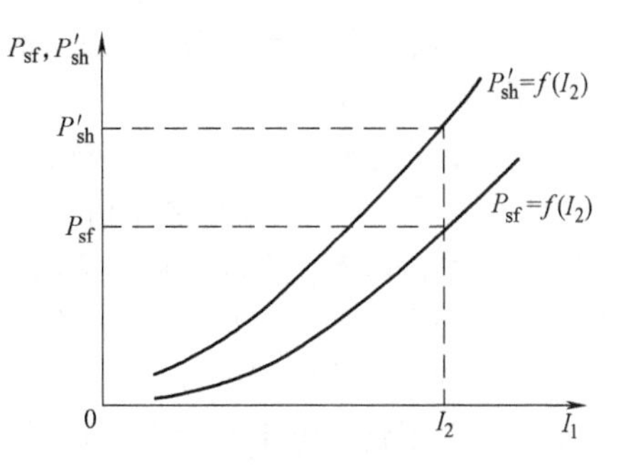

图5-18　杂散损耗曲线

2. GB/T 1032—2005及以前标准中求取规定

GB/T 1032—2005及以前标准中提到：如果没有

实测基频杂散损耗 P_{sf}，总杂散损耗 P_s 可用下式求得：

$$P_s=(1+2C)P'_{sh} \tag{5-34}$$

式中 C——本类型电动机基频与高频杂散损耗比值的统计系数。例如对普通笼型转子异步电动机，取 $C=0.1$，此时 $P_s=1.2P'_{sh}$。

（四）用异步机反转法求取杂散损耗的实例

本例被试电机铭牌数据为型号 Y160M-4、电压 380V、频率 50Hz、电流 22.6A、转速 1460r/min、△联结、B 级绝缘、S1 工作制。采用异步机反转法进行试验求得高频杂散损耗，被试电机定子电阻用试验后尽快断电停机测得的数值，基频杂散损耗用经验系数进行计算。

1. 高频杂散损耗试验

高频杂散损耗试验数据见表 5-13。

2. 计算各试验点的高频杂散损耗

1）计算各试验点的电流平均值 I_1 和功率值 P_1 及 P_d。

2）用式 $P'_{sh}=P_d-P_{d0}-(P_1-1.5I_1^2R_1)$ 计算各试验点的高频杂散损耗 P'_{sh}。例如第 1 点：

$$P'_{sh}=P_d-P_{d0}-(P_1-1.5I_1^2R_1)$$
$$=1816\text{W}-588\text{W}-(1407-1.5\times28.1^2\times0.5326)\text{W}\approx452\text{W}$$

3）将上述计算值填入表 5-13 最后一列中。

表 5-13 高频杂散损耗试验数据记录表

测点序号	被试电机数据						陪试电机数据		高频杂散损耗 P'_{sh}/W
	定子电流 I_1/A				输入功率 P_1/W		输入功率 P_d/W（最后一点为 P_{d0}）		
	I_{11}	I_{12}	I_{13}	倍	$W_1\times20$	$W_2\times10$	$W'_1\times40$	$W'_2\times40$	
1	56.2	56.2	56.0	0.5	100	-59.3	60.1	-14.7	452
2	49.2	49.2	49.3	0.5	78.2	-48.2	56.9	-18.8	338
3	42.7	42.8	42.9	0.5	59.7	-38.0	53.8	-20.2	306
4	35.0	34.3	34.9	0.5	41.0	-27.0	51.2	-23.4	215
5	27.9	27.3	27.3	0.5	26.4	-17.7	48.7	25.7	132
6	20.0	19.5	19.5	0.5	13.0	-9.0	46.8	-27.8	79.2
7	—	—	—	—	—	—	44.7	-30.0	—
8	停机后立即测得的被试电机定子绕组线电阻 $R_1=0.5326\Omega$								—

（五）绕线转子电动机杂散损耗的一种实测法——转子直流励磁拖动法

在此方法中，转子通以直流电流励磁，定子绕组经电流表短接（对较大电流的需要通过电流互感器短接）以读取定子电流，利用其他动力把转子驱动到同步转速。需要通过转矩传感器和配套仪表测量转矩。试验设备及定子绕组经电流表短接的电路原理图如图 5-19a 所示，实物安装图如图 5-19b 所示。

试验时，先运转一段时间，使被试电机机械摩擦损耗达到稳定状态（稳定的判定原则同空载试验）。之后，调节转子励磁电流，使定子绕组中产生的感应电流达到规定的负载杂散损耗电流值。调节励磁电流，由高到低，测取不少于 6 个负载点，每点测取转子输入机械功率（拖动电机的轴输出功率）P_r（W）、定子绕组三相输出线电流 I_{1t}（A）、定子绕组直流端电阻 R_{1t}（Ω）或温度 θ_t（用于求取电阻 R_{1t}）。

最后将转子励磁电流调到零（即关断励磁电源），测出不加励磁时的转子输入机械功率 P_f（W）。

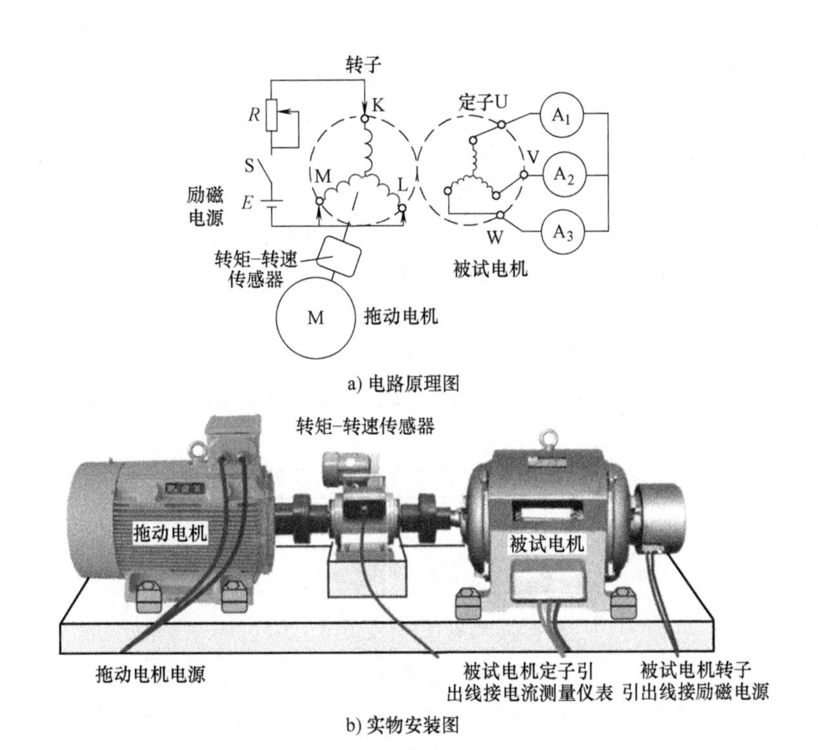

图 5-19　绕线转子电动机杂散损耗实测法——转子直流励磁拖动法

用下式计算各试验点的杂散损耗 P_{st}（W）：

$$P_{st}=P_r-P_f-1.5\,I_{1t}^2\,R_{1t} \tag{5-35}$$

绘制出杂散损耗 P_{st}对定子绕组电流二次方 I_{1t}^2 的关系曲线 $P_{st}=f\ (I_{1t}^2)$，从曲线上确定将来需要的负载杂散损耗 P_s。

四、间接求取负载杂散损耗的方法——剩余损耗线性回归法

（一）线性回归分析的含义

在 GB/T 1032—2012 中，当效率测试和计算采用 B 法时，杂散损耗的求取采用对“剩余损耗”进行所谓的“线性回归”的方法。所谓“剩余损耗”，是指从输入功率中刨除利用相关试验求得的定子铜耗、转子铜（铝）耗、铁耗和风摩损耗后剩余的那部分。

线性回归分析（在 GB/T 25442—2018/IEC 60034 - 2 - 1：2014 中称为“剩余损耗的修匀。和 IEEE 112 一致）的目的是找出两组变量之间的数学关系，以便用一组变量求出另一组变量。线性回归分析认为，如果这两组变量呈线性关系，即用两组变量的一对值（T^2，P_L）画图，则这些点几乎为一直线。这些点与直线的吻合程度由相关系数 r 表示。

下面介绍该方法详细计算和处理步骤等方面的内容（GB/T 1032—2012 中附录 C）。

（二）求取各负载试验点的“剩余损耗”

1. 需要准备的试验数据

1）由负载试验获得各负载试验点的输入功率 P_{1t}（W）、输出功率 P_{2t}（转矩读数修正后的计算值，W）、转差率 s_t。

2）由空载试验获得风摩损耗 P_{fw}（W）。

3）由负载试验获得各负载试验点的定子输入电压 U（V）、电流 I_1（A）、输入功率 P_{1t}（W）和定子绕组直流电阻 R_{1t}（Ω）求出一个电压 U_b（V）后，从空载铁耗与空载电压的关系曲线

（见图 5-14）上查取各负载试验点的铁耗 P_{Fe}（W）。详见本章第七节“空载特性试验”。

4）用下式求出各试验点的转子铜（铝）耗 P_{Cu2t}（W）为

$$P_{Cu2t} = s_t(P_{1t} - P_{Cu1t} - P_{Fe}) \tag{5-36}$$

2. 求取各负载试验点的“负载剩余损耗”

用下式求出各试验点的剩余损耗 P_L（W）为

$$P_L = P_{1t} - P_{2t} - (P_{Cu1t} + P_{Cu2t} + P_{Fe} + P_{fw}) \tag{5-37}$$

（三）求取各负载试验点的“负载杂散损耗”

根据负载试验测得并经过读数修正（认为有必要时）得到的输出转矩值 T（N · m）和式（5-37）求出的剩余损耗 P_L 进行有关的计算，得出如下几个计算式中所需要的数据，利用前两个计算式计算出 $P_L = AT^2 + B$ 中的斜率 A 和截距 B，然后再计算出相关系数 r。各式中 i 为负载试验的点数，例如 $i = 6$。

$$A = \frac{i\sum(P_L T^2) - \sum P_L \sum T^2}{i\sum(T^2)^2 - (\sum T^2)^2} \tag{5-38}$$

$$B = \frac{1}{i}(\sum P_L - A\sum T^2) \tag{5-39}$$

$$r = \frac{i\sum(P_L T^2) - (\sum P_L)(\sum T^2)}{\sqrt{[i\sum(T^2)^2 - (\sum T^2)^2][i\sum P_L^2 - (\sum P_L)^2]}} \tag{5-40}$$

若上述计算的相关系数 $r \geqslant 0.95$，则可用式 $P_s = AT^2$ 计算各负载点的杂散损耗 P_s。

如果 $r < 0.95$，则需要剔除最差的一点（偏离直线较多的一点）后再进行回归分析。如果此时 $r \geqslant 0.95$，则用第二次回归分析的结果。如果 r 仍 < 0.95，说明测试仪器或试验读数或两者均有较大误差，应查明产生误差的原因并进行校正，再重新做试验。

实践证明，产生较大误差的最多因素来自于转矩传感器系统。

（四）计算举例

设某电动机负载试验测点总数 $i = 6$。

试验数据（从大到小排列。剩余损耗 P_L 单位为 W；T 为修正后的输出转矩，单位为 N · m）和用于公式计算的相关数据见表 5-14。

表 5-14　剩余损耗线性回归数据汇总表

测点序号	P_L	P_L^2	T	T^2	$(T^2)^2$	$P_L T^2$
1	69.0	4761	26.03	677.56	459089	46752
2	55.6	3091	23.73	563.11	317096	31309
3	38.8	1505	20.30	412.09	169818	15989
4	20.7	428	15.12	228.61	52265	4732
5	9.5	90	10.04	100.80	10160	958
6	4.6	21	4.93	24.30	591	112
$i = 6$	$\sum P_L = 198.2$	$\sum P_L^2 = 9896$	—	$\sum T^2 = 2006.5$	$\sum(T^2)^2 = 1009019$	$\sum P_L T^2 = 99852$

按表 5-14 所列数据，利用式（5-38）、式（5-39）、式（5-40）计算可得

$$A = \frac{i\sum(P_L T^2) - \sum P_L \sum T^2}{i\sum(T^2)^2 - (\sum T^2)^2}$$

$$= \frac{6 \times 99852 - 198.2 \times 2006.5}{6 \times 1009019 - 2006.5^2} = \frac{201423.7}{2028071.75} \approx 0.09932$$

$$B = \frac{1}{i}(\sum P_L - A\sum T^2) = \frac{1}{6}(198.2 - 0.09932 \times 2006.5) \approx -0.18$$

$$r=\frac{i\sum(P_{\rm L}T^2)-(\sum P_{\rm L})(\sum T^2)}{\sqrt{[i\sum(T^2)^2-(\sum T^2)^2][i\sum P_{\rm L}^{\ 2}-(\sum P_{\rm L})^2]}}$$

$$=\frac{6\times99852-198.2\times2006.5}{\sqrt{[6\times1009019-2006.5^2][6\times9896-198.2^2]}}=\frac{201423.7}{201865.2}\approx0.9978$$

$A=0.09932$；$B=-0.18$；$r=0.9978\geqslant0.95$。

初步认定试验数据可用，则可用式 $P_{\rm s}=AT^2=0.09932\ T^2$ 计算各负载点的负载杂散损耗 $P_{\rm s}$ 为67.30W、55.93W、40.93W、22.71W、10.01W、2.41W。

图5-20所示是上述两条曲线。

（五）关于斜率 A 和截距 B 计算值分析

经过若干次实际计算实例表明，斜率 A 有大有小，这是正常的，但个别情况会出现负值，则不属于正常现象，应检查试验数据的较大偏差，删除不正常试验点的数据，重新进行计算，若改变为正值，并且相关系数符合要求，则可继续进行下面的计算，否则应进行调整并重新进行试验。

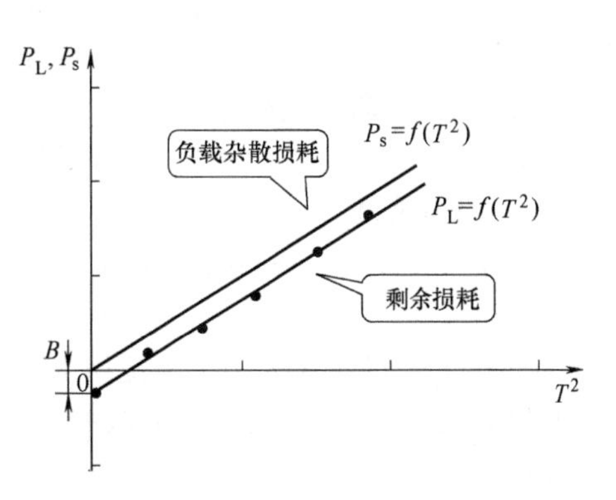

图5-20　剩余损耗和负载杂散损耗曲线

截距 B 的计算值会出现正、零、负3种情况，同时也会有大小之分。图5-21给出的是4个实例。

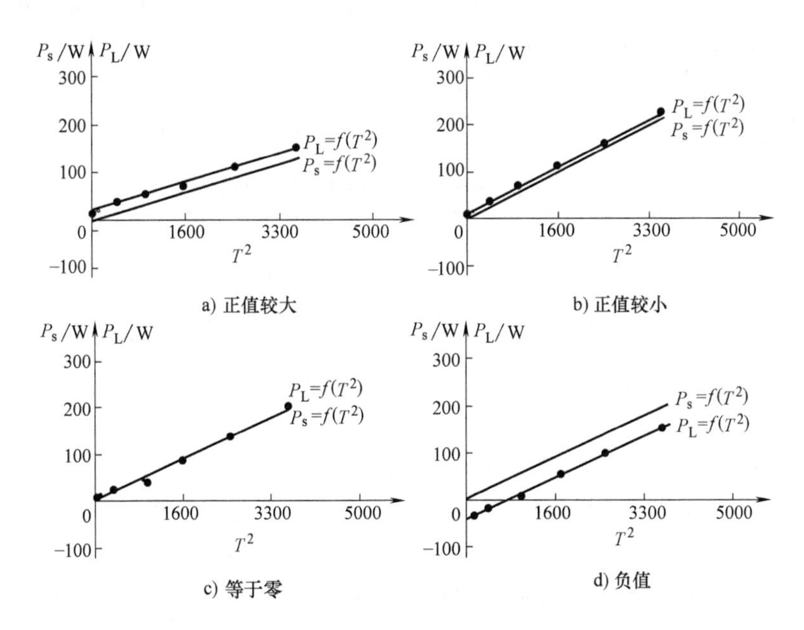

图5-21　截距计算值的4种情况

从理论上来讲，最理想的状态是图5-21c所示的 $B=0$，原因很简单，负载为零时，因为负载所引起的所有损耗都应等于零，当然也包括这里所谓的剩余损耗（此时即为截距 B）。

对于其他3种情况发生的原因，作者理解如下：

首先说，B法使用负载杂散损耗线性回归的目的，就是要通过这一手段排除因为所用仪器仪表、试验过程和计算中产生的某些误差对试验结果的影响。这些误差包括：

1）各测量仪器仪表和相关环节固有的误差。

2）采集试验数据时，因为仪表误差的变化或零点漂移（对数字式仪器仪表，特别是转矩传感器）、电源电压和频率波动、温度变化、传递数据不同步等相关因素造成偏离实际值。

3）其他一些不可统计的原因所造成的偏差。

计算所得的截距 B 在一定程度上就是这些误差的总和。截距过大，说明试验中的系统误差较大。但过大的误差可能会对试验最终结果造成较大的偏差，所以应控制在一个合适范围内，应不要超过额定负载时杂散损耗的 1/2（来源于 GB/T 25442—2018/IEC 60034 - 2 - 1：2014 中第 6.1.3.2.6 条）。过大则应考虑查清原因重新计算或试验。

五、推荐值法

（一）GB/T 1032—2012 中给出的图表和计算式

在 GB/T 1032—2012 中，当使用 E1 法、F1 法和 G1 法测取效率时，额定负载杂散损耗使用所谓的“推荐值”。

额定负载时的“杂散损耗推荐值”以图表和计算式的形式给出，见图 5-22 和表 5-15（表中额定功率 P_N 的单位为 kW）。在 GB/T 1032—2012 中给出的注解是，此曲线不代表平均值，而是大量试验值的上包络线，而且在大多数情况下，曲线给出的负载杂散损耗值比剩余损耗法和取出转子试验法及反转试验法测得的值大。

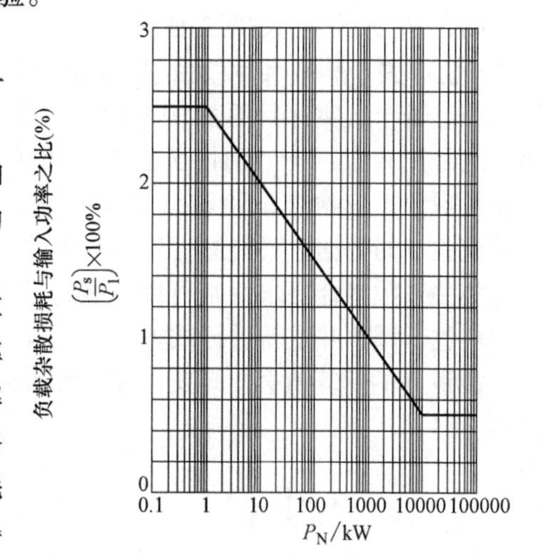

图 5-22　感应电机负载杂散损耗 P_s 的推荐值

表 5-15　负载杂散损耗 P_s 的推荐值计算公式

电机额定功率/kW	负载杂散损耗计算式
$P_N \leqslant 1$	$P_s = 0.025P_1$
$1 < P_N < 10000$	$P_s = (0.025 - 0.005\lg P_N)P_1$
$P_N \geqslant 10000$	$P_s = 0.005P_1$

对于非额定负载点的杂散损耗，在 GB/T 1032—2012 中规定按与 $(I_1^2 - I_0^2)/(I_N^2 - I_0^2)$ 成比例确定，其中 I_0 为 $U_0 = U_N$ 时的空载电流。

（二）对图表和计算式中输入功率 P_1 的理解和建议

GB/T 1032—2012 中规定使用负载杂散损耗推荐值的计算式中的输入功率 P_1 应该是“额定负载点”的测量值。在实际试验时，用不实测输出功率的 E 法等进行负载试验时，则只能依据输入电流与所谓的额定电流（铭牌电流，下同）相比来“确定负载的大小”。因此时的额定电流是依据技术条件要求的效率和功率因数给出的计算值，往往不一定等于实际输出额定功率时的数值，这样也就无法确定真正额定负载点的输入功率了。对于这一现实问题，该如何解决？作者建议如下：

不计较达到额定电流时的测试点是否为准确的“额定负载点”，同时也忽略实测电流值与额定电流的较小偏差，直接用负载试验中等于或近似等于额定电流试验点的实测输入功率代替“额定负载点”的测量值进行杂散损耗计算。

非额定负载点按 GB/T 1032—2012 中规定进行计算，即按与 $(I_1^2 - I_0^2)/(I_N^2 - I_0^2)$ 成比例确定。

第九节　A 法和 B 法效率的计算过程和相关规定

一、说明

由本章第六节第三部分可知，用 A 法和 B 法测试效率所用的试验设备、试验规程及应记录的数据等完全相同。两种方法的不同点仅在于计算效率过程中的一些环节。

现将 A 法和 B 法计算效率的过程和注意事项列于表 5-16 和表 5-17 中。

首先对表中的内容说明如下：

1）每一个过程都是指计算各试验点的数值，所用原始数据来自本章第六节第三部分用 A 法和 B 法测试效率和第七节空载特性试验。

2）电量符号下角标带字母“t”的为试验时的实测值或通过实测值直接计算得到的数值；带“X”的为经过修正（温度修正或误差修正）后得到的数值。例如 P_{Cu1t} 为用试验时测得的输入电流和电阻计算得到的定子绕组铜耗，P_{Cu1X} 则为经过修正（温度修正）的定子绕组铜耗。

3）所有量的单位均使用其基本单位，即电流、电压、功率、电阻、转速、转矩、温度的单位分别为 A、V、W、Ω、r/min、N · m、℃（温升和温度差值用 K）。

4）电流为三相线电流平均值，电压为三相线电压平均值，电阻为三相端电阻（或称为线电阻）平均值，功率和损耗为三相值之和。

5）K_1 为在 0℃时定子绕组电阻温度系数的倒数，铜绕组 $K_1=235℃$；K_2 为在 0℃时转子绕组电阻温度系数的倒数，铜绕组 $K_2=235℃$，铝绕组 $K_2=225℃$。

6）A 法和 B 法计算效率过程中的前半部分基本相同，见表 5-16 中的前 8 项。

二、A 法计算效率过程

表 5-16 列出了 A 法计算效率过程和说明。

表 5-16　A 法计算效率的过程

序号	计算目的	计算公式	备注
1	用实测绕组温度的方法时，求负载试验时的定子端电阻 R_{1t}	$R_{1t}=R_{1C}\dfrac{K_1+\theta_{1t}}{K_1+\theta_{1C}}$	R_{1C} 为实际冷状态下（温度为 θ_{1C}）实测三相端电阻平均值；θ_{1t} 为负载试验绕组几个温度实测值中的最高值
2	求负载试验环境状态下的定子铜耗 P_{Cu1t}	$P_{Cu1t}=1.5I_{1t}^2R_{1t}$	I_{1t} 为试验中每点实测三相线电流的平均值
3	求负载试验环境状态下的转差率 s_t	$s_t=\dfrac{n_{st}-n_t}{n_{st}}$	n_{st} 和 n_t 分别为实测的同步转速和转子转速
4	求各负载点的铁耗电压	$U_b=\sqrt{U_t^2-R_{1t}P_{1t}+\dfrac{3}{4}I_{1t}^2R_{1t}^2}$	U_t 为三相线电压实测平均值 公式来源见式(5-30)
5	求各负载点的铁耗	利用空载特性曲线中 $P_{Fe}=f(U_0/U_N)$ 查取第 4 项计算出的各负载点的 U_b 所对应的铁耗 P_{Fe}	$P_{Fe}=f(U_0/U_N)$ 见图 5-14
6	求负载试验环境状态下各负载点的转子铜耗 P_{Cu2t}	$P_{Cu2t}=s_t(P_{1t}-P_{Cu1t}-P_{Fe})$	
7	求修正后的输出转矩 T_X	$T_X=T_t+\Delta T$	T_t 为实测输出转矩显示值 修正值 ΔT 的求取方法见第二章第三节中的二（三）“转矩显示值的修正”

（续）

序号	计算目的		计算公式	备注
8	求各负载点修正后的输出功率 P_{2X}		$P_{2X}=\frac{T_X n_t}{9.549}$	
9	求修正到基准冷却介质温度（25℃）的输入和输出功率	定子铜耗 P_{Cu1X} 和增量 ΔP_{Cu1}	$P_{Cu1X}=P_{Cu1t}\frac{K_1+25}{K_1+\theta_a}$ $\Delta P_{cu1}=P_{Cu1t}-P_{Cu1X}$	式中　P_{Cu1t}——见第2项 θ_a——负载试验冷却介质温度
10		转子铜耗 P_{Cu2X} 和增量 ΔP_{Cu2}	$P_{Cu2X}=P_{Cu2t}\frac{K_2+25}{K_2+\theta_a}$ $\Delta P_{Cu2}=P_{Cu2t}-P_{Cu2X}$	式中　P_{Cu2t}——见第6项 θ_a——负载试验冷却介质温度
11		输入功率 P_{1X}	$P_{1X}=P_{1t}-\Delta P_{Cu1}-\Delta P_{Cu2}$	
12		转差率 s_X	$s_X=\frac{n_{st}-n_t}{n_{st}}\frac{K_2+25}{K_2+\theta_a}$	
13		转速 n_X	$n_X=n_{st}(1-s_X)$	
14		输出功率 P_{2X}	$P_{2X}=\frac{Tn_X}{9.549}$	
15	计算效率 η		$\eta=\frac{P_{2X}}{P_{1X}}\times 100\%$	
16	求功率因数 $\cos\varphi$		$\cos\varphi=\frac{P_{1X}}{\sqrt{3}U_1 I_1}$	U_1 和 I_1 分别为各试验点实测的定子输入线电压和线电流

三、B法计算效率过程

表5-17列出了B法计算效率过程和说明。

表5-17　B法计算效率的过程

序号	计算目的		计算公式	备注
1～8	计算试验状态下各试验点的相关数据		同表5-16（A法）1～8项	同表5-16（A法）1～8项
9	求负载杂散损耗 P_s	（1）求剩余损耗 P_L	$P_L=P_{1t}-P_{2tX}-(P_{Cu1t}+P_{Cu2t}+P_{Fe}+P_{fw})$	P_{2tX} 为经过转矩误差修正后的实测计算值 P_{fw} 见第七节，各点使用同一个值 P_{Fe} 见表5-16第4项和第5项 式中的 i 为负载测试点总数，例如 $i=6$。注意若有删除点，应按调整后剩余的实际点数 当 $r\geqslant 0.95$ 时符合要求，否则应剔除坏点（最多1个）重新计算，若仍不能达到要求，则应查找原因，再次进行试验和相关计算，直至符合要求为止
		（2）计算 $P_L=AT^2+B$ 中的斜率 A、截距 B 和相关系数 r	$A=\frac{i\sum P_L T_X^2-\sum P_L\sum T_X^2}{i\sum T_X^4-(\sum T_X^2)^2}$ $B=\frac{1}{i}(\sum P_L-A\sum T_X^2)$ $r=\frac{i\sum P_L T_X^2-\sum P_L\sum T_X^2}{\sqrt{[i\sum T_X^2-(\sum T_X^2)^2][i\sum P_L^2-(\sum P_L)^2]}}$	
		（3）求负载杂散损耗 P_s	$P_s=AT_X^2$	

（续）

序号	计算目的		计算公式	备注
10	求定子绕组的工作温度 θ_W		(1)由热试验获得 $\theta_W=\frac{R_W}{R_{1C}}(K_1+\theta_{1C})-K_1$ (2)热试验时实测的绕组温度最高值	R_W 为断电瞬间的定子端电阻，由热试验定子电阻冷却曲线外推到 $t=0$ 点获得
11	对相关数据进行温度修正	(1)将试验环境温度修正到25℃	$\theta_S=\theta_W+25-\theta_b$	θ_S 在 GB/T 1032—2012 中称作“规定温度”。详见本节第四部分 θ_b 为热试验结束前 2～3 个试验记录点环境温度的平均值
		(2)定子铜耗 P_{Cu1X}	$P_{Cu1X}=1.5I_1^2R_{1C}\frac{K_1+\theta_S}{K_1+\theta_{1C}}$	
		(3)转差率 s_X	$s_X=s_t\frac{K_2+\theta_S}{K_2+\theta_t}$	
		(4)转子铜耗 P_{Cu2X}	$P_{Cu2X}=s_X(P_{1t}-P_{Cu1X}-P_{Fe})$	
		(5)输出转速 n_X	$n_X=(1-s_X)n_{st}$	
12	计算新的输出功率		$P_{2X}=P_{1t}-(P_{Cu1X}+P_{Fe}+P_{fw}+P_{Cu2X}+P_s)$	
13	计算效率		$\eta=\frac{P_{2X}}{P_{1t}}\times 100\%$	
14	计算功率因数		$\cos\varphi=\frac{P_{1t}}{\sqrt{3}UI}$	同表5-16第16项

四、绕组规定温度和工作温度的确定方法

（一）额定负载下绕组工作温度 θ_W 的确定

绕组工作温度 θ_W 是指电机在额定负载热试验过程中达到热稳定状态时绕组的温度。

在 GB/T 1032—2012 中额定负载下绕组工作温度 θ_W 的确定方法有电阻法和温度计法（如热电偶温度计法）两种。可根据个人的理解选择其中一种（作者建议选择第一种）。

1. 电阻法

电阻法实际上是用热试验测量热电阻换算求取绕组平均温度的方法，即利用热试验得到的绕组直流电阻与冷却时间的关系曲线外推至 $t=0s$ 时的电阻值 R_W，用下式换算得到热稳定状态时绕组平均温度值 θ_W：

$$\theta_W=\frac{R_W}{R_{1C}}(K_1+\theta_{1C})-K_1 \tag{5-41}$$

式中　R_{1C}，θ_{1C}——定子绕组冷电阻和测量冷电阻时的温度。

2. 温度计法

温度计法是使用测温器具（含膨胀式温度计、点温计和埋置热传感元件的测温计等）实测负载运行中的绕组温度的方法。属于实测法。应设置多个测量点。

取埋置在绕组中的几个测温点测量值中的最高温度值作为绕组的工作温度 θ_W。可想而知，这是绕组的局部温度值。

（二）额定负载下绕组规定温度 θ_S 的确定

规定温度 θ_S 是绕组工作温度 θ_W 修正到冷却介质温度为25℃时的温度值，即

$$\theta_S=\theta_W+25-\theta_b \tag{5-42}$$

式中　θ_b——额定负载试验时的环境温度（℃）。

在 GB/T 1032—2012 中规定，θ_S 值按下列先后次序选择其中一个方法确定：

1）按上述第（一）项中所述的“电阻法”确定绕组工作温度 θ_W。

2）按上述第（一）项中所述的“温度计法”由温度计直接测得绕组工作温度 θ_W。

3）如有与被试电机的结构和电气设计完全相同的其他电机，按第1）项规定出具的电机试验报告自签发之日起未超过12个月，则可用该电机按第1）项确定的 θ_S。

4）按间接法确定绕组工作温度 θ_W 的，按第1）项规定确定 θ_S。

5）当不能测取额定负载热试验下绕组工作温度 θ_W 时，假定规定温度 θ_S 等于表5-18中所列按绝缘结构热分级规定的基准工作温度 θ_{ref}，即 $\theta_S=\theta_{ref}$。如按着低于绝缘结构热分级规定温升和温度限值，则应按该较低热分级确定基准温度［例如实际为155（F）级绝缘，但按130（B）级考核温升，此时应取得热分级确定基准温度 θ_{ref} 为95℃］。

表5-18 不同绝缘结构热分级的基准温度

绝缘结构热分级	130(B)	155(F)	180(H)
基准工作温度 θ_{ref}/℃	95	115	130

五、B法效率试验和计算实例

以表5-4给出的Y2-132M-4电动机为例，其使用B法进行效率试验和计算得到的原始数据和计算过程、最终结果见表5-19～表5-23。最大负载点为1.25倍额定功率。其中绕组工作温度 θ_W 按本节第四项（一）中给出的电阻法确定，绕组温度只给出了一个位置的数值。

表5-19 负载试验原始数据

序号	U /V	I_1/A				P_{1t}/W			n /(r/min)	f /Hz	T_t /(N·m)	θ_{t1} /℃
		I_U	I_V	I_W	倍	W_1	W_2	倍				
1	381.1	3.844	3.859	3.903	5	752.1	1472.1	5	1425.9	50.01	63.16	95.7
2	380.9	3.487	3.502	3.541	5	670.8	1335.0	5	1434.2	50.01	57.32	97.4
3	380.5	3.046	3.061	3.093	5	564.8	1165.0	5	1444.5	50.01	49.74	98.0
4	380.3	2.350	2.364	2.391	5	381.3	895.1	5	1460.7	50.01	36.92	95.3
5	379.8	1.753	1.764	1.787	5	197.2	650.9	5	1474.9	50.01	24.25	92.4
6	379.9	1.313	1.321	1.339	5	13.9	436.7	5	1487.6	50.01	12.09	88.0

表5-20 负载试验效率计算相关数据

斜率 A	截距 B/W	相关系数 r	转矩修正值 ΔT/(N·m)	冷态电阻 R_C/Ω	冷态环境温度 θ_{1C}/℃	热态电阻 (30s)R_t/Ω	热态环境温度 θ_b/℃
0.04457	-13.0	0.9942	0.08	1.0670	22.6	1.3480	24.2

试验计算温升 $\Delta\theta_1$/K	断电瞬间绕组电阻 R_W/Ω	断电瞬间绕组温度 θ_W/℃	实测绕组稳定温度 θ_S/℃	由实测绕组稳定温度换算成的绕组电阻 R_{WS}/Ω
66.24	1.3590	94.4	94.4	1.3644

表5-21 负载试验效率计算（一）

序号	I_1/A	R_{1t}/Ω	P_{Cu1t}/W	P_{1t}/W	T_X/(N·m)	P_{2t}/W	s_t(%)	P_{Cu2t}/W	P_L/W
1	19.343	1.3698	768.8	11121.0	63.24	9443.3	4.959	504.6	172.1
2	17.550	1.3768	636.1	10029.0	57.40	8621.1	4.406	406.0	131.6
3	15.333	1.3793	486.4	8649.0	49.82	7536.4	3.719	296.9	93.2
4	11.842	1.3681	287.8	6382.0	37.00	5659.8	2.639	156.0	37.1
5	8.840	1.3561	159.0	4240.5	24.33	3757.9	1.693	65.9	13.1
6	6.622	1.3379	88.0	2253.0	12.17	1895.9	0.846	16.7	2.8

表 5-22 负载试验效率计算（二）

序号	P_{Cu1X}/W	s_X(%)	P_{Cu2X}/W	P_{fw}/W	P_{Fe}/W	P_s/W	ΣP/W	P_{2X}/W	η(%)	$\cos\varphi$
1	764.6	4.931	501.8	56.15	176.3	172.1	1667.3	9453.7	85.00	0.871
2	629.4	4.358	401.6	56.15	178.1	131.6	1394.0	8635.0	86.10	0.866
3	480.4	3.672	293.1	56.15	180.4	93.2	1101.0	7548.0	87.27	0.856
4	286.6	2.627	155.3	56.15	184.9	37.1	718.4	5663.6	88.74	0.818
5	159.7	1.701	66.2	56.15	188.9	13.1	483.1	3757.4	88.61	0.729
6	89.6	0.862	17.0	56.15	193.3	2.8	358.3	1894.7	84.10	0.517

表 5-23 5 个不同负载率的效率、功率因数、电流和转差率

负载率(%)		125	100	75	50	25
参数	输出功率 P_2/kW	9.375	7.500	5.625	3.750	1.875
	输入电流 I_1/A	19.207	15.232	11.801	8.915	6.573
	效率 η(%)	84.95	87.23	88.34	88.23	83.85
	功率因数 $\cos\varphi$	0.8730	0.8596	0.8198	0.7244	0.5169
	转差率 s(%)	4.883	3.692	2.627	1.687	0.873

六、绘制工作特性曲线和获取额定值

（一）绘制工作特性曲线

利用负载试验和其他相关试验获得的数据，通过一系列计算后，以输出功率 P_2 为横轴，其他参数为纵轴，在同一直角坐标系中绘制下述负载特性曲线：

1）定子电流特性曲线：$I_1 = f\ (P_2)$。

2）转差率特性曲线：$s = f\ (P_2)$。

3）效率特性曲线：$\eta = f\ (P_2)$。

4）功率因数特性曲线：$\cos\varphi = f\ (P_2)$。

5）输入功率特性曲线：$P_1 = f\ (P_2)$。

应注意将纵坐标设法按曲线的不同分开层次，做到分布均匀，尽可能避免相互交叉。图5-23给出的是与上述“五、B 法效率试验和计算实例”计算结果相对应的负载特性曲线。

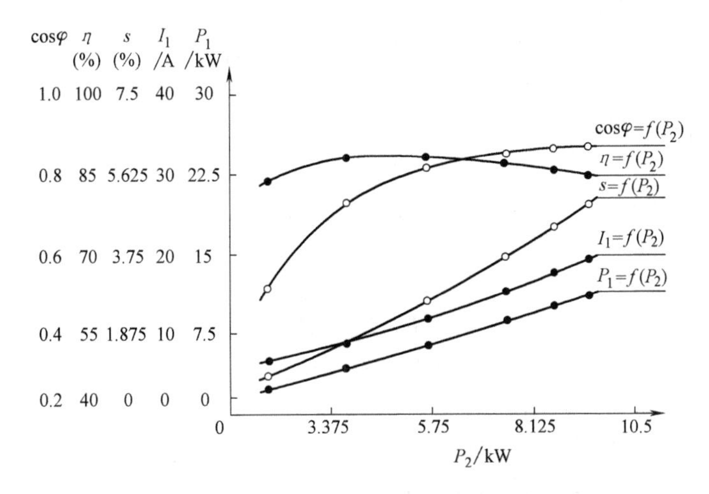

图 5-23 三相异步电动机负载特性曲线

（二）确定额定输出功率时的性能数据

从上述工作特性曲线上查取对应于 $P_2 = P_N$ 时的定子电流、效率、功率因数、输入功率和转

差率。这些数据一般会接近于铭牌、样本或技术条件标准等文件给出的对应数值，但不一定相等，有些差距还可能较大。为了和额定值相区别，一般将它们称为“满载值”，例如“满载电流”“满载效率”等。

满载的输出转矩通过满载转差率和额定输出功率计算求得。

根据实际的定子满载电流和热试验稳定时的定子电流两者之差的百分数的大小，按第四章第十二节第四部分“直流负载用电阻法求取绕组温升的计算”的表 4-27 中规定的方法，将热试验得到的温升值修正到满载时的数值。

但在 GB/T 1032—2012 中规定，对于热试验时按实际输出功率为额定功率运行的，可以不作此项电流修正。这就是说，用 A 法和 B 法进行效率试验时，配套设备进行热试验得到的温升结果可直接用作试验结果或考核。

有要求时，应给出指定负载点的特性参数，一般为 150%（或 125%）、125%（或 115%）、100%、75%、50% 和 25% 额定负载时的效率、定子电流、功率因数和转差率值。

第十节　C 法、E 法和 E1 法效率的计算过程

一、C 法

本章第六节第四部分介绍了用 C 法进行负载试验的过程。

用 C 法进行负载试验后，计算效率的过程与用 B 法相比，其被试电机作为电动机状态运行时的数据计算没有输出转矩和输出功率的相关部分，其空载试验获得的铁耗和风摩耗求取过程、定子铜耗与 B 法相同（与温度有关的损耗应将环境温度修正到 25℃）。

相对而言，求取负载杂散损耗的确定方法差异较大，下面重点介绍其计算步骤（相关数据参照本章第六节第四部分）。

（一）求取被试电机在电动机状态下的负载杂散损耗

用第一步测得的试验数据，按下述方法求取被试电机在电动机状态下的负载杂散损耗。

1）利用测得的电流值，计算在试验温度下每台电机的定子 I^2R 损耗（即铜耗 P_{Cu1}）。

2）计算电动机转子铜耗

$$P_{MCu2}=s_M(P_{1M}-P_{MCu1}-P_{MFe}) \tag{5-43}$$

式中　s_M、P_{1M}、P_{MCu1} 和 P_{MFe}——电动机的转差率、输入功率、定子铜耗和铁耗。

3）计算发电机转子铜耗

$$P_{GCu2}=s_G(P_{2G}-P_{GCu1}-P_{GFe}) \tag{5-44}$$

式中　s_G、P_{2G}、P_{GCu1} 和 P_{GFe}——发电机的转差率、输出功率、定子铜耗和铁耗。

4）计算两台电机的总杂散损耗 $\sum P_s$ 为

$$\sum P_s=\sum P-[(P_{MCu1}+P_{GCu1})-(P_{MCu2}+P_{GCu2})-(P_{MFe}+P_{GFe})-(P_{Mm}+P_{Gm})] \tag{5-45}$$

$$\sum P=P_{1M}-P_{2G} \tag{5-46}$$

式中　$\sum P$——由第一步测得的两台电机总损耗；

P_{1M}——电动机的输入功率；

P_{2G}——发电机的输出功率；

$(P_{MCu1}+P_{GCu1})$——两台电机的定子铜耗之和；

$(P_{MCu2}+P_{GCu2})$——两台电机的转子铜耗之和；

$(P_{MFe}+P_{GFe})$——两台电机的铁耗之和；

$(P_{Mm}+P_{Gm})$——两台电机的风摩耗之和。

5）假设负载杂散损耗与转子电流的二次方成正比，可求得被试电机在电动机状态下的负载杂散损耗 P_{Ms} 为

$$P_{Ms} = \sum P_s P_{MCu2}/(P_{MCu2} + P_{GCu2}) \tag{5-47}$$

（二）求取被试电机在发电机状态下的负载杂散损耗 P_{Gs}

利用第二步测得的试验数据，按上述（一）中第5）步的方法，求取被试电机在发电机状态下的负载杂散损耗 P_{Gs} 为

$$P_{Gs} = \sum P_s P_{GCu2}/(P_{MCu2} + P_{GCu2}) \tag{5-48}$$

（三）求取负载杂散损耗的平均值和近似的转子电流平均值 P_{sL}

以被试电机在电动机状态和发电机状态下，各负载点求得结果的平均值，作为负载杂散损耗的平均值 P_{sL}，即

$$P_{sL} = (P_{Ms} + P_{Gs})/2 \tag{5-49}$$

（四）取被试电机两种状态下转子电流近似值的平均值 I_{2ave}

用式（5-50）分别求取电动机状态和发电机状态下的转子电流近似值 I_2。之后，取被试电机两种状态下转子电流近似值的平均值 I_{2ave}。

$$I_{2ave} = \sqrt{I_1^2 - I_0^2} \tag{5-50}$$

式中　I_1——测定负载杂散损耗时的定子电流（电动机状态和发电机状态）（A）；

I_0——空载额定电压时的定子电流（A）。

（五）利用线性回归分析修匀负载杂散损耗

1）负载杂散损耗的平均值 P_{sL} 与转子电流近似值的平均值 I_{2ave} 的二次方呈线性函数关系，见式（5-51），对其试验数据进行线性回归。相关计算同方法 B。

$$P_{sL} = A(I_{2ave})^2 + B \tag{5-51}$$

如果计算结果显示斜率 A 为负数或相关系数 $r<0.9$，则应删去最差一点重新回归分析；如果斜率 A 为正且 $r \geqslant 0.9$，则用第二次回归分析结果；如果斜率 A 仍为负数或 $r<0.9$，此次试验不符合要求，表明测试仪表或读数或两者均有误差。应分析产生误差的原因并改正，重做负载试验。

2）根据用上述方法求得的斜率 A 和各负载点的转子电流平均值 I_{2ave} 确定杂散损耗 P_s。

二、E 法和 E1 法

（一）概述

利用 E 法和 E1 法求取效率时，需要进行满载热试验、负载试验（试验过程及需要读取的数据见本章第六节）和空载试验（试验过程及需要读取的数据见本章第七节）。利用上述试验得到的数据求出定子铜耗、转子铜耗、风摩耗、铁耗共 4 项损耗，并对定子和转子铜耗进行温度修正。

对于 E 法，还需要进行实测负载杂散损耗的相关试验（较常采用异步机反转法，见本章第八节第三部分），获得杂散损耗与转子电流的关系曲线。

对于 E1 方法，杂散损耗应采用推荐值（见本章第八节第五部分）。

然后用被试电机的输入功率 P_{1t} 减去上述 5 项损耗之和，得出输出功率 P_2，再用输出功率 P_2 比输入功率 P_{1t} 得出效率 η。

（二）规定温度下定子和转子铜耗的计算方法

1. 求取修正到规定温度（θ_s）下的定子绕组直流电阻 R_{1X}（Ω）

$$R_{1X} = R_{1C}\frac{K_1 + \theta_s}{K_1 + \theta_{1C}} \tag{5-52}$$

式中 R_{1C}——定子绕组初始（冷）端电阻（Ω）；

θ_{1C}——测量 R_{1C} 时绕组温度（℃）；

K_1——定子绕组导体材料在0℃时电阻温度系数的倒数，铜为235℃，铝为225℃；

θ_s——规定温度（确定方法见本章第九节第四部分，下同）（℃）。

2. 求取定子铜耗 P_{Cu1X}（W）

$$P_{Cu1X}=1.5I_1^2R_{1X} \tag{5-53}$$

式中 I_1——试验时的定子线电流（A）。

3. 求取修正到规定温度（θ_s）下的转差率 s_X

$$s_X=\frac{n_{st}-n_t}{n_{st}}\frac{K_2+\theta_s}{K_2+\theta_{2t}}=s_t\frac{K_2+\theta_s}{K_2+\theta_{2t}} \tag{5-54}$$

式中 n_{st}——试验时测得的同步转速（或由实测的电源频率计算得到）（r/min）；

n_t——试验时测得的转子转速（r/min）；

s_t——由实测同步转速和转子转速计算得到的转差率；

K_2——转子绕组导体材料在0℃时电阻温度系数的倒数，铜为235℃，铝为225℃；

θ_{2t}——测转速 n_t 时转子绕组温度（℃），转子温度无法测量时，可用定子温度代替，定子温度为热试验时求得的定子绕组温升加上热态环境温度，即 $\theta_{2t}=\Delta\theta_1+\theta_b$。

4. 求取温度修正后的转子铜耗 P_{Cu2X}（W）

$$P_{Cu2X}=(P_{1t}-P_{Cu1X}-P_{Fe})s_X \tag{5-55}$$

式中 P_{1t}——实测定子输入功率（W）；

P_{Cu1X}——规定温度（θ_S）下定子铜耗（W）；

P_{Fe}——各负载点铁耗（W）。

三、用E法求取效率的计算和试验报告编制实例

以一台型号为Y2-160M-4的三相异步电动机为例，介绍用E法求取效率的计算过程。

（一）铭牌和其他试验有关数据

与效率计算有关的铭牌数据见表5-24。

（二）与效率计算有关的试验数据

与效率计算有关的试验数据有：定子三相绕组冷态直流端电阻平均值 R_{1C} 和环境温度 θ_{1C}；额定电压时的空载电流 I_0、定子损耗 P_{Fe}（根据各负载点电流等数据和空载铁耗曲线求取）、风摩耗 P_{fw}；实测的负载杂散损耗 P_s（根据各负载点电流、空载电流数据和反转法得到的高频杂散损耗曲线求取）；满载温升 $\Delta\theta_1$ 等，见表5-25。

表5-24 与效率计算有关的铭牌数据（额定数据）

项目	型号	容量 P_N/kW	电压 U_N/V	电流 I_N/A	频率 f_N/Hz	接法	额定转速 n_N/(r/min)	绝缘等级	工作制
内容	Y2-160M-4	11	380	22.6	50	△	1460	155(F)	S1

表5-25 与效率计算有关的试验数据

项目	R_{1C}/Ω	θ_{1C}/℃	I_0/A	P_{Fe}/W	P_{fw}/W	P_s/W	$\Delta\theta_1$/K	θ_b/℃
数据	0.499	20	8.5	见表5-27	100	见表5-27	57.5	20

试验原始数据见表5-26。

表 5-26　负载试验记录表

试验中应保持不变的条件					定子线电压为额定值:380V;电源频率为额定值:50Hz				
测点序号	定子电流 I_1/A				输入功率 P_1/W			转速 n/(r/min)	
	I_{11}	I_{12}	I_{13}	倍	W_1	W_2	倍	n'	n_s
1	57.3	58.0	57.1	0.5	26.5	55.0	200	1451	1502
2	52.6	52.7	53.2	0.5	24.0	50.2	200	1456	1502
3	47.0	47.3	47.8	0.5	21.3	45.5	200	1462	1502
4	43.4	43.5	44.0	0.5	19.0	42.0	200	1465	1502
5	37.3	38.0	38.0	0.5	15.2	36.0	200	1472	1502
6	32.5	33.2	33.3	0.5	12.0	31.5	200	1477	1502
7	25.3	26.0	25.8	0.5	7.0	24.4	200	1484	1502

（三）计算和汇总相关数据

试验时，未测量在负载运行中各点的定子绕组直流电阻（或温度）。本电机绝缘为 155（F）级，但因为规定按 130（B）级绝缘考核，所以计算时，按规定温度 $\theta_S=95℃$ 对绕组直流电阻和转差率进行温度修正。

采用数字电量仪表测量输入功率、电流和电压，由于仪表损耗较小，对试验精度基本无影响，故不进行仪表损耗修正。

相关计算如下（对于多点的数值，计算实例为第 1 点）：

1. 计算各负载点的定子线电流平均值 I_1（A）

$$I_1=(57.3\text{A}+58.0\text{A}+57.1\text{A})\times 0.5\div 3\approx 28.73\text{A}$$

2. 计算各负载点的输入功率 P_1

$$P_1=(26.5\text{W}+55.0\text{W})\times 200=16300\text{W}$$

3. 求通过温度修正的定子绕组直流电阻 R_{1t}（Ω）

计算采用折算到规定温度 $\theta_S=95℃$ 时的定子绕组直流电阻 R_{1t}（各负载点共用）。

$$R_{1t}=R_{1C}\frac{K_1+\theta_s}{K_1+\theta_{1C}}=0.499\Omega\times\frac{235+95}{235+20}\approx 0.6458\Omega$$

4. 求取各负载点的铁耗 P_{Fe}

1）先求出查取铁耗的电压 U_b（V）。

$$U_b=\sqrt{U_t^2-R_{1t}P_{1t}+\frac{3}{4}I_{1t}^2R_{1t}^2}=\sqrt{380^2-0.6458\times 16300+\frac{3}{4}\times 28.73^2\times 0.6458^2}\ \text{V}=366.2\text{V}$$

2）从空载特性曲线 $P_{Fe}=f\left(\frac{U_0}{U_N}\right)$ 上查取 $U_0=U_b=366.2\text{V}$ 时的 $P_{Fe}=272\text{W}$。

5. 求规定温度（$\theta_s=95℃$）下的定子铜耗 P_{Cu1X}（W）

$$P_{Cu1X}=1.5I_1^2R_{1t}=1.5\times 28.73^2\times 0.6458\text{W}\approx 800\text{W}$$

6. 求取修正到规定温度 θ_s 下的转差率 s_X

本例负载试验中采用测量同步转速和转子转速计算转差率的方法。

$$s_X=\frac{n_{st}-n_t}{n_{st}}\frac{K_2+\theta_s}{K_2+\theta_{2t}}=\frac{1502-1451}{1502}\times\frac{225+95}{225+57.5+20}\approx 0.0359$$

7. 求规定温度（$\theta_s=95℃$）下的转子铝耗 P_{Cu2X}（W）

电阻温度系数 K_2 用铝的数值，即 $K_2=225$；另外，温升试验结果 $\Delta\theta_{1t}=57.5\text{K}$，热态环境温度 $\theta_b=20℃$，即 $\theta_{2t}=(57.5+20)℃$。

$$P_{Cu2X}=(P_{1t}-P_{Cu1X}-P_{Fe})s_X=(16300-800-272)\text{W}\times 0.0359\approx 547\text{W}$$

8. 由空载试验求得风摩耗

$P_{fw}=100W$。各试验点均为此值。

9. 数据列表

将上述计算数据列入表5-27中。

（四）绘制工作特性曲线

利用表5-27中的数据，以输出功率 P_2 为横轴，其他为纵轴，在同一坐标直角系中绘制下述工作特性曲线。应注意将纵坐标设法按曲线的不同分开层次，做到既分布均匀，又避免相互交叉，如图5-24所示。

1）定子电流特性曲线：$I_1=f\ (P_2)$。

2）转差率特性曲线：$s=f\ (P_2)$。

3）输入功率特性曲线：$P_1=f\ (P_2)$。

4）效率特性曲线：$\eta=f\ (P_2)$。

5）功率因数特性曲线：$\cos\varphi=f\ (P_2)$。

（五）确定额定输出功率时的性能数据

从上述工作特性曲线上查取对应于 $P_2=P_N=11kW$ 时的定子电流、效率、功率因数、输入功率和转差率。

满载时的输出转矩通过满载转差率和额定输出功率计算求得。本例为72.1N·m。

将满载值（额定功率时）填入到表5-27中。

表5-27　负载试验数据计算表

测点序号	定子电流 I_1/A	定子铜耗 P_{Cu1}/W	铁耗 P_{Fe}/W	风摩耗 P_{fw}/W	转子铜耗 P_{Cu2}/W	杂散损耗 P_s/W	输入功率 P_1/W	输出功率 P_2/W	效率 η(%)	功率因数 $\cos\varphi$	转差率 s(%)	输出转矩 T/(N·m)
1	28.73	800	272	100	547	522	16300	14059	86.25	0.8620	3.59	92.7
2	26.42	676	283		443	456	14840	12882	86.81	0.8534	3.06	84.5
3	23.68	543	287		366	378	13360	11686	87.47	0.8572	2.82	76.4
4	21.82	461	292		308	326	12200	10713	87.81	0.8495	2.61	69.9
5	18.88	345	298		208	246	10240	9043	88.31	0.8241	2.11	58.7
6	16.05	264	302		146	180	8700	7708	88.60	0.8011	1.76	49.9
7	12.85	160	305		75	92	6280	5548	88.34	0.7425	1.27	35.7

额定功率时的数值	I_1/A	P_1/kW	η(%)	$\cos\varphi$	s(%)	T/(N·m)
	22.56	12.59	87.46	0.848	2.78	72.1

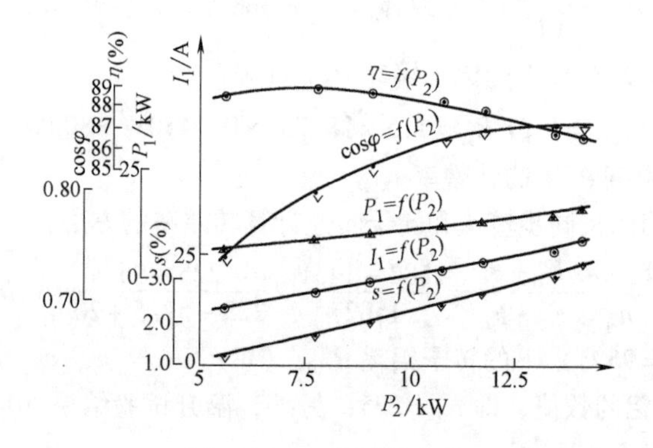

图5-24　工作特性曲线

（六）计算满载定子绕组温升

最后求得的定子满载电流为22.56A，而热试验稳定时的定子电流为22.5A，两者之差的百分数为+0.27%，在±5%之内，所以使用简单的温升修正公式将热试验得到的温升修正到满载时的数值。

$$\Delta\theta_{1L}=57.5\times\left(\frac{22.56}{22.5}\right)^2\mathrm{K}\approx 58\mathrm{K}$$

第十一节　G法和G1法（降低电压负载法）效率的计算过程

求取效率的G法和G1法（降低电压负载法）试验过程和测取的数据见本章第六节第六部分。利用试验数据求取效率的计算过程如下。

（一）绘制定子电流、温度修正后的转差率与输入功率的关系曲线

1）将试验测得或计算求得的各点转差率修正到规定工作温度，记为s_r。

2）分别作试验时定子电流I_{1r}（A）、温度修正后的转差率s_r与输入功率P_{1r}（W）的关系曲线，如图5-25所示。

（二）额定功率时效率的计算步骤

1）假设$I_{1r}=0.5I_N$，从图5-25的曲线$I_{1r}=f(P_{1r})$上查出对应的P_{1r}，则额定电压U_N时的输入功率P_1用下式求得：

$$P_1=P_{1r}(U_N/U_r)^2 \tag{5-56}$$

2）用下式求取满载电流I_L（A）：

$$I_L=\sqrt{(I'_{1r})^2+\Delta I_0^2-2I'_{1r}\Delta I_0\cos(90°+\varphi_r)} \tag{5-57}$$

$$I'_{1r}=I_{1r}\frac{U_N}{U_r} \tag{5-58}$$

$$\varphi_r=\arccos\frac{P_{1r}}{\sqrt{3}U_rI_{1r}} \tag{5-59}$$

$$\Delta I_0=I_0\sin\varphi_0-I_{0r}\left(\frac{U_N}{U_r}\right)\sin\varphi_{0r} \tag{5-60}$$

$$\varphi_0=\arccos\frac{P_0}{\sqrt{3}U_NI_0} \tag{5-61}$$

$$\varphi_{0r}=\arccos\frac{P_{0r}}{\sqrt{3}U_rI_{0r}} \tag{5-62}$$

式中　I_0、P_0——电动机在额定电压时的空载电流和损耗，从空载特性曲线上求取。

I_{0r}、P_{0r}——电动机在电压U_r时的空载电流和损耗，从空载特性曲线上求取。

3）从图5-25的曲线$I_{1r}=f(P_{1r})$上查出$I_{1r}=I_L$对应的P_{1r}，再从曲线$s_r=f(P_{1r})$上查出P_{1r}对应的s_r，此s_r即为额定功率P_N时的转差率s_L。

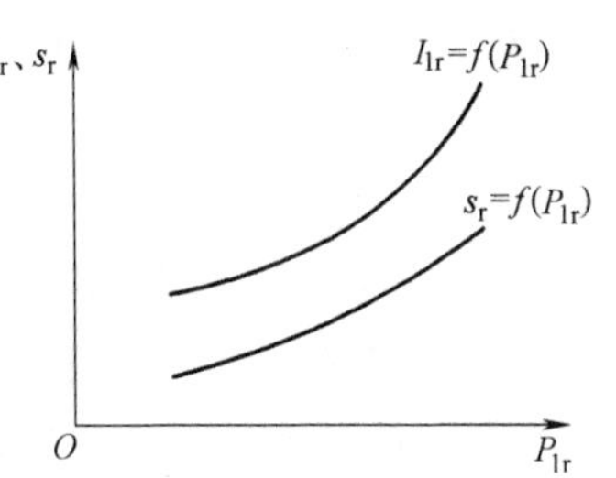

图5-25　降低电压负载法定子电流、转差率与输入功率的关系曲线

4）用满载电流I_L和修正到基准工作温度的定子电阻求出

满载时的定子铜耗 P_{Cu1}；用满载转差率 s_L 和其他参数求出满载时的转子铜耗 P_{Cu2}。

5）负载杂散损耗 P_s 的确定方法是 G 法用实测数据；G1 法按推荐值。

6）用式 $P_2 = P_1 - (P_{Cu1} + P_{Cu2} + P_{Fe} + P_{fw} + P_s)$ 计算求出输出功率 P_2。若此 P_2 与被试电机的额定功率 P_N 之差超过 $\pm 0.001P_N$，则应重新假设 I_{1r}，重复进行上述计算至 $P_2 - P_N$ 在 $\pm 0.001P_N$ 以内为止。

7）用式 $\eta = P_2 / P_1$ 求出满载效率 η。

第十二节　F 法、F1 法和 H 法效率的计算过程

一、F 法、F1 法（等效电路法）

（一）三相异步电动机一相的等效电路

三相异步电动机一相的等效电路（GB/T 1032 中称为等值电路，但因有关电机原理的书中一般称其为“等效电路”，故改之）如图 5-26 所示。图中，R_1 为定子绕组相电阻；X_1 为定子漏抗；R_2 为折算到定子侧的转子相电阻；X_2 为折算到定子侧的转子漏抗；s 为转差率，G_{Fe} 为铁耗等效电导，B_m 为主励磁导纳。

（二）所需的试验及有关规定

等效电路中的参数需通过空载试验、阻抗试验和堵转试验得到的数据导出。

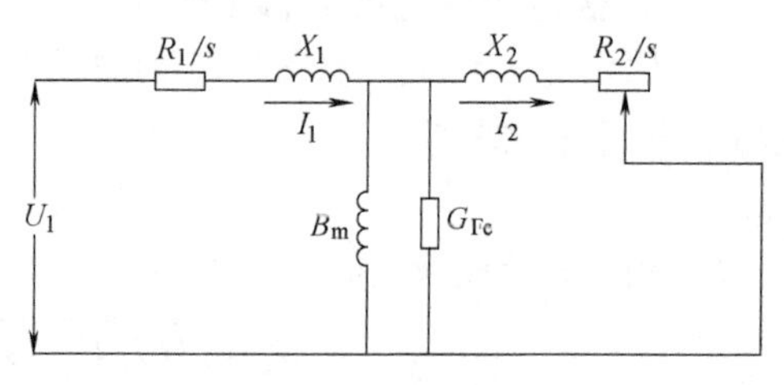

图 5-26　三相异步电动机等效电路（一相）

由空载试验求得额定频率时额定电压下的空载电流、空载损耗、铁耗、风摩耗，以及试验后的定子绕组直流电阻。

阻抗试验是在一个或几个频率、电压/或负载下测取电压、电流、输入功率和定子绕组直流电阻（或温度）的数值，这些数据被认为是阻抗部分的数据。如被试电机为绕线转子电机，试验时，应将转子三相绕组在出线端短路。

应在额定电流下测量电抗，重要的是等效电路计算中用到的电抗值应为计及饱和和深槽影响的正确值，否则计算求得的功率因数将大于实际值。

实际上，本项试验一般均指低频堵转试验。试验时的电源频率应为额定值的 1/4，调整输入电压，使定子电流为额定值（见本章第四节第五部分）。

对于笼型转子电机，其转子可在任意角度下进行试验；对于绕线转子电机，由于其阻抗与定、转子之间的相对位置有关，所以试验较为复杂，试验时应事先确定转子在某一相对位置时阻抗的平均值。

2017 年 11 月 1 日，我国发布了《确定三相低压笼型感应电动机等效电路参数的试验方法》（GB/T 34862—2017/IEC 60034 - 28：2012）。其中主要内容与 GB/T 1032—2012 中的基本相同。若有需要，请读者去查阅该标准。以下内容若与该标准不同，则以该标准为准。

（三）效率计算过程及有关规定

利用等效电路计算法求取电机特性的过程和有关规定见表 5-28。表中 I、U、R 均为相值。各项物理量的单位均使用基本单位，即 V、A、W、var、Hz、Ω、℃、r/min 等。

表 5-28　等效电路计算法求取电机特性过程

序次	项目	计算过程及说明
1	必备参数：相电流；相电压；相电阻；相电抗；三相功率或损耗	（1）额定值：P_N；U_N；I_N；f_N；n_s （2）定子相电阻：R_1（修正到基准工作温度） （3）额定电压（$U_0=U_N$）时的空载试验数据：P_0；P_{Fe}；P_{fw}；I_0；R_{10}（试验后测得） （4）$f=f_N/4$ 时的堵转数据：P_{1K}；U_{1K}；I_{1K}；f_K；R_{1K}（试验后测得）；θ_{1K}（测电阻 R_{1K} 时绕组温度） （5）杂散损耗 P_s，实测（F 法）或推荐值（F1 法）
2	求定子电抗设计值 $[X_1]$ 和转子电抗设计值 $[X_2]$	$[X_1]=X_1^*\left(\frac{3U_N^2}{P_N}\right)\quad [X_2]=X_2^*\left(\frac{3U_N^2}{P_N}\right)$ 式中　X_1^* 和 X_2^*——定子和转子电抗的标幺值
	求定子和转子电抗的比值	$\left[\frac{X_1}{X_2}\right]=\frac{[X_1]}{[X_2]}$
3	励磁电抗的估算值	$[X_m]\approx\frac{U_N}{I_0}-[X_1]\qquad\left[\frac{X_1}{X_m}\right]=\frac{[X_1]}{[X_m]}$
4	求等效电路中的参数 （1）X_1 和 X_m 初始值的求取	假定 $X_1=[X_1]$；$\frac{X_1}{X_m}=\left[\frac{X_1}{X_m}\right]$；$\frac{X_1}{X_2}=\left[\frac{X_1}{X_2}\right]$，则 $X_m=\frac{3U_N{}^2}{Q_0-3I_0{}^2X_1}\frac{1}{\left(1+\frac{X_1}{X_m}\right)^2}$ 式中　Q_0——空载无功功率，$Q_0=\sqrt{(3U_NI_0)^2-P_0{}^2}$ $X_{1K}=\frac{Q_K}{3I_{1K}^2\left(1+\left[\frac{X_1}{X_2}\right]+\frac{X_1}{X_m}\right)}\left(\left[\frac{X_1}{X_2}\right]+\frac{X_1}{X_m}\right)$ 式中　Q_K——堵转时的无功功率，$Q_K=\sqrt{(3U_{1K}I_{1K})^2-P_{1K}^2}$ $X_1=\frac{f_N}{f_K}X_{1K}$
	（2）用迭代法精确求取 X_1、X_m	利用求得的 X_1 和 X_m 的初值，重新算出 X_1/X_m，仍取 $X_1/X_2=[X_1/X_2]$，利用同样的方法再次求出 X_1、X_m 和 X_{1K}，不断重复上述过程，直到相邻两次求得的 X_1 和 X_m 相差不超过前一个数值的 ±0.1% 为止
	（3）求转子电抗 X_2 和励磁电纳 B_m	$X_{2K}=\frac{X_{1K}}{\left[\frac{X_1}{X_2}\right]}\quad X_2=\frac{f_N}{f_K}X_{2K}\quad B_m=\frac{1}{X_m}$
	（4）求铁心电导 G_{Fe} 和等效电阻 R_{Fe}	$G_{Fe}=\frac{P_{Fe}}{3U_N^2}\left(1+\frac{X_1}{X_m}\right)^2\qquad R_{Fe}=\frac{1}{G_{Fe}}$
	（5）求转子电阻 R_2	$R_{2K}=\left(\frac{P_{1K}}{3I_{1K}^2}-R_{1K}\right)\left(1+\frac{X_2}{X_m}\right)^2-\left(\frac{X_2}{X_1}\right)^2(X_{1K}{}^2G_{Fe})$ 对绕线转子电机，用下式求取 R_2 $R_2=R'_{2ref}K_U{}^2$ 式中　R'_{2ref}——修正至规定温度未折算至定子侧的转子相电阻 K_U——电压比（转子绕组开路时，定、转子绕组电压之比），$K_U=U_{10}/U_{20}$

（续）

序次	项目	计算过程及说明
4	（6）求修正到规定温度（θ_S）下定子相电阻 R_{1s}	$R_{1s}=R_{1K}\dfrac{K_1+\theta_S}{K_1+\theta_{1K}}$ 式中　R_{1K}——定子绕组相电阻 θ_{1K}——测量 R_{1K} 时绕组温度 θ_S——规定温度，按表5-18确定
5	求工作特性预备参数	（1）假设转差率 s 为设计值 （2）$Z_2=\sqrt{(R_2/s)^2+X_2^2}$ （3）$G_2=R_2/sZ_2^2$ （4）$G=G_2+G_{Fe}$ （5）$B_2=X_2/Z_2^2$ （6）$B=B_2+B_m$ （7）$Y=\sqrt{G^2+B^2}$ （8）$R=(G/Y^2)+R_{1s}$ （9）$x=(B/Y^2)+X_1$ （10）$Z=\sqrt{R^2+X^2}$
6	求定子电流 I_1 和转子电流 I_2	$I_1=U_N/Z$　　$I_2=I_1/(Z_2Y)$
7	求输入功率 P_1 和电磁功率 P_m	$P_1=3I_1^2R$　$P_m=3I_2^2R_2/s$
8	求各项损耗和总损耗 P_T	$P_{Cu1}=3I_1^2R_{1s}$　$P_{Fe}=3I_1^2G_{Fe}/Y^2$ $P_{Cu2}=sP_m$　$P_T=P_{Cu1}+P_{Cu2}+P_{Fe}+P_{fw}+P_s$
9	求输出功率 P_2 并进行迭代确定	$P_2=P_1-P_T$ 设某一负载点的输出功率为 P_m，第一次假设的转差率为 $s_{(1)}$，算出的输出功率为 $P_{m(1)}$，如果 $P_{m(1)}\neq P_m$，且两者之差超过 P_m 的±0.1%，则应再次假设转差率 $s_{(2)}$，按上述步骤再次计算，直至算出的 $P_{m(2)}$ 与 P_m 之差在 P_m 的±0.1%以内为止 可按式 $s_{(2)}=s_{(1)}\left[1+\dfrac{P_m-P_{m(1)}}{P_m}\right]$估算
10	求满载效率 η 和功率因数 $\cos\varphi$	$\eta=(P_2/P_1)\times100\%$；$\cos\varphi=R/Z$
11	求满载转矩和转速	$T_N=9549P_N/n_N$；$n_N=(1-s)n_s$
12	绘制工作特性曲线	

二、H法（圆图计算法）

（一）需进行的相关试验和数据

H法（圆图计算法）试验步骤与等效电路法类似，包括如下几项：

1）测取定子绕组相电阻，并转换到基准工作温度时的数值 R_{1s}。

2）对绕线转子电动机，还应测取转子绕组的相电阻并换算到基准工作温度，之后再用定、转子电压比 K_V（电机定子加额定电压转子三相开路空载运行时，定子线电压与转子线电压之比）进行折算。设折算前为 R_2'，则折算后为 R_2，$R_2=R_2'K_V^2$。

3）由额定电压、额定频率的空载试验求得定子三相空载电流平均值 I_0 和输入功率 P_0。

4）由堵转电流为1.0～1.1倍额定电流，电源频率为额定值的堵转试验，求得该条件下的堵

转相电流 I_K、堵转相电压 U_K 和堵转输入功率 P_K。

5）对于深槽和双笼型转子电动机，还应在 0.5 倍额定频率下进行上述堵转试验，试验时的堵转电流为 1.0~1.1 倍额定电流，求得该条件下的堵转相电流 I_K'、堵转相电压 U_K'和堵转输入功率 P_K'。详见本章第四节第五部分第（二）项内容。

（二）求取效率的计算过程

普通笼型异步电动机及绕线转子电动机性能参数的计算过程见表 5-29。普通笼型异步电动机是指转子由同样高度的导条组成，并且其高度，对铜导条≤10mm、对铝导条≤16mm。

用圆图计算法求取深槽和双笼型电动机性能参数的计算过程见表 5-30。

表 5-29　用圆图计算法求取普通笼型及绕线转子异步电动机性能参数的计算过程

序次	项目	计算过程及说明
1	求空载电流的有功分量 I_{0R} 求空载电流的无功分量 I_{0X}	$I_{0R}=P_0/3U_N$ $I_{0X}=\sqrt{I_0^2-I_{0R}^2}$
2	由 $f=f_N$ 堵转试验求取： 等效阻抗 Z_K、等效电阻 R_K 及等效电抗 X_K	$Z_K=U_K/I_K$ $R_K=P_K/3I_K{}^2$ $X_K=\sqrt{Z_K^2-R_K^2}$
3	求电机的 R、X、Z	对 130（B）级绝缘：$R=R_K$；对 155（F）和 180（H）级绝缘：$R=1.13R_K$ $X=X_K$　　$Z=\sqrt{R^2+X^2}$
4	求堵转电流 I_{KN} 及其有功分量 I_{KR} 和无功分量 I_{KX}	$I_{KN}=U_N/Z$ $I_{KR}=I_{KN}R/Z$ $I_{KX}=I_{KN}X/Z$
5	求额定功率 P_N 时的效率 η、功率因数 $\cos\varphi$、转差率 s 和定子电流 I_1 的预备参数	$K=I_{KR}-I_{0R}$　　$H=I_{KX}-I_{0X}$　　$I_{2K}=\sqrt{H^2-K^2}$ 由 $\tan\alpha=H/K$ 求 α、$\cos\alpha$、$\sin\alpha$ $K_1=I_{2K}{}^2R_1/U_N$ $K_2=K_1R_2/R_1$（对绕线转子电动机） $K_2=K-K_1$（对普通笼型电动机） $I_R=(P_N+P_s)/3U_N$ $a=0.5\ I_{2K}-I_R\cos\alpha$ $b=a-\sqrt{a^2-I_R^2}$　$b_1=b\cos\alpha$　　$b_2=b\sin\alpha$ $c=b_1K_2/K$　　$d=c-I_R$
6	求满载定子电流有功分量 I_{1R} 求满载定子电流无功分量 I_{1X} 求定子电流 I_1	$I_{1R}=I_{0R}+b_1+I_R$ $I_{1X}=I_{0X}+b_2$ $I_1=\sqrt{I_{1R}^2-I_{1X}^2}$
7	求功率因数 $\cos\varphi$	$\cos\varphi=I_{1R}/I_1$
8	求转差率 s	$s=c/d$
9	求出 5 项损耗 P_{Fe}、P_{fw}、P_{Cu1}、P_{Cu2}、P_s 后求总损耗 P_T	铁耗 P_{Fe} 和机械损耗 P_{fw} 由空载试验获得；定子铜耗 $P_{Cu1}=3I_1{}^2R_{1S}$；杂散损耗 P_s 由试验或推荐值得到；转子铜（铝）耗用公式 $P_{Cu2}=s(P_N+P_{fw}+P_s)/(1-s)$ 求得 $P_T=P_{Cu1}+P_{Cu2}+P_{Fe}+P_{fw}+P_s$
10	求满载效率 η	$P_2=P_1-P_T$　　$\eta=(P_2/P_1)\times100\%$

表5-30 用圆图计算法求取深槽和双笼型电动机性能参数的计算过程

序次	项目	计算过程及说明
1	求空载电流的有功分量I_{0R} 求空载电流的无功分量I_{0X}	$I_{0R}=P_0/3U_N$ $I_{0X}=\sqrt{I_0^2-I_{0R}^2}$
2	由$f=f_N$堵转试验求取： 等效阻抗Z_K'、等效电阻R_K'及等效电抗X_K'	$Z_K'=U_K'/I_K'$ $R_K'=P_K'/3I'^2_K$ $X_K'=\sqrt{Z'^2_K-R'^2_K}$
3	由$f=0.5f_N$堵转试验求取： 等效阻抗Z_K''、等效电阻R_K''及等效电抗X_K'' 求取电机的R、X、Z (1)求系数h和m (2)求等效电阻R (3)求等效电抗X (4)求等效阻抗Z	$Z_K''=U_K''/I_K''$ $R_K''=P_K''/3I_K''^2$ $X_K''=\sqrt{Z''^2_K-R''^2_K}$ $h=(2X_K''-X_K')/(R_K'-R_K'')$ $m=(4+h^2)/3$ $R=R_K'-m(R_K'-R_K'')$，对130(B)级绝缘 $R=1.13[R_K'-m(R_K'-R_K'')]$，对155(F)和180(H)级绝缘 $X=X_K'+m(2X_K''-X_K')$ $Z=\sqrt{R^2+X^2}$
4	求额定电压堵转电流I_{KN}及其有功分量I_{KR}和无功分量I_{KX}	$I_{KN}=U_N/Z$ $I_{KR}=I_{KN}R/Z$ $I_{KX}=I_{KN}X/Z$
5	求额定功率P_N时的效率η、功率因数$\cos\varphi$、转差率s和定子电流I_1的预备参数	$K=I_{KR}-I_{0R}$　$H=I_{KX}-I_{0X}$　$I_{2K}=\sqrt{H^2-K^2}$ 由$\tan\alpha=H/K$求α、$\cos\alpha$、$\sin\alpha$ $K_1=I_{2K}^2R_1/U_N$　$K_2=K-K_1$ $I_R=(P_N+P_S)/3U_N$ $a=0.5I_{2K}-I_R\cos\alpha$ $b=a-\sqrt{a^2-I_R^2}$；$b_1=b\cos\alpha$；$b_2=b\sin\alpha$ $c=b_1K_2/K$ $d=c-I_R$
6	求满载定子电流有功分量I_{1R} 求满载定子电流无功分量I_{1X} 求定子电流I_1	$I_{1R}=I_{0R}+b_1+I_R$ $I_{1X}=I_{0X}+b_2$ $I_1=\sqrt{I_{1R}^2-I_{1X}^2}$
7	求功率因数$\cos\varphi$	$\cos\varphi=I_{1R}/I_1$
8	求转差率s	$s=c/d$
9	求5项损耗P_{Fe}、P_{fw}、P_{Cu1}、P_{Cu2}、P_s后求总损耗P_T	铁耗P_{Fe}和机械损耗P_{fw}由空载试验获得；定子铜耗$P_{Cu1}=3I_1^2R_{1S}$；杂散损耗P_s由试验或推荐值得到；转子铜(铝)耗用公式$P_{Cu2}=s(P_N+P_{fw}+P_s)/(1-s)$求得 $P_T=P_{Cu1}+P_{Cu2}+P_{Fe}+P_{fw}+P_s$
10	求满载效率η	$P_2=P_1-P_T$　$\eta=(P_2/P_1)\times100\%$

第十三节　最小、最大转矩和转矩-转速特性曲线的测定试验

一、最小和最大转矩的定义和转矩-转速特性曲线

（一）相关说明

1. 最小和最大转矩的定义

三相异步电动机的最小和最大转矩的定义见第一章第一节中表1-1的第13和14项。符号分别为 T_{min} 和 T_{max}，单位为N·m。

定义中指出：本定义不适用于转矩随转速增加而连续下降的电机（这种转矩-转速特性曲线见图5-27）。

另外，应当注意的是定义中的“稳态”两个字，因为在实际测试中，特别是在最小转矩点附近的一段区域内，在很多情况下，转矩值是一段上下跳动的振荡曲线，从定义来看，应取这段时间转速范围内的转矩平均值为最小转矩结果，而不应取振荡曲线的最低值，如图5-34b所示。

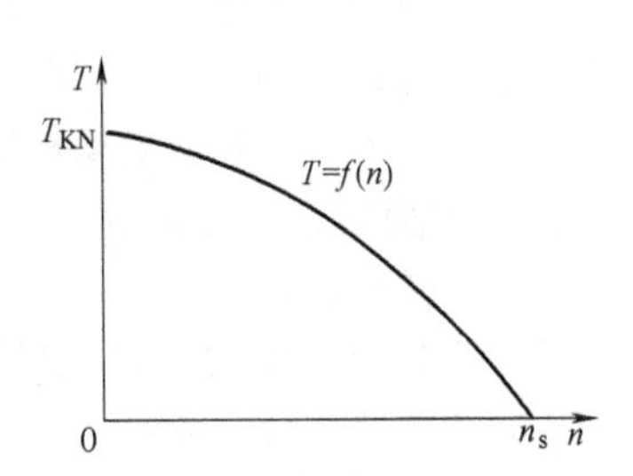

图5-27　转矩随转速增加而连续下降的转矩-转速特性曲线

2. 测试时电机所处状态问题

按定义，最小转矩应该是在起动过程中发生的。这就应该理解，试验应该在电机为冷状态下开始进行，就像堵转试验那样。而最大转矩应该是在运行状态下（或者说在运行到热稳定的状态下）的过载能力。

但实际上，很多情况下，两个数值测定试验是通过绘制转矩-转速特性曲线同时完成的。若在冷状态下进行，最小转矩值比较真实，但最大转矩值将略大于实际值；若在热状态下进行测试，结果会是最大转矩是真实的，而最小转矩会小于实际值。用同一运行状态下试验，当试验值在合格限值的边缘时，应考虑其影响，有必要时要重新进行试验。

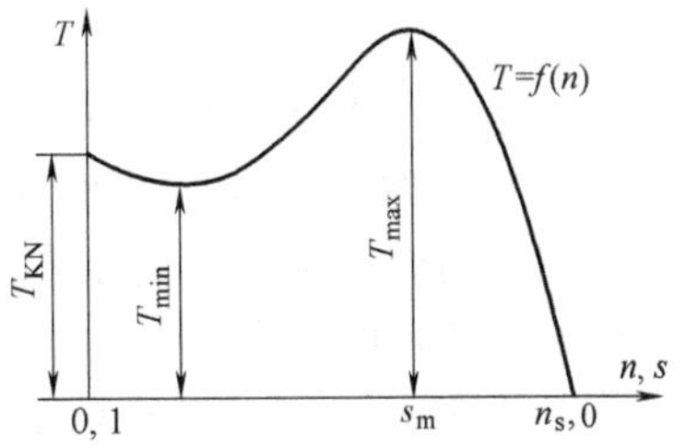

（二）一般用途异步电动机的转矩-转速曲线

图5-28为一般用途三相异步电动机的转矩-转速（或转差率）特性曲线，称为 T-n 曲线或 T-s 曲线。其中，对应于最大转矩点的转差率称为“临界转差率”，用 s_m 表示。

图5-28　一般用途三相异步电动机的转矩-转速（或转差率）特性曲线

（三）最大转矩与电动机相关参数的关系

由电机原理可知，三相交流异步电动机最大转矩和产生最大转矩 T_{max} 时的转差率 s_m（临界转差率）可分别用如下两个关系式表示：

$$T_{max}=\frac{3}{\Omega_1}\frac{U_1^2}{2C_1\left[\pm R_1+\sqrt{R_1^2+(x_{1\sigma}+C_1x'_{2\sigma})^2}\right]}\approx\frac{3}{2\Omega_1}\frac{U_1^2}{x_{1\sigma}+x'_{2\sigma}} \tag{5-63}$$

$$s_m=\frac{C_1R'_2}{\sqrt{R_1^2+(x_{1\sigma}+C_1x'_{2\sigma})^2}}\approx\frac{R'_2}{x_{1\sigma}+x'_{2\sigma}} \tag{5-64}$$

式中　U_1——定子电压（V）；

Ω_1——定子旋转磁场的机械角速度（同步机械角速度，单位为rad/s），$\Omega_1=2\pi f/p$，f 为电源频率（Hz），p 为定子极对数；

R_1——定子绕组相电阻（Ω）；

R'_2——折算到定子边的转子绕组电阻（Ω）；

$x_{1\sigma}$——定子绕组漏电抗（Ω）；

$x'_{2\sigma}$——折算到定子边的转子绕组漏电抗（Ω）；

C_1——系数，$C_1 = 1 + \frac{x_{1\sigma}}{x_m}$，$x_m$为主电抗（Ω）。

上述关系式简化的根据是 R_1 通常远小于 $x_{1\sigma} + C_1 x'_{2\sigma}$，系数 $C_1 \approx 1$。

由此可见，当电源频率和电动机的参数不变时，最大转矩 T_{max}与电源电压 U_1 的二次方成正比；当电源频率f和电压 U_1 不变时，最大转矩 T_{max}近似地与电机的定、转子漏电抗之和成反比；最大转矩 T_{max}与转子电阻 R_2 无关，但临界转差率 s_m 与转子电阻 R_2 成正比关系。

所以，改变转子电阻 R_2 的大小，可以改变最大转矩点的前后位置，转子电阻大到一定值时，最大转矩可最终移到起动点，即 $s=1$ 点，如图5-29所示，这一情况即前边定义中所注的转矩随转速的增加而连续下降的电动机所具有的特性（见图5-27）。

二、实测最大转矩试验

（一）试验设备

测试三相异步电动机最大转矩或转矩-转速曲线的设备有如下几个主要部分组成：

1. 被试电机的电源

可选用第二章介绍的几种交流调压电源，最高电压应不低于被试电机额定电压的1.2倍。若满足额定电压试验，则电源的容量应为被试电机额定容量的3倍左右。

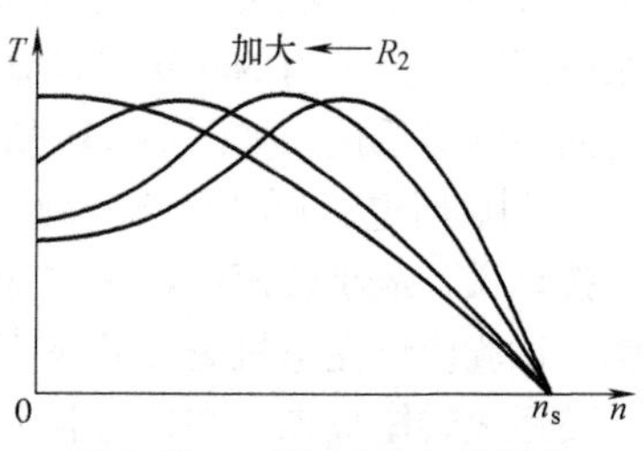

图5-29 三相异步电动机最大转矩与转子电阻的关系

2. 被试电机输入功率、电压及电流测量设备

可选用电动系电压表和电流表，最好选用多功能数字三相电量表，仪表的准确度应不低于0.5级。

当使用模拟式绘图仪（或称 $X-Y$ 记录仪）绘制转矩-转速曲线求取最大转矩时，一般要求同时在绘图仪上显示“电压-转速”和“电流-转速”曲线（至少需要“电压-转速”曲线，以便对转矩值进行电压修正），此时则还应配备电压和电流变送器。

3. 负载和转矩测量设备

各种测功机都可以作为被试电机的输出转矩测试设备并同时作为机械负载。转矩-转速传感器加适当的机械负载组成的测功设备广泛用于本项试验。这主要是因为这种设备投资少、精度高，可方便地将转矩和转速信号通过二次仪表（转矩-转速仪）以数字量的形式同时显示出来，并可将模拟量送入到绘图仪或计算机中，绘出转矩-转速特性曲线。

负载设备的额定功率折算到被试电机的转速后（一般按功率与转速成正比的关系进行折算），应在被试电机额定功率的2倍以上。

机械负载可选用直流电机、磁粉制动器、电涡流制动器、用低于其额定频率的交流电源供电的异步发电机等。以用可变极性的直流电源供电的直流电机为最佳。

电涡流制动器、水力测功机和直流发电机（所发出的直流电通过电阻直接消耗掉），因为制动转矩会随转速的下降而下降，所以不能得到接近堵转时的转矩-转速曲线，经常会得不到实际的最小转矩值。用低于其额定频率的交流电源供电的异步发电机也有类似的不足（见图5-30给出的示例，其电动机额定电压为460V，额定频率为60Hz，4极）。

为了能得到整条曲线，建议使用上述负载设备时，再同轴设置一台电磁制动器（磁粉制动器或电磁抱闸），用于在低转数时增加制动转矩，将被试电机制动到0转速。图5-31给出了一台示例，可参照配置。

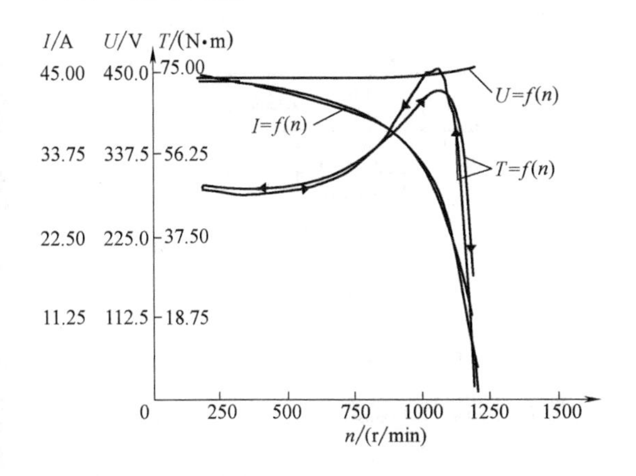

图5-30 用异步发电机作负载设备时的T-n、U-n、I-n曲线实测图

图5-31 设置制动装置（电磁抱闸）的转矩-转速特性测试系统

4. 绘图仪器

转矩－转速曲线应采用仪器自动绘制。可通过转矩－转速仪的两个模拟量输出口传输给函数记录仪（或称$X-Y$记录仪，见图5-32）或其他绘图仪器。这些绘图仪器应具备同时绘制两条（或三条）特性曲线的功能。也可在绘制一条曲线的同时，将另一条曲线的数据暂存，待第一条曲线绘制完成后，再绘制第二条曲线。一条为“转矩-转速关系曲线”；另一条为“电机端电压与转速的关系曲线”；若有第三条，则应是“被试电机定子电流与转速的关系曲线”。

若利用计算机进行电机试验的综合测量和绘制各种特性曲线，则可通过转矩-转速仪的数据接口（现用的数显式转矩仪均配备数据量输出接口）接到计算机上，或将转矩-转速传感器的输出信号通过专用接口直接输入到计算机中，再利用计算机中所加的专用软件（含转矩仪的通信协议），在屏幕上显示和通过打印机打印出所要的上述曲线。

图5-32 LM20A－200型双笔函数记录仪

图5-33给出了一套用直流电机作负载的试验系统电路原理图。该直流电机的供电系统为一套可改变输出电压极性的双联直流发电机组（可用整流-逆变电源系统代替），有关配置和控制电路详见第二章第三节。

（二）实测方法

1. 测功机描点法

用测功机将被试电机拖动到同步转速附近（上述机械不能自运转时，则用被试电机自身运转），空转到风摩耗稳定。或按规定将被试电机加规定的负载运行到温升稳定。

从空载开始，给被试电机逐渐加负载，逐点测取被试电机的转速、输出转矩、端电压，直到电机转矩达到最大值并开始下降为止。为防止电机过热，测取每点读数的时间应尽可能短，有必要时，可在测几点后让电机空转一段时间。

测试后，用测取的数值绘制转矩-转速曲线，如图5-34a所示。在绘制前，应对各点转矩值按与电机输入电压二次方成正比的关系修正到额定电压时的数值，测功机显示的转矩值还应进

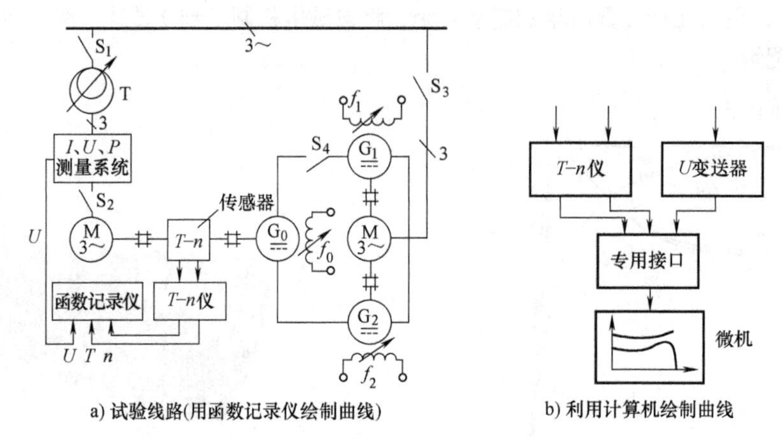

a) 试验线路(用函数记录仪绘制曲线)　　b) 利用计算机绘制曲线

图5-33　T-n、T-U 曲线测试电路和自动绘制系统图

行摩擦转矩修正。

2. 测功机连续绘图法

如采用数字式转矩-转速测量系统的测功机或通过微机等设备可做到自动记录和描绘曲线时，应从空载到超过最大转矩，再从超过最大转矩到空载测绘两条连续的曲线，每条曲线所用时间应不少于10s，但又不能多于15s。取两条曲线显示的转矩最大值，并分别通过电压修正后，再取两个最大值的平均值作为最大转矩的试验结果，如图5-34b所示。

由转矩-转速传感器加接通可变极性的直流电源的直流电机所组成的测功装置，是使用最方便、效果最好的测试系统。

（三）对试验结果的计算

1）当用若干点测量寻找最大转矩点的实测法时，应先将各测试点用曲线板连成一条光滑的曲线，再从曲线上查得最大转矩点并将其经过电压修正得到最大转矩值的试验结果。

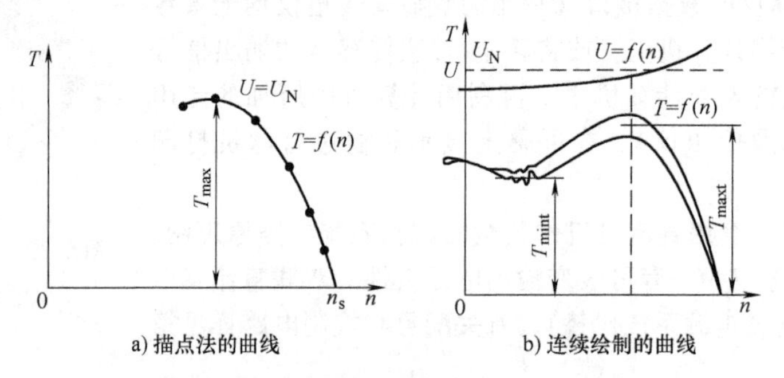

a) 描点法的曲线　　b) 连续绘制的曲线

图5-34　接近额定电压时的实测转矩曲线

2）当采用连续绘制转矩-转速曲线的方法时，应取两条曲线上的最大转矩点并经过电压修正得到平均值作为最大转矩值的试验结果。

3）试验时，要求产生最大转矩时的电机端电压 U_t 应在被试电机额定电压 U_N 的0.9～1.1倍之间。此时用转矩与电压的二次方成正比的关系对转矩进行修正，见式（5-65）。若电压低于额定电压的90%，则按本部分第（五）条的规定进行试验和计算。

$$T_{maxN} = T_{maxt}\left(\frac{U_N}{U_t}\right)^2 \tag{5-65}$$

式中　T_{maxN}——修正到额定电压时的最大转矩（N · m）；

T_{maxt}——实测的最大转矩（N·m）；

U_N——被试电机额定电压（V）；

U_t——在最大转矩点施加在被试电机接线端的电压（V）。

（四）实测举例

图5-35是一台型号为Y132S－4、额定功率为5.5kW、额定电压为380V、额定转速为1440r/min三相异步电动机的转矩与电压和转速关系曲线实测图。

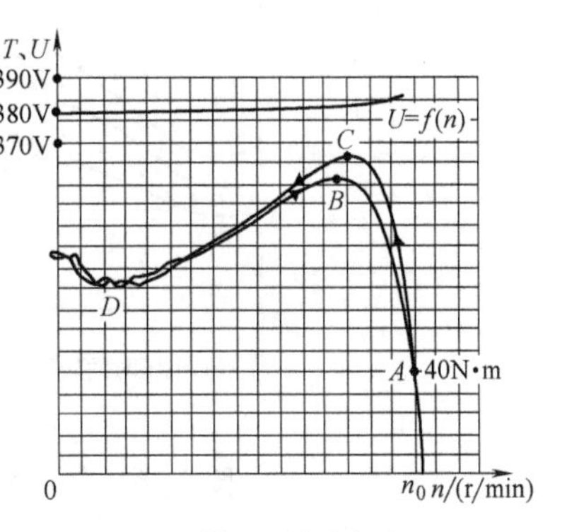

图5-35　转矩-转速与电压-转速关系实测曲线

由曲线的定标点（A点）40N·m/50mm可以算出坐标系中的纵轴（转矩和电压轴）为每1mm代表0.8N·m。由此可计算出两条转矩曲线各自的最大转矩点B和C点的T_{maxt1}、T_{maxt2}分别为113.6N·m和122.4N·m。

通过电压曲线得到B、C两点所对应的电压U_1、U_2分别为383V和383.8V。

由于试验时的电压与额定电压相差在额定电压的±10%之内，可以利用转矩与电压的二次方成正比的关系对实测数据进行修正，得到额定电压时的T_{max1N}、T_{max2N}。

$$T_{max1N}=T_{maxt1}\left(\frac{U_N}{U_1}\right)^2=113.6\times\left(\frac{380\text{V}}{383\text{V}}\right)^2\text{N·m}\approx111.83\text{N·m}$$

$$T_{max2N}=T_{maxt2}\left(\frac{U_N}{U_2}\right)^2=122.4\times\left(\frac{380\text{V}}{383.8\text{V}}\right)^2\text{N·m}\approx119.99\text{N·m}$$

取上述T_{max1N}、T_{max2N}两个数值的平均值为被试电机额定电压时的最大转矩值T_{maxN}，即

$$T_{maxN}=(T_{max1N}+T_{max2N})/2\approx115.91\text{N·m}$$

被试电机额定转矩为

$$T_N=9.549P_N/n_N=(9.549\times5500\div1440)\text{N·m}\approx36.47\text{N·m}$$

实测的最大转矩值为额定转矩T_N的115.91N·m/36.47N·m≈3.18倍。

（五）电源和负载设备能力不足时的实测试验方法

若限于试验电源容量和负载设备的能力，可采用降低电压进行试验的方法。此时电源的额定容量应不小于被试电机额定容量的1.5倍，负载可接受的功率应不小于被试电机额定容量的1倍。

按实际所用电源和负载设备的能力，在允许最高电压及以下，用与本部分前面讲述的各种方法测取3个及以上不同电压时的最大转矩值，如图5-36a所示。

用上述求得的几组数值，绘制最大转矩与电压的对数关系曲线。向上延长曲线到电压为被试电机的额定电压为止。该点对应的转矩即为额定电压时的最大转矩，如图5-36b所示。

三、最大转矩的圆图计算法

如限于电源和负载设备的能力，或者因被试电机的结构特殊不能与试验负载连接（在GB/T 1032—2012中第12.1.5条规定对立式电机和100kW以上的电机），可采用绘制圆图法或圆图计算法求取最大转矩。

（一）用绘制圆图法求取最大转矩

用“圆图”求取三相异步电动机的性能参数（包括最大转矩）是建立在电机原理数学模型基础之上的一种简单的解析方法。由于所涉及的理论比较专业，也相对复杂，在此不详细给出

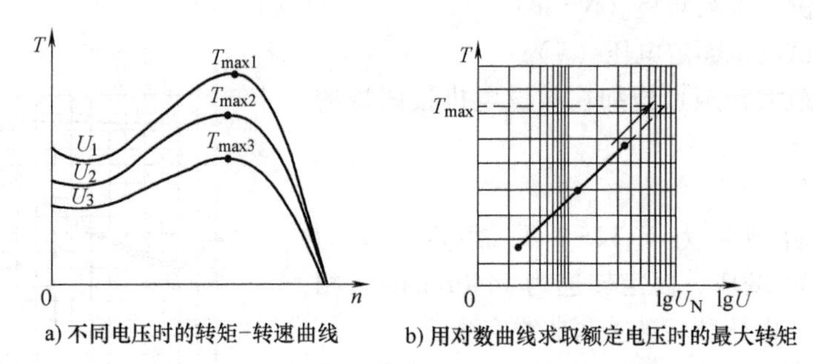

a) 不同电压时的转矩-转速曲线　b) 用对数曲线求取额定电压时的最大转矩

图 5-36　电源和负载设备能力不足时实测最大转矩的方法

（详见电机学）。下面仅给出实际操作内容，目的并不是要大家实际去做（在作者的记忆中，1984 年以前全是人工绘制圆图的），而是用于对下面将要介绍的圆图计算法提供依据。

1. 计算求取绘制圆图的数据

1）空载电流有功分量　$I_{0R}=(P_0-P_{fw})/3U_N$

2）空载电流无功分量　$I_{0X}=\sqrt{I_0^2-I_{0R}^2}$

3）额定电压时的堵转电流　$I_{KN}=I_K U_N/U_K$

4）堵转电流有功分量　$I_{KNR}=P_{KN}/3U_N$

5）堵转电流无功分量　$I_{KNX}=\sqrt{I_{KN}^2-I_{KNR}^2}$

6）额定电压时的堵转功率　$P_{KN}=P_K(I_{KN}/I_K)^2$

7）定、转子绕组的合成电阻　$R_t=P_{KN}/I_{KN}^2$（笼型转子）；$R_t=R_1+K_b^2R_2$（绕线转子）

2. 绘制圆图及求取最大转矩的过程（见图 5-37）

1）以电流为横轴，在横轴上选定电流的比例尺 A/mm。应尽可能地将图作大，因为越大准确度和精度也就越高。

2）在纵轴上取$\overline{ON'}=I_{0R}$。

3）作 $N'N$ 平行于横轴，取$\overline{N'N}=I_{0X}$。

4）作直线 UN，UN 与 $N'N$ 的延长线的夹角为 α，$\sin\alpha=2I_0R_1/U_N$。

5）在纵轴上取$\overline{OS'}=I_{KNR}$。

6）作 SS' 平行于横轴，取$\overline{SS'}=I_{KNX}$。

7）连接 NS。NS 被称为功率线。

8）作 NS 的垂直平分线，与 NU 交于 C 点。

9）以 C 点为圆心、CN 为半径作电流圆。

10）由 S 点作 SU 垂直于 NU。

11）在 SU 上取 T 点，使 $\overline{TU}=\overline{SU}\cdot R_1/R_t$，连转矩线 NT。

12）作 CT_m 垂直于 NT，并与电流圆交于 T_m 点。

13）由 T_m 点作 $T_mT'_m$ 垂直于 NU，并与 TN 交于 T'_m 点。

14）最大转矩 T_{max}（N·m）按下式计算：

$$T_{max}=9.549\times 3U_N AT_mT'_m\beta/n_s=28.647\ U_N AT_mT'_m\beta/n_s$$

式中　U_N——电动机的额定相电压（V）；

A——电流的比例尺（A/mm）；

$T_mT'_m$——线段T_mT_m'的长度（mm）；

β——电动机的容量系数，对10kW及以上的笼型转子电动机，取0.9，对绕线转子及10kW以下的笼型转子电动机，取1.0。

（二）用圆图计算法求取最大转矩

实际上，圆图计算法是将圆图中的相关参数（对于图中来讲为线段或角）在圆图（见图5-37）中的几何关系转化成了数值运算关系。但圆图计算法和绘制圆图法相比，具有精度高和省时省力的优点，特别是使用了计算机编制试验报告后，编写一个很小的计算程序，计算机就会自动地将前面试验计算所得的相关数据取出，参与求取最大转矩的计算，不足1s的时间即可得到结果。

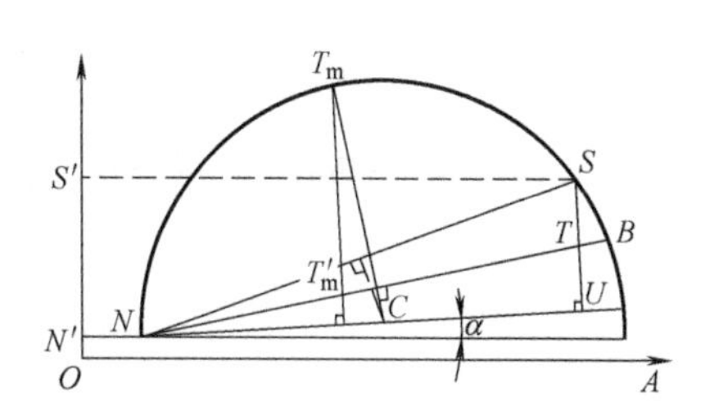

图5-37　求取最大转矩的圆图

计算法求取最大转矩所需要的试验项目、试验参数及计算过程见表5-31。

表5-31　用圆图计算法求取最大转矩的计算过程

序次	项　目	计算公式和说明
1	整理试验数据	(1)空载三相定子相电流平均值I_0、空载损耗P_0、风摩损耗P_{fw} (2)在$I_K=(2\sim2.5)I_N$时的堵转三相定子相电压平均值U_K、相电流平均值I_K和输入功率P_K 注：若已有在额定电压时的电流I_{KN}和输入功率P_{KN}，则可直接使用，而不用上述值 (3)换算到基准工作温度时的定子相电阻R_{1S}及转差率s(可由额定转速求取) (4)杂散损耗P_s(可实测或取推荐值)
2	(1)求取空载电流的有功分量I_{0R}	$I_{0R}=\dfrac{P_0-P_{fw}}{3U_N}$
	(2)求取空载电流的无功分量I_{0X}	$I_{0X}=\sqrt{I_0^2-I_{0R}^2}$
3	(1)求取额定电压时的堵转电流I_{KN}	$I_{KN}=I_K\dfrac{U_N}{U_K}$　如已实测，可直接使用
	(2)求取额定电压时的堵转功率P_{KN}	$P_{KN}=P_K\left(\dfrac{U_N}{U_K}\right)^2$　如已实测，可直接使用
	(3)求取堵转电流的有功分量I_{KR}	$I_{KR}=\dfrac{P_{KN}}{3U_N}$
	(4)求取堵转电流的无功分量I_{KX}	$I_{KX}=\sqrt{I_{KN}^2-I_{KR}^2}$

（续）

序次	项　目	计算公式和说明
4	求取最大转矩的计算中间参数	(1) $K=I_{KR}-I_{0R}$ (2) $H=I_{KX}-I_{0X}$ (3) $r=0.5\left(H+\frac{K^2}{H}\right)$ (4) $I_{2K}=\sqrt{K^2+H^2}$ (5) $K_1=\frac{I_{2K}^2R_{1S}}{U_N}$ (6) 由 $\tan\beta=\frac{H}{K_1}$ 求出 β 和 $\tan\frac{\beta}{2}$ (7) $T=3rU_N\tan\frac{\beta}{2}$ (8) $P_m=\frac{P_N+P_{fw}+P_s}{1-s}$
5	求取最大转矩倍数 K_T	$K_T=\frac{C_TT}{P_m}$ 式中　C_T——对≥10kW 的笼型电机，取 $C_T=0.9$；对绕线转子电机和<10kW 的笼型电机，取 $C_T=1.0$
6	求取最大转矩值 T_{max}	$T_{max}=K_TT_N$ 式中　T_N——电机的额定转矩

现以一台 Y450L2-10 型普通低压三相异步电动机为例，说明用圆图计算法求取最大转矩的过程。

该电动机铭牌所标额定值和经过相关试验获得的原始数据见表5-32，其中杂散损耗按额定功率的0.5%给出，满载转差率为实测值。计算过程见表5-33。

表5-32　Y450L2-10 原始数据

序号	项　目	代号	数值	序号	项　目	代号	数值
1	额定功率	P_N	355kW	9	空载损耗	P_0	8660W
2	额定相电压	U_N	380V	10	风摩损耗	P_{fw}	1258W
3	额定频率	f_N	50Hz	11	2.5I_N（相电流）	I_K	1061.2A
4	额定相电流	I_N	424.4A	12	2.5I_N 时的堵转相电压	U_K	183V
5	额定转速	n_N	595r/min	13	2.5I_N 时的堵转输入功率	P_K	144300W
6	接法	△	—	14	基准工作温度时的相电阻	R_{1S}	0.007062Ω
7	绝缘等级	F	—	15	满载转差率	s	0.0103
8	空载相电流	I_0	206A	16	满载杂散损耗	P_s	1775W

表5-33　最大转矩的计算过程

序次	项目	计算公式和说明
1	(1)求取空载电流的有功分量 I_{0R} (2)求取空载电流的无功分量 I_{0X}	$I_{0R}=(P_0-P_{fw})/3U_N=(8660-1258)\div(3\times380)\approx6.49$ $I_{0X}=\sqrt{I_0^2-I_{0R}^2}=\sqrt{206^2-6.49^2}\approx205.9$

（续）

序次	项目	计算公式和说明
2	(1)求取额定电压时的堵转电流 I_{KN} (2)求取额定电压时的堵转功率 P_{KN} (3)求取堵转电流的有功分量 I_{KR} (4)求取堵转电流的无功分量 I_{KX}	$I_{KN}=I_K U_N/U_K=1061.2\times380\div183\approx2203.6$ $P_{KN}=P_K(U_N/U_K)^2=144300\times(380\div183)^2\approx622202$ $I_{KR}=P_{KN}/3U_N=622202\div(3\times380)\approx545.79$ $I_{KX}=\sqrt{I_{KN}^2-I_{KNR}^2}=\sqrt{2203.6^2-545.79^2}\approx2135$
3	求取最大转矩的计算中间参数	(1) $K=I_{KR}-I_{0R}=545.79-6.49=539.3$ (2) $H=I_{KX}-I_{0X}=2135-205.9=1929.1$ (3) $r=0.5(H+K^2/H)$ $=0.5(1929.1+539.3^2\div1929.1)\approx1040$ (4) $I_{2K}=\sqrt{K^2+H^2}=\sqrt{539.3^2+1929.1^2}\approx2003$ (5) $K_1=I_{2K}^2R_{1S}/U_N=2003^2\times0.007062\div380\approx80.46$ (6)由 $\tan\beta=H/K_1=1929.1\div80.46\approx23.98$，求出 $\beta=87.61°$ 和 $\tan(\beta/2)=0.9592$ (7) $T=3rU_N\tan(\beta/2)=3\times1040\times380\times0.9592\approx1137183$ (8) $P_m=(P_N+P_{fw}+P_s)/(1-s)=(355000+1258+1775)\div(1-0.0103)\approx361759$
4	求取最大转矩倍数 K_T(倍)	$K_T=T_{max}/T_N=C_T T/P_m=0.9\times1137183\div361759\approx2.829$ 因为本电机 $P_N=355\text{kW}$，属于10kW及以上的笼型电机，所以取 $C_T=0.9$
5	求取最大转矩值 T_{max}(N·m)	$T_{max}=K_T T_N=2.829\times(9.549\times355000\div595)\approx16118$ 式中　$T_N=9.549P_N/n_N=9.549\times355000\div595\approx5697$，为电机的额定转矩

四、最小转矩测定方法

（一）连续绘制转矩-转速曲线法和相关规定

试验设备及方法同测取最大转矩的转矩-转速曲线测绘方法。实际上，一般都将测试最小转矩和最大转矩两项试验同时进行。最小转矩值取由起动到空载的曲线上，处于0至最大转矩对应的转速范围内的转矩最小值（修正到额定电压时的数值）。但应注意，试验时电机的电压应在额定值的95%~105%范围内。否则，应调整电压重新试验。当限于电源容量或负载设备能力不能将电压达到上述值时，可采用与最大转矩相同的降低电压法进行试验和绘制对数曲线求取额定电压时最小转矩的方法。

当试验时的电压 U_t 不等于额定电压 U_N 时，应按与电压的二次方成正比的关系将实测的最小转矩 T_{mint} 修正到 U_N 时的数值 T_{minN}。

$$T_{minN}=T_{mint}\left(\frac{U_N}{U_t}\right)^2 \tag{5-66}$$

以图5-35为例，从堵转到空载的转矩曲线上得到起动过程中的最小转矩点 D 点的数值为72.8N·m，该点对应的电压 U_3 为378.1V。

由于试验时的电压与额定电压相差在额定电压的±5%之内，可以利用转矩与电压的二次方成正比的关系将实测数据修正到额定电压时的数值 T_{min}。

$$T_{min}=T_{mint}\left(\frac{U_N}{U_3}\right)^2=72.8\times\left(\frac{380}{378.1}\right)^2 \text{N}\cdot\text{m}=73.53\text{N}\cdot\text{m}$$

为额定转矩 T_N（36.47N·m）的2.02倍。

（二）描点测试法

采用描点法单独测量最小转矩时，可先在低电压下确定被试电机出现最小转矩的中间转速（一般在同步转速的1/13～1/7范围内的某一转速，机组在该转速下能稳定运行而不升速）。断开被试电机的电源，调节测功机，使转速约为中间转速的1/3，然后合上被试电机的电源，调节测功机负载，直到转矩值达到最小。读取此转矩值和被试电机端电压。通过电压修正，得到额定电压时的最小转矩值。

第十四节 型式试验报告的性能汇总和分析

一、性能汇总

一台电机的型式试验全部完成后，应将需要的性能数据汇总到一张表格中，称为“性能数据汇总表”。在该表中，应包括相应技术条件中给出的考核指标（含要求的标称值和容差值）、与设计有关的试验数据（主要包括未列入考核指标的各项损耗、满载电流和转矩、除绕组和轴承以外的部件温升或温度等）。

对考核指标，应给出试验值是否符合要求的结论；对有容差的，若试验值在容差范围内，还应计算出占容差的百分数（习惯称为“吃”容差的百分数）。吃容差的计算方法是，吃容差的百分数＝［（不含容差的标准值－实测值）÷容差值］×100%。

有必要时，试验技术人员应对考核项目的试验数据进行分析评论，提出修改建议。其中重点放在不合格的项目和好于考核指标过多的项目。

相关人员应在汇总表下面签注姓名和日期。

表5-34给出了一个实例，供参考使用。

表5-34 三相异步电动机性能数据汇总表

型号：Y132S-4 功率：5.5kW 电压：380V 频率：50Hz 电流：11.6A 接法：△ 转速：1440r/min 绝缘等级：130（B）级 工作制：S1 电机出厂编号：12345 生产日期：2010.09 试验日期：2010.09.09

数据名称	单位	标准值	容差	试验值	备注和结论
绝缘电阻(热态)	MΩ	≥0.38	—	500	合格
25℃时的定子相电阻	Ω			1.977	
额定电压时的空载线电流	A			4.83	
额定电压时的空载输入功率	W			337	
额定电压时的铁耗	W			165	
机械损耗	W			120	
环境温度为25℃时的定子铜耗	W			320.5	
环境温度为25℃时的转子铜耗	W			171.8	
杂散损耗	W			81.6	
总损耗	W			858.9	
满载线电流	A			11.52	

（续）

数据名称	单位	标准值	容差	试验值	备注和结论
满载转矩	N·m			36.4	
额定电压时的堵转输入功率	kW			28.223	
额定电压时的堵转转矩	N·m			80.12	
额定电压时的堵转线电流	A			79.8	
堵转电流/额定电流	倍	≤7.0	+1.4	6.88	合格
堵转转矩/额定转矩	倍	≥2.2	-0.33	2.20	合格
最大转矩/额定转矩	倍	≥2.3	-0.23	3.18	合格
最小转矩/额定转矩	倍	≥1.1	-0.16	2.02	合格
满载效率	%	≥88.0	-1.8	86.6	吃容差77.8%
满载功率因数	—	≥0.84	-0.03	0.836	吃容差13.3%
满载转差率	%			2.93	
定子绕组温升(电阻法)	K	≤80	—	54	合格
定子铁心温升(温度计法)	K			30	
机座表面温升(温度计法)	K			29	
轴承温度(温度计法)	℃	≤95	—	45	合格
进风温度/出风温度	℃			26/39	
15 s短时过转矩	N·m	75.5		75.5	合格
匝间耐冲击电压峰值	V	2500		2500	合格
绝缘强度(耐电压)	kV,s	1.76,60		1.76,60	合格
2min超速	r/min	5400		5400	合格
噪声(声功率级)	dB(A)	≤78	+3	68	合格
振动(速度有效值)	mm/s	≤1.6	—	1.0	合格

试验：_____记录：_____校核：_____批准：_________日期：___年___月___日

对汇总表中的一些数据计算说明如下：

1）转矩倍数的基值为额定转矩，即用铭牌数据中的额定输出功率和转速求得的数值，本例为36.47N·m 。

2）堵转电流倍数的基值为额定电流，即铭牌电流。本例为11.6A。

3）短时过转矩倍数，在该系列电动机技术条件中的规定，按最大转矩标准值去掉容差的数值，即2.3×0.9×额定转矩=2.07×36.47N·m≈75.5N·m。

4）按GB/T 755—2019的规定，超速试验转速值为1.2倍最大安全运行转速。本例电动机的最大安全运行转速为4500r/min，所以超速试验转速值为1.2×4500r/min=5400r/min。

二、GB/T 1032—2012中推荐的效率测定试验记录及计算表格

在GB/T 1032—2012中，给出了用于测试效率的各种试验方法记录及计算表格。作者对其进行了部分改造，现介绍给大家，供参考使用。在每种格式前都应附加一个铭牌数据的表格，见表5-35。

表5-35　电机铭牌数据

型号		额定功率	kW	额定电压	V	额定频率	Hz
额定电流	A	额定转速	r/min	绝缘等级		接线方法	
防护等级	IP	工作制	S(　)	产品编号		生产日期	年　月

（一）A方法格式

A方法的试验记录及计算表格见表5-36，性能参数汇总见表5-37。

表 5-36　A 方法的试验记录及计算表格

序号	试验数据和性能数据名称	数据单位	试验负载点顺序及试验或计算数据					
			1	2	3	4	5	6
1	定子绕组冷态端电阻	Ω						
2	测量冷态电阻时绕组温度	℃						
3	额定负载热试验结束时定子绕组端电阻	Ω						
4	额定负载热试验定子绕组最高温度	℃						
5	热试验时结束时冷却介质温度	℃						
6	负载试验冷却介质温度	℃						
7	负载试验定子绕组最高温度	℃						
8	电源频率	Hz						
9	同步转速	r/min						
10	转子转速	r/min						
11	测量转差	r/min						
12	线电压	V						
13	线电流	A						
14	定子输入功率	kW						
15	试验温度时定子 I^2R 损耗	W						
16	转矩读数	N · m						
17	转矩读数修正值	N · m						
18	修正后转矩读数	N · m						
19	修正后的转差	r/min						
20	修正后的转速	r/min						
21	输出功率	kW						
22	在规定温度时的定子绕组 I^2R 损耗	W						
23	修正后的定子输入功率	W						
24	效率	%						
25	功率因数	—						

表 5-37　性能参数汇总表

参数名称	单位	试验或计算值					
负载率	%	25	50	75	100	125	150
效率	%						
功率因数	—						
转速	r/min						
线电流	A						

（二）B 方法格式

B 方法的试验记录及计算表格见表 5-38，性能参数汇总表同表 5-37。

表 5-38　B 方法的试验记录及计算表格

序号	试验数据和性能数据名称	数据单位	试验负载点顺序及试验或计算数据					
			1	2	3	4	5	6
1	定子绕组冷态端电阻	Ω						
2	测量冷态电阻时绕组温度	℃						

（续）

序号	试验数据和性能数据名称	数据单位	试验负载点顺序及试验或计算数据					
			1	2	3	4	5	6
3	额定负载热试验结束时定子绕组端电阻	Ω						
4	额定负载热试验定子绕组最高温度	℃						
5	热试验结束时冷却介质温度	℃						
6	负载试验冷却介质温度	℃						
7	负载试验定子绕组最高温度 θ_t	℃						
8	电源频率	Hz						
9	同步转速	r/min						
10	转子转速	r/min						
11	测量转差	r/min						
12	线电压	V						
13	线电流	A						
14	定子输入功率	kW						
15	铁心损耗	W						
16	试验温度 θ_t 时的定子绕组 I^2R 损耗	W						
17	电磁功率	W						
18	转子绕组 I^2R 损耗	W						
19	风摩损耗	W						
20	总常规损耗	W						
21	转矩读数	N·m						
22	转矩读数修正值	N·m						
23	修正后转矩读数	N·m						
24	轴输出功率	W						
25	表观总损耗	W						
26	剩余损耗	W						
27	在规定温度时的定子绕组 I^2R 损耗	W						
28	修正后的电磁功率	W						
29	修正后的转差	r/min						
30	修正后的转速	r/min						
31	在规定温度时的转子绕组 I^2R 损耗	W						
32	负载杂散损耗	W						
33	修正后的总损耗	W						
34	修正后的轴输出功率	kW						
35	效率	%						
36	功率因数	—						
37	负载杂散损耗线性回归计算数据　截距 $B=$	$A=$		$r=$		删除点：		

（三）C方法格式

C方法的试验记录及计算表格见表5-39，性能参数汇总表同表5-37。

表 5-39　C 方法的试验记录及计算表格

序号	试验数据和性能数据名称	数据单位	试验负载点顺序及试验或计算数据					
			1	2	3	4	5	6
1	定子绕组冷态端电阻	Ω						
2	测量冷态电阻时绕组温度	℃						
3	额定负载热试验结束时定子绕组端电阻	Ω						
4	额定负载热试验定子绕组最高温度	℃						
5	热试验时结束时冷却介质温度	℃						
6	负载试验冷却介质温度	℃						
7	负载试验定子绕组最高温度 θ_t	℃						
8	电源频率	Hz						
9	同步转速	r/min						
10	转子转速	r/min						
11	测量转差	r/min						
12	线电压	V						
13	线电流	A						
14	定子输入功率	kW						
15	铁心损耗	W						
16	试验温度 θ_t 时的定子绕组 I^2R 损耗	W						
17	电磁功率	W						
18	转子绕组 I^2R 损耗	W						
19	风摩损耗	W						
20	总常规损耗	W						
21	转子电流	A						
22	平均转子电流	A						
23	平均负载杂散损耗	W						
24	在规定温度时的定子绕组 I^2R 损耗	W						
25	修正后的电磁功率	W						
26	修正后的转差	r/min						
27	修正后的转速	r/min						
28	在规定温度时的转子绕组 I^2R 损耗	W						
29	修正后的负载杂散损耗	W						
30	修正后的总损耗	W						
31	修正后的轴输出功率	kW						
32	效率	%						
33	功率因数	—						
34	负载杂散损耗线性回归计算数据　截距 $B=$	$A=$		$r=$		删除点：		

（四）E（E1）方法格式

E（E1）方法的试验记录及计算表格见表5-40，性能参数汇总表同表5-37。

表 5-40　E（E1）方法的试验记录及计算表格

序号	试验数据和性能数据名称	数据单位	试验负载点顺序及试验或计算数据					
			1	2	3	4	5	6
1	定子绕组冷态端电阻	Ω						
2	测量冷态电阻时绕组温度	℃						
3	额定负载热试验结束时定子绕组端电阻	Ω						
4	额定负载热试验定子绕组最高温度	℃						
5	热试验时结束时冷却介质温度	℃						

（续）

序号	试验数据和性能数据名称	数据单位	试验负载点顺序及试验或计算数据					
			1	2	3	4	5	6
6	负载试验冷却介质温度	℃						
7	负载试验定子绕组最高温度 θ_t	℃						
8	电源频率	Hz						
9	同步转速	r/min						
10	转子转速	r/min						
11	测量转差	r/min						
12	线电压	V						
13	线电流	A						
14	定子输入功率	kW						
15	铁心损耗	W						
16	风摩损耗	W						
17	在规定温度时的定子绕组 I^2R 损耗	W						
18	修正后的电磁功率	W						
19	修正后的转差	r/min						
20	修正后的转速	r/min						
21	在规定温度时的转子绕组 I^2R 损耗	W						
22	转子电流	A						
23	负载杂散损耗	W						
24	总损耗	W						
25	轴输出功率	kW						
26	效率	%						
27	功率因数	—						

三、三相异步电动机试验报告分析

（一）对试验报告内容的检查

一台电机经过型式试验并编制出试验报告后，应对试验报告的内容进行详细检查。检查的内容包括如下几个方面：

1）各项考核指标是否达到了标准的要求。

2）最后结果中的数据是否处于正常范围内。正常情况下，这些数据和考核标准，特别是设计值或原有同规格的电机试验值不会有较大的差异。

3）若同时试验了2台同规格的电机，则将它们进行对比。两者的同一性能数据应较接近。特别是效率、功率因数、满载电流和满载转矩等项目，相差一般应在±2%之内。温升一般不会相差5K以上。

4）检查各条特性曲线是否正常。正常情况下，应有不少于75%的点在曲线上或非常接近曲线。

（二）对不合格项目的分析

当出现不合格项目时，应对其进行分析，结合拆机直观检查等，找出不合格原因，提出改进或其他处理措施加以解决。

表5-41给出了三相异步电动机试验数据与电机所用材料、生产工艺及制造过程等方面的相互关系，供分析时参考。分析的原因中未考虑电源电压等外界因素，或者说，前提是外界因素符合要求。

表5-41　三相异步电动机主要性能与有关因素的关系

项目	与有关因素的关系
一、效率偏低	1. 定子铜耗大 (1)定子绕组电阻大 1)导线电阻率大或线径小或并绕根数少 2)连线错误或接点焊接不牢 3)匝数多于正常值 (2)定子电流大 1)其他4项损耗有较大的增加 2)定子绕组不对称,使三相不平衡 3)气隙严重不均匀 4)匝数少于正常值,此时电阻将小于正常值 5)绕组接线有错误 2. 转子铜耗大 (1)转子绕组(导条)电阻大 1)铝(铜)的电阻率较大 2)铸铝转子导条或端环内有气孔或氧化铝等杂质,局部有细条等 3)转子铁心槽不齐、错片或反片等,使槽的有效截面积减小 4)因铸铝时铝水的温度过高或过低或加热时间过长,造成铝的组织疏松,电阻率增加 5)铸铝时用错铝料,例如普通铝转子使用了合金铝 6)用错转子 (2)转子电流大 1)用错转子 2)转子铁心叠压不实,造成大面积的片间进铝,使转子横向电流过大 3. 杂散损耗较大 (1)定子绕组型式或节距选择不当 (2)定、转子槽配合选择不当 (3)气隙过小或严重不均匀 (4)转子导条与铁心严重短路 (5)定子绕组端部过长 4. 铁心损耗偏大 (1)硅钢片质量较差 (2)定子铁心片间绝缘不好 1)未进行绝缘处理或未处理好 2)铁心叠压时的压力过大,使片间绝缘破坏 3)车定子内膛或用锉锉槽时,将铁心片与片短路 (3)铁心片数不足,重量少 1)码片数量不足 2)叠压压力较小,未压实 3)冲片毛刺较大 4)涂漆过厚 (4)磁路过于饱和,此时空载电流与电压的关系曲线弯曲得较严重 (5)空载杂散损耗较大,因试验时它被包含在铁耗中,使铁耗显得较大 (6)用火烧或通电加热等方法拆出绕组时,造成铁心过热,使导磁性能下降和片间绝缘损坏 5. 风摩损耗较大 (1)轴承或轴承装配质量不好,此时轴承将严重发热 (2)外风扇用错(如2极电机使用了4极的风扇)或扇叶角度有误 (3)机座和两端盖轴承室不同轴度较大 (4)轴承室直径小于标准值,使轴承外圈受压变形,造成轴承摩擦损耗加大 (5)轴承室内加入的润滑脂过多或油脂质量不好 (6)定转子相擦 (7)转子轴向尺寸不正确,造成两端顶死,使转动不灵活 (8)油封或甩水环等部件安装不正或变形,产生较大的摩擦阻力

（续）

项目	与有关因素的关系
二、功率因数偏低	1. 气隙过大或定转子轴向错位 2. 铁心质量不符合要求(原因同铁耗较大的内容) 3. 绕组匝数少于正常值 4. 磁路设计过于饱和 5. 槽斜度过大
三、堵转转矩偏小	1. 转子电阻较小 (1)铝(铜)过纯或用错牌号 (2)用错转子 2. 转子槽口宽度较小 3. 应为开口槽,但实际加工成了闭口槽或半闭口槽 4. 定、转子气隙过小或不均匀 5. 定子绕组匝数过多 6. 转子槽斜度过大或定转子槽配合不合理 7. 铸铝转子片间进铝较严重 8. 有严重的断条故障
四、堵转电流偏大	1. 转子电阻较小 2. 气隙过大或定转子严重错位 3. 定子绕组匝数少于正常值 4. 铁心重量不足 5. 铸铝转子铁心片间严重进铝 6. 铁心质量较差或磁路过于饱和 7. 定子绕组端部小于设计值
五、最大转矩较小	1. 定、转子气隙过小或不均匀 2. 转子槽斜度过大或定转子槽配合不合理 3. 定子绕组匝数过多 4. 转子有断条
六、温升较高	1. 损耗大(同效率低的原因) 2. 用错风扇,应用大风扇,实际用了小风扇 3. 进风口或出风口被堵塞或设计尺寸较小 4. 导热不良,此时出风温度与进风温度之差较大 (1)浸漆质量未达到要求,在绕组内部存在较多的气孔 (2)机座与铁心接触不密合,造成导热面积减少 5. 散热不良 6. 定转子气隙较小,甚至于局部有扫膛现象

（续）

项目	与有关因素的关系
七、噪声大	1. 机械噪声大 (1)使用了较大的风扇 (2)轴承质量不佳甚至损坏,轴承内油脂过多或过少 (3)轴承装配质量不符合要求,例如与转轴或轴承室不同轴度较大、轴向受压等 (4)定、转子气隙较小或不均,造成局部有扫膛现象 (5)进风或出风的风路设计不合理,例如在局部产生旋涡 (6)某些部件松动或因设计尺寸问题(例如挡风板太大太薄)造成共振 2. 电磁噪声 (1)定、转子槽配合不合理,特别是变极多速电机,因为各极数不能全部兼顾,所以容易在其中一个极数中产生较大的电磁噪声 (2)定、转子气隙较小或不均 (3)定子铁心叠压不实,浸漆不透,通电产生交变磁场后,可活动的片产生高频振动 (4)浸漆质量未达到要求,绕组端部有些线松动,在交变的磁场作用下产生高频噪声 (5)定子绕组节距或转子槽斜度不合理 (6)因设计原因或铁心质量原因造成磁路饱和较严重
八、振动大	1. 轴承质量较差或装配不良,轴承室过紧或过松 2. 因轴承盖止口高或波形弹簧过硬、片多等原因,使两端轴承均被卡死 3. 转子动平衡精度不符合要求 4. 定、转子气隙不均,局部有扫膛现象 5. 转子有断条。此时负载电流将按一定的周期大小摆动 6. 部件装配不到位,底脚不平或安装不稳定

第十五节　绕线转子电机的通用特有试验

和普通笼型转子电动机相比，绕线转子三相异步电动机试验的特有项目是围绕转子的内容，其中包括对电刷系统和集电环的外观和机械性能检查、转子绕组的直流电阻、绝缘电阻、对地耐电压和匝间冲击电压、转子开路电压测量等。在这些项目中，有些在前面的章节中已经涉及，但其中一部分没有详细论述。本节讲述没有介绍或没有详细介绍的内容。

一、检查电刷系统的安装情况

1. 测量电刷所受的压力

1）提拉电刷可利用刷辫（有两条刷辫并且对称）或在上端打一个横孔后穿过一根线，如图5-38a 所示。

2）事先将一张薄而光滑的纸片压在电刷与集电环之间。用一个小型弹簧秤（或其他可拉的秤），钩拉电刷的上端，沿集电环的径向（与集电环工作面相垂直的方向）提拉弹簧秤，同时轻轻用力往外拉纸片。当纸片能够被抽出时，就是电刷刚刚离开集电环表面的时刻，此时弹簧秤的示值即为电刷所受压力，如图 5-38b 所示。

3）若想更准确地确定电刷离开集电环的时刻，也就是说使测量值更准确，可如图 5-38c 所示，在集电环与电刷间接一个电路。提拉弹簧秤的过程中，灯泡熄灭的瞬间即为电刷与集电环脱离的时刻。

2. 判定电刷压力是否正常

求取电刷在集电环表面上施加的压强。用所测得的电刷压力 F（单位为 N）除以电刷与集电

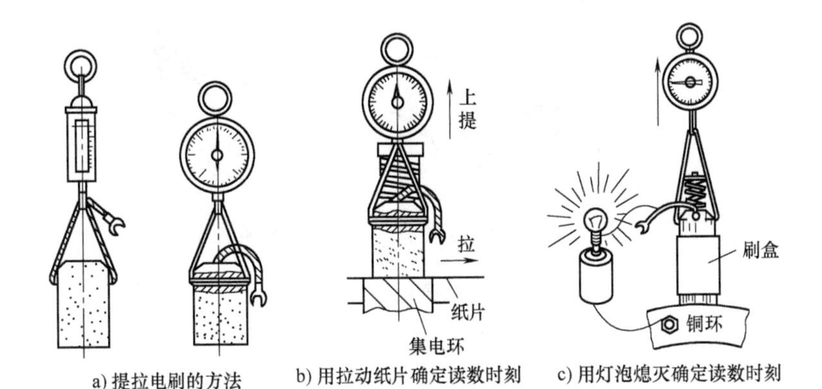

a) 提拉电刷的方法　　b) 用拉动纸片确定读数时刻　　c) 用灯泡熄灭确定读数时刻

图 5-38　测量电刷压力的方法

环的实际接触面积 S（单位为 m^2。为了计算简便，可直接使用电刷的横截面积），即得到电刷加在集电环上的压强 P（单位为 Pa）。

$$P=\frac{F}{S} \tag{5-67}$$

例如，型号为 YWD-151 的电刷横截面长宽各为 32mm 和 25mm，则其横截面积为 $32\text{mm}\times25\text{mm}=800\text{mm}^2=8\times10^{-4}\text{m}^2$。设测量压力 $F=14\text{N}$，则电刷加在集电环上的压强 P 为

$$P=\frac{F}{S}=\frac{14\text{N}}{8\times10^{-4}\text{m}^2}=17500\text{Pa}=17.5\text{kPa}$$

若规定正常电刷压强范围在 15～20kPa，则上述压力符合要求。

实际应用时，一般根据所使用的电刷截面积，将规定的正常电刷压强范围换算成电刷的压力范围，这样就可用测量时所得到的压力直接与其相比对，很快得出结果。例如，使用上述正常电刷压强范围和电刷规格时：

正常电刷压力范围 $=(15\sim20)\text{kPa}\times(8\times10^{-4}\text{m}^2)=(15000\sim20000)\text{ Pa}\times(8\times10^{-4}\text{m}^2)=(12\sim16)\text{N}=(1.22\sim1.63)\text{kg}\cdot\text{f}$

若电刷的横截面积 S 直接用 mm^2 作单位，电刷加在集电环上的压强 P 的单位为 kPa，则

$$P=\frac{F\times10^3}{S} \tag{5-68}$$

前面的例子用式（5-68）计算如下：

$$P=\frac{F\times10^3}{S}=\frac{14\times10^3\text{N}}{800\text{mm}^2}=17.5\text{kPa}$$

3. 检查电刷与集电环的接触面积

电刷与集电环之间接触面积的检查可用目测法大致得出，若要求得到较准确的数值，则事先在电刷工作面上涂一层红丹粉或白粉笔末等，如图 5-39a 所示。将电刷装入刷盒中，调整好压力（可略大于要求的正常值），转动电机的转子若干圈后，取下电刷，观看被抹掉的涂层面积，如图 5-39b 所示，该面积占电刷工作面总面积的百分数即为接触面积的百分数。

若接触不符合要求，应视具体情况，用砂布打磨电刷或集电环，如图 5-40 所示。

4. 检查电刷与电刷盒的配合情况

刷盒应无变形和裂痕，内部与电刷接触的表面应光滑。电刷放入其中，上下推拉电刷，应活动自如；左右摆动电刷，应无明显的晃动。若用量具进行测量，应符合表 5-42 的要求，电刷盒

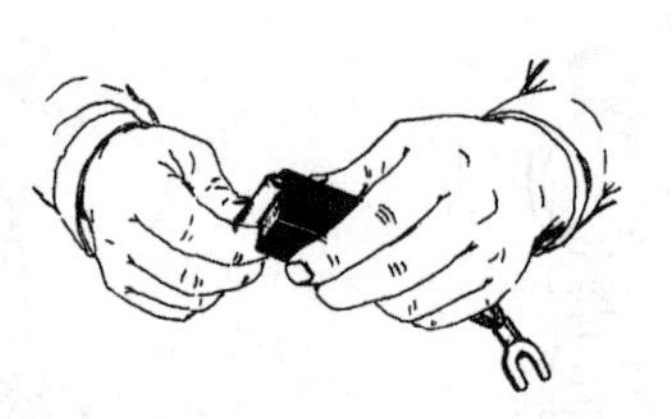

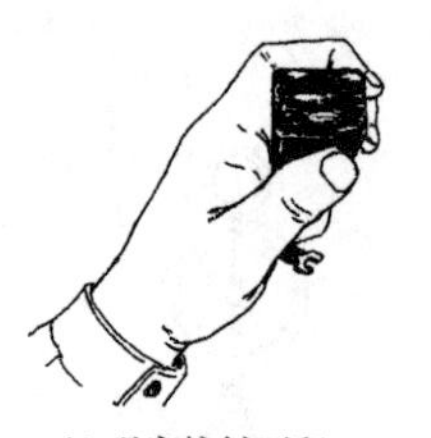

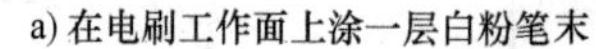

a) 在电刷工作面上涂一层白粉笔末　　b) 观察接触面积

图 5-39 检查电刷接触情况

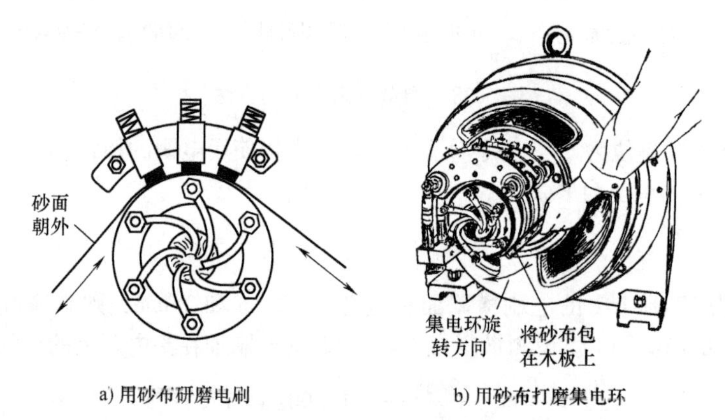

a) 用砂布研磨电刷　　b) 用砂布打磨集电环

图 5-40 对电刷与集电环接触不良的处理

下口与集电环之间的距离应在 2 ~ 4mm 之间，如图 5-41a 所示。

表 5-42 电刷和刷盒的配合间隙

空隙类别	轴向空隙 δ_1 /mm	沿旋转方向 δ_2/mm	
		电刷宽度 = 5 ~ 16mm	电刷宽度 > 16mm
最小空隙	0.2	0.1 ~ 0.3	0.15 ~ 0.4
最大空隙	0.5	0.3 ~ 0.6	0.4 ~ 1.0

每排电刷盒均与集电环中心线对齐，如图 5-41b 所示；电刷盒轴向中心线应通过集电环圆心，如图 5-41c 所示。

转动转子，观察电刷的径向跳动情况，若有明显的跳动，说明集电环的圆跳动较大，如图 5-41d 所示。集电环的径向圆跳动可用第四章第二十节讲述的方法测量。

二、定、转子电压比的测定试验

定、转子电压比是绕线转子三相异步电动机技术条件中给出的一项考核指标。测定该数值的试验又被称为测量转子开路电压试验。

1. 试验方法

试验通电前，为防止通电时由于转子铁心内感应电流的作用产生的转矩使转子转动，应事先用器械将转子堵住。堵转子之前，要先通电观看转子转动方向，然后装置堵卡器具。

试验时，转子三相绕组开路。给定子绕组加额定频率的额定电压 U_{1N}。在每两个集电环间测量转子三相绕阻产生的感应电动势（习惯称为转子线电压 U_{21}、U_{22}、U_{23}），如图5-42所示。

测量时应使用绝缘符合要求的电压表和表笔，要注意防止触电。

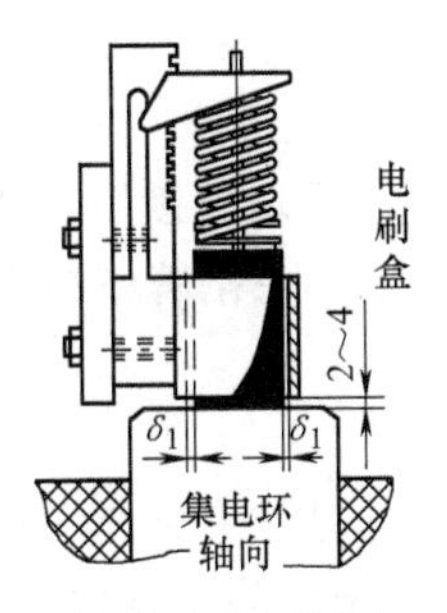

a) 电刷与电刷盒的配合

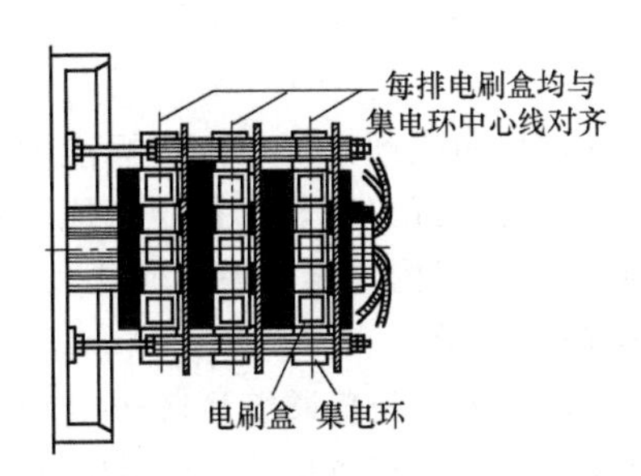

b) 每排电刷盒均与集电环中心线对齐

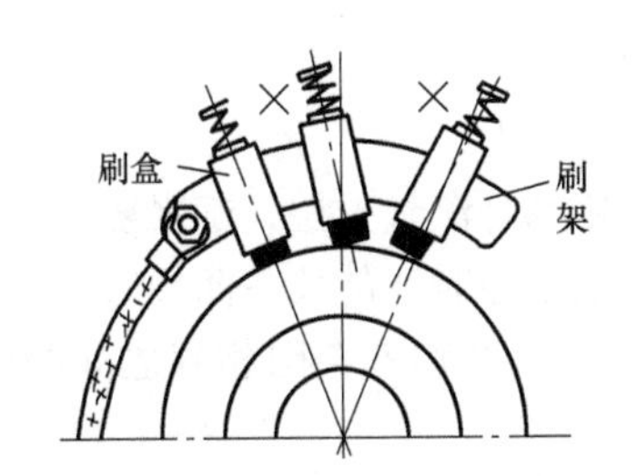

c) 电刷盒轴向中心线应通过集电环圆心

d) 电刷的跳动不应过大

图 5-41　电刷装置的安装要求

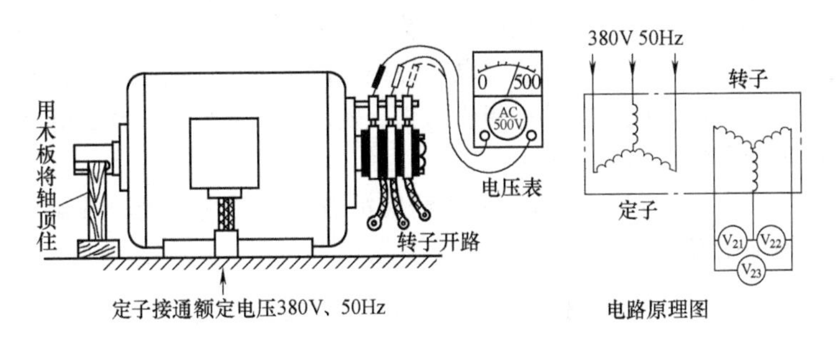

图 5-42　绕线转子三相异步电动机电压比测定试验示意图

2. 试验结果计算和处理

（1）3 个线电阻的不平衡度

计算所测转子 3 个线电阻的不平衡度。当定子三相电压平衡时，该值应不超过 ±3%（参考使用标准）。

（2）求取电压比

用转子 3 个线电阻的平均值 U_2 和定子额定电压 U_{1N} 相比，求取电压比 K_U 如下：

$$K_U = \frac{U_{1N}}{U_2} \tag{5-69}$$

电压比一般不用百分数或简化的分数，而是直接以定子额定电压为分子的分数形式给出。例如，当 $U_{1N}=380V$、$U_2=320V$ 时，电压比 $K_U=380/320$。

当试验时定子电压实测值与额定值有差距时，应按正比关系将其修正到额定值时的数值。例如，$U_{1N}=380V$，而实测值为 400V，转子电压实测值为 340V，则额定定子电压时的电压比为

$$K_U = \frac{380}{340 \times \frac{380}{400}} = \frac{380}{323}$$

电压比的考核标准应由生产单位在内部标准中给出。一般是直接用实测的转子电压与其额定值（转子额定开路电压，或简称转子额定电压、转子电压，在铭牌中给出）相差的百分数来表示。该百分数应在±3%以内（参考使用标准）。

三、堵转和空载热试验

堵转和空载热试验的方法与普通笼型转子电动机相同。应注意的是，试验时，无提刷装置的，转子绕组应在集电环上短路或将其三相引出线连接在一起短路；有提刷装置的，将提刷装置放置在“运行”位置。

在无专门要求时，不需要进行堵转特性试验。

四、测量定、转子绕组直流电阻的注意事项

测量定子和转子绕组的直流电阻时，不论是用哪种测量方法，都需要错开时间进行，即测量时，不要同时给两套绕组通电。特别是测量热态电阻与时间的关系曲线时，定子和转子绕组必须分别连接一套电阻测量装置时，更需要注意这一点。否则就会因相互之间的电磁感应而影响测量结果。

五、电刷与集电环之间的火花测定

对于无提刷装置的电机，运行过程中，电刷将始终与集电环处于滑动接触的状态。由于电刷的压力变化（过大、过小或波动）、振动和偏摆、接触面粗糙、电刷及集电环材质较差等多方面的原因，电刷与集电环之间会产生不同程度的火花（有些较小的火花在白天不一定看得到）。这种火花大到一定程度时，就会造成电刷或集电环烧损，产生较大的接触电阻，减小转子的输出转矩，严重时将不能拖动正常负载。若是一相或两相比较严重，还会造成转子电流严重不平衡，使转子绕组过热并产生较大的振动。

测定该火花大小的方法，较常使用的是在额定负载运行时由有经验的试验人员肉眼观察，并通过一些辅助措施加以确定。有条件时可使用专用仪器。

火花等级分1、$1\frac{1}{4}$、$1\frac{1}{2}$、2、3共5个。判定方法见附录23。

第六章　三相交流异步电动机电工半成品和成品检查试验

本章将介绍适用于普通用途笼型和绕线转子三相异步电动机绕组、定子和转子半成品（嵌线和接线后的定子和转子）和组装后的成品检查试验（或称出厂试验）的通用部分。

需要说明的是，对于这些项目的检查试验，目前还没有一个系统完善的国家和行业标准，有些规定在 GB/T 1032—2012 和 GB/T 14711—2013 等标准中附带着提出，有些则在相应的技术条件中提出，大部分则以企业标准的形式给出。这样，企业之间就在一定程度上出现了差异。

本章给出的一些规定，是作者根据国内某些在行业内具有较大影响力的生产企业和科研部门多年实际执行情况归纳之后提出的。这些内容仅供参考使用。

第一节　对绕组的检查和试验

三相交流异步电动机的绕组分软、硬两大类。前一种又称为散嵌绕组，分同心式、链式、交叉链式、叠式等多个种类，用于小型和部分中型电机中，如图 6-1a 所示（图中 y 为线圈的节距）；后一种又称为成型绕组，主要是叠式，用于大部分中型电机，特别是高压电机中，如图 6-1b所示。当绕组制作完成后，在嵌入铁心槽中之前，应进行如下检查和试验。

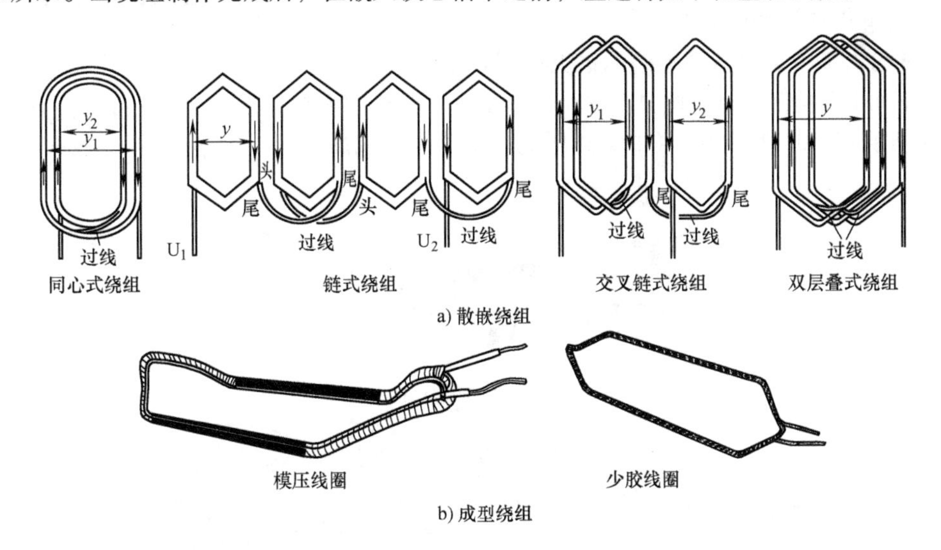

图 6-1　三相交流电机定子绕组

一、对绕组外观和几何尺寸的检查

（一）散嵌绕组

图 6-2 给出了散嵌绕组各部位的名称。

散嵌绕组应绕线整齐、两边平直、线股之间无交叉现象、所有拐角部位应做到圆滑无直角折拐现象；所用电磁线应无漆皮脱落、漆瘤、粗细不均等缺陷，颜色应一致。

用钢板尺或盒尺测量各相关部位的尺寸；用外径千分尺检查所用电磁线的直径，如图 6-3 所示。应符合图样的要求。

（二）成型绕组

1. 外观检查

模压绕组表面应无余胶和其他杂物；直线部分应平直、无尖角和飞刺；颜色应均匀；端部形状应基本一致；直线与端部过渡应无明显的凹凸和褶皱现象。

直线部位的绝缘应牢固密实，不应出现内部发空现象。可用图6-4所示的黄铜实心球锤敲击绕组，通过发出的声音进行检查和判断。

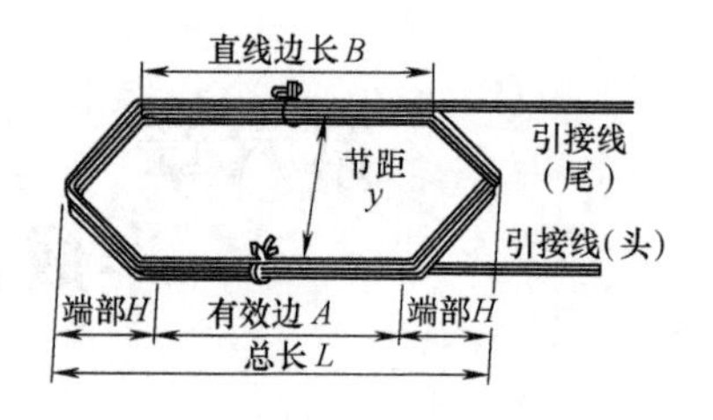

图6-2　散嵌绕组各部位的名称

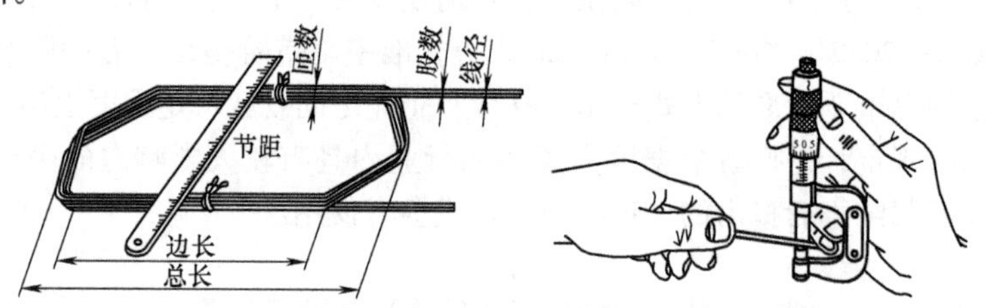

图6-3　用直尺测量线圈尺寸和用外径千分尺测量电磁线直径

对于用绝缘带包绕的成型绕组，应注意其包绕是否平实；直线部分应顺直；端部应基本一致；弯转部位应圆滑无明显的褶皱；包绕材料不应翘起。

2. 对绕组几何尺寸的检测

图6-5给出了中型模压成型绕组的几何形状和尺寸标注符号。表6-1列出了检测项目、检测方法和公差标准。其中内容选自行业标准 JB/T 50132—1999《中型高压电机定子线圈成品

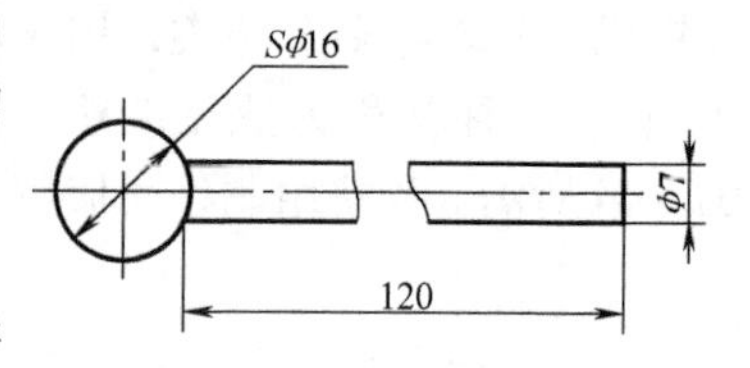

图6-4　检查绕组密实情况的黄铜实心球锤尺寸

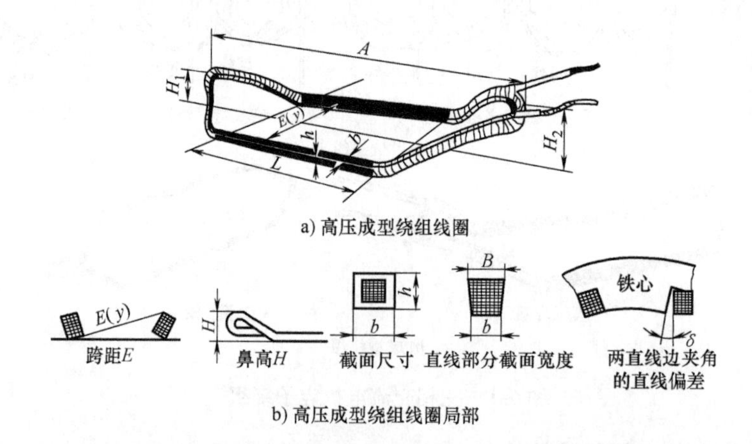

图6-5　交流电机成型绕组的几何形状和尺寸标注符号

产品质量分等（内部使用）》中的合格品标准所规定的内容［该标准适用于额定电压为3kV、6kV、10kV级，绝缘等级为130（B）和155（F）级的中小型高压交流电机定子线圈的质量分等、试验方法及检验规则。该标准已作废，但目前还没有一个代替它的标准，所以企业还在使用。在此给出仅供参考。下同］，其他标准是国内一些电机生产厂家内定的数值，所以仅供参

考。在检查时，对成型绕组的跨距（节距）E 或 y、两直线边夹角的直线偏差 δ 以及鼻高 H 三项，若不合格，允许进行调整后再次进行测量。

表6-1　交流电机绕组几何尺寸检测项目、检测方法和公差标准

类型	尺寸名称	检测方法	公差参考标准/mm
散嵌绕组	总长 A	用卷尺或钢板尺测量	按 GB/T 1804—2000 的规定测量绕线模的尺寸公差
	直线长 L		
	跨距(节距)E 或 y		
成型绕组	总长 A	用卷尺或钢板尺测量	±10
	直线部分宽度 b 和高 h	用卡尺测量。每边各测3点(直线边的中心点和两端槽口处)	$b^{+0.2}_{-0.4}$;$h^{+0.4}$(负差不考核)
	端部宽度 b' 和高 h'	用卡尺测量。测量点在斜边的1/2处(防晕处理线圈过防晕层)	$b'^{+2.0}_{-0.5}$;h' ±1.5
	直线部分截面宽的偏差 $B-b$	用卡尺测量。每边各测3点(直线边的中心点和两端槽口处)	≤0.4
	跨距(节距)E 或 y	用卷尺或钢板尺测量	2、4极±7;6极及以上±5
	两直线边夹角的直线偏差 δ	以冲片、角度样板或角度仪测量	<2.5
	鼻高 H	用卷尺或钢板尺测量	2、4极±7;6极及以上±5
	槽内部分凹坑深度	用尖头外径千分尺测量	≤双面绝缘厚度的5%

二、测量直流电阻和匝数

（一）直流电阻的测量

用电桥或其他仪器进行测量，有关规定见第三章第八节。当换算到与标准电阻值相同温度时的数值时，与标准值的值差不应超过标准值的±3%（有些企业控制在±2%）。

（二）对绕组匝数检查

电机绕组的匝数是一个相当重要的参数，必须得到保证。

当匝数较少或生产批量很少时，可用人工数数的简单办法检查；否则应使用匝数测量仪进行测量。

根据工作原理的不同，绕组匝数测量仪有两种类型，一种是“外串型”，其工作原理是：处于同一个磁路中的两个线圈，当它们逆极性串联（同名端相接）时，两端的感应电动势为两个线圈各自产生的感应电动势之差，即方向相反。当两个线圈的匝数相等时，由于产生的感应电动势也相等，所以两者之差将为零。

另一种是“感应电压”型，其工作原理是：将被检线圈套在一个具有励磁线圈的铁心上，励磁线圈通入一定电压的交流电后，在被检线圈中产生一个与两者匝数比有关的电动势，测量这个电动势（电压）的大小，通过与匝数比的关系，计算出被检线圈的匝数，可见是利用了双线圈变压器的原理。

绕组匝数测量仪有专业厂生产的产品，图6-6是两种示例；也可自制，电路原理如图6-7所示。

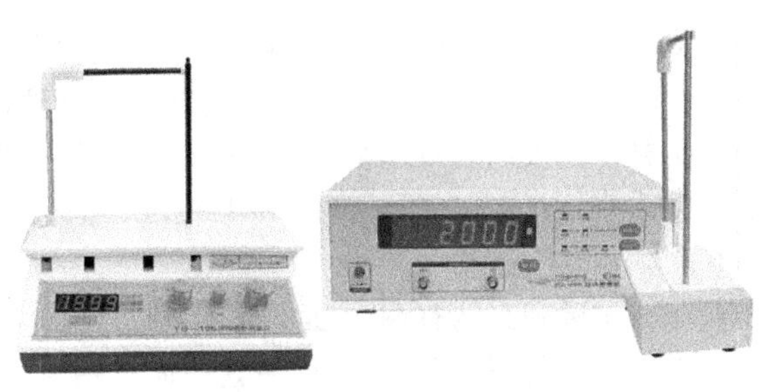

图6-6　线圈匝数测量仪

图6-7a是一种较简单的电路。其中铁心为口字形，并可开口（有一个边可打开）；N_0 为励磁线圈，匝数在1100～1200之间；N_1 为标准线圈，总匝数应大于被测线圈的最多匝数，并按0～9、10～90、

100 ~ 900…分档（档数的多少按被测线圈的最多匝数来定，图中只给出了两档，即最多能测量的匝数为99匝），每档中又均分成10档（含0档），所用电压为交流220V、50Hz。S_1 为电源开关；S_2、S_3 分别为个位数和十位数转换开关。N_2 为提供电压表显示一定电压值的感应线圈（如无此线圈，当被测线圈与标准线圈的匝数相等时，电压表PV的指示值将为零，而电压表损坏或断线时，示值也将为零，这样就有可能造成漏检情况），称为“差动线圈”，匝数为励磁线圈 N_0 的1/20。PV为交流电压表，量程为10V。C_1 和 C_2 为接触铜板。N_x 为被测线圈。R 为调整电阻，用于将电压表在被测线圈与标准线圈的匝数相等时的指示值调定在一个合适的位置，例如5V。

使用时，先将标准线圈 N_1 的匝数设定为被测线圈应达到的数值（例如图中的54匝）。再打开活动铁心，将被测绕组套入后，用其两端分别与仪器的两个接触铜片相接触。若电压表显示的电压值为“差动线圈”的感应电压调整值，则被测线圈匝数正确；若大，则说明被测线圈匝数少于正确值，大得越多，少得越多；反之，则说明被测线圈匝数多于正确值。

图6-7b是一种较复杂的电路。其基本原理与前面讲述的基本相同。当被测线圈的匝数 N_x 与标准线圈的匝数 N_1 相等时，检流计G指示为零；当 $N_x > N_1$ 时，检流计G指针偏向“+”方向；反之，当 $N_x < N_1$ 时，检流计G指针偏向“-”方向。R_6 为灵敏度调节电阻，每次测量开始时应将其调到零位，测试时，将其逐渐调大，以使检流计达到最大的灵敏度。

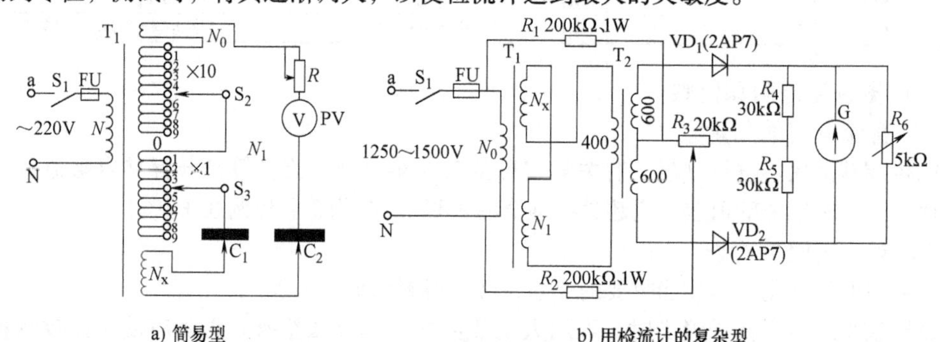

a) 简易型　　　　　　b) 用检流计的复杂型

图6-7　自制线圈匝数测量仪电路原理图

三、中型高压电机定子成型和少胶整浸线圈绝缘性能试验

JB/T 50132—1999《中型高压电机定子线圈成品　产品质量分等（内部使用）》和JB/T 50133—1999《中型高压电机少胶整浸线圈　产品质量分等（内部使用）》中分别规定了额定电压为3kV、6kV、10kV级中型高压电机130（B）级和155（F）级绝缘成型线圈及155（F）级绝缘少胶整浸定子线圈的技术条件、试验方法及检验规则和合格标准（以下给出的是该标准中合格品的数值和有关规定）。因为其中有些内容在第四章中已有详细的介绍，所以在此只作简单地说明，见表6-2。表中 U_N 为电机的额定电压，单位为kV。

（一）检查试验项目、方法和标准

表6-2中第1、3项为检查试验项目，即每个线圈在制作后都需进行；其余项目对按规定进行抽查的线圈。第4项提到的“击穿场强”是指线圈击穿电压与该线圈绝缘厚度之比。线圈绝缘厚度为裸导线表面至对地绝缘的外表面（不包括防晕层）的厚度。U_N = 3（或3.15）kV的电机，不要求进行第4 ~ 7项试验。JB/T 50132—1999中没有第8项。

（二）耐电压试验

耐电压试验和其他有耐电压的项目中所讲的“电极”，可用厚度为0.1mm或更薄的铝箔（为增加强度，提高使用次数，可在其一面粘贴一层较柔软的纱布）或铝箔复合膜（见图6-8）将线圈包裹而成。

表 6-2　中型高压电机定子成型及少胶整浸线圈绝缘性能试验项目、方法及合格标准

序号	项目	试验方法	合格标准
1	对地绝缘耐交流工频电压	在线圈的直线部位（槽部长度加 20mm）和地之间加（$2.75U_N+4.5$）kV 的工频电压，历时 1min。施加电压应从零值开始，并以 1kV/s 的速率增加至全值	不击穿
2	对地绝缘耐冲击电压水平	试验设备见第四章第二节，接地处理见本部分（二） 任选工频电压试验和冲击电压试验两种中的一种。施加电压的电极长度应为线圈槽部每端加 10mm 工频电压试验：在线圈槽部对地绝缘上施加（$2U_N+1$）kV 的工频电压，历时 1min。然后以 1kV/s 的速率增加至 2（$2U_N+1$）kV，再立即以 1kV/s 的速率降至零 冲击电压试验：在线圈的对地绝缘上施加（$4U_N+5$）kV 的标准冲击波（1.2μs/50μs），冲击 5 次	不击穿
3	匝间绝缘耐冲击电压水平	按 GB/T 22715—2016《旋转交流电机定子成型线圈耐冲击电压水平》和 GB/T 22714—2008《交流低压电机成型绕组匝间绝缘试验规范》中相关规定 试验仪器和相关规定见第四章第四节	无匝间击穿短路
4	瞬时工频击穿电压与击穿场强	将线圈置于室温的变压器油中，以 1kV/s 的速率从零开始施加在线圈与地之间（电极长度为线圈的槽部长度）的工频电压增加到可能达到的电压为止	瞬时击穿电压： $U_N=3$（或 3.15）kV，≥21kV $U_N=6$（或 6.3）kV，≥42kV $U_N=10$（或 10.5）kV，≥70kV 击穿场强：≥20kV/mm
5	常态介质损耗角正切 $\tan\delta$ 及其增量 $\Delta\tan\delta$	用专用电桥在室温下进行测量。测量电极长度应为绕组槽部长度，并在两端接屏蔽电极并要接地，屏蔽电极宽度应不小于 10mm，与测量电极之间的间隙应在 2～4mm 之间，见图 6-10。测量电压从 $0.2U_N$ 开始，每隔 $0.2U_N$ 测量 1 次，直到 U_N 为止。试验用仪器见本部分（三）	见表 6-3
6	热态介质损耗角正切 $\tan\delta$	对线圈的接地处理和所用仪器同上述 5 将线圈放在温度为（130±5）℃（B 级绝缘）或（155±5）℃（F 级绝缘）的环境中恒温 1h，加电压 $0.6U_N$	成型线圈：≤10% 少胶线圈：≤20%
7	电压耐久性试验（中值）	在常温条件下进行试验，直至绝缘击穿为止。试样应采取防晕措施，不少于 5 只 $U_N=6$（或 6.3）kV 的电机，试验电压为 21kV $U_N=10$（或 10.5）kV 的电机，试验电压为 28kV（对少胶线圈，试验电场强度为 10kV/mm）	成型线圈：≥300h 少胶线圈：≥500h
8	开始起晕电压试验	（1）加压法：试验应在暗室中进行。按对地耐电压的方法给线圈加电压 （2）万用表法：用万用表进行测量。按铁心长双边双面各分测 3 点	（1）起晕电压应≥$1.5U_N$ （2）表面电阻应在 1～100kΩ 之间。3 点中允许有 1 点超差，但该点的电阻应≤1000kΩ 和≥0.3kΩ
9	绝缘的热寿命试验	试验方法见 JB/T 7589—2007《高压电机绝缘结构耐热性评定方法》 对 130（B）级绝缘：在 130℃的外推寿命 对 155（F）级绝缘：在 155℃的外推寿命	≥20000h

也可将试验部分埋在细小的钢珠内（用于铸铁件抛丸清砂的细小钢丝切丸在使用一段时间后将形成不规则的钢球，见图6-9，价格很便宜，用在此处很好）。

图6-8 铝箔和铝箔复合膜

（三）介质损耗测量

在进行介质损耗测量时，为了进一步加强铝箔和线圈表面的可靠接触，可事先在线圈试验部位涂一层中性凡士林油，然后再将铝箔贴裹在线圈上。该项试验中提到的“屏蔽电极”常被称为“保护环”，如图6-10所示。

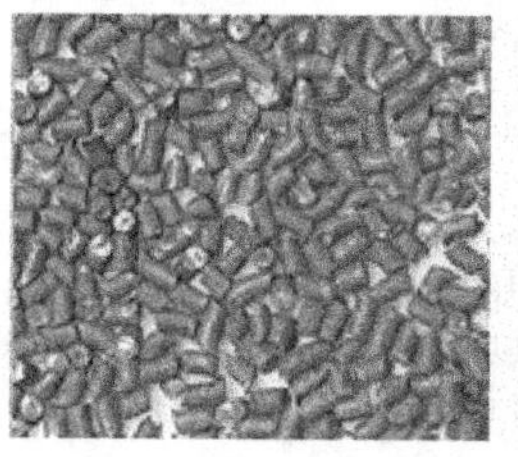

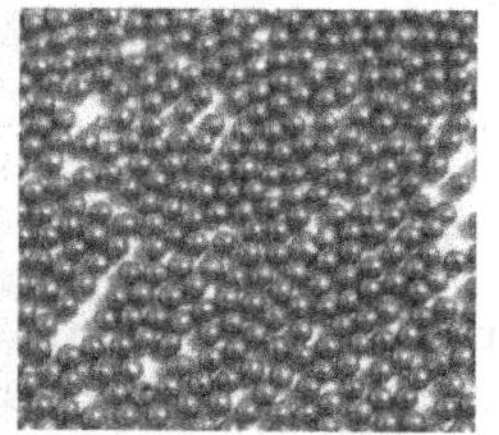

图6-9 钢丝抛丸和钢珠

试验要用专用仪器进行，图6-11为几种类型的介质损耗测试仪（称为“西林电桥”和电容电桥）。

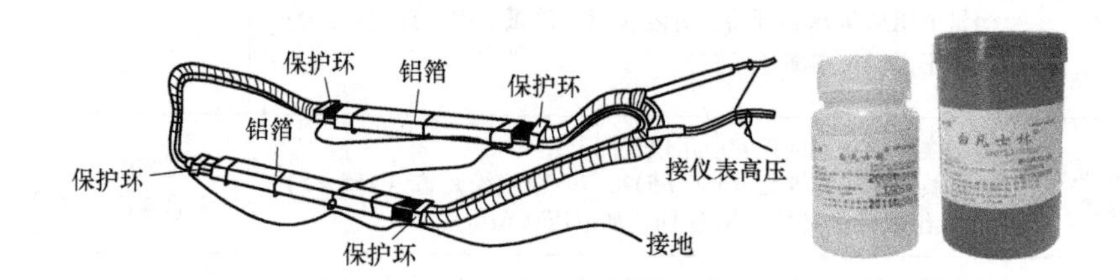

图6-10 进行介质损耗测量时对线圈有效直线部分的处理

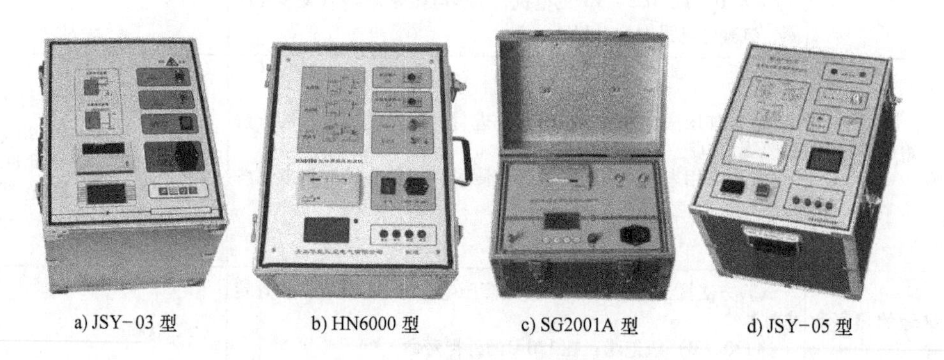

图6-11 线圈介质损耗测试仪

表 6-3　常态介质损耗角正切 $\tan\delta$ 及其增量 $\Delta\tan\delta$

试验参数		$\tan\delta$	$\Delta\tan\delta$	
测点和计算公式		$\tan\delta_{0.2U_N}$	$(\tan\delta_{0.6U_N}-\tan\delta_{0.2U_N})/2$	每 0.2 U_N 测量间距的 $\Delta\tan\delta$
合格标准	成型线圈	≤3.0%	U_N = 6kV：≤0.3% U_N = 10kV：≤0.5%	U_N = 6kV：≤0.6% U_N = 10kV：≤0.8%
	少胶线圈	≤3.0%	≤0.6%	≤1.0%

第二节　电工半成品检查和试验

电机的电工半成品是指嵌线和接线后浸漆前的定子或转子（对绕线转子电机），对于此时的定子，在电机生产行业中，习惯称之为“白坯”。图 6-12 给出了定子和绕线转子示例。

a) 散嵌绕组定子

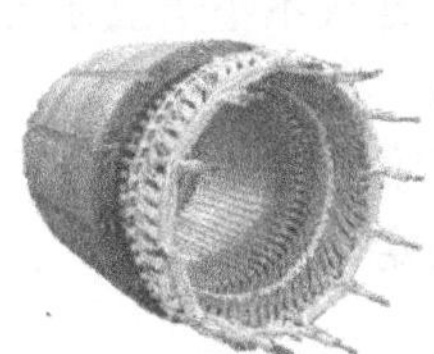

b) 成型绕组定子

c) 绕线转子

图 6-12　嵌线后的定子和转子半成品示例

对电机的白坯进行一些必要的试验，是保证电机成品（组装成的整机）合格的一个不可缺少的环节。另外，在此阶段试验中发现的很多较严重的问题（例如匝间或对地绝缘击穿），都可通过较简单或者说较经济的办法来解决。

下面介绍普通三相异步电动机的相关内容，其中包括试验项目、试验方法和合格标准。由于在国家和行业标准中，对此阶段都没有涉及，也就是说，将要介绍的内容都是电机生产或修理行业自己的规定，所以只能供读者参考。必要时，应根据具体情况制定适用于自己的相关标准。

一、外观检查

端部应圆整；内、外圆的直径应符合要求；高度（轴向长度）不应超过标准；绑扎应整齐牢固；相间绝缘应紧贴铁心端面并露出绕组一定的尺寸；接线和出线位置正确。

槽楔两端伸出槽口的长度应一致；无高出槽口（即不凸出定子内圆）和松动现象。

导线应无磕碰、掉漆和其他形式的绝缘损伤；端部走线顺畅，无打折现象。

二、电气性能检查和试验

（一）测量三相绕组的直流电阻

测量仪器仪表、测量方法及标准见第五章第三节相关内容。

（二）绝缘安全性能试验

绝缘安全性能试验包括绕组及埋置热传感或保护元件、防潮加热器等对地和相互之间的绝缘电阻测量（冷态值）和耐电压试验，绕组匝间绝缘耐冲击电压试验等。

1. 绝缘电阻测量

绝缘电阻测量仪器仪表、测量方法及标准见第四章第一节相关内容。在常温下进行。

2. 耐电压试验

试验方法及对所用试验设备的要求见第四章第二节相关内容。

在国家和行业标准中没有全面规定本项试验所加电压值。在电机生产行业中，对普通低压电机一般用表6-4求得耐交流电压 U_G（供参考，企业可根据情况自定），式中 U_N 为被试电机的额定电压（V或kV），电压值后面紧跟着的是试验加压时间，例如“1.3kV，10s”即试验电压为1.3kV，加压时间为10s。

表6-4 三相交流电机白坯耐交流电压试验电压值和加压时间

工 序	低压电机	高压电机模压绕组	高压电机整浸绕组	
			$U_N=3kV$	$U_N=6kV$
嵌线后接线前	$(2U_N+1500)$V,60s	$(2.5U_N+2500)$V,60s	8kV,10s	1.3kV,10s
接线后		$(2.25U_N+2000)$V,60s	7kV,10s	

3. 匝间耐冲击电压试验

试验设备、试验方法见第四章第四节相关内容。试验电压和时间，原则上同第四章第四节的规定，也可自定，一般要小于上述规定的电压值，但建议不小于上述规定电压值的85%。

（三）三相电流平衡试验

给三相绕组加三相对称的低电压（使电流在额定值左右），测量三相电流值，计算三相电流的不平衡度，一般应不超过±3%（该值没有统一规定，所以±3%为参考值，各制造厂应根据自己的情况制定相应的标准）。

进行本项试验的设备电路简图如图6-13所示。其中，调压器T的最高输出电压应不低于被试电机额定电压的25%，输出额定电流应不低于被试电机的额定电流。

产品批量较小时，可使用出厂试验或型式试验的设备。试验操作方法和空载试验类似。

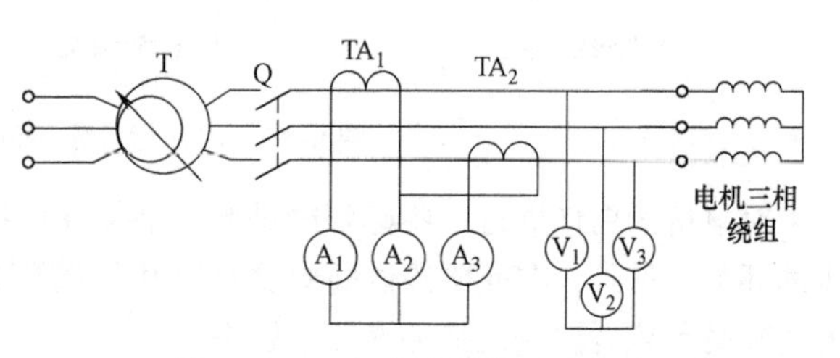

图6-13 三相电流平衡试验电路

（四）三相直流电阻或电流不平衡的原因

三相交流电动机三相电阻或电流不平衡现象及原因见表6-5。

表6-5 三相交流电动机三相电阻或电流不平衡现象及原因

不平衡现象	原 因
三相电阻不平衡度超过标准，但三相电流基本平衡	（1）阻值大的一相中有的接点焊接质量不好，特别是多股并绕的线圈，可能有个别线股没有接上 （2）绕组材质不均匀或线径小于标准值（含质量问题和用错线）
三相电阻基本平衡，但三相电流不平衡度超过标准	（1）个别相的绕组中有头尾反接的线圈 （2）有轻微的匝间短路或相间短路故障 （3）铁心内、外圆同心度（同轴度）较差 （4）其他特殊原因造成的铁心磁路不平衡
三相电阻和三相电流不平衡度都超过标准	（1）匝间或相间有短路故障 （2）并联支路数有误或接线有误 （3）用错线圈或绕线匝数有误

（五）对出线相序的检查

当对电机的相序或旋转方向有明确要求时，应检查其是否正确，可采用假转子法或钢珠法。事先应确定试验电源的相序。在试验时，定子应通过调压器或其他设备提供较低的电压。

1. 假转子法

将一个微型轴承装在一根木棒或塑料棒的一端（伸出端装一个支架，用于防止轴承吸到铁心上），或在易拉罐、小圆铁盒等圆柱形金属盒两端中心各打一个孔，用一根铁丝穿过两孔做轴并弯成一个支架，做成一个假转子，如图 6-14a 所示。

将假转子放入定子内膛中，如图 6-14b 所示。给定子通较低电压的三相交流电（以电流不超过被试电机额定值的 1.2 倍为准）。

若该假转子能顺利起动（可用工具拨动它一下，帮助它起动）并旋转起来，则它的旋转方向即为将来真转子的旋转方向。由此可判定该定子三相出线相序是否正确。

若不能起动，可略提高电压，若仍不起动，或抖动而不转动，则说明定子接线有错误。

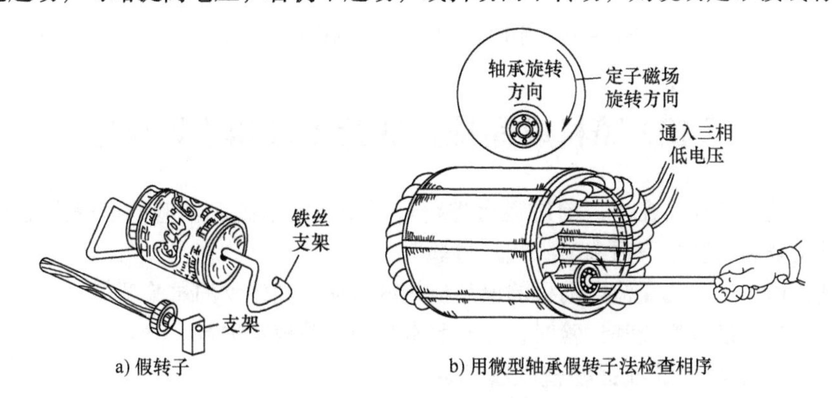

a) 假转子　　b) 用微型轴承假转子法检查相序

图 6-14　用假转子法检查相序和接线的正确性

2. 钢珠法

将一个 $\phi10$mm 左右（大电动机可选较大的直径）的废轴承钢珠，放入定子内膛中。定子通入三相交流电后，用工具拨动钢珠，若它能紧贴定子铁心内圆旋转起来，如图 6-15 所示，则说明三相绕组接线是正确的（但不能判定支路数是否正确），它在定子内圆圆周上滚动的反方向是将来电机转子的正方向，此点应给予注意。实际上钢珠自身旋转的方向与将来真转子的旋转方向是相同的，所以说此方法也属于“假转子”法。

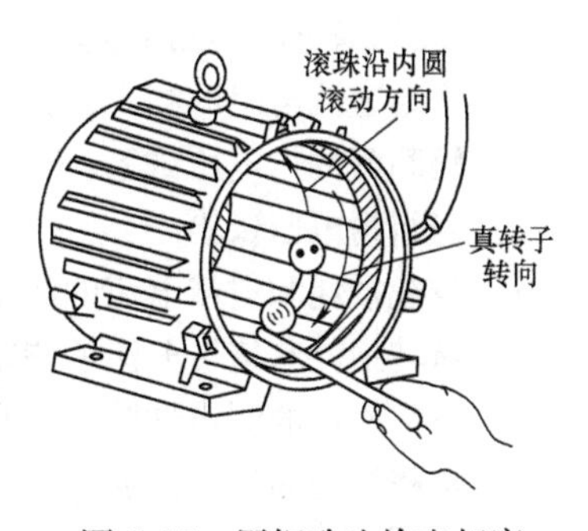

图 6-15　用钢珠法检查相序和接线的正确性

若不能起动，可略提高电压，若仍不起动，或抖动而不转动，或拨动钢珠旋转一段弧度后就停下来，则说明定子接线有错误。

本方法所需电压比前一种要高，所以应注意防止电机过热。

（六）用指南针检查头尾接线和极数的正确性

用 24V 或 12V 蓄电池或几节干电池串联作为直流电源。将一相绕组的头接正极，尾接负极，应控制电流不要超过电机的额定值（只要指南针能正确指示即可）。

将电机立式摆放。手拿指南针沿定子内圆走一周。如果其指针经过各极相组时方向交替变化，表明接线正确，变化的次数即为该电机的极数，如图 6-16 所示为 4 极电机；如果指针方向不改变，则说明该极相组头尾接错；如果在一个极相组内指针方向交替变化，则说明该组内有线圈头尾反接现象。

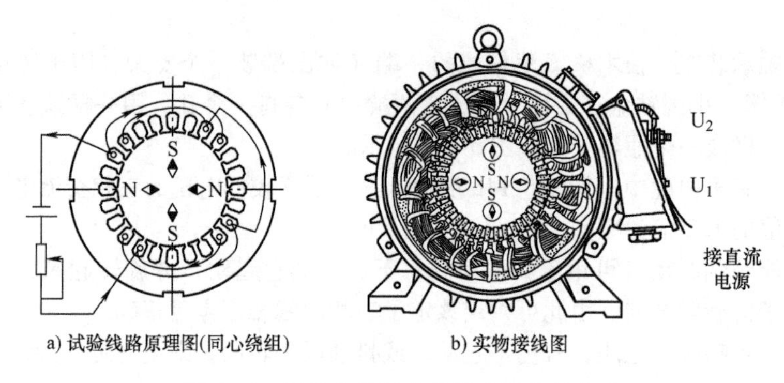

a) 试验线路原理图(同心绕组)　　b) 实物接线图

图6-16　用指南针检查接线和极数的方法

第三节　整机成品检查试验项目和建议顺序

对批量生产的电机成品在出厂前应逐台进行若干项目的检查和试验，以确定是否达到预期的要求，这种检查和试验被习惯称为“出厂试验”。

本节讲述普通用途三相交流电动机的成品检查试验项目和建议的试验顺序。

对修理过的电机进行检查和试验时，可参照本节的有关规定进行。

一、三相交流电动机的成品检查试验项目

对于普通三相异步电动机，在进行成品出厂检查试验时，有如下9项：

1）绕组对地和相互间（含相间和极间）以及埋置在绕组中的热元件及空间加热带等对地和对绕组之间绝缘电阻的测定试验。

2）绕组直流电阻的测定试验。

3）匝间耐冲击电压试验。

4）绕组耐电压试验。

5）空载损耗和空载电流的测定试验。

6）堵转损耗和堵转电流的测定试验。

7）空载噪声的测定试验（可按规定数量抽测）。

8）空载振动的测定试验（可按规定数量抽测）。

9）旋转方向（相序）检查试验。

其中1)、2)、3)、4)、7)、8）和9）共7项试验设备及试验方法的有关内容详见第四章。

在GB/T 755—2019第9.1项“检查试验”中，规定了“最少检查试验项目”，对于笼型转子三相异步电动机，包括上述项目中的1)、2)、4)、5）和9）共5项。

二、建议的试验顺序

对于如何安排上述项目的试验先后顺序，电机行业大致有如下两种排列方式：

1）测直流电阻→测绝缘电阻→匝间试验→堵转试验→空载试验（同时检查相序及人工检查噪声和振动）→耐电压试验。

2）耐电压试验→测直流电阻→测绝缘电阻→匝间试验→堵转试验→空载试验（同时检查相序及人工检查噪声和振动）。

可见，两种排列的不同点只在于“耐电压试验”在最后还是在最前。

排在最后的理由是：①刚开始已经进行了绝缘电阻测试，电机试验前存在的绝缘问题基本

可以发现，一般不会给下面的试验带来意外的事故；②在试验运转过程中还有可能产生绝缘损伤问题，这样就可以将这些“新问题”检查出来，避免将这些隐患带给用户，在使用过程中反映出来，造成较大的事故。

排在最前的理由是，可以在进行加强电的堵转和空载试验前，最大限度地发现绝缘耐电压问题（因为测量绝缘电阻不一定能够发现轻微的绝缘损伤或局部绝缘薄弱问题），避免在加强电运转过程中产生的突然短路（俗称“放炮”）等可能危及试验人员和相关设备的事故。

采用哪种更合适，读者可根据个人的理解来选择。作者选择第1）种。

第四节　成品出厂检查试验合格标准的制定方法

一、说明

三相交流异步电动机出厂标准中包含两种类型。

其中一类是当时即可给出明确结论的标准，它们是：绝缘电阻；直流电阻的三相不平衡度；匝间耐冲击电压能力；绕组对地和相互间耐电压能力；堵转和空载三相电流的不平衡度等项目。我们可以称其为“绝对标准”。这些标准在前面的章节中（主要是第四章和第五章）已经给出。

另一类是和被试电机同型号同规格合格样机型式试验的实测数据，其中包括额定电压 U_N 时的空载电流 I_0 和输入功率 P_0、在一个较低电压 U_K 下的堵转电流 I_K 和输入功率 P_K、在常温状态下的定子绕组直流电阻 R_1。因为考虑到所用原材料质量的波动、生产工艺及加工过程中不可避免的误差以及试验测量误差等不确定但还属于正常因素的影响，所以在合格原样机试验数据的基础上，给出一个上下波动的允许范围，在进行出厂试验时，只要试验数据落在了这一范围内，就认为接近或达到了样机的水平，但不能明确地给出它符合技术条件的情况。因此，我们可将这些项目的“合格范围”称为“相对标准”。

严格地讲，“相对标准”的给出是一个相对复杂的技术计算和推导过程。这是因为，它所包含的5个数据，特别是后4个数据中，每一个都与电机的关键性能参数有关，并且有的关系还是相互矛盾的。最明显也是最突出的是堵转电流，过大就会自身超标（堵转电流是考核电机的一个重要指标），过小则可能是堵转转矩较小的反映，而堵转转矩也是考核电机的一个重要指标，所以给它确定出厂标准就要相当谨慎。

我国电机生产行业中，三相交流异步电动机出厂标准有如下两种不同的制定方法，分别叫作“合格区法”和“上、下限法”。并且两种当中又各分为“定电压法”和“定电流法”。

我国在20世纪60年代末和70年代初，北京电机厂（后改名为北京市电机总厂）电机试验站的巢丰耀高级工程师（教授级）和哈尔滨电机制造学校（1978年改名为哈尔滨机电学院，现属于哈尔滨理工大学）石允初教授，在给出三相异步电动机出厂标准的研究方面，特别是对合格区的推导，做出了很大的努力和贡献。

二、合格区法出厂标准

（一）说明

合格区法是基于三相异步电动机原理，在假设一些主要数据的基础上，通过数学计算得出一系列关系式，再将样机试验数据和考核标准值代入到这些关系式中，得出几个控制公式，使用时，将实测的出厂数据（额定电压时的空载电流和功率，以及低压堵转试验的电压、电流和功率）再代入到相应的控制公式中，联合判定该电机几个主要性能数据（含功率因数、效率、温升、堵转电流和堵转转矩、最大转矩）是否合格的一种方法。

该方法从理论上来讲控制精度较高，但计算和使用都较繁琐，并有时会因为标准给的范围太宽而造成误判现象，所以在用人工计算的年代推广有一定的难度。现在的电机检测仪全面进入到微机自动或半自动化的年代，这些简单的计算和判定已成为极易解决的小问题。为此，在此版本中再次推出。

应该说明的是，原有方法中，石允初教授提出的是“定电压法”，而巢丰耀高级工程师提出的是“定电流法”。

两者的共同点是在推导合格区公式时，出厂堵转试验的电流为额定电流。另外，空载试验均为加额定电压，测取空载电流和输入功率。

两者的区别在于进行出厂试验时堵转试验额定电流的确定方法。

“定电压法”认为：“当堵转电压在额定电压的1/4左右时的电流应该接近额定电流”，所以进行出厂堵转试验时，对同一额定电压的电动机，不论它是何种规格，均将电压设定在额定电压的1/4左右（圆整到个位数为零，例如380V电机为100V），即固定电压后，测取堵转电流和输入功率。这也是“定电压法”名称的由来。

而“定电流法”则严格地执行出厂堵转试验时的电流要调整到等于额定电流。然后测取堵转电压和输入功率。同样，这也是“定电流法”名称的由来。

可以想象，从控制公式的精度上来讲，“定电流法”要优于“定电压法”（实践证明，当堵转电流等于额定电流时，堵转电压一般不等于额定电压的1/4，很多规格相差还较远。可参看附录22给出的统计值）；但从实际操作的复杂程度上来讲，很明显“定电压法”要优于“定电流法”。

为了得到一种既相对准确又便于操作使用的合格区法，本手册作者在1983年前后，在充分理解上述两位前辈对合格区法研究成果全过程的基础上，取两者之长，并在局部进行了细微改进得出了如下一套称为“分段定电压法”的合格区法控制公式。供读者参考试用。

所谓“分段定电压法”，是将电压的取值定义为使堵转电流等于或最大限度地接近额定值，此时的出厂试验电压为圆整到个位是零的数值（圆整的方法是采用四舍五入的修约法）。例如：额定电压为380V的某规格电机，在进行堵转性能试验时得到额定电流时的堵转电压为73V，则给出出厂试验时的堵转电压为70V，并从特性曲线上查取70V时的电流作为标准电流。

（二）制定标准所需数据

所有性能数据的单位均用基本单位，电流和电压用线值，电阻用端电阻值；额定电压U_N时的堵转电流I_{KN}、堵转转矩T_{KN}和最大转矩T_{max}用标幺值。

1. 需要的样机性能数据

出厂标准中样机的性能数据是主要参考标准，决定着出厂控制标准的准确性和合理精度。首先要求样机的数据是全面达到相关标准要求的，或者是说出厂试验的电机是依照该样机批量生产的。其次是应选用几台同一次试验数据中比较好的一台所具有的。若各台之间有相对较大的差距，则取其平均值。

需要的数据包括：额定电压U_N时的空载电流I_0和输入功率P_0、堵转电流I_{KN}和输入功率P_{KN}；电压圆整到个位为零时的堵转电压U_K、电流I_K和输入功率P_K；额定输出负载时的定子绕组和转子绕组热损耗P_{Cu1}和P_{Cu2}、效率η、功率因数$\cos\varphi$、转差率s、最大转矩（实测的或通过圆图计算法得到的）T_{max}；修正到规定温度的定子绕组直流电阻R_1；堵转等效电阻R_K（$R_K=P_K/1.5I_K^2$）。

2. 考核标准数据

考核标准数据指该规格技术条件中规定的限值。其中包括堵转电流I_{KN}和堵转转矩T_{KN}、效率

η、功率因数 $\cos\varphi$、最大转矩 T_{max}。是否考虑容差，应视样机的实测性能数据与标准值的接近程度（高于标准的程度或吃容差的多少）来决定。原则上，若高于标准值，则不必考虑容差，若已经吃容差，则根据吃容差的多少来决定是加入全部容差还是利用部分容差（例如50%）。这样做的目的是使批量生产的电机能最大限度地和样机性能水平保持一致，而不是只满足性能合格。

3. 出厂试验数据

出厂试验数据有：额定电压 U_N 时的空载电流 I_0 和输入功率 P_0；电压圆整到个位为零时的堵转电压 U_K、电流 I_K 和输入功率 P_K。

若试验时所加的实际电压，对于空载试验不是额定电压，对于堵转试验不是规定的堵转电压，则应将实测得到的电流和功率进行电压修正。

设空载试验时所加的实际电压为 U_{0t}、实测的电流和功率分别为 I_{0t}和 P_{0t}；堵转试验时所加的实际电压为 U_{Kt}、实测的电流和功率分别为 I_{Kt}和 P_{Kt}；规定的堵转电压为 U_K。则电压修正按下述建议的计算公式进行：

$$I_0 = I_{0t}\left(\frac{U_N}{U_{0t}}\right)^{n_1} \tag{6-1}$$

$$P_0 = P_{0t}\left(\frac{U_N}{U_{0t}}\right)^{n_2} \tag{6-2}$$

上述两个电压修正计算式中，指数 n_1、n_2所取数值需要根据样机的空载特性曲线的形状（额定电压附近的弯曲程度）来决定。一般情况下，$n_1 = 2 \sim 5$，$n_2 = 3 \sim 6$。弯曲程度较大的取大值。

$$I_K = I_{Kt}\left(\frac{U_K}{U_{Kt}}\right) \tag{6-3}$$

$$P_K = P_{Kt}\left(\frac{U_K}{U_{Kt}}\right)^2 \tag{6-4}$$

4. 代号的表示方法

考核标准的代号加“*”，如 I_{KN}^*；出厂试验实测数据量的代号加“′”，如 I'_K；样机数据不加附加标记，如 I_K。

（三）合格区法控制公式

（1）功率因数合格区公式

$$I'_0 \leqslant I_0 + \frac{\cos\varphi - \cos\varphi^*}{\sin\varphi\ \cos\varphi} I_N + B(I'_K - I_K) \tag{6-5}$$

（2）效率合格区公式

$$P'_0 \leqslant P_0 + K_1 P_2 \frac{\eta - \eta^*}{\eta^2} + K_2 B(I'_K - I_K) - K_2(I'_0 - I_0) - K_3(R'_K - R_K) \tag{6-6}$$

式中　$K_1 = 1 - \frac{2\eta\ (P_{Cu1} - P_{Cu2})}{P_2}$；$K_2 = \frac{2P_{Cu1}\sin\varphi}{I_N}$；$K_3 = \frac{P_{Cu2}}{R_K - R_1}$；

$B = K_4 K_5^2\ (1 + 3K_4^2 K_5^2)$；$K_4 = \frac{U_K}{U_N}$；$K_5 = \frac{I_N \cos\varphi}{I_K}$

（3）最大转矩合格区公式

$$I'_K \geqslant \frac{T_{max}^*}{T_{max}} I_K \tag{6-7}$$

（4）堵转电流合格区公式

$$I'_{K} \leqslant \frac{I^{*}_{NK}}{I_{NK}} I_{K} \tag{6-8}$$

（5）堵转转矩合格区公式

$$P'_{K} \geqslant \frac{T^{*}_{NK}}{T_{NK}} (P_{K} - 1.5 I_{K}^{2} R_{1}) + 1.5 I'^{2}_{K} R_{1} \tag{6-9}$$

三、上、下限法

根据合格样机的试验数据以及考核标准给出出厂各试验数据的最高和最低限值，或者说是允许波动的范围，称为单数值“上、下限法”。和合格区法相比，虽然控制精度略差，但计算和使用都简单得多，所以使用较广。下面重点介绍其制定原则和制定步骤。

1. 收集电机性能参数的正常波动范围

制定出厂标准的主要依据，是电机性能参数的正常波动范围。

电机性能参数正常波动范围是在一个较长的时间内由多台电机实测数据统计出来的。它是制定出厂标准的一个重要依据，也是电机使用和修理验收的一个重要参考依据。表6-6给出了我国北京市电机总厂（1958年6月15日建厂。以下统计数据均来自该厂）几十年的试验统计平均值。需要说明的是，在参考使用时应注意：本表仅供参考，不能全盘代表国内其他电机厂产品的情况，因为读者所在单位的实际情况可能略高或略低于表中的数值。

表6-6　三相交流异步电动机性能参数正常波动范围

序号	性能参数名称及代号	正常波动范围(%)	序号	性能参数名称及代号	正常波动范围(%)
1	绕组电阻 R	±2	7	最大转矩 T_{max}	±3
2	空载电流 I_0	±6	8	最小转矩 T_{min}	±4
3	空载损耗 P_0	±10	9	满载效率 η	±1.0
4	堵转电流 I_K	±4	10	功率因数 $\cos\varphi$	±1.5
5	堵转损耗 P_K	±8	11	转差率 s	±2.5
6	堵转转矩 T_K	±3	12	满载温升 $\Delta\theta$	±5

2. 额定电压时的空载电流统计值

三相异步电动机的空载电流的大小与电机的容量和极数有关。总体来说，容量大的电机空载电流相对较小；同一个机座号的电机，极数多（转速低）的电机空载电流相对较大。

表6-7和附录22分别给出了Y系列（IP44）和Y2系列（IP54）三相异步电动机（额定电压380V，额定频率50Hz，3kW及以下为星形联结，4kW及以上为三角形联结）分段和各规格额定电压时的空载电流统计平均值范围，供读者在试验时参考，特别是对修理行业的读者，一般没有样机的数值用来对比，所以这些统计值更显重要。再次强调，这些数据只能供参考，而不可作为“强制标准”使用。表中 I_0/I_N（%）为空载电流占额定电流的百分数。

表6-7　Y和Y2系列三相交流异步电动机空载电流统计平均值范围

机座号范围	80~90	100~160	180~225	250~280	315~355
I_0/I_N(%)	40~70	30~65	30~50	25~45	25~40

3. 额定电流时的堵转电压统计值

附录22给出了额定电流时的堵转电压统计值，给出这些数值的目的是为读者提供一些电机出厂或修理后进行堵转试验的参考数据，特别是对于电机修理行业的读者来说，可以用来补充没有样机参考数据的不足。

应说明的是，表中的电压值是对应电流为额定值时的电压圆整到十位数的数值，例如某电机电流为额定值时的电压为75～80V，则圆整到80V，为70～74V时就圆整到70V，所以此时的电流将不一定是额定电流，但与额定电流相差最大不会超过±8%，一般在±5%以内。

其他的说明与空载电流统计值相同。

4. 出厂试验数据与电机主要性能数据的关系

这里所讲的出厂数据是指空载电流I_0、空载输入功率（空载损耗）P_0、堵转电流I_K和堵转输入功率（堵转损耗）P_K。它们和电机几个主要性能参数在理论上的关系如下（这里的堵转电流和输入功率是在使电流等于或接近额定电流的输入电压下产生的，详见本章第六节第二部分）：

1）空载电流I_0大，则功率因数$\cos\varphi$低。

2）空载损耗P_0大，则效率η低。

3）堵转电流I_K大，则额定电压时的堵转电流I_{KN}将可能超过考核标准；堵转电流I_K小，则可能造成额定电压时的堵转转矩T_{KN}达不到标准要求，因为对于不同设计的三相异步电动机，堵转转矩与堵转电流成正比关系（这里的“正比”不是严格的数学关系，而是一种趋势。下同）。

4）堵转损耗P_K大，则效率η低；堵转损耗P_K小，则可能造成最大转矩T_{max}达不到标准要求，因为最大转矩与堵转损耗成正比关系。

5. 给出上、下限数值

1）对空载电流，若上述最大值所对应的功率因数已达到了考核的最低限，则该最大值即为出厂标准中空载电流的最高限值（但应控制在+10%以内）。空载电流可不设最低限值。若认为有必要（例如防止用错转子或气隙过小造成扫膛），则可将上述统计的空载电流最低值放宽一些（例如放宽3%）作为出厂标准中空载电流的最低限值。

2）空载损耗可只设最高限值。考虑到该项数值在简单的出厂试验时，受运转时间、试验自然环境（主要是环境温度）等因素的影响较大，所以可在上述样机数据最大值的基础上再增加10%左右。若出厂试验时高于给出的最大值标准，应将电机的运转时间适当延长，得到较稳定的空载损耗之后再进行比较和判定。

3）试验环境条件对堵转电流和堵转损耗两项数值大小的影响较小，所以应严格按照样机的波动统计值给出出厂上、下限值的控制范围。若按样机的统计平均值来计算，建议如下：

堵转电流为样机统计平均值的95%～105%。

堵转损耗为样机统计平均值的90%～110%。

四、在使用过程中对出厂标准的调整

上述两种出厂标准制定并执行以后，应注意观察其“合理性”。当发现个别或某个批量产品超差时，应由技术人员进行分析，查找原因。有针对性地进行处理后，再次进行试验。

若查不出原因，或虽然查出了原因但属于无法处理的（例如硅钢片质量较差），则需要进行相关的型式试验。若试验得出的性能数据仍能满足技术标准的要求，则可考虑对原用出厂标准进行调整，经主管技术人员认可并签字备案后，作为“临时性标准”下发执行。但在存在的问题得到解决后，应及时撤回“临时性标准”并恢复原有标准。

第五节　出厂试验设备

一、试验电路和设备组成

出厂试验设备应根据本章第三节列出的试验项目进行选型配置。本部分介绍出厂试验时进

行堵转和空载试验所需要的部分。

（一）试验电路

这两项试验所需试验电路完全相同（见图6-17），其中所用的设备从类型上来讲也完全相同，只是规格容量会有所差别。

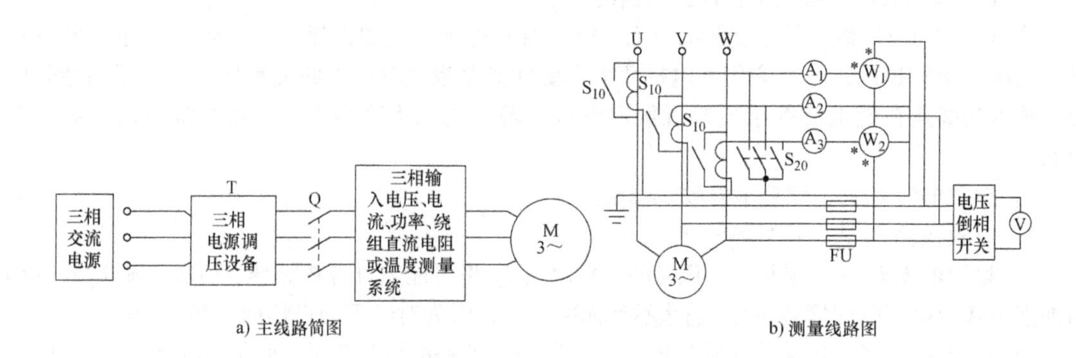

图6-17　三相异步电动机堵转和空载试验电路原理图

（二）主要设备选择原则

1. 概述

进行空载试验时，所提供的电压要达到被试电机的额定值，若采用满压起动，需要的起动电流比较大（是被试电机的额定电流值的4～8倍。具体数值与被试电机的规格有关，参见相关技术条件），起动完成后在正常空载运转的状态下为被试电机额定电流值的25%～75%（具体数值与被试电机的规格有关，额定电压为380V、50Hz的电机参见附录22）。

若空载试验采用减压起动，上述设备的额定负荷电流可适当减小，但不能小于最大容量被试电机的额定电流。

当采用批量测试的方式时，为了尽可能地使摩擦损耗达到稳定状态，有利于提高空载试验数据（特别是空载损耗）的准确性，设置批量同时进行空转运行的模式。此时应视具体情况增加电源和电路元件的容量和通电能力。

进行堵转试验时，所提供的电压比较低，一般为被试电机额定值的1/4以下（具体数值与被试电机规格有关，额定电压为380V、50Hz的电机参见附录22），电流大致是被试电机的额定电流值。

提供试验电源的设备较常采用三相感应调压器（10kW以下的电机可使用三相接触式自耦调压器），利用伺服电机实现电动调压。

功率测量应选用可适应低功率因数的仪表。

2. 产品批量较小时电源调压器的设置

当产品批量较小时（较大容量的电机一般属于此类），可设置一台电源调压器。该调压器按空载试验最高电压的1.2倍选择最高输出电压，按堵转试验最大电流的2倍提供最大输出电流。电路中的其他电器元件（包括开关、电线等）也按上述建议配置。

3. 产品批量较大时电源调压器的设置

当产品批量较大时，可设置两台电源调压器，其电路简图如图6-18所示。其中一台按堵转试验的要求配置（电压低，电流大）；另一台按空载试验的要求配置（电压高，电流小）。两台调压器的输入端均与网络电源相连（即相互呈并联关系），输出端与被试电机的连接用转换开关切换。这样可节省因两项试验对电源电压要求不同而对调压器的反复调节所用的时间，减少试验周期，提高工作效率，同时也会延长调压器的使用寿命。

二、综合试验设备简介

对较小容量的电机，目前广泛使用将除电源调压装置之外的所有仪器设备集合在一面控制台内的综合检测设备。程序控制和试验数据测量采集、试验数据处理和计算判定、试验结果统计汇总等很多相对繁琐的工作，由多功能数字仪表和计算机来完成。

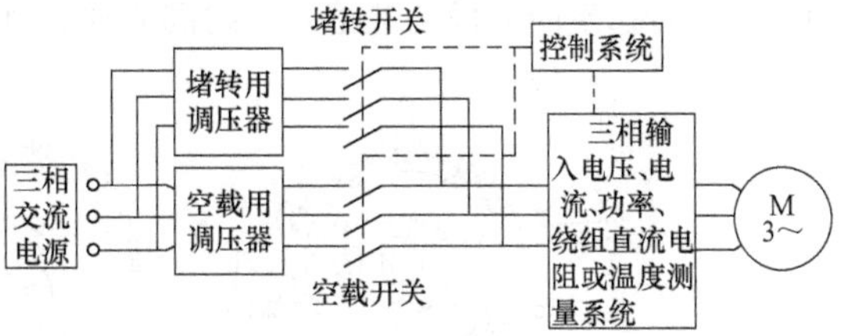

图 6-18　双调压器堵转和空载试验电路简图

这种系统大大提高了试验的效率和准确性，但对使用人员的技术要求相对提高了很多。

图 6-19 给出的是一套小型电机微机控制自动出厂试验系统。

该试验系统由下述三大部分组成：

1）一个控制和测试台。包括人工控制调试装置、微机控制和数据采集处理系统、测量仪表和相关仪器设备等。10kW 以下的测试系统，还可包括配电元件，集控制、配电、测量为一体。

2）配电柜若干面。配置数量与被试电机的容量及每批试验台数有关，容量越大、每批试验电机越多（试验工位多），则数量越多。

3）可调压电源设备。可设置一台输出电压能满足被试电机额定电压和一台输出电压能满足被试电机 1/4 额定电压的三相感应调压器或接触式自耦调压器（用于几千瓦以下的较小容量电机），也可使用一台可同时输出被试电机额定电压和 1/4 额定电压的多抽头三相变压器。

目前有些单位使用试验专用的变频电源设备，即可调压，也可调频。

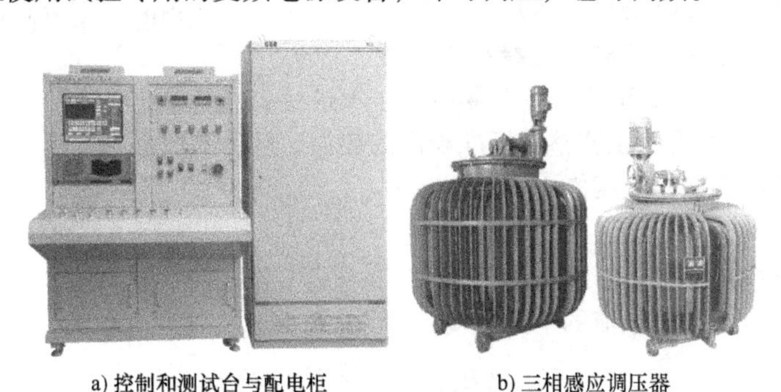

a) 控制和测试台与配电柜　　b) 三相感应调压器

图 6-19　微机控制交流异步电动机成品自动试验系统示例

第六节　堵转试验

在出厂试验时进行堵转试验，是为了得到常温状态下的堵转电流和输入功率。

一、堵转的方法

普通三相异步电动机在出厂试验时，需进行堵转试验，即堵住电机的转子使其不能转动，堵转可采用如图 6-20 所示的工装和方法。加一定数值额定频率的电压，测取定子电流和输入功率，并和出厂标准相比较，判断该项数据是否正常。

当使用计算机自动控制检测系统时，可不必将转子堵住。利用计算机快速采样的优势，在电机加电后还没来得及转动或刚刚转动的一段时间内测取到各项数值。

绕线转子电动机进行本项试验时，应将三相转子绕组在出线端短路。

图6-21为典型的中小型交流异步电动机起动过程中电流与时间（转速）的关系曲线，应取图中电流相对稳定时间段的数值。该时间应通过试验求得。

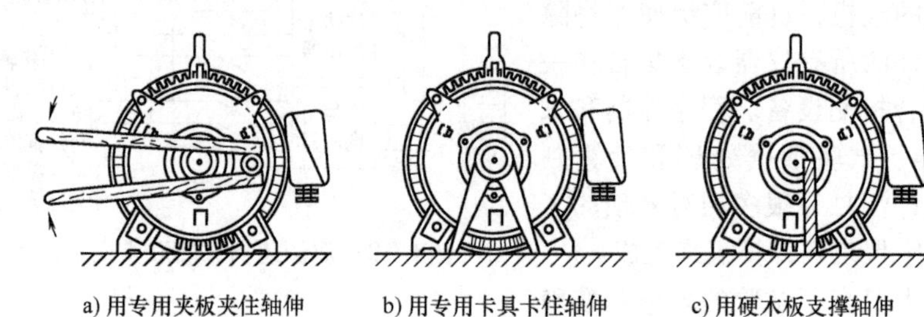

a) 用专用夹板夹住轴伸　b) 用专用卡具卡住轴伸　c) 用硬木板支撑轴伸

图6-20 将转子堵住的措施

二、堵转电压值的确定方法

在检查试验时，不是像型式试验那样尽可能地加到额定电压，而是加到定子电流接近其额定值时的电压。不同规格的电机这一电压是不同的，但基本在额定值的1/5～1/4之间。为了试验操作的方便，对一种额定电压的电机，可规定一个统一的电压值，例如额定电压为380V的电机，规定为100V，此时实测电流可能离额定值较远；也可以分成几段，例如70V、80V、90V、100V等，这样实测电流可很接近其额定值。所用电压值是由该类同规格电机型式试验得出的。

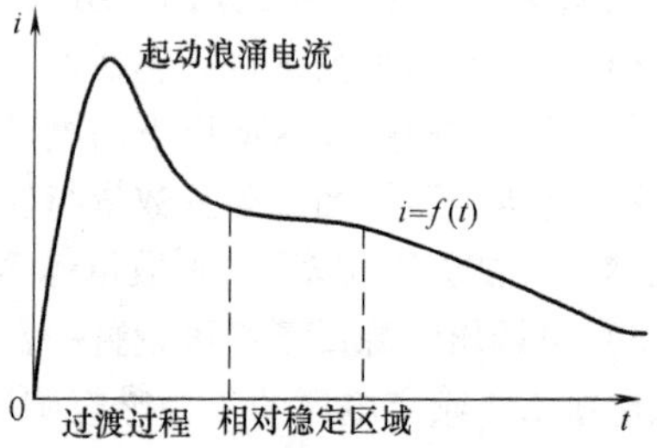

图6-21 交流异步电动机起动过程中电流与时间的关系曲线

三、需测取的试验数据和对试验结果的判定

如无专门规定，试验应在电机处于实际冷状态下进行。

试验时，应尽可能地将电压调整到标准给定的数值，然后测取三相电流 I_{Kt1}、I_{Kt2}、I_{Kt3}，三相输入功率 P_{Kt}，同时记录三相电压值 U_{Kt1}、U_{Kt2}、U_{Kt3}。

（一）整理试验数据

用下述公式将试验测得值进行整理和修正。

1）求取三相电压、三相电流的平均值 U_{Kt}（V）、I_{Kt}（A）。

$$U_{Kt} = (U_{Kt1} + U_{Kt2} + U_{Kt3})/3 \tag{6-10}$$

$$I_{Kt} = (I_{Kt1} + I_{Kt2} + I_{Kt3})/3 \tag{6-11}$$

2）求取三相堵转电流的不平衡度 ΔI_{Kt}（%）。

$$\Delta I_{Kt} = \frac{I_{Ktmax} - I_{Kt}}{I_{Kt}} \times 100\% \tag{6-12}$$

或

$$\Delta I_{Kt} = \frac{I_{Ktmin} - I_{Kt}}{I_{Kt}} \times 100\% \tag{6-13}$$

式中 I_{Ktmax} 和 I_{Ktmin}——三相堵转电流实测值中的最大值和最小值。

3）当试验电压不等于标准给定值时，应将试验电流和输入功率修正到出厂标准给定的电压时的数值 I_K 和 P_K。具体修正计算公式见式（6-3）和式（6-4）。

（二）判断试验结果是否符合要求

将上述求得的三相电流不平衡度和经修正的电流及输入功率值与出厂标准进行比较，判断是否符合要求。

按企业的规定，对被试电机给出试验结果标记。若有不合格的项目，应同时给出提示或明确的数据。

第七节　空载试验

空载试验，即电机定子加额定频率的额定电压，测取定子电流和输入功率的试验。通过试验数据和出厂标准值相比较，判断该项数据是否正常。同时检查电机的振动和噪声是否正常。

绕线转子电动机进行本项试验时，应将三相转子绕组在出线端短路。

一、试验过程和注意事项

1）试验前，如有必要，应检查三相电压的平衡情况（对电网电源，一般只考虑三相电压大小所引起的不平衡度），如其不平衡度达到1%以上，则应查找出原因并设法排除，否则将由此对空载电流的三相不平衡度造成较大的影响，难以给出正确的结论。

2）先将封电流互感器的开关闭合（或称封表），将电流互感器的比数选择在一次电流为被试电机额定电流的75%～40%（小容量电机对应大比数，20kW以上的电机最大为50%）。

3）开始给电机加电压，当电源及配电设备的容量足够时，可以直接加额定电压，否则必须采用减压起动的方式（除采用调压器减压起动外，还可采用星-三角、串电阻、串电抗器减压起动方式）。在加电压的同时，应密切注意观察电机的反应，发现不起动、低速运转并有“嗡嗡”的声响或发出异常噪声等各种不正常现象时，应立即断电停机。

4）起动顺利完成并达到正常转速后，打开封电流互感器的开关，如电流表的指示较小（低于仪表满刻度的30%）或较大（超过仪表满刻度的95%），应调换互感器的另一档比数。保持额定电压，使电机运转一段时间，尽可能地使其机械摩擦损耗达到稳定。在运转过程中，同时检查电机的噪声和振动，特别是轴承的运转情况。必要时，还要测量轴承的温度。

二、需测取的试验数据和对试验结果的判定

（一）需测取的试验数据

空载试验需测取的试验数据有三相线电流 I_{01}、I_{02}、I_{03} 和三相输入功率 P_0。若三相电压的不平衡度较大或不能调整到额定值，还应记录三相线电压值。

（二）对试验结果的判定

1）用与计算堵转电流不平衡度相同的办法计算三相空载电流的不平衡度 ΔI_0（%）。电机行业标准规定，ΔI_0 在 ±10% 以内为合格。如试验电源电压的不平衡度较大，在判断时应考虑其影响。

2）用测得的三相电流平均值及输入功率值与对应的出厂标准进行比较，判断是否符合要求并给出结论。

如试验时三相电压与额定值有偏差，则应先对测得的电流和功率进行电压修正，修正公式见式（6-1）和式（6-2）。再和出厂标准进行比较。

第八节　三相交流异步电动机出厂试验数据分析

当出厂试验数据超出出厂标准时，应对其进行分析，找出产生的原因并设法加以解决。出厂试验（包括修理后的试验）时出现的异常现象及其原因分析见表6-8。

表6-8 出厂试验异常现象及其原因分析

序号	异常现象	原因分析
1	通电后不起动	（1）配电设备中有两相或三通电路未接通。问题一般发生在开关触点上 （2）电机内有两相或三相电路未接通。问题一般发生在接线部位
2	通电后不起动或缓慢转动并发出“嗡嗡”的异常声响	（1）配电设备中有一相电路未接通或接触不实。问题一般发生在熔断器、开关触点或导线接点处。例如熔断器的熔丝熔断、接触器或断路器三相触点接触压力不均衡、导线连接点松动或氧化等 （2）电机内有一相电路未接通。问题一般发生在接线部位。例如连接片未压紧（螺钉松动）、引出线与接线柱之间垫有绝缘套管等绝缘物质、电机内部接线漏接或接点松动、一相绕组有断路故障等 （3）绕组内有严重的匝间、相间短路或对地短路 （4）有一相绕组的头尾交叉接反或绕组内部有接反的线圈 （5）定、转子严重相擦（俗称“扫膛”） （6）电源电压过低 （7）因结构或装配过程不合理，造成转动阻力过大
3	三相电阻不平衡度较大	（1）三相绕组匝数不相等 （2）电阻较小的一相绕组有严重的匝间短路故障 （3）多股并绕的绕组，在连接点有的线股未连接好（漏接或漏焊） （4）有较严重的相间短路故障
4	三相电阻平衡但都较大	（1）匝数多于正常值 （2）各相绕组本应并联后引出但错接成了串联引出或并联支路数少于正常值（例如应2路并联错接成了1路串联，或4路并联接成了2路并联，此时电阻增加到正常值的4倍） （3）端部过长 （4）所用电磁线的电阻率较大或线径小于标准值
5	三相电阻平衡但都较小	与电阻较大的各项原因相反
6	空载电流三相不平衡度超过标准限值	（1）同三相电阻不平衡度较大的原因 （2）磁路严重不均匀。其中包括：定、转子之间的气隙严重不均；铁心内外圆严重不同心；铁心各部位导磁能力严重不匀衡等 （3）绕组有对地短路故障
7	空载电流较大	（1）定子绕组匝数少于正常值 （2）定、转子之间的气隙较大 （3）铁心硅钢片质量较差（出厂时为不合格品或用火烧法拆绕组时将铁心烧坏） （4）铁心长度不足或叠压不实造成有效长度不足 （5）因叠压时压力过大，将铁心硅钢片的绝缘层压破或原绝缘层的绝缘性能就达不到要求 （6）绕组接线有错误。例如应三相星形联结实为三相三角形联结（空载电流是正常值的3倍以上）、并联支路数多于设计值（例如应1路串联实为2路并联，或2路并联实为4路并联，此时电流将成倍数地增长） （7）额定频率为60Hz的电机通入了50Hz的交流电（所加电压仍为60Hz的额定值）。此时的空载电流将是正常值的1.2倍以上（理论上是1.2倍，但由于电机设计时一般将额定电压时的铁心磁通密度选择在磁化曲线的“膝部”，即线性部分以上，所以实际上要大于1.2倍，实测数据表明，最高可达1.7倍以上） （8）电源电压高于额定值。在额定电压附近（特别是高于额定电压时），空载电流与电压的3次方（甚至于3次方以上）成正比，所以空载电流的增加将远大于电压的增加

（续）

序号	异常现象	原因分析
8	空载电流小	空载电流较小的原因与较大的各项原因大体相反。不同点在于电流减小的幅度将小于因上述原因使空载电流增加的幅度。例如，应为三角形联结的电机接成了星形联结，则空载电流降为正确接法的1/3；当使用相同的电压，但用60Hz的电源给50Hz的电机通电时，空载电流将减小到60Hz数值的1/1.2（即50/60≈0.83）以下，但一般不会减小到0.8倍以下
9	堵转电流三相不平衡度超过标准限值	（1）同定子三相电阻和空载电流不平衡的原因 （2）转子有严重的细条或断条现象
10	堵转电流大	（1）同空载电流较大的所有原因 （2）转子铸铝的电阻率小于设计要求，即铝的成分太纯（含铁量过少） （3）用错了转子，并且所用的转子电阻小于应用的转子
11	堵转电流小	与堵转电流较大的原因大体相反
12	空载损耗大	（1）因装配不当造成转子转动不灵活，或轴承质量不佳、轴承内加的润滑脂过多等原因，使机械摩擦损耗过大 （2）错用了大风扇或扇叶较多的风扇 （3）铁心硅钢片质量较差（出厂时为不合格品或用火烧法拆绕组时将铁心烧坏） （4）铁心长度不足或叠压不实造成有效长度不足 （5）因叠压时压力过大，将铁心硅钢片的绝缘层压破或原绝缘层的绝缘性能未达到要求
13	堵转损耗较大或较小	与堵转电流大或小的原因基本对应相同

第七章　单相交流异步电动机试验

单相交流异步电动机因其使用的电源较方便，而被广泛地应用于各类家用电器及小型电动工具和设备中。其现行试验方法的标准编号为GB/T 9651—2008。本章将重点介绍几种常用系列的特有试验项目和试验方法。

第一节　单相交流异步电动机的类型和电路

单相交流异步电动机的种类相当多，但各系列的区别主要在于它们的起动方式。主要有裂相（或称为“分相”，即将单相电源分裂成具有一定相位差的“两相电源”）起动和罩极起动（又称为遮极起动）两种，其中裂相起动又可分为电阻裂相和电容裂相两大类。后一种应用较广，并且品种较多，有单值电容起动、单值电容起动并运转和双值电容起动并运行三种型式。除上述两种类型外，还有一种称为串极电机的单相交流电动机，该类电机严格地讲应称为交、直流两用电动机。下面介绍几种主要系列的原理接线图。其详细工作原理请参看其他资料。

一、裂相起动类单相交流异步电动机

（一）类型和接线原理

此类电动机都具有两套绕组，其中一套称为起动绕组，又被称为副绕组或辅绕组（本手册用此名称）；另一套为主绕组（本手册用此名称），又被称为工作绕组。一般情况下，两套绕组在匝数、线径等方面有所不同，但对于特殊用途的电机，如洗衣机用电动机，两套绕组会完全相同。主、辅绕组在定子铁心圆周上的位置是相差90°电角度（对2极电机，空间位置相差也是90°；对4极电机，空间位置相差将是45°）。

其实物示例、电路原理和运行原理简介见表7-1。

表7-1　裂相起动类单相交流异步电动机

类型		实物示例	电路原理	运行原理简介
电阻裂相型			L　U_1　S　R　M 1~　N　U_2　Z_2　Z_1	辅绕组串联一个电阻（或者不串联电阻，但直流电阻值大于主绕组）并和一个离心开关S串联后与主绕组相并联。起动完成后，离心开关断开辅绕组电路
电容裂相型	电容起动	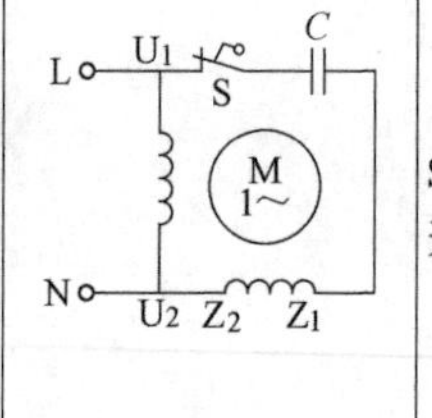	L　U_1　S　C　M 1~　N　U_2　Z_2　Z_1	辅绕组串联一个电容器C并和一个离心开关S串联后与主绕组相并联。起动完成后，离心开关断开辅绕组电路

（续）

类型		实物示例	电路原理	运行原理简介
电容裂相型	电容起动并运行（单值电容）			辅绕组串联一个电容器 C 后与主绕组相并联。起动和运行中，辅绕组和电容器始终连接在电路中
	电容起动加电容运行（双值电容）			辅绕组和两个并联的电容器相串联后接电源，其中一个电容器 C_1 串联一个离心开关S，起动完成后将与电源断开，另一个电容器 C_2 和辅绕组会始终与电源相接

（二）改变转向的电路

用电容裂相的单相电机改变转子的转向，有如下两种办法：

1. 改变电容器与绕组的连接位置

本方法需要将主、辅绕组做得完全相同，即没有主、辅之分（称为“对称绕组”），并且只用于单值电容起动并运行的品种。采用这种方法最典型的是需要反复正、反转的洗衣机电机。电容器的两端分别与两个绕组的头端相接。利用一个单刀双掷转换开关，其公用端接电源相线，触头交替地与两套绕组的首端（也是电容的两端）相接，电路原理如图 7-1 所示。

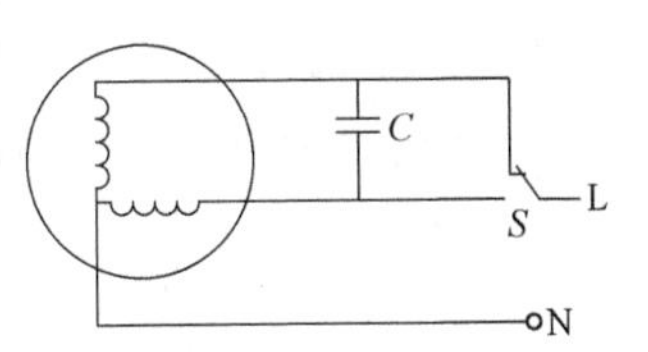

图 7-1　对称绕组单相电容电动机正反转电路

2. 调换主绕组的头尾或辅绕组电路两端连接位置

对于两套绕组分主、辅的电容电机，可通过调换主绕组头、尾接线方向的方法改变转向，即主绕组 U_1 端与电容器一端连接后接电源相线，主绕组 U_2 端与辅绕组 Z_2 端相连后接电源的中性线，为一个转向（公认为是正转）；将主绕组的头、尾 U_1、U_2 两端调换方向连接后，转向就会和上述方向相反（反转）。这种改变转向的方法适应各种电容单相电动机。图 7-2a 给出的是单值电容电机的接线原理和双值电容电机实用端子接线图。

对较小容量的电动机，可使用 HY2-30 或 KO-3 等型号的转换开关，如图 7-2b 所示。较大容量的电动机则使用按钮控制两个接触器来实现这些转换，如图 7-2c 所示。

调换辅绕组电路（含绕组和电容器）两端连接位置，同样能改变电机的旋转方向，如图 7-2d所示。

二、罩极起动类单相交流异步电动机

罩极起动类单相交流异步电动机的定子铁心多数做成凸极式，每极绕有一个工作绕组，并与单相电源相接；在磁极极靴的一边开有一个槽，用短路的铜环把部分（约占 1/3）磁极圈起来，称为罩极线圈，俗称为短路环。凸极式的实物和电路原理图如图7-3所示。

三、单相串励式电动机

单相串励式电动机也称为单相换向器式电动机。它的转子不像前几种那样是铸铝转子，而是类似直流电机那样的绕线转子（称为电枢），其定子绕组和转子绕组通过换向器串联，如图 7-4 所示。

此种单相异步电动机可以通过改变输入电压的高低来调速。其转速力（r/min）为

$$n = \frac{60Ea}{p\phi N} \tag{7-1}$$

式中　E——旋转电动势（V）；

a——定子绕组并联支路数；

p——极对数；

ϕ——主磁通（Wb）；

N——电枢总导体数。

此类电动机也可以使用直流电，所以也被称为交、直流两用电动机。

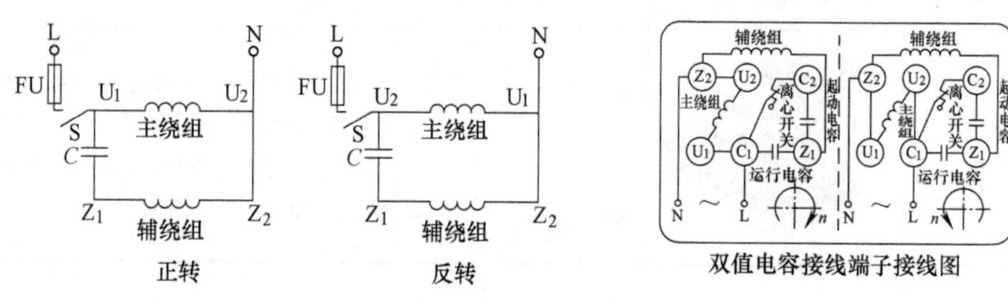

a) 改变主绕组的头、尾连接位置的电路图和端子接线图

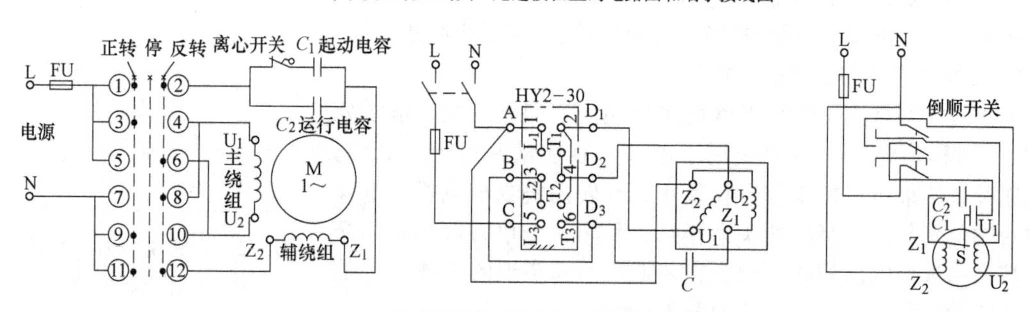

b) 利用转换开关改变主绕组接线方向

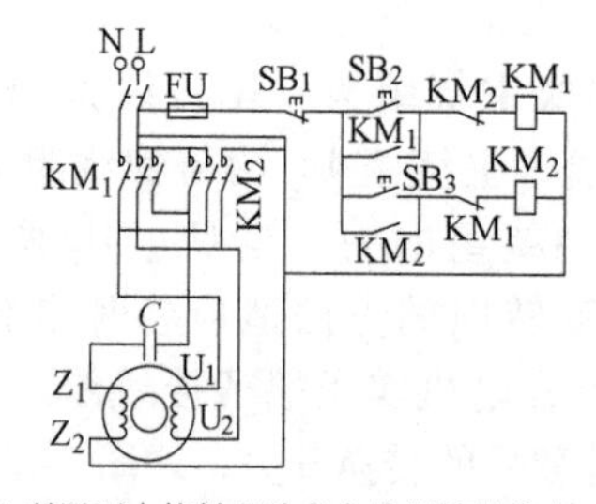

c) 利用两个接触器改变主绕组接线方向

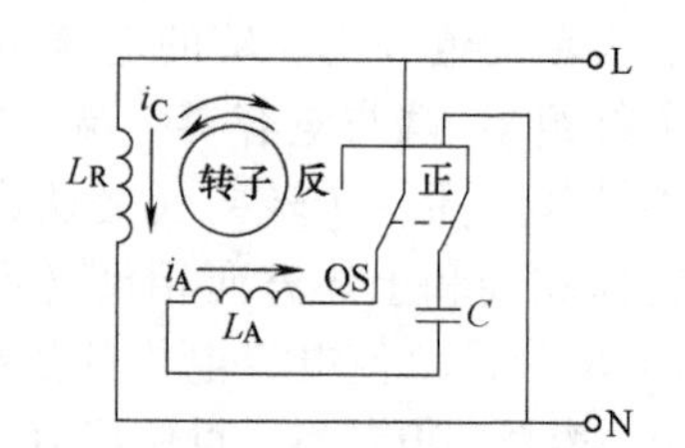

d) 利用双掷开关改变辅绕组电路接线方向

图7-2　单相电容电机改变转向的电路

四、单相多速交流异步电动机

常用的单相多速电动机有如下两种：

1. 反向变极变速和双运行绕组变速

反向变极变速适用于两种转速比为1:2的变速要求；双运行绕组变速适用于其他转速比的变速要求。均为铸铝转子。

反向变极变速裂相式双速单相异步电动机定子绕组接线原理如图7-5所示。

当开关S_2接在图中的位置时，相邻两极的电流方向相反，电机为4极；当开关S_2接在另一个位置时，相邻两极的电流方向相同，电机为8极。

2. 用附加绕组变速

对电容式单相异步电动机，可用改变绕组外加电压的方法达到变速的目的。一般利用改变

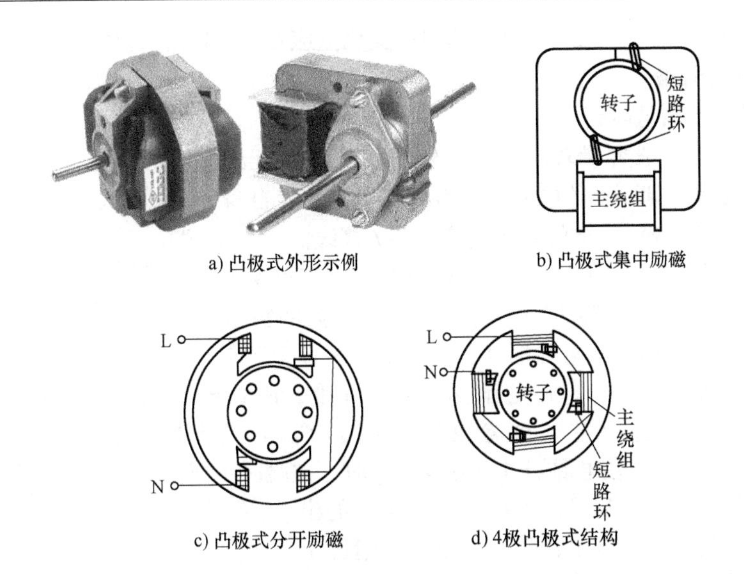

a) 凸极式外形示例 b) 凸极式集中励磁

c) 凸极式分开励磁 d) 4极凸极式结构

图 7-3 罩极起动类单相电动机及电路原理图

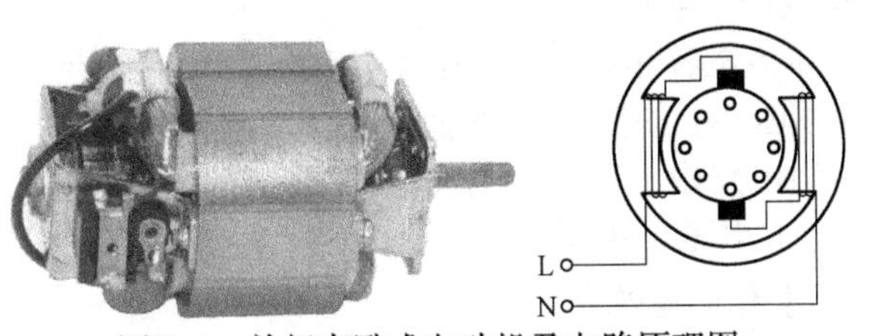

图 7-4 单相串励式电动机及电路原理图

主绕组和辅绕组（起动绕组）的连接方式来改变加在主绕组上的电压。辅绕组和主绕组的绕向相同，并放在同一个槽内。接线原理如图 7-6 所示。

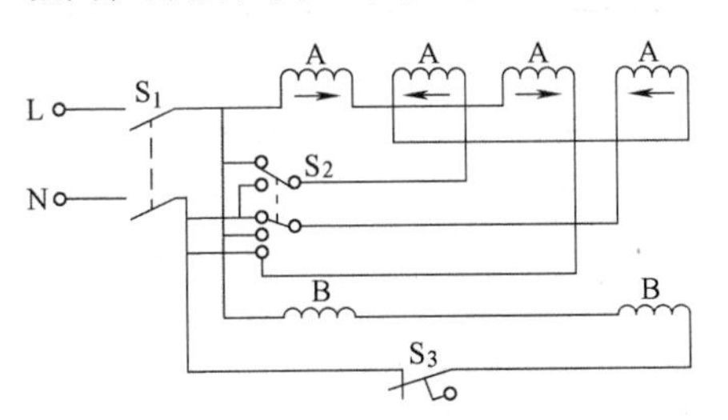

图 7-5 反向变极双速单相交流异步电动机定子绕组接线原理图

A—主绕组 B—辅绕组 S_1—电源开关 S_2—换极开关 S_3—离心开关

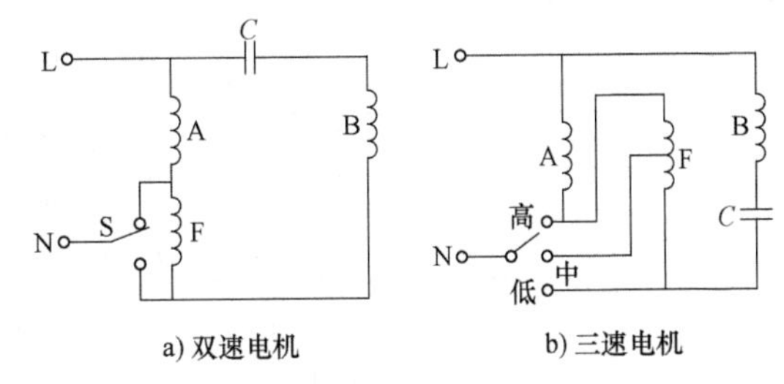

a) 双速电机 b) 三速电机

图 7-6 用附加绕组变速的单相交流异步电动机电路原理图

A—主绕组 B—辅绕组（起动绕组） F—附加绕组

第二节 单相交流异步电动机试验对电源和仪器仪表的要求

一、对试验电源质量的要求

试验电源为交流单相电源（在具有三相电源的综合试验室中，还常用两相电源），其电压的谐波电压因数（HVF）应不大于 2%（进行发热试验时应不大于 1.5%）；电源频率与额定频率之差应在额定频率的 ±0.5%之内，测量期间的变化量应在 ±0.1%范围内。

二、电气测量电路

1. 一般电机电气测量电路

因为单相电动机一般容量较小，所以较少使用电流互感器，而直接使用量程达到要求的电流表（有些数字电流表自身也能测量40A 以下的电流）。电气测量应按图 7-7 接线。

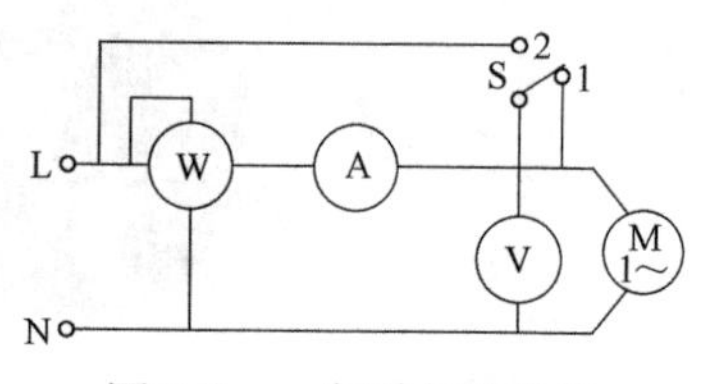

图 7-7 一般单相电动机电气测量接线图

电压表先接至电机端（图 7-7 给出的连接位置，即开关 S 合到 1 端，称为“电压表后接法”），将电压调至所需的数值 U_D；然后，将电压表迅速接至电源端（图 7-7 中开关 S 合到 2 端，称为“电压表前接法”），保持电源端电压 U_Y 不变，读取电流表和功率表的读数 I_Y 和 P_Y。

在额定电压 U_N 下进行空载试验或额定负载 P_N 下进行负载试验时，若 $(U_Y - U_D) < 0.01U_N$，则电压表可固定在电源端进行测量。此时，试验时不要换接开关 S 的闭合位置。

电压表的测量引接线应尽可能连接到被试电机的出线端，以取得真正的电机输入电压值。如果现场情况不允许进行这样的连接，应计算由此引起的误差，并对读数进行校正。

2. 双绕组运行电机电气测量电路

对双绕组运行电机（单值电容起动并运行电动机和双值电容电动机），还应在图 7-7 的基础上增加两个位置的测量：第一，在辅绕组电路中串联一只电流表；第二，在电容器两端并联一只电压表，如图 7-8 所示。

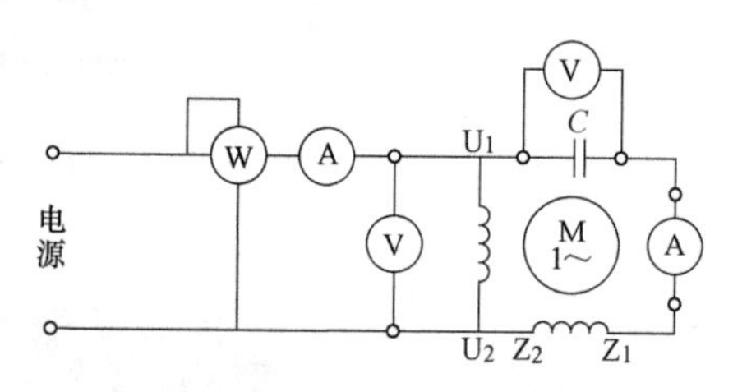

图 7-8 双绕组运行单相电动机试验时的电气测量接线图

三、对仪器仪表的要求和误差修正

（一）对测量用仪器仪表准确度或误差的要求

对测量用仪器仪表准确度或误差的要求与普通三相交流电动机基本相同，见表 7-2。

表 7-2 单相交流异步电动机试验对测量用仪器仪表的要求

序号	仪器仪表类别	要求
1	电气测量仪表(绝缘电阻除外)	准确度不低于 0.5 级
2	互感器	准确度不低于 0.2 级
3	电量变送器	精确度不低于 0.5%(检查试验时可不低于 1.0%)
4	数字式转速测量仪及转差率测量仪	精确度不低于 0.1%或误差不超过 ±1 个字
5	转矩测量仪及测功机	精确度不低于 1%(直接测量效率时,应不低于 0.5%) 测功机的功率,在与被试电机同样的转速下,应不超过被试电机额定功率的 3 倍;转矩测量仪的标称转矩应不超过被试电机额定转矩的 3 倍
6	测力计	准确度不低于 1.0 级
7	温度测量仪器	误差在 ±1℃以内
8	砝码	精度不低于 5 等
9	电阻测量仪	准确度不低于 0.2 级。出厂检查试验时,允许用 0.5 级

注：随着对效率试验准确度的不断提高，在对 GB/T 9651—2008 进行修订时，对表中第 1、2、3、5、6 项可能会提出更高的要求。因此建议组建新的试验系统时，应参照三相异步电动机试验标准 GB/T 1032—2012 的相应规定。

（二）功率测量误差的修正方法

对 180W 及以下（或不限定容量）电动机的输入功率测量值，使用指针仪表测量时，应就具体选定的测量电路（见图 7-9）对功率表显示的读数 P_W（W）误差进行修正（GB/T 9651—2008 附录 B）。

计算用功率等于功率表显示的读数 P_W(W) 减去修正值 ΔP_W(W)。

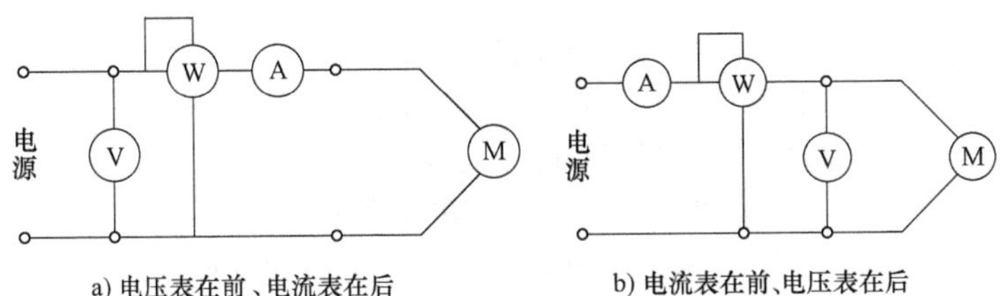

图 7-9　单相电动机两种电气测量接线图

1. 采用电压表在前、电流表在后接法时功率读数修正

采用图 7-9a 所示的接法时，电压表的损耗是恒定的，并不出现在功率表的显示值中，也就是说不用该项损耗修正。功率表读数修正值 ΔP_W（W）包括电流表和功率表电流线圈（包括功率表至负载端的连接导线）所产生的损耗，用下式计算：

$$\Delta P_W = I_A^2(R_A + R_{WA} + r) \tag{7-2}$$

式中　ΔP_W——功率表读数修正值（W）；

I_A——电流表显示的电流值（A）；

R_A——电流表的直流电阻（Ω）；

R_{WA}——功率表电流线圈回路直流电阻（Ω）；

r——功率表至负载端的连接导线（含开关）的直流电阻（Ω）。

2. 采用电流表在前、电压表在后接法时功率读数修正

采用图 7-9b 所示的接法时，功率表读数修正值 ΔP_W（W）中包括电压表电路的损耗 P_V（W）和无补偿功率表电压线圈回路的损耗 P_W（W），用下式计算：

$$\Delta P_W = P_V + P_{WV} = \frac{U^2}{R_V} + \frac{U^2}{R_{WV}} = U^2\frac{R_{WV} + R_V}{R_V R_{WV}} \tag{7-3}$$

式中　ΔP_W——功率表读数修正值（W）；

U——电压表显示的电压值（V）；

R_V——电压表回路直流电阻（Ω）；

R_{WV}——功率表电压回路直流电阻（Ω）。

（三）仪表刻度误差的修正

根据电流表、电压表和功率表指示的数值 I_A、U_V 和 P_W，用下列各式进行刻度修正（对数字仪表，无所谓刻度，即理解为仪表自有误差修正）：

$$I' = I_A + \Delta I \tag{7-4}$$

$$U' = U_V + \Delta U \tag{7-5}$$

$$P'_W = P_W + \Delta P \tag{7-6}$$

式中　ΔI、ΔU 及 ΔP——电流表、电压表和功率表指示的刻度误差的修正值，可从各仪表的校验报告中获得。

（四）互感器变比误差的修正

当使用电流互感器和电压互感器时，应该对其变比误差进行修正。其修正值从校验报告中获得。当互感器的实际负载与校核时的负载不同时，其变比误差可以由互感器不同负载时的变

化特性曲线来估算。

1. 求实际变比 K_I 和 K_U

电流互感器和电压互感器的实际变比 K_I 和 K_U 用下列各式计算：

$$K_I = K_{In}(1 - r_I) \tag{7-7}$$

$$K_U = K_{Un}(1 - r_U) \tag{7-8}$$

式中 K_{In}、K_{Un}——电流互感器和电压互感器的标称变比；

r_I、r_U——电流互感器和电压互感器的变比误差。

2. 求实际变比 K_I 和 K_U 时的电流 I、电压 U 和功率 P

实际变比 K_I 和 K_U 时的电流 I、电压 U 和功率 P 用下列各式计算：

$$I = K_I I' \tag{7-9}$$

$$U = K_U U' \tag{7-10}$$

$$P = K_I K_U P'_W \tag{7-11}$$

（五）互感器相角误差的修正

对互感器相角误差的修正，只有在认为有必要时才进行。下面介绍其修正方法。

1. 功率测量中的相角误差分类

1）功率表电压线圈回路中的相角误差 α。

2）电流互感器的相角误差 β_I。

3）电压互感器的相角误差 β_U。

2. 功率表电压线圈回路的相角误差 α 的求取方法

功率表电压线圈回路的相角误差 α 用下式求得：

$$\alpha = \pm \arctan \frac{X_W}{R_W} \tag{7-12}$$

式中 R_W——功率表电压线圈回路中的总电阻（包括外接附加电阻）（Ω）；

X_W——功率表电压线圈的感抗（Ω）。$X_W = 2\pi fL$，其中，L 为功率表电压线圈的电感（H），从表的刻度盘上获得；f 为被测电压频率（Hz）。

α 的 +、- 符号的确定原则是：当为容抗时，取“+”号；为感抗时，取“-”号。无补偿的功率表为感抗。

3. 电流互感器和电压互感器相角误差 β_I、β_U 的求取方法

电流互感器 β_I 和电压互感器相角误差 β_U 可从互感器的校验报告中获得。当互感器二次侧的实际负载与校验时的负载不同时，其变比误差值可由互感器不同负载时的相角特性曲线来估算。

β_I（或 β_U）的 +、- 符号的确定原则是：当互感器二次侧电流（或电压）超前于一次侧电流（或电压）时，取“+”号；滞后时，取“-”号。无补偿时，电流互感器二次侧电流超前于一次侧电流，而二次侧电压滞后于一次侧电压。

4. 功率测量值的修正

设 I、U 为测量得到的电流和电压值，P 为经过变比修正后的功率值，单位分别为 A、V 和 W。

修正前的视在功率 S（VA）及功率因数 $\cos\varphi'$ 由下列各式求得：

$$S = UI \tag{7-13}$$

$$\cos\varphi' = \frac{P}{S} \tag{7-14}$$

$$\varphi' = \arccos \frac{P}{S} \tag{7-15}$$

实际的功率因数用下式求得：

$$\cos\varphi = \cos(\varphi' - \alpha + \beta_{I} - \beta_{U}) \tag{7-16}$$

相角修正系数 K_{φ} 用下式求得：

$$K_{\varphi} = \frac{\cos\varphi}{\cos\varphi'} \tag{7-17}$$

经相角误差修正后，实际的功率值 P_{C} 由下式求得：

$$P_{C} = K_{\varphi}P \tag{7-18}$$

（六）测功机转矩读数的修正

用测功机、转矩测量仪或绳索滑轮测得的输出转矩，应进行风摩耗转矩修正。该摩耗转矩 T_{fw}（N·m）修正用下式求得：

$$T_{fw} = \frac{9.55(P_{10} - P_{0})}{n_{d}} - T_{d} \tag{7-19}$$

式中　P_{10}——电动机在额定电压下驱动测功机、转矩-转速传感器或带动滑轮时的输入功率（W），此时测功机的电枢和励磁回路均应开路，转矩-转速传感器应与负载器械脱离，绳索应与滑轮脱离；

P_{0}——电动机在额定电压下空载（不带测功机、转矩测量仪或滑轮）运行时的输入功率（W）；

T_{d}——测量 P_{10}时测功机显示的转矩值（N·m）；

n_{d}——测量 P_{10}时电动机的转速值（r/min）。

电动机修正后的输出转矩 T_{X}（N·m）用下式求得：

$$T_{X} = T_{t} + T_{fw} \tag{7-20}$$

式中　T_{t}——试验时测得的（仪表显示的）输出转矩值（N·m）。

第三节　单相交流异步电动机的通用试验

我国《单相异步电动机试验方法》的现行标准编号为 GB/T 9651—2008，《单相串励电动机试验方法》为 GB/T 8128—2008。另外，还要参照 GB/T 755—2019/IEC 60034－1：2017《旋转电机　定额和性能》、GB/T 5171.1—2014《小功率电动机　第 1 部分：通用技术条件》、GB/T 14711—2013《中小型旋转电机通用安全要求》和 GB 12350—2016《小功率电动机的安全要求》等相关标准。

需要说明的是：在 GB/T 9651—2008 和 GB/T 8128—2008 发布时，参考使用的上述几个相关标准编号分别是 GB 755—2000/IEC 60034－1：1996、GB/T 5171—2002、GB 14711—2006 和 GB 12350—2000。考虑到 GB/T 9651—2008 和 GB/T 8128—2008 可能很快就要进行修订，故此在本章中提前使用了这些最新标准。

对出口北美洲的产品，应使用美国的 IEEE Std 114—2010《单相感应电动机标准试验方法》（感应电动机即交流异步电动机。该标准中的主要内容将在本手册第十二章中介绍）。

本节仅介绍“电机通用试验方法”一章中没有介绍或有特殊要求的试验项目，与第五章“三相交流异步电动机型式试验”类似者将作简单介绍。

一、绕组直流电阻的测定试验

（一）实际冷状态下绕组温度的测定

将电动机在试验环境内放置一段时间，用温度计测量电动机绕组端部或铁心的温度。当所测温度与冷却介质（试验环境内的空气）温度之差不超过2K时，则所测温度即为实际冷状态下绕组的温度。

若绕组端部或铁心的温度无法测量时，允许用机壳的温度代替。

（二）测量方法

因为单相电动机绕组的直流电阻一般都较大，所以较常用单臂电桥或同等级准确度的其他电阻测量仪器测量。当绕组的直流电阻小于1Ω时，应使用双臂电桥或同等级准确度的其他电阻测量仪器测量。

当使用自动检测装置以电压-电流法测量时，流过被测绕组的电流应不超过额定电流的10%，通电时间应不超过1min。

测量时，电动机转子静止不动。在电动机的出线端，分别测量主、辅绕组的直流电阻。

测量次数和相关规定同三相交流异步电动机。

二、绝缘安全性能试验

（一）绝缘电阻测试

1. 绝缘电阻表的选用原则

电动机的额定电压≤36V时，采用250V规格的绝缘电阻表；电动机的额定电压>36V时，采用500V规格的绝缘电阻表。

2. 测量方法

主、辅绕组的头、尾端均引出时，应分别测量两套绕组对机壳（对地）和相互之间的绝缘电阻；否则，只能测量两套绕组共同对机壳的绝缘电阻。

对电容运行单相电动机，测量时，电容器应接入到辅绕组的回路中（另有协议者除外）。

测量后，应将绕组对地放电。

（二）耐交流电压试验

除下述要求外，其他要求与三相异步电动机相同。

1）试验变压器的容量应不小于0.5kVA。

2）试验时，电容运行电动机的电容器、离心开关必须与绕组连接同正常工作一样。

3）单对主绕组回路进行试验时，辅绕组应和铁心及机壳相连接。

4）单对辅绕组回路进行试验时，应注意高电压只能施加在辅绕组回路中的绕组两端，主绕组回路应和铁心及机壳相连接。

5）试验过程中，电动机的跳闸电流应不大于10mA。

（三）匝间绝缘耐冲击电压试验和短时升高电压试验

1. 匝间绝缘耐冲击电压试验

一般选用3～6kV规格的匝间试验仪。试验电压、时间等方面的规定见第四章第四节。可以只对单套绕组进行试验，利用和“标准绕组波形”相比较的方法判定是否正常；对主、辅绕组相同的电机，可互为“标准绕组”进行波形比较。

2. 短时升高电压试验

短时升高电压试验的目的与匝间绝缘耐冲击电压试验类似，其主要目的也是考核绕组匝间绝缘的水平。

试验时，电动机施加1.3倍的额定电压，空载运转3min。电动机应无冒烟或击穿现象。试验时允许将电源频率提高到额定值的1.1倍（电容运行电动机除外）。

对串励电动机，可能不允许在完全空载的状态下进行本项试验。若要求进行，则需要施加适当的负载。

三、噪声、振动、转子转动惯量测定试验

这3项试验所使用的仪器设备和试验方法见第四章。以下给出一些说明。

（一）小功率电动机噪声标准分级

在GB/T 5171.1—2014《小功率电动机 第1部分：通用技术条件》中规定，对属于小功率范畴的电动机，其噪声限值分为4个等级，即N级（普通级）、R级（1级）、S级（优等级）和E级（低噪声级）。如无其他规定，应符合N级。

（二）振动的测定

单相异步电动机振动的测定和标准限值，应按JB/T 10490—2004《小功率电动机机械振动——振动的测量、评定及限值》的规定执行（注：在GB/T 5171.1—2014《小功率电动机 第1部分：通用技术条件》中规定按GB/T 10068—2008的有关规定执行）。

（三）转子转动惯量的测定

见第四章第十六节。

四、短时过转矩和超速试验

（一）短时过转矩试验

试验应该在额定电压和额定频率下进行。

试验时，电动机应处于热稳定状态，逐渐增加负载到规定的数值（一般用额定转矩的倍数来表示，具体数值在GB/T 755—2019、GB/T 5171.1—2014和被试电机的技术条件中规定。一般应不低于1.6倍），运行规定的时间（一般为15s）。

试验后电动机部件未发生有害变形，则认定本项试验通过。

（二）超速试验

如无特殊要求，允许在实际冷状态下进行。试验时，超速倍数和时间按GB/T 755—2019或GB/T 5171.1—2014及该类电动机技术条件中的规定。

应该注意的是：对电容运行和双值电容电动机，不适宜用提高被试电机电源频率的办法。

第四节 堵转试验和空载试验

一、堵转试验

试验设备、试验方法和相关规定与三相异步电动机基本相同。但应注意以下几点特殊要求。

（一）试验时定、转子之间的相互位置确定方法

对于单相异步电动机，堵转转矩为转子静止并在任意角度下测得的最小转矩值；而堵转电流为转子静止并在任意角度下测得的最大电流值。

为找到上述规定的转子角度位置，应在正式测取数据前做好如下调试工作：

试验时，使用测力设备将转子堵住。先在定子绕组上加额定频率的低电压，使定子电流接近于额定值。

保持上述电压不变。调节机座或转子，使定、转子的相对位置发生变化。分别测出堵转转矩为最小和堵转电流为最大的两个位置，做好位置标记后，断开电源。

当用调节机座的方法时，做好标记后即可将机座固定；当用调节转子的方法时，对使用杠杆原理测量堵转转矩的，试验时，调整转子角度，如图7-10所示，使测量转矩的力臂与测力计相互垂直。

然后，在上述两个位置状态下，分别重新给电机加电压进行堵转试验，第一点电压应尽可能

地加到1.1倍的额定值。试验测点数和各试验点应测取的数据同三相异步电动机。

对小功率电机，可分别在上述两个位置上，只进行额定电压一点的试验。

检查试验时，可在任一角度进行额定电流附近一点的试验。

（二）试验过程

试验过程与三相异步电动机基本相同。但每点加电压的时间应不超过5s。若电动机温度过高，建议用外加风机的方法对被试电机进行冷却，或每两点之间间隔一段时间。

（三）绘制堵转特性曲线及确定堵转转矩和电流

在同一个坐标系中，分别绘制堵转转矩、堵转电流与堵转电压的关系曲线，并从曲线上查取堵转电压为额定电压时的堵转转矩和堵转电流，如图7-11所示。

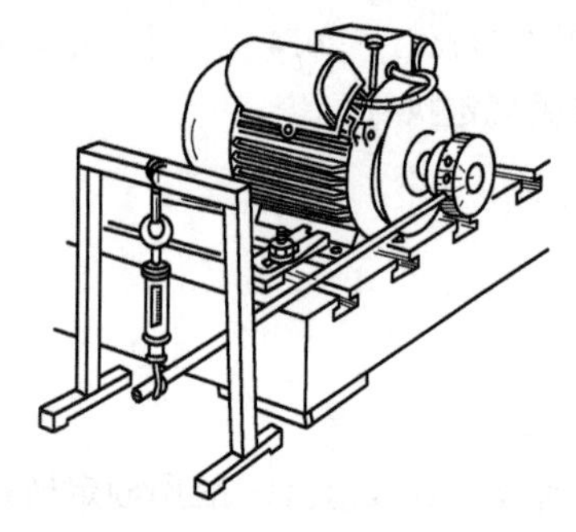

图7-10 固定机座调整转子角度

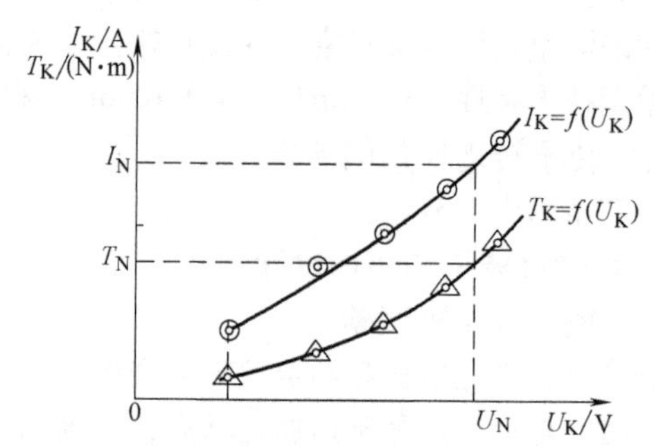

图7-11 堵转特性曲线

二、空载试验

（一）试验电路和设备组成

对单电容起动电机、罩极电机和串励电机，试验电源直接施加在电机的两个电源端，其内部连线保持不变。

但对单电容运行和双值电容单相电动机，试验时，电机起动完成后，其辅绕组应呈开路状态。可事先设置一个开关S，在空载试验时断开，如图7-12所示。需要提示的一点是，因为进行出厂检查试验时，一般不会将辅绕组断开，所以，在空载型式试验后，应将辅绕组接通，并测取额定电压时的空载电流和空载损耗，用于给出出厂考核标准。

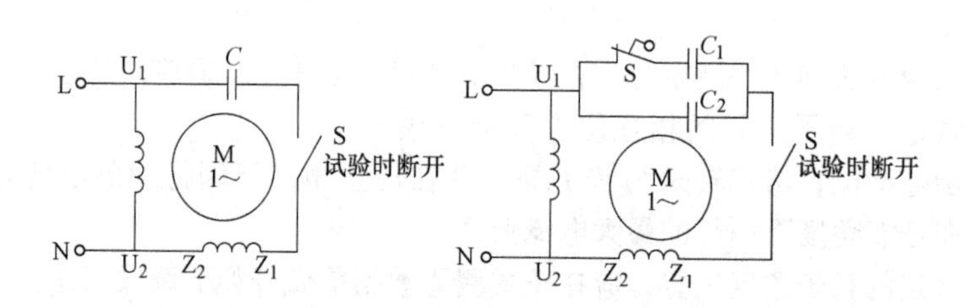

图7-12 单电容运行和双值电容单相电动机空载试验接线图

（二）读取试验数据前的准备工作

试验方法和过程与普通三相交流异步电动机的基本相同。

试验读取数据之前，应空运转到机械摩擦损耗达到稳定状态（定义同三相交流异步电动机），对小容量电动机，可运行15~30min。若在热试验或负载试验后紧接着进行本项试验，可不必进行这段运行。

进行出厂检查试验时，运行时间可适当缩短。

（三）试验过程和测取数据

试验过程和测取数据与三相异步电动机的基本相同，只是数据为一相而已。

试验结束后，应立即测量定子主绕组的直流电阻（对单电容运行和双值电容电动机，此时辅绕组仍保持断开状态）。

对空载电流 >70% 额定电流的电动机，应尽可能在每点读数后测量定子绕组直流电阻。

（四）转子绕组等效电阻的测定试验

本项试验应紧接着空载试验进行。

在转子静止的状态下（对单电容运行和双值电容电动机，辅绕组仍保持断开状态），给主绕组加低电压，使通过主绕组的电流达到或接近额定值。测取电机的输入电压 U_{K0}(V)、电流 I_{K0}(A) 和输入功率 P_{1K0}（W）。

（五）试验结果计算

1. 转子绕组等效电阻的计算

用下式求取转子绕组等效电阻 R'_2(Ω)：

$$R'_2 = \frac{P_{1K0}}{I_{K0}^2} - R_{0m} \tag{7-21}$$

式中　R_{0m}——空载试验后测得的主绕组直流电阻（Ω）。

2. 定子空载铜耗 P_{0Cu} 的计算

用下式计算空载定子绕组铜耗 P_{0Cu}(W)：

$$P_{0Cu} = I_0^2 (R_{10} + 0.5R'_2) \tag{7-22}$$

式中　I_0——空载电流（A）；

R_{10}——空载试验后立即测得的定子绕组直流电阻（Ω）；

R'_2——由式（7-21）求取的转子绕组等效电阻（Ω）。

3. 铁耗 P_{Fe} 和机械耗 P_{fw} 之和 P'_0 的计算

用下式计算铁耗 P_{Fe} 和机械耗 P_{fw} 之和 P'_0（W），称之为“恒定损耗”：

$$P'_0 = P_{Fe} + P_{fw} = P_0 - P_{0Cu} \tag{7-23}$$

4. 绘制空载特性曲线和求取相关数据

用与三相电动机相同的方法绘制空载特性曲线，包括空载电流 I_0、输入功率 P_0 与输入电压标幺值（U_0/U_N）的关系曲线 $I_0 = f(U_0/U_N)$ 和 $P_0 = f(U_0/U_N)$，以及恒定损耗（铁耗和机械耗之和）P'_0 与输入电压标幺值二次方 $(U_0/U_N)^2$ 的关系曲线 $P'_0 = f[(U_0/U_N)^2]$。

向下延长曲线 $P'_0 = f[(U_0/U_N)^2]$ 与纵轴相交，交点的纵坐标为机械耗 P_{fw}，$P'_0 - P_{fw}$ 即为铁耗 P_{Fe}。

从空载电流、输入功率与输入电压标幺值的关系曲线上求取额定电压时的空载电流 I_0 和输入功率 P_0。

上述绘图和操作过程如图 7-13 所示。

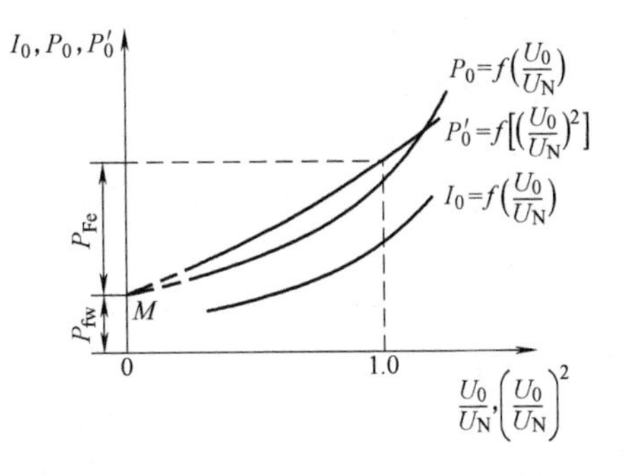

图 7-13　单相电动机空载特性曲线

第五节　热试验和负载试验

一、热试验和负载试验所用设备

原则上讲，这两项试验所用设备与三相异步电动机相同试验基本相同。只是由于单相电动机的功率相对较小（一般不会超过 10kW，大部分在 1.1kW 以内，或者说属于小功率电机范畴的占多数），所以往往使用各种小型一体式测功机，例如磁粉测功机、涡流测功机等作负载并同时直接测量获得输出转矩和转速的设备。图 7-14 给出了 3 种试验台成品，供参考选用。

对于较大容量的，也采用转矩转速传感器与磁粉制动器、涡流制动器或直流电机等组成的测功机系统，如图 7-15 所示。

另外，用在同转速下的功率不小于被试电机额定功率的单相和三相交流异步电动机（接通可变频的交流电源——变频机组电源或变频/逆变电源）组成的负载设备也比较常用，特别是同时具有三相异步电动机试验系统的单位，一般会这样做。

图 7-14　用小型一体式测功机组成的小容量电机试验台

二、热试验

（一）试验时负载的确定

1. 有明确额定工作点的电动机

该类电动机应采用直接负载法进行试验，并应在额定频率、额定电压、额定输出功率下进行。

图 7-15　用磁粉或涡流制动器与转矩传感器组成的电机试验台

在 GB/T 5171.1—2014《小功率电动机　第 1 部分：通用技术条件》中第 11.3.2.2 条对这类电动机热试验运行点有如下规定：

对带电容运行的单相异步电动机，其热试验应在“最大损耗点”进行考核，不同于一般电动机在额定负载下运行。所谓的“最大损耗点”在额定负载点、空载运行点以及上述两点中间转速点这 3 个点中通过试验求取。这一要求与其他电动机有所不同，需要引起注意，其中关键是怎样确定这 3 个点中究竟哪一个点是“最大损耗点”（温升最高工作点）。

作者有一个建议供参考：在保持额定频率和额定电压的条件下，在运行到机械耗稳定后，在空载点记录一点输入功率值，然后逐渐缓慢地增加负载到额定负载点为止，期间观察仪表显示的输入功率值的变化情况，取输入功率最大的工作点作为“最大损耗点”。要记录此点的电流、转速和转矩。

2. 对无明确额定工作点的电动机

该类电动机由于在正常工作条件下均带有实际负载，而且这些负载对电动机的温升影响较大，因此，在进行试验时，需要带上实际负载在额定频率、额定电压、额定输出或输入功率下进行试验。

对于工作在一个电压范围内的调压类电动机，应该在正常使用中可能出现的最不利情况下进行试验。

对于带有的热保护器或热熔断体的电动机，在额定负载热试验与空载热试验时，电动机在安装时应使热保护器或热熔断体所处的位置为绕组中温度最高的地方。热保护器或热熔断体不允许动作。

（二）额定负载热试验过程和应记录的数据

单相异步电动机热试验的前期准备（包括测量实际冷态时的绕组直流电阻和温度、安置各部位的测温元件等）、各种类型电机（主要是考虑其工作制）试验操作过程、测量和记录数据等全部内容，与三相交流异步电动机几乎完全相同。不同点只在于测量记录的电量数据只有一相输入电流、电压和功率。

对连续工作制的电动机，热稳定状态为电动机的温升在0.5h以内的变化不超过0.5K的状态。

（三）堵转热试验

对电容起动和电阻起动的单相异步电动机，需进行堵转热试验。

该项试验应在电机处于热状态或紧接着满载热试验进行。试验时，将转子堵住，给电机加额定电压持续5s后断开电源。之后，立即测量主、辅绕组的热态直流电阻，计算求取主、辅绕组温升值的方法同三相异步电动机的热试验。

（四）空载热试验

对电容运行（含单、双值电容两种）的单相异步电动机，需进行空载热试验。试验应在额定频率和额定电压下空载进行，直至达到热稳定。然后，断电测量绕组的热态直流电阻，并计算求取温升值。

（五）热稳定后绕组直流电阻或温度的确定方法

1）电机绕组温度或电阻，若在断电停机后测得，则所测得的温度或电阻值应采用外推法修正到断电瞬间。

2）对小功率电机，若断电后15s内测得绕组温度或电阻，则允许不外推到断电瞬间。但所测第一点距断电瞬间的时间超过15s时，应测出绕组温度或电阻与冷却时间的关系曲线，并将该曲线外推到断电瞬间。

3）断电后，若电动机某些部件的温度继续上升，则应取测得温度的最高值作为电动机的最高温度。

4）采用外推法时，从电动机断开电源至测得冷却曲线第一点读数的时间应不超过表7-3的规定。

表7-3　电动机断电至测得冷却曲线第一点读数允许的时间

电动机的额定功率/kW	小功率电动机	≤4	>4
第一点读数的时间/s	15	20	30

三、负载试验和效率及功率因数的求取

对于带有密封圈的电动机，如无特别约定，效率测定试验时应在卸掉密封圈后进行。效率试验和计算分为测量输入功率和输出功率的直接负载法及测量输入功率的损耗分析法两种。

（一）负载试验的直接负载法

1. 试验方法及相关规定

效率的测定采用直接法。输出功率或转矩的测量可采用测功机法、转矩测量仪法或绳索滑轮法。

试验时，被试电机应达到热稳定状态。在1.25～0.25倍额定功率范围内测量负载上升及下降时的工作特性曲线（对小功率电机，可只测取负载下降时的工作曲线）。共测取6～8点，每一点包括：定子电压、定子电流、输入功率、输出转矩和转速、定子绕组的电阻（也可在试验后立即测得一组电阻和时间的数值，并应像热试验那样通过将电阻和时间关系曲线外推到断电瞬间，得到断电瞬间的热电阻值），并记录周围环境温度。

2. 结果计算

1）输出转矩的修正。若使用具有损耗的测功机，则应对其转矩值进行修正。修正方法见本章第二节三、（六）部分的规定。

2）输出功率的修正。将试验时的环境温度修正到25℃。

被试电机修正后的输出功率 P_{2X}（W）按下式计算：

$$P_{2X}=\frac{T_X n_d}{9.55} \tag{7-24}$$

式中　T_X——修正后的输出转矩（N·m）；

n_d——进行测功机转矩修正试验时测得的转速，见本章第二节三、（六）部分中的式（7-19）（r/min）。

3）效率的求取。电动机不同负载时的效率 η 用式（7-25）计算。对测功机法和转矩测量仪法应作效率曲线 $\eta=f(P_2)$。若测量负载上升和下降的工作特性曲线，则取两条曲线的平均值作为所求的效率曲线。

$$\eta=\frac{P_{2X}}{P_1} \tag{7-25}$$

（二）采用损耗分析法时各项损耗的确定

本项内容被列在GB/T 9651—2008《单相异步电动机试验方法》的附录D中。

采用损耗分析法测定效率时，5种损耗中的定子铜耗、转子铜耗与三相异步电动机有所不同，具体计算方法如下：

1. 规定温度下的定子铜耗 P_{Cu1X}（W）

1）电阻裂相起动与电容起动电动机按下式计算：

$$P_{Cu1X}=I_{1m}^2 R_{1mX} \tag{7-26}$$

式中　I_{1m}——电机主绕组电流（A）；

R_{1mX}——换算到基准工作温度的电机主绕组直流电阻（Ω）。

2）电容运行和双值电容电动机按下式计算（其中包括电容器的损耗 $I_f^2 R_C$）：

$$P_{Cu1X}=I_{1m}^2 R_{1mX}+I_f^2(R_{1fX}+R_C) \tag{7-27}$$

式中　I_{1m}——电机主绕组电流（A）；

I_f——电机辅绕组电流（A）；

R_{1mX}——换算到基准工作温度的主绕组直流电阻（Ω）；

R_{1fX}——换算到基准工作温度的辅绕组直流电阻（Ω）；

R_C——电容器等效电阻（Ω）。

$$R_C = \frac{P_C}{I_C^2} \tag{7-28}$$

式中　P_C——电容器损耗（W），在电容器端电压等于或接近于额定工作电压时，用低功率因数表测得；

I_C——在测取 P_C 时测得的电容器电流（A）。

2. 机械耗 P_{fw}（W）和铁耗 P_{Fe}（W）

通过空载试验获得。

3. 指定温度下的转子铜（铝）耗 P_{Cu2X}(W)

转子铜（铝）耗 P_{Cu2X}（W）用下式计算：

$$P_{Cu2X} = s(P_1 - P_{Cu1X} - P_{Fe}) \tag{7-29}$$

式中　P_1——定子输入功率（W）；

P_{Cu1X}——定子铜耗（W）；

P_{Fe}——铁耗（W）；

s——负载试验时测得的转差率。

4. 杂散损耗

（1）间接测量法

杂散损耗 P_{sf}（W）可间接地由总损耗 $\sum P$（$\sum P = P_1 - P_{2X}$）减去机械耗 P_{fw}、定子铜耗 P_{Cu1X}、转子铜耗 P_{Cu2X}和铁耗 P_{Fe}之和得到，即

$$P_{sf} = \sum P - (P_{Cu1X} + P_{Cu2X} + P_{Fe} + P_{fw}) \tag{7-30}$$

（2）绕线转子电动机的直接测量法

1）在这个方法中，转子通入直流电流，定子绕组接线端短路并在电路中串接一个电流表。采用外力使转子达到同步转速；调节转子的励磁电流，使得定子绕组回路中的电流值达到杂散损耗测定的要求值。杂散损耗 P_{sf}（W）可由下式计算得到：

$$P_{sf} = (P_r - P_f) - P_{s1} \tag{7-31}$$

式中　P_r——以直流电驱动转子所需的机械功率（W）；

P_f——不同直流电驱动转子所需的机械功率（W）；

P_{s1}——定子在测试温度下的铜耗（W）。

2）对测试数据的修正。可以通过描绘杂散损耗与定子电流的直角坐标图来进行修正。参数 P_{sf}、$(P_r - P_f)$ 和 P_{s1}满足下式：

$$P_i = A_i I^{N_i} \tag{7-32}$$

式中　i——常数，i =1、2 或 3；

A_i——图标中 Y 轴坐标上取的点；

N_i——图标中的倾斜度；

P_i——$P_1 = P_{sf}$，$P_2 = (P_r - P_f)$，$P_3 = P_{s1}$；

I——杂散损耗试验测得的电流。

（三）功率因数的求取

电动机的功率因数用下式求取：

$$\cos\varphi = \frac{P_1}{U_1 I_1} \tag{7-33}$$

式中　P_1——输入功率（W）；

U_1——定子输入电压（V）；

I_1——定子输入电流（A）。

第六节 转矩-转速特性、最大和最小转矩测定试验

一、转矩-转速特性试验

（一）基本要求

转矩-转速特性是转矩和转速之间从零转速到空载转速的关系。该曲线包括最大转矩、最小转矩和堵转转矩。

标准中给出了4种试验方法，即测量输出法、加速度法、输入法和直接测量法。其中具有实际意义并且较好操作的方法是第4种，即直接测量法。

试验时，要求电源频率稳定在额定值。

试验应记录足够的点数，以确保曲线能绘制在关键的区域。

每一组数据都需要保持稳定的转速。因此，各种方法均不能用于转矩随转速快速增加而增加的区域（注：从起动过程中的最小转矩点到最大转矩点所包括的区域属于这一定义范围）。

（二）试验和计算方法

1. 测量输出法

被试电动机连接到测功机或其他的负载机械上，以使电动机转速可以通过变化的负载来控制。负载设备的风摩损耗应预先确定。转矩的测试值应进行修正。

测试数据应在约1/3同步转速与最高转速之间测得。在记录数据时，转速应保持恒定，确保加速或减速不会影响记录数据的值。在每一个转速点，应记录电压、电流和转矩值。应注意避免电动机过热。

总输出功率是测量的输出功率和负载损耗之和。因此，对应每一个转速 n 下的转矩 T 可以按下式计算：

$$T=9.55(P_2+P_{\mathrm{ffw}})/n \tag{7-34}$$

式中 T——电动机的输出转矩（N·m）；

P_2——电动机的输出功率（W）；

P_{ffw}——负载设备的风摩损耗（W）；

n——转速（r/min）。

2. 加速度法

本方法必须通过计算或测量先求取转动部件的瞬间转动惯量。当电动机从静止加速到接近同步转速时，应在固定时间间隔中读取电流和转速值。然后用下式计算转矩：

$$T=\frac{J}{k}\frac{\mathrm{d}n}{\mathrm{d}t} \tag{7-35}$$

式中 T——电动机的输出转矩（N·m）；

J——电动机转动部件的瞬间转动惯量（$\mathrm{kg \cdot m^2}$）；

k——常数，$k=109.7\times10^{-4}$；

n——转速（r/min）；

t——时间（s）。

当用于40W及以下的电动机时，建议转速采用闪频观测仪（适应于测量高速旋转的转速，见图7-16，常用示例就是反光式数字转速表）进行测量。

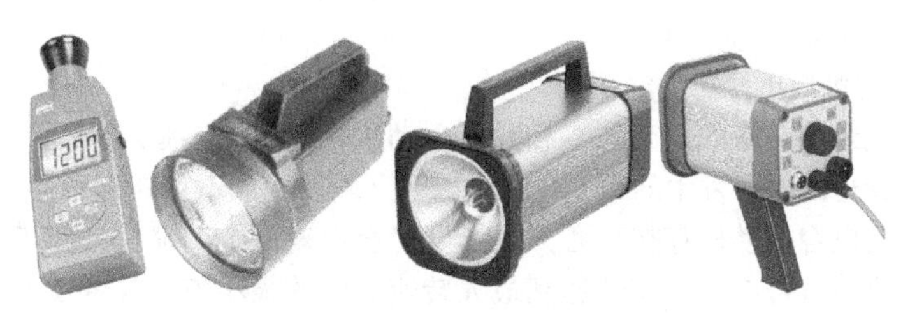

图 7-16　闪频观测（测速）仪示例

3. 输入法

本方法转矩是由输入功率减去损耗计算得到。计算时要用到前面第 1 种"测量输出法"绘制的输入功率与转速的关系曲线，电压、功率和转速应绘成与时间关系的函数曲线。另外，应包括堵转试验中零转速的平均值。

每个转速下的转矩应通过输入功率算得，计算公式如下：

$$T=\frac{9.55}{n}(P_1-P_{Cu1})-T_{fw} \tag{7-36}$$

式中　T——电动机的输出转矩（N · m）；

n——转速（r/min）；

P_1——电动机的输入功率（W）；

P_{Cu1}——定子绕组铜耗（W）；

T_{fw}——电动机在试验转速下的风摩转矩（N · m）。

4. 直接测量法

直接测量法与转矩-转速特性曲线的试验方法基本相同。也就是说，需要连续测绘出转矩与转速的关系曲线。

当设备不能实现连续测试时，可以使用测功机来进行，应采用稳定电源供电并在额定电压下进行。测量转矩时的转速应该按照能确保画出特性中最大转矩的间隔选取。

二、最大和最小转矩测定试验

本项试验所需设备和试验方法等与三相异步电动机的最大转矩实测法基本相同。由于功率相对较小，所以一般要求试验电压要达到额定值或接近额定值（在额定电压的 90% ~ 110% 之间）。

负载设备采用第二章第三节介绍的一体式或分体式测功机。

（一）最大转矩测定试验

若无特殊要求，进行本项试验时，电动机应处于热状态。

本试验一般和最小转矩测试及转矩-转速特性曲线测试试验一并进行。若只需完成本项测量，可从空载开始逐渐增加负载，增加负载的速率不要过快，但还要避免过慢而使电动机过热。一边调节负载，一边观察转矩的显示值，当接近预计的最大转矩值时，适当放缓增加负载的速率。待转矩开始下降时，记录下降前的转矩显示值。试验过程中，要同时测量被试电动机在产生最大转矩点时的输入电压 U_t（单位为 V。要在电动机电源接线端子处测量）。

该转矩值即为被试电动机在当时输入电压 U_t（V）下的最大转矩 T_{maxt}（N · m）。

当读取最大转矩值时的输入电压 U_t（V）不等于额定值 U_N（V），但在额定电压的 90% ~ 110% 之间时，用下式将实测的最大转矩值修正到额定电压时的数值：

$$T_{max}=T_{maxt}\left(\frac{U_N}{U_t}\right)^2 \tag{7-37}$$

（二）最小转矩测定试验

1. 单相异步电动机最小转矩的定义

单相异步电动机最小转矩的定义与三相异步电动机在理论上讲是相同的，都是在起动过程中从零转速到最大转速之间所发生的最小转矩稳态值（随转速的增加转矩始终下降的除外）。但由于具有离心开关的电容电动机存在离心开关断开时会出现一个明显的转矩下降的过程，该过程所发生的转矩最小值有可能是从零转速到最大转速之间的最小值，或者说可能比离心开关断开前所出现的最小转矩值还小。那么，是否将此时的转矩值确认为被试电动机的最小转矩？在GB/T 9651—2008 中没有明确，但在美国标准中对此进行了论述。

2. 美国标准中对具有离心开关电机“最小转矩”的定义

在美国标准 IEEE Std 114：2010《单相感应电动机标准试验程序》中的第9.6项规定了一个叫作“离心开关断开转矩”的试验项目。从其讲述的过程中，可以得到上述问题的答案。

“离心开关断开转矩”适用于起动期间可自动改变连接方式的电动机。离心开关断开转矩为电动机加速至切换运行所需转速时产生的最小外部转矩。

应注意：如果起动连接时（离心开关闭合时，下同）的转矩低于离心开关断开转矩，而转速低于切换运行所需的转速，则最小起动转矩 D 和离心开关断开转矩 C 是不同的（见图7-17a）；但起动连接时的转矩始终不小于离心开关断开时的转矩 C，则最小起动转矩 D 等于离心开关断开转矩 C（见图7-17b）。图7-17 在 IEEE Std 114：2010 中为图4。

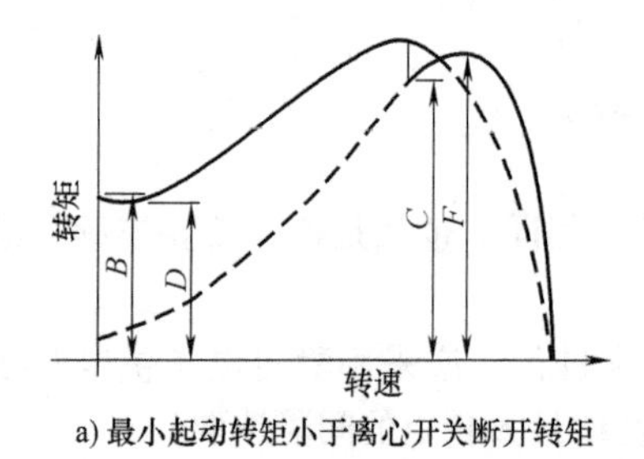

a) 最小起动转矩小于离心开关断开转矩

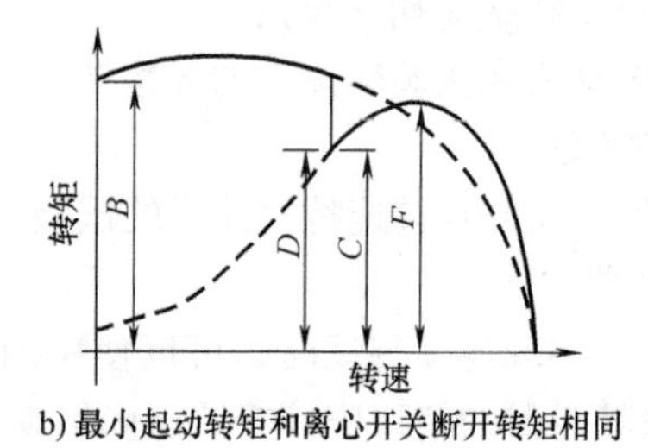

b) 最小起动转矩和离心开关断开转矩相同

图7-17　带离心开关的电容电机转矩-转速特性曲线

3. 美国标准中关于“离心开关断开转矩”的测试方法

使电动机处于空载运行状态，逐步增加负载转矩直至转速突然降低并且起动开关重新闭合。如此调节转矩将使电动机的转速或者降低或者发生波动，即转速在高速和低速之间往复变化。在任一情况下，应降低负载转矩直至电动机转换并保持在运行连接状态。

另外一种方法是使电动机在静止状态下带着高转矩负载起动，然后逐步减小负载直至转换并保持在运行连接状态。

4. 最小转矩的测试方法

测试时，电动机应处于或接近实际冷状态。所加电压应为额定值或在0.95～1.05倍额定值范围内。

采用的方法与所用负载设备有关，标准中给出了“测功机法”和“转矩测量仪法”两种。

（1）测功机法

试验时，将被试电动机与测功机用联轴器连接。

先将被试电动机通以低电压，调节测功机的端电压（对直流测功机）或励磁电流（对磁粉或涡流测功机），以确定被试电动机出现最小转矩时的转速。断开被试电动机的电源，将电源电压升至额定值时再接通。此时，迅速调节测功机的端电压或励磁电流，直至加速到额定转速期间测功机的读数出现最小值。记录此转矩读数 T_{mint}（N·m），同时记录电源电压 U_{t}（V）。

试验过程中应注意防止被试电动机过热。

（2）转矩测量仪法

用转矩测量仪法测定最小转矩时，必须从堵转状态开始使转速逐渐提高，以测取被试电动机的转矩-转速特性曲线，最小转矩 T_{mint}（N·m）从该曲线上获得。

试验时，被试电动机与负载直流电机（作者注：标准中明确负载是直流电机，实际应用中，还可能是磁粉制动器、涡流制动器、异步发电机等。应根据实际应用的负载设备，参照标准中给出的试验方法进行）转向可以一致或相反。

首先，使直流电机（此时应为电动机状态）在极低的转速下运行。然后，在额定电压或接近额定电压（作者注：最好是略高于额定电压，以保证留有一定的电压降）下起动被试电动机。逐渐增加或减小被试电动机的负载，直至其额定转速。

绘制出上述过程的转矩-转速曲线，从曲线上查找最小转矩 T_{mint}（N·m）。同时记录该点的被试电动机端电压 U_{t}（V）。

5. 试验最小转矩值的电压修正

当读取最小转矩值时的输入电压 U_{t}（V）不等于额定值 U_{N}（V），但在额定电压的95%～105%之间时，用下式将实测的最小转矩值修正到额定电压时的数值：

$$T_{\min}=T_{\mathrm{mint}}\left(\frac{U_{\mathrm{N}}}{U_{\mathrm{t}}}\right)^{2} \tag{7-38}$$

（三）同时测取转矩-转速特性和最大、最小转矩

很多试验室一般都是通过一次试验完成测取转矩-转速特性和最大、最小转矩三项工作。特性曲线用函数记录仪或微机系统进行绘制，同时绘出电压与转速（还可以包括电流与转速）的关系曲线。其试验方法和求取最大、最小转矩的过程和相关规定与三相异步电动机本项试验相同（注意：对带离心开关的电动机，确定最小起动转矩的规定可能有差别）。图7-18是一台单相双值电容电动机的实测图。

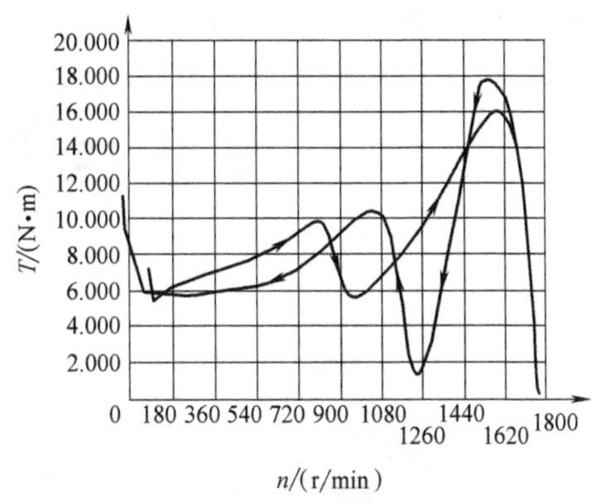

图7-18　双值电容电动机转矩-转速实测特性曲线

第七节　其他试验

一、电容器两端电压的测定试验

电容运行（含单值电容和双值电容）的单相异步电动机，应在电动机额定运行（电压、频率、输出功率均为额定值）时，测量辅绕组回路中电容器两端的电压值。

可单独使用电压表在试验过程中进行测量，也可在试验前将电压表并联在辅绕组回路中电容器两端（见图7-8）进行测量。

二、起动过程中起动元件断开转速的测定试验

（一）起动元件的种类

单值电容起动和双值电容单相异步电动机的起动回路需要串接一个起动开关元件，用于实

现电动机通电起动过程中闭合接通起动电容器电路，并在起动到接近正常转速（或额定转速）时断开该电路，使电动机工作在正常运行电路的状态。

可实现上述功能的起动开关元件有机械离心速度开关（简称为离心开关）、速度继电器、专用的电压型或电流型继电器等。其中离心开关用得最多。

近几年来，随着电子技术的快速发展，一种称为“电子离心开关”的电子产品逐渐进入市场，并迅速得到应用，由于其在很多方面具有的相对优势，造成了大有取代传统机械式离心开关的势头。

（二）机械离心开关的类型、结构和工作原理

1. 类型和结构

现用的机械离心开关有多种，有触点轴向动作和径向动作两大类，前一个类型使用最多。

虽然种类繁多，但主要组成部件都是两个：一个是固定在转轴上带有离心甩锤和可轴向滑动的圆盘的转动机构；另一个是固定在端盖上的“动断”触点机构（造成各品种区别的主要是这部分的结构有所不同）。图7-19a、b是其中几种。

使用时，离心开关安装位置分为机壳内和机壳外两种（见图7-19c和d）。后者比前者安装、调试和维修更换都更方便，但容易受外部环境中的灰尘油污污染，使故障率增高，使用寿命降低，在隔爆电机中不能采用。

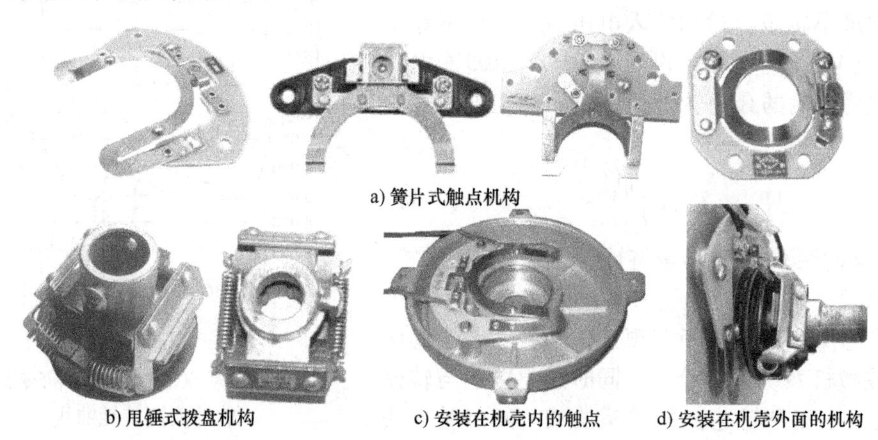

a) 簧片式触点机构

b) 甩锤式拨盘机构　　c) 安装在机壳内的触点　　d) 安装在机壳外面的机构

图7-19　甩锤式机械离心开关及其安装

图7-20是甩锤式机械离心开关的结构。

2. 工作原理

以图7-20给出的结构为例，介绍其工作原理如下：

定触点7和动触点8在动作转速以下时，由于张力弹簧13的作用，是闭合的。当转子的转速达到设定的数值时，离心臂重锤11所产生的离心力带动拨杆14克服张力弹簧13的张力，向右（图中方向）拨动绝缘套16，此时动触点8在U形弹簧触点臂9的作用下离开定触点7，实现离心开关打开的动作。

（三）电子离心开关的结构、工作原理和使用方法

1. 结构和工作原理

电子离心开关（ECS）是应用半导体科技设计的新型固体开关。图7-21给出了一种型号为RNS（深圳市复兴伟业技术有限公司生产）的产品外形和内部电路板。从样品图中可以看出，它与“离心”两个字没有任何联系，之所以称为“离心开关”，只是为了便于让使用者很快“联

想”到它的作用而已。而它的另一个名称“单相电机电子起动器”更符合其结构和工作原理。

这种电子开关是通过采样电机的电流、电压、相位等参数来判定电机起动转速，如果电机转速达到额定转速的72%～83%，就断开起动电容电路，以达到电机起动运转的目的。图7-22是其电路原理框图。

2. 优点和特点

和机械离心开关相比，这种开关的优点和特点有如下多项：

1）既具有机械离心开关的功能而又没有机械离心开关固有的缺点，同时又可以按用户不同的需求而增加其他特色功能来形成新的产品。

2）只要电流档次相匹配，一个电子开关可通用于很多不同极数、不同电源频率的单相电动机。

3）无触点、无火花、无噪声、防爆、防水、防油污，对环境适应性极强。

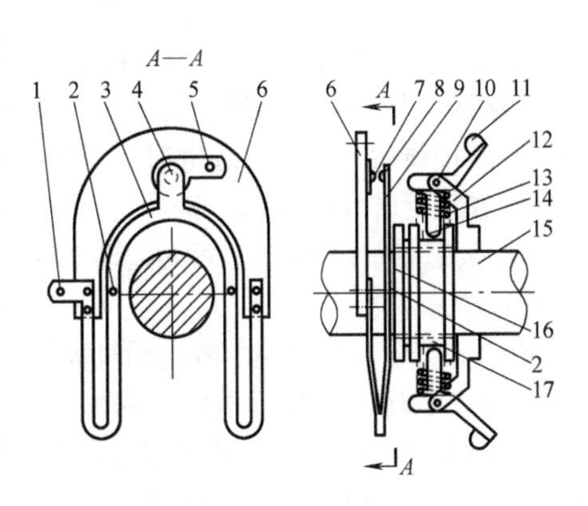

图7-20　轴向接触簧片式离心开关结构（断开状态）

1—动触点引接线　2—顶压点　3、9—U形弹簧触点臂　4—触点　5—定触点引接点　6—固定在电动机端盖内的绝缘底板　7—定触点　8—动触点　10—活销　11—离心臂重锤　12—固定在轴上的支架　13—张力弹簧　14—拨杆　15—电动机转子轴　16—绝缘套　17—滑槽

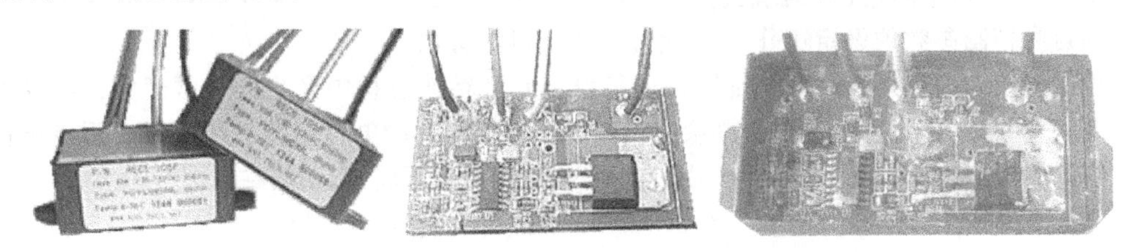

图7-21　RNS型电子离心开关的外形和内部电路板

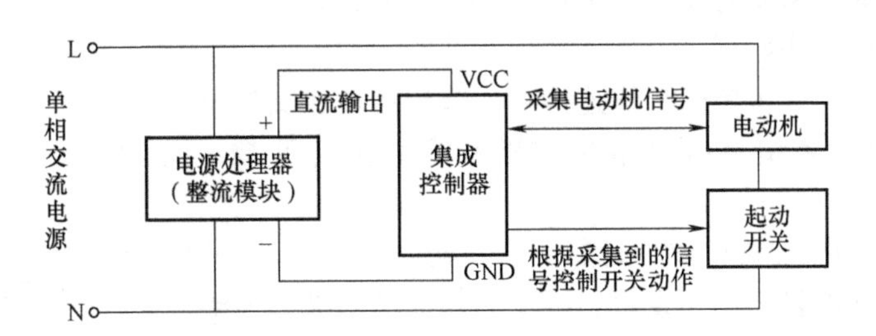

图7-22　RNS型电子离心开关的原理框图

4）可频繁起动（客户特别要求时，最高可达4次/s开关速度）；可靠度高，具有不少于100万次的开关寿命，故障率小，降低维修费用。

5）断开转速点一致；延长起动电容寿命。

6）宽电压运行，可满足电压不稳的使用场合。

7）不占用电动机的轴向位置（一般将其放置在接线盒内），可缩短电动机的轴向长度，从而降低了转轴（全部电动机）和机壳（对于将机械离心开关安装在机壳内部的电动机）的长度，使电动机用料减少、重量降低、成本降低（含运输成本）。

8）安装方便（原则上可安装在任意位置，但一般将其放置在接线盒内），不用机械调试，也不需要担心调整不合适而影响使用性能。

9）能耗低，节约用电容量，提高整机效率。

10）安装接线后，第一次通电时，开关会自动读取电动机参数并自动设定电动机的断开转速点（一般在额定转速的 72% ~83% 之间）。

11）电动机过载或堵转时，可对起动电容、起动绕组或整个电动机实行保护（客户要求时）。

3. 使用方法

以 220V、50Hz 双值单速电容电动机为例，介绍 RNS 型电子离心开关的使用方法。

1）按配置电动机的起动电容电路电流（注意：不是电动机的总起动电流。将电动机转子堵住，用钳形电流表钳住起动电容电路中的一段导线进行测量）大小，选择规格合适的电子起动开关。一般原则是，开关的标称电流不小于电动机起动电容电路电流的 1.414 倍（即正弦交流电最大值为有效值的$\sqrt{2}$倍的近似值）。

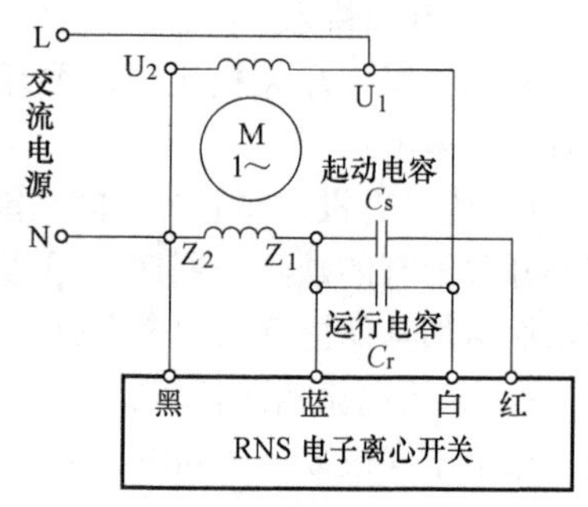

图 7-23　RNS 型电子离心开关与双值电容电动机连接图

2）按图 7-23 与电动机的绕组和电容器相连接，图中黑、蓝、白、红是电子开关引出线的颜色。

3）给电动机接通正常电压和频率的交流电空载起动并运转，5s 后该开关的集成控制器就会完成对电动机相关数据的采集和自身控制参数的设定工作（在此过程中，可能会出现电动机振动较大的现象，这是控制器在采集设定断开转速过程中产生的正常现象，此时不要关断电源）。该电动机再次起动时，则会按设定的转速控制起动电容电路中开关（实际是设置在本装置内的无触点电子开关）的断开。除非另行设定，该设置将永远被保持。

4. 恢复出厂设置的办法

当某一个电子起动开关从一台使用过的电动机上拆下并准备在其他电动机上使用时，需要对该开关恢复出厂设置后方可使用。

恢复出厂设置的办法如下：

将电子开关的黑色和蓝色引出线连接在一起后接单相交流电的相线 L 端；开关的白色引接线接单相交流电的中性线 N 端，如图 7-24所示。

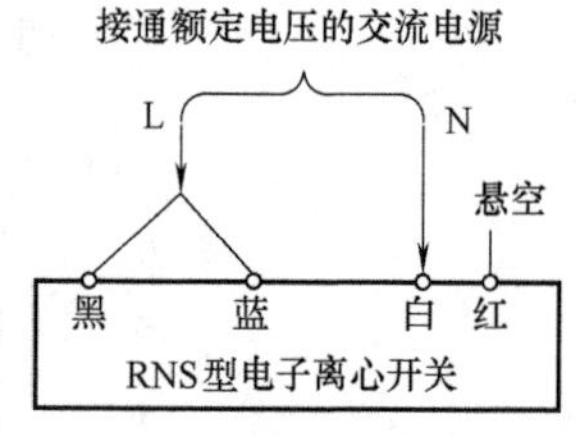

图 7-24　对使用过的 RNS 型电子开关恢复出厂设置

接通电源，使其电压等于或接近额定值，超过 5s 后，断开电源，则该电子开关就恢复了出厂设置，可用于其他电动机（但要注意电流规格匹配相适应）。

（四）电磁继电器型起动开关

电磁继电器型起动开关实际上就是一个电磁继电器，分为电流型和电压型两大类。图 7-25a 是一个电压型的产品外形。

电压型起动继电器的原理电路如图 7-25b 所示。它是常闭触点式电磁元件，触点与电动机的辅绕组串联，励磁线圈与辅绕组并联。当电动机接通电源后，主、辅绕组均通电，电动机开始起动并加速运转。刚起动的一段时间内，由于起动继电器励磁线圈的阻抗远大于与其并联的辅绕组，所以流过它的电流很小，所产生的电磁力不足以克服动触点悬臂复位弹簧的拉力，触点保持闭合。当转子转速达到一定数值后，辅绕组产生的反电动势将增大，继电器励磁线圈中流过的电流将随之增大，最终达到所产生的电磁力足以克服动触点悬臂复位弹簧的拉力的程度，使触点断开，即断开辅绕组的电路。完成起动过程，电动机进入正常运行状态。

选用电压型起动继电器时，应事先测量起动过程中辅绕组两端的电压值，根据该电压值配置继电器励磁线圈的匝数和动作电压。

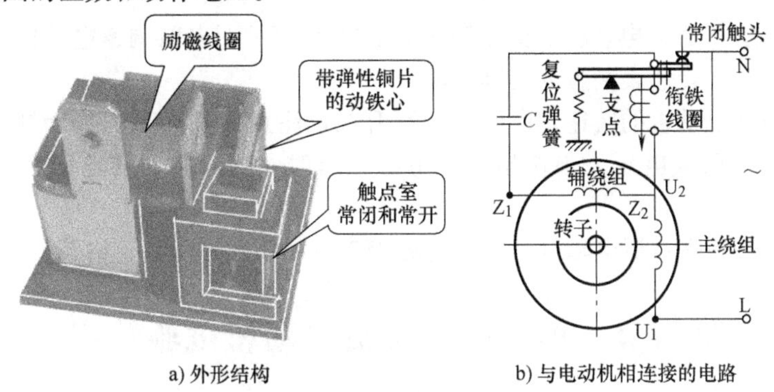

a) 外形结构　　b) 与电动机相连接的电路

图 7-25　电压型起动继电器的结构和电路原理示意图

（五）离心开关断开转速试验测定方法

这里所提的“离心开关”泛指上述介绍的和没有介绍的所有用于可控制起动电路通断的开关。对这些开关在电动机起动过程中断开时的电动机转速测量试验方法有如下两种：

1. 记录仪表或转矩测量仪法

用记录仪表或转矩测量仪录取被试电机从开始加电压到达到额定转速的转矩-转速关系曲线。在“离心开关”断开的瞬间，曲线将出现一个较大的转矩下降过程，曲线开始下降时的转速即为起动过程中“离心开关”的断开转速，下降到的最低转矩称为“离心开关断开转矩”（美国标准 IEEE 114 要求测试的数据），如图 7-26 所示。

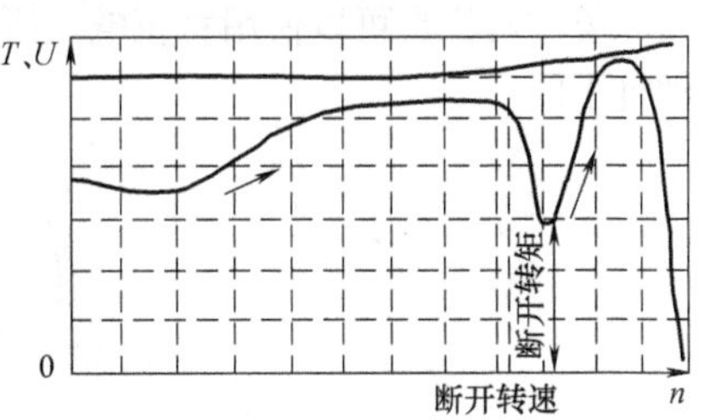

图 7-26　起动开关断开转速和转矩

2. 拖动测速法

在电机装配后测定离心开关断开转速，一般采用拖动测速法。

如图 7-27 所示，断开离心开关与电机主、辅绕组的连接，用一个 220V 的白炽灯（也可用更低电压的指示灯，可用交流电，也可用直流电）作为指示灯与离心开关串联或在离心开关两端并联一个量程大于 220V（或其他数值的电压）的电压表。

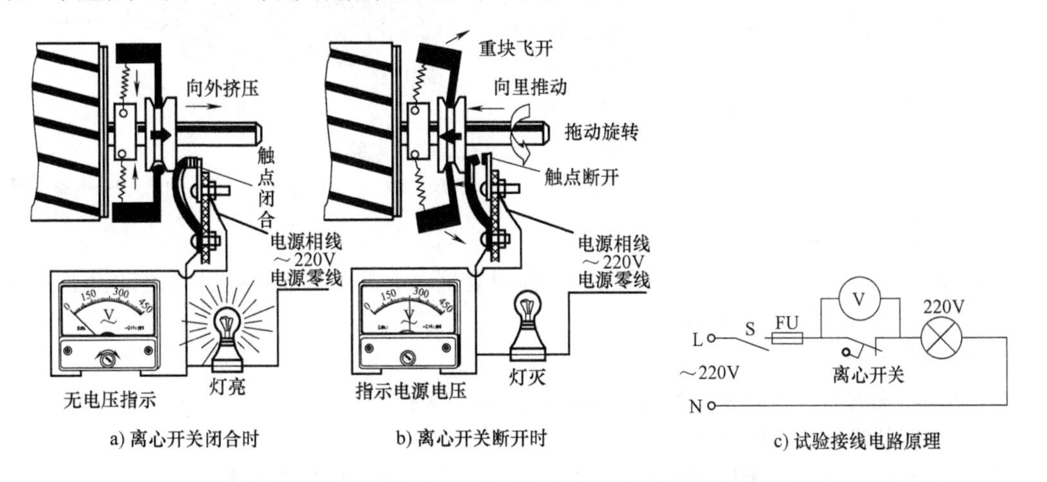

a) 离心开关闭合时　　b) 离心开关断开时　　c) 试验接线电路原理

图 7-27　用拖动法测定离心开关断开转速的试验电路

接通指示灯和离心开关电路电源（交流220V），指示灯点亮，电压表无指示或显示很小的电压值。

用可调速电动机（直流电动机、交流变频电动机或YCT型电磁调速电动机等）拖动被试电动机运转。采用指针式转速表测量电动机的转速。

缓慢地调节拖动电动机的转速，由低速逐渐升高。注意观察点亮的指示灯、电压表和转速表，当指示灯突然熄灭或电压表很快指示出电源电压时，此瞬间的转速即为离心开关的断开转速。

一般规定断开转速在被试电动机额定转速的75%～85%范围内为合格。

第八节　单相串励交流电动机试验特点

一、单相串励交流电动机的结构及其特点

单相串励式电动机也称为单相换向器式电动机。它的转子不像前几种那样是铸铝转子，而是类似直流电机那样的绕线转子（称为电枢），其定子绕组和转子绕组通过换向器串联，如图7-28所示。

此类电动机也可以使用直流电，所以也被称为交、直流两用电动机。这些都与普通单相异步电动机不同。

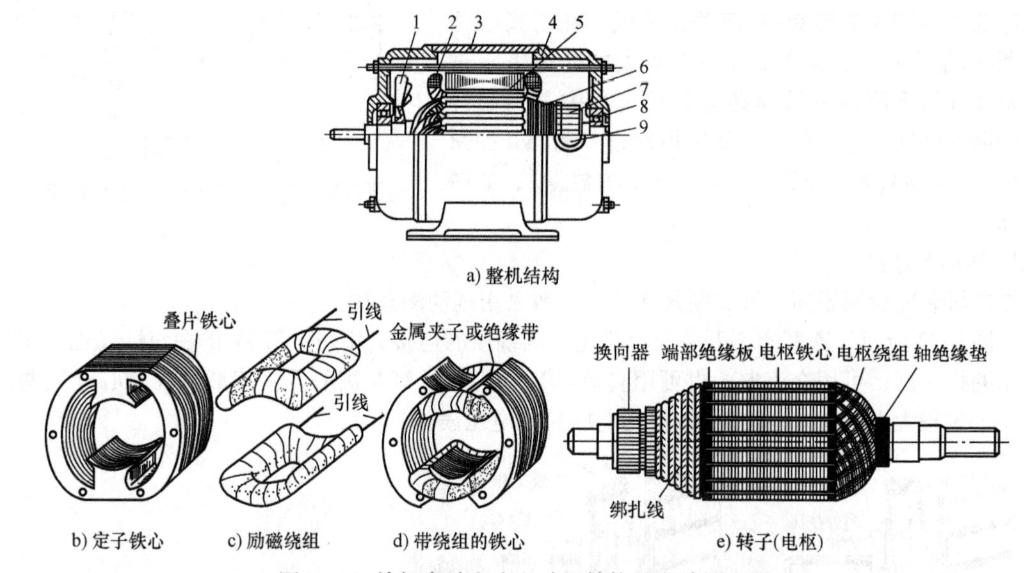

图7-28　单相串励交流电动机结构及电路原理图

1—风扇　2—励磁绕组　3—机壳　4—端盖　5—定子铁心　6—转子（电枢）　7—换向器　8—轴承　9—电刷和握刷

二、试验前的检查工作

除一般电机的检查项目外，还应重点检查换向器部分。其中有些检查可在电动机通入低电压并在低转速下进行。具体要求如下：

1）换向器不应偏心。

2）电刷与换向器接触面积应为电刷截面积的75%以上。

3）压电刷的弹簧压力应适当并均匀。

4）电刷和刷盒（或称为刷握）的装配应适当，电刷在其内应能自由滑动。

5）换向器表面应光滑，无划痕和烧灼的痕迹，换向片间的绝缘材料（一般为云母）应低于换向器表面。

三、特有和有特殊要求的试验

该类电动机的试验方法现行标准编号为GB/T 8128—2008。下面介绍其特有和有特别要求的试验项目和试验方法及相关要求。

（一）绕组直流电阻的测量

1. 绕组实际冷状态的确定

在测量绕组的冷态直流电阻时，若能够直接测量绕组的温度，并且该温度与周围环境温度之差在2K之内，则所测绕组温度可认为是绕组实际冷状态温度；若不能直接测量绕组的温度，则应将被试电机在试验环境空气中放置至少5h，方可以环境空气温度作为绕组的实际冷状态温度。

2. 绕组直流电阻的测量

应分别测量定子励磁绕组和转子电枢绕组的直流电阻。因为此类电机定子励磁绕组和转子电枢绕组电路是通过电刷和换向器串联形成的，所以，在测量前应将电刷提起或拆下。

测量定子励磁绕组的直流电阻时，可单独测量每一个磁极绕组的直流电阻，也可以用导线将各磁极绕组串联起来，测量串联后的直流电阻。

测量转子电枢绕组的直流电阻时，应在换向片上直接测量。所接触的两个换向片应尽可能相距一个极距（即两组相邻电刷之间的距离）。

对于测量时不能直接接触换向片的电机，可将电阻测量仪表的引线端头连接一段直径为2mm左右、长50mm左右的硬铜线，铜线套上一层热缩管作为绝缘层，端头露出铜线。测量时，将铜线插入拆出电刷的电刷盒中，抵在换向片上进行测量。

其他规定和测量方法同普通电机。

3. 热试验后测量绕组热电阻的问题

在GB/T 8128—2008中规定：热试验温升稳定后，断电停机测得绕组第一点热电阻距断电瞬间的时间应在15s以内；如超过15s，可用测量多点然后用外推法获得15s处的热电阻值的方法，但在此种情况下，测得绕组第一点热电阻距断电瞬间的时间不应超过30s。

测量时，应使用两套电阻测量仪表，各测量一套绕组的直流电阻。测量时的操作方法和注意事项同本手册第五章第十五节“绕线转子电机的通用特有试验”中第四项。

对于需要分别测量定子绕组和转子绕组的直流电阻的这种电机来讲，要满足上述要求，则必须事先做好充分的技术准备，否则很难完成，特别是微型电动工具用串励电动机（例如家用缝纫机用串励电动机或小型电钻用串励电动机），会更加困难。

（二）堵转电流和堵转转矩的测定试验

试验方法与普通电动机基本相同，但标准中没有说是否得出堵转特性曲线，因此，是否按普通电机的此项试验进行，需要根据具体要求来规定。

标准中给出了如下两种试验方法和要求。两种方法都需要转动定子（实际为整机）来寻找合适的定、转子在圆周方向上的相对位置。所以需要一套方便定子转动的安装设备。作者认为，用旋转转子的方法会更方便些（见图7-10）。

测量一点数值的通电试验时间均不应超过5s。取堵转转矩的最小值和堵转电流的最大值作为试验结果。

1. 方法一

试验前，用测力装置或转矩传感器等设备试验将被试电机转子堵住。给其施加额定频率的额定电压。在转子电枢一个槽距 $2\pi/z$（z 为转子电枢铁心的槽数）内5个等分位置上分别测定，每点应同时测取电压、电流、功率和堵转转矩。

2. 方法二

试验时，先给被制动转子的电动机施加50%的额定电压，在大于一个转子电枢槽距 $2\pi/z$ 的范围内，沿电动机旋转方向连续移动定子位置，找出最小转矩点及最大电流点，之后立即断电，并固定此最小转矩点及最大电流点的定子位置。再给电机加额定频率的额定电压，同时测取电压、电流、功率和堵转转矩。

进行出厂检查试验时，可在额定频率的额定电压下只测取一个位置的数值。在测定堵转电流时，试验电压与额定电压相差不大于5%时，按堵转电流与电压的二次方成正比修正到额定电压时的数值；在测定堵转转矩时，试验电压与额定电压相差在0% ~5%时，测得的结果可以不进行修正。

（三）热试验

热试验采用直接负载法。试验过程、试验结果计算等方法与普通电机完全相同。

试验时所加的“额定负载”是指在额定转速下输出的转矩（计算值）。在试验时应保持该转矩值运行。若因某些原因，所加转速低于额定转速（在允许的容差范围内，该容差由产品技术标准规定），允许利用调整转矩的方法使输出功率达到额定值。

另外，需要测量换向器的温度。建议采用反应速度比较快的热电偶测温计，并在测量前使其测温头进行预热，使仪表指示值接近换向器可能达到的温度。对换向器被罩在机壳内，无法方便地放置测温器件的电机，应事先在机壳适当的位置开孔，用于测温器件伸入进行测量。

安装电机的台架应符合 GB/T 5171—2002 或各类单相串励电动机的规定，可参见本手册第二章第五节中第一、（四）项给出的内容。

需要提示的一点是关于断电停机后测量定、转子热态直流电阻的时间间隔（15s）如何实现的问题。

（四）负载试验和效率、功率因数的求取

1. 试验方法

负载试验采用加额定频率的额定电压直接负载法。所用设备、输出转速和转矩的调整方法同上述热试验。在运行到温升稳定后，测取输入功率、电压、电流和输出转矩、转速。

2. 效率和功率因数的确定

用被试电机的输出功率（由转矩和转速计算得到的）和输入功率相比，直接计算求出效率。

用输入功率除以输入电压和电流的乘积得出功率因数。

和堵转试验一样，标准中也没有说是否需要工作特性曲线，因此，是否按普通电机的此项试验进行，需要根据具体要求来规定。

（五）换向检查试验

1. 检查方法

若在被试电机相应的技术标准中无其他规定，电机的换向检查应在额定频率的额定电压下，电刷的位置维持不变，将负载从1/4负载调节到额定负载。在此过程中，观测换向器及电刷上的火花。该火花不应超过产品标准中的规定（一般规定为不大于2级为合格）。火花等级的确定标准见附录23。

如果被试电机需要进行热试验，则本项检查应在热试验后立即进行。试验持续时间应按被试电机相应的技术标准中的规定执行。

2. 火花等级的确定方法

试验检查中，如所用电刷下的火花程度均匀，则可用一个等级表示；若在其中之一的电刷下面有较高一级的火花出现，则应按较高一级的火花等级确定；若电刷下的火花程度与同等级换向器及电刷的表面状态不一致，应以换向器及电刷的表面状态作为火花等级的主要依据。必要时，可适当延长试验时间再行确定。火花等级的确定标准见附录23。

（六）短时过电流和过转矩试验

如无其他规定，被试电机应在热状态下，进行输入电流达到1.5倍的额定电流、历时1min的短时过电流试验和输出转矩达到1.5倍的额定转矩、历时15s的短时过转矩试验。

过电流试验采用增加转矩的方法来实现。可见这两项试验应该紧接着进行。

（七）超速试验

如无特殊规定，超速试验时，被试电机在1.1倍额定电压下空载连续运行2min。

可以看到，此项规定与普通电机完全不同，它没有规定转速达到多少（普通电机一般规定是额定转速或最高安全运行转速的1.2倍）。

（八）绕组对机壳的绝缘耐交流电压试验

试验施加交流正弦波电压，电压有效值按产品技术条件的规定，时间为1min。判定合格的标准是“跳闸泄漏电流不大于10mA（一般试验时）或不大于30mA（湿热试验后）”

（九）工作期限试验

如无其他特殊规定，被试电机应在额定电压、额定频率和额定负载下连续运行。

允许被试电机保持额定电流（允许偏差为±10%）、额定转速在容差范围内，来代替额定负载。

试验持续时间及在试验过程中是否允许对换向器、电刷等部件进行清理或更换电刷，应按该电机产品标准中的规定执行。

建议试验中使用下列设备和方法：

1）规定的工作期限试验专用设备。

2）将被试电机与辅助电机机械耦合，调解辅助电机，使被试电机保持在额定负载下运行。

（十）其他试验

按产品技术标准的规定，还需要进行绕组匝间耐冲击电压试验、泄漏电流试验、接地路径电阻测量试验、振动和噪声测定试验、无线电干扰试验等。

四、手持电钻、电锤、球磨机等试验

手持电钻、电锤、球磨机等手持电动工具，大部分使用单相串励电动机作为动力源。若对这些机械的成品进行试验，原则上与本节和前面几节讲述的内容基本相同。有关试验项目、试验方法和考核标准见对应产品的技术标准。在这里只给出如图7-29所示的试验设备和安装图，供大家参考使用。

图7-29　部分手持电动工具试验设备及安装示意图

第九节　单相离合器电动机试验

图7-30为一种单相离合器电动机，是一种附加一个离合器的单电容运转式单相交流异步电动机，常用于需要频繁起动或需要与负载频繁切换的场合，例如工业用缝纫机，其额定功率一般在1kW以下。

图7-30　单相离合器交流异步电动机

该类电动机的技术条件编号为JB/T 3698—2008。和普通单相交流电容电动机相比，其试验特点在于它的离合器部分的试验。下面介绍有关内容。

一、电动机空载起动时间的测定试验

试验时，在杠杆末端加35N的拉力拉起，使离合器处于闭合状态。给电动机加额定频率的额定电压，使之空载起动到转速稳定在额定值附近。

第一次起动后，断开电源，使电动机完全停止后，再次通电起动到稳定转速；之后再进行第3次同样的操作。

每次都要用仪器记录电动机从开始加电到达到稳定的额定转速所用的时间，取3次的平均值，即为电动机空载起动时间。起动过程中的转速与时间的关系如图7-31所示。

JB/T 3698—2008中规定，电动机空载起动时间应不超过5s。

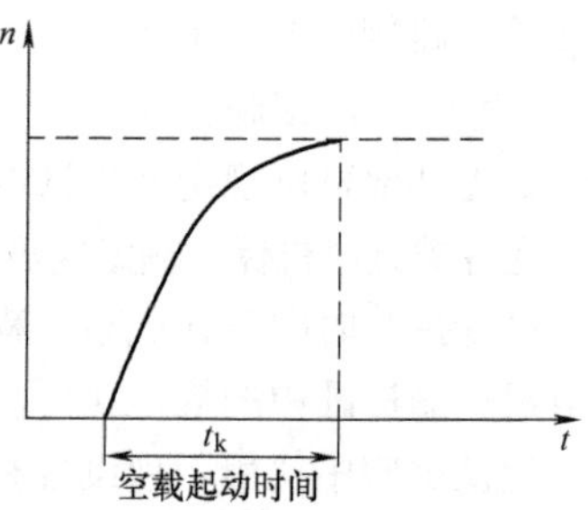

图7-31　空载起动时间曲线

二、离合器加速时间和制动时间的测定试验

（一）试验设备

试验设备及安装方式如图7-32所示。对所用设备及安装要求如下：

1. 惯性轮和联轴器

惯性轮安装于离合器轴上，其转动惯量$GD^2=0.003\text{kg}\cdot\text{m}^2$（$0.03\text{N}\cdot\text{m}^2$），实际应用时，常将惯性轮和与电机连接的联轴器做成一体。其结构尺寸（铝质材料）见图7-33及表7-4。

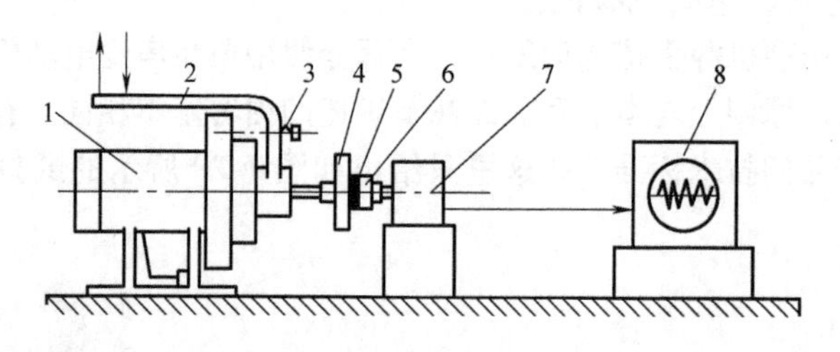

图7-32　单相离合器电动机的离合器试验设备安装示意图

1—被试电动机　2—离合器拉杆　3—拉杆压力弹簧　4—惯性轮
5—弹性垫　6—联轴器　7—测速发电机　8—录波仪（示波器）或计算机

2. 弹性垫圈

弹性垫圈夹在电动机惯性轮和测速发电机联轴器之间，用于减小因少量的同轴度偏差对试

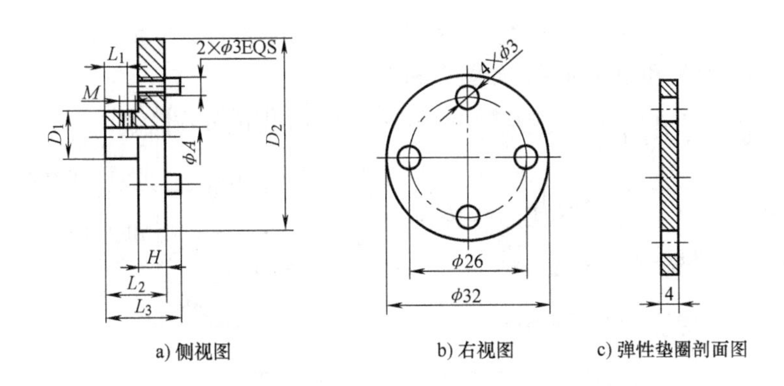

a) 侧视图　　b) 右视图　　c) 弹性垫圈剖面图

图 7-33 惯性轮和联轴器结构和弹性垫圈结构尺寸图

验的影响。其结构尺寸如图 7-33 所示。

3. 测速发电机

可使用直流测速发电机，也可使用交流测速发电机，按图 7-32 的正规专用试验设备要求，应将其固定安装在试验台上，并用联轴器可靠地与被试电动机进行连接，其输出电压信号送给录波器。

如无上述条件，也可使用本手册第十一章第三节二、（二）项介绍的用玩具电机代替专用测速发电机的方法。但此时应注意被试电动机所配惯性轮的转动惯量应达到标准要求。

表 7-4 惯性轮和联轴器结构尺寸 （单位：mm）

名称	配合器件	D_1	D_2	ϕA	ϕB	L_1	L_2	L_3	H	M
联轴器	测速发电机轴	φ10	φ32	配测速发电机轴	26	3	10	14	3	2
	离合器轴	φ28	φ32	$15_{0}^{+0.027}$	26	10	24	28	3	4
惯性轮	离合器轴	φ28	φ100		26	10	30	34	10	4

4. 录波器（示波器）

传统的设备选用光线录波器或 $x-y$ 记录仪等，新型设备则采用传感模块和计算机。

5. 试验电路和计时问题

当使用 $x-y$ 记录仪进行录波时，记录仪的输入信号只有测速发电机的输出电压信号。试验计时，用记录仪的走纸速度来转换。

当使用多线光线录波器时，则使用本手册第十一章第三节第二部分中介绍的试验电路，这种计时较精确。

使用传感模块和计算机时，其时间的记录由计算机的时钟承担。

（二）试验方法

按图 7-32 安装好试验设备后，先调整拉杆的压力弹簧，用测力计在拉杆末端将拉杆提起，使离合器摩擦片与电机轴端的惯性轮刚刚接触。此时拉力应为 20N（正差为 0N，负差为 1.5N）。调整完毕后，使拉杆复位。

接通电源，使被试电动机空载运行。

试验时，在杠杆末端加 35N 的拉力迅速提起拉杆，使离合器摩擦片与电机轴端的惯性轮接触后，电机运转 2s 后将拉杆自然放下，使拉杆自由复位。在操作拉杆的同时，记录测速发电机的输出电压波形变化情况。

所用试验设备和电路的不同，将得到不同的记录波形。根据这些波形的变化情况来求取被试电机离合器的加速时间和制动时间，如图 7-34 所示。

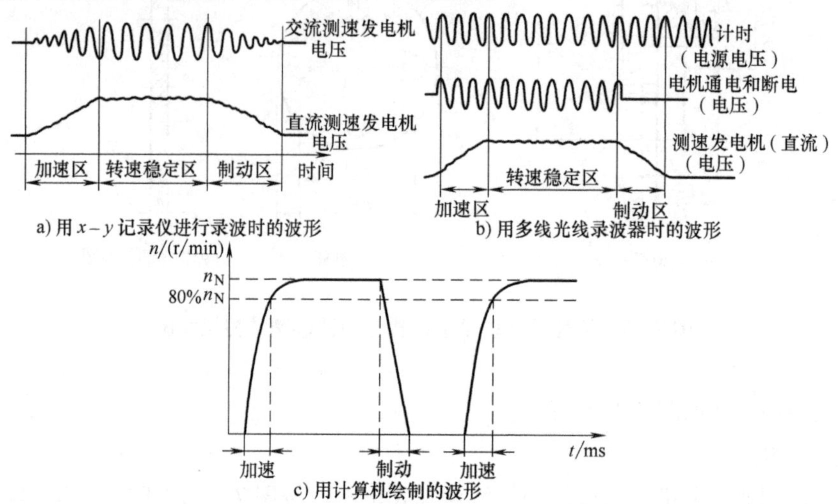

图 7-34　离合器的加速时间和制动时间记录波形

第一次试验完成后，隔 2s 左右再进行一次试验，如此共进行 5 次。取 5 次的算术平均值作为被试电动机离合器加速时间和制动时间的最后结果。

JB/T 3698—2008 中规定，离合器加速时间应不超过 0.30s，制动时间应不超过 0.25s。

三、其他试验

（一）绕组绝缘安全性能试验

试验方法同普通单相电容电动机，施加电压和考核标准与普通单相电容电动机有所区别。

1. 绝缘电阻

绝缘电阻的考核标准为：冷态时不小于 20MΩ；热态时不小于 2MΩ。

2. 耐电压

耐电压试验时，施加的电压为 1500V，时间为 1min；批量生产时，可施加 1s，但电压为 1800V。高压跳闸电流（泄漏电流）应不大于 10mA。

3. 匝间耐冲击电压

施加的电压为 2100V。

允许用短时过电压试验代替，试验电压为额定电压的 1.3 倍，历时 3min。

4. 泄漏电流

在 1.06 倍额定电压下进行泄漏电流试验，泄漏电流不应超过 0.5mA。

（二）电容器两端电压的测定试验

当电动机加额定频率的额定电压起动和运行时，分别测量电容器两端的电压值。

两种情况下的电压值都不应超过所用电容器所标定的额定电压。

（三）振动和噪声的测定试验

试验时，被试电动机在离合器处于闭合状态下空载运行，所加电源的电压和频率均为额定值。电动机可在弹性悬挂的状态下进行测试。

在离合器上测得的振动速度有效值应不大于 1.8mm/s。

空载噪声 A 计权声功率级应不大于表 7-5 的规定。

表 7-5 单相离合器电动机空载噪声 A 计权声功率级限值

电动机额定功率/W	100～200		250～550	
极数	2	4	2	4
声功率级限值/dB(A)	60	58	65	63

（四）热试验

在进行热试验时，被试电动机应安装在绝热底板上，如用铁板安装，则必须用橡胶防振块安装于摇篮式底盘上，使被试电动机与铁底板隔热。试验和计算方法同单相电容电动机。

（五）耐久性试验

1. 额定运行 96h 试验

在额定状态下运行 48h，然后在额定负载和 0.9 倍额定电压下再运行 48h。

2. 空载起动 100 次试验

电动机在 1.1 倍额定电压下空载起动 50 次，然后再在 0.85 倍额定电压下空载起动 50 次。

电动机每次通电起动运行的持续时间至少应等于起动到额定转速所需时间的 10 倍，但不少于 10s。在每次起动结束后，应有一个防止过热的停歇时间，该时间至少为供电起动持续时间的 3 倍。

第十节 洗衣机用单相电动机试验

一、洗衣用电动机试验

洗衣机洗衣用电动机使用单相 220V、50Hz 交流电源，同步转速为 1500r/min 采用电容起动并运行。图 7-35 是其中一个类型的外形图。

该类单相电动机在使用中要长期正反转运行。因此，在进行热试验时，建议使用与洗衣时相同的工作周期进行运转。

其余试验与普通电容起动并运行的单相交流电动机完全相同。

图 7-35 洗衣机电动机

二、脱水用电动机试验

洗衣机脱水用电动机使用单相 220V、50Hz 交流电源，同步转速为 1500r/min，采用电容起动并运行，工作制为 S1。

（一）热试验

给电动机配置的电容器的电容值容差为 ±10%，试验时的环境温度应保持在 20℃ ±5℃。

图 7-36 为一套用测功机做热试验和负载试验的设备。

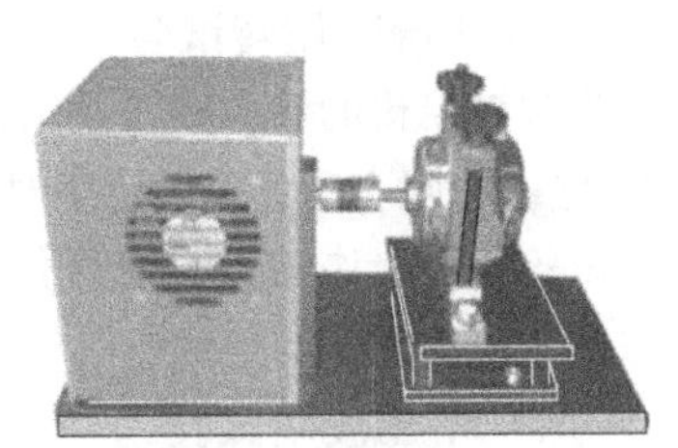

图 7-36 洗衣机用电动机热试验和负载试验设备

试验时，被试电动机带额定功率的直接负载，连续运行 15min 后断电停转，并在 15s 内测得绕组的热态直流电阻，求取绕组温升。求取方法与普通单相电容电动机同一试验相同。

（二）泄漏电流测定试验

本试验应在热试验后紧接着进行。试验电路如图 7-37 所示。

试验时，给电机的出线端加 1.1 倍的额定电压，开关 S 接 1 时测出 I_1（电流法）或 U_1（电压法）；再将开关 S 接 2，测出 I_2（电流法）或 U_2（电压法）。

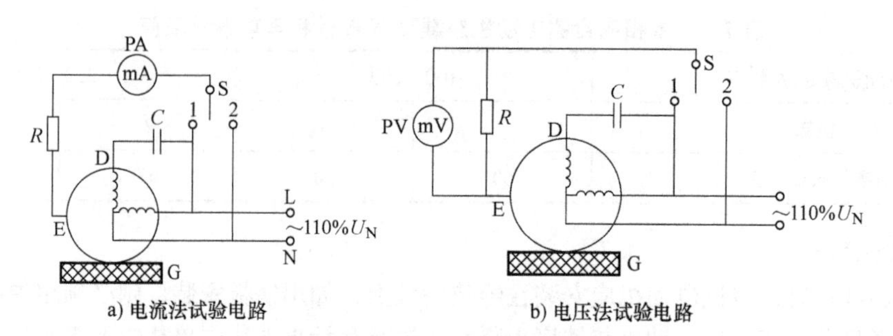

图 7-37　洗衣机脱水用电动机泄漏电流测定试验

S—单刀双掷开关　PA—交流毫安表　PV—交流毫伏表　R—定值电阻（1750Ω ± 250Ω）　E—电动机端盖螺钉　C—电容器　G—绝缘垫　D—被试电动机

对于图 7-37a 的电流法，I_1 和 I_2 中的较大值即为所求的泄漏电流。

对于图 7-37b 的电压法，取 U_1 和 U_2 中的较大值除以电阻 R 所得之商即为所求的泄漏电流 I，即 $I = U/R$。

标准中规定，该泄漏电流不应大于 0.5mA。

（三）引出线强度试验

对 3 根引出线分别进行检查。其检查方法如下：

以其中一根引出线的端头为固定端，轻轻悬吊电机，保持静止状态，持续 10s。

试验中和试验后不应有断裂和外皮损坏等现象。

（四）电容器两端电压的测定试验

电动机按正常工作状态接线并加额定频率的额定电压，施加 30% 额定功率的负载运行。测量电容器两端的电压。

该电压不应超过所用电容器所标定的额定电压。

（五）空载低电压起动试验

给被试电机加额定频率、40% 的额定电压，空载起动。

电机应能起动并达到正常工作转速。

（六）耐振动试验

将被试电机分别以垂直（轴伸向上）和水平位置固定于专用的振动试验台上。以频率为 300 次/min、双振幅为 20mm 的振动条件各试验 20min。试验时，电机不加电。

上述试验完成后，对被试电机进行空载低电压起动和绝缘电阻的测定两项试验，试验结果均应合格。

（七）15min 堵转试验

将被试电机的转子堵住，给其施加额定频率的额定电压，历时 15min。断电后 15s 内，用 500V 绝缘电阻表测量定子绕组对机壳的绝缘电阻。

试验中，允许被试电机冒烟或出臭味，但不应有着火现象；试验后测得的绝缘电阻应大于 1MΩ。

（八）电压波动试验

将被试电机按图 7-38 所示安装在一个专用的试验支架上。其轴伸朝上并安装一个模拟负载的钢质圆盘（尺寸和重量见表 7-6）。

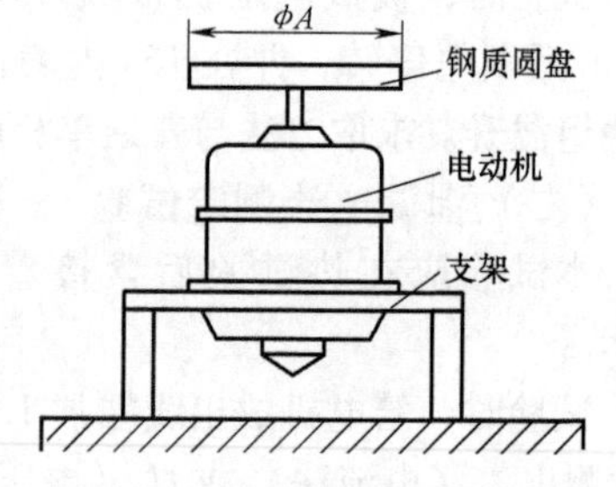

图 7-38　脱水电机模拟试验装置

给被试电机加额定频率、1.1 倍和 0.9 倍额定电压进行两次起动试验。电机应能在1min内起动并达到稳定运行转速。

表7-6　脱水电机模拟试验装置中钢质圆盘的尺寸和重量

被试电机额定容量/W	25，30	40，45	60
圆盘重量/kg	4	5	7
圆盘直径 ϕA/mm	150		

（九）耐久性试验

被试电机的安装方式同电压波动试验（见图7-37）。

试验时，给被试电机施加额定频率的额定电压，按运行3min、断电2min的工作周期运转，累计达1000h。

上述试验完成后，对被试电机进行空载低电压起动和绝缘电阻的测定（在试验后的15s内，用500V绝缘电阻表测量）两项试验，试验结果均应合格。

第十一节　交流电风扇试验

一、台扇、壁扇、台地扇（落地扇）的试验项目及试验方法

（一）调速比的测定试验

在额定电压和额定频率下，电扇的摇头机构处于不动作状态，风扇在最高转速档运转1h后，测量此时的转速，即为最高转速档的转速 n_H（r/min）。

之后，立即将风扇转换到最低转速档，运转1h后，测量此时的转速，即为最低转速档的转速 n_L（r/min）。

则调速比 S_T（%）为

$$S_T=\frac{n_L}{n_H}\times 100\% \tag{7-39}$$

（二）风量及使用值的测定试验

1. 对风量试验室的要求

对风扇进行严格的风量试验时，应在专用的风量试验室中进行。

专用的风量试验室内应设置试验屏，试验屏的尺寸应符合以下要求（见图7-39。试验屏的长、宽、高尺寸允许误差为±15mm）：

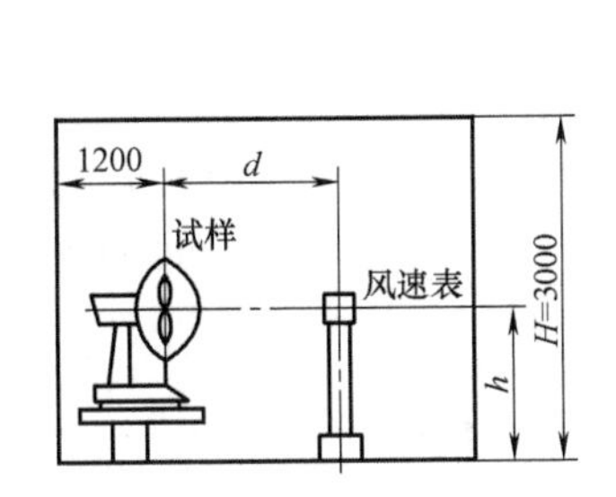

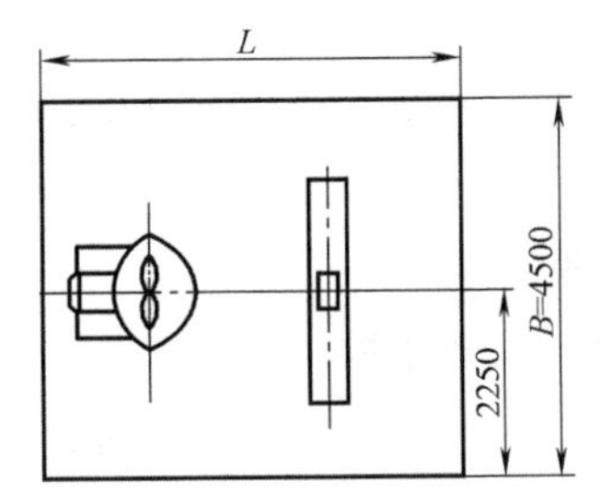

图7-39　台扇、壁扇、台地扇的专用风量试验室布置尺寸示意图

1）风量试验室屏的长度 L：对400mm及以下的电风扇，为4.5m；对400mm以上的电风扇，为10m；

2）风量试验室屏的宽度 B：4.5m。

3）风量试验室屏的高度 H：3m。

2. 试验品的放置和试验操作注意事项

1）在电风扇送风的一边，除放置风速表及搁架外，整个试验室内应无其他障碍物存在。在试验过程中，试验人员可以在风扇进风的一边停留，仅在需要操作风速表或读数时，才允许进入送风一边，并应尽快离开。

2）对400mm及以下的电风扇，应安放于扇翼中心与试验室前墙面距离不小于1.8m的位置；对400mm以上的落地扇，该距离应不小于6m。

3）扇翼中心与试验室左右两侧墙面距离应不小于1.8m。

4）扇翼中心与试验室后墙面距离应不小于1.2m。

5）被试风扇为壁扇时，要将其安装在一块平板上，该平板的尺寸至少应为1m×1m。

6）风速表应在试验平面上沿着与扇翼轴线呈垂直相交的水平线上任意一边移动，风速表翼片的轴线应始终与风扇扇翼的轴线相平行。风速表的架设对气流的阻碍尽可能少。

7）风扇的扇翼平面与风速表翼片平面之间应平行，这两个平行面之间的距离为测试距离 d，它应是被试风扇扇翼直径的3倍。

8）扇翼中心距地面高度 h：对400mm及以下的电风扇为1.2m；对400mm以上的落地扇为1.5m。

3. 测试和记录

1）测定前，应使被测风扇在规定的电压下至少运转1h。然后，在最高转速并且摇头的情况下测量风扇的输入功率 P_1（W）。

再调整风扇，使其在最高转速和不摇头的情况下运转。

2）试验测试电路如图7-40所示。

3）试验时，风扇的电动机轴线应与水平线平行，在距离扇翼轴线20mm左右两点上开始测定，并以40mm的增量沿着水平直线逐点向两边进行测定，直至平均速度下降到低于24m/min时为止。

4）风速表在每个位置的持续测试时间不得少于1min。风速指示值除以该段测试时间，即为被测风速（m/min）。

5）任何圆环的平均风速都应是圆环平均半径上左右两个风速读数的平均值。

6）记录试验室内的温度、相对湿度和大气压等大气条件，并在报告中说明。

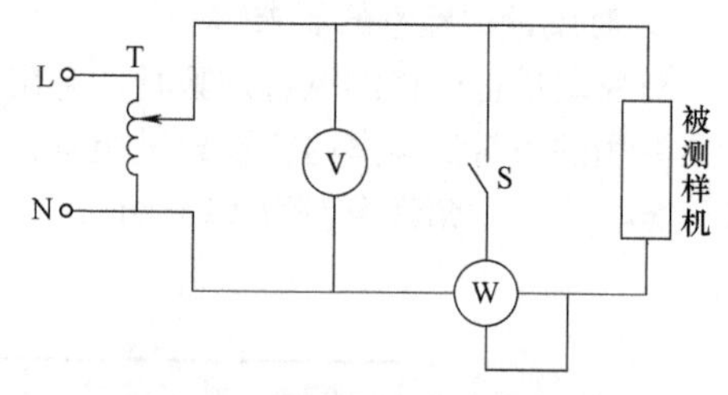

图7-40　风扇风量及使用值的测定试验电路

4. 计算试验结果

1）总风量用下式计算求取：

$$Q = \sum VS = \sum V \times 2\pi rd \times 10^{-6} \tag{7-40}$$

式中　Q——总风量（m^3/min）；

V——同一半径上圆环的平均风速（m/min）；

r——圆环的平均半径（m）；

d——圆环的宽度，$d = 40mm = 0.04m$；

S——圆环的面积（m^2）。

2）使用值 K 用下式求取：

$$K = Q/P_1 \tag{7-41}$$

（三）摇头机构试验

被试风扇在额定频率的额定电压下运转，其摇头机构处于工作状态。

用测角器对风扇的摆动角度进行测量，并观察其动作的平稳情况。若摇头机构有一个以上摇摆面，则各摇摆面均须测试。

试验时，为了便于记录风扇摆动位置，允许降低被测风扇的转速。

在最高转速档用秒表计时，测定风扇每分钟的摆动次数。

二、吊扇的测试项目及试验方法

（一）调速比的测定实验

对配有调速器的吊扇，应测定其调速比。测定方法与台扇相同。

（二）风量及使用值的测定试验

1. 对风量试验室的要求

对吊扇进行严格的风量试验时，应在专用的风量试验室中进行。

专用的风量试验室内应设置试验屏，对试验室及试验屏的尺寸及有关要求如下（见图7-41）：

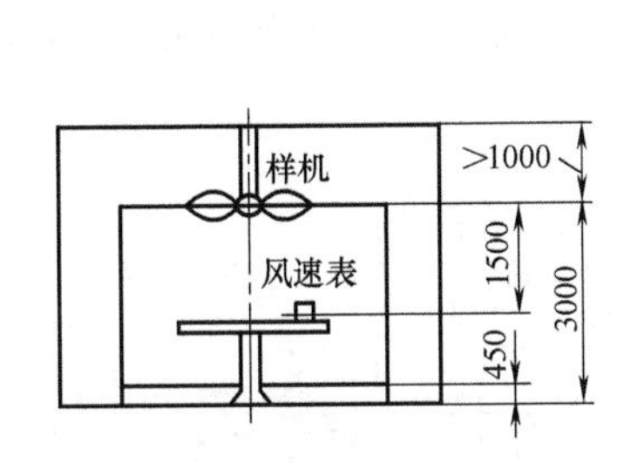

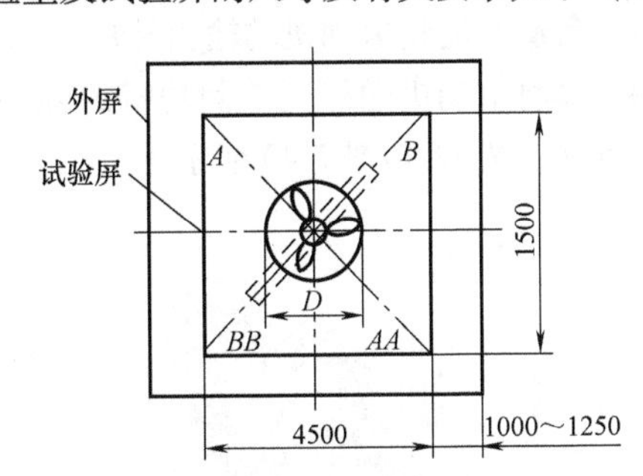

图7-41　吊扇的专用风量试验室布置尺寸示意图

1）试验屏内部尺寸：长 $L=4.5\text{m}$；宽 $B=4.5\text{m}$；高 $H=3\text{m}$。尺寸允许误差为 ±15mm。

2）试验屏的顶部，除了中心留有圆形孔口（顶口）外，应该均被顶屏盖住。顶孔的直径应比被试吊扇的扇翼直径大10%～20%，开有顶孔的中央顶屏隔板厚度应该大于6mm。

3）试验屏底部与地面应离开450mm，并可提供适当的空气出口。

4）试验屏四周与外屏墙之间的距离应相等，其距离为1～1.25m。

5）试验屏之外的顶板或任何会干扰气流的凸梁都应该在顶孔之上不少于1m，即外屏天花板或凸梁离地面的距离应不少于4m。

2. 试验品的放置、试验操作方法和注意事项

1）被试吊扇的扇翼平面应处在试验屏顶部圆孔上缘的平面中。

2）风速表的翼叶平面应与吊扇扇翼平面平行，其距离为1.5m。风速表应能在一个水平面的4条半对角线上移动。

3）除了允许在试验屏内放置风速表及其搁架外，整个试验室内应无其他障碍物存在。风速表的架设应尽可能地减少对气流的影响。

3. 风量及使用值的测定试验及计算

风量及使用值的测定试验及计算方法、试验电路均与台扇试验的相应内容相同。

第十二节　外转子单相电动机试验

外转子电动机是电动机外层装置旋转成为转子，而内部的部件不旋转成为定子的一种电动机。我们经常使用的大部分吊扇电动机就属于这一类型。

实际上，外转子电动机有单相交流电动机、三相交流电动机、直流电动机3种类型，但因为单相交流电动机居多，所以将其安排在本章介绍。

一、试验标准和试验项目

外转子电动机的试验方法标准编号为GB/T 22671—2008。其中规定的型式试验项目、对所用仪器仪表的要求等与普通电动机基本相同，试验项目包括绕组绝缘电阻的测定、绕组在实际冷状态下的直流电阻的测定、空载试验、热试验、效率和功率因数的测定、堵转试验、短时过转矩试验、超速试验、耐电压试验、匝间冲击耐电压试验、泄漏电流的测定、转动惯量的测定、噪声和振动的测定等。绝大部分项目的试验方法及要求与普通电动机完全相同。下面仅介绍有特殊要求的内容。

二、试验设备、安装方法与要求

用测功机作负载并测量电动机的输出转矩。

使用专用夹具将电动机的外壳与测功机的轴相连，其安装型式分为卧式与立式两种，试验设备和安装分别如图7-42和图7-43所示。

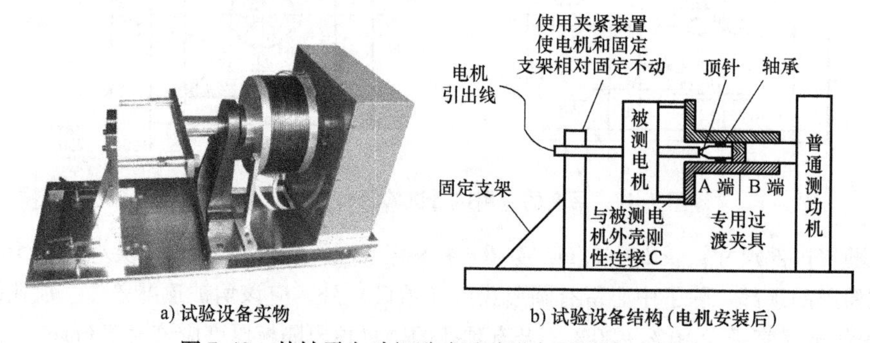

a) 试验设备实物　　b) 试验设备结构（电机安装后）

图7-42　外转子电动机卧式试验设备及安装示意图

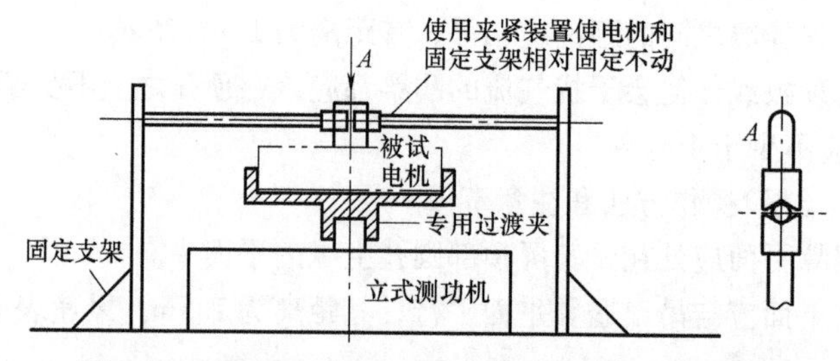

图7-43　外转子电动机立式试验设备及安装示意图

安装要求如下：

1）电动机与测功机连接后，其轴线的位置与测功机轴线的误差不应大于0.1mm。

2）电动机、过渡夹具、测功机安装的轴向跳动≤0.5mm。

3）专用过渡夹具与轴承的同心度≤0.10mm。

4）如果电动机为两端出线，则必须拆开电动机，改为一端出线。

说明：由于齿轮、链条传动等形式，在负载变化时机械损耗的不确定性，而效率损失也较大，因此，对于外转子电动机的测量，不推荐使用这些过渡形式；电动机外壳可能与车轮毂（指电动自行车用电动机）、风机风叶等附加装置安装在一起；电动机引出线一般从其空心轴中引出，并加以防护。

三、试验方法及要求

本类型电动机的各项试验方法及要求与普通电动机基本相同。不同点只在安装方面。

除上述负载试验时的安装要求以外，当进行空载试验及测量空载时的噪声和振动时，对吊扇类电动机，应采用弹簧悬挂；对于单轴伸电动机，将其安装在有弹性的支撑件上；对于双轴伸电动机，可采用两个有弹性的支架将两个轴端固定，使转子悬空。

测量振动时，应采用非接触式振动传感器，且应放在轴承座附近来测量。

第十三节　单相异步电动机常见故障分析

单相异步电动机常见故障分析见表 7-7。

表 7-7　单相异步电动机常见故障分析

序号	故障现象	原因分析
1	电源电压正常，通电后电机不起动	（1）电源接线开路（电机完全无声响） （2）主绕组或辅绕组开路 （3）离心开关触点未闭合，使辅绕组不能通电工作 （4）起动电容器接线开路或内部断路 （5）对罩极电机，罩极线圈（短路环）开路或脱落 （6）对串励电动机，未上电刷或因电刷过短、卡住等原因不能与换向器接触，或电刷引线断开，或电枢绕组内部开路
2	电源电压正常，通电后电机在低速下旋转，并有嗡嗡声和振动感，电流保持在一定数值上不下降	（1）负载过重 （2）电机定、转子相摩擦 （3）轴承卡死，原因有：轴承装配不良；轴承内油脂固结；轴承滚子支架或滚子破损 （4）对串励电动机，换向片间短路或电枢绕组内部短路，或电刷偏离中心线过多（对电刷可移动的电机）
3	通电后，电源熔断器很快熔断	（1）绕组匝间或对地严重短路 （2）电机引出相线接地 （3）电容器短路
4	电机起动后，转速低于正常值	（1）主绕组有匝间或对地短路故障 （2）主绕组内有线圈反接故障 （3）离心开关未断开，使辅绕组不能脱离电源 （4）负载较重或轴承损坏 （5）对串励电动机，换向片间短路或电枢绕组内部短路，或电刷与换向器接触不良

（续）

序号	故障现象	原因分析
5	电机运行时，很快发热	（1）绕组（含主绕组和辅绕组）有匝间或对地短路 （2）主绕组和辅绕组之间有短路故障（末端连接点以外） （3）起动后，离心开关未断开，使辅绕组不能脱离电源 （4）主绕组和辅绕组相互接错 （5）工作电容损坏或容量选错 （6）定、转子铁心相摩擦或轴承损坏 （7）负载较重 （8）对串励电动机，换向片间短路或电枢绕组内部短路，或电刷与换向器接触不良
6	电机运行噪声和振动较大	（1）浸漆不良，造成铁心片间松动，产生电磁噪声 （2）离心开关损坏 （3）轴承损坏或轴向窜动过大 （4）定、转子气隙不均或轴向错位 （5）电机内部有异物 （6）对串励电动机，换向片间短路或电枢绕组内部短路，或电刷与换向器接触不良（换向片间的云母高出换向片或换向片粗糙，或电刷过硬、压力过大等）

第十四节　裂相起动型单相异步电动机起动用电子开关技术条件简介

JB/T 13609—2018《单相电动机起动用电子开关技术条件》（由深圳市复兴伟业技术有限公司等单位起草、国家工业和信息化部2018年12月21日发布，2019年10月1日开始实施），规定了裂相起动型单相异步电动机起动用电子开关（俗称“电子离心开关”，以下简称电子开关）的型式、基本参数、环境条件、性能要求、安全要求、试验方法、检验规则等方面的要求，适用于额定电压为250V以下、频率50Hz、功率为5.5kW及以下的单相异步电动机。本节简要介绍其中的内容，供选择、检查和使用该产品时参考。

一、名词术语

1. 单相电动机起动用电子开关

预定是整体式或是装入到器具中的，用在电动机电路中，利用电子电路等控制单元控制电力电子器件，从而控制电动机起动电路（起动绕组或起动电容）的通断，以起动单相电动机的电操作控制器。

2. 最大电流

电子开关在3s内能持续通过的最大峰值电流。

3. 电延迟接通时间

电子开关安装到电动机上后，通电起动电动机时，从电子开关上电到电子开关接通所需的时间。

4. 最大开关频率

电子开关在1min内可起动的最多次数。

注：单相电动机在断电状态，从电动机通电起动到电子开关断开的过程称为1次起动。

5. 最长接通时间

允许电子开关保持接通状态的最长时间。

注：规定最长接通时间是为了防止电动机过载等故障造成起动元件失效而设置的保护时间。

6. 电子开关切断

电动机起动电路（起动绕组或起动电容）的电流从大到小的突变过程。

7. 电子开关接通

电动机起动电路（起动绕组或起动电容）的电流从小到大的突变过程。

8. 电子开关断开转速

在电动机起动过程中，电子开关切断起动电路时对应的电动机的转速。

9. 电子开关闭合转速

电动机从工作状态到堵转过程中，随着转速的下降，电子开关重新接通起动电路时对应的电动机的转速。

10. 电子开关的整定

电子开关与电动机初次通电时的初始匹配过程。

11. 平均失效前时间

失效前时间的数学期望值，简称 MTTF。

二、型号组成、基本参数和使用环境

（一）型号组成

电子开关的型号组成和各部分的含义如图 7-44 所示。

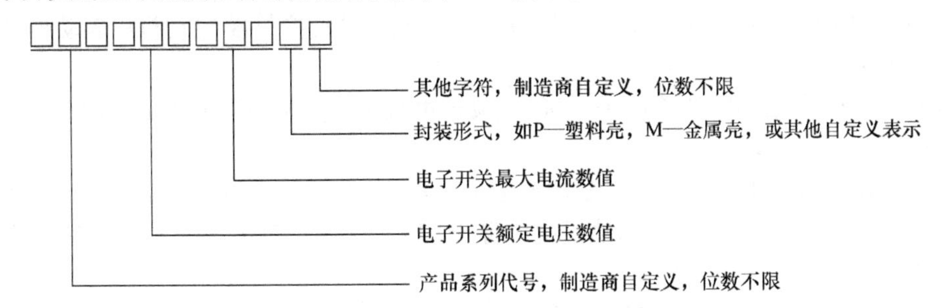

图 7-44　电子开关的型号组成和各部分的含义

示例：FXWY 220 025 PX，其中：FXWY——制造商产品系列代号；220——电子开关额定电压为 220V；025——电子开关最大电流为 25A；P——电子开关为塑料壳封装；X——制造商 FXWY 系列产品中的 X 型号。

（二）基本参数

电子开关的基本参数包括以下内容：

1）额定电压（单位为 V）。

2）额定频率（单位为 Hz）。

3）最大电流（单位为 A）。

4）上电延迟接通时间（单位为 ms）。

5）最长接通时间（单位为 s）。

6）最大开关频率（单位为次/min）。

7）不可接受的平均失效前时间（单位为 h）。

8）产品尺寸（单位为 mm）。

其中，额定电压为 110V 或 220V；最大电流值为 10A、15A、20 A、25A、30A、40 A、50A、65A、80 A、120 A。对上述两项有特殊要求时，用户可与制造商协商确定。

（三）使用环境要求

海拔应不超过1000m。

工作环境温度应为 -15 ~ 70℃。

需在超过上述范围条件下使用时，用户可与制造商协商确定。

三、性能和安全要求

（一）性能要求

电子开关应满足以下性能要求：

1）在起动电动机过程中，电子开关应保证在配套电动机的70% ~ 85%的同步转速范围内断开起动电路；对断开转速或闭合转速有特殊要求的电子开关，可按供需双方协定的指标考核。

2）应具备上电延迟功能，设置合理的上电延迟接通时间，该时间应符合电子开关产品使用说明书中的要求。

3）应具备防止接通时间过长的功能，设置合理的最长接通时间，防止电动机过载等故障造成起动元件失效的情况，最长接通时间不应超过7s。

4）不可接受的平均失效前时间应是166h[⊖]。

5）最大开关频率不应低于30次/min。

（二）安全要求

电子开关应满足以下安全要求：

1）应符合GB/T 14536.11—2008《家用和类似用途电自动控制器 电动机用起动继电器的特殊要求》的要求。

2）防护等级应符合GB/T 4942.1—2006《旋转电机整体结构的防护等级（IP代码）分级》中IP55的要求。

3）引出线耐热等级应不低于电动机的绝缘耐热等级。如果引出线有不低于电动机绝缘耐热等级的绝缘套管，则引出线的最低耐热温度应符合GB/T 12350—2009《小功率电动机的安全要求》的第10.2条中表4的规定。

4）绝缘材料应符合GB/T 12350—2009中第11.2条的规定。

四、试验项目

（一）出厂试验项目

电子开关出厂前应对每件产品都进行出厂检验，测试合格并附有合格证书后方能出厂。出厂检验的项目应包括：

1）外观尺寸、安装尺寸的检验。

2）断开转速和闭合转速的测定。

3）电气介电强度试验（对金属外壳适用）。

（二）型式试验项目

型式试验项目在包括上述出厂试验项目外，还应包括上电延迟时间测试、最长接通时间测试试验、最大开关频率测试试验、平均无故障工作时间测试和安全性能试验等。

五、试验方法

对于产品说明书中有整定要求的电子开关，在进行上电试验前，应对电子开关按说明书要求进行整定。

除以下规定的测试项目外，电子开关应采用GB/T 14536.1—2008《家用和类似用途电自动

⊖ 此值不是正常运行时间，是按本节五、（四）规定的方法进行试验时判定是否合格的限值。——作者注

控制器 第1部分：通用要求》和下面给出的试验方法进行测试。

试验的基本要求应符合 GB/T 5171.21—2016《小功率电动机 第21部分：通用试验方法》中第4章的要求。即

（1）对试验环境条件的要求为

环境温度：15～30℃；

相对湿度：45%～75%；

大气压力：86～106kPa。

（2）试验电源

交流电源的谐波电压因数（HVF）应不超过0.02；电压值的允许偏差为±0.5%；频率的允许偏差为±0.1%。

（3）仪器仪表和测量方法

对试验用仪器仪表的要求和测量方法等同单相异步电动机相关部分。

（一）断开转速和闭合转速测定试验

将电子开关安装到配套电动机上，并安装到电动机加载测试设备上，在额定电压和频率下给电动机供电，待空载转速达到稳定后，逐渐加载降速到电子开关闭合，测得下降曲线（见图7-45a）。再逐步降低负载升速直至电动机空载，测得上升曲线（见图7-45b）。

从转矩-转速特性曲线上读取断开转速和闭合转速，上升曲线的转矩突变点对应的转速为电子开关的断开转速；下降曲线的转矩突变点对应的转速为电子开关的闭合转速。

出厂试验可采用其他等效试验方法测试断开转速和闭合转速。

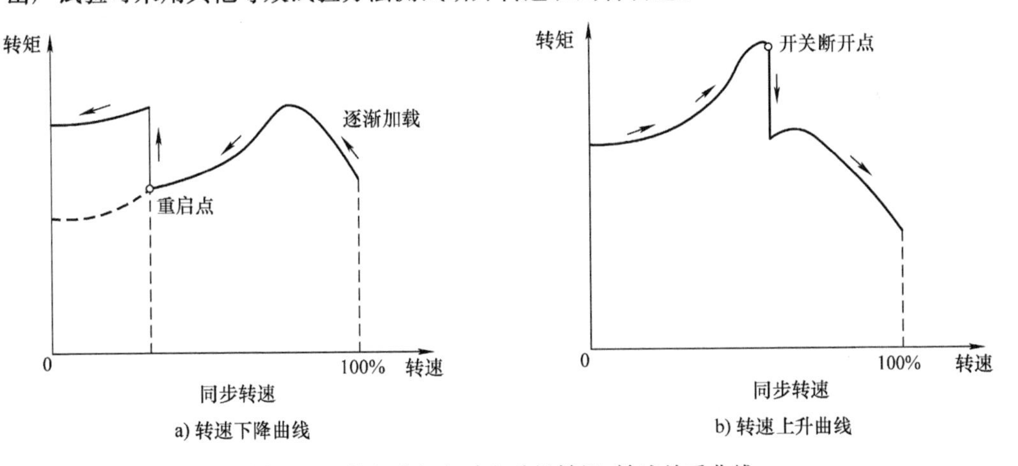

图7-45　单相分相起动电动机转矩-转速关系曲线

（二）上电延迟时间测试

电子开关安装完成后，给电动机通电，利用示波器测试电子开关的上电延迟时间。

（三）最长接通时间测试

电子开关安装完成后，在电动机堵转状态下，给电动机通电，直至电子开关保护断开，记录电子开关的接通时间。

（四）平均无故障工作时间测试

平均无故障工作时间的测试应按图7-46连接模拟控制计数器、电子开关、感性负载和信号采集器，在额定频率下，采用输入电压最高值和最低值每8h交替进行试验，使得电子开关按30次/min的开关频率动作，试验的具体方法见JB/T 13609—2018的附录A。

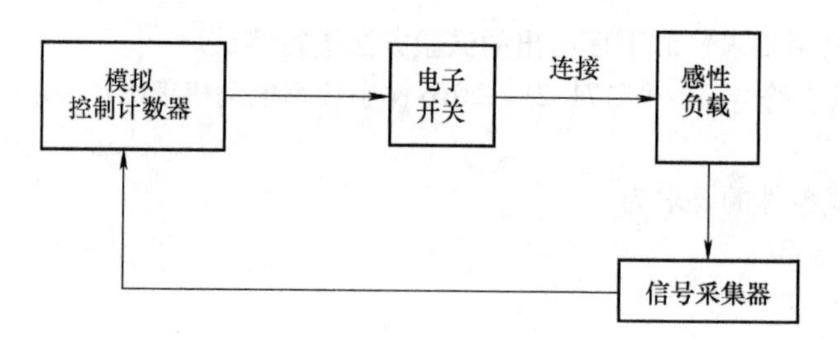

图7-46　模拟测试连接图

（五）最大开关频率测试

最大开关频率测试与GB/T 14536.1—2008中第14章的发热试验同时进行，按图7-46所示连接模拟控制计数器、电子开关、感性负载和信号采集器，控制电子开关以其最大开关频率进行动作，电子开关的接通时间不少于0.4s。

（六）可靠性试验

可靠性是指产品在给定的条件下和在给定的时间区间内能完成要求的功能的能力。可靠性试验不同于环境试验，但可包括环境试验。

一般情况下，本项试验是在生产厂家在新产品鉴定和生产中定期抽查，以及相关机构进行产品质量抽查时进行。读者如有需要，请按JB/T 13609—2018中附录A给出的规定进行。

第八章　普通三相同步电机试验

同步电机是同步发电机和同步电动机的合称。同步电机既可以作为发电机运行，又可以作为电动机运行。也就是因为这一原因，而使得同步发电机和同步电动机的大部分试验项目和试验方法都是相同的。本章将重点介绍普通中小型三相同步电机特有部分和有特殊规定的试验项目及有关试验方法、所用试验设备等方面的内容。

第一节　三相同步电机试验项目及有关规定

三相同步电机试验方法的国家标准编号为GB/T 1029—202X（报批稿）。

三相同步电机的试验项目见表8-1。其中序号中带“*”的是出厂检查和型式试验共有的项目；带“**”的是可仅列为型式试验的项目。

表8-1　三相同步电机的试验项目及有关规定

序号	试验项目名称	有关规定和说明
1*	绕组对机壳及相互间绝缘电阻的测定试验	同第四章“通用试验及设备” 但对自励恒压发电机，励磁装置中的整流管和电容器等不进行绝缘电阻和耐电压试验（试验时将它们拆下或用导线将其两端短路）
2*	绕组直流电阻的测定试验	
3*	绕组匝间绝缘耐冲击电压试验	
4*	绕组对机壳及相互间绝缘耐交流电压试验	
5*	超速试验	
6*	三相稳态短路特性试验	仅对发电机
7*	空载特性试验	
8**	振动和噪声测定试验	同第四章“通用试验及设备”
9	电压总谐波畸变率测定试验	仅对发电机和调相机
10	额定励磁电流和电压变化率的测定试验	
11	发电机的稳态和瞬态电压调整性能试验	仅对发电机
12	自励恒压发电机的不对称负载试验	
13	热试验	
14	效率测定试验	
15	堵转电流和堵转转矩的测定试验	仅对异步起动的电动机
16	标称牵入转矩的测定试验	
17	失步转矩的测定试验	仅对电动机。过转矩（过载）试验时，保持励磁电流为额定值不变
18	短时过转矩（过载）试验	
19	短时过电流及过载试验	仅对发电机。过载试验时，保持额定频率、电压和功率因数不变
20	冲击短路机械强度试验	
21	短时升高电压试验	被试电机空载运行，输入或输出1.3倍额定电压，运行3min
22	有关参数的测定试验	有要求时进行
23	相序或转向的检查	相序检查见第三章第十四节
24	转子转动惯量测定试验	同第四章“通用试验及设备”
25	噪声测定试验	
26	并车试验	仅对发电机组，需要时进行

第二节 绕组绝缘电阻和直流电阻的测定试验

一、绝缘电阻的测定

测定方法和注意事项与三相交流异步电动机完全相同。所用绝缘电阻表的选择与“通用试验”中的规定（见表4-1）相比有所区别，见表8-2。

表8-2 绝缘电阻表的选择

电机额定电压 U_N/kV	$U_N \leqslant 1$	$1 < U_N \leqslant 2.5$	$2.5 < U_N \leqslant 5$	$5 < U_N \leqslant 12$	$U_N > 12$
绝缘电阻表规格/kV	0.5	0.5 ~ 1	1 ~ 2.5	2.5 ~ 5	5 ~ 10

二、直流电阻的测定

三相同步电动机绕组直流电阻的测定方法和有关规定与三相异步电动机基本相同。但在测量和确定容量较大的电机绕组实际冷状态温度时，一般不采用周围的环境温度，而是采用下面的规定（作者注：全封闭式结构的电机除外）。

1. 电枢绕组和辅助绕组（如自励恒压发电机的谐波绕组等）

应根据电机的大小，在不同部位测量绕组端部和槽部的温度（如有困难，可测量铁心齿和铁心轭部表面的温度）。取其平均值作为绕组的实际冷状态温度。

2. 凸极式电机的励磁绕组

可在绕组表面若干处直接测量温度，取其平均值作为绕组的实际冷状态温度。

3. 隐极式电机的励磁绕组

应测量绕组的表面温度，有困难时，可用转子表面温度代替，对大中型电机，测点应不少于3个，取其平均值作为绕组的实际冷状态温度。

4. 自励恒压发电机的励磁绕组

对自励恒压发电机的励磁绕组（如变压器、电抗器绕组等），应用温度计测量铁心或绕组的表面温度作为绕组的实际冷状态温度。

励磁绕组的直流电阻，应在绕组引至集电环的接线端或集电环的表面测量，自励恒压发电机励磁装置绕组应在其绕组的出线端单独测量。

第三节 空载特性测定试验

一、试验目的

三相同步电机空载特性测定试验的目的，一是得到被试电机的空载特性，该特性曲线又被称为磁化曲线，它在以后的很多试验参数计算中都将用到；二是求出额定频率、额定电枢电压时的恒定损耗，其中包括铁心损耗、轴承和电刷的摩擦损耗以及冷却通风损耗等，这些数据是计算电机效率必不可少的内容。

二、试验方法

被试电机可在发电机状态，也可在电动机状态进行，后者的试验方法与三相异步电动机基本相同。另外，对于大型电机，还可以采用减速法（本手册不介绍）。

（一）发电机法

1. 试验方法

试验时，被试电机在其他机械的拖动下，电枢绕组开路，用他励方式励磁，空载运行到机械损耗稳定后，进行下述试验和记录。

如无其他规定，调节励磁电流使电枢电压达到额定值的1.3倍或额定励磁电流所对应的电压值（但不应低于被试电机额定电压的1.3倍）作为试验的第一点。然后，单方向逐步减小励磁电流到零，整个过程中，测取7～9点数值（在额定电压点附近测点应较密一些），各点的数值包括三相电枢电压、励磁电流、频率或转速。最后一点励磁电流为零，此时的电枢电压被称为“剩磁电压”。

如果三相电枢电压对称，则除了在额定电压时测取三相电压外，其他各点允许只测任意一相的电压值，本项规定适用于本章全部试验。

在出厂检查试验进行本项试验时，可只测量额定电压时的励磁电流。

2. 绘制空载特性曲线

试验时的频率f与额定频率f_N有差异时，电枢电压U_0应用下式进行修正（式中，U为试验时测得的电枢电压）：

$$U_0 = U\frac{f_N}{f} \tag{8-1}$$

在直角坐标系中绘制空载特性曲线$U_0=f(I_f)$，如图8-1中曲线1所示。

若剩磁电压（见图8-1中ΔU_0）较高，则应对试验所得的特性曲线进行修正。具体修正方法是：先将试验所得的特性曲线下部的直线部分向下延长与横轴（I_f轴）相交于O'，则O'点到坐标原点O的距离OO'为修正值ΔI_f。然后，将所有试验点的I_f增加ΔI_f后，再绘制一条空载特性曲线$U_0=f(I_f)$，该曲线即为修正后的空载特性曲线，如图8-1中曲线2所示。

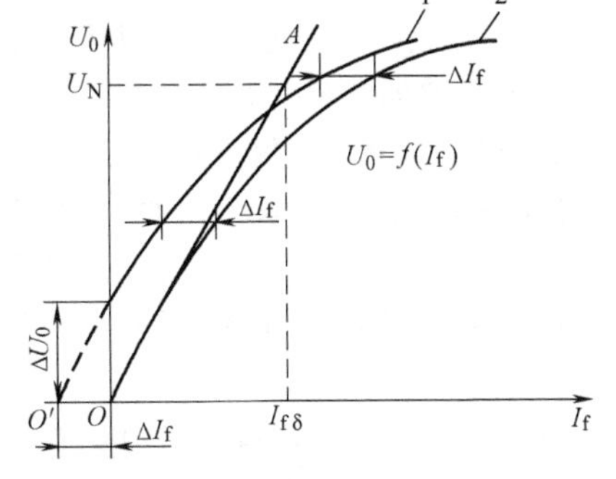

图8-1　三相同步电机的空载特性、“气隙线”和“空载气隙励磁电流”

1—试验获得的空载特性曲线

2—修正后的空载特性曲线

3. “气隙线”和“空载气隙励磁电流”的直接求取

修正后空载特性曲线的直线部分及其延长线（见图8-1中直线OA）通常被称为“气隙线”。

在“气隙线”上，对应于$U_0=U_N$的励磁电流被称为“空载气隙励磁电流”，用符号$I_{f\delta}$表示（见图8-1）。

（二）电动机法

被试电机作为电动机，加额定频率、额定电枢电压，励磁为他励，空载运行到机械摩擦损耗稳定后，开始进行下述试验和记录试验数据。

调节电枢电源电压和励磁电流，使电枢电流最小［此时电机的功率因数为1。若使用两个单相功率表法测量输入功率，则两个单相功率表的读数（包括用数字电量表所显示“两表法”的两个功率值）相等，符号也相同。对于显示两个功率值的三相数字功率表，同样适用］。这时对应的励磁电流即为该电压下的励磁电流。

如无其他规定，试验应从电枢电压为额定值的1.3倍作为试验的第一点开始。然后，调节电枢电压和励磁电流，直至电机不至于失步的最低电压时为止。整个过程中，测取7～9点数值（在额定电压点附近测点应较密一些），各点的数值包括外加三相电枢电压、励磁电流、频率或转速。

在出厂检查试验进行本项试验时，可只测量额定电压时的励磁电流。

试验时的频率f与额定频率f_N有差异时，则电枢电压U_0应用式（8-1）进行修正。

用和发电机法基本相同的方法绘制空载特性曲线$U_0=f(I_f)$。

另外，用与三相交流异步电动机完全相同的方法绘制恒定损耗与空载电枢电压（或空载电枢电压的标幺值）二次方的关系曲线，并求出被试电机额定电枢电压时的铁心损耗和机械损耗。

第四节 三相稳态短路特性测定试验

一、试验目的

本试验的目的是测取同步发电机的三相稳态短路特性，即同步发电机在三相电枢绕组事先短路时的稳态短路电流与励磁电流的关系曲线 $I_K=f(I_f)$。该特性曲线是用于求取直轴同步电抗、短路比、定子漏抗、保梯电抗（Potier reactance）等很多参数的主要依据。通过分析这些参数，可以了解被试电机的设计水平和改进方向。

二、试验方法

同步发电机的三相稳态短路特性可由发电机法或电动机法（或称为“自减速法”）试验求得。

（一）发电机法

试验前，应先将三相电枢绕组在出线端短路（或在尽可能近的部位短路），连接应牢固可靠，电阻应尽可能小。

对自励恒压发电机，应改用其他直流电源进行他励。

试验电路如图8-2所示。

试验时，将被试电机拖动到额定转速。调节励磁电流，使电枢电流达到其额定值的1.2倍左右，同时测取三相电枢电流 I_K 和励磁电流 I_f，以该点作为第一点。然后，逐步减小励磁电流到零。期间共测取5~7点上述数值。

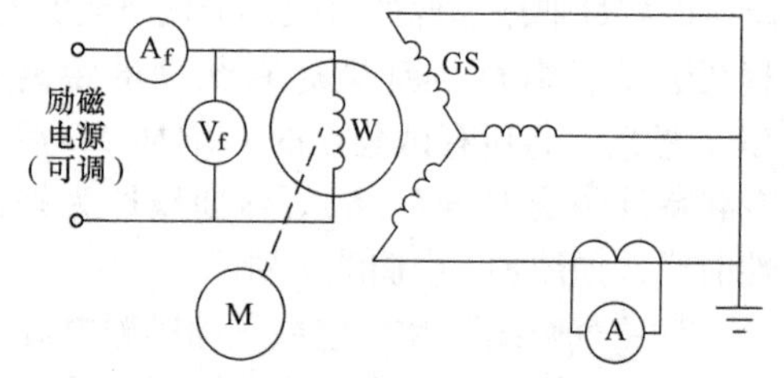

图8-2 三相同步发电机三相稳态短路特性试验电路（发电机法）

如果三相电枢电流对称，则除了在额定电流时测取三相电流外，其他各点允许只测任意一相的电流值。

在出厂检查试验进行本项试验时，允许只测量额定电枢电流时的励磁电流。

用上面试验测得的数据绘制稳态短路特性曲线 $I_K=f(I_f)$，如图8-3所示。该曲线一般为一条直线。

（二）电动机法（自减速法）

电动机法又被称为自减速法。试验电路如图8-4所示。

试验时，被试电机作电动机空载运行到机械损耗稳定后，先切断电枢电源（拉开图8-4中开关 S_1），再立即减小励磁电流到零并切断励磁电源。被试电机将自减速。

之后，用事先准备好的短路开关（图8-4中 S_2）将电枢绕组三相短路。

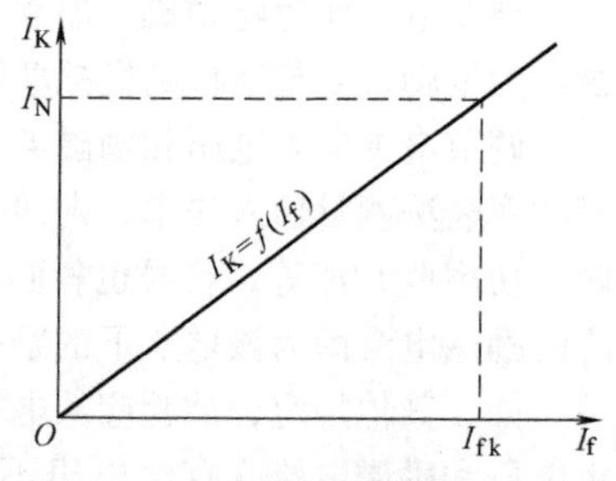

图8-3 三相同步发电机三相稳态短路特性

紧接着，接通励磁电源并给处于靠惯性旋转的被试电机加励磁，使电枢电流达到额定值的1.2倍左右。

以下试验及计算和绘制特性曲线等过程同发电机法。

若在一次试验中不能得到足够的数据，可重复进行试验。

在出厂检查进行本项试验时，允许只测量额定电枢电流时的励磁电流。

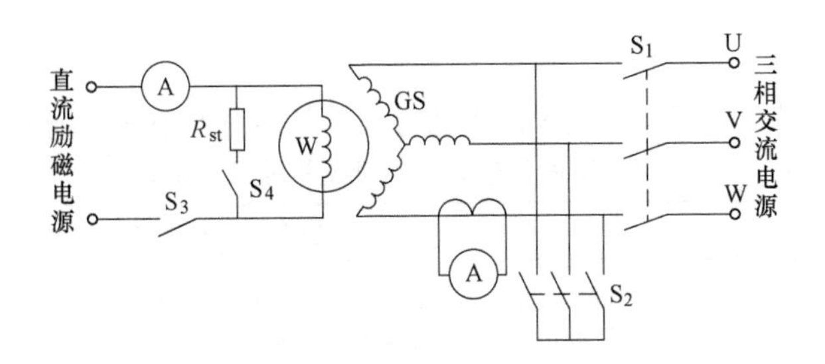

图 8-4　三相同步发电机三相稳态短路特性试验电路（电动机法）

第五节　励磁损耗和励磁电流测定试验

一、同步电机励磁系统分类

（一）励磁系统分类

同步电机的励磁有多种分类方式，主要分类如下：

1）从产生磁场的方式来分，有电励磁和永磁体励磁两大类。对于电励磁，从电源的提供者来分，可分为自励（自身提供励磁电流，分为三次谐波励磁和相复励励磁等）和他励（由其他的电源设备提供励磁电流）两大类。

2）从励磁电源与励磁绕组的连接方式来分，有有刷和无刷两种类型。

3）对于电励磁的他励方式，又可分为用自带励磁电源发电机（通过与同步电机同轴直连或通过带轮传动等方式连接）和用其他独立的电源设备（直流发电机组或整流电源）供电两大类。

（二）励磁机分类

励磁机本来是指为同步电机提供直流励磁电源的发电机，但现在将静止励磁电源（即整流电源）也归入了它的行列，称作“静止励磁机”。

有的励磁发电机由配套的同步电机拖动，这种方式的同步电机功率一般较小；有的励磁发电机由另外的机械（一般为交流电动机）拖动，称为励磁发电机组，这种方式的同步电机功率相对较大。

在 GB/T 1029—202X 的第 5. 5. 1 条中，它们的名称见表 8-3（注意：表中的代码实际上是一个序号，而不是行业中规定的设备代号，在本章后续内容中将要提到这些代码）。

表 8-3　励磁机分类

代码	名称	结构说明
a	轴带励磁机	直流或交流励磁机由主机的轴直接或通过齿轮（或带轮）驱动。发出的直流电或交流通过主机上的电刷和集电环提供给主机励磁绕组（即他励）
b	无刷励磁机	与主机机械连接的交流励磁机直接通过旋转整流器向励磁绕组提供直流励磁电流，无需集电环和电刷。励磁机可以是同步发电机或感应发电机 励磁机的励磁功率可由直接机械连接的永磁交流辅助励磁机供给，或由主机定子槽中辅助（二次）绕组以及静止电源供给。感应励磁机与变电压交流电源连接
c	独立旋转励磁机	由独立的电动－发电机组中的直流或交流发电机向主机的励磁绕组提供励磁电流
d	静止励磁机	由静止电源（如电池或独立电源供电的功率变流器）给主机励磁绕组提供励磁电流
e	辅助绕组励磁（辅助绕组励磁机）	交流发电机的励磁功率由主机定子槽中利用基波或谐波能量的辅助（二次）绕组，通过整流器、集电环和电刷供给励磁绕组

二、励磁机的损耗

励磁机的损耗与其分类有关，按表8-3中的分类，其各自的损耗规定见表8-4。

表8-4　不同励磁系统的励磁机的损耗规定

励磁机类型	励磁机的损耗确定方法
a）轴带励磁机	励磁机的损耗等于从励磁机轴上吸收的功率（扣除风摩耗）加上励磁绕组端从他励电源吸收的电功率 P_{1E} 减去励磁机输出端输出的有功功率 励磁机输出端输出的有功功率等于励磁绕组损耗 P_f（$P_f=I_eU_e$，I_e 和 U_e 分别为励磁电流和励磁电压）加上电刷的电损耗 P_b，即 $P_f=P_f+P_b=I_eU_e+P_b$ 注1：如果励磁机可脱开并单独试验，则其损耗可按本章第九节第三项中的相关规定求取。凡是励磁机使用独立辅助电源励磁的，此励磁机的损耗中还应包括辅助电源的损耗，除非此损耗已经计入主机的辅助损耗中
b）无刷励磁机	励磁机的损耗等于励磁机轴端吸收的功率，扣除风摩耗（如对主机和励磁机组做相关试验），加上励磁绕组或定子绕组（对感应励磁机）从独立电源（如有）吸收的电功率 P_{1E} 减去励磁机在旋转整流器输出端提供的有功功率 注2：同a）
c）独立旋转励磁机	励磁机的损耗是驱动电机吸收的功率加上独立辅助电源吸收的功率（包括由独立电源提供给驱动和被驱动电机励磁绕组的功率）与励磁绕组损耗 P_f 和他励励磁功率（见本节第三部分）之差。励磁机损耗可按本章第九节第二项中的相关规定求取
d）静止励磁系统 （静止励磁机）	励磁系统损耗等于励磁系统从电源吸收的电功率加上独立辅助电源提供的功率与励磁绕组损耗 P_f 和他励励磁功率（见本节第三部分）之差 注3：如系统由变压器供电，励磁机损耗还应包括此变压器的损耗
e）辅助绕组励磁 （辅助绕组励磁机）	励磁机的损耗是辅助（二次）绕组的铜耗和由谐波磁通增量产生的附加铁耗之和。附加铁耗是辅助绕组加载时和无载时的损耗差 注4：由于难以分离励磁部件的损耗，因此，建议在确定所有损耗时将这些损耗视作定子整体损耗的一部分

注：1. 对于c）和d），未考虑励磁电源（如有）内部损耗、电源和电刷之间连接线或者电源和励磁绕组线端之间连线的损耗。

2. 由b）和c）所述的单元构成的系统提供励磁，则励磁机损耗应包括表8-3所列类型的相关损耗。

三、他励励磁功率 P_{1E}

独立电源供电的励磁功率 P_{1E} 与励磁机的类型（代码见表8-3）有关。对应关系如下：

1. a型和b型励磁机

励磁功率（直流或同步励磁机）或定子绕组输入功率（感应励磁机）包括一部分励磁机损耗 P_{Ed}（在感应励磁机中损耗更大些），而大部分 P_e 通过轴提供。

2. c型和d型励磁机

励磁功率等于励磁回路损耗 P_e，即 $P_{1E}=P_e$。

3. e型励磁机

励磁功率 $P_{1E}=0$。励磁完全由轴提供，对于永磁电机，同样是 $P_{1E}=0$。

四、励磁回路损耗 P_e

励磁回路损耗 P_e 等于励磁机损耗 P_{Ed}、励磁绕组损耗 P_f 和电刷（如有）电损耗 P_b 之和，即

$$P_e=P_{Ed}+P_f+P_b \tag{8-2}$$

式中，励磁机损耗 P_{Ed} 见表8-4，励磁绕组损耗 P_f 和电刷电损耗 P_b 按下述规定求取：

1. 励磁绕组损耗 P_f

励磁绕组损耗 P_f 为励磁电流 I_f 和励磁电压 U_f 的乘积，即

$$P_f = I_e U_e \tag{8-3}$$

式中　I_e——励磁电流（A）；

U_e——励磁电压（V）。

2. 电刷电损耗 P_b

励磁回路的电刷电损耗 P_b 按正极或负极中每个电刷指定的电压降确定，由下式计算获得：

$$P_b = 2I_e U_b \tag{8-4}$$

式中　I_e——按负载试验确定的励磁电流（A）；

U_b——不同类型电刷的每个电刷电压降（V），见表8-5。

表8-5　不同类型电刷的每个电刷电压降

电刷类型	炭质、电石墨或墨石电刷	金属炭质混合电刷
每个电刷电压降 U_b/V	1.0	0.3

五、励磁回路测量

用于计算励磁绕组损耗 P_f 的励磁电流 I_e 和励磁电压 U_e 应在电机输出额定负载运行到热稳定状态时进行测量。这两个参数的确定取决于励磁系统的型式。

1. 轴带的、独立旋转的、静止的和辅助绕组励磁机励磁的电机（见表8-3中a、c、d、e）

励磁电流 I_e 在励磁电源与电刷连接的电路上测量；励磁电压 U_e 应在同步电机的转子集电环上测量。

2. 无刷励磁机励磁的电机（见表8-3中b）

试验数据应按以下一种方法记录：

1）用连接到励磁绕组末端的辅助集电环（为试验而加配的）测量电压，根据励磁电压 U_e 和励磁绕组电阻 R_e 求取励磁绕组电流 I_e（$I_e = U_e/R_e$，在 U_e 与 U_f 的差值及 R_e 与 R_f 的差值可以忽略时，$I_e = U_f/R_f$）。励磁绕组电阻 R_e 在被试电机切断电源并停转后在集电环上测量，并按热试验时获得绕组热稳定时直流电阻的测量和计算方法，求得断电瞬间时的电阻值。

2）可使用适合于直接测量励磁绕组电流的功率集电环测量电压 U_e 和电流 I_e。

六、空载过励并在额定电枢电压和电流时的励磁电流测定试验

（一）零功率因数过励试验

试验时，被试电机可作发电机运行，也可作电动机运行。作发电机运行时，有功功率应为零，若做到此要求有困难，也可带一部分有功负载，但应使功率因数不超过0.2；作电动机运行时，电机应空载运行。

（二）电枢电压和电流均为额定值时电动机空载过励励磁电流测定试验

如在零功率因数过励试验时，电枢电压和电流与额定值的偏差在±15%之内，则可用该方法测得的数值，连同空载特性（见图8-1）和三相稳态短路特性（见图8-3），用作图法确定对应于额定电枢电压和电流时的励磁电流。

即将对应于零功率因数过励试验时测得的对应于电枢电压 U_a、电枢电流 I_a、励磁电流 I_f 的试验点，画在被试电机空载特性曲线上（见图8-5中 C 点），在横坐标轴上取一向量 OD，使其等于三相稳态短路特性曲线上对应于电枢电流 I_K 时的励磁电流 $I_{fK(c)}$，从 C 点向空载特性曲线作一条直线 CF 平行于横坐标轴，并使 $CF = OD$。然后，从 F 点作一条直线平行于空载特性曲线的直

线部分，与该曲线交于 H 点，连接 H 和 C 并延长到 N 点，使 HN: $HC = I_{aN}$: I_a（式中 I_a 为对应 C 点的电枢电流，I_{aN} 为额定电枢电流）。

然后，将空载特性曲线沿着 HN 平行地向右移动，移动距离为 HN。在新的曲线上可求得对应于额定电压的 A 点。则 A 点的横坐标 OB 就是零功率因数（过励）时对应于额定电枢电压和额定电枢电流的励磁电流。

上述过程如图 8-5 所示。

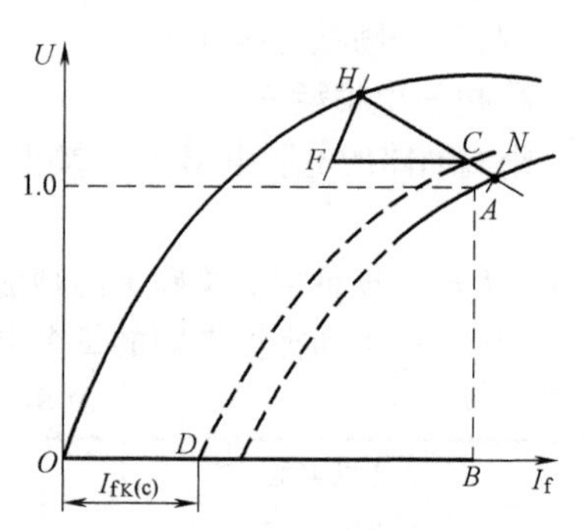

图 8-5 零功率因数过励试验作图过程

七、额定励磁电流的测定

额定励磁电流的测定可采用直接负载法和保梯电抗法。

（一）直接负载法

被试电机以发电机或电动机状态，在负载、转速、电枢电压和电流、功率因数等均为额定状态运行时，励磁电流所达到的数值即为额定励磁电流。

（二）保梯电抗法

当受试验电源或负载设备能力的限制，被试电机不能加负载到额定状态时，可使用保梯电抗法近似地求得额定励磁电流。其试验和有关计算方法如下：

1. 确定电动势 E_P 和有关参数

这种方法首先是要根据向量关系确定电动势 E_P，对使用发电机法进行试验的，如图 8-6 所示；对使用电动机法进行试验的，如图 8-7 所示。上述两图中，I_N 和 U_N 分别是电枢的额定电流和额定电压；φ_N 为额定功率因数角；R_f 为正序电阻；X_P 为保梯电抗。

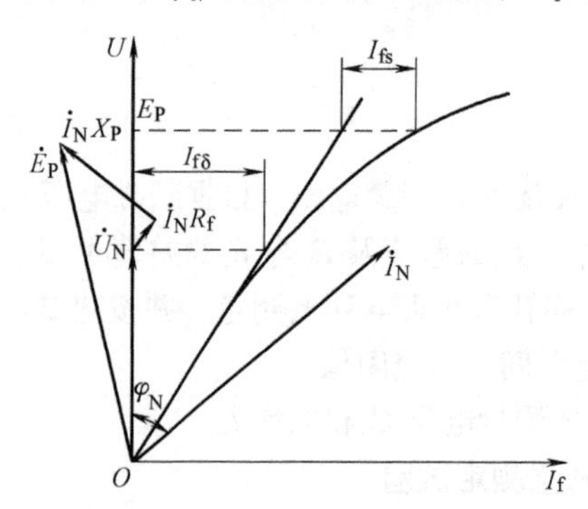

图 8-6 根据向量关系确定电动势 E_P（发电机法）

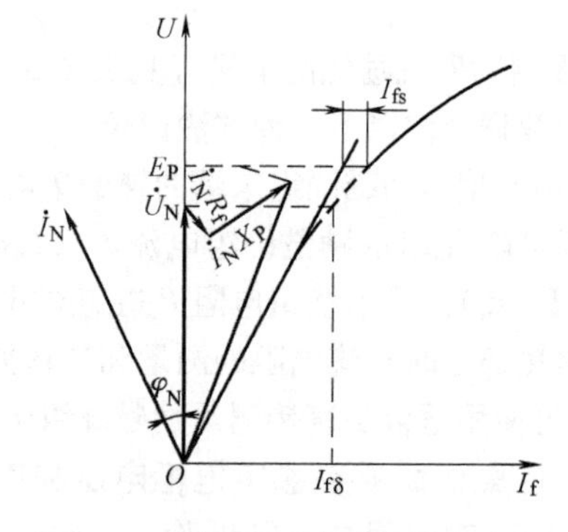

图 8-7 根据向量关系确定电动势 E_P（电动机法）

这样就可以确定额定电枢电压时对应于气隙线的励磁电流 $I_{f\delta}$ 以及电压（电动势）为 E_P 时的空载特性曲线上的励磁电流与气隙线励磁电流的差值 I_{fs}。

2. 用作图法确定额定励磁电流 I_{fN}

在短路特性曲线上找到对应于额定电枢电流时的励磁电流 I_{fK} 后，用图 8-8 所提供的作图法确定额定励磁电流 I_{fN}。

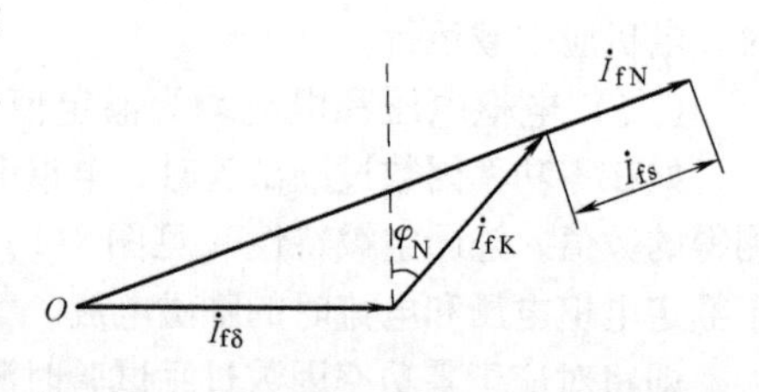

图 8-8 用作图法确定额定励磁电流 I_{fN}

3. 用计算法求取 E_P 和 I_{fN}

E_P 和 I_{fN} 也可用下面的计算式计算求取：

$$E_{P}=\sqrt{(U_{N}\cos\varphi_{N}\pm I_{N}R_{a})^{2}+(U_{N}\sin\varphi_{N}+I_{N}X_{P})^{2}} \tag{8-5}$$

$$I_{fN}=I_{fs}+\sqrt{(I_{fs}+I_{fK}\sin\varphi_{N})^{2}+(I_{fK}\cos\varphi_{N})^{2}} \tag{8-6}$$

在式（8-5）根号内的 ± 号，被试电机为发电机时取“＋”；为电动机时取“－”。

若保梯电抗 X_P未知，在作图 8-6 和图 8-7 时，可用 aX_a代替 X_P。其中 a 为系数，如无以前的参考数据，则凸极电机可采用 1.0，隐极电机可采用 0.6；X_a为电枢主电抗，其求法见同步电机参数试验和计算部分的内容（本书册未介绍，请查看 GB/T 1029 原文）。

八、测定保梯电抗 X_P的试验和计算方法

（一）负载试验法

试验时，被试电机带额定负载或接近额定负载作发电机运行，励磁为过励或使功率因数为 1。

运行稳定后，同时测取电枢电压 U_L、电枢电流 I_L、有功功率 P_L、无功功率 Q_L和励磁电流 I_{fL}，并由试验绘出空载特性曲线和短路特性曲线。将上述试验所获特性曲线数据代入式（8-7），计算试验负载下的电流 I_{fsL}（即空载特性曲线上与本负载试验时的电动势 E_{PL}相对应的励磁电流与气隙线的励磁电流的差值）。

$$I_{fsL}=I_{fL}-\sqrt{(I_{f\delta L}+I_{fKL}\sin\varphi_{L})^{2}+(I_{fKL}\cos\varphi_{L})^{2}} \tag{8-7}$$

式中　φ_L——试验负载时的功率因数角；

$I_{f\delta L}$——气隙线上本负载时电枢电压 U_L对应的励磁电流（A）；

I_{fKL}——短路特性上本负载时电枢电流 I_L对应的励磁电流（A）。

则负载试验时的电动势 E_P可根据空载特性曲线和气隙线及 I_{fsL}用图 8-6 和图 8-7 的作图法求得。

保梯电抗 X_P用下式计算求得：

$$X_{P}=\frac{\sqrt{E_{PL}^{2}-(U_{L}\cos\varphi_{L}\pm I_{L}R_{a})^{2}}-U_{L}\sin\varphi_{L}}{I_{L}} \tag{8-8}$$

在式（8-8）根号内的“±”号，被试电机为发电机时取“＋”；为电动机时取“－”。

最好选择几个适当的负载进行试验，以得到几个 X_P。一般情况下，这些 X_P值应基本相等，取其平均值后，用上述方法计算 I_{fN}。

（二）零功率因数法

在图 8-9 上作 F 点，其纵坐标为额定电压，横坐标为零功率因数（过励）特性上对应于额定电枢电压、额定电枢电流的励磁电流。通过 F 点作平行于横轴的直线 CF，取 CF 等于三相稳态短路特性上对应于额定电枢电流的励磁电流 I_{fK}。自 C 点作直线平行于空载特性曲线的直线部分，与空载特性曲线相交于 H 点，自 H 点作 CF 的垂线 HK 交 CF 于 K 点，线段 HK 的长度即为额定电枢电流时在保梯电抗 X_P上的电压 ΔU_P，则保梯电抗 X_P可用下式计算求得：

$$X_{P}=\frac{\Delta U_{P}}{\sqrt{3}I_{N}} \tag{8-9}$$

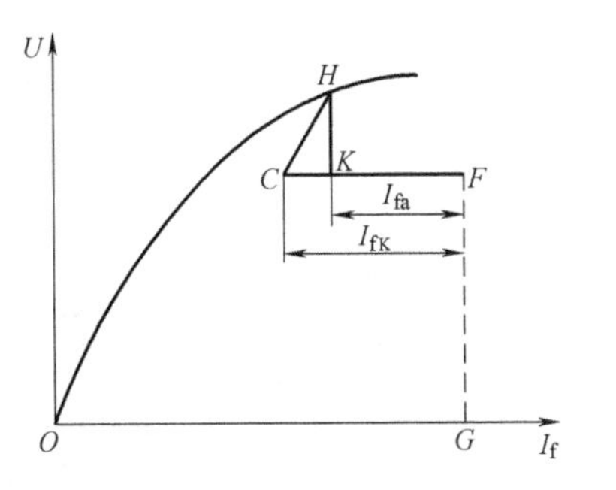

图 8-9　用零功率因数法作图求取保梯电抗 X_P

当采用标幺值绘图时，则保梯电抗 $X_P=HK$。

（三）作图法

另一种求取保梯电抗的方法如图 8-10 所示。

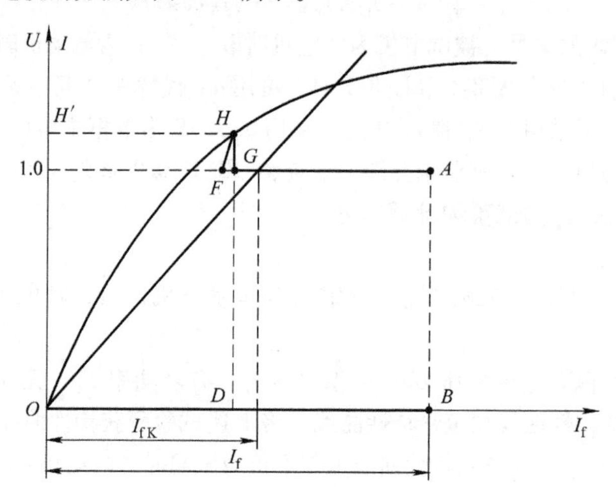

图 8-10 确定保梯电抗的作图法

将空载饱和特性和三相稳态短路特性绘制在同一张图中，从“零功率因数和可调电枢电压的过励磁试验”得到 I_f，即在额定电枢电流和零功率因数过励磁时测得 I_f，取其长度为 OB，A 点是此励磁电流和额定电压的交叉点。由 A 点向左平行于横轴作一条直线，取 AF 长度等于对应于额定电枢稳态短路电流时的励磁电流 I_{fK}。通过 F 点作一条直线平行于空载特性曲线的初始较低部分，向上与空载特性曲线的上部相交于 H 点。H 点至 G 点（与 AF 线的交点）垂直线的长度即是额定电枢电流在电抗 X_P上的电压降。用标幺值表示为 $X_P = HG$。

九、用保梯图确定励磁电流

用保梯图（Potier 图）确定额定励磁电流需要用到空载饱和特性、三相稳态短路特性和保梯电抗 X_P。

以额定电枢（定子）电流向量 $\dot{I}_N$沿横坐标展开作为基准，用测得的功率因数角 φ_N（对过励发电机取正）为角度做出额定电压的向量 $\dot{U}_N$（见图 8-11）。

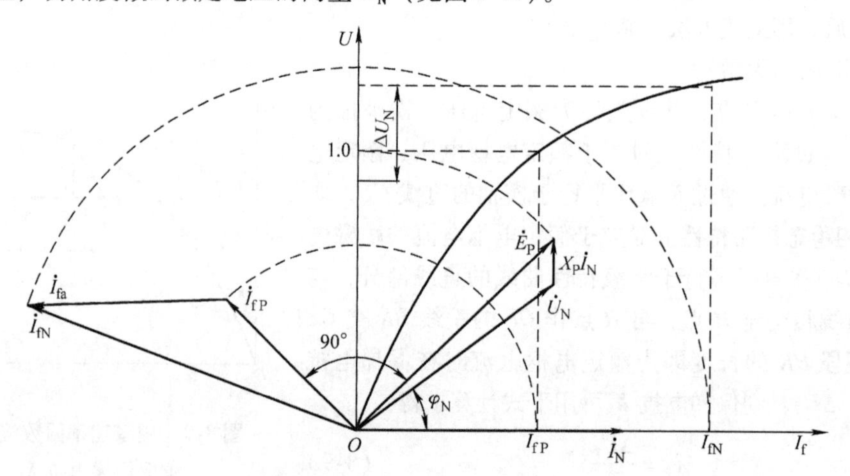

图 8-11 保梯图（Potier 图）

由电压向量终端作一额定电枢电流时保梯电抗向量（$X_P\dot{I}_N$）与电枢电流向量相垂直。通常电枢绕组电阻的电压降可以忽略不计。如有必要，可由电压向量终端作一平行于电流向量的正序电枢绕组电压降向量。

对于发电机，该向量宜如图 8-11 中所示与电枢电流向量相同；对于电动机，则方向相反。

额定电压与电抗 X_P的电压降的向量和即为电动势$\dot{E}_P$向量。从空载曲线上求得对应于电动势的励磁电流 I_{fP}，并由原点与电动势 $\dot{E}_P$向量呈 90°角作$\dot{I}_{fP}$向量。

在额定电枢电流时，补偿电枢反应的励磁电流分量$\dot{I}_{fa}$等于三相稳态短路特性上对应额定电枢电流的励磁电流与空载饱和特性上对应额定电枢电流时 X_p压降的励磁电流之间的差值（见图 8-11）。由$\dot{I}_{fP}$向量终端与电枢电流向量平行作$\dot{I}_{fa}$向量。额定励磁电流$\dot{I}_{fN}$即等于$\dot{I}_{fa}$与$\dot{I}_{fP}$的向量和。

若从保梯图（或 ASA 图及瑞典图）求取励磁电流仅是用于估算励磁电流的额定值，那么，若保梯电抗 X_P未知，对于额定频率低于 100Hz 的电机，则可在作图 8-11 时，以 aX_a代替（其中，a 为系数，在无同结构电机更准确的经验数据时，对凸极电机取 1.0，隐极电机取 0.6 或 0.65；X_a为转子移除时测得的电枢电抗）。

若从保梯图（或 ASA 图及瑞典图）求取励磁电流仅是用于在零功率因数负载试验中确定励磁绕组温升，则宜从空载特性和三相稳态特性及零功率因数时对应额定电压和额定电枢电流的励磁电流来确定保梯电抗。

转子移除试验是在电枢绕组端子上外施额定频率的三相电压，选择电源电压使得电枢电流接近额定值。试验中，测量端电压 U、线电流 I 和输入有功功率 P。

十、用 ASA 图确定励磁电流

用 ASA 图确定额定励磁电流需要用到空载饱和特性、三相稳态短路特性和保梯电抗 X_P。

用相关试验和绘图得到电动势$\dot{E}_P$，从空载饱和特性确定额定电枢电压时的励磁电流 I_{fg}，由原点沿横坐标轴作电流向量$\dot{I}_{fg}$。从其终端与垂直线向右呈额定功率因数角 φ_N（对过励发电机取正）作三相稳态短路特性上对应额定电枢电流的励磁电流 I_{fK}向量。

ΔI_f为空载饱和特性上对应电压 E_P的励磁电流 I_{fP}和气隙线上对应同一个电压 E_P的励磁电流 I_{fEP}的差，沿这些励磁电流（I_{fg}、I_{fK}）几何向量和的方向作 $\Delta\dot{I}_f$向量（见图 8-12），这 3 个向量的和即等于额定励磁电流。

若保梯电抗 X_P未知，且 ASA 图仅是用于估算励磁电流的额定值，则可在作图 8-12 时，以 aX_a来代替。

额定励磁电流也可以用下式计算确定（按标幺值或物理值）：

$$I_{fN}=\Delta I_f+\sqrt{(I_{fg}+I_{fK}\sin\varphi_N)^2+(I_{fK}\cos\varphi_N)^2} \tag{8-10}$$

十一、用瑞典图确定励磁电流

用 ASA 图确定额定励磁电流需要用到空载饱和特性、三相稳态短路特性和零功率因数（过励）时对应额定电压和额定电枢电流的励磁电流。

在横坐标轴上量取 3 个励磁电流值（见图 8-13）：

OD 为空载特性上对应额定电压的励磁电流；

OB 为对应零功率因数时额定电压和电枢电流的励磁电流；

OC 为稳态短路特性上对应额定电枢电流的励磁电流。

由 D 点作横坐标的垂线 FD，取其长度等于 1.05 倍 OC。连接 F 点和 B 点为直线，作 FB 的垂直平分线，向下与横坐标交于 M 点，以 M 点为圆心，画一个圆弧通过 F 点和 B 点。

由 D 点作一个 FD 与呈功率因数角 φ_N（对过励发电机取正）的直线，与 FD 弧相交于 K 点。

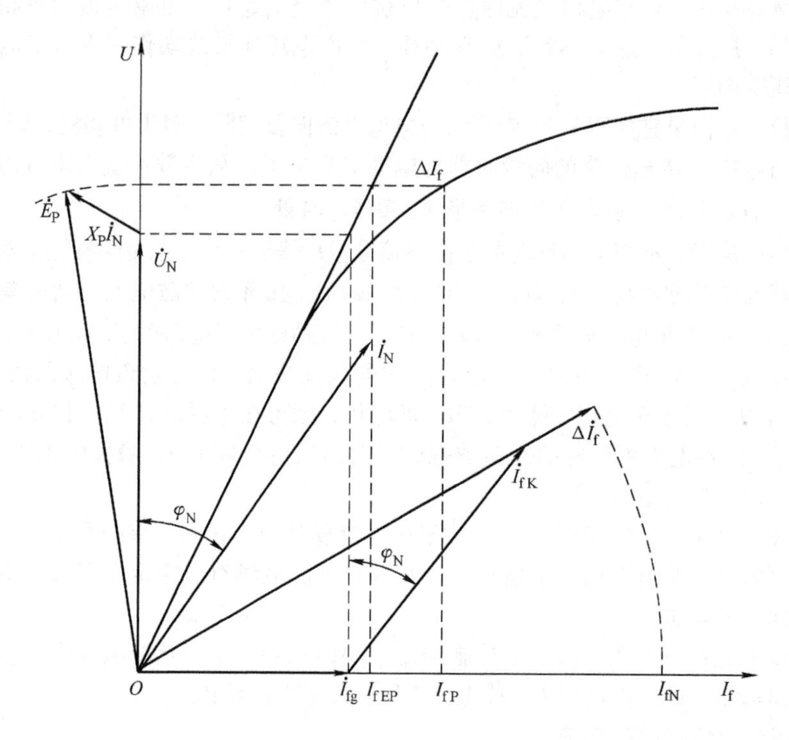

图 8-12 ASA 图

OK 的长度即等于该电机的额定励磁电流。

必要时，可按下述方法计及电枢电阻电压降的影响：

若没有零功率因数下额定电压和的电流所对应的励磁电流，则使用瑞典图时，可用下述方法确定其数值。沿纵坐标轴将额定电枢电流下的 aX_a 电压降加在额定电枢电压上（见图 8-10 的 H'点）。

由 H'点作一条平行于横坐标轴的直线，与空载特性曲线交于 H 点。由 H 点向横坐标轴作垂线，交于 D 点（见图 8-10）。D 点向右，沿着横坐标轴加上 $\dot{I}_{fa}$ 向量（长度为 DB）。励磁电流等于 OB 的长度，这就是作瑞典图时所要的电流。

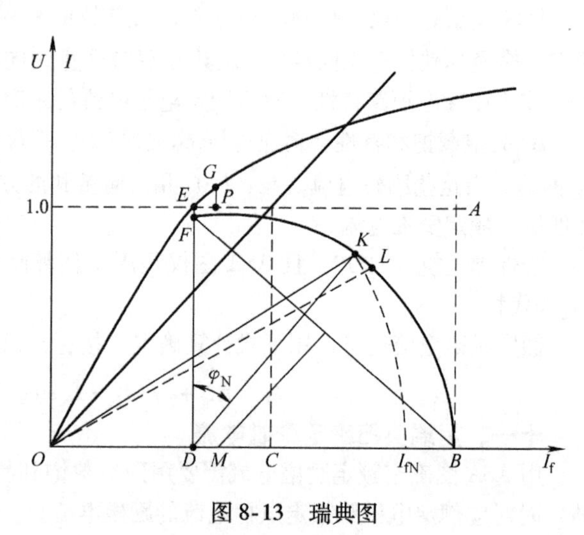

图 8-13 瑞典图

第六节 固有电压调整率的测定试验

固有电压调整率是同步发电机一个重要的电压调整性能参数，它是空载电枢电压与额定负载时额定电压差值占额定电压的百分数。在有些文件中，将其称为电压变化率。

测定固有电压调整率的方法有如下两种。

一、直接负载法

如有能力，应优先采用直接负载法。试验时，被试发电机直接加额定负载，并保持电枢电压、频率、功率因数均为额定值运行到额定工作状态后，保持转速（或频率）和励磁电流不变，逐步减小负载，直至空载。测取此时的空载电压 U_0（V），则该被试发电机的固有电压调整率 ΔU（%）为

$$\Delta U=\frac{U_0-U_N}{U_N}\times 100\% \tag{8-11}$$

式中　U_N——被试发电机的额定电枢电压（V）。

二、额定励磁电流法

使用额定励磁电流法求取固有电压调整率时，先用本章第五节介绍的方法求出额定励磁电流 I_{fN}，再用该励磁电流在空载特性曲线上查出对应的空载电枢电压 U_0，最后用式（8-11）求得固有电压调整率 ΔU。

第七节　自励恒压发电机电压调整性能和三相不对称负载试验

一、电压调整性能试验

（一）电压调定范围检查试验

本试验应在电机冷态和热态两种状态下空载和满载分别进行 1 次，即总共进行 4 次。取 4 次中较小范围为试验结果。对一般电机，最小电压值应不大于额定电压的 95%；最大电压值应不小于额定电压的 105%。有时写成 95% ~105%。

本试验一般在进行温升试验时或 12h 连续试验时附带进行。

1. 检查空载时的电压调定范围

被试发电机空载运行，其转速为该类电机标准规定值。调节电压调节装置，记录输出电压所达到的最大值和最小值。两者之间的范围即为该被试发电机空载时的电压调定范围。

2. 检查满载时的电压调定范围

被试发电机满载运行，其转速为该类电机标准规定值。调节电压调节装置，记录输出电压所达到的最大值和最小值。两者之间的范围即为该被试发电机满载时的电压调定范围。

（二）稳态电压调整率测定试验

1. 试验方法

本试验应在电机冷态和热态两种状态下分别进行 1 次。

试验前，被试发电机在额定转速下空载运行。调节电压整定装置，将电压整定在电压调整率范围之内。对不可控相复励发电机，允许在测定前将负载和功率因数调至额定值，而后将负载逐渐减小到零，再将电压整定在电压调整率范围之内。

在试验过程中，不允许再调整电压整定装置。

试验时，保持功率因数不变，将三相对称负载功率从零逐渐增加到额定值，再从额定值逐渐减小到零。负载增加或减小的梯度一般为额定功率值的 25%，即按 0→25%→50%→75%→100%→75%→50%→25%→0 调节，并记录各试验点的三相电压、三相电流和三相功率。

本试验一般在进行温升试验时附带进行。

在出厂检查试验时可适当减少测点。

2. 计算稳态电压调整率

根据发电机励磁系统的不同类型，以及不同的运行方式，采用如下两个不同的稳态电压调

整率δ_U（%）计算式（见被试电机的技术条件中的规定）：

$$\delta_U = \frac{U_t - U_N}{U_N} \times 100\% \tag{8-12}$$

$$\delta_U = \frac{U_{tmax} - U_{tmin}}{2U_N} \times 100\% \tag{8-13}$$

式中　U_t——在整个试验过程中，和额定电压相差最大的一点稳定电压（取三相平均值）（V）；

U_N——额定电压（V）；

U_{tmax}、U_{tmin}——在规定的条件下，在整个试验过程中最大和最小的稳定电压（取三相平均值）（V）。

（三）冷、热态电压变化率测定试验

冷、热态电压变化率即发电机的热态电压与冷态电压差值占冷态电压（一般为额定电压）的百分数。在有些电机标准中，直接用两者的差值来表示，称为“冷、热态电压变化差值”，即将该试验称为“冷、热态电压变化差值测定试验”。

实际试验时，为了节省时间，都将此项试验和温升试验合并在一起进行。

1. 试验方法

试验时，先将被试发电机调整到额定工作状态，之后，电压调整装置固定不动并记录开始试验时的电压U_L（V），该电压即为冷态电压（一般为额定电压）。保持额定功率、额定频率与额定功率因数运行到温升稳定，记录温升稳定时的电压U_R（V），该电压即为热态电压。试验时应使环境温度的变化不超过10℃。

2. 计算冷、热态电压变化率

冷、热态电压变化率δ_{ULR}用下式计算求取：

$$\delta_{ULR} = \frac{U_R - U_L}{U_L} \times 100\% \tag{8-14}$$

二、三相不对称负载试验

（一）不对称负载工作时三相电压偏差的测定试验

发电机在自励的情况下，先加25%额定功率的三相对称负载，此时输出电压和功率因数均应为额定值（一般为0.8，滞后）。之后，在其中一相上再加25%一相额定功率的电阻性负载（对晶闸管整流器励磁方式的电机，应加在有晶闸管整流器的那一相上）。用准确度不低于0.5级的电压表测量三相线电压值。

计算3个线电压的不平衡度（%），该不平衡度即为不对称负载工作时三相电压偏差。一般用途的发电机，该值应在±5%以内。

（二）不对称负载工作时各绕组温升的测定试验

发电机在自励的情况下，先加70%额定功率的三相对称负载，此时输出电压、频率和功率因数均应为额定值。之后，在任意两相上再加电阻性负载，所加数值应使该两相的输出电流达到额定值（此时电流的负序分量约为正序分量的12%）。

维持上述负载连续运行到温升稳定。然后测定各部位的温升或温度（有关程序和计算方法同三相交流异步电动机）。

第八节　热　试　验

三相同步电机的热试验方法和有关规定大部分与三相异步电动机热试验基本相同。在此只介绍有特殊规定的部分。

一、通用部分

三相同步电动机和发电机的热试验方法和有关规定大部分完全相同，下面介绍这些相同部分的有关内容。

1. 励磁绕组直流电阻的测定

励磁绕组的直流电阻应在集电环上测量，测量前应将电刷提起离开集电环。为了接触可靠，使测量值更加准确，可采用事先在集电环非接触部位冲或钻一个小坑的办法。

2. 励磁装置绕组和辅助绕组温度的测定

励磁装置绕组和辅助绕组温度的测定应采用电阻法或温度计法。

3. 铁心温度的测定

铁心温度的测定应尽可能地采用埋置检温计法，否则采用温度计法，对大中型电机，温度测量点不应少于2个，取其中的最高值为铁心温度。

4. 集电环、极靴、阻尼绕组温度的测定

集电环、极靴、阻尼绕组冷态和热态温度的测定应分别在电机热试验开始前和停机后立即进行，一般采用温度计或点温计，有条件时，也可采用埋置检温计的方法。

二、直接负载法

采用直接负载法对三相同步电动机进行温升试验时，三相异步电动机温升试验所用设备及试验电路均可使用，只是对他励同步电动机需增加励磁电源设备和电路。

另外，当有与被试电动机同规格或在电压、频率、功率相匹配的电机时，对电动机和发电机都还可采用同步反馈的直接负载法。

采用同步反馈法时，将两台电机在机械上相耦合（尽可能用联轴器进行耦合），电气上也联在一起。当被试电机作电动机运行时，陪试电机作发电机运行，反之亦可，所以可同时用于同步电动机和发电机热试验。运行时，发电机发出的电能反馈给电动机。

上述两台电机所消耗的能量（或者说损耗）提供方法有如下两个：

1）由第三台同步电机（以电动机方式运行）提供。该电机利用联轴器或皮带与上述两台电机耦合并提供能量。利用联轴器耦合时，该电机应为双轴伸，额定转速应与被试电机相同，其接线电路原理如图8-14a所示。

2）由电源提供，其接线电路原理如图8-14b所示。该电源的频率和电压应与被试电动机完全相同，并需采取适当的措施防止电动机在达到额定转速的过程中出现有害的电气或机械的过渡过程。

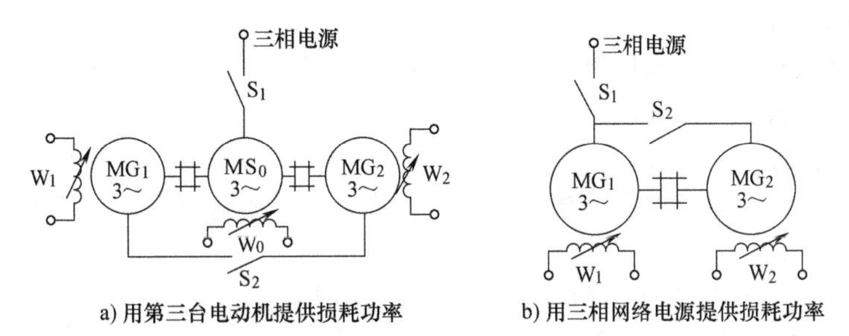

a) 用第三台电动机提供损耗功率　　b) 用三相网络电源提供损耗功率

图 8-14　采用同步反馈法进行热试验的电路原理图

采用由电源提供两台电机损耗的同步反馈法时，要求两台电机的转子在连接时有一个圆周方向的位移，或者旋转时相差一个联合的负载角，电机的负载角 δ 可用下式求取：

$$\delta = \arctan\frac{IX_q\cos\varphi}{U + IX_q\sin\varphi} \tag{8-15}$$

式中　I——试验时的电枢电流（A）；

U——试验时的电枢电压（V）；

X_q——电机的交轴电抗（Ω）；

φ——该负载时的功率因数角。

耦合的两个转子以额定转速旋转，两台电机的电枢回路相对于旋转方向和转子极性同相序地联在一起，电路中应接有断路器和功率、电压、电流等测量仪表，还必须测量频率和转速，两个转子绕组也要接有电压表和电流表，并由独立可调的直流电源供电。

三、降低负载法

如因试验负载设备能力或电源容量有限，不能进行满载热试验，可采用降低负载的直接负载法。

试验必须在0.6倍被试电机额定功率开始到试验条件允许的最大可能功率范围内3～4个不同负载（对被试电机为电动机的，可用电流代替功率）下进行热试验，试验时，被试电机的功率因数应等于或接近额定值。

求得每一个负载时的绕组、铁心以及相关部件的温升值后，绘制温升与绕组电流二次方或该部件损耗的关系曲线，将这些曲线向上顺势延长（外推）至被试电机的额定负载点（对被试电机为电动机的，可用额定电流点代替），并通过坐标求得额定负载点的温升值。

四、间接法之一——低功率因数负载法

如因试验设备能力或电源容量有限，不能进行直接负载热试验，可采用低功率因数负载法的间接负载法进行间接热试验（但对调相机，零功率因数负载也就是直接负载，所以本方法是对调相机以外的三相同步电机而言）。

利用此方法进行热试验时，被试电机可作发电机运行，也可作电动机运行；可不带有功负载或带一部分有功负载。

试验时，电机调到额定频率、额定励磁电流和额定电枢电流。试验过程中的有关要求与直接负载法相同。

若试验时电机的电枢电压不低于额定值的95%，则试验求得的电枢绕组和定子铁心温升不必进行修正，否则，应按下述方法进行修正：

（一）通过两次空载热试验对电枢绕组和定子铁心温升进行修正

1. 第一次空载试验

被试电机空载运行，电枢电压等于上述试验中的电压，此时测得的电枢绕组和定子铁心温升分别为 $\Delta\theta_{a1}$（K）和 $\Delta\theta_{Fe1}$（K）。

2. 第二次空载试验

被试电机空载运行，电枢电压等于额定电压，此时测得的电枢绕组和定子铁心温升分别为 $\Delta\theta_{a2}$（K）和 $\Delta\theta_{Fe2}$（K）。

3. 计算额定工作方式时的温升 $\Delta\theta_{aN}$（K）和 $\Delta\theta_{FeN}$（K）

（1）电枢绕组温升 $\Delta\theta_{aN}$（K）为

$$\Delta\theta_{aN} = \Delta\theta_a + (\Delta\theta_{a2} - \Delta\theta_{a1}) \tag{8-16}$$

（2）定子铁心温升 $\Delta\theta_{FeN}$（K）为

$$\Delta\theta_{FeN} = \Delta\theta_{Fe} + (\Delta\theta_{Fe2} - \Delta\theta_{Fe1}) \tag{8-17}$$

（二）用经验公式对电枢绕组和定子铁心温升进行修正

（1）电枢绕组温升 $\Delta\theta_{aN}$（K）为

$$\Delta\theta_{aN}=\Delta\theta_{a}+\left(1+\frac{\Delta P_{Fe}}{KP_{Cua}}\right) \tag{8-18}$$

式中　$\Delta\theta_{a}$——低功率因数负载温升试验时电枢绕组温升（K）；

ΔP_{Fe}——额定电压时的铁耗 P_{Fe} 与低功率因数负载温升试验电压所对应的铁耗 P'_{Fe} 之差（kW）；

P_{Cua}——低功率因数负载温升试验时电枢绕组中的 I^2R 损耗（kW）；

K——系数，小型电机取6，中型电机取3。

（2）定子铁心温升 $\Delta\theta_{FeN}$（K）为

$$\Delta\theta_{FeN}=\Delta\theta_{Fe}+\left(1+\frac{\Delta P_{Fe}}{P_{Cua}+P_{Fe}}\right) \tag{8-19}$$

式中　$\Delta\theta_{Fe}$——低功率因数负载温升试验时定子铁心温升（K）。

五、间接法之二——空载短路法

对发电机（不含汽轮发电机），如因试验设备能力不足，不能进行直接负载温升试验时，可采用空载短路法进行间接热试验。试验方法和有关计算如下。

（一）试验项目及方法

被试电机在其他机械拖动下作发电机空转运行，进行以下4次热试验。

应注意，以下叙述中所讲的温升代表各绕组、铁心等所需求得的各项温升值，例如 $\Delta\theta_0$ 实际包含电枢绕组温升、铁心温升，而 $\Delta\theta_{U1}$ 和 $\Delta\theta_{U2}$ 则包含电枢绕组温升、铁心温升和励磁绕组温升。在计算时，应使用各自的数值。

1）电机空载，不加励磁。测得温升为 $\Delta\theta_0$（K）。

2）电机空载，加励磁，使发电机电枢电压为105%额定值。测得温升为 $\Delta\theta_{U1}$（K）。

3）电机空载，加励磁，在铁心温度不超过规定值的情况下，使电枢电压尽可能接近或等于120%额定值。测得温升为 $\Delta\theta_{U2}$（K）。

4）试验前，先将电枢三相输出端短路，试验时，加励磁使发电机输出电流达到额定值。测得温升为 $\Delta\theta_k$（K）。

（二）计算额定工作方式时的温升 $\Delta\theta_{aN}$（K）和 $\Delta\theta_{FeN}$（K）

（1）电枢绕组温升 $\Delta\theta_{aN}$（K）为

$$\Delta\theta_{aN}=\Delta\theta_{k}\left(1+\frac{\Delta\theta_{U1}-\Delta\theta_{0}}{K+\theta_{C}+\Delta\theta_{k}}\right)+\Delta\theta_{U1}-\Delta\theta_{0} \tag{8-20}$$

式中　K——系数，铜绕组为235。

（2）定子铁心温升 $\Delta\theta_{FeN}$（K）为

$$\Delta\theta_{FeN}=\Delta\theta_{k}+\Delta\theta_{U1}-\Delta\theta_{0} \tag{8-21}$$

（3）励磁绕组温升值计算步骤如下：

1）计算求出试验项目中第2）、3）、4）项试验时的励磁绕组温升 $\Delta\theta_f$。

2）用试验项目中第2）、3）、4）项试验温升稳定时所测得的励磁绕组电流 I_f（A）和直流电阻 $R'_f(\Omega)$ 计算出3个 $I_f^2R'_f$ 值。

3）在一个直角坐标系中作关系曲线 $\Delta\theta_f=f(I_f^2R'_f)$，如图8-15中斜线①所示。

4）计算冷却介质温度为40℃、温升分别为0K和55K［即绕组温度分别为 $\Delta\theta+40$℃和95℃。此处的95℃和55K是对130（B）级绝缘的电机，若使用155（F）级绝缘，则将改为155℃和75K］时，所对应的 $I_{fN}^2R'_{f40}$ 和 $I_{fN}^2R'_{f95}$ 值（I_{fN} 为额定励磁电流；θ 为3次热试验时冷却介质温度的平均值；R'_{f40}和R'_{f95}分别为折算到0℃和95℃的励磁绕组直流电阻）。

5）通过（$I_{fN}^2R'_{f40}$，0）和（$I_{fN}^2R'_{f95}$，55）两点画直线②与斜线①交于 A 点。

6）A 点的纵坐标 $\Delta\theta_{fN}$ 即为额定工作状态时励磁绕组的温升值。

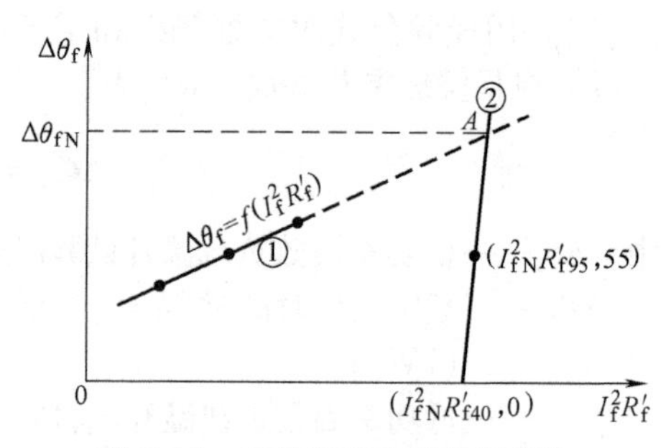

图 8-15　空载短路法进行间接热试验时励磁绕组的温升曲线

六、间接法之三——空载低速法

空载转速法是励磁绕组热试验的另一种间接法。试验时，被试电机固定在某一励磁电流，在 3 种低于额定值的转速下进行空载热试验，绘制 3 次试验测得的励磁绕组温升值（$\Delta\theta_{f1}$、$\Delta\theta_{f2}$、$\Delta\theta_{f3}$）与转速的关系曲线（见图 8-16），并将曲线外推到额定转速，得到 $\Delta\theta_f$，即为在此励磁电流时的励磁绕组温升。

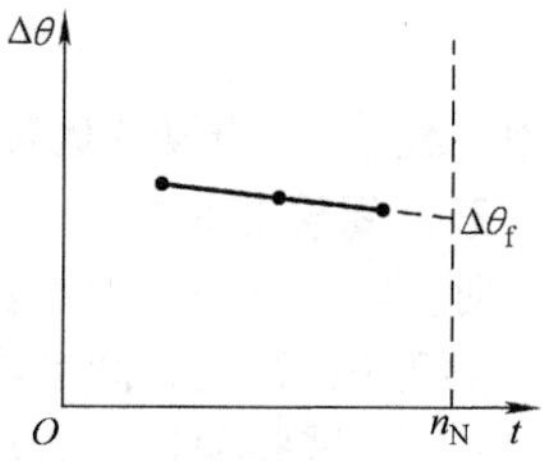

图 8-16　空载低速法求取励磁绕组温升

额定励磁电流时的励磁绕组温升 $\Delta\theta_{fN}$ 按下式确定：

$$\Delta\theta_{fN}=\Delta\theta_f\left(\frac{I_{fN}}{I_f}\right)^2\left[1+\frac{\Delta\theta_f\left(\frac{I_{fN}}{I_f}\right)^2-\Delta\theta_f}{k+\theta_c+\Delta\theta_f-\Delta\theta_f\left(\frac{I_{fN}}{I_f}\right)^2}\right] \tag{8-22}$$

式中　θ_c——3 次试验时冷却介质温度的平均值（℃）。

试验时，最低转速选择不宜低于 $0.5n_N$。一般可选 $0.7n_N$、$0.8n_N$、$0.9n_N$ 三种转速，但应避开机组的临界转速。励磁电流的选择应尽可能大些，但必须保证在高转速时的电枢电压不超过额定值的 1.2 倍，同时还应考虑到，在试验中，由于铁心的高度饱和以及风量减小，铁心温度和定位筋、端盖、机壳、齿压板、紧固螺栓，以及其他漏磁所经过的结构件的温升将较高，励磁绕组由于风量较少引起温升增高。因此，在试验中要严格监视各部位的温升，使其不超过允许值，铁心温度可控制在低于允许温度 5 ~ 10℃，结构件的温度可控制在不超过 150℃，励磁绕组温度控制在相应的允许温度范围内。否则，应进一步降低试验时的励磁电流。

七、大电机的一种测定热电阻的方法——短路保温制动法

在需要用停机测量电枢绕组电阻，而又难于迅速制动停机的电机（一般为较大功率的电机），可采用短路保温制动法测取断电后的热电阻。具体做法如下：

当被试电机温升达到稳定后，迅速减小负载并切离电路（对发电机应立即与原动机脱开），同时减小励磁电流到零。此时，如被试电机无异常情况，则将接到电枢绕组上的三相短路开关闭合（应事先连接好该短路开关），再加上励磁，并迅速地增加励磁电流，使电枢电流达到 90% 额定值，从电机切离电路到电枢电流调到 90% 额定值所需要的时间应不超过 30s。当电机停转后，立即开始记录时间，并尽快减小励磁电流并切断，同时断开电枢绕组的三相短路开关，开始迅速地测量电枢绕组电阻和记录各测量点的时间，以后继续测取 5 点左右（可以更多）。用上述电枢电阻和对应的时间做曲线，并外推到时间为 0s 获得电枢绕组的电阻用于求取电枢绕组的温升。

第九节　效率的测定试验

一、概述

三相同步电机的效率测定试验和计算方法在很多方面和三相异步电动机相同，不同之处在

于它的励磁损耗部分。根据试验设备的能力，也分为直接负载法和间接负载法两种试验方法。

对用于测量各试验量的仪器仪表的要求同三相异步电动机。

在 GB/T 1029—202X 中，依据 GB/T 25442—2018/IEC 60034－2－1：2014 第 7 章“同步电机确定效率的试验方法”中第 7.1 条“优选试验方法”，规定了 3 种不同适应范围内为低不确定度的优选试验方法。

方法 2－1－2A：用测功机直接测量输入机械功率或输出机械功率。适用于机座号 180 及以下所有电机和任意定额的永磁电机。

方法 2－1－2B：带有满负载试验的各分项损耗求和，其中负载杂散损耗采用短路试验来确定。适用于机座号 180 以上额定输出功率 2MW 及以下的所有电机。

方法 2－1－2C：无满负载试验的各分项损耗求和，其中负载杂散损耗采用短路试验法来确定。适用于额定输出功率为 2MW 以上的所有电机。

详见表 8-6。

应根据被试电机的机座号和定额来选择特定的试验方法。对于永磁电机，其优选的方法为 2－1－2A。

需要说明一个问题：因 GB/T 1029—202X 完全采用了 GB/T 25442—2018/IEC 60034－2－1：2014 中的内容，致使其中一些参数的符号（主要是下角标）与本手册其他章节所用的有些不同，例如定子铜耗，此标准中用“P_S”，而我国其他标准中绝大部分用“P_{Cu1}”。为了做到本手册内相对的统一，故对其中的一些符号进行了改变（主要是下角标），例如将定子铜耗的符号“P_S”改为“P_{Cua}”（下角标中的“a”代表电枢，对于普通同步电机，实际上也是“定子”）。请阅读和使用时注意。

表 8-6 电励磁同步电机的效率测定的优选试验方法

方法编号	方法描述	适用电机范围	设备需求
2－1－2A	测量输出（电量或机械量）和输出（机械量或电量）的输入－输出法	机座号≤180 电励磁电机和任意定额的永磁电机	满载容量的测功机
2－1－2B	各项损耗求和。额定负载试验和短路试验的损耗分析法 由短路试验确定负载杂散损耗	机座号＞180，且额定输出功率≤2MW 的所有电机	满载容量的机组
2－1－2C	各项损耗求和。无需额定负载试验的损耗分析法 由短路试验确定负载杂散损耗 由保梯图、ASA 图、瑞典图确定励磁电流	额定输出功率＞2MW 的所有电机	

下面介绍这 3 种方法的试验过程和效率的求取方法。

二、优选试验方法之一——输入－输出法（方法 2－1－2A）

（一）概述

本方法测取电机轴端的转矩和转速，以确定其机械功率 P_{mech}，试验中应同时测取其定子的电功率 P_{el}。

这一程序也适用于永磁同步电机。

输入输出功率按式（8-23）、式（8-24）或式（8-25）、式（8-26）计算，如图 8-17 所示，其中机械功率 $P_{mech}=2\pi Tn$。

（1）电动机运行时

$$P_1 = P_{el} \tag{8-23}$$

$$P_2 = P_{mech} \tag{8-24}$$

（2）发电机运行时

$$P_1 = P_{mech} \tag{8-25}$$

$$P_2 = P_{el} \tag{8-26}$$

应用本方法确定效率的流程为

直接测量→测功机试验→效率

图8-17　转矩测量试验原理图

（二）试验程序

将被试电机与测功机或带有转矩仪的负载连接在一起，施加需要的负载。记录U、I、P_{el}、n、T、θ_c。需要励磁时，按如下规定继续进行。

励磁电压U_e和励磁电流I_e的确定取决于励磁系统的型式。适用时，试验数据应按如下要求记录：

1）对由轴带的、独立旋转的、静止的和辅助绕组励磁机励磁的电机，在同步电机的励磁绕组集电环上测量。

2）对无刷励磁机励磁的电机，应按以下一种方法记录：

① 用连接到励磁绕组末端的辅助（临时的）集电环测量电压。根据电压U_e和电阻R_e求取磁场绕组电流I_e。励磁绕组电阻在电机断电后，用外推法测得。

② 可使用适合于直接测量励磁绕组电流的功率集电环测量电压U_e和电流I_e。

电压和电流应在温度稳定后测量。励磁回路损耗应按相关规定确定。

（三）确定效率

效率按下式计算：

$$\eta = \frac{P_2}{P_1 - P_{1E}} \tag{8-27}$$

式中　P_1和P_2——由本项试验确定的输入和输出功率（W），见式（8-23）～式（8-26）和图8-17；

P_{1E}——他励励磁功率（W）。

注：励磁回路损耗不由他励励磁功率P_{1E}提供，就由轴机械功率提供。

三、优选试验方法之二——额定负载试验和短路试验的各项损耗求和（方法2－1－2B）

（一）概述

本方法是各项损耗求和确定效率，相关损耗包括铁耗、风摩耗、定子和转子绕组损耗、励磁回路损耗、负载杂散损耗。

这一程序不适合用于永磁电机。

应用本方法确定效率的流程如下：

间接测量→各分项损耗→环境温度下绕组电阻→额定负载热试验
→负载损耗（定子和转子绕组损耗，含温度修正）→励磁回路损耗
→空载试验→恒定损耗（含机械损耗和铁耗）→短路试验→负载杂散损耗→总损耗→效率

（二）试验程序

建议在热试验完成后，紧接着进行本项负载试验。

如单独进行本项试验，则在试验开始前，在环境温度下测取被试电机的绕组电阻和温度。

被试电机应供给电源以合适的方式施加额定负载，并运行至热稳定（变化率不大于2K/h）。

在额定负载试验最后，记录至少3组试验结果的平均值：U_N、I_N、R_N、P_N、f、θ_c及θ_N。

其中，R_N为热试验得到的断电瞬间绕组电阻（Ω），$R_N = R$；θ_N为热试验得到的或由埋置热传感元件获得的额定负载绕组温度（℃）。

（三）各项损耗的确定

1. 定子绕组铜耗的确定

定子绕组铜耗 P_{Cua}（W）按下式计算：

$$P_{Cua} = 1.5I^2R_{11} \tag{8-28}$$

式中　I——定子线电流（A）；

R_{11}——修正到环境温度为25℃时的定子绕组端电阻（Ω）。

2. 励磁系统的各项损耗值的确定

（1）励磁绕组损耗

励磁绕组铜耗 P_f（W）按下式计算：

$$P_f = I_fU_f \tag{8-29}$$

式中　I_f——励磁电流（A）；

U_f——励磁电压（V）。

（2）电刷电损耗 P_b（W）

电刷电损耗 P_b按正极或负极中每个电刷指定的电压降确定，由下式计算获得：

$$P_b = 2I_eU_b \tag{8-30}$$

式中　I_e——按负载试验确定的励磁电流（A）；

U_b——不同类型电刷的每个电刷电压降（V），见表8-5。

（3）励磁机损耗

将励磁机与主机分离（如有可能），然后把励磁机连接至：

1）转矩测量设备，按输入输出法确定输入机械功率，或

2）校准过的驱动电动机，测量电动机输入功率。

将励磁机（当同步电机经由集电环励磁时）接到合适的阻性负载上。在额定负载时的电压 U_e和电流 I_e下无励磁运行励磁机。记录：额定负载点的 U_e、I_e、P_{1E}、n、T_E；励磁机无励磁时的转矩 $T_{E,0}$。

励磁机损耗按下式计算：

$$P_{Ed} = 2\pi n(T_E - T_{E,0}) + P_{1E} - P_f \tag{8-31}$$

当励磁机不能与电机分离时，励磁机损耗应由制造商提供。

（4）总励磁损耗

总励磁损耗按下式计算：

$$P_e = P_f + P_{Ed} + P_b \tag{8-32}$$

3. 空载试验

（1）试验过程和要求

被试电机可独自作电动机来进行试验，或与驱动电机对接作为发电机运行（轴端驱动功率的转矩按输入-输出法测量）。

空载试验应在额定负载试验后热状态下立即进行。

如不具备条件，也可在冷状态下开始，但是电机在额定频率和电压（通过调解励磁电流）下空载损耗达到稳定，而且作为单台电动机运行时功率因数应为1（电枢电流最小）。

对有轴带励磁机的同步电机，该电机宜用他励，且励磁机与电源和励磁绕组分离。

试验从高电压到低电压的顺序进行，至少测试 8 个电压点，包括额定电压点（110% ~80%

额定电压之间4个；70%～30%额定电压之间4个）。每个试验点记录：U_0、I_0、P_0。应尽可能快地进行。

试验开始前和结束后立即采取电枢绕组电阻R_0。中间各试验点的电阻值应按照与功率P_0呈线性关系采用内插值法计算确定，起始点为试验开始前和结束后测得的电阻值。

（2）求取恒定损耗

根据记录的试验数据按下式确定各试验电压点的恒定损耗：

$$P_e = P_0 - P_{Cua0} = P_{fw} + P_{Fe} \tag{8-33}$$

式中　P_{Cua0}——定子绕组空载铜耗（W），各试验点的数值按下式计算：

$$P_{Cua0} = 1.5I_0^2R_{11,0} \tag{8-34}$$

式中　$R_{11,0}$——试验时测得或计算得到的空载定子绕组直流电阻（Ω）。

对具有无刷励磁的电机，应扣除励磁损耗，见下式：

$$P_c = P_0 - P_{f,0} - P_{Cua0} - P_{Ed,0} - P_{1E,0} \tag{8-35}$$

式中　$P_{f,0}$——空载励磁绕组损耗（W）；

$P_{Ed,0}$——对应试验点U_e和I_e的励磁机损耗（如前所述）（W）；

$P_{1E,0}$——按试验时对应于试验点U_e和I_e的功率（W）。

（3）风摩耗和铁耗

相关计算和绘图以及求取方法同交流异步电动机（见第五章第七节）。

4. 短路试验

被试电机的电枢绕组短路并与驱动电机对接，同时考虑到使用转矩仪或测功机测量转矩。电机在额定转速下运行，调解励磁以使电枢绕组短路电流等于额定电流。

对有轴带励磁机的同步电机，该电机励磁宜采用他励方式，且励磁机与电源和励磁绕组分离。

假设负载损耗与负载杂散损耗之和与温度无关，且无须修正到基准温度。还假设杂散损耗与定子电流的二次方成正比变化。

记录：T、n、I。

励磁系统的各项损耗按本章第五节及本部分前面讲述的规定确定。

短路试验（轴端不连接电机）过程如下：

电机在某一固定电压下作同步电动机运行，该电压最好是大于1/3额定电压或能稳定运行的最低电压。调节励磁电流改变电枢电流。应在125%～25%额定电流之间大约测取6点（允许更多）电枢电流，并应包括1～2点低电流点。最大的试验电流值一般规定为额定电流的125%（若试验不是在电机制造商处进行，则该值应从制造商处获得），但有时定子的冷却不允许在超过100%额定电流下运行，以免造成损害。试验应从最大电流开始，以保证试验中定子绕组温度更加均匀。

记录：P_1、U、I。

5. 负载杂散损耗

（1）连接电机

额定电流下负载杂散损耗$P_{LL,N}$等于轴端连接驱动电机的短路试验时吸收的功率减去风摩耗P_{fw}，再减去额定电流下的负载损耗，见下式：

$$P_{LL,N} = 2\pi nT - P_{fw} - P_{Cua} \tag{8-36}$$

对无刷励磁电机，还应减去由驱动电机供给的励磁绕组损耗和励磁机的损耗，见下式：

$$P_{LL,N} = 2\pi nT + P_{1E} - P_{fw} - P_{Cua} - P_f - P_{Ed} \tag{8-37}$$

对其他负载点，杂散损耗 P_{LL} 按下式求取：

$$P_{LL}=P_{LL,N}(I/I_N)^2 \tag{8-38}$$

（2）不连接电机

任意电枢电流下的负载杂散损耗为：试验中每一电枢电流的输入功率减去恒定损耗 P_c 及每一电枢电流下的电枢绕组损耗 P_{Cua}。

（四）确定效率

效率按下式计算：

$$\eta=\frac{P_1+P_{1E}-P_T}{P_1-P_{1E}}=\frac{P_2}{P_2+P_T} \tag{8-39}$$

式中　P_1——输入功率（不包括他励电源提供的励磁功率）（W）；

P_2——输出功率（W）；

P_{1E}——独立电源提供的励磁功率（W）；

P_T——包括励磁回路损耗在内的总损耗（W）。

注：①在式（8-39）中，通常第一个表达式用于电动机，第二个表达式用于发电机。②适用时，P_T 包括电机的励磁功率 P_e。

包括励磁回路损耗在内的总损耗按下式计算：

$$P_T=P_k+P_{Cua}+P_{LL}-P_e \tag{8-40}$$

四、优选试验方法之三——无满载试验的各项损耗求和（方法2－1－2C）

本方法适用于额定功率大于2MW的电机（不适用于永磁同步电机）。试验程序原则上与前面刚介绍的方法2－1－2B相似。唯一不同的是不必进行额定负载热试验，而是进行由保梯图、ASA图和瑞典图来确定励磁电流的试验（见本章第五节）。除此之外，效率和损耗的确定程序和方法与前面介绍的方法2－1－2B相同。

应用本方法确定效率的流程如下：

间接测量→各分项损耗→环境温度下绕组电阻

→IEC 60034－4：2008的6.4、6.5、6.8按保梯图、ASA图、瑞典图确定励磁电流

→额定负载热试验→负载损耗（定子和转子绕组损耗，含温度修正）→励磁回路损耗→空载试验

→恒定损耗（含机械损耗和铁耗）→短路试验→负载杂散损耗→总损耗→效率

试验前应先测得空载饱和试验、三相稳态短路试验和零功率因数下过励试验的结果，此3项试验分别按IEC60034－4：2008《旋转电机　第4部分：同步电机参数的试验测定方法》的6.4、6.5、6.8进行。

按方法2－1－2B的程序确定效率。

用保梯图、ASA图、瑞典图确定励磁电流的内容详见本章第五节。

第十节　效率的现场测定或检查试验方法

一、概述

在GB/T 1029—202X的7.2提出了效率的现场测定或检查试验方法，并说明这些试验方法可用于任何试验，如现场试验、客户特定协议试验和检查试验。

规定的试验方法见表8-7。

表 8-7 同步电机的其他效率测定试验方法

方法编号	方法描述	设备需求
2-1-2D	双电源供电，对拖试验	两台完全相同的电机
2-1-2E	单电源供电，对拖试验	
2-1-2F	零功率因数试验 由保梯图、ASA 图、瑞典图确定励磁电流	满电压和电流的电源
2-1-2G	进行负载试验的除负载杂散损耗 P_{LL} 以外（即不考虑 P_{LL}）的损耗求和	满负载容量的机组

下面介绍这4种方法的试验过程和效率的求取方法。

二、现场或检查试验方法之一——双电源对拖（方法 2-1-2D）

（一）试验流程

本方法的试验流程如下：

直接测量→双电源供电对拖试验→效率

本方法不适用于永磁同步电机。

（二）试验程序

两台完全相同的电机机械耦合在一起（见图 8-18）。试验用可调电源进行，但是同一台电机的测量仪器和仪用互感器的接线保持不变。

两台电机的电压和电流应相同，且一台电机（电动机按照电动机定额，发电机按照发电机定额）应达到额定功率因数。可通过一套同步－直流机组将发电机的输出能量回馈到电网来实现。

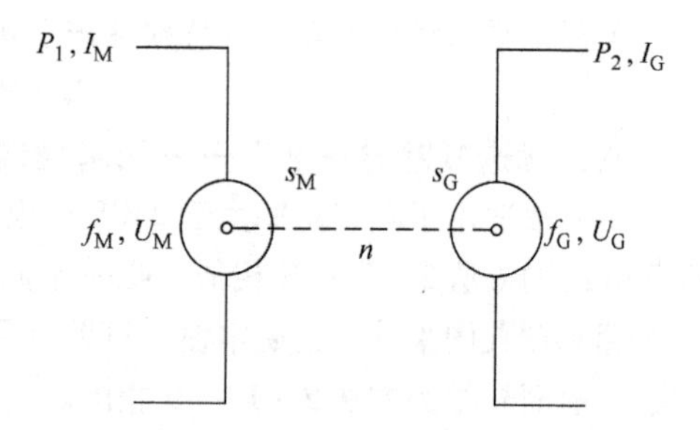

图 8-18 双电源对拖试验原理图

注：两台电机吸收的损耗将导致其中一台电机的功率因数和励磁电流偏离额定值。

互换电动机和发电机的接线并重复本试验。对每一次试验，记录：U、I、P_1、f、P_2、$\cos\varphi_M$、$\cos\varphi_G$、θ_c。

励磁系统的各项值按前面讲述的规定确定。

（三）确定效率

两台完全相同的电机在相同的额定工况下运行，效率按总损耗的一半及电动机和发电机的平均输入功率计算，见下式：

$$\eta = 1 - \frac{P_T}{\frac{P_1 + P_2}{2} + P_{1E}} \tag{8-41}$$

式中 P_T，P_{1E}——按下式计算获得：

$$P_T = \frac{1}{2}(P_1 - P_2) + P_{1E} \tag{8-42}$$

$$P_{1E} = \frac{1}{2}(P_{1E,M} - P_{1E,G}) \tag{8-43}$$

三、现场或检查试验方法之二——单电源对拖（方法 2-1-2E）

（一）试验流程

本方法的试验流程如下：

间接测量→单电源供电对拖试验→效率

本方法不适用于永磁同步电机。

（二）试验程序

机械连接两台完全相同的电机，电气连接在同一电源上（以额定转速和额定电压），一台作为电动机运行，另一台作为发电机运行。

注：或者，损耗由一台校准过的驱动电机提供。

两者转子之间有一个角位移，以使其中一台电机能在所要求效率的负载条件下运行，另一台电机定子电流为同一绝对值条件下运行（见图8-19）。

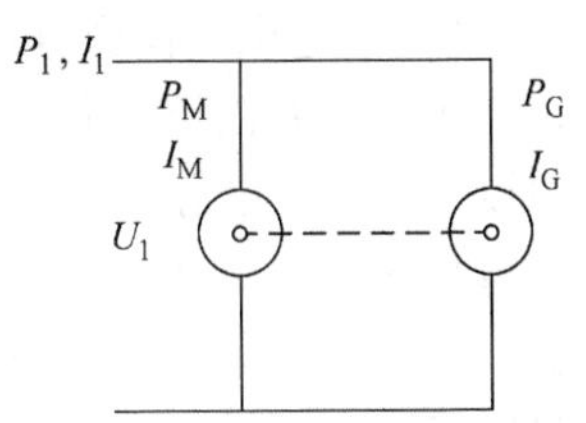

图8-19　单电源对拖试验原理图

在所要求的负载条件下，此时以电角度表示的角位移大约是内部电角度的2倍。通常，在给定电压下，循环功率取决于电角度和电动机及发电机的励磁电流。通过精确调节另一台电机的励磁电流（可偏离额定值）将电机的电流和功率因数调节至额定值。

每次试验记录如下试验数据：

1）工频电源的 U_1、I_1、P_1；

2）电动机的 I_M、P_M；

3）发电机的 I_G、P_G。

励磁系统的各项值按前面讲述的规定确定。

（三）确定效率

两台完全相同的电机基本上在相同的额定工况下运行，则认为每台电机各占总损耗的一半。效率按下式计算：

$$\eta = 1 - \frac{P_T}{P_M + P_{1E}} \tag{8-44}$$

式中　P_M——以电动机运行的电机接线端吸收的功率（W）；

P_T——总损耗，规定为所吸收的总功率的一半（W），见式（8-45）；

P_{1E}——由他励电源供电的励磁功率（W），见式（8-46）。

$$P_T = \frac{1}{2}P_1 + P_{1E} \tag{8-45}$$

$$P_{1E} = \frac{1}{2}(P_{1E,M} - P_{1E,G}) \tag{8-46}$$

四、现场或检查试验方法之三——零功率因数（方法2－1－2F）

（一）试验流程

本方法的试验流程如下：

间接测量→空载试验→零功率因数试验

→IEC 60034－4：2008 的6.4.6.5、6.8 按保梯图、ASA 图、瑞典图确定励磁电流

→励磁回路损耗→总损耗→效率

本方法不适用于永磁同步电机。

（二）试验程序

1. 概述

试验前应先测得空载饱和试验、三相稳态短路试验和零功率因数下过励试验的结果，此3项

试验分别按 IEC 60034－4：2008 的6.4、6.5、6.8 进行。

应按本章第九节中第三、（三）3 项讲述的空载试验结果进行估算。

2. 零功率因数试验

电机在额定转速和过励状态下，独自作电动机运行。调节电源电压，以达到期望负载下的电动势 E 和电枢电流 I（接近零功率因数）。

注：$\dot{E}$是端电压和保梯电抗电压降的矢量和，按 IEC 60034－4：2008 的7.26.2 求取。

试验应尽可能在额定电流下运行至热稳定，不应进行绕组温度修正。

对以上试验，电源电压应可调，以使本试验中的铁耗值与在额定电压、额定功率因数负载时的铁耗值相同。如果电源电压不可调但等于额定电压，这可能会给出一个与满负载时明显不同的铁耗。原则上，宜输出无功功率（即电机过励），但当由于受励磁电压的限制而不可能实现时，只要能稳定运行，试验也可以在吸收无功功率（即电机欠励）并尽量稳定运行情况下进行。

期望负载下的励磁绕组损耗可通过按本章第五节讲述的保梯图、ASA 图或瑞典图所估算的励磁电流来获得。

注：此方法的准确度取决于低功率因数功率表和仪用互感器的准确度。

试验应尽可能在额定电流下运行至热稳定，不应进行绕组温度修正。

在零功率因数试验时记录 U、I、f、$P_{1,\mathrm{zpf}}$、θ_{c}和 θ_{w}。

励磁系统的各项值按本章第五节及本部分前面讲述的规定确定。

（三）确定效率

1. 概述

对每个测试负载点，由测得的数据按下式确定效率：

$$\eta = 1 - \frac{P_{\mathrm{T}}}{P_1 + P_{1\mathrm{E}}} \tag{8-47}$$

式中 P_1——额定运行时电枢绕组端吸收的功率（W）；

P_{T}——总损耗，包括励磁损耗（W）；

$P_{1\mathrm{E}}$——由他励电源供电的励磁功率（W）。

2. 励磁损耗

（1）励磁绕组损耗

励磁绕组损耗 P_{f}按式（8-48）计算，对励磁绕组电阻按式（8-49）进行修正。

$$P_{\mathrm{f}} = I_{\mathrm{e}} U_{\mathrm{e}} = I_{\mathrm{e}}^2 R_{\mathrm{e}} \tag{8-48}$$

$$R_{\mathrm{e}} = R_{\mathrm{e},0} \frac{235 + \theta_{\mathrm{e}}}{235 + \theta_{\mathrm{c}}};\ \theta_{\mathrm{e}} = 25 + (\theta_{\mathrm{w}} + \theta_{\mathrm{c}}) \left(\frac{I_{\mathrm{e}}}{I_{\mathrm{e,zpf}}} \right)^2 \tag{8-49}$$

式中 I_{e}——按 IEC 60034－4 规定的励磁绕组电流（A）；

R_{e}——各负载点温度修正后的励磁绕组电阻（Ω）；

$R_{\mathrm{e},0}$——温度为 θ_0时的冷态励磁绕组电阻（Ω）；

$I_{\mathrm{e,zpf}}$——由零功率因数试验求得的励磁绕组电流（A）；

θ_{w}——零功率因数试验的励磁绕组温度（℃）；

θ_{c}——零功率因数试验的基准冷态介质温度（℃）；

θ_{e}——修正到 I_{e}的励磁绕组温度（℃）。

（2）电刷的电损耗、励磁机损耗和总励磁损耗

电刷的电损耗、励磁机损耗和总励磁损耗求取方法同本章第九节中第三、（三）2.（2）~（4）部分讲述的内容。

3. 总损耗

1）对于励磁机类型为 c）和 d)（见本章第五节第一项）的电机，总损耗按下式计算：

$$P_T = P_{1,zpf} + \Delta P_{fe} + P_e \tag{8-50}$$

式中 $P_{1,zpf}$——零功率因数试验吸收的功率（W）；

ΔP_{fe}——由空载试验得到的铁耗与电压曲线确定［见本章第五节］，此值为电压等于所需负载下感应电动势时的铁耗与零功率因数试验感应电动势下的铁耗差值（W）；

P_e——按上文所述确定（W）。

2）对于励磁机类型为 a）和 b）（见本章第五节第一项）的电机，总损耗按式（8-51）计算。按上文所规定的对应于所需负载下的励磁绕组电流的 P_e、P_{Ed}和 P_{1E}，按 IEC 60034 -4 的规定确定，见式（8-52）。

$$P_T = P_{1,zpf} + P_{1E,zpf} + \Delta P_{fe} + P_e \tag{8-51}$$

$$P_e = P_f + P_{Ed} + P_{f,zpf} + P_{Ed,zpf} \tag{8-52}$$

式中 $P_{1,zpf}$、$P_{f,zpf}$和 $P_{1E,zpf}$——零功率因数试验测得的数据（W）；

P_f——按他励励磁电机来确定（W）；

P_{Ed}，$P_{Ed,zpf}$——由上述试验中测得的 I_e、R_e和 $I_{e,zpf}$、$R_{e,zpf}$确定（W）。

ΔP_{fe}——由空载试验得到的铁耗与电压曲线确定，此值为电压等于所需负载下感应电动势时的铁耗与零功率因数试验感应电动势下的铁耗差值（W）。

注：上述表达式适用于电动机运行方式。

五、现场或检查试验方法之四——进行负载试验的除负载杂散损耗以外的损耗求和（方法 2 -1 -2G）

试验程序原则上与方法 2 -1 -2B 相似（见本章第九节第三项）。唯一不同的是本方法不考虑负载杂散损耗，即无须进行短路试验。本试验结果的准确度明显比较低。

除此之外，效率和损耗的确定程序与方法 2 -1 -2B 是相同的。

应用本方法确定效率的流程如下：

间接测量→各分项损耗→环境温度下绕组电阻→额定负载热试验
→负载损耗（定子和转子绕组损耗，含温度修正）→励磁回路损耗
→空载试验→恒定损耗（含机械损耗和铁耗）→总损耗→效率

试验程序按方法 2 -1 -2B 确定效率，但无须考虑负载杂散损耗。

本方法不适用于永磁同步电机。

第十一节 异步起动的同步电动机堵转性能试验

异步起动的三相同步电动机堵转性能试验方法与三相交流异步电动机的堵转试验虽然很相似，但还有其特点和特殊要求，其中有些特殊要求应予以格外注意。

本项试验的目的在于确定堵转电流和堵转转矩（在某些文件中称为起动电流和起动转矩）。

一、试验设备

本项试验所用交流电源和测量转矩的设备以及试验电路与三相交流异步电动机的堵转试验完全相同。

但应注意，试验时，其转子上的励磁绕组应外接一个“起动电阻”或“短路电阻”，以防止定子通入交流电的瞬间在励磁绕组中产生较高的感应电动势对励磁绕组的绝缘造成损伤。该电

阻的阻值在被试电机的技术条件中没有规定时，一般应为励磁绕组直流电阻的10倍左右。

二、试验过程和注意事项

正式试验前，应尽可能事先用低电压确定对应于最大堵转电流和最小堵转转矩的位置。不实测转矩时，应将转子堵住；实测转矩时，则应在电机轴伸上安装测量转矩的设备。

（一）额定电压时的试验方法

对于较小容量的被试电机，若电源容量足够，应在额定电压下进行试验，并直接得到额定电压时的堵转数据。其试验方法及注意事项与三相交流异步电动机的堵转试验完全相同。

（二）降低电压时的试验方法

对于容量较大的被试电机，若电源容量不足，则应用降低电压的试验方法。其试验方法及注意事项与三相交流异步电动机的同方式堵转特性试验完全相同。试验时所加电压应使电枢电流达到其额定值的2倍或更高。不实测转矩，用计算法求堵转转矩时，应注意在试验结束时立即测取电枢绕组的直流电阻。

三、采用降低电压试验方法时额定电压堵转性能数据的求取方法

（一）普通方法（普通直角坐标）

采用降低电压试验方法时，额定电压时堵转性能数据的求取步骤如下（见图8-20）：

1）求取各试验点的三相电压和三相电枢电流的平均值以及输入功率，实测转矩时，还应计算出转矩的实际值。

2）绘制电枢电流与电压的关系曲线 $I_a=f(U_a)$。

3）从曲线 $I_a=f(U_a)$ 的最大电压 U_K 点（图中a点）处，顺曲线的直线部分向两个方向延长，向上延至超过额定电压 U_N 点，向下延至与横轴相交（图中交点为 U' 点）。

4）堵转电流 I_{KN}（A）用下式计算得出：

$$I_{KN}=\frac{U_N-U'}{U_K-U'}I_K \tag{8-53}$$

式中 I_K——对应于最高试验电压 U_K 时的电枢电流（A）；

U'——由图8-20得到的电压值（V）。

5）实测转矩时，堵转转矩 T_{KN}（N·m）用下式计算得出：

$$T_{KN}=\left(\frac{U_N-U'}{U_K-U'}\right)^2 T_K \tag{8-54}$$

式中 T_K——对应于最大试验电压 U_K 时的转矩（N·m）。

6）不实测转矩时，堵转转矩 T_{st}（N·m）按下面的程序计算得出：

① 用式（8-55）求出对应于最大试验电压 U_K 时的转矩 T_K（N·m）。

$$T_K=9.55\times\frac{P_1-P_{Fe}-P_{Cua}}{n_s} \tag{8-55}$$

式中 P_1——对应于最大试验电压 U_K 时的输入功率（W）；

P_{Fe}——对应于最大试验电压 U_K 时的铁耗（W）；

P_{Cua}——对应于最大试验电压 U_K 时的电枢铜耗，用电枢电流和试验结束时立即测得的电枢绕组直流电阻计算求得（W）。

② 用式（8-54）求取额定电压时的堵转转矩 T_{KN}。

（二）对数曲线计算法

在画图8-20中的直线延长线时，若曲线无明显直线部分，则可用试验时所测得的几组电枢

电流 I_K 和电压 U_K 作对数曲线 $\lg I_K = f(\lg U_K)$，如图 8-21 所示。然后，将其向上延长并得到额定电压 U_N 时的堵转电流 I_{KN}。

若每点都测取了转矩值，则堵转转矩 T_{KN}可用与上述求取堵转电流相同的对数法求得，否则用与电流的二次方成正比的关系求得，即

$$T_{KN} = \left(\frac{I_{KN}}{I_K}\right)^2 T_K \tag{8-56}$$

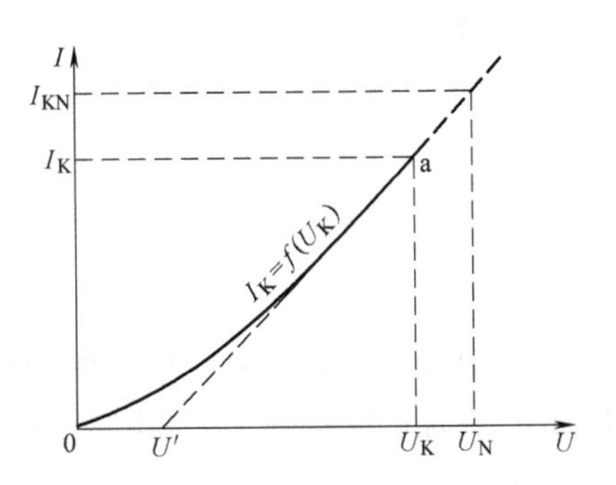

图 8-20　异步起动的同步电动机堵转特性（普通曲线）

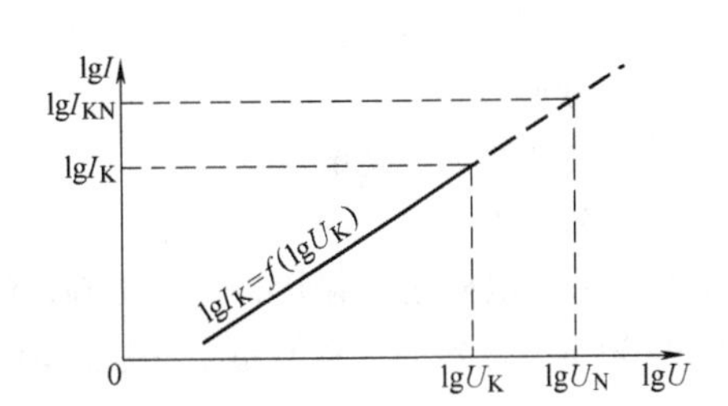

图 8-21　异步起动的同步电动机堵转特性（对数曲线）

第十二节　异步起动的同步电动机标称牵入转矩测定试验

同步电动机的标称牵入转矩是指当电动机在 95% 额定转速（或转差率为 5%，下同）时的输出转矩，用符号 T_{pi}表示。

95% 额定转速可由加速的方法得到，也可用直接负载法（减速法）得到，所以有两种试验方法。

试验前，用 10 倍左右被试电机励磁绕组直流电阻的电阻器将励磁绕组短路，该电阻被称为“短路电阻”。

一、直接负载法

直接负载法又称为减速法。

试验时，被试电机应带适当的可调机械负载，加额定频率的可调电压作异步电动机运行。所加电压的高低，应在其阻尼绕组（又称为起动绕组或起动笼）及磁极的整块极靴不过热的情况下尽可能提高，一般在额定值的 50% 以上。

调节被试电机的负载，使其转速为额定转速的 95%。同时测取被试电机的电枢电压、电枢电流、输入功率和转速（或转差率），若负载为测功机，还应测取被试电机的输出转矩或功率。

试验时，还应记录被试电机励磁回路的连接情况和“短路电阻”的数值。

在上述试验电压 U（V）下，当被试电机转速为额定转速的 95% 时，其牵入转矩 T_M（N·m）用下式计算求取：

$$T_M = 9.55 \times \frac{P_2 + P_{ms}}{0.95 n_N} \approx 10 \times \frac{P_2 + P_{ms}}{n_N} \tag{8-57}$$

式中　P_2——被试电机的输出功率（W）；

P_{ms}——被试电机在转速为额定转速的 95% 时的机械损耗（W），如无此数据，可近似地由空载时求得的机械损耗 P_{fw}代替。

被试电机在额定电压 U_N（V）时的标称牵入转矩 T_{pi}（N · m）用下式计算求取：

$$T_{pi} = T_M \left(\frac{U_N - U'}{U - U'} \right)^2 \tag{8-58}$$

式中 U'——由堵转特性试验曲线求得的电压（见图8-20）（V）；

U——求得 T_M 时的试验电压（V）。

试验时，若转速为95%额定转速的点不易准确建立，则可调节被试电机负载，在转速为95%额定转速点左右取4～5个点，按上述方法测取有关数据并计算出转矩值。然后，作转矩对转速（或转差率）的关系曲线，再从曲线上查出转速为95%额定转速点的转矩 T_M，最后用式（8-58）求出被试电机在额定电压时的标称牵入转矩 T_{pi}。

二、加速试验法

加速试验法又称为起动试验法。

（一）试验方法

试验时，被试电机在空载状态下，加额定频率的可调电压进行起动。调节电压的快慢，应使被试电机由30%额定转速加速到额定转速的时间约为90s。在加速过程中，电源电压和频率应保持不变。

如果电机能从静止状态起动的最低电压尚不能满足上述要求，则应进一步调低电压，直至达到上述要求为止。但此时有可能需要用其他方法帮助电机起动，例如先用较高的电压起动，然后切断电源使电机降速，待降到30%额定转速以下时，再加所需的电压进行加速。

在上述试验中，在转速为额定值的30%～80%范围内，每间隔5～10s测量并记录一次转速和时间；在转速为额定值的80%～100%范围内，每间隔3～5s测量并记录一次转速和时间。

当使用快速记录仪试验时，加速到全值的时间可比上述规定少一些。

用上述记录数值绘制转速与时间的关系曲线 $n=f(t)$，该曲线即为被试电机的起动加速曲线，如图8-22所示。

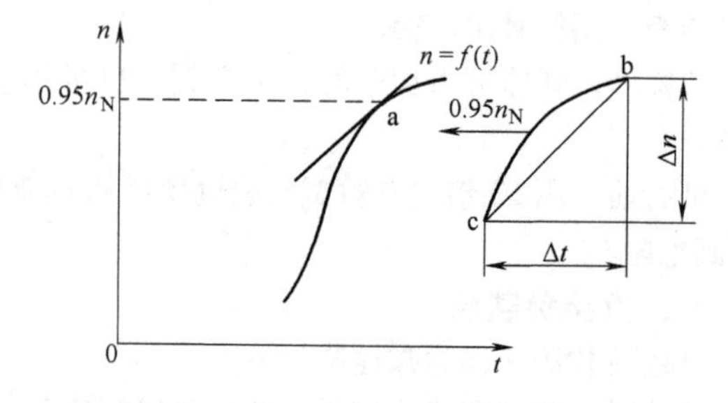

图8-22 异步起动的同步电动机起动加速曲线 $n=f(t)$

（二）求取额定电压时的标称牵入转矩 T_{pi}

1）用下述方法求取 $n = 0.95n_N$ 时的曲线斜率 dn/dt：

以曲线 $n=f(t)$ 上 $n = 0.95n_N$ 处（a点）为中心，取曲线上距a点等距的两点b和c。注意b点的纵坐标不应超过 n_N。b和c两点的纵坐标之差为 Δn，横坐标之差为 Δt，$\Delta n/\Delta t$ 即为所求得斜率 dn/dt。

2）当所作曲线a点处斜率较明显时，可直接作通过a点曲线的切线，量取切线与横轴的夹角 α，求取 $\tan\alpha$ 值，即为斜率值。也可量取a点的横坐标点到切线与横轴交点间的距离，用a点纵坐标长度比上述距离即为所求得斜率 dn/dt。

3）被试电机在试验电压下的转矩 T_M（N · m）用下式计算：

$$T_M = \frac{J}{9.55} \frac{\Delta n}{\Delta t} \tag{8-59}$$

式中 J——被试电机的转动惯量（$kg \cdot m^2$）。

4）被试电机在额定电压下的标称牵入转矩 T_{pi}（N · m）用式（8-58）计算。

（三）有关注意事项

1）本试验宜采用定时计数的数字式测速仪或函数记录仪等测量记录仪器仪表，也可使用离心式指针转速表，不能使用普通的数字转速表。

2）试验时应注意被试电机不可过热。

第十三节　同步电动机的失步转矩测定试验

同步电动机的失步转矩类似于异步电动机的最大转矩。试验方法也基本相同。常用的试验方法有直接负载法和分析法两种。

一、直接负载法

（一）试验设备及电路

试验时，被试电机加实际的机械负载，该负载应在一定范围内可调，应有可测取负载转矩（即被试电机的输出转矩）的设备。有关试验设备及电路组成请参考第五章中第十三节有关内容。

（二）试验方法

给被试电机加额定频率的额定电枢电压，在输出额定负载的工况下运行到温升稳定。

保持被试电机的励磁电流不变，逐渐给其增加负载使之失步（转速开始突降），在开始失步的瞬间，测功设备所显示的被试电机的输出转矩，即为该被试电机的失步转矩。

若试验中，产生失步转矩时的电压不等于额定电压，则应将试验所得的转矩值按与电压二次方成正比的关系进行修正，求得额定电压时的数值。

二、分析法

对因试验电源或负载设备、转矩测量设备等的能力不足，不能采用上述直接负载法的被试电机，可采用分析法求取失步转矩。

（一）所需的数据

采用分析法求取失步转矩时，应事先通过相关试验求出如下必要的数据：

1）被试电机的额定励磁电流 I_{fN}（A）。

2）对应于额定电压时的空载气隙励磁电流 $I_{f\delta}$（A）。求取方法见本章第五节。

3）被试电机的直轴同步电抗的不饱和值（标幺值）X_d^*。求取方法见本章第十八节（本手册未详细介绍，如需要，请参看 GB/T 1029 原文）。

4）被试电机的交轴同步电抗（标幺值）X_q^*。求取方法见本章第十八节（注解同上）。

5）被试电机的额定功率因数 $\cos\varphi_N$。

（二）计算求取失步转矩

1）用下式求出参数 ε：

$$\varepsilon = \frac{I_{f\delta}}{I_{fN}}\left(\frac{X_d^*}{X_q^*} - 1\right) \tag{8-60}$$

2）在曲线（见图 8-23）上查出对应于式（8-60）计算所得 ε 值的 $f(\varepsilon)$。

3）用下式求取失步转矩 T_{PO}（N · m）：

$$T_{PO} = \frac{I_{f\delta}}{I_{fN}} \frac{1 + f(\varepsilon)}{X_d^* \cos\varphi_N} \tag{8-61}$$

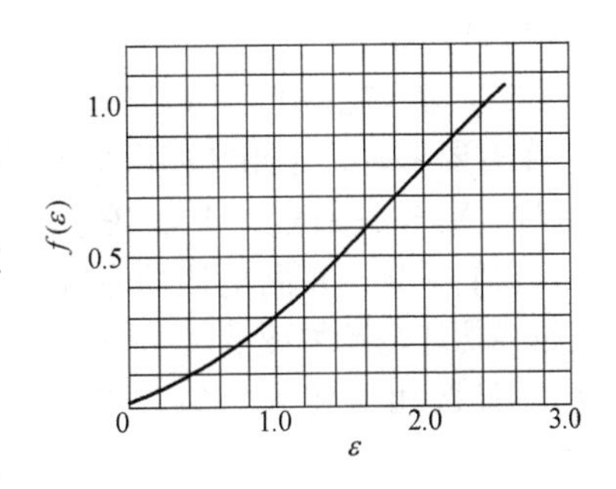

图 8-23　$f(\varepsilon)$ 曲线

第十四节　过电流（过载）和机械强度试验

一、偶然过电流和过载试验

（一）偶然过电流试验

偶然过电流试验一般仅对发电机进行。对电动机，若因无法直接测取其输出转矩时，可利用过电流试验代替过转矩试验，但过电流值应在技术条件中规定。

被试电机在额定工作状态下工作到温升稳定或接近稳定后，开始进行本试验。

试验时，应迅速调节被试电机的电枢电流到规定的过电流值（在考核标准中，过电流值一般以额定电流的倍数形式给出，额定电流值应为被试电机铭牌上标出的数值），保持的时间按标准规定，例如 15s。试验过程中，电枢电压及频率应尽可能接近额定值。

如果受试验条件限制，不能按上述方法进行时，允许按该类电机标准规定，在短路情况下进行试验。

（二）过载试验

过载试验也称为过转矩试验，一般对电动机进行。试验时，被试电机应在额定工况下运行达到或接近热状态，保持额定频率、额定电压及额定功率因数不变。过载数值及时间按该被试电机标准中的规定执行。

二、突然短路机械强度试验

本试验系破坏性试验，一般只在新试制的产品鉴定试验时才进行。

（一）试验设备、试验方法和注意事项

试验前，必须仔细检查被试电机装配和安装质量，如电枢绕组端部绑扎是否牢固、转子紧固螺钉是否旋紧、电机与安装基础是否连接良好等。另外，还应测量电机绕组对机壳和相互间（可能时）的绝缘电阻并应合格。

用于短路的开关一般使用三相交流接触器，其额定电流应在被试电机额定电枢电流的 2 倍以上，并由远程电路控制。短路开关与电机出线端的连接引线应尽可能短，并有足够的截面积。各连接点不允许存在松动或接触不良现象。另外，要求三对触点合、断时的时间差应不大于 15°（电角度，确定方法见本章第十五节第一部分有关内容）。

为确保试验人员的安全，在进行短路试验时，不允许任何人留在被试电机、短路开关及引线附近。

试验时，被试电机应经过运行达到或接近热状态。

如无其他规定，短路前，被试电机处在空载而励磁（应为他励）相应于 1.05 倍额定电压的运行状态。短路开关突然闭合，历时 3s 后打开。

（二）测取三相短路电流的有关要求

在有要求时，应测取短路时的电枢电流。此时，应事先在电枢绕组与短路开关的接线中串联电流互感器或分流器（建议采用后者），它们采集的短路电流信号输入给多线录波器或专用记录装置（例如多功能电参数测量仪和微机系统等）。电流互感器或分流器的接线位置按相关要求执行，当采用分流器时，一般按图 8-24 的接法。

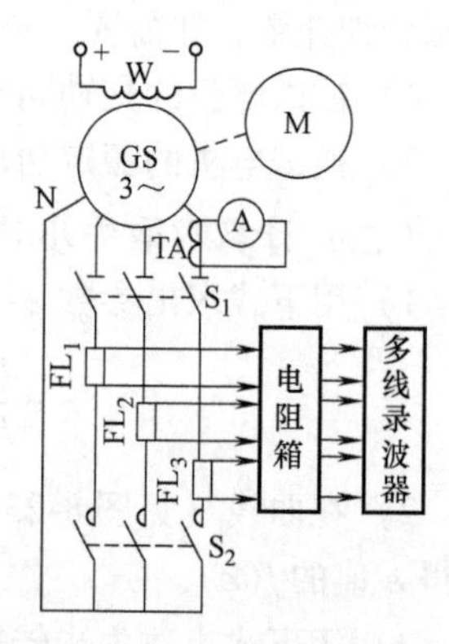

图 8-24　采用分流器测取三相短路电流的试验电路

试验前，应将录波器或专用记录装置的记录波形进行电流比例的调定，使短路时的三相电流波形处于较合适的幅度和位置。

记录短路电流波形的过程中，要考虑三相开关的延时性，并严禁发电机励磁电流回路跳闸。

通过量取记录的短路电流波形幅值，与试验前定标的波形相比较，得出三相短路电流值。

突然短路试验后，被试电机应不产生有害变形，并能承受正常的耐电压试验。

第十五节 瞬态电压调整率和恢复时间的测定试验

三相同步发电机的瞬态电压调整率是发电机在额定电枢电压和额定转速空载运行时突加规定数值的负载和加规定数值的负载运行时突然甩掉全部负载的过程中，电枢电压的变化情况；恢复时间是指上述负载变化时，电枢电压剧烈变化后到稳定（电压稳定的判定在被试发电机的技术条件中规定）时所用的时间。

本项试验是否进行，应在技术条件中规定。

一、试验设备和试验方法

在 JB/T 8981—2011《有刷三相同步发电机技术条件（机座号 132 ~ 400）》和 JB/T 3320.1—2000《小型无刷三相同步发电机技术条件》中给出了小型三相同步发电机瞬态电压调整率和恢复时间的测定方法。

（一）试验设备和试验电路

试验设备和试验电路如图 8-25a 所示。其中录波仪器可采用多线光线录波器，也可采用专用测试装置（见图 8-25b 所示的 8961C1 型三相同步发电机综合测试仪）和计算机系统；负载应按

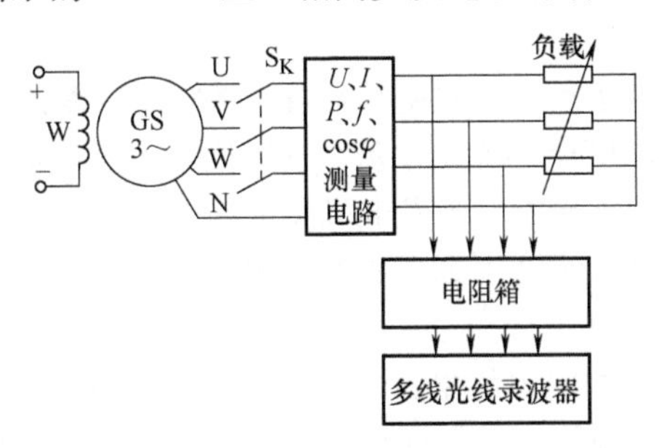

a) 用多线光线录波器的电路图

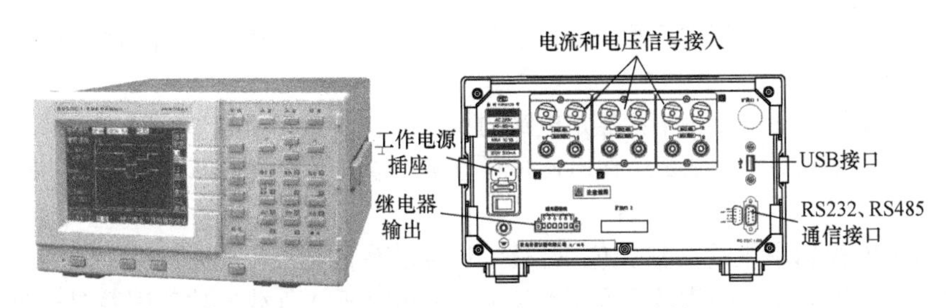

b) 8961C1型三相同步发电机综合测试仪

图 8-25 三相同步发电机的瞬态电压调整率试验设备和试验电路

被试发电机的要求配备，其中包括有功负载和无功负载，两种负载均应可调，以保证试验时满足负载功率因数的要求（例如要求 $\cos\varphi \leqslant 0.4$）。

（二）对三相开关三对触点合、断同步性的要求及确定方法

与负载连接的三相开关 S_K 三对触点合、断时的时间差应≤15°（电角度，应按接通电流的角

频率进行计算。若折算成时间，360°电角度为 1 个周期，对于 50Hz 电源，折合成时间为 20ms，15°电角度即为 20ms × 15° ÷ 360° ≈ 0.833ms）。该要求只能用拍摄示波图或计算机计算的方法进行检查。用拍摄示波图的检查方法如下：

将录波仪器的输入信号线按图 8-26a 的接法与被试三相开关 S 相接，并将负载连线断开。也可断开被试开关与发电机及负载的连接，用单相 220V、50Hz 电源与开关 S 连接。

给开关 S 通电并将其闭合后，调整好录波器的 3 个电压波形位置和幅值后开始试验。通过合、断开关 S，给录波器通入一段三相电压信号。当使用光线录波器时，应将记录速度设定在较快的位置，使记录的电压波形曲线能展开，便于测量三相电压信号的不同步电角度差。

图 8-26b 为测试示例。从图中可以看出，1 最早闭合、最晚断开，2 次之，3 最晚闭合、最早打开。通过测量，闭合时，3 比 1 晚 12°电角度，< 15°，应视为符合要求。

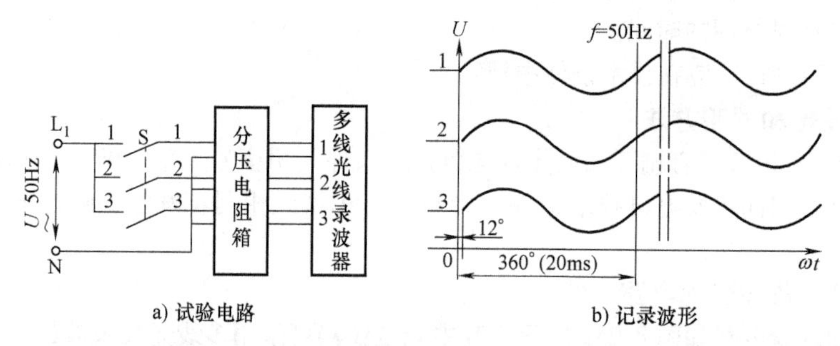

a) 试验电路　　b) 记录波形

图 8-26　用拍摄示波图的方法检查 3 对触点合、断时的时间差

（三）试验方法

被试发电机在其他机械的拖动下运行。先使其空载，将转速调整到额定值，电枢电压调整到额定值或接近额定值。然后，突加 60% 的额定电流、功率因数不超过 0.4（滞后）的恒阻抗三相对称负载。考虑到负载本身过渡特性影响，当发电机稳定后重新将转速调整到额定值，电压调整到额定值或接近额定值，负载应准确调整到 60% 的额定电流、功率因数不超过 0.4（滞后）的稳定状态下，突甩上述负载。

试验中，应记录负载突变前后的输出线电压和相电流的稳定值，并用录波器记录下突加和突甩负载时的输出线电压和相电流波形，并保证记录到稳定状态，取合闸相角 < 15°电角度的电压波形进行分析。

必要时，上述试验应重复进行几次，且以最大的一次作为考核依据，同时要核对突加瞬间的负载电流（周期分量）。

若所加负载所测得的电流达不到额定电流的 60%，应调整后重试。

本试验亦允许采用每次录取 3 个线电压进行分析，取其平均值，再重复测量 3 次，取中间值作为考核数据。

（四）用两单相功率表的读数比值 W_1/W_2 计算功率因数

当所用的功率因数表最小值指示大于 0.4，无法知道所加负载的功率因数是否低于 0.4 时，可采用两单相功率表测量三相功率，并从两个单相功率表的读数比值来确定功率因数值。设两个表的读数分别为 W_1 和 W_2（当两者符号相反时，以绝对值较小者为负值），则功率因数 $\cos\varphi$ 可用下式计算求得：

$$\cos\varphi = \frac{1}{\sqrt{1 + 3\left(\frac{W_1 - W_2}{W_1 + W_2}\right)^2}} \tag{8-62}$$

由上式可得出 $\cos\varphi$ 与 W_1/W_2 的关系为

$$\cos\varphi=\frac{1}{\sqrt{1+3\left[\frac{(W_1/W_2)-1}{(W_1/W_2)+1}\right]^2}} \tag{8-63}$$

由此可得出，当 $\cos\varphi=0.4$ 时，$W_1/W_2=-0.14$。

现今使用的多功能电量测试仪（见图 8-25b），能使功率因数值和其他电量直接同步显示，试验操作非常方便。

二、试验结果的处理和计算

设某台被试三相同步发电机的试验记录波形如图 8-27 所示。

（一）瞬态电压调整率 δ_{US}（%）的确定

用卡尺精确测量出额定线电压的波形双峰值为 F_N（mm），突加和突甩负载瞬间的输出线电压波形双峰值（三相平均值）分别为 F_{min}（mm）和 F_{max}（mm）。

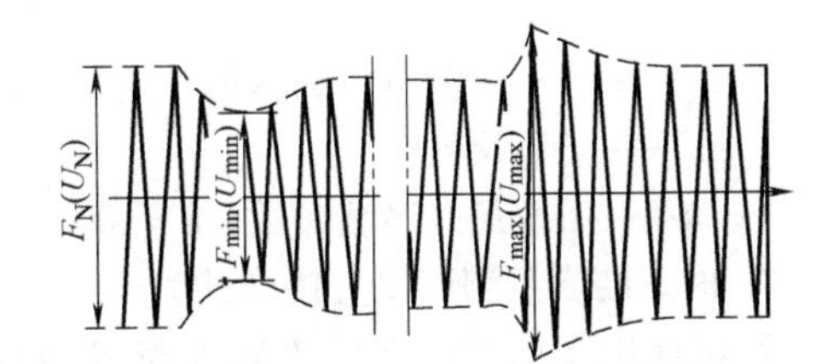

图 8-27　三相同步发电机瞬态电压调整特性试验波形

1）突加负载的瞬态电压调整率 δ_{-US}（%）为

$$\delta_{-US}=\frac{F_{min}-F_N}{F_N}\times 100\% \tag{8-64}$$

2）突甩负载的瞬态电压调整率 δ_{+US}（%）为

$$\delta_{+US}=\frac{F_{max}-F_N}{F_N}\times 100\% \tag{8-65}$$

取 δ_{-US}和 δ_{+US}之中绝对值较大的一个数值作为该被试发电机瞬态电压调整率 δ_{US}（%）。

（二）电压恢复时间 t_U（s）

数出突加和突甩负载时的输出线电压波形从瞬变开始点到规定的稳定（例如电压波动率在 ±3% 以内）点波形的个数 n，则当电枢电压的频率为 50Hz 时，电压恢复时间 t_U(s) 为

$$t_U=0.02n \tag{8-66}$$

由于被试发电机发出的电压频率在瞬变时不一定等于额定值（例如 50Hz），所以当对该试验数据的准确性要求较严格时，应用网络电源（俗称市电）电压作为计时标尺，此时需要录波器将网络电源的波形同时给出。

另外，也可利用录波器本身的计时功能来计时。

第十六节　发电机输出电压总谐波畸变量的测定试验

一、说明

在 GB/T 1029—2005 中，对发电机输出电压波形质量的考核有“电压波形正弦性畸变率”和“电话谐波因数”两项指标。

在改版的 GB/T 1029—202X 中，将“电压波形正弦性畸变率”改为了“电压总谐波畸变量”，用“*THD*”表示。同时取消了测量和考核“电话谐波因数”的规定。

所测得的电压总谐波畸变量（*THD*），对普通用途的电机应不超过 5%。有较高要求的电机另行规定。

二、测试和计算方法

试验时，被试电机在空载发电状态下运行，其电枢绕组输出开路，调整转速使其输出电压达

到额定值后，用专用仪表直接测量或用谐波分析仪测量出各次谐波电压值（有效值），频率测量范围应包括从额定频率到100次谐波在内的所有谐波。

在使用分压器、电压互感器时，应注意不会造成波形失真。一般规定电压互感器的准确度应不低于0.2级或0.5级。

测量可采用测取各次谐波的谐波分析计算法或波形畸变量测试仪直接得出结果的方法。

1. 谐波分析计算法

当采用谐波分析计算法时，若测量所得的线电压有效值为 U（V），各次谐波的有效值分别为 U_1、U_2、…、U_n（V），则总谐波畸变量 THD 用下式计算求得：

$$THD = \sqrt{\sum_{n=2}^{k} U_n^2} \tag{8-67}$$

式中　U_n——各次谐波电压的幅值与基波电压幅值之比；

n——谐波次数；

k——所取最高谐波次数，$k=100$。

2. 波形畸变量测试仪直接测试法

可以使用专用的电压波形畸变量测试仪直接测试。但目前很多单位使用多功能电量测试仪（又称为功率分析仪，见图3-27和图8-25b）。这些仪器可以按用户的要求设置测取全部电压波形质量参数的插件，这样就很容易地获得各项电压波形质量参数，并且可在各项通电试验的过程中进行本项测试操作，得到所有时段、各种工况下（含电压、电流、输出或输入功率）的三相（线）数值。

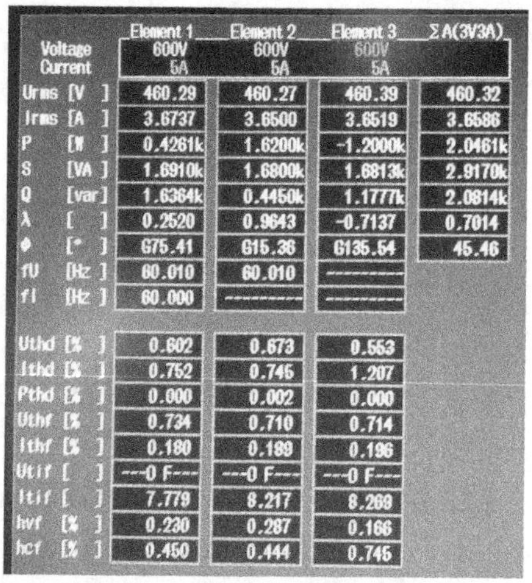

图8-28是一个测量截屏界面，其中有关电压的数值：总谐波畸变量 THD（图中的“Uthd”）分别为0.602%、0.673%和0.553%；电压谐波因数 THF（图中的“Uthf”）分别为0.734%、0.710%和0.714%；谐波电压因数 HVF（图中的“hvf”）分别为0.230%、0.287%和0.166%。

Voltage / Current	Element 1 600V 5A	Element 2 600V 5A	Element 3 600V 5A	ΣA(3V3A)
Urms [V]	460.29	460.27	460.39	460.32
Irms [A]	3.6737	3.6500	3.6519	3.6586
P [W]	0.4261k	1.6200k	-1.2000k	2.0461k
S [VA]	1.6910k	1.6800k	1.6813k	2.9170k
Q [var]	1.6364k	0.4450k	1.1777k	2.0814k
λ [ ]	0.2520	0.9643	-0.7137	0.7014
φ [°]	G75.41	G15.36	G135.54	45.46
fU [Hz]	60.010	60.010	--------	
fI [Hz]	60.000	--------	--------	
Uthd [%]	0.602	0.673	0.553	
Ithd [%]	0.752	0.746	1.207	
Pthd [%]	0.000	0.002	0.000	
Uthf [%]	0.734	0.710	0.714	
Ithf [%]	0.180	0.189	0.196	
Utif [ ]	---0 F---	---0 F---	---0 F---	
Itif [ ]	7.779	8.217	8.269	
hvf [%]	0.230	0.287	0.166	
hcf [%]	0.450	0.444	0.745	

图8-28　用多功能电量测试仪测取的全部电源质量参数

第十七节　短时升高电压试验

试验应在电机空载时进行。除下列规定外，试验的外施电压（电动机）或感应电压（发电机）为额定电压的130%。

对于在额定励磁电流时的空载电压为额定电压130%以上的电机，试验电压应等于额定励磁电流的空载电压。

若无其他有关标准或技术条件规定，试验时间为3min，但以下规定除外：

1）在130%额定电压下，空载电流超过额定电流的电机，试验时间可以缩短至1min。

2）对强行励磁的励磁机，在强行励磁时的电压，如超过130%额定电压，则试验应在强行励磁时的极限电压下进行，试验时间为1min。

提高试验电压至额定电压的130%时，允许同时提高频率或转速，但应不超过额定转速的115%或超速试验中规定的转速。容许提高的转速值应在各类型电机标准中规定。

对磁路比较饱和的发电机，在转速增加到115%额定转速，且励磁电流已经增加至容许的限制时，如感应电压值达不到所规定的试验电压，则试验允许在所能达到的最高电压下进行。

第十八节　三相同步电机参数名称及试验项目

对中、大型的同步电机，要测定其若干个电磁参数，其目的在于校核设计方案、为使用时的控制提供依据以及为改进设计方案提供参考方向。

本手册只给出所要测定的参数名称及所要采用的试验项目等内容，见表8-8。表中有些项目在本章前面的内容中已作了不同程度的介绍，对未介绍的项目，读者若需要了解详细的试验方法和计算过程时，请参看GB/T 1029—202X。

表8-8　三相同步电机参数名称及试验项目

序号	参数名称	参数代号	试验名称	饱和值	不饱和值
1	直轴同步电抗	X_d	空载试验及短路试验	—	√
			低转差试验	—	√
2	交轴同步电抗	X_q	反励磁试验	√	√
			低转差试验	—	√
			负载试验	√	—
3	短路比	K_C	空载试验及短路试验	—	—
4	直轴瞬变电抗	X'_d	三相突然短路试验	√	√
			电压恢复试验	—	√
5	直轴超瞬变电抗	X'_d	三相突然短路试验	√	√
			电压恢复试验	—	√
			特定转子位置试验	—	√
			任意转子位置试验	—	√
6	交轴超瞬变电抗	X'_q	特定转子位置试验	—	√
			任意转子位置试验	—	√
7	定子漏抗	X_σ	电枢漏抗作图法	—	—
			抽出转子试验	—	—
8	保梯电抗	X_P	零功率因数(过励)试验	—	√
			负载试验	—	√
9	零序电抗	X_0	单相电压加在三相绕组上试验	—	√
			两相对中性点稳态短路试验	—	√
10	负序电抗	X_2	两相稳态短路试验	—	—
			逆同步旋转试验	—	—
11	短路非周期分量时间常数	T_a	三相突然短路试验	—	—
12	直轴瞬变短路时间常数	T'_d	三相突然短路试验	—	—
			三相短路时励磁电流衰减试验	—	—
13	直轴超瞬变短路时间常数	T''_d	三相突然短路试验	—	—
14	直轴瞬变开路时间常数	T'_{do}	三相短路时励磁电流衰减试验	—	—
			电压恢复试验	—	—
15	加速时间	T_j	扭摆试验、辅助摆摆动试验、自减速试验	—	—
16	储能常数	H		—	—

第九章　特种三相同步电机、发电机组和单相同步电机试验

本章仅介绍这些产品特有的和有特殊要求的项目。

第一节　小型无刷三相同步发电机试验方法

小型无刷三相同步发电机的结构示例和接线示意图如图 9-1 所示。

在 JB/T 11816—2014《小型无刷三相同步发电机技术条件》中，介绍了该类发电机试验的一些特殊要求。下面进行重点介绍。

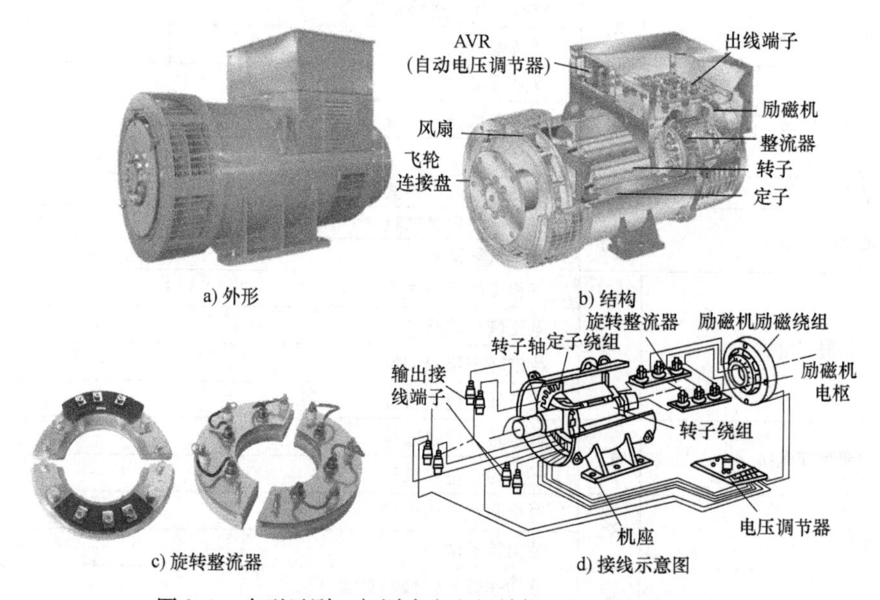

图 9-1　小型无刷三相同步发电机结构示例和接线示意图

一、起动三相异步电动机试验

对小型无刷三相同步发电机，应具有起动一定容量三相交流笼型转子异步电动机的能力。

试验前，按被试发电机的额定功率选择一台 4 极的三相交流笼型转子异步电动机与其通过一个开关相连接。异步电动机的容量按表 9-1 选择。

表 9-1　被试发电机与起动异步电动机的容量配套关系

被试发电机额定功率 P/kW	≤40	50～75	90～120	150～250
异步电动机额定功率/kW	0.7P	30	55	75

试验时，被试发电机空载，其输出电压及频率为额定值。直接起动异步电动机，异步电动机应能顺利起动。试验应进行 3 次。

二、空载特性的测定试验

（一）试验电路和试验前的准备工作

小型无刷三相同步发电机的空载特性是指发电机空载时励磁电流与电枢电压的关系。试验

时，励磁机的励磁电流应由其他电源供给，也就是改用他励。另外，为了求得主发电机的励磁电流 I_f，要设法在电机的非轴伸端加设两套集电环和电刷装置，两套集电环分别与主电机励磁绕组的一个出线端相接。电刷的引出线外接一只电压表，用于测量试验时的励磁绕组端电压。

在励磁回路中，串接一只直流电流表，用于测量励磁电流。

在被试发电机输出端设置测量三相电枢电压的交流电压表。

试验前，应断开旋转整流器与主电机励磁绕组之间的连线，测出主发电机励磁绕组的直流电阻和温度。

试验设备和电路如图 9-2 所示。为了将来方便测量励磁绕组热态直流电阻，可在适当的位置安装一个小型开关（见图 9-2 中开关 S），用于接通或切断与励磁绕组的连线。

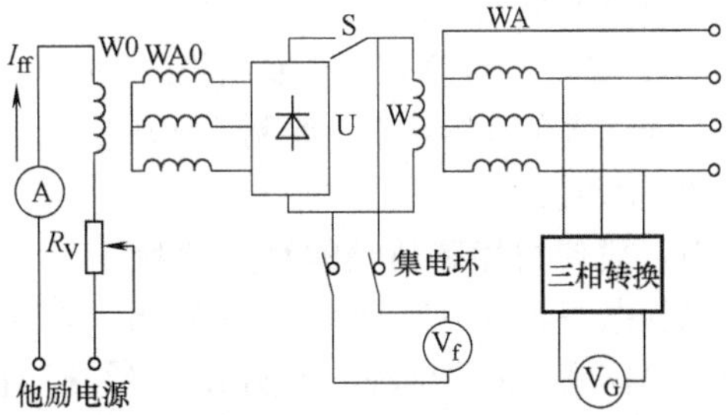

图 9-2　无刷三相同步发电机的空载特性试验电路
WA—发电机三相电枢绕组　W—发电机的励磁绕组　U—旋转三相桥式整流器　WA0—主励磁机电枢绕组（三相）　W0—主励磁机励磁绕组　R_V—励磁电压整定电位器　S—合、断发电机励磁绕组的开关

（二）试验方法

试验时，将被试发电机拖动到额定转速，主发电机电枢绕组开路空载，用外加励磁电源提供励磁电流，调整该电流使主发电机输出额定电压。运行稳定后，记录主发电机输出电压 U_a（V）、外加励磁电源提供的励磁电流 I_{ff}（A）和励磁电压 U_{ff}（V）以及主发电机的励磁电压 U_f（V）。

逐渐增加外加励磁电流 I_{ff}，使发电机电枢电压 U_a 升至额定值的 135%，再逐渐减小 I_{ff} 至零，整个过程中共测量 7 ~ 9 点上述数值。停机后，尽快测得主发电机励磁绕组的直流电阻 R_f（Ω）。

（三）计算试验数据和绘制空载特性曲线

主发电机的励磁电流 I_f（A）用下式计算求得：

$$I_f = U_f / R_f \tag{9-1}$$

在同一直角坐标系中，绘制 $U_a = f(I_f)$ 和 $U_a = f(I_{ff})$ 曲线。

三、励磁机空载特性的测定试验

（一）试验电路和试验前的准备工作

试验前，将励磁机的三相绕组与旋转整流器断开后通过专门设置的 3 个集电环连接，安置 3 个电刷装置将励磁机的输出电压引出并用交流电压表进行测量。励磁机的励磁电流由其他直流电源供给。旋转整流器与主发电机的励磁绕组断开，如图 9-3 所示。

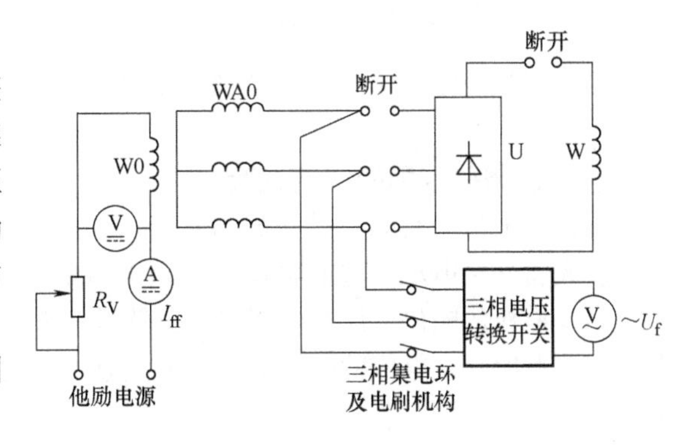

图 9-3　无刷三相同步发电机励磁机的空载特性试验电路

（二）试验方法及计算试验数据和绘制空载特性曲线

此时该励磁机实际上就是一台普通的他励三相同步发电机，所以试验方法也与第八章第三节讲过的空载特性试验完全相同，空载特性曲线的绘制方法也完全相同。

四、三相稳态短路特性的测定试验

无刷三相同步发电机的三相稳态短路特性是指发电机三相输出端短路时的稳态短路电流与励磁机的励磁电流及主发电机的励磁电流之间关系的两条曲线。

本试验所用设备及电路与励磁机的空载试验相比，只多了一个电枢短路电流测量仪表和三相短路开关，对短路开关的要求同第八章第四节普通三相同步发电机的同一试验，如图9-4所示。

试验时，三相电枢绕组应事先短路，励磁机用其他直流电源进行励磁。试验过程同普通三相同步发电机的同一试验。但应注意测量两个励磁数据 I_{ff} 和 U_f，停机后，尽快测得主发电机励磁绕组的直流电阻 $R_f(\Omega)$。

用式（9-1）计算求取主发电机的励磁电流 I_f。

在同一直角坐标系中，绘制 $I_K=f(I_f)$ 和 $I_K=f(I_{ff})$ 曲线。I_K 为试验时发电机三相电枢短路电流的平均值。

五、励磁机短路特性的测定试验

试验电路如图9-5所示。可以看出，该电路与励磁机的空载试验电路的不同之处在于：励磁机三相电枢绕组由集电环、电刷引出（可只引出两相）后，通过交流电流测量设备短路（短路电流较小时可直接使用电流表短路，否则应使用电流互感器）。

试验时，励磁机用其他直流电源进行励磁。试验过程同第八章普通三相同步电机的稳态短路特性试验。

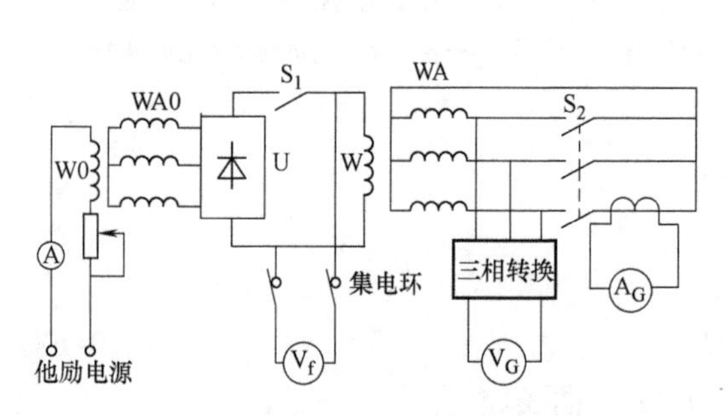

图9-4　无刷三相同步发电机三相稳态短路特性试验电路

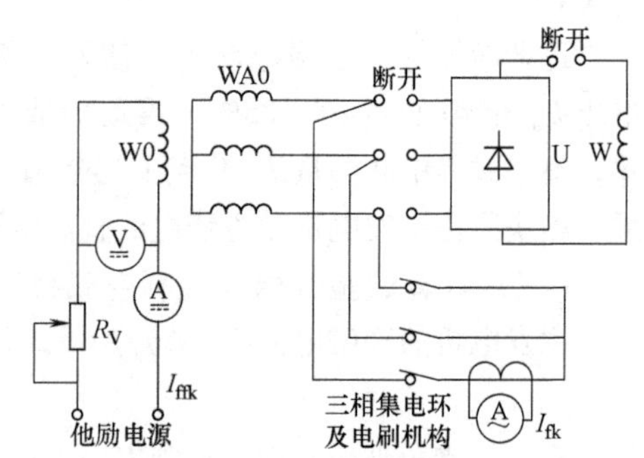

图9-5　励磁机短路特性的测定试验电路

绘制励磁机短路电流 I_{fK} 与其外加励磁电流 I_{ff} 的关系曲线 $I_{fK}=f(I_{ff})$，即为励磁机短路特性曲线。

六、电压调整范围的调定试验

将被试发电机与其调节器（简称为A · V · R）正确连接后，将其拖动到1.05倍额定转速空载运行。先将外接电压调整电阻调节到该电阻值的50%，再调节A · V · R内部的半可调电位器，使主发电机的输出电压达到额定值；然后，再将外接电压调整电阻调节到该电阻值的最大值和最小值，此时，发电机的输出电压最大值应大于或等于额定值的105%；最小值应小于或等于额定值的95%。

发电机在额定转速下加负载运行时，其输出电压的可调整范围也应符合上述规定，否则应重新调整。

七、过载试验

过载试验应在温升试验后紧接着进行。试验时，发电机在额定电压、额定频率和额定功率因数下，过载10%运行1h。试验中应无异常现象。

八、效率计算中的有关问题

当用损耗分析法计算求取效率时，总损耗中应包括励磁机及所有与其配套的装置所产生的损耗。具体如下：

1）励磁机的励磁绕组铜耗 P_E(W)，用下式计算求取：

$$P_E = I_E^2 R_E \tag{9-2}$$

式中　I_E——在额定工作状态时的励磁机励磁电流（A）；

R_E——换算到基准工作温度时的励磁机励磁绕组直流电阻（Ω）；

2）励磁调节器及附加装置的损耗，允许采用计算值。

3）励磁机的铁耗，允许采用设计值。

4）励磁机三相电枢绕组的铜耗 P_{sCu}(W)，用下式计算求取：

$$P_{sCu} = 3R_s(0.78I_F)^2 \tag{9-3}$$

式中　0.78——I_s/I_F 的折算系数；

I_s——交流励磁机电枢电流三相平均值（A）；

R_s——换算到基准工作温度时的励磁机电枢绕组直流相电阻（Ω）；

5）旋转整流器的电损耗（W）：用主发电机的励磁电流 I_F 乘以两只整流管的正向电压降 U_V 求得。如无特别规定，$U_V = 1.2$V。

第二节　不可控相复励三相同步发电机的试验方法

不可控相复励三相同步发电机是小型同步发电机中一种较常见的类型。采用自励系统进行励磁。励磁系统主要由三相电抗器、三相电流互感器、三相桥式整流元件和电压调节电阻等几部分组成。发电机的电枢绕组具有中间抽头，引出后接电抗器的输入端。其电路原理如图9-6所示。

该类发电机的试验及要求与普通三相同步发电机基本相同，但比较复杂的是对励磁系统的调整和处理。同样一台电机，调整得好，其性能就可达到较高水平，调整得不好，有可能使某些指标不合格。所以本节将主要介绍励磁系统的调节方法，并介绍几种特殊反应的判断和处理措施。

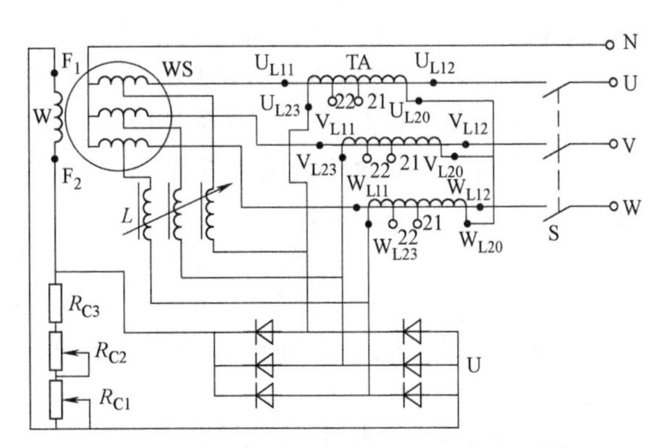

图9-6　不可控相复励三相同步发电机电路原理图

WS—发电机电枢绕组（代表定子）W—励磁绕组（代表转子），其两端的 F_1 和 F_2 分别代表一套集电环和电刷　L—电抗器　TA—电流互感器（带有2个中间抽头）　U—三相桥式整流器　R_C—电压调节电阻（其中 R_{C1} 为主调电阻，R_{C2} 为微调电阻，R_{C3} 为固定电阻）

一、在相关试验中励磁系统的调整方法

（一）建立电压和充磁方法

检查各处接线无误后，将被试发电机拖动到接近额定转速，在正常情况下，发电机将输出接近额定值的电压。

若没有建立起电压，则可能是转子铁心没有剩磁（对于新生产的发电机较为常见）。可在发电机运转的情况下，用6～

24V的直流电源（干电池或蓄电池）的正负两端接触发电机励磁绕组的两个输入端，发电机可很快地产生电压并达到或接近额定值。若还不建立电压，则应查找其他电路方面的问题。

（二）电压调整范围的设定试验

将发电机的转速调整到1.05倍额定值左右，电压调节电阻R_{C1}调到最大位置，用加或减垫片等方法（具体方法应根据被试发电机电抗器的结构方式而定）调节电抗器L动铁心与定铁心之间的气隙（以下简称电抗器的气隙），使发电机输出1.05～1.06倍的额定电压；再将电压调节电阻R_{C1}调到最小位置，若此时输出电压为额定值的0.94～0.95倍，则可认为电压调整范围设定得较合理。

若最低电压<0.94倍额定值，则应调大微调电阻R_{C2}；反之，调小微调电阻R_{C2}，直到将电压调整在0.94～0.95倍额定值之间为止。然后，再将R_{C1}调到最大位置，看输出电压是否在1.05～1.06倍额定值之间，若是，则调节成功。否则应继续通过调节电阻和电抗器的气隙，使电压调整范围达到合格的要求，即最小值≤0.95倍额定值，最大值≥1.05倍额定值。

最好的范围是：最小值≤0.94倍额定值，最大值≥1.06倍额定值。这样将对以后有关电压调整性能的试验有帮助。否则，将有可能造成有些项目达不到要求，例如热态电压调整范围、电压调整率等。

（三）加负载试验和对电流互感器二次绕组的调整

上述空载项目调整合理后，将电压调整到额定值，转速为额定值的1.05倍左右。然后进行加载试验，进一步检查被试发电机励磁系统的工作情况和进行调整，为进行稳态电压调整率的测定及以后的其他试验做准备。

试验前，使用电流互感器的二次抽头中的中间一组。

先加纯电阻负载。若在逐渐加载到额定负载的过程中，电压变化在空载时电压值的1.0～1.03倍之间，则最为理想。若偏高，则应将电流互感器的二次抽头改接匝数较多一些的，反之，改接匝数较少一些的。

上述工作完成后，在电阻负载接近被试发电机额定功率值的情况下，逐渐加感性负载，使功率因数达到额定值（例如0.8）。此时电压将有所下降。若下降幅度在3%以内，则较为理想；若下降幅度偏高或偏低，都要按上述方法对电流互感器的接线进一步调整；若下降幅度很大，则是励磁系统的接线或部件存在问题，应停机检查并改正。

二、励磁系统常见故障现象及原因

（一）达到额定转速后不发电

1）转子铁心无剩磁，或静止充磁时所接电源极性不正确，这样在电机运转后会自动消磁。

2）调压电阻（$R_{C1}+R_{C2}+R_{C3}$）阻值过小。特别是R_{C3}较小时，在（$R_{C1}+R_{C2}$）调到最小的时候，该电阻支路将会分流电机靠转子剩磁建立起来的励磁电流的大部分，使电机难以建立空载电压。

3）电抗器的铁心气隙过小，以至于不能提供足够的励磁电流建立空载电压。

4）励磁系统中电刷和集电环接触不良。

5）励磁绕组断路、匝间短路或对转子铁心多点短路。

6）电流互感器二次绕组中性点封错到另一端，当与整流部分相接的三相连线不是另一个端点时，就会产生所使用的二次绕组很少，即电抗很小的情况，这将使由电抗器提供的空载励磁电流大部分从互感器的二次绕组流过，使剩余的电流无能力建立空载电压。

7）定子电枢绕组或电抗器绕组有严重的匝间短路、对机壳短路，或有断路故障，或连线有短路或断路现象。

8）整流元件有短路或断路现象。

（二）空载运行时发电正常，但加负载后出现异常

1. 故障的具体表现

1）电流互感器一次绕组有头尾反接或三相交叉接错现象。

2）电流互感器二次绕组和电抗器输出端三相连线中有交叉接错的现象。

3）电流互感器二次绕组中心点封错方向，详细情况同上述（一）、6）。

2. 故障现象及原因

上述接线错误对空载调试基本无影响，前两种错误在加纯电阻负载的调试中也无大的反应。

对于前两种错误，可使用加感性负载的方法加以区别。先加电阻负载，使电压达到或接近额定值，再加感性负载，其无功负载量应使电机的功率因数达到额定值。然后，根据电压的不同反应大致地确定故障原因。

1）电压变为零：电流互感器一次绕组有头尾反接现象。

2）电压下降30%左右：电流互感器二次绕组和电抗器输出端三相连线中有交叉接错的现象或电抗器本身有接错相的故障。

3）电压下降20%左右：电流互感器一次三相绕组有交叉接错的现象。

对于上述第3种故障现象，若一开始使用了电流互感器二次绕组的两端，则只有在因调压率偏向负值，需要改接匝数较少的互感器二次抽头时才能发现，此时电压将可能降到零。

（三）热态时电压下降较多，造成冷、热态电压变化率不合格

有些发电机在冷态时各项性能指标都合格，但当加负载工作到热态时，电压下降较多，造成冷、热态电压变化率不合格（例如超过5%），有时甚至于调不到额定值，使电压调整范围也出现了上限不足的问题。其原因主要有如下3种：

1）励磁绕组温升过高，使其电阻变大较多，造成励磁电流减小。

2）调压电阻阻值过小，额定功率较大，在热态时该电阻的变化与励磁绕组电阻的变化不成比例，造成分流过多，使通过励磁绕组的电流减小。

3）冷态电压调整范围的上限值调整得较低。

三、空载电压调整范围对稳态电压调整率的影响

实验表明，空载电压调整范围对稳态电压调整率有一定的影响。具体地讲，有如下关系：

电抗器的气隙加大→电压调整范围上移→稳态电压调整率将偏向负值；反之，电压调整范围下移，稳态电压调整率将偏向正值。

上述规律可在电压调整率调整有一定难度，而电压调整范围又有一定余量时加以应用。

第三节　小功率及无直流励磁绕组同步电动机试验方法

小功率同步电动机试验方法的现行标准编号为GB/T 22672—2008。该标准规定了各类小功率同步电动机试验方法。

无直流励磁绕组同步电动机试验方法的现行标准编号为GB/T 13958—2008。该标准适用于小功率永磁同步、磁滞同步及磁阻同步等无直流励磁绕组的单相和三相同步电动机，其中包括一些仪表用的微型同步电动机，不包括电磁减速永磁同步电动机。

下面介绍该标准中不同于第八章讲述的同步电机试验的一些特殊内容。

一、对测量仪器仪表的要求和测量电路

（一）对测量仪器仪表准确度的要求

在进行热试验和效率测试试验时，一般应采用测功机测量被试电动机的输出机械功率或转矩。此时，对转矩的测量准确度应符合表9-2的要求。

（二）对其他仪器仪表准确度的要求

对其他仪器仪表准确度的要求同三相异步电动机。

（三）测量电路

1. 倒换电压测量端的电路

测量电路应适用于小功率同步电动机。使用指针式仪表时，其电路原理如图9-7所示。为了迅速可靠地转换电压表，图9-7a中单极双投开关S可选用旋转式按钮或钮子开关；图9-7b中三极双投开关S可选用万能转换开关或组合开关。不允许使用不符合要求的波段开关等。

表9-2 小功率同步电动机对转矩测量准确度的要求

被测转矩范围/(N·m)	≥0.5	0.2~0.5	≤0.2
准确度等级(不低于)	1.0	1.5	2.0

使用图9-7测量电路进行热试验或负载试验时，应遵循如下要求：

1）测量时，先将开关S接在电机端，调节电压及负载至额定值。读取电压值后，尽快将开关S转换到电源端，测取电源的电压值，同时读取电流表和功率表的数值。在保持电源电压及负载不变的情况下（此时要求电机的端电压为额定值）进行热试验或负载试验。当温升稳定后，所测得的电流和功率即为额定电流和额定功率。

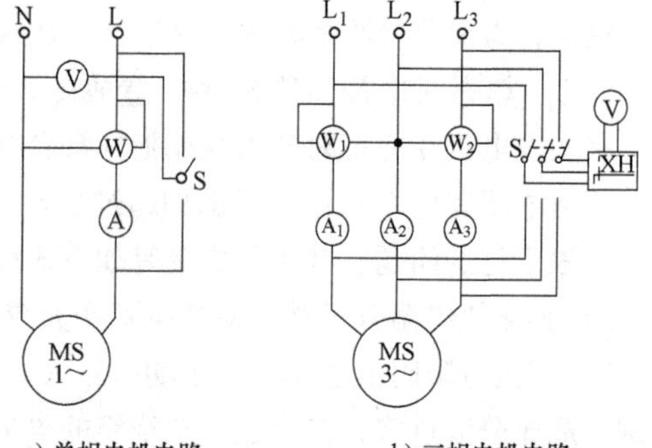

a) 单相电机电路　　b) 三相电机电路

图9-7 小功率同步电动机倒换电压测量端的测量电路

2）被试电动机在额定负载时，电动机的端电压应为额定电压，该电压与电源端的电压相差不允许大于额定电压的1.5%，即电源端的电压不大于电动机端电压的1.015倍。例如，当被试电动机的额定电压为220V，实测电动机端电压刚好为220V时，电源端的电压实测值应小于或等于1.015×220V=223.3V。

3）在额定负载时，如电动机的端电压与电源端的电压相差大于额定电压的0.5%，但小于1.5%时，应对用功率表测得的功率值 P_W（W）进行仪表损耗修正，即电动机的实际输入功率 P_1（W）应用下式求取：

$$P_1 = P_W - I_A^2 R_{(A+W)} \tag{9-4}$$

式中 I_A——电流表显示的电流值（A）；

$R_{(A+W)}$——测量电路中所有电流表和功率表电流线圈的总电阻（Ω）。

4）选用内阻较小的电流表及功率表电流线圈进行测量时，一般可满足上述第2项的要求。当选用内阻很小的电流表及功率表电流线圈进行测量时，一般情况下可高于上述第3项的要求，即在额定负载时，电动机的端电压与电源端的电压相差小于额定电压的0.5%，此时电动机的输入功率可不必进行仪表损耗修正。若使用数字仪表，也不必进行修正。

5）电压的测量应选用内阻较高的电压表。电压表的全偏转电流应不大于15mA，否则将会明显地影响测量精度。建议选用数字仪表。

当所用电流表及功率表电流线圈的内阻较大，测量结果不能满足上述要求时，可将图9-7中的电压表固定接于电机端或用图9-7所示的电路。在此电路中，通过电压表的电流应不大于被试电动机额定电流的1%，并应对功率表测得的功率值 P_W(W) 进行仪表损耗修正，即电动机的实际输入功率 P_1(W) 应用下式求取：

$$P_1 = P_W - I_A^2 R_{(A+W)} - \frac{U_V^2}{R_V} \tag{9-5}$$

式中　I_A——电流表显示的电流值（A）；

$R_{(A+W)}$——测量电路中所有电流表和功率表电流线圈的总电阻（Ω）。

U_V——电压表的读数（V）；

R_V——电压表的内阻（Ω）。

2. 电压表固定连接的电路

如果上述方法不能满足测量要求，或被试电动机的额定电流大于0.1A，并且具备全偏转电流不大于1mA的0.5级高内阻电压表及内阻更小的电流表及功率表（电流支路）可供使用时，则可使用图9-8所示的测量电路。这样，既简化了操作，又可保证测量精度（不必对仪表损耗进行修正）。

目前新组建的试验系统已广泛使用数字式电量仪表，其自身误差可以忽略不计。

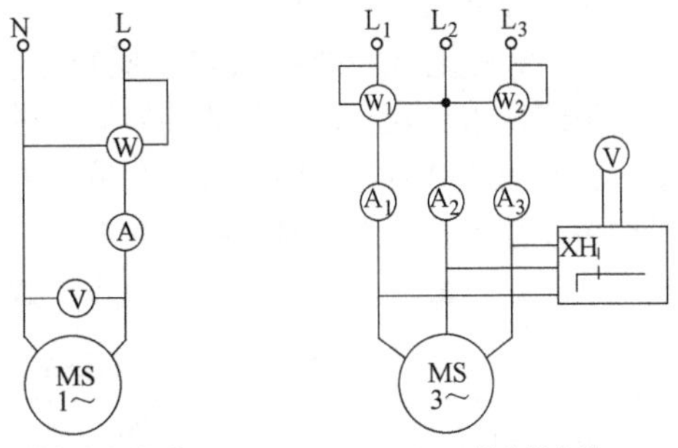

a) 单相电机电路　b) 三相电机电路

图9-8　小功率同步电动机电压表固定连接的测量电路

二、空载感应电压的测定试验

在GB/T 13958中，有一个特殊要求是，对三相永磁同步电动机，在空载试验中增加一项感应电压的测定试验。其试验方法如下：

用直流电动机、同步电动机或同步测功机作为原动机与被试电动机通过联轴器进行连接。被试电动机被拖动到同步转速作为发电机运行。用不低于0.5级的高内阻电压表测量被试电动机3个出线端中每两个线端之间的感应电压（即线电压），这3个线电压的平均值即为所求的空载感应电压。

三、热试验

除记录仪表用永磁同步电动机在额定电压、额定频率下用空载法进行热试验外，其他电动机的热试验应在额定电压、额定频率及额定输出功率（或额定转速）下，用直接负载法进行。负载采用测功机。

热试验时测定第一点热电阻距断电后的时间按下述规定：

1）记录仪表用电动机：10s。

2）其他小功率电动机：15s。

有关试验方法和计算等规定同通用试验中的热试验。

四、效率和功率因数的测定试验

本类型同步电动机的效率和功率因数测定试验应在额定工作状态下运行到温升接近或达到稳定后进行。

试验时应配置能直接显示输出机械功率（或转矩）的直接负载（同热试验），对于转矩测量仪器仪表的准确度要求见本节一（一）项所介绍的内容。

试验方法和三相及单相交流异步电动机的直接测试法基本相同。记录仪表用电动机和其他30W以下的电动机可采用绳索滑轮加载法（见第二章第三节第七部分）。

在计算效率和功率因数之前，应对测功系统测得的输出功率或转矩值进行必要的修正，如对测功机的风阻及摩擦损耗的修正。有关修正方法见第二章。有关计算等内容和三相及单相交流异步电动机的直接测试法基本相同。

五、堵转转矩和堵转电流的测定试验

（一）一般规定

1）堵转转矩和堵转电流的测定试验应在被试电动机处于或接近实际冷状态下进行。

2）试验时，应加额定频率的额定电压，如因怕调整时间过长对试验结果造成影响，使达到准确的额定电压有困难时，可在0.9～1.05倍额定电压范围内的任一电压值时进行试验，但应对试验所得堵转转矩和堵转电流进行电压修正，得到额定电压时的数值。修正关系是，转矩与电压的二次方成正比；电流与电压的一次方成正比。

3）当用转矩仪测量堵转转矩时，可测取堵转转矩与电压的关系曲线。额定电压时的堵转转矩和堵转电流从曲线上查取。

（二）对磁阻式及永磁式电动机转子相对角位置和试验结果的规定

磁阻式及永磁式电动机的堵转转矩应使用可调转子相对角位置的一般杠杆或转矩仪等进行测量，所使用的测力计量程在满足测量最大值的前提下，越小越好。试验时，应按表9-3中规定的机械角度范围及每点间隔度数测取11点或6点，每点电动机的温度应保持基本相同。取所有测量点中转矩的最小值和电流最大值作为试验结果。

表9-3 磁阻式及永磁式电动机堵转试验时转子相对角位置

电机型式	永 磁 式		磁 阻 式		
	三相6极	三相4极	三相4极	三相2极	单相4极
机械角度范围	任意20°内	任意30°内	任意30°内	任意60°内	任意90°内
每点间隔度数	2°或4°	3°或6°	3°或6°	6°或12°	9°或18°

当用转矩仪测量堵转转矩时，可将转矩仪二次仪表上的转矩模拟量电压输入给X-Y函数记录仪（其X轴为时间轴）或计算机系统。试验时，用工具缓慢但均匀地旋转被试电动机的转子1周（所用时间应控制在规定的数值内），则可在记录用的坐标纸上直接画出堵转转矩与转子位置的关系曲线。此时，堵转转矩的最小值可从该曲线上查出。

用最小堵转转矩数字显示仪测量最小堵转转矩时，按最小堵转转矩数字显示仪的要求，将被试电动机用联轴器连接，在接通试验电源的情况下，从其显示屏中读取堵转转矩的最小数值。

为了防止电机发热、减少冷却时间，上述试验可在≤0.5倍的额定电压下进行，待找出堵转转矩的最小点后，再在该点测出额定电压时的堵转转矩值。

（三）对磁滞式电动机的要求

磁滞式电动机可在任一转子位置下进行堵转转矩的测量。

（四）需记录的试验数据和试验时间

试验时，要记录输入电压、输入电流、输入功率和堵转转矩。

对试验时间的要求是：单相电机≤5s；三相电机≤8s。

六、牵入转矩的测定试验

同步电动机的牵入转矩值与负载的转动惯量有关（磁滞同步电动机除外），负载的转动惯量越大，测出的牵入转矩值越小。因此，测量牵入转矩时，应同时注明负载的转动惯量值，否则将无法衡量被试电动机的牵入同步性能。

牵入转矩应在额定频率的额定电压下进行测定。测定方法有如下 3 种。

（一）电动测功机法

本方法不适用于无异步运行状态的同步电动机。

试验时，用电动测功机作为被试电动机的负载。两者用联轴器相连接。

由接近同步转速的异步运行状态开始，在保持额定电压的情况下，逐渐减小负载转矩，在此期间，随时读取转矩值。当负载转矩减小到最小值时，被试电动机开始牵入同步。此前的转矩最小值即为被试电动机的牵入转矩。

被试电动机是否已被牵入到同步转速，可用测量异步电动机转差率的“荧光灯闪光测转法”，当看不到所涂的标记转动时，即为同步运行状态；另外，也可以使用转速表测量法、感应线圈法等。有关测量方法和注意事项见第三章第十三节。

磁阻及永磁同步电动机在异步状态下运行时，电流大、发热快，所以试验应迅速而准确地进行。为使测定结果准确可靠，牵入转矩的测定试验应不少于两次。在保持被试电动机的温度不变时，两次测定结果应相同。

（二）磁滞、磁粉及涡流等测功机法

本方法不适用于无异步运行状态的同步电动机。

牵入转矩可用具有制动转矩可平滑调节并随时均可读出转矩值的磁滞、磁粉及涡流测功机进行测定。被试电动机与测功机用联轴器相连接。

试验方法与要求同上述第（一）种方法。

（三）绳索滑轮加载法

本方法适用于30W 及以下的同步电动机及记录仪表用同步电动机。试验时所用设备及要求见第二章第三节第七项。

1. 异步运行状态牵入同步的电动机

由异步运行状态牵入同步的被试电动机牵入转矩的测定方法与要求同上述第（一）种方法。

2. 静止状态直接跃入同步的电动机

由静止状态直接跃入同步的电动机（主要是记录仪表用同步电动机及类似记录仪表用同步电动机。这里的“直接跃入”不是所用时间为零，而是时间很短）的牵入转矩测定方法有如下两种：

1）将上述试验所用设备中的测力计去掉，把绳索的这一端固定在滑轮上。被试电动机静止时，按牵入转矩值算出应挂砝码的重量，并将其挂在绳索的下端。给被试电动机施加额定电压起动，看能否牵入同步（这里的牵入同步实际上是能开始起动）。如能，应将被试电动机断电停转，之后，增加砝码的重量，再次施加额定电压起动。如此这样逐渐增加砝码的重量和多次施加额定电压起动，直至被试电动机不能牵入同步时为止。此时前面一点的砝码重量与滑轮半径的乘积即为所需的牵入转矩，即

$$T_{pin} = GR \tag{9-6}$$

2）将绳索在滑轮上多绕几圈，使测力计的读数 F(N) 减至最小。在被试电动机静止和进入同步转速后均应满足该最小值与砝码重量 G(N) 的下述关系：

① 对有齿轮减速的同步电动机，应使 $F<0.1G$。

② 对无齿轮减速的同步电动机，应使 $F<0.2G$。

牵入转矩的测定方法与上述第 1）项基本相同。牵入转矩值 T_{pin}(N·m) 用下式计算求取（式中 R 为滑轮的半径，单位为 m）：

$$T_{\mathrm{pin}}=(G-F)R \tag{9-7}$$

七、额定电压失步转矩的测定试验

额定电压失步转矩应在额定电压下测定。测定方法有如下几种。

（一）电动测功机法

试验时，用电动测功机作为被试电动机的负载。两者用联轴器相连接。

所用测功机的功率应略大于被试电动机功率。

试验时，被试电动机通电起动后，在保持额定电压的情况下，逐渐增加负载转矩，期间随时读取转矩值。当负载转矩增至最大值时，被试电动机开始失步（转矩和转速同时大幅度下降）。读取此失步前的转矩最大值，即为被试电动机在额定电压时的失步转矩。

测定磁滞同步电动机的额定电压失步转矩时，电动机是否失步，传统的方法是用“荧光灯闪光测转法”，当看不到所涂的标记转动时，即为同步运行状态，否则为异步运行。测定时，应取被试电动机在第一次失步后，减小负载转矩使其刚刚返回同步转速时，再增大负载转矩，使其第二次失步并测取此时的失步转矩，该转矩即为额定电压失步转矩值中的最小值。它应与牵入转矩值接近。

目前已有微机测试系统进行本项试验，其准确度高并且操作方便快捷。

（二）磁滞、磁粉及涡流测功机法

用磁滞、磁粉及涡流测功机测定同步电动机的额定电压失步转矩时，测功机与被试电动机用联轴器相连接。测定方法与上述（一）相同。

（三）绳索滑轮加载法

本方法适用于30W及以下的同步电动机及记录仪表用同步电动机。失步转矩的测定方法及要求同上述（一）。

为使测量准确，在可能的情况下，绳索在滑轮上应多绕几圈，使测力计的指示值尽可能小。这一点对于齿轮减速电动机尤为重要。

（四）转矩测量仪法

此方法适用于额定功率大于100W的电动机。试验时，被试电动机、转矩传感器、机械负载设备（如磁粉制动器或直流电机等）三者用联轴器相连。

失步转矩值可从仪表上直接读取或从绘制的转矩-转速特性曲线上查得。有关测试方法及要求与上述（一）相同。

八、起动过程中最小转矩的测定试验

（一）用电动测功机测定

将被试电动机与同步测功机、永磁同步测功机或其他类型的电动测功机用联轴器相连接。测定时，应使被试电动机从静止开始逐步升速，测定过程中应尽可能地减少被试电动机的温度变化。具体试验方法及注意事项如下：

1. 磁滞同步电动机和起动电流较小不易发热的同步电动机

可用同步测功机或永磁同步测功机以连续法测定。试验时，先将同步测功机的励磁电流调制到一定数值后保持不变，再将同步测功机或永磁同步测功机的三相负载电阻调到零（即短路），然后满压起动被试电动机。在保持其电压不变的情况下，逐步增加测功机的负载电阻，被试电动机的转速则会由接近零值起逐步提高。若随着转速的不断提高，转矩先由大变小然后再逐渐变大，则其中最小值即为所求的最小转矩值。若没有上述转矩的大小变化规律，则说明该被试电动机不存在最小转矩值。

试验时，测功机负载电阻的调节应尽可能地做到既均匀又迅速，每起动一次的连续测定时间，应以被试电动机的温度无明显变化为限。若温度变化较大，最小转矩难以准确测出，则应按下面的方法进行。

2. 对起动时温度变化较大的电动机的测试方法

单、三相磁阻同步电动机和三相永磁同步电动机，因为起动电流较大而容易很快发热，所以不适宜使用上述方法。此时可使用如下的点测法。

先将同步测功机的励磁电流调到一定数值后保持不变，再将同步测功机或永磁同步测功机的负载电阻由接近零值起逐渐增大。在每点阻值上均在额定电压下起动一次被试电动机。当转速稳定后即可测得一对应的转矩与转速值。在≥1/13～1/7 同步转速范围内均匀测取不少于 5 点的转矩和转速值，然后利用这些测量值绘制转矩与转速的关系曲线，最小转矩可由曲线上获得。

为减少被试电动机发热影响测量的准确性，每点测量时间应小于或等于 5～7s，各点温度应尽可能保持相同。

单相电容起动磁阻同步电动机的最小转矩，有时发生在离心开关断开的转速上，此时应用点测法或连续法测出被试电动机的整条转矩-转速特性曲线，最小转矩可由曲线上查得。

（二）用磁滞或磁粉测功机测定

此方法主要适用于十几瓦以下较小容量的电动机，其中主要是磁滞同步电动机。试验方法如下。

先起动被试电动机，在额定电压下调节负载转矩，使之约等于最小转矩值。然后，在保持同步测功机的励磁电流不变的情况下，使被试电动机断电停机。之后，再重新起动被试电动机，看能否起动并加速到同步转速。如能，则应稍微加大负载转矩，然后再断电停机，停机后，再次进行起动并视情况增加负载，直至被试电动机在额定电压下起动后，稳定在一个低转速下运转而不加速到同步转速为止，或根本不能转动为止。此时，前面一点测得的负载转矩即为最小转矩（当被试电动机不能转动时，则堵转转矩即为最小转矩，对于单相磁滞同步电动机来说，有时如此）。

（三）用转矩测量仪法测定

用转矩测量仪测定最小转矩时，应使用记录仪（例如 *XY* 记录仪或微机系统）绘制出被试电动机在额定电压下的整条转矩-转速特性曲线，最小转矩可由曲线上查得。

试验时，应是被试电动机从堵转或接近堵转开始，逐渐升速到同步转速，全部时间应在 10s 左右。如被试电动机不易发热，还可适当延长时间，其目的在于减小负载和测试系统（如联轴器等）的转动惯量对曲线稳定性的影响。如被试电机发热较快，可分成两段测试，每一段所用时间在 5s 左右。

为减小负载转动惯量对曲线稳定性的影响，应尽可能地选择转子转动惯量较小的负载机械；调节时，在最小转矩点附近适当放慢速度。

第四节　三相永磁同步电动机试验方法

一、试验方法标准和试验项目

三相同步永磁电动机试验方法的现行国家标准编号为 GB/T 22669—2008。该标准适用于除无直流励磁绕组（如永磁电机和磁阻电机）以外的自起动三相同步永磁电动机，静止变频电源供电的同步电动机（这种电动机一般不能在工频电压下直接起动）试验可参照使用。

试验项目和试验方法与普通小型三相同步电动机基本相同。

二、试验方法及相关要求

以下仅介绍和普通小型三相同步电动机相比特有的或有特殊要求的内容。

（一）空载试验

1. 空载电流和空载损耗的确定试验

试验方法、调试和测量过程、数据等同普通小型三相同步电动机。

2. 铁心损耗和机械损耗之和的确定

铁心损耗和机械损耗之和 $P_0' = P_{Fe} + P_{fw}$ 为空载损耗 P_0 减去空载定子绕组铜损耗 P_{0Cu1} 之差。这一点是和普通电动机完全相同的。

根据试验测得的 I_0 和 P_0'，作 I_0 和 P_0' 与 U_0 的关系曲线，如图9-9所示。U_N 时的 P_{0N}' 应从空载特性曲线上查取。

3. 铁心损耗的确定

从图9-9的曲线 $P_0' = f(U_0)$ 和 $I_0 = f(U_0)$ 上分别查出 $U_0 = U_N$ 时的 P_{0N}' 和 I_{0N}。在曲线 $I_0 = f(U_0)$ 上找出与 I_{0N} 相等的另一点 I_{01}，再找出与 I_{01} 对应的空载电压 U_1 及相应的 P_{01}'，则得

$$P_{01}' = (U_1/U_N)^2 P_{FeN} + P_{fw} + P_{S0N} \quad (9\text{-}8)$$

$$P_{0N}' = P_{FeN} + P_{fw} + P_{S0N} \quad (9\text{-}9)$$

式中　P_{FeN}——额定电压时的铁心损耗；

P_{S0N}——对应 I_{0N}（或 I_{01}）时的空载杂散损耗。

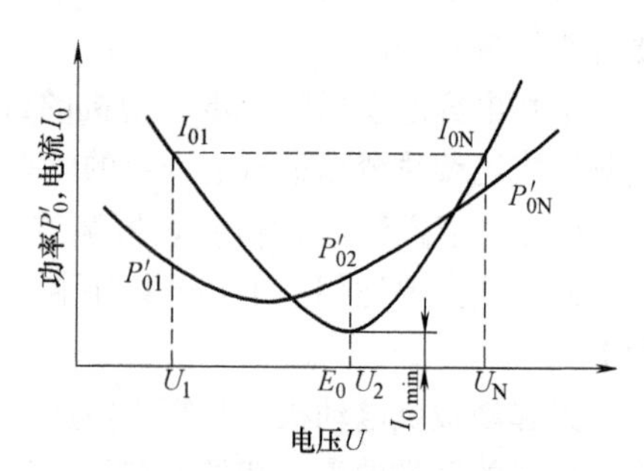

图9-9　三相同步永磁电动机 I_0 和 P_0' 与 U_0 的关系曲线

将式（9-9）减式（9-8），可以求出额定电压时的铁心损耗：

$$P_{FeN} = (P_{0N}' - P_{01}')/[1-(U_1/U_N)^2] \quad (9\text{-}10)$$

4. 机械损耗的确定

从图9-9的曲线 $I_0 = f(U_0)$ 上查出电流最小点 $I_{0\min}$ 所对应的电压 U_2 及相应的 P_{02}'。

$$P_{02}' = (U_2/U_N)^2 P_{FeN} + P_{fw} + P_{S02} \quad (9\text{-}11)$$

式中　P_{S02}——对应 $I_{0\min}$ 时的空载杂散损耗。

由于同步电动机不失步时，转速始终是恒定的，故其机械损耗 P_{fw} 在任何电压下均为一个常数，又因为此点的电流相对很小，相应的杂散损耗可以近似地认为 $P_{S02} \approx 0$，则可求得机械损耗 P_{fw} 为

$$P_{fw} = P_{02}' - (U_2/U_N)^2 P_{FeN} \quad (9\text{-}12)$$

5. 空载杂散损耗的确定

当 P_{FeN} 和 P_{fw} 已知后，可求得任一电压下的空载杂散损耗 P_{S0} 为

$$P_{S0} = P_0' - (U_2/U_N)^2 P_{FeN} - P_{fw} \quad (9\text{-}13)$$

（二）空载反电动势测定试验

空载反电动势测定为永磁同步电动机特有的试验项目。可用反拖法和最小电流法测定，推荐采用反拖法。试验时同时记录被试电动机的定子铁心温度和环境温度。

1. 反拖法

用原动机拖动被试电动机，在同步转速下作发电机空载运行。测量其输出端的3个线电压，其平均值即为空载反电动势。

2. 最小电流法

被试电动机在额定电压和额定频率下空载运行到机械耗稳定。调节其外加端电压，使其空

载电流达到最小，此时的外加端电压平均值（见图 9-9 的 U_2）即为空载反电动势近似值（见图 9-9 的 E_0）。

（三）堵转试验

除下述条款外，其他试验方法、计算过程及要求同普通具有异步起动功能的三相电励磁同步电动机（见第八章第十一节）

1）试验前应尽可能用低电压确定对应于最大堵转电流和最小堵转转矩的转子位置，实现的方法同单相交流电动机相关内容。

2）电机在堵转状态下，转子振荡很大，应考虑采取有效措施减小读数的波动。

建议采用杠杆测力法测量堵转转矩，可利用弹性装置（弹簧、橡胶带等）悬挂测力计或杠杆，并选用较重的杠杆。最好不用转矩传感器，因其很难读数，并易损坏。

3）试验时，可以先将电源电压调整到额定值的 20% 以下，保持额定频率，尽快升高电源电压，并在电气稳定后，迅速同时读取电压、电流、输入功率和转矩的稳定值。为避免电机过热，试验必须从速进行。

（四）负载试验

试验过程和相关计算与普通三相同步电动机基本相同。以下对“额定电压负载试验”中的一些问题给予提示。

1）应采用 GB/T 1032—2012 中提出的 A 法和 B 法进行试验，建议用转矩-转速传感器和测量仪测取转矩。

2）试验时，负载由高到低进行调节。

3）当采用 B 法测定效率时，应尽可能测取每一试验点的绕组温度或电阻值。

4）如按上述第 3）点进行有困难，则可使用下述方法之一：

① 试验前测量绕组的直流电阻，该数值用于≥100% 额定负载各试验点的损耗计算；< 100% 额定负载的点电阻值按与负载成线性关系确定，起点是 100% 额定负载时的电阻值，末点是最小负载读数后的电阻值。

② 最小负载读数后，立即测取定子绕组的端电阻，将此电阻值用于各负载试验点的损耗计算（作者赞同此方法）。

（五）各项损耗的确定

1）铜耗、铁耗、机械耗的计算同普通电动机，铜耗的温度修正可采用将环境温度修正到 25℃ 或按绝缘热分级的基准温度两种方法之一（按技术条件规定的要求选择）进行。

2）负载杂散损耗要进行线性回归计算，对于 B 法，其相关系数 $r \geqslant 0.90$ 为符合要求。

（六）失步转矩（最大转矩）、最小转矩和转矩-转速特性测定试验

这些试验所用设备、试验方法及相关规定与三相同步或异步电动机基本相同。不同点和应特别注意的方面如下：

1. 注意克服转子振荡造成的取值困难

在接近堵转时，转子将有较大的振荡，致使读数和绘制特性曲线比较困难，甚至不能读出准确的数值或出现杂乱的曲线。为克服这一点，需要选用转动惯量较大的负载设备，最好是被试电动机转动惯量的 3 倍以上。

2. 用自动记录仪测绘转矩-转速特性曲线时的注意事项

用自动记录仪测绘转矩-转速特性曲线时，应绘制从空载到堵转和从堵转到空载两条曲线，失步转矩（最大转矩）取两次的平均值，最小转矩值从堵转到空载曲线上查取（注意要稳定值，而不是振荡的最小值）。试验时，要同时测取电压与转速的关系曲线，用于对测量的转矩值进行

电压修正。

3. 最小转矩的电压换算问题

由于此类电动机起动过程中的转矩是由异步转矩 T_a（单位 N · m）与永磁制动转矩 T_h（单位 N · m。通常是负值）相叠加而得到的，前者与外施电压的二次方成正比，后者与外施电压无关。因此，试验时，在外施电压不是额定值需要进行电压修正时，至少应取两条不同电压 U_1 和 U_2（单位 V）下的特性曲线，取最小转矩附近多个同一转速下测得的转矩值 T_1 和 T_2（单位 N · m），然后用式（9-14）和式（9-15）求出 T_a 和 T_h。额定电压 U_N（单位 V）时的最小转矩 $T_{min,ni}$（单位 N · m）为 T_a 和 T_h 两者之和。

$$T_a = \frac{T_1 - T_2}{(U_1/U_N)^2 - (U_2/U_N)^2} = \frac{U_N^2(T_1 - T_2)}{U_1^2 - U_2^2} \tag{9-14}$$

$$T_h = \frac{T_1(U_2/U_N)^2 - T_2(U_1/U_N)^2}{(U_1/U_N)^2 - (U_2/U_N)^2} = \frac{T_1U_2^2 - T_2U_1^2}{U_1^2 - U_2^2} \tag{9-15}$$

$$T_{min,ni} = T_a + T_h \tag{9-16}$$

将在出现最小转矩的一段区域内几个转速下的 $T_{min,ni}$ 值对转速的对应关系画成曲线，从该曲线上取得最小转矩值，即为所求的最小转矩 T_{min}（单位 N · m）。

第五节 单相同步电机试验方法

一、相关标准和试验项目

单相同步电机试验方法的现行国家标准编号为 GB/T 14481—2008。该标准适用于除无直流励磁绕组（如永磁电机和磁阻电机）以外的200kW 及以下、电压690V 及以下单相同步发电机和电动机。另外，在 GB/T 22672—2008《小功率同步电动机试验方法》中也包含单相同步电机试验的一些内容。本节介绍有特殊要求的试验方法有关内容。

GB/T 14481—2008 中规定的试验项目见表 9-4。其中绝大部分的试验方法与三相同步电机相同，只是在计算关系到与相数有关的数据时，应将代表相数的 3 改为 1 即可。另外，对一些特殊要求还可参考单相交流异步电动机的试验方法。

表 9-4 单相同步电机试验项目

序号	试验项目名称	序号	试验项目名称
1	绕组对机壳和相互间的绝缘电阻测定	12	效率的测定试验
2	绕组在实际冷状态时的直流电阻测定	13	超速试验
3	空载特性测定试验	14	噪声测定试验
4	稳态短路特性测定试验	15	振动测定试验
5	匝间耐冲击电压试验	16	端子无线电干扰电平测定试验
6	耐交流电压试验	17	过载试验
7	短时升高电压试验	18	偶然过电流试验
8	电压波形谐波电压因数测定试验	19	短路机械强度试验
9	热试验	20	堵转电流和堵转转矩的测定试验
10	额定励磁电流和固有电压调整率测定	21	标称牵入转矩的测定试验
11	自励恒压时电压调整性能的测定试验	22	失步转矩测定试验

二、对测量仪器仪表和测量电路的要求

1. 对测量仪器仪表准确度的要求

对测量仪器仪表准确度的要求同本章第三节“小功率及无直流励磁绕组同步电动机试验方

法”中同一内容。

2. 测量电路及仪表误差修正

如无特殊规定，应采用电压表和功率表的电压回路后接（即接于电机端）的测量电路。

当仪表损耗造成的误差对测量结果会造成较大的影响时，用下述方法进行修正（作者建议：当使用计算机计算和编制试验报告时，所有电机一律进行修正；人工计算时，对3kW及以下的电机进行修正）：

1）被试电机的实际输出（对发电机）或输入（对电动机）有功功率P（W）用下式计算求得（“±”的使用：发电机取“+”号；电动机取“-”号）：

$$P = P_W \pm \left(\frac{1}{R_V} + \frac{1}{R_{WV}}\right)U^2 \tag{9-17}$$

式中 P_W——由功率表测量得到的功率值（W）；

R_V——电压表的直流电阻值（Ω）；

R_{WV}——功率表电压支路的直流电阻值（Ω）；

U——由电压表测量得到的电压值（V）。

2）被试电机的实际输出（对发电机）或输入（对电动机）电流I（A）用下式计算求得（“±”的使用：发电机取“+”号；电动机取“-”号）：

$$I = \sqrt{I_A^2 \pm \frac{2P_W}{R_M} + \left(\frac{U}{R_M}\right)^2} \tag{9-18}$$

式中 I_A——由电流表测量得到的电流值（A）；

R_M——电压表和功率表电压支路并联后的直流电阻值（Ω）；

U——由电压表测量得到的电压值（V）；

P_W——由功率表测量得到的功率值（W）。

三、额定励磁电流和固有电压调整率测定试验

1. 额定励磁电流测定试验

电机加载到额定工作状态时测得的励磁电流即为额定励磁电流。

2. 固有电压调整率测定试验

在他励状态下，将电机加载到额定工作状态后，保持转速和励磁电流不变，逐步减小负载直至空载，测取此时的电枢电压U_0，则被试电机的固有电压调整率ΔU（%）为

$$\Delta U = \frac{U_0 - U_N}{U_N} \times 100\% \tag{9-19}$$

四、失步转矩测定试验

失步转矩采用直接测定法。

试验时，应选用功率合适的测功机或标称转矩合适的转矩测量仪测量被试电动机的输出转矩。首先将被试电动机调整到额定负载状态下运行，然后保持励磁电流不变，逐步增加负载直至被试电动机失步。失步瞬间所测得的转矩值即为被试电动机的失步转矩。

第六节 柴油和汽油发电机组试验

柴油机或汽油机发电机组即由一台柴油机或汽油机带动一台单相或三相交流同步发电机组成的发电设备，对他励电机，还应包括励磁电源设备。在一些文件中，将现用的柴油机或汽油机称为“往复式内燃机”；将这种发电机组称为“电站”，并将可以流动使用的挂车式发电机组称为“移动电站”。图9-10和图9-11分别给出了一些小型柴油或汽油发电机组外形。

图 9-10　小型柴油发电机组

一、试验项目

往复式内燃机驱动的交流发电机组试验项目在 GB/T 2820—2009《往复式内燃机驱动的交流发电机组》第 1 部分“用途、定额和性能”、第 3 部分“发电机组用交流发电机”、第 5 部分“发电机组”、第 6 部分“试验方法”中规定。表 9-5 给出了通用部分。

图 9-11　小型汽油发电机组

试验分为出厂、型式和鉴定三种类型。其中鉴定试验对新试制的机组；型式试验对批量生产后的定期抽查或工艺、材料改进后生产的机组；出厂试验对批量生产的每一台机组。栏目中打“√”的为应选项目。

二、试验方法和试验设备

本节将重点介绍发电机组特有的或有特殊要求的项目，对某些性能指标将给出考核指标供参考使用。

表 9-5　往复式内燃机驱动的交流发电机组试验项目

序号	试　验　项　目	出厂试验	型式试验	鉴定试验	备　　注
1	外观检查	√	√	√	
2	测量绕组的绝缘电阻	√	√	√	同电机试验
3	耐交流电压试验	√	√	√	
4	检查常温起动性能	√	√	√	
5	检查空载电压调整范围	√	√	√	同电机试验
6	检查相序	√	√	√	
7	检查控制屏指示仪表的工作情况及准确度	√	√	√	
8	测定线电压波形正弦形畸变率(或总谐波畸变量)	√	√	√	同电机试验
9	测定三相不平衡负载时的三相电压偏差	√	√	√	
10	测定电压和频率的稳态调整率	√	√	√	
11	测定电压和频率的瞬态调整率及恢复时间	—	√	√	
12	测定电压和频率的波动率	√	√	√	
13	测定电压冷、热态变化率	—	√	√	同电机试验
14	在额定工况下连续运行试验和过载试验	—	√	√	
15	热试验	—	√	√	同电机试验
16	检查直接起动异步电动机的能力	—	√	√	
17	稳态短路特性测定试验	—	√	√	
18	突然短路试验(检查保护装置动作可靠性)	—	√	√	
19	测定机组的振动值	—	—	√	
20	测定机组的噪声值	—	—	√	
21	测定燃油和机油消耗率	—	—	√	

（续）

序号	试验项目	出厂试验	型式试验	鉴定试验	备注
22	检查排气烟度	—	—	√	
23	测定机组的无线电干扰值	—	—	√	有要求时进行
24	低温试验	—	—	√	
25	高温试验	—	—	√	
26	湿热试验	—	—	√	
27	长霉试验	—	—	√	
28	并联运行试验	—	—	√	
29	运输试验	—	—	√	
30	检查平均故障间隔时间	—	—	√	

和单独的电机试验相比，发电机组试验有一个特殊的要求，就是在每一项试验时，除应记录电机的试验数据和结果外，还都要测量和记录试验当时环境的大气压强、温度和空气相对湿度，以及发电机（柴油机或汽油机）的工作情况。

（一）外观检查

在试验前，应对机组的外观进行详细的检查，当发现问题时，要根据情况进行必要的处理，以保障试验的顺利进行和试验数据的准确性。检查的项目及要求如下：

1）外观尺寸应符合图样规定。

2）无漏油、漏水、漏气（俗称“三漏”）现象，如有，应彻底解决。

3）焊接牢固、焊缝均匀，无焊穿、咬边、夹渣及气孔等缺陷，焊渣和焊药应清除干净。

4）外观涂漆应均匀，无明显裂纹或脱落现象。

5）电镀件光滑，所有金属件均无锈蚀。

6）紧固件无松动现象。

7）应有接地端子，并且牢固可靠。

8）铭牌数据齐全、正确。

9）各种指示仪表完整，指示正确，非工作状态指示应在零位，而不在零位的，应调整到零位。

（二）绕组绝缘电阻的测定和耐交流电压试验

这两项试验所用设备及试验方法与同步电机完全相同，应注意的是，对电路中的半导体器件（例如整流二极管或整流桥模块等）不进行本项试验，因此在试验时应将这些器件两端短路或将其与试验电路断开。

对发电机绕组已在单机试验时进行过耐电压试验的机组，可不进行本次试验，若需进行时，应将耐电压值降至标准规定的80%。

（三）常温下起动性能的检查试验

在常温冷态下，利用机组的起动装置，按使用说明书规定的方法，起动机组3次，每两次之间的时间间隔为2min。

在每次起动时，要测定起动时间和起动转速。

起动时间又被称为发动时间，它是机组发动机（柴油机或汽油机）自按下起动按钮到点火自转为止所用的时间。

测定方法如下：

用一只离心式指针转速表（见图9-12），顶在发电机后端的轴伸中心孔（又称为顶尖孔）中测量机组的转速。若柴油机或汽油机自带转速表，则可以使用该表读数。

不可使用数字转速仪表，因为它不能显示瞬时变化的转速值，也就无法获取本试验需要的转速值。

图9-12　离心式指针转速表

在按下起动按钮的同时，用秒表开始记录时间。注意倾听机组发动机的排气声和观察转速表的指针偏转情况。当听到排气声突然变成爆燃声并节奏加快，同时转速表的指针也突然加速偏转时，突变前的记录时间和转速即为机组起动时间和起动转速。

按上述方法进行3次。取其中起动时间最长的一次用于考核。3次起动中，有1次起动成功即为合格。对起动转速无考核标准。

（四）检查和调整空载电压调整范围

先将机组的转速调到接近额定值，电压调节装置置于中间位置。然后，给发电机加负载到额定值，并使功率因数为额定值（0.8或1.0，按技术条件要求），转速（或频率）也为额定值。最后去掉负载，让机组空载运行。此时转速应不超过额定值的105%，否则应调整发动机使其符合要求。

将电压调节装置调到两个极限位置，即最大和最小位置。记录两个位置的电压值。两个电压值之间的范围即为该被试机组的空载电压调整范围。

有关合格标准和不合格时的调整方法见第八章第七节第一项的内容。

（五）检查相序

对三相发电机，用相序仪检查其输出端的相序（见第三章第十四节图3-74～图3-76）。对三相四线制出线方式的，设正相序排列顺序为U、V、W、N或A、B、C、N或L1、L2、L3、N，则当发电机的4条引出线通过端子板（或接线板）与外电路相连接时，应符合表9-6的规定（其中包括使用不同颜色导线时的规定）。

表9-6　三相四线制出线方式正相序排列顺序及导线颜色的规定

导线相序符号		竖直排列时	水平横向排列时	水平前后排列时	颜　色
相线	U(A,L1)	上	左	远	黄
	V(B,L2)	中	中	中	绿
	W(C,L3)	下	右	近	红
中性线(零线)N		最下	最右	最近	淡蓝(或黑)

当手头没有相序仪时，可连接一台已知转向的三相交流电动机，若两者三相对应连接后电动机的转向正确，说明该被试发电机的出线相序也正确，否则不正确。

（六）检查控制屏上指示仪表的工作情况及准确度

在空载和满载运行时，同时记录试验用的高精度仪表（按试验方法标准规定的仪表准确度配置的仪表，一般安装在试验台上，所以称为试验台仪表）和机组控制屏上装置的仪表（简称机组仪表）所显示的数值。对电流表和功率表，如利用了电流互感器，应求出实际电流值和功率值。

机组仪表测量值与试验台仪表测量值之差占机组仪表满量程的百分数即为机组仪表的准确度，所得数值应符合机组仪表所标志的准确度等级。

例如，试验台上的电压表读数为400V（准确度为0.5级），机组控制屏上的电压表读数为395V（满量程为500V），该电压表的准确度为1.5级，则机组控制屏上该电压表的实际准确度为

$$\frac{395-400}{500}\times 100\% = -1.0\%$$

符合 1.5 级的要求。证明该电压表准确度合格。

（七）测定线电压波形正弦形畸变率或总谐波畸变量

测定时，机组空载运行，转速接近或等于额定值，电压为额定值。使用仪器和测定方法同三相同步发电机同一试验。

按机组等级的不同，正弦性畸变率的考核标准限值有 10%、5% 和 3% 等。

（八）测定三相不平衡负载时的三相电压偏差

试验方法同同步发电机（见第八章第七节）。按机组等级的不同，考核标准限值有 5% 和 3% 等。

（九）测定电压和频率的稳态调整率

试验在机组冷态和热态两种状态下分别进行一次，但试验结果都应符合标准要求。

1. 试验方法

试验前，先调整机组的有关装置，使发电机空载电压整定范围在标准以内（例如 95% ~ 105%），然后将电压调整到额定值。此时频率应在额定值的 103% ~ 105% 之间。再给机组加负载到满载，并使转速和功率因数都达到额定值，满足上述条件后，去掉负载。此时电压还应等于或接近额定值。若与额定值相差较多，则应再次进行上述调整，直至达到上述要求为止。

以下试验过程与同步发电机同一试验基本相同，但在记录试验数据时，应同时记录各试验点的频率值。试验应反复进行 3 次。

试验时，若电压或频率示值摆动，则应取其中间值。做 $\cos\varphi=0.8$（滞后，下同）的试验时，在加载过程中，应先加电阻负载到需要的数值（例如 75% 的负载），再加感性负载使 $\cos\varphi=0.8$；在减载过程中，应先减感性负载，再减电阻负载，使 $\cos\varphi=0.8$。

2. 调整率的计算

稳态电压调整率的计算同同步发电机（见第八章第六节和第七节）。

稳态频率调整率 δf（%）用下式计算求取：

$$\delta f=\frac{f_1-f_2}{f_N}\times100\% \tag{9-20}$$

式中 f_1——负载渐变后的稳定频率，取各次读数中的最大值（Hz）；

f_2——负载为额定值时的稳定频率（Hz）。

（十）测定电压和频率的瞬态调整率及恢复时间

本试验是较复杂的一项试验，需要较熟练的技术。若使用指针式仪表，则还需要多人相互配合；使用智能型多功能电量仪表（见图 8-25b）和计算机相配合，相对而言会方便、快捷，并且准确，一般有两名实验人员即可。

1. 试验方法和试验设备

试验方法和试验设备与同步发电机基本相同。试验前对机组的调整同上述第（九）项试验。

与同步发电机本项试验相比，本试验多了一项频率的记录，即记录电压变化情况的同时，还应记录负载变化前后的频率以及变化开始到达到稳定的时间（即频率恢复时间）。这两项数据的记录可由人工读表或利用计算机系统来完成。

试验应反复进行 3 次。

2. 电压和频率的瞬态调整率及恢复时间的计算和确定

1）电压瞬态调整率及恢复时间的计算和确定方法与同步发电机完全相同（见第八章第十五节）。

2）频率瞬态调整率及恢复时间的计算和确定按下述方法进行。

负载突变前的稳定频率为f_3(Hz)，突变瞬间频率的最大值（突减负载时）或最小值（突加负载时）为f_s(Hz)，则频率瞬态调整率δf_s(%）用下式计算：

$$\delta f_s = \frac{f_s - f_3}{f_N} \times 100\% \tag{9-21}$$

取3次试验中绝对值最大的δf_s作为试验最终结果。

自负载突变的瞬间到频率开始稳定（稳定的定义在被试机组的技术条件中规定）为止所经过的时间，即为频率瞬态恢复时间，取3次试验中最长的一次作为试验最终结果。

（十一）测定电压和频率的稳态波动率

本试验一般在机组输出额定频率和额定电压空载运行状态下进行（一般安排在稳态调整率试验中进行）。当机组运行稳定后，同时记录1min时间内电压波动的最大值U_{Bmax}和最小值U_{Bmin}以及频率波动的最大值f_{Bmax}和最小值f_{Bmin}，则：

1）电压的波动率δU_B（%）为

$$\delta U_B = \frac{U_{Bmax} - U_{Bmin}}{U_{Bmax} + U_{Bmin}} \times 100\% \tag{9-22}$$

2）频率的波动率δf_B（%）为

$$\delta f_B = \frac{f_{Bmax} - f_{Bmin}}{f_{Bmax} + f_{Bmin}} \times 100\% \tag{9-23}$$

（十二）连续运行试验、温升试验、冷热态电压变化率试验和过载试验

为节约试验时间和费用，在额定工作状态下连续运行12h试验中（额定负载运行11h后紧接着将负载提高到1.1倍额定负载再运行1h），可同时进行热试验和冷热态电压变化率两项试验。另外，还可以插入热态电压调整范围、热态稳态电压调整率和瞬态电压调整率及恢复时间、控制屏仪表准确度检查、振动和噪声测量等众多试验项目。下面介绍试验顺序和试验方法。

1. 测定绕组的冷态直流电阻和温度

开始试验之前，机组应为实际冷状态，测量出发电机各绕组的直流电阻和温度（可用环境温度代替），为测量热态电阻时方便接线，应将各绕组连接一个开关用于合、断测量电阻的仪表。测量励磁绕组的直流电阻时，应将电刷提起使其离开集电环。

2. 试验开始前的调节和设定

机组起动后，试验开始前，应对机组进行调整，使输出电压和频率、输出功率、功率因数均为额定值，记录上述数据。另外，还应记录试验环境数据（大气压、温度和相对湿度）及机组发动机的机油温度和压力，冷却水（液）温度，发电机的进、出风温度和铁心温度（或机座表面温度）等数据。

3. 冷、热态电压变化率试验

上述第2项调整完成后，将电压调节装置和转速调节装置固定不动（保持到本试验结束为止）。

保持上述状态运行到温升基本稳定后，本试验结束（但机组仍要继续运行）。试验中，每0.5h记录一次上述第2项所要求的数据。

试验结束时的电压与试验开始时的电压（即额定电压）之差占试验开始时电压的百分数即为冷、热态电压变化率。

4. 热试验

在上述第1项和第2项试验完成后，将负载、电压、频率、功率因数均调整到额定值，并保持这些额定值继续运行到第11h结束（计时从冷态开始）。在此期间，每0.5h记录一次上述第2

项所要求的数据。

一般情况下，在第5h后温升就会达到稳定。所以应根据人员和自然情况（白天容易操作），在第5~11h之间决定停机测量绕组的热态直流电阻以及有关元件的温度，即完成热试验。为使机组尽快停止运转，在关断发动机的油门后，先不要切断负载开关，这样可利用能耗制动使机组较快地停下来。对相复励发电机，要测量的绕组和元件较多，因此需多人配合完成，可设一人专门读秒表和指挥。

5. 1h过载运行

测量完温升数据后，继续调整机组在额定工况下运行到第11h结束。然后，调整负载达到110%额定值，同时要尽力保证电压、频率和功率因数也为额定值。运行1h后停机。在这1h中，每隔15min记录一次上述第2项所要求的数据。

6. 对12h运行试验合格与否的判定标准

在12h运行试验中，机组应无漏油、漏水、漏气、油温或水温过高、突然自停机、运行声音异常、电压和频率下降到最低限度（无法调高）等不正常现象。

（十三）稳态短路特性测定试验和突然短路试验

1. 稳态短路特性测定试验

稳态短路特性测定试验的试验方法和计算、绘制特性曲线等与同步发电机完全相同（见第八章第四节）。

2. 突然短路试验

突然短路试验的目的有两个，一个是测定突然短路电流；另一个是检查保护装置（主要是具有过电流保护的发电机输出用断路器）动作的可靠性。

短路试验前，机组空载运行。将转速调整到额定值，电压调整到技术条件规定的数值，无规定时，按额定电压的95%调整。

应进行三相之间短路、两相之间短路、一相对中性线短路共3次试验。

对试验用短路开关的要求、测定短路电流的试验设备及方法等与同步发电机相同（见第八章第十四节第二项）。

当保护装置不动作时，应尽快人工切断电路。允许进行1次调整后再次进行试验。

试验后应检查机组是否出现损伤。

（十四）振动和噪声的测定试验

发电机组振动和噪声的测定试验方法分别在GB/T 2820.9“机械振动的测量和评价”和GB/T 2820.10“噪声的测量（包面法）”中给出。

振动和噪声的测定试验应在机组空载、半载和满载3种运行状态下进行。带负载时，功率因数应为额定值（为减少室内反射对噪声测量结果的影响，试验安排在室外进行时，如受负载条件所限，允许负载的功率因数为1）。取其中较差的数值作为考核数据。如对试验结果的准确度要求不是特别严格，这两项试验最好安排在稳态电压调整特性试验中进行，这样可节约时间。否则，噪声试验应在符合技术条件规定的场地进行测量。

试验时，除记录振动值和噪声值外，还应记录机组的输出电压、电流、功率、频率、功率因数及试验环境的大气压、相对湿度、温度等。

1. 振动测定试验

在机组下列部位，沿机组的横向、纵向及竖直向下3个方向选定测点进行测量。测量值的单位见该被试机组的技术条件（当使用振幅值时，应注意是单振幅还是双振幅）。取各次测量值中的最大值作为试验结果（见图9-13）。

1）控制屏（安装于电机上方者）上方。

2）空气滤清器上方。

3）油箱（安装于机组上方者）上方。

4）水箱（对水冷者）上方。

图 9-13　发电机组振动的测量位置

2. 噪声的测定试验

试验时，机组安放的地点可为专用的噪声试验室或符合 GB/T 1859—2000《往复式内燃机辐射的空气噪声测量　工程法及简易法》中规定的普通试验室或室外场地。室外场地应平坦、空旷，在以测试中心为圆心的 25m 半径圆范围内无大的反射物（如围墙、房屋或较大的设备等）。环境噪声应比机组噪声低 10dB（A）以上。

试验时，用声级计在机组两侧和发电机后端 1m 远处分别选定噪声最大的 3 个点进行测量（见图 9-14），每点应重复测量 3 次，每两次测量值之差不应大于 2dB（A），否则应重测。取 3 次的平均值作为一个测点的测量结果，取各测点测量值的平均值作为被测机组噪声值的最终结果。

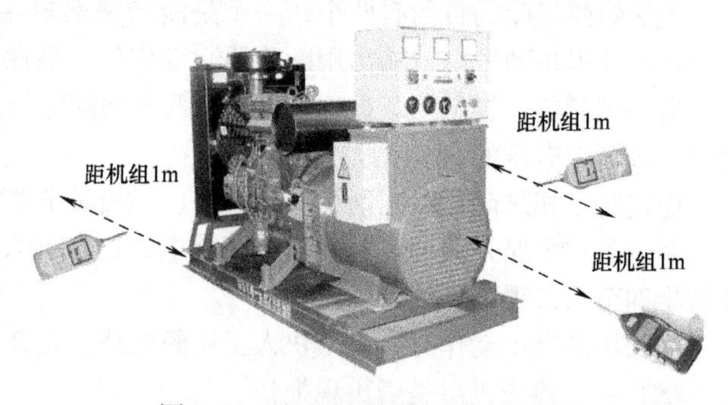

图 9-14　发电机组噪声的测量位置

（十五）测定燃油和机油消耗率

测定燃油消耗率的目的与测定电机的效率类似；测定机油消耗率的目的则主要是检查内燃机润滑系统的工作情况，其中包括内部和外部的漏油情况。

试验时，除记录机组功率、电流、电压、频率、燃油或机油消耗量和试验时间等数据外，还应记录试验环境的温度、相对湿度、气压等以及试验所用的燃油和机油牌号。

1. 燃油消耗率的测定方法

测定时，机组应处于额定工况运行到油温和水温（或出风温度）基本稳定的状态。

测定设备可使用专用的仪器，也可采用下述自制设备。

（1）天平法

在天平的两个托盘上分别放一杯燃油和重量相当的砝码。由图 9-15 所示的油管及三通阀使油杯与油箱及内燃机相通。

测定时，先将三通阀拨到油箱供油的位置，待机组运行到符合测定的要求后，再拨到由天平上油杯供油的位置。待天平的指针指到零位时（天平达到平衡），开始计时，并取下估计能满足机组运行时间在60s以上质量为m(g)的砝码。当天平的指针再次回到零位时，停止计时。如此重复测定3次，计算出3次测定时间的平均值t_e(s)，则燃油消耗率g_e(g/kW·h)用下式求取：

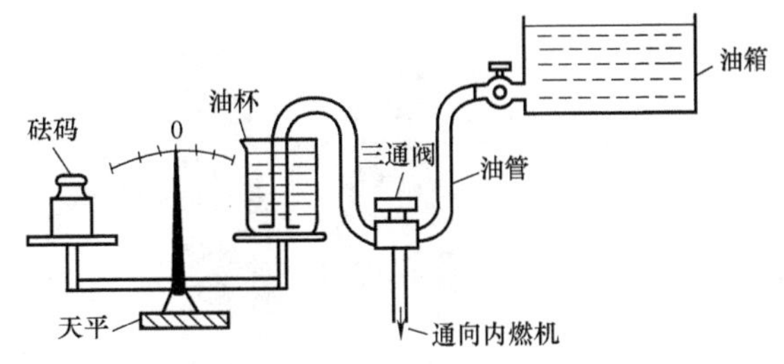

图9-15　用天平法测定燃油消耗率的油路示意图

$$g_e = \frac{3600m}{Pt_e} \tag{9-24}$$

式中　P——测定试验时机组的输出功率，取3次试验的平均值，尽可能为额定值（kW）。

（2）台秤法

当机组功率较大时，可利用一个小台秤代替上述天平。当采用带砣的台秤时，在秤好油杯（此时应用一个小油桶）的重量后开始计时，之后去掉标明质量为m(g)的秤砣。待再次达到平衡后，停止计时。其余同天平法。

若使用指针式或数字式台秤，可随意记录一段时间的燃油量。

2. 机油消耗率的测定方法

试验前，给内燃机加入规定量的机油、水和燃油。

起动机组，使机组运行到油温达到使用说明书规定的数值或（85±5）℃后停机。

转动曲轴，使第一缸的活塞处于上止点位置后，再转动曲轴3圈，然后放尽机油或放一定时间。

之后，再给内燃机加入机油到规定值，记录这次加入的机油量m_1(g)。

再次起动机组，使其在额定工况下运行12h后停机。停机后，按前面的方法放尽机油或放一定时间。

秤出放出的机油量m_2(g)，则机油消耗率G_e(g/kW·h)用下式求取：

$$G_e = \frac{m_1 - m_2}{12P} \tag{9-25}$$

式中　P——测定试验时机组的输出功率（一般用额定值）（kW）。

3. 关于测定环境的问题

上述两项测量试验应在标准环境下进行，否则应按GB/T 6072.1—2008《往复式内燃机　性能　第1部分：功率、燃料消耗和机油消耗的标定及试验方法　通用发动机的附加要求》中有关规定对试验结果进行修正。

所谓标准环境，是指大气压为10^5Pa、空气相对湿度为30%、环境温度为25℃。

（十六）测量排气烟度试验

本试验应用专用的烟度计进行测定。图9-16给出了两种产品。

以图9-16a所示的YDJ-2000型滤纸烟度计为例，介绍其使用方法。用配套的活塞式抽气泵从柴油机排气管中抽取定量容积（330mL）的排气气体，使它通过一张一定面积的白色滤纸，于是排气中的碳颗粒就粘附在滤纸上而使滤纸染黑，然后利用光电检测装置测量滤纸上烟痕的吸光率来评定柴油机的排气烟度。

（十七）高温试验和低温试验

这两项试验只在有要求时才进行。

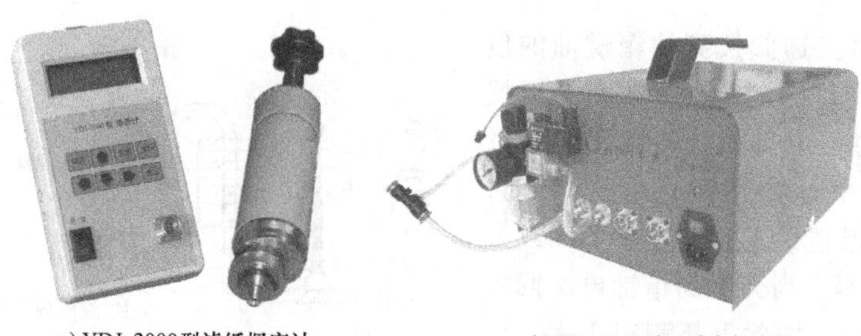

a) YDJ-2000型滤纸烟度计　　b) SV-6YC型不透光烟度计

图 9-16　烟度计示例

1. 高温试验

机组在高温环境中（40℃或45℃，按技术条件要求规定）静置6h后，在额定工况下连续运行至热态。之后，按前面有关条文的规定测定绕组温升、电压和频率的稳态调整率和波动率。在连续运行期间，每隔0.5h记录一次有关数据（同温升试验）。

试验过程中，对机组的要求同12h连续运行试验。

2. 低温试验

机组加满低温用燃油、机油、防冻冷却液（内燃机为水冷者），配备好容量充裕的蓄电池（内燃机为电起动者）后，静置于规定的低温（-40℃，-25℃或-15℃，按技术条件要求规定）环境中达12h以上（对额定功率在12kW及以上者）或6h以上（对额定功率在12kW以下者）。

之后，测定各独立电路对地及相互间的绝缘电阻，测量值应符合标准的要求。

按使用说明书规定的起动方法起动机组。从开始起动到起动成功所需时间最长不应超过30min。

起动成功后，在3min内使机组带上额定负载，连续工作到内燃机的水温和油温达到正常值。测定电压和频率的稳态调整率和波动率，应符合相关规定。

最后，停机检查机组上的塑料件、橡胶件及金属件，均不应出现断裂现象。

（十八）并联运行试验

并联运行试验只在有要求时进行。如无特殊规定，试验时所用的两台机组的规格型号应完全相同。并联运行常被称为“并车运行”，并将两台机组开始并联运行的过程称为“并车”。

1. 试验设备及试验电路

并联运行试验的试验设备及试验电路如图9-17所示。参与试验的两台机组应各配置一套电量测量仪表，另外，还应配置一套测量总负载电流、电压、功率、频率和功率因数的电量测量仪表；对自励发电机，应改用外加直流电源的他励型式。

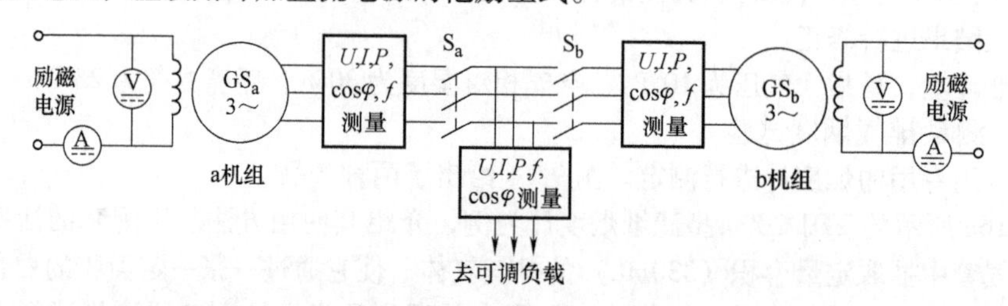

图 9-17　两台发电机组并联运行试验电路连接图

2. 同步并车的必要条件

要想将两台三相同步发电机组顺利地并车运行，必须使其满足如下3个条件，这3个并车条件又被称为三相同步发电机“并车三要素”。

1）频率相同。

2）电压的数值、极性和相位相同。

3）三相的相序相同。

3. 同步指示器

为观察两台发电机组的三相输出是否满足上述并车3要素，应制备一套同步指示器。该指示器可选用专业厂生产的专用产品，也可自制。现已有计算机控制的自动并车仪。

（1）MZ10型同步指示器

图9-18为MZ10型同步仪表及其单相和三相的接线图。仪表的工作位置为垂直使用，可用于小型单位的试验设备中。

用电压表确定两台发电机各自出线端的相序（对三相发电机）和相线与零线。

按图将指示器连接到需要并车的两台发电机电路中，对三相发电机，要确认连接的相序相同。分别起动两台发电机空载运行。

a) 实物图

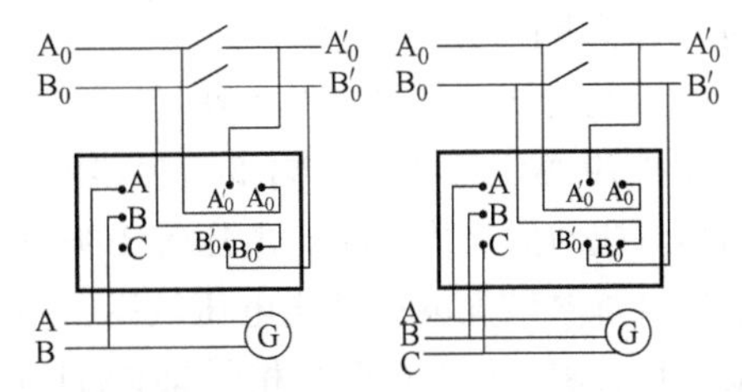

MZ10型组合式单相同步表　MZ10型组合式三相同步表

b) 使用接线图

图9-18　MZ10型指针式同步指示器和接线图

当两台发电机的电压和频率不同时，电压差、频率差指示的指针将向“+”或“-”方向偏转。

当两台发电机的频率不同时，同期指示的指针应作顺时针方向或逆时针方向旋转。

调整两台发电机的电压和频率，使电压和频率的指针及S指针都指示到中间标记位置，即达到了并车的条件。

两台发电机的频率相差在0.25～0.7Hz范围内且电压相同时，则同期指示应能作正常旋转。

（2）Q96-ZSB型并车（网）脉冲输出同步指示器

Q96-ZSB型并车（网）脉冲输出同步指示器如图9-19a所示，它可事先设置最小允许频率差

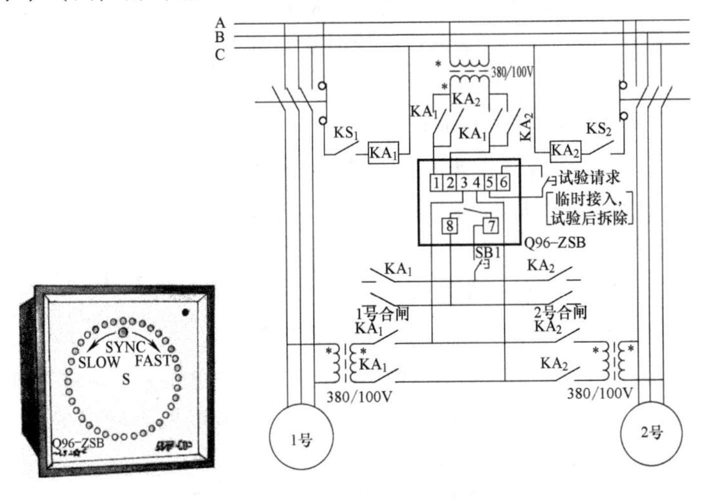

a) 实物图　　b) 使用接线图

图9-19　Q96-ZSB型并车（网）脉冲输出同步指示器和接线图

和相角差，使用时可根据这些设定值，自动给出并车（网）指令，通知相关并车（网）机构实现并车（网）操作，具有一定的智能功能。

接通电源之前，应确定好输入和输出的相序相符、电压相等。接通后，仪器的圆周 LED 指示灯将朝一个方向旋转发光，“SLOW”表示发电机的频率低于电网（或另一台发电机，下同），“FAST”表示发电机的频率高于电网。按上述指示的情况调节发电机组的转速，使其频率上升或下降，直至圆周 LED 指示灯停止旋转，并且“SYNC”同步指示灯点亮，说明达到了同步并车的条件，此时可以合闸并网。

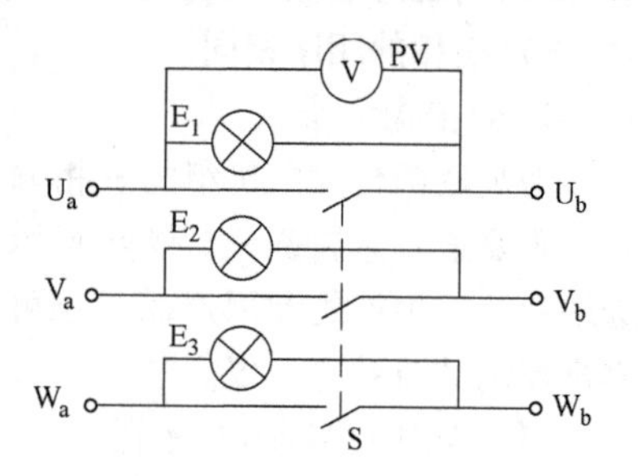

图 9-20 熄灯法三灯同步指示器的电路接线图

（3）熄灯法三灯同步指示器

图 9-20 为熄灯法三灯同步指示器的电路接线图。图中 3 个指示灯应为同功率、额定电压等于被试发电机额定电压的白炽灯（如被试发电机额定电压较高，一只灯泡的额定电压不能满足要求，可采用两只相同规格的灯泡串联，或通过变压器降压后供给低电压的灯泡）；电压表 PV 主要用于观察低电压，因为当电压降到灯泡额定电压的 1/3 时，灯光将会很暗，而不便观察，其量程应不小于被试发电机额定电压；S 为并联开关。

熄灯法三灯同步指示器的使用方法如下：

接线前，先用相序仪确定两台发电机三相输出的相序，同相序者接在开关 S 一对触头的两端，如图 9-20 所示。

调节两台发电机的转速和电压整定装置，注意观察两套机组的频率表和电压表，当频率相等且电压也相等时，三个指示灯既不亮也不闪烁（这是命名此方法的原因），电压表的指示接近于零。此时即可迅速合上并联开关 S，两机组开始进入同步并联状态。

（4）旋转法三灯同步指示器

图 9-21 为旋转法三灯同步指示器的电路接线图。从图中的接线可以看出，本方法与上述熄灯法相比，U 相相同；V 相和 W 相的一端相同，但另一端相互交叉换相后连接。在实际安装时，3 个灯泡应摆在一个等边 3 角形的三个顶点的位置，这样便于试验时观察到三个灯光旋转的现象。

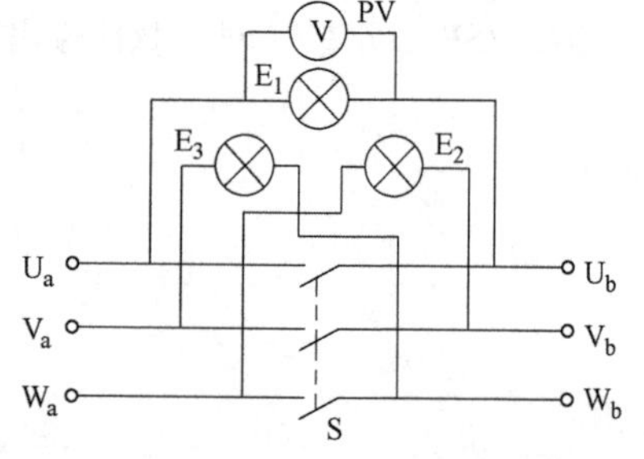

图 9-21 旋转法三灯同步指示器的电路接线图

旋转法三灯同步指示器的使用方法如下：

接线前，先用相序仪确定两台发电机三相输出的相序，然后按图 9-21 所示接上 3 个灯泡和 1 只电压表，对灯泡和电压表的要求同熄灯法。

调节两台发电机的转速（频率）和电压。

当两台发电机 a 和 b 的频率 f_a 和 f_b 不相等时，3 个灯泡将交替地以两发电机频率之差（f_a-f_b）的频率明暗变化，看起来就像灯光在旋转。$f_a>f_b$ 时，旋转方向为 $E_1 \to E_2 \to E_3$，否则为 $E_3 \to E_2 \to E_1$。可用此方法判断两个频率的高低（如有频率表，当然可用观看两个频率是否相等的方法）。

两台发电机输出电压的高低之差和相位之差决定着 E_1 的亮度和电压表的指示值大小。亮度大（电压表指示值也大），说明两电压之差较大，反之说明电压差较小。

当 E_1 熄灭，E_2 和 E_3 的亮度相同时，即达到了同步运行的条件，可迅速合上并联开关 S。

4. 并联运行的试验方法

两台机组空载并联成功之后，开始进行并联运行试验。在试验过程中，总负载的功率因数应始终保持为额定值。负载总功率应在两台发电机额定功率之和的 20% ~100% 范围内变化。

首先加相当于总功率 75% 的负载。调节原动机（内燃机）的调速装置，使两台发电机的有功负载按其额定功率的比例分配（当两者为同规格的机组时，额定功率的比例即为 1:1）；通过调节无功分配调节装置（即励磁装置），使两台发电机的无功负载也按其额定功率的比例分配。无功调节分配装置调定后，在整个试验过程中不允许再次调整。

将负载按总功率的 75% →100% →50% →25% →50% →75% 的顺序调节。每次改变负载后，允许调节机组的调速装置，使两台发电机的有功负载按其额定功率的比例分配。每个负载点至少运行 5min。

在每个负载点下，测取每台发电机实际承担的有功功率、无功功率（或功率因数），以及总的有功功率和无功功率（或功率因数）。

对调压率为 ±1% 的发电机，并联时允许达到 -3% 。

对调压率为 ±3% 的发电机，并联时允许达到 -5% 。

5. 对试验结果的分析

（1）有功功率分配差度 ΔP（%）

$$\Delta P = \frac{P - P_1}{P_N} \times 100\% \tag{9-26}$$

式中　P——在某一工况下，机组输出的有功功率（kW）；

P_1——在某一工况下，机组在按比例分配应输出的有功功率（kW）；

P_N——机组的额定有功功率（kW）。

（2）无功功率分配差度 ΔQ（%）

$$\Delta Q = \frac{Q - Q_1}{Q_N} \times 100\% \tag{9-27}$$

式中　Q——在某一工况下，机组输出的无功功率（kvar）；

Q_1——在某一工况下，机组在按比例分配应输出的无功功率（kvar）；

Q_N——机组的额定无功功率（kvar）。

在没有无功功率表时，应测量功率因数 $\cos\varphi$，则实际无功功率 Q 用下式计算求出（Q_1 和 Q_N 类同）：

$$Q = \frac{P}{\cos\varphi}\sqrt{1 - \cos^2\varphi} \tag{9-28}$$

式中　P——同台发电机组在同一负载点的实测有功功率（kW）。

两台规格型号完全相同的发电机组并联时，有功功率与无功功率分配差度应不超过 ±10% 。

对不同额定功率的发电机组并联时，有功功率与无功功率分配差度的极限是：较大的机组应不超过其额定有功功率或无功功率的 ±10% ；较小的机组应不超过其额定有功功率或无功功率的 ±25% 。以两者中较小的数值为标准进行考核。

（十九）检查直接起动异步电动机的能力试验

根据被试机组的技术条件要求，按机组额定功率选择三相笼型异步电动机的额定功率（一律用 4 极电动机，见表 9-7）。

表 9-7　起动三相笼型异步电动机的功率对应表

发电机功率 P_{GN}/kW	≤40	50～75	90～120	150～250
异步电动机功率/kW	$0.7P_{GN}$	30	55	75

试验前，机组应处于输出电压和频率均为额定值的空载运行状态。给选用的三相异步电动机通电，该电动机应能顺利起动。

（二十）运输试验

此项试验只对移动电站在鉴定试验时进行。可只试验一台机组。

试验前，应使机组的完整性符合出厂合格要求，并在额定工况下至少运行1h，无异常现象。

试验时，被试机组由汽车等拖动，在不同路面上总计运输500km。其中：不平整的土地和坎坷不平的碎石路300km，行驶速度为20～30km/h；柏油或水泥路面200km，行驶速度为30～40km/h。

试验过程中，应多次停车检查，停车检查里程段：第一段为100km；第二段和第三段各为200km。

运输完成后，应进行绝缘电阻测量、常温起动性能检查、电压和频率的稳态调整率和波动率的试验测定等。检查结果应符合标准要求。另外，机组各组件、零部件不应因强度不够而造成损伤；紧固件、焊缝、铆钉等不应松动、开焊或损坏；油和水不应渗漏；工具和备件不应损坏；电气器件连接不应松脱。

（二十一）检查平均故障间隔时间

此项试验只在有要求时在鉴定试验时进行。下面介绍柴油发电机组进行本项试验的有关内容。

试验前，被试机组应已完成了其他试验，并达到合格要求。

试验时，将机组加满燃油、机油和水后，起动运行。运行状态可为额定负载或根据用户要求加周期变化的负载或按专门技术条件的规定，连续运行。其累计运行时间不少于2倍平均故障间隔时间（平均故障间隔时间见表9-8）。

表 9-8　柴油发电机组平均故障间隔时间

机组额定转速/(r/min)	300	1500	1000	750,600,500
平均故障间隔时间/h	250	500	800	1000

在试验过程中，每隔1h记录一次机组的功率、电压、电流、功率因数和频率等输出电量数据，以及冷却出水（或风）温度、机油温度和压力、环境温度、大气压力、相对湿度、添加燃油时间等有关内燃机的数据。当发生停电事故时，应记录停电时间、事故原因及修复时间等。

按机组使用说明书的规定和要求对机组进行正常检查和维护。

连续运行中，机组应无漏油、漏水、漏气等现象；水温和油温应符合所用内燃机技术条件的规定。如用机组本身的油箱供油，则添加燃油的时间应符合规定。

用式（9-29）计算平均故障时间 T（h），其结果不少于表9-8中的规定为合格。

$$T=\frac{\sum t}{n} \tag{9-29}$$

式中　$\sum t$——总运行时间（h）；

n——发生故障的次数（当未发生故障时，不取 $n=0$，而取 $n=1$）。

（二十二）湿热试验和长霉试验

这两项试验只在有要求时在鉴定试验时进行。如配套件上有这两项性能试验的检验合格证件，则对机组可不再进行试验。

湿热试验是考核湿热带环境用机组上的配套电工件、电工材料等的防潮性能。按 GB/T 2423.4—2008《电工电子产品环境试验　第2部分：试验方法　试验Db：交变湿热（12h＋12h循环）》中的规定对零部件进行6个周期、40℃交变湿热试验。

长霉试验是考核上述器件和安装工艺的防霉性能。应按 GB/T 2423.16—2008《电工电子产品环境试验　第2部分：试验方法　试验J及导则：长霉》中的规定对零部件进行28天暴露试验。

第十章 直流电机试验

一般直流电机都可以在电动机和发电机两种状态下运行，所以决定了直流发电机和直流电动机在试验方面具有很多的共同点。

现行的直流电机试验方法标准编号为 GB/T 1311—2008，另外，2019 年又发布了 GB/T 20114—2019《普通电源或整流电源供电直流电机的特殊试验方法》。本章将重点介绍在第四章“通用试验及设备”中未涉及或有特殊要求的内容。

第一节 直流电机的结构及接线型式

一、电磁式直流电机

常用的中小型直流电机结构和主要组成部件如图 10-1、图 10-2 和图 10-3 所示。其定子铁心上装有磁场绕组和换相绕组，分别称为主磁极和换相极；转子铁心中嵌有电枢绕组，一端装有换向器（又被称为整流子，俗称“铜头”）；另外还有与换向器相接触的电刷及相关装置等。这种类型的直流电机称为电磁式直流电机。又因为电枢绕组是通过电刷与换向器之间的滑动接触与外部电源（对电动机）或负载（对发电机）相连接的，所以又被称为“有刷直流电机”。

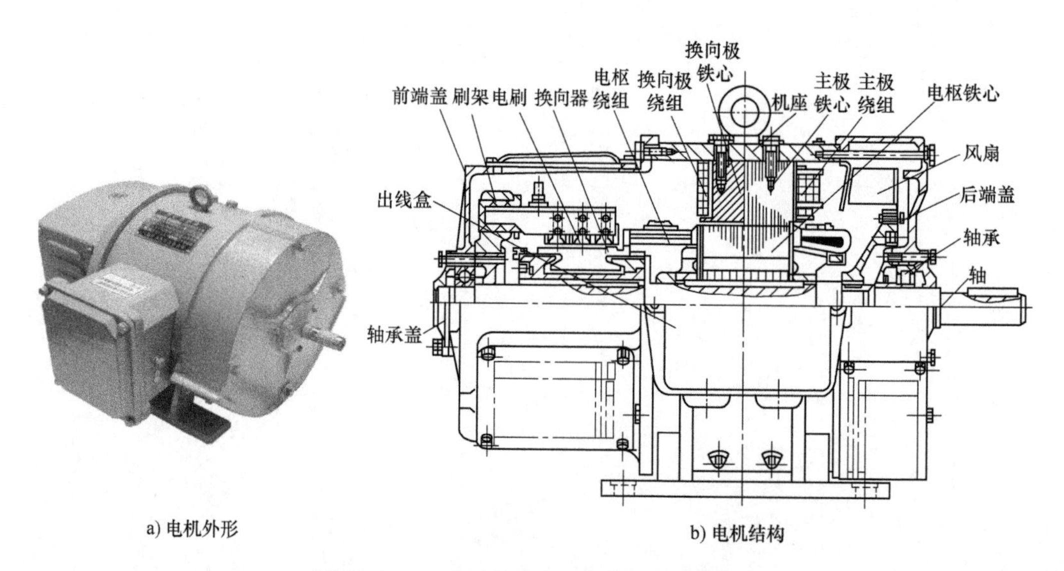

a) 电机外形　　b) 电机结构

图 10-1　Z2 系列电磁式（有刷）直流电机

根据不同的使用要求，电磁式直流电机的励磁绕组及其与电枢绕组的连接关系有多种型式。一般按励磁绕组与电枢绕组的连接方式分类，常用的有他励、并励、串励和复励 4 种，复励中又可分为加复励和减复励两种（前者较常用）。其电路接线原理和示意图如图 10-4 所示。

二、永磁式直流电动机

永磁式直流电动机产生主磁场的励磁部件是永久磁铁（或称为磁钢）。它与电磁式他励直流

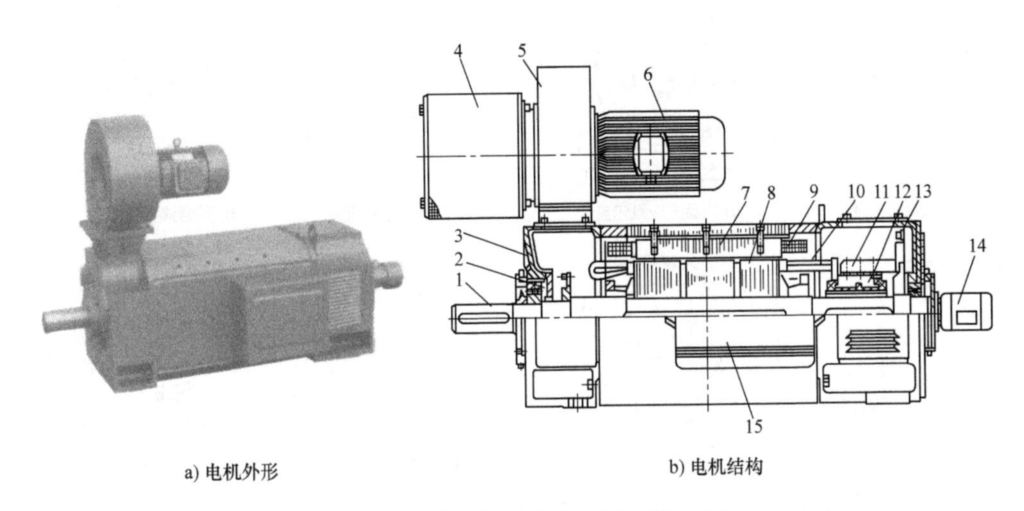

a) 电机外形　b) 电机结构

图 10-2　Z4 系列电磁式（有刷）直流电机

1—转轴　2—轴承　3—端盖　4—进风滤网　5—冷却风机　6—风机电机　7—主磁极铁心和换向极铁心　8—电枢铁心　9—主磁极绕组和换向极绕组　10—电枢绕组　11—电刷装置　12—换向器　13—电刷支架压板和紧固螺栓　14—测速发电机　15—接线盒

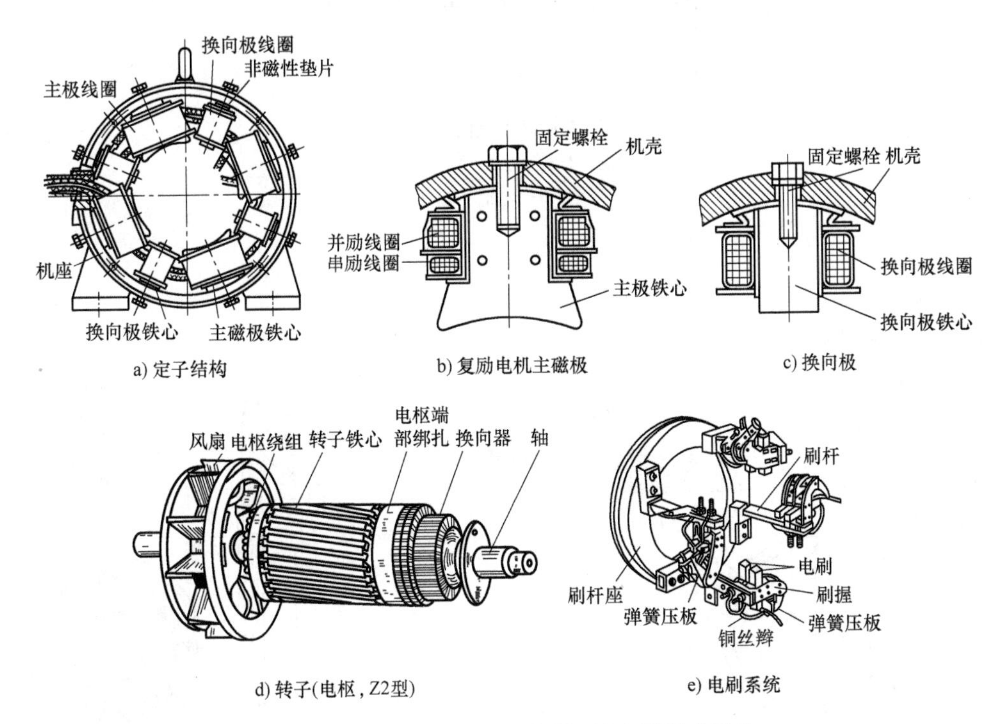

a) 定子结构　b) 复励电机主磁极　c) 换向极

d) 转子(电枢，Z2型)　e) 电刷系统

图 10-3　直流电机（Z2 系列）的主要组成部件

电动机相比，具有结构简单、体积小、重量轻、工作可靠、使用和维护方便、效率高等许多优点。在普通家用电器、电动工具、玩具、音响视听设备、汽车、飞机、计算机等领域中作小功率的动力设备。随着磁性材料的发展，其应用范围正日益扩大。图 10-5 ~ 图 10-9 是该类直流电机几种不同型式的结构图；图 10-10 是典型永磁体结构原理图。

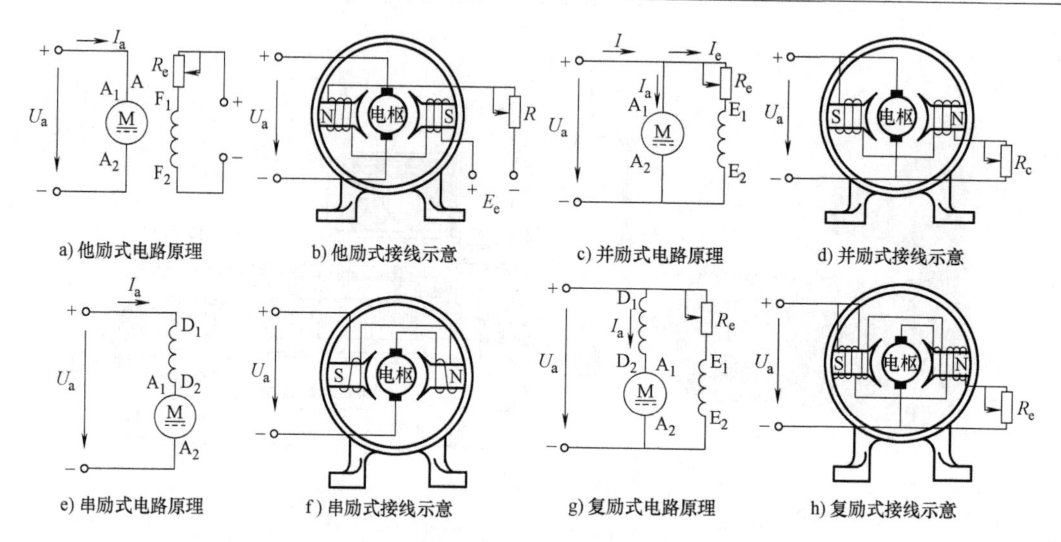

图 10-4　小型电磁式（有刷）直流电机的四种型式接线示意图

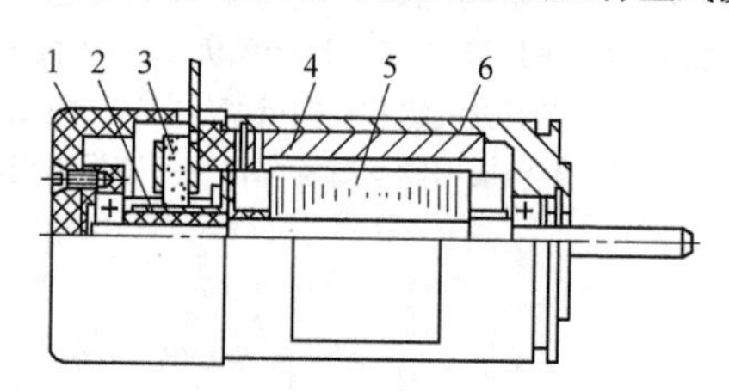

图 10-5　普通永磁式直流电动机结构图

1—端盖　2—换向器　3—电刷装置

4—磁钢　5—电枢　6—机壳

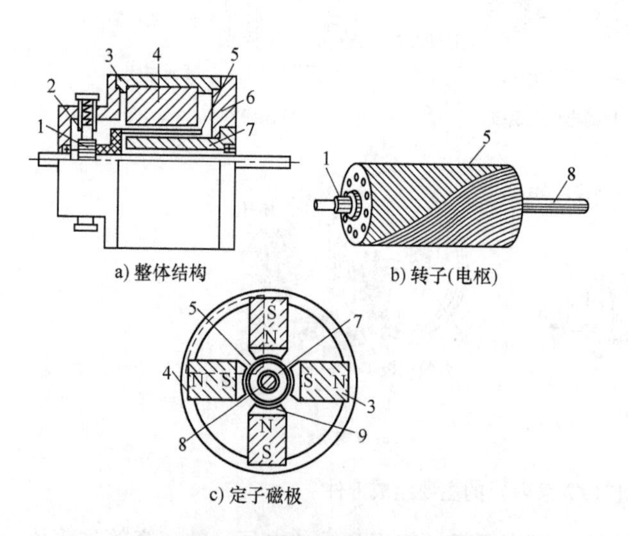

图 10-6　杯形电枢永磁式直流电动机结构图

1—换向器　2—电刷装置　3—机壳　4—磁钢

5—杯形电枢　6—端盖　7—内磁轭　8—转轴　9—极靴

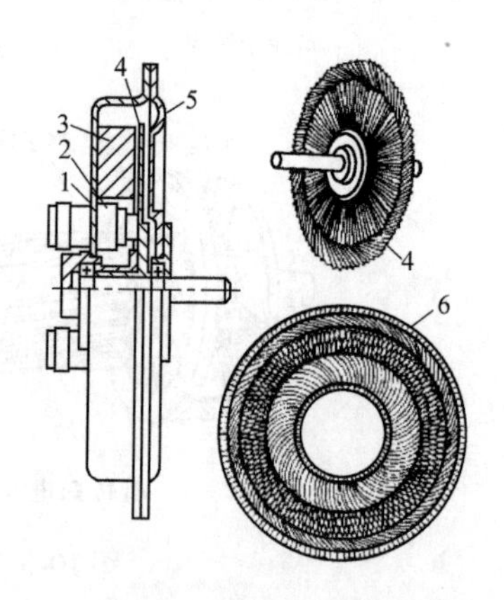

图 10-7　印制电枢永磁式直流电动机结构图

1—机壳　2—电刷装置　3—磁钢

4—印制电枢　5—端盖　6—印制绕组

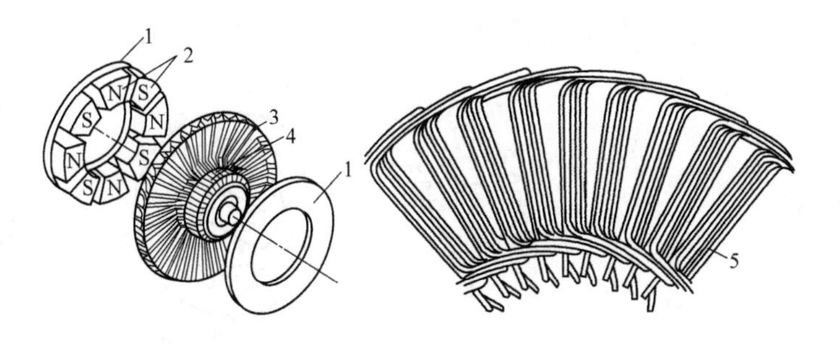

图 10-8　绕线盘式电枢永磁式直流电动机结构图

1—导磁钢环　2—磁钢　3—绕线盘式电枢　4—换向器　5—绕组

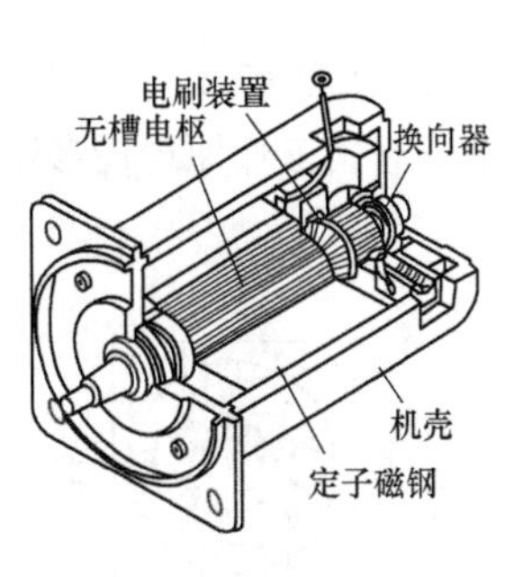

图 10-9　无槽铁心电枢永磁式直流电动机结构图

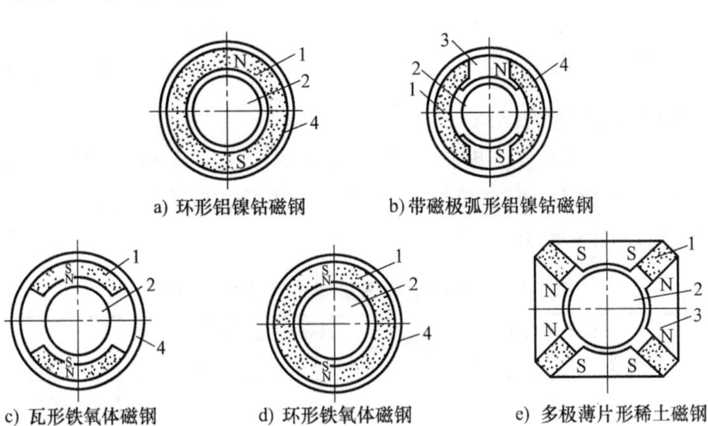

图 10-10　典型永磁体结构原理图

1—磁钢　2—电枢　3—磁极　4—机壳

三、无刷直流电动机

因为去掉了复杂的换向和电刷装置，所以无刷直流电动机具有结构简单、工作可靠的明显优势。特别是采用永磁体的无刷永磁直流电动机，其优势则更加明显。现已广泛应用在软硬磁盘驱动器、光盘驱动器、激光打印机、摄/录像机、电动自行车、航空航天等很多领域。

无刷直流电动机由电动机本体、传感器和电子换向控制电路 3 个主要部分组成。电动机本体由定子和转子组成，定子上的多相绕组放置在铁心槽内；转子上的磁钢产生磁场；位置传感器检测转子的旋转位置，与电子换向控制电路一起实现定子换向。

图 10-11 是一台采用霍尔位置传感器的无刷永磁直流电动机结构图和接线控制原理图；图

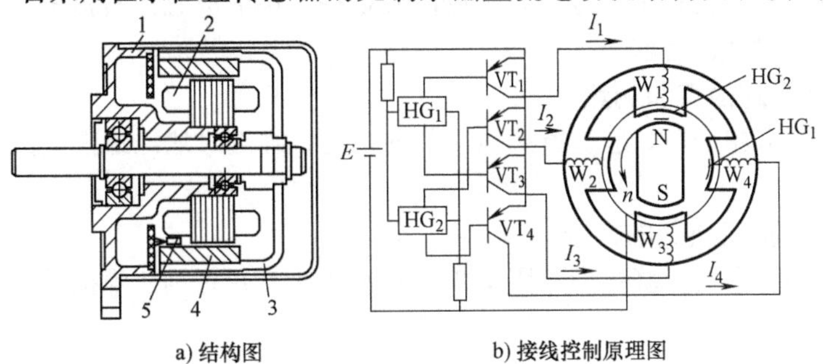

图 10-11　采用霍尔位置传感器的无刷永磁直流电动机

1—机壳　2—电枢　3—外转子　4—磁钢　5—霍尔位置传感器

10-12 和图 10-13 分别是电磁传感器控制和光电式传感器控制无刷永磁直流电动机接线控制原理图。有关工作原理请参看相关资料。

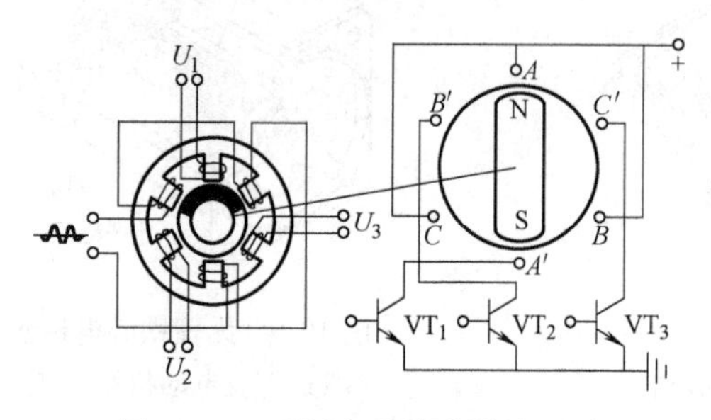

图 10-12　采用电磁传感器的无刷永磁直流电动机接线控制原理图

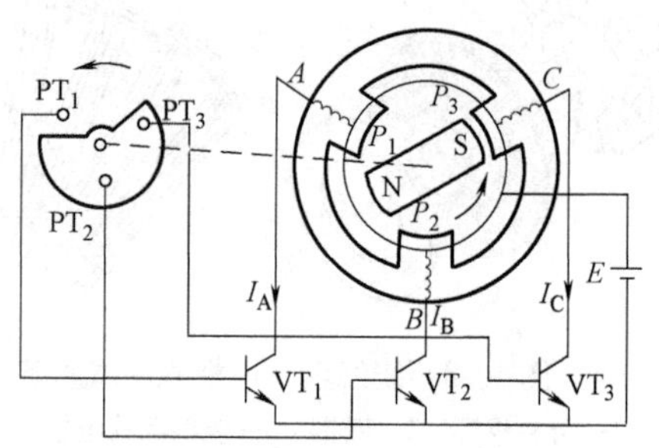

图 10-13　采用光电式传感器的无刷永磁直流电动机接线控制原理图

四、直流电机各绕组的两端标志

在本手册第一章中已介绍了直流电机各绕组的两端标志（电机线端标志与旋转方向的国家标准编号为 GB/T 1971—2006）。但在该标准之前，这些标志曾有过几次变化。为便于修理人员核对，现将这些变化情况列于表 10-1 中。

表 10-1　直流电机各绕组的两端标志代号

绕组名称	1965 年以前		1965～1980 年		1980 年以后	
	始端	末端	始端	末端	始端	末端
电枢绕组	S1	S2	S1	S2	A1	A2
换向绕组	H1	H2	H1	H2	B1	B2
补偿绕组	B1	B2	BC1	BC2	C1	C2
串励绕组	C1	C2	C1	C2	D1	D2
并励绕组	F1	F2	B1	B2	E1	E2
他励绕组	W1	W2	T1	T2	F1	F2

第二节　对组装前电工部件的检查和试验

由于直流电机的结构和接线比较复杂，有些故障原因在装成整机后很难检查，所以必须对装机前的定子磁场绕组和转子电枢绕组及换向器等电工部件以及相互连接的电路进行详细的检查试验和记录。只有通过检查试验合格的部件才能用于组装整机。

下面介绍有关项目和检查试验方法。其中内容是按常用的电磁式直流电机安排的，其他形式的直流电机应按其型式决定取舍。

一、对电枢绕组的检查和测量

电枢绕组在嵌线和接线后，应进行接线质量的检查、绕组对地绝缘强度的试验以及绕组直流电阻的测定。

（一）电枢绕组接线质量的检查

通过测量换向器片间所接绕组的电阻值来判断其接线是否正确、焊接是否可靠。检查方法有如下两种：

1. 电阻法

使用微欧计直接量取换向器片间的电阻值。此方法因每次测量时的接触电阻不一致，可能影响测量准确性。

2. 降压法

此法较为常用。测试步骤如下：将换向器上某一换向片定为1号片，顺时针数到11号片，在1号片和11号片上分别接上1.5V电池的正、负极，用直流毫伏表量取其间所有相邻的两个换向片片间的电压值。然后再将电池的两极分别接到11号片和21号片上，继续测量所有相邻片片间电压值，直到将所有片片间电压测完为止。也可采用在一个极距的两端换向片上接入低压直流电源，来测量所有相邻片片间电压值的方法。

对于较大的直流电机，可将直流电源接在相邻的两个换向片上。但应注意，测试时，必须保证先接通电源，再接通电压表，电源未与换向片接通时，电压表不能与电源线相接，否则有可能因电压过高损坏电压表。

以上测试方法如图10-14所示。

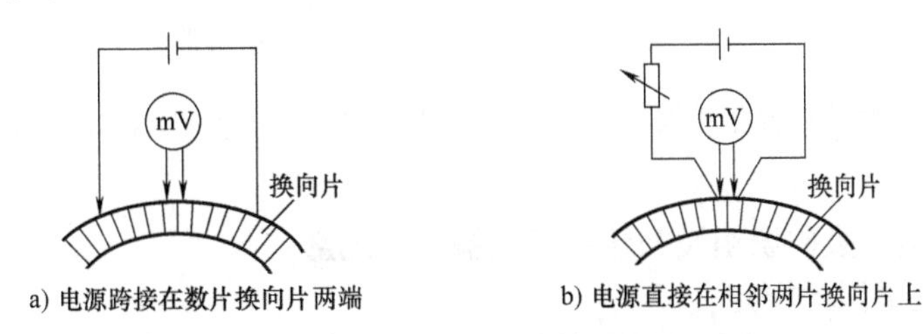

图10-14　电枢绕组接线质量的检查方法示意图

3. 结果分析

一般情况下，质量合格的电枢绕组，在相邻两片换向片上测得的电压值应基本相同，最大值或最小值与平均值之差应在平均值的±5%以内，但因绕组形式的不同，测出的电压值也可能呈一定规律变化。如果所测电压值既不相同，又不呈一定规律变化，则说明绕组存在质量问题。

所测换向片片间电压为零或很小，则说明绕组短路；若电压值偏高，则是绕组开路或焊接不良。另外，绕组的接线错误也会导致片间电压异常，这应在检查焊接质量之后，再去认真进行检查。

（二）电枢绕组对地绝缘强度的试验

试验应在绕组绑扎前、后各进行一次，所用试验设备、试验方法及注意事项见第四章第二节有关内容，其试验电压加于绕组与机壳之间，所加电压值及试验时间见表10-2。

表10-2　直流电机电枢绕组对地绝缘强度试验所加电压值及试验时间

被试电机额定电压 U_N/V	绕组绑扎前		绕组绑扎后	
	试验电压/V	试验时间/s	试验电压/V	试验时间/s
$U_N \leqslant 36$	750	15	700	60
$U_N > 36$	$2.5U_N+1900$		$2.5U_N+1700$	

（三）电枢绕组冷态直流电阻的测定

测量时，电阻表（含电桥和数字电阻表，后同）的两个接线端接于相距一个极距（或接近一个极距）的两片换向片上。为了使两者接触稳定可靠，应用尖冲头在两片换向片的升高部位各冲出两个小坑作测量点。电阻表的每根引线一端各焊上一根磨尖的探针（对双臂电阻表，应为4根。但为了使用方便，对电阻为0.1Ω以上的绕组，可使用两根探针）。探针用直径为5mm左右、长度为200mm左右、前端磨尖的铜棒制成。测量时，将与电阻表相接的4个探针分别顶在换向片的小坑内，并用力压紧，应当注意与电阻表P1和P2端连接的探针应放在靠近绕组一端的小坑内。测量接线如图10-15所示。

电阻的测量应进行 3 次，取平均值作为测量结果。在测量电阻的同时，还应测取绕组的温度（一般可用环境温度代替）。

若使用电压-电流法，则当电压表的内阻 R_V 与被测绕组电阻 R_W 之比 $R_V/R_W \geqslant 200$ 时，使用图 10-16a 所示的电路；当电流表的内阻 R_A 与被测绕组电阻 R_W 之比 $R_A/R_W \leqslant 1/200$ 时，使用图 10-16b 所示的电路。

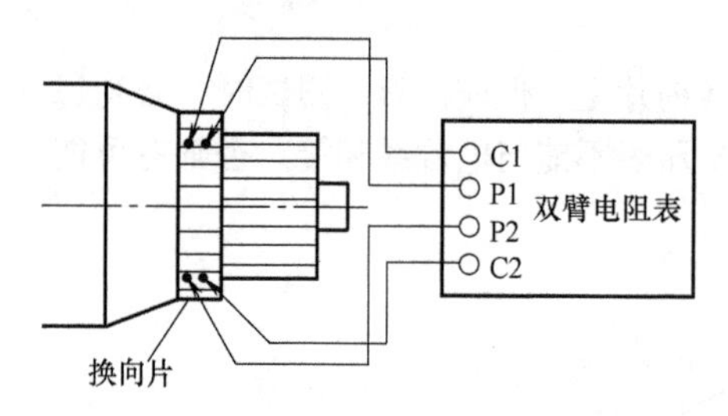

图 10-15 电枢绕组直流电阻的测量接线

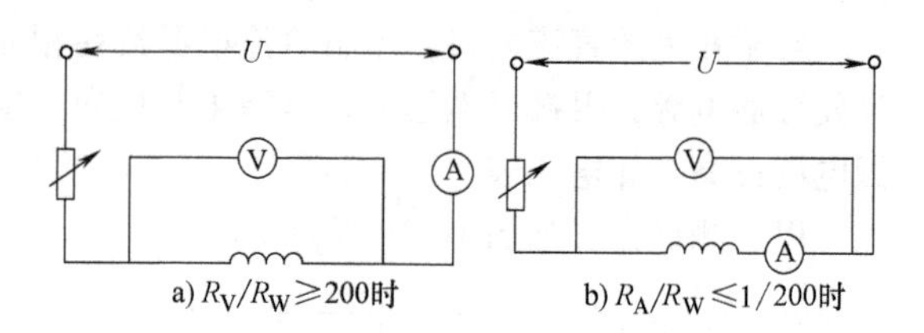

图 10-16 用电压-电流法测量绕组直流电阻的电路

二、对励磁绕组、换向绕组及补偿绕组的检查和测量

（一）绕组直流电阻的测定

在励磁绕组中，并励或他励绕组的电阻值较大，一般使用单臂电阻表测量；串励绕组、换向绕组和补偿绕组的阻值很小，所以应当使用双臂电阻表或电流电压法进行测量。应同时测量绕组的温度。

（二）极性检查

直流电机典型的磁极排列和磁力线走向如图 10-17a 所示。

极性检查的目的是确定各绕组相互间连线的正确性。各励磁绕组之间连线正确时，若给其通入直流电流，则每两个相邻磁极的极性将相反。

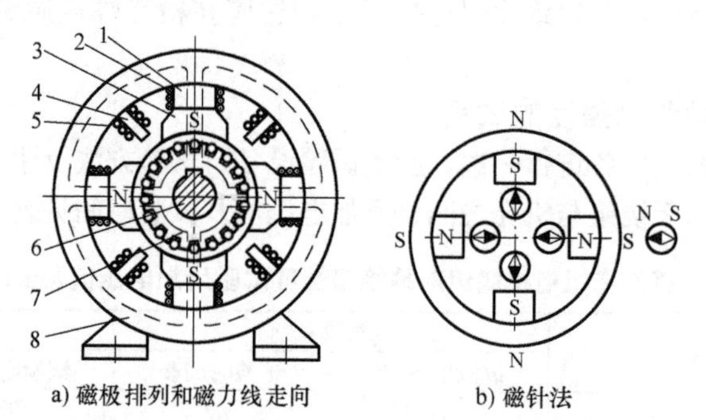

图 10-17 用磁针法或测试棒法测定励磁绕组接线方向的正确性

1—主磁极铁心 2—主极线圈 3—主极极靴 4—换向极铁心 5—换向极线圈 6—转轴 7—电枢铁心和绕组 8—机壳（磁轭）

极性检查可采用如下两种方法。

1. 观察法

对串励绕组、换向绕组等，因匝数较少、导线截面大，可用肉眼直接观察其绕制方向，并沿连接导线查出各绕组的连接走向。根据电机电流的方向，应用右手定则可判断出磁极的极性。

2. 磁针法

测试前，先给磁场绕组按所规定的方向施加 10% 左右的额定励磁电流。在电机的内表面，使用指南针或小磁针靠近所测磁极表面。若指南针 S 极指向所测磁极，则该磁极为 N 极，反之为 S 极。也可在电机的外表面固定磁极铁心的螺栓处进行测定，此时磁针与磁极的极性关系与在内表面时相同，但应注意，内部磁极的极性则与其相反，如图 10-17b 所示。

（三）对主磁极与换向极极性排列顺序的检查

直流电机的主磁极与换向极极性排列的顺序与电机的转向以及是发电机还是电动机有关。以转子转向为顺时针为例，正确的排列顺序应如图 10-18 所示。

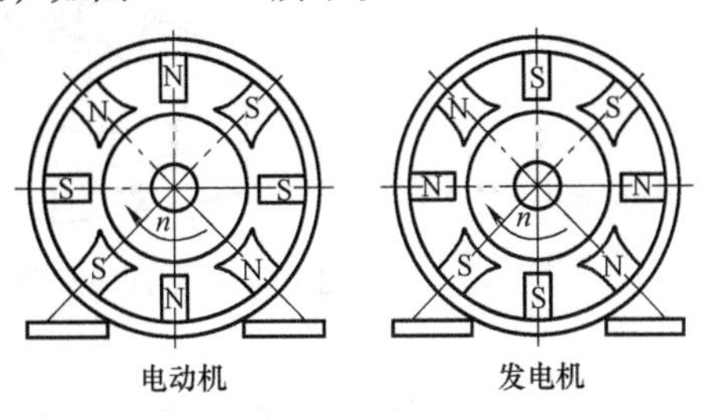

图 10-18　转子转向为顺时针时，主磁极与换向极极性的正确排列顺序

（四）绕组对地绝缘强度的试验

在完成前两项检查之后，应对上述各绕组进行对地（机壳）绝缘强度的试验。使用的设备及试验的操作方法同通用试验相关部分。试验电压值为 10 倍额定励磁电压 +500V，但最低不得低于 2000V，最高不超过 4000V，试验时间为 1min。

三、对其他部件的检查

（一）对电刷、刷盒和刷架的检查

电机的电刷牌号及外形尺寸应与设计相符。电刷在刷盒（又被称为刷握）中既不过于松动，又能上下灵活滑动。电刷与换向器的接触面应大于电刷截面积的 75%，如果接触面过小，将会在运行中造成电刷及换向器温升过高、火花大等故障，并且会影响很多试验（如无火花换向区域的测定）的准确性。为此，必须对电刷进行磨合。

对电刷架和压电刷的装置，要求安装可靠，使电刷不发生轴向及在换向器外圆切线方向的晃动。电刷压力应用测力计测量，测量方法见第五章第十五节第一部分相关内容。一般直流电机应为 20～25kPa 之间，所有电刷之间的压力差应不超过平均值的 ±10%。

（二）对换向器的检查

在对换向器与电枢绕组进行电气性能检查的同时，还应对其表面进行检查。换向器表面应光亮清洁、无凸出片和下凹片、无磕碰划伤、无毛刺。换向器片的两个侧棱边应按要求倒角，片间的云母应下刻，低于换向器表面。换向器外形尺寸应符合图样要求；与转轴的同轴度应在电机冷态和热态下分别进行测定，其测量值不超过表 10-3 的规定；对轴的平行度也应在表 10-4 规定的范围内。

表 10-3　直流电机换向器外圆与转轴的同轴度允许偏差

换向器外圆线速度/(m/s)	>40	15～40	<15
冷态不同轴度允许偏差/mm	0.03	0.04	0.05
热态不同轴度允许偏差/mm	0.05	0.06	0.10

表 10-4　直流电机换向器外圆与转轴的平行度允许偏差

换向片的长度/mm	≤100	101～400	≥401
不平行度允许偏差/mm	0.8	1.0	1.5

对组装前的转子进行测量时，应将转子用两个 V 形铁架起，将转轴调水平后，用百分表进行测量，如图 10-19 所示。

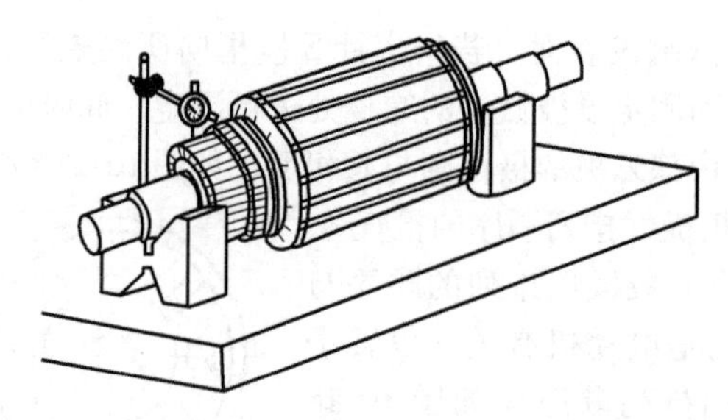

图 10-19　用百分表测量换向器与转轴的同轴度和平行度

第三节　直流电机的成品试验项目及说明

按国家标准 GB/T 755—2019《旋转电机　定额和性能》和 GB/T 1311—2008《直流电机试验方法》的规定，直流电机整机出厂检查试验和型式试验的项目见表 10-5 和表 10-6。这两个表中所列项目针对的主要是电磁式直流电机，对于其他特殊结构的直流电机（如永磁直流电机和无刷直流电机），其中有些项目可能不适用，也可能另有其他的规定。备注中注明“同通用试验”的项目，其试验方法、试验设备、试验电路等内容，在后面的讲述中将不再出现或只作简单、必要的介绍。

电动机试验直流电源为直流发电机组的简称为“直流电源”，对由交流电经整流设备得到的直流电称为“整流电源”。

表 10-5　直流电机出厂检查试验项目

序号	试验项目名称	备　注
1	绕组对机壳绝缘电阻的测定	同通用试验
2	绕组在实际冷态下直流电阻的测定	同通用试验
3	绕组匝间耐冲击电压试验	同通用试验
4	电刷中心位置的测定与调整	
5	空载特性的测定试验	
6	额定负载试验	
7	发电机短时过电流或电动机短时过转矩试验	
8	发电机的固有电压调整率和电动机的固有转速调整率测定试验	
9	超速试验	同通用试验
10	振动的测定试验	同通用试验
11	短时升高电压试验	
12	耐交流电压试验	同通用试验

表 10-6　直流电机型式试验项目

序号	试验项目名称	备　注
1	全部检查试验项目	
2	轴电压的测定	对中大型电机，在有要求时进行
3	电感的测定	在有要求时进行
4	整流电源供电时电压、电流纹波因数及电流波形因数的测定	
5	热试验	
6	效率的测定试验	
7	无火花换向区域的测定试验	
8	转动惯量的测定试验	同通用试验
9	电枢电流变化率的测定试验	
10	噪声的测定试验	同通用试验
11	电磁兼容性测定试验	在有要求时进行

第四节　绕组直流电阻的测定试验

电磁式直流电机的绕组形式多而复杂，所以测量方法和注意事项也有一定的难度和不同于一般交流电机的规定。

一、励磁绕组和换向绕组直流电阻的测定方法

测量励磁绕组和换向绕组直流电阻之前，应将被测量绕组与其他绕组的连接点打开。一般使用准确度不低于0.2级的电阻表进行测量，也可使用电流电压法进行测定。

（一）励磁绕组直流电阻的测定方法

并励或他励绕组的直流电阻比较大，一般应用单臂电阻表进行测量。

串励绕组的直流电阻比较小，应用双臂电阻表进行测量。

（二）换向绕组直流电阻的测定方法

换向绕组的直流电阻也比较小，应用双臂电阻表进行测量。对电枢两端各连接一组换向绕组的，应分别进行测量。

二、电枢绕组直流电阻的测定方法

（一）说明

1）测量时应将电刷提起或在两者之间用绝缘隔开，根据不同情况选择不同的测量方法。有关技巧和注意事项见本章第二节一、（三）项内容。

2）如将电刷提起或在两者之间用绝缘隔开有困难，只能将电刷放在换向器上进行测量时，应在位于相邻两组电刷的中心线下面，距离等于或接近于一个极距的两片换向片上进行测量。

3）如所测直流电阻只是用于热试验的结果计算，应在位于相邻两组电刷之间，相距约等于极距一半的两个换向片上进行测量。应注意在这两个换向片上做好标记，以便在测量热态直流电阻时使用。

（二）测量方法

1. 单波绕组

对单波绕组，应在距离等于或接近于奇数极距的两片换向片上进行测量，测得的电阻值即为该电枢绕组的电阻。

2. 无均压线的单叠绕组

对无均压线的单叠绕组，应在换向器直径两端的两片换向片上进行测量，并依下式进行计算，求得该电枢绕组电阻值R_a(Ω)：

$$R_a = \frac{r}{p^2} \tag{10-1}$$

式中　r——实测的电枢绕组电阻值（Ω）；

p——被试电机的极对数。

3. 有均压线的单叠绕组

对有均压线的单叠绕组，应在相互间距离等于或最接近于奇数极距，并在装有均压线的两片换向片上进行测量，测得的电阻值即为该被试电机电枢绕组的直流电阻。

4. 有均压线的复叠式或复波式绕组

对有均压线的复叠式或复波式绕组，应在相互间距离最接近于一个极距，并在装有均压线的两片换向片上测量。测得的电阻值即为该被试电机电枢绕组的直流电阻。

5. 蛙式绕组

对蛙式绕组，应根据不同的形式选择不同的测量方法。

1）对单蛙式绕组，其直流电阻应在相隔一个极距的两片换向片上测量。

2）对双蛙式绕组，应在相邻的两片换向片上测量。

3）对三蛙式绕组，在相距一个极距的两片换向片上测量。

如果换向片数 K 与极数 $2p$ 的比值不是整数，应加上一个修正值 $\pm m/2$（m 为绕组的重路数）。此时，电枢绕组的直流电阻值 $R_a(\Omega)$ 由下式计算求取：

$$R_a=\frac{r}{\left(\frac{\alpha}{K}+1\right)m^2} \tag{10-2}$$

式中　r——实测的电枢绕组电阻值（Ω）；

α——被试电机蛙式绕组的电阻系数，见表10-7。

表10-7　直流电机蛙式绕组的电阻系数

极数 $2p$	4	6	8	10	12	14	16	18	20	22	24
电阻系数 α	8	27.71	61.25	110.11	175.43	258.13	359.02	478.77	617.98	777.21	956.92

第五节　电刷中性线位置的测定和调整试验

电刷中性线位置的测定及调整试验属其他试验的前期工作。只有测定并调整达到要求后，方可进行其他运行试验，否则将会对其他试验造成不利的影响，甚至于无法进行或产生某些性能不合格的严重后果。

电刷中性线位置的测定和调整有三种方法，即感应法、正反转发电机法和正反转电动机法。一般情况下应先在电机未接电源线时，用感应法测量并进行调整，使其基本符合要求后，再用另外两种方法之一进行复核和更细地调整。下面介绍测定和调整方法的具体内容。

一、感应法

感应法是一种比较常用的方法。此法简单、操作安全，测定也较准确。

（一）试验电路

励磁绕组接入一个可以通、断的直流电源，电压约为1/10额定励磁电压（可用2~4节1.5V的一号干电池串联使用）。在任意两个相邻的电刷上，并接一块双向的直流毫伏表（如没有，可用万用表的直流毫伏档代替），如图10-20所示。

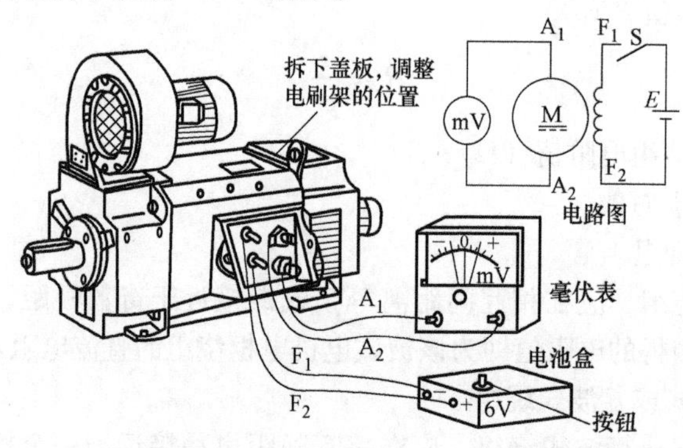

图10-20　用感应法测试电刷中性线位置的实物接线图和电路原理图

图 10-21 是两种可自动控制励磁电源通断的电子电路，可将所有的元件和仪表组装在一个仪表盒内。使用该仪器时，可只用一个人完成通断电源和调整电刷位置的工作。接好线后，一边观察指针的摆动，一边调整电刷的位置。

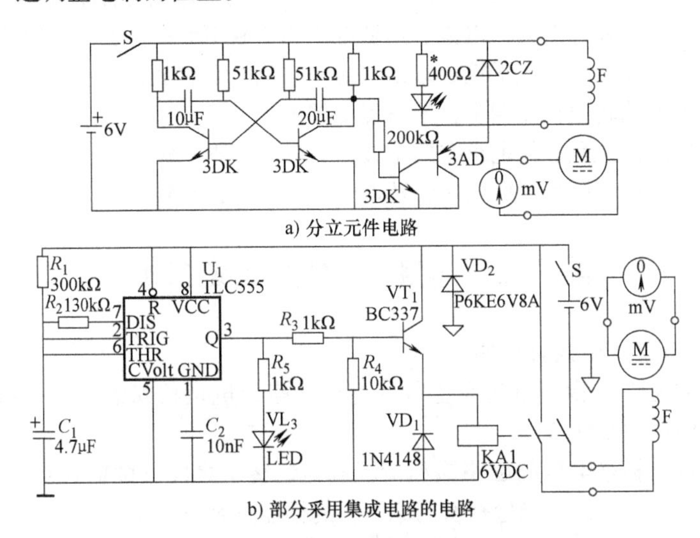

a) 分立元件电路

b) 部分采用集成电路的电路

图 10-21　两种可自动控制励磁电源通断的电子电路

（二）试验方法

测试时，应保持电枢静止，断续接通和断开励磁电源。此时，如果电刷不在中性线位置上，毫伏表指针则将随着励磁电源的通、断，以其零位为中心左右摆动。摆动幅度越大，说明电刷偏离中性线位置越远；如果电刷在（或相当接近）中性线位置上，则毫伏表指针将不摆动或摆动幅度很小。

GB/T 1311—2008 中还给出了一种绘图确定中性线的方法（3. 2. 3. 1b），因很少被采用，故不予介绍。

（三）调整方法

当电刷偏离中性线位置时，应进行调整。调整的方法是：先将电刷架固定螺钉松开少许，以使电刷架能沿圆周方向移动为准。向一个方向轻轻移动电刷架，同时观看毫伏表指针的摆动情况，若摆动幅度变大，说明电刷移动后偏离中性线位置更远了，应改变移动方向，直至毫伏表指针的摆动幅度达到最小。

判断摆动幅度达到最小的方法是：毫伏表指针的摆动幅度达到某一较小范围后，又开始变大，变大前的摆动幅度即达到了最小值（毫伏表的读数推荐以励磁电流断开时的为准）。此点即为电刷应处的最佳位置，即中性线位置。

二、正反转发电机法

用他励方式给被试电机加励磁（不是他励的电机应改为他励），用另一台直流电动机拖动运转。试验中，应保持被试电机在转速、励磁电流和负载不变（可以空载）的情况下，使其进行一次正转和一次反转运行。若两次输出电压相等，则说明该电机的电刷处在中性线位置；否则说明偏离了中性线位置，两次所测电压相差越多，偏离程度越大。

在运行中调整电刷位置，使电机在两个转向时，电枢的端电压基本相等。此时电刷的位置即中性线位置。

调整电刷时，顺电枢旋转方向移动，则电枢电压升高；反向移动时，则电枢电压降低。掌握这一规律有助于加快调整的速度。

三、正反转电动机法

只有允许逆转的电动机方可使用此法。试验时，被试电机应为他励，由其他直流电源供电。当被试电机拖动负载时，在保持输入电压、励磁电流和负载不变的情况下，使其正转和反转各运行一次。若两次运行时转速相等或很接近，则说明该电机的电刷处在中性线位置；否则说明偏离了中性线位置，两次所测转速相差越多，偏离程度越大。

在运行中调整电刷的位置，使电机在两个转向时转速基本相等，即使电刷处在中性线位置。调整时，顺电枢旋转方向移动电刷时，转速下降；反之，则转速上升。

第六节　空载特性的测定试验

一、空载特性的定义和试验目的

直流电机的空载特性是指当电机在空载发电机状态或电动机状态下，以额定转速运行时，电枢电压与励磁电流的关系曲线。

做此试验的目的是检查电机的磁路饱和情况和定、转子之间气隙的大小，以校核设计的合理性或提出改进的方向，另外也能检查所用原材料的性能是否符合要求。

二、试验方法

试验方法有两种，即空载发电机法和空载电动机法。一般采用前者，后者仅限于小型直流电动机在检查试验时使用。

（一）试验设备及试验电路

试验时，将被试电机的励磁绕组由单独的可调直流电源供电，即对原来不是他励磁方式的电机，应改做他励。

采用发电机法进行试验时，用辅助电动机拖动被试电机，并调节被试电机转速使之保持在额定值不变作空载发电运行。试验电路接线原理如图10-22a所示。

采用电动机法进行试验时，用外加的可调直流电源给被试电机电枢通电空载运行。试验电路接线原理如图10-22b所示。

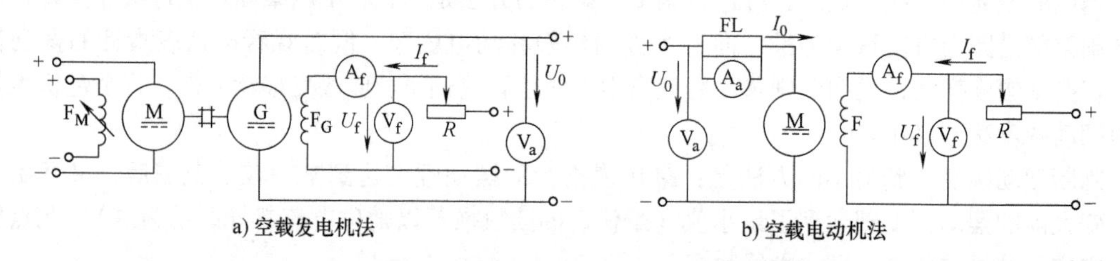

图10-22　空载特性测定试验的电路原理图

（二）空载发电机法

1. 试验步骤

起动拖动电机并逐渐达到被试电机的额定转速。给被试电机加励磁电流，从零开始逐步增加，直到电枢电压达到130%的额定电压为止。然后，再逐步减小励磁电流到零。在作曲线上升分支和下降分支时，各读取9～11个点，每点读取电枢电压和励磁电流。在电枢电压为额定值附近测点应较密一些。根据各点数据画出上升分支和下降分支两条曲线，如图10-23所示。因为下降分支更能反映出电机的磁路特点，并可以测定出剩磁所产生的空载电动势，所以有时只做下降分支。

2. 注意事项

试验时应当注意如下两点：

1）测试中，励磁电流的调节只允许按一个方向进行。比如在做下降分支时，某一点调得过低，需要再调高一点，此时应将电流调到最高值，然后再降低到所需要的那一点。

2）若由于电机的磁路比较饱和，电枢电压调不到130%的额定值，应尽可能调到最高电压，但励磁电流不能超过额定值的2倍。

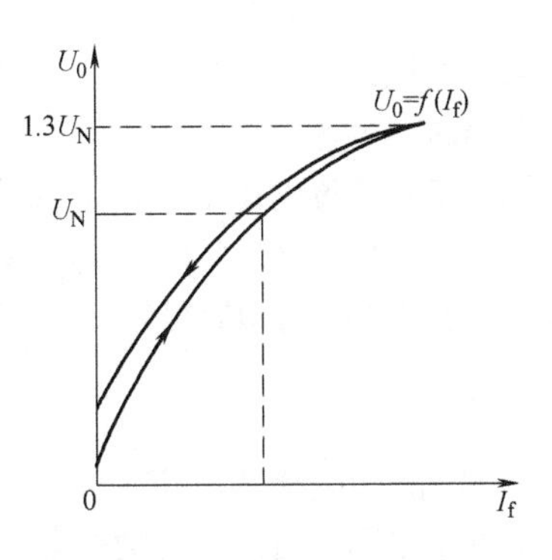

图10-23　直流发电机的空载特性曲线

（三）空载电动机法

1. 试验步骤

试验时，励磁方式为他励，用外加的可调压直流电源给被试电动机电枢通电空载运行。保持转速为额定值，调节电枢电压从额定值的25%左右到120%左右，同时读取电枢电压和励磁电流的数值。

2. 注意事项

试验过程中，励磁电流只允许向一个方向调节；在低电压时，电动机运行会很不稳定，应注意防止电机超速。

（四）检查试验时的试验方法

在做出厂检查试验时，无需做出整条曲线，而是仅做下降分支中额定电压时的一点。其值与型式试验值相比较。对小型直流电动机，允许采用电动机法进行本项试验。

三、空载电枢电压允许值和调整方法

在额定励磁电流时，空载电枢电压值允许相差±5%。如果相差较多，则应对电机的磁极与电枢间的气隙δ进行调整。当电枢电压偏高时，应增大气隙δ；反之，应在磁极铁心与机壳之间增加垫片（磁极铁心与机壳之间的间隙被称为第二气隙），以减小气隙δ。气隙大小的调整范围用下式进行计算：

$$\delta' = 2\delta \cdot \Delta U_a \tag{10-3}$$

式中　δ'——需要调整的磁极与电枢之间的气隙（mm）；

δ——原磁极与电枢之间的气隙（mm）。

ΔU_a——允许的电压偏差值（%）。

第七节　电感的测定试验

本项试验只在有要求时进行，并且一般对容量较大的电机。试验的目的主要是校核设计或向使用部门提供调整控制电路的参数。如无特殊规定，试验应对电枢回路和并励绕组进行。

一、电枢回路电感的测定试验

（一）不饱和电感的测定

试验开始前，电机的电刷应安装到位并与换向器接触良好；将并（他）励磁场绕组的两个出线端短路，以免在试验时产生感应高压对绕组造成损伤；应用机械将转子（电枢）固定，防止其转动。

试验时，在电机电枢回路的两端加50Hz或60Hz单相的交流电压。通过调节该电压的大小，控制通入电枢回路的交流电流在被试电机电枢额定电流的20%左右，以避免在短暂的试验期间电刷和换向器过热。

同时读取交流电压 U（V）、交流电流 I（A）、功率因数角（相角，即电压与电流的相位差角）φ 或有功功率 P（W）。功率因数角也可利用电流 I、电压 U 和功率 P 用下式先求出功率因数 $\cos\varphi$，再求其反三角函数得到。

$$\cos\varphi = \frac{P}{IU} \tag{10-4}$$

（二）饱和电感的测定

电机为他励，通以额定励磁电流（其电流纹波因数≤6%，下同）。其测定方法与不饱和电感的测定相同。

对串励电机的电枢回路，仅进行饱和电感的测定试验，此时串励绕组由直流电源他励，通以额定电流，求得的饱和电感并不包括由于串励磁场所引起的附加电感。

（三）负载状态下的饱和电感的测定

被试电机作发电机，在特定的负载电流 I_a 状态下运行。使用一台交流发电机、一个电容器 C 和一个电感 L，如图10-24所示。将20%左右额定电流的交流电流叠加在直流负载电流上。

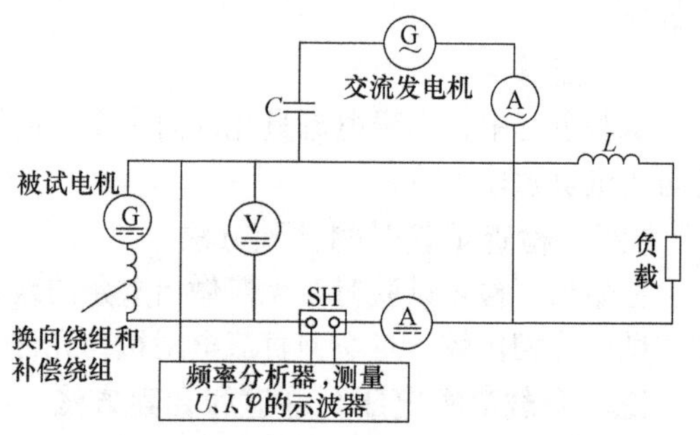

图10-24　直流电机电枢回路电感测定试验电路

（四）电枢回路电感试验值的计算

电枢回路电感试验值 L_n（H）用交流电压、交流电流的有效值，用下式计算求得：

$$L_n = \frac{U\sin\varphi}{2\pi f I} \tag{10-5}$$

式中　U——交流电压的有效值（V）；

I——交流电流的有效值（A）；

f——交流电的频率（Hz）；

φ——交流电压与电流的相位差角。

二、并励绕组电感的测定试验

（一）不饱和电感的测定

试验时，电机励磁绕组用一个在被试电机额定励磁电流时电压调整率小于2%的直流电源他励，将电机驱动到额定转速。电枢两端开路。

调节励磁使电枢电压达到额定值。然后，再次调节，使电枢电压在额定值与零之间来回变化两次。最后，降低电枢电压到50%额定值左右，记下此时的励磁绕组电压作为预备值，再将励磁电压减小到零后关断励磁回路。

先将励磁电源的输出电压调整到被试电机额定励磁电压的50%左右（即上述记录的预备值），再次合上励磁回路，观察并用录波仪录下励磁电压、励磁电流、电枢电压的变化过程。

（二）饱和电感的测定

并励绕组饱和电感的测定试验电路如图10-25所示。

试验时，将电机驱动到额定转速。对调速电机，应驱动到最低额定转速。电枢两端开路。

闭合开关S，调节励磁电压 U_f，使电枢两端产生1.1倍的额定电枢电压 U_{aN}。然后断开开关S。

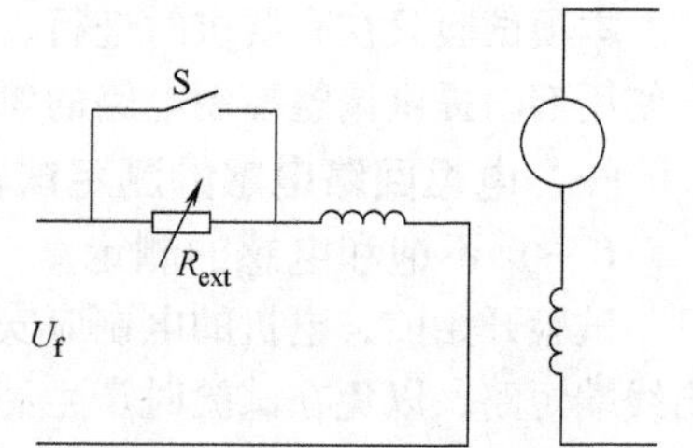

图10-25　直流电机并励绕组饱和电感的测定试验电路

通过调节电阻 R_{ext}，使电枢电压在（0.9～1.1）U_{aN}之间变动两次，最终停止在 $0.9U_{aN}$处。之后，闭合开关S，观察并用录波仪录下 U_f、I_f、U_a 对时间的变化过程。

（三）励磁绕组电感试验值的计算

1）不考虑铁心涡流效应时，励磁绕组电感用如下两式计算：

$$L_f = R_f T_{fi} \tag{10-6}$$

$$L_{feff} = R_f T_{av} \tag{10-7}$$

式中　L_f——励磁绕组的电感（H）；

L_{feff}——励磁绕组的有效电感（H）；

R_f——励磁绕组的直流电阻（Ω）；

T_{fi}——励磁电流变化量达到最大值的63.2%时的时间（s）；

T_{av}——电枢电压变化量达到最大值的63.2%时的时间（s）。

2）考虑铁心涡流效应时，励磁绕组电感用下式计算：

$$L_f = R_f \frac{a}{c} \tag{10-8}$$

$$c = \frac{\ln b_1 - \ln b_2}{t_2 - t_1} \tag{10-9}$$

式中　R_f——励磁绕组的直流电阻（Ω）；

a——在半对数坐标 $(I_{f\infty} - I_f)/I_{f\infty}$ 与时间 t 的关系曲线上，曲线直线部分的延长线与纵坐标轴交点之值（见图10-26）；

$I_{f\infty}$——励磁电流的稳定值（A）；

t_1、b_1 和 t_2、b_2——在曲线直线部分任取两点 P 和 Q 的相应值（见图10-26）。

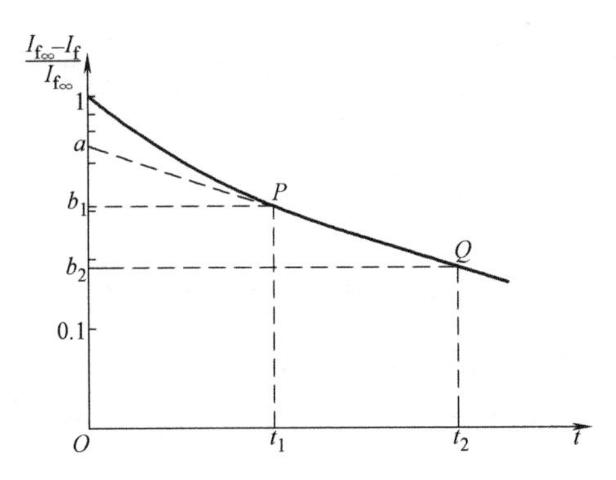

图10-26　$(I_{f\infty} - I_f)/I_{f\infty}$ 与时间 t 的关系曲线

第八节　整流电源供电时电压、电流纹波因数及电流波形因数的测定试验

除GB/T 1311—2008中第9章给出本部分内容外，在等同采用IEC 60034-19：2014的国家标准GB/T 20114—2019《普通电源或整流电源供电直流电机的特性试验方法》中的第4章也提出了同样的内容。

一、脉动电压、脉动电流最大值和最小值的测定

脉动电压、脉动电流的最大值和最小值可用示波器记录电压、电流波形进行测定。

二、电压、电流纹波因数的测量和计算

（一）测量

电流纹波最好是使用能读出直流和交流值的示波器来测量，另一种方法是用峰 - 峰值电压表读取串联在电枢回路中的无感电阻器的电压降。

电压纹波可用示波器、合适的录波器或者是串以足够大但还不至于影响交流读数的隔直电容器的电子式峰 - 峰值电压表测量。在测量峰 - 峰值的过程中，宜忽略高频尖峰脉冲引起的主波形偏移。

（二）电压、电流波形不间断时纹波因数的计算

电压、电流波形不间断时（见图10-27），其纹波因数分别用式（10-10）和式（10-11）进行计算。

$$K_{oCU}=\frac{U_{max}-U_{min}}{U_{max}+U_{min}} \tag{10-10}$$

式中　K_{oCU}——电压纹波因数；

U_{max}——脉动电压最大值（V）；

U_{min}——脉动电压最小值（V）。

$$K_{oCI}=\frac{I_{max}-I_{min}}{I_{max}+I_{min}} \tag{10-11}$$

式中　K_{oCI}——电流纹波因数；

I_{max}——脉动电流最大值（A）；

I_{min}——脉动电流最小值（A）。

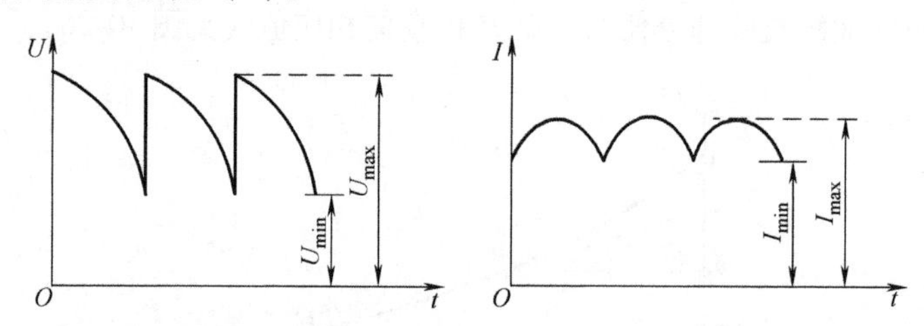

图10-27　直流电压、电流不间断时的波形

（三）电压、电流波形间断时纹波因数的计算

电压、电流波形间断时（见图10-28），其纹波因数分别用式（10-12）和式（10-13）进行计算。

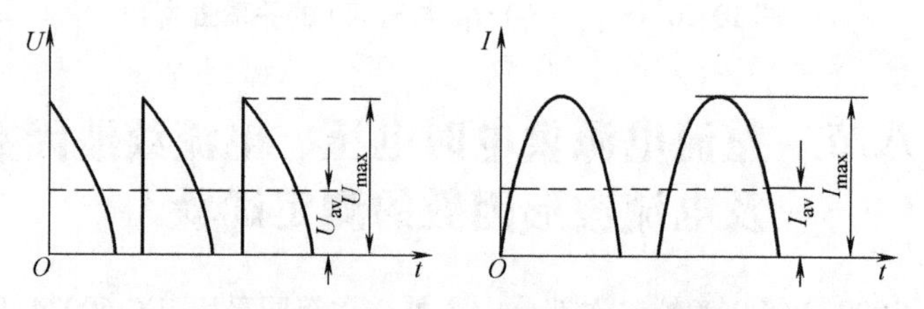

图10-28　直流电压、电流间断时的波形

$$K_{oaU}=\frac{U_{max}-U_{av}}{U_{av}} \tag{10-12}$$

式中　K_{oaU}——电压纹波因数；

U_{max}——脉动电压最大值（V）；

U_{av}——直流电压平均值（V）。

$$K_{oaI}=\frac{I_{max}-I_{av}}{I_{av}} \tag{10-13}$$

式中　K_{oaI}——电流纹波因数；

I_{max}——脉动电流最大值（A）；

I_{av}——直流电流平均值（A）。

三、电流波形因数的计算

电流波形因数用下式计算：

$$K_f=\frac{I}{I_{av}} \tag{10-14}$$

式中　K_f——电流波形因数；

I——电流有效值（A）；

I_{av}——直流电流平均值（A）。

第九节　热　试　验

按是否施加负载进行试验，直流电机的热试验分为直接负载法和等效负载法两种。

一、直接负载法

小型直流电机的热试验应采用直接负载法，其试验设备、试验电路见第二章第三节第九项内容。

注：在 GB/T 1311—2008 中没有提到使用转矩转速传感器及测功机测量直流电动机输出或直流发电机输入机械功率的问题。但作者建议使用这些设备，以得到更加准确的试验数据（包括本节所有测取的温升及下一节负载试验要得到的效率）。

试验过程、各部分温升或温度的测量、计算和注意事项等规定与第四章第十二节基本相同。下面介绍一些直流电机特有的规定和要求。

（一）励磁绕组的温升测量

对励磁绕组，由于直接通直流电工作，所以可用试验时冷态和热态时的励磁电压与电流计算出冷态和热态电阻，并用这两个电阻值求取励磁绕组的温升。这样可节约一定的工作量，试验结果也相当准确。

（二）低电阻绕组的温升测量

对换向绕组和串励绕组，因为其直流电阻值很小，所以测量误差相对较大，用电阻法得到的温升值的准确度也较差。此时，可采用温度计或其他测温仪（含接触式温度计和埋置检温元件的测温仪）直接测量它们的温度或温升，测量时应不少于 2 处（同时进行）。

（三）电枢绕组冷、热态直流电阻的测量

测量电枢绕组冷、热态直流电阻时，应注意在同样两片换向片上测量。有关方法技巧见本章第二节一、（三）项内容。

（四）电枢铁心和换向器温度的测量

电枢铁心齿部和钢丝扎箍的温度，应用温度计或埋置检温计法测量。测量时，应在电机断能停转后，立即测取不少于 2 点的数值。

换向器的温度与上述测量同时进行。

测量所用温度计应使用时间常数较小（反应较快）的品种，例如半导体温度计等。

二、等效负载法（空载短路法）

对较大容量的中小型直流电机，当受到试验设备条件限制时，允许采用等效负载法（空载短路法）进行热试验。

（一）一般试验和计算要求

试验时，被试电机应在额定转速下，分别做额定电流时的短路热试验、电枢电压为额定负载时内电动势值的空载热试验及不加励磁情况下的空转热试验。在试验过程中，如有可能，应测量机壳、并励绕组、串励绕组、换向绕组、补偿绕组、轴承、进风及出风和冷却介质温度，至少每小时一次，直到电机各部分温升达到稳定为止。

断电停机、测量热态直流电阻和相关部件的温度等规定与通用试验中热试验的相关规定相同。

各部分绕组在额定负载时的温升 $\Delta\theta$(K) 可用下式求取：

$$\Delta\theta = \Delta\theta_d + \Delta\theta_0 - \Delta\theta_r \tag{10-15}$$

式中　$\Delta\theta_d$——额定电流时的短路温升（K）；

$\Delta\theta_0$——电枢电压为额定负载时内电动势值的空载温升（K）；

$\Delta\theta_r$——不加励磁情况下的空转温升（K）。

（二）短路方法

由于直流电机在短路时的自励作用，将使电枢电流达到很大的数值，可能使被试电机受到损伤。为保证被试电机的可靠运行及稳定的调节，可用下述方法之一进行短路。

1. 具有串励绕组的电机在发电机方式下的短路方法

被试电机应接成他励，串励绕组反向接入，即形成差复励。用感应法检查其极性，在电机静止时，主极绕组中交替地接通、断开励磁电流（所加电流应不超过额定值的20%），用直流电压表在串励绕组两端测量其感应电动势的极性（见图10-29），如在接通励磁电流的瞬时串励绕组中的感应电动势使电压表正向偏转（用数字电压表时，显示数值为正值），则主极绕组中接电源的正端和串励绕组中接电压表的正端为同极性。

将被试电机按空载发电机方式运行，励磁电源的极性与前相同。用电压表测电枢绕组两端电压的极性。然后停机，将串励绕组的正端与空载发电机电压的负端相连接。此时，串励绕组即为反向接入，如图10-30所示。

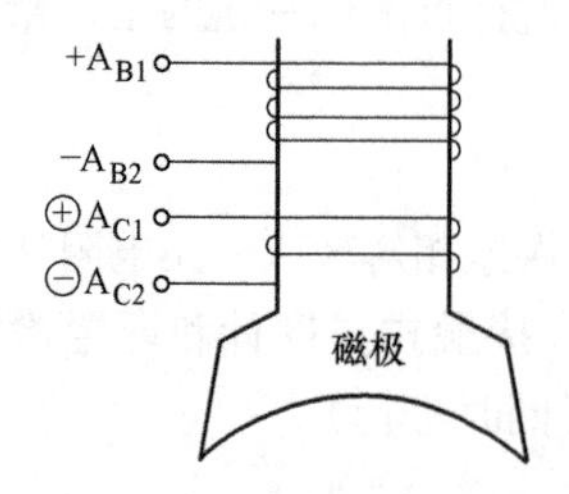

图10-29　用直流电压表在串励绕组两端测量其感应电动势的极性

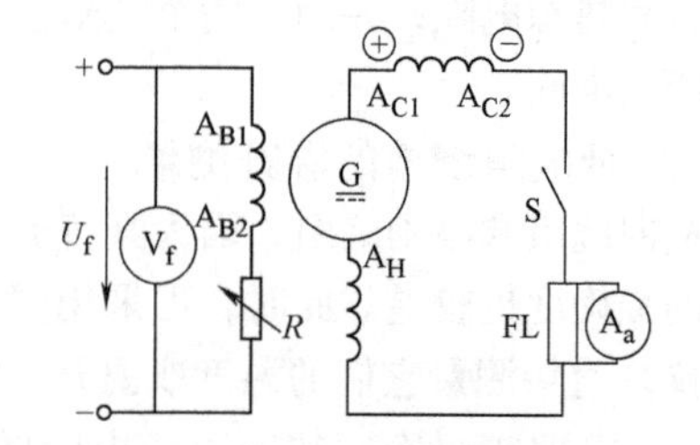

图10-30　串励绕组反向接入的电路图

2. 在发电机方式下用功率扩大机控制励磁的短路方法

试验电路如图10-31所示。图中：A_{K1}为控制绕组，是扩大机的主励磁绕组；A_{K2}为控制绕组，由于扩大机剩磁电压较高，用于减少其剩磁；A_{K3}为控制绕组，用于抑制自励作用。

按图10-31的电路进行负载试验时，应将图中的电阻 R_4 短路。

如果没有功率扩大机，可用复励直流电机代替，将其串励绕组代替图中的 A_{K3}，接成差复励，或者用两台相互串联（其电动势的方向相反）的励磁机供给被试电机的励磁电流，如图10-32所示。

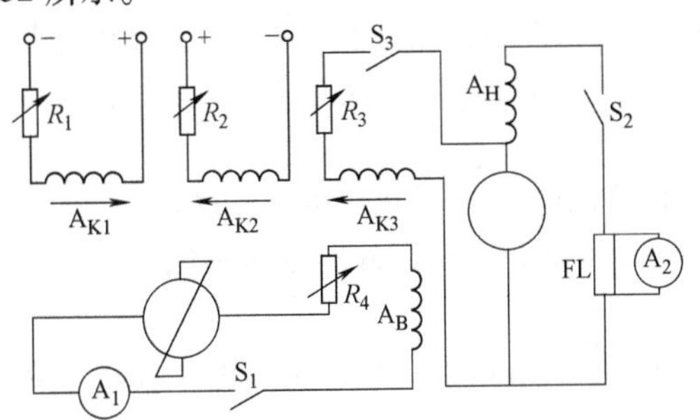

图10-31 在发电机方式下用功率扩大机控制励磁的短路接线图

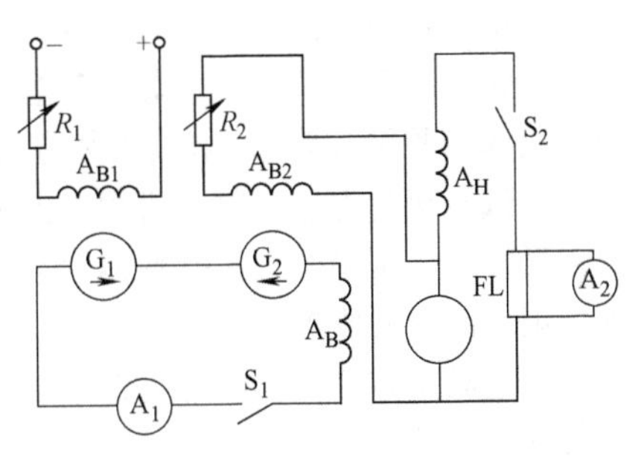

图10-32 用两台相互串联的励磁机供给被试电机的励磁电流的接线图

3. 临时缠绕串励绕组的短路方法

在主极上临时缠绕一个串励绕组，其极性仍用感应法确定。其电路如图10-33所示。

4. 将一半主极绕组反接的短路方法

将并励或串励（对串励电机）绕组分成相同的两组，一组用于他励（为防止剩磁电压使发电机短路时冲击电流太大，励磁方向应与剩磁方向相反），另一组并联在电枢绕组两端，如图10-34所示。

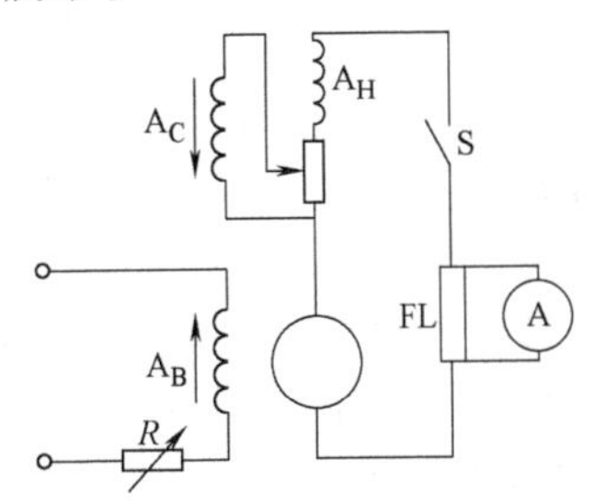

图10-33 临时缠绕串励绕组的短路法接线图

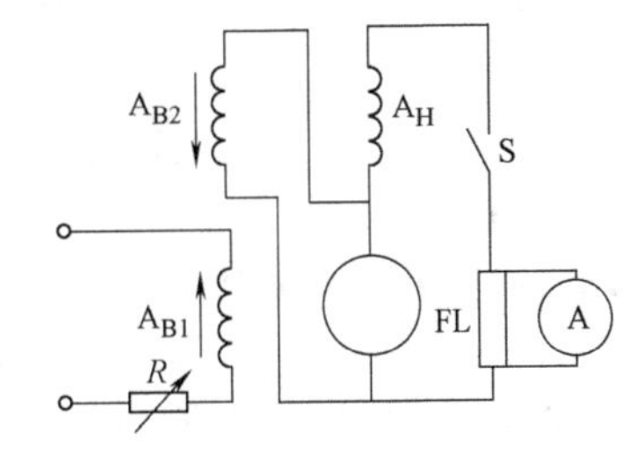

图10-34 将一半主极绕组反接的短路法接线图

上述4种方法不但在发电机方式下短路时是必要的，而且在大功率直流电机作负载试验时，为使其安全可靠地调节和稳定运行，也是经常被采用的。第1种和第3种方法适用于回馈运行时的辅助电机，第2种方法适用于被试电机和辅助电机。

第十节 额定负载试验

一、试验目的和试验方法分类

直流电机进行额定负载试验的目的，是要量取和校核额定负载时的励磁电流（对于发电机）和额定负载时的电枢电流、励磁电流和转速（对于电动机），对于小功率直流电动机，是在额定输出功率或转矩、额定电枢电压和励磁电压下，确定额定电枢电流及校核转速。同时检查换向情况、振动情况和现场的其他情况。

对于中、小型直流电动机和发电机，一般都要求采用直接加负载到额定值的方法进行本项试验。加负载的方法有直接消耗法和回馈法两大类，其中回馈法又可分为并联、串联等多种方法。

二、加直接负载的试验方法

被试电机为直流发电机时，在另一个直流电动机拖动下作发电机运行，输出的直流电直接供给电阻负载消耗掉（用于较小容量的发电机）或通过交-直流电源机组或逆变电源装置向交流电网回馈（见第二章）。电阻负载应为阻值可调节的电阻器。

被试电机为电动机时，可用直流发电机、磁粉制动器以及各种测功机作机械负载。

做发电机试验时，保持转速为额定值，调节励磁电流和负载，使其输出电压和电流为额定值，记录此时的励磁电流。

做电动机试验时，保持电枢电压、输出转矩、励磁电压为额定值，记录此时的电枢电流和输出转速。

调速电动机在进行本项试验时，应分别在最低额定转速和最高额定转速下进行。

在型式试验时，本试验应在电机额定运行到各部分温升达到热稳定时进行。

在出厂检查试验时，电机额定运行的持续时间由该类电机的技术条件规定。

三、额定负载时换向火花的测定和火花等级判定标准

额定负载时换向火花的测定是在额定负载试验时附带着进行的。

调节被试电机的负载，自空载或1/4额定负载（对不允许空载的电机，如某些串励电机）到满载。在此过程中，用专用仪器或人眼观察再加一定辅助手段的方法确定电刷与换向器之间发出的火花，并确定其等级。

直流电机换向火花等级的确定方法标准见附录23。

第十一节 效率的测定试验

直流电机效率的测定有间接法和直接法两种，其中间接法又有损耗分析法和回馈法两种。在这些方法中，对于直流电动机，若试验所用的直流电源为整流电源，则在计算效率时应注意整流电源的交流成分对试验数据的影响，有必要时应进行修正或作其他处理。

一、用损耗分析法求取效率的计算式

被试电机的效率为输出功率占输入功率的百分数。

对于发电机，输出功率P_2可用测量得到的电枢电流I_a和电枢电压U_a值相乘得到；输入功率P_1则为输出功率与各项损耗$\sum P$之和，即

$$\eta = \frac{P_2}{P_2 + \sum P} \times 100\% \tag{10-16}$$

对于电动机，则刚好相反，其输入功率P_1可用测量得到的电枢电流I_a和电枢电压U_a值相乘得到；而输出功率P_2则为输入功率P_1与各项损耗$\sum P$之差，即

$$\eta = \frac{P_1 - \sum P}{P_1} \times 100\% \tag{10-17}$$

二、直流电机各项损耗的求取方法

不论是发电机还是电动机，其损耗都会由如下6大部分组成（个别情况将注明）：电枢绕组的铜损耗、电刷的电损耗、铁心损耗、机械损耗（或称为风摩耗）、励磁损耗和杂散损耗。下面介绍各项损耗的求取方法。

为求取这些损耗进行试验时，对直流电动机应使用直流发电机组发出的电压和电流纹波因数较小的直流电源（以下将这种电源简称为“直流电源”，对由交流电经整流设备得到的直流电

称为“整流电源”)。

(一) 电枢回路各绕组的铜损耗 P_{aCu}

电枢回路各绕组的铜损耗 P_{aCu} 为电枢回路中所有绕组的直流电阻(换算到基准工作温度)之和与电枢电流二次方的乘积,即

$$P_{aCu}=R_aI_a^2 \tag{10-18}$$

(二) 电刷的电损耗 P_b

电刷的电损耗 P_b 为电枢电流与电刷电压降 U_b 的乘积,即

$$P_b=I_aU_b \tag{10-19}$$

电刷电压降 U_b 的大小根据电刷所用材料的不同,一般采用下述推荐值:

1) 碳-石墨、石墨、电化石墨材料制成的电刷,$U_b=2V$。

2) 金属石墨材料制成的电刷,$U_b=0.6V$。

(三) 铁心损耗 P_{Fe} 和机械损耗 P_{fw}

和交流电机相同,直流电机的铁心损耗 P_{Fe} 和机械损耗 P_{fw} 也是利用空载试验共同求取。对直流电机,可选用空载电动机法,也可选用空载发电机法。

1. 空载电动机法

被试电机以电动机状态空载运行到机械损耗稳定后进行试验。建议电机使用他励方式进行试验。

试验时,电机空载,转速应保持为额定值,外施电压从 1.25 倍的额定值开始,逐步降低到可能达到的最低值。在此期间测取 9~11 点电枢电压 U_{a0}、电枢电流 I_{a0} 和励磁电流 I_{f0}。测完最后一点数值后,尽快断电停机并立即测量电枢回路中各部分绕组的直流电阻之和 R_{a0}。被试电机各试验点的铁心损耗 P_{Fe} 和机械损耗 P_{fw} 之和用下式求取:

$$P_{Fe}+P_{fw}=P_{a0}-P_{aCu0}-P_{b0} \tag{10-20}$$

$$P_{a0}=U_{a0}I_{a0} \tag{10-21}$$

$$P_{aCu0}=I_{a0}^2R_{a0} \tag{10-22}$$

$$P_{b0}=I_{a0}U_b \tag{10-23}$$

式中 U_b——电刷电压降,数值同上述第(二)项中的规定。

用与三相交流异步电动机相同的方法(见第五章第七节)绘制($P_{Fe}+P_{fw}$)与电枢电压标幺值二次方 $(U_{a0}/U_{aN})^2$ 的关系曲线,并通过外推法得到机械损耗 P_{fw},如图 10-35 所示。

被试电机的铁心损耗应按相应的感应电动势求得,即被试电机为发电机时,电枢的感应电动势等于额定电压加上电枢回路各部分绕组的电压降和电刷的电压降;被试电机为电动机时,电枢的感应电动势等于额定电压减去电枢回路各部分绕组的电压降和电刷的电压降。

2. 空载发电机法

用测功机或直流电动机通过转矩传感器用联轴器与被试电机连接,被试电机使用他励方式以发电机状态空载运行到机械损耗稳定后进行试验。试验时,转速应保持为额定值。将被试电机的空载电枢电压调节到等于被试电机在额定运行时的感应电动势,此时,测功机或转矩测量仪测得的功率即为被试电机的铁心损耗与机械损耗之和。

再使被试电机在空载不加励磁的情况下运行,此时测功机或转矩测量仪测得的功率即为被试电机的机械损耗。

上述两次求得损耗之差即为铁心损耗。

(四) 励磁损耗

励磁损耗包括被试电机励磁绕组的铜损耗、主励磁回路中变阻器的损耗和励磁机的损耗共3部分。但第三部分只在励磁机由被试电机驱动并为其专用时才被计算在内。

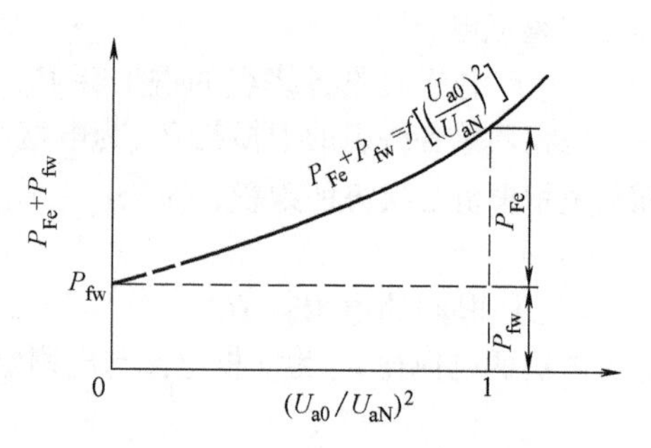

图10-35　$(P_{Fe}+P_{fw})$ 与 $(U_{a0}/U_{aN})^2$ 的关系曲线及求取铁心损耗 P_{Fe} 和机械损耗 P_{fw}

1. 励磁绕组的铜损耗

励磁绕组的铜损耗 P_{fCu} 等于励磁绕组的直流电阻（换算到基准工作温度）R_f 与励磁电流二次方 I_f^2 的乘积，即

$$P_{fCu}=R_f I_f^2 \tag{10-24}$$

当计算电机在额定负载下的效率时，如励磁电流不能由直接负载试验测定，则可用下列数值：

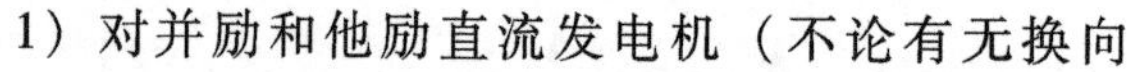

1）对并励和他励直流发电机（不论有无换向极），按电机空载电压等于额定电压加上额定电流时电枢回路（包括电枢绕组、换向绕组和电刷）的电压降所需励磁电流的110%。

2）对带有补偿绕组的并励和他励直流发电机，按电机空载电压等于额定电压加上额定电流时电枢回路（包括电枢绕组、换向绕组、补偿绕组和电刷）的电压降时的励磁电流。

3）对平复励直流发电机，取空载电压等于额定电压时的励磁电流。

4）对过复励及欠复励直流发电机，由制造厂与用户协商。

5）对直流电动机，取额定电压、额定转速时的空载励磁电流。

2. 主励磁回路中变阻器的损耗

主励磁回路中变阻器的损耗为指定负载时变阻器的电阻值与该负载时的励磁电流二次方的乘积。

3. 励磁机的损耗

此项损耗为励磁机的输入功率（除励磁机本身的机械损耗外）与其输出功率的差值加上励磁机的励磁损耗（如励磁机为他励时）。励磁机的输出功率即为上述第1项和第2项损耗之和。

如果励磁机可从被试电机上拆下单独进行试验，则励磁机在指定输出时的输入功率可用测功机或转矩-转速测量仪来测定；否则，可将被试电机由独立的直流电源他励，在电动机状态下运行，测定励磁机在负载和空载不励磁时整个机组的损耗，两个损耗的差值即为励磁机的输入功率。

如上述方法都不能使用，则励磁机的损耗可以用本条所述的损耗分析法确定，但已计入被试电机中的机械损耗不应再计入。

（五）杂散损耗

直流电机的杂散损耗一般采用推荐值。此时，在额定负载时的杂散损耗应按表10-8中所列出的规定给出。

表10-8　直流电机的杂散损耗推荐值

电机型式		杂散损耗推荐值
无补偿绕组	电动机	额定输入功率的1%
	发电机	额定输出功率的1%
有补偿绕组	电动机	额定输入功率的0.5%
	发电机	额定输出功率的0.5%

当被试电机的输出功率不等于额定值时，杂散损耗值应按与电枢电流二次方成正比的关系

求取。

对恒速直流电动机，额定输入和额定输出是指最大额定电压及最大额定电流时的输入和输出。

对借调节外施电枢电压改变转速的调速电动机，每一特定转速时的额定输入是指最大额定电流与该特定转速时的电压的乘积。

对借调节励磁电流改变转速的调速电动机，额定输入是指额定电压与最大额定电流的乘积。

对借励磁保持恒压的调速电动机，额定输出是指额定电压与最大额定电流时的输出。

表10-8中所列的百分数是指最低额定转速时的杂散损耗值，在其他转速时，应再乘以表10-9的校正系数。

表10-9　调速直流电动机在非最低额定转速时杂散损耗的校正系数

速比	1.5:1	2:1	3:1	4:1
校正系数	1.4	1.7	2.5	3.2

注：速比是指某一实际转速与连续运行的最低额定转速之比。对于未列出的速比，其相应的校正系数可用插值法求取。

上述各项损耗均被求出后，根据被试直流电机的型式选择式（10-16）或式(10-17）求出各试验点的效率值。通过绘制效率与输出功率的关系曲线，从曲线上查找额定输出功率时的满载效率值。

三、用回馈法试验求取效率

（一）试验设备、试验方法及要求

试验时，将两台同规格的直流电机用联轴器相连，一台作为电动机运行，一台作为发电机运行，励磁均应为他励，两者在电气上通过一台被称为“升压机”的直流发电机或专用的整流电源相连接，并与一个单独的直流电源相接。接线原理如图10-36所示，调试方法见第二章第三节第九部分。

目前，新组建的试验设备已使用低纹波系数的整流电源代替本系统中的电源机组和升压机，使设备简化并易于实现微机自动控制。

试验时，应调节励磁电流，使被试直流电机在额定转速时满足下列要求：

1）两台直流电机的电枢电流平均值应等于电机在额定运行时的电枢电流。

2）两台直流电机的电枢感应电动势应等于电机在额定运行时的电枢感应电动势。电枢回路中的电压降由升压机补偿。

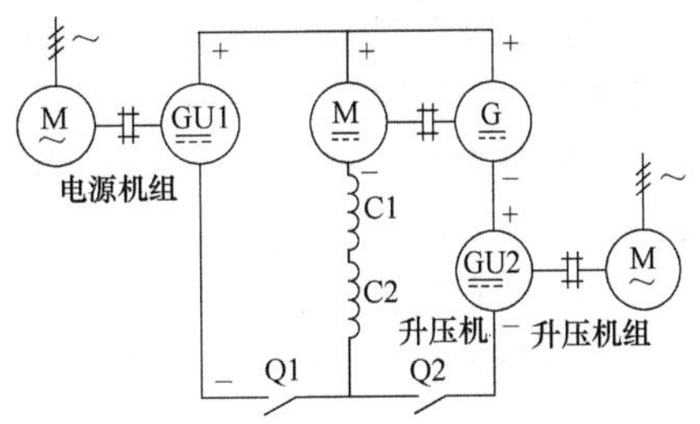

图10-36　带升压机的直流电机回馈法（并联）试验电路示意图

（二）效率的求取

1）被试电机为直流电动机时，其效率为

$$\eta=\left[1-\frac{\frac{1}{2}(U_{C}I_{C}+U_{S}I_{G})+U_{T}I_{T}}{U_{M}I_{M}}\right]\times100\% \tag{10-25}$$

2）被试电机为直流发电机时，其效率为

$$\eta=\left[1-\frac{\frac{1}{2}(U_{C}I_{C}+U_{S}I_{G})U_{T}I_{T}}{U_{G}I_{G}+\frac{1}{2}(U_{C}I_{C}+U_{S}I_{G})+U_{T}I_{T}}\right]\times100\% \tag{10-26}$$

式中　U_S——升压机的端电压（V）；

U_M——电动机的端电压（V）；

I_M——电动机的电枢电流（A）；

U_G——发电机的端电压（V）；

I_G——发电机的电枢电流（A）；

U_C——电路电源的电压（V）；

I_C——电路电源的电流（A）；

U_T——他励励磁绕组的端电压（V）；

I_T——他励励磁绕组的电流（A）。

四、试验电源为整流电源时直流电动机效率的测定方法

当用整流电源作为试验电源进行直流电动机效率试验时，应考虑整流电源纹波造成的交流损耗对效率计算值的影响。

（一）电动机电流纹波损耗的测定方法

当被试直流电动机的电枢电流纹波因数 >0.1 时，则应考虑由于其交流分量引起的损耗（交流损耗用直流电压-电流法不能测出），该损耗被称为“纹波损耗”。

测定“纹波损耗”的试验电路如图10-37所示。

在被试直流电动机M的电枢回路中最好串入一个空心电流互感器TA，如用带有铁心的电流互感器，则其应有足够的容量，以避免它的一次绕组通过直流电流时引起磁饱和。电流互感器的二次绕组两端接功率表PW的电流回路。应选用低功率因数功率表，并且要求功率表的电压回路串接一个隔离直流分量的电容器 C 后，跨接于电枢回路两端。电容器应有适当的容量，以使电容器两端的交流电压降≤被测电压交流分量的2%。为得到比较准确的测量结果，所用仪表和元器件的适应工作频率均应在300Hz以上。

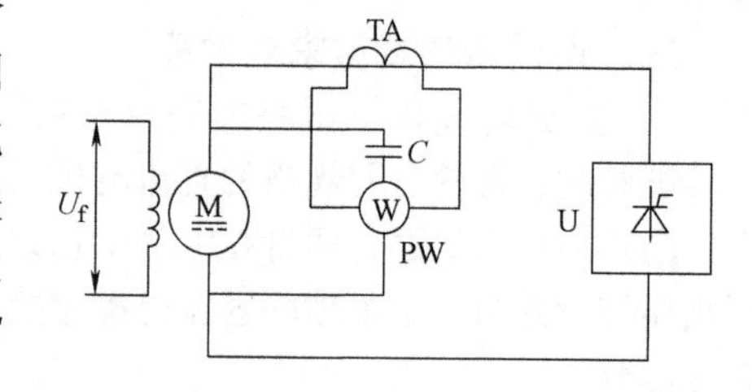

图10-37　测定“纹波损耗”的试验电路
TA—电流互感器　C—电容器
PW—功率表（低功率因数）
M—被试直流电动机　U—整流电源

由功率表测出的交流输入功率即为被试直流电动机电枢电流的纹波损耗 P_{AC}。

（二）效率的求取

整流电源供电时，直流电动机的效率用下式求取：

$$\eta = \eta_M \frac{P_1}{P_1 + P_{AC}} \tag{10-27}$$

式中　P_1——用直流电源进行试验时被试电动机的输入功率（W）；

η_M——用直流电源进行试验时被试电动机的效率（%）；

P_{AC}——由上述试验求得的交流分量产生的纹波损耗（W）。

五、效率的直接测定方法

效率的直接测定方法是指用电量仪表直接测出被试直流电机的电功率（对电动机为输入功率，对发电机为输出功率）、用测功机直接测出被试直流电机的机械功率（对电动机为输出功率，对发电机为输入功率），然后用输出功率比输入功率（有规定时应将测得的功率进行环境温度修正）得到效率的方法。

对试验用测功机及电量测试仪表的要求见本手册的第二章和第三章有关内容。

（一）试验方法

试验时，被试电机应在额定功率或额定转矩、额定电压及额定转速下运行到热稳定状态。之后，同时测取被试电机的输入功率 P_1 和输出功率 P_2（或转矩 T 与转速 n，视所用测功设备而定）、输入或输出电压 U_a 及电流 I_a，并记录环境温度 θ_t。然后，尽快停机测定串励、并励（或他励）及电枢绕组的直流电阻 R_D、R_E（或 R_F）。

（二）进行环境温度修正时的效率计算

对输入功率或输出功率进行环境温度修正后求取效率。

若试验时的环境温度不是25℃，则应修正到环境温度为25℃时的数值。以复励直流电动机为例，应用式（10-28）将试验时测得的输入功率 P_1 进行温度修正后（修正后用符号 $P_{1(25)}$ 表示）再与输出功率 P_2 相除求得效率。

$$P_{1(25)}=P_1+I_a^2R_a\frac{(\Delta\theta_a+25)-\theta_a}{235+\theta_a}+I_a^2R_D\frac{(\Delta\theta_D+25)-\theta_D}{235+\theta_D}+I_E^2R_E\frac{(\Delta\theta_E+25)-\theta_E}{235+\theta_E} \quad (10\text{-}28)$$

式中　I_a——效率测定时的额定电枢电流（A）；

I_E——效率测定时的额定励磁（并励绕组）电流（A）；

R_a——效率测定后立即测定的电枢绕组直流电阻（Ω）；

R_D——效率测定后立即测定的串励绕组直流电阻（Ω）；

R_E——效率测定后立即测定的并励绕组直流电阻（Ω）；

$\Delta\theta_a$——额定输出功率时电枢绕组的温升值（K）；

$\Delta\theta_D$——额定输出功率时串励绕组的温升值（K）；

$\Delta\theta_E$——额定输出功率时并励绕组的温升值（K）；

θ_a——额定输出功率时电枢绕组的温度（℃）；

θ_D——额定输出功率时串励绕组的温度（℃）；

θ_E——额定输出功率时并励绕组的温度（℃）。

235——系数（适用于铜绕组，若用其他材料的绕组，应换用相应的数值）。

在不能直接测得各绕组的实际热态温度 θ_a、θ_D、θ_E 时，应用有关绕组的冷、热态直流电阻和冷态温度进行计算求取。以电枢的热态温度 θ_a 为例，计算公式如下：

$$\theta_a=\frac{R_a-R_{a0}}{R_{a0}}(235+\theta_{a0})+\theta_{a0} \quad (10\text{-}29)$$

式中　R_{a0}——被试电机在实际冷态时测定的电枢绕组直流电阻（Ω）；

θ_{a0}——被试电机在实际冷态时电枢绕组的温度，一般用冷态环境温度代替（℃）。

第十二节　电动机转速特性和固有转速调整率的测定试验

在进行这两项试验时，被试电动机应事先运行到热稳定状态。对于他励或并励电动机，应保持励磁电流不变；对于复励电动机，应保持励磁调节不变。逐步减少或增加负载电流，反复进行若干次，直到额定电流下转速相近为止。

一、转速特性的测定试验

直流电动机的转速特性测定可用下述方法之一进行：

（一）先减小负载，再增加负载的方法

被试电动机由额定负载和额定转速开始，先逐步减少负载到空载（对不允许空载的电机，应减少到1/4额定负载），然后再逐步增加负载（以负载电流为参考值）到额定值的1.2～1.5

倍，在此期间，每隔约25%额定电流测取一组数值，其中包括电枢电流、电枢电压、励磁电流和转速。

（二）先增加负载，再减小负载的方法

被试电动机由额定负载和额定转速开始，先逐步增加负载到1.2～1.5倍额定值，然后再逐步减少负载（以负载电流为参考值）到空载（对不允许空载的电机，应减少到1/4额定负载），在此期间，每隔约25%额定电流测取一组数值，其中包括电枢电流、电枢电压、励磁电流和转速。

在上述试验过程中，如在额定电流时的转速与开始时的数值有明显的差异时，应重新进行试验。

试验完成后，用测得的试验数据绘制转速 n 对负载电枢电流 I_a 的关系曲线，该曲线即为被试直流电动机的转速特性 $n=f(I_a)$，如图10-38所示。

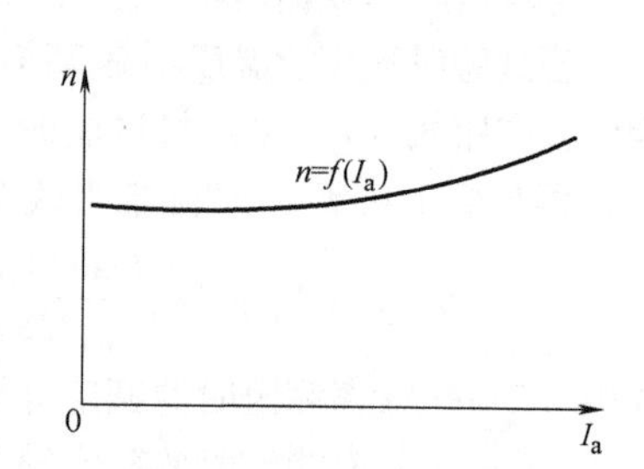

图10-38 直流电动机（他励）的转速特性 $n=f(I_a)$

二、固有转速调整率的测定试验

直流电动机的固有转速调整率 Δn_N（%）是电动机保持所加电枢电压为额定值，在额定负载时调整励磁电流，将转速调整到额定值 n_N，然后保持励磁电流不变（对于复励电动机，应保持励磁调节不变），将负载减少到零（即空载。对不允许空载的电机，应减少到1/4额定负载），此时的转速（即空载或1/4额定负载时的转速）n_0 与额定转速之差占额定转速 n_N 的百分数，即

$$\Delta n_N=\frac{n_0-n_N}{n_N}\times 100\% \tag{10-30}$$

本项性能数据的测定试验方法与上述直流电动机的转速特性测定试验相同，所以两者可合并成一项进行。

在检查试验时，允许只在满载和空载（对不允许空载的电机，应减少到1/4额定负载）时测取两点数值。

允许逆转的电动机，应分别测取两个转向的固有转速调整率。

对调速电动机，应分别测取最低额定转速和最高额定转速两种情况下的固有转速调整率。

第十三节 发电机外特性和固有电压调整率的测定试验

在进行这两项试验时，被试发电机应事先运行到热稳定状态。保持额定转速和励磁调节不变（对于他励发电机，应保持励磁电流不变），逐步减少或增加负载电流，反复进行若干次，直到额定电流下电压相近为止。试验时，每点所需记录的数据包括电枢电压、电枢电流（负载电流）、励磁电流和转速。

一、发电机外特性的测定试验

直流发电机的外特性是保持转速为额定值、励磁调节不变（对于他励发电机，应保持励磁电流不变）的前提下，电枢输出电压 U_a 与电流 I_a 的关系曲线 $U_a=f(I_a)$。

直流发电机外特性的测定试验可采用下述两种方法之一：

1）被试电机先从额定负载开始，逐步减少负载到空载，再从空载逐步增加负载，每隔大约25%额定负载记录一次有关数据，直至达到1.2～1.5倍额定负载为止。

2）被试电机先从额定负载开始，逐步增加负载到1.2～1.5倍额定负载，再逐步减小负载，每隔大约25%额定负载记录一次有关数据，直到空载为止。

在上述试验过程中，如在额定电流时的电枢电压与开始时的数值有明显的差异，应重新进行试验。

试验完成后，用测得的试验数据绘制电枢电压 U_a 对负载电流 I_a 的关系曲线，该曲线即为被试直流发电机的外特性 $U_a = f(I_a)$，如图10-39所示。

不同型式的直流发电机有不同的外特性，见图10-39中四条典型的曲线。

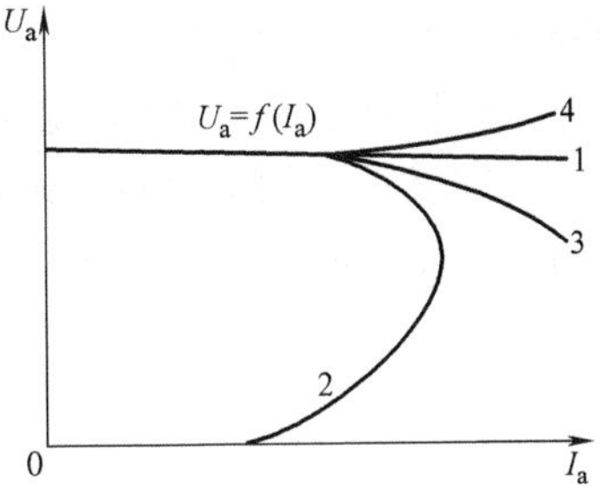

图10-39　直流发电机的外特性 $U_a = f(I_a)$

1—他励直流发电机　2—并励直流发电机

3—差复励直流发电机

4—加复励直流发电机

二、发电机固有电压调整率的测定试验

直流发电机的固有电压调整率 ΔU_N（%）是发电机保持转速为额定值，在额定负载时，调整励磁电流将电枢电压调整到额定值 U_N，然后保持励磁电流不变，将负载减少到零（即空载），此时的电枢电压 U_0 与额定电压 U_N 之差占额定电压 U_N 的百分数，即

$$\Delta U_N = \frac{U_0 - U_N}{U_N} \times 100\% \tag{10-31}$$

本项性能数据的测定试验方法与上述直流发电机的外特性测定试验相同，所以两者可合并成一项进行。

在检查试验时，允许只在满载和空载时测取两点数值。

第十四节　无火花换向区域的测定试验

中小型直流电机一般都要设置换向极，用以改善换向性能。为检查换向极的性能及装配质量，必须进行无火花换向区域的测定试验，并针对试验所得到的无火花换向区域情况进行换向极气隙的调整或改进换向极的电磁设计。

一、换向电流的馈电方式及试验电路

试验时，被试电机可运行在发电机状态，也可运行在电动机状态，但一般采用前者。采用回馈法或直接负载法加负载，试验设备及试验电路同负载试验和热试验。

试验时，应给被试电机的换向绕组加方向可变、大小可调的换向电流。实现这种要求的换向电流的馈电方式有如下两种：

1）将换向绕组与电枢回路分开，将其两端引出后，由单独的直流电源供电，电路如图10-40所示。

2）在换向绕组的两端并接上一个附加直流电源，电路如图10-41所示。这种方法因为所用电源容量较小，所以调节较为方便，应优先选用，是下面要重点介绍的内容。

二、试验方法及步骤

（一）被试电机以发电机状态运行时的试验步骤

下面介绍被试电机以发电机状态运行时的试验步骤。

（1）试验前，应准确调整好电刷的中性线位置，电刷与换向器磨合达到要求（接触面积超过电刷截面积的75%），带满载运行到正常工作温度。

（2）试验时，应始终（包括在每一个测量点的调整过程中）保持发电机的转速和输出电压不变。将负载电流从零开始逐渐增加到额定值的1.25倍。在此期间，每升高25%左右额定负载电流进行一次调整附加电流和观测换向火花的试验，并记录负载电流、附加电流、换向火花等级等试验数据，一共记录5~7点。

在每一个测量点都应缓慢地调整附加电流，使该电流从零开始逐步增大，直到在电刷边缘出现微小火花为止，然后将附加电流缓慢回调，注意观察换向火花的变化情况，在火花刚刚熄灭时，记录电枢电流 I_a 和附加电流 $+\Delta I$。

记录完成后，将附加电流 ΔI 调回到零，通过开关S（见图10-40和图10-41）改变该电流的输出方向（或极性），再进行一次上述试验并记录电枢电流 I_a 和附加电流 $-\Delta I$。

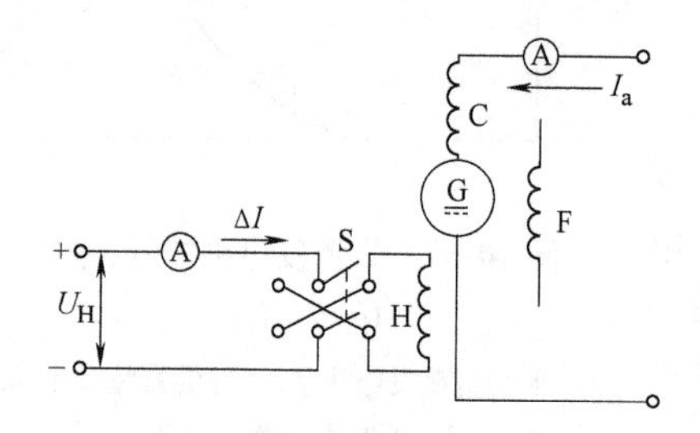

图10-40 换向极由单独直流电源供电的馈电电路

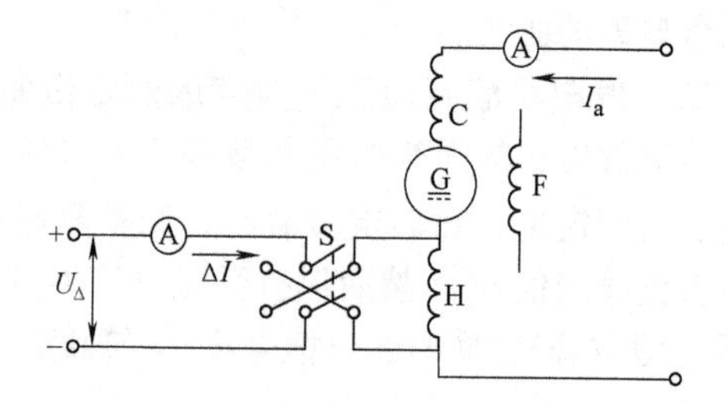

图10-41 换向极由附加直流电源供电的馈电电路

（二）被试电机以电动机状态运行时的试验步骤

被试电机以电动机状态运行时，应保持额定电压始终不变，转速应尽可能地保持为额定值。有关试验步骤与上述方法相同。

（三）其他规定

1）对调速电动机进行本项试验时，应在最高额定转速下进行。

2）对500kW及以上的直流电机，本项试验允许用短路法进行。

3）当用整流电源给被试直流电动机供电时，为避免电枢回路中的交流分量在馈电回路中的分流，需在馈入附加电流的回路中串联足够的阻抗。

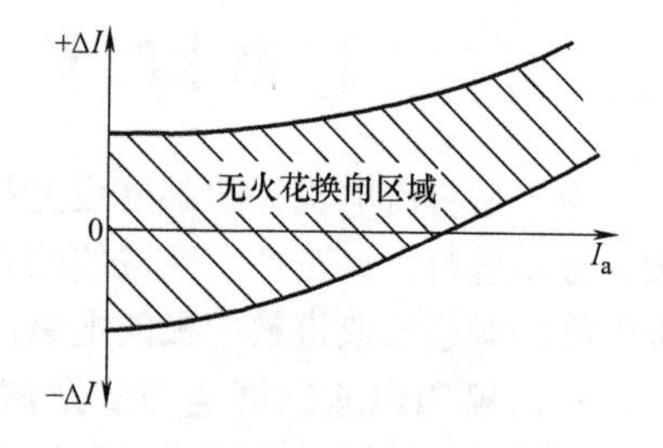

图10-42 直流电机的无火花换向区域

（四）绘制附加电流与电枢电流的关系曲线

用上述各试验点的数据，在同一坐标系中绘制两条附加电流 ΔI 与电枢电流 I_a 的关系曲线 $+\Delta I=f(I_a)$ 和 $-\Delta I=f(I_a)$，则两条曲线之间的区域即为该被试直流电机的无火花换向区域，如图10-42所示。

第十五节 其他试验

一、发电机的偶然过电流试验

直流发电机在进行偶然过电流试验时，被试电机应在最高满磁场转速（对发电机应为额定转速）和相应的电枢电压下进行。试验电流和时间分别为1.5倍额定电流和60s，或按被试电机技术条件的规定执行。

对较大容量的发电机，若受试验条件的限制，可在短路方式下进行，短路试验的有关规定见本章第九节第二项内容。

二、电动机的偶然过转矩试验

试验时，被试电动机的电枢电压应为额定值，励磁电流也应调整到额定值（串励电机除外）并保持不变。调速电动机应在最低额定转速和最高额定转速下，按被试电动机技术条件中规定的过转矩值和时间进行试验。

当进行过转矩有困难时，可采用过电流的方法代替，此时过电流值和时间同发电机的过电流试验规定的内容。

三、电枢电流变化率的测定试验

（一）试验电路和测定方法

电枢电流的大小变化率必须在被试电机允许的换向火花等级下进行测定。测定时，应保持被试直流电机的励磁电压不变。对复励电机，应将串励绕组断开（实际为将其两端短路）；对串励电机，应由独立的直流电源作他励电源。试验电路如图 10-43 所示。

试验时，被试电机以电动机方式空载运行，在转速达到额定值时，用开关 S_1 断开电枢电源并闭合 S_2 将适当的电阻器和电感器接入电枢回路［电阻值的估算方法见本部分第（三）项内容］，使被试电机处于发电能耗制动状态，此时应进行换向检查，如果换向火花不是允许的等级，应改变试验电路的参数（改变的方法有两种：一种是改变电路中所接的电阻器、电感器的阻值和感抗值；另一种是在测试前预先调节励磁电流值）反复进行试验，直至得到最大允许的电流变化率。

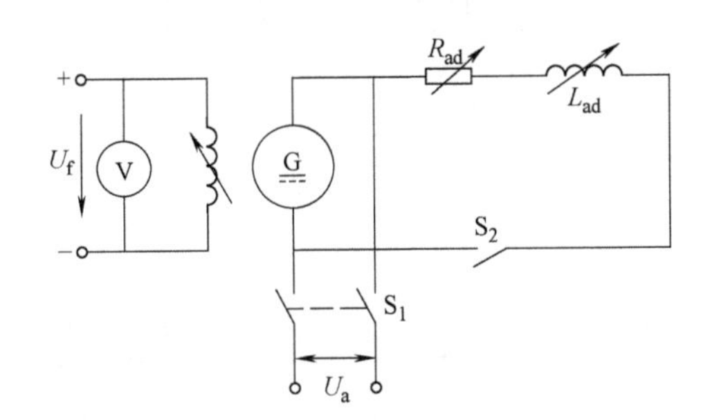

图 10-43 电枢电流变化率测定试验电路

R_{ad}—电机接入端接入的电阻 L_{ad}—电机接入端接入的电感

S_1—电枢电源开关 S_2—电阻、电感回路开关

电枢电流随时间的变化及变化率可用记忆示波器或适当频响的记录仪记录下来。其曲线如图 10-44 所示。

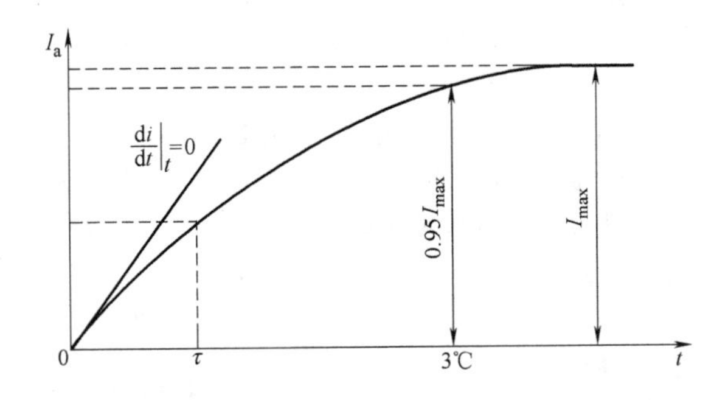

图 10-44 电枢电流随时间的变化及变化率曲线

（二）试验结果的计算

在下述计算时，应参见图 10-44。

电流变化的平均速率由下式计算：

$$\left(\frac{\Delta i}{\Delta t}\right)_{\mathrm{av}}=\frac{0.95I_{\mathrm{amax}}}{TI_{\mathrm{N}}}=\frac{0.95I_{\mathrm{amax}}}{3\tau I_{\mathrm{N}}} \tag{10-32}$$

初始电流变化率由下式计算：

$$\left.\frac{\mathrm{d}i}{\mathrm{d}t}\right|_{t=0}=\frac{I_{\mathrm{amax}}}{\tau I_{\mathrm{N}}} \tag{10-33}$$

式中，$T=3\tau$，是电流从零增加到 95% I_{amax}的时间，单位为 s。τ 用下式计算：

$$\tau=\frac{L_{\mathrm{ac}}+L_{\mathrm{ad}}}{R_{\mathrm{ac}}+R_{\mathrm{ad}}} \tag{10-34}$$

式中　L_{ac}——电机内电枢回路的电感（H）；

R_{ac}——电机内电枢回路的电阻（Ω）；

L_{ad}——电机出线端接入的电感（H）；

R_{ad}——电机出线端接入的电阻（Ω）。

（三）电路参数的估算

所需制动电阻器阻值 R_{ad}的初步估算如下：

$$U_{\mathrm{a}}=3.16\,I_{\mathrm{N}}(L_{\mathrm{ac}}+L_{\mathrm{ad}})\left(\frac{\Delta i}{\Delta t}\right)_{\mathrm{av}} \tag{10-35}$$

$$R_{\mathrm{ad}}=\frac{\dfrac{U_{\mathrm{a}}}{I_{\mathrm{N}}}}{\dfrac{I_{\max}}{I_{\mathrm{N}}}}-R_{\mathrm{ac}}=\frac{U_{\mathrm{a}}}{I_{\max}}-R_{\mathrm{ac}} \tag{10-36}$$

第十六节　直流电机主要试验结果分析

一、空载特性曲线分析

直流电机的空载特性曲线又被称为“磁化曲线”，其形状反映了电机磁路及电磁设计的情况。

较常规的设计是：励磁电流为其额定值的 1/2 左右以下时，曲线接近于一条直线；励磁电流达到其额定值的 1.5 倍左右以上时，曲线由一条弧线过渡到接近于平行于横轴的一条直线；两者之间为一条弧线，此部分被形象地称为“膝部”；空载电压等于额定电压时在曲线对应的坐标应处在“膝部”的下半部分，如图 10-45 中的曲线 1 所示。

当曲线的直线部分较长时，如图 10-45 中的曲线 2，说明被试电机的磁路不饱和。原因有铁心所用材料较多或磁导率较高；气隙较小；励磁绕组匝数较多等。

曲线的直线部分较短（见图 10-45 中的曲线 3）的原因与上述内容刚好相反。

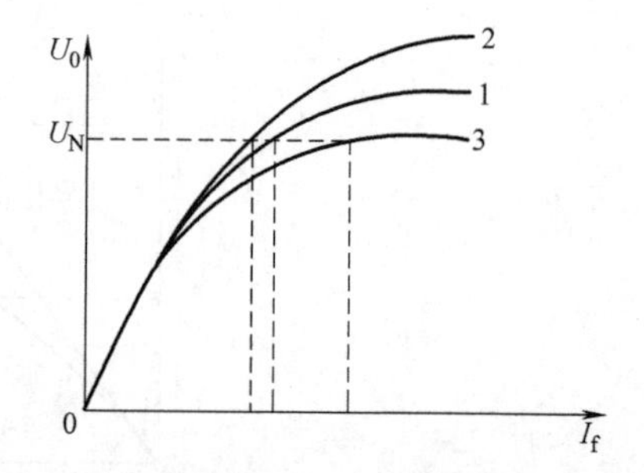

图 10-45　直流电机的空载特性曲线分析

二、无火花换向区域分析

（一）5 种不同的无火花换向区域分析

1）无火花换向区域较宽，而且其中心线与横轴基本重合，如图 10-46a 所示。说明该电机换向的设计和换向极的安装都比较合理。

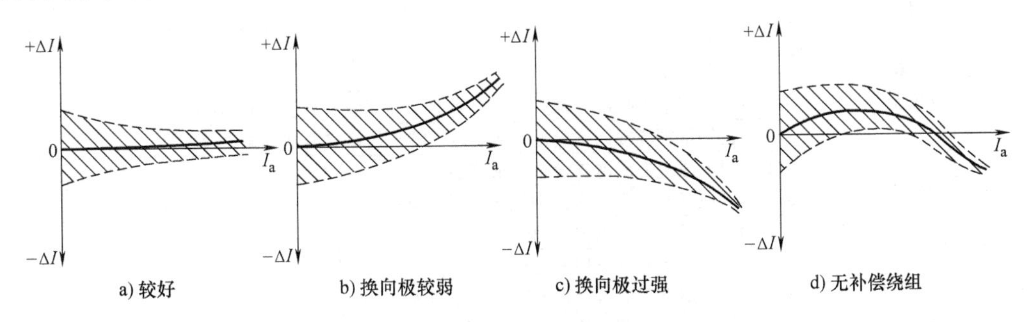

图 10-46　直流电机的无火花换向区域分析

2）无火花换向区域较窄，而且呈无规律的上下跳动状态，说明该电机换向极的装配存在问题，也可能是电刷架松动，导致中心位置变动；主极或换向极铁心与机壳连接松动，造成气隙时大时小或不均匀；电刷不对称或压力不均；电刷与换向器的接触面过小等。

出现上述情况时，应查出具体原因并彻底排除后再进行试验。

3）无火花换向区域的中心线向上偏斜较多，如图 10-46b 所示，是换向极能力偏弱（不足）的表现。

4）无火花换向区域的中心线向下偏斜较多，如图 10-46c 所示，说明换向极能力过强。

5）无火花换向区域的中心线呈弯曲状，如图 10-46d 所示，是无补偿绕组电机共有的反映，只是有的较明显，有的不太明显。

（二）换向极与转子之间气隙的调整

当无火花换向区域的中心线发生较大的偏移时，应对换向极与转子之间的气隙（常被称为“第一气隙”，用符号 δ_1 表示）进行调整。

向上偏移时，应减小气隙 δ_1；向下偏移时，应增大气隙 δ_1。

一般采用在换向极与机壳之间加减垫片的方法调整气隙 δ_1 的大小。换向极与机壳之间的间隙常被称为“第二气隙”，用符号 δ_2 表示。

将要调整到的气隙 δ_1'用以下经验公式计算：

$$\delta_1' = K(\delta_1 + \delta_2)\frac{\Delta I}{2I_N} \tag{10-37}$$

式中　ΔI——额定负载时，正、负向附加电流之和（A）；

I_N——额定负载电流（A）；

K——系数，中小型直流电机为 4。

三、电磁式直流电动机常见故障及原因分析

电磁式直流电动机特有的常见故障及原因分析见表 10-10。其他型式的直流电动机可根据具体情况参考分析。

表 10-10　电磁式直流电动机常见故障及原因分析

故障现象	原因分析
1. 通电后电动机不起动，电枢绕组也无电流	1.1 电源未接通
	1.2 电机起动器接线有故障或某些部件损坏
	1.3 电机接线错误或绕组断路
	1.4 电刷与换向器未接触或换向器表面有污物对电刷产生电的隔离

（续）

故障现象	原 因 分 析
2. 通电后起动困难，并且电枢电流较大	2.1 机械负载过大
	2.2 电刷偏离中性线较多
	2.3 电枢绕组或引接线有两点及以上对地（转子铁心或转轴）短路
	2.4 电机轴承损坏或因磁极松动造成定、转子相擦或内部有异物卡阻
3. 通电起动后很快就停转	3.1 电源电压过低或电源设备容量较小
	3.2 电刷位置不正确（偏离中性线位置或歪斜）
	3.3 励磁电压较低或电枢起动电流较小
4. 并励直流电动机转速超过正常值	4.1 励磁绕组断路（此时励磁电流为零），此时转速很高，甚至“飞车”
	4.2 励磁绕组严重短路（此时励磁电流较大）
	4.3 因接触不良等原因使励磁回路电阻较大（此时励磁电流较小）
	4.4 励磁绕组各极之间接线有错误（此时励磁电流基本正常）
5. 复励直流电动机起动时逆转后又改为顺转	5.1 串励绕组头尾接反（串励绕组匝数较少者无此现象）
	5.2 并励绕组头尾接反（电机有可能根本就不转）
6. 起动电流较大，负载转速高	6.1 电源电压较高
	6.2 复励直流电动机的串励绕组头尾接反
7. 转速低于正常值	7.1 电枢绕组或换向绕组有匝间短路或两点及以上对地短路故障
	7.2 换向器片间有短路故障
	7.3 他励时，励磁电压较高或电枢电压较低
	7.4 定、转子之间的气隙较大
	7.5 电刷位置不正确
8. 电枢绕组过热	8.1 电枢绕组接线错误或匝间有短路故障或两点及以上对地短路
	8.2 换向器片间有短路故障
	8.3 因磁极松动等原因造成定、转子相擦
	8.4 换向极绕组或其回路接线错误或换向不良
	8.5 因定、转子之间的气隙不均匀而造成电枢绕组内电流不均匀
	8.6 电源电压过高、过低或脉动成分较大
	8.7 负载过重
9. 励磁绕组过热	9.1 励磁绕组匝间短路或有两点及以上对铁心短路
	9.2 磁极气隙不正确（一般为较大，此时励磁电流也较大）
	9.3 电源电压较高（对并励和复励电机）
10. 电刷下火花较大，换向器过热	10.1 所用电刷质量较差或用错牌号
	10.2 因电刷截面较大或刷盒尺寸较小、压力较低、电刷因使用磨损而使剩余尺寸太短等原因使电刷与换向器接触不良
	10.3 相邻电刷间尺寸不等分及位置偏斜
	10.4 换向器表面不光洁或过度磨损
	10.5 换向器换向片间的绝缘云母高出换向片
	10.6 换向器换向片间的绝缘不良，造成片间漏电
	10.7 换向器的换向片倾斜或扭曲
	10.8 换向器与电枢绕组连接不良
	10.9 电枢绕组局部短路或断路
	10.10 换向极绕组匝数不正确或有短路及接线错误故障
	10.11 换向极铁心与机壳之间的垫片尺寸不合理或换向极铁心松动
	10.12 电刷严重偏离中性线位置或有晃动现象
	10.13 电源电压过高
	10.14 负载过重

四、电磁式直流发电机常见故障及原因分析

因为直流发电机的常见故障及原因在很大程度上与直流电动机相同，所以下面只介绍其特

有的部分，见表10-11，其余同表10-10或参照表10-10中相关部分进行分析。其他型式的直流发电机可根据具体情况参考分析。

表10-11　电磁式直流发电机常见故障及原因分析

故障现象	原因分析
1. 不发电（被拖动后，无输出电压）	1.1 电机接线错误或绕组断路
	1.2 电刷与换向器未接触或换向器表面有污物对电刷产生电的隔离
	1.3 励磁绕组断路
	1.4 励磁绕组之间连线错误，造成所有的磁极极性均相同
	1.5 对他励以外的直流发电机，其铁心无剩磁或因转向不正确抵消了原有的剩磁
	1.6 励磁回路电阻过大，超过了电机的临界电阻
2. 空载电压正常，但加负载后电压下降较多	2.1 对加复励发电机，并励和串励绕组形成的磁场极性相反，一般是串励绕组头尾接反
	2.2 电枢绕组有匝间或两点及以上对铁心（或转轴）短路故障
	2.3 电刷偏离中性线较多
3. 空载电压正常，但加负载后电压极性先正后反	此种故障只发生在加复励发电机中，原因是并励和串励绕组形成的磁场极性相反，一般是串励绕组头尾接反，并且在负载电流较大时，串励绕组产生的磁场强度大于并励绕组产生的磁场强度
4. 电压波动较大	4.1 电路中的连接点有松动现象或局部有短路故障
	4.2 磁极、换向器或电刷支架松动，因各种原因使电刷与换向器接触不良

第十一章 具有特殊用途或特殊结构的电机特有试验

在实际应用中，有些电机是专门为满足某些设备的特殊需要或适用于某些特殊使用环境而特制的，因此可能具有特殊的结构或特殊的性能。这些类型的电机，在本手册前面的第五到第十章中，已有部分涉及。本章将再集中介绍一些此种类型电机的特有试验，包括专用试验设备和试验方法，其中包括防爆电机、电磁调速和变频调速电动机、起重及冶金用电动机、井用潜水电泵用电动机、带制动功能的制动电动机、电动汽车用驱动电机、电动自行车和类似车辆用直流电动机、蓄电池车辆用直流电动机、铁氧体永磁直流电动机、小型风力发电机组用发电机、船（舰）用电机、开关磁阻电动机、变频器供电的非自起动永磁同步电动机、旋转变压器、步进电动机、风力发电机组用双馈异步发电机等；另外，介绍60Hz电动机用50Hz供电进行试验的计算方法。

第一节 防爆电机

由于防爆电机（实际应称为隔爆电机，但习惯上一直称其为防爆电机，由此也将隔爆试验称为防爆试验）防爆性能的好坏直接关系到电机使用场所的人员和设备安全问题，所以我国对防爆电机的防爆性能试验工作做出了特殊的规定，即各生产厂生产该类电机之前，必须经过一定的审批手续；首批试制的电机，必须经过国家指定认可的检验机构进行有关性能的检验并达到合格要求后，发放生产许可证，方可正式生产和销售。

防爆电机的很多性能试验和考核标准都是强制性的，应完全按相关标准进行试验和考核。由于本手册的篇幅限制，仅能进行简单的介绍，使读者有所了解。若要求进行严格的试验，请按有关标准进行。

一、取得防爆合格证的检验程序

依据《中华人民共和国工业产品生产许可证管理条例》（国务院令第440号）、《中华人民共和国工业产品生产许可证管理条例实施办法》（国家质量监督检验检疫总局令第80号）等规定，在中华人民共和国境内生产、销售或者在经营活动中使用防爆电气产品的任何企业未取得防爆电气产品生产许可证不得生产防爆电气产品，任何单位和个人不得销售或者在经营活动中使用未取得生产许可证的防爆电气产品。

对于防爆电机，取得防爆合格证的检验程序和要求如下：

（一）检验工作内容和需报送的文件及样机

检验工作包括技术文件审查和样机检验两项内容。

（1）技术文件审查须报送下列文件：

1）产品标准（或技术文件）。

2）与防爆性能有关的产品图样（须签字完整并装订成册）。

3）产品使用维护说明书。

以上资料各一式两份，审查合格后由检验机构盖章，一份存检验机构，一份存送检单位。

4）检验机构认为确保电气设备安全性所必需的其他资料。

（2）样机检验须报送下列样机及资料：

1）提供符合合格图样的完整样机，其数量应满足试验要求。检验机构认为必要时，有权留存样机。

2）提供检验需要的零部件和必要的拆卸工具。

3）有关检验报告。

4）有关的工厂产品质量保证文件资料。

(3) 对既适用于Ⅰ类又适用于Ⅱ类的电气设备，须分别按Ⅰ类和Ⅱ类要求检验合格，取得“防爆合格证”。

（二）防爆合格证的有效期

送检文件资料和样机经检验合格后，由检验机构颁发“防爆合格证”。防爆合格证的有效期为5年。

（三）取得防爆合格证后需要做的工作和注意事项

1）取得“防爆合格证”后的产品，当进行局部更改涉及相应标准的有关规定时，须将更改的技术文件和有关说明一式两份送原检验机构重新审查。必要时进行送样检验。若更改内容不涉及相应标准的有关规定，应将更改的技术文件和有关说明送原检验机构备案。

2）采用新结构、新材料、新技术制造的防爆产品，经检验合格后，发给“工业试用许可证”。取得“工业试用许可证”的产品，须经工业试用（按规定时间、地点和台数进行）。由原检验机构根据提供的工业试运行报告、相关标准的有关规定，发给“防爆合格证”后，方可投入生产。

3）检验机构有权对已发给“防爆合格证”的产品进行复查。当发现与原检验的产品质量不符且影响性能时，应向制造单位提出意见，必要时可撤销“防爆合格证”。

二、爆炸性气体环境用电气设备分类和温度组别

（一）基本分类

爆炸性气体环境用电气设备分为如下两大类：

Ⅰ类——煤矿用电气设备；

Ⅱ类——除煤矿外的用于其他具有爆炸性气体环境中的电气设备。

用于煤矿的电气设备，其爆炸性气体环境除了甲烷外，可能还含有其他成分的爆炸性气体时，应按Ⅰ类和Ⅱ类相应气体的要求进行制造和检验。该电气设备应有相应的标志。

（二）Ⅱ类中的分类

Ⅱ类电气设备可以按爆炸性气体的特性进一步分类。

Ⅱ类隔爆型“d”和本质安全型“i”设备又可分为ⅡA、ⅡB和ⅡC三类。这种分类对于隔爆型电气设备按最大试验安全间隙（MESG）划分；对本质安全型电气设备按最小引燃电流（MIC）划分。

所有防爆型式的Ⅱ类电气设备分为T1～T6组。

（三）温度组别

1. 最高表面温度

1）对于Ⅰ类电气设备，其最高表面温度应按下述规定：

当电气设备表面可能堆积煤尘时，不应超过150℃；

当电气设备表面不会堆积或采取措施可以防止堆积煤尘时，其实际最高表面温度应在铭牌上标示出来，或在防爆合格证号之后加符号“X”。最高不应超过450℃。

2）对于Ⅱ类电气设备，其最高表面温度应按表11-1的规定。

表11-1　Ⅱ类电气设备的最高表面温度分组

温度组别	T1	T2	T3	T4	T5	T6
最高表面温度/℃	450	300	200	135	100	85

2. 环境温度

电气设备应设计在环境温度为 -20 ~ 40℃下使用，在此时不需附加标识。

3. 表面温度和引燃温度

最高表面温度应低于爆炸性气体环境的引燃温度。某些结构元件的总表面积≤10cm²时，其最高表面温度相对于实测引燃温度对于Ⅱ类或Ⅰ类电气设备具有下列安全裕度时，该元件的最高表面温度允许超过电气设备上标志的组别温度，但这个安全裕度应依据类似结构元件的经验或通过电气设备在相应的爆炸性混合物中进行试验来保证。试验时，安全裕度可通过提高环境温度的办法来达到。安全裕度的具体规定如下：

T1、T2、T3 组电气设备为 50℃；

T4、T5、T6 组和Ⅰ类电气设备为 25℃。

（四）对标识的要求

对防爆电机的上述标识，应用凸文形式标注在电机合适的位置上（一般在接线盒盖上），保证在使用过程中永不消失。图 11-1 给出了几种防爆电机的标注示例。

a) Ⅰ类小型低压

b) Ⅱ类中型低压

c) Ⅱ类B级T4组大型高压

图 11-1　防爆电机的防爆类型标注示例

三、防爆电机的防爆试验项目

我国现生产的防爆电机主要有 3 大类，即隔爆型、增安型和正压型。它们的防爆试验项目见表 11-2。

表 11-2　防爆电机的防爆试验项目

<table>
<tr><th>分类</th><th>试验项目</th><th colspan="2">分类</th><th>试验项目</th></tr>
<tr><td rowspan="3">各类通用项目</td><td rowspan="3">（1）外壳防护试验
（2）热试验
（3）最高表面温度试验
（4）冲击试验
（5）连接件扭转试验
（6）热稳定试验
（7）电缆和导线引出装置夹紧试验
（8）橡胶材料老化试验
（9）透明零件温差试验
（10）电机风扇结构及材质的检查试验</td><td rowspan="3">专用项目</td><td>隔爆型</td><td>（1）外壳材质性能试验
（2）水压试验
（3）强度试验
（4）隔爆性能试验
（5）引入装置密封试验</td></tr>
<tr><td>增安型</td><td>（1）额定工作状态下电机定转子极限热试验
（2）t_E时间及堵转电流比 I_A/I_N 的测定试验</td></tr>
<tr><td>正压型</td><td>（1）外壳强度试验
（2）通风死角检查试验
（3）电机静止和运转时最低风压试验
（4）联锁装置动作可靠性试验
（5）风压保护装置动作可靠性试验
（6）发热元件断电后冷却时间的测定试验
（7）防止火花喷出试验</td></tr>
</table>

四、隔爆型电机专用项目的试验方法和设备

（一）外壳材质

煤矿采掘工作面用隔爆电机，除机座须用钢板或铸钢制造，其他零部件或装配后的外力冲击不到的及容积≤2000cm^{3}的外壳，可用牌号不低于HT250的灰铸铁制成。

非采掘工作面用隔爆电机的外壳，可用牌号不低于HT250的灰铸铁制成。

当使用轻金属材料制造外壳时，对Ⅰ类电气设备，所用材料按质量百分比来规定，即铝、钛和镁的总含量不允许大于15%，并且钛和镁的总含量不允许大于6%；对Ⅱ类电气设备，镁含量不允许大于6%。

容积≤2000cm^{3}的外壳，可用非金属材料制造，该类外壳应具有热稳定和防静电的性能和力学性能（试验方法和有关标准详见GB 3836.1—2010《爆炸性环境 第1部分：设备 通用要求》）。

（二）外壳耐压型式试验

对外壳进行耐压试验的目的是证明其能否有效地承受内部爆炸。

试验应在外壳带有全套内部装置或在该位置上装有等效作用的物体状态下进行，但是外壳若设计成在拆开其内部部分装置后仍能使用时，则应在检验单位认为最严酷的条件下进行。

试验时，若外壳既未发生损坏，也未发生永久变形，此外，在结合面的任何部位都不应有永久性的增大，则认为试验合格。

1. 爆炸压力（参考压力）的测定

参考压力是通过试验得出的高于大气压力的最大平滑压力最高值。获得平滑压力的方法之一是在压力信号电路中插入一个（5±0.5）kHz的滤波器。

试验包括点燃外壳内部爆炸性混合物和测量所形成的压力，试验时，间隙应在图样规定的制造公差范围内。

试验次数、使用的爆炸性混合物及其在大气压力下与空气的体积比见表11-3。

表11-3　爆炸试验所用的爆炸性混合物和试验次数

<table>
<tr><th rowspan="2">外壳类别</th><th colspan="2">爆炸压力的测定（参考压力）</th><th colspan="2">内部点燃的不传爆试验</th></tr>
<tr><th>试验次数</th><th>爆炸性试验混合物</th><th>试验次数</th><th>爆炸性试验混合物</th></tr>
<tr><td>Ⅰ</td><td rowspan="2">3</td><td>甲烷（CH_4）：
(9.8±0.5)%</td><td rowspan="3">5③</td><td>甲烷（CH_4）：(58±1)%
氢气（H_2）：(42±1)%
MESG=0.8mm</td></tr>
<tr><td>ⅡA</td><td>丙烷（C_3H_8）：
(4.6±0.3)%</td><td>氢气（H_2）：(55±1)%
MESG=0.65mm</td></tr>
<tr><td>ⅡB</td><td>3①</td><td>乙烯（C_2H_4）：
(8.0±0.5)%</td><td>氢气（H_2）：(37±1)%
MESG=0.35mm</td></tr>
<tr><td rowspan="2">ⅡC②</td><td rowspan="2">5</td><td>氢气（H_2）：(31±1)%</td><td rowspan="2">5</td><td>氢气（H_2）：(27±1)%</td></tr>
<tr><td>乙炔（C_2H_2）：
(14.0±0.5)%</td><td>乙炔（C_2H_2）：(7.5±1.0)%</td></tr>
</table>

① 在可能出现重力重叠的情况下，应至少试验5次，并且用(24±1)%氢气－甲烷[(85±1)%H_2和(15±1)%CH_4]与空气的混合物，重复试验至少5次。

② 如果外壳上标明只使用在氢气或乙炔爆炸环境中，则只能对规定的气体进行5次试验。

③ 对本试验所使用的爆炸性混合物，包含已知的安全系数。该安全系数K是有关气体组中最易引燃混合物的（见IEC 79－1A）最大试验安全间隙（MESG）与所选用的爆炸性混合物的最大试验安全间隙之比。Ⅰ类：$K=1.14/0.8\approx1.43$；ⅡA类：$K=0.92/0.65\approx1.42$；ⅡB类：$K=0.65/0.35\approx1.86$。

混合物应用一个或几个高压火花塞来点燃，或用其他低点燃源点燃。另外，若外壳内装有能点燃爆炸性混合物的开关装置，最好用该装置来点燃。在每次试验过程中，都应测量和记录爆炸所形成的压力。火花塞和压力传感器的数量和安放位置由检验单位决定。

规定用于某一特定气体中的ⅡC电气设备，可按表11-3的要求进行试验。

制造厂规定使用的可拆卸衬垫，在进行试验时应装到电气设备上。

旋转电机应在静止和旋转状态下进行试验，是否有必要进行这两种试验，由检验单位决定。在旋转状态下进行试验时，电机的电源是接通还是断开不限，但试验时，转速应等于或非常接近最大额定转速值。

参考压力应在点火侧、点火侧的对应侧及外壳设计时预计产生过高压力的任何位置进行测定。

2. 过压试验

过压试验可按下列方法之一进行，这些方法是等效的。静压试验只进行一次，可以对整体外壳或对外壳部件进行。试验条件应该由制造厂和检验单位协商确定。

（1）静压试验：试验压力应为参考压力的1.5倍，但最小为0.35MPa，加压时间为10^{+2}_{0}s。对于容积>10cm^3而不经受出厂试验的外壳，试验压力应为参考压力的4倍。

如果因外壳太小而不能测定参考压力，以及不可能使用动压法时，则应用下列相应压力进行静压试验：

Ⅰ、ⅡA、ⅡB为1MPa；ⅡC为1.5MPa。

（2）动压试验：如果已知参考压力，则进行动压试验时，可使外壳所承受的最大压力标定为最大压力的1.5倍。压力上升速度不应与测定参考压力时的上升速度差别太大。特别情况下，可以通过预压用于测定参考压力的爆炸性混合物进行试验。

如果不能测定参考压力（例如容积太小或压力出现异常），则可在1.5倍的标定最大压力下，向外壳充以表11-3规定的爆炸性混合物进行试验。动压试验只进行一次。但ⅡC外壳应用每一种爆炸性混合物进行3次试验。

3. 内部点燃的不传爆试验

将被试外壳放置在一个试验罐内（试验设备见图11-2），外壳内和试验罐内应充以相同的爆炸性混合物进行试验。另外，若外壳内装有能点燃爆炸性混合物的开关装置，则可用该装置来引爆。

与防爆无关的衬垫应拆除。

如果点燃没有传到试验罐外，则认为试验结果合格。

使用的爆炸性混合物及其与空气的体积比按表11-3的规定。

（1）外壳是无人为间隙（结合面是在说明性文件中规定的制造公差范围内）的正常条件下进行试验。用式子表示为

$$0.8i_C \leqslant i_E \leqslant i_C \leqslant i_T \quad (11\text{-}1)$$

式中　i_C——制造厂图样规定的最大结构间隙；

i_E——试验间隙；

i_T——有关规定的最大结构间隙（见GB 3836.2—2000表1、表2、表3）。

（2）当ⅡA和ⅡB外壳在进行这种试验时可能会遭到损坏时，则允许把间隙值提高而超过制造厂所规定的最大值进行试验。间隙的放大系数，对ⅡA为1.42，对ⅡB为1.85。符合ISO标准

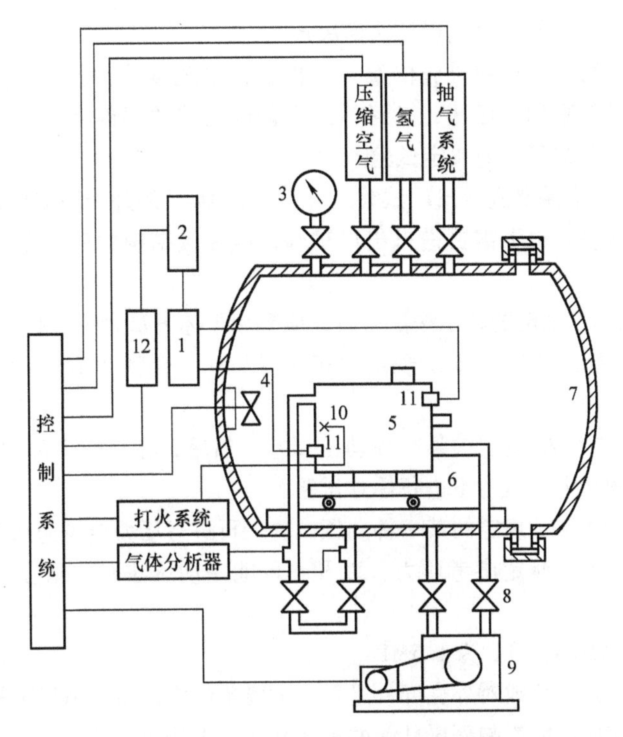

图 11-2 防爆试验设备气、电系统图

1—Y6D－3A 动态应变仪 2—SC－16 八线示波器 3—真空压力表 4—气体搅拌器 5—被试电机 6—运输车 7—密封试验罐 8—阀门 9—气体循环泵 10—打火塞 11—压力传感器 12—示波器电源

配合的螺纹结合面的螺纹啮合轴向长度与制造厂规定的长度相比应缩短 1/3；低于 ISO 标准配合的，应缩短 1/2；锥形螺纹结合面不必缩短。

外壳内和试验罐内所采用的爆炸性混合物在大气压下与空气的体积比如下：

ⅡA 为 (4.2 ±0.1)% 丙烷；

ⅡB 为 (6.5 ±0.5)% 乙烯或 (19 ±1)% 氢气－甲烷 (85/15) 混合物。

(3) ⅡC 外壳应采用下列方法之一进行试验：

方法 1：将平面结合面、圆筒结合面、带有轴承的转轴和操纵杆间隙增大到下列数值：$i_E = i_C + 0.5i_C$（对平面结合面，最小间隙为 0.1mm）；$i_E = 1.5i_T$（对平面结合面）或 $i_E = i_C + 0.5i_T$（对圆筒结合面）。其中 i_C、i_E 同式 (11-1)；i_T 见 GB 3836.2—2010。

符合 ISO 标准配合的螺纹结合面的螺纹啮合轴向长度与制造厂规定的长度相比应缩短 1/3；低于 ISO 标准配合的，应缩短 1/2；锥形螺纹结合面不必缩短。

外壳内和试验罐内应在大气压下充入表 11-3 所规定的一种爆炸性混合物。

方法 2：外壳应在无人为间隙的正常条件下进行试验。其间隙值同式 (11-1)。如果用 $<0.8i_C$ 的间隙进行试验，则试验混合物的压力应成比例增加，以补偿较小的间隙值，试验压力为 $1.2i_C/i_E$ 倍大气压力；试验罐与外壳的容积之比至少为 5∶1。

对于只制造一台或几台样品的电气设备，每台样品都应用第一种方法的混合物在大气压下试验 5 次，结合面应在制造公差范围内。

(三) 外壳耐压试验

对外壳进行出厂试验时，应按上述 (二) 2. 规定的方法之一对样机或试样进行压力试验。

所采取的试验方法应由检验单位和制造厂协商决定。

用空壳试验即可。可以对构成外壳的每一部件进行单独试验，但其所受的应力应和整个外壳试验时相同。如果试验采用动压法，且封闭式设备或内装的部件会影响内部爆炸时压力的上升，则应由检验单位和制造厂协商决定试验条件。

容积≤10cm³的外壳不需要进行出厂试验，对容积>10cm³的外壳，如果以4倍参考压力的静压进行了规定的型式试验，也不需要进行出厂试验，但焊接结构的外壳在任何情况下都应进行出厂试验。

当选择上述（二）2. 规定的动压法试验时，应采用下述方法之一进行试验：

1）在外壳内部和外部用表 11-3 所规定的相应爆炸性混合物在 1.5 倍大气压力下进行爆炸试验；

2）先进行上述（二）2. 规定的某一种动压试验，然后，在外壳内部和外部用表 11-3 所规定的相应爆炸性混合物在大气压力下进行爆炸试验；

3）先进行上述（二）2. 规定的某一种动压试验，再进行压力至少为 0.2MPa 的静压试验。

如果因外壳太小而不能测定参考压力，以及不可能用动压法时，则静压试验应采用下列相应压力：

Ⅰ、ⅡA、ⅡB 为 1MPa；ⅡC 为 1.5MPa。

静压试验可以对整体外壳或对外壳部件进行。试验条件应该由制造厂和检验单位协商确定。

若外壳无结构损坏或可能影响隔爆性能的永久变形，则认为试验合格。

（四）水压试验

隔爆电机的外壳（含机座、端盖、接线盒等）是否有裂缝或砂眼、气孔等，可通过水压试验进行检查。水压试验所用设备一般需企业自制。图 11-3 为一台借用油压机进行水压试验的设备的示意图。

试验用水实际应为含 1% ~1.3% 的磷酸钠、0.5% ~0.8% 的碳酸钠和 0.5% ~0.6% 的硝酸钠、97.3% ~98% 的水溶液。

试验时试验部件内充上述水溶液的压力为：

Ⅰ、ⅡA、ⅡB 级隔爆的零部件为 1MPa；ⅡC 级隔爆的零部件为 1.5MPa。

施压时间为 1min。

无水渗出为合格。

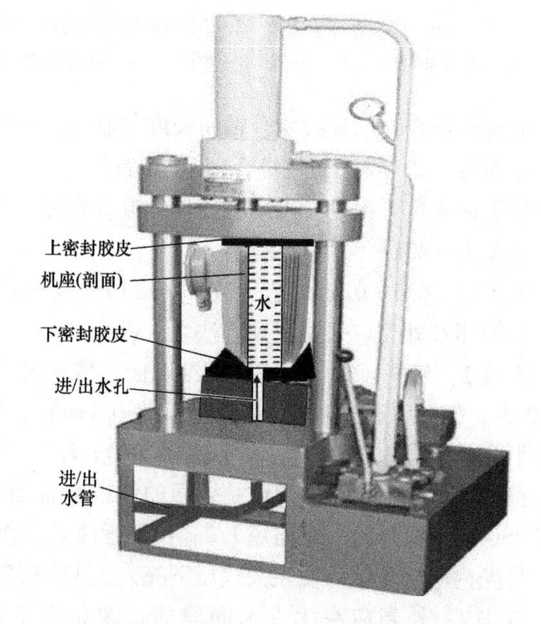

图 11-3 隔爆电机水压试验设备示意图

五、增安型电机专用试验

（一）堵转热试验

增安型笼型转子电机应进行堵转热试验。试验在环境温度下进行，将被试电机的转子用工具堵住，定子绕组施加额定频率的额定电压。

通电后 5s 时，测取定子电流和绕组温升。此时的电流值即为最初起动电流 I_A。

如限于设备能力，在低于额定电压下进行本项试验时，如无饱和效应，则测得的电流值应按与电压的线性关系换算出起动电流 I_A；测得的温升按与电压的二次方关系换算出堵转温升；如有饱和效应，则在换算时进行修正。

试验时，对电机定子绕组温升的测量，推荐采用电阻法，以平均温升作为电机堵转温升。

对笼型转子导条和端环温度的测量，一般采用埋置热电偶的方法，每个热电偶在埋入时应注意与被测点的表面密切接触，并应有良好的保护措施，以免受到冷却空气的影响。热电偶的引线应从专门加工的轴中心孔（类似于绕线转子电机的轴中心孔）引出并接在安装于轴伸（非工作轴伸端）的专用插接式接线座上，如图 11-4 所示。

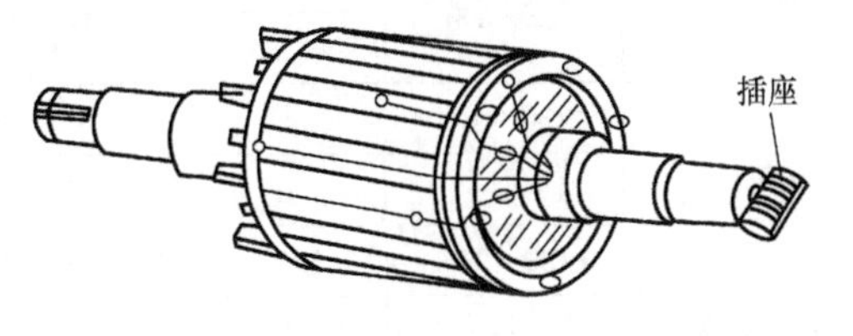

图 11-4　转子埋置热电偶的示意图

试验时，待停机后迅速接上外接插头，用电位差计测量温度与时间的关系曲线，然后将曲线外推到断电瞬间，求出工作状态时的各点温度。应考虑热电偶测量的温升速率，配合选用时间常数较小的测量仪表。也可用热敏元件以及其他方法测量（例如第三章第十二节第五项给出的测温纸法）。测量结果以各次测得的最高温度值为准。

电机转子堵转时的温升，可根据焦耳效应 I^2R 进行计算并应考虑导条和端环内产生的热量、笼型绕组的热容量、趋肤效应对导条内热量分布的影响，以及铁心中的热传导。

电机转子堵转时，电机定子绕组的温升 $\Delta\theta$ 与时间 t 的比值可用下式计算：

$$\frac{\Delta\theta}{t} = aj^2b \tag{11-2}$$

式中　j——起动电流密度（$\mathrm{A/mm^2}$）；

a——材料的计算常数［$℃/(\mathrm{A/mm^2})^2\mathrm{s}$］；

b——衰减系数，$b=0.0065$（考虑到浸渍绕组的热传导）。

（二）堵转时间 t_E 及堵转电流比 I_K/I_N 的测定试验

增安型电机堵转时间 t_E 是指当电机在最高环境温度下额定运行达到热稳定后，将转子堵住，定子绕组内通过额定频率的额定电流，从开始通电到定子绕组温度达到极限温度时所用的时间。

如果采用埋置检温计法或带点测温法，可在电机通电堵转情况下，测取电机绕组温度随时间上升的曲线，然后从曲线上查出极限温度对应的堵转时间 t_E。

如果采用断电后测量绕组热电阻的方法，则应事先估计 t_E 的大小，试验时，可略超过估计的 t_E 后，断电测量电机绕组温度与断电时间的关系曲线，再将曲线外推到断电瞬间，求出断电瞬间的绕组温度。以额定工作时绕组温度、上述方法求出的堵转温度为堵转试验结束时的温度画在以时间为横轴、温度为纵轴的坐标上，连接上述两个温度点，然后在这条连线上或向上的延长线上查出极限温度和对应的时间 t_E。

为了准确，上述试验可多作几次，每次堵转时间有所不同，然后画出各测点温度与时间的关系曲线。

为了简化手续，该试验可在冷态堵转状态下进行。这种方法是基于冷态与热态有相似的温度梯度的假设。试验时，在室温情况下将电机转子堵住，定子施加额定频率的额定电压，通电 15～20s 后断电。以预埋的热电偶测量笼型转子导条及端环的表面温度，以电阻法测量并求出定子绕组断电瞬间的温度。在温度为纵轴、时间为横轴的坐标系中，分别连接上述所求各温度点和零点，则这些直线即为冷态堵转温升曲线。从曲线上查出对应于表 11-4 中的温升限值点的堵转时间，该时间即为 t_E。

表 11-4　t_E结束时的温升限值

<table>
<tr><th rowspan="2">部　位</th><th rowspan="2">绝缘等级</th><th colspan="6">温升限值/K</th></tr>
<tr><th>T1</th><th>T2</th><th>T3</th><th>T4</th><th>T5</th><th>T6</th></tr>
<tr><td rowspan="3">绝缘绕组</td><td>130（B）</td><td colspan="3">145 − θ</td><td rowspan="4">95 − θ</td><td rowspan="4">60 − θ</td><td rowspan="4">45 − θ</td></tr>
<tr><td>155（F）</td><td>170 − θ</td><td>170 − θ</td><td>160 − θ</td></tr>
<tr><td>180（H）</td><td>195 − θ</td><td>195 − θ</td><td>160 − θ</td></tr>
<tr><td>非绝缘绕组</td><td>—</td><td>410 − θ</td><td>260 − θ</td><td>160 − θ</td></tr>
</table>

对于转子和定子应分别求出 t_E值，以两者的较小值作为本台电机的 t_E值。

国家标准规定：t_E应≥5s，I_K/I_N（堵转电流倍数）不≤10。另外，t_E的最小允许值还与 I_K/I_N有关，这个关系见图11-5给出的曲线。

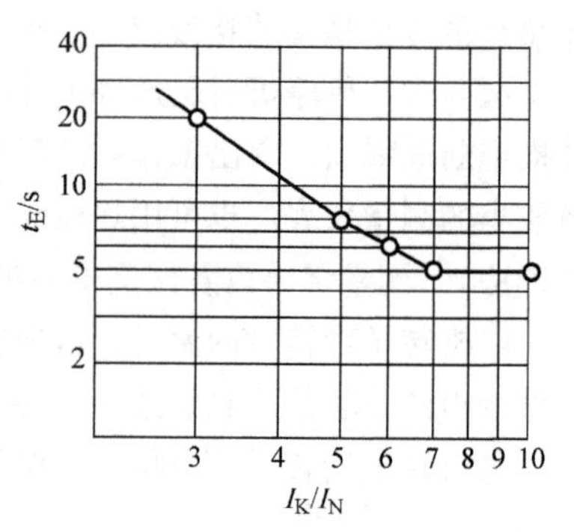

图 11-5　电动机的 t_E最小值与 I_K/I_N的关系

堵转温升限值与爆炸性混合物的组别和电机所用的绝缘材料等级有关。环境温度为40℃以下时，不同等级绝缘材料的堵转温升限值见表11-4。表中所列数值为设备额定工作状态下的稳定温升，θ为环境温度。

六、正压型电机专用试验

正压型电机是在电机内补充以洁净的空气或惰性气体并保持一定的压力，使外部的爆炸性混合物不能进入电机内与电机内发生的火花和发热部件相接触，从而达到防爆的目的。按供气情况，可分为防爆通风型和防爆充气型两种。

正压型电机7项专用试验方法及规定如下。

（一）外壳强度试验

以空气或惰性气体检查电机及附属管道的结构强度及密封性，其外壳强度要能承受住正常工作时所规定的最大过压值的1.5～2倍，但最小为200Pa，试验时间为1min。以外壳、管道、密封圈无损伤为合格。

（二）通风死角检查试验

在电机外壳内充以氢气或氮气或二氧化碳气体，其浓度为60%±1%。以电机外壳及附属管道总容积5倍的风量或根据产品使用说明书所规定的风量和时间进行通风吹洗，然后，用气体分析仪在预计通风死角的3～5处进行测量。上述的气体浓度≤1%为合格。

（三）电机静止和运转时最低风压试验

按设计要求接好风机及通风道，并在进气口处接好调节风压和风量的阀门。根据电机结构、气流流动路径、风路尺寸变化情况来确定风压的测量点。

测压点要设置在风压低的地方和爆炸性气体可能进入外壳的缝隙处，一般设在以下位置：

1）进、出气口；

2）预定要安装测压仪表的地方；

3）外壳可能发生泄漏的地方和缝隙，如轴伸与端盖轴孔之间；

4）气流急剧改变的地方。

测量风压一般选用U形管压力计、微压计和毕托管。调节进气口的流量和压力值，在达到技术条件的要求时，测量各测压点的正压值是否超过50Pa。试验要在电机静止和额定转速时分别进行。

（四）电机与风机之间的联锁装置动作可靠性试验

正压型电机在工作之前对电机和通风管道要通风清洗。通风机的工作系统在电机和风管换气之前要保证电机不能接通电源，只有当电机和风管内的空气被定量的（至少是电机和风管空腔容积的5倍）空气冲洗后，电机才能接通电源投入运行。电机停机时，只有电机内部的零部件表面温度低于爆炸性气体所允许的过热温度时，通风机才可停止通风。

该项试验即为检查系统保证上述控制的准确性和可靠性的试验。能保证即为合格。

（五）风压保护装置动作可靠性试验

正压型电机在正常运行时要维持产品所规定的风压。当人为地降低出风口处的风压至100Pa或产品所规定的最低风压时，风压保护装置应动作。

此项试验共进行5次。如果压力继电器不能安装在出风口处，为检查和监督出风口处的风压，则往往要提高压力继电器的动作值，以保证电机出风口的风压。此项试验除电机在出厂时应进行外，在安装地点试车时也要重复进行。

（六）电机外壳温升和内部发热元件断电后冷却时间的测定试验

正压型电机的外壳和内部发热元件的表面要在电机额定负载时测定温度。测定时的风压和风量在最小的流量和压力下进行。电机外壳的最高温度也有必要在停风时进行测量。要用秒表测定外壳内部发热零件从切断电源后表面温度冷却到极限温度（即设备允许最高表面温度）所需要的时间，这个时间就是电机工作终结时切断电源后仍需继续通风的最短时间。

（七）防止火花喷出试验

电机通风管道的进风口和出风口应设在无爆炸危险的安全场所。如排气口位于爆炸危险场所，排气口要安装有防火花、电弧和易燃物自壳内吹出的装置。如果转轴间隙和管道各接缝处可能有喷出火花的危险，则可人为地制造火花，如点燃某些可燃物质，然后正常通风，观察火花是否能从缝隙吹出。

第二节 起重及冶金用电动机

起重及冶金用电动机的试验和考核依据有GB 20237—2006《起重冶金和屏蔽电机安全要求》和各类型电机的技术条件。本节介绍一些此种用途常用类型的特有或有特殊要求的试验项目和考核标准。

一、YZRW系列起重及冶金用涡流制动绕线转子三相异步电动机

本类电动机由一台绕线转子电动机和与其转子同轴相连的涡流制动器组成，在经常受到机械振动和冲击的户内各种型式的起重及冶金辅助设备中作为动力。图11-6为两台此类电动机的外形示例。

（一）基本参数和技术要求

本系列技术条件的现行编号为JB/T 7840—2005。

1. 工作制

工作制分为S3、S4和S5（S4和S5最大允许300次/h），基准工作制为S3（断续周期工作制），基准负载持续率为40%，涡流制动器的负载持续率为15%，每个工作周期为10min。

2. 三相绕组的接法

定子三相绕组为Y联结，可只引出3条相线，也可引出中性线。

图11-6　起重及冶金用涡流制动绕线转子三相异步电动机外形示例

3. 涡流制动器的励磁电源

涡流制动器的励磁采用直流电源，电压为（80±15）V；用户需要时也可制成（160±15）V。

4. 涡流制动器的考核指标

涡流制动器的考核指标有如下3个（具体值见表11-5）：

1）额定制动力矩：涡流制动器在转速为100r/min、励磁绕组达到热稳定时的制动力矩。

2）限定制动力矩：涡流制动器在转速为950～1000r/min、励磁绕组达到热稳定时的制动力矩。

3）涡流制动器转子的转动惯量。

表11-5　YZRW系列电动机涡流制动器的考核指标

电动机机座号	112	132	160	180	200	225	250	280
额定制动力矩/(N·m)	7	18	64	118	170	235	390	590
限定制动力矩/(N·m)	26	64	196	245	390	540	785	1180
转动惯量/(kg·m²)	0.5	1.2	2.3	5.0	7.5	11.5	21	35

5. 发热部件的温度或温升

发热部件的温度或温升限值见表11-6。

表11-6　YZRW系列电动机温度或温升限值

发热部件		155（F）级绝缘 （环境空气温度为40℃）	180（H）级绝缘 （环境空气温度为60℃）
绕组温升（电阻法）	冷却方式IC 410	105K	105K
	冷却方式IC 411	100K	100K
集电环温升（温度计法）		95K	80K
制动器电枢表面温度（温度计法）		150℃	150℃
轴承温度（温度计法）		95℃	115℃

注：集电环允许采用130（B）级绝缘，但其温度值不应超过120℃。

6. 绕组绝缘电阻

各绕组的热态绝缘电阻应不低于表11-7中规定的数值。表中U_N为定子额定电压，U_2为转子的额定开路电压，U_{FN}为制动器励磁绕组的额定励磁电压，单位均为V。

7. 绕组绝缘耐交流电压

各绕组耐交流电压的数值应按表11-7中的规定，试验时间为1min。

表 11-7　YZRW 系列电动机各绕组的热态绝缘电阻限值和耐交流电压值

绕组名称	项　目	技术标准
定子绕组	热态绝缘电阻/MΩ	$0.001U_N$（最小为 0.38）
	耐交流电压/V	$2U_N+1000$
转子绕组	热态绝缘电阻/MΩ	$0.0025U_2$
	耐交流电压/V	$4U_2+1000$
制动器励磁绕组	热态绝缘电阻/MΩ	1
	耐交流电压/V	$2U_{FN}+1500$

8. 超速

电机超速时，应空载运行，制动器不加励磁，转速为 1.2 倍最高转速，历时 2min。最高转速为被试电动机同步转速的 2.5 倍，则实际超速为 3 倍同步转速。

9. 噪声

电机在空载无制动励磁的运行状态下测试噪声，考核标准略。

10. 转子开路电压和转动惯量

转子开路电压测量方法见第五章第十五节第二部分“定、转子电压比的测定试验”。转子开路电压的容差：112 ~ 250 机座号的为 ±7.5%；280 机座号的为 ±10%

转动惯量的测量方法见第四章第十六节。转动惯量的容差为 +10%。

（二）热试验方法

试验按 S3 工作制加负载运行，工作周期如图 11-7 所示。也可经折算将 S3 工作制等效为 S1 工作制或 S2 工作制进行试验。

试验时，制动器应加额定制动力矩。温升测定应在温升稳定的最后一个周期中最大负载时间一半终了时进行。

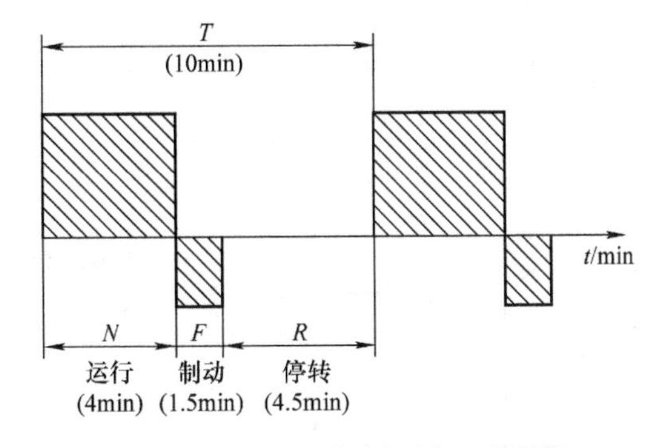

图 11-7　YZRW 系列电动机工作周期

（三）制动器额定制动力矩及机械特性曲线的测定试验

制动器额定制动力矩及机械特性曲线的测定试验应尽可能采用实测法。

若不具备实测的条件，可采用绘图法等。测试时，涡流制动器电枢表面温度控制在 100 ~ 120℃，并且各点的测量应在相同的温度下进行。因此，在进行完某点测试后，应断开制动器的励磁电路，并停机 1 ~ 2min 后，再进行下一点的测试。

1. 实测法

试验时被试电动机应达到温升稳定状态。

可用测功机等测功设备测出整条制动曲线，即制动力矩和电机转速的关系曲线 $T_Z=f(n)$，从曲线上查取 $n=100\text{r/min}$ 时的制动力矩值 T_{ZN}。或将被试电动机拖动到 100r/min 的转速后，逐渐给制动器励磁绕组加励磁电压到其额定值，如此时转速下降，应调整到 100r/min。读取此时的制动力矩。

2. 用绘图计算的间接试验方法

如限于试验设备能力，可采用测出一定数量的相关参数后通过绘图计算的方法，间接地求出制动器的额定制动力矩。

具体试验和计算过程如下（电阻、电流、功率和损耗、力矩的单位分别为 Ω、A、W 和 N · m）：

1）被试电动机转子绕组外接三相可调电阻 R，制动器由可调的整流电源供电。试验电路如图 11-8 所示。

2）试验前或试验后测出定子绕组的直流端电阻 R_1。

3）通过空载试验，求得被试电动机的铁心损耗 P_{Fe}和机械损耗 P_{fw}。

4）试验时，给制动器加不同的励磁电流 I_F（6 次，其中应包括额定励磁电流的 1 次）。起动被试电动机，通过切换串接在电机转子绕组上的外接电阻 R_W来逐步改变电机的转速 n。测出与电机转子转速相对应的输入功率 P_1、定子线电流 I_1。

5）用公式 $P_{Cu1}=1.5I_1^2R_1$求出定子绕组铜耗 P_{Cu1}。

6）用下式求取各测试点的制动力矩 T_Z。式中 n_s为被试电动机的同步转速。

$$T_Z=9.55(P_1-P_{Cu1}-P_{Fe}-P_{fw})/n_s \tag{11-3}$$

7）绘制制动器不同励磁电流时的制动力矩与转速的关系曲线 $T_Z=f(n)$，如图 11-9 所示。

8）从 $I_F=I_{FN}$对应的 $T_Z=f(n)$曲线上查出 $n=100$r/min 时的制动力矩，即为额定制动力矩 T_{ZN}；查出 $n=1000$r/min 时的制动力矩，即为限定制动力矩 T_{ZX}。

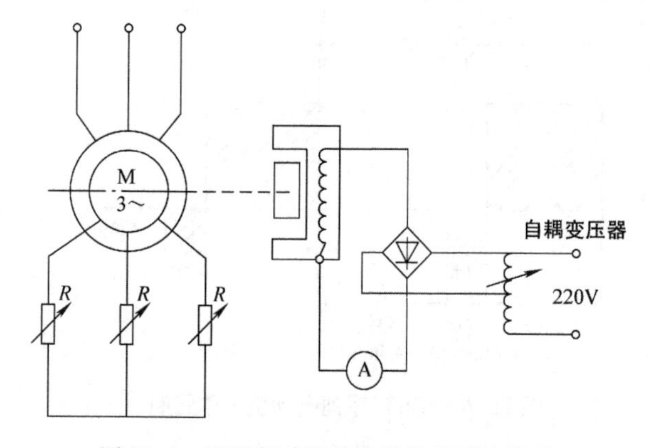

图 11-8　涡流制动器的机械特性试验电路

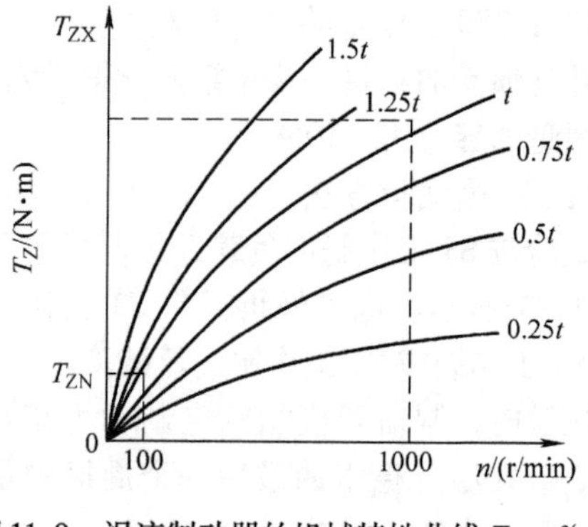

图 11-9　涡流制动器的机械特性曲线 $T_Z=f(n)$

二、起重及冶金用强迫通风型绕线转子三相异步电动机

（一）基本型式

此类电动机适用于经常有机械振动及冲击、频繁起动、制动（电气的或机械的）及逆转的户内各种型式的起重机械及冶金辅助设备的电力传动动力。额定功率在 132kW 及以下；基准工作制为 S1，用户需要时也可制成 S2 ~ S7 工作制。

根据通风的型式，此类电动机分为 YZRG 和 YZRF 两个系列。

YZRG 系列采用管道通风，由用户自备送风管道，其风量与风压应按使用说明书中的规定。

YZRF 系列采用自带扇风机，一般要配用进风过滤器。

两者的技术条件标准合为一个，现行编号为 JB/T 7078—2014 。

（二）技术要求和试验特点

该类电动机各部位温度或温升的限值、超速值及时间、绕组绝缘电阻限值及耐电压等方面的规定和前面讲过的 YZRW 系列电动机完全相同。

该类电动机在进行热试验时，须在电动机起动的同时，按技术条件的要求从电动机的进风口通入规定风压、风量的风；温升稳定后，在切断电源的同时，必须停风。

三、YZR－Z 系列起重专用绕线转子三相异步电动机

（一）基本型式和技术要求

该类电动机适用于要求过载能力较大（最大转矩较大）、每小时起动次数较少的起重机和类似设备。工作制有 S2～S9 共 8 种，基准工作制为 S3（25%）。定子绕组为Y联结。

该类电动机的技术条件编号为 JB/T 7842—2016。

该类电动机的主要性能及试验方法与第五章第十五节讲过的绕线转子电动机基本相同。对于热试验，应按不同的工作制选择相应的试验方法。

下面重点介绍热试验方面的内容。

（二）S2 短时工作制电动机的热试验特点

如电动机指定用于几种不同时间和负载的短时定额，试验应在能产生最高温升的定额值下进行；若额定值不能事先确定，则试验应对所有指定的短时定额值进行。

试验方法如第四章所述。

（三）S3 断续周期工作制电动机的热试验特点

对于 S3 工作制电动机，如无特殊规定，每个工作周期为 10min，负载持续率按铭牌上的规定。

（四）S4、S5、S7 工作制电动机的热试验特点

1. 试验设备

应按指定的每小时等效起动次数和负载持续率进行试验，并规定转动系统的额定惯量率 $FI=2$。

试验电路如图 11-10 所示。其中 R_K 为被试电动机 M 的转子绕组外接起动电阻，宜采用铬铁铝电阻，并应不少于 3 级，电阻全值应使电动机起动电流的平均值限定在规定工作制时额定电流的 2 倍以内，各级电阻的短接时间应能保证起动电流的峰值不变，起动时间应不超过电动机接电时间的 30%。

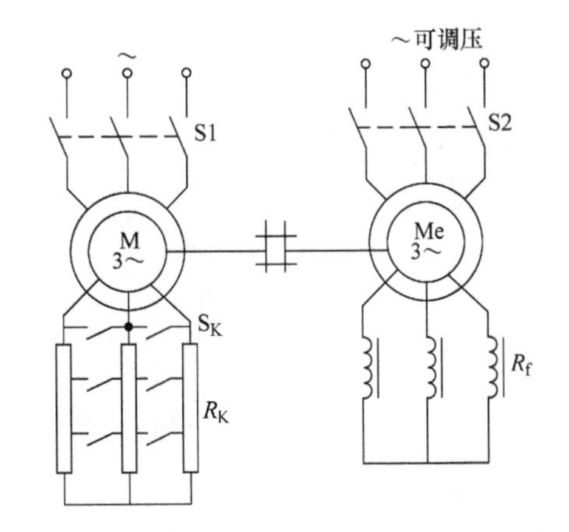

图 11-10　YZR－Z 系列绕线转子电动机热试验电路

Me 为负载电动机，一般采用同规格的绕线转子电动机，其转子外接频敏电阻 R_f 或电抗器，试验时该电动机处于反转制动运行状态（$s=1\sim2$），以获得恒定转矩特性。串接频敏电阻后，应使转子功率因数在 0.5（滞后）以下；串接电抗器时，应使转子功率因数等于 0.5～0.65。

2. 试验方法及有关计算

（1）根据电动机给定的每小时等效起动次数 Z 和被试电动机与负载电机及传动设备（主要是联轴节）的转动惯量 J，电动机每个工作周期 T(s) 用式（11-4）计算；接电时间 t(s) 用式（11-5）计算。负载持续率用 FC 表示。

$$T=3600/Z \tag{11-4}$$

$$t = T \cdot FC \tag{11-5}$$

（2）根据 T 和 t 调整控制设备的试验时间控制器，并按给定的额定功率（或定子电流）进行热试验到温升稳定。

（3）每小时等效起动次数 Z 按等值发热原理折算如下：

1）点动结束时，若电动机的转速不超过额定转速的25%，则4次点动相当于1次起动。

2）电制动（制动到额定转速的1/3）1次相当于0.8次起动。

试验时，传动系统的惯量率 FI 按下式计算：

$$FI = (J_{m} + J_{ext}) / J_{m} \tag{11-6}$$

式中　J_{m}——电动机转子的转动惯量（$kg \cdot m^2$）；

J_{ext}——外加负载系统的转动惯量（折算到电动机轴上）（$kg \cdot m^2$）。

若试验在非额定的 FI 下进行，则可根据负载电动机转动惯量的大小改变每小时等效起动次数，以保证惯量率与每小时等效起动次数的乘积为常数。

选择试验设备时，一般应满足 $FI = 2 \sim 8$ 的要求。

（五）S6、S8、S9工作制电动机的热试验特点

S6工作制电动机进行热试验时，如无其他规定，每个工作周期为10min。

S8、S9工作制电动机的热试验按用户给定的负载和转速进行。

四、YEZ系列起重用锥形转子异步电动机

（一）结构和工作原理

图11-11为YEZ系列锥形转子自制动异步电动机的外形示例和结构。该类电动机标准编号为JB/T 10746—2016，标准名称为《YEZ系列建筑起重机用锥形转子制动三相异步电动机　技术条件》。

a) 配锥形转子制动电机的吊车

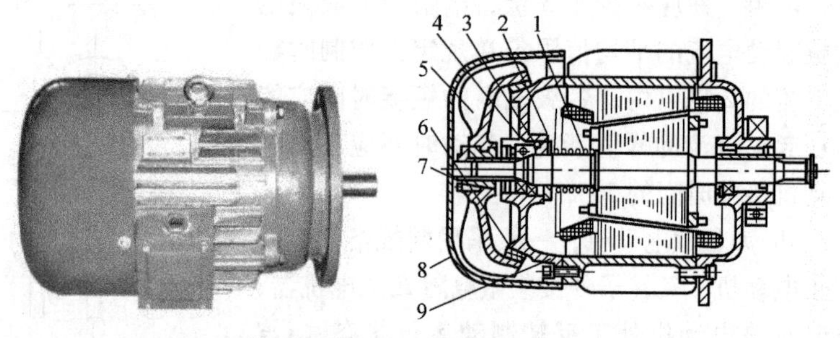

b) 锥形转子制动电机外形和结构

图11-11　YEZ系列锥形转子自制动异步电动机结构

1—制动弹簧　2—缓冲碟形弹簧　3—支承圈　4—推力转承　5—风扇制动轮
6—静制动环　7—调整螺母　8—风罩　9—后端盖

该类电动机有单速（4极或6极）和双速（4/6极或4/8极）两种转速类型。

基准工作制是包括起动的断续工作制（S4），等效起动次数为120次/h。

负载持续率：单速为25%；双速中，低速为15%，高速为25%。

额定频率为50Hz，额定电压为380V。

定子三相绕组联结方式：单速一般为Y联结，可只引出3个出线端；双速为2Y/△联结。

该类电动机的主要特点是利用其锥形转子的特殊结构在通电时产生电磁拉力，打开制动机构，使电动机正常运转。现以图11-11b给出的结构为例详细地讲述其工作原理。

从图11-11b中可以看到，该类电动机的定子内圆和转子外圆均为圆锥形，其锥形制动环镶于风扇制动轮5上；静制动环6镶在后端盖9上。

定子通电前，即电动机静止时，转子在弹簧1和2的作用下，沿轴向向前轴伸方向平移，使外风扇上的制动环和端盖上的静制动环相接触，其静摩擦力可阻止转子的转动（包括带一定的负载转矩）。

定子通电后，由于电磁力的作用，转子将沿轴向向风扇端平移，从而压缩弹簧1和2并使制动环（在风扇制动轮5上）离开静制动环，使转子脱离制动状态，开始加速运转达到正常工作转速。

定子断电后，作用在转子上的电磁力随之消失，在弹簧力的作用下，动、静制动环相擦并产生制动力矩，使转子很快停转并处于制动状态。

（二）特有试验项目和试验方法

锥形转子电动机属于自带制动器的电动机，其制动性能（静态制动力矩和制动时间）属于它的特殊试验项目之一。有关试验方法和设备将在本章第三节专门讲述。下面介绍一些其他有特殊规定的项目，其中包括“降低电压试验”“超速试验”“短时过转矩试验”“磁拉力特性曲线测定试验”和“动态制动力矩测定试验”。相对而言，最后两种试验是此类电动机最特有的。

1. 降低电压试验

试验前，被试电动机应加额定负载工作到温升稳定。

试验时，被试电动机安装于电动葫芦上或用经过验证的模拟负载方法施加额定负载，用额定频率但电压为90%额定值的电源给其供电，分别进行常速提升、慢速提升和运行试验。

试验中电动机能正常工作为合格。

2. 超速试验

用提高电源频率或由其他机械拖动的方法，将被试电动机转子的转速提高到最高转速的1.2倍，运行2min。当使用其他机械拖动时，应用释放装置将制动机构打开，即脱离制动状态。

3. 短时过转矩试验

试验方法与普通电动机相同，但过转矩值不是普通电动机规定的“最大转矩的保证值（计及容差，规定为保证值的-10%）”，而是“起动转矩的保证值（计及容差，规定为保证值的-15%）”，历时15s。

4. 磁拉力特性曲线测定试验

（1）试验用仪器和设备

试验用仪器包括磁性表座百分表、磁拉力的测量装置、压力传感器和二次仪表等。试验时的安装示意图如图11-12所示。

（2）测试方法

试验时被试电动机不安装制动弹簧。

转子移动距离的测量用百分表；磁拉力的测量用磁拉力测量装置。

试验时，转子移动距离分别为0.5mm、1.0mm、1.5mm、2.0mm、2.5mm。对应每一个转子移动距离，应测取电压和磁拉力的关系曲线。电压从1.1~1.3倍额定电压开始逐步降低，测取

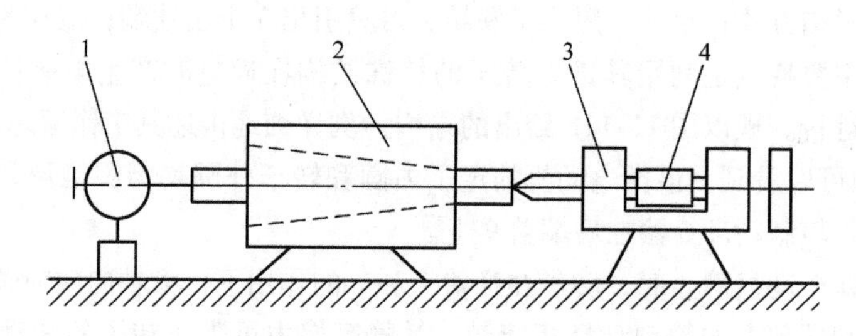

图 11-12　磁拉力特性曲线测定试验装置示意图

1—磁性表座百分表　2—被试电动机　3—磁拉力测量装置　4—压力传感器和二次仪表

7～9 点读数，如图 11-13 所示。

检查试验时，外施电压可降低到额定电压的 90%，轴向磁拉力应能克服弹簧力而使制动盘脱开，而且转子移动的距离符合规定。

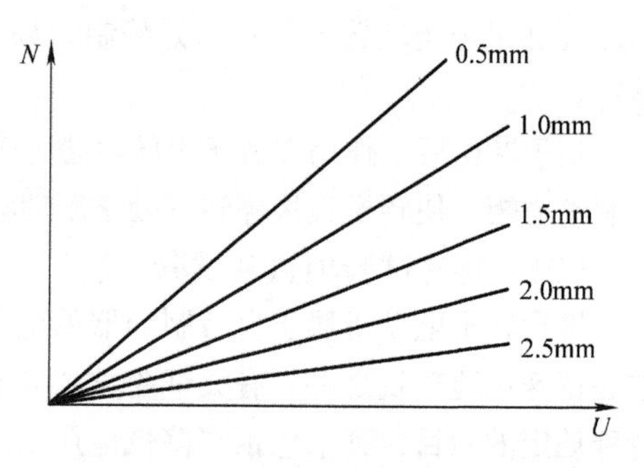

图 11-13　电压和磁拉力的关系曲线

5. 动态制动力矩测定试验

（1）试验装置和电路

动态制动力矩测定试验装置和电路如图 11-14 所示。若经试验结果表明测试重复性较好，以后试验时可以不用外加惯量装置。

（2）试验方法

被试电动机起动后运行很短时间就断电制动。用记录仪表记录测速发电机发出的电信号和定子电流周波数。如此进行 3 次试验。

根据定子电流周波数确定制动时间。该记录波形如图 11-15 所示。

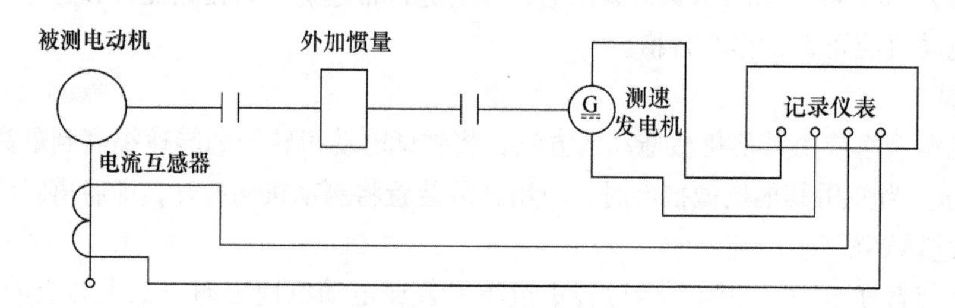

图 11-14　动态制动力矩测定试验装置和电路

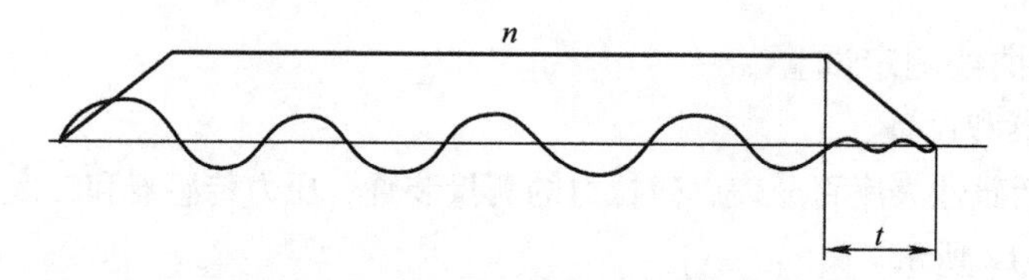

图 11-15　动态制动力矩测定试验波形

动态制动力矩 M_{Br}（N · m）用下式求取：

$$M_{Br} = \frac{\sum GD^2 \times n_s}{375t} \tag{11-7}$$

式中　$\sum GD^2$——随电动机转子一起旋转的飞轮转矩之和（N·m）；

GD^2——旋转体的飞轮转矩，其值等于$4gJ$，J为拖动系统的转动惯量（$kg \cdot m^2$）；

n_s——被试电动机的同步转速（r/min）；

t——制动时间（s）。

取3次测得的数值算术平均值作为最后的测试结果。

第三节　制动电动机

制动电动机分为自制动和附加制动器制动两大类。其中自制动类又分为锥形转子制动（在上一节已经作过介绍）、旁磁制动、杠杆制动等多种；附加制动器制动类是利用外加的制动器进行制动，但外加的制动器和电动机是安装成一体的，其中有上一节已经作过介绍的涡流制动电动机和本节将要介绍的附加电磁制动器型制动电动机。

本节介绍并非专用于起重设备的常见类型制动电动机特有及有特殊要求的试验项目和试验方法。

为了加深理解，首先简单地介绍一些制动器的结构和制动工作原理。

一、常用制动异步电动机的结构和制动工作原理

（一）旁磁式自制动电动机

图11-16是YEP系列旁磁式自制动电动机结构，该类电动机技术条件的标准编号为JB/T 6448—1992。

其制动工作原理如下：

当定子绕组通电产生旋转磁场时，它在转子分磁铁中产生一个轴向磁吸力，吸引衔铁向转子铁心方向移动，从而压缩弹簧并带动制动杯离开静止的制动端盘，使转子脱离制动状态并开始运转。

定子绕组断电后，分磁铁的磁力也随之消失，制动机构的可动部分在弹簧力的作用下向转子铁心的反方向移动并与静止制动盘接触产生制动力矩，将转子制动停转。

（二）杠杆式自制动电动机

杠杆式自制动电动机结构如图11-17所示。制动装置安装在电动机非轴伸端的端盖上，它由制动轮和抱闸组成。制动轮和轴装在一起，抱闸装在端盖上，其夹紧力由弹簧产生。

电动机的定子铁心比转子铁心稍长，在定子长出的部分内圆处，装有若干个半圆弧形衔铁。定子通电后产生旋转磁场，同时也吸引衔铁到定子铁心上。衔铁向上移动，通过杠杆推动斜面滑块克服弹簧的作用力，将抱闸撑开，电动机开始转动。

定子绕组断电后，电磁吸力消失，斜面滑块在弹簧压力下滑出，抱闸夹住制动轮，使电动机停转。

（三）附加电磁制动器型制动电动机

附加电磁制动器型三相交流异步制动电动机的型号为YEJ，图11-18是其外形和结构，图11-19是一种制动器。该类电动机的现行技术条件的标准编号为JB/T 6456—2010。

其制动工作原理如下：

附加电磁制动器型制动电动机由一台普通三相异步电动机配一个电磁制动器组成，制动器安装在非工作轴伸端。制动器的励磁电流一般为直流电，根据不同的控制要求，可由单独直流电源供给或从电动机电源接线端引入交流电通过整流后供给。制动类型可分为两种，一种是在不

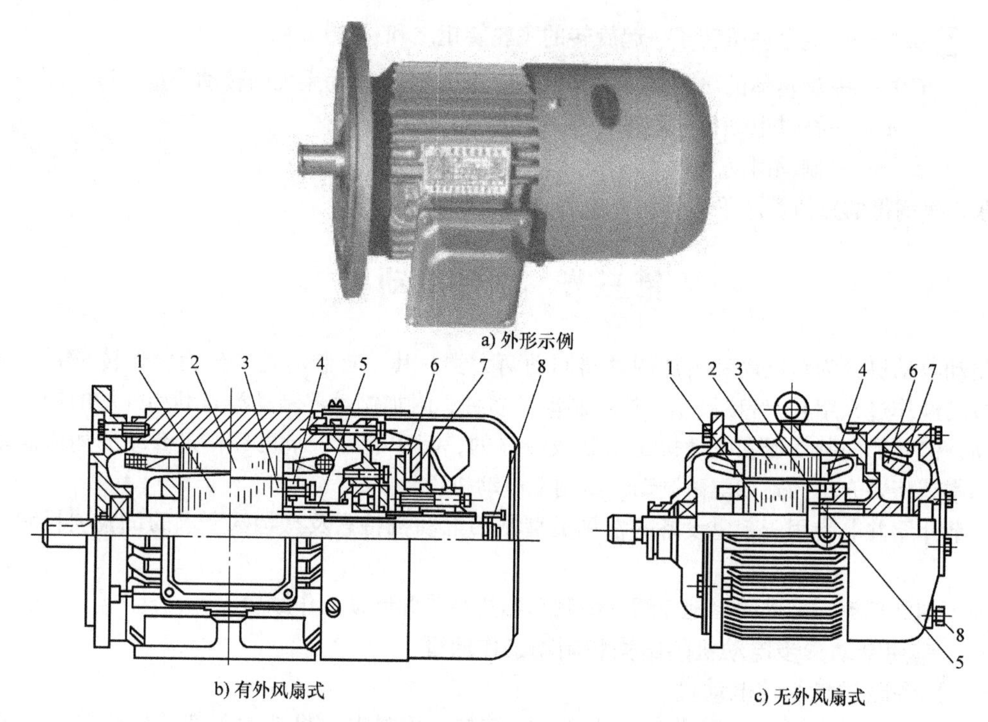

图 11-16　YEP 系列旁磁式自制动电动机结构
1—转子　2—定子　3—分磁铁　4—衔铁　5—弹簧　6—动制动环
7—静制动端盘（可调）　8—调节装置（螺钉）

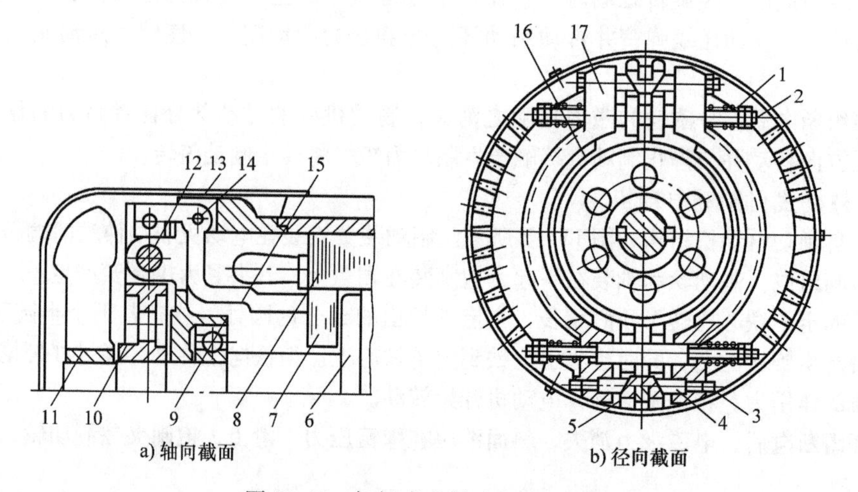

图 11-17　杠杆式自制动电动机结构
1—弹簧　2—调节螺母　3—调节螺钉　4—调节块　5—斜面滑块　6—转子　7—弧形衔铁
8—定子　9—端盖　10—制动轮　11—风扇　12—制动轴　13—风罩
14—杠杆轴　15—杠杆　16—摩擦带　17—抱闸

加电的情况下，利用制动器的弹簧力对电动机转子产生制动力，励磁线圈通电后，由电磁力将制动盘与固定在转子轴上的摩擦片脱开，消除制动状态，称为断电制动；另一种是在不加电时无制动力矩，转轴可自由转动，但励磁线圈通电后，即产生制动力，给转轴施加制动力矩，称为通电

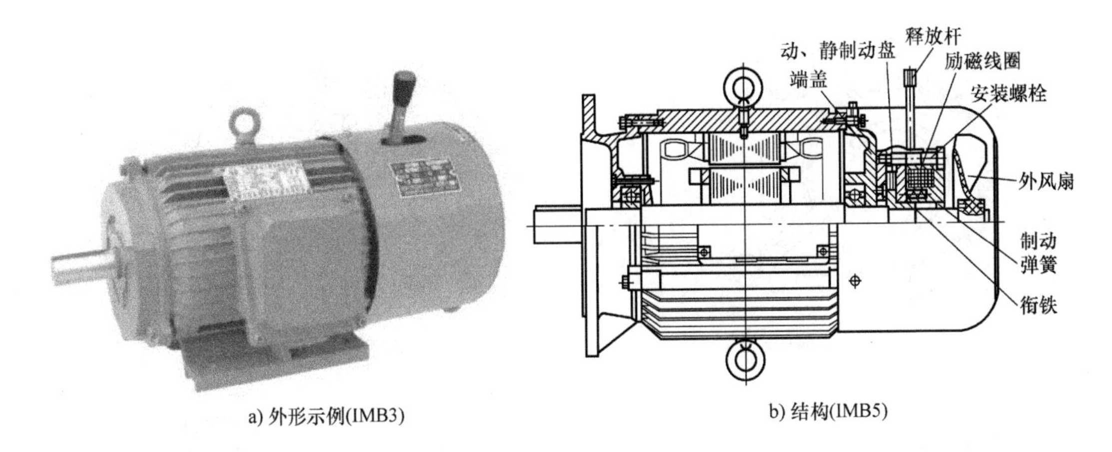

图 11-18　YEJ 系列附加电磁制动器型制动电动机

制动。断电制动的应用比较多。

二、制动力矩和制动时间测定试验

（一）静制动力矩测定试验

进行静制动力矩测定试验时，被试电动机应处于制动状态。因为此时不加电，所以可在任何环境中进行。现行的测定方法有如下 3 种：

图 11-19　YEJ 系列附加电磁制动器型制动电动机用盘式制动器

1. 测力计拉绳法

将一段结实的布带按图 11-20a 所示压绕在电动机的轴伸上，布带的末端系在测力计（如弹簧秤）下端的钩子上。

拉动测力计，时刻注意观察测力计的读数和电动机转轴的动静。当转轴刚刚开始转动的时刻，记下测力计的指示值 F(N)。

测量出电动机轴伸的直径（也可从电动机样本或其他资料中查得）D(m)。若 D 值较小，且包裹的布带较厚，为了得到较准确的测量结果，则应测量包括布带在内的直径尺寸。

则该被试电动机的静制动力矩 M(N · m) 用下式求取：

$$M = F\frac{D}{2} \tag{11-8}$$

因为此方法的力臂较短，故需用较大的拉力，所以只适用于较小容量的电动机。

对于较大一些的电动机，可在其轴伸上安装一个联轴节或带轮，将布带包绕在轮的外圆或系在柱销上，加大力臂长度，如图 11-20b 所示。

2. 测力计杠杆法

测力计杠杆法如图 11-20c 所示。所用杠杆为扁铁等材料，一端直接或通过联轴节、带轮等固定在被试电动机轴伸端面。测试方法同上述第 1 种。若测力计读数为 F(N)、力臂长度为 L(m)，则制动力矩 M(N · m) 为

$$M = FL \tag{11-9}$$

3. 用扭力扳手测定法

扭力扳手又被称为力矩扳手，常被用于旋紧或检查有扭力要求的螺钉（如内燃机的缸盖固

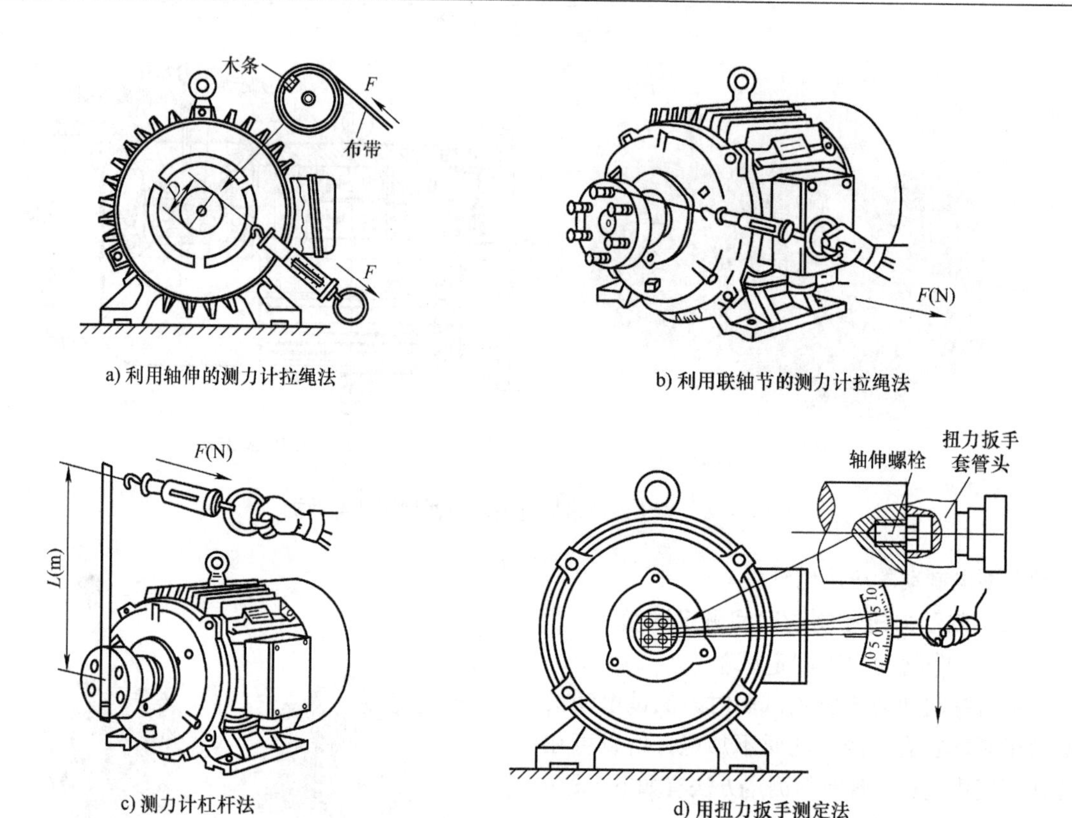

a) 利用轴伸的测力计拉绳法

b) 利用联轴节的测力计拉绳法

c) 测力计杠杆法

d) 用扭力扳手测定法

图 11-20　制动电动机静制动力矩的测量方法

定螺栓螺母、电动机的安装螺栓等）。图 11-21 给出了几种指针指示型和数字显示型产品。应根据需要的力矩值选择量程接近（略大于）的规格。采用本方法时，对于“C 型中心孔”（一种带一段螺扣的中心孔）的轴，可直接使用其螺孔，否则需用电钻将电动机轴伸端面中心孔进一步打深打大并攻丝（套出螺纹），将一个合适的螺栓拧入该螺孔中，旋到不能再旋进为止。

用扭力扳手朝旋紧上述螺栓的方向用力旋动，在电动机轴开始转动的时刻读取扭力扳手的示值，该值即可认为是所需的静制动力矩，如图 11-20d 所示。

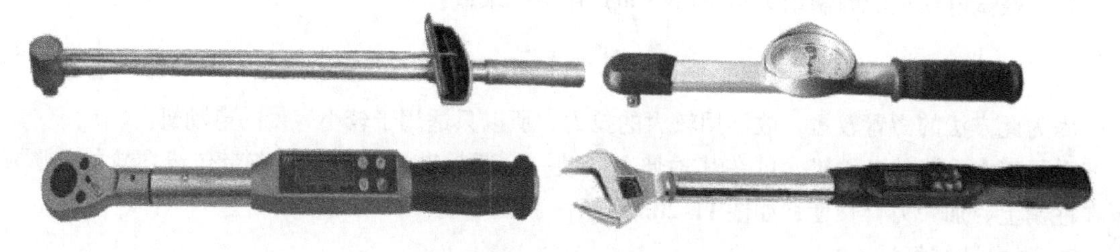

图 11-21　扭力扳手

此方法因为一般扭力扳手的测量准确度较低，所以只能用于要求不高的场合。

（二）制动时间的测定试验

制动电动机的制动时间是指被试电动机空载运行一段时间后，自断电时起到电动机制动到完全停转为止所用的时间。该时间一般在 1s 以内，最短的只有 0.2s。

由于该段时间太短，所以用普通计时仪表无法测定。下面推荐一种比较传统的使用多线录波器和测速发电机相配合的测定方法。

1. 试验设备和电路

试验设备和电路如图 11-22a 所示。其中：

S1 为电源总开关；S2 为被试电动机电源开关；1 为被试电动机；2 为测速发电机，如无专用的测速发电机，可用大小较合适的电动玩具直流电动机，在其轴伸端套上一个机械离心式转速表用的胶皮头，如无这种专用的配件，则可套一段胶皮管，使用时与电动机轴端中心孔的接触方法如图 11-22c 所示；3 为分压电阻箱，也可用两个 10kΩ 左右和一个 1kΩ 左右的普通电位器代替，10kΩ 的接于开关 S2 的前后两端，1kΩ 的接测速发电机，通过它们将较高的电压降低后送给多线录波器 4，如图 11-22b 所示；4 为多线录波器。

当然，也可通过专用软件用计算机记录和打印有关图形。

2. 试验方法步骤

1）按图 11-22a 所示接好分压电阻箱、示波器和测速发电机的所有接线，将分压电阻（或电位器）的分压比（或电阻）置于最大位置。

2）给被试电动机加电，空载运行。在此期间，打开录波器的电源使其显示开关 S2 前后两个交流电压的波形，再将测速发电机与被试电动机轴端接触，使其产生电压并通过分压电阻输入到录波器中。将上述 3 个电压波形分别调整在一个合适的位置并使其波动幅度大小适当。

3）电动机空载运行一段时间后，将测速发电机与被试电动机轴伸端中心孔接触，使其产生电压，并做好测绘曲线的一切准备工作。

在确定切断被试电动机电源前的 1s 左右，打开录波器的录制（走录像纸）开关，开始录波；切断被试电动机电源并在电动机完全制动停转后停止录波。

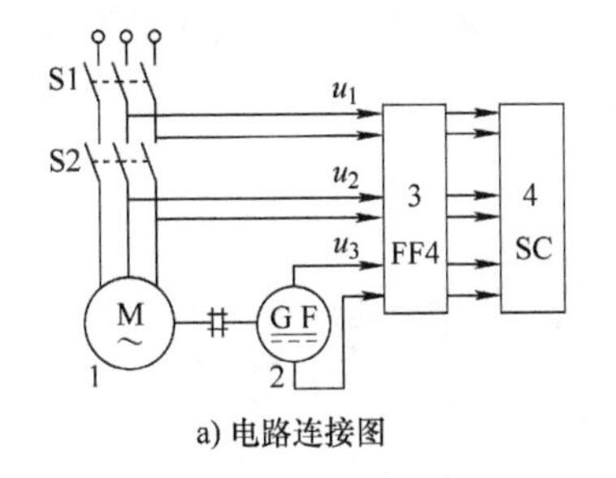

a) 电路连接图

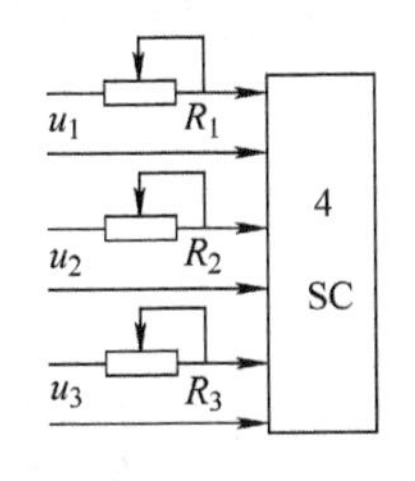

b) 用电位器代替分压电阻箱

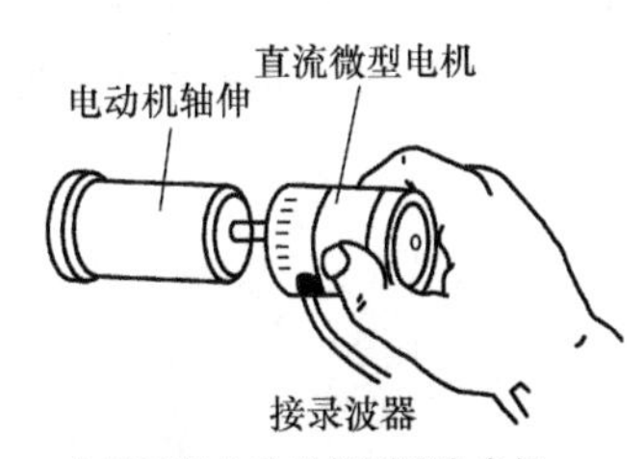

c) 用玩具电动机作测速发电机

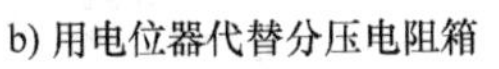

图 11-22 制动电动机制动时间测定试验设备和电路

3. 对所录波形的分析和试验结果的确定

假设所录波形如图 11-23 所示，即 u_1 为开关 S2 前的交流电压波形，用于记录时间，当使用的电源频率为 50Hz 时，每一个完整的波形（或称为 1 个周期）占用时间为 1s/50 = 0.02s = 20ms；u_2 为开关 S2 后（即被试电动机接线端）的交流电压波形，用于记录电动机的断电时刻；u_3 为测速发电机的直流电压波形（有较多的脉动成分，但不影响试验结果），

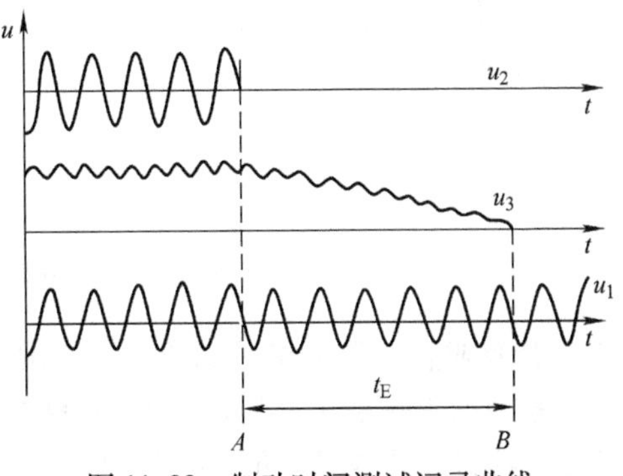

图 11-23 制动时间测试记录曲线

用于记录电动机的停转时刻。

由图11-23中的记录曲线可以看出A点为电动机断电时刻；B点为电动机停转时刻。A和B之间的u_2电压波形为6个完整波，即占用时间为$6\times0.02s=0.12s$。该时间即为被试电动机空载制动时间。

基于上述试验设备和原理，可利用专用接口和软件，用计算机完成本项工作。

第四节　电磁调速电动机

交流异步电动机实现调速的方法有变极、变频、变转差等自身调速和通过与其他机械配合的组合调速两大类。

组合调速的分类与所配置的调速装置类型有关，常见的有电磁调速、行星轮调速、变速箱调速等。其中电磁调速较为常用，而变速箱调速一般不被列入到调速电动机的行列中。

变极调速电动机具有一套或两套甚至三套定子绕组，各项性能的试验方法与单速电动机基本相同，只是试验的次数可能会较多（一般每一个极数都要求做一次试验）。变转差调速用于绕线转子异步电动机，是通过改变转子的外接电阻大小来改变转子的转速，调速范围不是很大，其试验方法与前面介绍的普通单速电动机基本相同。这两种调速电动机的试验方法在此不做介绍。

本节先介绍电磁调速的特有试验项目。

一、电磁调速电动机的基本结构

电磁调速电动机主要由一台普通的单速三相异步电动机和一台涡流离合器（简称离合器）及电磁调速控制器（含测速发电机，以下简称控制器，见图11-26）组成。

我国常用类型为YCT系列，其外形和结构如图11-24所示。其技术条件标准为JB/T 7123—2010《YCT系列电磁调速电动机技术条件（机座号112～355）》。

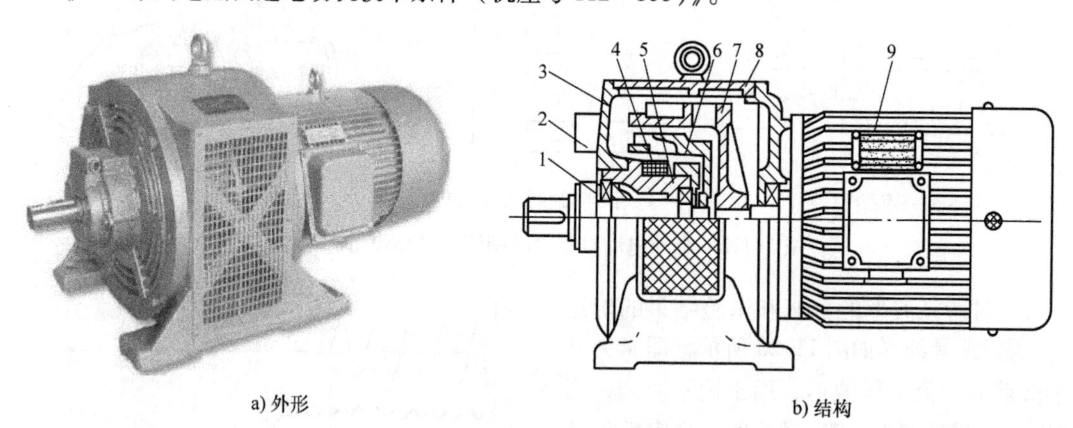

a) 外形　　b) 结构

图11-24　YCT系列电磁调速电动机结构

1—测速发电机　2—出线盒　3—端盖　4—激励线圈　5—托架　6—磁极　7—电极　8—机座　9—拖动电动机

二、特有或有特殊要求的试验项目、试验方法

YCT系列电磁调速电动机特有或有特殊要求的试验项目主要集中在它的电磁调速方面。下面介绍这些项目的具体试验方法和有关要求，见表11-8。

表 11-8 YCT 系列电磁调速电动机特有或有特殊要求的试验

序号	项目名称	试验方法及相关规定
1	绕组绝缘电阻的测定试验和对地耐电压试验	应分别测定电动机离合器励磁绕组与测速发电机绕组对地（机壳）的绝缘电阻和对其进行对地耐交流电压试验。耐交流电压试验历时均为 1min 离合器励磁绕组的绝缘电阻应不低于 0.25MΩ 离合器励磁绕组耐交流电压为 1500V 测速发电机绕组耐交流电压为 700V
2	直流电阻的测定试验	应分别测定电动机定子绕组和离合器励磁绕组的直流电阻
3	空载时测速发电机电压的测定试验	调速电动机空载运行，转速调整到 1000r/min。测量测速发电机的输出电压有效值 该电压值应在 20～35V 之间
4	电动机在额定最高转速、额定转矩时励磁电流的测定试验	电动机的转速在额定最高转速并加负载使输出转矩达到额定值，测取离合器的励磁电流值；也可使电动机堵转，调节励磁电流，使拖动电动机的定子电流达到额定值 此时的励磁电流即为所求的额定励磁电流
5	自然机械特性的测定试验	电动机工作在热稳定状态下，测定离合器在不同励磁电流时的转差率自 0～1（或 0 到额定最低值）范围内的转矩－转速关系曲线 $T=f(n)$。以额定最高转速、额定转矩时的励磁电流为 100%，分别测取接近于 25%、50%、75%、100% 励磁电流下的转矩-转速关系曲线 $T=f(n)$，这些特性曲线即为调速电动机的自然机械特性
6	人工机械特性的测定试验	电动机工作在热稳定状态下，通过调速控制器测定额定最高转速 n_{max}、中间平均转速 $0.5(n_{max}+n_{min})$ 和额定最低转速 n_{min} 三种情况下的机械特性曲线 $T=f(n)$。在每个转速下，使负载转矩由额定值至 5% 额定值范围内变化。记录相应的转速值，至少应测取 3 点。绘出 3 条机械特性曲线 $T=f(n)$ 根据这 3 条曲线校核转速变化率
7	离合器的发热试验	离合器的发热试验应使电动机在额定电压、额定频率及闭环控制下进行 在额定转矩时，分别在额定最高转速 n_{max} 和额定最低转速 n_{min} 两种情况下各进行一次发热试验 用电阻法求得励磁绕组的温升；用点温计或热电偶测取轴承室和电枢的温度。取所测值中最大值为试验结果 离合器励磁绕组的温升值与其绝缘热分级有关，具体限值同普通电动机绕组；离合器电枢的温升限值没有明确的规定，以不达到其本身或其他邻近的绝缘或其他材料有损坏危险的数值为准
8	离合器静态剩余转矩的测定试验	电动机在冷态强磁（直流电压为 90V）后，测取无励磁电流下的堵转转矩，即为离合器静态剩余转矩 该转矩应≤额定转矩的 3%
9	离合器堵转转矩的测定试验	试验时所用的设备和安装要求同普通交流电动机。拖动电动机加额定频率的额定电压，逐渐增加离合器的励磁电流，测定其制动转矩到额定转矩的 2 倍为止，同时测定最大励磁电压时的堵转转矩值

（续）

序号	项目名称	试验方法及相关规定
10	热态短时过转矩试验	发热试验结束后，紧接着进行本项试验。电动机加额定频率的额定电压，闭环控制在转速为额定最大转速的情况下，逐渐增加负载至1.6倍的额定转矩，历时15s
11	热态超速试验	热态短时过转矩试验后，紧接着进行本项试验。电动机加额定频率的额定电压，闭环控制下空载运行。逐渐增加励磁电流，使其输出转速达到1.2倍的额定最高转速，历时2min
12	空载振动和噪声的测定试验	有关试验设备和试验方法同普通电动机。但应按图11-25标注的测量点位置进行测量，并在规定的调速范围内（一般规定为600r/min至额定最高转速）产生最大振动或最大噪声的转速下进行试验测定

三、对电磁调速控制器的试验

（一）电磁调速控制器的使用参数

以JD1A型电磁调速控制器（电路原理见图11-26b）为例，介绍其使用参数如下：

1）使用交流电源供电，其电压和频率分别为（220±22）V和（50±1）Hz。

2）额定输出直流电压≥80V。

3）稳速精度$\delta_2 \leqslant 1\%$。

4）转速变化率δ_1：A型为≤2.5%；B型为≤1.0%。

5）接线端子标记与外接电路的对应关系是：1——电源相线；2——电源零线；3——输出正（+）极；4——输出负（-）极；5、6、7——交流测速发电机三相输出端。

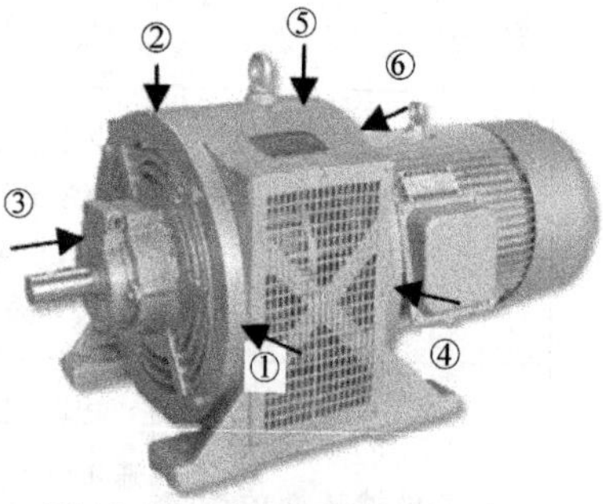

图11-25　电磁调速电动机振动测量点的位置

a) 速度控制器外形

图11-26　YCT系列电磁调速电动机用速度控制器及电路图

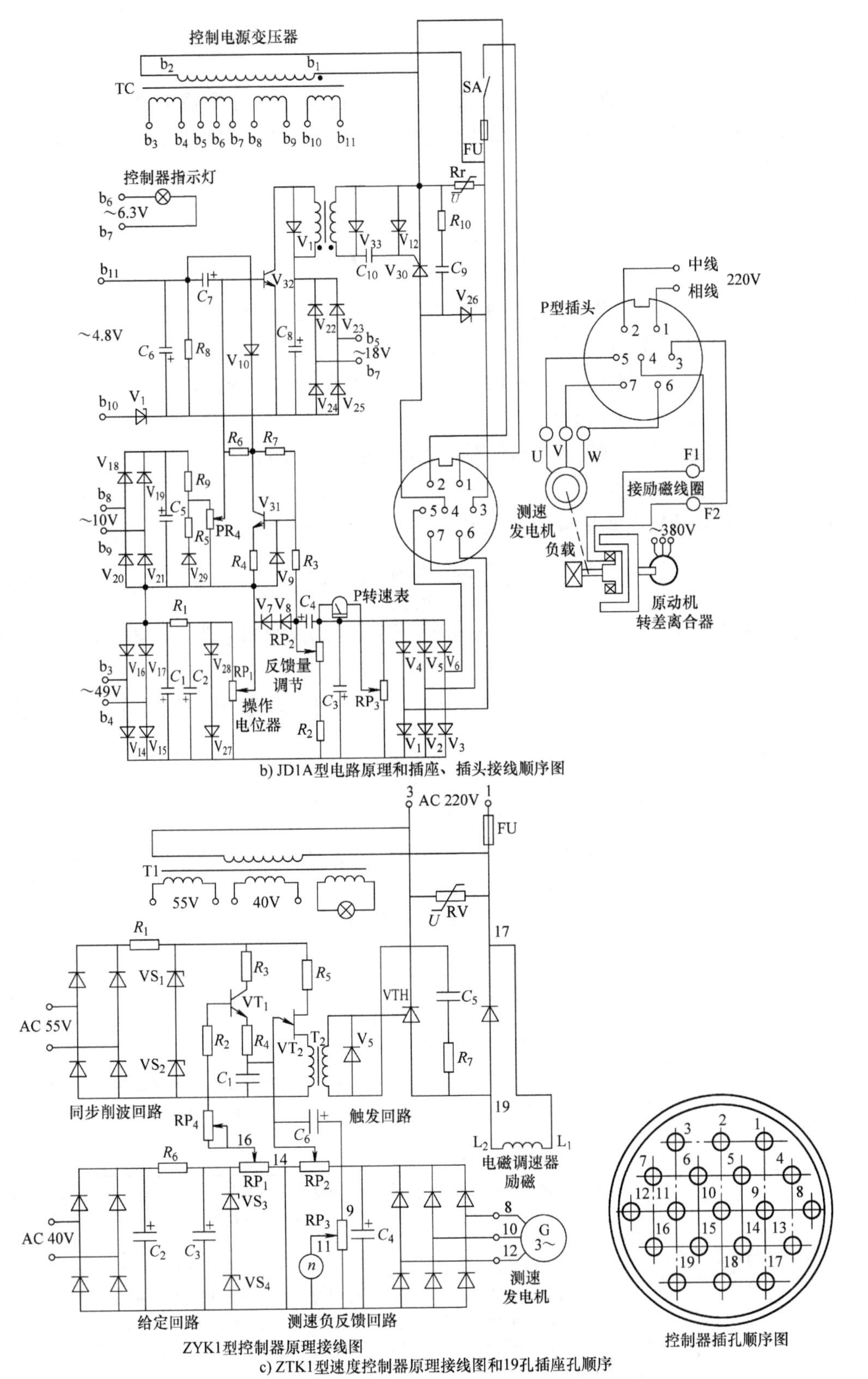

图 11-26　YCT 系列电磁调速电动机用速度控制器及电路图（续）

（二）对配套控制器的要求

1. 对转速变化率 δ_1 的要求

所用的配套控制器应能保证调速电动机在额定电压、额定频率和规定的调速范围内连续、平滑地调速，并接受测速负反馈信号，保证转速变化率 δ_1，一级要求的电动机 $\delta_1 \leqslant 1.8\%$，二级要求的电动机 $\delta_1 \leqslant 2.5\%$。

转速变化率 δ_1 用下式求取：

$$\delta_1 = \frac{n_{10} - n_e}{n_{max}} \times 100\% \tag{11-10}$$

式中 n_{10}——调速电动机在10%额定转矩时的转速（在 n_e 控制器同一给定信号下，减小转矩至10%额定转矩时的转速）（r/min）；

n_e——调速电动机在额定转矩时的转速（在控制器某一给定信号下，在调速范围内的某一转速）（r/min）；

n_{max}——调速电动机在额定转矩时的额定最高转速（r/min）；

2. 对稳速精度 δ_2 的要求

调速电动机的稳速精度 δ_2 应≤1%。稳速精度 δ_2 用下式计算求得：

$$\delta_2 = \frac{n_{tmax} - n_{tmin}}{n_{tmax} + n_{tmin}} \times 100\% \tag{11-11}$$

式中 n_{tmax}——在规定的运行时间内，以10min的间隔周期连续测量若干个转速 n_t 中的最大值（r/min）；

n_{tmin}——在规定的运行时间内，以10min的间隔周期连续测量若干个转速 n_t 中的最小值（r/min）；

n_t——在 t 时间内的平均转速（r/min），t 取1s或1.25s。

（三）对电磁调速控制器的试验及相关要求

以图11-26b给出的JD1A型速度控制器电路原理图和插座、插头接线顺序图为例，对电磁调速控制器的试验及相关要求见表11-9。

表11-9 电磁调速控制器的试验及相关要求

序号	项目名称	试验方法及相关规定
1	带电部分与外壳的绝缘电阻测量	将控制器的电源输入端1和2与直流输出端3和4相互短路，用500V规格的绝缘电阻表测量上述短接点与控制器外壳或插座（插头）外壳之间的绝缘电阻 在正常工作温度时，应不低于1MΩ
2	耐交流电压试验	按上述第1项的方法将1、2、3、4端短路，在短接点与控制器外壳或插座（插头）外壳之间加交流电压进行试验，试验方法同普通交流电动机。试验电压和时间分别为1500V和1min 以不击穿为合格
3	在额定调速范围内调速时电动机转速变化率的测定试验	测定时，首先将控制器给定电位器调至最大，再调节反馈电位器，用数字转速表测量调速电动机的转速，直到额定最高转速，并将校表电位器调至控制器的转速表指示为实际转速 在调速电动机额定最高转速和额定最低转速发热试验后的热态时，在闭环控制状态下，分别测取其机械特性。在上述两种情况下分别使负载转矩由额定值至1/10额定值范围内变化，记录相应的转速值，至少测取3点。给出相应的两条闭环机械特性曲线 $n=f(T)$。取有关数据，用式（11-10）求取转速变化率 δ_1。δ_1 的计算结果应符合技术条件的要求

（续）

序号	项目名称	试验方法及相关规定
4	调速精度的测定试验	调速电动机在额定电压、额定频率、额定最高转速和50%额定输出转矩下，运行20min后，其控制器的电源电压在198～242V范围内变化（此时拖动电动机保持电源电压和频率为额定值），在1h时间内每隔10min连续测量若干个转速值。取其中的最大值和最小值，用式（11-11）求取调速精度δ_2。δ_2应≤1%
5	高低温循环试验	先将控制器的印制电路板置于（−40±3）℃的低温箱内存放30min，然后取出置于试验室的环境温度下保持2～3min，再放入温度为（60±3）℃的高温箱内存放30min，再取出置于试验室的环境温度下保持2～3min。如此循环5次 试验后，用于调速电动机的控制时，其转速变化率仍应能满足相关要求
6	高温存放试验	将控制器的印制电路板置于+85℃的高温箱内连续存放72h，然后取出置于试验室的环境温度下恢复 待恢复到试验室的环境温度后用于调速电动机的控制时，其转速变化率仍应能满足相关要求
7	环境性能试验	将控制器置于+40℃的高温箱内并将其与调速电动机连接，给其通电，调速电动机加50%的额定负载运行4h后，测量电动机的转速变化率。然后，将控制器的通电输出端断开，置于−10℃的低温箱内4h后，再与调速电动机连接并起动3次 试验后，电动机的转速变化率应能满足相关要求
8	发热试验	控制器的输出端接入一个可变的电阻器，使控制器的输出电流为其额定值，待温升稳定后，用点温计、热电偶或其他温度计测量晶闸管与续流二极管连接母线的温度，该温度减去环境温度（测量和确定同普通电动机的发热试验）即为温升 该温升值应≤55K
9	耐振试验	用机械方法或过渡结构将控制器牢固地安装在振动试验台的工作台面上。分别在3个相互垂直的轴向上进行多点定频耐振试验。在整个试验过程中，控制器处于带电工作状态，并且每10min测量一次电动机的转速变化率 试验过程中，电动机的转速变化率应符合要求；试验后，控制器的箱体结构及零部件应无机械损伤、变形或紧固件松动现象
10	跌落试验	控制器的跌落试验在平滑、坚固的水泥地面或钢质的试验台上进行。跌落时，控制器底面与地面夹角不应大于3°，跌落试验进行3次 试验后，控制器的箱体结构及零部件应无机械损伤、变形或紧固件松动现象；电动机的转速变化率应符合要求

第五节　变频调速异步电动机

一、概述

（一）变频调速异步电动机结构及试验标准简介

用变频器供电实现大范围调速的交流异步电动机，随着变频器所用电子元器件的不断改善和生产工艺的不断进步以及价格的下降，现已成为无级调速交流异步电动机的主流产品，特别是在很多行业中成为实现节能改造的首选产品。

从结构上来讲，变频调速交流异步电动机与普通交流异步电动机并没有本质的区别，要说有区别的话，从外观上来看，专用的变频调速电动机一般要安装一个单独供电的冷却风机，风机放置在加长的“风扇罩”内，如图11-27所示；另外，为了提高绕组抵抗高频高压脉冲电压的能力，很多产品使用一种叫“变频电磁线”的绝缘导线绕制定子绕组。另外，在电磁设计上，更多地考虑了减弱电源谐波影响的方案。

图11-27　专用的变频调速异步电动机外形示例

变频调速交流异步电动机的试验项目和试验方法与本手册第四章和第五章讲述的通用试验和三相交流异步电动机型式试验基本相同，不太相同的主要是有关负载试验和热试验的方法，其中有关谐波损耗的测试和计算是最大的区别。

国家标准GB/T 22670—2018《变频器供电三相笼型感应电动机试验方法》和等同采用IEC/TS 60034-2-3：2013的GB/T 32877—2016《变频器供电交流感应电动机确定损耗和效率的特定试验方法》（注：GB/T 22670—2018中的“确定损耗和效率的特定试验方法”实际上是完全采用了GB/T 32877—2016中的内容）的绝大部分内容与GB/T 1032—2012《三相异步电动机试验方法》基本相同。本节仅介绍一些有特殊要求的试验项目。

在上述标准中给出了一些与电动机用变频电源及变频调速电动机有关的名词术语，见表11-10。

表11-10　与电动机用变频电源及变频调速电动机有关的名词术语

序号	名词术语	定义和解释
1	基准定额	在规定的转速、基频电压和转矩或功率的基准运行点处的定额
2	额定电压和额定频率	交流变频调速电动机的额定电压和额定频率是指电动机输出恒转矩和恒功率特性间的转折点相对应的电动机工作电压和频率
3	恒功率转速范围	驱动系统能保持功率基本恒定的转速范围
4	恒转矩转速范围	驱动系统能保持转矩基本恒定的转速范围
5	起动转矩	在变频器作用下，电动机在零转速时产生的转矩
6	基波频率	如无其他规定，基波频率是指额定频率，对变频器供电的电动机，基波频率是基准转速时的频率
7	基波损耗	基频正弦波电压或电流供电时的电动机损耗，是电动机在额定电压基波频率时的损耗，不含谐波
8	谐波损耗	绕组电流中的谐波和有效铁心中的谐波所导致的损耗。谐波损耗与变频器输出量中含有的谐波量有关

（二）GB/T 32877—2016/IEC/TS 60034-2-3：2013的引言

GB/T 32877—2016/IEC/TS 60034-2-3：2013的引言概述了表11-10中的一些核心问题：

1）本标准的目标是为了定义确定变频器供电时感应电动机产生的谐波损耗的试验方法。这些损耗显然是由GB/T 25442—2010/IEC 60034-2-1：2007《旋转电机（牵引电机除外）确定损耗和效率的试验方法》（注：该标准现已改版，新编号为GB/T 25442—2018/ IEC 60034-2-1：2014。后同）确定的标准正弦波电源供电产生的损耗之外的附加损耗。根据本标准得出的结果，目的在于比较变频器供电情况下的不同交流感应电动机产生的谐波损耗。

2）在电气传动系统（PDS）中，电动机和变频器常由不同制造商提供，而相同设计的电动机被大批量生产，它们可能由电网或者不同制造商提供的不同型号的变频器驱动。各自变频器的性能（比如开关频率、直流母线电压等级等）可能会影响系统的效率。对于一个电动机、变频器、连接电缆、输出滤波器等参数设置的组合来确定电动机的附加谐波损耗是不切实际的。在变频器供电的情况下规定电动机的运行效率是很难被接受的。本标准描述的试验方法有限，它们取决于试验电动机的电压等级和定额。

3）本标准最终得到一个谐波损耗率 r_m，其含义如下：

$$r_m=\frac{\text{电动机在变频器供电测得的附加谐波损耗}}{\text{电动机在标准正弦电源供电测得的附加谐波损耗}}$$

4）按照本标准确定的损耗不代表实际使用中的损耗，它提供了比较不同电动机设计与变频器驱动时匹配性的客观依据。

5）本标准的方法适用于变频器驱动的感应电动机，但不排除应用于其他与变频器一起使用的交流和直流电动机。本方法主要适用于电压源变频器供电的电动机。

6）通常，变频器供电时，电动机的损耗比标准正弦波系统工作时要多，附加谐波损耗取决于变频器输出量的频谱（电压和电流），这些输出量与变频器自身的电路和控制方式有关。

7）本标准的目的是为了评估非正弦波电源供电的附加谐波损耗，由此来确定变频器供电电动机的效率。本标准定义的试验方法不适用于电气传动系统和单个变频器。

8）本标准适用于基波频率为 50Hz 或 60Hz 的电动机。然而，对于其他额定频率的电动机，如果提供一个合适的电源，该试验程序也是适用的。

9）经验表明，电动机附加谐波损耗通常随着负载的增加而增加。本标准提供的方法是基于脉冲宽度调制（PWM）的变频器供电，调制频率是不变的。这是针对一般电压源变频器，但不包括调制电压源。该类变频器目前应用最多。

10）为了符合不断提高的我国能源效率法规的要求，针对这类变频器，本标准提出了一个低压电动机试验用变频器的概念。原则上，试验用变频器是一个为试验电动机提供重复谐波含量的电压源。电动机的效率为 50Hz 或 60Hz 额定负载下运行的效率。之所以规定 50Hz 或 60Hz 的试验条件，其优点是可以直接比较电动机在电网和变频器两种供电情况下的效率。

11）综上所述，试验用变频器的概念是用来衡量变频器对电动机影响的一种新方法，而不是强制用终端变频器进行试验。通过发布本标准，新的试验装置将被采用，也将获得更多实际的经验和反馈，以便对各试验程序进行进一步完善和细化。

需要注意的是，该方法只是为了在标准试验条件下获得可比性效率数据的标准方法。通过该方法可以得出变频器与电动机的匹配性，但是通过本试验来确定指定变频器供电的电动机实际损耗是不可能的，这需要测试完整的电气传动系统。

12）低压电动机和高压电动机的多电平变频器的局限性。多电平电压源或电流源变频器与两电平电压源变频器的区别，通常被认为是在附加谐波损耗上更多地取决于转速和负载。如电动机在实际使用和试验时由同一个变频器供电，应优先使用该程序来确定损耗和效率。

另一个选择是通过计算确定电动机的附件谐波损耗。如果这是客户的要求，变频器制造商必须把脉冲模式提供给电动机制造商。

二、所用仪器仪表和相关设备

（一）仪器仪表

1. 概述

当试验电动机带载时，输出功率和其他被测量的波动是不可避免的。因此，对于每一个负载点覆盖一个时间周期（大约30s）的几个被测量应同时采样并且应使用这些值的平均值来确定效率。

考虑到对交流电动机供电的变频器包含谐波及其对电动机损耗的影响，选择的测试设备必须在相关频率范围内应有足够的精确度。

对于温度的测量，热传感器的安装热点可以按照GB/T 25442—2010中描述选择使用。

2. 功率分析仪和传感器

在电动机输入端测量功率和电流的仪器应满足GB/T 25442—2010的要求，但由于存在高频分量，以下附加要求必须得到满足：

1）测量频率为50Hz或60Hz时，功率仪表的标称精度应为0.2%及以上；测量频率为最大频率f_r($f_r=10f_{sw}$，f_{sw}为PWM变频器输出频率）时，功率仪表的标称精度至少为0.5%。

2）测量范围的选择应该充分满足测量电压和电流范围。

3. 电动机的机械输出

测量电动机输出端的转矩转速仪表应满足GB/T 25442—2010的要求。

4. 对所用仪器仪表的要求和抗干扰问题

试验时应充分考虑到变频器的干扰辐射对测量的影响，在变频器的安装、试验用电缆线的选用、测量仪器的电源隔离及系统接地等方面应有抗干扰措施。要求提供给电动机电源的引接线要使用变频电源专用屏蔽型电缆；控制线和测量线不应与供电电源电缆平行敷设，交叉点应尽可能呈十字形。

（二）变频器的设置

1. 概述

对所有的测试方法中所使用的试验用变频器，应根据本标准的要求对变频器参数进行设置。如果试验时用的是特定变频器和电动机的组合，对于这个特定的应用，变频器的参数要根据特定应用进行设置。所选择的参数设置应记录在试验报告中。

2. 对额定电压在1kV及以下的试验用变频器的设置

试验用变频器应理解为与负载电流无关的电压源变频器，设置在额定电压、基波频率(50Hz或60Hz）下进行试验。

必须指出的是，所谓的试验用变频器的工作模式不是任何商业应用所要求的。试验用变频器设置的目的，仅仅是为了与设计成市售变频器驱动的电动机建立可比的试验条件。

以下是参考条件的定义：

1）两电平电压源变频器。

2）无电动机电流反馈控制（如果需要，使无效）。

3）无“转差补偿”。

4）除了所需要的测量仪器，在试验用变频器和电动机之间不应安装其他部件以影响输出电压或输出电流。

5）电动机基波电压等于电动机在50Hz或60Hz时额定电压$U_{M0t}=U_N$（50Hz或60Hz）。试验用变频器的输入（出）电压应设置使得电动机达到允许的额定电压，并且要避免过调制。同时，变频器的输入（出）电压不要设置得太高，仅需达到额定值即可。

6）电动机的基波频率等于电动机的额定频率$f_{M0t}=f_N$（50Hz或60Hz）。

7）当额定输出功率为90kW及以下，调整开关频率f_{NW}为4kHz。

8）当额定输出功率为90kW以上时，调整开关频率f_{NW}为2kHz。

9）试验用变频器和电动机之间要用屏蔽电缆进行连接。电缆长度应小于100m，电缆尺寸应根据电动机功率选择。

三、确定变频器供电的电动机效率的测试方法

（一）电动机效率的确定方法分类

用变频器供电的电动机效率的测试方法分类及所用设备见表11-11。

表11-11　效率的测试方法分类和所用设备

方法分类		简单描述	要求的设备
A	各项损耗求和，用试验用变频器供电	根据附录A（GB/T 32877—2016中的）用试验用变频器确定谐波损耗	满载运行时，分别用正弦波电源和试验用变频器供电
B	各项损耗求和，用终端设备的特定变频器供电	用终端设备的特定变频器确定谐波损耗	满载运行时，用正弦波电源和特定变频器供电
C	输入-输出法	转矩测量	转矩仪显示满载时，用特定变频器供电
D	热量法	从冷却介质温升确定损耗	特定变频器供电依据IEC 60034-2-2的测试方法

（二）方法A：试验用变频器供电的各项损耗求和法

即使电压源变频器的输出电压和脉冲模式与负载无关，电动机附加谐波损耗基本上还是随负载的增加而增加。对于低压变频器，一般情况下，只要电压调制幅度没有达到中间电压回路的限值，脉冲模式是恒定的。

因此，由变频器供电引起的总附加损耗可通过基频供电的负载试验和变频器供电的负载试验来确定。附加谐波损耗为该两项试验测得的损耗之差。

正弦波电压应符合IEC 61000-2-4，1类的定义，除了变频器，正弦波电压源亦可用来进行这些试验。用于试验的变频器称为试验用变频器，其详细定义参见如下：

电气传动系统的原理图见图11-28，相关符号的定义见表11-12。

图11-28显示的是星形联结的电动机，但该图也适用于具有内部或外部星点的三角形联结的电动机。

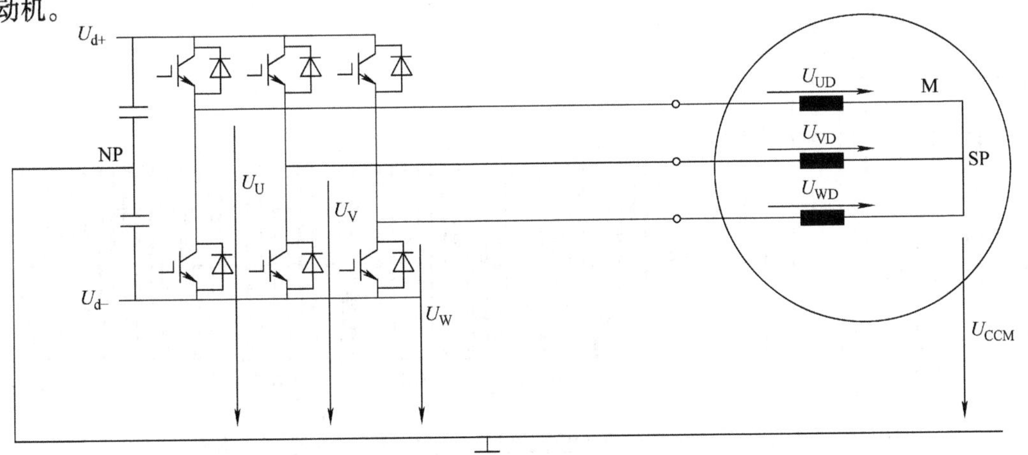

图11-28　电气传动系统的原理图

表 11-12　电气传动系统的原理图中相关符号的定义

符　号	定　义
NP	中性点
SP	星点
U_d、U_{d+}、U_{d-}	整流器部分的直流母线电压，以中性点为参考，U_{d+}是正电位；U_{d-}是负电位
U_U、U_V、U_W	逆变器输出相到中性点之间的电压。稳定状态运行时是方波
$U_U{}^*$、$U_V{}^*$、$U_W{}^*$	逆变器输出相的设置点到中性点之间的电压
U_{UD}、U_{VD}、U_{WD}	逆变器输出相到星点之间的电压。稳定状态运行时是方波
$U_{UD}{}^*$、$U_{VD}{}^*$、$U_{WD}{}^*$	相的设置点到星点之间的电压。稳定状态运行时是正弦波
U_{CCM}	电动机和星点之间的共模电压
U_{ref}	电动机相电压设置点的幅值。稳定状态运行时是恒定的
f_{1ref}	电动机相电压设置点的频率。稳定状态运行时是恒定的
$U_{ext}{}^*$	线性扩展电压。调制器使用的共模电压
S_U、S_V、S_W	逆变阶段的开关命令

逆变器的输出电压（U_U、U_V、U_W）可以被分成差模电压（对称的）（U_{UD}、U_{VD}、U_{WD}）和相当于参考点的共模电压（U_{CCM}）。

差模电压就是电动机的三相电压。每相电压等于逆变器的输出电压减去共模电压。例如，对于U相：

$$U_{UD}=U_U-U_{CCM} \tag{11-12}$$

共模电压可以如下计算：

$$U_{CCM}=(U_U+U_V+U_W)/3 \tag{11-13}$$

之所以引入试验用变频器的概念，就是方便对不同的电动机进行效率值的比较，因为试验用变频器的脉冲模式是固定的、可比较的，这样比较不适用于方法B，因为方法B所用的变频器是特定变频器，其输出电压取决于制造商的特定控制模式。

图11-29是电动机终端电压的脉冲模式波形，基频为50Hz，三角开关频率为4kHz。其左边的是局部放大图。

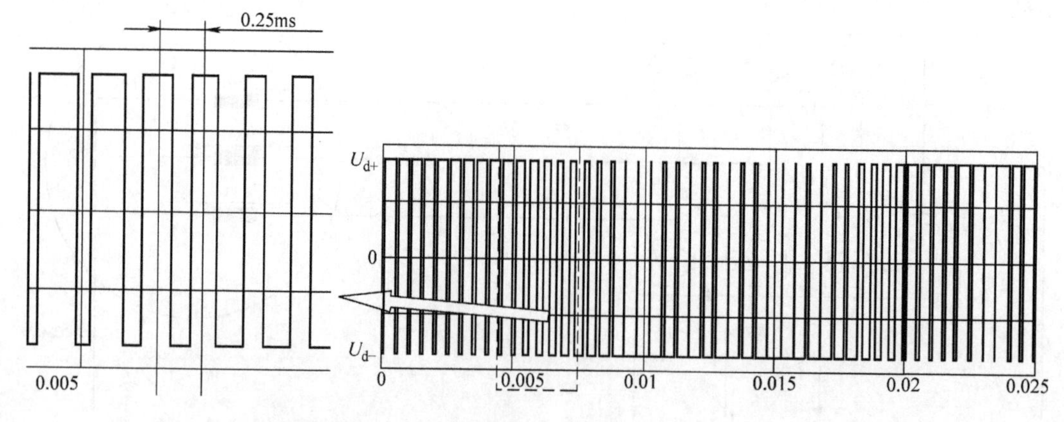

图11-29　电动机终端电压的脉冲模式波形（基频50Hz，三角开关频率4kHz）

1. 试验程序

1）在额定电压和额定频率正弦波供电下进行负载试验，以确定总损耗 P_{Tsin}。试验方法同 GB/T 1032—2012。

2）求取规定温度下的定转子铜耗，确定修正后的输入功率。计算方法同 GB/T 1032—2012。

3）在额定电压和额定频率正弦波供电下进行负载曲线试验，以确定相应的损耗。试验方法同 GB/T 1032—2012。

4）在额定电压和额定频率正弦波供电下进行空载试验。试验方法同 GB/T 1032—2012。

5）确定正弦波供电下的恒定损耗 P_C。试验方法同 GB/T 1032—2012。

6）在额定电压和额定频率试验用变频器供电下进行负载曲线试验，并确定相应的损耗。

7）在额定电压和额定频率试验用变频器供电下进行空载试验。

8）确定试验用变频器供电下的恒定损耗 P_{CC}。

2. 有关说明

（1）与负载有关的附加谐波损耗——负载附加损耗 P_{LL} 和 P_{LLC}

基于上述试验，可以确定剩余损耗。剩余损耗的定义和计算同第五章第八节第四项“间接求取负载杂散损耗的方法——剩余损耗线性回归法”。

正弦波供电下：

$$P_{Lr} = P_1 - P_2 - P_s - P_r - P_{Fe} - P_{fw} \tag{11-14}$$

试验用变频器供电下：

$$P_{LrC} = P_{1C} - P_{2C} - P_s - P_r - P_{Fe} - P_{fw} \tag{11-15}$$

负载杂散损耗 P_{LLC} 是一个包含了所有与负载有关的附加损耗，即它既包含了基波电流产生的附加损耗，又包含了试验用变频器供电产生的谐波电流产生的附加损耗。

变频器供电时的负载杂散损耗与正弦波供电时的负载杂散损耗的差值就是基于负载的附加谐波损耗，即

$$P_{HL_{Load}} = P_{LLC} - P_{LL} \tag{11-16}$$

试验用变频器供电时的空载损耗与正弦波供电时的空载损耗的差值就是恒定附加谐波损耗，即

$$P_{HL_{No\text{-}Load}} = P_{CC} - P_C \tag{11-17}$$

（2）风摩耗的修正问题

在 GB/T 32877—2016 中提出了对各负载试验点的风摩耗进行转速修正问题，其基本点是风摩耗的大小与转速的 2.5 次方成正比，这一点在以往的试验方法中是没有见到的。具体见下式：

$$P_{fw} = P_{fw0}(1-s)^{2.5} \tag{11-18}$$

式中　P_{fw0}——空载试验时得到的风摩耗；

s——修正到基准工作温度时各负载点的转差率。

3. 效率的确定

试验用变频器供电时的附加谐波损耗为恒定附加谐波损耗与负载附加谐波损耗之和，即

$$P_{HL} = P_{HL_{No\text{-}Load}} + P_{HL_{Load}} \tag{11-19}$$

测得的在正弦波供电下的基波损耗加上附加谐波损耗，就可以确定电动机在变频器供电下的效率。

$$P_{T_{\text{test-converter}}} = P_{T\text{sin}} + P_{HL} \tag{11-20}$$

试验用变频器供电时的效率为

$$\eta = \frac{P_2}{P_2 + P_{T_{\text{test-converter}}}} \tag{11-21}$$

谐波损耗率r_{HL}为

$$r_{HL} = \frac{P_{HL}}{P_{T\text{sin}}} \times 100\%（应四舍五入,取整数）\tag{11-22}$$

（三）方法B：特定变频器供电的各项损耗求和法

此方法和相关计算与方法A相同。只是将试验用变频器改为特定变频器，也就是用户将要匹配的变频器。

（四）方法C：输入输出法

此方法是使用特定变频器（用户将要匹配的变频器）供电，直接加负载到温升稳定后，测取输入电功率和输出机械功率（由输出转矩和转速计算得到），用输出机械功率比输入电功率，直接得出效率。可见该方法是不考虑各项损耗的大小，只要最终结果。

（五）方法D：量热法

效率还可以通过测量在初级或次级水冷却回路中被试设备的总损耗所产生的热量来确定。此方法的试验程序应符合IEC 60034-2-2（我国为GB/T 5321—2005《量热法测定电机的损耗和效率》）。

量热法特别适用于变频器供电的电动机。这是因为采用量热法确定损耗时，损耗的测量与电压和电流的波形无任何关系。

（1）试验装置和计算公式

如图11-30所示的装置中，散耗电阻器所吸收的功率很容易测量。因此，利用下式可计算出电动机的损耗P_v(W)：

$$P_v = P_d \frac{\theta_2 - \theta_1}{\theta_3 - \theta_2} \tag{11-23}$$

式中　P_d——散耗电阻器所吸收的功率（W）；

θ_1、θ_2、θ_3——图11-30所示各点测得的温度（℃）。

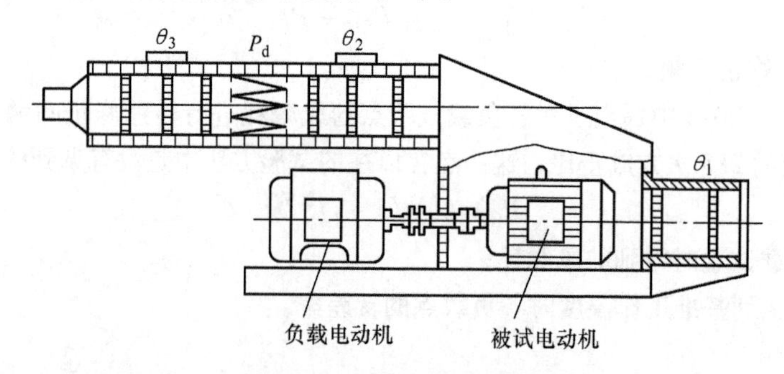

图11-30　量热法试验装置示意图

（2）温度和温升的测量方法

这种测量方法的准确度高低主要取决于（$\theta_2 - \theta_1$）和（$\theta_3 - \theta_2$）温升的幅值。在GB/T

5321—2005 中规定的空气温升的测量方法如下：

1）测量仪表可为电阻测温仪、热电偶、热敏电阻或精度达到 0.1℃的水银温度计。

2）开启式通风系统电动机的空气温升是用进出口空气温度差来确定的。为了提高测量精度，出风口的温度应采用分格测量法测量，每格的面积约为（0.1×0.1）m^2，每格的温度都要测量，取各出风口温度测量值的平均值。

3）封闭循环通风系统电动机的空气温升是用空气冷却器的进、出口空气温度差来确定。若测试人员可以接近空气冷却器热空气侧，则可用水银温度计测量热空气的温度。否则，热空气的温度应用电气测温计测定，但电气测温计不应接触空气冷却器。出口空气温度应在若干点进行测量，取各点的平均值作为出口空气的温度。

四、变频器供电时的负载特性试验

当使用变频器（含试验变频器和特种变频器）供电在额定负载发热试验完成后，紧接着重新起动被试电动机带负载运行。对于基准频率为 50Hz 的电动机，将变频器的输出频率分别调至 3(5)Hz、15Hz、30Hz 和 50Hz，在每一个频率点测取被试电动机 100% 额定转矩、110% 额定转矩和 80% 额定转矩各点处的数值。随后，分别在 60Hz、80Hz、100Hz 频率下，测取被试电动机在标称功率、110% 标称功率、80% 标称功率各点处的转矩值（此时的标称功率应折算成转矩）。最后绘制出被试电动机的负载特性曲线，如图 11-31 所示。

在测试过程中，电动机应平稳运转，无明显的转矩脉动现象。

上述规定的频率值可根据具体要求，改用其他的数值。

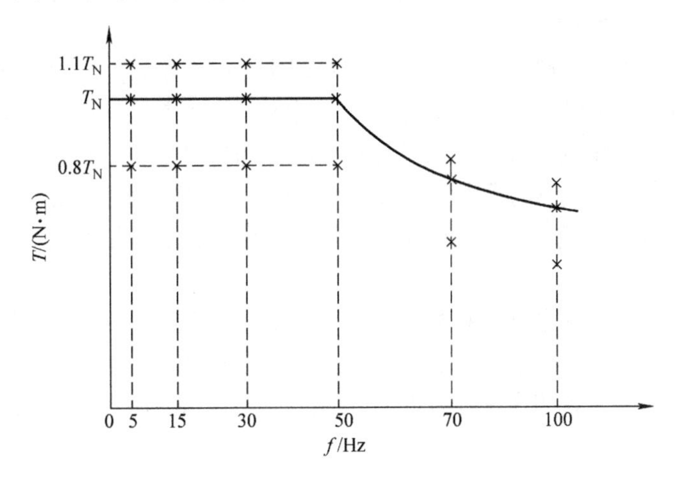

图 11-31　用变频器供电时电动机负载特性曲线

五、堵转试验

在 GB/T 22670—2018《变频器供电三相笼型感应电动机试验方法》中对变频调速交流电动机的堵转试验包括正弦波电源供电和变频器供电两项。实际上正弦波电源供电的堵转试验是没有实际意义的，它只是为了便于在没有变频器或无法确定使用哪一种变频器时，对电动机的堵转性能给出一个参考的数据，例如进行批量生产出厂试验或进厂验收时。

（一）正弦波电源供电额定频率堵转试验

由正弦波电源供电，所有内容均同普通电动机本项试验的规定。

（二）变频器供电下起动转矩试验

试验频率、最大起动电流按产品标准或制造厂与客户协议要求规定。

试验时，按规定设定变频器的参数，事先堵住转子，由变频器向电动机施加电压，测量堵转转矩、电流和堵转功率，断电后测量定子绕组的直流电阻。操作方法同普通电动机本项试验的规定。

六、热试验

根据具体要求，采用试验变频器或特种变频器供电，并规定试验时的电源频率。其操作和计算与普通电动机的热试验相同。

（一）额定频率（例如50Hz）时的热试验

先起动冷却风机，将变频器的输出频率调整到额定频率（例如50Hz），电压为额定值（例如380V）。电动机带负载在额定转矩下运行。待温升稳定或达到规定的时间或周期后，停机（但冷却风机应继续运行）利用埋置热元件法测量绕组的温度，或在断电停机后测量绕组的热态直流电阻。用同普通电动机的方法求取有关温升和温度值。

（二）最低频率（例如5Hz）时的热试验

最低频率指的是用户使用中可能达到的最低频率值（例如5Hz）。

在额定频率（例如50Hz）热试验完成后，立即起动电动机，将变频器的输出频率调整到最低频率（例如5Hz），电压为额定值（例如380V），电动机带负载在额定转矩下运行。后面的操作同上述额定频率时的热试验。

七、噪声和振动测定试验

在JB/T 7118—2014《YVF2系列（IP54）变频调速专用三相异步电动机技术条件（机座号80～355）》（额定电压为380V、额定频率为50Hz）中规定，变频调速电动机进行噪声和振动测试试验时，在变频电源供电的情况下，被试电动机在冷却风机处于运行状态下空载运行。测量20Hz、50Hz、100Hz三个频率点的噪声和振动值。有关试验方法和相关规定同普通电动机。

作者建议，也可测量在额定频率或产品标准规定的最低及最高频率时的噪声值或最大振动速度有效值。

有一个必要的说明：有些电动机在配用某些变频器时，会在某一个频率段产生明显大于其他频率段的噪声和振动，其原因是产生了共振现象。若用户不会使用该频率段运行，可通过协商不将其作为考核的数值。本说明为作者的建议，即非标准中的规定，所以仅供参考。

八、其他规定

（一）超速试验

在GB/T 22670—2018中对“超速试验”的规定是：试验时，将电动机的转速提高到1.2倍最高工作转速或各类型电动机标准中规定的转速，或最高转速。空载运行2min。

JB/T 7118—2014中规定：电动机加额定电压，4kW及以下的频率为150Hz，4kW以上的频率为120Hz，空载运行2min。

超速试验后，不发生有害变形为符合要求。

（二）绝缘电阻、耐交流电压和匝间耐冲击电压试验

JB/T 7118—2014中对考核标准或试验电压值的规定（本标准适用的电动机额定电压为380V）如下：

1）热态绝缘电阻应≥0.69MΩ。

2）耐交流电压试验的电压值为2380V，时间为1min。

3）绕组匝间耐冲击电压试验的电压值（峰值），对机座号≤100 的电动机为3300V；对机座号>100 的电动机为3670V（容差为±3%，波前时间为0.5μs）。

第六节　井用潜水电泵用电动机

本节的标题是“井用潜水电泵用电动机”，但实际上，因为此类电动机是安装在总体叫“潜水电泵”的整体外壳内，与水泵中以泵体为主的其他部件组合在一起的，所以，对电动机的试验，在很大程度上来讲，是对整个水泵的试验。

井用潜水电泵用电动机的分类主要在于它所配电泵适用的潜水深度，有普通和深水之分。

常用的潜水三相异步电动机技术条件有 JB/T 7126—2018《YLB 系列深井水泵用三相异步电动机技术条件》和 GB/T 2818—2014《井用潜水异步电动机》等。电动机的安装方式一般为 IMV3，工作制为 S1。YLB 系列的潜水深度可达 7m 以上，其余为 7m 以下。水温应不高于 20℃；水中固体含量（重量比）应≤0.01%，氯离子含量≤400mg/L；水的 pH 值在 6.5～8.5 范围之内。充水式电机的内膛必须充满清水或其他制造厂规定配制的水溶液。

图 11-32 是部分潜水电泵的外形示例。

用于潜水电泵试验的标准有 GB/T 12785—2014《潜水电泵　试验方法》以及 JB/T 7126—2018《YLB 系列深井水泵用三相异步电动机技术条件》和 GB/T 2818—2014《井用潜水异步电动机》中给出的相关部分。其中很多内容与普通电机相同或相似。GB/T 12785—2014 的内容中包括用三相和单相两种交流电动机配置的水泵，因为其内容较多，所以本节仅介绍与三相电动机有关的，和普通交流电动机相比，特有或有特殊要求的试验项目、试验方法和有关考核内容。

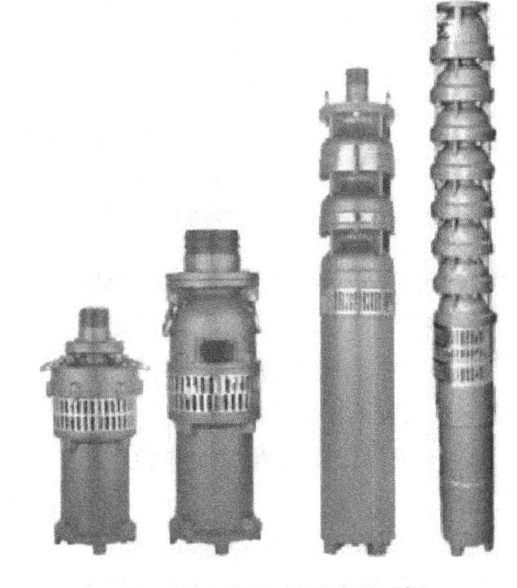

图 11-32　潜水电泵外形示例

一、试验设备

试验设备包括试验装置、测量仪表和配电设备，对所有试验设备和试验过程应采取安全预防措施。试验设备应可靠接地。

潜水电泵的试验装置因其类型（主要区别于潜水深度）不同而有所差异，但主要是试验用井的深度不同。图 11-33 是 GB/T 12785—2014 给出的潜水电泵试验装置示意图。图 11-34 是国内某公司的一套小型普通水泵和潜水电泵的试验系统（其水井在地下）。

试验装置应能满足在测量截面的液流具有最佳测量条件，即测量截面的液流呈轴对称分布、等静压分布、无装置引起漩涡。

离压力测量截面 4D（D 为测量截面直径）以内不应存在任何阀门、弯头或弯头组合、锥管或截面的突变，以防止测量截面的液流出现非常不良的速度分布或漩涡。

对测流管线，其管径应与流量计一致。流量计上、下游直管段应符合流量计安装技术要求。

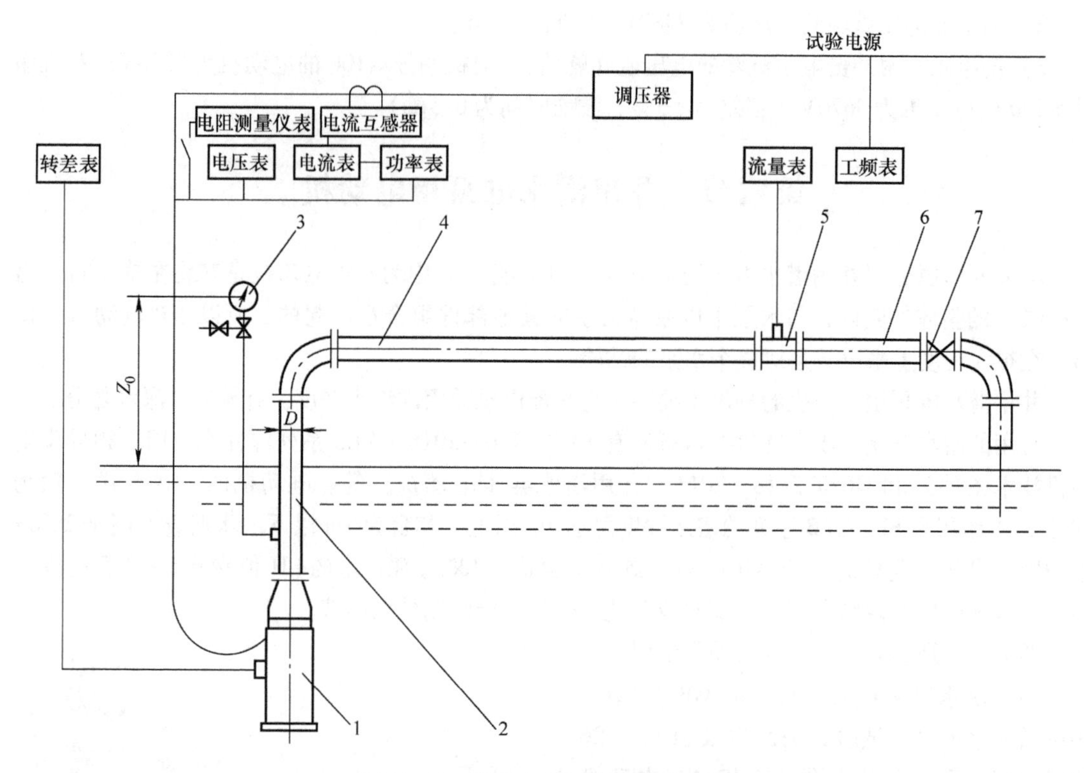

图 11-33 潜水电泵试验装置示意图

1—被试电泵 2—出水测压管 3—压力测量仪表 4—流量计前直管段 5—流量测量仪表 6—流量计后直管段 7—流量调节阀

流量调解阀应安装在流量计的下游侧，不能满足要求时，应在测流管线后设置被压管（一段垂直向上的管路），以确保试验液体始终充满测流管线。

图 11-34 小型水泵和潜水电泵的试验系统示例

二、试验用仪器仪表和某些参数的测量方法

（一）对试验用仪器仪表的要求

潜水电泵用电动机试验用仪器仪表包括测量电动机输入电量（电压、电流和功率等）、直流电阻、绝缘电阻、转速（或转差率）、转矩和温度等所用的仪器仪表，这些仪器仪表中，与普通用途电动机所用的相比，除测量转速的仪表（或者说测量转速的方法）有些区别之外，其余的完全相同（含类型和准确度要求，详见第三章和第四章）。

另外，还有测量液体流量、压力（压强）的仪器仪表以及相配套的变送器等。其中涡轮或电磁流量变送器的准确度应不低于1级，其他流量测量仪表应符合 GB/T 3214—2007《水泵流量的测定方法》中的规定；弹簧压力计的准确度应不低于0.4级（也可使用准确度相当的数字式测量仪表，含压力变送器）。

采用自动测量系统时，各参数的测量仪表（包括二次仪表及一次传感器和变送器）引起的测量不确定度不应超过规定范围（详见 GB/T 12785—2014 中表 4）。

采用弹簧压力计时，应按泵的规定扬程选择合适的测量范围，其指针的指示值应在压力计量程的 1/3 以上。弹簧压力计的读数应读到所测压力的 1/100，并应在仪表和取压孔的连接管线内完全充满水后再读数。

（二）电动机转速或转差率的测量

在试验时，潜水电泵用电动机安装在泵体内，并且潜在水中，其运行转速或转差率用普通仪表是无法测量的。在 GB/T 12785—2014 中给出了感应线圈法和振动测速法两种，应优先采用感应线圈法。

1. 感应线圈法

感应线圈法是将一个带铁心的多匝线圈密封后，紧贴在被试电动机的上部或下部（对应电动机的定子绕组两个端部）。线圈的引出线连接一个专用的测速仪（流量-转速测量仪），直接读取转速值。

若没有上述专用仪器，可使用检流计或阴极示波器等，电泵运行时，用秒表记录检流计指针（或光点）或示波器波形全摆动的次数 N 和时间 t(s)，则水泵的转差率 s_t 和转速 n 分别为

$$s_t = \frac{N}{tf_1} \times 100\% \tag{11-24}$$

$$n = (1 - s_t) n_s \tag{11-25}$$

式中　f_1——电源频率（Hz）；

n_s——水泵电动机的同步转速（r/min）。

2. 振动测速法

振动测速法是将一个加速度传感器放置在电泵或试验管路上，其方向宜指向电动机旋转轴线并与轴线垂直。通过对加速度传感器输出的电泵振动信号进行频谱分析的方法来得到转速。

（三）输出流量、压力和扬程的测量

在试验时，潜水电泵用电动机的输出功率（或输出转矩）不能用普通电机常规的方法进行测量。而是用测量水泵的输出流量、压力和扬程等参数计算得到。

1. 输出流量、压力的测量

泵的输出流量 Q 的测量和计算方法按 GB/T 3214—2007 中的规定，在输出管路上测量（见图11-33）。

输出压力的测量用压力仪表在试验装置的测压点处进行测量（见图 11-33）。

2. 泵的扬程的测量

试验时，泵的扬程应为出水压力水头、测量截面处液流速度水头及压力表中心距水池水面高度的总和。

出口压力的测压孔应距泵出口法兰 2 倍管径距离；井筒式潜水轴流电泵或混流电泵的测压孔应设在井筒直管段，与电泵出口法兰的距离 L（单位为 mm）按式（11-26）确定。测压孔的个数、形式及均压环按照 GB/T 3216—2016 的规定。测压孔至泵出口法兰距离的摩阻损失的修正方法及修正值的计算参照 GB/T 3216—2016 的规定。

$$L = 2(D_j - D_d) \tag{11-26}$$

式中 D_j——井筒直径（mm）；

D_d——潜水电动机直径（mm）。

3. 泵的总扬程（或全压力）计算

泵的总扬程 H（m）计算公式如下：

（1）叶片泵用下式求取：

$$H = \frac{p}{\rho g} + Z_0 + \frac{v^2}{2g} \tag{11-27}$$

$$v = \frac{Q}{A} \tag{11-28}$$

式中 p——泵出口表压（Pa）；

ρ——水的密度（kg/m^2）；

g——重力加速度，为 $9.81m/s^2$；

Z_0——水井水面至压力表中心高度（m）；

v——泵出口测压截面上水的平均流速（m/s）；

Q——泵的流量（m^3/s）；

A——泵出口测压截面积（m^2）。

（2）螺杆泵的全压力 p_i（MPa）用下式求取：

$$p_i = p + \rho g Z_0 \times 10^{-3} \tag{11-29}$$

式中 p——泵出口表压（MPa）；

ρ——水的密度（kg/m^2）；

g——重力加速度，为 $9.81m/s^2$；

Z_0——水井水面至压力表中心高度（m）。

三、热试验、负载试验方法和效率的确定

（一）热试验

采用直接负载法进行热试验。

试验时，应按技术条件的规定组装成套后潜入试验专用的井中，其泵的出水口与试验水循环管路连接，在试验循环管路中安装有节门、流量计及水压测量装置（水压表或水压传感器等）。通过循环管路，水将返回到试验井中。

加负载试验前，测量绕组的冷态直流电阻和冷却介质温度（水泵周围的温度）。水泵应放置在试验井中至少2h。冷却介质（水）温度在距被试电动机外壳0.5m的位置进行测量。

试验时，控制电动机的输入电压和频率为额定值，如不能测量输出转矩，则以输入电流为额定值作为满载的依据。调节出水管的节门，则可调节出水量的多少和压力，从而达到调节被试电动机负载的目的。

试验过程中，每隔15min记录一次电动机的输入电压、频率、电流和功率、输出转速（或转差率），泵的输出水压和流量，周围冷却介质（水）温度。

若电动机绕组内有事先埋置的热传感元件，则以其仪表显示的温度值来判断电动机是否达到了稳定状态（判定方法同普通电动机本项试验），否则，按不同结构形式和功率大小运行1.5~4h。

稳定后断电停机，测量定子绕组的热电阻和时间。有关操作和计算同普通电动机。但有一点不同，即断电后测得第一点电阻值的最长允许时间有所缩短，见表11-13。这一要求是考虑到此

种情况下，电动机断电后会很快停转（几乎是瞬间），但如果是使用传统的电桥或临时接线进行测量，对于额定功率50kW及以下的电动机，肯定是做不到的。所以只能采用数字电阻表，并事先连接好测量线或利用计算机控制整个测量过程。

表11-13　潜水电泵电动机测得第一点热电阻距断电瞬间的时间

电动机额定功率/kW	≤50	>50～200	>200～5000
测得第一点热电阻距断电瞬间的时间/s	5	45	60

（二）负载试验

1. 试验时电泵的状态

进行负载试验时，将电泵潜入水中（同热试验），加额定电压和额定频率，在输出流量为额定值的情况下运行到温升稳定（热试验后可紧接着进行，否则应根据被试水泵的结构形式和功率大小，运行1～1.5h）。

测试时，应保证在水泵性能没有受到汽蚀影响的条件下进行。

2. 试验步骤

试验从功率最小点开始，对离心泵，一般从零流量开始。逐步增大至流量保证点的140%以上或阀门全开；对混流泵、轴流泵或旋流泵，应从阀门全开开始。逐步减小至流量保证点的60%以下。其间应测取13～15个不同流量点。各点应包含流量保证点Q_G、95%Q_G、105%Q_G，泵工作范围内的小流量点Q_{min}，大流量点Q_{max}和额定电流点。

对螺杆泵，一般从零压力点（阀门全开）开始，逐步增大至压力保证点附近。其间应测取13～15个不同压力点。各点应包含压力保证点p_G，零压力点p_{min}、75%p_G、95%p_G，以及额定电流点。当流量调节阀全开而且泵出口压力表示值不超过0.05MPa时，出口压力视为零压力。

当上述试验过程所能测得的电动机的最大电流达不到额定电流时，在电泵允许的前提下，应在测定电阻后立即逆转水泵再测量2～3个点，使试验电流达到1.25倍额定电流。此时流量和压力不必记录。

在不同的流量下，测取电泵的电输入功率P_1、电流I_1和输出水的压力p（Pa）、流量值Q(m^3/h)。一般应测取13～15个点，对离心泵还应包括零流量点。

每一点测量时，应有一定的时间间隔，以保证该工况点达到稳定状态。每个工况点应在额定电压和额定频率下同时测量三相电流、输入功率、电源频率、转差率（或转速）、出口压力和流量等参数。

试验完成后，对于没有绕组测温的被试电动机，应断电停机后，尽快测取定子绕组热态电阻。

（三）空载试验

空载试验应尽可能在上述热试验和负载试验后紧接着进行，以省去为了机械摩擦损耗稳定而进行空转的时间。试验时，电动机的转向应与电泵转向一致。

电动机不带负载潜于水下，对于轴伸端在顶部的电动机，水面应淹没机械密封面或电动机轴伸端。

试验过程，需要测取的数据，以及试验后有关性能数据的处理、计算，特性曲线的绘制，额定电压点的空载电流和输入功率，机械损耗和铁心损耗的求取等，与普通电动机完全相同。在此不再介绍。

（四）电动机的输入功率和各种损耗的确定

电动机的输入功率和各种损耗的确定方法与普通电动机基本相同。但有下列两处请注意：

1. 定子绕组电阻和转差率的温度修正

对与发热损耗有关的定子绕组电阻和转差率的温度修正，其修正方法与用E法进行效率计算的普通异步电动机绕组相同。当使用基准温度进行修正时，其基准温度按表11-14的规定。

表11-14　潜水电泵电动机绕组的基准温度

电动机类型		绝缘材料或绝缘热分级	基准工作温度/℃
井用潜水电泵电动机	充水式	聚乙烯、聚丙烯、交联聚乙烯	50
	充油式 屏蔽式 干式	130（B）	95
		155（F）	115
		180（H）	130
小型或污水、污物潜水电泵电动机	充水式	聚乙烯、聚氯乙烯、聚丙烯和交联聚乙烯	50
	充油式 屏蔽式 干式	120（E）	75
		130（B）	95
		155（F）	115
		180（H）	130

2. 负载杂散损耗的推荐值

计算效率时所用的负载杂散损耗P_s如不能实测，则可按被试电动机的功率大小使用表11-15给出的推荐值。非额定功率点的P_s用表11-15中给出的数值乘以$(I_1^2-I_0^2)/(I_N^2-I_0^2)$求得。其中，$I_1$为负载电流；$I_0$为额定电压时的空载电流；$I_N$为额定电流。

表11-15　潜水电泵用三相交流异步电动机负载杂散损耗推荐值

电动机转子形式	电动机轴承类型	功率等级P_N/kW	(P_s/P_N)(%)
铜条转子	—	$P_N \leqslant 1850$	1.2
		$P_N > 1850$	0.9
铸铝转子	滑动轴承	$P_N < 1$	2.0
		$1 \leqslant P_N \leqslant 90$	1.6
		$90 < P_N \leqslant 375$	1.4
		$375 < P_N \leqslant 1850$	1.2
		$P_N > 1850$	0.9
	滚动轴承	$P_N < 1$	2.5
		$1 \leqslant P_N \leqslant 90$	1.8
		$90 < P_N \leqslant 375$	1.5
		$375 < P_N \leqslant 1850$	1.2
		$P_N > 1850$	0.9

（五）确定电动机效率的计算

用损耗分析法计算电泵用电动机的效率，用前面试验和计算得到的输入电功率和损耗（除定、转子绕组热损耗之外，铁心损耗、机械损耗通过空载特性试验求取，杂散损耗一般用推荐值）求出输出功率，然后求取电动机的效率 η_M。

电泵用电动机的负载特性与普通电动机相同。

（六）确定水泵效率的计算

水泵自身的效率，用前面试验得到的电动机轴输出机械功率 P_{b1} 作为水泵轴的输入机械功率，利用出水压力及流量、扬程等计算得到泵的输出功率，求取水泵的效率。

1. 叶片泵的效率

叶片泵的效率 η_P 用下式求取：

$$\eta_P = \frac{\rho g Q H}{1000 P_{b1}} \times 100\% \tag{11-30}$$

式中　ρ——水的密度（kg/m^3）；

g——重力加速度，为 $9.81m/s^2$；

Q——泵流量（m^3/s）；

H——泵总扬程（m）；

P_{b1}——泵轴输入功率（kW）。

2. 螺杆泵的效率

螺杆泵的效率 η_G 用下式求取：

$$\eta_G = \frac{Q p_i}{3.6 P_{b1}} \times 100\% \tag{11-31}$$

式中　Q——流量（m^3/s）；

p_i——泵的全压力（MPa）；

P_{b1}——泵轴输入功率（W）。

（七）确定水泵总体效率的计算

水泵总体的效率 η_{BZ} 由电动机的效率和水泵的效率两部分合成，其输入功率是电动机的输入电功率 P_1，输出功率则由水泵输出水的流量、压力、扬程等决定。

1. 叶片泵总体的效率

叶片泵总体的效率 η_{PBZ} 用下式求取：

$$\eta_{PBZ} = \frac{\rho g Q H}{1000 P_1} \times 100\% \tag{11-32}$$

2. 螺杆泵总体的效率

螺杆泵总体的效率 η_{GBZ} 用下式求取：

$$\eta_{GBZ} = \frac{Q p_i}{3.6 P_1} \times 100\% \tag{11-33}$$

四、其他试验的特殊确定

（一）绕组和连线绝缘电阻的测定和耐交流电压试验

1. 试验方法

试验时，应先将被试电动机浸于接近室温的水中达12h，再进行绝缘电阻的测量和交流耐电压试验。

2. 绝缘电阻的合格标准

当按上述方法进行处理后立即进行测量时，对聚乙烯型和交联聚乙烯型绕组的充水式电动机，应不低于150MΩ；充油式和屏蔽式电动机不应低于100MΩ。对聚氯乙烯型绕组，其绝缘电阻限值与水温有关，见表11-16。可利用表中给出的数据绘制一张如图11-35所示的关系图，用于查找其他温度时的绝缘电阻限值。

当电动机在接近于工作温度时，充水式、充油式和屏蔽式电动机均不应低于1MΩ。

表11-16 井用潜水电动机聚氯乙烯型绕组不同水温时的绝缘电阻限值

水温/℃	10	15	20	25	30	35
绝缘电阻限值/MΩ	60	50	40	33	25	20

（二）内膛耐压力试验

电动机在组装后，应进行内膛耐压力试验，以检查电动机的机座与端盖、底座等与静密封部位的泄漏情况。除非另有规定，加压时间为3min。

无渗漏现象为合格（当轴伸处的油封唇口朝外安装时，允许轴伸表面有微量渗漏，但应不影响试验的正常进行），否则可通过调整或维修达到要求。

其内膛所加压力如下：

对封闭结构的充水式潜水电泵，为0.5MPa；

对充油式（总装注油后）和干式潜水电泵，为0.2MPa。

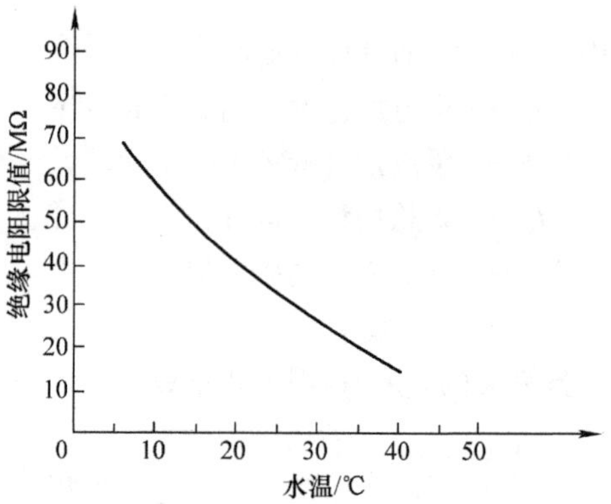

图11-35 井用潜水电动机聚氯乙烯型绕组绝缘电阻限值与水温的关系曲线

（三）充油式电动机的机械密封检查

对充油式电动机，在规定的条件下运行24h后，检查其机械密封处的泄漏量，应不多于2.4mL。

（四）止推轴承承受推力试验

本试验可在轴承装配前在专用的试验台上进行。试验时，止推轴承的外圈放入工装槽内（相当于装入电动机的轴承室内），内圈装在一根试验用假轴上，该假轴应用尼龙或紫铜等材料制作。用压力计配以压力杠杆机构（用于小机座号电动机）或专用的油压机加压试验。压力加在假轴端，应注意压力方向应为轴向。

不同的机座号加不同的压力，详见表11-17。

表11-17 止推轴承承受推力试验所加的压力对应表

电动机的机座号		75	100	125	150	175	200	225	250	300~400	300~400
承受的压力/kN	普通型	0.8	1.5	4	6	8	10	12	15	22	28
	高推力型	1.3	2.5	6	10	13	18	22	25	36	45

第七节 力矩三相异步电动机

一、力矩三相异步电动机性能特点简介

力矩三相异步电动机是一种具有软机械特性和宽调速范围的特种电机。当负载增加时，电动机的转速能自动地随之降低，而输出力矩增加，保持与负载平衡。力矩电动机的堵转转矩高，

堵转电流小，能承受一定时间的堵转运行。由于转子电流大，损耗大，所产生的热量也大，特别在低速运行和堵转时更为严重，因此，电动机在后端盖上装有独立的轴流或离心式风机（输出力矩较小和机座号为100及以下的除外），作强迫通风冷却。

力矩电动机配以晶闸管控制装置，可进行调压调速，调速范围可达1∶4，转速变化率≤10%。

该类电动机的定额是从空载到堵转之间负载和转速连续变化的S9非周期工作制。

与普通交流电动机相比，它有一个最特殊的规定是：一般情况下，它不是给出功率，而是给出额定堵转转矩，单位为N·m。

额定堵转转矩和额定堵转电流是此类电动机的两项最重要的性能指标，它们是电动机在额定频率的额定电压下，按规定允许堵转时间时限测定的堵转转矩和电流值。

规定允许堵转时间时限的多少与电动机的大小和外壳防护等级有关，机座号大的时间短。例如：外壳防护等级为IP21的最小机座号（63）电动机为30min；同类防护等级的最大机座号（180L）电动机为2min。

我国现用的力矩三相异步电动机为YLJ系列，其现行技术条件编号为JB/T 6297—2010。

YLJ系列力矩三相异步电动机的特性使其适用于卷绕、开卷、堵转和调速等场合及其他用途，被广泛应用于纺织、电线电缆、金属加工、造纸、橡胶、塑料以及印刷机械等工业领域。图11-36给出了一种规格的外形示例。

图11-36　YLJ系列力矩三相异步电动机

二、特有试验项目的试验方法和有关考核标准

（一）额定堵转电流和额定堵转转矩的测定试验

在额定频率和额定电压下，将电动机从实际冷态开始堵转，在规定的允许堵转时间时限，测取的电流和转矩即为额定堵转电流I_d（A）和额定堵转转矩T_d（N·m）。

（二）堵转发热试验

试验前，先在实际冷态下测取定子绕组的冷态直流电阻。然后，在额定频率和额定电压下，将电动机从实际冷态开始堵转，到规定的允许堵转时间后立即停电（但风机应继续运行），测取定子绕组的热态直流电阻，用同普通电动机温升计算的方法计算求取绕组的堵转温升值。

（三）运行发热试验

运行发热试验可紧接着堵转发热试验进行，若需进行机械特性测定试验，则应在机械特性测定试验后紧接着进行。

堵转发热试验后，紧接着给电动机加额定频率的额定电压，使电动机空载运行30min后，测取定子电流I_0(A)。然后，调节电动机端电压，将电动机的转速控制在0.5倍的同步转速（转速偏差±10r/min），使定子电流I_1（A）控制在$\sqrt{(I_d/2)^2+0.8I_0^2}$（当$I_0>0.55I_d$时）或$\frac{1}{2}\sqrt{I_d^2+I_0^2}$（当$I_0\leqslant 0.55I_d$时）连续运行到温升稳定，之后，停机测取定子绕组的热态直流电阻并计算绕组的温升值。试验中的有关规定同普通电动机。

（四）机械特性测定试验

被试电动机在堵转发热试验后，立即从堵转至空载测定其机械特性。全部过程中，转矩和转速读数应在7点以上。用测得的读数绘制机械特性曲线 $T=f(n)$，如图11-37所示。

（五）特性系数 K 和转矩最大变化率 δ 的求取

在机械特性曲线 $T=f(n)$ 上查出对应于1/4同步转速的转矩值 T_1 和3/4同步转速的转矩值 T_2（见图11-37）。则该被试电动机的特性系数为

$$K=\frac{T_1}{T_2} \tag{11-34}$$

转矩最大变化率 δ 用下式求取：

$$\delta=\frac{T'-T_L}{T'}\times 100\%=\frac{\Delta T}{T'}\times 100\% \tag{11-35}$$

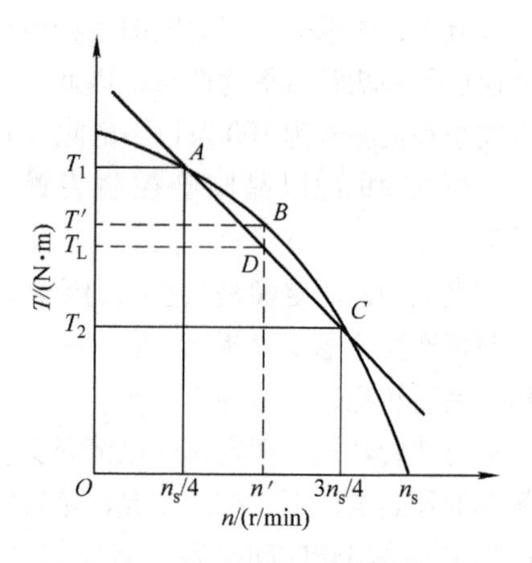

图11-37 力矩电动机机械特性曲线 $T=f(n)$

式中 T'——对应于实测机械特性曲线 $T=f(n)$ 上 $n=n'$ 时的转矩值（N·m）；

T_L——对应于实测机械特性曲线 $T=f(n)$ 上转速 n 为1/4和3/4同步转速的两坐标点 A 和 B（见图11-37）连线构成的实测机械特性曲线 $\overline{AB}$ 上转速 n 为 n' 时的转矩值（图11-37中的 D 点对应的转矩值）（N·m）；

n'——实测机械特性曲线与机械特性之间转矩偏差最大时所对应的转速（r/min）。

第八节 电动汽车用驱动电机及其控制器

一、概述

在电动汽车中使用的动力电机，正常行驶中作为电动机运行，在汽车制动或下坡滑行阶段会作为发电机运行。因此，在电动汽车的术语中，不称其为“电动机”，而统称其为“电机”。

新能源汽车的纯电动驱动用电机有三相异步电机、三相永磁同步电机和开关磁阻电机等。这里的三相异步电机实际上是变频调速三相异步电机。

这些电机中，对于三相交流电机（含笼型转子异步电机和永磁同步电机），是由被称为“控制器”的设备，将车载蓄电池组的直流电“逆变”成电压和频率均可调的三相交流电供给电机使用，此时的交流电压为PWM波。

“控制器”同时具有调节和设定电机的输出转速和转矩、馈电、过载（过热）保护等多种功能。

对于电动汽车用三相笼型异步电机，如果只进行电机的性能试验，则其试验项目和试验方法与第五章和本章第五节基本相同。但用“控制器”供电并同时对“控制器”和整套设备进行试验时，则试验项目和试验方法以及考核标准将有所改变。同理，对于三相电励磁同步电机和永磁同步电机，也是如此。

试验时所用仪器仪表与本章第五节基本相同，试验用电源有特殊要求，另外，对于液冷电机，还需要一套冷却液循环和控制装置，以及冷却液流量和温度测量仪表。

如无特殊规定，所有试验应在下列环境条件下进行：

1）环境温度：18～22℃。

2）相对湿度：45%～75%。

3）大气压：86 ~ 106kPa。

4）海拔：不超过1000m（若超过1000m，则试验结果按 GB/T 755—2019 的规定修正）。

二、驱动电机及其控制器型号命名

在 GB/T 18488. 1—2015《电动汽车用驱动电机系统　第1部分：技术条件》中附录A给出了电动汽车用驱动电机及其控制器的命名规定，从而改变了该行业以前各生产企业自行命名的“混乱”状态。

（一）驱动电机

驱动电机的型号包括类型代号、尺寸规格代号、信号反馈元件代号、冷却方式代号、预留代号等5部分组成。对各部分的排列顺序和说明如下：

(1) 类型代号	(2) 尺寸规格代号	(3) 信号反馈元件代号	(4) 冷却方式代号	(5) 预留代号

（1）类型代号：一般为2个字母，大部分是电机类型名称的关键字汉语拼音字头（不一定按前后顺序）。下面给出常见的5种，其他类型符号，生产商可参照 GB/T 4831—2016 中的规定给出。

KC——开关磁阻电机

TF——方波控制型永磁同步电机

YR——绕线转子异步电机

YS——笼型转子异步电机

ZL——直流电机

（2）尺寸规格代号：一般采用定子铁心的外径来表示。对于外转子电机（例如轮毂电机），则采用外转子铁心的外径来表示。

（3）信号反馈元件代号：为1个字母，是信号反馈元件类型名称的关键字汉语拼音字头。无此元件时，则不标注，即没有此部分。

M——光电编码器

X——旋转变压器

H——霍尔元件

（4）冷却方式代号：为1个字母，是冷却方式所用冷却介质名称汉语拼音字头。

S——水冷方式

Y——油冷方式

F——强迫风冷方式

（5）预留代号：用英文大写字母或阿拉伯数字组合。其含义由制造商自行规定。

（二）驱动电机控制器

驱动电机控制器的型号包括类型代号、工作电压规格代号、信号反馈元件代号、工作电流规格代号、冷却方式代号、预留代号等6部分组成。对各部分的排列顺序和说明如下：

(1) 类型代号	(2) 工作电压规格代号	(3) 信号反馈元件代号	(4) 工作电流规格代号	(5) 冷却方式代号	(6) 预留代号

（1）类型代号：一般为3个字母，第一个字母为“K”（控），紧跟着的两个字母为电机类型名称的字母，例如“KTF”为“方波控制型永磁同步驱动电机控制器”。

（2）工作电压规格代号：用控制器的标称直流电压除以10再圆整后的数值来表示。最少为两位数字，不足两位时，在十位上冠以0。若为交流供电，其电压值应折算成直流值。电压的单位为V。

（3）信号反馈元件代号：同驱动电机。

（4）工作电流规格代号：用控制器最大输出工作电流的有效值除以10再圆整后的数值来表示。最少为两位数字，不足两位时，在十位上冠以0。输出电流的单位为A。

（5）冷却方式代号：同驱动电机。

（6）预留代号：同驱动电机。

三、试验和考核常用名词术语

依据GB/T 2900.25—2008、GB/T 2900.33—2004和GB/T 19596—2017，将与电动汽车用驱动电机和控制器试验常用名词术语列于表11-18中，供参考使用。

表11-18　电动汽车用驱动电机和控制器试验常用名词术语

序号	名称	定义
1	驱动电机系统	驱动电机、驱动电机控制器及它们工作必需辅助装置的组合
2	驱动电机	将电能转换成机械能，为车辆行驶提供驱动力的电气装置，该装置也可具备将机械能转变成电能的功能
3	驱动电机控制器	控制动力电源与驱动电机之间能量转换的装置。由控制信号接口电路、驱动电机控制电路和确定电路组成
4	直流母线电压	驱动电机系统的直流输入电压
5	额定电压	直流母线的标称电压
6	最高工作电压	直流母线的最高电压
7	输入输出特性	表征驱动电机、驱动电机控制器或驱动电机系统的转矩、转速、功率 、效率、电压、电流等参数之间的关系
8	持续转矩	规定的最大、长期工作的转矩
9	持续功率	规定的最大、长期工作的功率
10	转速控制精度	转速实际值与转速期望值的偏差，或转速实际值与转速期望值的偏差占转速期望值的百分数
11	转速响应时间	驱动电机控制器从收到指令信息开始至第一次达到规定容差范围的期望值所经过的时间
12	转矩控制精度	转矩实际值与转矩期望值的偏差，或转矩实际值与转矩期望值的偏差占转矩期望值的百分数
13	转矩响应时间	驱动电机控制器从收到指令信息开始至第一次达到规定容差范围的期望值所经过的时间
14	主动放电	当驱动电机控制器被切断电源，切入专门的放电回路后，控制器支撑电容快速放电的过程
15	被动放电	当驱动电机控制器被切断电源，不切入专门的放电回路后，控制器支撑电容自然放电的过程
16	驱动电机控制器支撑电容放电时间	当驱动电机控制器被切断电源后，驱动电机控制器支撑电容放电至60V所用时间
17	驱动电机控制器持续工作电流	驱动电机控制器正常工作时，其与驱动电机各相连接的各动力线上的电流

（续）

序号	名称	定义
18	驱动电机控制器短时工作电流	能够在规定的短时间内正常工作的驱动电机控制器工作电流最大值
19	驱动电机控制器最大工作电流	能够达到并能承受的驱动电机控制器工作电流最大值
20	驱动电机系统效率	驱动电机系统的输出功率与输入功率的百分比

四、用于试验和考核的主要标准和试验项目

（一）用于试验和考核的主要标准

与本类三相异步电机及其控制器试验和考核有关的标准主要有如下几个：

1）GB/T 755—2019/IEC 60031-2-1：2017《旋转电机　定额和性能》

2）GB/T 18488.1—2015《电动汽车用驱动电机系统　第1部分：技术条件》

3）GB/T 18488.2—2015《电动汽车用驱动电机系统　第2部分：试验方法》

4）GB/T 1032—2012《三相异步电动机试验方法》

5）GB/T 22670—2018《变频器供电三相笼型感应电动机试验方法》

6）GB/T 1029—202×《三相同步电机试验方法》（报批稿）

7）GB/T 22669—2008《三相永磁同步电动机试验方法》

8）GB/T 25442—2018/IEC 60034-2-1：2017《旋转电机（牵引电机除外）确定损耗和效率的试验方法》

9）GB/T 32877—2016/IEC/TS 60034-2-3：2013《变频器供电交流感应电动机确定损耗和效率的特定试验方法》

10）GB/T 14711—2013《中小型旋转电机通用安全要求》

11）GB/T 13422—2013《半导体电力变流器电气试验方法》

12）GB/T 29307—2012《电动汽车用驱动电机系统可靠性试验方法》

（二）主要试验项目和简要说明

电动汽车用电机及其控制器的试验项目和简要说明见表11-19（摘自GB/T 18488.1—2015中表B.1。在表中，“电机”为“驱动电机”的简称；“控制器”为“驱动电机控制器”的简称；“电机绕组”代表驱动电机的定子绕组，对于电励磁的交流同步电机和直流电机，也代表其励磁绕组）。

对于表11-19中所罗列的试验项目，在后面讲述试验方法时，对于与普通三相异步电机相同的，仅做简单介绍甚至不做介绍。

试验方法的大部分内容是根据GB/T 18488.2—2015给出的，但其中部分内容（特别是试验操作过程和相关规定）是根据作者及我国相关检测单位在实际操作过程中的理解和实践经验给出的（这些内容仅供参考选用）。涉及的考核标准主要来自GB/T 18488.1—2015，有些来自本节前面列出的几个相关标准，例如GB/T 755—2019和GB/T 14711—2013等。

表 11-19 电动汽车驱动电机和控制器检查和试验项目

检查和试验项目名称				检验对象		出厂检验	型式试验	说明
				电机	控制器			
一般性检查	外观			√	√	√	√	以目测为主
一般性检查	外形和安装尺寸			√	√	√	√	用适当的量具测量
一般性检查	质量			√	√	—	√	
一般性检查	控制器壳体机械强度			—	√	—	√	
一般性检查	液冷系统冷却回路密封性能			√	√	√	√	
一般性检查	电机绕组冷态直流电阻			√	—	√	√	同时测量环境或绕组温度
一般性检查	绝缘电阻	电机绕组对机壳		√	—	√	√	热态绝缘电阻可在热试验后立即进行测量
一般性检查	绝缘电阻	电机绕组对测温元件		√	—	√	√	
一般性检查	绝缘电阻	控制器对外壳		—	√	√	√	
一般性检查	耐电压	耐工频电压	电机绕组对机壳	√	—	√	√	对于型式试验，应在所有试验完成后进行本项试验。应高度注意试验中的安全问题
一般性检查	耐电压	耐工频电压	电机绕组对测温元件	√	—	√	√	
一般性检查	耐电压	耐工频电压	控制器对外壳	—	√	√	√	
一般性检查	耐电压	电机定子绕组匝间耐冲击电压		√	—	√	√	用专用仪器进行试验
一般性检查	超速			√	—	—	√	
温升				√	—	—	√	
输入输出特性	工作电压范围			√	√	—	√	
输入输出特性	转矩-转速特性			√	√	—	√	
输入输出特性	持续转矩			√	—	—	√	
输入输出特性	持续功率			√	—	—	√	
输入输出特性	峰值转矩			√	—	—	√	
输入输出特性	峰值功率			√	—	—	√	
输入输出特性	堵转转矩			√	—	√	√	
输入输出特性	最高工作转速			√	—	—	√	
输入输出特性	电机系统效率	电机系统最高效率		√	√	—	√	
输入输出特性	电机系统效率	电机系统最高效工作区		√	√	—	√	
输入输出特性	控制精度	转速控制精度		√	√	—	√	
输入输出特性	控制精度	转矩控制精度		√	√	—	√	
输入输出特性	响应时间	转速响应时间		√	√	—	√	
输入输出特性	响应时间	转矩响应时间		√	√	—	√	
输入输出特性	控制器工作电流	控制器持续工作电流		√	—	—	√	
输入输出特性	控制器工作电流	控制器短时工作电流		√	—	—	√	
输入输出特性	控制器工作电流	控制器最大工作电流		√	—	—	√	
输入输出特性	馈电特性			√	√	—	√	

（续）

检查和试验项目名称		检验对象		出厂检验	型式试验	说明
		电机	控制器			
安全性	安全接地检查	√	√	—	√	
	控制器的保护功能检查	—	√	—	√	
	控制器支撑电容放电时间计量	—	√	—	√	
环境适应性能，包括低温、高温、耐振、外壳防护、湿热、防盐雾、电磁兼容等		√	√	—	√	
可靠性检查和试验		√	√	—	√	

五、对试验电源、布线、冷却装置的要求

（一）对试验电源的要求

试验过程中，试验电源由动力直流电源提供，或者由动力直流电源和其他储能（耗能）设备联合提供。试验电源的工作直流电压不高于250V时，其稳压误差应不超过±2.5V；试验电源的工作直流电压高于250V时，其稳压误差应不超过被试驱动电机系统直流工作电压的±1%。

试验电源应能够满足被试驱动电机系统的功率要求，并能够工作于额定电压、最高工作电压、最低工作电压或其他工作电压。

（二）对布线的要求

试验中布线的规格应与在车辆中的实际布线一致，布线长度宜与车辆中实际布线相同。

如果试验中的布线对测量结果产生实质性影响，则应调整相应的外电路阻抗，使之与车辆中布线的阻抗尽可能相等。

（三）对冷却装置的要求

驱动电机及其控制器的冷却条件宜模拟其在车辆中的实际使用条件。

1）对于风冷的电机或者控制器，试验过程中应带有实际装车时的风冷电机。

2）对于自然冷却的电机或者控制器，可以外加风机对电机或者控制器进行冷却。

3）对于液冷的电机或者控制器，应尽可能采用制造商规定的冷却液。

冷却条件应满足产品规格说明书或制造商的规定，并在试验报告注明。

（四）信号屏蔽

为确保驱动电机系统能够正常试验，必要时，制造商应对关联信号进行模拟或者通过其他方法进行屏蔽。

六、一般性检查项目和要求

（一）外观

以目测为主，对具有明显强度要求的技术参数，如紧固件的连接强度等，应辅之以力矩扳手等必要的工具进行检测。

（二）外形和安装尺寸

根据被试电机系统的外形和安装尺寸要求以及尺寸范围，选用能满足测量精度的量具进行测量。

（三）质量（重量）

选用能满足测量精度的衡器量取驱动电机控制器的质量（重量）。衡器的测量误差应不超过

被试样品标称质量（重量）的±2%。

（四）驱动电机控制器壳体机械强度

试验时，分别在驱动电机控制器壳体的3个方向上，施加10kPa的压强（GB/T 18488.1—2015中5.2.4的规定），缓慢施加相应压强的砝码，其中砝码与驱动电机控制器壳体的接触面面积最少应不小于50mm×50mm。检查壳体是否有明显的塑性变形，不发生明显的塑性变形为合格。

（五）液冷系统冷却回路密封性能

本项试验宜将驱动电机或驱动电机控制器的冷却回路分开单独测量。

试验前，不允许对驱动电机或驱动电机控制器表面涂覆可以防止渗漏的涂层，但是允许进行无密封作用的化学防腐处理。

试验使用的介质可以是液体或气体，液体介质可以是含防锈剂的水、煤油或黏度不高于水的非腐蚀性液体；气体介质可以是空气、氮气或惰性气体。

用于测量试验介质压力的测量仪表的准确度应不低于1.5级，量程应为试验压力的1.5～3倍。

试验时，试验介质的温度应和试验环境的温度相一致并保持稳定。将被试样品冷却回路的一端堵住，但不能产生影响密封性能的变形。向回路中充入试验介质，利用压力仪表测量施加的介质压力，使用液体介质试验时，需要将冷却回路腔内的空气排净。然后，逐渐加压至压强为200kPa（GB/T 18488.1—2015中5.2.5的规定），并保持该压力至少15min。

压力保持过程中，压力表显示值不应下降，期间不允许有可见的渗漏通过被试品壳壁和任何固定的连接处。如果试验介质为液体，则不得有明显的可见液滴或表面潮湿。

（六）驱动电机绕组的直流电阻测量

驱动电机绕组的直流电阻测量用仪器仪表的选用原则和测量方法同普通用途的电机。

（七）绕组和电路绝缘电阻测量和考核标准

1. 仪表选用规定

对额定电压在250V及以下的电机，使用500V绝缘电阻表；对额定电压>250～1000V的电机，使用1000V绝缘电阻表。

测量水冷绕组的绝缘电阻时，应使用专用的绝缘电阻测量仪。在绝缘引水管干燥或吹干的情况下，可以使用普通绝缘电阻表。

2. 测量方法规定

一般情况下的接线、测量和读数同普通电机。对不能承受绝缘电阻表高压冲击的电器元器件（如半导体整流器、半导体管及电容器等），应在测量前将其从电路中拆除或将其两端（或多端）短路。

若电机绕组内有埋置的测温元件，则还要测量这些元件与绕组之间的绝缘电阻。

测试完成后，应将被测绕组等对地（金属机壳）放电。

3. 考核标准

（1）驱动电机：对于电机绕组对机壳以及对埋置在其内的测温元件之间的绝缘电阻考核标准相同：处于冷态时应不低于20MΩ；热态时应不低于（最高电压/1000）MΩ（最高电压的单位为V），但最低应不低于0.38MΩ。

（2）驱动电机控制器：驱动电机控制器动力端子与机壳、信号端子与机壳、动力端子与信号端子之间的热态和冷态绝缘电阻均不应低于1MΩ。

（八）耐工频交流电压试验

1. 试验环境条件

试验前应测量绕组的绝缘电阻并符合标准要求。若进行温升、负载、超速试验，则本试验应在这些试验后紧接着进行。

在GB/T 18488.2—2015中规定："试验时的环境温度在18～28℃"范围内（本项同时适用于以下的绝缘性能试验。但考虑一些试验现场达到该要求可能比较困难，作者建议这一温度范围可以适当放宽）。

2. 试验电压、时间和标准

试验电压与电机和控制器的额定电压有关，具体规定与普通电机基本相同，试验加规定电压时间为1min。

（1）驱动电机绕组对机壳和相互之间的试验电压及合格标准

驱动电机绕组对机壳和相互之间的试验电压及合格标准见表11-20。

表11-20　驱动电机绕组对机壳或相互之间耐电压试验的电压值及合格标准（高压泄漏电流）

驱动电机或部件		试验电压值（有效值）	合格标准（泄漏电流）
电机的电枢绕组	持续功率<1kW且最高工作电压<100V	500V+2倍最高工作电压	按技术条件的规定（注：GB/T 14711—2013中规定为≤100mA，供参考）
	持续功率≥1kW或最高工作电压≥100V	1000V+2倍最高工作电压，最低为1500V	
电机的励磁绕组		1000V+2倍最高励磁电压，最低为1500V	
电机绕组中埋置的测温元件（对机壳及绕组）		1500V	≤5mA

（2）驱动电机控制器的试验电压及合格标准

驱动电机控制器的动力端子与外壳、动力端子与信号端子之间的试验电压按表11-21的规定；信号端子与外壳之间的试验电压为500V。电压持续时间均为1min。最大允许的泄漏电流值按产品技术条件中的规定。对于控制信号地与外壳短接的控制器，只需进行控制器的动力端子与外壳之间的此项试验。

表11-21　汽车用驱动电机控制器耐交流电压的电压值

控制器最高工作电压U_{dmax}/V	≤60	>60～125	>125～250	>250～500	>500
耐电压试验电压/V	500	1000	1500	2000	$2U_{dmax}+1000$

（九）驱动电机绕组匝间耐冲击电压试验

用专用绕组匝间耐冲击电压试验仪进行试验。试验方法和试验电压的确定原则按GB/T 22719.1—2008《交流低压电机散嵌绕组匝间绝缘 第1部分：试验方法》和GB/T 22719.2—2008《交流低压电机散嵌绕组匝间绝缘 第2部分：试验限值》的规定（详见本手册第四章第四节），波前时间推荐为0.2μs。

试验时所加的试验电压（峰值）与试验的绕组用途有关，按下述规定：

1. 驱动电机电枢绕组

试验时所加的试验电压（峰值）按式（11-36）计算得出的数值（有刷直流电机的电枢绕组除外），并按四舍五入原则修约到百位的数值。加压时间维持1～2s（以能确认试验结果为准）。

$$U_T = 1.7U_G \tag{11-36}$$

式中 U_T——电机绕组匝间绝缘耐冲击试验电压峰值（V）；

U_G——电机绕组对地绝缘耐工频电压试验电压有效值（V）。

2. 驱动电机励磁绕组

试验方法与电枢绕组基本相同。试验电压一般应低于式（11-36）的计算值。但当总匝数为6匝及以下时，试验电压（峰值）应为：250V×总匝数，但不应低于1000V。

3. 有刷直流驱动电机电枢绕组

冲击电压施加在电枢换向片片间。

对最高工作电压为660V及以下的电机，冲击电压峰值应不低于350V；对最高工作电压为660V以上的电机，冲击电压峰值应不低于500V。

（十）超速试验

超速试验安排在空载试验后进行。用控制器或其他变频电源供电。

电机空载运行，逐渐提高其转速到1.2倍最高允许转速，运转2min。试验过程中和试验之后，电机整机和部件都未出现有害的永久变形或破坏现象为合格。

试验过程中，应设置防护，避免机械部件甩出造成对周边人员和设备的损伤。发现有异常，应立即断电。

七、热试验

电机及控制器应按照产品规定的工作制和冷却条件进行热试验。

只对电机进行热试验时，试验过程和温升计算等与普通电机基本相同（不同之处将在下文中提出，请注意查看）。可使用指定的变频电源，若与用户协商并达成协议，也可直接使用额定频率的电网电源，但应考虑此时得到的温升值会低于用控制器供电时的数值（经验数据表明在10%左右）。

用控制器供电进行试验时，需要使用标准配置的控制器。

（一）负载的配置

采用直接负载法，用测功机（含专用测功机及由转矩-转速传感器和合适的负载设备组成的测功机。为了进行馈电试验，该测功机应具有电动机功能。所以不能使用磁粉制动器、涡流制动器或无直流电源供电装置的直流电机作负载机械。若用控制器供电的另一台交流异步电机作对拖负载，则也可使用）加负载，并测取被试电机的输出转矩、转速和功率。

另外，在选择负载设备时，要考虑被试电机的过载试验要求（该类电机往往需要2.5倍以上的过载能力）；若采用拖动法进行超速试验，还需考虑适应被试电机3倍左右（最高到3.6倍）额定转速的要求。

按被试电机的冷却方式配置冷却装置，同时设置相关计量仪器仪表，例如水冷电机，需要设置进、出水温度测量仪表和水压表（或流量表）。

图11-38是一套安装完毕的用控制器（水冷）供电的电机（水冷）试验系统，用直流测功机（直流电机加转矩-转速传感器）加载，测功机与被试电机之间通过一个变速箱过渡连接（并非必要。需要根据测功机与被试电机的转矩和转速范围对应关系来决定）。

（二）额定频率、额定电压满载温升试验

被试电机用控制器提供额定频率、额定电压的三相交流电源（逆变电源）。

水冷采用的水应纯净，流量控制在规定的范围内，进水温度应不超过规定值（例如33℃）。有必要时，应设置风冷系统，模拟汽车运行时的空气流动对电机散热的加强作用。

试验前，测量在实际冷状态下的电机绕组直流电阻和温度（可用环境温度代替）。相关细节和注意事项等同普通电机。

施加额定负载连续运行。试验初期允许适当过载（不超过额定负载的1.3倍）或减小冷却水的流量（对水冷电机）或减小强制通风（对风冷电机），以使电机温度尽快上升，缩短试验时间。

图11-38　用控制器供电的电动汽车用水冷电机系统热试验及负载试验系统

试验过程中，每隔10～30min记录一次电机的如下数据：

1）控制器的输入直流电压、电流及输出（也是电机的输入）三相交流线电压、电流和功率。

2）电机的输出转矩、转速和功率。

3）绕组温度（需要使用事先埋置在绕组中的热传感器）、环境温度、电机外壳散热器温度。

4）对水冷电机，记录电机和控制器的冷却水的进口和出口温度，水流量和/或压力。

需要注意的问题：对水冷电机，水泵的冷却风扇要正常工作；如果电机绕组或散热器的温度超过设定的最高限制，应停止测试。

温升稳定后，断电停机（冷却水照常供应）和测取绕组直流电阻对时间的冷却曲线等操作要求同普通电机。

需要注意的一点是：此类电机在温升稳定后，断电停机测量到第一点绕组电阻值距断电瞬间的时间间隔，不论电机大小，一律为30s（普通电机是额定功率≤50kW的为30s，>50～200kW的为90s）。若超过30s，则相关规定需要生产商与用户协商确定。

绘制直流电阻对时间的冷却曲线，并向电阻轴延伸，获得时间为0s（即断电瞬间）时的绕组电阻，用于求取稳定运行时的绕组温度和温升（注意：此项规定与普通电机也不相同）。

（三）非额定频率、非额定电压温升试验

采用控制器给被试电机供电，施加直接负载连续运行至温升稳定或规定的时间。

在额定频率以下，设置的频率和电压按恒压频（V/f）比来确定；在额定频率以上，电压均为额定值。施加的负载，在额定频率以下为恒转矩，额定频率以上为恒功率。

建议在设计的最低频率点、最低频率到额定频率之间的中间频率点、设计的最高频率点、最高频率到额定频率之间的中间频率点，分别进行一次试验。此时，每一个频率点的试验时间可适当缩短（即不一定要求达到温升稳定）。

试验过程、记录和测取的数据，以及求取温升的方法规定同上述第（二）项“额定频率、额定电压满载温升试验”给出的内容。

（四）计算温升时冷却介质温度的确定方法

1. 采用周围环境空气或气体冷却的驱动电机

采用周围环境空气或气体冷却的驱动电机（开启式电机或无冷却器的封闭式电机），环境温度的测量相关规定（测温计的放置位置和环境注意事项等）与普通电机基本相同，但强调应设置不少于4个测量点。

2. 采用强迫通风或具有闭路风冷系统的驱动电机

采用强迫通风或具有闭路风冷系统的驱动电机，应在驱动电机进风口处测量。

3. 采用液冷系统的驱动电机

采用液冷系统的驱动电机，应在冷却液进口处测量。

4. 热试验结束后热态冷却介质温度的确定

热试验结束后热态冷却介质温度是驱动电机断电时刻的冷却介质温度。这一点和普通电机有些不同（普通电机是取试验结束前约1/4时间段内几个测量点温度的平均值），请读者注意！

八、输入-输出特性及效率试验

输入-输出特性试验所包含的项目较多，有13大项，有些还要分成2小项或3小项。在这方面，是和普通电机有较大区别的。但总体来讲，在具体试验方法及所用设备方面还是有很多共同点的。

试验设备和测量仪表等的配置同上述热试验。应尽可能使用与驱动电机将要配套的电源工作性能基本相同的电源，用驱动电机控制器相互连接。

（一）工作电压范围

试验时，将驱动电机系统的直流母线电压分别设定在最高工作电压处和最低工作电压处。在不同的工作电压下，测试在不同工作转速下的最大工作转矩，记录稳定的转速和转矩值。

在驱动电机系统工作转速范围内的测量点数，一般应不少于10个。绘制转速-转矩特性曲线，检查转矩输出是否符合产品技术条件的规定。

（二）转速-转矩特性

1. 试验测试点的选取

（1）转速测试点的选取

试验时，在驱动电机系统工作转速范围内一般取不少于10个转速点。最低转速点宜不大于最高工作转速的1/10，相邻转速点之间的间隔也不大于最高工作转速的1/10。

测试点选择时应包括必要的特征点，例如：

1）额定工作转速点；

2）最高工作转速点；

3）持续功率对应的最低工作转速点；

4）其他特殊定义的转速点等。

（2）转矩测试点的选取

在驱动电机电动和馈电状态下，在每个转速点上，一般取不少于10个转矩点。对于高速工作状态，在每个转速点上测取的转矩点可以适当减少，但不可少于5个。

测试点选择时应包括必要的特征点，例如：

1）持续转矩值处的点；

2）峰值转矩（或最大转矩）值处的点；

3）持续功率值处（GB/T 18488.2—2015原文为“曲线上”）的点；

4）峰值功率（或最大功率）值处（GB/T 18488.2—2015原文为“曲线上”）的点；

5）其他特殊定义的工作点等。

2. 测量参数的选择

试验时，根据试验目的，在相关测试点处可以全部或者部分选择测量下列数据：

1）驱动电机控制器直流母线电压和电流；

2）驱动电机的电压、电流、频率和功率；

3）驱动电机的转矩、转速和机械功率；

4）驱动电机、驱动电机控制器或驱动电机系统的效率；

5）驱动电机电枢绕组的电阻和温度；

6）冷却介质的流量和温度；

7）其他特殊定义的测量参数等。

（三）试验方法和效率确定

1. 驱动电机控制器的输入和输出功率测量

试验时，驱动电机控制器的输入和输出功率测量一般用仪表测取。

当输入和输出为直流电功率时，可通过测量其输入的电压和电流计算（即电流-电压法）获得。电压和电流均应取直流母线上的平均值。

仪表的测量引线应接在驱动电机控制器的输入和输出接线端子处。应注意电流测量引线以及试验系统电源线对测量值的影响，有必要时应进行误差修正。

2. 试验方法

采用实际负载法，用测功机作负载，测取电机的输出转矩和转速，进而得到输出功率。非特殊说明，被试电机系统应处于热稳定工作状态，驱动电机控制器的直流母线工作电压应为额定电压。

试验时，可根据试验目的的设置试验条件，驱动电机系统可以在实际冷状态或热状态条件下进行试验。驱动电机控制器的直流母线电压可设置在最高工作电压、最低工作电压、额定工作电压或其他工作电压处，试验的转速和转矩可以是一个工作点，也可以是一条特性曲线或者全部工作区。必要时，需要在试验报告中记录相应的试验条件。

试验过程中，应防止被试电机系统过热而影响测量的准确性，必要时，转矩-转速特性曲线可分段测量。其他注意事项同普通电机的本项试验。

图11-39是一台驱动电机为三相异步电机的额定工作特性的实例。

3. 驱动电机控制器的效率确定

驱动电机控制器的效率η_C分为驱动电机系统电动状态和馈电状态两种工作状态下的数值。

1）电动状态时为：控制器输出端输出的电功率/控制器输入端输入的电功率；

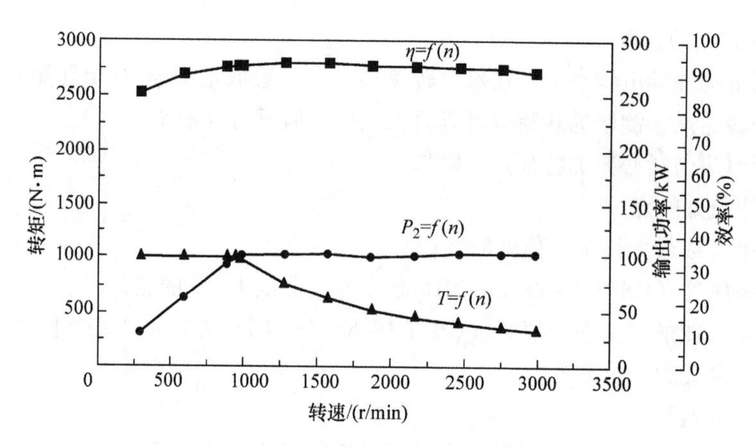

图 11-39　额定工作特性（实例）

2）馈电状态时为：控制器输入端输出的电功率/控制器输出端输入的电功率。

4. 驱动电机的效率确定

驱动电机的效率 η_m 同样分为驱动电机系统电动状态和馈电状态两种工作状态下的数值。

1）电动状态时为：电机轴输出的机械功率/电机绕组输入端的输入电功率；

2）馈电状态时为：电机定子绕组端输出的电功率/电机轴端输入的机械功率。

5. 驱动电机系统的效率确定

驱动电机系统的效率确定方法也分为电动和馈电两种情况，测量和计算原则上与上述两个效率值的确定方法相同。

1）电动状态时为：电机轴输出的机械功率/控制器输入端输入的电功率；

2）馈电状态时为：控制器输入端输出的电功率/电机轴端输入的机械功率。

（四）关键特征参数的测量

1. 持续转矩

除非特殊说明，试验过程中，驱动电机控制器直流母线电压设定为额定电压，驱动电机系统可以工作于电动和馈电两种状态。

试验时，使驱动电机系统工作于被试产品技术条件规定的持续转矩和持续功率条件下。利用本节八、（三）、2. 部分给出的方法进行试验和测量。驱动电机系统应能够长时间运行，并且不超过驱动电机的绝缘热分级允许的温度和温升限值。

2. 持续功率

按照上述试验获得的“持续转矩”T（N · m）和相应的转速 n（r/min），利用下式计算驱动电机在相应工作点的持续功率 P_m（kW）：

$$P_m = \frac{nT}{9550} \tag{11-37}$$

3. 峰值转矩

可以在驱动电机系统处于实际冷状态下进行峰值转矩试验。除非特殊说明，试验过程中，驱动电机控制器直流母线电压设定为额定电压，驱动电机系统可以工作于电动和馈电两种状态。

试验时，使驱动电机系统工作于被试产品技术条件规定的峰值转矩、转速和持续时间等条件下。利用本节八、（三）、2. 部分给出的方法进行试验和测量，同时记录试验持续时间。驱动电机系统应能够正常运行，并且不超过驱动电机的绝缘热分级允许的温度和温升限值。

如果需要多次进行峰值转矩的测量，宜将驱动电机恢复到实际冷状态时，再进行第二次试验测量。

如果用户或制造商同意，可以在不降低试验强度的情况下，允许驱动电机在还没恢复到实际冷状态时，再进行第二次试验测量（但若这样调整后，试验测量得到的温升值和温度较高，或者超过了相关的限值要求，则不应这样做）。

峰值转矩试验持续时间可按照用户或制造商的要求进行。建议制造商提供驱动电机系统能够持续 1min 或 30s 工作时的峰值转矩作为参考，并进行试验测量。

作为峰值转矩的一种特殊情况，可以试验驱动电机系统在每一个转速工作点的最大转矩。试验过程中，在最大转矩处的试验持续时间可以很短，一般情况下会远低于 30s。根据试验数据，绘制驱动电机系统转速-最大转矩曲线。

4. 峰值功率

参照上述试验获得的峰值转矩和相应的工作转速，利用式（11-37）即可计算驱动电机系统在相应工作点的峰值功率。峰值功率应与试验持续时间相对应。

图 11-40 所示是一台三相异步电机峰值工作特性的实例。

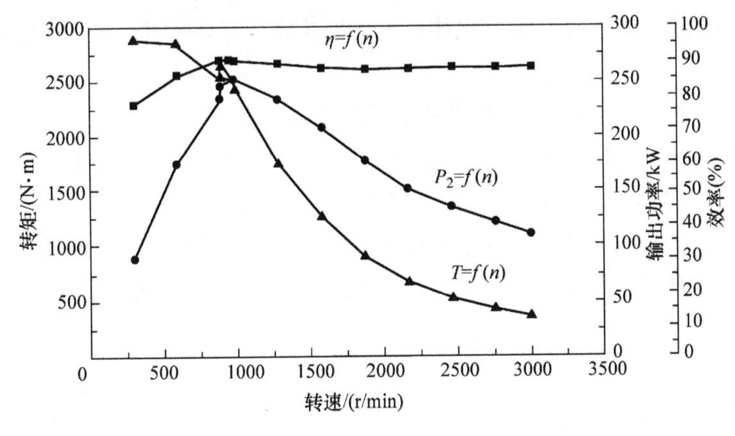

图 11-40　峰值工作特性（实例）

5. 堵转转矩

堵转试验在电机接近实际冷状态下进行。试验时，应将转子堵住，并用测力装置测量堵转转矩（设备选用和试验注意事项可参见本手册第五章第四节）。

试验时，用直流电源并通过控制器给被试电机供电。除非特殊说明，试验过程中，驱动电机控制器直流母线电压要设定为额定电压。

通过调节控制器使电机的堵转转矩 T_K 达到所需的数值，同时记录堵转时间。

然后，改变定、转子在圆周上的相对位置，均匀地分 5 个位置点，每一点均进行上述试验测量，得到 5 组堵转试验数据，取其中堵转转矩值最小的一组数据作为试验结果。

请注意：为了得到准确的“冷状态”下的堵转数据，第一个位置之后的各点在试验时，应尽可能做到绕组温度恢复到环境温度。

另外，对于笼型转子电机，实践证明，转子与定子在一个圆周上的相对位置发生变化时，堵转转矩和电流的变化很小，几乎可以忽略。所以作者建议：笼型转子电机仅进行一个任意位置的堵转试验。

6. 最高工作转速

试验过程中，驱动电机控制器直流母线电压设定为额定电压，驱动电机系统应处于热稳定状态。

试验时，均匀调解控制器使驱动电机的转速升至最高工作转速，并施加不低于产品技术条件规定的负载。驱动电机系统工作稳定后，持续运行时间应不少于3min。

按照本节八、(三）部分的试验方法进行测量，每30s记录一次驱动电机的输出转矩和转速。有必要时，应对输出转矩的读数进行误差修正［修正方法可参照GB/T 18488.2—2015的附录A，或本手册第二章第三节一、(四）和二、(三）部分介绍的内容。下同］。

7. 高效工作区

在驱动电机系统转速-转矩的工作范围内，按照本节八、(二）部分“转速-转矩特性”中“试验测试点的选取”要求选择试验测试点，测试点应均匀分布，并且点数不宜少于100个。

按照本节八、(三）部分“试验方法”，将被试驱动电机系统运行到热稳定状态。驱动电机控制器直流母线电压设定为额定电压，驱动电机系统可以工作于电动和馈电两种状态。

在不同转速和不同的转矩点进行试验，根据需要记录驱动电机轴端的转速、转矩，以及驱动电机控制器直流母线电压和电流、交流电压和电流等参数。有必要时，应对输出转矩的读数进行误差修正。

参照本节八、(三)、3. 部分规定计算各个试验点的效率。

按照GB/T 18488.1—2015中5.4.9.2对高效工作区的要求（在额定电压下，驱动电机系统的效率不低于80%的区域称为高效工作区），统计符合条件的测试点数量，其值和总的测试点数量的比值，即为高效工作区的比例。该百分比应不低于制造商和用户协商确定的数值。

鼓励通过对试验和计算数据拟合等方式获得驱动电机、驱动电机控制器或驱动电机系统的高效工作区。

8. 最高效率

可按照下述两种方式之一选择测试点：

1）按照制造商或产品技术条件提供的最高效率工作点进行测试；

2）结合前面的“高效工作区”试验进行，选择所有测试点中效率最高值，即视为最高效率。

按照本节八、(三）部分“试验方法”，被试驱动电机系统应达到热稳定状态。驱动电机控制器直流母线电压设定为额定电压，驱动电机系统可以工作于电动和馈电两种状态。

被试驱动电机系统运行于试验测试点，记录转速、转矩、电压和电流，以及冷却条件等参数。有必要时应对转矩读数进行误差修正。

按照本节八、(三)、3. 部分规定计算各个试验点的效率。

（五）控制精度

本试验仅对具有转速控制功能和转矩控制功能的驱动电机系统。

试验时，驱动电机控制器直流母线电压设定为额定电压，驱动电机系统宜处于空载、热态、电动工作状态。

1. 转速控制精度

进行转速控制精度试验时，在10%～90%最高工作转速范围内，均匀地取10个不同转速点作为目标值。按照某一转速目标设定驱动电机控制器或上位机软件，驱动电机由静止状态直接起动加速，并至转速稳定状态。在此过程中，不应对驱动电机控制器或上位机软件做任何调整。记录驱动电机稳定后的实际转数，并计算实际转数与目标转速的差值，或者实际转数与目标转速的偏差占目标转速值的百分数。此值即为这一转速目标值对应的转速控制精度。

对每一个转速目标值均应进行上述试验，选取转速控制精度中最差的那个值作为驱动电机系统的转速控制精度。

2. 转矩控制精度

试验方法、需记录的数据，以及试验后的计算和确定最终结果等方法与“转速控制精度”试验完全相同，只是记录的数据是“转矩”。

需要注意的一件事是：在加载过程中，驱动电机的工作转速会发生变化，其设定转速可以由测功机控制系统设定并控制。

（六）响应时间

本试验仅对具有转速控制功能和转矩控制功能的驱动电机系统。

试验时，驱动电机控制器直流母线电压设定为额定电压，驱动电机系统宜处于空载、热态、电动工作状态。

1. 转速响应时间

试验时，按照转速期望值设定驱动电机控制器或上位机软件，驱动电机由静止状态直接起动加速，并至转速稳定状态。在此过程中，不应对驱动电机控制器或上位机软件做任何调整。记录驱动电机控制器从接收到转速期望值指令信息开始至第一次达到规定容差范围的期望值所经过的时间。

试验时，应改变定、转子在圆周上的相对起始位置，均匀地等分取5个点，在同一转速期望值条件下分别重复以上试验。取5次测试结果中记录的最大值作为驱动电机系统对该转速期望值的转速响应时间。

2. 转矩响应时间

试验时，驱动电机在堵转状态下，按照转矩期望值设定驱动电机控制器或上位机软件，对驱动电机进行控制，使驱动电机输出转矩从零快速增大，在此过程中，不应对驱动电机控制器或上位机软件做任何调整。记录驱动电机控制器从接收到转矩期望值指令信息开始至第一次达到规定容差范围的期望值所经过的时间。

试验时，应改变定、转子在圆周上的相对起始位置，均匀地等分取5个点，在同一转矩期望值条件下分别重复以上试验。取5次测试结果中记录的最大值作为驱动电机系统对该转矩期望值的转矩响应时间。

（七）驱动电机控制器工作电流

1. 试验方法

驱动电机控制器与对应的驱动电机连接后组成驱动电机系统一并进行试验。驱动电机系统可以工作在电动或馈电状态。

试验时，按照制造商或者产品技术条件的规定设置台架试验条件，如驱动电机控制器直流母线电压、驱动电机工作转速和转矩、试验持续时间等，驱动电机系统应能够在规定的试验时间内正常稳定运行，并且电机绕组不超过其绝缘等级能耐受的温度和规定的温升限值。

按照本节八、(三) 部分“试验方法”测量驱动电机控制器工作电流的方均根值。

2. 驱动电机控制器持续工作电流

在一定的台架试验条件下，驱动电机系统如果能够长时间持续稳定运行，此时测得的电流即为驱动电机控制器持续工作电流。

3. 驱动电机控制器短时工作电流

按照制造商或者产品技术条件的规定，通过改变台架试验的条件增大驱动电机控制器的工作电流，使得驱动电机系统能够在较短的时间正常稳定运行，此时测得的电流即为驱动电机控制器在对应工作时间内的短时工作电流。

驱动电机控制器的短时工作电流持续时间应不少于30s。

4. 驱动电机控制器最大工作电流

按照制造商或者产品技术条件的规定，通过改变台架试验的条件进一步增大驱动电机控制器的工作电流，试验持续时间可以很短，一般情况下会远少于30s。此时测得的电流即为驱动电机控制器的最大工作电流。

(八) 馈电特性试验

被试驱动电机系统中的电机由其他机械拖动（一般使用可工作在电动状态的测功机，也可使用和被试驱动电机系统同规格的驱动电机系统）。此时控制器的原输出端改为输入端，将接受电机发出的交流电能；原输入端改为输出端，向直流电源反馈直流电能。

相关试验设备和仪器仪表等同热试验或负载试验。

1. 在 GB/T 18488. 2—2015 中的规定

在 GB/T 18488. 2—2015 中，对本项试验介绍的比较简单，摘录如下：

试验时，被试驱动电机系统由原动机（测功机）拖动，处于馈电状态。根据试验目的和测量参数的不同，驱动电机控制器工作于设定的直流母线电压条件下，驱动电机在相应的工作转速和转矩负载下进行馈电试验。记录馈电状态时驱动电机控制器的直流母线电压、直流母线电流、驱动电机各相的交流电压、交流电流，以及驱动电机轴端的转速和转矩等参数，同时计算获得功率（无功率仪表时）、馈电效率等数值，绘制相关曲线。

有必要时应对转矩读数进行误差修正。

2. 在 GB/T 18488. 2—2006 中的规定

在 GB/T 18488. 2—2006 和其他一些资料中，对本项试验给出了3种方法，现给出供参考选用。

(1) 在试验室中用发电法试验

被试电机在其他机械的拖动下作为发电机运行。所用设备与负载特性试验相同，只是其中的“负载”应同时具有“电动”的功能，用它拖动被试电机作发电机运行。

试验时，被试电机应处于热稳定状态。

试验时，控制器设置成馈电模式，为被试电机提供励磁电源（低于电机旋转频率的电源）。将电机起动并使其转速超过由控制器所提供的励磁电源频率形成的同步转速。

在不同转速下进行发电试验。转速调整范围及需记录的点数规定同电机运行状态工作特性试验。

每一个试验点记录如下数据：

控制器的输出直流电压、直流电流；

电机的输出交流电压、电流、功率；

电机的输入转矩、转速和功率（如仪表不能显示，则用转矩和转速计算获得）。

和电机运行状态的负载特性试验类似，也要求进行额定和峰值两种馈电特性试验。

图 11-41 是一台 100kW、额定转速为 950r/min 的电机额定和峰值两种馈电实测特性曲线。和图 11-39、图 11-40 相比，多出了一条电机输入功率 P_1（实际上是拖动机械的输出机械功率）曲线，效率是控制器输出电功率 P_2 与电机输入机械功率 P_1 的比值，即整个系统的馈电效率。

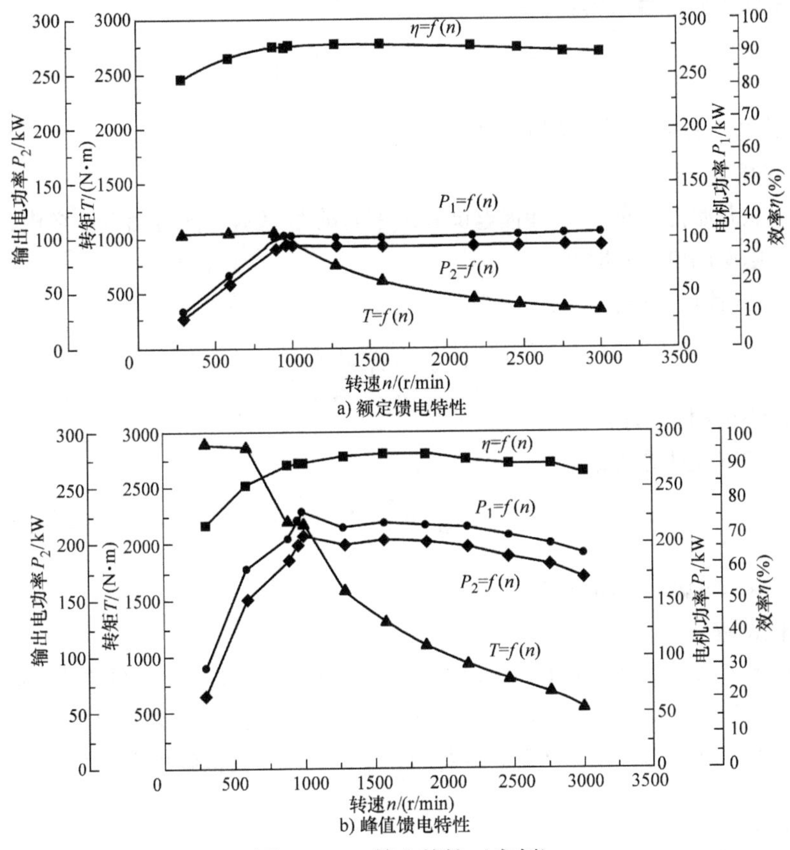

图 11-41　馈电特性（实例）

（2）用惯性轮装置试验

这种试验方法是在没有拖动机械的情况下才使用的，例如负载机械为只能提供制动力矩的电涡流制动器、磁粉制动器或不连接直流电源的直流电机等。

试验前，应在电机轴伸端安装一个有足够转动惯量的惯性轮。如电机已与转矩-转速传感器连接，则建议该惯性轮应连接在转矩-转速传感器的另一端（为了防止过重的惯性轮对传感器的弹性轴产生较大的挠度给弹性轴造成永久的变形，应通过一个轴承座进行过渡安装）。

使用电涡流制动器、磁粉制动器等作为负载设备的，若已知或通过测量知道其转子转动惯量 J，可利用这些设备的转子作为“惯性轮”。做惯性运行时，这些设备不加励磁。有一个需要注意的问题是需要知道它们的轴承损耗，计算时应剔除这些损耗的影响。

控制器设置成馈电模式为被试电机提供励磁电源（低于电机旋转频率的电源）。将电机起动并使其转速超过由控制器所提供的励磁电源频率形成的同步转速，达到最高允许转速后，测量惯性轮的角速度（电机的转速换算成角速度）ω_1。然后开始降转速到额定转速的1/4左右，测量惯性轮的角速度ω_2。同时测量控制器电源两端的电压、电流以及试验过程所用的时间。

能量W_1用下式计算求得：

$$W_1 = \frac{1}{2}J(\omega_1^2 - \omega_2^2) \tag{11-38}$$

式中　J——惯性轮的转动惯量。

馈电效率η用下式计算求得：

$$\eta = \frac{W_2}{W_1} \tag{11-39}$$

式中　W_2——馈电试验中输给电源的能量。

（3）直接在整车上试验

测量馈电试验开始前的车速v_1和馈电试验结束时的车速v_2，同时测量在馈电过程中电源两端的电压及输入电源的电流和时间。

能量W_1用下式计算求得：

$$W_1 = \frac{1}{2}m(v_1^2 - v_2^2) \tag{11-40}$$

式中　m——整车的质量（kg）。

馈电效率η用下式计算求得：

$$\eta = \frac{W_2}{W_1} \tag{11-41}$$

式中　W_2——馈电试验中输给电源的能量。

九、安全性试验

实际上，在本节第六部分中的10个检查试验中，与绕组和电路绝缘性能有关的试验以及超速试验，都应该属于安全性能项目。本部分再介绍一些，其中前三项是表11-19中列出的，后两项则属于普通电机中规定的，是作者建议进行的，也就是说，由读者根据所在企业的情况决定是否进行。

（一）安全接地检查

电机和控制器的接地点应有明显的接地标志。若无特定的接地点，应在有代表性的位置设置接地标志。

安全接地检查方法按GB/T 13422—2013中5.1.3“可触及金属部位的接地电阻测量”进行。试验前，应将变流器和供电电源及负载断开。用测量电阻的仪表（毫欧表或微欧表）直接测量接地端子和机壳各处人易接触的部位（裸露金属的位置或应接地的导电金属件）之间的电阻值。该电阻值不应大于0.1Ω。

注：对于驱动电机，在GB/T 14711—2013《中小型旋转电机通用安全要求》中9.11的规定（详见本手册第四章第七节）是接通达到被试电机额定电流的低压交流电流，测量该电流和施加的电压，利用$R = U/I$计算得到“接地路径电阻”。给出的考核标准是不应大于0.1Ω。

（二）控制器的保护功能检查

控制器的保护功能检查按照GB/T 3859.1—2013《半导体变流器 通用要求和电网换相变流

器 第1-1部分：基本要求规范》中7.5.3的“保护装置检查”要求进行。

检查的主要内容包括：

1）过电流保护装置的整定值。

2）快速熔断器和快速开关的正确动作。

3）过电压保护装置的性能。

4）冷却设备流速、流量、压力、超温等保护器件的可靠性。

5）安全接地装置和开关的正确设置及各种保护间的协调动作。

安全接地装置检查应尽可能在设备中的部件不超过其额定值的应力下进行。

如果认为有必要，在型式试验时，应检查熔断器保护的有效性。

（三）控制器支撑电容放电时间计量

本项试验包括被动放电时间计量和主动放电时间计量两部分。

1. 被动放电时间计量

试验时，直流母线电压应设定为最高工作电压。电压稳定后，立即切断直流供电电源，同时利用电气测量仪表测取驱动电机控制器支撑电容两端的开路电压。试验期间，控制器不参与任何工作。

记录支撑电容开路电压从切断时刻直至下降到60V经过的时间，即为驱动电机控制器支撑电容放电时间。

2. 主动放电时间计量

对于具有主动放电功能的驱动电机控制器，试验时，直流母线电压应设定为最高工作电压。电压稳定后，立即切断直流供电电源，并且控制器参与放电过程，利用电气测量仪表测取驱动电机控制器支撑电容两端的开路电压。

记录支撑电容开路电压从切断时刻直至下降到60V经过的时间，即为驱动电机控制器支撑电容放电时间。

（四）接触电流测量

使用设备和检查方法按GB/T 14711—2013中第22章和GB/T 12113《接触电流和保护导体电流的测量方法》的规定（详见本手册第四章第六节）。

在正常工作时，其热态时的测量值不应大于5mA（有效值）。

（五）短时升高电压试验

试验时，电机空载运行，输入电压为其额定值的1.3倍，频率为额定值，历时3min。无冒烟、击穿现象为合格。

十、环境适应性试验

（一）低温试验

将驱动电机和驱动电机控制器正确连接，按照GB/T 2423.1—2008《电工电子产品环境试验 第2部分：试验方法　试验A：低温》的规定，放入低温箱内，使箱内温度降至-40℃，保持2h。试验过程中，驱动电机系统处于非通电状态，对于液冷式驱动电机和驱动电机控制器，不通入冷却液。低温贮存2h后，在低温箱内测量绝缘电阻，测试值应符合技术条件的规定。测量期间，箱内的温度仍应保持在-40℃。

接着，给驱动电机系统通电，检查能否空载起动。对于液冷式驱动电机和驱动电机控制器，若要求在起动过程中通入冷却液，冷却液的成分、温度及流量应符合产品技术条件的规定。

上述试验结束，按照GB/T 2423.1—2008的规定恢复到常态后，将驱动电机控制器直流母线工作电压设定为额定电压，驱动电机运行于持续转矩、持续功率条件下，检查系统能否正常运行。

（二）高温试验

将驱动电机和驱动电机控制器正确连接，按照GB/T 2423.2—2008《电工电子产品环境试验 第2部分：试验方法 试验B：高温》的规定，放入低温箱内，使箱内温度降至85℃，保持2h。

其后的测试和条件与上述“低温试验”基本相同（只是温度应保持在85℃）。

（三）湿热试验

将驱动电机和驱动电机控制器放入温度为（40±2）℃、相对湿度为90%～95%的试验条件下，保持48h。试验过程中，驱动电机系统处于非通电状态，对于液冷式驱动电机和驱动电机控制器，不通入冷却液，放置48h。其后的测试和条件与上述“低温试验”或“高温试验”基本相同（只是温度和相对湿度与它们不同）。驱动电机和控制器的绝缘电阻均应不低于1MΩ。

（四）防盐雾试验

该试验应按GB/T 2423.17—2008《电工电子产品环境试验 第2部分：试验方法 试验Ka：盐雾》的规定进行。

驱动电机和控制器在试验箱内应处于正常安装状态。试验周期不低于48h。

试验结束后，控制器和驱动电机在规定的条件下恢复1～2h后，将驱动电机控制器直流母线工作电压设定为额定电压，驱动电机运行于持续转矩、持续功率条件下，检查系统能否正常运行。但不考核驱动电机和控制器的外观。

（五）耐振动试验

驱动电机和控制器在进行本项试验时，将电机安装在专用试验台架上（图11-42给出了一个机械振动试验台示例），安装结构尽可能和将来在汽车中所使用的方式相同。

进行在X、Y、Z三个方向的扫频振动试验和随机振动试验，试验方法为QC/T 413—2002《汽车电气设备基本技术条件》。

驱动电机和控制器通常在不通电的情况下经受试验，振动试验的检测点一般定为试验夹具与试验台的结合处。

1. 扫频振动试验

进行扫频振动试验时，应根据产品安装部位，振动的频率和时间的规定见表11-22。该表是GB/T 18488.1—2015《电动汽车用驱动电机系统 第1部分：技术条件》中的表4（实为QC/T 413—2002中的表3）。

表11-22 扫频振动试验严酷等级

产品安装部位	频率/Hz	振幅/mm	加速度/(m/s^2)	扫频速率/(oct/min)	每一方向试验时间/h
发动机上	10～50	2.5	—	1	8
	50～200	0.16	—		
	200～500	—	250		
其他部位	10～25	1.2	—		
	25～500	—	30		

注：1. 表中的振幅和加速度适用于“Z”方向，对于“X”和“Y”方向，其振幅和加速度可以除以2。

2. 振动试验时的“Z”方向规定为：安装在发动机上的产品为发动机与缸孔轴线方向平行的方向；安装在其他部位的产品则为与汽车的垂直方向平行的方向。

试验后，应仔细检查电机的各零部件是否有损伤、紧固件有无松脱现象，特别是安装支架、轴承等部位，应重点检查。在额定电压、持续转矩、持续功率下，电机应能正常工作。有影响使用性能的损伤，则判定本项不符合要求。

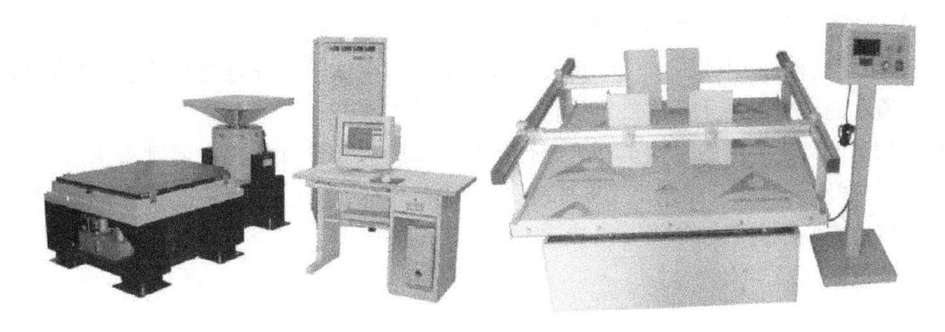

图 11-42　机械振动试验台

2. 随机振动试验

如无特殊规定，根据安装部位，电机和控制器随机振动试验的严酷度限值及试验时间应参照 GB/T 28046.3—2011《道路车辆　电气及电子设备的环境条件和试验　第 3 部分：机械负荷》的规定。

GB/T 28046.3—2011 中 4.1.2.1.2.2 “随机振动（乘用车发动机）” 规定：加速度均方根（r.m.s）值应为 $181m/s^2$；加速度功率谱密度（PSD）与频率见图 3 和表 3（注：本手册为图 11-43和表 11-23）。

试验后的检查和考核标准同“扫频振动试验”。

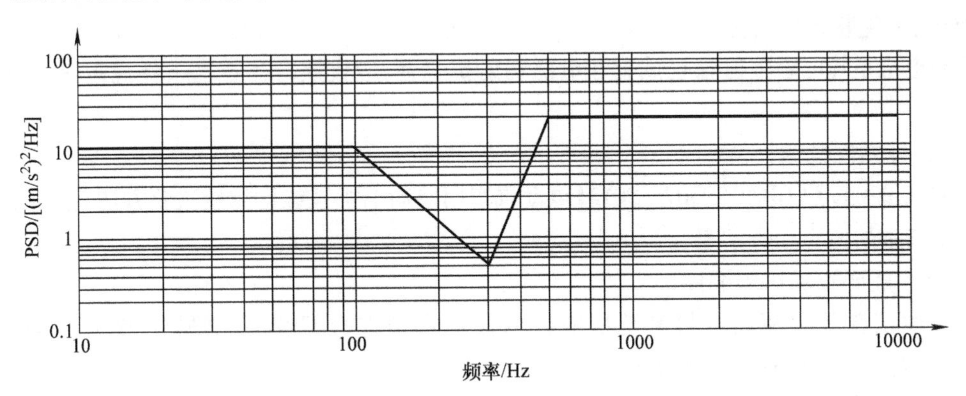

图 11-43　PSD 与频率

表 11-23　PSD 与频率

频率/Hz	10	100	300	500	2000
PSD/[(m/s^2)^2/Hz]	10	10	0.51	20	20

（六）外壳防护等级（防尘和防水）确定试验

根据产品标定的防护等级，按照 GB/T 4942.1—2006《旋转电机整体结构的防护等级（IP 代码）　分级》和 GB/T 4208—2017/IEC 60529:2013《外壳防护等级（IP 代码）》中的规定进行试验和判定。

试验过程和有关规定参见本手册第四章第八节。

防护等级应不低于 IP44。

(七)水冷(液冷)电机的水压试验

对于使用水冷(液冷)电机的外壳,应进行水压试验。该试验可安排在组装前,对将要装配的外壳进行。通水的压力按技术条件规定执行。

可使用如图 11-44 所示的手动试压泵进行试验。试验时将冷却水路中灌满清水后,将出水口堵住,进水口与试压泵的胶管相连。反复提、压试压泵的手柄,进行加压,直到压力表显示规定的压力为止。观察外壳及相关部位是否有水渗漏现象。

无任何部位漏水或渗水为合格。

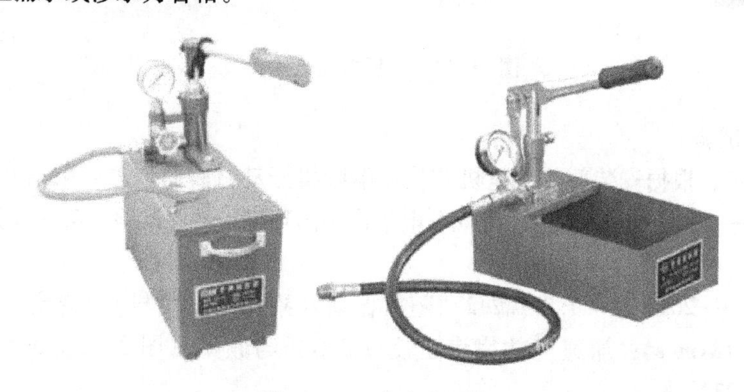

图 11-44　手动试压泵

十一、电磁兼容性试验

驱动电机系统电磁辐射骚扰试验和电磁辐射抗扰性,应按照产品技术条件规定进行试验和考核。

十二、可靠性试验

可靠性试验按照 GB/T 29307—2012《电动汽车用驱动电机系统可靠性试验方法》进行。下面简要介绍其中的内容。

(一)一般要求和试验顺序

可靠性试验按照驱动电机系统所应用的车辆类型进行试验,负载转矩按照图 11-45 和表 11-24进行。总运行时间为 402h。

按照下列顺序进行试验:

1）被试驱动电机系统工作于额定工作电压，试验转速 n_s保持为 1.1 倍的额定转速 n_N，即 $n_s=1.1n_N$，此负载下循环 320h。

2）被测驱动电机系统工作于最高工作电压，试验转速 $n_s=1.1n_N$，此负载下循环 40h。

3）被测驱动电机系统工作于最低工作电压，试验转速 $n_s=$（最低工作电压/额定工作电压）n_N，此负载下循环 40h。

4）被测驱动电机系统工作于额定工作电压、最高工作转速和额定功率状态下，持续运行 2h。

图 11-45 中，T_N为额定转矩（即持续转矩）；T_{PP}为峰值转矩，单位均为 N · m。其中，被试

驱动电机系统工作于最高工作电压时，T_{PP} = 峰值功率/n_s；被试驱动电机系统工作于最低工作电压时，T_{PP} = 峰值功率/n_N。

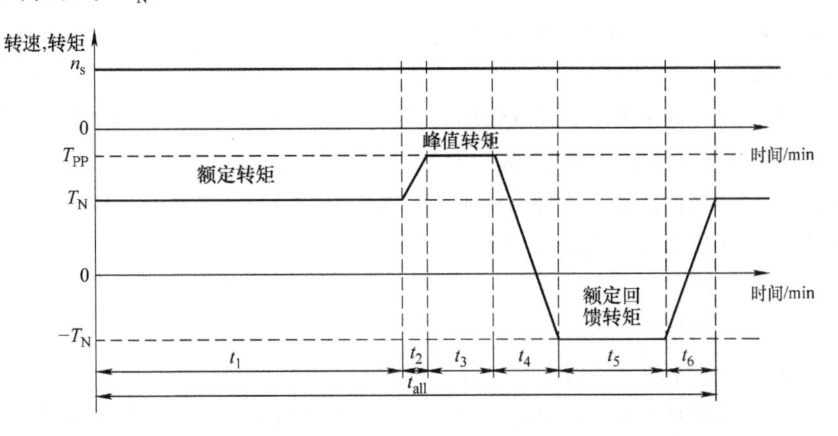

图 11-45　电动汽车用驱动电机系统可靠性测试循环示意图

表 11-24　电动汽车用驱动电机系统可靠性测试循环参数

序号	负载转矩	时间段	运行时间/h		
			纯电动商用车	纯电动乘用车	混合动力汽车
1	额定转矩 T_N	t_1	23.5	22.0	6.5
2	T_N过渡到 T_{PP}	t_2	0.5	0.5	0.5
3	峰值转矩 T_{PP}	t_3	1	0.5	0.5
4	T_{PP}过渡到 $-T_N$	t_4	1	1	0.5
5	额定回馈转矩 $-T_N$	t_5	1	5	6.5
6	$-T_N$过渡到 T_N	t_6	3	1	0.5
单个循环累计时间			30	30	15

（二）检查和维护

1. 一般要求

检查和维护按照下列要求进行，实际执行时，其内容和周期可以适当地增减。检查和维护的结果应详细记录，推荐的检查、故障和维护记录表格见表 11-25 ~ 表 11-27（表 11-25 中：对于冷却介质，应记录具体种类；在自然冷却条件下，如果外加风机冷却，则记录冷却风量；对于电机、控制器和轴承温度，应记录测量部位。另外，GB/T 29307—2012 推荐的这 3 个表的格式并不一定合适，特别是其中的表 11-26，使用者可借鉴其中的内容另行编制）。

2. 随时的检查

1）采用故障诊断器、仪表和计算机等随时监测运行数据。发现超过限值范围时，发出报警信号或停车，根据故障严重程度进行处理。若属于被测驱动电机系统故障，则算为故障停车。记录故障原因、停车时间和处理情况。

2）监听被测驱动电机系统运行异响，必要时采取措施。

3. 每 1h 的检查

在 1h 内，适时地记录被测驱动电机的转矩和转速、驱动电机控制器的直流母线电压和电流、驱动电机表面温度、冷却液的温度和流量。必要时，进一步检查驱动电机控制器功率器件的工作温度。如果驱动电机安装有温度传感器，则一并检查驱动电机绕组的工作温度，并画在以运行持续时间（单位为h）为横坐标轴的监督曲线上。

4. 每24h的检查

1）在24h内，允许停机1次，巡视试验设备，并检查紧固件、机械连接件、管路（尤其是软管）和连接电缆及接口等。原则上只检查台架本身。

2）检查冷却液的液面高度，冷却系统是否存在渗漏等情况。必要时，补充冷却液。

3）停机检查时间最长应不超过0.5h。

5. 故障及停机处理

1）记录每次停机的原因和操作内容。

2）当出现故障时，应进行故障分析，排除故障并记录。

3）被中断的负载循环不计入驱动电机系统可靠性工作时间。如果停机时间超过1h，则重新开始循环后的1h不计入驱动电机系统可靠性工作时间。

推荐的记录表格见表11-26。

表11-25 可靠性试验检查记录表

序号	时间	母线电压	母线电流	转矩	转速	气压	环境温度	冷却介质温度	冷却介质流量	电机温度	控制器温度	轴承温度	绝缘性能
	h	V	A	N·m	r/min	MPa	℃	℃	L/min	℃	℃	℃	MΩ
1													
2													
3													
4													

记录：__________

表11-26 可靠性试验故障记录表

顺序号	故障时间	循环序号	故障等级	故障类型	故障模式	故障描述	故障原因	排除措施	维修时间	维修费用
1										
2										
3										
4										

记录：__________

表11-27 可靠性试验维护记录表

序号	时间	循环序号	维护内容	维护原因	维护耗时
1					
2					
3					
4					

记录：__________

（三）试验结果的处理

1）根据 QC/T 893—2011《电动汽车用驱动电机系统故障分类及判断》进行记录，必要时提供照片，进行精密分析。

2）依据被测驱动电机系统实际持续运行时间和运行过程中的记录，按照下面第（四）部分给出的规定进行评定。

（四）可靠性评定

1）被测驱动电机系统实际运行时间应不少于402h。

2）可靠性试验故障用平均首次故障时间 *MTTFF*（单位为 h）、故障停车次数 n' 及故障平均间隔时间 *MTDF*（单位为 h）来评定。

MTTFF（h）为

$$MTTFF = \frac{T'}{n'} \tag{11-42}$$

$$T' = \sum_{j=1} T'_j + (n - n')T_e \tag{11-43}$$

式中　*MTTFF*——平均首次故障时间点估算值（h）；

n——试验系统总次数；

n'——驱动电机系统发生故障停车次数[㊀]；

T'——无故障工作总时间（h）；

T_j'——第 j 个驱动电机系统首次故障时间（不计轻微故障）（h）；

T_e——定时结尾时间，$T_e = 402\text{h}$。

MTBF(*h*) 为

$$MTBF = \frac{T}{r} \tag{11-44}$$

$$T = \sum_{j=1}^{k} T_j + (n - k)T_e \tag{11-45}$$

式中　*MTBF*——故障平均间隔时间点估算值（h）；

r——T 时间内发生故障次数（不计轻微故障）；

k——中止试验系统数；

T——工作总时间（h）；

T_j——第 j 个驱动电机系统中止试验时间（不计轻微故障）（h）。

单侧区间估算下限值 $MTBF_L$[㊁]（h）用下式计算：

$$MTBF_L = \frac{2T}{\chi^2[2(r+1), a]} \tag{11-46}$$

式中　$MTBF_L$——故障平均间隔时间置信下限值（h）；

$\chi^2[2(r+1), a]$——自由度为 2（r +1）、置信度为 a 的 χ^2 分布值，建议 a 为 0.1。

㊀ GB/T 29307—2012 中 9.2 式（2）的注为：“发生故障驱动电机系统的数量”。作者认为是笔误，故改成“驱动电机系统发生故障停车次数”。请读者注意。

㊁ GB/T 29307—2012 中 9.2 为“*MTBF*”，这样则和上一个参数“故障平均间隔时间点估算值 *MTBF*”重复了，故加一个下标“L”，改成“$MTBF_L$”，以示区别。请读者注意。

3）比较初试及复试性能曲线及参数，其性能参数应满足 GB/T 18488.1—2015 的要求。

（五）试验报告

试验报告至少应包括以下几项内容：

1）前言：说明试验任务的来源。

2）试验依据。

3）试验目的。

4）试验对象：注明被测驱动电机系统的主要参数，并附加图形、照片及必要的说明。

5）试验设备及仪表：应写明主要设备及仪表的名称、生产厂家、型号、精度及其他基本参数，以及标定日期和测量位置。

6）试验条件与标准不同之处。

7）试验结果：

① 对原始试验数据加以整理，尽可能用曲线表示。重要的数据可以列表。

② 可靠性评价指标计算结果。

③ 故障和维修统计。

④ 试验过程中的调整更改记录。

⑤ 性能测试结果。

8）试验结论与建议：

① 描述故障的模式、类型、数量。

② 描述平均首次故障时间及平均故障间隔时间。

③ 必要时，根据可靠性试验结果，提出改进和补充试验的建议。

9）试验时间。

第九节　电动自行车和类似车辆用直流电动机及其控制器

电动自行车和类似车辆用电动机属于直流电动机，其现行有关标准《电动自行车及类似用途用电动机　技术要求》的编号为 JB/T 10888—2008。下面介绍其中有关电动机和控制器的主要内容，附带给出相关考核标准。

一、术语和定义、产品型号和运行条件

（一）术语和定义

1）一体轮电动机：轮辋与电机的外壳为一体的电动机。

2）辐条轮电动机：用辐条将电机外壳与轮辋连在一起的电动机。

3）无刷无齿直流电动机：无换向器结构，并且无齿轮减速部分的永磁直流电动机。

4）有刷无齿直流电动机：有换向器结构，但无齿轮减速部分的永磁直流电动机。

5）分离式电动机：与轮毂分离，并通过减速器与轮毂机械耦合的电动机。

6）侧置式电动机：和减速器做成一体，并安装在轮毂侧面的电动机。

7）开档距离：安装电动机的叉形构件间的开档尺寸。

8）相位角：控制无刷直流电动机实现定子绕组电流驱动与换相的检测电角度，通常有 60°和 120°两种。

9）额定转速：电动机在额定电压下，输出额定功率时的转速。

10）空载转速：电动机在额定电压下，不带负载、不加限速时的转速，单位为 r/min。

（二）电动机型号

电动机的型号由产品名称代号、产品性能代号、相位角代号、派生代号和附加码共5部分组成，其前后排列顺序如图11-46所示。其中，产品名称代号、产品性能代号、相位产品代号应按 JB/T 10888—2008 的规定，派生代号和附加码则可由生产企业和用户协商确定。下面给出前4项的含义和相关说明。

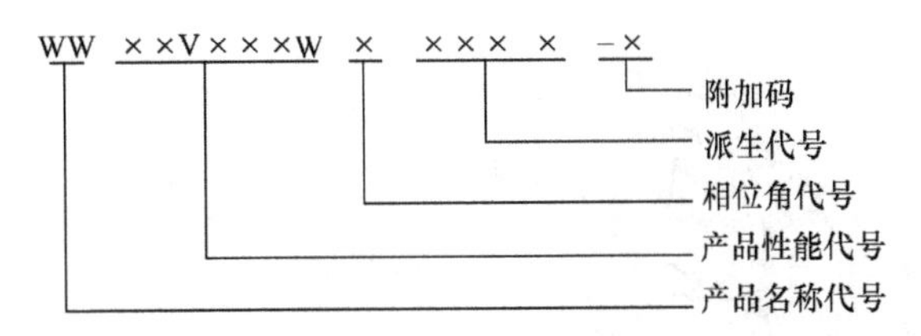

图11-46　电动自行车及类似用途用电动机型号的组成

1. 产品名称代号

目前所有产品的名称代号有如下10种，一般用大写汉语拼音字母表示：

1）WW——电动自行车及类似用途车辆（以下简称电动自行车）；

2）WY——电动车用无刷有齿直流电动机；

3）YW——电动车用有刷无齿直流电动机；

4）YY——电动车用有刷有齿直流电动机；

5）FL——分离式无刷直流电动机；

6）CZ——侧置式无刷直流电动机；

7）SW——电动三轮车用无刷直流电动机；

8）SY——电动三轮车用有刷直流电动机；

9）QW——其他类似用途无刷直流电动机；

10）QY——其他类似用途有刷直流电动机。

2. 产品性能代号

产品性能代号用5个阿拉伯数字和2个英文字母组成。前2位阿拉伯数字为电动机的额定电压（单位为V）；第3位是表示电压单位的字母V；第4~6位是电动机的额定功率（单位为W）；第7位是表示功率单位的字母W。

电动机电源为直流电，额定电压建议优先选用下列等级：24V、36V、48V、60V和72V。

电动机的额定功率建议优先选用下列等级：120W、150W、180W、240W、350W、500W、800W、1000W、1200W和1500W。

3. 相位角代号

相位角代号用1个阿拉伯数字表示。有刷电动机为0；60°相位角代号为1；120°相位角代号为2；其他型式为3。

4. 派生代号

派生代号可由制造厂自行规定。但建议表示轮径、转速、开档距离和轴径4个参数的字母符号分别使用L、N、K和M。较常用的由如图11-47给出的4部分组成。

图11-48为几种电动自行车用电动机外形。

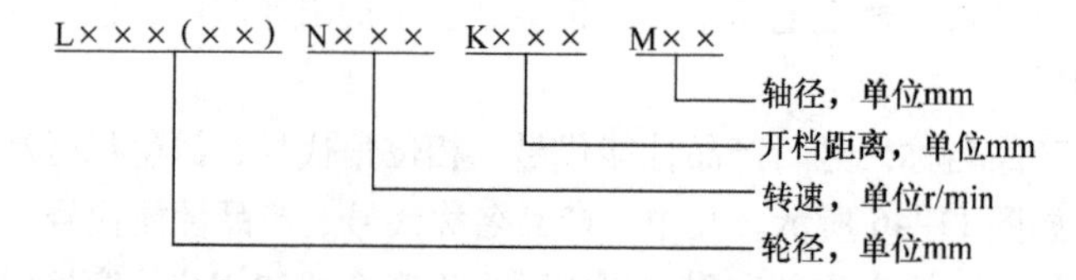

图 11-47　电动自行车及类似用途用电动机型号中派生代号的组成

图 11-48　电动自行车用电动机外形示例

（三）电动机运行条件

1）环境温度：-25～55℃；

2）相对湿度：(15～95)% RH；

3）海拔不超过1500m或大气压在86～106Pa之间；

4）周围没有严重的腐蚀性气体及影响电气绝缘性能的介质。

二、电动机试验项目和试验条件

（一）试验项目

电动自行车及类似用途用电动机的试验项目及试验方法、考核标准简述见表11-28，表中序号或项目名称带一个“*”的为出厂检查试验项目，带两个“**”的是一项中包含多个项目，但其中有的项目是检查试验项目（带一个“*”的），有的属于型式试验项目或可选项目；型式试验则包括全部项目 。

表 11-28　电动自行车及类似用途用电动机的试验项目及试验方法、考核标准简述

序号	试验项目名称		试验方法和考核标准（简述）
1*	外观检查		表面无锈蚀、磕碰、裂痕、涂覆层无剥落，紧固件链接牢固
2*	运转检查		平稳轻快，无停滞现象，声音均匀和谐而无有害杂音
3**	装配质量	轴向间隙	用百分表测量。应≤0.3mm
		轴伸径向圆跳动	用百分表测量。标准见表11-29
		径向与端面圆跳动*	用百分表测量。标准见表11-30
4**	引出线和接插件	引出线强度检查*	单根引出线应能承受20N的拉力，试验后引出线部位的绝缘层和线芯不得损坏
		接插件要求和规格	接触电阻≤0.1Ω；插入力≤70N；拔出力≥20N
		引出线要求和规格	规格见表11-31
5	有刷电动机换向火花测定试验		在25%负载到满载过程中，换向火花不超过2级

（续）

序号	试验项目名称	试验方法和考核标准（简述）
6	旋转方向检查	无特殊要求时，单出线者，从出线端看，为逆时针；双出线者，从主绕组线端看，为逆时针
7	轮毂强度试验	略
8	轴伸直径和开档距离测量	略
9*	绝缘电阻测定试验	绕组对机壳及相互之间，热态时≥10MΩ；常态时≥50MΩ
10*	耐电压试验	试验电压为500V+2倍额定电压，历时1min，泄漏电流（高压端）应≤10mA。大批量生产时允许电压为800V，时间为1s
11	匝间绝缘试验	冲击电压峰值为耐电压试验值（有效值）的1.4倍，允许使用1.3倍额定电压历时3min代替。试验时绕组匝间、绕组之间及对机壳不击穿
12	短时过转矩（过载）试验	施加额定电压，热状态下再逐渐增加负载，达到额定转矩的2倍，历时10min，无转速突变、停转和部件损坏，再次起动运转正常
13	电源电压试验	电源电压在额定值的90%～110%之间变化，电动机能输出额定转矩正常运行
14	热试验	试验方法同通用试验。绕组温升限值：130（B）级绝缘，绕组为80K，外壳为70K；155（F）级绝缘，绕组为105K，外壳为95K
15	转矩、转速、效率测定试验	试验方法同普通直流电动机。符合专门的技术要求
16	低温试验	在-25℃±3℃的环境中持续16h。试验后绝缘电阻≥10MΩ，能正常运行
17	高温试验	在70℃±2℃的环境中持续4h。标准同低温试验
18	湿热试验	试验方法见本节三、（十一）。能正常工作，绝缘电阻≥10MΩ，无锈蚀
19	振动和冲击试验	试验方法见本节三、（十二）。试验后，部件无松动和损坏
20	噪声测定试验	试验方法同普通直流电动机。噪声声功率级≤65dB（A）
21	防护等级试验	按GB/T 4942.1—2006进行。应不低于IP54

表11-29　内转子电动机轴伸径向圆跳动公差限值

轴伸直径 d/mm	$6 \leqslant d \leqslant 10$	$10 < d \leqslant 18$
径向圆跳动/mm	0.030	0.035

表11-30　电动机径向与端面圆跳动公差限值

类型	轻合金轮	辐条轮	其他
径向圆跳动公差/mm	0.50	0.60	0.80
端面圆跳动公差/mm	0.80	0.60	1.20

表11-31　电动机引出线的标称横截面积要求

电动机额定电流 I/A	$I \leqslant 10$	$10 < I \leqslant 16$	$16 < I \leqslant 25$	$25 < I \leqslant 32$	$32 < I \leqslant 40$
标称横截面积/mm^2	1.0	1.2	2.5	4.0	6.0

（二）试验条件

试验应在下述环境、设备、电源等条件下进行：

1）试验环境温度为5～30℃（仲裁试验时为20℃±1℃），相对湿度为45%～75%（仲裁试验时为63%～67%），大气压力为（86～106）kPa。

2）电量参数测试仪器仪表的准确度应不低于0.5级（数字仪表应不低于0.1级或±1个字）；测功机和测速仪的精度不低于1%，额定功率或标定转矩应不大于被试电机的3倍（堵转试验除外）；测力计的准确度应不低于1.0级；电阻测量仪的准确度应不低于0.2级；声级计精度为0.7dB，百分表精度为0.01mm。

3）直流电源的纹波因数应不大于5%。

三、电动机试验方法

表11-28已给出了部分项目试验方法的简单叙述，下面对其中一些项目进一步详细介绍。

（一）轴向间隙

将电动机以轴向水平位置牢固地安置，用百分表测量头置于轴伸顶端，沿着轴线施加100N的推力在轴上，先向一个方向，然后向相反的方向，百分表两次读数之差即为轴向间隙。

（二）轴伸径向圆跳动

固定电动机外壳，缓慢转动电动机转轴，用百分表测量。

（三）径向与端面圆跳动

将轴固定，缓慢地转动外壳，用百分表在轮毂电动机轮辋装胎面或轮条轮辐条孔中心线测取径向3点跳动值，其最大值即为该电动机的径向圆跳动值；接着用同样的方法在外缘上测取3点跳动值，其最大值即为该电动机的端面圆跳动值。

（四）引出线强度检查

电动机引出线应用不同的颜色标识，其规定如图11-49所示。

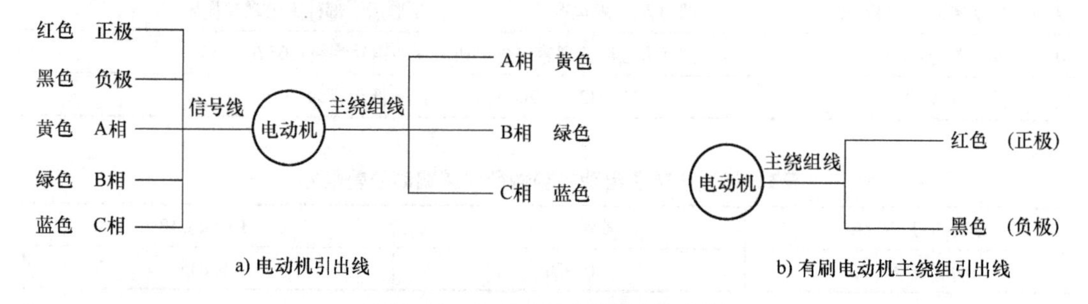

图11-49 电动机引出线的颜色标识

对引出线强度检查试验时，将轴向（径向）出线的电动机的轴置于垂直（水平）位置，引出线的引脚端竖直向下，并在其下端通过测力计用手拉或悬挂重物的方法施加20N的力，持续1min。

传感器引出线在任意方向上施加9N的拉力，持续1min。

（五）有刷电动机换向火花测定试验

给被试电动机加额定电压运行，保持其电刷的位置不变。从25%额定负载调到额定负载时，观察换向器和电刷上的最大火花并记录其等级。

（六）热试验

装入轮毂内的电动机和外径>130mm的电动机进行热试验时，不加散热板，应根据电动机的安装特点选用试验支架。此类电动机属于轴向水平使用的外转子电动机，在运行试验时，电动机应处于水平位置，装夹具应不影响电动机的磁路，以免造成测量误差。需要的安装设备如图 11-50a所示。图 11-50b 给出了一种用小型一体式测功机和一种由转矩-转速传感器与磁粉或涡流制动器组成的测功机负载试验设备，以及将电动自行车用电动机安装在该设备上的装配图，可供参考选用。

图 11-51 为试验时测量仪表与控制器及电动机的接线图。

试验方法、测取试验数值和计算温升值的过程同一般直流电动机。如被试电动机的技术条件有规定，可用点温计测取电动机外壳表面温度达到稳定时的温升（或温度）。

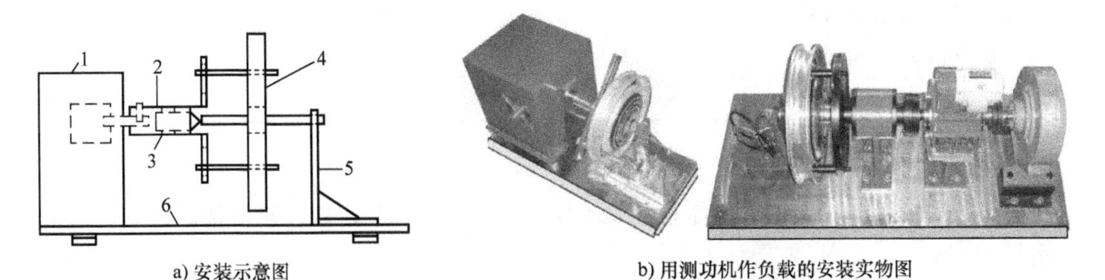

a) 安装示意图　　b) 用测功机作负载的安装实物图

图 11-50　电动自行车用电动机负载试验设备安装图

1—测功机　2—连接器　3—轴承　4—电动机　5—支架　6—工作台

（七）效率测定试验

使用与温升试验相同的测试设备进行试验。不提倡使用效率损失较大的传动带或齿轮过渡的方法。

给被试电动机加额定电压 U_N（V），使其输出额定功率 P_{2N}（W）或转矩 T_N（N·m），运转到热稳定状态后，测量并记录被试电动机的输入电压 U（V）和电流 I（A）以及输出转矩 T（N·m）和转速 n（r/min），然后用下列各式分别求出被试电动机的输入功率 P_1（W）、输出功率 P_2（W）和效率 η（%）。

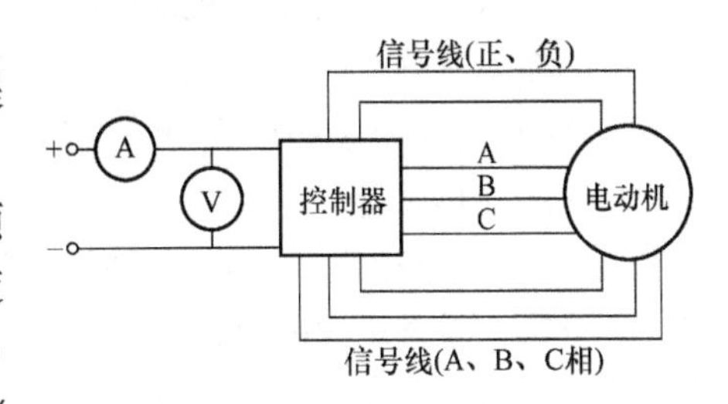

图 11-51　电动自行车用电动机负载试验电路接线图

$$P_1 = UI \tag{11-47}$$

$$P_2 = \frac{nT}{9.55} \tag{11-48}$$

$$\eta = \frac{P_2}{P_1} \times 100\% = \frac{nT}{9.55IU} \times 100\% \tag{11-49}$$

要求计算出60%、100%、130%共3个负载率时的效率值。表11-32是JB/T 10888—2008中给出的效率考核标准。其中：无刷直流电动机的效率是带控制器进行试验的；分离式直流电动机的效率是带减速器进行试验的。

表 11-32　电动自行车用电动机效率考核标准

电动机种类	60%额定输出功率时的效率 η_1（%）	100%额定输出功率时的效率 η_2（%）	130%额定输出功率时的效率 η_3（%）
电动车用无刷无齿直流电动机	74	81	78
电动车用有刷无齿直流电动机	67	75	72
电动车用无刷有齿直流电动机	70	78	75

（续）

电动机种类	60%额定输出功率时的效率 η_1（%）	100%额定输出功率时的效率 η_2（%）	130%额定输出功率时的效率 η_3（%）
电动车用有刷有齿直流电动机	67	75	72
分离式无刷直流电动机	67	75	72
侧置式无刷直流电动机	67	75	72
电动三轮车用无刷直流电动机	67	75	72
电动三轮车用有刷直流电动机	67	75	72
其他类似用途无刷直流电动机	67	75	72
其他类似用途有刷直流电动机	67	75	72

（八）短时过载试验

将被试电动机固定在负载试验台上加载运行。输入电压为额定值，输出转矩为2倍的额定值，运行10min。

（九）低温试验

先将被试电动机和控制器在-25℃±3℃的环境中放置16h。之后测量其绕组的绝缘电阻，若合格（≥10MΩ），再给电动机加电压，使其空载起动后正常运行。

（十）高温试验

在70℃±2℃的环境中放置4h。之后的检验方法同低温试验。

（十一）湿热试验

将电动机放置在温度为40℃±2℃、相对湿度为90%~95%RH的湿热试验箱中，历时48h后取出，立即测量其绝缘电阻；若合格（≥10MΩ），再进行耐交流电压试验，试验电压为成品试验值的85%，时间为1min，应无闪络或击穿现象；电动机外观应无明显的锈蚀和斑点；加额定电压空载运行，应正常。

（十二）振动试验

电动机和控制器分别固定在振动和冲击试验台上。按表11-33规定的振动条件进行振动试验。试验过程中，不应出现零部件松动或损坏。

表11-33　电动机振动试验的条件

振动频率/Hz	振幅/mm	扫频次数	每一轴线振动时/min	3个相互垂直轴线方向振动总时间/min
10~55	双振幅1.5	10	45	135

（十三）噪声测定试验

将被试电动机悬挂在弹性元件下，通过控制器加额定电压空载运转。待运转稳定后，用误差在0.7dB及以下的声级计在距离被试电动机1m远处进行测量。试验场地应为自由声场，声级计应设定为A计权。

四、电动机控制器试验方法

电动自行车用电动机控制器的型号也由4部分组成，其先后顺序和含义如图11-52所示。

控制器相位角代号用1个阿拉伯数字表示。有刷电动机为0；60°相位角代号为1；120°相位角代号为2；60°和120°相位角均能兼容的代号为3；其他型式为4。

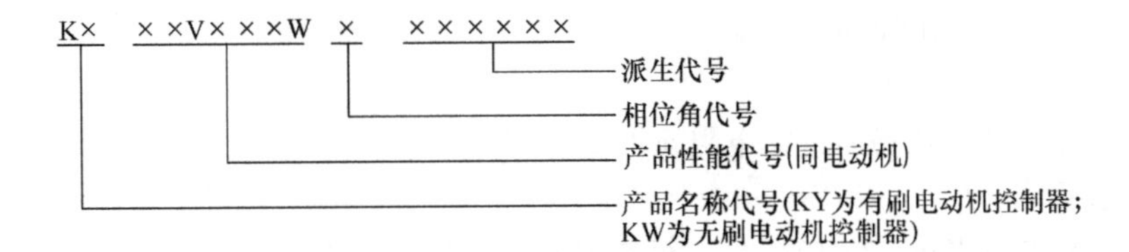

图11-52　电动自行车用电动机控制器型号组成

（一）引出线强度

连接在接线端子上的控制器，在任意方向上，主回路和控制回路引出线应分别能承受20N和9N的拉脱力，1min试验后引出线部位的绝缘层和线芯不得损坏。

（二）短时过载（过电流）能力试验

施加额定电压，通过调整电动机的负载，使其电流达到控制器额定电流的1.6倍，运行10min后，控制器所有功能参数应正常。

（三）过电流保护功能试验

通过调整电动机的负载，使其电流逐渐上升到不能继续上升为止。此时的最大电流即为被试控制器的保护电流值，即限流值。该电流的数值和维持时间符合被试电动机控制器技术条件中的规定。

（四）欠电压保护功能试验

试验时，将被试控制器与配套电动机相连接，控制器由直流稳压电源供电。

先由稳压电源给控制器提供额定电压，调整控制器的调速装置到高速位置，使电动机运行，通过改变电动机的负载，使其输入电流为额定值的1.3倍。然后，调低稳压电源的输出电压到控制器设定的欠电压值（一般规定为电动机额定电压的87% ±0.5V），观察电动机是否已断电，即控制器的欠电压保护功能是否已发挥作用。

（五）调速功能测定试验

将被试控制器与配套电动机相连接。电动机接通电源后，在额定负载下，调节控制器的速度控制部件，使电动机的转速从零开始逐渐升到最高值。整个调速过程应平滑。

（六）制动断电保护和防止“飞车”功能试验

1）当制动器进行制动时，控制器应能接受制动信号，并立即切断电动机的供电电源。

2）控制器与电动机正确连接，给其加额定电压，调节速度指令至最大，电动机正常运行。然后进行如下试验：

① 将调速的信号线断开，控制器应能使电动机断电停止运行；

② 将调速的负极线（地线）断开，控制器应能使电动机断电停止运行；

③ 将调速的信号线与电源线短接，控制器应能使电动机断电停止运行。

接通电源时，如果调速手柄没有复位，电动机不能直接运转，调速手柄复位后，电动机能正常起动运行。

（七）绝缘电阻

常态下，控制器导电部分对外壳的绝缘电阻应不低于50MΩ。

（八）高温和低温试验

高温试验在55℃ ±2℃环境下空载运行，低温试验在 -5℃ ±2℃环境下空载运行，持续时间均为2h。之后，控制器应能正常工作。

（九）湿热试验

试验条件同电动机。试验后绝缘电阻应不低于2MΩ。

（十）热试验

在常温、额定负载条件下，运行1h，外壳温升应不超过50K。

（十一）防振动试验

控制器在振动频率为20Hz、振幅不小于10mm的振动试验台上，振动2h，不应出现零部件松动或损坏现象。

（十二）抗过电压能力试验

当输入电压为控制器额定电压的1.25倍，2min后，控制器的各种功能应正常。

（十三）堵转保护功能试验

当电动机已经停止运转，且控制器的电流达到限定值2s后，控制器应具有堵转保护功能，自动切断电动机的供电回路。连续堵转保护次数应大于30次。

（十四）控制相位角试验

带有相位角兼容功能的控制器，应能通过线选和手动识别的方式来兼容无刷直流电动机的控制相位角60°和120°。

第十节　蓄电池车辆用直流电动机

一、试验用标准和性能参数

（一）试验用标准

蓄电池车辆用直流电动机按其用途分为牵引电机和辅助电机两种，常用的有企业内部和旅游景点内短途货运或客运用电瓶（即蓄电池）车用电动机、汽车起动用电动机等。其基本技术条件的现行标准编号和名称是JB/T 5335—1991《蓄电池车辆用直流电动机基本技术条件》。

与其有关的标准还有如下几个：

1）GB/T 999—2008　直流电力牵引额定电压

2）GB/T 16318—1996　旋转牵引电机基本试验方法

3）JB/T 1093—1983　牵引电机　基本试验方法

4）JB/T 6480—1992　牵引电机　基本技术条件

5）JB/T 6480.1—2013 旋转牵引电机基本技术条件 第1部分：除电子变流器供电的交流电动机之外的电机

6）JB/T 6480.2—1999　牵引电机 产品型号编制方法

7）JB/T 6481—1992　蓄电池车辆用直流斩波器

下面介绍其中部分有特殊要求的内容。

（二）性能参数

1. 工作制定额分类

此类电动机的工作制定额分类有连续定额和短时定额两种。连续定额的电动机一般采用自然通风冷却，即用车辆行走时形成的自然气流冷却；短时定额分为5min、15min、30min和60min共4种时间定额。在特殊情况下，也可制造周期定额工作制电动机。

2. 额定电压

电动机额定电压与蓄电池标称电压的匹配关系见表11-34。

表11-34　电动机额定电压与蓄电池标称电压的匹配关系

蓄电池标称电压/V	24	48	72（80）	96
电动机额定电压/V	22	45	67（75）	90

3. 电动机的最高和最低电压

电动机的最高和最低电压分别为串联的蓄电池元件总的标称电压的1.1倍和0.75倍。在这些电压下，电动机应能正常工作。

4. 电动机的最大电流

电动机的最大电流为电动机在使用中最大允许的电流（瞬时电流除外），其容许时间为1min（双向电动机为每个转向0.5min）。最大允许电流对额定电流比值见表11-35。

表11-35　电动机最大允许电流对额定电流比值

电动机类别	电动机励磁方式		
	串励	复励	并励（他励）
牵引电动机	3.0	2.7	2.5
辅助电动机	2.0	1.8	1.5

5. 电动机的最大转矩

电动机的最大转矩对额定转矩的比值应不小于表11-36中所列的数值。

表11-36　电动机最大转矩对额定转矩的比值

电动机励磁方式	串励	复励	并励（他励）
最大转矩对额定转矩的比值	4.5	4.0	3.5

6. 电动机绕组和换向器的温升限值

电动机绕组和换向器的温升应不高于表11-37中规定的数值。应注意，此类电动机的温升限值比以前介绍的所有电机都高很多，例如130（B）级绝缘高出40K！对封闭式电机，还可在表11-37中数值的基础上再加10K。对于换向器的温升，表中给出的括号内的“120”是对采用相应材料和焊接工艺生产的产品。

对靠自然风冷却的电动机，在进行热试验时，应采用其他通风设备为被试电动机创造与其实际运行时基本相同的冷却条件。

表11-37　电动机绕组和换向器的温升限值

电动机部件名称	测量方法	绝缘耐热等级			
		130（B）	155（F）	180（H）	200（C）
		温升限值/K			
电枢绕组	电阻法	120	140	160	180
励磁绕组	电阻法	130	155	180	200
换向器	温度计法	105（120）			120

7. 电动机绕组对机壳和绕组相互之间的绝缘电阻限值

具体见表11-38。

8. 电动机绕组对机壳和绕组相互之间的耐交流电压

具体见表11-38，试验时间为1min。

表11-38 电动机绕组对机壳和绕组相互之间的绝缘电阻限值和耐交流电压值

供电蓄电池标称电压 U_N/V	<48	48~110	>110
绝缘电阻限值/MΩ	≥0.15	≥0.2	≥（U_N/1000），但最低为0.3
耐交流电压/V	500	1000	$2U_N+1000$，但最低为1500

9. 转速容差

具体见表11-39。

表11-39 转速容差

电动机功率/kW	容差	
	单机运行	多机并联运行
≤3	±7.5%	±6%
>3	±6%	±5%

二、试验方法

下面介绍一些此类电动机特有和有特殊要求的试验项目和试验方法。

（一）起动试验

辅助电动机应能经受起动试验而换向器无烧伤痕迹和永久性变形。

试验时，电动机在带有正常负载的状态下，按正常的起动程序在最高和最低工作电压下，各承受5次连续的起动试验，每两次试验之间的时间间隔为2min。

试验可在试验台上单独进行，也可在电动机安装在车辆上以后与驱动设备成套进行。

（二）热试验

采用直接负载法进行热试验，其试验方法和相关测量、计算同普通直流电动机。

但有一个问题需要注意：因为对部分此类用途的电动机（主要是“电瓶车”用电动机）的冷却，在正常运行时形成的“自然风”能起一定的作用，所以必要时，应考虑设置外加风扇来模拟这种“自然风”。

（三）工作特性测定试验

测定工作特性的目的是确定电动机在额定电压时的转速、转矩及效率与电枢电流的关系曲线。试验方法与计算同普通直流电动机，但用于损耗计算的绕组直流电阻应换算到基准工作温度150℃时的数值，这一点应格外注意。在以前介绍的所有计算中，基准工作温度是：对130（B）级绝缘为95℃；155（F）级绝缘为115℃；180（H）级绝缘为130℃。

电动机的负载特性范围应从下述电流到最大电流：

1）串励电动机：相应于最高工作转速的电流；

2）复励电动机：相应于最高工作转速或空载的电流；

3）他励和并励电动机：相应于空载的电流。

该类电动机中，有些规格需要的工作转速范围较大，为了适应最低转速或最高转速负载和热试验的要求，在被试电动机与负载设备之间需要安装一台变速箱，如图 11-53 所示。

图 11-53　用变速箱与负载连接的试验设备

（四）换向试验

换向试验应紧接着热试验进行。对单方向运转的电动机，试验在规定的运转方向进行；对双方向运转的电动机，试验在两个运转方向都进行；有励磁调解的电动机，还应在每一励磁级下进行。

电动机在额定工况和最高工作电压、负载电流为额定值和额定值以下的工作特性范围（包括削弱励磁）内的换向火花应不超过 $1\frac{1}{2}$级；负载电流大于额定电流时，电动机应能正常工作而不需对换向器进行额外的清理和损坏电刷。

电动机应能承受最大电流（见表 11-35）下的换向试验。对单方向运转的电动机，持续时间为 1min；对双方向运转的电动机，持续时间每个方向为 0.5min。换向火花应不超过 2 级。

换向试验应对上述全部范围进行考核，但型式试验至少应对每种励磁状态在最高工作电压、额定电流、最大电流和最高工作转速及相应的工况进行试验。检查试验应对最高工作电压下额定励磁、额定电流、额定（或正常）励磁最大电流、最弱励磁最高工作转速工况进行试验。

当车辆采用斩波控制调速时，对牵引电动机与其在直流下运行的温升和换向，均可存在一定的影响，因此，应由车辆组装厂和电机制造厂商定必要的措施和试验要求。电机制造厂据以通过型式试验确定电动机在斩波控制与直流下在温升和换向上的差异，在考虑这一差异的基础上，电动机可采用直流电进行检查考核出厂。

（五）噪声和振动测定试验

试验方法同普通电动机。但应在额定转速到最高工作转速范围内产生最高噪声值或最大振动值的转速下进行测试和考核。

第十一节　铁氧体永磁直流电动机

铁氧体永磁直流电动机是采用铁氧体永磁磁铁励磁的有槽、有刷的小功率直流电动机。它现行的技术条件标准编号是 GB/T 6656—2008。下面介绍其中与试验有关的部分内容。

一、基本参数

（1）额定工作制为：S1。

（2）额定电压等级分为：3V、6V、12V、24V、48V、110V、220V 共 7 种。

（3）额定转速等级分为：1500r/min、3000r/min、5000r/min、8000r/min、12000r/min 共 5 种。

（4）额定输出转矩：从 1.2N · m 到 800N · m 共 16 档。

（5）电动机运行时所用的电源电压纹波因数应不大于 8%。

（6）电动机可顺、逆时针两个方向运转。电枢绕组（或电枢回路）两输出端分别用 A1 和 A2 标志。当 A1 端接电源的正极时，面对主轴伸端方向看，电动机转子应按顺时针方向旋转。

（7）绝缘等级为 130（B）级或 155（F）级，电枢绕组的温升限值按 GB/T 755—2019 的规定，但 155（F）级绝缘的按 130（B）级考核，测定温升使用电阻法。

二、试验项目

（一）出厂检查试验项目

1）电动机导电部分与机壳之间冷态绝缘电阻的测定。

2）旋转方向与空载转速的检查试验（后一项检查可采用抽查的方式，抽查数量应不少于每批产品的 2%，但不少于 5 台，当抽查中发现不合格时，则该批全检）。

3）超速试验。

4）额定数据及换向检查试验。

5）耐交流电压试验。

（二）型式试验项目

1）出厂检查试验的全部项目。

2）电动机磁稳定性检查试验。

3）热试验。

4）短时过电流试验。

5）电动机导电部分与机壳之间热态绝缘电阻的测定。

6）噪声测定试验。

7）振动强度试验。

8）低温试验。

9）湿热试验。

10）自由跌落试验。

11）连续冲击试验。

12）工作期限试验。

型式试验的电动机不得少于 3 台。同一机座号不同规格的电动机，除序号 1）～5）必须分别进行外，序号 6）～10）可任选一个规格作为代表，序号 11）则每一个机座号相同转速的电动机可选一种典型的规格作为代表。

型式试验允许按试验项目分两组进行，其中工作期限试验为一组，其余项目为另一组，每组试验的电动机应不少于 3 台。型式试验的电动机全部试验项目都合格为型式试验合格。若有任意 1 项不合格，则允许另取 2 倍于不合格数量的电动机重复该项有关试验项目。重复试验仍有 1 台任意 1 项不合格，则认定型式试验不合格；重复试验合格，则应补足原样机数继续进行试验，继续试验仍有 1 台任意 1 项不合格，则认定型式试验不合格；继续试验全部合格，则认定型式试验合格。

三、试验方法和考核标准

下面主要讲述本类型直流电动机特有的或有特殊要求的试验项目及试验方法，并给出有关考核标准。型式试验中的9）~12）不作介绍，若有需要，请参看标准原文。

（一）电动机导电部分与机壳之间绝缘电阻的测定

电动机导电部分与机壳之间的绝缘电阻测定方法同一般电动机。合格标准是：冷态时，不低于50MΩ；热态时，不低于10MΩ；交变湿热试验后应不低于2MΩ。

（二）耐交流电压试验

耐交流电压试验的方法和合格标准同一般电动机。试验时间为1min时，试验电压值见表11-40。

合格标准是：机壳外径130号及以下的电动机高压泄漏电流不大于5mA；机壳外径大于130号的电动机高压泄漏电流不大于10mA。

表11-40　铁氧体永磁直流电动机耐电压试验电压值

电动机额定电压 U_N/V	≤24	>24~90	>90~110	>220~240
试验电压/V	300或由产品技术条件规定	$550+2U_N$	1000	1500

（三）低温试验

将被试电动机放在低温箱中，在（−25±3）℃温度下放置3h后，在箱内通以0.5倍额定电压，应能空载起动和运行。

（四）振动强度试验

将无包装的被试电动机安放在振动试验板上，并将其固定在振动台上，以振动频率为10Hz、双振幅为1.5mm的振动强度进行1h的试验，其中水平方向试验30min，垂直方向试验30min。

试验时，电动机在额定转速下空载运行，应能正常运转，换向火花应不大于$1\frac{1}{2}$级，试验后进行外观检查，不允许有紧固件松动和零部件变形等现象产生。

（五）电动机磁稳定性检查试验

试验前，应先使被试电动机在额定电压下空载运行到机械损耗基本稳定，或运行到规定的时间（机座号为45及以下的电动机为30min，机座号为55~110的电动机为2h）并记录下此时的空载电流值。

试验时，被试电动机在1.1倍额定电压下顺、逆两个方向交替直接起动各5次。

试验后，检查被试电动机的空载电流，测试结果应不大于试验前所测数值的105%。

（六）热试验

热试验方法及温升值的计算等规定同一般电动机。

试验时，应将被试电动机安装在金属散热板上，金属散热板应固定在绝热板上（与试验用的较大金属平台绝热）。金属散热板的尺寸见表11-41。

表11-41　铁氧体永磁直流电动机热试验用金属散热板尺寸规定

被试电动机机座号	结构及安装形式代号	金属散热板尺寸(长×宽×厚)/mm
20，24	IMB14	48×48×3
28，36，45	IMB14，IMB5	108×108×5
55，70，90	IMB14，IMB5	210×210×5

（续）

被试电动机机座号	结构及安装形式代号	金属散热板尺寸(长×宽×厚)/mm
110	IMB14，IMB5	270×270×7
70,90,110	IMB3	250×480×20

（七）短时过电流试验

在热状态下，进行1.6倍额定电流、历时1min的短时过电流试验。应不停转和发生有害变形。

第十二节　小型风力发电机组用发电机

在GB/T 10760.1—2017《小型风力发电机组用发电机　第1部分：技术条件》和GB/T 10760.2—2017《小型风力发电机组用发电机　第2部分：试验方法》中规定了小型风力发电机组用发电机（原名为：风轮直接驱动的充电型小型同步风力发电机。适用发电机为三相、额定功率为0.1～100kW、额定电压为14～540V。图11-54给出了几种小型风力发电机组外形示例）特有或有专门规定的试验项目及试验方法。现重点介绍如下。

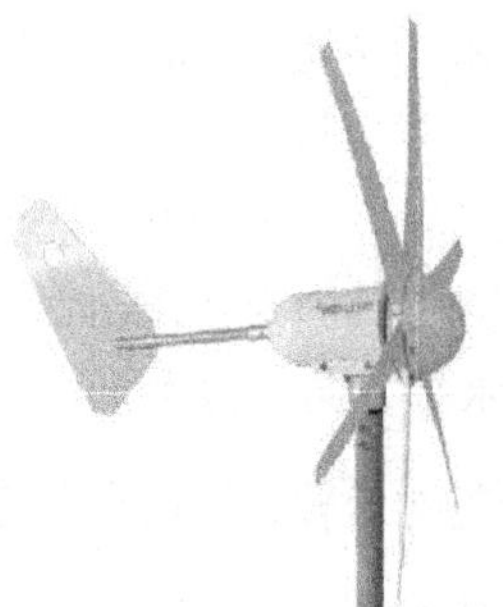

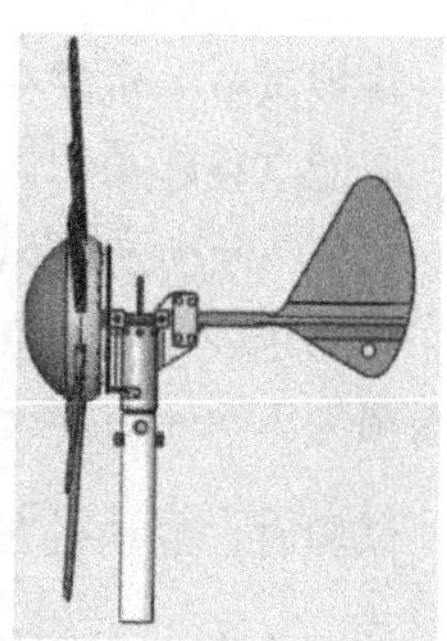

图11-54　小型风力发电机组外形示例

一、试验项目

在GB/T 10760.1—2017中规定的试验项目见表11-42（其中打“√”的为应有项目）。

表11-42　小型风力发电机组用发电机试验项目

序号	试验项目名称	出厂检查试验	型式试验	试验方法说明
1	外观检查	√	√	同普通交流发电机
2	绕组冷态直流电阻测定	√	√	
3	绝缘电阻测定	√	√	试验方法同普通交流发电机 整流电路中的半导体器件不进行此项试验，在试验时将这些器件两端短路或与电路断开
4	耐电压试验	√	√	
5	匝间耐冲击电压试验	√	√	
6	额定功率和额定转速测定试验	√	√	见本节第二、（五）项
7	超速试验	√	√	转速为额定值的2倍，历时2min
8	起动阻力矩测定试验	√	√	见本节第二、（六）项
9	热试验	—	√	试验方法同普通交流发电机，尽可能模拟实际工作冷却条件

（续）

序号	试验项目名称	出厂检查试验	型式试验	试验方法说明
10	效率测定试验	—	√	见本节第二、(三) 项
11	负载特性曲线测定试验	—	√	见本节第二、(四) 项
12	不同工作转速下空载电压测定试验	—	√	见本节第二、(一) 项
13	过载试验	—	√	1.5 倍额定负载，30min
14	短路机械强度试验	—	√	同普通交流发电机
15	防护等级试验	—	√	
16	振动试验	—	√	
17	噪声试验	—	√	
18	轴承温度测量	—	√	
19	湿热试验	—	√	

二、试验方法

以下仅介绍与普通同步发电机有不同规定的试验项目。

应注意：本节所介绍的发电机最终输出的是直流电，所以试验中不仅有交流发电机，还有将发电机发出的交流电整流成直流电的整流装置。整套“发电机”的输入是由发电机的拖动设备（实际应用时是风轮装置）提供的，输出是直流电功率。这是此类发电机的特点。

（一）不同工作转速下空载电压测定试验

发电机在 65%、80%、90%、100%、110%、120% 额定转速下空载运行时，将其输出的空载电压通过整流后，用电磁式指针电压表或直流数字电压表测量。

在 65% 额定转速下空载运行时，其输出的空载电压应不低于额定电压。

（二）输出功率测定试验

被试发电机的输出功率以经整流后的直流功率计算。试验时，发电机输出端接电阻负载，两者之间的连线长度应为 25m，导线直径应按电流密度为 1.5A/mm^2 选取。负载电阻中通过的电流是经整流桥整流过的直流电流，其吸收功率可用直流功率仪表测取，也可通过直流电压表和直流电流表（仪表的准确度均应不低于 0.2 级或 0.5 级，直流电流表一般需要通过分流器与输出电路连接，分流器的准确度应不低于 0.2 级）测得的输出电压 U_0 和输出电流 I_0 相乘获得。

（三）热试验

热试验的过程、记录和计算方法与普通同步发电机基本相同。需要注意的是测量断电后第一点绕组电阻值的时间规定为 15s。

另外，若用普通测功机作拖动电机，应考虑在被试发电机轴伸方向设置风扇，用于模拟发电机组在实际使用时的“自然风”对电机的散热效果。

（四）过负载（过电流）试验

过负载（过电流）试验应在热试验后进行。保持额定转速不变，定子电压应尽可能为额定值。调解负载，使其输出功率达到 1.5 倍额定值，历时 5min。

（五）效率测定试验

效率采用直接负载法进行测定。试验时，被试发电机在额定电压和额定输出功率（直流电输出）下运行，此时转速应不超过额定值的 1.05 倍。当运行到温升基本稳定后，测定其输入机械功率 P_1（W）、发电机输出的交流功率 P_{2J}（W）和交流线电流 I_J（A）、电机绕组热态直流端电阻 R_M（Ω）和环境温度 θ_H（℃），另外还要测定经整流后的直流输出功率 P_{2Z}（W）或直流电压 U_Z(V）和直流电流 I_Z（A），即 $P_{2Z} = U_Z I_Z$。

在计算效率时，先用试验所得的输出线电流 I_J（A）和热态直流端电阻 R_M（Ω）计算出发电机绕组的铜耗 P_{MCut}（W），再将其用下式换算到环境温度为 25℃时的数值 P_{MCu25}（W）:

$$P_{MCu25} = P_{MCut}\frac{235 + \Delta\theta_M + 25}{235 + \Delta\theta_M + \theta_H} = 1.5I_J^2R_M\frac{235 + \Delta\theta_M + 25}{235 + \Delta\theta_M + \theta_H} \tag{11-50}$$

式中　$\Delta\theta_M$——发电机定子绕组的温升（K）;

θ_H——试验环境温度（℃）;

235——温度常数（铜绕组，定义同前）。

用下式求出试验环境温度换算到 25℃和试验状态下发电机绕组的铜耗之差 ΔP_{MCu}（W）:

$$\Delta P_{MCu} = P_{MCu25} - P_{MCut} \tag{11-51}$$

用下式求出试验环境温度换算到 25℃时的效率 η_{25}（%）:

$$\eta_{25} = \frac{P_{2Z} - \Delta P_{MCu}}{P_1} \times 100\% \tag{11-52}$$

发电机效率的测定中，损耗包括整流装置中的整流模块（整流桥）和连线的热损耗。

（六）负载特性曲线测定试验

此类发电机的负载特性是输出功率和效率与转速的关系曲线。

试验时，被试发电机应处于热稳定状态，直接加电阻负载运行。分别在 65%、80%、90%、100%、110%、120% 和 150% 额定转速下（注：额定功率为 2~20kW 的发电机，不做 150% 额定转速点；额定功率 >20kW 的发电机，不做 120% 和 150% 额定转速点），测定发电机的输出功率 P_{2Zt}（W）和实际效率 η_t（%）。在额定转速以下时，保持输出电压为额定值；在额定转速以上时，保持输出额定功率时的负载电阻不变。

在同一个直角坐标系中，以转速为横轴，绘制输出功率 P_{2Zt} 及效率 η_t 与转速 n（r/min）的关系曲线，即此类发电机的负载特性曲线。

（七）额定功率和额定转速测定试验

在上述负载试验中，保持发电机的输出电压，调节负载电阻使直流输出功率为额定值，此时测得的发电机轴转速即为额定转速。

（八）起动阻力矩测定试验

发电机起动阻力矩的测定方法有如下两种：

1. 方法 1

在发电机的轴伸上固定安装一个已知直径的圆盘。在该圆盘的切线方向加力。利用力矩传感器测出圆盘开始转动时所加力值。转动圆盘 1 周内至少记录 3 点所加力值。其中最大加力值读数与力值和圆盘半径的乘积即为起动阻力矩。

2. 方法 2

在发电机轴伸垂直方向安装一个力矩杠杆，杠杆的另一端连接到通过一个测力计连接的起重机，在轴伸圆的切线方向施加力，至轴伸开始转动，记录此时所加力值。此力值和杠杆有效长度的乘积即为发电机起动阻力矩［作者注：在 GB/T 10760.2—2017 的 5.14（及上面的论述）中对试验描述的不太具体。建议读者参考本章第三节第二部分相关内容，并注意，若杠杆水平方向放置，计算阻力矩时还要考虑去除它的“初重”问题]。

（九）短路机械特性试验

短路机械特性试验应在电机空载转速为额定转速时进行。在发电机交流输出端（整流器件之前）短路，时间为3s。考核标准同普通发电机。

第十三节 船（舰）用电机

一、技术标准简介

顾名思义，船用电机即在船上使用的电机。在结构上和性能上，船用电机与普通用途的电机相比，尤其特殊的要求，例如防水、耐湿热、耐盐雾、耐颠簸和振动等性能是其突出的特点。但对这些特性的具体要求，还要根据船的用途，或者说船的运行情况而定。很明显，在内陆河流中航行的船、在近海中航行的船、在海洋中远航的船、航母、驱逐舰、快艇等，它们之间会有很大的区别。所以说，用很有限的一段文字根本不可能讲述得面面俱到。本节只简要地介绍一些此类电机特有或有特殊要求的试验，其中包括考核标准。读者在参考时，应根据产品的类型进行选择。我国船级社（标志见图11-55）制定了很多船舶行业专业标准和技术规范，其中有关电机的试验及要求是船用电机生产企业制定试验方法和考核标准的依据。

图11-55 中国船级社标志

（一）船用电机相关标准

下面给出一些作者收集到的船（舰）用电机的技术标准：

GB/T 7060—2019 船用旋转电机基本技术要求

GB/T 7094—2016 船用电气设备振动（正弦）试验方法

GB/T 13951—2016 移动式平台及海上设施用电工电子产品环境试验一般要求

GB/T 25291—2010 船用起货机用恒力矩三相异步电动机技术条件

GB/T 25292—2010 船用直流电机技术条件

JB/T 5273—2014 Y-H系列（IP44）船用三相异步电动机技术条件（机座号80~355）

JB/T 5794—2018 甲板机械用电动机 通用技术条件

JB/T 7567—2016 船用稳索绞车用三相异步电动机技术条件

JB/T 13381—2018 船用变频调速三相异步电动机技术条件

GJB 69A—1997 舰用电机通用规范

GJB 70—1985 舰用直流幅压电动机技术条件

GJB 812A—2007 舰用三相异步电动机通用规范

ZJBK 61028—1991 舰船用电气设备颠覆试验方法

ZJBK 04017—1990 舰用电气设备冲击试验方法

ZJBK 34002—1986 舰用电气设备振动（正弦）试验方法

（二）船用电机应适应的环境条件

船用电机应能在下列环境条件下正常工作：

1）环境温度：露天甲板或类似场所用电机为-25~45℃；其他场所用电机为0~45℃。

2）水冷却的电机的初始冷却水温度：应高于32℃。

3）空气相对湿度：不低于95%，并有凝露。

4）有盐雾、霉菌、油雾及海水的影响。

5）移动和固定式近海装置的船用电机，还有二氧化硫和硫化氢等化学活性物的影响；油船、液货船、移动和固定式近海装置等危险区中的船用电机，还有石油气、天然气和其他爆炸性气体的影响。

6）倾斜：纵倾为5°（应急电机为10°）；横倾为15°（应急电机为22.5°）。可能同时发生两个方向的倾斜。装运液化气和化学品的船舶，其应急发电机应能在船舶横倾达到30°的极限状态下保持供电。

7）摇摆：纵摇为7.5°（应急电机为10°）；横摇为22.5°。

8）有船舶正常营运中产生冲击和振动影响。

（三）船用电机所用的材料

为了适应上述环境条件，和普通用途的电机相比，船用电机所用的材料有其特殊的要求。

（1）外壳：船用电机的外壳应选用钢质材料或抗拉强度不低于196MPa、抗弯强度不低于392MPa的铸铁材料。

（2）转轴：船用电机的转轴所用材料应符合下列规定。

1）化学成分应符合表11-43的规定。

表11-43　船用电机的转轴所用材料的化学成分

钢种	化学元素成分（%）								
	碳≤	硅≤	锰	硫≤	磷≤	残存元素			
						铜≤	铬≤	铝≤	镍≤
碳钢，碳锰钢	0.60	0.45	0.30～1.50	0.04	0.04	0.30	0.30	0.15	0.40
合金钢	0.45	0.45	—	0.035	0.035	—	—	—	—

2）转轴材料的机械性能应满足下列要求：

① 碳钢、碳锰钢：其抗拉强度应不低于441MPa；屈服强度应不低于211MPa；试样的伸长率纵向不应小于21%。

② 合金钢：其抗拉强度应不低于650MPa；屈服强度应不低于450MPa；试样的伸长率纵向不应小于17%。

3）推进电动机和主机推动的转轴为推进轴的组成部分的发电机，其转轴材料应具有船级社颁发的证书。

（3）船用电机应采用具有滞燃、耐久、耐潮、耐霉和低毒的材料。移动和固定式近海装置用的船用电机还应采用耐化学活性物腐蚀的材料。

（四）泄水孔和加热器

对水平安装的电机，如有需要，在机座底部应设有泄水孔，用以排放机壳内的冷凝水。

如有需要，船用电机内部可设置加热器（电热带或电加热管等），以防止潮气在电机内部凝露。加热器的容量应能使机壳内部温度至少高出机壳外部5K，并考虑加热温度不超过附近绝缘的允许温度。

（五）绝缘电阻

在热态时或热试验后电机绕组对机壳及相互之间的绝缘电阻，额定电压在1kV及以下的电机，应不低于2MΩ；额定电压在1kV以上的电机，应不低于$[1+(U_N/1000)]$ MΩ，式中的

U_N为电机的额定电压，单位为 V。

冷态时，应按产品技术条件的规定（作者注：例如在 JB/T 13381—2018《船用变频调速三相异步电动机技术条件》中规定为不低于 30MΩ。若没有相关规定，则建议至少按 GB/T 14711—2013 的规定：额定电压在 1kV 及以下的电机，不低于 5MΩ；额定电压在 1kV 以上的电机，应不低于 50MΩ）。

（六）电动机运行时电源的波动范围

船用电动机运行期间应能在下列电源电压和频率波动条件下可靠工作：

1. 交流电动机

电压波动为额定电压的 -10% ~6%；

频率波动为额定频率的 ±5%。

2. 直流电动机

电压波动为额定电压的 ±10%。

3. 由蓄电池直接供电的直流电动机

电压波动为额定电压的 -25% ~20%。

（七）其他性能标准简介

1. 绕组温升限值

船用电机的绕组温升限值在 GB/T 7060—2008 中表 4 给出，可以看出它与 GB/T 755—2019 中给出（见本手册表 4-33）有些不同，其数值减小了 5 ~ 10K。这是因为（也是需要注意的一点）船用电机运行时的最高环境温度是按 45℃设定的，比普通用途的电机高出了 5℃。

若使用地点的环境温度高出 45℃，则对温升限值的修正原则同 GB/T 755—2019 中规定。

2. 轴承温度限值

滚动轴承为 90℃；滑动轴承为 80℃；特种轴承在技术条件中规定。

3. 三相空载电流不平衡度

在三相电压平衡的情况下，交流电动机的三相空载电流不平衡度应不超过 ±5%（普通电动机是 ±10%）。

4. 在热状态时，发电机偶然过电流

1）船用直流发电机应能承受 1.5 倍额定电流，历时 15s。

2）船用交流发电机［含同轴式变频（变流）船用发电机］应能承受 1.5 倍额定电流，历时 2min，此时端电压应尽可能维持在额定值，功率因数小于或等于 0.5（滞后），这一规定不用作原动机转矩的过载能力试验。

3）发电机在热试验后，应能在 1.1 倍额定电流下运行 1h。但此时电机温升不作考核。

5. 历时 15s 的过转矩能力

船用电动机应能承受历时 15s 的过转矩，各种电动机过转矩值为其额定转矩的倍数见表 11-44。

表 11-44 船用电动机历时 15s 的过转矩值

电动机类型	直流电动机	凸极同步电动机	隐极同步电动机	多相异步电动机	其他类型的电动机
过转矩值/额定转矩值	1.5	1.5	1.35	1.6	产品标准中规定

6. 历时 2min 的超速值

1）船用直流串励电动机：铭牌标明的最高转速的 1.2 倍，但不少于额定转速的 1.5 倍。

2）其他电动机：铭牌标明或产品标准中规定的的最高转速的1.2倍。

二、特有和有不同规定的试验项目、试验方法和考核标准

和普通用途的电机相比，船用电机特有和有不同规定的试验项目有耐潮湿试验、防霉试验、耐盐雾试验、耐化学活性物的腐蚀性能试验、倾斜和摇摆试验、耐振试验等。下面简要介绍这些试验的方法和专用设备，以及考核标准。

（一）耐潮湿试验

耐潮湿试验在专用的耐潮湿试验箱（室）中进行。进行温度为55℃、6周期交变湿热试验后，电机应能满足下述要求：

1）电机绕组的机壳和绕组相互之间的绝缘电阻不低于下列规定：

① 额定电压>100V的电机：防护等级为IP22和IP23的电机，为$[2U_N/(1000+P_N/100)]$MΩ；防护等级为IP44、IP54、IP55、IP56和IP66的电机，为$[3U_N/(1000+P_N/100)]$MΩ（其中U_N为电机的额定电压，单位为V；P_N为电机的额定功率，单位为W。后同），即分别为普通电机热态绝缘电阻最低限值的2倍和3倍。

若上述计算值小于0.33MΩ，则按0.33MΩ考核。

② 额定电压<100V的电机：0.33MΩ。

③ 机座号>630的交流同步发电机和电枢外径>990mm的直流电机：$[U_N/(1000+P_N/100)]$MΩ，即与普通电机热态绝缘电阻最低限值相同。小功率电机：0.5MΩ。以上规定来源于GB/T 12351—2008《热带型旋转电机环境技术要求》中4.2。

2）能承受历时1min的耐电压试验，试验电压为试验前规定值的85%。

3）金属电镀件和化学处理件的外观应不低于JB/T 4159—2013《热带电工产品通用技术要求》中的三级要求。

4）电机表面油漆外观和附着力应不低于GB/T 12351—2008中的二级要求。

5）塑料件的外观应不低于JB/T 4159—2013中的三级要求。

（二）防霉试验

船用电机绕组和绝缘材料的防霉试验在专用的试验箱（室）中进行。经28天试验后，防霉能力应能达到GB/T 2423.16—2008中规定的二级要求。

（三）耐盐雾试验和标准

船用电机中的金属镀件和化学处理件的耐盐雾试验在专用的试验箱（室）中，按GB/T 2423.17—2008的规定进行。试验后，应符合表11-45的规定。

表11-45　耐盐雾试验要求

<table>
<tr><th>底金属材料</th><th>零件类别</th><th>镀层类别</th><th>合格要求</th><th>试验时间/h</th></tr>
<tr><td>碳钢</td><td>一般结构零件；紧固零件；弹性零件</td><td>锌</td><td>未出现白色或灰黑色、棕色腐蚀产物</td><td>48</td></tr>
<tr><td rowspan="4">铜和铜合金</td><td>一般结构零件</td><td>镍，铬</td><td rowspan="2">未出现灰白色或绿色腐蚀产物</td><td>96</td></tr>
<tr><td>一般结构零件；紧固零件；弹性零件</td><td>镍</td><td rowspan="3">48</td></tr>
<tr><td rowspan="2">电联零件</td><td>镍</td><td rowspan="2">未出现灰黑色或绿色腐蚀产物</td></tr>
<tr><td>锡</td></tr>
</table>

（四）耐化学活性物的腐蚀性能试验

用于移动和固定式近海装置的船用电机的耐化学活性物（二氧化硫和硫化氢等）的腐蚀性

能试验在专用的试验箱（室）中，按 GB/T 13951—2016 的规定进行。试验后的具体要求应符合被试产品技术标准。

（五）倾斜和摇摆试验

一般电机按下述规定的使用条件进行倾斜和摇摆试验。短时定额的电机及应急设备的电机，试验方法和设置参数应按产品标准中的规定执行。

试验前，应检查被试电机的表观质量，检测其机械性能和电气性能，测量绕组的绝缘电阻。这些项目均应达到标准要求。

进行倾斜和摇摆试验时，事先将被试电机按实际使用的要求牢固地安装在专用的倾斜和摇摆试验机上。试验过程中，被试电机工作在额定转速和空载运行状态；当有关标准有规定时，可在最高转速或负载状态下进行试验。

试验中，观察被试电机是否正常运行，每隔 15min 记录一次轴承温度，当轴承温度变化在前后 1h 内不超过 1K 时，说明轴承已达到了稳定状态。

试验最后测量的轴承温度不应超过所测轴承规定的允许最高温度（滚动轴承为 90℃；滑动轴承为 80℃；特种轴承在技术条件中规定），润滑脂（或润滑油）不应有泄漏现象。

1. 倾斜试验

进行倾斜试验时，纵倾为 5°（应急电机为 10°）；横倾为 15°（应急电机为 22. 5°）。可能同时发生两个方向的倾斜。装运液化气和化学品的船舶，其应急发电机横倾为 30°，如图 11-56 所示。

2. 摇摆试验

进行摇摆试验时，调节试验电机的摇摆角度范围：纵摇为 7. 5°（应急电机为 10°）；横摇为 22. 5°。之后，起动试验电机，按 1 个周期为 20s 来回摆动，如图 11-57 所示。

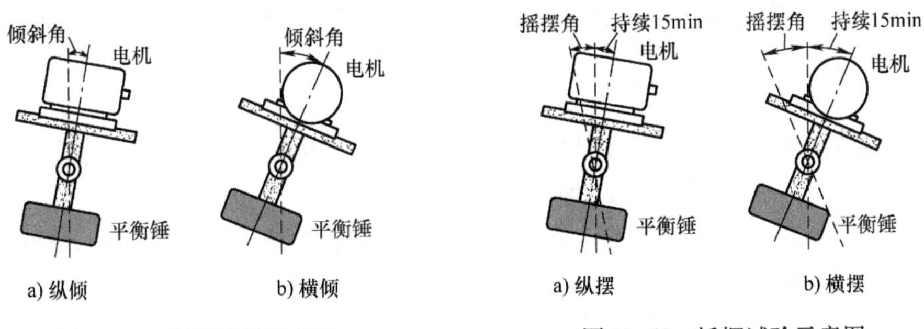

图 11-56　倾斜试验示意图

图 11-57　摇摆试验示意图

（六）耐振试验

船用电机应进行耐振试验，试验方法及要求参照 GB/T 7094—2016《船用电气设备振动（正弦）试验方法》进行，考核标准依据 GB/T 7060—2019 和被试电机的产品标准。

1. 安装和试验参数选择

被试电机应按实际使用的安装状态刚性地固定在振动台上，当被试电机有多种安装形式时，一般应选择最不利的安装形式。不能直接安装时，应通过刚性安装夹具固定在振动台上。

安装时，不带减震器的被试电机，应刚性地固定在振动台上；带减震器的被试电机，应连同减震器一起安装在振动台上，并应在产品标准中做出规定。

根据被试电机实际使用的安装位置按表 11-46 选择试验参数。

表 11-46　船用电机耐振试验参数（摘自 GB/T 7094—2016 表 1）

安装位置	频率范围/Hz	位移/mm	加速度/(m/s^2)
一般振动条件	2^{+3}_{0} ~13.2	±1.0	—
	13.2 ~100	—	±6.9
严酷振动条件（如柴油机、空压机及其他类似环境）	2^{+3}_{0} ~ 25	±1.6	—
	25 ~100	—	±39
特殊振动条件（柴油机排气管上）	40 ~2000	—	98

试验前，应检查被试电机的表观质量，检测其机械性能和电气性能，测量绕组的绝缘电阻。这些项目均应达到标准要求。

2. 试验方向

除产品标准另有规定外，振动试验分别在 3 个相互垂直的轴向（垂向、横向和纵向）上进行。只有在一个轴向上的试验完成以后，才能进行另一个轴向的试验。

3. 工作状态

当被试电机有两个及以上工作位置时，应选择最不利的位置进行试验。有不同要求时，应在产品标准中进行规定。

4. 振动响应检查

根据被试电机在船上的安装位置，按表 11-46 规定的试验参数，在 3 个相互垂直的轴向，以每分钟 1 个倍频程的速率进行扫频，检测每个轴向的共振频率。

在振动响应检查时，测量放大因数 Q 值，并记录 $Q\geqslant 2$ 的频率点，且在试验报告中用简图标明加速度传感器的位置。如被试电机性能满足有关要求，则 $Q\leqslant 5$ 是可接受的。任何 $Q>5$ 的谐振都是不能接受的。

5. 耐振试验

在上述振动响应检查中，若发现 $Q\geqslant 2$ 的危险频率，则应在每一个危险频率点进行耐振试验。试验参数按表 11-46 的规定，试验时间至少为 90min。

如测得的几个危险频率较为接近，则可采用扫频试验来代替离散频率试验。试验参数按表 11-46 的规定，持续试验时间为 120min，扫频范围覆盖危险频率的 0.8 ~1.2 倍。

若没有危险频率出现，则应在 30Hz 下进行耐振试验，试验时间至少为 90min，试验参数按表 11-46 的规定。

试验中，允许采取避除危险频率或减小 Q 值的措施，但应重新进行共振检查和耐振试验。

振动试验设备应跟踪共振频率的变化，耐振试验中，被试电机按产品标准规定进行功能检测。

6. 恢复和最后检查

产品标准可以规定试验后的恢复时间，允许被试电机恢复至初始检测时的条件。

按标准规定，对被试电机进行外观检查、机械性能和电气性能的检测。

7. 性能评价

除另有标准规定外，被试电机在试验期间和试验后，若无以下故障，则认为试验合格：

1）机械结构破坏和损伤。

2）连接件松动或脱落。

3）误动作。

4）被试电机动作值误差超过产品标准中规定的范围。

三、舰用电机的冲击、振动、颠震试验

（一）舰用电机使用环境简介

“舰”是“舰船”“军舰”的简称，是用于军事的，或者说是用于保卫国家的一种“武器”。电机在舰船上是主要的动力和发电设备，可以说是舰船的“心脏”。可想而知它有多么的重要。

“舰”的用途决定了在其上的各种设备都要具备比一般客运或货运船舶上的各种设备更加严酷的环境适应性能，其中主要表现在抗颠簸（颠震）、抗冲击和振动，具备更高的可靠性（据相关要求，舰用电机的设计使用寿命应不低于40000h，其中轴承的使用寿命应不低于10000h）和可维修性。

在使用环境方面，舰用电机还要适用于更高的温度（水面舰船的封闭处所内为0～50℃；潜艇内为5～45℃；露天甲板上无气候防护的地方为-30～65℃）和湿度，特别是甲板上的电机还要适应更高强度的海水冲击和盐雾腐蚀。

本部分简要介绍舰用电机冲击、振动、颠震试验的方法、专用设备和相关标准。

（二）冲击试验

舰用电机应能承受船舶及移动和固定式近海装置营运时的冲击、振动，并能正常工作。紧固螺栓和螺母应有效地锁紧，不应有松脱现象。

根据产品使用条件，对电机的冲击试验分为轻量级冲击、中量级冲击和重量级冲击3个级别。试验均在专用的试验机上进行。试验主要依据是ZJBK 04017—1990《舰用电气设备冲击试验方法》。

1. 轻量级冲击试验

轻量级冲击试验通常适用于质量不超过120kg（若有规定，也可以是120～200kg）的被试电机。用图11-58所示的轻型冲击试验机进行试验。使用标准安装支架，使被试电机沿着*X*、*Y*、*Z*三个相互垂直的主轴方向各施加3次冲击，落锤高度依次为0.3m、0.9m和1.5m。

2. 中量级冲击试验

中量级冲击试验通常适用于质量为120～2700kg的被试电机。用图11-59所示的中型冲击试验机进行试验。使被试电机至少施加6次冲击，6次冲击分成3组，每组2次。每次冲击的摆锤落锤高度和砧板行程按表11-47的规定。

被试电机在每组冲击中，一次为水平安装、一次为30°倾斜安装，一般是先为水平安装，然后倾斜安装。冲击顺序一般按Ⅰ、Ⅱ、Ⅲ组顺序进行。

表11-47　中量级冲击试验摆锤落锤高度和砧板行程

组号	Ⅰ	Ⅱ	Ⅲ
冲击次数	2	2	2
砧板行程/mm	76	76	38
砧板上总质量 m/kg	落锤高度/cm		
$120 \leqslant m < 450$	23	53	53

（续）

组号	Ⅰ	Ⅱ	Ⅲ
砧板上总质量 m/kg	落锤高度/cm		
$450 \leqslant m < 900$	30	60	60
$900 \leqslant m < 1400$	40	70	70
$1400 \leqslant m < 1600$	45	75	75
$1600 \leqslant m < 1800$	55	85	85
$1800 \leqslant m < 1900$	60	90	90
$1900 \leqslant m < 2000$	60	100	100
$2000 \leqslant m < 2100$	60	105	105
$2100 \leqslant m < 2200$	70	115	115
$2200 \leqslant m < 2300$	70	125	125
$2300 \leqslant m < 2400$	75	140	140
$2400 \leqslant m < 2500$	75	160	160
$2500 \leqslant m < 2600$	80	165	165
$2600 \leqslant m < 2800$	85	165	165
$2800 \leqslant m < 3100$	90	165	165
$3100 \leqslant m < 3400$	100	165	165

注：砧板上总质量 m 为砧板上放置的试验电机质量和安装支架质量之和。

3. 重量级冲击试验

重量级冲击试验通常适用于质量为2700～9400kg的被试电机。用图11-60所示的重型冲击试验机进行试验。被试电机安放在试验机的浮动冲击平台上。试验时，被试电机承受5次水下爆炸试验，药包的装药量为27kg的TNT炸药（铸装），药包中心位于浮动冲击平台的正下方，离水平面的距离依次为18.0m、8.0m、9.0m、7.5m和6.0m。

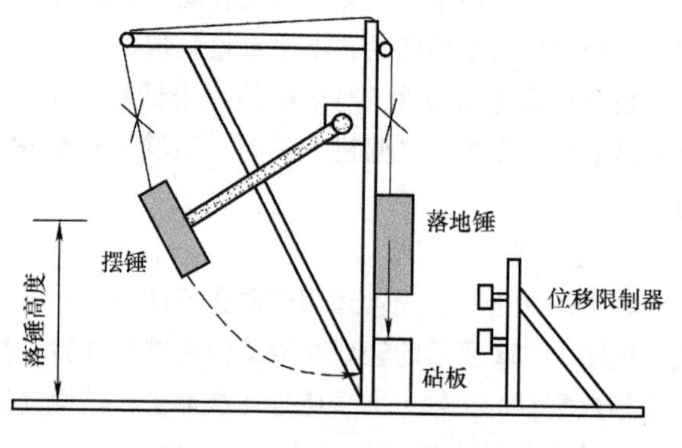

图11-58　轻型冲击试验机图

试验后，观察被试电机是否出现结构损坏，验证性能指标是否还能满足相关标准的规定。

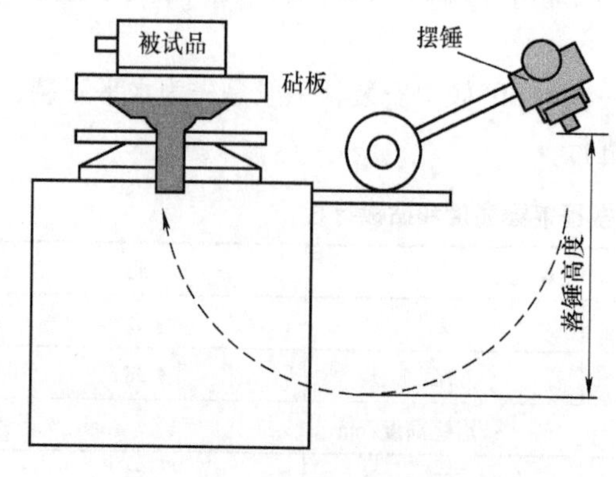

图11-59　中型冲击试验机图

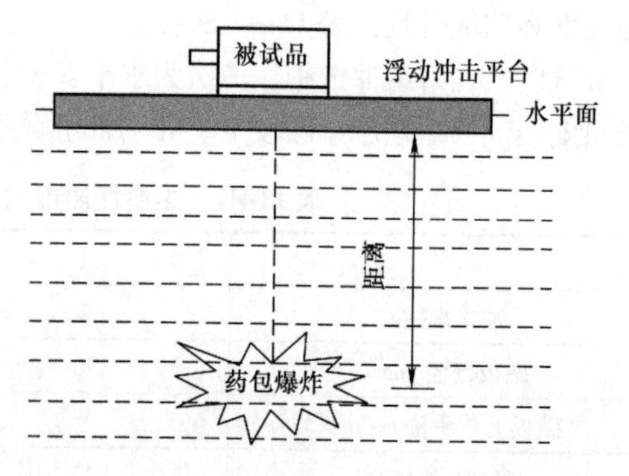

图11-60　重型冲击试验机（浮动冲击平台）

（三）颠震试验

舰用电机应进行承受海浪冲击所引起的船体颠震试验，以验证其在这种重复性低强度冲击环境下的工作适应性和结构的完好性。

参照 ZJBK 61028—1991《舰船用电气设备颠覆试验方法》进行本项试验。

被试电机应按实际使用的安装状态刚性地固定在振动台上，当被试电机有多种安装形式时，一般应选择最不利的安装状态。不能直接安装时，应通过刚性安装夹具固定在振动台上。

安装时，不带减震器的被试电机，应刚性地固定在振动台上；带减震器的被试电机，应连同减震器一起安装在振动台上，并应在产品标准中做出规定。

颠震试验的振动波形应为比较光滑的近似半正弦冲击波形，其参数见表 11-48。其中，试验等级 1 适用于安装在快艇（包括鱼雷快艇、导弹快艇、水翼艇、高速炮艇及最高航速超过 35 节[⊖]的特种工作快艇等）上的设备；试验等级 2 适用于安装在其他水平舰船及潜艇上的设备；试验等级 3 适用于某些特定产品。

表 11-48　颠震试验参数

等级	试验参数			冲击脉冲持续时间/ms
	加速度幅值/g	重复频率/（r/min）	总冲击次数	
1	10	60～80	3000	>16
2	7	30	1000	
3	5	30	1000	

试验时，被试电机牢固地安装在参数已设定好的颠震试验设备上，经历标准规定的颠震时间后，检查被试电机的下列项目是否合格：

1）检查电机的机械结构，应无破坏和损伤；安装螺栓无塑性变形或断裂。

2）检查电气指标，不超过规定的限值。

3）测量轴承温度，应在规定的范围内。

4）施加不低于 65% 的介电强度试验电压，绝缘无击穿或闪络现象。

5）检查产品规定的其他项目，均应合格。

如无具体规定，一般电机可只进行垂直方向的颠震试验。

（四）振动试验

舰用电机应进行振动试验，以验证其是否经受得住舰艇在航行中产生的强烈振动。其试验方法和所用设备与前面讲述的船用电机振动试验基本相同，不同点在于试验设置的一些参数。

利用 GJB 150. 16A—2009《军用装备实验室环境试验方法　第 16 部分：振动试验》的表 1 类别 21（船——舰船）给出的振动参数进行试验。

1. GJB 150. 16A—2009 表 1 类别 21（附录 A. 2. 3. 11 船——舰船）给出振动参数说明

水中振动谱含有航速、海况、机动等变化诱发的随机分量，还有螺旋桨轴旋转、往复机械船体共振引起的周期性分量。桅杆上的设备（如天线）会经受比安装在船体和甲板上的装备高的振动量级。舰船结构、装备安装结构和装备的传递（放大）特性在很大程度上影响装备的振动。研制舰船上的装备时应考虑其环境输入量级以及装备/安装的共振频率与输入频率是否重合。

船的振动是自然环境（海浪、风）激励、强迫激励（螺旋桨轴旋转、往复机械和其他装备的运行等）、舰船结构、装备安装结构和装备响应的复杂函数。尚无通用的振动环境数据。应根

⊖ 1 节（kn）=1. 852 千米/小时（km/h）。

据实测数据确定其振动暴露条件。

没有实测数据时，可以用船上装备鉴定试验要求的方法确定经验条件：其随机部分量级如图11-61所示（GJB 150.16A—2009中图C.15），3个正交轴的每个轴向试验持续时间为2h；正弦部分的功能试验量级可按表11-49（GJB 150.16A—2009中表C.9）选取。试验持续时间应在选定的试验频率范围内，以每分钟1个倍频程的速率进行10次扫频循环。

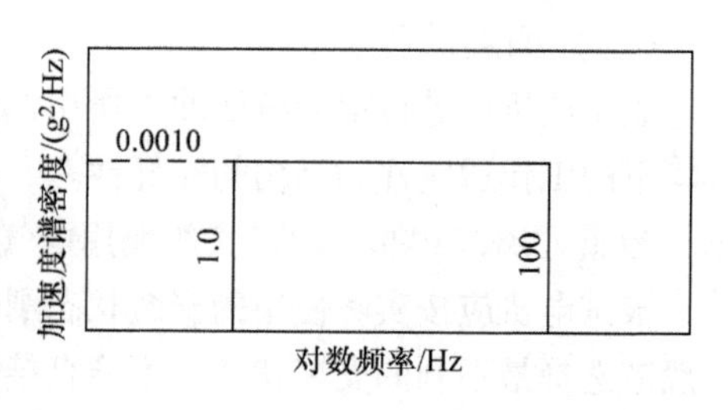

图11-61 舰船随机振动环境

表11-49 安装在舰船上设备的振动试验量值

分类	分区	试验参数		
		频率/Hz	位移/mm	加速度/(m/s^2)
水面舰船和潜艇	主体区	1~16	1.0	—
		16~60	—	10
高速柴油机快艇		10~35	0.5	—
		35~160	—	25
各类舰艇	桅杆区	2~10	2.5	—
		10~16	1.0	—
		16~50	—	10
	往复机上及与往复机直接连接的设备	2~25	1.6	—
		25~100	—	40

注：1. 桅杆区是指桅杆等部位，主体区是指桅杆区、往复机上以外的其他各部分。
2. 如果已知设备仅安装在特定的舰船上，则试验上限频率一般为舰船最高桨叶频率（螺旋桨每分钟最高转速×螺旋桨叶片数÷60）。

2. 振动试验

试验前，根据被试电机的具体情况，按上述说明中介绍的相关内容确定试验方法和试验条件（见前一段内容）。

试验时，将被试电机安装在标准振动台上，被试电机在额定电压和额定频率下运行，按被试电机技术标准中的规定设置振动台的振动试验参数。被试电机按这些参数进行规定时间的振动试验。

试验过程中和试验后，被试电机若符合下列要求，则本项试验通过：

1）无机械破坏和损伤。

2）紧固件、连接件牢固、无松动现象。

3）被试电机规定的其他要求都能满足。

第十四节 开关磁阻电动机

一、简介

（一）结构

开关磁阻电动机是一种新型调速电动机，是继变频调速系统、无刷直流电动机调速系统的最新一代无级调速系统。

主要由开关磁阻电动机（其外形与普通感应电动机几乎无区别）、功率变换器、控制器与位置检测器4部分组成，其位置检测器安装在电动机内部的一端；功率变换器和控制器组合在一起，合称控制器或控制箱。图11-62是其系统组成和电动机结构。

开关磁阻电动机的定子与普通直流电动机相似，由偶数个带线圈的电磁极组成；转子则很简单，其铁心呈齿轮状（一个“齿”称为一个“极”），这是它的一个最突出的特点。定子和转子的“齿”数是不同的，转子的少于定子（一般少2个）。图11-63是一台8/6极电动机的转子和定转子组合。

a) 电动机和控制器

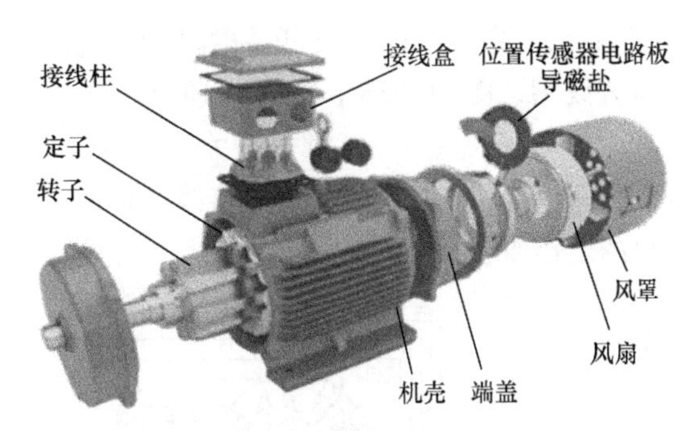

b) 电动机结构

图11-62　开关磁阻电动机及其结构

（二）优点和缺点

近年来，开关磁阻电动机的应用和发展取得了明显的进步，因其有如下特点和优势：

1）结构简单、价格便宜。

2）电动机的转子没有绕组和永磁体，允许较高的温升。由于绕组均在定子上，电动机容易冷却。损耗小、效率高。

a) 转子　　b) 定转子组合

图11-63　开关磁阻电动机转子和定转子组合

3）转矩方向与电流方向无关，只需单方向绕组电流，每相一个功率开关，功率电路简单可靠。

4）转子结构坚固、转动惯量小、有较高转矩惯量比。适用于高速驱动。

5）调速范围宽、控制灵活、易于实现各种再生制动能力。

6）可在频繁起动（1000次/h）和正、反向运转的特殊场合使用。

7）起动电流小、起动转矩大，低速时更为突出。起动转矩达到额定转矩的1.5倍时，起动电流仅为额定电流的1/3。

8）可通过机和电的统一协调设计满足各种特殊使用要求。

9）调速系统兼具直流、交流两类调速系统的优点。

10）和传统的直流电动机、交流感应电动机等相比，开关磁阻电动机具有更高的效率，特别是在较低转速和较轻负载时更加突出。图11-64是开关磁阻电动机与感应电动机效率比较。

11）三相输入电源断相，或者欠功率运行或者停机，都不会烧毁电动机绕组和控制器。

由于有上述特点和优势，开关磁阻电动机已成功地应用于电动车驱动、通用工业、家用电器和纺织机械等各个领域，功率范围从10W到5MW，最高速度达10万r/min。

在目前，开关磁阻电动机的不足之处是振动和噪声相对较大，在一些要求较高的领域受到了限制。

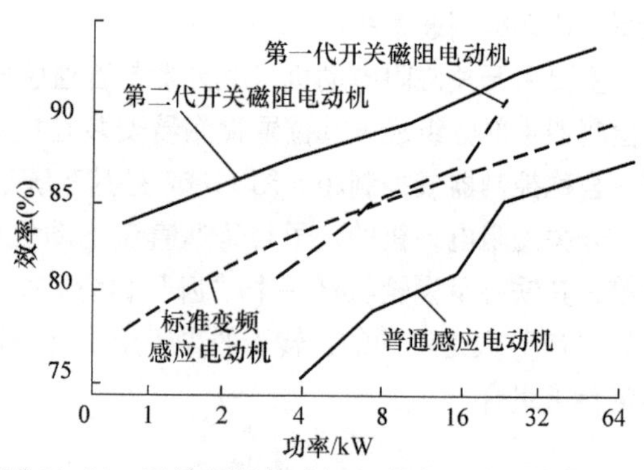

图11-64　开关磁阻电动机和感应电动机效率比较

（三）工作原理

图11-65a是一台12/8极开关磁阻电动机定子绕组接线图，图11-65b是其一相通电时产生的磁场；图11-65c是一台6/4极开关磁阻电动机工作过程示意图；图11-66是驱动控制系统原理框图和一个四相开关磁阻电动机接线原理图。读者可依据这些图和下面的讲述理解开关磁阻电动机的工作原理。

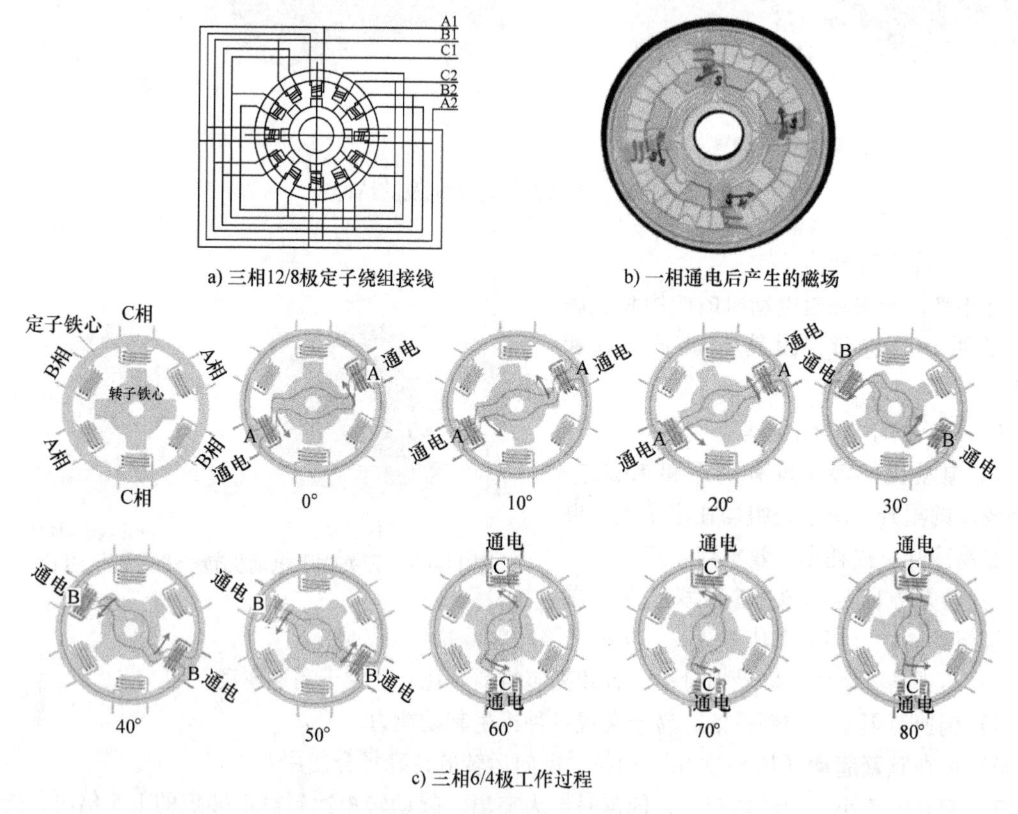

图11-65　开关磁阻电动机工作原理

开关磁阻电动机的工作原理与磁阻（反应）式步进电动机一样，基于磁通总是沿磁导率最大的路径闭合的原理。其利用磁阻的不相等、磁通总向磁阻小的路线集中，通电的定子以磁力吸引铁磁性物质做成的转子齿，使磁力产生切向分力，即产生对转子的转矩。定子的通电顺序是根据转子位置传感器检测到的转子位置相对应的最有利于对转子齿产生向前转动转矩的那一相定子通电，转过一定角度后，又由下一个最有利于转子齿产生转矩的一相通电。不断变换通电的定子绕组相序，使转子连续朝一个方向转动。

开关磁阻电动机不同于步进电动机，它是有位置反馈的，是一种自同步电动机，其转速是由电动机的驱动力矩和负载的阻力矩共同决定的。而步进电动机是开环工作的，在不失步条件下其转速是由脉冲频率决定的。

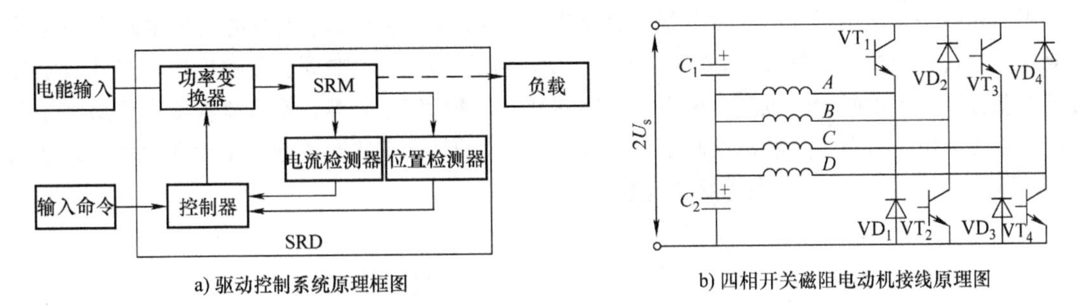

a) 驱动控制系统原理框图　　b) 四相开关磁阻电动机接线原理图

图 11-66　开关磁阻电动机接线原理图

（四）相关标准

适用于开关磁阻电动机的标准，除前面已经反复使用的 GB/T 755—2019、GB/T 14711—2013 等以外，专用的和关联性较强的有如下 3 个：

1）GB/T 34864—2017　开关磁阻电动机基本技术要求。

2）JB/T 12680—2016　SRM 系列（IP55）开关磁阻调速电动机技术条件（机座号 63 ~ 355）。

3）GB/T 7345—2008　控制电机基本技术要求。

（五）型号组成

在 GB/T 34864—2017 中规定，开关磁阻电动机的型号由机座号、产品名称代号、性能参数代号和派生代号共 4 部分组成，图 11-67 给出了一个实例。

（1）机座号应符合下列规定：

1）机座号及相应的机座应参照 GB/T 7346—2015《控制电机基本外形结构型式》选用，用电动机的外圆直径或轴中心高来表示，单位为 mm。

2）用电动机的外圆直径表示时，对外圆直径≤320mm的电动机按 GB/T 7346—2015 的规定执行，当电动机外形是非圆柱结构时，用非圆柱断面的内切圆直径表示；对外圆直径＞320mm 的电动机，其机座号可用轴中心高表示。

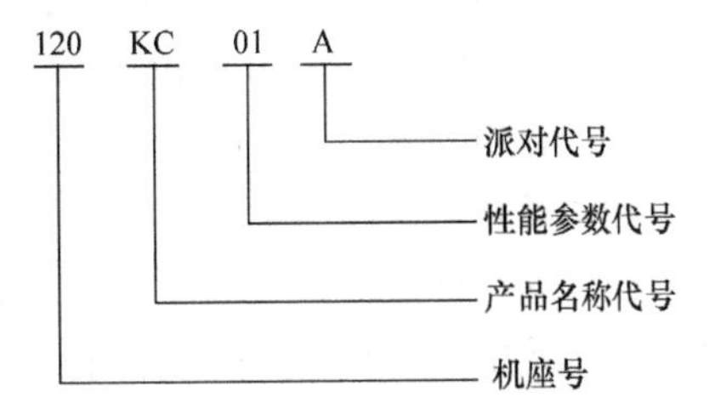

图 11-67　开关磁阻电动机型号组成

3）用轴中心高表示时，应在轴中心高表示的机座号后加一个字母“M”。

机座号仅取机座尺寸的数值部分，无计量单位。

（2）产品名称代号用“开”和“磁”两个汉字的大写汉语拼音字母“KC”表示。

（3）性能参数代号用 01 ~ 99 表示。具体数字是多少，由产品技术条件规定。

（4）派生代号包括结构派生和性能派生，用大写汉语拼音字母“A”“B”“C”等表示，但为了避免和阿拉伯数字“1”和“0”混淆，所以不得使用字母“I”和“O”。

图11-68给出的是JB/T 12680—2016中对开关磁阻电动机型号组成的规定。可以看出与上述GB/T 34864—2017中规定的有较大的区别，其中系列代号“SRM”是“开关磁阻电动机”的英语“Switched Reluctance Motor”简称，与GB/T 34864—2017中规定的用汉语拼音字头“KC”命名完全不同；另外，对机座号的规定，在JB/T 12680—2016中给出的是在数字后面加一个L或一个M或一个S，表示机座的长度分级，这与普通Y系列交流异步电动机的型号中对机座号的组成规定方式完全相同，例如“132M”表示轴中心高为132mm、中等长度的机座，并且该字母后还可能有一个表示同一个机座号中不同长度的铁心的数字1、2等。希望读者给予注意。作者更希望相关单位，特别是产品标准制定单位（含生产企业），应共同遵守国家标准的规定，避免人为地造成“混乱”，这也是行业标准化应该做的一项工作。

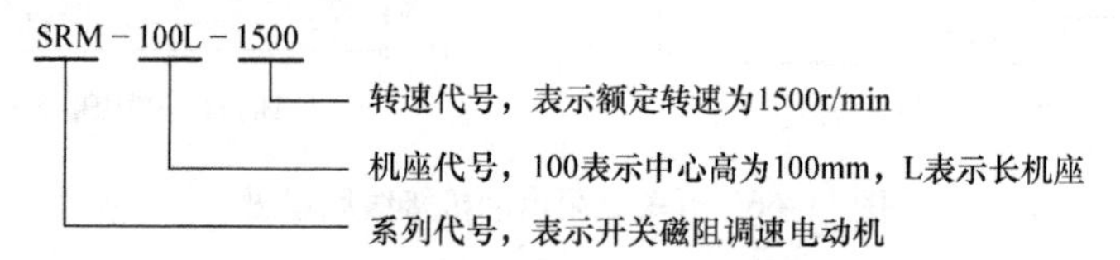

图11-68 JB/T 12680—2016中对开关磁阻电动机型号组成的规定

（六）额定电压和额定频率

开关磁阻电动机驱动器的输入电源为单相或三相正弦交流电，我国为220V或380V，额定频率为50Hz。其输出直流母线电压（脉冲方波）规定为12V、24V、36V、48V、60V、72V、96V、160V、270V、310V、530V（即电动机的输入电压），也可按产品专用技术条件的规定。根据电动机定子绕组（或齿）的多少，分为三相、四相等。

（七）使用环境条件

除非另有规定，开关磁阻电动机的使用环境条件应符合下列规定：

1）环境温度为-40～55℃。

2）空气相对湿度为5%～85%，无凝露。

3）大气压强为86～106kPa。

二、试验项目

和本章其他电机一样，主要介绍此类电动机特有或有特殊要求的试验项目。

在GB/T 34864—2017中，规定的开关磁阻电动机的试验项目总计多达41项，其中大部分是所有电机通用的，其中包括一些外观检查、尺寸和形位公差测量等。现将其中一些主要项目列于表11-50中。

表11-50 开关磁阻电动机试验项目

序号	项目名称	试验方法和考核标准简介
1	外观、铭牌、外形及安装尺寸、轴伸径向圆跳动、凸缘端盖止口的径向和轴向圆跳动	测量方法见本手册第四章第二十节，考核标准符合产品技术条件的规定
2	出线和接线端标识检查	观察，应符合设计图样要求
3	绝缘电阻测定	测量方法见本手册第四章第一节，仪表选用和考核标准见本节第三、（三）部分

（续）

序号	项目名称	试验方法和考核标准简介
4	绕组介电强度（耐交流电压）试验	试验方法见本手册第四章第二节，试验电压和考核标准见本节第三、（四）部分
5	定子绕组直流电阻测量	试验方法见本手册第三章第七节，考核标准按产品技术条件的规定
6	电感测量	测量方法见本节第三、（六）部分，考核标准按产品技术条件的规定
7	转子转动惯量测量	测量方法见本手册第四章第十六节，考核标准按产品技术条件的规定
8	静摩擦力矩测量	测量方法见本节第三、（八）部分，有必要时进行
9	旋转方向检查	通电起动后目测，逆时针方向
10	起动转矩和起动电流测定试验	见本节第三、（十）部分，考核标准按产品技术条件的规定
11	热试验	试验方法见本手册第四章第十二节
12	额定参数测定试验	试验方法见本节第三、（十二）部分
13	短时过载试验	试验方法见本节第三、（十三）部分
14	空载转速和空载电流测定试验	试验方法见本节第三、（十四）部分
15	转矩波动系数测定试验	试验方法见本节第三、（十五）部分
16	自身振动测定试验	试验方法见本手册第四章第十四节
17	噪声测定试验	试验方法见本手册第四章第十五节
18	热阻和时间常数测定试验	试验方法见本节第三、（十八）部分
19	环境适应性试验：低温、高温、温度变化、低温低气压、高温高气压、恒定湿热、交变湿热、盐雾、长霉、振动、冲击、稳态加速度测定试验	详见本节第三、（十九）部分
20	可靠性试验	见 GB/T 34864—2017 原文和相关资料
21	电磁兼容试验	见 GB/T 34864—2017 原文和相关资料
22	安全试验	见 GB/T 34864—2017 原文和相关资料

三、试验方法和考核标准

（一）外观及尺寸、形位公差检测

外观检查主要靠检察人员观察；尺寸、形位公差检测用专用量具测量和计算，轴伸及凸缘端盖止口的圆跳动测量和计算详见本手册第四章第二十节。

（二）出线和接线端标识检查

外观和尺寸应符合产品图样给出的规定；电气间隙和爬电距离应符合 GB/T 14711—2013 的规定。

表 11-51 是 JB/T 12680—2016 中给出的电动机出线端标识，按绕组相的序号排列，为 A、B、C、D 等。

表 11-51 SRM 系列开关磁阻电动机出线端标识

电动机出线端名称	出线标识							
	4 出线	5 出线	6 出线		8 出线		其他出线时	
			始端	末端	始端	末端	始端	末端
星点	—	0	—	—	—	—	—	—
第一相	A1	A1	A1	A2	A1	A2	A1	A2
第二相	B1	B2	B1	B2	B1	B2	B1	B2
第三相	C1	C2	C1	C2	C1	C2	C1	C2
第四相	D1	D2	—	—	D1	D2	D1	D2
第五相	—	—	—	—	—	—	E1	E2
第六相	—	—	—	—	—	—	F1	F2

JB/T 12680—2016 中给出的控制器电源输入接口端子标识规定为：若控制器用三相交流电源，端子标识为 L1、L2、L3；若使用直流电源，则为“+”和“-”。

转子位置信号线端子标识按产品的规定执行。

（三）绝缘电阻测定

1. 测试仪表的选择和测试方法

测量绕组对机壳和相互之间绝缘电阻所选用的绝缘电阻表规格按表 11-52 确定。测量方法和注意事项见本手册第四章第一节。

表 11-52 测量绝缘电阻所选用的绝缘电阻表规格

直流母线电压/V	≤24	>24～115	>115
选用的绝缘电阻表规格/V	250	500	1000

2. 考核标准

① 正常大气条件和低温时，≥50MΩ。

② 高温时，≥10MΩ。

③ 在相对湿热条件下，≥1MΩ。

④ 反馈部件的绝缘电阻应符合产品专用技术条件规定。

⑤ 驱动器内置式电动机的绝缘电阻由产品专用技术条件规定。

（四）绕组介电强度（耐交流电压）试验

1. 测试仪器的选择和测试方法

测量绕组对机壳和相互之间绝缘介电强度所选用的试验仪器输出功率应不小于0.5kV · A，其他要求及试验方法见本手册第四章第二节。试验加电压时间为 1min，所施加的正弦交流电压有效值见表 11-53，频率为 50Hz。

2. 考核标准

试验中应无绝缘击穿、飞弧、闪络现象；绕组的峰值泄漏电流最大允许值见表 11-53，或由产品专用技术条件规定。

泄漏电流不包括试验设备的电容电流。试验后立即测量绝缘电阻，应符合前面第（三）项的规定。

反馈部件的绝缘介电强度应符合产品专用技术条件的规定。

驱动器内置式电动机的绝缘介电强度试验由产品专用技术条件规定。

表 11-53　绝缘介电强度试验施加的电压（有效值）

直流母线电压/V	≤24	>24~36	>36~115	>115~250	>250
施加的电压/V	300	500	1000	1500	1000+0.707×直流母线电压
峰值泄漏电流最大允许值/mA	5	5	10	20	30

（五）定子绕组直流电阻测量

定子绕组直流电阻的仪表选用和测量方法见本手册第三章第七节。

在环境温度下测量时，应将测量值折算到20℃时的相电阻值。

（六）电感测量

1. 测量方法

将电动机安装在试验支架上，用电感电桥或其他有效的测试仪器和方法，测量1kHz时一相绕组的电感随转子位置角变化的曲线，应至少测量一个完整的变化周期。

2. 考核标准

电感量应符合产品专用技术条件的规定。

（七）转子转动惯量测量

转子转动惯量测量方法见本手册第四章第十六节。考核标准按产品技术条件的规定。

（八）静摩擦力矩测量

本项测量在有要求时进行。

1. 测量方法

测量时，电动机定子绕组开路（不与电源电路连接）。

采用滑轮砝码法或其他等效的方法，在转轴上施加力矩（可参照本章第三节第二部分给出的内容）。在一个圆周的5个等分点测量使电动机转子开始转动所需克服的最小阻力矩。测量正、反两个旋转方向。其所有测量值中的最大值作为测量结果。

2. 考核标准

静摩擦力矩测量值应符合产品技术条件的规定。

（九）旋转方向检查

按产品图样规定进行电源连接和控制器的设定后，起动电动机，观察其旋转方向，应符合产品技术条件的规定。

除另有规定外，电动机的旋转方向应为双向可逆旋转，并规定当按产品技术条件规定的相序通电时，从安装配合面的主传动轴端视之，应为逆时针方向（注意：此规定与普通电动机相反！）。

（十）起动转矩测定试验

用本手册第五章第四节介绍的设备进行试验。用测量转矩或力矩的设备将被试电动机转子堵转，给被试电动机加技术条件规定的电流，测量其堵转转矩，即为起动转矩。

测量值应符合产品技术条件的规定。

（十一）热试验

热试验的试验方法、注意事项和温升计算等与普通电动机完全相同（见本手册第四章第十二节）。

（十二）额定参数测定试验

开关磁阻电动机的额定参数包括额定电压、额定电流、额定转矩、额定转速、额定效率等。

1. 试验方法

采用直接负载法进行试验，一般应安排在热试验后紧接着进行。

试验时，将电动机安装在试验支架上，试验环境不应受到外界辐射和气流的影响。电动机在额定电压、额定转矩负载下运行到温升稳定或按产品技术标准规定的条件工作。测量电动机的转速、输入电流；用专用仪器仪表直接测量或通过计算得到输入功率和输出功率。计算运行状态时的效率。

2. 考核标准

试验所得值均应符合产品技术标准的规定。

（十三）短时过载试验

本试验应在上述额定参数测定试验后紧接着进行。

试验时，被试电动机从空载开始（与负载设备连接后，做不到绝对空载，则从最小的负载开始），逐渐增加负载转矩，直到规定的短时过转矩值（除非另有规定，应为 2 倍额定转矩，但应注意：此时转速为 1/2 额定转速），运行 15s。

考核标准同普通电动机。

（十四）空载转速和空载电流测定试验

本项试验在产品技术标准有要求时进行。

电动机在额定电压下空载运行到机械摩擦损耗稳定后，测量其空载相电流和输出转速。

测量值应符合产品技术标准的规定。

（十五）转矩波动系数测定试验

电动机的转矩波动是电动机和配套驱动器所组成的系统的综合反映。必要时，制造商应和用户协商一致，明确试验测量条件。本试验在有要求时进行。

1. 试验方法

在稳定工作温度下，电动机施加额定负载转矩，并在产品技术条件规定的最低转速下运行。用转矩测量仪测量并记录电动机在这一转速下（作者注：GB/T 34864—2017 中，此处的“在这一转速下”原文为“在一转中”，作者感觉不正确，故进行了修改，请读者辨识）的输出转矩，找出最大转矩 T_{max}（N · m）和最小转矩 T_{min}（N · m），按下式计算被试电动机的转矩波动系数 K_{Tb}（%）：

$$K_{Tb} = \frac{T_{max} - T_{min}}{T_{max} + T_{min}} \times 100\% \tag{11-53}$$

2. 考核标准

若有规定，则根据具体使用精度的要求，推荐转矩波动系数最大限值为下列数值：5%、7%、10%、15%、20%。

（十六）自身振动测定试验

如无特殊规定，本试验应按 GB/T 10068—2020 进行。考核标准符合产品技术标准的规定。

（十七）噪声测定试验

如无特殊规定，本试验应按 GB/T 10069. 1—2006 进行。考核标准符合产品技术标准的规定。

（十八）热阻和时间常数测定试验

电动机的热模型包含几种热时间常数。通常用一种时间常数来计算，如图11-69所示。图中，P为功率损耗，单位为W；T_C为热容，单位为J/K；R_{th}为热阻，单位为J/K；$(\Delta\theta)_A$为环境温度下的温升，单位为K；θ_A为环境温度，单位为℃。

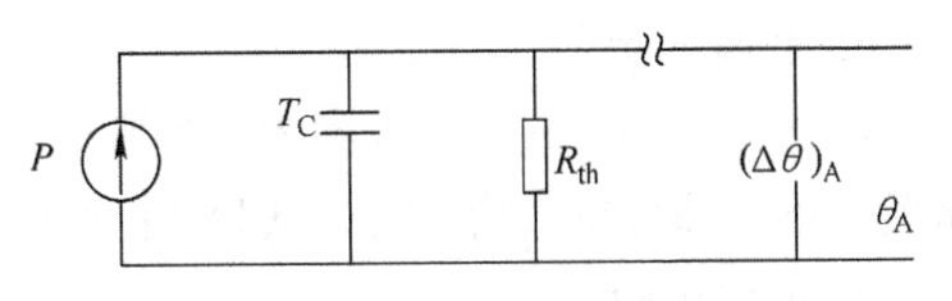

图11-69　电动机的热模型

1. 试验条件

为方便电动机自身均匀散热，应允许在低速（低于5r/min）下运行，散热片与其他接触部分作隔热处理。

试验在恒温条件下进行。若为非自然冷却的电机，试验应在规定的冷却条件下进行。

2. 试验程序

试验按照以下步骤进行：

1）选用不大于额定电流值的电流驱动电动机，并使电动机达到热稳定状态，然后确定温升$(\Delta\theta)_A$。

2）求出0.368$(\Delta\theta)_A+\theta_A$。单位为℃。

3）将电源断开，记录电动机的温度下降到0.368$(\Delta\theta)_A+\theta_A$所需要的时间$t$（min）。

4）用式$P=I^2R$计算功率损耗。式中，I为电流值（A）；R为热稳定时（绕组温度为θ_f）的绕组电阻（Ω）。

热时间常数τ_{th}是在第3）步中记录的时间t，则热阻$R_{th}=(\Delta\theta)_A/P$。

试验过程中相关参数的确定可参见图11-70（图中，T_{th}为热时间常数，单位为min；θ_f为热稳定时绕组温度，单位为℃；θ_A为环境温度，单位为℃；θ_t为在t时刻的温度，单位为℃）。

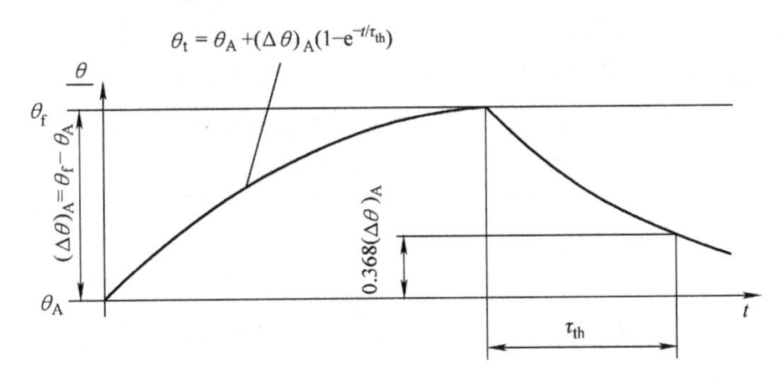

图11-70　电动机的热阻和热时间常数测定试验过程参数示意图

（十九）环境适应性试验

环境适应性试验是指通过一系列试验，考核电动机在使用中对所处环境（包括自然环境，如低温、高温、温度变化、低温低气压、高温高气压、恒定湿热、交变湿热、盐雾、长霉等环境，以及外力所施加的振动、冲击、稳态加速度等）严酷条件的适应能力。

这些试验不一定是所有开关磁阻电动机都要进行的，而是根据产品使用的具体环境有所选择的。具体进行哪些项目，在这些项目中要达到何种严酷等级，都要由被试电动机的产品技术条件规定。

以下1~5项试验后被试电动机应达到的考核标准均为：“试验后在试验箱内测量绕组的绝

缘电阻，其数值应不小于10MΩ；各部件不应有影响其正常工作的裂纹或变形”。

1. 低温试验

将被试电动机放置在温度为-40℃的试验箱中，按GB/T 2423.1—2008《电工电子产品环境试验 第2部分：试验方法 试验A：低温》中试验方法Ad规定的方法进行低温试验。

2. 高温试验

将被试电动机放置在温度为55℃的试验箱中，按GB/T 2423.2—2008《电工电子产品环境试验 第2部分：试验方法 试验B：高温》中试验方法Bd规定的方法进行高温试验。

3. 温度变化试验

按GB/T 2423.22—2002《电工电子产品环境试验 第2部分：试验方法 试验N：温度变化》进行试验。其极限高温和低温的温度变化条件、极限温度下保持的时间、极限高温和低温的温度变化速率、温度变化循环次数、被试电动机的处理和恢复及运行条件和检测要求符合产品技术条件的规定。

4. 低温低气压试验

按GB/T 2423.25—2008《电工电子产品环境试验 第2部分：试验方法 Z/AM：低温/低气压综合试验》进行试验。其低温低气压条件、保持的时间、被试电动机的处理和恢复及运行条件和检测要求符合产品技术条件的规定。

5. 高温高气压试验

按GB/T 2423.26—2008《电工电子产品环境试验 第2部分：试验方法 Z/BM：高温/高气压综合试验》进行试验。其高温高气压条件、保持的时间、被试电动机的处理和恢复及运行条件和检测要求符合产品技术条件的规定。

6. 恒定湿热试验

（1）试验方法：试验前，在电动机轴伸及其安装面上涂上一层防锈脂。按GB/T 2423.3—2016《环境试验 第2部分：试验方法 试验Cab：恒定湿热试验》进行试验。其试验参数见表11-54的规定，被试电动机的处理和恢复及运行条件和检测要求符合产品技术条件的规定。

表11-54 恒定湿热试验参数

温度/℃	相对湿度（%）	持续时间/h
40±2	90~95	48，96，240

（2）考核标准：试验后，被试电动机应无明显的外观质量变坏及影响正常工作的锈蚀现象；绝缘电阻应不低于1MΩ。

7. 交变湿热试验

（1）试验方法：试验前的工作同上述“恒定湿热试验”。按GB/T 2423.4—2008《电工电子产品环境试验 第2部分：试验方法 试验Db：交变湿热（12h+12h循环）》进行试验。其试验参数见表11-55的规定，被试电动机的处理和恢复及运行条件和检测要求符合产品技术条件的规定。

表11-55 恒定湿热试验参数

高湿温度/℃	相对湿度（%）	持续时间/h
40±2	45~95	48，144，288
55±2		24，48，144

（2）考核标准：同上述“恒定湿热试验”。

8. 盐雾试验

（1）试验方法：试验条件符合 GB/T 2423.17—2008《电工电子产品环境试验　第2部分：试验方法　试验Ka：盐雾》的规定。其中试验持续时间应根据产品的不同要求从下列数据中选取：16h、24h、48h、96h。

试验用样品可使用电动机的零部件。

（2）考核标准：同上述“恒定湿热试验”。

9. 长霉试验

（1）试验方法：试验条件符合 GB/T 2423.16—2008《电工电子产品环境试验　第2部分：试验方法　试验J及导则：长霉》的规定。其中试验长霉持续时间为28d。被试电动机的处理和恢复及检测等级要求符合产品技术条件的规定。

试验用样品可使用电动机的零部件。

（2）考核标准：试验后电动机的任何部位霉菌生长程度等级应不超过规定值。

10. 振动试验

（1）试验方法：将被试电动机牢固地安装在试验支架上。试验支架应刚性固定在冲击设备试验台上。按 GB/T 2423.10—2019《环境试验　第2部分：试验方法　试验Fc：振动（正弦）》中的规定进行试验。振动试验参数见表11-56，被试电动机的处理和恢复及运行条件和检测要求符合产品技术条件的规定。

（2）考核标准：试验后，被试电动机不应出现零部件松动或损坏现象，性能应符合产品技术条件的规定。

表11-56　振动试验参数

机座号	振动频率/Hz	振幅或加速度①	扫频次数	每一轴向振动时间/min
≤120	10～150	0.35mm 或 $50m/s^2$	10	30
>120～320		0.175mm 或 $25m/s^2$		
>320		符合产品技术条件的规定		

① 振幅或加速度指交越频率以下的幅值和交越频率以上的加速度值。交越频率在57～62Hz之间。

11. 冲击试验

（1）试验方法：将被试电动机牢固地安装在试验支架上。试验支架应刚性固定在振动设备试验台上。按 GB/T 2423.5—2019《环境试验　第2部分：试验方法　试验Ea和导则：冲击》中的规定进行试验。冲击试验参数见表11-57，被试电动机的处理和恢复及运行条件和检测要求符合产品技术条件的规定。

（2）考核标准：试验后，被试电动机不应出现零部件松动或损坏现象，性能应符合产品技术条件的规定。

表11-57　冲击试验参数

机座号	峰值加速度/（m/s^2）	脉冲持续时间/ms	波形	每一轴向冲击次数
≤120	150	11	半正弦	3
>120～320	50	30		
>320	符合产品技术条件的规定			

12. 稳态加速度试验

（1）试验方法：将被试电动机牢固地安装在试验支架上。试验支架应刚性固定在加速度设备的旋臂上。按 GB/T 2423.15—2008《电工电子产品环境试验 第2部分：试验方法 试验 Ga 和导则：稳态加速度》中的规定进行试验。

（2）考核标准：被试电动机应能承受产品技术条件规定的稳态加速度试验。试验后应无零部件松动或损坏，并且绝缘电阻应符合要求［见本节本部分第（三）项］。

13. 其他试验

其他试验包括可靠性（寿命）试验、电磁兼容试验、安全试验、偶然失效试验等。在此不做介绍了。需要的读者可查看标准原文和相关资料。

四、JB/T 12680—2016 中给出的一些试验项目

在 JB/T 12680—2016《SRM 系列（IP55）开关磁阻调速电动机技术条件（机座号 63～355）》中规定的试验项目，除上述 GB/T 34864—2017《开关磁阻电动机通用技术条件》中给出的以外，还有自身振动和噪声测定试验、效率测定试验、最大转矩测定试验等（见该标准中表 19）。

（一）自身振动和噪声测定试验

试验时，电动机在空载状态下运行到摩擦损耗稳定后开始测量。分别在额定转速的 80%、100%、135% 三个转速点进行自身振动和噪声测量。

取三个转速点所测振动（含振动位移量、振动速度和加速度的有效值）和噪声测量值（一般规定为声功率值）各自的最大值作为该被试电动机的自身振动和噪声测定结果。

（二）空载电流和空载损耗测定试验

被试电动机在额定电压及空载状态下，通过控制器将转速调节至额定转速时运行后，保持控制器设定不变。测量并记录此时被试电动机的电流、损耗和转速。然后，改变被试电动机的旋转方向并至稳定运行，再次测量并记录此时被试电动机的电流、损耗和转速。

被试电动机空载电流为正、反转时各相电流的平均值；空载损耗为正、反转时损耗的平均值。

任何一相的空载电流与各相空载电流平均值之差均不应超过各相空载电流平均值的 ±10%（即三相交流电动机技术条件中规定“空载电流不平衡度不应超过 ±10%”。应注意：开关磁阻电动机不都是三相，还有四相，甚至五相、六相或更多相）。

（三）定位电流测定试验

被试电动机在额定电压及空载状态下，通过控制器对某一相绕组输入一定幅值的直流斩波电流，将转子转到其凸极与定子的该相凸极对齐的位置（最大电感位置），待转子静止不动时，测量并记录该相绕组电流的交流分量有效值。

应测量每一相绕组的定位电流，测量并记录对应的直流斩波电流。

（四）转子位置信号精度测定试验

被试电动机在空载和额定转速状态下，测取转子位置传感器脉冲信号波形在电动机 1 转内的最大和最小脉冲周期，并将其与平均周期相比较，其误差应不超过 ±5%。

（五）热试验

热试验按以下要求进行：

1. 在额定转速下加额定负载的试验

被试电动机在额定转速下加额定负载运行，达到温升稳定或规定的时间（对 S2 工作制电动机）后，通过电阻法或直接测温法获得其绕组等部件的温升。试验方法和计算等规定同普通电动机。

2. 在转速为50r/min时的试验

被试电动机在转速为50r/min、所加负载为按恒转矩折算后的负载功率情况下运行。试验方法和计算等规定同普通电动机。

（六）负载特性测定试验

试验方法和测取的数值等与本章第五节第四项“变频器供电时的负载特性试验”基本相同。

被试电动机加额定负载在额定转速下运行到稳定后，分别在转速为10%、30%、50%、70%、85%、100%额定转速下，测取电动机的1.1倍额定转矩、1倍额定转矩和0.8倍额定转矩值，随后再在转速为110%、120%、135%、150%额定转速下，测取电动机的1.1倍额定功率、1倍额定功率和0.8倍额定功率值（此时的额定功率应折算成转矩）。若测定的转速超过了被试电动机的最高安全转速，则测试的最高转速为被试电动机的最高安全转速。在测试过程中，被试电动机应平稳运转、无明显转矩脉动现象。

用上述试验中得到的转速、转矩和输出功率绘制被试电动机的负载特性曲线，如图11-71所示。

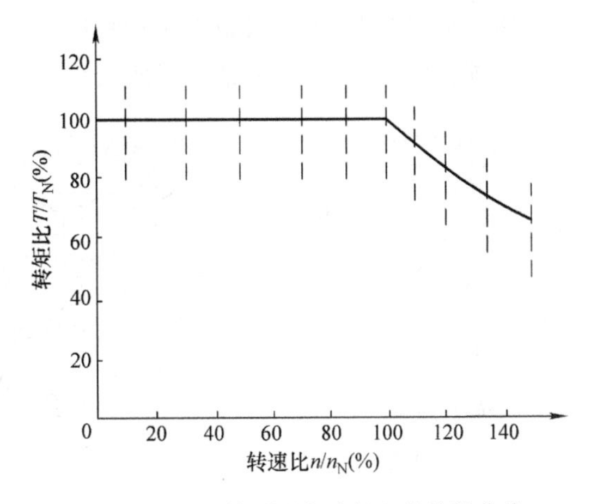

图11-71　开关磁阻电动机负载特性曲线

（七）效率测定试验

在上述负载特性试验中，在电动机为额定电压、额定转速和额定功率下，测取控制器的输入功率P_1（kW）和电动机的输出功率P_2（kW）。电动机的效率η_m（%）用下式进行计算：

$$\eta_m = \frac{P_2}{\eta_C P_1} \times 100\% \qquad (11\text{-}54)$$

式中　η_C——控制器的效率，其推荐值见表11-58。

表11-58　控制器的效率推荐值

电动机额定功率/kW	<100	≥100
效率推荐值（%）	96.0	96.5

（八）最大转矩测定试验

试验时宜用负载均匀可调的转矩测量仪、制动器、测功机作负载。被试电动机应在额定电压、额定转速、额定负载下运行，然后逐渐增加被试电动机的负载并使其失步。在失步瞬间所测得的转矩值，即为被试电动机的最大转矩。

（九）堵转电流和堵转转矩测定试验

堵转试验在电动机接近实际冷状态下进行，试验时，应将转子堵住不转动，控制器的输入电压为额定电压，并按规定设定控制器参数。

在1个脉动周期内应均匀地选取不少于5个转子和定子在圆周上的相对位置并分别进行测量。在每个转子位置，调节控制器的输入（或输出）电流，从0到最大堵转电流，在该范围内测量6～10个点，记录系统输入电流I_{SK}、输入功率P_1和电动机的输入电流I_K、输入电压U_K及堵转转矩T_K。之后，绘制系统堵转电流I_{SK}和堵转转矩T_K的性能曲线。

取控制器输入电流为最大堵转电流时电动机堵转转矩的最小值，该值应符合技术条件的规定；取控制器输入电流为最大堵转电流时的数值为系统的堵转电流值，该值应符合技术条件的规定。

第十五节　变频器供电的非自起动永磁同步电动机

一、概述

（一）自起动永磁同步电动机简介

目前有一个国家标准 GB/T 22711—2019《三相永磁同步电动机技术条件（机座号 80～355)》，其适用范围是：转子带笼型起动绕组的异步起动永磁同步电动机。也就是说，这个标准不适合当前应用越来越多的用变频电源供电的非自起动永磁同步电动机。

转子带笼型起动绕组的异步起动永磁同步电动机的转子结构如图11-72所示，根据其磁钢放置位置的不同，可分为内嵌式和表贴式两大类。

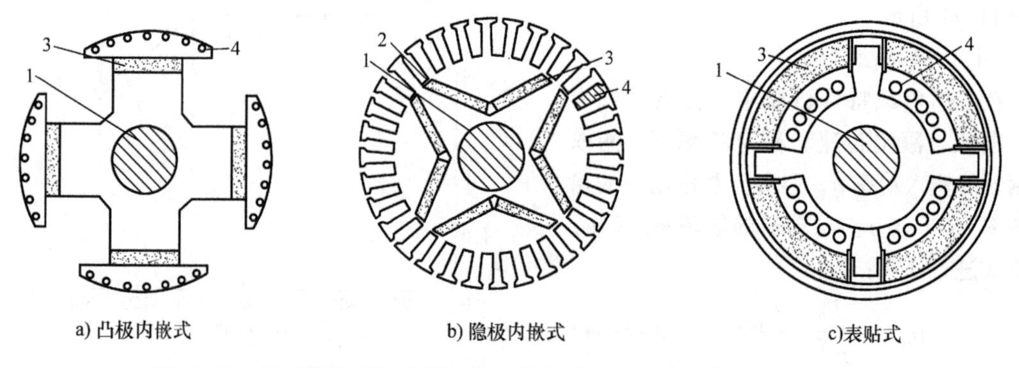

a) 凸极内嵌式　　b) 隐极内嵌式　　c)表贴式

图11-72　转子带笼型起动绕组的异步起动永磁同步电动机的转子结构

1—转轴　2、3—磁钢　4—起动笼条

这种永磁同步电动机可用网络三相交流电直接起动到额定转速运行，起动过程中的转矩主要是“起动笼”产生的电磁转矩，其原理和普通异步电动机相同。

（二）自起动永磁同步电动机试验方法

有一个国家标准 GB/T 22669—2008《三相永磁同步电动机试验方法》，其内容实际上就是用于上述自起动永磁同步电动机的。

（三）非自起动永磁同步电动机简介

非自起动和自起动永磁同步电动机相比较，两者的整体结构基本相同，其中定子完全相同，主要区别在其转子是否有异步起动绕组。图11-73为两种无异步起动绕组的非自起动永磁同步电动机结构。由于没有异步起动绕组，所以这种电动机不能用网络三相交流电直接起动，而必须用变频电源从很低的频率开始起动，然后逐渐调高电源频率达到要求的转速。

二、试验方法

（一）说明

实际上，到目前为止，还没有一个涉及非自起动永磁同步电动机试验方法的国家或行业标

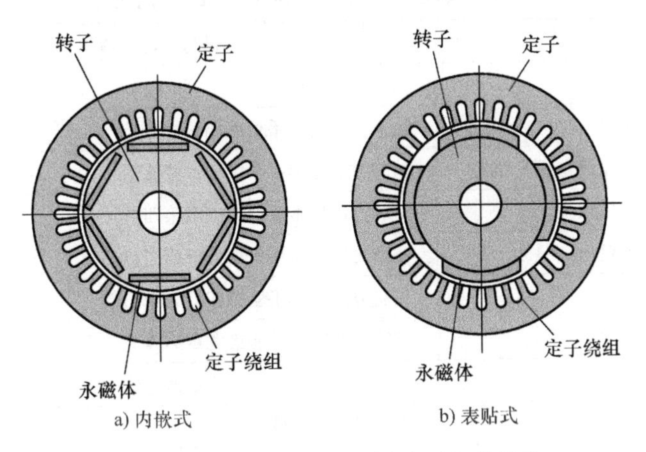

图 11-73　非自起动永磁同步电动机的结构

准。虽然在 GB/T 22669—2008 中提到“静止变频电源供电的同步电动机试验可参照使用”，但实际上有些项目并不适用，其中主要是起动性能试验，包括堵转转矩及堵转电流测定试验以及牵入转矩测定试验。

另外，也未见到此类同步电动机的技术条件。

现在有的，基本上是各生产企业自定的技术标准，包括性能考核标准和试验方法。本节将要讲述的也就是作者了解到的这些内容的汇总。供大家参考。

此类电动机的控制分为两种类型：开环控制和闭环控制，后者应用较多。闭环控制需要加转子位置传感器（旋转变压器等）。图 11-74 是一个闭环控制方式的电路框图。

由于此类电动机用变频器供电，并且所用变频器大都是矢量控制的高端产品，对电动机的起动、加载调整（转矩和转速调整）等均可利用变频器控制器设置，所以，原则上说，考核其起动性能、转矩性能，甚至效率的高低等，都不便硬性规定。

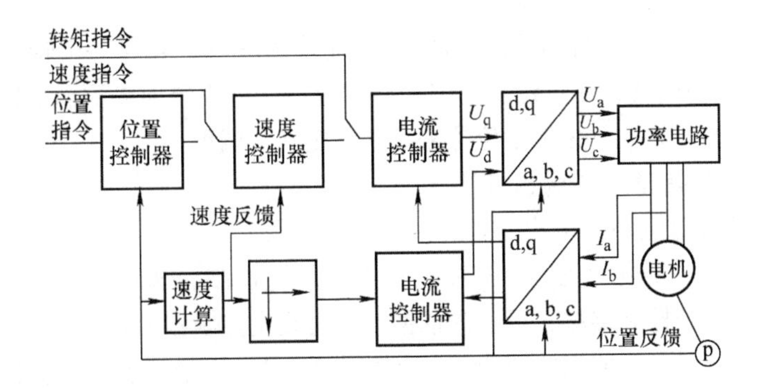

图 11-74　非自起动永磁同步电动机的闭环控制电路框图

（二）型式试验项目

建议的非自起动永磁同步电动机试验项目见表 11-59。其中有一部分项目的试验方法和本手册第四章及第九章第四节基本相同。

表 11-59　非自起动永磁同步电动机的试验项目

序号	项目名称	试验方法和考核标准简介
1	外观和尺寸检查	同本章第十四节
2	绝缘电阻测定试验	测量方法见本手册第四章第一节
3	绕组介电强度（耐交流电压）试验	试验方法见本手册第四章第二节
4	绕组匝间耐冲击电压试验	试验方法见本手册第四章第四节
5	绕组直流电阻的测量	测量方法见本手册第五章第三节
6	热试验	试验方法同本手册第四章第十二节
7	负载试验	试验方法同本手册第九章第四节
8	效率的确定试验	试验方法同本手册第八章第九节
9	短时过载试验	由产品技术条件规定
10	空载电流和空载损耗的确定试验	试验方法同本手册第九章第四节
11	空载反电动势测定试验	试验方法同本手册第九章第四节
12	失步转矩测定试验	试验方法同本手册第九章第四节
13	超速试验	由产品技术条件规定
14	自身振动测定试验	试验方法同本手册第四章第十四节
15	噪声测定试验	试验方法同本手册第四章第十五节

（三）试验中应协商规定的事项

1）使用电机生产企业试验站的变频电源，应尽可能达到或接近用户使用的变频电源性能。

2）热试验和负载试验：在变频器供电的情况下，在额定电压、额定频率和额定输出功率或转矩下进行。进行热试验时，建议同时测量转子表面温度。

3）对安装转子位置和转速传感器（例如旋转变压器）的电动机，应规定转子初始角的度数（用于和用户的控制系统配套。合格范围由用户通过试验给出）。

4）规定最高安全运行转速和超速试验转速。

5）测取反电动势的转速（可为额定转速，也可根据用户提出的某一个转速）。

6）测量转子表面温度的方法：建议采用“测温纸”法。组装前将测温纸贴在转子表面，试验后拆出转子，通过改变后的颜色指示位置来粗略判定转子温度。

三、旋转变压器初始角度的调整方法

1. 为什么要调整永磁电动机初始旋变角

为了精确地对永磁同步电动机进行控制，需采用闭环控制。这时需要实时地把电动机转子的实际位置和转速反馈到控制器端，以此为依据，实时改变控制器的状态，实现精确控制。为了实时获取转子的实际位置，常使用旋转变压器（简称旋变），可通过旋变的输出电压相位获得其转子当前的位置，通过电压的频率获得转子的转速。因此获取的旋变信号，可解析为旋变定子与转子的相对位置关系，这并不是实际永磁电动机的转子和定子的位置关系。

因为永磁电动机安装旋变时，旋变定子安装到电动机定子（一般为非轴伸端的端盖）上，旋变转子安装到电动机转轴上，因此定、转子线圈轴线之间会有一个夹角，此夹角称为旋变初始角（简称旋变角）。

因此，实际从旋变中读取的角度，再加上上述旋变角，即为电动机转子的实际位置，控制器以此为依据来对永磁电动机进行精确控制。

同一个批次做出来的永磁电动机控制器，其内部参数设置应完全相同，旋变角为控制器内部设置参数，因此也是事先规定的完全相同值。这就需要对应控制器的这一批电动机，都具有控制器中设定的旋变角的实际角度，才可与之匹配。可以看出，这个角度的具体值应由用户通过试验给出。

2. 调整永磁电动机初始旋变角的工作原理

将电动机的任意一相或串联的两相（对于三相绕组星形联结并只引出 3 个电源端的电动机）通入低压直流电，此时定子相当于一个静止不动的电磁铁，转子永磁体会位于 d 轴上，即定子绕组和转子绕组在圆周方向相差的角度为 0°。因此，此时读取到的旋变角即为实际安装时旋变的定子和转子相差的角度。

电机制造商在电机组装时应调整好旋变的初始角，并在进行出厂试验时核实是否符合要求。下面介绍用石家庄优安捷机电测试技术有限公司生产的如图 11-75 所示的专用调试仪器进行调整的过程。

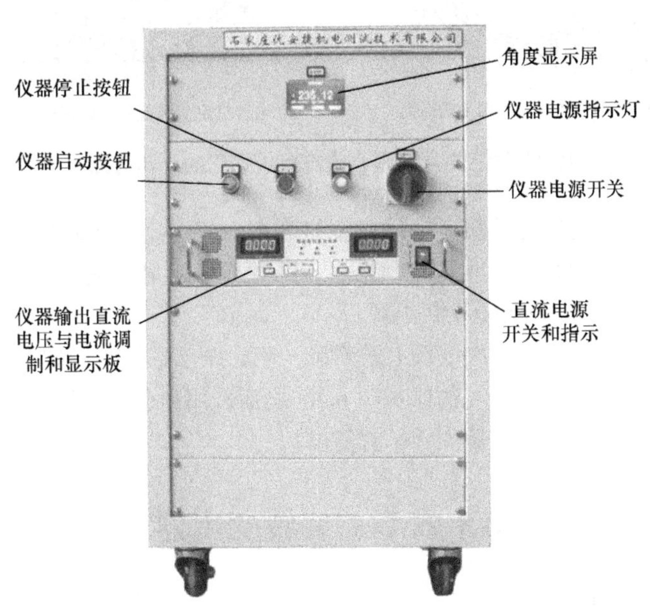

图 11-75　永磁同步电动机旋变角调试仪

第一步：将旋变的定子固定在电动机的端盖上并将其引出线与接线插座连接好。旋变的转子套在电动机转轴与旋变定子相对应的位置上，并用固定螺栓初步固定（紧固程度以用手稍用力可以使其在轴上旋转为宜）。旋变转子与定子在轴向应对齐，若有差距，可用加减环形垫片的方法调整旋变转子轴向位置；旋变定转子之间的气隙应均匀，可用适当厚度的塞尺进行检查，若不均匀，可用调解定子固定位置的方法解决。

电动机卧式安放在试验台架上，旋变端和调试仪版面呈直角方向，便于操作。

第二步：接好仪器的电源线，连接仪器与旋变的连线（连接方式和连线多少应根据所用旋变的出线情况而定）及和被试电动机的连线（仪器的两条直流输出电源线与电动机任意两个电源接线端相连，可以是一相的两端，例如 U1、U2；也可以是两相串联后的两端，例如 U1、V1）。之后，闭合调试仪的输入电源开关和直流电源的开关，检查各项显示（指示灯和数码显示）是否正常。

第三步：用水性记号笔或粉笔等在电动机轴伸端与端盖接触处画一个转轴与端盖相对应的位置标记，如图11-76a所示。

第四步：按下调试仪的启动按钮，给电动机定子绕组通直流电（通电电流不宜过大，其大小以用手稍微用力转动电动机轴，其转子不会转动即可），一般情况下，此时电动机转子将转过一个角度，如图11-76b所示。观看调试仪显示的角度值，缓慢转动旋变转子，到显示的角度等于或非常接近规定的度数（通过用户试验得到的，例如85°）为止。用螺栓将旋变转子紧固。

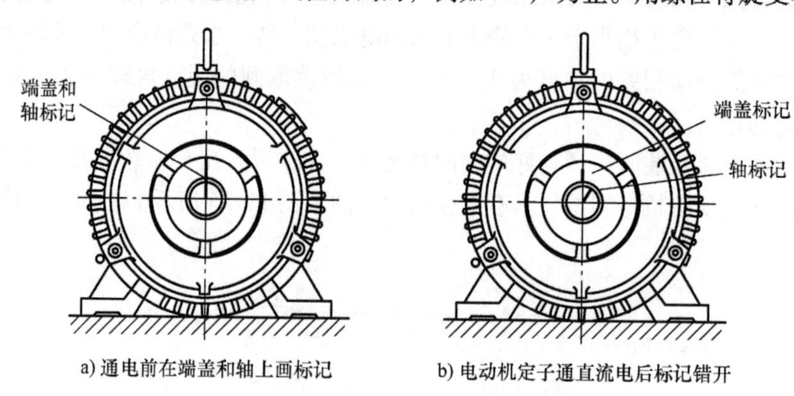

a) 通电前在端盖和轴上画标记　　b) 电动机定子通直流电后标记错开

图11-76　电动机通直流电前后标记的移动情况

第五步：按下调试仪的停止按钮，电动机绕组断电。将电动机转轴旋转到初始位置（和端盖标记相对的位置）后，再次给电动机绕组通电，并观看仪器显示值，若仍为上述显示值（例如85°）左右，则调试完成。断开电动机电源。

若旋变角显示值有变化，则再次进行上述调整。直至符合要求后，锁紧固定螺栓，用扭力扳手检查螺栓扭矩，应符合标准要求（例如8N·m）。之后，用白色记号笔在固定螺栓和旋变转子端面画上位置标记（便于日后拆装旋变转子时复位）。

第十六节　旋转变压器

一、分类和工作原理简介

（一）分类及技术标准

旋转变压器（简称旋变）是一种电磁式传感器，是一种测量旋转体的旋转角位移和角速度用的微型交流发电机，在电机学中归属于微特电机范畴。

目前常用的旋转变压器有绕线转子式和磁阻式两种。

按转子有无电刷和集电环，绕线转子式又可分为接触式和无接触式（又称为无刷式）两种。接触式是通过电刷和集电环将转子绕组和外电路进行连接；无接触式是通过环型耦合变压器来取代电刷和集电环的作用，将转子绕组和外电路进行连接（这里的“连接”实际是一种电磁耦合，而非实际意义上的导线连接）。由于接触式的结构相对复杂，并且因为电刷和集电环的接触和磨损等问题，容易产生随机误差和故障，所以现在已很少采用。

磁阻旋转变压器是一种新型结构，和绕线转子旋转变压器相比，具有结构更简单、工作可靠性好、精度很高等优点，在很多场合已经开始推广使用。

按定转子的配合方式，旋转变压器分为整体式和分离式两种。前者和一般电机的结构相同，如图 11-78 所示；后者的定、转子要各自安装在需要配置它的旋转机械上，其转子一般是安装在旋转机械的旋转轴上。

与旋转变压器有关的国家标准有：

GB/T 10241—2007　旋转变压器通用技术条件

GB/T 34859—2017　无刷旋转变压器通用技术条件

GB/T 10404—2017　多极和双通道旋转变压器通用技术条件

GB/T 31996—2015　磁阻式多极旋转变压器通用技术条件

GB/T 7345—2008　控制电机基本技术要求

（二）工作原理简介

1. 绕线转子旋转变压器

绕线转子旋转变压器又可分为接触式和无接触式两种，由于接触式已很少使用，所以在这里只介绍无接触式（又称为无刷式）。

无刷旋转变压器由定子和转子组成。如图 11-77 右图所示，其定子绕组在轴向分成前后两部分，一部分由多个凸极绕组组成（形状上和前面介绍的开关磁阻电动机定子绕组相同），工作时，作为产生信号的元件（“发电机”的电枢绕组），此部分在 GB/T 34859—2017 中称为“旋变发送机”；另一部分是“变压器”（或称为“附加变压器”）的励磁绕组，接通外加励磁电压，可称为“变压器”的一次绕组。如图 11-77 左图所示，转子绕组在轴向上也分成前后两部分，一部分和定子的“信号”绕组相对应，作为励磁绕组（发电机的励磁绕组，其结构形式类似于绕线转子电动机的转子，极数和定子绕组的极数相同）；另一部分和定子的“变压器”的一次绕组相对应，作为“变压器”的二次绕组，它通过电磁耦合得到感应电压，工作原理与普通变压器基本相同，产生的感应电压通过转子励磁绕组的连线加在转子励磁绕组两端，为“发电机”励磁。图 11-78 是另一种更像发电机的无刷旋转变压器结构（即整体式结构），其各部分的位置可以比图 11-77 看起来更清楚。

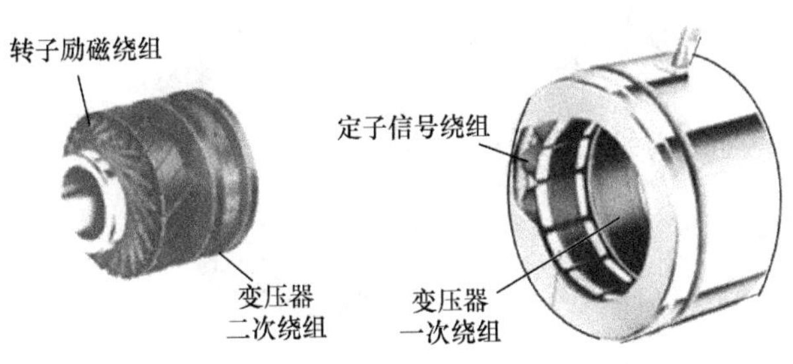

图 11-77　分离式无刷旋转变压器结构

旋转变压器与普通变压器的区别在于：普通变压器的一、二次绕组是不动的，输入和输出电压比是固定的。而旋转变压器的一、二次绕组之间的相对位置是随其转子的转动而发生变化的，因而输出电压的高低会随着转子的转动发生变化，变化的波形有正弦和余弦两种（由两个互成 90°电角度的定子绕组产生并输出）。输出信号通过计算器处理后得出每个时刻电动机定子和转子的相对位置信息和转子的转速，为控制电动机的输出转速和转矩提供信号。

常用的旋转变压器“发电机”部分有 2 极和 4 极两种结构形式，还有更多极数的。极数越多，检测精度越高。图11-79为一个4极旋转变压器定转子径向断面结构；图11-80是4极的接线原理图，其中“交流电源”是由其附加变压器的二次绕组（转子绕组）产生的，图中给出的“励磁绕组”是“发电机”部分的转子绕组，极数和定子相同，为4极。

2. 磁阻旋转变压器

磁阻旋转变压器是一种新型结构、高精度角度传感元件，图11-81给出了两种不同极数的磁阻旋转变压器。这种旋转变压器一般是做成定子和转子分离式的结构（和图11-77给出的那种分离式旋转变压器相同）。

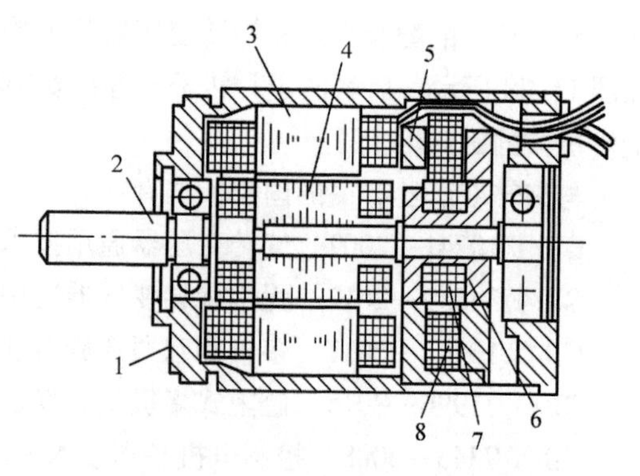

图11-78　整体式无刷旋转变压器结构
1—外壳　2—转子轴　3—发电机定子　4—发电机转子　5—变压器定子　6—变压器转子　7—变压器转子绕组　8—变压器定子绕组

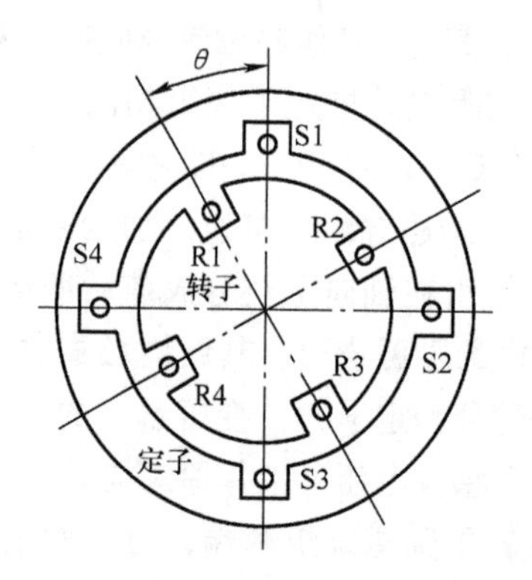

图11-79　4极旋转变压器定转子径向断面结构

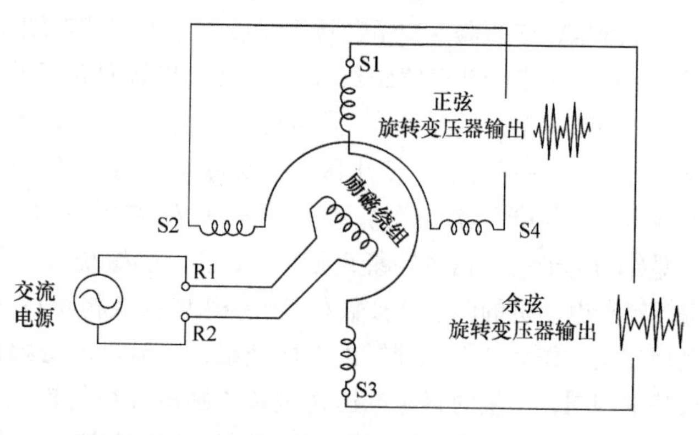

图11-80　4极旋转变压器电路及输出交流电波形

图11-81　磁阻旋转变压器示例

磁阻旋转变压器的定子叠片内圆冲制成若干个大齿（又被称为极靴），有些类型在每个大齿上还会冲制出均匀分布的小齿。励磁绕组（线圈）和输出绕组（线圈）共同安放在定子大齿槽中。但励磁绕组和输出绕组的形式不一样。

这种旋转变压器的转子磁极形状作特殊设计，使得气隙磁场近似于正弦形。转子形状的设计也必须满足所要求的极数。可以看出，转子的形状决定了极对数和气隙磁场的形状。

磁阻旋转变压器是根据电磁感应原理，利用气隙变化而使磁路的磁阻变化，进而使输出绕组的感应电动势信号随着机械转角作相应正弦或余弦变化。

和前面介绍的绕线转子旋转变压器相比，磁阻旋转变压器由于没有耦合变压器，所以具有结构简单、成本低、对环境要求不高等优点。

二、无刷旋转变压器技术要求及使用参数

GB/T 34859—2017《无刷旋转变压器通用技术条件》规定了此类旋转变压器的技术要求和使用参数。现将其中与其性能试验有关的部分简述如下：

（一）型号

无刷旋转变压器的型号由机座号、产品名称代号和产品序列代号3部分组成。其排列顺序及说明如下：

1）机座号	2）产品名称代号	3）产品序列代号

1）机座号——产品的机座外径（数字，单位为mm）。

2）产品名称代号——由3个大写汉语拼音字母组成，XFW表示无刷旋变发送机；XBW表示无刷旋变变压器。

3）产品序列代号——由3个阿拉伯数字组成。

（二）接线端标记和引出线颜色

接线端可采用引出线或接线板。接线端标记和引出线颜色见表11-60的规定。

表11-60　无刷旋转变压器接线端标记和引出线颜色

绕组名称	接线端标记		引出线颜色	
	始端	末端	始端	末端
输入绕组	R1	R3	红-白	黄-白
输出绕组	S1	S2	红	黄
	S3	S4	黑	蓝

（三）电路图与电压方程式

XFW型无刷旋变发送机电路如图11-82所示。电压方程式见式（11-55）和式(11-56)。

XBW型无刷旋变变压器电路如图11-83所示。电压方程式见式（11-57）。

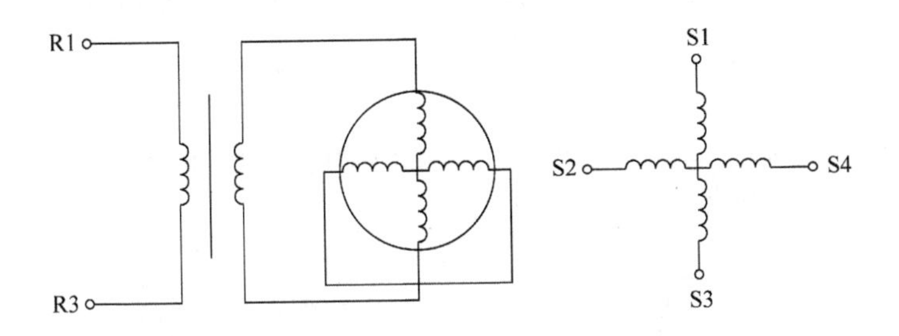

图11-82　XFW型无刷旋变发送机电路

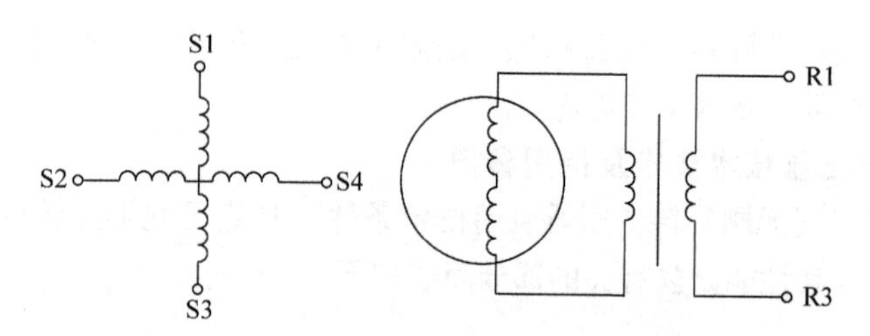

图 11-83　XBW 型无刷旋变变压器电路

$$U_{S1S3} = KU_{R1R3}\cos\theta \tag{11-55}$$

$$U_{S2S4} = KU_{R1R3}\sin\theta \tag{11-56}$$

式中　U_{S1S3}——输出绕组 S1 和 S3 两端的电压（V）；

U_{S2S4}——输出绕组 S2 和 S4 两端的电压（V）；

U_{R1R3}——输入绕组 R1 和 R3 两端的电压（V）；

K——变压比；

θ——电气角（°）。

$$U_{R1R3} = K(U_{S1S3}\sin\theta + U_{S2S4}\sin\theta) \tag{11-57}$$

式中　U_{R1R3}——输出绕组 R1 和 R3 两端的电压（V）；

U_{S1S3}——输入绕组 S1 和 S3 两端的电压（V）；

U_{S2S4}——输入绕组 S2 和 S4 两端的电压（V）；

K——变压比；

θ——电气角（°）。

（四）额定电压和额定频率

无刷旋转变压器额定电压基本等级为 5V、7V、10V、12V、26V 和 36V；其余由产品技术条件规定。额定频率基本等级为 400Hz、1kHz、2kHz、3kHz、5kHz、7.5kHz、10kHz 和 20kHz；其余由产品技术条件规定。

（五）旋转方向

从轴伸端或安装端面视之，转子逆时针旋转为旋转正方向。电气角的正方向与旋转正方向一致。

三、无刷旋转变压器试验项目

无刷旋转变压器的试验项目及相关标准见表 11-61。

表 11-61　无刷旋转变压器的试验项目、考核标准及简要说明

序号	项目名称	试验方法和考核标准简介
1	外观、铭牌、出线和接线端标识、外形尺寸及形位公差、定转子轴向和径向间隙、安装配合面的同轴度和垂直度等检测	目测或用量具进行测量，考核标准符合产品技术条件的规定
2	绝缘电阻测定试验	仪表选用和考核标准见本节第四、（一）部分
3	绕组介电强度（耐交流电压）试验	试验电压见本节第四、（二）部分
4	接线正确性检查和确定基准电气零位	试验方法见本节第四、（三）部分

（续）

序号	项目名称	试验方法和考核标准简介
5	空载电流和损耗功率测定试验	试验方法见本节第四、（四）部分
6	绕组阻抗测定试验	试验方法见本节第四、（五）部分
7	变压比测定试验	试验方法见本节第四、（六）部分
8	相位移测定试验	试验方法见本节第四、（七）部分
9	电气误差测定试验	试验方法见本节第四、（八）部分
10	零位电压测定试验	试验方法见本节第四、（九）部分
11	引出线和螺纹接线柱机械强度检测	试验方法见本节第四、（十）部分
12	振动和冲击试验	本文略
13	环境适应性（包括低温和高温、温度变化、低气压、恒定湿热和交变湿热、盐雾和长霉等）试验	本文略
14	电磁兼容试验	本文略

四、无刷旋转变压器试验方法

（一）绝缘电阻测定试验

测量绕组对机壳及绕组相互之间的绝缘电阻，用电压规格为100V的绝缘电阻表进行测量。测量方法同普通电机。

绝缘电阻考核标准见表11-62。

表11-62　无刷旋转变压器绝缘电阻考核标准

测量时的环境	正常和低温环境	高温环境	湿热环境	低气压环境
绝缘电阻(≥)/MΩ	50	10	1	见产品技术标准

（二）绕组介电强度（耐交流电压）试验

绕组对机壳及绕组相互之间的介电强度（耐交流电压）试验方法和普通电机基本相同，但有一些区别：①对于加压时间为1min的试验，电压从0V升到规定电压值的时间应不少于3s（普通电机为10s）；②整个试验过程中，电压峰值应不超过规定电压有效值的1.5倍；③允许试验时间缩短为5s，并且所加电压值仍按1min试验的规定（若试验时间改为1s，则所加电压值按1min试验规定的1.2倍，这一规定和普通电机相同）。

试验时所加的电压值应按GB/T 7345—2008《控制电机基本技术要求》中的5.17.1的规定，用于旋转变压器的具体数值见表11-63［取GB/T 7345—2008的表3中额定电压为115V及以下的部分，其中给出了上公差为0V，下公差为－23～－3V，这一规定在其他电机标准（包括GB/T 755—2019）中也是很少见的］；考核标准（高压泄漏电流有效值）见表11-64。

表 11-63　无刷旋转变压器耐交流电压值（有效值）

额定电压/V	试验电压/V			
	绕组对机壳及定子绕组对转子绕组		同一铁心上各独立绕组之间	
	机座号≤24	机座号>24	机座号≤24	机座号>24
≤20	100^{+0}_{-3}	250^{+0}_{-8}	100^{+0}_{-3}	100^{+0}_{-3}
>20～60	300^{+0}_{-9}	500^{+0}_{-15}	150^{+0}_{-5}	250^{+0}_{-8}
>60～115	500^{+0}_{-15}	750^{+0}_{-23}	300^{+0}_{-9}	400^{+0}_{-12}

表 11-64　无刷旋转变压器高压泄漏电流值（有效值）

机座号	≤130	>130
高压泄漏电流(≤)/mA	1	5

（三）接线正确性检查和确定基准电气零位

按图 11-84 接线。XFW 型无刷旋变发送机施加励磁电压；XBW 型无刷旋变变压器施加 K 倍的励磁电压。开关 K 拨向 1-3 侧，转动转子至正偏最大，然后再把开关 K 拨向 2-4 侧，微调转子至指示最小。在此位置正向轻轻转动转子，在 90°范围内，若相敏电压表指示正向增加，此时转子反向恢复到相敏电压表之最小指示值时，此时定、转子处于基准电气零位（此时应在机壳和轴伸上做出基准电气零位标记）；若正向转动转子，在 90°范围内，相敏电压表指示反向增加，则表明 S2 和 S4 接线接反了，应互换之。

输出和输入绕组按本节图 11-82 和图 11-83 接线后，电压关系应满足式（11-55）、式（11-56）和式（11-57）。

旋转变压器处于基准电气零位的标记应明显、具有永久性。标记对于基准电气零位的偏差应不超过 ±10°。

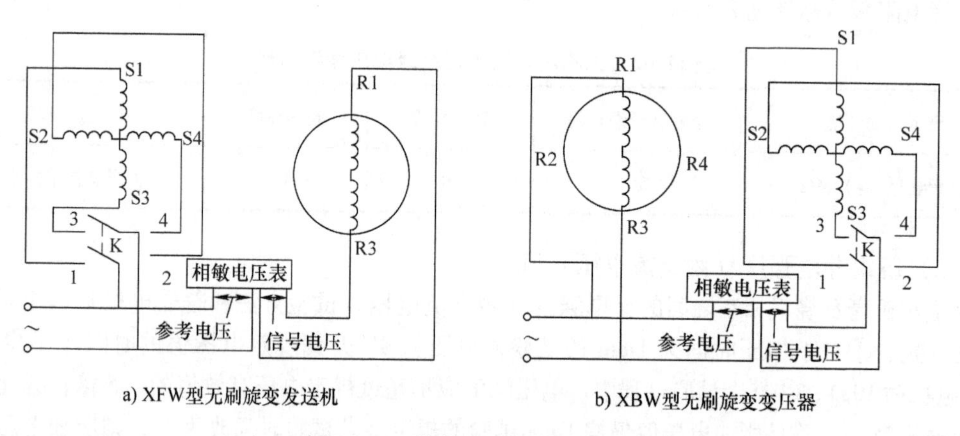

a) XFW型无刷旋变发送机　　b) XBW型无刷旋变变压器

图 11-84　接线正确性试验接线图

（四）空载电流和损耗功率测定试验

损耗功率是指旋转变压器空载时每一输入绕组所消耗的功率。

1. 试验方法

输入绕组额定励磁，其他绕组呈开路状态。测量每一输入绕组电流和损耗功率，即为该绕组的空载电流和损耗功率。

2. 考核标准

无刷旋转变压器的每一绕组通过的空载电流和空载损耗功率均应符合产品专用技术条件的规定。

（五）绕组阻抗测定试验

无刷旋转变压器的阻抗分为开路输入阻抗和短路输出阻抗两部分。

1. 试验测定方法

输入绕组额定励磁，在基准电气零位按 GB/T 7345—2008 中 5. 15. 2 和表 11-65 的规定进行试验。

GB/T 7345—2008 中 5. 15. 2 的规定是：将被试旋转变压器安装在标准试验支架上，按规定的试验频率和电压，通电运行至稳定工作温度后，使用附录 B 中的 B. 1 规定的测量方法，测量各阻抗值。允许用其他等效的方法进行测量。

注：有关“标准试验支架”的结构、所用材料和尺寸等，详见 GB/T 7345—2008 中附录 A；GB/T 7345—2008 中附录 B. 1 的内容请阅读原文。

2. 考核标准

试验测得值均应符合产品专用技术条件的规定。

表 11-65　阻抗测定试验方法

类型	阻抗名称	测量接线端	施加在接线端的电压	辅助连接
XFW	开路输入阻抗	R1、R3	额定电压	所有其他绕组开路
	开路输出阻抗	S1、S3	K 倍额定电压	
	短路输出阻抗	S1、S3	所施加的电压为能产生与测量开路输出阻抗时电流相差在 ±3% 以内电流时的电压	所有其他绕组短路
XBW	开路输入阻抗	S1、S3	额定电压	励磁方的另一绕组短路，其他绕组开路
	开路输出阻抗	R1、R3	K 倍额定电压	所有其他绕组开路
	短路输出阻抗	R1、R3	所施加的电压为能产生与测量开路输出阻抗时电流相差在 ±3% 以内电流时的电压	所有其他绕组短路

（六）变压比测定试验

无刷旋转变压器额定励磁，使转子置于基准电气零位。然后按表 11-66 的规定接线和放置转子，输出端接入高阻抗指针电压表或数字电压表（注：数字表的输入阻抗一般都比较大），测量最大耦合位置时的输出绕组电压。变压比通过输出绕组除以输入绕组的励磁电压计算得到。

空载时的变压比应符合产品专用技术条件的规定。

表 11-66　无刷旋转变压器变压比测定试验接线

类型	输入绕组	短路绕组	输出绕组	转子角度/(°)
XFW	R1-R3	—	S1-S3	0
			S2-S4	90
XBW	S1-S3	S2-S4	R1-R3	0
	S2-S4	S1-S3		90

（七）相位移测定试验

无刷旋转变压器额定励磁，使转子置于基准电气零位。然后按表11-66的规定接线和放置转子，转子从基准电气零位正向转到输出电压近似等于最大输出电压时，从相位计上读取相位移值。

允许用能保证精度的其他方法进行测量。

所测得的相位移值应符合产品专用技术条件的规定。

（八）电气误差测定试验

1. 分级和标准

旋转变压器的电气误差分为三级，用“0”“Ⅰ”“Ⅱ”表示，其误差值用角度（单位用“′”）表示。各级的最大允许误差值见表11-67。应根据需要确定其中的一个等级。

表11-67　无刷旋转变压器电气误差分级

精度等级	0	Ⅰ	Ⅱ
允许最大电气误差/(′)	3	10	15

2. XFW型旋变发送机电气误差的确定方法

试验时，按图11-85接线，图中“RX”为旋变发送机。测量仪器仪表有四臂函数电桥和相敏电压表。

采用比例电压指零法测量电气误差。电气误差在0°～360°范围内，每隔5°测量一点，共计27个点。

将被试旋转变压器额定励磁，并在其轴上和机壳上的零位标记对准，而转子接近零位位置。

使电桥按下列值平衡：分压器的分压比与给定角度的对应关系见式（11-58）和表11-68。

$$K = \frac{r_1}{r_2}\tan\varphi \qquad (11\text{-}58)$$

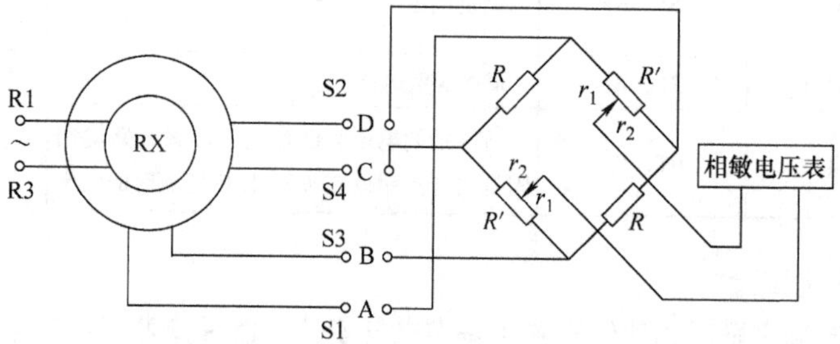

图11-85　确定XFW型旋变发送机电气误差的接线图

表11-68　分压器分压比

电气角度/(°)	分压比	电气角度/(°)	分压比
0	0.000 000	25	0.466 308
5	0.087 489	30	0.577 350
10	0.176 327	35	0.700 208
15	0.267 949	40	0.839 100
20	0.363 970	45	1.000 000

图 11-85 中的四臂函数电桥由两个无感电阻分压器 R' 和两个 10kΩ 无感电阻 R 组成。

转子每转动 45°，四臂函数电桥端钮 A、B、C、D 与旋转变压器绕组端钮换接一次，换接顺序与分压比 K 值的变化方向见表 11-69。

对应于每一个理论电气角度，四臂函数电桥给出对应的分压比 K 值。在此条件下，依次转动转子，使相敏电压表指示的基波同相分量为零。电气误差就是转子实际的机械角度减去对应的理论电气角度。

3. XBW 型旋变变压器电气误差的确定方法

试验时，按图 11-86 接线，图中，“RX”为旋变发送机；“RT”为旋变变压器。测量仪器仪表有四臂函数电桥和相敏电压表。

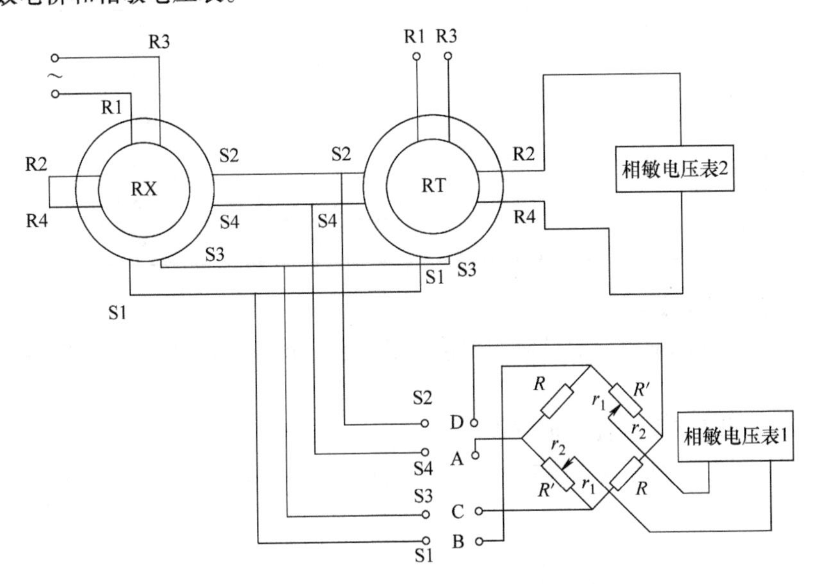

图 11-86　确定 XBW 型旋变变压器电气误差的接线图

将被试旋转变压器额定励磁，并使旋变发送机和旋转变压器处在近似零位标记处。变送机每转动 45°，四臂函数电桥端钮 A、B、C、D 与旋转变压器绕组端钮换接一次，换接顺序与分压比 K 值的变化方向见表 11-69。

在四臂函数电桥每一给定角度下，依次转动励磁的发送机转子，使相敏电压表 1 指示的基波同相分量为零。然后转动被试旋转变压器的转子，使相敏电压表 2 指示的基波同相分量为零。旋变变压器电气误差即旋转变压器转子转过的机械角度减去对应的理论电气角度所得之差。

表 11-69　电气误差测定

理论电气角度范围	K 值的变化方向	电桥端钮	与电桥对接的端钮	
			图 11-85	图 11-86
0°~45° (180°~225°)	0→1	A	S2	S3
		B	S4	S1
		C	S1	S2
		D	S3	S4

（续）

理论电气角度范围	K值的变化方向	电桥端钮	与电桥对接的端钮	
			图 11-85	图 11-86
>45°~90°（>225°~270°）	1→0	A	S1	S2
		B	S3	S4
		C	S2	S3
		D	S4	S1
>90°~135°（>270°~315°）	0→1	A	S3	S4
		B	S1	S2
		C	S2	S3
		D	S4	S1
>135°~315°（>315°~360°）	1→0	A	S2	S3
		B	S4	S1
		C	S3	S4
		D	S1	S2

（九）零位电压测定试验

在上述第（八）项试验中，记录所有零位下的电压，即零位电压。试验值应符合产品技术条件的规定。

（十）引出线和螺纹接线柱机械强度检测

旋转变压器的引出线和螺纹接线柱的机械强度应符合以下规定（摘自 GB/T 7345—2008 中 5.3.1）：

1. 引出线

将引出线的引出端朝下，在接线端垂直向下施加规定的拉力（除非另有规定，对于 24 及以下机座号的旋转变压器，每根引出线应能承受 4.5N 或专用技术条件规定的拉力；对于 24 以上机座号的旋转变压器，每根引出线应能承受 9.0N 或专用技术条件规定的拉力）。加力时应使导线线芯和绝缘层均匀受力，各方向加力保持时间为 5~10s。

对于从旋转变压器后端沿旋转变压器轴向的出线，应先使旋转变压器轴伸垂直向上，然后将旋转变压器转过 90°，使轴成水平位置，再将其机壳轴线顺时针和逆时针各转 360°。

试验后，引出线不能断开，外层绝缘和线芯不应损坏。

2. 螺纹接线柱

用扭力扳手进行检查。按接线柱的直径尺寸，应能承受 22.5N 的压力、拉力和表 11-70 给出的扭矩而不损坏。

表 11-70　螺纹接线柱应能承受的扭矩（摘自 GB/T 7345—2008 表 2）

标准螺纹直径/mm	2.5	3.0	4.0	5.0
应能承受的扭矩/(N·m)	0.4	0.5	1.2	2.0

五、磁阻旋转变压器型号、接线图和端子标记

（一）型号

磁阻旋转变压器型号由机座号、产品名称代号、极对数代号和派生代号共 4 部分组成。排列

顺序及说明如下：

1）机座号	2）产品名称代号	3）极对数代号	4）派生代号

1）机座号：以磁阻旋转变压器的外圆直径（单位为 mm）表示，若外圆直径基本尺寸是非整数，则取其整数部分。

2）产品名称代号：用“XUD”表示，其含义是“磁阻多极旋转变压器”。

3）极对数代号：由两位阿拉伯数字组成，不足两位的极对数，则首位用“0”代替。

4）派生代号：包括性能派生代号和结构派生代号，结构派生代号用大写字母 A、B、C、…、L；L 以后的字母加数字 01、02、…为性能派生代号。字母代号不用“I”和“O”。

示例：52XUD04B 表示机壳外圆直径为 52mm、极对数为 4 的磁阻多极旋转变压器，第二个派生产品。

（二）接线图、端子标记和颜色

磁阻旋转变压器的接线图如图 11-87 所示，其端子标记和颜色的规定见表 11-71 或专用技术条件的规定。

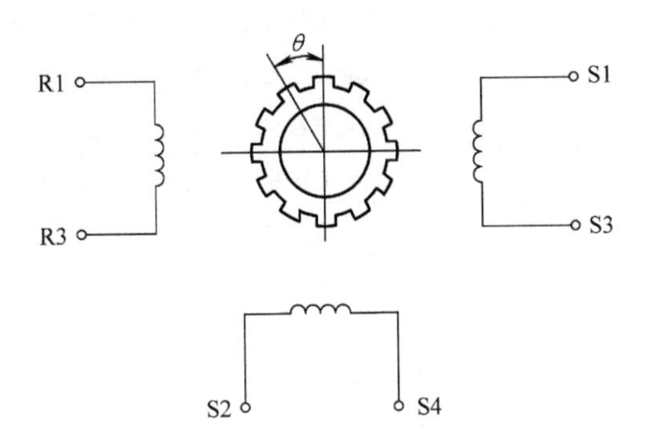

图 11-87　磁阻旋转变压器的接线图

表 11-71　磁阻旋转变压器的接线端子标记和颜色

绕组名称	输入（励磁）绕组		输出绕组			
接线端子标记	R1	R3	S1	S3	S2	S4
引出线颜色	红-白	黑-白	红	黑	黄	蓝

（三）旋转方向

从非出线端视之，转子逆时针旋转为正旋转方向。

（四）输出电压方程式

转子从基准电气零位正向转动 θ 机械角时，其输出电压方程式应符合式（11-59）和式（11-60）的规定。

$$U_{S1S3} = KU_{R1R3}\cos(p\theta) \tag{11-59}$$

$$U_{S2S4} = KU_{R1R3}\sin(p\theta) \tag{11-60}$$

式中　K——变压比；

U_{S1S3}——输出绕组 S1 和 S3 两端的电压（V）；

U_{S2S4}——输出绕组 S2 和 S4 两端的电压（V）；

U_{R1R3}——输入（励磁）绕组 R1 和 R3 两端的电压（V）；

p——磁极对数；

θ——转子从基准电气零位正向转动的机械角（°）。

六、磁阻旋转变压器试验项目

磁阻旋转变压器的试验项目及相关标准见表 11-72。

表 11-72 磁阻旋转变压器的试验项目、考核标准及简要说明

序号	项目名称	试验方法和考核标准简介
1	外观、铭牌、出线和接线端标识、外形尺寸及形位公差、定转子轴向和径向间隙、安装配合面的同轴度和垂直度等检测	目测或用量具进行测量，考核标准符合产品技术条件的规定
2	绝缘电阻测定试验	仪表选用和考核标准见本节第四、（一）部分
3	绕组介电强度（耐交流电压）试验	试验电压和考核标准见表 11-73
4	接线正确性检查和确定基准电气零位	试验方法见本节第七、（二）部分
5	空载电流和最高空载输出电压测定试验	试验方法见本节第七、（三）部分
6	绕组阻抗测定试验	试验方法见本节第七、（四）部分
7	电气误差测定试验	试验方法见本节第七、（五）部分
8	相位移测定试验	试验方法见本节第四、（七）部分
9	引出线和螺纹接线柱机械强度检测	试验方法见本节第四、（十）部分
10	振动和冲击试验	本文略
11	环境适应性（包括低温和高温、温度变化、低气压、恒定湿热和交变湿热、盐雾和长霉等）试验	本文略
12	电磁兼容试验	本文略

七、磁阻旋转变压器试验方法

从表 11-72 可以看出，磁阻旋转变压器的试验项目与无刷旋转变压器大部分相同，并且其试验方法和考核标准也相同。本部分只介绍那些有区别的部分。

（一）绕组介电强度（耐交流电压）试验

磁阻旋转变压器的耐交流电压值和考核标准见表 11-73。

表 11-73 磁阻旋转变压器耐交流电压值和考核标准

机座号	试验电压/V			泄漏电流/mA
	绕组对机壳	绕组之间（励磁电压≤20V）	绕组之间（励磁电压＞20V）	
≤320	500	100	250	≤5
＞320	符合产品专用技术条件的规定			

（二）接线正确性检查和确定基准电气零位

磁阻旋转变压器任一电周期起始电气零位均可作为它的基准电气零位。当处于基准电气零位时，在定子和转子相应位置的适当位置应有明显而且牢固的“基准电气零位”标记。

将被试磁阻旋转变压器安装在角分度装置上，按图11-88接线。励磁绕组R1R3额定励磁，转动转子至相敏电压表读数为正向最大。此时的转子位置为近似基准电气零位，在定子和转子相应位置的适当位置做上标记。

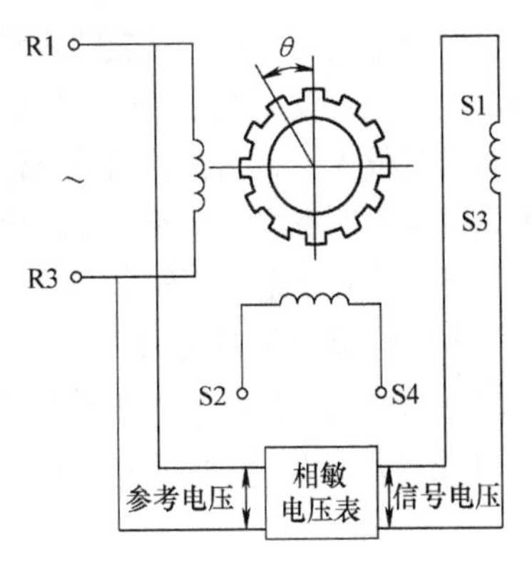

图11-88　接线正确性检查和确定基准电气零位接线图

（三）空载电流和最高空载输出电压测定试验

1. 空载电流测定试验

励磁绕组R1R3额定励磁，其他绕组开路，测量励磁绕组的电流，即为被试旋转变压器的空载电流。

2. 最高空载输出电压测定试验

励磁绕组R1R3额定励磁，输出端接入高阻抗电压表或数字电压表。当转子缓慢旋转时，用电压表读出最高空载输出电压。

最高空载输出电压应符合产品专用技术条件规定，其容差为规定值的±10%。

（四）绕组阻抗测定试验

试验时，励磁绕组额定励磁。试验方法同无刷旋转变压器本项试验［本节第四、（五）部分］和表11-74的规定，考核标准符合产品专用技术条件的规定。

表11-74　磁阻旋转变压器绕组阻抗测定试验

阻抗	施加电压的接线端	外加电压	辅助连接
开路输入阻抗 Z_{RO}	R1-R3	额定励磁电压	所有其他绕组开路
开路输出阻抗 Z_{SO}	S1-S3，S2-S4	最高空载输出电压	
短路输出阻抗 Z_{SS}		能产生与测量开路输出阻抗 Z_{SO} 时电流相差在±3%以内电流时的电压	所有其他绕组开路

（五）电气误差测定试验

按图11-89接线。从基准电气零位开始，转子正方向旋转，使相敏电压表指示的基波同相分量为零，依次读取所有点的零位误差，然后在最大正、负零位误差所处的极下测一对极（当出现多个相同最大正值或负值时，应取最大正、负值的空间位置相差近180°机械角度的两个位置），每对极测24点（电气角度每隔15°测1点）。

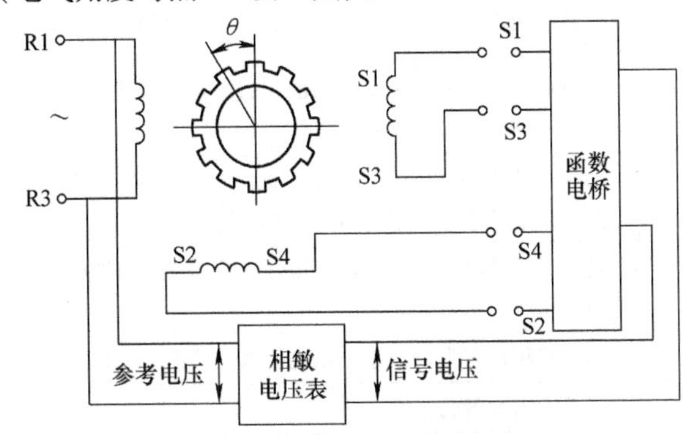

图11-89　电气误差测定试验电路

测量中，转子正向旋转，使相敏电压表指示的基波同相分量为零，分别记下实际机械角度与其相应的理论电气位置所对应的机械角度。计算两者之差，超前为正偏差；滞后为负偏差。取其中绝对值最大的偏差作为被测旋转变压器的电气误差。

对极对数少于32的旋转变压器，可以简化测量，其方法是从基准电气零位开始，先测第一个单元绕组下所有零位误差，并取出正、负零位误差较大者各1～3点，然后测量其余各单元绕组下与第一单元绕组下所取出的较大正、负零位误差（1～3点）相对应的各点零位误差，取最大正、负零位误差所在的两个位置（当出现多个相同最大正、负零位误差值时，应取最大正、负值的空间位置相差近180°机械角度的两个位置），在此两个位置下各测量一对极，每对极测量24点（电气角度每隔15°测1点）。取其中绝对值最大的偏差作为被测旋转变压器的电气误差。

第十七节 步进电动机

步进电动机属于控制电动机或伺服电动机。目前的国家标准是GB/T 20638—2006《步进电动机通用技术条件》（等同采用IEC/TS 60034-20-1：2002），该标准仅适用于旋转步进电动机。

本节主要介绍这个标准中给出的主要技术参数和检测试验方面的规定，其详细的工作原理请参见相关资料。

这种电动机的结构和前面介绍的开关磁阻电动机有些类似。

一、名词术语

在GB/T 20638—2006中给出的与旋转步进电动机有关的名词术语见表11-75（不含与普通电动机相同的共用部分）。

表11-75 步进电动机相关（特有）名词术语

序号	名词术语名称	含 义
1	步进电动机	按一定程序给定子绕组励磁时，其转子不是连续旋转，而是按一定角位移作增量运动的电动机
2	永磁式（MN）步进电动机	具有永磁转子磁极极化的步进电动机
3	混合式（HY）步进电动机	用永磁体使低剩磁材料转子磁极极化的步进电动机
	爪极结构电动机	转子磁极呈爪形环状对称式排列的永磁步进电动机
4	步进	对电动机在一个单拍励磁位置到下一个单拍位置的转动
5	步距角（单拍）	当空载状态下的步进电动机的相邻两相绕组被先后单拍励磁时，它的轴按步进序列运行1步能转过的角位移
6	步进位置	当给空载状态下的步进电动机励磁，使其转轴作增量运动，其角度偏转的位置 注：步进位置不一定与自定位置相同
	位置误差	电动机空载时，按步进序列运行后实际位置与理论位置的偏差，用基本步距角的百分数表示
7	步距角误差	实际步距角与理论步距角相比的角位移偏差的最大值，通常用百分数表示
8	每转步数	转动1周运行的步数

（续）

序号	名词术语名称	含　义
9	同步	当每给一个指令脉冲，转子就旋转一步的状态
10	双极性驱动	通过正反向电流给绕组励磁，使步进电动机产生转矩的驱动方式
11	齿槽转矩	电动机绕组开路时，定转子由于开槽而有趋于最小磁阻位置的倾向从而产生的周期性转矩
12	换向	为使电动机定转子磁场间夹角保持在规定的限值内，其绕组按时序励磁的过程
13	连续堵转转矩 T_{CS}	在额定供电状态下，电动机在堵转时能输出的最大连续转矩
14	反电动势 E_g	因磁场与电枢绕组相对运动，在该绕组中产生的电动势 注1：反电动势通常用峰值或有效值来表述 注2：该电动势的性质应说明是峰值还是有效值
15	反电动势常数 K_E	在规定温度下，电动机在每单位转速下所产生的反电动势
16	自定位位置	当无励磁并无负载时，永磁式或混合式电动机的转子的静止位置
17	自定位转矩	在无励磁条件下，在永磁式和混合式步进电动机转轴上施加转矩又不引起连续转动时的最大静态转矩
18	旋转方向	从安装配合面的轴伸端视之，轴逆时针旋转作为正方向，顺时针旋转作为负方向
19	驱动电路	以预定顺序切换步进电动机各相绕组的一种装置，一般由逻辑转换器和功率放大器组成
20	摩擦转矩 T_I	阻碍电动机轴旋转的摩擦阻力矩
21	保持转矩 T_H	按规定励磁方式励磁时，在转轴上施加转矩而又不引起连续旋转的最大静态转矩
22	最高反转频率	在额定驱动状态下，使空载运行的步进电动机突然反转并保持同步运行的最高脉冲频率
23	最高安全运行温度	在规定时间内，步进电动机在不损坏任何零部件的条件下，连续或周期性运行的最高温度
24	最高运行频率	在额定驱动状态下，步进电动机在空载运行时，能保持同步的最高脉冲频率
25	驱动模式或步进序列	有驱动电路产生的供给步进电动机绕组励磁的脉冲序列
26	超调或瞬时超调	步进电动机的轴旋转位置超出最终指令位置的角度（量）
27	峰值电流 I_{KP}	在规定条件下，不使电动机损坏或性能不可逆下降的短时电流的最大值
28	峰值转矩 T_{KP}	在规定条件下，当施加最大允许峰值电流时电动机产生的最大转矩
29	牵出转矩	在规定驱动条件下，步进电动机在给定脉冲频率下运行，不丢步时转轴上所能承受的最大负载转矩
30	脉冲频率	使步进电动机依次产生步进运动的频率
31	径向负载	垂直于电动机轴并施加在轴上的力，可用等效到轴伸中间的力表示
32	额定电流	在额定电压和额定转速下不超过额定温度时电流的有效值
33	分辨率	电动机每转步数的倒数
34	稳定时间	除非另有规定，在电动机单步运行时，从转子首次达到指定位置，到转子振荡幅度衰减至步距角的1%以内所需的总时间，见图11-90
35	堵转（转子锁定）	当电动机定子输入电压时，转子保持静止的状态

（续）

序号	名词术语名称	含 义
36	热阻	热流的阻抗
37	热时间常数	规定测试条件下给电动机施加额定恒定负载，绕组温升达到稳定值的63.2%所需时间
38	转矩波动	规定测试条件下，当电动机旋转一周时，转矩的偏差（包括齿槽转矩），用转矩振幅值的一半与平均转矩之比来表示
39	逻辑分配器	将输入脉冲转换成用于驱动步进电动机的规定模式的逻辑电路
40	黏性阻尼系数（无穷源阻抗）D_V	电动机转速增加引起转矩下降的近似比例，$D_V \propto \Delta T/\Delta\omega$

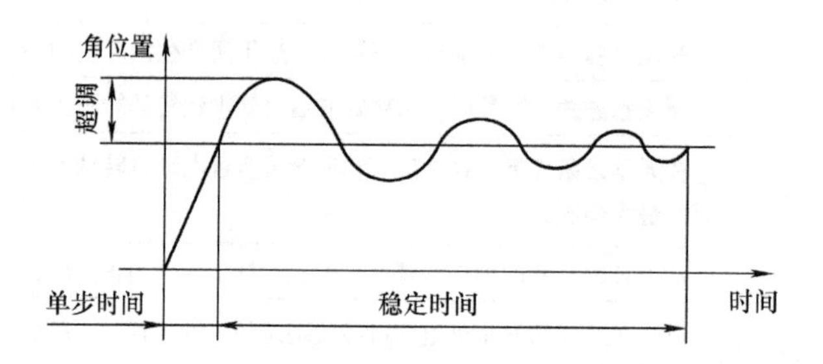

图 11-90 超调和稳定时间

二、出线端子标识和导线颜色

在GB/T 20638—2006/ IEC/TS 60034-20-1：2002中8.4给出了带引出线的步进电动机引出线（或带记号套的导线）颜色的规定，见表11-76和表11-77（源于GB/T 20638-2006中的表8。表中带括号的颜色是非优选的代替色）。电动机带接线盒或接线端子板时，应按表11-76和表11-77给出端子标记号数。

对于双极驱动和具有8根引出线的电动机，应按转矩叠加的原则进行绕组连接，根据表11-76和表11-77的规定，绕组连接方式和颜色如图11-91所示。

表 11-76 无星形端点或无公共端点引出线标记（颜色）和端子编号

相次		1	2	3	4	5	6	7	8
端子颜色	相首端	棕	红	橙	黄	绿	蓝	紫	灰
	相末端	棕/白	红/白	橙/白	黄/白	绿/白	蓝/白	紫/白	灰/白

表 11-77 有星形端点或有公共端点引出线标记（颜色）和端子编号

相数	三相				四相						
相次和星(公共)端	1	2	3	星端	1	2	3	4	星端	公共端	
相端颜色	棕	红	橙	黑(白)	棕	红	橙	黄	黑(白)	棕/橙(黑)	红/黄(白)
出线编号	1	2	3	4	1	2	3	4	5	5	6

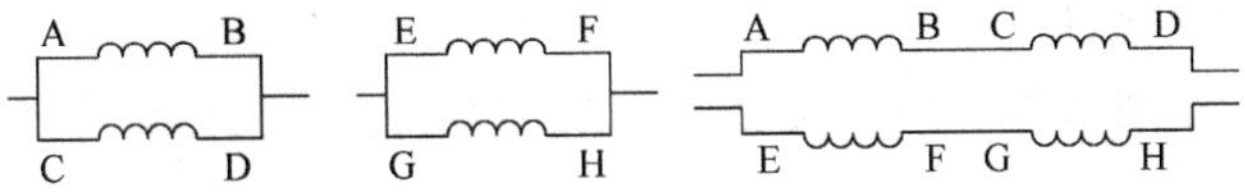

A B C D　E F G H　A B C D E F G H

端点引出线颜色

端点符号	A	B	C	D	E	F	G	H
颜色	棕	棕—白	橙—白	橙	红	红—白	黄—白	黄

图 11-91　双极性驱动的绕组连接和端子颜色

三、试验方法

GB/T 20638-2006/ IEC/TS 60034-20-1：2002 给出了步进电动机的各项性能试验方法和部分考核标准。现将试验项目及简要说明列于表 11-78 中。后面将介绍此类电动机特有和有特殊要求的试验方法、考核标准等内容。

表 11-78　步进电动机的试验项目、考核标准及简要说明

序号	项目名称	试验方法和考核标准简介
1	外观、铭牌、外形尺寸及形位公差检测	考核标准符合产品技术条件的规定
2	出线和接线端标识检查	观察，应符合设计图样要求
3	绝缘电阻测定试验	测量方法见本手册第四章第一节，仪表选用和考核标准见本节第三、(一) 部分
4	绕组介电强度（耐交流电压）试验	试验方法见本手册第四章第二节，试验电压见本节第三、(二) 部分
5	绕组直流电阻的测量	测量每一相绕组的直流电阻，必要时折算到20℃时的数值。考核标准按产品技术条件的规定
6	电感测定试验	测量方法见本节三、(二) 部分，考核标准按产品技术条件的规定
7	转子转动惯量测量	测量方法见本手册第四章第十六节，考核标准按产品技术条件的规定
8	步距角误差测定试验	试验方法见本节三、(四) 部分
9	自定位转矩测定试验	试验方法见本节三、(五) 部分
10	保持转矩测定试验	试验方法见本节三、(六) 部分
11	矩角特性曲线测定试验	试验方法见本节三、(七) 部分
12	单步响应、固有频率和稳定时间测定试验	试验方法见本节三、(八) 部分
13	牵入频率测定试验	试验方法见本节三、(九) 部分
14	牵出频率测定试验	试验方法见本节三、(十) 部分
15	最高运行频率测定试验	试验方法见本节三、(十一) 部分
16	最高反转频率测定试验	试验方法见本节三、(十二) 部分
17	谐振试验	试验方法见本节三、(十三) 部分
18	热试验	试验方法见本节三、(十四) 部分和本手册第四章第十二节
19	热阻和时间常数测定试验	试验方法见本节三、(十五) 部分和本章第十五节第三、(十八) 部分
20	反电动势常数测定试验	试验方法见本节三、(十六) 部分
21	安全试验	见 GB/T 20638—2006 原文和相关资料

注：在 GB/T 20638—2006 的附录 B.1 中提到：下面是特殊试验用参考资料（注：指的是本表的第 8 ~ 18 项试验），并仅在用户指定下使用。试验应使用供需双方共同认可的电源。

（一）绝缘电阻测定试验

测量方法见本手册第四章第一节，仪表选用见表11-79。考核标准符合产品专用技术条件的规定。

表11-79　控制电动机绝缘电阻测量仪表的选择规定

绕组介电强度试验电压/V	100	150～300	400～1000	1500	>1500
选用绝缘电阻的规格/ V	100	250	500	1000	产品技术标准

（二）绕组介电强度（耐交流电压）试验

机座号在42及以下的电动机，其正常试验电压见表11-80（包含28V及以下运行的电动机）；凸缘号为55以下的电动机，试验电压应由合同规定；其他所有电动机按GB/T 755—2019的规定执行。

表11-80　机座号在42及以下的步进电动机的耐交流电压值

机座号	<11	11～42
耐交流电压值(有效值)/V	250	500

（三）电感测定试验

如果电动机包含永磁体材料，在进行性能试验前，应根据电动机制造商的说明书做稳磁处理。

步进电动机绕组的电感随着转子位置和励磁电流的变化而变化。测量时也会受到电流变化率的影响。因此，给出一个电感指标时，应明确测量条件。

测量步进电动机绕组电感的方法有两种：电感电桥法和电流放电法。

1. 电感电桥法

用100Hz的试验频率或其他规定频率的电桥测量，在被测绕组两端施加额定电流，使步进电动机定转子达到对齐位置，并保持转轴相对于电动机机身固定不变。逐步切断定子励磁，测量电感［用约1V（有效值）的试验电压］。转动转子至1/2齿间距或极间距的角度（最小磁阻点）并重复测试。

注：上述测量可得出电动机在相邻非对齐位置时的电感和对齐位置时的电感。另外，在测量电感时，通过给绕组注入电流，能获得其他有用数据。使用三档偏置电流，即电动机额定电流值的0%、50%和100%。此时需要6次测量，3次为定转子对齐位置时，另外3次为定转子非对齐位置时。当给绕组施加偏置电流时，电感测量装置将受电源的内阻抗的影响，因此，需要高阻抗源。典型的电路如图11-92所示。

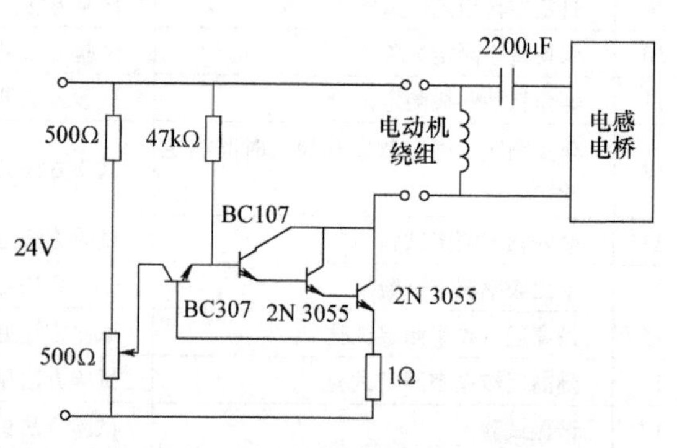

图11-92　用电感电桥法测量电感的典型电路

2. 电流放电法

按上述第一种方法中所述，校正电动机定转子至对齐位置，同时将转子固定。将电流调至高于电动机额定值的10%以上并给绕组励磁足够的时间。关闭接在绕组两端的开关，将示波器探头跨接在串联在绕组上的电阻，观测电流衰减过程，记录波形。电路如图11-93所示。当转子不在对齐位置时，重复这一过程。用下式计算绕组在曲线上任一部分的电感（即任何电流区域）：

$$L = \frac{Rt}{\ln(I/i)} \tag{11-61}$$

式中　L——电感（H）；

I——初始电流（A）；

i——经过时间 t 后的电流（A）；

R——包括绕组电阻的总电阻（Ω）。

这两个曲线（相当于定转子齿在对齐位置和不对齐位置）连同式（11-61），或不同电流下电感值列表，可得出本试验结果。

给出任何数值应注明相关的电路参数。

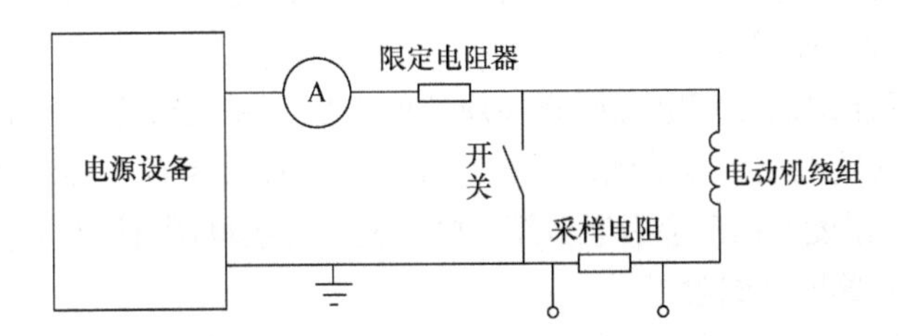

图 11-93　用电流放电法测量电感的电路

（四）步距角误差测定试验

步距角误差可以用任何简单的方法测量，测量装置应满足精度要求，并且其摩擦转矩足够小而不影响精度指示。常用的方法有编码器法、旋转变压器法和分度头法。测量结果应符合产品技术条件的规定。

1. 编码器法

光电编码器是一个能快速准确地测量步距角误差的研究和生产工具。对于大步距角步进电动机，应选择一个绝对编码器。但对小步距角（1.8°）步进电动机，选用增量式编码器具有更高的分辨率。

当使用增量式编码器时，应考虑以下几点：

1）增量式编码器的计数速度是有限定的，所以步进电动机每步间角速度应受限制。

2）一般可在电动机转轴上增加粘滞阻尼或增加转动惯量。但应注意，增加的转动惯量应具有足够好的动平衡，以确保电动机精度要求。

3）一般编码器可精确到一半计数且读表到 ±1 个数字。

4）对于给定编码器分辨率，将限制测试精度。

2. 旋转变压器法

由于多通道旋转变压器的角度误差很小，基本上可视为绝对量装置。因此采用旋转变压器可与用增量编码器方法一样，获得类似测量精度，不用担心丢失位置刻度。但需要特殊电源和数据读出设备。

3. 分度头法

该方法不适用生产过程检验，但为了研究和开发目的，它能给出更高的精度。将电动机机身放在分度头卡盘里仔细地卡紧，调整电动机的轴线与分度头的轴线成一条直线。要求给一相或多相绕组励磁。聚焦于转轴上某一刻度位置或在转轴套筒上的某一刻线位置，再给下一相或多相绕组励磁。转动卡盘，直到刻痕再次出现在十字线内并记录角度读数。

若要得出最大位置误差，应用两极限位置误差，取其中点确定零位。

（五）自定位转矩测定试验

将电动机励磁0.5s，使其移动到稳定位置。脱开励磁源，用转矩表测量自定位转矩值。测量值的允许误差一般应由产品制造商规定。

（六）保持转矩测定试验

除非另有规定，电动机的保持转矩应在室温下测量。

注1：由于设计因素，电动机转轴由空载到峰值转矩时，旋转角会发生变化。为了不影响测量精度，确保加载设备有足够的旋转裕度以适应这些变化。

注2：通常提供在各种端电压下的峰值保持转矩。一般按额定输入值的25%、50%、75%及100%测量。测量结果应用曲线表示。

给一相绕组或多相绕组通额定电流或施加规定的电压，并在试验过程中保持不变（见下面的注2）。用最简单方式给电动机转轴施加转矩，并逐渐增加转矩直至转轴连续旋转。即使是在恒定电流供电条件下，温度升高时会引起转矩下降，应尽快读取所有数据。

（七）矩角特性曲线测定试验

试验时，将被试步进电动机轴向水平固定在试验支架上，给被试步进电动机施加额定电压，并使其输入电流达到额定值。在某一力臂处增加重量以测量转矩。达到峰值保持转矩时，用一个测力计（例如弹簧秤）平衡力臂，以防止力臂失控旋转。测量在曲线负区域的数据。

测力计的刚度应比电动机好，以避免在高速时测力计的读数有较大的误差。一般用分度规和指针测量大步距角电动机转角。但对于小步距角电动机，必须使用更为精密的测试装置。对于双轴伸电动机，应用光电编码器测量角度，转矩传感器测量施加转矩。通过人工施加负载，由编码器、转矩传感器的输出值直接用 X-Y 绘图仪或计算机绘出曲线图。当电动机为单轴伸时，施加重力或参照大步距角电动机用测力计及负载臂的方式，角度仍用光电传感器测量。

（八）单步响应、固有频率和稳定时间测定试验

步进电动机转轴同轴连接可连续旋转的电位计，并且在电位计输入端施加电压。在电位计信号输出端与电源之间连接记录装置。当电动机每走一步，记录的曲线即反映了“单步响应”。应确保电位计惯量比电动机转子惯量小且摩擦转矩远远小于电动机转矩。对于大电动机，可以在其轴端安装光电编码器，采用类似于测量矩角特性的方法。

（九）牵入频率测定试验

驱动电路应能输入脉冲序列并使电动机起动。该脉冲序列通过驱动电路为电动机各相绕组按顺序励磁。另外，脉冲序列在试验过程中应保持不变并不受干扰。在电动机轴上施加负载并使转矩在转速变化时基本不变。可有如下实现方法：

1）对于大电动机，应用磁粉制动器加载较为便利，这是由于转矩与电源电流近似成正比。

2）由于磁粉制动器惯量较大，较小电动机（机座号34及以下的电动机）无法使用磁粉制动器加载，可选用其他测功机，例如空心杯磁滞测功机等。

3）如果电动机轴上安装低惯量铁制圆筒，或用硬木块（板）来摩擦圆筒表面，若接触表面光滑，可获得相对工作转矩而言更小的摩擦转矩，如图11-94所示。

4）转矩由平板和圆筒间的力确定且已校准。因为转矩调整较为困难，所以更简便的方法是改变驱动频率。具体步骤为：

① 将空心杯磁滞测功机或其他低惯量的测功机设定一个低转矩值（10%的保持转矩）。

② 设置一个低脉冲频率（例如20脉冲数/s）。

③ 触发脉冲序列，并且观察电动机是否立即同步运行。

④ 停止脉冲序列，增加频率，再次触发脉冲序列并观察电动机。

⑤ 停止脉冲序列。

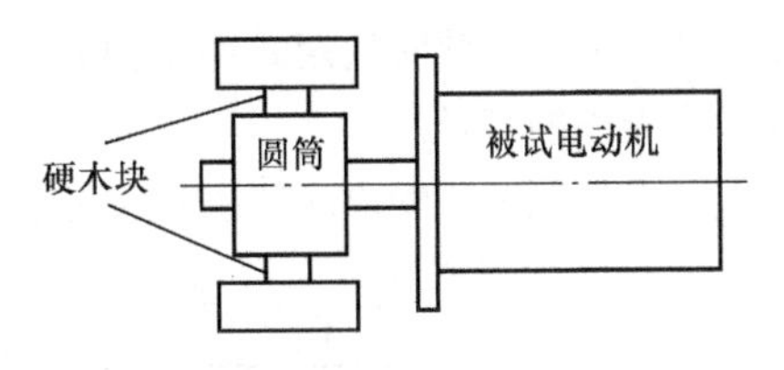

图11-94　确定嵌入频率的装置和安装示意图

如果电动机立即牵入同步，则重复这个过程，直到其出现失步现象。当电动机不能牵入同步时，应轻微地减少脉冲频率并重新触发。当重复增加和减少脉冲频率时，获得给定力矩点的牵入频率值。试验后，应校验空心杯磁滞测功机的转矩，再增加转矩并重复该项试验。最后，绘制一个牵入频率与转矩关系曲线，随曲线应标明负载（圆筒）的转动惯量。当用磁粉测功机时，可调整磁粉制动器电流来改变电动机负载，以代替调整脉冲频率的方法。

（十）牵出频率测定试验

如前面第（九）项“牵入频率测定试验”那样，由于测试仪器的惯量对测量结果有影响，因此磁粉制动器和测功机仅用于较大机座号的电动机，而绳和测力计（例如弹簧秤，后同）组合法仅用于较小机座号的电动机（机座号34及以下的电动机）。磁粉制动器和转矩传感器装配示意图如图11-95所示（其实物在本手册中曾多次给出），感应式测功机的装配示意图如图11-96所示。如果移开磁粉制动器并用手指压力施加于转矩传感器的轴上，此时的惯量将会削弱到仅剩下转矩传感器的惯量，若转矩传感器的惯量更小，对于较小机座号的电动机的测量将成为可能。

还是如前面第（九）项那样，施加一个低脉冲序列频率，使电动机起动。增加负载直到电动机失步。记录刚失步前的负载。取消负载，重新起动电动机并增加脉冲频率，再重新加载直至电动机再次失步，记录刚失步前的负载。改变脉冲频率重复上述步骤，直到电动机达到最高转速。但电动机正常运行时，必须能以低频率起动直到高速。

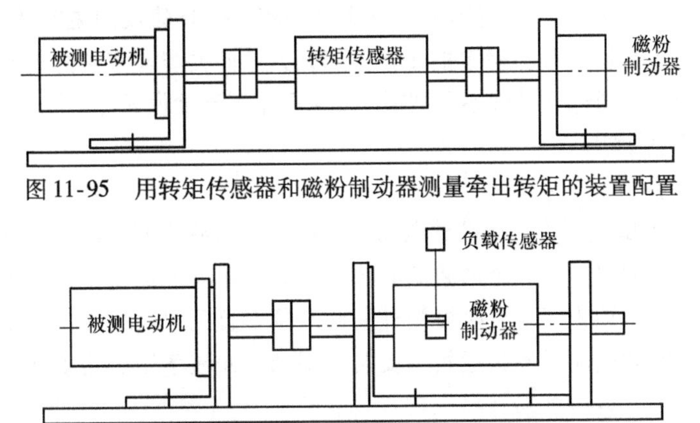

图11-95　用转矩传感器和磁粉制动器测量牵出转矩的装置配置

图11-96　用磁粉测功机测量牵出转矩的装置配置

两种用绳和测力计组合的方法如图11-97和图11-98所示，它们的结果相似。仅用一个测力计的装置则需要绳圈和滑轮安装在活动臂上，如图11-97所示。当臂抬起时，绳的张力增加并且转矩也相应增加。转矩是电动机滑轮半径乘以测力计的读数。图11-98所示装置需要同时记录两个测力计的读数，此时转矩是两个测力计读数之差与滑轮半径的乘积。如果绳子不够细，计算时还要考虑绳子的直径。

在所有情况下，均应注明测量仪器的负载惯量。

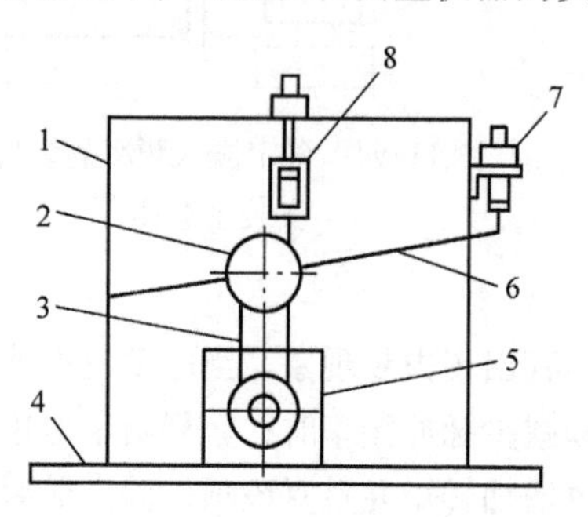

图 11-97　用绳和测力计测量牵出转矩的装置配置
1—支撑架　2—滑轮　3—绳圈　4—基板　5—被测电动机
6—调节棒　7—可调螺母　8—测力计

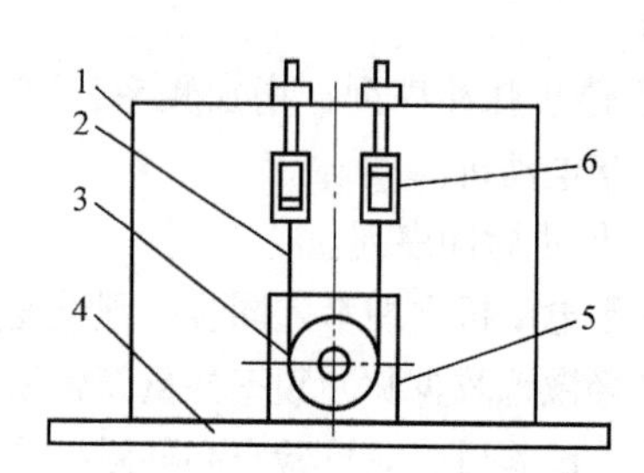

图 11-98　用绳和双测力计测量牵出转矩的装置配置
1—支撑架　2—绳圈　3—滑轮
4—基板　5—被测电动机　6—测力计

（十一）最高运行频率测定试验

如上述第（九）项试验所述，对被试电动机施加一个脉冲序列，从一个较低脉冲频率（低于嵌入频率）开始慢慢增加脉冲频率，直到转子刚失步前的频率为最高运行频率。在旋转方向相反时重复此试验。试验中要注意避免振荡。

（十二）最高反转频率测定试验

如上述第（九）项试验所确定的牵入频率，在被试电动机空载运行时预置脉冲频率，使被试电动机在低于最大牵入频率一半的脉冲频率下运行。一般通过改变驱动电路逻辑电平输入使被试电动机反转。要注意，在初始方向的最后一个脉冲与反向第一个脉冲的时间间距不能改变。增加脉冲频率直到被试电动机失步（少步或多步），然后降低脉冲频率直到电动机恢复正常运行。这个脉冲频率即为最高反转频率。

电动机暂停（不正确响应）的情况可用目测来观察，但是建议用更有效的方法表示失步。如果转子在正反方向上都运动某一确定的步数，那么，任何失步或多步的现象都会引起转轴位置的变化，这将比电动机暂停容易观察和判断。如果采用了转轴位置传感器，则应确保其惯量足够小，以避免产生不利影响。

（十三）谐振试验

如上述第（九）项试验所述，给被试电动机施加一个脉冲序列，慢慢地升高脉冲频率直到电动机失步。记录脉冲频率，从一个稍微低的脉冲频率（在电动机安全运行时）起动，快速而平滑地通过以前记录的脉冲频率，再次慢慢升高脉冲频率直到电动机再次失步。重复这一过程以确定所有谐振频率直到电动机不再运行。反向（降低脉冲频率）进行上述过程，以寻找这些谐振区域的上限。

起动步进电动机的另一个方法是使电动机转速上升至预期的理想同步转速之上，并让其转速跌落至同步转速，再重复上述的试验步骤。

（十四）热试验（绕组温升试验）

步进电动机的绕组温升值一般采用电阻法获得。试验时，被试电动机安装面应尽可能远离热传导表面和通风装置以及其他附加的降温方式。在环境温度下保持稳态，记录电动机的温度和绕组电阻，按适当的循环各相绕组励磁，直到被试电动机达到热稳定状态。

对电压型驱动电动机，按要求给单相或更多相绕组励磁，但对零脉冲频率，应给规定的相连续励磁，而其他绕组开路，用励磁相中的一相作温升测量。

对于电流型驱动电动机，使其在某一转速下获得最大输入功率（空载）。该状态通常是最大牵入频率点，同时温升最高。如果不可能在该状态（最大牵入频率时）下运行，则应选取一个脉冲频率，并将驱动电路和温升一并注明。

试验过程中的参数记录和最后的温升计算等同普通电动机。

（十五）热阻和热时间常数测定试验

为了方便被试电动机自身均匀散热，应允许在低速（低于5r/min）下运行，散热板与其他接触部分作隔热处理。

试验在恒温条件下进行。若是风冷电动机，试验应在规定的冷却条件下进行。

试验时，用小于或等于额定电流的电流驱动被试电动机，并使其达到热平衡状态。

其余规定和相关计算原则上同本章第十四节第三、（十八）部分。

（十六）反电动势常数测定试验

用一台电动机作为拖动电动机，通过联轴器与被试电动机相连接，如图11-99所示（标准中给出了两个图，实际上只是两种被试步进电动机的出线方式不同）。

将被试电动机拖动到所需恒定转速 n（单位为r/min），测量其输出电压（电动势，用符号 E_g 表示，单位为V）并用下式计算反电动势常数 k_E：

$$k_E = 9.55E_g/n \tag{11-62}$$

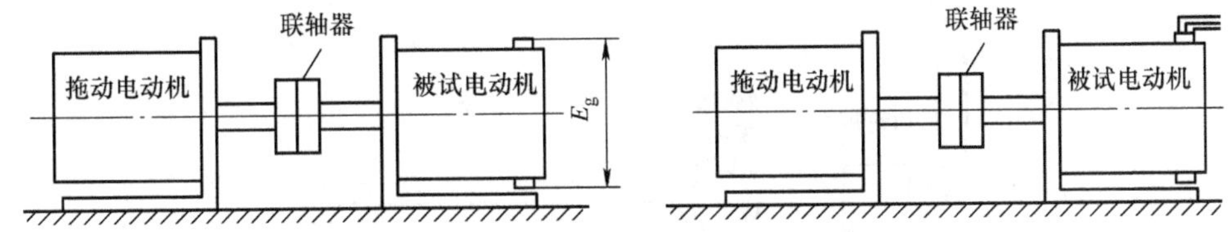

图11-99　确定反电动势常数的试验装置

四、基本特性曲线

图11-100的曲线显示了给定步进电动机各动态特性及之间的关系。为了使曲线实用有

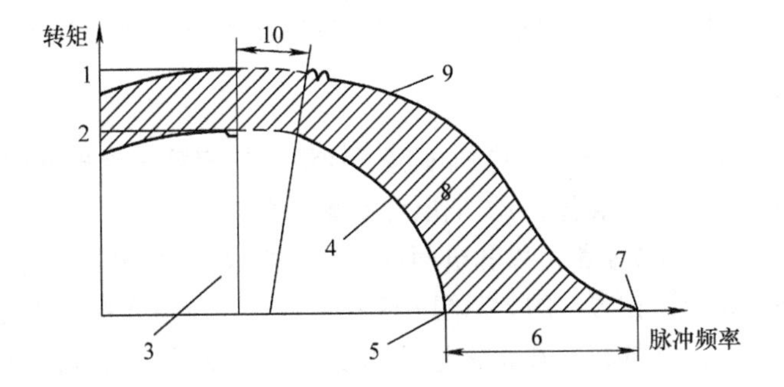

图11-100　步进电动机的基本特性曲线

1—最大牵出转矩　2—最大牵入转矩　3—最高反转频率　4—牵入曲线　5—最大牵入频率　6—运行范围　7—最高运行频率　8—运行频率　9—牵出曲线　10—谐振范围

效，应对驱动电路和惯性负载（如带轮等）进行具体描述和说明，因为上述因素会对性能产生影响。此曲线只能起指导作用，不必提供谐振区域，但应标明主要谐振区域。

第十八节 风力发电机组用双馈异步发电机

一、简介

（一）结构和工作原理

风力发电机组用双馈异步发电机（Doubly Fed Induction Generator ，DFIG）是一种绕线转子异步发电机，也称为双馈感应发电机，在国家标准 GB/T 23479.1—2009《风力发电机组 双馈异步发电机 第1部分：技术条件》中给出的定义是：变速恒频发电机的一种，发电机的定子和转子绕组直接或间接与电网相连并进行能量交换。

双馈异步发电机是变速恒频风力发电机组的核心部件，也是风力发电机组国产化的关键部件之一。该发电机主要由电机本体和冷却系统两大部分组成。电机本体由定子、转子和轴承系统组成，和普通无提刷机构的绕线转子三相异步（感应）电动机完全相同，冷却系统分为水冷、空空冷和空水冷3种结构。

双馈异步发电机的定子绕组直接与电网相连，转子绕组通过变流器与电网连接，转子绕组电源的频率、电压、幅值和相位按运行要求由变频器自动调节，机组可以在不同的转速下实现恒频发电，满足用电负载和并网的要求。由于采用了交流励磁，发电机和电力系统构成了“柔性连接”，即可以根据电网电压、电流和发电机的转速来调节励磁电流，精确地调节发电机输出电流，使其能满足要求。图11-101是由双馈异步发电机组成的风力发电机组系统简图。

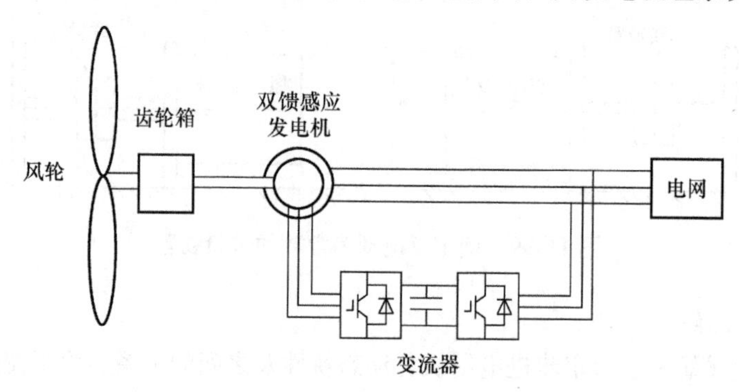

图11-101 由双馈异步发电机组成的风力发电机组系统简图

双馈异步发电机的工作原理如下：

由图11-101可以看出，双馈异步发电机由定子绕组直连定频三相电网的绕线转子异步发电机和安装在转子绕组上的双向背靠背IGBT电压源变流器组成。

“双馈”的含义是定子和转子都可以和电网进行功率交换，而一般笼型异步电机只能由定子和电网交换功率。该系统允许在限定的大范围内变速运行。通过注入变流器的转子电流，变流器对机械频率和电频率之差进行补偿。在正常运行和发生故障期间，发电机的运转状态由变流器及其控制器管理。

变流器由转子侧变流器和电网侧变流器两部分组成，它们是各自独立控制的。转子侧变流器通过控制转子电流分量来控制有功功率和无功功率，而电网侧变流器控制直流母线电压并确保变流器运行在统一功率因数（即零无功功率）下。

电能是馈入转子还是从转子提取，取决于传动链的运行条件。在超同步状态，电能从转子通过变流器馈入电网；而在欠同步状态，电能反方向传送。在两种情况（超同步和欠同步）下，定子都向电网馈电。

（二）双馈异步发电机的优点

双馈异步发电机具有以下优点：

1）能控制无功功率，并通过独立控制转子励磁电流解耦有功功率和无功功率控制。

2）无须从电网励磁，而从转子电路中励磁。

3）能产生无功功率，并可以通过电网侧变流器传送给定子。但是，电网侧变流器正常工作在单位功率因数，并不包含风力机与电网的无功功率交换。

二、技术条件简介

双馈异步发电机技术条件的国家标准是 GB/T 23479.1—2009《风力发电机组　双馈异步发电机 第1部分：技术条件》。该标准适用于并网型低压双馈异步发电机。下面简单介绍其中与试验有关的内容。

（一）型号组成

在 GB/T 23479.1—2009 中规定的型号组成如图 11-102所示，其中“总功率等级”的单位为 kW。

例如型号 SKYF 1500-4 表示额定功率为 1500kW（1.5MW）、4 极的双馈异步发电机。

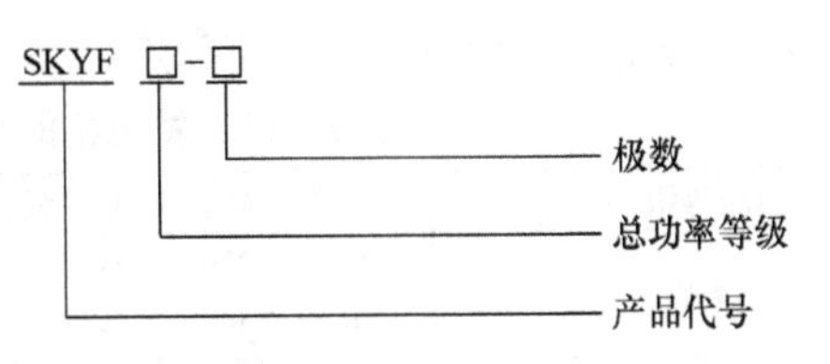

图 11-102　在 GB/T 23479.1—2009 中规定的型号组成

在国家能源行业标准 NB/T 31013—2011《双馈风力发电机制造技术规范》中给出的铭牌组成如图 11-103 所示。

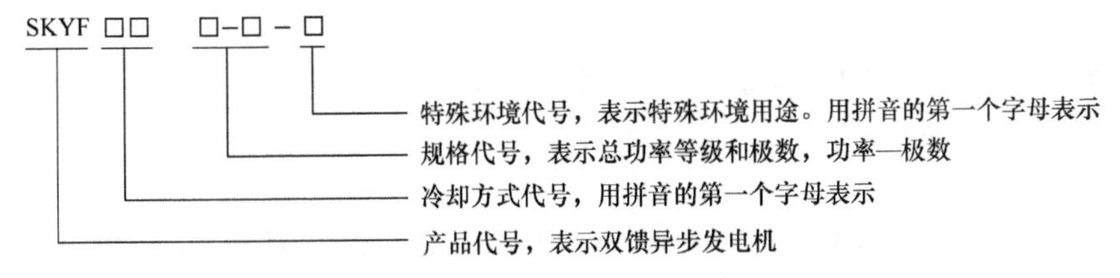

图 11-103　在 NB/T 31013—2011 中规定的型号组成

在冷却方式为空空冷的双馈异步发电机技术标准中，给出了如图 11-104 所示的型号组成规定。

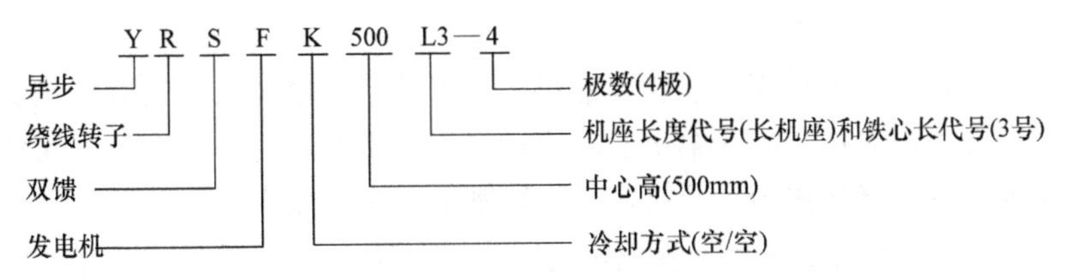

图 11-104　空空冷双馈异步发电机型号组成

（二）使用参数和相关规定

1. 工作转速范围

以发电机同步转速作为转速基值 n_0，发电机应能在 $n_{min} \sim n_{max}$ 转速范围内可靠工作，其中，n_{min} 为与风力发电机组的切入风速对应的转速（$n_{min} < n_0$）；n_{max} 为与风力发电机组的切出风速对应的转速（$n_{max} > n_0$）。

2. 额定转速

发电机输出达到额定功率时的最低转速为其额定转速，用 n_N 表示。在 $n_N \sim n_{max}$ 转速范围内，发电机应能输出额定功率。

3. 定额

发电机的定额是以连续工作制（S1）为基准的连续定额。

4. 额定功率因数

发电机的额定功率因数 $\cos\varphi = 1$。对于运行中需要无功调节的发电机，其超前或滞后的功率因数范围和相应的工作制由供应商和用户协商确定。

5. 额定电压等级、功率等级和中心高系列

发电机的额定电压等级、功率等级和中心高系列见表 11-81（超出表中规定的功率等级和中心高，应由制造商与用户协商确定）。

表 11-81　发电机的额定电压等级、功率等级和中心高系列

电压等级/V	输出功率等级/kW	中心高/mm
690	850、1250、1500、2000、2500、3000、3500、4000、4500、5000	450、500、560、600、630、710、800、850

6. 电气运行条件

在额定电压允差为 ±10%、额定频率允差为 ±2% 的电网供电的情况下，发电机应能正常工作。

用变频器供电时，尖峰电压 $U_{peak} \leqslant 3U_N$；电压变化率 $dv/dt \leqslant 1500V/\mu s$。

（三）特性及考核标准

1. 温升限值

在发电机所用绝缘材料按 GB/T 755—2019 中规定的温升限值的基础上，降低一个等级考核。例如绝缘热分级为 155（F）级的发电机温升按 130（B）级考核。

2. 基准温度

当发电机采用 155（F）级和 180（H）级绝缘时，其所有特性均按绕组基准温度为 150℃ 时绘制。该温度应在特性曲线上注明。

3. 发电机特性

发电机特性是指发电机转子绕组在变频器供电、保持额定电压、额定频率和额定功率因数为 1 的状态下，总有功功率 P_e、定子输出有功功率 P_s、转子有功功率 P_r、转子无功功率 Q_r、定子电流 I_s、转子电压 U_r、转子电流 I_r 及效率 η 与转速 n 的关系曲线。

特性曲线应在发电机的热试验后，发电机处于热状态时，在整个工作转速范围 $n_{min} \sim n_{max}$ 内测取。

4. 容差

（1）空载额定频率、额定电压和电流偏差的容差

发电机作空载电动机运行，对应发电机额定频率、额定电压、电流偏差应不超过典型值的±10%。其中，典型值应以最初定型生产的4台发电机试验的平均值为依据。

（2）堵转电流容差

发电机作电动机运行，测量电压为能产生额定电流的对应值（此电压值应在经过型式试验合格的被试电机上确定），转子堵转时的电流偏差应不超过典型值（定义同前）的±5%。

5. 超速

发电机处于热状态时，应能承受1.2倍最高工作转速，历时2min的超速试验。试验后，发电机各部件应无永久变形和不产生妨碍发电机正常运行的其他缺陷。

6. 轴电压

发电机在空载电动机状态下运行时，轴电压应不高于0.5V。

7. 短时过载

在热试验后，发电机保持额定电压不变，应能承受1.15倍额定负载运行1h，此时温升不作考核。发电机应不发生损坏及有害变形。

8. 绝缘电阻

发电机处于冷状态及热状态时，定子及转子绕组对机壳、不同绕组之间的绝缘电阻最小值的规定同普通电机。

9. 耐交流电压

定子绕组对机壳和相互间的耐交流电压值同普通电机，即（$2U_N+1000$）V；转子绕组对机壳的耐交流电压值为（$3.5U_N+1000$）V。加电压时间均为1min。

10. 匝间耐冲击电压

定子绕组、转子绕组的匝间耐冲击电压，散嵌绕组符合GB/T 22719.1—2008和GB/T 22719.2—2008的规定；成型绕组符合GB/T 22714—2008的规定。

11. 短时升高电压

发电机在空载电动机状态下运行时，升高输入电压到其额定电压的1.3倍，历时3min。试验中和试验后其绕组应无过热冒烟和匝间、相间绝缘击穿现象。

12. 谐波

发电机输出电流的畸变率应不超过5%。

三、试验项目

GB/T 23479.1—2009中给出了风力发电机组用双馈异步发电机的试验项目，详见表11-82，其中打“√”的为应做项目。

表11-82　风力发电机组用双馈异步发电机的试验项目

序号	试验项目	出厂试验	型式试验	备注
1	外观及机械检查	√	√	检查和测定方法同普通电机
2	绝缘电阻测定	√	√	
3	绕组在实际冷状态时的直流电阻测定	√	√	
4	1h热试验	√	—	同本表第13项，但只进行1h
5	空载试验	√	√	在电动机空载状态下进行
6	轴电压测试	√	√	测试方法同普通电机

（续）

序号	试验项目	出厂试验	型式试验	备注
7	堵转试验	√	√	见本节四、(四)
8	转子开路电压测定试验	√	√	试验方法同普通电机
9	超速试验	√	√	
10	对地耐电压试验	√	√	
11	匝间耐冲击电压试验	√	√	
12	振动试验	√	√	
13	热试验	—	√	见本节四、(一)
14	工作特性曲线测定和绘制	—	√	见本节四、(二)
15	短时升高电压试验	—	√	试验方法同普通异步电动机
16	谐波电流测定试验	—	√	见本节四、(六)
17	噪声测定试验	—	√	测定方法同普通电机
18	称重	—	√	

四、试验方法和相关设备

GB/T 23479.2—2009《风力发电机组　双馈异步发电机 第2部分：试验方法》中给出了对应表11-82所列项目的试验方法、试验设备及相关性能计算方法等的规定。下面介绍其中此类发电机特有和有特殊要求的部分。

（一）热试验

热试验在并网条件下可使用如图11-105所示的试验电路。

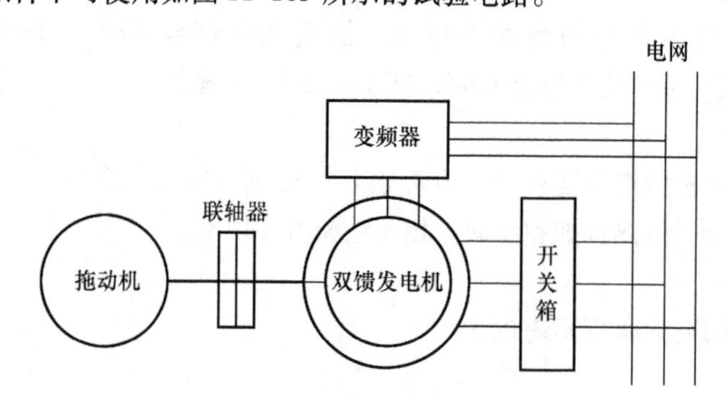

图11-105　双馈发电机热试验电路

1. 型式试验

调节拖动机的转速和变频电源，使发电机保持额定工况连续稳定运行到热稳定状态。试验过程、记录和计算等同普通发电机。

2. 出厂试验

在进行出厂试验时，本试验进行1h即可结束。在试验期间测量电机铁心、外壳、轴承等可测量部位的温度，若被试电机绕组内有事先埋置的测温元件，则应重点监测绕组温度。若有必要，可利用电阻法确定试验后的绕组温度。这些温度值应在正常范围内。

（二）工作特性曲线测定和绘制

1. 转子由变频器供电时的工作特性

在热试验后，发电机仍处于热状态时，在整个工作转速范围 $n_{\min} \sim n_{\max}$ 内，保持额定电压、额定频率和功率因数为1的条件下，分别测取输出总有功功率 P_e、定子输出有功功率 P_s、转子有功功率 P_r、转子无功功率 Q_r、定子电流 I_s、转子电压 U_r、转子电流 I_r 以及效率 η 与转速 n 的关系曲线。绘制的上述特性曲线如图11-106所示。横坐标上的 n_0 为同步转速；n_N 为额定转速。

若有其他特殊要求，则与用户协商确定。

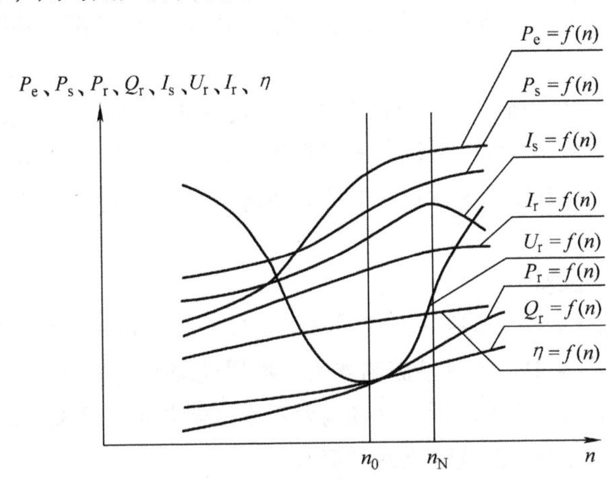

图11-106　双馈发电机工作特性曲线

2. 转子绕组三相短路时的工作特性

将发电机转子绕组三相输出端短接，定子外接额定电压和额定频率的三相交流电源。被试电机在拖动机拖动下在发电机工况下进行试验。

在6个负载点处给发电机加负载，其中4个负载点大致均匀分布在25%～100%额定负载之间（包括100%额定负载），在大于100%额定负载但不超过130%额定负载之间适当选取2个负载点。从最大负载点开始逐渐降低负载到25%额定负载后，试验结束。

每个负载点测量并记录定子输出电压、电流、功率因数、有功功率；转轴输入功率、转矩和转速。

绘制定子输出电压、电流、功率因数、有功功率以及转轴输入功率、转矩和转速的关系曲线，即转子绕组三相短路时的工作特性曲线（注：此段在GB/T 23479.2—2009中没有写明）。

（三）空载特性试验

空载特性试验是测定被试电机在电动机空载运行状态下（试验时转子绕组输出端三相短接），其定子输入电流和有功功率与外施电压的关系曲线。其试验设备、试验操作方法、记录数据和有关计算、特性曲线的绘制等，均和绕线转子异步电动机的同一试验完全相同。

（四）堵转试验

试验前将转子堵住，转子绕组输出端三相短接。堵转试验在被试电机接近冷状态下进行，施加于定子绕组上的电压从不低于1.25倍额定电流开始，逐渐降低电压到定子电流接近额定值为止（本句为作者所写，标准中没有规定），期间测量5～7点数据，每点同时读取三相电压、三相电流和输入功率。型式试验时，应绘制定子电流、输入功率与输入电压的关系曲线。可以看出，本项试验与普通异步电动机基本相同，只是没有规定测取堵转转矩，另外，最高电压的要求不是尽可能达到0.9倍的额定电压，而是“不低于1.25倍额定电流”的电压。

（五）转子开路电压测定试验

转子开路电压测定试验可用下述两种方法之一进行。

1. 电动机法

试验过程同普通绕线转子电动机转子开路电压测量试验。试验前将转子堵转并使其三相绕组开路。给定子绕组施加可调电压，同时用电压表测量转子绕组各相之间的开路电压（即转子线电压）。调节定子外加电压，使转子开路电压达到 690V 后，记录定子外加电压并进行折算。

2. 发电机法

试验前将转子三相绕组开路，定子绕组连接一个电压可调的三相交流电源。用拖动机将被试电机拖动到 0.8 倍同步转速，调节可调电源加在定子绕组上的电压，由 0V 逐步升至额定电压后，测量转子各线间的开路电压。测量记录后进行折算。在调节电压期间若有异常，应立即断电停止试验。

（六）谐波电流测定试验

谐波电流测定试验按 GB/T 14549—1993《电能质量　公用电网谐波》的规定进行。下面介绍 GB/T 14549—1993 中附录 D“测量谐波的方法、数据处理及测量仪器”给出的测定方法（因为该标准并非双馈风力发电机专用，所以有些内容对本试验并不太合适，故对其进行了取舍。另外，下面介绍的内容同时可用于谐波电压的测定）。

1. 测量方法

测量应选择在电网正常供电时可能出现的最小运行方式，且应在谐波工作周期中产生的谐波量大的时间内进行。当测量点附近安装电容器组时，应在电容器组的各种运行方式下进行测量。

测量的谐波次数一般为 2 ~ 19 次。根据谐波源的特点或分析结果，可以适当变动谐波次数测量范围。

一般规定在一段时间内测量若干次（例如 30 次）数据，根据所带电负载的运行情况（主要是负载波动情况），规定相邻两次之间的间隔时间（一般应不超过 2min）。

2. 结果计算

一般情况下，谐波测量的数据应取测量时段内各相实测值的 95% 概率值中最大的一相值（为了使用方便，95% 概率值可按下述方法近似选取：将实测值按由大到小的次序排列，舍去前面 5% 的大值，取剩余实测值中的最大值），作为判定谐波是否超过允许值的依据。

对于负载变化慢的谐波源，可选 5 个接近的实测值的平均值，作为判定谐波是否超过允许值的依据。

3. 谐波的测量仪器

现今测量电流和电压谐波一般使用专用的或多功能电量测量仪器，直接进行测量并按规定的程序计算得出结果。这些仪器应能满足 GB/T 14549—1993 的测量要求和准确度要求。

为了区别暂态现象和谐波，对负载变化快的谐波，每次测量结果可为 3s 内的所测值的平均值。对电流谐波，推荐采用下式计算：

$$I_{\mathrm{h}} = \sqrt{\frac{1}{m}\sum_{k=1}^{m}(I_{\mathrm{h}k})^2} \tag{11-63}$$

式中　$I_{\mathrm{h}k}$——3s 内第 k 次测得的 h 次谐波的方均根值；

m——3s 内取均匀间隔的测量次数，$m \geqslant 6$。

第十九节　60Hz 电动机用 50Hz 供电进行试验的计算方法

对于较小的电机生产厂和修理单位，往往没有专用的60Hz 试验电源。如有60Hz 的交流电动机需要进行试验，则可采用50Hz 的电源进行试验，然后使用一些折算公式粗略地求得60Hz 时的数据。这里之所以使用“粗略”两个字，是因为在折算中所使用的公式均建立在假设被试电机在两种频率时的磁路相关系数相同的基础之上，其实这是不可能的，有时差异还较大。

一、试验方法

用50Hz 电源供电进行试验时，所加的额定电压应降低到（50/60）U_{N60}，其中 U_{N60} 为 60Hz 时的额定电压。

例如被试电机在60Hz 时的额定电压 U_{N60} 为 440V，用50Hz 电源供电进行试验时，所加的额定电压应降低到 $(50 \div 60 \times 440)\mathrm{V} \approx 367\mathrm{V}$。

以50Hz 作为额定频率、（50/60）U_{N60} 作为额定电压，按本节前面相关部分介绍的试验方法进行各项试验并计算出所需的结果。

二、试验数据的折算

将50Hz 的试验数据代号加“′”，如电压为 U'；折算到60Hz 的数据正常书写。各项性能数据的计算见表11-83。

表 11-83　60Hz 电动机用 50Hz 供电进行试验的计算

序号	特性参数名称	计算公式及相关说明
1	定子电流	$I_1 = I_1'$
2	输入功率	$P_1 = (U_{N60}/U')P_1'$
3	转差率	$s = s'[P_{Cu2}/(P_1 - P_{Cu1} - P_{Fe})]$ 式中，$P_{Cu2} = P'_{Cu2}$；$P_{Cu1} = P'_{Cu1}$；$P_{Fe} = P'_{Fe} \times (60/50)^{3/2} = 1.315P'_{Fe}$
4	机械损耗	$P_{fw} = 1.2P'_{fw}$
5	杂散损耗	$P_s \approx P'_s$
6	效率和功率因数	根据上述数值计算求出
7	温升	按试验值和最后求得的满载电流修正得出
8	堵转电流	$I_K = I'_K$
9	堵转转矩	$T_K = (50/60)T'_K$
10	最大转矩	$T_{max} = T'_{max}$
11	空载电流	由于空载电流中绝大部分是励磁电流，所以空载电流的大小与电机铁心磁通密度有较密切的关系。而电机设计时所选的磁通密度不同，有的较饱和，有的不太饱和，这就造成了电压和频率变化时空载电流变化的不确定性。当电压按频率的变化比例降低时，空载电流将无较大的变化，但一般不会相等。当然，如无法进行验证，可认为两者相等
12	空载损耗	$P_0 \approx 1.1P'_0$

第十二章　国际及北美电机试验标准简介

第一节　国际及北美电机标准制定机构简介

一、国际电工委员会（IEC）

国际电工委员会的英文全称是 International Electrotechnical Commission，“IEC”是其缩写形式。图 12-1 是其标志。

IEC 成立于 1906 年，是世界上最早的国际性电工标准化机构，总部设在日内瓦。1947 年 ISO 成立后，IEC 曾作为电工部门并入 ISO，但在技术上、财务上仍保持其独立性。根据 1976 年 ISO 与 IEC 的新协议，两组织都是法律上独立的组织，IEC 负责有关电工、电子领域的国际标准化工作，其他领域则由 ISO 负责。

IEC 的宗旨是促进电工、电子领域中标准化及有关方面问题的国际合作，增进相互了解。为实现这一目的，出版包括国际标准在内的各种出版物，并希望各国家委员会在其本国条件许可的情况下，使用这些国际标准。IEC 的工作领域包括电力、电子、电信和原子能方面的电工技术。

我国 1957 年参加 IEC，1988 年起改为以原国家技术监督局的名义参加 IEC 的工作，现在是以中国国家标准化管理委员会的名义参加 IEC 的工作。中国是 IEC 的 P 成员（积极成员）。目前，我国是 IEC 理事局、执委会和合格评定局的成员。1990 年和 2002 年，我国在北京分别承办了 IEC 第 54 届和第 66 届年会。2011 年 10 月 28 日，在澳大利亚召开的第 75 届国际电工委员会（IEC）理事大会上，正式通过了中国成为 IEC 常任理事国的决议。目前，IEC 常任理事国为中国、法国、德国、日本、英国、美国。

图 12-1　国际电工委员会（IEC）标志

二、国际标准化组织（ISO）

国际标准化组织的英文全称是 International Organization for Standardization，“ISO”是其缩写形式。图 12-2 是其标志。

“ISO”来源于希腊语“ISOS”，即“EQUAL”——平等之意。

ISO 是由各国标准化团体（ISO 成员团体）组成的世界性的联合会。制定国际标准工作通常由 ISO 的技术委员会完成。

ISO 负责除电工、电子领域和军工、石油、船舶制造之外的很多重要领域的标准化活动。ISO 的最高权力机构是每年一次的“全体大会”，其日常办事机构是中央秘书处，设在瑞士日内瓦。中央秘书处现有 170 名职员，由秘书长领导。ISO 的宗旨是“在世界上促进标准化及其相关活动的发展，以便于商品和服务的国际交换，在智力、科学、技术和经济领域开展合作”。我国于 1978 年加入 ISO，在 2008 年 10 月的第 31 届国际标准化组织大会上，中国正式成为 ISO 的常任理事国。许多人注意到国际标准化组织（International Organization for Standardization）的英文全名与缩写之间存在差异，为什么不是“IOS”呢？其实，“ISO”并不是首字母缩写，而是一个词，它来源于希腊语，意为“相等”，现在有一系列用它作前缀的词，诸如“isometric”（意为“尺寸相等”）、“isonomy”（意为“法律平等”）。从“相等”到“标准”，内涵上的联系使“ISO”成为组织的名称。

ISO 与国际电工委员会（IEC）在电工技术标准化方面保持密切合作的关系。

代表中国的 ISO 组织为中国国家标准化管理委员会（Standardization Administration of China，简称 SAC）。

三、美国和加拿大标准机构简介

（一）美国电气电子工程师学会（IEEE）

IEEE 是美国电气电子工程师学会（Institute of Electrical and Electronics Engineers）的英文缩写，图 12-3 是其标志。

IEEE 总部设在美国纽约市。它在 150 多个国家中拥有 300 多个地方分会。学会的主要活动是召开会议、出版期刊杂志、制定标准、继续教育、颁发奖项、认证等。每年要举办 300 多个学术会议。IEEE 的许多学术会议在世界上很有影响，有的规模很大，达到 4 万～5 万人。

IEEE 电力工程学会电动机委员会制定、IEEE-SA 标准委员会审批，并经过美国国家标准学会审批的《多相感应电动机和发电机标准试验方法》（IEEE Standard Test Procedure for Polyphase Induction Motors and Generators）IEEE Std 112™-2004 是目前美国最具权威的电机试验方法标准（简写成 IEEE 112）。

图 12-2　国际标准化组织（ISO）标志

图 12-3　美国电气电子工程师学会标志

（二）美国电气制造商协会（NEMA）

NEMA 是美国电气制造商协会（National Electrical Manufactures Association）的英文缩写。成立于 1926 年，主要由美国的发电、输电、配电和电力应用的各种设备和装置的制造商组成。标准制订的目的是消除电气产品制造商和用户之间的误解并且规定这些产品应用的安全性。它的标准化活动所涉及的范围非常广泛 。

关于电动机和发电机试验方面的标准形式为 MG1-××××。

（三）加拿大标准协会（CSA）

CSA 是加拿大标准协会（Canadian Standards Association）的英文缩写，成立于 1919 年，是加拿大首家专门制定工业标准的非营利性机构。

该协会的标志有 4 种，如图 12-4 所示。图 12-4a 为普通型，图 12-4b、c、d 分别为美国和加拿大两用、美国专用和加拿大专用。这种规定在其他国家是很少见的。

CSA 制定的电机试验标准有 CAN/CSA C390-10《三相感应电机试验方法、标志要求、能效水平》和 CAN/CSA C747-09《小型电动机能效试验方法》等。图 12-5 是标准的封面标志。

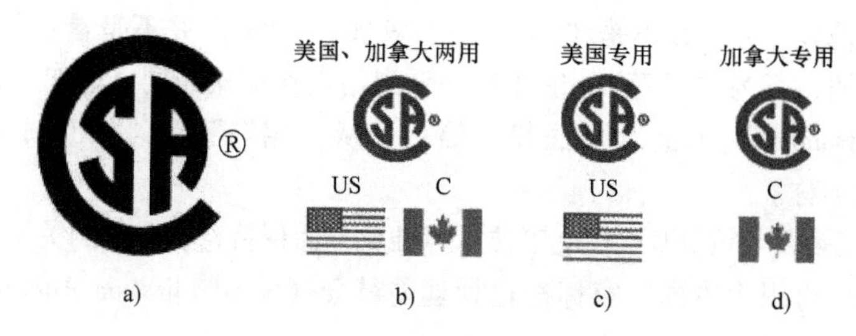

图 12-4　加拿大标准协会标志

图 12-5　加拿大标准封面标志

第二节　美国及加拿大三相异步电动机试验标准简介

一、相关说明

（一）概论

我国的 GB/T 1032—2012《三相异步电动机试验方法》（以下简称 GB/T 1032）是在全面落实国家标准 GB/T 755—2008《旋转电机　定额和性能》（等同采用国际标准 IEC 60034-1：2004《旋转电机　定额和性能》，现在已改版为 GB/T 755—2019/IEC 60034-1：2017）有关条款，参考 IEC 60034-2-1：2007《旋转电机（牵引电机除外）确定损耗和效率的试验方法》（现已改版为 IEC 60034-2-1：2017，等同采用该标准的我国标准编号为 GB/T 25442-2018。以下简称 IEC 60034-2-1）、美国 IEEE Std 112™-2004《多相感应电动机和发电机标准试验方法》（以下简称 IEEE 112）和 NEMA-MG1-2009（2010 年第一次修订）《电动机与发电机》（以下简称 NEMA）、加拿大 CSA C390-10《三相感应电机试验方法、标志要求、能效水平》（以下简称 CSA C390）等国际和国外标准，结合我国电机行业多年的经验和实际水平等进行制定的。

因此可以说，GB/T 1032—2012 既代表国际水平，又适应中国的国情。在一定程度上，其技术要求还比美国和加拿大有所提高，或者说要求更加严格。但在某些细节的论述上，不如美国标准详细。

本部分将主要以列表的方式给出相互之间的区别，实际上，有些“区别”只是体现在描述的方式方法有所不同，或者是在分解内容上的深度有所不同。对每个表的题目进行介绍时，将以上提到的几个标准用“各标准”3 个字概括。

（二）各标准的适用范围

从上述说明等内容可以看出，各标准的名称有些不同，其中 GB/T 1032 的“三相异步电动机”与 IEEE 112 的“多相感应电机”、CSA C390 的“三相感应电机”是指同一类型的电动机，IEEE 112 比其他几个标准多出了“多相感应发电机”。详细内容见表 12-1。

表 12-1 各标准的适用范围

标准编号	内容
GB/T 1032	三相异步电动机
IEEE 112	多相感应电动机和发电机
CSA C390	转速为 1800r/min(或等效)时，额定功率≥0.746kW 的三相感应电动机

二、对试验用电源的要求

对试验用交流电源电压、频率的要求见表 12-2。其中谐波电压因数（*HVF*）和总谐波失真系数（*THD*）的计算公式见表 12-3。

表 12-2 各标准对试验用交流电源的要求

项目	标准编号	内容
1. 电压	GB/T 1032	谐波电压因数(*HVF*)应不超过以下数值： 0.03——N 设计电动机； 0.02——未加说明的其他电动机； 0.015——热试验时 不平衡度：三相电压系统的负序分量应小于正序分量的 0.5%，且零序分量的影响应予消除
	IEEE 112 NEMA	*THD*：不可超过 0.05 不平衡度：不可超过 0.5%
	CSA C390	要求同 IEEE 112 注：如果需要说明供电的方式和对称性，可用 *HVF* 代替 *THD*
2. 频率	GB/T 1032	试验过程中频率的波动量应在额定频率的 ±0.3% 范围内
	IEEE 112 NEMA CSA C390	对一般试验，频率偏差必须保持在试验所要求值的 ±0.5% 以内，除非另有规定；用 A、B 和 B1 法进行效率试验时，频率偏差必须保持在规定值的 ±0.1% 以内 试验过程中不可快速变化，变化量不可超过平均频率的 0.33%

表 12-3 "*HVF*"和"*THD*"的计算公式

标准编号	"*HVF*"和"*THD*"的计算公式	说明
GB/T 1032	谐波电压因数 $HVF=\sqrt{\sum_{n=2}^{k}\frac{U_n^2}{n}}$ （表 12-3 式 1）	式中 U_n——谐波电压的标幺值(以额定电压 U_N 为基值) n——谐波次数(对三相交流电动机，不包括 3 和 3 的倍数) k——可取的最高谐波次数，一般为 13
IEEE 112	总谐波失真系数 $THD=\frac{\sqrt{E^2-E_1^2}}{E_1}$ （表 12-3 式 2）	式中 E——电压谐波的总有效值(V) E_1——电压基波分量的有效值(V) 谐波次数一般需要取到 100
CSA C390	总谐波失真系数 $THD=\sqrt{\sum_{n=2}^{20}\left(\frac{E_n}{E_1}\right)^2}$ （表 12-3 式 3）	式中 E_1——电压基波分量的有效值(V) E_n——电压谐波的有效值(V) n——谐波次数(建议不为 3 和 3 的整数倍) *HVF* 值小于 *THD* 值，两个值不可比较
NEMA	谐波电压因数 $HVF=\sqrt{\sum_{n=5}^{n=\infty}\frac{V_n^2}{n}}$ （表 12-3 式 4）	式中 V_n——第 n 次谐波频率的单位电压幅值(V) n——奇次谐波次数，但不包括能被 3 整除的次数

三、对试验测量用仪器仪表的要求

（一）对校准周期的规定

在GB/T 1032中没有给出具体的规定。

在IEEE 112和CSA C390中对仪器仪表的校核周期要求为：主要仪器仪表必须有校准记录，并应涵盖准备使用的期限，必须在最近12个月内进行过校准。

（二）对影响仪表精确度因素和常见干扰源的描述

1. 影响精确度的因素

在GB/T 1032中没有给出具体的规定。

在IEEE 112和CSA C390中提出影响精确度的因素有（尤其是使用非电子模拟仪表时）：

1）信号源的负载。

2）引接线引起的误差校准。

3）仪表的量程、状态和校准。

2. 常见的干扰源和解决措施

在GB/T 1032中没有给出具体的规定。

在IEEE 112和CSA C390中提出以下为常见的干扰源：

1）信号线对供电系统的感应耦合或静电耦合。

2）普通的阻抗耦合或接地环路。

3）共模抑制不足。

4）来自电源线的传导干扰。

在IEEE 112和CSA C390中提出的消除或减少干扰的措施是：最好使用屏蔽双绞信号线，其屏蔽层仅一点接地，并使信号电缆尽可能远离电力电缆，当信号电缆与电力电缆相交时，相交处应保持直角。为安全起见，仪表所有金属暴露部分都应接地。

（三）各标准对试验测量用仪器仪表的要求

各标准对试验测量用仪器仪表的要求见表12-4。

表12-4　对试验测量用仪器仪表的要求

仪表类型	标准编号	要　求
1. 电量表（电压、电流、电功率）	GB/T 1032	准确度等级应不低于0.5级。用低不确定度试验方法（指A法和B法）测定电机效率时，应不低于0.2级
	IEEE 112 NEMA	对于一般试验，指示仪表的误差范围不可超过满量程的±0.5%，而当试验结果用于效率试验方法B时，误差不可超过满量程的±0.2%
	CSA C390	效率试验时，必须限制其误差不超过满量程的±0.2%
2. 仪用互感器	GB/T 1032	准确度等级应不低于0.2级
	IEEE 112 NEMA	对于一般试验，误差不可超过±0.5%，而当试验结果用于效率试验方法B时，误差不可超过±0.3%。当和用于测量电压、电流或功率的仪表可以作为一个系统进行校准且测量结果用于效率试验方法B时，系统的误差不可超过满量程的±0.2%
	CSA C390	误差不可超过满量程的±0.3%
3. 测量直流电阻用仪表	GB/T 1032	绕组的直流电阻用双臂电桥或单臂电桥，或数字式微欧计测量，准确度等级应不低于0.2级
	IEEE 112 NEMA	试验中模拟仪表（例如双臂电桥）或数字仪表均可使用。如果有合适的自动数据采集系统，则应予以使用
	CSA C390	指示仪表的误差范围不可超过满量程的±0.2%

（续）

仪表类型	标准编号	要　求
4. 输出转矩、机械功率测量仪器仪表	GB/T 1032	标称转矩应不超过被试电机额定转矩的2倍。测量效率时转矩传感器及测量仪的准确度等级应不低于0.2级；用于其他试验时应不低于0.5级
	IEEE 112 NEMA	误差不可超过满量程的±0.2% IEEE 112关于测量输出机械功率的论述：必须非常谨慎精确地进行机械功率测量。如果使用机械制动器，应仔细测定其自重并予以修正。如果使用测功机进行测量，则必须修正连接损耗和轴承摩擦损耗。应使用合适容量的测功机，以便在被试电机额定转速下测得的测功机连接功耗和风摩耗不大于被试电机额定输出功率的15%，并且测功机可测出的转矩变化值应为额定转矩的0.25%。
	CSA C390	误差不可超过满量程的±0.2%，其中必须涵盖所有误差源，例如负载传感器、信号调节装置和力臂长度
5. 转速测量仪表	GB/T 1032	准确度应在0.1%以内或误差在1r/min以内，取两者误差最小者
	IEEE 112 NEMA CSA C390	误差不可超过±1.0r/min

（四）CSA C390关于测量最大不确定度的论述

测量不确定度是与测量结果相关的一个参数，其特点是测量值的离散度可合理地归因于被测对象。

不确定度通常由许多要素组成。有些要素可用一系列测量结果的统计分布进行评估，其特征以试验标准偏差表达。其他要素可基于经验或其他信息用假定的概率分布进行评估，其特征也以试验标准偏差表达。

确定电动机效率时的测量最大不确定度仅在额定满载条件下适用，见表12-5。

表12-5　确定电动机效率时的测量最大不确定度

测量值	测量最大不确定度及说明
功率	读数的±1.0%（包括功率表、电流及电压互感器的所有误差） 如果功率测量系统的所有元件（即功率表、电流互感器以及功率互感器）不能作为一个系统统一进行校准，就必须计算所有误差二次方和的二次方根，以得到总误差 注：目前对于功率测量系统所用仪用互感器的最大相角误差尚无明确规定。可使用最大值为±15′
电压和电流	读数的±0.5%
转矩	读数的±0.7%，包括所有误差源，例如负载传感器、力臂长度和转矩偏移
温度	±1.5℃
绕组电阻	读数的±1% 必须使用四线测量电路，以消除测试引线电阻所引起的误差
转速	±1r/min

四、关于使用系数问题

（一）中国标准中的规定

使用系数（或称为“服务系数”）的概念源于美国和加拿大标准，我国的标准中只在GB/T 1032—2012第6.6节“热试验方法”的6.6.2.4“多种定额电机”中开始提及，并且没有任何解释。相关文字是：“使用系数大于1.0的电机，应在使用系数负载状态下进行热试验，以确定电机的温升值。按GB/T 1032—2012第10章和第11章中的规定计算电机性能时，应当用使用系数为1.0（额定功率）时的热试验数值”。

（二）美国和加拿大标准中的规定

在美国和加拿大标准中给出的定义是：使用系数是一个乘数。当它乘以额定功率时，表示在使用系数规定的条件下允许承受的负载功率。英文为：Service Factor（缩写形式为S. F.）。另外还给出了与其有关的更多规定和说明如下：

1）电动机在任何大于1的使用系数下运行时，其效率、功率因数和转速可不同于额定负载条件下的数值。此种情况下，将减少预期使用寿命，与按额定的铭牌功率下运行相比，绝缘寿命和轴承寿命将会减少。

2）在1.15使用系数负载工作，会使电动机造成约2倍于1.0使用系数负载的热老化，即按1.15系数负载工作1h所产生的温升等于电动机工作于1.0系数负载下2h所产生的温升。

3）用同样方法测得的1.15系数时的温升将比1.0系数时高。标准规定合格限值高出10K。

4）美国NEMA标准中关于交流异步电动机使用系数的规定见表12-6。

表12-6　美国NEMA标准中关于交流异步电动机使用系数的规定

电动机类型	电动机功率/马力				
	≤1/8	1/6～1/3	>1/3～1	>1～200	>200
一般用途的开启式电动机	允许的使用系数				
	1.4	1.35	1.25	1.15	2极为1.0，其余为1.15
其他开启式和全封闭电动机	一律为1.0 若过载能力有要求，需选用较大容量的电动机				

五、关于电机设计类型代号问题

（一）中国标准中的规定

GB/T 1032—2012第4章“试验要求”的4.2.1.1“端电压波形”中提到“N设计电机”，其定义源于GB/T 21210—2016《单速三相笼型感应电动机起动性能》中的第3项，其中提出了4种起动性能的代号N、NY、H、HY。详见本书第一章第九节。

（二）美国NEMA标准中对笼型转子电动机的规定

在美国NEMA标准中，对三相笼型转子电动机提出了用A、B、C、D共4个字母代表的4种设计类型代号。各自所代表的内容见表12-7（其中章节编号及其详细内容见NEMA-MG1-2009《电机标准——电动机和发电机部分》，2010年第一次修改）。

表12-7　美国NEMA标准中用字母代号所代表的设计类型

设计代号	所代表的设计类型内容	特性简述
A	按满压起动设计，其堵转转矩、最小转矩和最大转矩应符合12.38、12.39、12.40的规定，堵转电流可大于12.35.1（60Hz时）或12.35.2（50Hz时）的规定值，同时额定负载时的转差率应小于5%	堵转和最小转矩小；不考核堵转电流；最大转矩大
B	按满压起动设计，应按照12.38、12.39、12.40的规定，产生一般使用要求的堵转转矩、最小转矩和最大转矩，其堵转电流应不超过12.35.3（60Hz时）或12.35.3（50Hz时）的规定值，同时额定负载时的转差率应小于5%	堵转和最小转矩小；考核堵转电流（同C和D）；最大转矩大

（续）

设计代号	所代表的设计类型内容	特性简述
C	按满压起动设计，能产生高达12.38所示的适用于特殊高转矩场合的堵转转矩，符合12.40所示的最小转矩和12.39所示的最大转矩，其堵转电流应不超过12.35.1（60Hz时）和12.35.2（50Hz时）所规定的值，同时额定负载时的转差率应小于5%	堵转和最小转矩较大；考核堵转电流（同B和D）；最大转矩较大
D	按满压起动设计，符合12.38规定的高堵转转矩要求，其堵转电流应不超过12.35.1（60Hz时）和12.35.2（50Hz时）所规定的值，同时额定负载时的转差率不低于5%	堵转和最小转矩大；考核堵转电流（同B和C）；最大转矩小

注：总体来讲，按A和B、C、D的顺序：

1）堵转和最小转矩标准：逐渐增大，例如5马力、1800r/min电机，A和B设计堵转转矩为2.15倍，最小转矩为1.5倍；C设计堵转转矩为2.55倍，最小转矩为1.8倍，D设计堵转转矩为2.75倍。

2）最大转矩标准：逐渐减小，如5马力、1800r/min电机，A和B设计为2.25倍，C设计为2.0倍。

3）堵转电流标准：A设计不要求，B、C、D有要求（相同）。

六、三相出线端标志符号和颜色的规定

三相出线端所用符号及颜色（有要求时）的规定见表12-8。

表12-8　三相出线端所用符号及颜色的规定

项目	标准国别	每相线圈组数	规定				
			第一相	第二相	第三相	中性线	接地保护线
出线端符号	中国	一组	U1—U2	V1—V2	W1—W2	N	PE
		两组	U1—U2,U5—U6	V1—V2,V5—V6	W1—W2,W5—W6		
	美国	一组	T1—T4	T2—T5	T3—T6		
		两组	T1—T4,T7—T10	T2—T5,T8—T11	T3—T6,T9—T12		
出线端颜色	中国		黄	绿	红	浅蓝	黄绿相间条纹
	美国	大部分地区	黑	红	黄	灰或白	绿
		其他地区	棕	橙	黄	白	绿
	加拿大	强制性	红	黑	蓝	白	绿或裸铜线
		孤立的三相用电设备	橙	棕	黄	白	绿

七、能承受堵转的最长时间规定

中国标准中没有明确的规定。只是在GB/T 1032中做堵转试验时提出：每一点的通电时间不应超过10s，以避免电机绕组过热。

在美国标准NEMA-MG1-2009（2010年第一次修改）中提出：当多相电动机一开始就在常温下运行，其额定电压低于1000V，输出功率不大于500马力时，它应能承受为时不少于12s的堵转电流通过（特殊设计的电动机，用于转动惯量大的负载时，应在铭牌上单独注明允许的堵转时间）。

八、进行型式试验时轴密封圈等附加部件的处理规定

（一）中国标准中的规定

在GB/T 1032中没有规定。

在等同采用IEC 60034-2-1：2007的同名标准GB/T 25442—2010《旋转电机（牵引电机除外）确定损耗和效率的试验方法》中第6章“确定效率的试验方法”6.1“试验时电机的状态和试验类别”中的注2（在现行版GB/T 25442—2018/IEC 60034-2-1：2017中为5.8“试验时电机

的状态及试验类别”中的正文）提出：如果在类似设计的电机上的附加试验表明，经足够长时间运转以后摩擦损耗可忽略不计，则试验时密封件可以拆除。

（二）美国和加拿大标准中的规定

IEEE 112 和 CSA C390 中规定：有些电动机可能配备辅助装置，例如轴封、转速传感器及测速发电机等装置的各种组合。对于此类经过改进的标准电动机，效率试验必须在不安装这些辅助装置的基本电动机上进行。

例如减速电动机和泵用电动机通常为安装了轴封以防油或水进入的标准电动机，轴封可视为齿轮箱或泵的一个部件。此类电动机的效率可通过不安装轴封的电动机确定。

九、关于热试验初期过载和热稳定的规定

关于热试验初期过载和热稳定的规定见表 12-9。

表 12-9　热试验初期过载和热稳定的规定

项目	标准	规定
热试验初期过载	GB/T 1032	第 7.7.4.2 条规定：连续定额电机，达到热平衡可能需要较长的时间，为了缩短试验时间，在预热阶段允许适当过载（25% ~35%）
	IEEE 112 CSA C390	对于连续运行电机，当达到稳定温度需要较长时间运行时，为了缩短试验时间，允许在预热过程中进行合理（25% ~50%）过载。在温度超过最终预期温度之前应移除所有过载
热稳定的定义	GB/T 1032	对连续工作制（S1）电机，热试验应进行到相隔 30min 的两个相继读数之间温升变化在 1K 以内为止；但对温升不易稳定电机，热试验应进行到相隔 60min 的两个相继读数之间的温升变化在 2K 以内为止
	IEEE 112 CSA C390	电动机绕组在 30min 内测得的温升变化不超过 1℃，或电动机机壳或铁心在 60min 内测得的温升变化不超过 1℃

十、关于热试验稳定后测取第一点电阻值时间的规定

各标准都规定，在热试验稳定或达到规定时间（S2 工作制电动机）断电停机，开始测量绕组的热态直流电阻，测得第一点电阻值的时刻距断电瞬间的时间长短在规定的时间内时，则可用第一点电阻值参与绕组温升计算。但各标准对规定的时间与被试电机容量的大小范围有所不同，详见表 12-10。

表 12-10　热试验第一点热电阻测量延迟时间的规定

<table>
<tr><td rowspan="4">断开电源后的最长延迟时间/s</td><td colspan="5">标准</td></tr>
<tr><td>GB/T 1032</td><td colspan="2">CSA C390</td><td colspan="2">IEEE 112</td></tr>
<tr><td colspan="5">被试电机的额定功率范围</td></tr>
<tr><td>kW</td><td>kW</td><td>马力</td><td>kW</td><td>kVA</td></tr>
<tr><td>30</td><td>≤50</td><td>≤37.5</td><td>≤50</td><td>≤38</td><td>≤50</td></tr>
<tr><td>90</td><td>>50 ~200</td><td>37.51 ~150</td><td>51 ~200</td><td>>38 ~150</td><td>>50 ~200</td></tr>
<tr><td>120</td><td>>200 ~5000</td><td>>150</td><td>>200</td><td>>150</td><td>>200</td></tr>
<tr><td rowspan="2">相关说明</td><td>GB/T 1032</td><td colspan="4">详见本书第四章第十二节的三、（三）</td></tr>
<tr><td>CSA C390</td><td colspan="4">（1）测量绕组电阻时，转子必须停止旋转并放电消除所有残余电压
（2）如果超过了规定的延时间隔，必须基于电阻绘制冷却曲线，至少需包含间隔时间为 30 ~60s 的 10 个点。首次测量必须尽快进行，但不超规定间隔时间的 2 倍
（3）所用电阻值必须为规定时间测得的值。如果延时间隔不是给出的值，可通过外推或内插获取</td></tr>
</table>

（续）

<table>
<tr><td rowspan="4">断开电源后的最长延迟时间/s</td><td colspan="5">标准</td></tr>
<tr><td>GB/T 1032</td><td colspan="2">CSA C390</td><td colspan="2">IEEE 112</td></tr>
<tr><td colspan="5">被试电机的额定功率范围</td></tr>
<tr><td>kW</td><td>kW</td><td>马力</td><td>kW</td><td>kVA</td></tr>
<tr><td>相关说明</td><td>IEEE 112</td><td colspan="4">（1）发热试验中还可用局部检温计测量电机各部件的温度。当使用几个局部检温计测量绕组温度时，所有温度测量值都应记录并将其中的最高值认定为局部检温计测得的绕组温度。通常无需记录停机后的读数
（2）对于安装了埋置检温计的电机，发热试验中应根据埋置检温计测定其绕组温度。其余规定同上述（1）
（3）绕组（含定子绕组和绕线转子绕组）温度应在停机后采用电阻法测定。可在任意两个已经在已知温度下测量过电阻参考值的接线端子之间测量电阻
如果在发热试验中有测量绕组电阻的设备并且其结果具备必要的精度，则可使用此设备</td></tr>
</table>

十一、直流电阻温度公式中的常数 *K* 值的定义和绕组温升计算问题

（一）电阻温度公式中的常数 *K*

已知温度为 t_1（或 θ_1，单位为℃）时的导体电阻 R_1（单位为 Ω）求在温度为 t_2（或 θ_2，单位为℃）时的导体电阻 R_2（单位为 Ω），各标准都规定用下式计算：

$$R_2 = R_1\frac{K+t_2}{K+t_1} \text{或} R_2 = R_1\frac{K+\theta_2}{K+\theta_1} \tag{12-1}$$

式中，K 为与导体材料有关的常数，我们暂且称其为“电阻的温度折算系数”，用于定子绕组时写为 K_1，用于转子绕组时写为 K_2。对于这个常数，各标准对其定义有所不同，详见表 12-11。

表 12-11　电阻的温度折算系数 *K* 值的定义和解释

标准编号	*K* 值的定义
GB/T 1032	K_1（定子）和 K_2（转子）——绕组导体材料在 0℃时电阻温度系数的倒数。铜为 235，铝为 225，除非另有规定①
IEEE112 NEMA	K_1——零电阻的推算温度 K_1 = 234.5，用于 100% 标准（IACS）②导电率铜 K_1 = 225，用于铝（基于单位体积导电率为 62%）③
CSA C390	K = 234.5，用于纯铜绕组 K = 224.6，用于铝绕组，基于单位体积导电率为 62%②

① 上述数值仅用于纯铜和纯铝材料制作的绕组。使用其他成分铜或铝（例如合金铜或合金铝）时将改用另一个数据（作者理解）。

② IACS 是“International Annealing Copper Standard”的缩写形式，译成中文为“国际退火铜标准”。%IACS是电导率（conductivity）。试样电导率与某一标准值的比值的百分数称为该试样的电导率。1913 年，国际退火铜标准确定：采用密度为 8.89g/cm^3、长度为 1m、质量为 1g、电阻为 0.15328Ω 的退火铜线作为测量标准。在 200℃温度下，上述退火铜线的电阻率为 0.017241Ωmm^2/m（或电导率为 58.0m/Ωmm^2）时确定为 100% IACS（国际退火铜标准），其他电阻率 ρ 的任何材料的电导率（%IACS）可用下式进行计算：电导率（%IACS）=（0.017241/ρ）× 100%。例如纯铝的电导率（%IACS）=（0.017241/0.0283）×100% =61%。

③“基于单位体积电导率为 62%”的来源见上述注②［作者注：上述计算中纯铝的电阻率 ρ 的取值为 0.0283Ωmm^2/m，是从常用电工手册中查到的，不是 200℃时的准确值，致使计算值与此处的 62% 有一些偏差，若同时使用电工手册中给出的数值，铜的电阻率应为 0.0175Ωmm^2/m，则纯铝的电导率（%IACS）就会等于62%。即此例仅能简单地说明 62% 的来源］。

（二）IEEE 112 绕组温度的计算公式

在 IEEE 112 中，用下式计算绕组的平均温度：

$$t_t = \frac{R_t}{R_b}(t_b + K_1) - K_1 \quad (12\text{-}2)$$

式中　t_t——测量 R_t 时的绕组总温度（℃）；

R_t——试验中测得的电阻值（Ω）；

R_b——先前在已知温度 t_b 下测得的参考电阻值（Ω）；

t_b——测量参考电阻值 R_b 时的绕组温度（℃）；

K_1——系数（电阻为零时的推算温度绝对值）。

用式（12-2）得到的温度为试验时绕组的平均温度。如果这是可用的停机电阻读数，则结果为试验环境温度下绕组的平均温度。

如果环境温度与基准环境温度（25℃）不同，则应对平均温度进行修正，将计算得到的平均温度减去试验环境温度，然后将差值再加上 25℃。如果发热试验在额定负载下进行，则得到的值为 25℃ 环境温度下的平均绕组温度，是可用于效率分析的规定温度。

如果试验在非额定负载下进行，则可将其修正至额定负载（利用温度与电流的二次方值成正比的关系）。

十二、开始进行负载试验时绕组温度的规定

开始进行负载试验时绕组温度的规定见表 12-12。

表 12-12　开始进行负载试验时绕组温度的规定

标准编号	规定内容
GB/T 1032 GB/T 25442	7.2 和 7.4.4.2（在 GB/T 25442—2018 中为 6.1.3.2.3）“负载试验”中规定：在记录试验数据之前，定子绕组温度与额定负载热试验所测得的温度之差应不超过 5K
IEEE 112 CSA C390	负载试验记录任何数据前，温度测量装置测得的定子绕组温度必须与温升试验中记录的最高温度之差在 ±10℃ 之内

十三、同步转速计算公式

GB/T 1032 和 IEEE 112、CSA C390 的同步转速 n_s（单位为 r/min）的计算公式有所区别，区别在于一个是使用定子磁极对数，一个是使用定子磁极数，具体见表 12-13（计算式中的 f 为电源频率，单位为 Hz）。

表 12-13　同步转速计算公式

标准编号	GB/T 1032	IEEE 112，CSA C390
同步转速计算公式	$n_s = \frac{60f}{p}$ 式中　p——定子的磁极对数	$n_s = \frac{120f}{p}$ 式中　p——定子的磁极数

十四、风摩损耗（机械损耗）的求取方法

风摩损耗（机械损耗）的求取方法略有不同，GB/T 1032 比较简单，IEEE 112 和 CSA C390 相对复杂，但使用计算机编程来处理则谈不上复杂了，详见表 12-14。

表 12-14　风摩损耗（机械损耗）的求取方法

标准编号	求取方法
GB/T 1032	见第五章第七节
IEEE 112 CSA C390	（1）使用功率与电压二次方关系曲线的 3 个或 3 个以上较低电压点的值进行线性回归分析（回归方法和公式同负载剩余损耗——作者注），可确定风摩损耗（简称风摩耗）。相关系数应不低于 0.9 （2）为了确定风摩耗，可将每个试验电压点处总损耗（即输入功率）减去试验温度下的定子 I^2R 损耗得到的功率值与电压的关系绘制成曲线，并将曲线延伸至零电压处。曲线与零电压纵轴的截距即为风摩耗。对处于低电压范围内的值，如果将输入功率减去定子 I^2R 损耗的值与电压的二次方关系绘制成曲线，可更为精确地确定截距（此规定与 GB/T 1032 相同）

十五、负载杂散损耗的定义及求取方法

杂散损耗是异步电机 5 项损耗之一，因为它包含多项很难用理论计算或经验值得到的成分，所以不能用简单的方法获得准确的数据。现有的试验方法标准中所给出的内容大致有 3 种：第一种是用试验和计算的方法；第二种是用从总损耗中去除其余 4 项损耗的方法；第三种是用经验值（或称为“推荐值”）的方法。表 12-15 汇总了各标准中的相关规定。

表 12-15　负载杂散损耗的定义和求取方法

项目	标准编号	内　容
定义	GB/T 1032	负载杂散损耗是指总损耗中未计入定子 I^2R 损耗、转子 I^2R 损耗、风摩耗和铁耗中的那部分损耗
	IEEE 112	负载杂散损耗是电机总损耗中的一部分，是不包含风摩耗、定子 I^2R 损耗、转子 I^2R 损耗和铁耗中的其他损耗之和
	CSA C390	负载杂散损耗是负载状态下铁心和导线的额外基频损耗和高频损耗、定子绕组的环流损耗以及转子导体的谐波损耗之和
测试方法	GB/T 1032	确定负载杂散损耗 P_s 的试验方法有：剩余损耗法，取出转子试验和反转试验法，推荐值法和绕组星接不对称电压空载试验法（Eh-star 法） 应优先采用相对不确定度低的试验方法
	IEEE 112 CSA C390	间接测量法：将测得的总损耗减去风摩耗、铁耗、定子 I^2R 损耗和转子 I^2R 损耗，剩下的值即为负载杂散损耗 P_s（效率试验方法 B、B1、C 和 C/F） 直接测量法：测定负载杂散损耗 P_s 的基频分量和高频分量，两个分量之和即为总负载杂散损耗（效率试验方法 E、F 和 E/F） 注：没有给出 Eh-star 法
剩余损耗线性回归问题	GB/T 1032	如果相关系数 $r<0.95$，则剔除最差的一点后再进行回归分析，若此时 $r\geq0.95$，则用第二次回归分析的结果；若 r 仍 <0.95，说明测试仪器或试验读数，或两者均有较大误差，应查明产生误差的原因并校正，再重新做试验
	IEEE 112	如果斜率是负的，或者相关系数 $r<0.9$，则删除最差点并重复回归，若此时 r 增加至 0.9 或更大，则用第二回归数据；如果不是，或者斜率仍然是负的，那么试验就不是令人满意的。可能是由于仪器仪表异常或试验读数错误，或两者同时的误差所造成的。应该调查误差的根源并进行修正，重新进行试验
推荐值的规定	GB/T 1032	按电机额定功率 P_N 的大小给出不同的负载杂散损耗 P_s 计算值（见第五章第八节第五项）
	IEEE 112 CSA C390	按电机额定功率 P_N 的大小给出不同的负载杂散损耗 P_s 计算值 $1kW\leq P_N\leq90kW$　$P_s=0.018P_N$ $91kW\leq P_N\leq375kW$　$P_s=0.015P_N$ $376kW\leq P_N\leq1850kW$　$P_s=0.012P_N$ $P_N>1850kW$　$P_s=0.009P_N$

十六、关于直联式转矩传感器转矩测量值修正的规定

对于现行最常用的用转矩-转速传感器加机械负载设备组成的测功机，并与被试电机通过联轴器直联形成的试验系统，由转矩显示仪表所显示的转矩读数中不包括被试电机与转矩传感器之间所用的联轴器及转矩传感器一端轴承运转时消耗被试电机输出功率所产生的制动转矩。对于这部分转矩值，GB/T 1032 给出了修正试验的方法（见第二章第三节）；IEEE 112 和 CSA C390 则认为该值很小，不必进行修正（IEEE 112 中 5.6.1.2 原文为“被试电机上的负载是使用直联式转矩传感器进行测量时，由于连接损耗较低，不会明显影响效率，所以通常无需进行本试验”）。

十七、关于效率的测试方法分类和考核标准

（一）效率试验方法分类

在 GB/T 1032 中将效率试验方法分成 A、B、C、E、E1、F、F1、G、G1、H 共 10 种类型，详见第五章第六节。

在 IEEE 112 的 6.2 效率测试方法中，列出了表 12-16 所示的 11 种方法，其中大部分与 GB/T 1032—2012 相同。

表 12-16　IEEE 112—2004 的 6.2 效率测试方法

序号	代码	名称和简述		对应 GB/T 1032—2012 的代码
1	A	输入-输出法		A
2	B	输入-输出法	分离损耗并间接测量负载杂散损耗	—
3	B1		分离损耗，间接测量负载杂散损耗并假定温度	B
4	C	使用两台相同电机，分离损耗并间接测量负载杂散损耗		C
5	E	负载状态下测量电功率，分离损耗并直接测量负载杂散损耗		E
6	E1	负载状态下测量电功率，分离损耗并假定负载杂散损耗		E1
7	F	等效电路法	直接测量负载杂散损耗	F
8	F1		假定负载杂散损耗	F1
9	C/F		用间接测量的负载杂散损耗对方法 C 的各负载点进行修正	—
10	E/F		用直接测量的负载杂散损耗对方法 E 的各负载点进行修正	—
11	E1/F1		用假定的负载杂散损耗对方法 E 的各负载点进行修正	—

（二）效率考核标准

在 GB/T 1032—2012 中只介绍与试验有关的内容，对被试电机的效率考核指标则在被试电机相应的技术条件中给出，在 GB/T 755 中统一给出容差值的计算规定。

但在 NEMA 和 CSA C390 中则给出了三相异步电动机效率指标的具体值（称为标定值），并给出了最低标定值（注：相当于我国的含容差值，但不是用统一给出的容差值计算方法得出的）的计算方法。现将有关内容摘录如下：

1. CSA C390、NEMA 标称效率确定方法

额定输出功率范围为 0.75～200kW 的 50Hz 电动机，其最低标称效率可计算如下［式中 P_N 为额定功率（kW），A、B、C、D 为系数，见表 12-17］：

$$\eta_N = A(\lg P_N)^3 + B(\lg P_N)^2 + C\lg P_N + D \tag{12-3}$$

表 12-17　式（12-3）中系数取值

效率等级	极数	系数值			
		A	B	C	D
高效	2	0.2972	-3.3454	13.0651	79.077
	4	0.0278	-1.9247	10.4395	80.9761
	6	0.0148	-2.4978	13.2470	77.5603
超高效	2	0.3569	-3.3076	11.6108	82.2503
	4	0.0773	-1.8951	9.2984	83.7025
	6	0.1252	-2.613	11.9963	80.4769

注：1. 若额定功率≥两个连续额定功率的中间值，最低标称效率取两个效率值较大者。
2. 若额定功率<两个连续额定功率的中间值，最低标称效率取两个效率值较小者。

2. 计算示例

电机额定功率 $P_N = 15\text{kW}$、50Hz、4 极，超高效。求其最低标称效率（%）。

$$\begin{aligned}\eta_N(\%) &= A(\lg P_N)^3 + B(\lg P_N)^2 + C\lg P_N + D \\ &= 0.0773(\lg 15)^3 + (-1.8951)(\lg 15)^2 + 9.2984\lg 15 + 83.7025 \\ &= 0.1257 - 2.621 + 10.9358 + 83.7025 \\ &= 92.1430(\%)\end{aligned}$$

十八、IEEE 112 中关于耐交流电压试验

IEEE 112-2004 中第 8.2.4 条和 8.2.5 条，对“耐交流电压试验”的电压提出了如下规定和要求：

1）试验电压：工厂对新定子进行试验时，规定的高压试验电压通常为 1000V 加上电机两倍额定电压。同样，对于绕线转子电机的新转子，试验电压为：1000V + 2 倍集电环之间产生的最高电压。

2）由于高压试验施加于绕组绝缘部件的冲击很大，建议将电机整机试验电压限制在 85%。对于所有后续高压试验，建议将试验电压限制在 75%。

解读：从上述两条规定的文字叙述来看，是否可以理解为：第 1）项规定是针对组装成整机之前的定子和绕线转子的；第 2）项规定是针对组装成整机之后的定子和绕线转子的。

这样，我国标准（GB/T 755 和 GB/T 14711 等）中对新出厂的整机试验电压的规定则与 IEEE 112 不相符了（详见 GB/T 755—2019 中 9.2 和表 17）。

IEEE 112 中提出了一个注意：“由于使用了高压，高压试验应由有经验的人员进行，并需采取足够的安全预防措施，以避免对人员和财产造成伤害和损失”。可见该标准制定人员对试验安全工作的重视。

十九、IEEE 112 中关于轴电流和轴承绝缘的测量试验

（一）关于轴电流与轴承绝缘的论述

在 IEEE 112 中 8.3 提出了“轴电流和轴承绝缘”试验的相关论述和规定，摘录如下：

轴电流作为轴或机身中电磁激励电压的结果在旋转机械中流通。

在电气机器中，磁路中或围绕轴的相电流中的任何不平衡都能产生旋转系统磁链。当轴旋转时，这些磁链能在轴两端产生电位差。这一电位差（电压）能通过两端轴承在轴和机壳所形成的环路（闭合电路）中激励循环电流。

如果一端轴承（或两端轴承）同机壳绝缘，导电通路受到绝缘的阻抗，就可以避免机器中的循环轴电流。

如果只有传动端（主轴伸端）轴承绝缘，那么，电流就可能用非传动端轴承连同相互连接设备中的非绝缘轴承一起产生循环电流（对地电流）。

（二）对轴环绕电流的测量——轴电位试验

IEEE 112 中8.3.1提出了“针对循环轴电流的轴电压测量试验”的有关规定。

对于所有轴承（或除一个轴承外的所有轴承）都绝缘的电机，可在运行状态下进行试验，检测出现的轴电压。本试验也可用于所有轴承油膜都具有绝缘性能的电机。

试验测量各绝缘轴承与机座之间的轴电压。应使用高阻抗示波器，一根导线与机座连接并接地，另一根导线连接轴刷。使此电刷与靠近各轴承的轴接触，并测量峰值电压。首先通过轴刷使未绝缘的轴承（如果所有轴承都绝缘，则为一个轴承）短路。使此固定电刷与靠近轴承的轴接触，并通过一根低电阻短导线与机座连接。

示波器最好使用低电阻屏蔽导线，以便尽量减少电磁干扰。此屏蔽导线仅一端接地。

试验时如果没有示波器，则可使用高阻抗电压表。各轴承的交流电压和直流电压均需测量。将直流电压加上交流电压有效值的1.4倍可近似计算出峰值电压。但此估算的峰值电压可能会明显低于实际峰值电压。

备选方法是当电机在额定电压和转速下运行时，使电刷与轴相对的两端接触并测量交流电压。

（三）测量轴电流试验

IEEE 112 中8.3.2提出了“测量轴电流试验”的有关规定。

这一试验以IEEE112中8.3.1［上述第（二）项，下同］对电机进行试验。除了示波器由低电阻电流表代替外，其试验程序与8.3.1的程序完全一样。

注：本试验中电流表被用作未经校准的低阻抗电压表。如果轴承的润滑膜发生击穿，则电流表读数可能就不是轴电流的真实值。如果有类似试验的历史结果，则本方法还是比较有帮助的。

其他方法：如果被试电机的特点使其可以使用特殊方法测量轴电流，例如罗哥夫斯基线圈（Rogowski loops），则这些方法可以替代或补充上述试验方法。

（四）测量轴承绝缘电阻试验

IEEE 112 中8.4提出了“测量轴承绝缘电阻试验”的有关规定。有如下两种方法：

1. 方法1

在电机处于静止状态下检测轴承绝缘最为可靠。如果只有一端轴承是绝缘的，则应将一层绝缘纸放置于未绝缘轴承的轴颈下，使其与轴绝缘。如果与附近电机连接的联轴器未绝缘，则应将其脱开。

可使用低压电阻表对各绝缘轴承进行初步检查。将电阻表的一根导线与轴连接，另一根导线（穿过绝缘层）与机座连接，然后测量轴承的绝缘电阻。

对于有两层轴承绝缘层并且绝缘层之间有金属隔离层的电机，本试验应在金属隔离层和机座之间进行。可在电机运行时进行试验，但最好在电机处于静止状态下进行试验。应进行仔细的目视检查作为试验补充，以确保不存在未绝缘的平行导电通路。

2. 方法2

用一层厚绝缘纸将轴包覆，使未绝缘轴承的轴颈绝缘。如果驱动或被驱动电机的联轴器未绝缘，则应将其脱开。然后从110～125 V电源引出两根导线，一根连接绝缘轴承，另一根（穿过绝缘层）连接机座，电源与适合于电路电压的白炽灯或串联100～300Ω/V电阻的满刻度约为

150 V 的电压表连接。如果白炽灯不亮（或电压表读数不超过 60V），则可以认为绝缘符合要求。

500V 绝缘电阻表也可使用。这要比上述方法更为敏感并导致绝缘试验不合格，但实际上绝缘可能足以防止较低的轴电压产生有害电流。参见方法 1。

二十、NEMA 电机型号和大、中、小型的规定

（一）电机型号的含义

型号的最前面为 3 ~ 4 个阿拉伯数字，其中前两位表示机座号高矮档次，推荐的规格有 14、16、18、20、21、22、25、28、32、36、40、44、50、58、68 等；后 1 位或 2 位的数字有 1 ~ 15 共 15 种，代表底脚安装孔轴向距离（符号 $2F$，相当于我国的 B 尺寸），即长短档次，在同一个高矮档次中，数值越大，$2F$ 值也越大，这一点与我国用字母代表同一机座中心高不同长度的机座相当，只是我国只有 L、M、S 三种（同 IEC 标准）。

1）对于小型电机，机座号为中心高（以 in 为单位，符号用字母 D）的 16 倍。

2）其他规格的电机，机座号高矮档次为中心高 D（相当于我国的 H 尺寸）的 4 倍，当乘积不是整数时，其前两位数字就应是上一档机座号的整数。

例如，中心高 D =3.5in，则机座号高矮档次应为 3.5 ×4 = 14。反过来，机座号为 256 的电机，其中心高为 25 ÷4 =7.25in，第三位数字“6”表示 $2F$ = 10in。

转化成公制（米制）单位（mm）的方法：

因为 1mm = 25.4in，所以用 mm 作单位的中心高 = NEMA 机座中心高 ×25.4mm，即为机座号前两位数 ÷4 ×25.4mm。例如机座号为 256 的电机，用 mm 作单位的中心高 = 25 ÷4 ×25.4mm = 158.75mm。接近公制（米制）的 160mm。

机座代码用 1 ~3 个字母（大部分用 1 个，极个别的用 3 个）表示，用于表明该电机的类型或特殊要求，相当于我国电机型号最前面表示电机类型的字母，但书写在上述规格数据的后面，并用“ - ”线分开，例如 256-T。其中“T”为包括设定为标准尺寸的部分机座。

表 12-18 给出了一部分机座代码（摘自 NEMA MG 1—2009 中 4.2.2“机座代码”）。

表 12-18　常用机座代码

代码	所代表的内容	备注或说明
A	工业用直流电机	
C	驱动端为 C 型端面安装的电动机	当安装在非驱动端时，需要加前缀 F，构成 FC
CH	安装尺寸不同于有后缀字母 C 的机座定义的 C 型端面安装电机	字母 CH 应该被认为作为整个后缀，不可分开
D	驱动端 D 型凸缘安装	当凸缘在非驱动端时，需要加前缀 F，构成 FD
E	机座号大于 326T 的，其轴伸为电梯使用的电机	
G	汽油泵用电机	分马力交流电动机
H	说明一个小电机，其 F 尺寸要比同机座没有后缀 H 的电机大	
HP 和 HPH	依照 NEMA MG 1—2009 中 18.252 规定尺寸的立式实心轴 P 型凸缘安装电动机	字母 HP 和 HPH 应被认定为整体后缀，不可分开
J	喷射泵用电动机	3 马力及以下的交流异步电动机

（续）

代码	所代表的内容	备注或说明
JM	具有按NEMA MG 1—2009中18.250表1的润滑轴承和尺寸的紧耦合的泵用C型端面安装的电动机	字母JM应被认定为整体后缀，不可分开
JP	具有按NEMA MG 1—2009中18.250表2的润滑轴承和尺寸的紧耦合的泵用C型端面安装的电动机	字母JP应被认定为整体后缀，不可分开
K	油泵用电动机	单相或多相分马力交流电动机
M和N	燃油炉用电动机	分马力交流电动机，M或N的凸缘尺寸不同
P和PH	依照NEMA MG 1—2009中18.237尺寸的立式空心轴P型凸缘安装电动机	立式涡轮泵用交流中型感应电动机（143-445）
R	驱动端的锥形轴伸尺寸按4.4.2规定的电机	详见NEMA MG 1—2009中4.4.2
S	具有直接连接的标准短轴电动机	见NEMA MG 1—2009中尺寸表
T	包括设定为标准尺寸的部分机座号定义	见NEMA MG 1—2009中尺寸表
V	只用于垂直安装	
VP	符合NEMA MG 1—2009中18.237尺寸的立式实心轴P型凸缘安装电动机	见NEMA MG 1—2009中尺寸表
X	具有双轴伸的绕线转子起重电动机	见NEMA MG 1—2009中18.229和18.230
Y	特殊安装尺寸	由生产厂家提供安装尺寸图
Z	所有装置除轴伸外都是标准尺寸	也适用于双轴伸电机

（二）电机大、中、小型的定义

在NEMA标准中，对电机大、中、小型的分类方法与我国截然不同，见表12-19。

表12-19　NEMA标准中对电机大、中、小型的分类方法

类型	分类方法
小型（分马力）	有下列情况之一的称为小型电机： （1）按照规定用两位数机座号（例如42、48、48H、56、56H）的机座制造的电机（或没有底脚的同类电机） （2）用比中型电机机座小的机座制造的中型电机。此类电机，若为电动机，在1700～1800r/min连续运转时，功率为1马力；若为发电机，在1700～1800r/min连续运转时，功率为0.75kW （3）功率<1/3马力，同时转速<800r/min的电动机
中型（整马力）	（1）交流中型电机：①按照规定用3位或4位数机座号的机座制造的电机（或没有底脚的同类电机）；②具NEMA MG 1-2009中表1-1所列的和包括所列的连续额定值的电机（转速451～3600r/min，额定功率125～500马力） （2）直流中型电机：①同交流中型电机；②每转输出连续定额值≤1.25马力的电动机或每转输出连续定额值≤1kW的发电机
大型	（1）交流大型电机：①同步转速>450r/min，连续功率大于交流中型电机的电机（>500马力）；②同步转速≤450r/min，连续功率大于小型电机的电机 （2）直流大型电机：每转输出连续定额值≥1.25马力和以上的电动机或每转输出连续定额值≥1kW的发电机

附　　录

附录1　电工常用电气图形符号和文字符号

名称	图形符号	文字符号	名称	图形符号	文字符号
直流		DC	负荷开关	Q 单极　三极	Q
交流		AC			
双绕组变压器	形式1　形式2	T	断路器（主触点）	QF 单极　三极	QF
三绕组变压器	形式1　形式2	T	接触器的触点	动合　动断	KM
固定输出和可调压的自耦变压器		TA	有弹性返回的触点	动合　动断	S
电抗器扼流器		L	手动开关一般符号		SB
电流互感器	形式1　形式2 TA	TA	不闭锁按钮	SB 动合　动断	SB
电压互感器	形式1　形式2 TV	TV	旋转开关		SB
开关一般符号	S　S 动合　动断	S	液位开关		SL
带熔断器的刀开关	SF	SF	位置开关和限位开关的触点	动合　动断	SL
跌落式熔断器		SF	中间断开的双向开关		S
惯性开关如离心式或转速式开关		S	先合后断的转换开关		QT

（续）

名称	图形符号	文字符号
多极开关（如3极）	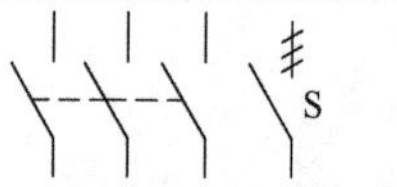 S 多线表示　单线表示	S
隔离开关	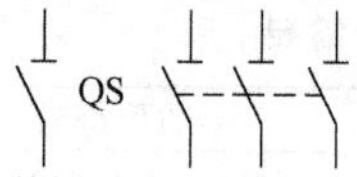 QS 单极　三极	QS
延时闭合的动合触点		KT
延时断开的动合触点		KT
延时闭合的动断触点		KT
延时断开的动断触点		KT
延时闭合和延时断开的动合触点	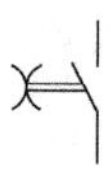	KT
热继电器的动断触点	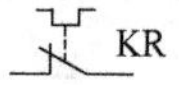 KR	KR 或 FR
荧光灯的启辉器		K
操作器件（例如接触器的电磁铁线圈）一般符号	形式1　形式2 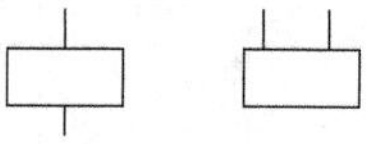	K
时间继电器线圈	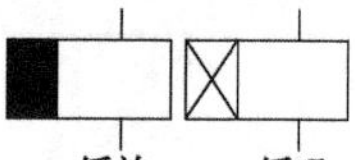 缓放　缓吸	KT
缓吸和缓放时间继电器线圈	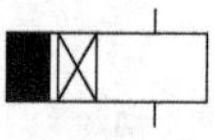	KT
热继电器的驱动器件	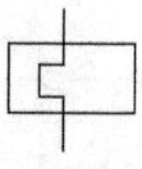	KR 或 FR
欠电压继电器线圈	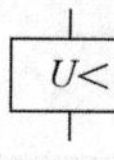 $U<$	KUV

名称	图形符号	文字符号
单极多位开关（例如4极）	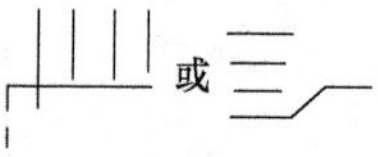 或	S
热敏开关触点	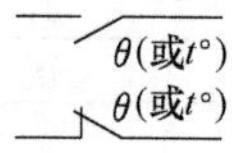 动合 KS θ(或t°) 动断 θ(或t°)	KS
灯		指示灯 EL 照明灯 HL
电铃		HA
插头和插座	优选形 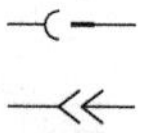	插座 XS 插头 XP
电阻器	一般符号 	R
	可变 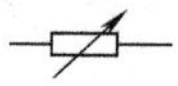	R
	滑动触点电位器 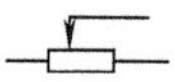	RP
	带开关的滑动触点电位器 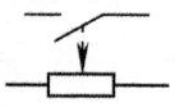	RP
	0.25W 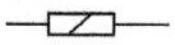	R
	0.5W 	R
	1W 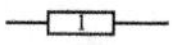	R
	20W 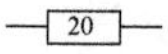　20	R
电容器	一般符号　C 极性电容　+　C 可变电容　C 微调电容　C	C
半导体二极管	一般符号 发光二极管 光敏二极管 单相击穿二极管 双向二极管	V

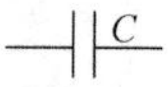

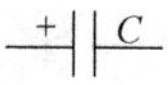

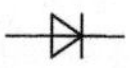

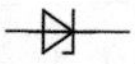

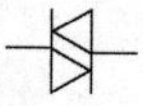

（续）

名称	图形符号	文字符号
过电流继电器线圈	I>	KOC
熔断器一般符号		FU
避雷器		FA
电流表	A	PA
电压表	V	PV
电能表	Wh	PJ
接地符号	一般符号 保护接地	E PE
接机壳或底板	形式1 形式2	MM
电池或电池组		G
整流器框图		U
晶体三极管	PNP型 NPN型	V
晶闸管		V
单相笼型电动机	M 1～	M
单相串励电动机	M 1～	M
三相笼型电动机	M 3～	MC
桥式全波整流器框图		U
逆变器框图		U
多根（例如3根）导线的单线表示	或 3	
屏蔽导线		

附录2　电机试验电路图中常用的基本文字符号

类别	设备、元器件名称	单字母	双字母
组件部件	调节器	A	
	晶体管放大器		AD
	电桥		AB
非电量到电量或电量到非电量变换器	光电池	B	
	测功机		
	热电传感器		
	变换器或传感器		
	压力变换器		BP
	旋转变换器		BR
	温度变换器		BT
	速度变换器		BV
电容器	电容器	C	
储存元器件	寄存器	D	
	磁带记录机		
	盘式记录机		
其他元器件	本表未规定的器件	E	
	发热器件		EH
	照明灯		EL
	空气调节器		EV
保护器件	过电压放电器件	F	
	具有瞬时动作的限流保护器件		FA
	具有延时动作的限流保护器件		FR
	熔断器		FU
	限压保护器件		FV
发电机电源	同步发电机	G	GS
	异步发电机		GA
	蓄电池		GB
	变频机		GF
信号器件	声响指示器	H	HA
	光指示器，指示灯		HL
继电器接触器	延时接触继电器	K	KA
	电流继电器		KA
	控制继电器		KC
	频率继电器		KF
	压力继电器		KP
	时间继电器		KT

（续）

类别	设备、元件名称	单字母	双字母
继电器接触器	电压继电器	K	KV
	接触器		KM
电感器	感应线圈	L	
	电抗器		
	起动电抗器		LS
电动机	可作发电机和电动机的电机	M	MG
	直流电动机		MD
	交流电动机		MA
	异步电动机		MA
	笼型电动机		MC
	同步电动机		MS
	力矩电动机		MT
模拟器件	运算放大器	N	
测量设备试验设备	电流表	P	PA
	电压表		PV
	电能表		PJ
	记录仪器		PS
	时钟		PT
电力电器的开关器件	断路器	Q	QF
	隔离开关		QS
	自动开关		QA
	转换开关		QC
	刀开关		QK
电阻器	电阻器，变阻器	R	
	电位器		RP
	热敏电阻器		RT
	压敏电阻器		RV
	起动电阻器		RS
	制动电阻器		RB
	频敏电阻器		RF
控制、记忆、信号电路的开关器件，选择器	控制开关，选择开关	S	SA
	按钮开关		SB
	行程开关		ST
	限位开关		SL
	终点开关		SE
	微动开关		SS
	脚踏开关		SF
	接近开关		SP

类别	设备、元件名称	单字母	双字母
控制、记忆、信号电路的开关器件，选择器	液体标高传感器	S	SL
	压力传感器		SP
	转数传感器		SR
	温度传感器		ST
变压器	电力变压器	T	TM
	电压互感器		TV
	电流互感器		TA
	控制电源变压器		TC
	自耦变压器		TA
	整流变压器		TR
调制器变换器	变频器	U	
	变流器		
	逆变器		
	整流器		
晶体管电子管	气体放电管	V	
	二极管		
	晶体管，晶闸管		
	电子管		VE
	控制电路整流器		VC
传输通道绕组	导线，电缆，母线	W	
	电枢绕组		WA
	定子绕组		WS
	转子绕组		WR
	励磁绕组		WE
	控制绕组		WC
插头插座端子	接线柱	X	
	插头		XP
	插座		XS
	连接片		XB
	测试插孔		XJ
	端子板		XT
电气操作的机械器件	气阀	Y	
	电磁铁		YA
	电磁制动器		YB
	电磁离合器		YC
	电动阀		YM
	电磁阀		YV
	电磁吸盘		YH

附录3　电机试验电路图中常用的辅助文字符号

名称	符号	名称	符号	名称	符号	名称	符号
电流	A	降	D	无噪声（防干扰）接地	TE	反馈	FB
交流	AC	高	H			限制	L
直流	DC	低	L	起动	ST	闭锁	L
电压	V	中，中间线	M	运行	RUN	紧急	EM
闭合	ON	主	M	步进	STE	感应	IND
断开	OFF	辅	AUX	快速	F	饱和	SAT
输出	OUT	附加	ADD	加速	ACC	备用	RES

（续）

名称	符号	名称	符号	名称	符号	名称	符号
输入	IN	手动	M,MAN	制动	B,BRK	复位	R,RST
正,向前	FW	自动	A,AUT	停止	STP	时间	T
向后	BW	控制	C	速度	V	温度	T
左	L	保护	P	同步	SYN	红	RD
右,反	R	保护接地	PE	异步	ASY	黄	YE
顺时针	CW	不保护接地	PU	可调	ADJ	绿	GN
逆时针	CCW	保护接地与中性线共用	PEN	模拟	A	蓝	BL
增	INC			数字	D	白	WH
减	DEC	中性线	N	延时(延迟)	D	黑	BK
升	U	地线	E	差动	D	记录	R

附录4　1kV及以下干式风冷三相感应调压器

输入电源：额定频率50Hz，额定输入电压380V

额定容量/kVA	输出电压/V	输出电流/A	总损耗/W	空载电流A	额定容量/kVA	输出电压/V	输出电流/A	总损耗/W	空载电流A
40	0～420	55	2060	11.5	315	0～420	433	9750	71
	0～500	46.2	1950	10.9		0～500	364	9250	67
	0～650	35.5	1850	10.3		0～650	280	8750	63
50	0～420	68.7	2430	14	400	0～420	550	11500	87.5
	0～500	57.7	2300	13.2		0～500	462	10900	82.5
	0～650	44.4	2180	12.5		0～650	355	10300	77.5
63	0～420	86.6	2900	17.5	500	0～420	687	13600	106
	0～500	72.7	2720	16.5		0～500	577	12800	100
	0～650	56	2580	15.5		0～650	444	12200	95
80	0～420	110	3450	21.2	630	0～420	866	16500	128
	0～500	92.4	3250	20		0～500	727	15500	122
	0～650	71.1	3070	19		0～650	560	14500	115
100	0～420	137	4120	25.8	800	0～420	1100	19500	160
	0～500	115	3870	24.3		0～500	924	18500	150
	0～650	88.8	3650	23		0～650	711	17500	140
125	0～420	172	4870	31.5	1000	0～420	1375	23000	195
	0～500	144	4620	30		0～500	1155	21800	185
	0～650	111	4370	28		0～650	888	20600	175
160	0～420	220	5800	38.7	1250	0～420	1718	27200	236
	0～500	185	5450	36.5		0～500	1443	25800	224
	0～650	142	5150	34.5		0～650	1110	24300	212
200	0～420	275	6900	47.5	1600	0～420	2199	32500	290
	0～500	231	6500	45		0～500	1848	30700	272
	0～650	178	6150	42.5		0～650	1421	29000	258
250	0～420	344	8250	58	2000	0～420	2749	38700	355
	0～500	289	7750	54.5		0～500	2309	36500	335
	0～650	222	7300	51.5		0～650	1776	34500	315

注：1. 输入电压、输出电流均为额定值，总损耗和空载电流为JB/T 8749.2—2013《调压器　第2部分：感应调压器》中给出的标准值。

2. 额定输出电流、功率因数为0.8时的最高输出电压为额定输出电压，输出电压最小值小于等于额定输出电压的5%。

附录5　1kV及以下油浸自冷、强迫油循环风冷三相感应调压器

输入电源：额定频率50Hz，额定输入电压380V

额定容量/kVA	输出电压/V	输出电流/A	总损耗/W	空载电流A	额定容量/kVA	输出电压/V	输出电流/A	总损耗/W	空载电流A
20	0～420	27.5	1320	5.2	250	0～420	344	9000	47.5
	0～500	23.1	1250	4.9		0～500	289	8500	45
	0～650	17.8	1180	4.6		0～650	222	8000	42.5
25	0～420	34.4	1600	6.3	315	0～420	433	10600	58
	0～500	28.9	1500	6		0～500	364	10000	54.5
	0～650	22.2	1400	5.6		0～650	280	9500	51.5
31.5	0～420	43.3	1900	7.8	400	0～420	550	12500	71
	0～500	36.4	1800	7.3		0～500	462	11800	67
	0～650	28	1700	6.9		0～650	355	11200	63
40	0～420	55	2240	9.5	500	0～420	687	15000	87.5
	0～500	46.2	2120	9		0～500	577	14000	82.5
	0～650	35.5	2000	8.5		0～650	444	13200	77.5
50	0～420	68.7	2650	11.5	630	0～420	866	18000	106
	0～500	57.7	2500	10.9		0～500	727	17000	100
	0～650	44.4	2360	10.3		0～650	560	16000	95
63	0～420	86.6	3150	14	800	0～420	1100	21200	128
	0～500	72.7	3000	13.2		0～500	924	20000	122
	0～650	56	2800	12.5		0～650	711	19000	115
80	0～420	110	3750	17.5	1000	0～420	1375	25000	160
	0～500	92.4	3550	16.5		0～500	1155	23600	150
	0～650	71.1	3350	15.5		0～650	888	22400	140
100	0～420	137	4500	21.2	1250	0～420	1718	30000	195
	0～500	115	4250	20		0～500	1443	28000	185
	0～650	88.8	4000	19		0～650	1110	26500	175
125	0～420	172	5300	25.8	1600	0～420	2199	35500	236
	0～500	144	5000	24.3		0～500	1848	33500	224
	0～650	111	4750	23		0～650	1421	31500	212
160	0～420	220	6300	31.5	2000	0～420	2749	42500	290
	0～500	185	6000	30		0～500	2309	40000	272
	0～650	142	5600	28		0～650	1776	37500	258
200	0～420	275	7500	38.7	2500	0～420	3037	50000	355
	0～500	231	7100	36.5		0～500	2887	47500	335
	0～650	178	6700	34.5		0～650	2221	45000	315

注：同附录4。

附录6　6kV及以上油浸自冷、强迫油循环风冷三相感应调压器

输入电源：额定频率50Hz

额定容量/kVA	输出电压/kV	输出电流/A	总损耗/W	空载电流/A
630	6/0～6.3	57.7	16000	8.8
	6/0～10.5	34.6	17000	8.3
	6/0～13	28	19000	8.8
	6/0～3.15 6/0～6.3 6/0～10.9	115 57.7 33.4	26500	9.5
	10/0～6.3	57.7	21200	6.7
	10/0～10.5	34.6	18000	5
	10/0～13	28	17000	5
	10/0～3.15 10/0～6.3 10/0～10.9	115 57.7 33.4	28000	5.5
800	6/0～6.3	73.3	19000	10.6
	6/0～10.5	44	20000	10
	6/0～13	35.5	22400	10.6
	6/0～3.15 6/0～6.3 6/0～10.9	147 73.3 42.4	31500	11.5
	10/0～6.3	73.3	25000	8.3
	10/0～10.5	44	21200	6.2
	10/0～13	35.5	20000	6.2
	10/0～3.15 10/0～6.3 10/0～10.9	147 73.3 42.4	33500	6.7
1000	6/0～6.3	91.6	22400	12.8
	6/0～10.5	55	23600	12.2
	6/0～13	44.4	26500	12.8
	6/0～3.15 6/0～6.3 6/0～10.9	183 91.6 53	37500	14
	10/0～6.3	91.6	30000	10
	10/0～10.5	55	25000	7.5
	10/0～13	44.4	23600	7.5
	10/0～3.15 10/0～6.3 10/0～10.9	183 91.6 53	40000	8.3
1250	6/0～6.3	115	26500	16
	6/0～10.5	68.7	28000	15
	6/0～13	55.5	31500	16
	6/0～3.15 6/0～6.3 6/0～10.9	229 115 66.2	45000	17.5
	10/0～6.3	115	35500	12.2
	10/0～10.5	68.7	30000	9.3
	10/0～13	55.5	28000	9.3
	10/0～3.15 10/0～6.3 10/0～10.9	229 115 66.2	47500	10
1600	6/0～6.3	147	31500	19.5
	6/0～10.5	88	33500	18.5
	6/0～13	71.1	37500	19.5
	6/0～3.15 6/0～6.3 6/0～10.9	293 147 84.7	53000	21.2
	10/0～6.3	147	42500	15
	10/0～10.5	88	35500	11.2
	10/0～13	71.1	33500	11.2
	10/0～3.15 10/0～6.3 10/0～10.9	293 147 84.7	56000	12.2
2000	6/0～6.3	183	37500	23.6
	6/0～10.5	110	40000	22.4
	6/0～13	88.8	45000	23.6
	6/0～3.15 6/0～6.3 6/0～10.9	366 183 106	63000	25.8
	10/0～6.3	183	50000	18.5
	10/0～10.5	110	42500	13.6
	10/0～13	88.8	40000	13.6
	10/0～3.15 10/0～6.3 10/0～10.9	366 183 106	67000	15

（续）

额定容量/kVA	输出电压/kV	输出电流/A	总损耗/W	空载电流/A
2500	6/0～6.3	229	45000	29
	6/0～10.5	137	47500	27.2
	6/0～13	111	53000	29
	6/0～3.15 6/0～6.3 6/0～10.9	458 229 132	75000	31.5
	10/0～6.3	229	60000	22.4
	10/0～10.5	137	50000	17
	10/0～13	111	47500	17
	10/0～3.15 10/0～6.3 10/0～10.9	458 229 132	80000	18.5
3150	6/0～6.3	289	53000	35.5
	6/0～10.5	173	56000	33.5
	6/0～13	140	63000	35.5
	6/0～3.15 6/0～6.3 6/0～10.9	577 289 167	90000	38.7
	10/0～6.3	289	71000	27.2
	10/0～10.5	173	60000	20.6
	10/0～13	140	56000	20.6
	10/0～3.15 10/0～6.3 10/0～10.9	577 289 167	95000	22.4
4000	6/0～6.3	367	63000	43.7
	6/0～10.5	220	67000	41.2
	6/0～13	178	75000	43.7
	6/0～3.15 6/0～6.3 6/0～10.9	733 367 212	106000	47.5
	10/0～6.3	367	85000	33.5
	10/0～10.5	220	71000	25
	10/0～13	178	67000	25
	10/0～3.15 10/0～6.3 10/0～10.9	733 367 212	112000	27.2
5000	6/0～6.3	458	75000	53
	6/0～10.5	275	80000	50
	6/0～13	222	90000	53
	6/0～3.15 6/0～6.3 6/0～10.9	916 458 265	125000	58
	10/0～6.3	458	100000	41.2
	10/0～10.5	275	85000	30.7
	10/0～13	222	80000	30.7
	10/0～3.15 10/0～6.3 10/0～10.9	916 458 265	132000	33.5
6300	6/0～6.3	577	90000	65
	6/0～10.5	346	95000	61.5
	6/0～13	280	106000	65
	6/0～3.15 6/0～6.3 6/0～10.9	1155 577 334	150000	71
	10/0～6.3	577	118000	50
	10/0～10.5	346	100000	37.5
	10/0～13	280	95000	37.5
	10/0～3.15 10/0～6.3 10/0～10.9	1155 577 334	160000	41.2
8000	6/0～6.3	733	106000	80
	6/0～10.5	440	112000	75
	6/0～13	355	125000	80
	6/0～3.15 6/0～6.3 6/0～10.9	1466 733 424	180000	87.5
	10/0～6.3	733	140000	61.5
	10/0～10.5	440	118000	46.2
	10/0～13	355	112000	46.2
	10/0～3.15 10/0～6.3 10/0～10.9	1466 733 424	190000	50

（续）

额定容量/kVA	输出电压/kV	输出电流/A	总损耗/W	空载电流/A	额定容量/kVA	输出电压/kV	输出电流/A	总损耗/W	空载电流/A
10000	6/0～6.3	916	125000	97.5	12500	6/0～6.3	1146	150000	118
	6/0～10.5	550	132000	92.5		6/0～10.5	687	160000	112
	6/0～13	444	150000	97.5		6/0～13	555	180000	118
	6/0～3.15 6/0～6.3 6/0～10.9	1833 916 530	212000	106		6/0～3.15 6/0～6.3 6/0～10.9	2291 1146 662	250000	125
	10/0～6.3	—	—	—		10/0～6.3	—	—	—
	10/0～10.5	550	140000	56		10/0～10.5	687	170000	69
	10/0～13	444	132000	56		10/0～13	555	160000	69
	10/0～3.15 10/0～6.3 10/0～10.9	1833 916 530	224000	61.5		10/0～3.15 10/0～6.3 10/0～10.9	2291 1146 662	265000	75

注：1. 同附录4。

2. 具有三档输出的调压器，额定容量保持不变，能满足不同额定电压电机的堵转、起动、空载和过电压试验。

附录7　单相接触式自耦调压器技术数据（额定电压220V/0～250V，50Hz）

型　号	额定容量/kVA	额定输出电流/A	75℃时总损耗/W	空载电流/A	外形尺寸(长×宽×高)/cm	重量/kg
TDGC2—0.2	0.2	0.8	10	0.1	13×11.5×12.5	2.4
TDGC2—0.5	0.5	2	23	0.2	15×13.2×13.6	3.3
TDGC2—1	1	4	35	0.25	21×19.5×16	6.1
TDGC2—2	2	8	57	0.3	21×19.5×19	8.5
TDGC2—3	3	12	73	0.4	23.5×21×20	11
TDGC2—4	4	16	85	0.5	27.2×24.5×25	12.5
TDGC2—5	5	20	97.5	0.6	27.2×24.5×25	15.5
TDGC2—7	7	28	121	0.7	35×32×26	26.5
TDGC2—15	15	60	283	1.5	39.5×32×50.5	53
TDGC2J—0.2	0.2	0.8	14	0.18	13×11.5×12.5	2.4
TDGC2J—0.5	0.5	2	33	0.36	15×13.2×13.6	3.3
TDGC2J—1	1	4	46	0.55	21×19.5×16	6.1
TDGC2J—2	2	8	67	0.65	21×19.5×19	8.5
TDGC2J—3	3	12	108	0.85	37.5×25.1×22	16.5
TDGC2J—4	4	16	133	0.90	39×35.5×23.2	27

（续）

型　号	额定容量/kVA	额定输出电流/A	75℃时总损耗/W	空载电流/A	外形尺寸(长×宽×高)/cm	重量/kg
TDGC2J—5	5	20	170	1.0	39×35.5×25.7	30
TDGC2J—10	10	40	345	2.0	43×35.5×41	70
TDGC2J—15	15	60	520	3.0	43×35.5×65	90
TDGC2J—20	20	80	695	4.0	43×35.5×85	128

附录8　三相接触式自耦调压器技术数据(额定电压380V/0～430V,50Hz)

型　号	额定容量/kVA	额定输出电流/A	75℃时总损耗/W	空载电流/A	外形尺寸(长×宽×高)/cm	重量/kg
TSGC2—3	3	4	105	0.25	21×19.5×45	19
TSGC2J—3			138	0.55		
TSGC2—6	6	8	171	0.30	21×19.5×55.7	25.5
TSGC2J—6			201	0.65		
TSGC2—9	9	12	219	0.40	23.5×21×56.7	35.5
TSGC2J—9			324	0.85		
TSGC2—12	12	16	255	0.5	27.2×24.5×68	45
TSGC2J—12			399	0.9	39×35.5×65	55
TSGC2—15	15	20	293	0.6	27.2×24.5×68	50
TSGCJ2—15			510	1.0	39×35.5×65	85
TSGC2—20	20	27	338	0.7	35×32×73	77.4
TSGC2J—20			720	1.3	39×35.5×65	100

附录9　CZ型机座式磁粉制动器的规格型号和参数

型号	额定转矩/(N·m)	励磁电流/A	允许转差功率/kW	额定转速/(r/min)	中心高/mm	轴伸直径/mm	冷却方式
CZ-0.2	2	0.4	0.1	478	55	9	自冷
CZ-0.5	5	0.5	0.3	573	72	12	
CZ-1	10	0.6	0.8	764	100	12	水冷
CZ-2	20	0.6	1.6	764	120	18	
CZ-5	50	0.8	3.5	669	150	22	
CZ-10	100	1	7	669	165	28	
CZ-20	200	2	10	478	180	35	
CZ-30	300	2.5	12	382	210	45	
CZ-50	500	2.5	14	267	240	60	

（续）

型号	额定转矩/(N·m)	励磁电流/A	允许转差功率/kW	额定转速/(r/min)	中心高/mm	轴伸直径/mm	冷却方式
CZ-100	1000	2.5	18	172	280	60	水冷
CZ-200	2000	3	25	119	325	75	
CZ-500	5000	3	40	76	430	90	
CZ-1000	10000	4	50	48	600	120	

附录 10　某厂 Y 系列（IP44）三相异步电动机相电阻统计平均值（25℃时）

机座号	功率/kW	相电阻/Ω	机座号	功率/kW	相电阻/Ω	机座号	功率/kW	相电阻/Ω
801-2	0.75	8.22	160L-4	15	0.503	355M2-6	185	0.01783
802-2	1.1	5.62	180M-4	18.5	0.419	355M3-6	200	0.01560
90S-2	1.5	3.9	180L-4	22	0.1677	355L1-6	220	0.01411
90L-2	2.2	2.35	200L-4	30	0.1300	355L2-6	250	0.01010
100L-2	3	1.51	225S-4	37	0.0881	400L1-6	315	0.00761
112M-2	4	3.06	225M-4	45	0.0738	400L2-6	355	0.00609
132S1-2	5.5	2.39	250M-4	55	0.0478	400L3-6	400	0.00531
132S2-2	7.5	1.47	280S-4	75	0.01774	132S-8	2.2	2.22
160M1-2	11	0.63	280M-4	90	0.02550	132M-8	3	1.51
160M2-2	15	0.45	315S-4	110	0.01828	160M1-8	4	2.52
160L-2	18.5	0.33	315M1-4	132	0.01468	160M2-8	5.5	1.80
180M-2	22	0.28	315M2-4	160	0.01397	160L-8	7.5	1.27
200L1-2	30	0.185	315L1-4	160	0.01189	180L-8	11	0.94
200L2-2	37	0.138	315L2-4	200	0.00981	200L-8	15	0.604
225M-2	45	0.107	355M1-4	220	0.00839	225S-8	18.5	0.0411
250M-2	55	0.070	355M2-4	250	0.00728	225M-8	22	0.2935
280S-2	75	0.050	355L1-4	280	0.00676	250M-8	30	0.2382
280M-2	90	0.042	355L2-4	315	8.60	280S-8	37	0.1761
315S-2	110	0.0226	400L1-4	355	5.95	280M-8	45	0.1300
315M1-2	132	0.0176	90S-6	0.75	3.77	315S-8	55	0.0805
315M2-2	160	0.0127	90L-6	1.1	2.26	315M1-8	75	0.0523
315L1-2	160	0.0109	100L-6	1.5	1.510	315M2-8	90	0.0361
315L2-2	200	0.0108	112M-6	2.2	2.26	315M3-8	110	0.03187
355M1-2	220	0.0111	132S-6	3	1.53	355M1-8	132	0.02347
355M2-2	250	0.0108	132M1-6	4	3.19	355M2-8	160	0.01931
355L1-2	280	0.00847	132M2-6	5.5	2.15	355L1-8	185	0.01634
355L2-2	315	0.00817	160M-6	7.5	0.587	355L2-8	200	0.01434

（续）

机座号	功率/kW	相电阻/Ω	机座号	功率/kW	相电阻/Ω	机座号	功率/kW	相电阻/Ω
801-4	0.55	12.16	180L-6	15	0.486	400L1-8	250	0.01006
802-4	0.75	8.471	200L1-6	18.5	0.361	400L2-8	315	0.00780
90S-4	1.1	5.452	200L2-6	22	0.218	315S-10	45	0.09645
90L-4	1.5	3.858	225M-6	30	0.193	315M1-10	55	0.07213
100L1-4	2.2	2.474	250M-6	37	0.143	315M2-10	75	0.04781
100L2-4	3	1.665	280S-6	45	0.107	355M1-10	90	0.03194
112M-4	4	2.935	280M-6	55	0.06072	355M2-10	110	0.02050
132S-4	5.5	2.013	315M2-6	110	0.03355	355L1-10	132	0.02491
132M-4	7.5	1.342	315M3-6	132	0.02516	400L2-12	200	0.01510
160M-4	11	0.772	355M1-6	160	0.02021			

附录11　T分度铜-康铜、K分度镍铬-镍硅和J分度铁-铜镍（康铜）热电偶分度表

（0～200℃，冷端温度为0℃）

温度/℃	热电势/mV			温度/℃	热电势/mV		
	T分度	K分度	J分度		T分度	K分度	J分度
0	0.000	0.000	0.000	110	4.749	4.367	5.812
10	0.391	0.397	0.507	120	5.227	4.920	6.359
20	0.789	0.798	1.019	130	5.712	5.330	6.907
30	1.196	1.203	1.536	140	6.204	5.735	7.457
40	1.611	1.612	2.058	150	6.702	6.145	8.008
50	2.035	2.023	2.585	160	7.207	6.540	8.560
60	2.467	2.436	3.115	170	7.718	6.949	9.113
70	2.908	2.851	3.649	180	8.235	7.340	9.667
80	3.357	3.267	4.186	190	8.757	7.748	10.222
90	3.813	3.682	4.725	200	9.286	8.138	10.777
100	4.277	4.096	5.268				

附录12　铜热电阻分度表

温度/℃	电阻/Ω			温度/℃	电阻/Ω		
	G	Cu50	Cu100		G	Cu50	Cu100
-50	41.74	39.24	78.49	70	68.77	64.98	129.96
-20	48.50	45.70	91.40	80	71.02	67.12	134.24
0	53.00	50.00	100.00	90	73.27	69.26	138.52
10	55.50	52.14	104.28	100	75.52	71.40	142.80
20	57.50	54.28	108.56	110	77.78	73.54	147.08
30	59.75	56.42	112.84	120	80.03	75.68	151.36
40	62.01	58.56	117.12	130	82.28	77.83	155.66
50	64.26	60.70	121.40	140	84.54	79.83	159.96
60	66.52	62.74	125.68	150	86.79	82.13	164.27

附录13　Pt50和Pt100型铂热电阻分度表

温度/℃	电阻/Ω		温度/℃	电阻/Ω		温度/℃	电阻/Ω	
	Pt50	Pt100		Pt50	Pt100		BA1	BA2
-100	27.44	59.65	-70	33.08	71.91	-40	38.65	84.03
-90	29.33	63.75	-60	34.94	75.96	-30	40.50	88.04
-80	31.21	67.84	-50	36.80	80.00	-20	42.34	92.04

（续）

温度/℃	电阻/Ω Pt50	电阻/Ω Pt100	温度/℃	电阻/Ω Pt50	电阻/Ω Pt100	温度/℃	电阻/Ω BA1	电阻/Ω BA2
-10	44.17	96.03	100	63.99	139.10	210	83.15	180.76
0	46.00	100.00	110	65.76	142.95	220	84.86	184.48
10	47.82	103.96	120	67.52	146.78	230	85.56	188.18
20	49.64	107.91	130	69.28	150.60	240	88.26	191.88
30	51.54	111.85	140	71.03	154.41	250	89.96	195.56
40	53.26	115.78	150	72.78	158.21	260	91.64	199.23
50	55.06	119.70	160	74.52	162.00	270	93.33	202.89
60	56.86	123.60	170	76.26	165.78	280	95.00	206.53
70	58.65	127.49	180	77.99	196.54	290	96.68	210.17
80	60.43	131.37	190	79.71	173.29	300	98.34	213.79
90	62.21	135.24	200	81.43	177.03	310	100.01	217.40

附录 14　电机振动限值（GB/T 10068—2008）

振动等级	轴中心高 H/mm	56≤H≤132			132＜H≤280			＞280		
	安装方式	位移/μm	速度/(mm/s)	加速度/(m/s²)	位移/μm	速度/(mm/s)	加速度/(m/s²)	位移/μm	速度/(mm/s)	加速度/(m/s²)
A	自由悬挂	25	1.6	2.5	35	2.2	3.5	45	2.8	4.4
	刚性安装	21	1.3	2.0	29	1.8	2.8	37	2.3	3.6
B	自由悬挂	11	0.7	1.1	18	1.1	1.7	29	1.8	2.8
	刚性安装	—	—	—	14	0.9	1.4	24	1.5	2.4

注：1. 等级 A 适用于对振动无特殊要求的电机。
2. 等级 B 适用于对振动有特殊要求的电机。轴中心高小于 132mm 的电机，不考虑刚性安装。
3. 位移与速度、加速度的接口频率分别为 10Hz 和 250Hz。
4. 制造厂和用户应考虑到检测仪器可能有 ±10% 的测量容差。
5. 以相同机座带底脚卧式电机的轴中心高作为机座无底脚电机、底脚朝上安装式电机的轴中心高。
6. 一台电机，自身平衡较好且振动强度等级符合本表的要求，但安装在现场中因受各种因素，如地基不平、负载机械的反作用以及电源中的纹波电流影响等，也会显示较大的振动。另外，由于所驱动的诸单元的固有频率与电机旋转体微小残余不平衡极为接近也会引起振动，在这些情况下，不仅只是对电机，而且对装置中的每一单元都要检验，见 ISO 10816-3。

附录 15　普通小功率电机振动烈度限值（速度有效值，单位为 mm/s）（JB/T 10490—2016 中表 1 和表 2）

振动等级	额定转速/（r/min）	直流和三相交流电机（机座号≤56）	单相交流电机
N	600～360	1.8	2.8
R	600～1800	0.45	1.12
	＞1800～3600	0.71	1.8
S	600～1800	0.28	0.71
	＞1800～3600	0.45	1.12

注：1. 如未规定级别，电机应符合 N 级要求。
2. 对要求限值比表中更小的电机，应在相应的技术条件中加以规定，推荐从数值 0.28mm/s、0.45mm/s、0.71mm/s、1.12mm/s、1.8mm/s 中选取。
3. 机座号＞56 的直流和三相交流电机，其限值符号 GB/T 10068—2008 的规定（注：实际上 GB/T 10068 中包含机座号 56。两个标准有些“冲突”）。
4. 此标准限值用于铝或铸铁件机壳，若是钢板机壳，应另行规定。

附录16 旋转电机（附录17规定的除外）空载A计权声功率级限值（GB 10069.3—2008）

额定转速 n /(r/min)	$n \leqslant 960$		$960 < n \leqslant 1320$		$1320 < n \leqslant 1900$		$1900 < n \leqslant 2360$		$2360 < n \leqslant 3150$		$3150 < n \leqslant 3750$	
冷却方式类型	A①	B②	A	B	A	B	A	B	A	B	A	B
防护型式类型	C③	D④	C	D	C	D	C	D	C	D	C	D
输出功率 P_N/kW	A计权声功率级限值/dB											
$1 \leqslant P_N \leqslant 1.1$	73	73	76	76	77	78	79	81	81	84	82	88
$1.1 < P_N \leqslant 2.2$	74	74	78	78	81	82	83	85	85	88	86	91
$2.2 < P_N \leqslant 5.5$	77	78	81	82	85	86	86	90	89	93	93	95
$5.5 < P_N \leqslant 11$	81	82	85	85	88	90	90	93	93	97	97	98
$11 < P_N \leqslant 22$	84	86	88	88	91	94	93	97	96	100	97	100
$22 < P_N \leqslant 37$	87	90	91	91	94	98	96	100	99	102	101	102
$37 < P_N \leqslant 55$	90	93	94	94	97	100	98	102	101	104	103	104
$55 < P_N \leqslant 110$	93	96	97	98	100	103	101	104	103	106	105	106
$110 < P_N \leqslant 220$	97	99	100	102	103	106	103	107	105	109	107	110
$220 < P_N \leqslant 550$	99	102	103	105	106	108	106	109	107	111	110	113

①"A"代表IC01、IC11、IC21三种冷却方式。
②"B"代表IC411、IC511、IC611三种冷却方式。
③"C"代表IP22和IP23两种防护型式。
④"D"代表IP44和IP55两种防护型式。

附录17 冷却方式为IC411、IC511、IC611三种方式的单速三相笼型异步电动机空载A计权声功率级限值（GB 10069.3—2008）

中心高 H /mm	A计权声功率级限值 L_W/dB			
	2极	4极	6极	8极
90	78	66	63	63
100	82	70	64	64
112	83	72	70	70
132	85	75	73	71
160	87	77	73	72
180	88	80	77	76
200	90	83	80	79
225	92	84	80	79
250	92	85	82	80
280	94	88	85	82
315	98	94	89	88
355	100	95	94	92
400	100	96	95	94
450	100	98	98	96
500	103	99	98	97
560	105	100	99	98

注：1. 冷却方式为IC01、IC11、IC21的电机声功率级将提高如下：2极和4极电机：+7dB（A）；6极和8极电机：+4dB（A）。
2. 中心高315mm以上的2极和4极电机声功率级值指风扇结构为单向旋转的，其他值为双向旋转的风扇结构。
3. 60Hz电机声功率级值增加如下：2极电机：+5dB（A）；4极、6极和8极电机：+3dB（A）。

附录18　额定负载工况超过空载工况的A计权声功率级允许最大增加量

轴中心高 H/mm	电机极数			
	8	6	4	2
	允许最大增量/dB(A)			
90≤H≤160	8	7	5	2
180≤H≤200	7	6	4	
225≤H≤280	7	6	3	
H=315	6	5	3	
H≥355	5	4	2	

附录19　小功率交流换向器电动机A计权声功率级限值（GB/T 5171.1—2014）

电机功率/W	≤90	>90~180	>180~370	>370
空载转速/(r/min)	A计权声功率级限值/dB			
≤4000	69	71	73	76
>4000~6000	71	73	75	78
>6000~8000	73	75	77	80
>8000~12000	75	77	79	82
>12000~18000	77	79	81	84
>18000	79	81	83	86

附录20　小功率电动机A计权声功率级限值（N级）（GB/T 5171.1—2014）

轴承类型	同步转速/(r/min)	电机功率/W					
		≤10	>10~40	>40~180	>180~750	>750~1500	>1500~2200
		A计权声功率级限值/dB					
滚动轴承	≤750	—	—	55	60	—	—
	>750~1000	—	—	58	65	68	—
	>1000~1500	50	57	62	67	73	78
	>1500~3000	55	62	67	72	78	83
	>3000~5000	60	65	—	—	—	—
	>5000~8000	65	70	—	—	—	—
滑动轴承	≤1500	45	—	—	—	—	—
	>1500~3000	50	55	60	—	—	—
	>3000~5000	55	60	65	—	—	—
	>5000~8000	60	65	70	—	—	—
	>8000~12000	65	—	—	—	—	—

注：1. 在GB/T 5171.1—2014中规定分为N、R、S、E共4个等级，本表给出的是N级（普通级）数值。其余等级按顺序逐渐减少，每级相差5dB（极个别的除外）。

2. 从表中的数据可看出一个记忆规律：无论是按功率档次，还是按转速档次排列，从小到大，从低到高，两档之间大部分相差的数值：滚动轴承的电动机大部分为5dB；滑动轴承的电动机全为5dB。

附录21　Y（IP44）和Y2（IP54）系列三相异步电动机噪声声功率级限值

功率/kW	电机极数									
	2		4		6		8		10	
	Y	Y2	Y	Y2	Y	Y2	Y	Y2	Y	Y2
0.18	—	—	—	—	—	—	—	52	—	—
0.25								52		
0.37						54		56		
0.55			67	58		54		56		
0.75	71	67	67	58	65	57		59		
1.1	71	67	67	61	65	57		59		
1.5	75	72	67	61	67	61		61		
2.2	75	72	70	64	67	64	66	64		
3	79	76	70	64	71	69	66	64		
4	79	77	74	65	71	69	69	68		
5.5	83	80	78	71	71	69	69	68		
7.5	83	80	78	71	75	73	72	68		
11	87	86	82	75	75	73	72	70		
15	87	86	82	75	78	73	75	73		
18.5	87	86	82	76	78	76	75	73		
22	92	89	82	76	78	76	75	73		
30	95	92	84	79	81	76	78	75		
37	95	92	84	81	81	78	78	76		
45	97	92	84	81	84	80	78	76	8	82
55	97	93	86	83	84	80	87	82	87	82
75	99	94	90	86	92	85	87	82	87	82
90	99	94	90	86	92	85	87	82	—	82
110	104	96	98	93	92	85	87	82		90
132	104	96	101	93	92	85	—	90		90
160	104	99	101	97	—	92		90		90
200	104	99	101	97		92		90		—
250	—	103	—	101		92		—		
315		103		101		—				

注：1. Y系列电机的标准摘自JB/T 10391—2008，该技术条件中的噪声级标准分为两个级别，即1级和2级，1级比2级要求高（限值低5dB左右），本表所列为2级。

2. Y2系列电机的标准摘自JB/T 8680—2008，该技术条件中的噪声级标准分为空载和负载部分，本表所列为空载部分。

附录22　Y和Y2系列三相异步电动机额定电压380V时的空载电流和额定电流时的堵转电压统计平均值

机座号	I_0/I_N(%)	堵转电压/V	机座号	I_0/I_N(%)	堵转电压/V	机座号	I_0/I_N(%)	堵转电压/V
80_1-2	50	90	160M1-2	30	70	280S-2	226	70
80_2-2	42		160M2-2	30	80	280M-2	27	
90S-2	47	80	160L-2	29		315S-2	30	60
90L-2	40		180M-2	30	70	315M1-2	27	
100L-2	40		200L1-2	29	60	325M2-2	28	
112M-2	36	70	200L2-2	30	70	315L1-2	28	
132S1-2	31	80	225M-2	24		315L-2	27	
132S2-2	30		250M-2	28		315L2-2	25	

（续）

机座号	I_0/I_N(%)	堵转电压/V	机座号	I_0/I_N(%)	堵转电压/V	机座号	I_0/I_N(%)	堵转电压/V
355M1-2	26	50	355M1-4	30	80	355L2-6	34	90
355M2-2	23		355M2-4	27	70	132S-8	65	
355L1-2	22		355L1-4	30		132M-8	66	
355L2-2	22		355L2-4	31		160M1-8	55	100
132M-4	43	80	315S-6	32	90	160M2-8	57	
160M-4	37	90	315M1-6	32	80	160L-8	56	
160L-4	38	80	315M2-6	32		180L-8	52	90
180M-4	35	70	315M3-6	34		200L-8	48	
180L-4	35	60	355M1-6	35		225S-8	48	110
200L-4	34	70	355M2-6	35		225M-8	46	100
225S-4	30		355M3-6	36	70	250M-8	43	90
225M-4	29		355L1-6	33		280S-8	45	
80_1-4	66	110	90S-6	70	100	280M-8	45	
80_2-4	65	100	90L-6	70	110	315S-8	38	
90S-4	60		100L-6	67	100	315M1-8	42	
90L-4	55	90	112M-6	64		315M2-8	41	
100L1-4	55	70	132S-6	55	90	315M3-8	41	
100L2-4	53		132M1-6	54		355M1-8	41	
112M-4	50		132M2-6	56	100	355M2-8	40	
132S-4	43	80	160M-6	48		355L1-8	39	80
250M-4	28		160L-6	50		355L2-8	40	
280S-4	28		180L-6	45	80	315S-10	53	90
280M-4	30		200L1-6	45		315M1-10	53	80
315S-4	35		200L2-6	43		315M2-10	58	90
315M1-4	34		225M-6	33	90	355M1-10	50	
315M2-4	30		250M-6	26	80	355M2-10	44	
315L1-4	30	60	280S-6	30		355L1-10	50	
315L2-4	32		280M-6	31		355L2-10	46	

附录 23　电机换向火花等级的确定标准

火花等级	电刷下的火花程度	换向器及电刷的状态
1	无火花	换向器上没有黑痕，电刷上没有灼痕
$1\frac{1}{4}$	电刷边缘仅有小部分(1/5~1/4电刷边长)有断续的几点点状火花	
$1\frac{1}{2}$	电刷边缘大部分（约 1/2 电刷边长）有连续的、较稀的颗粒状火花	换向器上有黑痕，但不发展，用汽油能擦除；同时在电刷上有轻微的灼痕
2	电刷边缘大部分或全部有连续的、较密的颗粒状火花，开始有断续的舌状火花	换向器上有黑痕，用汽油不能擦除；同时在电刷上有灼痕。若短时出现这一级火花，换向器上不会出现灼痕，电刷不会烧焦或损坏
3	电刷整个边缘有强烈的火花，并伴有爆裂声响	换向器上黑痕相当严重，用汽油不能擦除；同时在电刷上有灼痕。若在这一级火花下短时运行，换向器上就会出现灼痕，电刷将被烧焦或损坏

附录24　中小型三相异步电动机能源效率等级（GB 18613—2020）

额定功率/kW	效率（%）											
	1级				2级				3级			
	2级	4级	6级	8级	2级	4级	6级	8级	2级	4级	6级	8级
0.12	71.4	74.3	69.8	67.4	66.5	69.8	64.9	62.3	60.8	64.8	57.7	50.7
0.18	75.2	78.7	74.6	71.9	70.8	74.7	70.1	67.2	65.9	69.9	63.9	58.7
0.20	76.2	79.6	75.7	73.0	71.9	75.3	71.4	68.4	67.2	71.1	65.4	60.6
0.25	78.3	81.5	78.1	25.2	74.3	77.9	74.1	70.8	69.7	73.5	88.6	64.1
0.37	81.7	84.3	81.6	78.4	78.1	78.1	78.0	74.3	73.8	77.3	73.5	69.3
0.40	82.3	84.8	82.2	78.9	78.9	81.7	78.7	74.0	74.6	78.0	74.4	70.1
0.55	84.6	86.7	84.2	80.6	81.5	83.9	80.9	77.0	77.8	80.8	77.2	73.0
0.75	86.3	88.2	85.7	82.0	83.5	85.7	82.7	78.4	80.7	82.5	78.9	75.0
1.1	87.8	89.5	87.2	84.0	85.2	87.2	84.5	80.8	82.7	84.1	81.0	77.7
1.5	88.9	90.4	88.4	85.5	86.5	88.2	85.9	82.6	84.2	85.3	82.5	79.7
2.2	90.2	94.4	89.7	87.2	88.0	89.5	87.4	84.5	85.9	86.7	84.3	81.9
3	91.1	92.1	90.6	88.4	89.1	90.4	88.6	85.9	87.1	87.7	85.6	83.5
4	91.8	92.8	91.4	89.4	90.0	91.1	89.5	87.1	88.1	88.6	86.8	84.8
5.5	92.6	93.4	92.2	90.4	90.9	91.9	90.5	88.3	89.2	89.6	88.0	86.2
7.5	93.3	94.0	92.9	91.3	91.7	92.6	91.3	89.3	90.1	90.4	89.1	87.3
11	94.0	94.6	93.7	92.2	92.6	93.3	92.3	90.4	91.2	91.4	90.3	88.6
15	94.5	95.1	94.3	92.9	93.3	93.9	92.0	91.2	91.9	92.1	91.2	89.6
18.5	94.9	95.3	94.6	93.3	93.7	94.2	93.4	91.7	92.4	92.6	91.7	90.1
22	95.1	95.5	94.9	93.6	94.0	94.5	93.7	92.1	92.7	93.0	92.2	90.6
30	95.5	95.9	95.3	94.1	94.5	94.9	94.2	92.7	93.3	93.6	92.9	91.3
37	95.8	96.1	95.6	94.4	94.8	95.2	94.5	93.1	93.7	93.9	93.3	91.8
45	96.0	96.3	95.8	94.7	95.0	95.4	94.8	93.4	94.0	94.2	93.7	92.2
55	96.2	96.5	96.0	94.9	95.3	95.7	95.1	93.7	94.3	94.6	94.1	92.5
75	96.5	96.7	96.3	95.3	95.6	96.0	95.4	94.2	94.7	95.0	94.6	93.1
90	96.6	96.9	96.5	95.5	95.8	96.1	95.6	94.4	95.0	95.2	94.9	93.4
110	96.8	97.0	96.6	95.7	96.0	96.3	95.8	94.7	95.2	95.4	95.1	93.7
132	96.9	97.1	96.8	95.9	96.2	96.4	96.0	94.9	95.4	95.6	95.4	94.0
160	97.0	97.2	96.9	96.1	96.3	96.6	97.2	95.1	95.6	98.5	95.6	94.3
200	97.2	97.4	97.0	96.3	96.6	96.7	96.3	95.4	95.8	96.0	95.8	94.6
250	97.2	97.4	97.0	96.3	96.5	96.7	96.5	95.4	95.8	96.0	95.9	94.6
310～1000	97.2	97.4	97.0	96.3	96.5	96.7	96.6	95.4	95.8	96.0	95.8	94.8

注：1. 适用于额定电压1000V以下、50Hz三相交流电源供电，额定功率为120W～1000kW，极数为2～8极，单速封闭自扇冷式、N设计、连续工作制的一般用途电动机或一般用途防爆电动机。

2. 效率的试验方法：GB/T 1032—2012中规定的测量输入和输出功率的损耗分析法（B法）。

附录25　高压笼型转子异步电动机能效限定值及能效等级（GB 30254—2013）

（6kV，IC01、IC11、IC21、IC31、IC81W）

额定功率/kW	效率(%)																	
	2极			4极			6极			8极			10极			12极		
	1级	2级	3级	1级	2级	3级	1级	2级	3级	1级	2级	3级	1级	2级	3级	1级	2级	3级
220	94.4	93.3	92.0	94.7	93.7	92.5	94.6	93.5	92.2	94.5	93.4	92.1	94.0	92.8	91.3	93.5	92.2	90.6
250	94.5	93.4	92.1	94.8	93.8	92.6	94.8	93.7	92.5	94.6	93.5	92.2	94.1	92.9	91.5	93.7	92.4	90.9
280	94.7	93.6	92.3	94.9	93.9	92.7	94.9	93.9	92.7	94.8	93.7	92.4	94.3	93.1	91.7	94.4	93.3	91.9
315	94.9	93.9	92.7	95.0	94.1	92.9	95.1	94.2	93.0	94.9	93.9	92.7	94.4	93.3	91.9	94.6	93.5	92.1
355	95.1	94.1	93.0	95.2	94.3	93.1	95.3	94.4	93.2	95.0	94.0	92.8	94.6	93.5	92.1	94.7	93.6	92.3
400	95.4	94.5	93.4	95.3	94.4	93.3	95.3	94.4	93.3	95.2	94.2	93.0	94.9	93.9	92.6	94.9	93.9	92.6
450	95.6	94.7	93.7	95.5	94.6	93.5	95.6	94.7	93.6	95.3	94.3	93.1	95.0	93.9	92.7	95.0	93.9	92.7

（续）

额定功率/kW	效率（%）																	
	2极			4极			6极			8极			10极			12极		
	1级	2级	3级	1级	2级	3级	1级	2级	3级	1级	2级	3级	1级	2级	3级	1级	2级	3级
500	95.8	95.0	94.0	95.6	94.8	93.7	95.8	95.0	93.9	95.6	94.8	93.7	95.1	94.2	93.0	95.2	94.3	93.1
560	95.9	95.1	94.1	95.8	95.0	93.9	95.9	95.1	94.1	95.7	94.9	93.8	95.2	94.3	93.1	95.3	94.4	93.2
630	96.0	95.2	94.3	96.0	95.2	94.2	96.0	95.2	94.2	95.8	95.0	93.9	95.4	94.4	93.2	95.4	94.5	93.3
710	96.1	95.3	94.4	96.2	95.4	94.4	96.2	95.4	94.4	95.9	95.0	94.0	95.5	94.5	93.4	95.5	94.5	93.4
800	96.3	95.6	94.7	96.2	95.5	94.6	96.2	95.5	94.6	96.0	95.2	94.2	95.7	94.8	93.7	95.7	94.8	93.7
900	96.4	95.7	94.8	96.3	95.6	94.7	96.3	95.6	94.7	96.1	95.3	94.3	95.8	94.9	93.8	95.8	94.9	93.8
1000	96.5	95.8	94.9	96.4	95.7	94.8	96.4	95.7	94.8	96.2	95.4	94.4	95.9	95.0	93.9	95.9	95.0	93.9
1120	96.6	95.9	95.0	96.5	95.8	94.9	96.5	95.8	94.9	96.3	95.5	94.5	96.0	95.1	94.1	95.9	95.0	94.0
1250	96.7	96.1	95.2	96.6	96.0	95.1	96.6	96.0	95.1	96.3	95.6	94.7	96.2	95.4	94.4	96.0	95.2	94.2
1400	96.8	96.2	95.3	96.7	96.0	95.2	96.7	96.0	95.2	96.4	95.7	94.8	96.3	95.5	94.5	96.1	95.3	94.3
1600	96.9	96.3	95.4	96.8	96.1	95.3	96.8	96.1	95.3	96.5	95.8	94.9	96.3	95.5	94.6	96.1	95.3	94.3
1800	97.0	96.3	95.5	96.9	96.2	95.4	96.9	96.2	95.4	96.6	95.8	95.0	96.4	95.6	94.7	96.2	95.4	94.4
2000	97.1	96.5	95.7	97.0	96.4	95.6	97.0	96.4	95.6	96.7	96.0	95.2	96.5	95.8	94.9	96.3	95.6	94.7
2240	97.2	96.6	95.8	97.1	96.5	95.7	97.0	96.4	95.7	96.8	96.1	95.3	96.6	95.9	95.0	96.5	95.7	94.7
2500	97.2	96.6	95.9	97.2	96.6	95.8	97.1	96.5	95.7	96.9	96.2	95.4	96.7	96.0	95.1	96.6	95.8	94.9
2800	97.3	96.7	96.0	97.2	96.6	95.9	97.2	96.6	95.8	97.0	96.3	95.5	96.8	96.1	95.2	96.7	95.9	95.0
3150	97.3	96.8	96.1	97.3	96.8	96.1	97.3	96.7	96.0	97.0	96.4	95.6	96.8	96.2	95.4	96.8	96.1	95.2
3550	—	—	—	97.4	96.8	96.1	97.3	96.7	96.0	97.1	96.5	95.7	97.0	96.3	95.5	96.9	96.2	95.3
4000	—	—	—	97.5	96.9	96.2	97.4	96.8	96.1	97.2	96.6	95.8	97.1	96.4	95.6	96.9	96.2	95.4
4500	—	—	—	97.5	96.9	96.2	97.4	96.8	96.1	97.3	96.7	95.9	97.1	96.4	95.6	96.9	96.2	95.4
5000	—	—	—	97.6	97.1	96.4	97.5	97.0	96.3	97.4	96.8	96.1	97.2	96.6	95.8	97.0	96.4	95.6
5600	—	—	—	97.6	97.1	96.4	97.5	97.0	96.3	97.4	96.8	96.1	97.2	96.6	95.8	97.1	96.4	95.6
6300	—	—	—	97.7	97.2	96.5	97.6	97.1	96.4	97.5	96.9	96.2	97.3	96.7	95.9	—	—	—
7100	—	—	—	97.8	97.2	96.6	97.8	97.2	96.5	97.6	97.0	96.3	97.4	96.7	95.9	—	—	—
8000	—	—	—	97.9	97.4	96.8	97.8	97.3	96.7	97.7	97.2	96.5	97.5	96.9	96.1	—	—	—
9000	—	—	—	98.0	97.5	96.9	97.9	97.4	96.8	97.8	97.3	96.6	—	—	—	—	—	—
10000	—	—	—	98.1	97.6	97.0	98.0	97.5	96.9	97.8	97.3	96.7	—	—	—	—	—	—
11200	—	—	—	98.2	97.7	97.1	98.1	97.6	97.0	97.9	97.4	96.8	—	—	—	—	—	—
12500	—	—	—	98.2	97.7	97.2	98.2	97.7	97.1	98.0	97.5	96.9	—	—	—	—	—	—
14000	—	—	—	98.2	97.8	97.3	98.2	97.7	97.2	98.1	97.6	97.0	—	—	—	—	—	—
16000	—	—	—	98.3	97.9	97.4	98.2	97.8	97.3	98.2	97.7	97.1	—	—	—	—	—	—
18000	—	—	—	98.4	98.0	97.5	98.3	97.9	97.4	—	—	—	—	—	—	—	—	—
20000	—	—	—	98.4	98.0	97.5	98.4	98.0	97.5	—	—	—	—	—	—	—	—	—
22400	—	—	—	98.4	98.0	97.5	—	—	—	—	—	—	—	—	—	—	—	—
25000	—	—	—	98.4	98.0	97.5	—	—	—	—	—	—	—	—	—	—	—	—

注：附录25~28电动机效率的试验方法按GB/T 1032—2012中11.5规定的E法或E1法（测量输入功率的损耗分析法）确定。对于额定功率为1000kW及以上的电动机，应按GB/T 1032—2012中11.8规定的H法（圆图法）确定，其中杂散损耗按推荐值计算。

附录26　高压笼型转子异步电动机能效限定值及能效等级（GB 30254—2013）

（10kV，IC01、IC11、IC21、IC31、IC81W）

额定功率/kW	效率(%)																	
	2极			4极			6极			8极			10极			12极		
	1级	2级	3级	1级	2级	3级	1级	2级	3级	1级	2级	3级	1级	2级	3级	1级	2级	3级
220	94.4	93.3	91.9	94.4	93.3	91.9	94.1	92.9	91.4	93.8	92.6	91.1	93.7	92.5	91.0	93.7	92.4	90.9
250	94.5	93.4	92.1	94.5	93.4	92.1	94.2	93.0	91.6	94.0	92.8	91.3	93.9	92.7	91.2	93.8	92.6	91.1
280	94.7	93.6	92.3	94.6	93.5	92.2	94.4	93.2	91.8	94.2	93.0	91.6	94.3	93.1	91.6	94.0	92.8	91.3
315	94.9	93.9	92.7	94.8	93.8	92.5	94.6	93.5	92.1	94.6	93.5	92.1	94.5	93.4	91.9	94.2	93.1	91.6
355	95.2	94.3	93.1	94.9	93.9	92.6	94.7	93.7	92.4	94.7	93.7	92.4	94.6	93.5	92.1	94.3	93.2	91.8
400	95.4	94.5	93.4	95.0	94.0	92.8	94.9	93.9	92.6	94.9	93.8	92.5	94.7	93.6	92.3	94.5	93.4	92.0
450	95.6	94.7	93.6	95.4	94.4	93.2	95.0	94.0	92.8	95.0	93.9	92.7	94.9	93.8	92.5	94.6	93.5	92.2
500	95.7	94.9	93.8	95.4	94.5	93.4	95.4	94.5	93.3	95.3	94.4	93.2	95.0	94.0	92.8	94.9	93.9	92.6
560	95.8	95.0	93.9	95.6	94.7	93.6	95.5	94.6	93.5	95.4	94.5	93.3	95.1	94.1	92.9	95.1	94.1	92.9
630	95.8	95.0	94.0	95.8	94.9	93.8	95.8	94.9	93.8	95.8	94.9	93.8	95.3	94.3	93.1	95.3	94.3	93.1
710	96.0	95.1	94.1	96.2	95.4	94.4	95.9	95.0	94.0	95.9	95.0	94.0	95.5	94.5	93.3	95.5	94.5	93.3
800	96.1	95.3	94.3	96.2	95.5	94.6	96.0	95.2	94.2	96.0	95.2	94.2	95.7	94.9	93.8	95.7	94.8	93.8
900	96.2	95.4	94.4	96.3	95.6	94.7	96.2	95.4	94.4	96.1	95.3	94.3	95.9	95.1	94.0	95.7	94.8	93.8
1000	96.3	95.5	94.5	96.4	95.7	94.8	96.3	95.5	94.8	96.3	95.5	94.5	95.9	95.1	94.1	95.7	94.8	93.8
1120	96.4	95.6	94.7	96.5	95.8	94.9	96.5	95.7	94.8	96.4	95.6	94.7	96.1	95.2	94.2	95.7	94.8	93.8
1250	96.6	95.9	95.0	96.6	96.0	95.1	96.6	95.9	95.0	96.5	95.8	94.9	96.1	95.3	94.3	95.8	94.9	93.8
1400	96.7	96.0	95.1	96.8	96.1	95.3	96.8	96.1	95.3	96.5	95.8	94.9	96.1	95.3	94.3	95.9	95.0	93.9
1600	96.7	96.0	95.2	96.9	96.2	95.4	96.9	96.2	95.4	96.5	95.8	94.9	96.1	95.3	94.3	96.0	95.1	94.0
1800	96.8	96.1	95.3	97.0	96.3	95.5	96.9	96.2	95.5	96.6	95.8	94.9	96.2	95.4	94.4	96.1	95.2	94.1
2000	96.9	96.3	95.5	97.1	96.5	95.7	96.9	96.3	95.6	96.6	95.9	94.9	96.3	95.6	94.6	96.1	95.3	94.3
2240	97.1	96.5	95.7	97.2	96.6	95.8	96.9	96.3	95.6	96.6	95.9	95.0	96.5	95.7	94.7	96.2	95.4	94.4
2500	—	—	—	97.2	96.6	95.8	97.0	96.3	95.6	96.7	96.0	95.1	96.5	95.7	94.8	96.3	95.5	94.5
2800	—	—	—	97.2	96.6	95.8	97.1	96.4	95.5	96.8	96.1	95.2	96.6	95.8	94.9	96.4	95.6	94.6
3150	—	—	—	97.3	96.7	95.9	97.1	96.5	95.7	96.8	96.2	95.4	96.7	96.0	95.1	96.5	95.8	94.8
3550	—	—	—	97.3	96.7	95.9	97.2	96.6	95.8	97.0	96.3	95.5	96.8	96.1	95.2	96.6	95.8	94.9
4000	—	—	—	97.3	96.7	96.0	97.3	96.7	95.9	97.1	96.4	95.6	96.9	96.2	95.3	96.7	95.9	95.0
4500	—	—	—	97.3	96.7	96.0	97.3	96.7	95.9	97.2	96.5	95.7	96.9	96.2	95.4	96.8	96.0	95.1
5000	—	—	—	97.4	96.9	96.2	97.4	96.8	96.1	97.3	96.7	95.9	97.0	96.4	95.6	96.9	96.2	95.3
5600	—	—	—	97.5	96.9	96.2	97.4	96.8	96.1	97.4	96.8	96.0	97.1	96.5	95.7	—	—	—
6300	—	—	—	97.6	97.0	96.3	97.5	96.9	96.2	97.4	96.8	96.1	97.2	96.6	95.8	—	—	—
7100	—	—	—	97.7	97.1	96.4	97.6	97.0	96.3	97.5	96.9	96.2	97.4	96.7	95.9	—	—	—
8000	—	—	—	97.8	97.3	96.6	97.7	97.2	96.5	97.5	97.1	96.4	—	—	—	—	—	—
9000	—	—	—	97.8	97.3	96.7	97.8	97.3	96.6	97.7	97.2	96.5	—	—	—	—	—	—
10000	—	—	—	97.9	97.4	96.8	97.8	97.3	96.7	97.8	97.3	96.6	—	—	—	—	—	—
11200	—	—	—	98.0	97.5	96.9	97.9	97.4	96.8	97.8	97.3	96.7	—	—	—	—	—	—
12500	—	—	—	98.1	97.6	97.0	98.0	97.5	96.9	97.9	97.4	96.8	—	—	—	—	—	—
14000	—	—	—	98.2	97.7	97.1	98.1	97.6	97.0	98.0	97.5	96.9	—	—	—	—	—	—
16000	—	—	—	98.2	97.7	97.2	98.2	97.7	97.1	—	—	—	—	—	—	—	—	—
18000	—	—	—	98.2	97.8	97.3	98.2	97.7	97.2	—	—	—	—	—	—	—	—	—
20000	—	—	—	98.3	97.9	97.4	—	—	—	—	—	—	—	—	—	—	—	—
22400	—	—	—	98.4	98.0	97.5	—	—	—	—	—	—	—	—	—	—	—	—

附录27　高压笼型转子异步电动机能效限定值及能效等级（GB 30254—2013）（6kV，IC611、IC616、IC511、IC516）

额定功率/kW	效率（%）																	
	2极			4极			6极			8极			10极			12极		
	1级	2级	3级	1级	2级	3级	1级	2级	3级	1级	2级	3级	1级	2级	3级	1级	2级	3级
185	—	—	—	94.4	93.3	91.9	94.1	93.0	91.5	94.2	93.0	91.6	93.7	92.4	90.8	93.7	92.5	90.9
200	—	—	—	94.5	93.4	92.1	94.3	93.1	91.8	94.4	93.2	91.9	93.8	92.6	91.1	93.9	92.6	91.2
220	94.2	93.1	91.7	94.6	93.5	92.2	94.4	93.3	92.0	94.5	93.4	92.1	94.0	92.7	91.3	94.0	92.8	91.4
250	93.2	93.2	91.8	94.7	93.6	92.3	94.6	93.5	92.2	94.6	93.5	92.2	94.1	92.9	91.5	94.3	93.1	91.7
280	94.5	93.4	92.0	94.8	93.7	92.4	94.8	93.8	92.5	94.8	93.7	92.4	94.3	93.1	91.7	94.4	93.3	91.9
315	94.7	93.7	92.4	94.9	93.8	92.6	95.0	94.0	92.8	94.9	93.9	92.7	94.5	93.4	92.1	94.5	93.4	92.1
355	94.9	93.9	92.7	95.0	94.0	92.8	95.2	94.2	93.0	95.0	94.0	92.8	94.7	93.6	92.3	94.7	93.6	92.3
400	95.2	94.2	93.0	95.2	94.2	93.0	95.3	94.3	93.1	95.2	94.2	93.0	94.9	93.8	92.6	94.9	93.8	92.6
450	95.4	94.4	93.3	95.4	94.4	93.2	95.5	94.5	93.4	95.3	94.3	93.1	95.0	93.9	92.7	95.0	93.9	92.7
500	96.6	94.7	93.6	95.4	94.5	93.4	96.6	94.8	93.7	96.6	94.7	93.6	95.1	94.2	93.0	95.1	94.2	93.1
560	95.7	94.9	93.8	95.6	94.7	93.6	95.7	94.9	93.8	95.7	94.9	93.8	95.2	94.3	93.1	95.2	94.3	93.2
630	95.8	95.0	94.0	95.8	94.9	93.8	95.8	95.0	93.9	95.8	95.0	93.9	95.4	94.4	93.2	95.4	94.4	93.3
710	96.0	95.1	94.1	95.9	95.0	94.0	96.0	95.2	94.2	95.9	95.0	94.0	95.0	94.5	93.4	95.5	94.5	93.4
800	96.1	95.3	94.3	96.1	95.3	94.3	96.1	95.4	94.4	96.0	95.2	94.2	95.7	94.8	93.7	95.7	94.8	93.7
900	96.3	95.5	94.5	96.2	95.4	94.4	96.3	95.5	94.5	96.1	95.3	94.3	95.8	94.9	93.8	—	—	—
1000	96.3	95.5	94.6	96.3	95.5	94.5	96.3	95.5	94.6	96.2	95.4	94.4	95.9	95.0	93.9	—	—	—
1120	96.4	95.6	94.7	96.3	95.5	94.6	96.4	95.8	94.7	96.3	95.5	94.5	96.0	95.1	94.1	—	—	—
1250	96.5	95.8	94.9	96.4	95.7	94.8	96.5	95.8	94.9	96.3	95.8	94.7	—	—	—	—	—	—
1400	96.6	95.9	95.0	96.5	95.8	94.9	96.6	95.9	95.0	—	—	—	—	—	—	—	—	—
1600	96.7	96.0	95.1	96.5	95.9	95.0	96.7	96.0	95.1	—	—	—	—	—	—	—	—	—
1800	96.7	96.0	95.2	96.7	96.0	95.1	—	—	—	—	—	—	—	—	—	—	—	—
2000	96.8	96.2	95.4	96.7	96.1	95.3	—	—	—	—	—	—	—	—	—	—	—	—
2240	96.9	96.3	95.5	96.9	96.2	95.4	—	—	—	—	—	—	—	—	—	—	—	—
2500	97.0	94.4	95.6	—	—	—	—	—	—	—	—	—	—	—	—	—	—	

注：IC616和IC516冷却方式的电动机只适用于表中2极的效率值。

附录28　高压笼型转子异步电动机能效限定值及能效等级（GB 30254—2013）（6kV，IC411）

功率/kW	2极			4极			6极			8极		
	1级	2级	3级	1级	2级	3级	1级	2级	3级	1级	2级	3级
160	—	—	—	—	—	—	94.2	93.0	92.2	94.1	92.9	92.1
185	94.2	93.0	92.2	94.5	93.4	92.6	94.4	93.2	92.4	94.3	93.1	92.3
200	94.3	93.2	92.4	94.6	93.6	92.9	94.5	93.4	92.6	94.4	93.4	92.6
220	94.4	93.3	92.5	94.7	93.7	93.0	94.6	93.5	92.8	94.5	93.3	92.6
250	94.5	93.4	92.6	94.8	93.8	93.1	94.8	93.7	93.0	94.6	93.5	92.8
280	94.7	93.6	92.9	94.9	93.9	93.2	94.9	93.9	93.2	94.8	93.7	93.0
315	94.9	93.9	93.2	96.0	94.1	93.4	95.1	94.2	93.5	94.9	93.9	93.2
355	95.1	94.1	93.4	96.2	94.3	93.6	95.3	94.4	93.7	95.0	94.0	93.3
400	95.4	94.5	93.9	95.3	94.4	93.7	95.3	94.4	93.7	95.2	94.2	93.5
450	95.6	94.7	94.1	95.5	94.6	94.0	95.6	94.7	94.0	95.3	94.3	93.6
500	95.8	95.0	94.4	95.6	94.8	94.2	95.8	95.0	94.3	96.6	94.8	94.2
560	95.9	95.1	94.5	95.8	95.0	94.4	95.9	95.1	94.5	95.7	94.9	94.3
630	96.0	95.2	94.6	96.0	95.2	94.6	96.0	95.2	94.6	95.8	95.0	94.4
710	96.1	95.3	94.7	96.2	95.4	94.8	96.2	95.4	94.7	95.9	95.0	94.4

（续）

功率/kW	2极			4极			6极			8极		
	1级	2级	3级	1级	2级	3级	1级	2级	3级	1级	2级	3级
800	96.3	95.6	95.1	96.2	95.5	95.0	96.2	95.5	94.9	96.9	95.2	94.6
900	96.4	95.7	95.2	96.3	95.6	95.1	96.3	95.6	95.1	96.1	95.3	94.7
1000	96.5	95.8	95.3	96.4	95.7	95.2	96.4	95.7	95.2	—	—	—
1120	96.6	95.9	95.4	96.5	95.8	95.3	96.5	95.8	95.3	—	—	—
1250	96.7	96.1	95.6	96.6	96.0	95.5	96.6	96.0	95.5	—	—	—
1400	96.8	96.2	95.7	96.7	96.0	95.5	—	—	—	—	—	—
1600	96.9	96.3	95.8	96.8	96.1	95.6	—	—	—	—	—	—

附录29 异步起动永磁同步电动机效能限值及能效等级（GB 30253—2013）

额定功率/kW	效率(%)																				
	1级							2级							3级						
	2极	4极	6极	8极	10极	12极	16极	2极	4极	6极	8极	10极	12极	16极	2极	4极	6极	8极	10极	12极	16极
0.55	83.9	84.5	82.4	—	—	—	—	79.0	80.7	76.1	—	—	—	—	76.2	77.9	74.9	—	—	—	—
0.75	84.9	85.6	86.8	—	—	—	—	80.7	82.5	82.3	—	—	—	—	77.4	79.6	75.6	—	—	—	—
1.1	86.7	87.4	88.2	—	—	—	—	82.7	84.1	83.9	—	—	—	—	79.6	81.4	78.1	—	—	—	—
1.5	87.5	88.1	89.4	—	—	—	—	84.2	85.3	85.4	—	—	—	—	81.3	82.8	79.8	—	—	—	—
2.2	89.1	89.7	90.5	90.0	—	—	—	85.9	86.7	86.8	87.1	—	—	—	83.2	84.3	81.8	81.2	—	—	—
3	89.7	90.3	91.5	91.0	—	—	—	87.1	87.7	88.0	88.2	—	—	—	84.6	85.5	83.3	83.1	—	—	—
4	90.3	90.9	92.4	91.8	91.8	—	—	88.1	88.6	89.1	89.1	89.6	—	—	85.8	86.6	84.6	84	83.9	—	—
5.5	91.5	92.1	93.1	92.6	92.6	—	—	89.2	89.6	90.1	90.0	90.5	—	—	87.0	87.7	86.0	85	84.9	—	—
7.5	92.1	92.6	93.7	93.2	93.2	93.2	—	90.1	90.4	91.0	90.8	91.2	91.2	—	88.1	88.7	87.2	87.3	87.2	87.1	—
11	93.0	93.6	94.3	93.7	93.7	93.7	93.7	91.2	91.4	91.8	91.4	91.9	91.8	91.5	89.4	89.8	88.7	88.2	88.1	88	87.9
15	93.4	94.0	94.7	94.2	94.2	94.2	94.2	91.9	92.1	92.5	92.0	92.5	92.4	92.1	90.3	90.6	89.7	88.8	88.7	88.6	88.4
18.5	93.8	94.3	95.1	94.6	94.6	94.6	94.6	92.4	92.6	93.1	92.5	93.0	92.9	92.6	90.9	91.2	90.4	89.7	89.6	89.5	89.3
22	94.4	94.7	95.4	94.9	94.9	94.9	94.9	92.7	93.0	93.6	93.0	93.4	93.4	93.0	91.3	91.6	90.9	90.1	90	89.9	89.8
30	94.5	95.0	95.7	95.1	95.1	95.1	95.1	93.3	93.6	94.0	93.4	93.8	93.8	93.4	92.0	92.3	91.7	90.6	90.5	90.4	90.3
37	94.8	95.3	95.9	95.3	95.3	95.3	95.3	93.7	93.9	94.4	93.7	94.1	94.1	93.7	92.5	92.7	92.2	91.5	91.4	91.3	91.2
45	95.1	95.6	96.0	95.5	95.5	95.5	—	94.0	94.2	94.7	93.9	94.4	94.3	—	92.9	93.1	92.7	92.1	92	91.9	—
55	95.4	95.8	96.1	95.6	95.6	—	—	94.3	94.6	95.0	94.2	94.6	—	—	93.2	93.5	93.1	92.4	92.2	—	—
75	95.6	96.0	96.2	95.7	95.7	—	—	94.7	95.0	95.2	94.3	94.8	—	—	93.8	94.0	93.7	92.7	92.4	—	—
90	95.8	96.2	96.2	95.7	95.7	—	—	95.0	95.2	95.3	94.5	94.9	—	—	94.1	94.2	94.0	93.1	92.9	—	—
110	96.0	96.4	96.3	95.7	95.7	—	—	95.2	95.4	95.5	94.6	95.1	—	—	94.3	94.5	94.3	93.4	93.1	—	—
132	96.0	96.5	96.3	95.8	95.8	—	—	95.4	95.6	95.4	94.7	95.2	—	—	94.6	94.7	94.6	93.6	93.4	—	—
160	96.2	96.5	96.3	95.8	95.8	—	—	95.6	95.8	95.6	94.8	95.3	—	—	94.8	94.9	94.8	93.8	93.6	—	—
200	96.3	96.6	96.4	95.8	—	—	—	95.8	96.0	95.8	94.9	—	—	—	95.0	95.1	95.0	93.8	—	—	—
250	96.4	96.7	96.4	—	—	—	—	95.8	96.0	95.8	—	—	—	—	95.0	95.1	95.0	—	—	—	—
315	96.5	96.8	96.4	—	—	—	—	95.8	96.0	95.8	—	—	—	—	95.0	95.1	95.0	—	—	—	—
375	96.5	96.8	96.4	—	—	—	—	95.8	96.0	95.8	—	—	—	—	95.0	95.1	95.0	—	—	—	—

注：1. 适用于1140V及以下电压，50Hz三相交流电源供电，额定功率为0.55～375kW，极数为2～16，单速封闭自扇冷式，连续工作的异步起动三相永磁同步电动机。

2. 电动机效率的试验方法按GB/T 22669—2008中10.2.2规定的测量输入-输出功率的损耗分析法（B）确定。

附录30 电梯用变频永磁同步电动机效能限值及能效等级（GB 30253—2013）

额定功率/kW	效率(%)																				
	1级							2级							3级						
	额定转速/(r/min)																				
	>750	>400~750	>250~400	>180~250	>140~180	>100~140	≤100	>750	>400~750	>250~400	>180~250	>140~180	>100~140	≤100	>750	>400~750	>250~400	>180~250	>140~180	>100~140	≤100
0.55	78.9	78.1	76.8	76.4	75.8	75.4	74.6	76.1	75.2	73.8	73.3	72.7	72.3	71.4	73.0	72.0	70.5	70.0	69.4	68.9	68.0
0.75	83.6	82.7	81.7	82.3	81.0	80.4	80.0	80.8	79.4	78.5	77.8	77.1	76.5	76.0	76.0	75.0	73.5	72.9	72.3	71.8	70.6
1.1	85.2	84.4	83.5	84.0	82.8	82.2	81.9	82.5	81.2	80.3	79.6	78.9	78.4	77.9	78.0	77.0	75.5	75.0	74.4	73.9	72.7
1.5	86.7	86.0	85.0	85.6	84.4	83.9	83.5	84.1	82.8	81.9	81.2	80.6	80.1	79.6	80.0	79.0	77.5	77.0	76.4	75.9	74.0
2.2	88.0	87.4	86.5	87.0	85.9	85.4	85.0	85.5	84.2	83.4	82.7	82.1	81.7	81.1	82.2	81.2	79.7	79.0	78.4	78.0	76.8
3	89.2	88.6	87.8	88.3	87.2	86.7	86.4	86.7	85.6	84.7	84.0	83.5	83.1	82.6	82.8	81.8	80.3	79.7	79.0	78.5	77.0
4	90.3	89.7	88.9	89.4	88.4	88.0	87.6	87.8	86.8	85.9	85.3	84.7	84.3	83.8	84.0	83.0	81.5	80.9	80.3	79.8	78.6
5.5	91.2	90.7	89.9	90.4	89.5	89.0	88.7	88.9	87.8	87.0	86.4	85.8	85.5	85.0	84.5	83.5	82.0	81.4	80.8	80.0	79.0
7.5	92.0	91.6	90.8	91.3	90.4	90.0	89.7	89.8	88.8	88.0	87.4	86.9	86.5	86.0	85.5	84.5	83.0	82.4	81.8	81.3	80.0
11	92.8	92.3	91.6	92.0	91.3	90.8	90.6	90.5	89.6	88.8	88.3	87.8	87.4	87.0	87.2	86.2	84.7	84.0	83.4	83.0	81.8
15	93.4	93.0	92.3	92.7	92.0	91.6	91.3	91.2	90.4	89.6	89.0	88.6	88.2	87.8	89.0	88.0	86.5	85.9	85.3	84.8	83.6
18.5	93.9	93.5	92.9	93.2	92.6	92.2	91.9	91.8	91.0	90.3	89.7	89.3	88.9	88.5	89.4	88.4	86.9	86.3	85.7	85.2	84.0
25	94.4	94.0	93.4	93.7	93.1	92.7	92.5	92.3	91.6	90.9	90.3	89.9	89.5	89.2	89.8	88.8	87.3	86.7	86.0	85.5	84.3
30	94.7	94.4	93.8	94.1	93.5	93.2	92.9	92.8	92.0	91.4	90.9	90.5	90.1	89.7	90.5	89.5	88.0	87.4	86.8	86.3	85.0
37	95.0	94.7	94.1	94.4	93.9	93.6	93.3	93.1	92.4	91.8	91.3	91.0	90.5	90.2	91.0	90.0	88.5	87.9	87.3	86.8	85.6
45	95.3	94.9	94.4	94.6	94.2	93.9	93.6	93.4	92.8	92.2	91.8	91.4	91.0	90.7	91.5	90.5	89.0	88.4	87.8	87.3	86.0
55	95.4	95.1	94.6	94.8	94.4	94.1	93.9	93.6	93.1	92.5	92.1	91.7	91.3	91.0	92.0	91.0	89.5	88.9	88.3	87.8	86.6
75	95.5	95.2	94.8	95.0	94.5	94.3	94.1	93.8	93.3	92.8	92.4	92.0	91.6	91.3	92.2	91.2	89.7	89.0	88.4	87.9	86.7
90	95.6	95.3	94.9	95.0	94.7	94.4	94.2	93.9	93.5	93.0	92.7	92.3	91.9	91.6	92.5	91.5	90.0	89.4	88.8	88.3	87.0
110	95.6	95.4	94.9	95.1	94.7	94.5	94.3	94.0	93.6	93.2	92.9	92.5	92.2	91.8	93.0	92.0	90.5	90.0	89.4	89.0	87.0

注：1. 适用于1000V及以下电压，变频电源供电，额定功率为0.55～110kW，电梯用永磁同步电动机。

2. 电动机效率的试验方法参照GB/T 22670—2008中10.2.1规定的直接法——输入-输出法（A）确定。

附录31　变频驱动永磁同步电动机效能限值及能效等级（GB 30253—2013）

额定功率/kW	效率(%)																	
	1级						2级						3级					
	额定转速/(r/min)																	
	3000	2500	2000	1500	1000	500	3000	2500	2000	1500	1000	500	3000	2500	2000	1500	1000	500
0.55	87.3	87.3	87.3	86.2	85.9	83.6	79.8	79.8	81.7	81.5	80.3	78.2	76.2	76.8	77.3	77.9	75.9	72.3
0.75	88.6	88.6	88.6	87.6	87.4	84.9	81.5	81.3	83.3	82.5	82.1	79.7	77.4	78.1	78.9	79.6	75.6	73.2
1.1	89.8	89.8	89.8	88.9	88.7	86.2	83.0	83.2	84.7	84.1	83.7	81.1	79.6	80.2	80.8	81.4	78.1	76.4
1.5	90.9	90.9	90.8	90.1	89.9	87.5	84.5	84.6	86.1	85.3	85.1	82.5	81.3	81.8	82.3	82.8	79.8	77.8
2.2	91.8	91.8	91.8	91.1	90.9	88.6	85.7	86.2	87.2	86.7	86.5	83.8	83.2	83.6	83.9	84.3	81.8	79.9
3	92.6	92.6	92.6	92.0	91.8	89.7	86.9	87.3	88.3	87.7	87.7	85.0	84.6	84.9	85.2	85.5	83.3	81.4
4	93.3	93.3	93.3	92.8	92.7	90.6	88.0	88.3	89.3	88.6	88.8	86.1	85.8	86.1	86.3	86.6	84.6	82.5
5.5	94.0	94	93.9	93.5	93.4	91.5	88.9	89.3	90.1	89.6	89.7	87.2	87.0	87.2	87.5	87.7	86.0	84.1
7.5	94.5	94.5	94.4	94.1	94.0	92.4	89.8	90.2	90.9	90.4	90.6	88.2	88.1	88.3	88.5	88.7	87.2	85.6
11	95.0	95	94.9	94.6	94.5	93.1	90.6	91.3	91.6	91.4	91.4	89.2	89.4	89.5	89.7	89.8	88.7	86.9
15	95.3	95.3	95.3	95.0	94.9	93.8	91.3	92	92.2	92.1	92.0	90.1	90.3	90.4	90.5	90.6	89.7	87.8
18.5	95.6	95.6	95.6	95.4	95.3	94.3	92.0	92.5	92.8	92.6	92.6	90.9	90.9	91	91.1	91.2	90.4	88.6
22	95.9	95.9	95.8	95.7	95.6	94.8	92.5	92.8	93.2	93.0	93.2	91.7	91.3	91.4	91.5	91.6	90.9	89.2
30	96.1	96.1	96.0	95.9	95.8	95.3	93.1	93.4	93.7	93.6	93.6	92.3	92.0	92.1	92.2	92.3	91.7	90.1
37	96.3	96.3	96.2	96.1	96.0	95.6	93.6	93.8	94.1	93.9	94.0	93.0	92.5	92.6	92.6	92.7	92.2	90.6
45	96.4	96.4	96.3	96.2	96.2	95.9	94.0	94.1	94.4	94.2	94.4	93.5	92.9	93	93	93.1	92.7	91.2
55	96.5	96.5	96.4	96.3	96.3	96.0	94.4	94.4	94.7	94.6	94.7	94.0	93.2	93.3	93.4	93.5	93.1	91.7
75	96.6	96.6	96.5	96.4	96.4	96.1	94.8	94.8	95.0	95.0	95.0	94.4	93.8	93.9	93.9	94.0	93.7	92.6
90	96.7	96.7	96.6	96.5	96.5	96.2	95.2	95.1	95.3	95.2	95.2	94.7	94.1	94.1	94.2	94.2	94.0	93.0

注：1. 适用于1000V及以下的电压，变频电源供电，额定功率为0.55～90kW变频驱动永磁同步电动机。
2. 电动机效率的试验方法参照GB/T 22670—2008中10.2.1规定的直接法——输入-输出法（A）确定。

附录32　小功率三相异步电动机能效等级及效率（GB 25958—2010）

额定功率/W	能效等级								
	1级			2级			3级		
	2极	4极	6极	2极	4极	6极	2极	4极	6极
10	—	35.0	—	—	31.4	—	—	28.0	—
16	54.1	39.4	—	50.1	35.6	—	46.0	32.0	—
25	60.0	50.1	—	56.0	46.0	—	52.0	42.0	—
40	62.8	58.1	—	59.0	54.1	—	59.0	50.0	—
60	67.5	63.8	—	63.8	60.0	—	60.0	56.0	—
90	69.3	65.7	—	65.7	61.9	—	62.0	58.0	—
120	73.8	67.5	—	70.5	63.8	—	67.0	60.0	—
180	75.5	71.1	66.6	72.4	67.7	62.9	69.0	64.0	59.0
250	78.1	73.8	70.2	75.2	70.5	55.7	72.0	67.0	63.0
370	79.3	75.9	74.6	76.5	72.8	71.4	73.5	69.5	68.0
550	81.0	79.3	77.2	78.1	76.5	74.2	75.5	73.5	71.0
750	—	—	—	—	—	—	77.4	79.6	75.9
1100	—	—	—	—	—	—	79.6	81.4	78.1
1500	—	—	—	—	—	—	81.3	82.8	79.8
2200	—	—	—	—	—	—	83.2	84.3	81.8

注：1. 适用于一般用途的690V及以下的电压和50Hz交流电源供电的小功率三相异步电动机（10～2200W）。
2. 效率的试验方法：550W及以下的按照GB/T 1032—2012中规定的输入-输出法（A法）；750W及以上的按照GB/T 1032—2012中规定的测量输入和输出功率的损耗分析法（B法）。

附录 33　电容起动单相异步电动机能效等级（GB 18613—2020）

额定功率/W	效率（%）								
	1 级			2 级			3 级		
	2 极	4 极	6 极	2 极	4 极	6 极	2 极	4 极	6 极
120	—	58.1	—	—	54.1	—	—	50.0	—
180	67.5	60.9	—	63.8	57.0	—	60.0	53.0	—
250	71.1	65.7	61.9	67.7	61.9	58.0	64.0	58.0	54.0
370	72.0	69.3	65.7	68.6	65.7	61.9	65.0	62.0	58.0
550	74.6	72.9	67.5	71.4	69.5	63.8	68.0	66.0	60.0
750	76.4	74.6	68.4	73.3	71.4	64.8	70.0	68.0	61.0
1100	78.1	77.2	70.2	75.2	74.2	66.7	72.0	71.0	63.0
1500	79.8	78.9	74.6	77.0	76.1	71.4	74.0	73.0	68.0
2200	80.6	79.8	76.4	77.9	77.0	73.3	75.0	74.0	70.0
3000	81.4	80.6	—	78.8	77.9	—	76.0	75.0	—
3700	82.2	81.4	—	79.8	78.8	—	77.0	76.0	—

附录 34　电容运行单相异步电动机能效等级（GB 18613—2020）

额定功率/W	效率（%）								
	1 级			2 级			3 级		
	2 极	4 极	6 极	2 极	4 极	6 极	2 极	4 极	6 极
120	67.5	64.8	60.9	63.8	60.9	57.0	60.0	57.0	53.0
180	72.0	69.9	63.9	68.6	64.7	59.0	65.0	59.0	55.0
250	72.9	73.5	68.6	69.5	68.5	61.6	66.0	61.5	57.0
370	73.8	77.3	73.5	70.5	72.7	67.6	67.0	66.0	59.7
550	77.8	80.8	77.2	74.1	77.1	73.1	70.0	70.0	65.8
750	80.7	82.5	78.9	77.4	79.6	75.9	72.1	72.1	72.0
1100	82.7	84.1	—	79.6	81.4	—	75.0	75.0	—
1500	84.2	85.3	—	81.3	82.8	—	77.2	77.2	—
2200	85.9		—	83.2	—	—	79.7	—	—

附录 35　双值电容单相异步电动机能效等级（GB 18613—2020）

额定功率/W	效率（%）					
	1 级		2 级		3 级	
	2 极	4 极	2 极	4 极	2 极	4 极
250	—	73.5	—	68.5	—	62.0
370	73.8	77.3	70.5	72.7	67.0	66.0
550	77.8	80.8	74.1	77.1	70.0	70.0
750	80.7	82.5	77.4	79.6	72.1	72.1
1100	82.7	84.1	79.6	81.4	75.0	75.0
1500	84.2	85.3	81.3	82.8	77.2	77.2
2200	85.9	86.7	83.2	84.3	79.7	79.7
3000	87.1	87.7	84.6	85.5	81.5	81.5
3700	87.8	88.3	85.4	86.3	82.6	82.6

附录36　电机轴伸直径*D*、键槽宽*F*、*G*尺寸及其公差、键槽对称度、轴伸长度一半处的径向圆跳动公差

轴伸直径 *D*/mm		键宽 *F* 和对称度/mm			*G* 尺寸/mm		径向圆跳动公差（轴伸长度一半处）/mm
公称尺寸	公差带	公称尺寸	公差带	对称度公差	公称尺寸	公差带	
9	+0.007 -0.002	3	-0.004 -0.029	0.015	7.2	0 -0.1	0.030
11	+0.008 -0.003	4	0 -0.030	0.018	8.5	0 -0.2	0.040
14		5			11		
19	+0.009 -0.004	6			15.5		
24		8	0 -0.036	0.022	20		
28		8			24		
38	+0.018 +0.002	10			33		0.050
42		12	0 -0.043	0.030	37		
48		14			42.5		
55	+0.030 +0.011	16			49		0.060
60		18			53		
65		18			58		
75		20	0 -0.052	0.037	67.5		
80		22			71		0.070
90	+0.035 +0.013	25		0.050	81		
95		25			86		
100		28			90		
110		28			100		
120		32			109		
130	+0.40 +0.015	32	0 -0.062		119		0.75
140		36			128	0 -0.3	
150		36			138		
160		40			147		
170		40			157		
180		45			165		

附录37　凸缘止口直径、凸缘止口对电机轴线的径向圆跳动及凸缘配合面对电机轴线的端面圆跳动公差

止口直径 *N*/mm		圆跳动公差/mm
公称尺寸	公差带	
60	+0.012 -0.007	0.080
70		
80		
95	+0.013 -0.009	
110		0.100
130	+0.014 -0.011	
180		
230	+0.016 -0.013	
250		
300	±0.016	0.125
350	±0.018	
450	±0.020	
550	±0.022	0.16
680	±0.025	

附录 38　三相交流异步电动机损耗分布统计平均值

损耗类型	占总损耗的比（%）	损耗分布与电机类型的关系
定子铜耗	25～40	小电机较大，低速电机较大，耐热等级较高者较大，10kW 以下 6、8 极电机甚至占到 50%
转子铜耗	18～23	小电机较大，低速电机较大，高起动转矩电机较大
铁心损耗	20～25	大电机较大，低速电机较大，高压电机较大，100kW 以上 4 极电机甚至占到 30% 以上
风摩损耗	5～15	高速电机、容量较大的电机较大，封闭式电机比开启式电机大，10kW 以上 2 极电机甚至占到 25% 左右
杂散损耗	5～10	小电机较大，铸铝转子电机较大，极数少的电机较大

附录 39　Y 系列电动机实测杂散损耗

铸铝工艺	极数	功率范围/kW	杂散损耗/额定功率（%）	
			波动范围	平均值
离心浇铸	2	0.75～90	0.933～2.65	1.82
	4	0.55～90	0.727～2.73	1.51
	6	0.75～55	0.32～2.62	1.47
	8	2.2～45	1.05～2.13	1.38
压力铸铝	2	0.75～55	1.47～3.93	2.28
	4	0.55～55	1.04～5.09	2.07
	6	15～37	1.03～2.69	1.81
	8	11～30	1.06～2.38	1.62

附录 40　电机试验设备生产单位通信录

单位名称	通信	主要产品
上海电器科学研究所（集团）有限公司、上海电机系统节能工程技术研究中心有限公司	地址：上海市武宁路 505 号 29 号楼 6 楼 邮编：200063 电话：021－62574990 转 436 13501686392（王经理） 传真：021－62163904 邮箱：wangcj@ seari. com. cn	业务范围：长期从事电机试验相关国家标准制/修订、试验方法研究、试验装备研发及推广应用等工作。具有大型电机试验中心设计、建设、管理资质和经验，可以为用户提供试验中心或试验站整体规划、系统解决方案、系统集成总包、智能化检测装备、信息化建设、管理咨询及培训等服务 主要产品：兆瓦级高低压电机智能综合试验系统、高效超高效电机效率试验装置、专精特新电机专用试验装置、各类电机全自动或半自动出厂试验装置或半成品试验装置、电机定子综合测试仪、电机专用智能化测试仪（包括直流电阻仪、绝缘电阻仪、工频耐压仪系列、匝间冲击耐压仪系列、温度巡检仪、堵转转矩测试仪等）
上海宝准电源有限公司	地址：上海市松江区泗泾镇江河路 635 号 8 栋 邮编：201601 电话：021－541111571/13701824126 邮箱：zq1970181@ 163. com	BMT 系列电机型式试验系统（大、中功率） MPT 系列电机型式试验系统（中、小功率） BCT 系列电机出厂试验系统 BMP 系列电机型式试验电源 BCP 系列电机出厂试验电源

（续）

单位名称	通信	主要产品
株洲中达特科电子科技有限公司	地址：湖南省株洲市天元区黑龙江路599号 邮编：412007 电话：0731－22206622 /13874152233 邮箱：zdtec@ zdtec. cn 网址：www. zdtec. cn	高低压交流电机出厂与型式试验系统 高低压永磁同步电机出厂与型式试验系统 大型电机、变压器综合试验系统 电机与变频器综合试验系统 变压器综合试验系统 新能源汽车电驱动电机和控制试验系统 双馈异步风力发电机试验系统 永磁同步风力发电机试验系统 RV（精密）减速机综合性能和可靠性试验系统 RV（精密）减速机力矩刚性试验系统 RV（精密）减速机生产线上试验系统 工业齿轮箱与传动装置试验系统
石家庄优安捷机电测试技术有限公司	地址：石家庄新石北路399号振新工业园2号楼 邮编：050091 电话：0311－85326608 13903314693（李振军）/15931118760（姚晖） 邮箱：youanjie@ youanjie. com 网址：www. youanjie. com 郑州办事处：马晓芳 15612138748 常州办事处：贾永豪 18921006163 台州办事处：崔三顺 15－69143015 福安办事处：吴铃生 13850384348	铸铝转子性能测试仪 电机出厂综合测试系统 高压电机出厂测试系统 电机定子综合测试系统 负压定子综合测试系统 直流无刷电机综合测试系统 单、三相异步电机型式试验系统 永磁同步电机型式试验系统 高压特种电机型式试验系统 其他特殊定制检测设备
石家庄新三佳科技有限公司 石家庄三佳机电测试技术有限公司	地址：河北省石家庄市东开发区湘江道319号天山科技工业园1号楼303 邮编：050035 电话：15512195666/15512195999 邮箱：xsj@ xinsanjia. com 网址：www. xinsanjia. com www. sanjiaceshi. com	电机测试类仪器已系列化，可分别适用于高压电机、中小型电机、分马力电机、直流电机、电动工具、减速机、制动器、永磁电机、汽车电机、电梯电机、家用电器电机的出厂检查试验，中间工序检查及型式试验。产品已遍布全国。主要产品有： 中小型（高、低压）电机、大功率电机型式试验系统 电枢转子测试系统；电机定子综合测试系统 变频电机出厂测试系统 电机寿命试验综合控制系统 无刷直流电机出厂测试系统 减速电机检测系统 铸铝转子断条测试仪 电机参数测试仪 脉冲式线圈测试仪

（续）

单位名称	通信	主要产品
上海亿绪电机测控科技有限公司	地址：上海市浦东新区康桥路787号8号楼 邮编：201315 电话：13681965007（董华） 邮箱：yixu_dianyuan@126.com 网址：http://www.shyixu.com	各类高低压、交直流电机试验系统和试验电源 智能型交流电机绕组电阻带电测量仪 DZC-YLZ-1T智能型电机定子综合试验仪（直流/绝缘/匝间/工频/三相平衡/旋转相序） PVT-3KV/50KV高低压电机工频耐电压试验仪 RZJ-3KV/45H高低压电机绕组匝间冲击耐电压试验仪 RGZ-3KV/8KV匝间/工频耐电压二合一试验仪 RZJ-6B绕组匝间冲击耐电压试验仪 RDC2512B-1A/10A智能型直流低电阻测试仪 JY智能型绝缘电阻测试仪
海安县中工机电制造有限公司	地址：江苏省海安市海安高新区技术产业开发区开元大道81号 邮编：226600 电话：0513-88700606 13813794606（王兴明） 邮箱：13813794606@163.com 网址：ntzg.nc.cn	TR系列转矩、转速、功率测量仪 ZK系列磁粉制动/离合器、测功机 WZ系列电涡制动器、测功仪 WLK系列控制器 AMA电参数测量仪 TEM温度测量仪等 发电机、电动机、变速等试验检测系统
天津市升阳电子科技有限公司	地址：天津华苑产业区鑫茂科技园区A-GH-5楼 邮编：300384 电话：022-83710656 13920820103（耿先生） 邮箱：shengyangtj@163.com	电机型式试验和出厂自动测试系统 GC2015匝间耐压测试仪 GC9200程控大功率耐电压试验仪（3kVA） GC2020电机定子综合自动测试系统 GC4000系列电子内回馈变频电源 高压电机综合测试系统 变频电机出厂及型式测试系统 水泵及潜油泵电机测试系统 永磁同步电机测试系统 汽车电机测试系统 单、三相微电机测试系统 GC2464微处理器多功能数字功率计 GC9100微处理器电机参数测试仪
上海音登机电科技有限公司	地址：上海市嘉定区墨玉路185号1层 邮编：201805 电话：15221188933（韩先生） 邮箱：searih@126.com	YDMST系列电机型式试验系统——用于三相异步电机、变频电机和永磁同步电机等多种电机的型式试验 YDMFT系列电机出厂试验系统——用于高低压、大功率三相异步电机和变频电机等多种电机的出厂试验 YDFCT系列变频器试验系统——用于高低压变频器或变频器+电机一体化测试 YDPMST系列永磁同步电机专用试验系统——用于高低压、超高速、超低速永磁同步电机测试 除上述系列外公司还非标定做各种类型测试系统，如汽车电机测试系统、齿轮箱测试系统等

（续）

单位名称	通信	主要产品
湖南新恩智能技术有限公司	地址：湖南省株洲市天元区动力谷研发中心C座203与D座 邮编：412007 电话：0731－28109917 18673336633（吴灿辉） 传真：0731－28109917 邮箱：xezn@ xezn. net 网址：www. xezn. net	集设计、生产、销售智能测试装备系统、智能测控AI互联网系统、检测试验与设备维保为一体，为客户提供一站式工业产品——智能系统解决方案 多年来一直专注从事测控产品研发、项目管理与营销工作。客户分布在军工行业、电机制造与修理行业、新能源汽车行业，减速机行业，公司在国内首家提出将非标产品智能化、专业化、标准化、模块化设计 核心产品：电机测试系统、电机型式试验站、新能源电机测试台、电机综合试验台、耐久性能测试台
上海森普电器研究所 上海森迪调压变压设备有限公司（全资子公司）	地址：上海市嘉定区江桥镇金园四路333号 邮编：201812 电话（兼传真）：021－39556131/39557910 邮箱：info@ senpu－sh. com 网址：www. senpu－sh. com	1kV及以下干式风冷感应调压器 容量：40～2000kVA　3相、50Hz、输入380V 单档电压输出：0～420V、0～500V、0～650V 1kV及以下油浸自冷、强迫油循环风冷感应调压器 容量：20～2500kVA　3相、50Hz、输入380V 单档电压输出：0～420V、0～500V、0～650V 6kV及以上油浸自冷、强迫油循环风冷感应调压器 容量：630～12500kVA　3相、50Hz、输入6000V、10000V 单档电压输出：0～6. 3kV、0～10. 5kV、0～13kV 容量不变、三档电压输出0～3. 15kV、0～6. 3kV、0～10. 9kV
上海悍鹰电气有限公司	地址：上海市宝山区南大路30号 电话：18917746138（吴亚旗）	专业从事电机检测业务，包括机械检测和电气检测 机械检测有动平衡仪、铸铝转子断条测试仪、振动噪声测试仪等 电气检测有静态测试和动态测试两个版块： 静态测试有直流电阻测试、绝缘电阻测试、PVT系列工频耐电压试验、RZJ系列匝间冲击耐电压测试 动态测试有堵转试验和空载试验。具体规格视被试电机而定

参 考 文 献

[1] 才家刚. 图解电机选、用、修现代技术问答 [M]. 北京：机械工业出版社，2012.
[2] 才家刚. 图解电机组装工艺及检测 [M]. 北京：化学工业出版社，2012.
[3] 才家刚. 电机机械测量与考核实例 [M]. 北京：机械工业出版社，2008.
[4] 才家刚. 电工口诀 [M]. 3版. 北京：机械工业出版社，2010.
[5] 才家刚. 图解三相电动机使用与维修技术 [M]. 2版. 北京：中国电力出版社，2010.
[6] 才家刚. 零起点看图学三相异步电动机维修 [M]. 北京：化学工业出版社，2010.
[7] 熊瑞锋，代颖. 电机测试技术与标准应用 [M]. 北京：机械工业出版社，2018.

后　　记

朋友们很可能要问：为什么在这一版中要增加一个“后记”？在科技图书中几乎只见“前言”，很少见到“后记”呀？原因是我想要和朋友们讲述一下自开始编著这本手册以来21年的历程和心得体会，并借此机会再次表达我对众多朋友、师傅、领导和家人们对我大力支持的感激之情。这些内容在“前言”中是不便过多给出的。

大家知道，本版是第4版，但对于这本手册来讲，严格地说，应该是第5版，而第4版是“机械工业出版社”版本的第4版，因为真正的第1版是于1998年3月在中国电力出版社出版的，其书名为《电机试验手册》（16开深灰色精装本），这也是我的“处女作”；2004年5月、2011年1月、2015年2月，“机械工业出版社”版本的第1版～第3版（封面颜色依次为橙色、绿色和蓝色）相继出版，书名改为《电机试验技术及设备手册》。这4个版本依次排列如下：

我将这些手册码放在我家的书橱中，连同我编写的其他书籍，共计40余册，占了将近一层。

每当我看到它们时，就像看到自己成年走向社会并取得了一定成绩的孩子们那样，一种自豪或者说是幸福的感觉油然而生，同时，从孕育到产出它们的过程也浮现在我的眼前，并有一种想和大家分享其中苦辣酸甜的欲望。

下面就先讲讲我的“处女作”《电机试验手册》吧。

前面说过，这本手册是在1998年3月在中国电力出版社出版发行的。我正式开始编写它是在1993年初，可见，从开始写它到和读者见面，经历了整整5年时间。在这5年时间中，编写占用了将近2年；由出版社安排专家（北京重型电机厂的夏树凡、王金龙、刘景瑞、杨树从等）审稿占用了半年；其余时间为编辑加工、我3次修改和校对清样（排版后正式印刷前的打印稿）所占用。

那时我还没有计算机，印成后版面字数达85.5万字、599页、16开本的它，其中的文字、图、表全部是我一笔一画编写和制作出来的。一张稿纸共有500个格（8开），全稿总计1800多张，用一个提包装着，4次往返于出版社和我家的路上。

说起来，这本手册在中国电力出版社的立项颇有点戏剧性。那是在1992年年底，我所在单位（北京市电机总厂，2001年改名为“北京毕捷电机股份有限公司”）的总工程师薛钦林应邀到中国电力出版社开会，会议的核心内容是该出版社计划出版一套电机方面的工具书，其中包括电机试验部分。因为薛总工程师知道我已经编写了一些电机试验方面的材料，所以就接下了这个任务，并推荐我来编写。

确实，在1988年，我曾组织相关人员想编写一本电机试验方面的书，并且编制了提纲提交给某出版社，但出版社未给立项。这个梦想当时没有实现。

1989年11月，华北电机情报网由北京电机总厂负责组织年会，计划在该年会上举办电机试验技术学习班，请我准备教材并任主讲。于是我开始编写讲稿，最终，20余万字的书稿用铅字打印机打印文字、蜡板刻图、手推式油印机印刷的全手工方式，分为上下两册“出版”了！

该学习班共用了3个整天加1个“夜班”。我虽然很累，但看到学员们认真听课和积极讨论的场景，我感到所有的付出都是值得的，并且进一步增加了一定要出版这本手册的决心和信心。

话又说回来，自我接了这本手册的编写任务后，邀请了本单位的韩绍承技师、上海电器科学研究所电机噪声与振动测试专家陈业绍高级工程师、兰州电机厂检验处副处长胡文虎等参与编写，我任主编并负责90%左右的编写量。确定主要参考资料是冯雍明主编的《电机的工业试验》、江钟衍编写的《异步电动机试验及质量分析》和何秀伟编写的《电机测试技术》。

在那将近两年的时间里，几乎我所有的“业余”时间都用于“爬格子”，哪怕是中午1个小时的时间里吃完饭后剩余的十几分钟，也要“爬”上几步！晚上，一边看电视，一边写或画。

在这期间，我的妻子为了给我腾出更多的时间专心写作，负担起了全部的家务，以及对两个儿子的照顾。有时她说我是“以写书为名，逃避家务劳动”，我知道，那不是埋怨，而是看我太投入、太累了，想让我换换“环境”，放松一下。为了节省我的时间，她经常帮我整理和誊写书稿，还曾两次替我去出版社取、送稿件。所以说，我最应感谢的是我的妻子，她就是前言中提到的齐永红。另外应该感谢的还有始终支持我投入写作的我的两个儿子以及其他家人。

在编写过程中，我所在单位检验处时任处长蒋建梅，电机型式试验站站长黄昌梅技师、李宏光技师和张福喜技师，技术员罗凤珍、王淑英，以及李国安、安晓英、姜桂芳、吴清菊、柏艳兰、黄涛等师傅，在试验操作技术、试验设备的设计和组建维修技术、试验报告的编写和分析等方面给了我很大的帮助；副总工程师、Y系列电机全国统一设计常务副组长、国务院专家津贴获得者王德亮高级工程师（教授级）等，在理论技术和实践经验等方面给予了指导；当时已到古稀之年、曾就读日本帝国大学（公派）、退休前负责北京电机总厂电机试验技术指导的高级工程师（教授级）巢丰耀提供了很多具有高价值的资料、心得体会和实践经验。

在行业中，上海电器科学研究所［简称“上科所”，现称为“上海电器科学研究所（集团）有限公司”］电机分所电机试验站的高级工程师李宝金、工程师肖兆波和站长仁寿宏等；大连电机厂（当时厂名，后同）、上海跃进电机厂、上海先锋电机厂、河北电机厂、天津大明电机厂、湖北电机厂、重庆电机厂、兰州电机厂、西安电机厂、哈尔滨第二电机厂、长沙电机厂、河南开封电机厂、无锡电机厂等众多国内知名电机厂的领导和相关人员都直接或间接地给予了帮助，众多在生产一线从事电机试验的工程技术人员和技师们，提供了多年积累的宝贵经验和有价值的实用资料。

所以说，在一定程度上，该手册是我国电机行业各位同仁们共同努力的结晶。

该手册的出版还得到了北京测振仪器厂（当时名称，后同）、上海航空测控技术研究所、上海第二电表厂、上海转速表厂、上海电压调整器厂、上海申发检测仪器厂、温州电工测试设备厂等单位的大力支持。

负责该版的策划编辑是中国电力出版社的杨元峰老师，责任编辑是李润琴老师和张运东老师。他们对该书的认真审阅、编辑、修改和完善，同样是其获得成功的重要一环。

在此，我再次向上述给予我大力支持和帮助的单位和个人表示衷心的感谢！

《电机试验手册》出版后，因为这是我所在单位北京电机总厂自1958年建厂以来正式出版的第一本具有全国性影响的图书，时任厂长林涛亲自给我发放了鼓励奖，并在厂办报刊《北京电机报》上刊登了一篇报道。我为能给单位争得一份荣誉而感到欣慰。

在出版社向全国书店派发销售的同时，我利用各种机会向行业内的朋友们推荐该书。同行们看到后，一致给予了很高的评价。

同样，我也借此机会，向所有使用过这本手册的朋友们表示衷心的感谢！是你们赋予了它生存的价值，使它的生命得到延续，产生了第二代、第三代、第四代，以及未来的第五代。

那就让我接着向大家讲述一下后面几版的故事吧。

2003年夏天，一个偶然的机会，我认识了机械工业出版社电工电子分社的高级编辑李振标老师，更巧的是，在交谈中了解到，他在十几年前曾是我所在单位的一名技术员。这一下就很快地拉近了我们之间的“距离”。在谈到写书的话题时，我提到在中国电力出版社出版的《电机试验手册》已出版5年，但还没有增印的计划。他提议将该手册改编后由他负责编辑在机械工业出版社出版。对于我来说，这是求之不得的，所以马上就答应了。

相关准备工作就不必多说了。值得一提的是，我为此购置了一台计算机，从零开始学习用它输入文字、制作表格。尽管当时还不会使用计算机绘制插图，但编写进度已明显比手写快多了，特别是文字规范、排列整齐方面，是手写稿无法做到的，当然也不用像第一次那样，为了保留底稿，需要用誊写纸进行“复制”了。这样，机械工业出版社的《电机试验技术及设备手册》第1版不到半年的时间就交稿了（86.3万字）。2004年5月，第一次印刷了4000册，2007年第二次印刷了3000册。

2011年和2015年，为了适应标准改版和新增标准的要求，以及试验设备迅速实现电子化、自动化和仪器仪表由原来的模拟量为主改变为数字式为主等技术进步的需要，先后在机械工业出版社出版了第2版（927千字。责任编辑仍为李振标）和第3版（950千字。责任编辑为牛新国）。

2019年以来，已有很多在2015年使用的标准改版，并发布了一些新的标准，加之试验设备及仪器仪表的不断改进，促使了本手册的再次改版（改版的详细原因见本版“前言”。责任编辑为刘星宁）。

在机械工业出版社这4个版本的编写过程中，除了在中国电力出版社版本出版时给予了大力支持和帮助的单位和个人外，又有很多单位和个人加入到了这个行列，单位有（排名不分先后，生产厂使用了早期的厂名）：佳木斯防爆电机厂、山西太原电机厂、河北邢台防爆电机厂、承德电机厂、内蒙古电机厂、沈阳电机厂、大连第二电机厂、上海人民电机厂、上海革新电机厂、上海南洋电机厂、山东博山电机厂、济南生建电机厂、江苏清江电机厂、湘潭电机厂、皖南电机厂、闽东电机厂、上海电器科学研究院电机系统节能工程技术研究中心有限公司、上海宝准电源有限公司、中国国际工程设计研究院有限责任公司、湖南新恩智能技术有限公司、天津市升阳电子科技有限公司、石家庄优安捷机电测试设备有限公司、石家庄新三佳科技有限公司、湖南银河电气有限公司、湖南株洲中达特科电子科技有限公司、上海亿绪电机测控科技有限公司、上海海鹰机电检测设备厂、上海悍鹰电气有限公司、江苏海安县中工机电制造有限公司、青岛青智仪器有限公司、上海时巨电子有限公司、上海桑科机电设备成套工程有限公司、成都诚邦动力测试仪器有限公司等；个人有（排名不分先后）：陈伟华、金惟伟、傅丰礼、黄坚、倪立新、王传军、黄毓翰、高国材、杨建、高建平、赵文彬、柴建云、胡月强、董芃、羌予践、虞维廉、贾春凤、杨秀军、张明辉、向时庆、肖如升、王宝玉、王宗升、李盛江、安继琰、彭庆军、吴国华、林隆寿、周奇、赵滨、方铭、靳守愚、林元生、肖玉珑、刘力、郭志坤、赵鹤翔、刘剑锋、张伟民、张国杰、张福顺、朱靖、高龙星、孔令臣、刘中明、张诚、管兵、盛康琪、孙跃、许权、丁玉林、洪文治、王传义、廖维华、岳维平、卢武、田志刚、陈学进、周长江、周守国、陆亚光、虞伟棠、朱强、吴亚旗、李振军、卜云杰、耿洪奎、徐宝弟、李立中、吴灿辉、董良初、董华、王兴明、韩宝江、虞守成、张洪浩、蒋光祖、张应龙、杨旭……

对上面提到的和因年代久远我已记不清姓名的（请谅解）单位的领导和相关人员、各位朋友再次表示衷心的感谢（其中有些朋友可能没有机会看到这本手册，那就拜托认识他们的朋友们，在有机会时转达我的问候吧）！我相信，在今后的日子里，或者说在我的有生之年，你们一定会一如既往地支持和帮助我或通过你们向年轻的一代推荐并获得他们的支持和帮助，在使用这本手册的同时，不断地给它提供最新的活力——更先进的技术、成功的经验和独到的技巧，使其功能越来越符合大家的要求，为我国的电机事业做出应有的贡献。

还有我最应该感谢的，是生我养我的父母，以及教授我知识的孙绍堂、张秀芝、李清林、郭五昌、李继冬、管伟康、吴授书、王二莲、袁继国、丘孝宏等老师，另外还有一直支持我的各位同学。

主编这本手册，给我带来了丰盛的回报，其中稿费是很次要的，主要的是精神上的。当我看到网上读者对它的积极评价，在一个电机生产厂的试验室，或者在北京、上海等城市的大型书店的书架上看到它时，一种自豪感油然而生。也是由于这本手册的影响，让我在国内电机检测行业获得了一定的荣誉，在全国各地近百场电机技术和试验标准学习班上，很多学员是“慕名”而来。我的手机中，有1000多个朋友的电话、800多个微信好友，其中大部分是行业内的朋友。逢年过节，接到一个真诚的问候，是一种精神上的享受；平时，不时地接到一个电话（有些是认识我的人介绍的），提出一些实践中遇到的问题，进行讨论，解决一个问题，是一次技术上的收获，也可能会给这本手册增加一些新的内容。

最后说一句：如果因我年老造成精力不足或长期脱离本行业无法获得技术更新资料和实践经验，而不能承担本手册的再次再版任务时，我殷切地希望有人接续这项工作。我在此承诺：只要接续人有能力做到本手册的再版要求，我将转让所有的版权。这也是我在本版附加这篇“后记”的一个目的。

主编　才家刚

2021年1月

服务模式

服务模式竭诚为行业客户提供性价比高的优质的产品和全方位服务，并根据客户需求采取不同的服务模式。

（1）试验站（台）工程设计

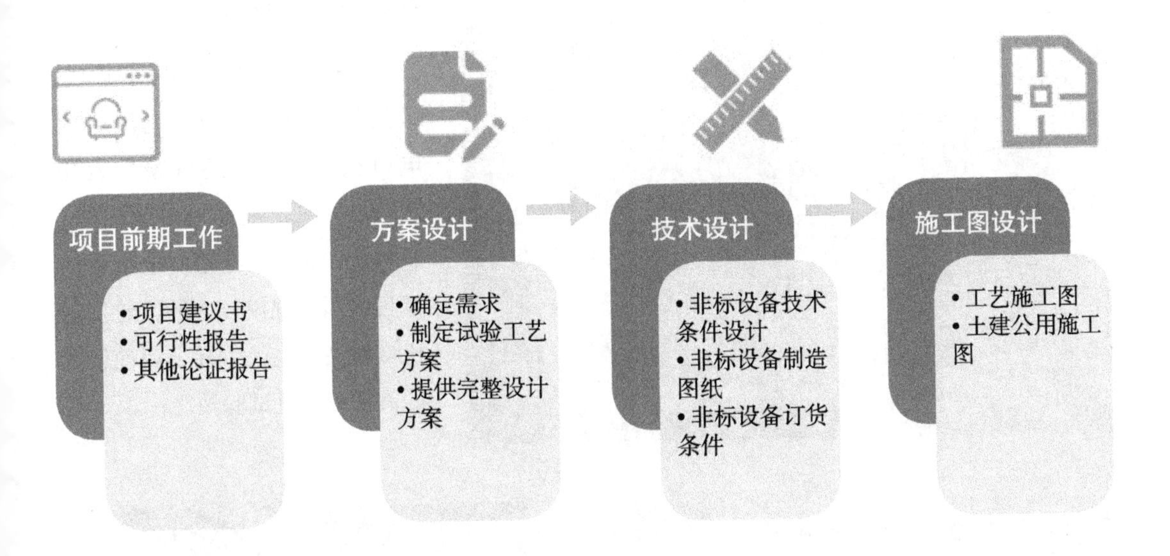

（2）试验站总承包

试验站总承包可以是 EPC 总承包，也可以是部分总承包（含试验站总体设计安装和调试、测控系统和电源系统等关键设备供货）。

试验站 EPC 总承包，包括工程设计、设备系统集成供货、工程施工、设备及系统调试直至交付使用的交钥匙建设，并提供售前、售中、售后的全面服务。

（3）服务

产品检测及计量：旗下独立检测公司能为客户提供高效、专业、公正的第三方产品检测技术服务以及试验设备的计量校准服务。

远程服务：公司已全面建立各类试验站远程实时服务系统，可以更及时、更高效地为用户提供远程服务。

部分案例展示

上海电气集团临港重型机械装备有限公司 1800MW 级汽轮发电机试验站

——可满足600MW~1800MW级的超大型火电和核电汽轮发电机型式试验，还可满足最高2500MW汽轮发电机的出厂试验。1800MW级汽轮发电机系统是目前国内规模较大的汽轮发电机试验站，也是世界上目前较大的汽轮发电机试验站之一。

兰州电机股份有限公司电机试验系统

——满足大中型高压交直流电动机、中小型低压交流电动机、交流变频调速电机、高效电机、船用和陆用柴油发电机组、伺服和特种电机等产品进行型式试验和出厂试验，最大被试产品同步机 20MW，异步机 10MW。

南京汽轮电机（集团）有限公司重型空冷汽轮发电机试验站、风力发电机试验站

——满足 350MW 空冷汽轮发电机试验站、100t 动平衡试验站拖动及制动系统、50t 动平衡拖动系统及辅机、双馈风力发电机、电动机试验站。

自研产品展示

试验变频电源

试验变频电源是专门为电机试验站开发的非标变频电源，电源在技术方案上以多模块并联结构为基础，采用大功率IGBT电压型逆变器，通过多模块自由组合并联，并采用自主具有知识产权的同步控制装置进行控制，最大允许并联模块数达24组，框架内最大允许容量24000kV·A，以满足试验站工程灵活应用需求。

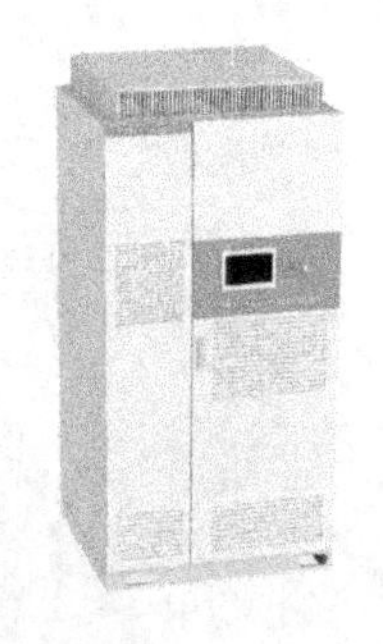

电池模拟器

电池模拟器是专为新能源电动汽车行业的电机控制器、驱动电机、整车的测试试验而开发的，用于替代动力电池、低成本、精准的测试解决方案。模拟器采用四象限PWM整流技术、双向DC-DC技术和纯数字控制技术，具备输出稳定精度高、瞬态响应迅速、能量双向流动等特点，可模拟动力电池充放电等动态特性。同时具有RS485、以太网等远程通信接口，可以与上位机连接形成智能系统，实现对电池模拟器运行状态的实时监控。可编辑设定不同电池类型、串并联数，不同SOC等变量条件电池特性，可以自定义电池变化特性。

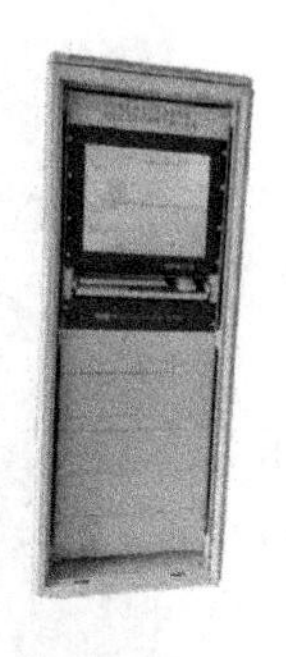

电机在线故障诊断系统

MFDS3000大型电机故障前兆诊断预警系统，基于全新的嵌入式数字化处理技术平台，应用多传感器信息融合技术，可以通过多维度对大型电机的运行状态进行实时监测，将电机运行的异常信息和状态以云服务方式通知用户，预防电机运行过程中的异常停机。

相控直流电源

控制回路基于成熟的32位ARM嵌入式软硬件平台，按照严苛工业环境电磁兼容等级进行设计，主回路采用标准可控硅电源模块，利用强制风冷进行散热，可实现大功率直流供给，电源可实现四象限运行，可通过光纤实现多电源并联完成超大功率直流供给，电源配备模拟量输入控制接口和以太网通信控制接口，可满足独立系统或集成系统的应用需求。

振动采集器

基于成熟的32位ARM嵌入式软硬件平台，按照严苛工业环境电磁兼容等级进行设计，具有结构紧凑、性能稳定、抗干扰性强等特点，可独立使用或集成至计算机系统，标配6路IEPE/ICP加速度信号采集接口，具备转速测量、DO报警输出等基本功能，能满足各种场合振动监测需求。

电量采集器

基于成熟的32位ARM嵌入式软硬件平台，按照严苛工业环境电磁兼容等级进行设计，具有结构紧凑，性能稳定、抗干扰性强等特点，可独立使用或集成至计算机系统，标配3电压和3路电流信号采集接口，同时具备DI测量和DO报警输出等基本功能，可以应用于20~500Hz频率范围，满足并网、电量分析、功率计算等不同应用需求。

热工采集模块

基于成熟的32位ARM嵌入式软硬件平台，按照严苛工业环境电磁兼容等级进行设计，具有结构紧凑、性能稳定、抗干扰性强等特点，可独立使用或集成至计算机系统，标配24路混接信号采集接口、DO报警输出等基本功能，能满足电机热工系统各种物理量测量需求。

中机检测

更多工程案例及产品